Veränderungsintelligenz

Guido Baltes · Antje Freyth
(Hrsg.)

Veränderungsintelligenz

Agiler, innovativer, unternehmerischer den Wandel unserer Zeit meistern

Springer Gabler

Herausgeber
Guido Baltes
IST Innovationsinstitut, Hochschule Konstanz
Konstanz, Deutschland

Antje Freyth
Veränderungsintelligenz GmbH
Reichenau, Deutschland

ISBN 978-3-658-04888-4 ISBN 978-3-658-04889-1 (eBook)
https://doi.org/10.1007/978-3-658-04889-1

Die Deutsche Nationalbibliothek verzeichnet diese Publikation in der Deutschen Nationalbibliografie; detaillierte bibliografische Daten sind im Internet über http://dnb.d-nb.de abrufbar.

Springer Gabler

Lektorat: Juliane Wagner

Gedruckt auf säurefreiem und chlorfrei gebleichtem Papier

Springer Gabler ist Teil von Springer Nature
Die eingetragene Gesellschaft ist Springer Fachmedien Wiesbaden GmbH
Die Anschrift der Gesellschaft ist: Abraham-Lincoln-Str. 46, 65189 Wiesbaden, Germany

Vorwort

Die Wahrnehmung der zunehmend dynamischer werdenden Märkte prägte unsere Einschätzung, dass die Veränderungs- und Innovationskompetenzen eines Unternehmens und seiner Mitarbeiter die Schlüsselfaktoren des zukünftigen Erfolgs sein würden.

Aus dieser Überzeugung heraus begaben wir uns auf die Suche nach Antworten auf Fragen wie die folgenden:

- Wie können wir die Veränderungs- und Innovationsfähigkeiten aber auch -blockaden eines Unternehmens und seiner Mitarbeiter diagnostizieren?
- Wie können wir Veränderungs- und Innovationsfähigkeiten im Unternehmen auf dieser Basis gezielt stärken?
- Wie können wir zu diesem Zweck die Veränderungs- und Innovationskompetenzen von Führungskräften und Mitarbeitern gezielt entwickeln?

In der Beantwortung dieser Fragen zielten wir zum einen darauf ab, Unternehmen bei der Erarbeitung und Implementierung von konkreten Veränderungsvorhaben wie beispielsweise bei Wachstums- und Innovationsstrategien oder in den Herausforderungen des Generationenübergangs in Familienunternehmen zu unterstützen. Zum anderen war es das Ziel, über die Umsetzung solch konkreter Veränderungsvorhaben hinaus einen Beitrag zur Stärkung der grundsätzlichen strategischen Reaktionsfähigkeit des Unternehmens und seiner Mitarbeiter und Führungskräfte auf Veränderungen im Umfeld zu leisten. Hierzu stand von Beginn an die Diagnose und gezielte Stärkung der generellen Veränderungsfähigkeiten von Menschen und Organisationen im Fokus.

Das Ergebnis dieser Suche stellen wir Ihnen hier als integriertes Konzept der Veränderungsintelligenz vor, das der Maxime folgt: „Zukunftsfähig mit Veränderungsintelligenz“.

Die Integration der individuellen und organisationalen Ebene war von Beginn an ein Kernelement unseres Konzepts. Das Ziel hierbei ist, gleichzeitig auf der Ebene des Unternehmens und des einzelnen Menschen die Veränderungs- und Innovationskompetenzen zu stärken. Denn erfolgreiche Veränderungen der Organisation erfordern Veränderungen auf Ebene des Individuums und individuelle Veränderungen wiederum werden oft erst ermöglicht durch einen förderlichen organisationalen Rahmen. So bedingt das eine das andere und daher sollten für ein erfolgreiches Agieren beide Ebenen gleichzeitig adressiert werden. Andernfalls werden organisationale Veränderungsziele durch die Mitarbeiter und Führungskräfte nicht gestützt oder individuelle Beiträge finden ihre Grenzen in den organisationalen Möglichkeiten.

Dieser Einschätzung folgend, finden Sie in dem vorliegenden Buch Beiträge, die auf die Ebene der Strategie und Organisation eingehen, aber auch Beiträge, die der Ebene des einzelnen Mitarbeiters und der Führungskräfte gewidmet sind – aufeinander abgestimmt, sich ergänzend und sich verstärkend, sodass die Überlegungen und Anregungen zu den einzelnen Ebenen und fachlichen Aspekten ineinandergreifen und einen ganzheitlichen Handlungsrahmen bereitstellen.

Ein zweites Kernelement unseres Konzepts der Veränderungsintelligenz ist die Empfehlung, mit einer realistischen Standortbestimmung zu den Fähigkeiten und Blockaden zu starten. Aus einer solchen Standortbestimmung lassen sich gezielt Maßnahmen zur Stärkung der Veränderungs- und Innovationsfähigkeiten ableiten. Dieser Ansatz zur Optimierung von Wirksamkeit und Effektivität im Vorgehen hat sich bereits in vielen Projekten bewährt und zieht sich daher als roter Faden durch das Buch.

Um den praktischen Nutzwert für den Leser zu steigern, führen wir nicht nur konzeptionelle Überlegungen aus, sondern diskutieren zahlreiche Praxisfälle und stellen Ihnen vielfältige Checklisten und Fragebögen bereit. Das ermöglicht Ihnen eine erste Selbstdiagnose der Veränderungs- und Innovationsfähigkeiten im eigenen Unternehmen und für Sie persönlich.

Der Anspruch, diese Werkzeuge nicht nur praktisch gut handhabbar, sondern auch aus wissenschaftlicher Sicht empirisch fundiert zu gestalten, hat intensive und langjährige Forschung am IST Institut für Strategische Innovation und Technologiemanagement in Konstanz motiviert. In zahlreichen, internationalen Veröffentlichungen hat der Direktor des Instituts und Mitherausgeber dieses Buches, Prof. Dr.-Ing. Guido Baltes, diese Forschungsergebnisse einer kritischen Diskussion seiner Wissenschaftskollegen zugeführt. Die von ihm am IST Institut ins Leben gerufene Community of Practice für strategische Führungssysteme (CoPS) hat zudem den notwendigen Diskurs und Austausch mit Management-Praktikern ermöglicht.

Unser Ziel war ein Brückenschlag zwischen Theorie und Praxis: Erfahrungen und Anregungen aus der Praxis wurden in die Forschungsarbeit integriert, während die Forschungsergebnisse wiederum im kritischen Feedback von Wissenschaftskollegen und Management-Praktikern gespiegelt und letztlich natürlich dem Praxistest im Projekt unterzogen wurden. Die vielen Fallbeispiele aus unserer Projektpraxis, die wir Ihnen in diesem Buch präsentieren, sind davon nur ein kleiner Auszug, machen aber die vorgestellten Konzepte exemplarisch lebendig. Aus dieser Projektpraxis stellen wir Ihnen zudem viele, ausführliche Tipps für die eigene Umsetzung bereit.

Um diese Umsetzung praxisnah zu unterstützen, ist es uns wichtig, mit dem Konzept der Veränderungsintelligenz differenzierte Empfehlungen anzubieten, die stimmig zum jeweiligen Kontext passen. Dieser Motivation folgend, ist die kontextspezifische Gestaltung des individuellen Handelns, von Führung und Organisationsgestaltung ein Leitgedanke, der sich konzeptionell durch die Beiträge zieht. In dem Sinne differenzieren wir klar zwischen inkrementellen Veränderungen in einem eher effizienzbestimmten Umfeld auf der einen und radikalen Veränderungen in einem eher innovationsbestimmten Umfeld auf der anderen Seite. Hierzu zeigen wir auf, dass erfolgreiches Handeln auf beiden Seiten jeweils unterschiedliche Prinzipien, methodische Herangehensweisen und Zielsetzungen voraussetzt. Gleichzeitig stellen wir detailliert dar, wie in einer sogenannten beidhändigen Organisation beides gleichzeitig beherrscht werden kann, welche Charakteristiken eine solche beidhändige Organisation aufweist und wie diese sogenannte Ambidextrie (Beidhändigkeit) praktisch umgesetzt werden kann. Das erfolgreiche Management von Ambidextrie – gleichzeitig das Kerngeschäft effizient zu optimieren und durch strategische Innovation in neue Geschäfte zu wachsen – ist aus unserer Sicht für etablierte Unternehmen ein wesentlicher Schlüssel für erfolgreiche strategische Erneuerung und digitale Transformation. Daher finden Sie in diesem Buch dargestellt, wie es gelingen kann, Ambidextrie erfolgreich umzusetzen.

Aufgrund der tiefgreifenden Wirkung, die die Entwicklungen im Kontext der digitalen Transformation auf Wirtschaft und Gesellschaft und damit das gesamte Unternehmensumfeld haben, diskutieren wir diesen veränderten Kontext ausführlich. Das fundierte Verständnis dieser neuen Herausforderungen ist nach unserer Erfahrung eine wichtige Voraussetzung für die Arbeit an einer guten Lösung. So finden Sie die Entwicklungen und konkreten Wirkungen der Digitalisierung einleitend zu diesem Buch umfassend dargestellt. In verständlicher Sprache, ohne Spezialwissen in Technik oder Strategie vorauszusetzen, mit zahlreichen, konkreten Beispielen und erfolgreichen Umsetzungen zeigen wir die radikalen Veränderungen und Paradigmenwechsel sowie ihre Auswirkungen auf Unternehmen und Mitarbeiter bzw. Führungskräfte auf.

Darauf aufbauend stellen wir dar, wie Sie in Ihrem Unternehmen die Herausforderungen der digitalen Transformation praktisch angehen können. Sie finden dazu konkrete Praxisempfehlungen sowie Gestaltungsempfehlungen zu Organisation und Führung, die jeweils mit plastischen Beispielen erläutert werden, sodass Sie das Buch als leicht handhabbare Handlungsunterstützung nutzen können. Beispielsweise zeigen wir auf, wie Sie mit kleinen unternehmerischen Projektteams Innovationsinitiativen zur digitalen Transformation starten können. Sie finden Handlungsempfehlungen zur Führung solcher Teams, aber auch detaillierte Wunschprofile für die Teammitglieder, sodass Sie solche Teams Erfolg versprechend besetzen können. Wir zeigen dazu auch auf, wie Sie mit Design Thinking spielerisch mehr Kreativität in die Strategie- und Veränderungsarbeit sowie in Innovationsprozesse integrieren können. Dazu führen wir ganz praktisch aus, wie Sie Workshops mit diesem Ziel durchführen können.

Diese Kreativität und Selbstreflexion sind Voraussetzungen, damit Unternehmen sich angesichts der Herausforderungen und zunehmenden Volatilität im Umfeld anpassen und verändern können. Dazu gehen wir in diesem Buch der Frage nach, wie bestehende Muster in einem Unternehmen erfolgreich aufgebrochen werden können, um beispielsweise eine neue Strategie oder Organisation umzusetzen. Die Herausforderungen der digitalen Transformation verlangen hierbei genauso radikale Veränderungen auf Ebene der Organisation wie auch im Denken und Handeln der Mitarbeiter und Führungskräfte. Denn bisherige Erfolgsrezepte funktionieren nicht mehr. Daher zeigen wir, beispielsweise mit dem Konzept der Agilität, Lösungsansätze für diese Herausforderungen auf und stellen ausführlich dar, was genau eine agile Organisation und agile Mitarbeiter und Führungskräfte auszeichnet. Mit praxisnahen Empfehlungen stellen wir Ihnen dazu einen Leitfaden bereit, der die Stärkung der individuellen und organisationalen Agilität unterstützt.

Für die konkrete Umsetzung in der Managementpraxis differenzieren wir auch hier zwischen unterschiedlichen Ausprägungen von Agilität – von der ganzheitlich agilen Unternehmung über Agilität im Projekt und Linienorganisation bis hin zur Agilität im Alltag etablierter Unternehmen. Denn die Anforderungen, die an Mitarbeiter und Führungskräfte in einer ganzheitlich agilen holokratischen Organisation gestellt werden, sind im Vergleich zu einem eher traditionellen Unternehmen, das agiler arbeiten möchte, sehr unterschiedlich. Da eine ganzheitlich agile Organisation mit konsequenter Dezentralisierung und Selbstorganisation im gesamten Unternehmen nach unserer Projekterfahrung eher seltener realistisch umsetzbar scheint, gehen wir detaillierter auf die Möglichkeiten ein, auch in weiterhin eher traditionell geführten Unternehmen ausgewählte agile Gestaltungselemente bzw. agile Prinzipien in den Führungs- und Arbeitsalltag zu integrieren.

Zur Bewältigung agiler Transformation wie auch klassischer Veränderungen sind Kommunikationskompetenzen ein wesentlicher Schlüssel, ein Kontext übergreifender Erfolgsfaktor. Wer heute in Veränderungen glaubwürdig führen will, muss in Sachen Kommunikation methodisch fit sein. Daher gehen wir auf dieses wichtige Thema nicht nur in jedem Einzelbeitrag ein, sondern widmen diesem einen ausführlichen Beitrag, in dem Führungskräfte und Projektverantwortliche praktisches Handwerkszeug und einfach anwendbare Methoden für eine gute Planung und Umsetzung veränderungsbegleitender Kommunikation finden.

Dem Grundgedanken der kontextspezifischen Veränderungsarbeit folgend diskutieren wir in diesem Buch weitere, aus unserer Sicht aktuell besonders relevante Veränderungskontexte. So finden Sie, Bezug nehmend auf die fortschreitende Globalisierung, Antworten auf die Frage, wie eine Organisation Veränderungen über kulturelle Grenzen hinweg gut operativ umsetzen und die erlebte kulturelle Andersartigkeit angemessen bewältigen kann. Hierzu nehmen wir eine differenzierte Betrachtung der dafür förderlichen interkulturellen Kompetenzen von Fach- und Führungskräften sowie der Stellschrauben für eine erfolgreiche organisationale Veränderung im internationalen Kontext vor.

Zudem gehen wir dezidiert auf die Erfolgsfaktoren für die erfolgreiche Bewältigung der tiefgreifenden Veränderungen im Generationenübergang von Familienunternehmen ein. Diese Unternehmen sind von herausragender Bedeutung für unsere Wirtschaft und gerade einmal die Hälfte der bisherigen Übergaben gelten als gelungen. Daher zeigen wir ausführlich Analysen der Ursachen für fehlgelaufene Übergaben und führen wesentliche Erfolgshebel für einen gelungenen Übergabeprozess aus.

Im Ergebnis stellen wir Ihnen mit „Veränderungsintelligenz" ein integriertes Konzept mit vielfältigen inhaltlichen Facetten, wissenschaftlicher Fundierung und erfolgreichen Referenzen aus der Praxis vor, das konkrete, in der unternehmerischen Praxis gut umsetzbare Gestaltungshinweise und Handlungsunterstützung für die Bewältigung der

Veränderungsanforderungen unserer Zeit bereithält. Als Unterstützung für Ihre eigene Umsetzung liefert das Buch Tools zur Diagnose (inkl. Fragebögen zur Selbstauswertung) und konkrete Methoden zur gezielten Stärkung der Veränderungs- und Innovationskompetenzen.

Dieses integrierte Konzept mit ineinandergreifenden Teilbereichen war nur möglich, weil wir in unserer langjährigen Projektarbeit und der Arbeit an diesem Buch das Privileg hatten, mit KollegInnen und nun Co-AutorInnen zu arbeiten, die in ihrem jeweiligen Feld erfahrene, profilierte SpezialistInnen sind. Wir haben uns zu den eingangs dargestellten Einschätzungen, den konzeptionellen Leitgedanken und den im Buch ausgeführten Themenbereichen in den zurückliegenden Jahren vielfältig ausgetauscht, voneinander gelernt und dazu in verschiedenen Konstellationen miteinander gearbeitet. Im Ergebnis ist so sukzessive ein über die verschiedenen Ebenen und fachlichen Aspekte hinweg integriertes Werk entstanden, dessen einzelne Beiträge inhaltlich sorgfältig aufeinander abgestimmt sind und sich sinnvoll ergänzen und verstärken.

An dieser Stelle möchten wir uns bei unseren Co-AutorInnen für die intensive Zusammenarbeit, die kritische Reflexion und die kreativen Beiträge bedanken!

Konzepte jedoch, so gut sie auch sein mögen, bleiben graue Theorie ohne mutige Manager, die bereit sind, sich auf Neues einzulassen und ausgetretene Pfade zu verlassen. In diesem Sinne möchten wir uns bei Reiner Jung bedanken, der uns 2007 das Vertrauen geschenkt hat, in einem der größten deutschen Industrieunternehmen ein erstes integriertes Veränderungsprojekt unter Berücksichtigung unserer Leitgedanken durchzuführen. Gleichfalls bedanken möchten wir uns bei Klaus Klosa, der als Geschäftsführer der Legic Identsystems AG 2013 in einem ersten Praxisfall das Konzept der Veränderungsintelligenz für die digitale Transformation seines Unternehmens genutzt hat. Er hat damit bei LEGIC sehr erfolgreich eine strategische Innovation im Sinne digital gestützter Geschäftsmodelle umgesetzt und steht mit einer aktuellen Veröffentlichung zur radikalen Geschäftsmodelltransformation verdientermaßen zwischen Erfolgsgeschichten von Unternehmen wie Netflix, SAP, Brose oder Xerox[1].

Wir danken weiter Vish Krishnan an der Rady School of Management der University of California in San Diego, der uns vom August 2016 bis März 2017 gehostet hat. Wir hatten dadurch vielfältige wertvolle Möglichkeiten, aktuelle Entwicklungen zur digitalen Transformation an einem der Hotspots aufzunehmen. Für das gestalterische Gesamtkonzept und die Steuerung der Gestaltung bedanken wir uns bei Beate Reichel, diekreation. Bei der gestalterische Umsetzung der Abbildungen in diesem Buch hat uns Evelyn Klaiber unterstützt. Für die Gestaltung der Illustrationen war Emin Hasirci verantwortlich. Zuletzt wollen wir uns auch bei unserer Tochter Lea bedanken, die uns durch aufmunternde Worte, stille Geduld und ausdauernde Toleranz vielfältig unterstützt hat.

[1]Klosa, K, Baltes, G (2017) LEGIC Identsystems Ltd: From selling ID cards to providing access to an ID network, in: Linz, C, Müller-Stewens, G, Zimmermann, A: Radical Business Model Transformation, Kogan Page, S. 113–124.

Wir sehen große Herausforderungen und gleichzeitig faszinierende Chancen auf uns zukommen. Diese Chancen zu nutzen, erfordert neue Wandlungsfähigkeiten. Wir wünschen Ihnen dazu viel Freude und hilfreiche Einsichten beim Lesen – und für Ihre eigene Umsetzung viel Energie und Erfolg. Weil in einer agilen Welt nichts perfekt und für die Ewigkeit gültig ist, sind wir offen für jedwede Anregung und freuen uns auf Ihre Rückmeldung.

Zugunsten der besseren Lesbarkeit trennen wir nicht explizit zwischen der weiblichen und männlichen Form, aber natürlich sprechen wir immer beide Geschlechter an.

Die Herausgeber

Guido Baltes
Antje Freyth

Inhaltsverzeichnis

Herausgeber- und Autorenverzeichnis

Herausgeber

Prof. Dr.-Ing. Guido Baltes Dr.-Ing. LRT & Dipl.-Kfm., ist Direktor des IST Innovationsinstituts in Konstanz, Gastprofessor an der UIBE Universität Beijing und Visiting Scholar an der University of California San Diego. Als Experte für innovationsfähige Führungssysteme kombiniert er Unternehmens- und Unternehmererfahrung mit international renommierter Forschung: Guido Baltes war in der Geschäftsführung eines Top3-IT-Service-Unternehmens in Deutschland verantwortlich für Strategie & Marketing. Als (Mit-)Gründer hat er mehrere Start-ups, u. a. Coliquio, die größte Ärzte-Community im deutschsprachigen Raum, (mit-)aufgebaut. Seine Forschung befasst sich bereits seit 2008 mit Gestaltungsfragen in strategischer Innovation und Corporate Entrepreneurship. Als Reviewer ist er für verschiedene internationale Journals und die US National Science Foundation aktiv. Zudem ist er Mitglied des Boards der größten europäischen Konferenz für Technologiemanagement, der ICE/IEEE International Technology Management Conference. Vor dem Hintergrund unterstützt er Unternehmen in der Umsetzung innovationsorientierter Wachstumsstrategien und ihrer digitalen Transformation.

Antje Freyth Dipl.-Kffr. (Universität zu Köln), ist geschäftsführende Gesellschafterin der Veränderungsintelligenz® GmbH. Davor war sie in verschiedenen Unternehmen u. a. mit der Durchführung und Leitung zahlreicher Veränderungs- und Innovationsprojekte betraut. Antje Freyth war bzw. ist maßgeblich an der erfolgreichen Gründung verschiedener innovativer Unternehmen, unter anderem auch Coliquio, beteiligt. Aufbauend auf über 20 Jahren Praxiserfahrung und dem wissenschaftlich fundierten Wissen ihres Hochschulkooperationspartners, dem IST Innovationsinstitut, hat Antje Freyth 2010 das Konzept der Veränderungsintelligenz u. a. im Rahmen des BMBF-Förderschwerpunkts „Innovationsstrategien jenseits traditionellen Managements" entwickelt. Diesem Konzept folgend unterstützt sie seitdem als Beraterin, Trainerin und Coach mittelständische Unternehmen. Die Veränderungsintelligenz GmbH ist spezialisiert auf

Tools zur Diagnose von Veränderungs- und Innovationsfähigkeiten von Menschen und Organisationen sowie auf Konzepte zur gezielten Stärkung dieser Fähigkeiten. Ihr Wissen dazu vermittelt sie regelmäßig auch als Dozentin an verschiedenen Hochschulen.

Autorenverzeichnis

Prof. Peter Franklin M. A. *(Cantab)*, geboren in Dover, U. K., hat an der Cambridge University studiert und lehrt heute an der Hochschule Konstanz interkulturelle Kommunikation und interkulturelles Management. Außerdem ist er an Business Schools in Europa und China in verschiedenen MBA-Studiengängen tätig. Peter Franklins Forschungsschwerpunkte liegen im Bereich Management, Kultur und Kommunikation in internationalen Kontexten. Seit 1989 berät er Unternehmen im In- und Ausland in den Bereichen interkulturelles Management und Leadership, internationales Change-Management, Post-Merger-Integration sowie deutsch-britische Kooperation. Er ist Mitglied im Editorial Board der *European Journal of Cross-Cultural Competence and Management* und ferner Peer Reviewer für verschiedene wissenschaftliche Journals.

Moritz Krüger M. A. intl. Mgmt., hat als B. A. in Japanologie und Medienwissenschaft an der Universität Tübingen und der Doshisha-Universität Kyōto abgeschlossen. Im Anschluss hat er an der Hochschule Konstanz internationales Management mit Schwerpunkt Asien (M. A.) sowie Disaster Management (M. Sc.) an der University of Manchester studiert. Durch Aufenthalte in Japan und Indien hat er Erfahrungen in der Wirtschaftsprüfungsbranche sowie der internationalen Entwicklungszusammenarbeit gesammelt. Moritz Krüger setzt sich schwerpunktmäßig mit verschiedenen Facetten des Risiko- und Krisenmanagements sowie mit kulturellen Aspekten in Kommunikation und Management auseinander. Aktuell befasst er sich mit der Frage, wie sich Unternehmen in verschiedenen Ländern auf Katastrophen und Krisen vorbereiten.

Axel Kühn Studium Marketingkommunikation (HAMK), gestaltet seit 30 Jahren Kommunikation aus unterschiedlichen Perspektiven. Seine Erfahrung als Unternehmer, Geschäftsführer und Journalist bildet die Basis seiner Beratung. Als Geschäftsführer der Stellwerk Kommunikationsberatung unterstützt er Unternehmer und Führungskräfte in Veränderungen und Krisen. Gemeinsam mit seinem Team entwickelt er Kommunikation zu einem wirkungsvollen Instrument bei der Steuerung von Unternehmen und zur Stärkung der Unternehmenskultur. Die Medienwelt lernte Axel Kühn als Fernsehjournalist kennen. Veränderungsprojekte hat er als Geschäftsführer verschiedener Agenturen in internationalen Unternehmensnetzwerken mitgestaltet. Als Dozent an der HTWG Konstanz gibt er heute Erfahrung und Wissen an Studenten weiter.

Felix H. Kühn Komm-Wirt (HAMK), folgt einem einfachen Prinzip: Verstehen, vereinfachen, vermitteln. Als Senior Partner der Stellwerk Kommunikationsberatung legt er in der Zusammenarbeit mit Unternehmern und Führungskräften besonderen Wert darauf, Kommunikation als entscheidenden Erfolgsfaktor zu erkennen und pragmatisch zu nutzen. In den vergangenen Jahren begleitete er zahlreiche Unternehmen bei der erfolgreichen Gestaltung ihrer Kommunikationsaktivitäten. Wissen und Erfahrung aus über 25 Berufsjahren fließen in Beratung, Projektarbeit sowie Medien- und Kommunikationstrainings ein. Vor seiner Tätigkeit als Berater hat Felix H. Kühn u. a. als Führungskraft eines börsennotierten Finanzdienstleisters acht Jahre lang Öffentlichkeitsarbeit und interne Kommunikation aufgebaut und geleitet.

Markus Plischke Dipl.-Kfm., ist selbstständiger Unternehmensberater und Trainer. Er war u. a. als Manager der internationalen Unternehmensberatung Cap Gemini Ernst & Young sowie als Principal der Beratergruppe Neuwaldegg tätig und mit der Leitung zahlreicher anspruchsvoller Projekte in Europa und den USA betraut. Markus Plischke studierte an der Universität Innsbruck Betriebswirtschaftslehre mit den Schwerpunkten Unternehmungsführung und Organisation. Er schloss sein Studium als Magister der Sozial- und Wirtschaftswissenschaften (Dipl.-Kfm.) ab und verfügt über eine Zusatzausbildung als systemischer Berater und Coach.

Beatrice Rodenstock Dipl.-Soz., erwarb ihren MBA an der Hochschule St. Gallen. Sie ist geschäftsführende Gesellschafterin der Rodenstock – Gesellschaft für Familienunternehmen mbH. Die Gesellschaft unterstützt Unternehmerfamilien bei Veränderungsprozessen in den Bereichen Nachfolge und Entwicklung von Familien-, Unternehmens- und Family-Office-Strategien. Als Unternehmerin, Beirätin in einigen Familienunternehmen, Beraterin und Mitglied der fünften Generation einer Unternehmerfamilie kennt sie die Herausforderungen genau, die es dabei zu meistern gilt. Dieses Wissen vermittelt sie u. a. auch als Dozentin an der Hochschule Aalen.

Christoph Selig M. Eng., absolvierte an der Hochschule Konstanz sein Studium als Wirtschaftsingenieur mit Auslandsaufenthalten in Dänemark (DTU Kopenhagen) und Brasilien (PUC Paraná). Aktuell ist er Doktorand am IST Institut für Strategische Innovation und Technologiemanagement in Konstanz. Er leitet dort den Forschungsstrang zu Corporate Entrepreneurship und Unternehmerteams als Werkzeuge zur Steigerung von Innovationsfähigkeit in Unternehmen. Sein Fokus liegt hier auf der Organisationsgestaltung und der Rolle des „angestellten Unternehmers". Zudem verantwortet er als Start-up-Beauftragter der Hochschule Konstanz ein Kooperationsprojekt mit der Universität Konstanz zur Stärkung der Gründerkultur in den Hochschulen und unterstützt Start-ups als Coach und Mentor u. a. in verschiedenen Accelerator-Programmen.

Hans-Jörg Vohl Dipl.-Volksw., ist Partner der Unternehmensberatung Project Management Partners in München. Er arbeitet als Berater und Interimsmanager an der Umsetzung von wertschöpfenden Veränderungen durch Digitalisierung, Organisation und neue Geschäftsmodelle. Er ist Mitbegründer des „Vereins zur Unterstützung der digitalen Transformation e. V.", der sich die Förderung von Menschen und Organisationen in der digitalen Transformation als Ziel gesetzt hat. Hans-Jörg Vohl ist Autor mehrerer Fachbücher und zahlreicher Artikel zum Thema Steuerung und Veränderung. In seiner Freizeit begegnet man ihm auf Wanderwegen in den Bergen oder auf dem Fahrrad bei der Suche nach neuen Passagen quer durch das Alpenvorland. Hans-Jörg Vohl lebt mit seiner Familie am Starnberger See.

Prof. Jo Wickert Dipl.-Des.: „In unserer globalisierten, digitalisierten Welt werden Produkte und Dienstleistungen immer vergleichbarer. Erfolgsfaktor Nummer eins wird somit die individuelle, kreative Kommunikation nach außen." Für dieses Credo steht Jo Wickert mit 25 Jahren Designerfahrung und 15 Jahren Erfahrung in Strategieberatung und Markenentwicklungsprozessen. In Workshops entwickelt er zusammen mit seinen Kunden die Aufgabe neu, verändert Perspektiven und liefert damit die Grundlage für strategisch wirksames Design. Aktuell arbeitet Jo Wickert an einer Reihe von Projekten, die den Nutzer aktiv in Teile der Wertschöpfungskette integrieren. Damit begreift er als Mitgründer des „User Generated Design" das Beziehungsverhältnis zwischen Kunden und Unternehmen neu.

Die radikal neuen Anforderungen unserer Zeit und die Konsequenz für Veränderungsarbeit 1

Warum die tiefgreifenden Veränderungen unserer Zeit von Unternehmen eine neue Qualität von Wandlungsfähigkeit fordern – Veränderungsintelligenz

Guido Baltes und Antje Freyth

Die Welt um uns herum scheint sich nachhaltig und tiefgreifend zu verändern – und das in einer Geschwindigkeit, die atemberaubend ist. Um diese Herausforderung nicht nur als Bedrohung zu begreifen, sondern als Chance nutzen zu können, ist von Unternehmen eine grundsätzlich neue Qualität von Wandlungsfähigkeit gefordert. Ohne diese Eigenschaften droht ihnen der Niedergang, der seit dem Jahr 2000 schon 52 % der Fortune-500-Unternehmen erfasst hat[1]: Branchen wie das Verlagswesen wurden von diesen Veränderungen bereits umgewälzt, andere, wie die Mobilitätsbranche, stecken mittendrin und wiederum andere, wie beispielsweise die Maschinenbauer des deutschen Mittelstandes, könnten dunkle Wolken

Bei dem Begriff Veränderungsintelligenz handelt es sich um eine in Deutschland (DE302009047411) und Europa geschütze Wortmarke (EM11766664)

[1]Seit dem Jahr 2000 sind 52 % der Fortune-500-Unternehmen nicht mehr eigenständig geschäftlich aktiv (aufgrund von Insolvenz oder Übernahme, Constellation Research (2014) Constellation's Outlook on Dominating Digital Business Disruption). Ähnliche Veränderungen zeigt die durchschnittliche Lebensdauer von Unternehmen: Diese ist seit den 80er Jahren bis 2012 um etwa ein Drittel gesunken (von ca. 25 auf ca. 18 Jahre, Foster, R. N. (2012) Creative Destruction Whips through Corporate America, Innosight).

G. Baltes (✉)
IST Innovationsinstitut, Hochschule Konstanz, Konstanz, Deutschland
E-Mail: baltes@innovationsinstitut.org

A. Freyth
Veränderungsintelligenz GmbH, Reichenau, Deutschland
E-Mail: freyth@veraenderungsintelligenz.de

G. Baltes und A. Freyth (Hrsg.), *Veränderungsintelligenz,*
https://doi.org/10.1007/978-3-658-04889-1_1

am Horizont aufziehen sehen. Der ehemalige EU-Digitalisierungskommissar Günther Oettinger konstatiert: „Die deutsche Industrie ist in Lebensgefahr!"[2] Gleichzeitig bergen Zeiten des Wandels außergewöhnliche Chancen – zumindest für diejenigen, die sie zu nutzen wissen.

Um diese Chancen nutzen zu können, muss man allerdings genau verstehen, was da eigentlich passiert. Warum scheinen wir eine Zeit des Wandels zu erleben, die sich fundamental unterscheidet von den an Wandel durchaus nicht armen Zeiten des 20. Jahrhunderts?

Es ist nach unserer Erfahrung wichtig, den aktuellen „Wandel des Wandels" und seine ökonomischen Zusammenhänge genau zu verstehen (und zu akzeptieren), um den Herausforderungen gut begegnen zu können. Dafür reicht es nicht, die Treiber dieses Wandels nur schlagwortartig aufzulisten. Denn die Gestaltung adäquater Antworten in Führung und Organisation setzt ein differenziertes Verständnis und Wissen über die konkreten Anforderungen voraus. Dieses differenzierte Verständnis ist darüber hinaus die wesentliche Basis, um Veränderungsbereitschaft und ein Gefühl der Dringlichkeit in der Organisation entwickeln zu können. Gleichzeitig ist es hilfreich, die Möglichkeiten, die in diesen Veränderungen liegen, an erfolgreichen Beispielen aufzuzeigen und damit Lust und Motivation für das Neue zu wecken.

Gerade in Unternehmen in aktuell wirtschaftlich guter Lage ist ein Gefühl der Dringlichkeit oft schwer zu vermitteln – denn im aktuellen Geschäft werden Signale empfangen, die nahelegen: „Wir sind ja erfolgreich." Nicht für jeden ist daher verständlich, warum dennoch Veränderungen initiiert werden sollten. Daher sind die Notwendigkeit und die Dringlichkeit erklärungsbedürftig, was eine über das „normale" Maß hinausgehende Kommunikation notwendig und ratsam macht. Der Erklärungsbedarf wird verstärkt durch die Paradoxien, die unvermeidbare Begleiterscheinungen im Umgang mit den teils radikalen Veränderungen unserer Zeit sind. Diese Paradoxien erklären sich nicht aus der Perspektive des Einzelnen. Die angemessene Erläuterung des Kontexts ist daher wesentlich, um einen sinnstiftenden Rahmen für Veränderungen anzubieten.

Um diesen Kontext auszuleuchten und ein differenziertes Verständnis zu ermöglichen, stellt das folgende, einführende Kapitel die Charakteristiken und Treiber des Wandels unserer Zeit dar. Anhand von Beispielen und Fallstudien werden Mechanismen im Markt und deren Konsequenzen für Unternehmen aufgezeigt.

Das Konzept der Veränderungsintelligenz greift diese aktuellen Herausforderungen auf und stellt Handlungs- und Gestaltungsmöglichkeiten vor, um ihnen auf der Ebene der Organisation und des Individuums zu begegnen. Hierfür sind andere

[2] Hightech Summit Baden-Württemberg Nov. 2015, Tagesspiegel 25.06.2016.

Fähigkeiten und Vorgehensweisen erforderlich als die, die das Kerngeschäft in der Vergangenheit zum Erfolg geführt haben.

Daher bietet dieses Kapitel einen Überblick über bestehende Ansätze zur Bewältigung des Wandels und führt darauf aufbauend in das Konzept der Veränderungsintelligenz als eine weiterführende Gestaltungsunterstützung ein. Das Konzept greift bewährte Ansätze auf, verknüpft sie neu und erweitert sie um innovative Ergebnisse originär eigener Forschung und Praxiserfahrungen der Autoren.

Diese Fragen werden Ihnen im folgenden Kapitel beantwortet

- Was sind die wesentlichen Charakteristiken und Treiber des Wandels unserer Zeit?
- Wie wirkt sich dieser Wandel an der Kundenschnittstelle aus?
- Wie wird dieser Wettbewerb durch die exponentielle Entwicklung digitaler Optionen befeuert?
- Wie wirkt sich der Wettbewerb um dominierende, digital gestützte Plattformen im B2B[3]-Bereich aus?
- Wann ist der richtige Zeitpunkt, in neu entstehende Märkte aufzubrechen?
- Warum bleibt auch erfolgreichen Unternehmen immer weniger Zeit zu reagieren und warum wächst die Gefahr, aus dem Markt gedrängt zu werden?
- Inwieweit sind bessere Fähigkeiten im Umgang mit Unsicherheit und Komplexität erforderlich?
- Warum braucht es für strategische Initiativen im Umfeld hoher Unsicherheit alternative Managementmethoden?
- Inwiefern sind Organisations- und Führungsmodelle, die den Erfolg neuer strategischer Initiativen ermöglichen, häufig inkompatibel mit dem gewohnten Vorgehen im Kerngeschäft?
- Wie unterscheiden sich diese Fähigkeiten und Vorgehensweisen von denjenigen, die das Kerngeschäft in der Vergangenheit erfolgreich gemacht haben?
- Worin liegt die besondere Herausforderung, gleichzeitig das bestehende Kerngeschäft zu erhalten und radikal neue strategische Innovationen aufzubauen?
- Wie genau haben sich mit dem Wandel des Wandels die Antworten zur Bewältigung der Veränderungsanforderungen verändert?
- Welche bewährten Ansätze der Veränderungsarbeit bieten auch heute noch eine hilfreiche Unterstützung?
- Mit welchen Kernelementen adressiert das Konzept der Veränderungsintelligenz spezifisch die neuen Veränderungsanforderungen unserer Zeit?

[3]B2B = Business-to-Business, Industriegütergeschäft.

1.1 Treiber beschleunigter Innovationszyklen

Wenn wir heute über intensivierten Wettbewerb, Globalisierung, erhöhten Innovationsdruck und die Radikalität des notwendigen Wandels sprechen, dann haben wir meist Technologieentwicklungen vor Augen:

Beispiele sind das Smartphone als universelle Schnittstelle zu digitalen Diensten, die überall gegebene und nahezu unbeschränkte Verfügbarkeit von Computern oder die vollkommen neue Qualität von Roboterunterstützung. Die erfolgreiche und schadensfreie Alleinfahrt eines Blinden in einem (Google-)Auto[4] mag als Beispiel dienen, wie tiefgreifend Software-, Informations- und Kommunikationstechnologie heute schon in unseren Alltag eingreifen (können), wobei sie grundlegende Regeln und Routinen außer Kraft setzen (Blinde dürfen kein Auto fahren).

Zunächst scheinen solche Veränderungen vor allem technologischer Natur zu sein. Tatsächlich jedoch würden sich die technologischen Entwicklungen nicht derart radikal in Markt und Gesellschaft auswirken, wenn sich nicht gleichzeitig auch ein anderer Treiber des Wandels ebenfalls deutlich verändert hätte – der Mensch.

Nach den Babyboomern und der Generation X sind nun die Generation Y bzw. die Millennials am Zuge. Deren Wertevorstellungen, Lernverhalten, Sozialinteraktion und Statusdenken unterscheiden sich deutlich von den Babyboomern und der Generation X.[5] Sie sind viel schneller bereit, neue Entwicklungen aufzunehmen und Verhalten und Gewohnheiten zu verändern. Als Konsequenz wandeln sich Kundenverhalten und -erwartungen sehr deutlich, mitunter radikal – aber auf jeden Fall in viel kürzerer Zeit.

Dabei kommen diese schnellen und gleichzeitig fundamentalen Änderungen nicht laut und für jeden sofort wahrnehmbar als eine Art Revolution daher. Ganz im Gegenteil vollziehen sie sich sukzessive im Alltag des Einzelnen, scheinbar selbstverständlich und still und leise. So entsteht eine Diskrepanz zwischen der „gefühlten" Realität einer eher evolutionären Entwicklung und der „tatsächlichen" Realität beschleunigter und radikaler Umwälzungen im Nachfrageverhalten: Kundenpräferenzen sind heute deutlich volatiler, d. h. ändern sich schneller und tiefgreifender.

Den Übergang vom Mobiltelefon zum Smartphone kann man als Beispiel eines solchen radikalen Wandels interpretieren. Noch schneller war der Übergang vom Laptop zum Tablet: Die ersten 50 Mio. Smartphones zu verkaufen hat mehr als dreimal so lange gedauert wie die ersten 50 Mio. Tablets.[6] Hierzu konstatierte Leo Apotheker, CEO des

---

[4]Steve Mahan, ehemaliger Direktor des Santa Clara Valley Blind Center, fährt in einem autonomen sogenannten Google Car durch Austin (TX), The Washington Post 13. Dezember 2016.

[5]Vgl. dazu die Gegenüberstellung bei [40, S. 113] oder die Darstellung von [35].

[6]Tony Seba, Stanford University: Ausgehend vom ersten Nokia Communicator Smartphone (1996).

größten Computerherstellers Hewlett-Packard (HP), schon 20 Monate nach der Markteinführung etwas überrascht: „Der Tablet-Effekt ist real.“[7]

Während das Mobiltelefon im Wesentlichen noch für das genutzt wurde, was der Name transportiert – Telefonieren –, ist das Smartphone schnell zum zentralen Hub nicht nur für die verschiedenen Kanäle der Kommunikation, sondern auch für den Zugang zu Informationsdiensten und Transaktionen geworden. Native Smartphone-Dienste wie beispielsweise Uber[8] sind ohne diese Endgeräte gar nicht denkbar und verändern unsere Welt zum Teil auf radikale Weise: In San Francisco haben die *Yellow Cabs,* das älteste Taxiunternehmen der Stadt, im Januar 2016 Insolvenz angemeldet – und das, obwohl im Nahverkehr von San Francisco die Anzahl der Individualkilometer weiter steigt.

Diese schnellen und radikalen Veränderungen im Kundenverhalten sind eine Herausforderung für Unternehmen und werden in ihrer Wirkung auf Wettbewerb und Gesellschaft häufig nicht richtig eingeschätzt, tendenziell unterschätzt. Geradezu ikonisch ist in diesem Zusammenhang die Unterschätzung des Smartphone-Effekts durch die marktführenden Firmen der Ära des Mobiltelefons:

Nokia nahm zum Zeitpunkt der Ankündigung des iPhones noch an, mehr als ein Jahr Vorsprung vor Apple zu haben.[9] Auch nach der Markteinführung sah Nokias Vorstand keinen Grund zur Sorge.[10] Steve Ballmer, zu dem Zeitpunkt CEO von Microsoft, bekam einen Lachanfall, als er sich zu den Wettbewerbschancen des iPhones im Interview mit David Lieberman von USA TODAY äußern sollte.[11] Es erschien ihm eine geradezu absurde Idee, ausgerechnet das teuerste Mobiltelefon der Welt ohne ein – aus seiner Sicht – entscheidendes Feature verkaufen zu wollen, die Tastatur.[12] Gleichzeitig sah er Microsoft-Windows-Mobile-unterstützte Geräte bei 20 % des (subventionierten) iPhone-Preises („99 $“ statt „500 $, fully subsidized, with a plan“) als gleichwertig an: „It can do internet, it can do instant messaging, it can do music [...]“

Diese Beurteilung einer (potenziell erfolgreichen) Innovation anhand von Maßstäben der bestehenden, „alten“ und noch erfolgreichen Produktparadigmen ist ein typisches

[7]Handelsblatt 19.08.2011, der erste Tablet-Computer wurde als iPad von Apple im Januar 2010 eingeführt. In 2011 brach auch aufgrund dieser neuen Gerätekategorie das Privatkundengeschäft von Hewlett-Packard um 17 % ein. Zunächst hatte jedoch die Veröffentlichung des ersten Tablets (iPad) zu allerlei Witzen angeregt, nur wenige sahen darin eine ernstzunehmende Produktkategorie.

[8]Uber ist ein Silicon-Valley-Start-up mit Taxi-App, das in vielen Städten der Welt per Smartphone online Fahrgäste an selbstständige Fahrer mit Fahrzeugen (teilweise an professionelle Taxis, teilweise auch an private Fahrer mit eigenem Auto) vermittelt. Vom Fahrpreis erhält das Unternehmen bis zu 20 % Provision.

[9]Firmensprecher Kari Tuuti am 10.01.2007 in SPIEGEL ONLINE.

[10]Vorstand Anssi Vanjoki am 19.09.2007 im Interview mit dem manager magazin.

[11]Steve Ballmer, CEO Microsoft, April 2007, Interview mit USA TODAY im Rahmen des 6. USA TODAY CEO Forums, auf YouTube konserviert unter „Steve Ballmer laughs at the iPhone“.

[12]Zu der Zeit schienen besonders gute Tastaturen noch ein Differenzierungsfaktor (z. B. für RIM mit BlackBerry-Produkten) zu sein – RIM erlebte den Wechsel der Kundenpräferenzen besonders bitter und hat nach dem Niedergang in die Bedeutungslosigkeit 2016 die Produktion von Endgeräten eingestellt.

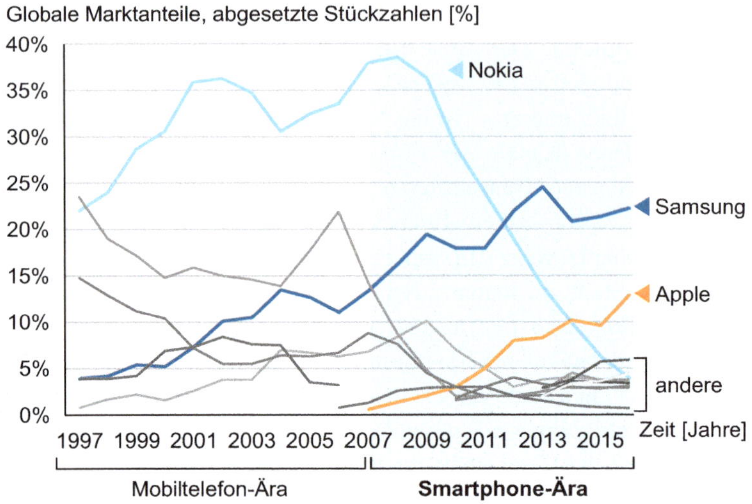

Abb. 1.1 Absatzzahlen Mobiltelefone inkl. Smartphone weltweit [Stück]. (Datenquellen: Gartner Dataquest, IDC, Heise Verlag)

Beispiel mangelnder Veränderungsbereitschaft in einem erfolgreichen Unternehmen und der daraus resultierenden Reaktion auf sich andeutende Veränderungen im Markt: Verteidigung des Status quo. Auch die Reaktion der Kunden darauf ist geradezu idealtypisch, denn diese sahen das ganz anders … zwei Jahre nach der Einführung des iPhones fiel der Marktanteil von Nokia in einen nicht mehr aufzuhaltenden Sinkflug bis zur Übernahme durch Microsoft, und auch Microsoft ist heute mit Windows Mobile am Smartphone-Markt faktisch nicht mehr präsent.

Entwicklung der Marktanteile im globalen Mobiltelefonmarkt

Abb. 1.1 zeigt die Entwicklung der Marktanteile der größten Hersteller von Mobiltelefonen und illustriert damit die Wirkung der Markteinführung des iPhones auf den Markt für Mobiltelefone: Auf den Marktanteil von Nokia scheint die Markteinführung des iPhones zunächst keine Wirkung zu haben. Nokias Marktanteil ist von 2007 auf 2008 sogar noch einmal angestiegen, 2009 war der Marktanteil immerhin noch größer als in 2007. Dies wurde aber nicht durch einen aktiven Einstieg in das neue *Smartphone*-Segment erreicht, sondern durch Ausweichen in bisher nicht stark bediente, internationale Märkte mit geringerem Durchschnittseinkommen.[13] Als Nokia später (2011) in Allianz mit Microsoft noch versuchte, auf den Smartphone-Zug aufzuspringen, war es unrettbar zu spät.[14]

[13]Marktanteile bei Mobiltelefonen werden traditionell in Stückzahlen der an Endkunden verkauften Geräte gemessen. Das Ausweichen in einwohnerstarke, aber einkommensschwächere Regionen, z. B. Afrika, eröffnete daher für eine kurze Zeitspanne gute Absatzpotenziale in diesem Sinne.

[14]Das Zögern und Festhalten am proprietären Betriebssystem (Symbian) hatte die Marke so sehr beschädigt, dass der Niedergang nicht mehr aufzuhalten war. 2014 gingen die Reste an Microsoft.

Bemerkenswert ist die Diskrepanz zwischen dem relativ kleinen Marktanteil des iPhones und seiner durchschlagenden Wirkung. Bezogen auf den Marktanteil waren die Prognosen der Nokia-Führung demnach durchaus zutreffend. Die tatsächliche Wirkung der iPhone-Markteinführung hat das aber in keinster Weise erfasst: Das iPhone hat vollständig das Paradigma dessen geändert, was wir als Mobiltelefon ansehen. Samsung ist als einer der Gewinner aus dem Paradigmenwechsel hervorgegangen und heute klarer Marktführer.[15]

Das Beispiel der Veränderung durch den Paradigmenwechsel hin zum Smartphone zeigt zwei Dimensionen, in denen der Wandel eine völlig neue Qualität erreicht: Es ist zum einen die Radikalität im Sinne tiefgreifender Veränderungen (wird in Abschn. 1.2 eingehender diskutiert) und zum anderen die Geschwindigkeit, in der sich dieser Wandel vollzieht. Weil der Wandel so radikal ist, kann man nicht mehr mit dem „alten" Modell arbeiten – die von Ballmer gepriesenen Feature-Phones wurden unverkäuflich. Weil der Wandel sich so schnell vollzieht, hat man kaum Chancen, wieder aufzuholen, wenn man den Start verpasst hat. Es gibt ein zunehmend schmaleres *Window of Opportunity,*[16] um in innovationsorientierten Märkten erfolgreich zu agieren: Nokia blieben also keine zwei Jahre für eine geeignete Reaktion (die dann auch ausgeblieben ist).

Dies folgt aus einem dynamischeren Kundenverhalten und ist das Ergebnis beständig kürzer werdender *Adoptionszeiten,* also der Zeitspanne, die benötigt wird, bis eine neu verfügbare Produktkategorie breit im Markt akzeptiert und nachgefragt wird. Diese Adoptionszeit ist damit auch ein Indikator für die Zeitspanne, die Unternehmen zur Verfügung steht, um auf diese Entwicklung zu reagieren.

Früher waren diese Zeiten recht üppig bemessen, die Adoption ging langsam vonstatten. Der Wechsel vom Schwarz-Weiß-Fernseher zum Farbfernseher hat Jahrzehnte gebraucht. Obwohl der Farbfernseher schon 1955 im Markt eingeführt worden war, wurden auch noch in den 80er Jahren Schwarz-Weiß-Fernseher hergestellt. Häufig wurden diese noch als günstige Zweitgeräte genutzt. Daher hieß es bei Fußballübertragungen noch sehr lange: „Die Mannschaft von ... spielt in den dunklen Trikots von rechts nach links."[17]

[15]Eine ausführliche Darstellung dieses Wettbewerbs findet sich hier [63].

[16]Window of Opportunity ist die Zeitspanne, in der ein Ereignis noch unterschiedliche Verläufe nehmen und noch gut beeinflusst werden kann. In Wirtschaftszusammenhängen versteht man darunter meist das Zeitfenster, in dem ein erfolgversprechender Markteintritt noch gut möglich ist, vgl. dazu [60].

[17]Ein anderes Beispiel: Das erste digitale Foto wurde 1975 vom Ingenieur Steve Sasson gemacht. Es sollte aber noch etwa 25 Jahre dauern, bis die digitale Kamera die analoge Kamera ersetzen würde – obwohl bereits 1986 die erste kommerzielle digitale Kamera vorgestellt wurde.

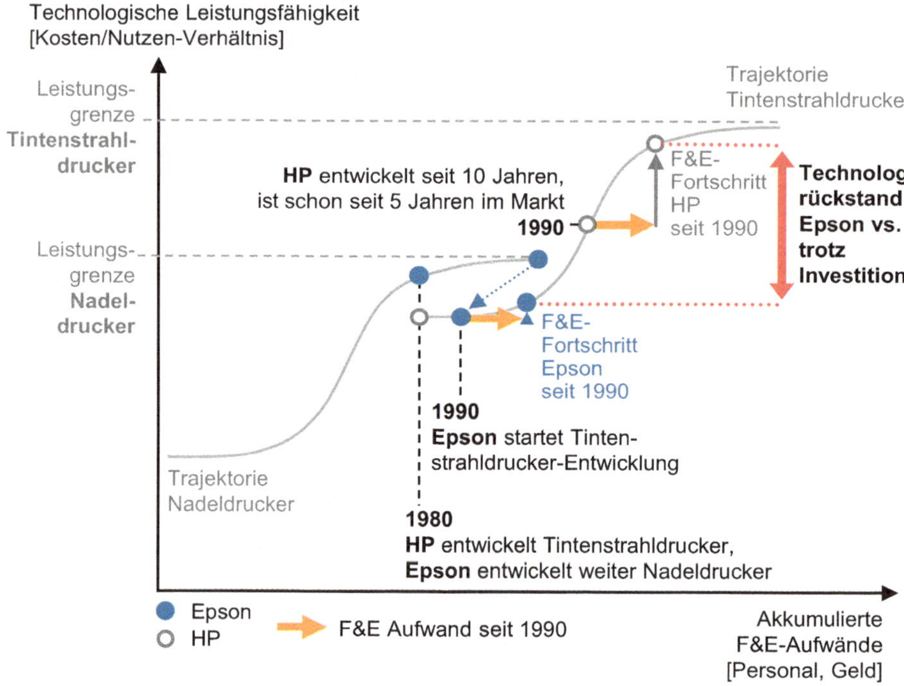

Abb. 1.2 Technologie und Leistungsentwicklung, Beispiel Drucker

Die Dynamik und Entwicklung von Technologieübergängen

Traditionell werden Technologieübergänge anhand von Technologie-Trajektorien[18] oder Technologie-S-Kurven betrachtet. Abb. 1.2 zeigt schematisch den Verlauf einer solchen Technologie-S-Kurve am Beispiel des Übergangs vom Nadel- zum Tintenstrahldrucker. Abb. 1.3 zeigt dazu den konkreten Zeitablauf im Wettbewerb zwischen Epson, „King of the Jungle" im Nadeldrucker-Markt, und Hewlett-Packard (HP), dem Pionier und neuen Wettbewerber auf dem Tintenstrahldruckermarkt.

Die Firma Epson verpasste den frühen Einstieg in die neu aufkommende Technologie[19] der Tintenstrahldrucker und startete erst 10 Jahre später eine eigene Entwicklung. Immerhin hat Epson überlebt – auch wenn der ehedem dominante Marktanteil an Hewlett-Packard überging.

---

[18]Technologie-Trajektorie ist der wirtschaftliche Entwicklungsverlauf, der durch technologische Rahmenbedingungen bestimmt wird. Auch als Kondratjew-Zyklen bezeichnet, beschreibt der wellenförmige Verlauf die zyklische Wirtschaftsentwicklung entlang technologischer Paradigmenwechsel und der damit verbundenen Investitionen. Hat sich eine Innovation durchgesetzt, verringern sich Investitionen darin drastisch. Es kommt zu einem Abschwung, in dessen Verlauf aber schon am neuen Paradigma gearbeitet wird.

[19]Hewlett-Packard und Canon reichten 1980 unabhängig und im Abstand von nur vier Wochen die wesentlichen Basispatente dazu ein. Hewlett-Packard ergänzte 1984 die Technologie zur Integration von Druckkopf und Tintenreservoir.

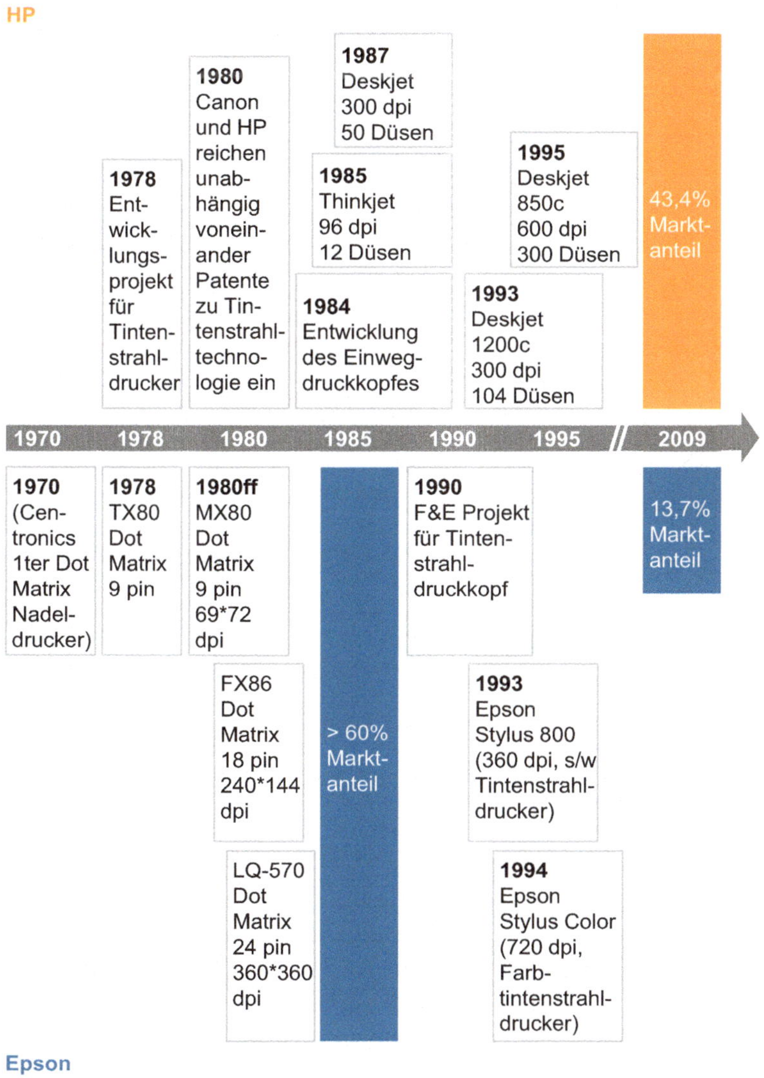

Abb. 1.3 Fallbeispiel Technologiewechsel: Epson versus HP

Im Gegensatz zu den damaligen langen Adoptionszeiten und Technologieübergängen sind diese Innovationszyklen heute deutlich beschleunigt, wie man schon am Beispiel des Wechsels vom Mobiltelefon auf das Smartphone erkennen kann. Ein anderes Beispiel, die Distribution von Musik, ermöglicht es sogar, mehrere solcher

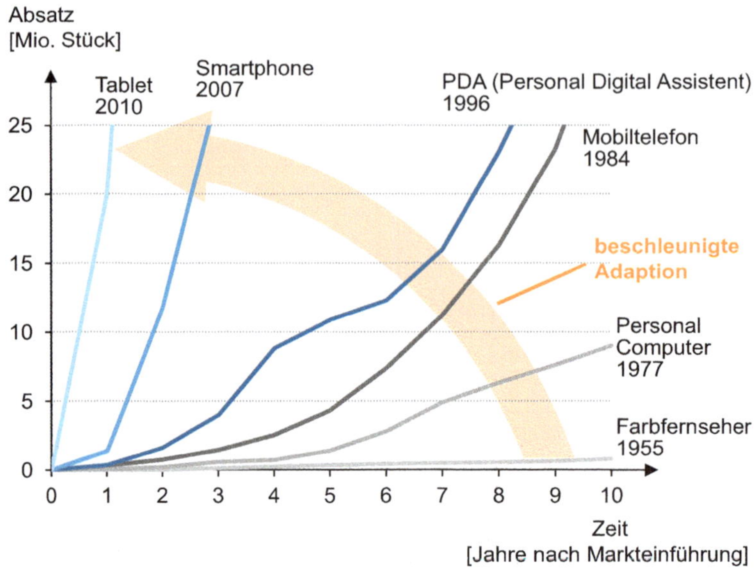

Abb. 1.4 Beschleunigung von Adoptionszeiten für elektronische Produktkategorien. (Mobiltelefon: Vertragsabschlüsse, Datenquellen: Gartner, IDC, Worldbank, NBC, BBC, Ars Technica, Nicolas Felton hat eine ähnliche, jedoch deutlich detailliertere Darstellung des Sachverhaltes erstellt [60])

Innnovationszyklen im gleichen Markt zu betrachten und damit die kontinuierliche Beschleunigung nachzuvollziehen[20]:

Die **Schallplatte** hatte **95 Jahre** Zeit im Markt, die **Compact Disc (CD)** nur noch **19 Jahre,** bis sie vom **MP3-Player** verdrängt wurde, der seinerseits nur noch **8 Jahre**[21] Zeit im Markt hatte. Er wurde von den Musik-Streaming-Diensten abgelöst.

Die Abb. 1.4 zeigt diese Beschleunigung von Adoptionszeiten anhand verschiedener elektronischer Produktkategorien. Deutlich zu erkennen ist, dass die Kurven steiler werden, je jünger die Produktkategorie ist: je steiler die Kurve, desto kürzer die Adoptionszeit.

[20]Die nachfolgend aufgeführten Innovationszyklen lassen eine wesentliche Entwicklung in Musik-Wiedergabegeräten außen vor, den Sony Walkman. Dieses mobile Musik-Wiedergabegerät nutzte als Medium die Musikkassette und setzte 1979 einen Meilenstein bezogen auf den Konsum von Musik – seit dem Sony Walkman wird Musik auch „unterwegs" und im Alltag gehört. Die Änderung des Nutzerverhaltens bezog sich aber nur auf die Nutzung von Musikkopien … im Vertrieb von Musik spielten Musikkassetten aufgrund ihrer begrenzten Lebensdauer und der Qualitätseinbußen keine wesentliche Rolle. Daher wird diese Technologie für die Betrachtung hier vernachlässigt.

[21]Seit 2014 fällt die Zahl der Musik-Downloads in Apples Dienst iTunes signifikant (in 2014: –14 %). Als Ursache wird der Wettbewerbsdruck des parallel wachsenden Musik-Streamings angesehen.

Wenn wir also über die *beschleunigten Innovationszyklen* unserer Zeit sprechen, dann sind diese weniger ein Phänomen der Technologieentwicklung – wir erfinden nicht „schneller". Deutlich beschleunigt sind stattdessen die kommerziellen Marktprozesse [1]:

- Einmal am Markt eingeführt, erzielen erfolgreiche Produkte viel schneller eine breite Marktdurchdringung – und verdrängen bestehende Produkte
- Einmal am Markt eingeführt, motiviert eine neue Produktkategorie viel schneller Nachahmer, in das Marktsegment einzutreten – was schon früh zu einem Verdrängungswettbewerb führt

Diese schnelle Akzeptanz und Nachfrage für neue Produkt- und Service-Kategorien führt zu einer immer dynamischer wachsenden Marktdurchdringung neuer Produkt- und Service-Kategorien. Etablierten Unternehmen bleibt damit immer weniger Zeit, auf diese Entwicklungen zu reagieren – die Gefahr, aus dem Markt gedrängt zu werden, wächst. Das gilt auch für solche Unternehmen, die im bestehenden Markt oder in der aktuellen Technologie führend und erfolgreich sind (z. B. Nokia oder Kodak).

So kann trotz aktuell guter Geschäftszahlen und -erfolge dringlicher Veränderungsbedarf bestehen. Dennoch können – wie wir es in der Praxis erleben – Führungskräfte in solchen Situationen schnell in Erklärungsnotstand geraten, wenn sie die notwendigen Veränderungen initialisieren und die Organisation dazu abholen und einbinden wollen. Aufgrund der Paradoxie („Uns geht es doch heute gut" ...) ist das Gefühl der Dringlichkeit nicht leicht zu vermitteln. Für diese Vermittlung ist es nach unserer Erfahrung hilfreich, die Treiber und Besonderheiten der aktuellen Veränderungen in den Märkten darzustellen und zu erläutern. Denn ein Gefühl von Dringlichkeit und Veränderungsbedarf (Kap. 3) ist die wesentliche Voraussetzung für die Umsetzung von Veränderung in der Organisation.

Ein weiterer Treiber für die Beschleunigung im Kundenverhalten sind neue technische Möglichkeiten, veränderte Produkte schneller in den Markt zu bringen. Die kontinuierlich sinkende Nutzungsdauer von Produkten[22] dokumentiert diese Entwicklung. Kunden nutzen Produkte weniger lange, kaufen daher häufiger neu und entscheiden somit in häufigerer Frequenz, welchem Hersteller bzw. welcher Marke sie ihr Vertrauen schenken.[23] Im Bereich der elektronischen, insbesondere mobilen Konsumgüter sind die Auswirkungen dieser Entwicklung heute schon massiv präsent.

---

[22]Insbesondere bezogen auf die neueren mobilen elektronischen Produktkategorien, vgl. die Studie des Umweltbundesamtes „Einfluss der Nutzungsdauer von Produkten auf ihre Umweltwirkung" von 2016.

[23]In der Bekleidungsindustrie hat dies zu der unter *Fast Fashion* subsumierten Entwicklung geführt: Mit zwölf Kollektionen im Jahr wechseln Hersteller wie u. a. Zara das Sortiment monatlich.

Im Bereich der „klassischen“, physischen Konsumgüter (denken Sie an die Nutzungsdauer Ihrer Waschmaschine – sie wird im Durchschnitt mehr als 10 Jahre genutzt[24]) und im Bereich der Investitionsgüter ist das heute noch anders. Für die Zukunft aber ist auch hier eine ähnliche Entwicklung zu erwarten, befeuert u. a. durch das enorm starke und dynamische Wachstum im Bereich der additiven Produktionsverfahren, des sogenannten 3-D-Drucks.[25] Statt für neue Produkte oder Produktdesigns ganze Fertigungsstraßen neu gestalten zu müssen, können diese mit additiven Fertigungsverfahren sehr viel schneller hergestellt und in den Markt gebracht werden. Damit ist auch für physische Konsum- und Industriegüter zumindest für die Zukunft zu erwarten, dass Kunden häufiger neu entscheiden und veränderte Produkte schneller an den Markt gebracht werden können.

Innovationstreiber 3-D-Druck – von Prototypen hin zu funktionsfähigen Produktionsteilen
Wir sehen heute bereits, dass sich der 3-D-Druck erfolgreich von „Spielerei“ und Prototypenbau in die Produktion kommerzialisierter Produkte weiterentwickelt hat: Ursprünglich vor allem für Prototypen mit Kunststoffwerkstoffen genutzt, verlagert sich die Anwendung des 3D-Drucks zunehmend in den Bereich der produktiven Prozesse und der Herstellung kommerzialisierter Produkte. Dafür wird als Werkstoff (statt Kunststoff) Metall eingesetzt. Die so „gedruckten“[26] Bauteile sind voll funktionstüchtig und belastbar. Dementsprechend ist das dynamischste Wachstum im Bereich der metallbasierten Sinter-Werkstoffe (26 % in 2015[27]) und entsprechender additiver Fertigungsmaschinen zu beobachten. Damit werden heute erst Branchen mit relativ geringen Stückzahlen bedient.[28] Jedoch zieht diese Technologie derzeit auch in breitere Industriebranchen ein. Nicht zuletzt deshalb kooperieren Siemens und HP seit Mitte 2016[29], um gemeinsam eine neue 3-D-Druck-Lösung für funktionsfähige Produktionsteile zu vertreiben.

Für den deutschen Sportschuhhersteller Adidas ist diese Entwicklung schon gelebte Realität[30]:

[24]Stand 2013. Aber auch diese Nutzungsdauer ist im Trend stark abnehmend. 2004 lag dieser Wert noch bei über 16 Jahren (Umweltbundesamt (2016) „Einfluss der Nutzungsdauer von Produkten auf ihre Umweltwirkung“, S. 103 ff.).

[25]Umgangssprachlich auch als 3-D-Druck bezeichnet, nutzen generative bzw. additive Fertigungsverfahren formlose (Flüssigkeiten, Pulver) oder formneutrale (band-, drahtförmig) Rohmaterialien, um mittels chemischer oder physikalischer Prozesse (sintern) ein Erzeugnis ohne Urform oder Werkzeug schichtweise aus einem Datenmodell der Geometrie des Werkstückes aufzubauen.

[26]Wichtigste Verfahren sind selektives Laserschmelzen und das Elektronenstrahlschmelzen.

[27]Wachstum im Absatz von Maschinen: 48 %, Wachstum im Absatz von Material: 32 % [23].

[28]Beispielsweise Einspritzdüsen für Flugzeugtriebwerke (General Electric) oder Implantate in der Medizin- oder Dentaltechnik (Arcam).

[29]Pressemeldung Siemens AG, 28.06.2016.

[30]The Economist (2017) Advanced manufacturing: Adidas's high-tech factory brings production back to Germany, 14.01.2017.

Im Herbst 2016 hat Adidas die ersten 500 Paar Laufschuhe aus seiner sogenannten Speedfactory in den Verkauf gegeben. Die Speedfactory[31] ist eine Vorstufe auf dem Weg hin zur Storefactory – der (Einzel-)Herstellung individueller Sportschuhe im Ladengeschäft. Dafür nutzt Adidas in der Fertigung eine Kombination verschiedener Technologien, unter anderem 3-D-Druck für die Sohle[32], Strickmaschinen für die Oberteile[33] und Kunststoffschweißen statt Kleben oder Nähen. Diese Technologien erlauben heute bereits eine weitgehend automatisierte Fertigung der Adidas Futurecraft M.F.G.-Schuhe in der Speedfactory.

In der nahen Zukunft zielt Adidas auf ein Szenario, in dem diese Technologien im Ladengeschäft (Storefactory) oder in Produktionszentren in der Nähe von Kreativ- und Metropolregionen genutzt werden, um individualisierte Sportschuhe zu produzieren:

Der Kunde betritt den Laden, wird mittels Sensoren und 3-D-Scanner vermessen und wählt anschließend ein Grundmodell aus. Für dieses kann der Kunde Elemente wie Farben, Formen und Muster individualisieren. Die auf die vermessene Fußform angepassten Teile werden mit 3-D-Druck und Strickmaschinen individuell gefertigt und automatisiert durch Roboter zusammengesetzt. Ziel ist die Auslieferung innerhalb von Stunden nach dem Vermessen – agiler fertigen geht nicht.

Adidas kann so in den wichtigsten Märkten flexibler und schneller auf Modetrends und Kundenwünsche reagieren und vor Ort produzieren – statt wie bisher die Produkte in Asien zu bestellen und die bestellte Ware 40 bis 50 Tage auf dem Seeweg von Asien nach Europa zu transportieren.[34] Denn in dieser Zeit kann sich die Nachfrage erheblich ändern, und so werden heute große Mengen an Restbeständen mit hohen Rabatten verkauft. Durch die neue Geschwindigkeit der Vor-Ort-Produktion sollen 20 % mehr Ware zum vollen Preis verkauft werden.[35] Dabei ermöglicht die Kapazitätsbalance zwischen Speedfactory-Zentren und Storefactory eine abgestufte Flexibilisierung von Kleinserien bis hin zur kundenindividuellen Herstellung … ein ähnliches Konzept hat Zara zum Marktführer der Fast Fashion gemacht.

[31]Die erste Testfabrik steht auf dem Gelände des Kunststoffspezialisten Oechsler in Ansbach. Hier soll die Kapazität in 2017 auf 500.000 Paar Schuhe anwachsen. Diese werden mit geplant 160 Mitarbeitern produziert. Ein zweiter Standort wird noch 2017 in Atlanta (USA) aufgebaut.

[32]Futurecraft 3D, Schuhoberteil und -sohle werden nicht mehr verklebt, sondern durch eine autonome Maschine erhitzt und verschweißt; ein Video findet sich bei YouTube unter „Adidas Speedfactory".

[33]Heute werden die gestrickten Schuhoberteile noch von einem Laser final beschnitten, jedoch wird die Stricktechnik als Game Changer gesehen, weil die Strickmaschinen zukünftig eine vollautomatisierte und auf den individuellen Fuß zugeschnittene Fertigung der dreidimensionalen Schuhform ermöglichen sollen (James Carnes, Adidas Creative Director).

[34]Die Zeitspanne von der ersten Skizze bis zu Auslieferung eines Schuhs beträgt heute etwa 18 Monate, die Zeit für die Nachproduktion einer Charge bereits produzierter Schuhe beträgt 2–3 Monate.

[35]Gerd Manz, Adidas VP Future.

Kernaussagen

- Die kontinuierlich beschleunigten Innovationszyklen sind vor allem durch Beschleunigung in kommerziellen Marktprozessen und schnellerer Kundenadoption getrieben.
- Kunden reagieren immer schneller auf neue Produkte und Services, sodass erfolgreiche neue Angebote immer schneller breite Akzeptanz und Marktdurchdringung finden.
- Die zunehmend beschleunigte Marktdurchdringung lässt Unternehmen weniger Zeit zu reagieren und die Gefahr, aus dem Markt gedrängt zu werden, wächst.
- Kundenpräferenzen werden innovationsorientierter (Neues scheint attraktiver als Bewährtes) und lassen Unternehmen zunehmend kleinere Windows of Opportunity, um in den Markt zu kommen.
- Neue Fertigungsverfahren zielen darauf, Produkte noch schneller in den Markt zu bringen, noch stärker kundenindividuell zu gestalten, noch häufiger neue Modelle am Markt zu testen.

1.2 Treiber radikaler Innovation

Neben der im vorhergehenden Abschnitt dargestellten Beschleunigung der Innovationszyklen sind die aktuellen Veränderungen in den Märkten gekennzeichnet durch eine zunehmende Radikalität im Sinne tiefgreifender Veränderungen.

Die Innovationen unserer Zeit verändern selten ausschließlich einzelne technologische Merkmale und Produkteigenschaften. Das war beispielsweise beim Fernseher noch anders: Beim Wechsel vom Schwarz-Weiß- zum Farbfernseher blieb ein Fernseher ein Fernseher, nur die Trikots wurden bunt. Heute jedoch lösen Innovationen Veränderungen bei einer Vielzahl von Faktoren gleichzeitig aus, sodass sich in der Folge nicht nur das Produkt in seiner Erscheinung ändert, sondern gleichzeitig auch Wertschöpfungs-, Nutzungs- und Geschäftsmodelle der betroffenen Branchen.

Kommen wir dafür auf das vorher schon genannte Beispiel der Innovationszyklen in der Distribution von Musik zurück (Abschn. 1.1): Wir können hier nicht nur die Beschleunigung über mehrere Zyklen erkennen, sondern auch die radikalen Auswirkungen auf das Kundenverhalten und die Ökonomie einer ganzen Branche nachvollziehen. Zudem kann der Leser hierbei auch auf die eigenen Erfahrungen (als Kunde) zurückgreifen.

Beispiel zunehmender Radikalität von Veränderungen – Musikdistribution im Wandel der Zeit
Die Tonaufzeichnung, eine Erfindung des frühen 18. Jahrhunderts, hat das Universalgenie Thomas Alva Edison im Jahr 1877 als „Phonograph" kommerzialisiert. Erfolgreicher war jedoch das 1887 patentierte Grammofon, das ausschließlich dem Abspielen von Tonträgern, d. h. Schallplatten, diente. Beinahe 100 Jahre lang blieben wir dieser Technologie treu, bis 1982 im Tonträgermarkt mit der Compact Disc (CD) erfolgreich eine neue Technologie etabliert wurde. Die

Musikindustrie erlebte eine Sonderkonjunktur: Bestehende Schallplattensammlungen wurden noch einmal gekauft – nun auf CD. Diese Freude währte jedoch nicht sehr lange, denn digitale Musikkomprimierung ermöglichte den Erwerb von Musik ohne Tonträger – als auf Computer abspielbare Dateien im MP3-Format.[36] Die Markteinführung des erfolgreichsten MP3-Players *iPod* 2001 mit *iTunes* (heute größter Musikvertriebskanal in den USA) galt als Meilenstein für das Ende der CD-Ära. Aber auch hier droht bereits die Ablösung durch die seit 2007 steigende Durchdringung von Musik-Streaming-Diensten, die Musik ad hoc bereitstellen. Das neue Motto der Kunden: Warum eigentlich muss ich Musik besitzen?

In den Innovationszyklen der Musikdistribution hat sich nicht nur die Technologie verändert, sondern gleichzeitig auch das **Geschäftsmodell:**

- **Schallplatte – Gewinner: Grammofon-Hersteller.** Die Marge auf Abspielgeräten war zunächst signifikant, Tonträger vergleichsweise günstig. Profite lagen bei den Grammofon-Herstellern.[37]
- **Compact Disc (CD) – Gewinner: Musikproduzenten.** Aufgrund von Lizenzgebühren für die Nutzung von Patenten und des schnellen Preisverfalls war der Profit bei Endgeräte-Herstellern gering.[38] Lukrativer waren die Tonträger der Musikproduzenten, die die Künstler unter Vertrag hatten.[39]
- **MP3-Player – Gewinner: Vertriebsplattform.** Weder die Hersteller der Endgeräte (MP3-Player) noch die Musikproduzenten[40] erzielten gute Profite. Hauptgewinner war die Vertriebsplattform (iTunes), die die Kundenschnittstelle hält, weil hier von jedem Verkauf 30 % einbehalten werden.
- **Musik-Streaming – Gewinner: Streaming-Plattform.** Auch hier ist die dominante Vertriebsplattform der Marktspieler, der das Wertpotenzial des Markts am stärksten ausschöpft. Das ist (aktuell) die 2008 online gegangene Streaming-App Spotify mit 40 Mio. zahlenden Nutzern und weiteren 55 Mio. Nutzern, die die kostenfreie, werbefinanzierte Version nutzen.[41]

---

[36]Bekanntester Standard für Audiocodierung MP3, maßgeblich vom Fraunhofer IIS entwickelt.

[37]Zum Beispiel Victor Talking Machine Company, 1929 an RCA verkauft.

[38]Sony und Philips besaßen wesentliche Patente, Lizenzgebühren für deren Nutzung sollen bei 2–4 Cent je CD und bei 2–3 % des Fabrikpreises je CD-Player gelegen haben, SPIEGEL ONLINE 22/1998.

[39]Bertelsmann in Deutschland, international u. a. Sony Music Entertainment, Universal Music Group.

[40]Hauptgrund ist der niedrige Verkaufspreis pro Song (99 Cent) und die Auflösung des Albumzwangs, d. h. Kunden müssen nicht mehr ein ganzes Album kaufen, um einen einzelnen Song zu erwerben.

[41]Stand Okt. 2016, zum Vergleich: Apple Music 17 Mio. zahlende Nutzer, keine kostenfreie Version.

Diese Veränderung in den Geschäftsmodellen hat die Ökonomie der Musikbranche radikal verändert:

Von dem Umsatz einer verkauften CD hat ein Künstler in der Regel etwa einen Euro erhalten. Um den deutschen Monatsmindestlohn[42] zu verdienen, musste ein Künstler also etwa 1300 CDs verkaufen. Die gleichen Einnahmen über iTunes zu verdienen, ist deutlich anspruchsvoller. Der Künstler muss etwa 13.800 Songs pro Monat verkaufen.[43] Im Streaming-Modell wird das Geldverdienen noch schwieriger. Vereinfacht gesprochen erfolgt hier eine Zahlung an den Künstler, wenn ein Song für mindestens 30 s gestreamt wird. Um den gleichen deutschen Monatsmindestlohn zu verdienen, muss der Song eines Künstlers 4.500.000 Mal (Sie lesen richtig: vier Komma fünf Millionen Mal) für mindestens 30 s gestreamt werden.[44] Wer so häufig gestreamt wird, lebt typischerweise nicht von Einnahmen in der Größenordnung des Mindestlohnes …

Das Erlösmodell der Musiker hat sich damit vollständig umgestellt[45]:

Streaming-Plattformen dienen mehr als Marketing- denn als Absatzkanal – Geld verdient wird mit Konzertevents. Viele Künstler stellen daher neue Musik gleich kostenfrei, z. B. per YouTube, zur Verfügung und verzichten auf die Streaming-Erlöse. Den wirtschaftlichen Wert ihrer künstlerischen Leistung realisieren sie über teure Konzerttickets. Bekannten Marken und Bühnenperformern verschafft diese Veränderung einen fast unendlichen „Produktlebenszyklus", weil das Geld nicht mehr im Studio mit neuen Songs, sondern auf der Bühne mit alten Songs verdient wird.[46]

Beispiel radikaler Innovation – Musikdistribution

Aktuell erleben wir im Musikmarkt den Wettbewerb verschiedener Streaming-Anbieter, die entweder den Vorteil des Pioniers zu nutzen suchen (Spotify), alternative Streaming-Logiken anbieten (Pandora: kuratierte Musiksammlung) oder einen breiten, bestehenden Kundenzugang (Apple) nutzen wollen. Musik-Streaming ermöglicht Nutzern, ad hoc und kontextabhängig Musik zu nutzen. Spotify spielt bei sportlichen Aktivitäten (Joggen) Musik abhängig vom Laufrhythmus, Pandora ermöglicht basierend auf (nur) einem Lied, ein kuratiertes „Radio" gestreamter Musik zu erstellen, das dem Stil ebendieses einen Liedes entspricht.

Sie bekommen spontan Besuch aus Köln? Suchen Sie bei Spotify „kölsche Musik" und Sie erhalten eine hervorragende Playlist entsprechender Musik – Ihre Gäste werden begeistert sein,

---

[42]Annahmen: Mindestlohn 8,50 EUR/h, 38 h/Woche, Monatsmindestlohn: 1292 EUR.

[43]Nicht zufällig etwa Faktor 10: Ein Album sollte im Download immer noch in etwa das Gleiche kosten, trotz Preis per Song von 99 Cent – jedoch laden Kunden nur noch selten ganze Alben herunter.

[44]Detaillierte, differenziertere Analyse im Blog „Information is beautiful", http://www.informationisbeautiful.net/visualizations/how-much-do-music-artists-earn-online-2015-remix/, Anstoß zu dieser Analyse stammt aus dem Blog „The Cynical Musician". (http://thecynicalmusician.com/2010/01/the-paradise-that-should-have-been).

[45]Umkehrung des CD-Geschäftsmodells: günstige Konzerttickets als Marketing für CD-Verkauf.

[46]Man denke nur an die Rolling Stones; und auch Lemmy Kilmister performte noch mit 70 erfolgreich bis zu seinem bedauerlichen Ableben in 2015 – obwohl CD-Verkäufe mikroskopisch geworden waren.

unabhängig davon, ob Sie sich in dieser Musikkategorie auskennen. Mit keiner der bisherigen Zugänge, nicht mit der Schallplatte, nicht mit der CD und auch nicht mit iTunes und MP3, war Vergleichbares möglich.

Wie scharf dieser Wettbewerb auch für ein großes, finanziell im Vergleich zu den Mitwettbewerbern übermächtiges Unternehmen wie Apple ist, zeigt die strategische Reaktion des Unternehmens. Nachdem Dienste wie Spotify und Pandora die Umsätze in Apples mutmaßlich gewinnträchtigster Sparte deutlich zurückgehen ließen, hat Apple zum ersten Mal eine andere Marke akquiriert, „Beats by Dr. Dre" (Firma Beats Electronics, LLC) für 3 Mrd. US$ in 2014. Auf Basis des hierbei ebenfalls erworbenen Streaming-Diensts (Beats Music) bietet Apple seit 2015 einen eigenen Streaming-Service (Apple Music) an.

Beschleunigte Innovationszyklen, veränderte Geschäftsmodelle, radikal veränderte Ökonomie, aber:

Musik ist immer noch Musik, das Kernprodukt ist nahezu unverändert!

Die Gelegenheiten, zu denen wir Musik hören, sind häufig weitgehend dieselben, in vielen Fällen ist sogar die Musik, die wir hören, die gleiche geblieben[47] ... Aber es hat sich fundamental geändert, wie wir auf diese Musik zugreifen – und damit ändert sich auch alles andere radikal: welche Geräte wir benutzen, welchen Prozessen wir folgen, wie wir Musik auswählen, wen wir für den Zugang zu Musik wie bezahlen wollen. In jedem Innovationszyklus haben wir eine neue Art des Zugangs (CD, MP3, Streaming) zum (unveränderten) Kernprodukt *Musik* erhalten, diese Änderung immer schneller angenommen (kürzere Adoptionszeit), woraufhin sich unser Verhalten so fundamental geändert hat, dass die bisherigen Angebote (Schallplatte, CD, MP3) nicht mehr Teil unseres *Evoked Set*[48] sind und dementsprechend keinerlei Berücksichtigung mehr in unseren Kaufentscheidungen finden (völlig unabhängig von Faktoren wie Preis und Qualität).

Die Veränderung pflanzt sich ausgehend von der Kundenschnittstelle in die anderen Wertschöpfungsbereiche der Branche fort (Dimension Radikalität: Tiefgreifende, parallele Veränderung vieler Faktoren im Geschäftsmodell). Als Folge davon entsteht Komplexität im Wandel durch die gleichzeitige dynamische Veränderung von Märkten, die Zerstörung etablierter Wertschöpfungsketten und den fundamentalen Wandel von Geschäftsmodellen. Diese Veränderungen haben eine neue Eigenschaft: Sie sind *disruptiv*[49] [60].

---

[47]Ich liebe beispielsweise Jazz aus den 60ern.

[48]Menge der in einer Kaufentscheidung berücksichtigten Produkt-Optionen, eine Untermenge der dem Käufer bekannten Produkt-Alternativen, die als relevant für die Auswahlentscheidung beurteilt wird.

[49]Eigenschaft einer Innovation, die ein dominantes Design vollständig aus dem Markt verdrängt. Solche Innovationen entstehen für etablierte Anbieter meist unerwartet, oft am unteren Budget-Ende des Marktes, und bedienen zunächst kleine Kundensegmente. Mit exponentiellem Wachstum verdrängen solche Innovation vorhandene Produkte und Dienstleistungen jedoch schnell auch aus dem Gesamtmarkt.

Dies bedeutet vereinfacht, dass Märkte viel schneller, viel radikaler und unumkehrbarer verändert werden, als wir das bisher gewohnt waren. Gehen wir noch mal zum eingangs erwähnten Beispiel der Mobiltelefone zurück (Abb. 1.1). Die Disruption durch das Smartphone lag in dem Wechsel vom *Mobiltelefon als Produkt* (Feature-Phone) zum *Smartphone als Plattform:*

Das Smartphone ist eine Eintrittskarte für vielfältige Inhaltsangebote (iTunes, Google Play, Amazon, Netflix ...) und ein unendliches Meer von Applikationen (der Google Play Store und Apples App Store bieten jeweils mehr als 2 Mio. verfügbare Applikationen zum Download an). Die Vernetzung dieser digital gestützten, komplementären Produkt- und Service-Komponenten erhöht das Lock-in[50] der Kunden, sodass die Kundenbindung sehr hoch wird. Apples iPhone als geschlossene Plattform maximiert dabei die Kundenbindung und schöpft so maximalen Profit aus dem Markt[51].

Der Wert des Produkts (Telefon) wird also nur noch zum Teil durch das Produkt selbst bestimmt (Design, Kamera, Speicher ...) und zu einem größeren Teil durch den Zugang zu weiteren Diensten, Inhalten und Funktionen. Werden diese weiteren Service-Komponenten digital bereitgestellt, ändern sich die Wertschöpfungsströme; ehemalige Markteintrittsbarrieren (z. B. Zugang zum Einzelhandel für Vertrieb physischer CDs) verschwinden. Dies verändert zudem die *optimalen Skalen*[52] – diese sind bei digitalen Plattformen nahezu grenzenlos. Entsprechend schnell neigen diese Märkte zur Konsolidierung: Nur wenige Spieler verbleiben, noch weniger Plattformen können sich behaupten. Es ist dieser Plattformwettbewerb, der derzeit bei den Streaming-Diensten im Musikgeschäft stattfindet.

Damit verlagert sich der Wettbewerb weg von der funktionalen Qualität des (physischen) Kernprodukts hin zu einem ganzheitlichen Qualitätsbegriff, der die komplementäre Nutzenstiftung durch das Ineinandergreifen von Produkt- und Service-Elementen über die Plattform betrachtet.

---

[50]Bezeichnet im Managementkontext (speziell: Marketing) die (über-)enge Kundenbindung an ein System-Bundle aus Produkt und Dienstleistung, das es dem Kunden wegen hoher Wechselkosten und anderer Wechselbarrieren erschwert, das Produkt oder den Anbieter zu wechseln.

[51]Trotz relativ geringem Marktanteil (2016: 12,9 %) absorbiert Apple fast den gesamten Gewinn (>90 %) der Smartphone-Branche (Tim Long, Managing Director BMO Capital Markets, 03.11.2016).

[52]Beschreibt die in der Regel technologie- oder marktspezifisch optimale Skaleneffizienz bzw. optimale Unternehmensgröße. Basierend auf der Transaktionskosten-Theorie erklärt dies, warum Unternehmen nicht unendlich wachsen können. Zunächst reduziert Unternehmenswachstum den Anteil der fixen Kosten (positiver Skaleneffekt). Es steigen aber gleichzeitig die Koordinationskosten. Optimale Skalen sind dann erreicht, wenn weiteres Wachstum trotz Skaleneffekt höhere Koordinationskosten auslöst als die Transaktionskosten, die anfallen würden, wenn man sich am Markt bedienen würde.

Digital unterstützte Plattformen – nächste Stufe der Digitalisierung im Service [27]
Wir erleben eine nächste Stufe der Digitalisierung im Service: Zunächst wurden bestehende Dienstleistungen von einer Person auf eine computerunterstützte Infrastruktur übertragen. Geschäftsprozesse und Geschäftsmodelle blieben mehr oder weniger unangetastet. Beispiele sind der Geldautomat oder auch der Computerhandel an der Börse. In einer nächsten Stufe wurden Daten genutzt, um Geschäftsmodelle zu verändern, den „Besitz" von Infrastrukturen häufig überflüssig zu machen und die entsprechenden Kosten zu variabilisieren. Beispiele sind das Business Process Outsourcing, IT-Outsourcing oder das „Power by the Hour"-Programm von Rolls-Royce Turbines. Digital gestützte Plattformen bringen diese Entwicklung durch die Nutzung von Algorithmen für die Aggregation und Analyse von Daten sowie durch digital codierte Regeln für die Transaktionsanbahnung und -durchführung auf ein neues Niveau (vgl. dazu [16]). Transaktions- und Verhandlungskosten sinken so auf ein Minimum.

Damit wird der Wettbewerb im Dienstleistungsbereich neu dynamisiert, denn die digital gestützte Reorganisation von Dienstleistungen ermöglicht Serviceerbringung ohne große Feldorganisation und komplexe Geschäftsprozesse [66]. Uber ist nur ein Beispiel und greift mit dem Taxiwesen nicht zufällig eine der ältesten Servicebranchen an – in Ubers Heimat San Francisco sind die gelben Taxis vom Markt verschwunden. Die Entwicklungen des Internet of Things (IoT), Verfügbarkeit von Daten aus internetfähigen Sensoren, wird diese Entwicklung weiter verschärfen, weil Zustandsbilder noch genauer aus der Ferne ermittelt werden können. Umgekehrt werden ans Internet angeschlossene Aktoren ein aktives Eingreifen ermöglichen, ohne dass dazu physische Nähe notwendig wäre. Hier werden digital unterstützte Plattformen, sensorbasierte Systeme und Datenanalytik kombiniert. In der militärischen Anwendung ist dies durch die zunehmende Verwendung von Drohnen schon präsent. In unseren Alltag zieht es derzeit erst ein und es wird diesen, nicht nur durch autonome Fahrzeuge, signifikant verändern s. u.

Für Unternehmen ist es daher wichtig, die Ökonomie des Plattformwettbewerbs (Abb. 1.5) zu verstehen. Hier ergibt sich eine neue Ertragspyramide: An der Spitze stehen sehr wenige Spieler, die die Plattformen durch Investition aufgebaut, gestaltet und im Wettbewerb der Plattformen durchgesetzt haben (z. B. Google, Salesforce, InnoCentive, Amazon, Uber, Airbnb). Darunter, in

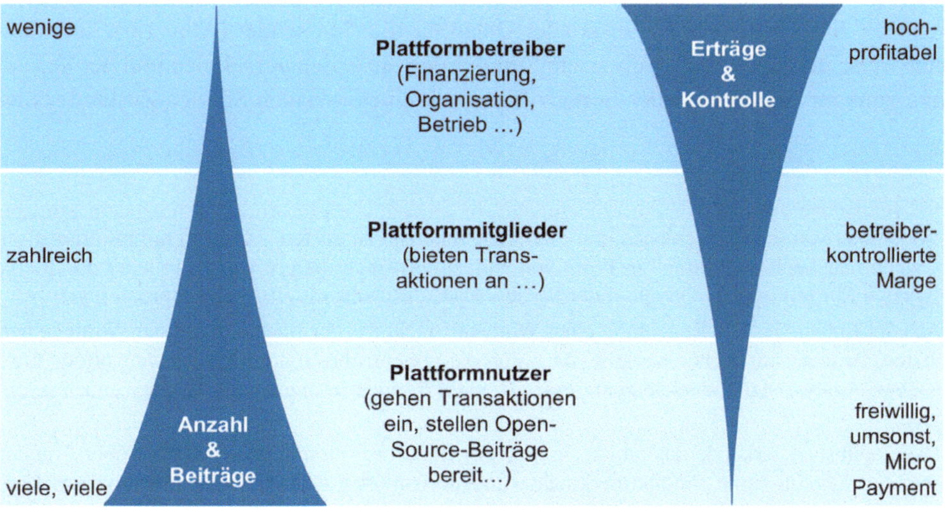

Abb. 1.5 Ökonomie im Plattformwettbewerb. (Abbildung aufbauend auf der Diskussion von [27])

der Mitte, stehen viele Spieler, die Mitglied der Plattform sind und auf dieser Plattform Transaktionen durchführen (Händler bei Amazon, Fahrer bei Uber, Wohnungsanbieter bei Airbnb). Auf der untersten Ebene sind die vielen, vielen Plattform-Mitspieler, die als Kunden umsonst zum Wert der Plattform beitragen, beispielsweise, indem sie Produkte rezensieren, Transaktionspartner bewerten oder Daten zu ihren Transaktionsgewohnheiten zur Verfügung stellen. Sofort wird nachvollziehbar, dass die Wertverteilung gerade umgekehrt ist: Die vielen, vielen Spieler auf der untersten Ebene erhalten keinerlei Gegenwert für ihren Beitrag.[53] Die zahlreichen Spieler auf der mittleren Ebene erhalten einen Beitrag – aber nur in der Höhe, wie ihn der Plattformbetreiber zulassen will, sie besitzen kaum oder gar keine Verhandlungsmacht, der Plattformbetreiber kann die Regeln jederzeit ändern. Nur die ganz wenigen Plattformbetreiber auf der obersten Ebene kommen gut weg, realisieren den Wert der Beiträge aller Aktivitäten auf den unteren beiden Ebenen und behalten dabei gleichzeitig die Hoheit über die Regeln der Plattform. Es ist nachvollziehbar, dass es empfehlenswert erscheint, in der jeweiligen Branche eine Position auf der obersten Ebene zu erreichen.

Diese Erweiterung des „klassischen" Produkts zu einer digital gestützten Plattform ermöglicht, Daten über die Nutzung der Produkte aus dem Feld zu sammeln und so mehr über die Nutzung der Produkte zu lernen, um kontinuierlich bessere Produkte entwickeln zu können. Die Umsetzung dieser Lernerfahrung in Verbesserung der Produkte ermöglicht idiosynkratische[54] Kundenvorteile und steigende Kundenzufriedenheit sowie Kundenbindung – und zwar in äußerst schwer kopierbarer Weise.[55]

Dieser radikal wirkende Plattformwettbewerb ist nicht nur für die Domäne elektronischer Konsumgüter oder Internetmarktplätze relevant. Auch in „klassischen" B2B-Branchen ziehen diese Wettbewerbsformen ein und verändern radikal die Positionen angestammter Spieler im Markt.

Ein konkretes Beispiel dazu: Stellen Sie sich als Produkt eine Motorsäge vor. Hersteller fokussieren bis dato insbesondere im professionellen Bereich darauf, die Geräte mechanisch zuverlässiger, langlebiger und robuster zu gestalten. Mit anderen Möglichkeiten gestaltet sich der Wettbewerb jedoch, wenn hier eine digitale Plattform einzieht. Wenn die Säge über einen Transponder Daten nach außen sendet (Abb. 1.6), kann beispielsweise der Waldarbeiter über sein Smartphone die Daten aufnehmen und per Verbindung zum zentralen Hersteller-Service-Netzwerk einen genauen Service-Zustand seines

[53]Abgesehen von der Convenience, die Plattform benutzen zu dürfen – und die nimmt dramatisch ab, wenn man seinen „Beitrag" in Form von Nutzerdaten nicht liefert. Das kann jeder durch eine restriktive Einstellung von Google- oder Facebook-Datenschutzeinstellungen ausprobieren.

[54]Aus der Linguistik: Die Bedeutung eines Wortes ist nicht aus der Bedeutung seiner Wortteile herzuleiten. Bedeutet für Kundenvorteile, dass sich die präferenzbestimmenden Kundenvorteile nicht aus einer Analyse der Einzelelemente eines Produkt-Service-Systems ableiten oder „nachbauen" lassen.

[55]Diese selbstverstärkende Dynamik, in der der Plattform-Pionier mehr Daten über Kunden sammeln, dadurch seine Produktmerkmale kundenorientierter gestalten und somit höhere Kundenbindung „ernten" kann, ist der Grund, warum sich der relativ kleine Pionier Spotify im Musikstreaming sehr erfolgreich gegen den Nachzügler Apple Music behauptet – trotz dessen immenser Kapitalkraft.

Geräts bekommen. Zuverlässigkeit wird also durch präventive Wartung hergestellt und nicht durch größere Wandstärken und robuster ausgelegte Komponenten. Das Ergebnis könnten leichtere und günstigere Geräte – bei gleicher Zuverlässigkeit – sein s. o.

Denkbar wäre auch, dass für die Koordination des Waldarbeiters sein aktueller Arbeitszustand (Wann fällt der Baum?) und die Position über GPS genutzt werden. Schon weiß man am zentralen Abholplatz, wann genau man welchen Baum wo abholen kann. Und gleichzeitig kann der Waldarbeiter in Echtzeit zum nächsten zu fällenden Baum gesteuert werden, sodass die Wartezeiten in der gesamten Logistikkette dramatisch reduziert werden – Waldarbeit 2.0 käme damit in die Nähe der Just-in-time-Logistik im Automobilbau. Am Ende des Arbeitstages könnte am Fahrzeug per Bluetooth-Daten überprüft werden, ob alle Geräte verladen wurden.

Eine weitere Option ist, dass der Hersteller über die Remote-Diagnose Daten über das Einsatzprofil bekommen könnte. Damit kann er – oder der Fachhandel mit vom Hersteller bereitgestellten Daten – zum einen kundenindividuell beim Kauf beraten und zum anderen die eigene Geräteportfolio-Entwicklung noch zielgenauer auf die relevantesten Einsatzszenarien und -anforderungen fokussieren. Natürlich fällt immer noch die Säge den Baum, aber die Effizienz der Wertschöpfungskette wird nicht mehr bestimmt durch

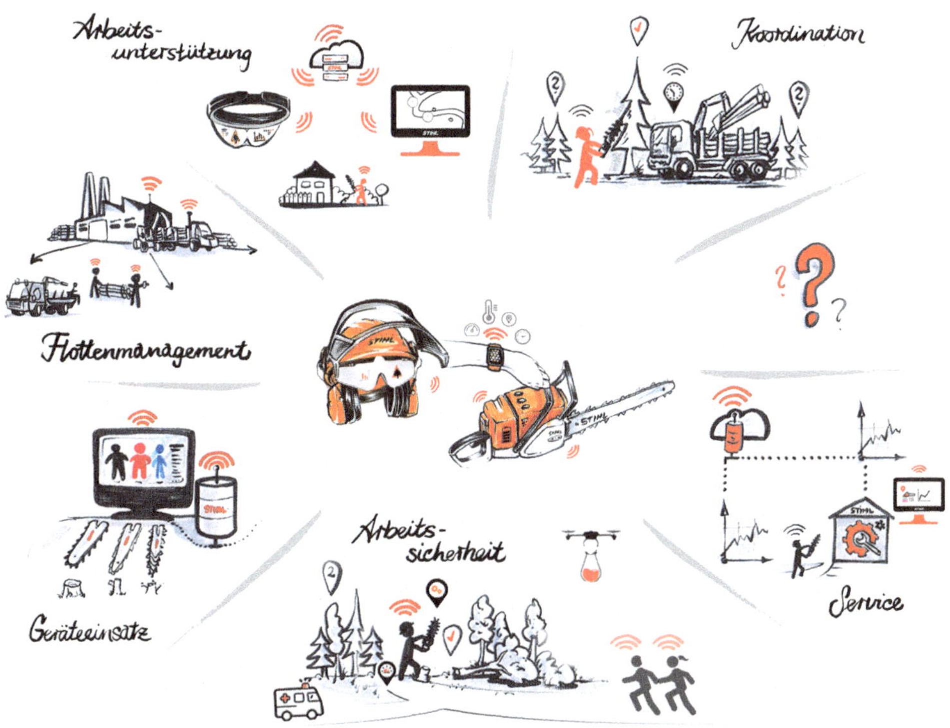

Abb. 1.6 Von der Motorsäge als Produkt hin zur Plattform. (Quelle: ANDREAS STIHL AG & Co. KG)

wenige Prozent höhere mechanische Zuverlässigkeit der Endgeräte oder deren Endpreis. Stattdessen wird die Effizienz bestimmt durch die übergreifende Koordination aller Wertschöpfungsteile über die Plattform – die Gesamteffizienz der Wertschöpfungskette wird über die Plattform koordiniert: Wegfall von Gerätestörung durch präventive Wartung, Reduzierung von Betriebskosten durch punktgenauen Service, Beschleunigung der Arbeitsprozesse und Reduzierung der Kosten durch Minimierung unproduktiver Wartezeiten, Reduzierung von Verwaltungsaufwand durch automatisiert erstellte Arbeitsprotokolle und Leistungsnachweise.

Der neue Wettbewerb sieht dann ganz anders aus, denn die Effizienzgewinne wären enorm. Auch ein Endgerät, das nicht die allerbeste mechanische Qualität hat, könnte konkurrieren – wenn es denn den Anschluss an eine solche Plattform bieten würde. Und umgekehrt könnte der Preis eines Geräts deutlich höher sein – denn der Effizienzgewinn über den Gesamtwertschöpfungsprozess wiegt das mehr als auf. In vergleichbaren Branchen, beispielsweise der professionellen Gebäudereinigung, wird von Kunden (Reinigungsdienstleistern) schon erwartet, dass die Geräte den Einsatz automatisiert protokollieren, damit die Daten für den Leistungsnachweis zum Kunden genutzt werden können. Daher sind solche Plattformszenarien keine überbordende Fantasie, sondern sollten Gegenstand konkreter Strategiediskussionen sein – denn die Schlüsselfrage ist, wer wird der Erste sein?

Die unter anderem von diesem radikal wirkenden Plattformwettbewerb befeuerten disruptiven Veränderungen ziehen also breit auch in klassische Industriebranchen ein. Das hat das Wall Street Journal zu der Schlussfolgerung veranlasst: „Disruption is the new normal" [11]. Diese radikalen Veränderungen im Unternehmensumfeld, Veränderungen der sogenannten zweiten Ordnung [20, S. 4 ff.], stellen an die Veränderungsarbeit zum Teil gänzlich neue Anforderungen.[56]

Kernaussagen

- Der Wandel unserer Zeit verändert gleichzeitig und tiefgreifend verschiedene Parameter angestammter Märkte (Produkt, Wertschöpfung, Technologie, Geschäftsmodell …).
- Treiber sind neue technologische Möglichkeiten, die einen veränderten Zugang zur Kernleistung ermöglichen – das verändert radikal das Kundenverhalten, nicht die Kernleistung selbst.
- Die damit einhergehende gleichzeitige Veränderung von Wertschöpfungs- und Geschäftsmodellen führt zu erheblicher Komplexitätssteigerung in der notwendigen Veränderung.
- Verschärft wird diese Herausforderung durch die monopolisierende Dynamik im Plattformwettbewerb – digital gestützte Plattformen führen zu monopolisierten „Winner takes it all"-Märkten.

[56] Im Vergleich zu bewährten Methoden für inkrementelle Veränderungen.

- Im B2B-Bereich ergänzen hybride Geschäftsmodelle die Kernleistung des Produkts um digital gestützte Plattform-Leistungen – digitale Leistung kann physische Qualität teilweise substituieren.

1.3 Exponentielle Digitalisierung als Treiber des Wandels

Die Diskussion und Beispiele im vorangehenden Kapitel haben auf der Technologieseite digital gestützte Veränderungen als ein Wesensmerkmal heutiger Innovationen herausgestellt. Diese digitalen Technologien, also Informations-, Kommunikations- und Datentechnik, haben eine Eigenschaft, die sie wesentlich von anderen Technologien unterscheidet: Im digitalen Spielfeld ist die Leistungsentwicklung nicht linear, die Leistungsentwicklung digitaler Technologien ist exponentiell.

Computer im Sinne von Personal Computern (PCs) gibt es bereits seit den späten 70er Jahren, das Internet begleitet uns seit den 90ern und wir suchen bei Google seit bald 20 Jahren – doch warum hat der digitale Wandel heute eine neue Qualität erreicht, die die aktuelle Veränderungsdynamik wesentlich mitbestimmt?

Man könnte an dieser Stelle in viele Einzelbeispiele gehen, würde aber Gefahr laufen, genauso zu enden wie die fünf blinden Weisen, die auszogen, zu lernen, was ein Elefant ist (vgl. Kap. 3). Uns scheint der Vergleich des Kollegen Brynjolfsson vom MIT hilfreicher zu sein[57], um den Kern des digitalen Wandels zu beschreiben – die Legende von der Erfindung des Schachspiels.

Legende von der Erfindung des Schachspiels
Zur Erfindung des Schachspiels wird eine Legende in verschiedenen Abwandlungen erzählt, die im Kern auf der folgenden Geschichte beruhen[58]: Um die Aufmerksamkeit seines Königs zu gewinnen, soll ein weiser Mann das Schachspiel entwickelt haben, das den König als wichtigste Figur zeigt – der ohne die Hilfe der Bauern aber nicht obsiegen kann. Um sich für diese anschauliche Lebensweisheit zu bedanken, gewährt der König dem Weisen einen freien Wunsch. Dieser wünscht sich nur Reis, jedoch nach der Regel, dass auf das erste Feld des Schachspiels ein Korn, auf das zweite Feld das Doppelte, also zwei Körner, auf das dritte wiederum das Doppelte, also vier Körner, und so weiter gelegt werden sollen. Nach der Legende ist der König gleichermaßen belustigt wie erbost über die vermeintliche Bescheidenheit des Weisen – bis sein Vorsteher berichtet, im ganzen Reich keine ausreichende Menge an Reis aufbringen zu können.

---

[57]Dieser Vergleich geht auf Brynjolfsson und McAfee zurück [7, S. 60 ff.] und ist mehr eine Überschlagsrechnung als eine präzise Analyse. Leichte Änderungen der Annahmen können den angenommenen Übergang auf die zweite Schachbretthälfte deutlich verschieben. Dennoch findet die hier dargestellte Annäherung grundsätzlich breite Akzeptanz als Illustration des zeitlichen Verlaufs der exponentiellen Leistungsentwicklung in der Digitalisierung.

[58]Diese Darstellung des exponentiellen Effektes und die Erkenntnis, dass erst die Zahlen auf der zweiten Hälfte des Schachbretts unsere Vorstellung überschreiten, geht auf Kurzweil zurück [36, S. 36]

Und der Vorsteher schätzte das völlig richtig ein, denn die scheinbar einfache Rechenregel führt auf eine exponentiell wachsende Reihenfunktion. Dabei liegen auf dem letzten Feld der ersten Hälfte des Schachbretts „nur“ etwa 2 Mrd. Reiskörner. Zunächst eine beeindruckende Zahl, aber doch nur die Jahresernte eines nicht übergroßen Reisfeldes. Erst auf der zweiten Hälfte werden die Zahlen unfassbar groß und erreichen auf Feld 64 eine Anzahl von Reiskörnern[59], die sich höher auftürmen würde als der Mount Everest und mehr Reis umfassen würde, als die Menschheit bisher in Summe geerntet hat. Daher konnte der König den nur scheinbar bescheidenen Wunsch tatsächlich nicht erfüllen.

Im digitalen Wandel erleben wir die Auswirkung einer ähnlich exponentiellen, die menschliche Vorstellungskraft sprengenden Entwicklung:

1958 hatte die amerikanische Regierung erstmals Investitionen in Informationstechnologie als relevante Ausgabenkategorie industrieller Investition erfasst. Geht man nun davon aus, dass nach Moore's Law[60] alle 18 Monate eine Verdopplung der Leistungsfähigkeit erfolgte, waren wir 2006 auf Feld 32 – haben also 2007 die zweite Hälfte des Schachbretts betreten. D. h., wir stehen gerade am Beginn einer neuen Qualität in der Entwicklung digitaler Leistungsfähigkeit in Kommunikations- und Informationstechnik – und das, was noch auf uns zukommen wird, können wir uns wahrscheinlich heute noch kaum vorstellen.

Abb. 1.7 illustriert die angesprochene exponentielle Entwicklung der Leistungsfähigkeit in der Informationstechnologie. Auf der linken Seite ist die Modellvorstellung des Moore'schen Gesetzes illustriert, mit 2006 als dem Jahr des Eintritts in die zweite Schachbretthälfte. Der exponentielle Verlauf nach vorne scheint den Eindruck zu vermitteln, dass wir heute – im Vergleich zu dem, was auf uns zukommt – noch mit Rechenschiebern unterwegs wären. Aber sicher haben auch Sie das Gefühl, dass das Gegenteil der Fall ist.

Die rechte Seite zeigt das Beispiel eines realen Parameters für die Leistungsfähigkeit in der Informationstechnologie: „Wie viel Speicherplatz kann man in dem betreffenden Jahr für 1000 US$ kaufen?“ Man könnte auch andere, ebenso relevante Parameter zur Beschreibung der Leistungsfähigkeit digitaler Komponenten auswählen: Rechenleistung von Prozessoren, Auflösung von Bildschirmen etc.[61] Jeder dieser Parameter würde eine

---

[59] 2^{64-1} Reiskörner, mehr als 18 Trillionen (18.000.000.000.000.000.000).

[60] Geht zurück auf Intel-Mitgründer Gordon Moore: Der stellte 1965 fest, dass bei integrierten Schaltkreisen die Anzahl von Transistoren pro Flächeneinheit etwa alle 18 Monate verdoppelt werden konnte. Vereinfacht wird angenommen, dass sich die Leistungsfähigkeit von Komponenten der Informationstechnologie alle 18 Monate verdoppelt. Obwohl das nahe Ende dieser scheinbaren Gesetzmäßigkeit oft diskutiert und prognostiziert wurde und wird, haben Technologiesprünge sie bisher stabil erhalten.

[61] [7, S. 64] zeigen beispielsweise ähnliche Zahlen für Rechengeschwindigkeit von Supercomputern (FLOPS), Energieeffizienz von Supercomputern (FLOPS/WATT), Internet-Download-Geschwindigkeit, Mikroprozessortransistoren und Computerchips.

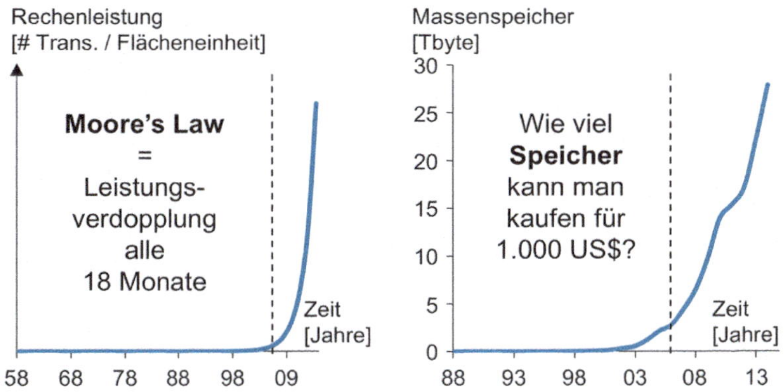

Abb. 1.7 Exponentielle Leistungsentwicklung der Informationstechnologie: Moore's Law und die Entwicklung von Speicherpreisen. (Datenspeicher: Speicherplatz eines Massenspeichers, berücksichtigt sind verschiedene Technologiegenerationen, früher Bandlaufwerke, später Festplatten [HD] verschiedener Größen, heute Solid State Disc [SSD], Datenquelle: THIC Inc. – Advanced Storage Technology Forum, Illinois)

ähnliche Entwicklung zeigen. Dabei verhalten sich die realen Daten natürlich nicht exakt so wie die glatte Modellvorstellung des Moore'schen Gesetzes.

Dennoch zeigen die realen Daten ähnlich der Moore'schen Modellvorstellung zum einen die exponentielle Leistungsentwicklung und zum anderen das Jahr 2006 als Zeitenwende hin zu einer vollkommen neuen Qualität der Leistungsfähigkeit – der zweiten Hälfte des Schachbretts. Vereinfacht gesprochen führt diese Entwicklung dazu, dass die spezifische Rechenleistung (beispielsweise pro Geldeinheit) der Informationstechnik auf heute noch unvorstellbare Weise ansteigen wird und Speicherkosten für nahezu beliebige Größenordnungen an Daten vernachlässigbar gering werden (vgl. dazu auch [37])[62].

Exponentielle Entwicklungen – Herausforderung für die intuitive Vorstellungskraft

Exponentielle Zusammenhänge wie die Leistungsentwicklung in der Informationstechnologie entsprechen typischerweise nicht unserer intuitiven Vorstellung. Wir sind von Natur aus trainiert und gewohnt, in linearen Zusammenhängen zu denken [7].

Wenn man aber „lineares Denken“ auf exponentielle Zusammenhänge anwendet, führt das typischerweise zu zwei Arten möglicher Fehleinschätzungen:

[62]Kostenoptimierung in Rechenzentren fokussiert heute daher vor allem die Kosten für die betriebsnotwendige Energie: Facebook baut seine ersten europäischen Rechenzentren im nordschwedischen Lulea an einem Fluss, um günstig Strom aus Wasserkraft nutzen zu können. Infineon fokussiert seine Entwicklungskapazität darauf, Server-Systeme energieeffizienter zu machen. Qualcomm versucht seit 2017 in den Markt für Server-Prozessoren einzutreten mit CPUs, die zwar nicht leistungsfähiger sind als der Wettbewerb, aber einen effektiveren Trade-off zwischen Leistung und Energieverbrauch bieten.

1. Die *frühe Phase* der exponentiellen Entwicklung ist *langsamer* als die lineare Erwartung. Das Ergebnis ist, dass aus anfangs überschießendem Optimismus Enttäuschung wird. Das Neue entwickelt sich bei weitem nicht so gut wie erwartet. Möglicherweise führt dies zu dem Fehlurteil, das Neue nicht weiterzuführen.
2. Die *späte Phase* der exponentiellen Entwicklung ist *extrem viel steiler* als die lineare Erwartung. Das Ergebnis ist, dass anfänglich beispielsweise die Wirkung einer exponentiellen Entwicklung im Wettbewerb bzw. im Markt massiv unterschätzt wird (vgl. Beispiel Nokia). Möglicherweise führt dies zu dem Fehlurteil, die – zunächst noch zarten – Entwicklungen zu lange nur zu beobachten und zu lange abzuwarten, bis man selbst aktiv wird.

Die Analyse der Leistungsentwicklung in der Informationstechnologie Abb. 1.7 setzt die Markteinführung des iPhones, des ersten Smartphones von Apple, im Jahr 2007 in ein anderes Licht:

Das iPhone war nicht einfach eine „andere Art" von Mobiltelefon – das iPhone war das erste Produkt der zweiten Hälfte des Schachbretts.

Der Wettbewerb zwischen den von Ballmer gepriesenen (günstigen) Feature-Phones und den Smartphones war kein Wettbewerb um Preis und Qualität zwischen Produkten der gleichen Kategorie – es war ein Wettbewerb von Produkten der ersten Hälfte des Schachbretts gegen Produkte der zweiten Hälfte des Schachbretts, nicht sehr viel anders als der Wettbewerb zwischen Pferden und Autos und damit ähnlich aussichtslos für die Feature-Phones – vollkommen unabhängig von der Frage, wie günstig Nokia solche Telefone am Ende herstellen konnte. In diesem Wettbewerb mit Feature-Phones, also „normalen" Mobiltelefonen bestehen zu wollen war – zumindest ex post gesehen – vollkommen aussichtslos, zum einen wegen der exponentiellen Unterschiede in der Leistungsfähigkeit der Produkte[63] und zum anderen wegen der Wirkung, die diese neue Qualität mobiler Rechenleistung auf die Kunden hatte (vgl. dazu die vorhergehenden Überlegungen des Abschn. 1.1).

Das iPhone hat Kunden nicht nur einen neuen, integrierten und benutzerfreundlichen Zugang zu bereits bekannten Funktionen ermöglicht – es hat darüber hinaus das Verhalten der Mobiltelefonnutzer tiefgreifend verändert, beispielsweise in Bezug auf die Nutzung mobiler Daten: Während 2006 nur 7,5 % der Umsätze von Mobilfunk-Anbietern in den USA aus Datendiensten stammten, waren es zwei Jahre nach der Einführung des iPhones (und dem zwischenzeitlichen Start von Android) in 2009 schon 26,8 % – eine Steigerung um den Faktor 3,5.

Wenn wir uns verdeutlichen, wie sehr schon dieses eine, erste Produkt der zweiten Hälfte des Schachbretts unser soziales Verhalten, Wirtschaftsprozesse und Wertschöpfungssysteme verändert hat, dann wird schnell deutlich, dass wir in Bezug auf die gesellschaftlichen und wirtschaftlichen Wirkungen der exponentiellen Leistungsentwicklung in der Digitalisierung noch nicht einmal die Spitze des Eisberges erkennen.

---

[63]iOS- und Android-Smartphones sind als Plattform konzipiert und nutzen deutlich leistungsfähigere Komponenten als Feature-Phones – entsprechend war der Preis des ersten Smartphones (iPhone 2007: 900 US$, ohne Provider-Bezuschussung) um Faktoren höher als der Preis eines Feature-Phones (z. B.: Microsoft: 100–200 US$).

Natürlicherweise weckt das den Bedarf nach Prognosen und Szenarien für die Zukunft. Derartige Beschreibungsversuche erinnern jedoch teils an das, was Henry Ford von seinen Kunden erwartete, wenn er sie fragen würde, was sie vom Automobil erwarten: „Schnellere Pferde." D. h., die Prognosen orientieren sich stark an der heutigen Realität als Referenz. Andere gehen in ihren Prognosen wiederum beängstigend weit. Pascal Finette von der Singularity University[64] im Silicon Valley geht davon aus, dass schon in 15 Jahren ein einziger Computer die Rechenkraft[65] eines menschlichen Gehirns hat und sich diese Rechenkraft weiter multiplizieren wird – in exponentieller Steigerung. Daher geht sein Kollege Ray Kurzweil davon aus, dass die 100 Jahre des 21. Jahrhunderts nicht den technologischen Fortschritt von 100 Jahren, sondern von „gefühlten" 20.000 Jahren beinhalten werden [36].

Diese eher technologisch gesehen exponentielle Entwicklung bleibt nicht auf die Ebene technischer Komponenten beschränkt, sondern pflanzt sich fort in ebenso exponentielle Entwicklungen von Unternehmen und Gesellschaft. Das gilt insbesondere dort, wo Gesellschaft und Unternehmen sehr stark durch digitale Technologien bestimmt werden: Unternehmen mit rein digitalen Geschäftsmodellen entwickeln schon heute exponentielles Wachstum. Diese exponentielle Entwicklung auch im Wirtschaftsbereich lässt sich exemplarisch gut an dem Übernachtungsmarktplatz Airbnb nachvollziehen, ein rein digitales Geschäftsmodell, das zunächst eher linear und langsam und dann exponentiell gewachsen ist – und damit seinen Markt heute global dominiert.

Beispiel: Exponentielle Entwicklung digitaler Geschäftsmodelle – Airbnb

Airbnb, ein Marktplatz für die Buchung und Vermietung von Unterkünften im Sinne eines Online-Reservierungssystems, steht exemplarisch für ein typisches rein digitales Geschäftsmodell mit exponentiellem Wachstum. Von der Gründung von Airbnb 2008 bis zum Jahre 2011 hat die Plattform ein vernachlässigbares Geschäftsvolumen gezeigt und war weitestgehend unbekannt – nur 120.000 Unterkünfte waren buchbar (global), entsprechend homöopathisch gering fiel die Anzahl der Buchungen aus (47.000).

Erst nach dem Jahr 2011 erfolgte ein hochdynamisches Wachstum: Jedes Jahr aufs Neue verdoppelten sich die auf Airbnb inserierten Unterkünfte[66] (auf mehr als 2 Mio. in 2015). Noch dynamischer wuchs die Anzahl der Buchungen – 17 Mio. Gäste übernachteten in 2015 mit Airbnb. Das machte Airbnb innerhalb von 5 Jahren zum heute größten Übernachtungsanbieter weltweit.

---

[64]Singularity: Technologische Singularität ist ein Thema der Zukunftsforschung und beschreibt den Zeitpunkt, ab dem künstliche Intelligenz (Artificial Intelligence – AI) Computer und Maschinen derart schnell und selbstständig weiterentwickelt, dass die Zukunft der Menschheit danach nicht mehr prognostizierbar erscheint. Die Prognose zum Eintritt dieses Zeitpunktes wird immer wieder um Jahrzehnte in die Zukunft verschoben werden – letztendlich erfolgt der Eintritt wohl überraschend, auch für Beteiligte.

[65]„Raw computing power", Pascal Finette @ Singularity University Dez. 2016.

[66]Airbnb Summer Travel Report 2015.

Ein solches exponentielles Wachstum ist in einer klassischen Wertschöpfungsstruktur nicht denkbar … sprungfixe Kosten (z. B. Fertigungsstandorte), Anlaufzeiten (z. B. Mitarbeiter) und Komplexitätskosten (z. B. Koordinationsaufwand) würden diesem massiv entgegenstehen. Nicht umsonst sind die optimalen Skalen in klassischen Geschäften nicht nur nach unten, sondern auch nach oben begrenzt: Ab einer gewissen Unternehmensgröße nehmen die Kosten überproportional zu. Anders bei Airbnb, denn hier wird die Skalierung nicht durch physische Ressourcen (Menschen, Maschinen, Gebäude …) bestimmt, sondern durch digitale Ressourcen (Netzzugang, Rechnerkapazität, Datenspeicherung …). Und das, obwohl sich der Geschäftszweck an physischen Ressourcen ausrichtet (Wohnungen, Zimmer …). Diese werde jedoch nur im Rahmen einer Plattform angeboten und unterliegen daher nicht tatsächlich dem Management von Airbnb, zumindest nicht außerhalb der durch die Plattform vorgegebenen Spielregeln und privat vereinbarten Gesetzmäßigkeiten.[67]

In der Hotelbranche ist diese Entwicklung zunächst weitgehend unbeachtet geblieben (ein Beispiel für die Fehleinschätzung der späten Phase von exponentiellen Entwicklungen) – bis 2015 die Zahlen von Airbnb tatsächlich die Ökonomie der Branche merklich betroffen haben[68], mittlerweile resultierend in ersten Zusammenschlüssen, die eine Konsolidierung der Branche andeuten (Marriott übernimmt Starwood in 2016) und alarmierenden Marktanteilserhebungen (z. B. wickelt Airbnb in New York bereits 10 % der Übernachtungen ab).

Einer ähnlichen Fehleinschätzung unterlagen die unglücklichen Nachahmer des Airbnb-Modells. Hier wurde das (tatsächlich sehr langsame) Wachstum der frühen Phase falsch eingeschätzt (ein Beispiel für die Fehleinschätzung der frühen Phase von exponentiellen Entwicklungen): Airbnb ist bereits 2008 online gegangen, hatte also mehr als 4 Jahre Vorsprung vor Klonen wie Wimdu, einer 2012 erfolgten Gründung der deutschen Internet-Schmiede Rocket Internet. Entsprechend hat sich unter diesen Followern kein nennenswerter Konkurrent etablieren können.[69] Verbliebene Wettbewerber, wie beispielsweise die Home-Away-Gruppe, sind ähnlich lange wie Airbnb im Markt.

[67]Plattformen in dem Sinne substituieren teilweise die regulative Rolle des Gesetzgebers. Nicht umsonst werden Plattformen wie Airbnb oder auch Uber als zum Teil außerhalb des jeweils geltenden gesetzlichen Rahmens operierend angesehen. Ein Vermieter kann über Airbnb ohne weitere Probleme selektiv vermieten, also Mieter wegen Geschlecht, Hautfarbe, Religion oder aus anderen Gründen ablehnen und damit diskriminieren – dies wäre von Rechts wegen unmöglich für ein Hotel (vgl. dazu auch [19]).

[68]Eine erste, sehr viel Aufmerksamkeit erregende Studie dazu hatte die Barclays Bank erstellt (Stern, V. (2015) Hotels: Is Airbnb a game-changer?, Barclays).

[69]Wimdu steht Ende 2016 vor dem Ende der eigenständigen Geschäftstätigkeit (Manager Magazin, 01.08.2016) und hat mit dem Wettbewerber 9flats fusioniert (SPIEGEL ONLINE 10.10.2016).

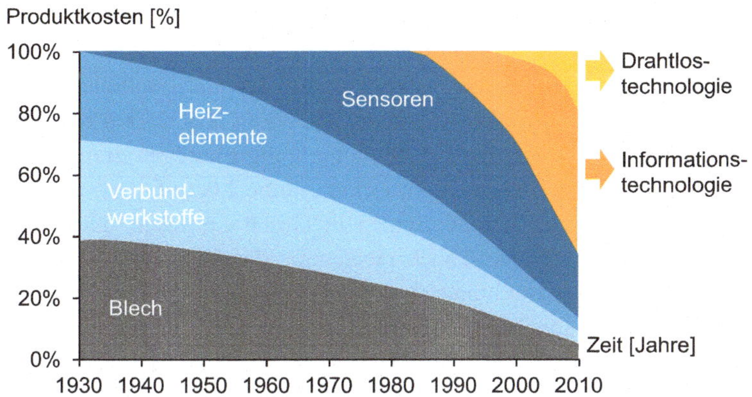

Abb. 1.8 Wert- und Kostenverteilung der Hauptbestandteile einer Waschmaschine. (Datenquelle: Führender internationaler Hausgerätehersteller)

Unabhängig davon, welche der eher konservativen oder progressiven Prognosen in welchem Maße eintreffen – es gilt sich bereits heute auf den damit in jedem Fall einhergehenden radikalen und dynamischen Wandel einzustellen. Und das gilt nicht nur für die Bereiche der Hochtechnologie (Hightech). Die Auswirkungen der aufgezeigten Entwicklung in der Leistungsfähigkeit digitaler Komponenten ziehen in ähnlicher Weise auch in ganz traditionelle, von vielen Menschen vielleicht eher als Lowtech empfundene Bereiche ein. Beispielsweise wird schon heute die Wert- und Kostenverteilung einer Waschmaschine zu deutlich mehr als 60 % von Komponenten der Informations- und Kommunikationstechnologie bestimmt. Die meisten Kunden denken, eine Waschmaschine sei eine mechanische Maschine – tatsächlich handelt es sich eher um einen Waschcomputer.

Abb. 1.8 zeigt dazu die Wert- und Kostenverteilung einer Waschmaschine im Verlauf der Zeit. Die Wert- und Leistungsanteile „klassischer" Technologiekomponenten (Stahl, Kunststoffe und Heiztechnik) liegen bei deutlich weniger als 15 %. Und das hat Konsequenzen für den Wettbewerb und die Frage, wie sich die Hersteller versuchen am Markt zu differenzieren.

Der Hersteller Miele bietet beispielsweise Maschinen an, die ein standardisiertes Waschmittel mithilfe der vorhandenen Sensoren automatisch dosieren. Damit reduzieren sie deutlich den Verbrauch von Waschmittel und verbessern gleichzeitig die Waschleistung. Andere Hersteller sammeln Daten der Sensoren aus dem Feld und nutzen Machine-Learning-Methoden[70], um damit ihre Waschprogramme algorithmisch zu optimieren und

[70]Machine Learning ist der Oberbegriff für computerbasiertes Generieren von Wissen aus Erfahrung. Ein Computersystem lernt mit Hilfe von selbstadaptiven Algorithmen aus Beispielen und verallgemeinert diese nach der Lernphase, „erkennt" somit Muster und Gesetzmäßigkeiten in den Lernbeispielen. Anwendungen sind z. B. Erkennung von Kreditkartenbetrug, automatische Sprach- und Texterkennung oder autonom fahrende Systeme.

zukünftig dynamisch individualisierte Waschprogramme anbieten zu können. Während hier nur die „klassische“ Kernleistung der Waschmaschine („reinigen“) optimiert wird, wird gleichzeitig der Markt für neue Nutzungs- und Geschäftsmodelle getestet, die auf der Vernetzung der Waschmaschine aufbauen: WeWash, das Spin-off eines führenden deutschen Hausgeräteherstellers, baut in München eine Plattform zum digitalen Teilen von Waschmaschinen, die Gemeinschaftswaschmaschine 2.0, auf.

Es wird deutlich, dass die Veränderungen in Geschwindigkeit und Radikalität vor keiner Branche haltmachen werden, auch nicht vor „klassischen“ Geschäften – nur der Zeitpunkt, zu dem diese Entwicklungen beginnen, mag unterschiedlich sein. Es gilt sich jedoch auf diese kommenden Veränderungen schon heute einzustellen, Veränderungen in der eigenen Organisation zu initialisieren, wenn diese Entwicklungen im Markt noch nicht klar erkennbar, evtl. nur vage am Horizont zu erahnen sind. Denn wenn diese Entwicklungen tatsächlich für jeden erkennbar eintreten, ist aufgrund der exponentiellen weiteren Entwicklung (siehe Beispiel Airbnb) ein Reagieren in der Regel nicht mehr Erfolg versprechend.

Es gilt daher achtsam zu sein, mit der eigenen Organisation auch feine Signale aufnehmen zu können – und sich diesbezüglich nicht auf die individuelle Wahrnehmung Einzelner zu verlassen. Dazu ist es wichtig, die Menschen in der eigenen Organisation für diese Zusammenhänge zu sensibilisieren, denn ohne ein Verständnis der exponentiellen Entwicklungspfade können sie auch die angemessene Veränderungsbereitschaft dafür nicht rechtzeitig entwickeln. Zudem rücken unter dem Stichwort Industrie 4.0 oder auch Internet of Things (IoT) vernetzte Sensoren als Datenquellen in den Mittelpunkt und ziehen in nahezu alle Geschäfte ein – auch in „klassische“ Geschäfte, die bisher weniger mit IT-Kompetenz verbunden wurden. Dementsprechend werden sich die Kompetenzprofile der Mitarbeiter auch hier ändern müssen.

Einige Beispiele im Markt verfügbarer Anwendungen in alltäglichen Bereichen

- Amazon bietet den Amazon Dash Nachschub-Service für kompatible Drucker und andere Geräte an – Drucker bestellen bei Bedarf über das Internet selbstständig Toner nach.[71]
- Telesense bietet autonome Sensoren, die Umweltbedingungen messen (Temperatur, Feuchtigkeit, Erschütterung …), automatisch per Mesh-Netzwerk[72] drahtlos ins Internet gehen und die Daten in die Cloud stellen, sodass im Einzelhandel die Kühlung remote gesteuert werden kann.

[71]Zunächst in den USA verfügbar, z. B. für 45 Modelle des Herstellers Brother. Ähnliche Services bietet Amazon für Waschmaschinen von General Electric und Blutzuckermessgeräte von Gmate, Handelsblatt (2016) Amazon „Dash“: Drucker bestellen Toner künftig selbst nach, 20.01.2016.

[72]Hier ist jeder Netzwerkknoten (d. h. Sensor) mit einem oder mehreren anderen verbunden (Alternative WLAN: Jedes Gerät ist selbst mit dem zentralen Zugangsknoten verbunden). Daten werden von Knoten zu Knoten weitergereicht, bis sie über einen Zugangsknoten ins Internet bzw. die Cloud gehen können.

- Die Spielpuppe Cayla vom Spielzeughersteller Genesis kommuniziert über Mikrofon und Lautsprecher mit Kindern und ist dabei per Bluetooth und Smartphone-App mit dem Internet verbunden. Cayla beantwortet Fragen der Kinder – ähnlich wie Siri, Alexa etc.[73]
- Amazon Echo ist ein Lautsprecher mit Mikrofonen und hat die Funktionalität eines digitalen Assistenten mit Sprachsteuerung. Amazon Echo hört aktiv zu, setzt gesprochene Befehle um und kann durch Drittanbieter mit „Skills“ erweitert werden, die der Echo-Benutzer hinzufügt.[74]
- Die neue Generation des Thermomix (TM5) bietet „geführtes Kochen“ und kombiniert dazu mechanische Funktionen mit Sensoren und Internet-Zugang. Eine Community-Funktion und das Nachladen neuer Rezepte (Cook-Key) führten zu einem unerwartet großen Erfolg des TM5.[75]

Ein Beispiel aus dem B2B-Bereich sind vernetzte Körperschallmikrofone, die in Flugzeugturbinen während des laufenden Betriebes eine Analyse des Betriebszustandes sowie Echtzeitauswertungen bezogen auf Maßnahmen der präventiven Wartung ermöglichen. Voraussetzung ist, dass das Flugzeug auch während des Fluges vernetzt ist, also Zugang zu IP-Netzen besteht, und dass eine ausreichende Menge Vergangenheitsdaten gesammelt wurde, um entsprechende Schallmuster für die Prognose von Wartungszuständen zu sammeln.[76]

An diesen Beispielen wird das notwendige Zusammenspiel der drei wesentlichen Komponenten digitaler Leistungsangebote deutlich:

1. (IP-)Vernetzung als notwendige Voraussetzung,
2. Algorithmen zur Analyse,
3. Sensoren zur Datengewinnung.

Und genau in dieser Reihenfolge ist Digitalisierung in unseren Alltag eingezogen – zunächst ging es nur um Vernetzung. Der internetfähige Kühlschrank, der selbstständig

[73]Für die Bundesnetzagentur ein „Spionagegerät“, das als solches verboten und vernichtet werden soll.

[74]Skills sind Funktionserweiterungen von Drittanbietern, beispielsweise können Sie Ihren BMW über einen Sprachbefehl von Echo abschließen lassen. In USA ist Echo Gegenstand einer Mordermittlung: Bei einem Mord in Arkansas war ein Echo-Gerät im Raum. Die Polizei verlangte von Amazon die Herausgabe der Audio-Aufnahmen des Gerätes, da dieses den Mordvorgang aufgezeichnet haben könnte, Forbes (2016) Amazon Echo Now An Expert Murder Witness? 28.12.2016.

[75]Im Jahr des Launches (2015) stieg der Umsatz um 50 %, im Folgejahr immerhin noch um 20 %. Vorwerk konzentriert sich in der Weiterentwicklung voll auf die Service-Komponente und auf internetbasierte Funktionen, Wirtschaftswoche (2016) Vorwerk: Der Thermomix boomt weiter, 14.11.2016.

[76]Hier bekommt die Digitalisierung durch die zunehmende Bedeutung der Sensoren auch wieder eine elektromechanische Komponente: Sensoren sollen möglichst klein und möglichst stromsparend sein. Diese Herausforderung wird mit den sogenannten mikroelektromechanischen Systemen (MEMS) adressiert. Eine Domäne, in der einige deutsche Unternehmen und Forschungseinrichtungen, anders als teilweise im Bereich der Algorithmen, technologisch gut positioniert zu sein scheinen.

nachbestellen soll, ist vielen dazu als plakatives Beispiel vielleicht bekannt.[77] Die Vernetzung erlaubte den Zugang zu virtualisierten Rechnerressourcen und riesigen Mengen von Daten – in der Folge gab es erhebliche Entwicklungsfortschritte im Bereich der Algorithmen. Derzeit stehen hier die Methoden des sogenannten Machine Learning, insbesondere der neuronalen Netze[78], unter dem Stichwort des „Deep Learning"[79] im Fokus (man denke nur an die Computer-Übersetzungen von Google Translate).

Beispiel Real Time Datenanalytik: Lenkung von Verkehrsströmen – Die Go-LA App von Xerox

Für die Stadt Los Angeles hat Xerox die erste multimodale Transport-App entwickelt. Sie ermöglicht eine Verkehrswegeplanung über die verschiedenen Optionen des öffentlichen und privaten Nahverkehrs hinweg. Die Motivation der Stadt L.A. für dieses Projekt entstand durch die schon legendären Staus in und um L.A. herum. In der Folge waren Besucherzahlen (und Umsätze) in der Innenstadt rückläufig – zu schwer einschätzbar war die Fahrtzeit mit dem am meisten genutzten Verkehrsmittel, dem Pkw.

Als Erstes wurde das Problem des durch Parkplatzsuche verursachten Verkehrs angegangen. Xerox entwickelte und installierte ein System der Parkraumüberwachung, das Parkplatzbelegung misst, Muster der Parkplatzbelegung erkennt und auf dieser Basis Parkplätze nachfrageorientiert dynamisch preist (wo viele Menschen gleichzeitig einen Parkplatz suchen, steigen die Preise – wo viele Parkplätze frei bleiben, werden die Preise dynamisch reduziert). Im Ergebnis sollten geringere Suchzeiten für Parkplätze (verursachten 30 % des innerstädtischen Verkehrs von L.A.) entstehen.

---

[77]Obwohl auch heute ein Klassiker des Internet of Things, begleitet uns dieses Beispiel schon seit 1998 (Die Zeit am 19.03.1998 oder Computerwoche am 04.11.1998) – ohne dass es bis dato realisiert worden wäre. Denn es fehlen neben der Vernetzung die anderen beiden Voraussetzungen, Algorithmen und Sensoren. Daher steht der Internet-Kühlschrank schon seit bald 20 Jahren „kurz vor dem Durchbruch".

[78]Künstliches neuronales Netz (spezifische Technik im Machine Learning), das in der Informationstechnik und Robotik genutzt wird. Künstliche neuronale Netze dienen dazu, komplexe Muster zu lernen, ohne dass eine Abstraktion dieser Muster über Regeln stattfindet. Das heißt, vor dem Lernen müssen zunächst keine Regeln entwickelt werden, andererseits kann aus dem trainierten neuronalen Netz nachträglich auch keine Logik abgeleitet werden (Black Box). Neuronale Netze reagieren auf ungelernten Input stochastisch und können daher bisher nur beschränkt zur Mustererkennung verwendet werden.

[79]Optimierungsmethoden für künstliche neuronale Netze, die zahlreiche Zwischenschichten zwischen Eingabe und Ausgabe nutzen. Nach der Eingabeschicht (Rohdaten, z. B. Bildpixel) leitet die erste Schicht ihre Ausgaben an die nächste Schicht weiter, danach verarbeitet diese die Informationen der vorherigen und gibt ihre Ergebnisse ebenfalls weiter etc. Dies geht über alle Ebenen bis zur letzten, der Ausgabeschicht. Der jüngste Erfolg von Google's AlphaGo gegen den weltbesten menschlichen Go-Spieler zeigt die Fortschritte hierbei aufgrund gestiegener Verarbeitungsgeschwindigkeiten der Computer-Hardware.

Davon ausgehend entwickelte sich Stück für Stück das Go-L.A.-App-Konzept. Eine multimodale Transport-Plattform, die Echtzeitdaten verschiedener privater Anbieter, des öffentlichen Nahverkehrs und der Parkplatzüberwachung nutzt, um Nutzern eine Planung ihres Verkehrswegs über alle Modalitäten hinweg zu ermöglichen – Gehen, Fahrradfahren, Pkw inkl. Parkplatzsuche, öffentlicher Nahverkehr (L.A. Metro, Metrolink), private Anbieter (Taxis, FlitWays, Lyft, Uber, ZipCar). In Echtzeit optimierte Routenvorschläge berücksichtigen alle Modalitäten und charakterisieren die Routenvorschläge nach Kosten, Zeit, Anzahl von Modalitätswechseln, verbrannten Kalorien und CO_2-Footprint.

Für L.A. ist diese App kostenfrei. Aktuell wird diese Anwendung ebenfalls für Denver und Bangalore angeboten, die Implementierung in weiteren Großstädten ist geplant. Xerox will aus der Infrastruktur (Parkraumüberwachung), den analysierten Daten (Routenmuster etc.) und den entwickelten Algorithmen (Echtzeit-Verkehrssimulation) ein Service-Angebot für Automobilhersteller entwickeln zur Integration in deren Navigationssysteme. Ein Beispiel für Echtzeit-Analyse und -Prognose auf Basis relativ primitiver Daten und algorithmischer Musteranalysen.

Wenn Sie nicht in L.A., Denver oder Bangalore unterwegs sind, können Sie ähnliche Algorithmen mit der App Waze (von Google) „er-fahren" … Waze nutzt das Smartphone als Geschwindigkeitssensor und optimiert Routenvorschläge in Echtzeit anhand der aktuellen Verkehrssituation.

Die Wirkung der Nutzung dieser exponentiell wachsenden Möglichkeit, beliebige Größenordnungen von Daten zu speichern und analytisch verarbeiten zu können, führt nicht nur zu völlig neuen Lösungen, sondern vor allem zu einer veränderten Interaktion mit den Kunden. Abb. 1.9 illustriert dazu eine wesentliche Erkenntnis einer aktuellen Vorstandsbefragung von IBM.[80]

Die gegenüber früheren Befragungen am stärksten veränderte Einschätzung der Vorstände in Bezug auf die Auswirkungen des digitalen Wandels deutet einen Paradigmenwechsel an der Kundenschnittstelle an: Durch weniger persönliche Face-to-Face-Interaktion hin zu mehr digitaler Interaktion, durch weniger unidirektionale Bedienung von Kunden in Segmenten hin zu mehr individueller und interaktiver Adressierung des Kunden. Unternehmen wie Xerox oder IBM sind Treiber dieser Entwicklung. Sie entwickeln Systeme des „Cognitive Computing"[81], um beispielsweise die Kunden-

[80]IBM Institute for Business Value befragte 5247 Führungskräfte aus 21 Branchen in >70 Ländern.

[81]Cognitive Computing ist eine umfassende Kombination einer Reihe technologischer Fähigkeiten wie beispielsweise Machine Learning, Verarbeitung natürlicher Sprache und High Performance Computing. Ziel ist es, die Funktionsweise des menschlichen Gehirns nachzuahmen, um menschliche Entscheidungsfindung zu verbessern. Solche Systeme, die verschiedene disparate Technologien integrieren, sind adaptiv (lernen), interaktiv, iterativ (können Fragen stellen, Daten suchen) und kontextbewusst. IBMs „Watson" beispielsweise schlägt in der Quizshow Jeopardy alle menschlichen Kandidaten und erkennt auch Fragen mit Dialekt und Wortwitz.

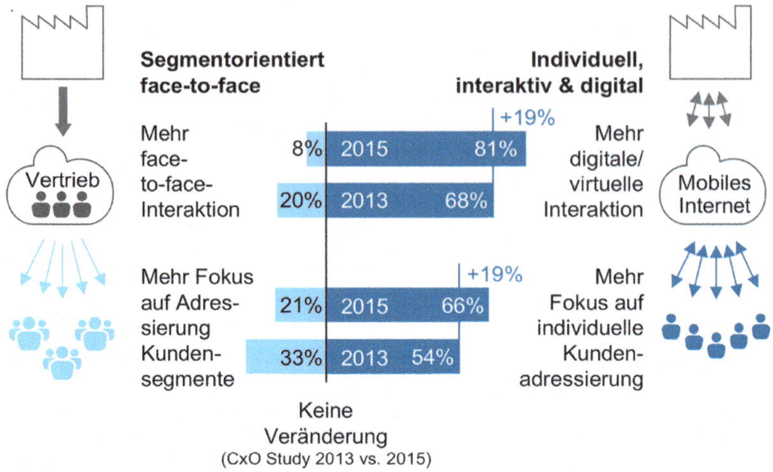

Abb. 1.9 Paradigmenwechsel durch digitalen Wandel: Weg von Kundensegmenten, hin zu individueller, interaktiver Kundenbedienung. (Quelle: IBM CxO Studie 2015)

Interaktion mit Service-Hotlines zu automatisieren oder die Verkehrs- und Menschenströme in Städten zu steuern.

Um zu verdeutlichen, wie sehr die Interaktion an der Kundenschnittstelle durch die exponentiell wachsenden Möglichkeiten der Computer-Unterstützung verändert wird, wollen wir beispielhaft ein Anwendungsszenario darstellen, das für einen Luftfahrt-Carrier[82] entwickelt wurde.

Das Szenario sieht vor, dass bei einem Anruf im Kundenzentrum die anrufende Nummer genutzt wird, um – beispielsweise über das firmeneigene Loyalty-Programm – die Identität festzustellen. Mit dieser Identität wird in sozialen Netzwerken nach Nachrichten gescannt und es werden Kunden-Historie (Buchungen etc.) und letzte Kontakte (Webseiten-Besuche etc.) analysiert. Diese Informationen werden kombiniert mit Kontextdaten (Wetterentwicklungen, Flugplanstatus etc.). Auf dieser Basis wird automatisch per Computer eine Service-Hypothese zur Situation der anrufenden Person destilliert. Gleichzeitig wird eine Hypothese zur Emotionalität (positiv/negativ) gebildet und ein Lösungsszenario abgeleitet, wie der anrufenden Person geholfen werden könnte. Und das alles passiert in der kurzen Zeitspanne der 2–3 Klingeltöne, die vergehen, bis der Anrufer durchgestellt wird.

[82]Der gleiche Luftfahrt-Carrier nutzt Analysen von Suchbegriffen und Klickpfaden auf der Homepage, um festzustellen, in welches Kundensegment ein (anonymer) Besucher fallen könnte, welche Art sein Interesse ist (Geschäft, Urlaub, …) oder wie Zahlungsbereitschaft und Terminflexibilität beschaffen sein könnten. Das Ergebnis sind dynamische, individuelle Preisangebote und Auslastungsoptimierung.

Dann erst wird der Anrufer durchgestellt und bei den Worten der Begrüßung wird schon das Stressniveau des Anrufers analysiert, die Emotionshypothese erfährt ggf. ein Update – und die Stimme aus dem Kundenzentrum kann sofort und spontan reagieren. Aber es ist nur scheinbar eine menschliche Stimme, tatsächlich ist es ein Computer, denn die notwendige schnelle Reaktion könnte einen menschlichen Callcenter-Mitarbeiter überfordern. Tests haben gezeigt, dass der Computer die Illusion einer menschlichen Person am anderen Ende der Leitung etwas mehr als 10 min erfolgreich aufrechterhalten kann.

Erst wenn in dieser Zeit das Gespräch nicht erfolgreich zu Ende geführt werden kann, wird das Gespräch übergeblendet zu einem menschlichen Callcenter-Mitarbeiter. Mit allen Kontext-Informationen versorgt, übernimmt er das Gespräch so nahtlos, dass der Anrufer den Übergang kaum bemerken kann – es sei denn, er achtet sehr genau auf den Glitch in der Frequenz der Callcenter-Stimme, der kaum zu vermeiden ist. Die Vorteile dieser selbstlernenden Service-Digitalisierung zielen auf stärkere Differenzierung, verbunden mit höherer Kundenbindung:

- mehr Kundenfälle werden noch schneller und zielgenauer bedient
- die Wartezeit, bis ein Kundenanruf durchgestellt wird, nimmt dramatisch ab
- in Krisensituationen (Flugausfälle wegen Streik oder Wetter) kann sehr schnell einer Vielzahl von Menschen geholfen werden
- menschliche Callcenter-Agenten werden entlastet, können individuelleren Kunden-Service liefern
- der Datenbestand (Loyalty-Programm, Buchungsdaten, …) kann für individuellere Leistungs- und Serviceerbringung genutzt werden

Digital unterstützt werden Kunden noch zuverlässiger, noch individueller bedient – das ist Service und Kundenbindung im digitalen Wandel: hochreaktive[83], individuelle, interaktive, datenbasierte, selbstlernende Kommunikation mit Kunden.

Neue Potenziale aus der exponentiellen Digitalisierung für die individualisierte Kundeninteraktion entstehen nicht nur für multinationale Unternehmen und nicht nur im Kunden-Service – gerade auch für den Mittelstand ergeben sich hier neue Geschäfts- und Wachstumsmöglichkeiten.

Beispiele digital innovierter Kundeninteraktion

Retail as a Service – b8ta softwarebasierter Einzelhandel

b8ta dreht das Geschäftsmodell des Einzelhandels um: b8ta vermietet den Ausstellungsplatz in seinen Einzelhandelsgeschäften und bietet dafür ein Ambiente ähnlich den Apple Shops und darüber hinaus Daten aus der Kundeninteraktion, die beispielsweise mittels Videoaufzeichnung und Big-Data-Analyse ermittelt werden.

[83]Häufig wird dafür im deutschen Sprachraum der schöne Mixbegriff „Sofortness“ genutzt.

Umsätze der dort ausgestellten Produkte fließen 1:1 an den Hersteller. Technik wird zum Anfassen präsentiert – jedes Produkt kann physisch ausprobiert werden. Zudem befindet sich neben dem ausgestellten Produktbeispiel jeweils ein iPad, auf dem man Texte, Bilder und Videos zum Produkt studieren – und natürlich auch den Kauf auslösen – kann.

Das Kundenverhalten wird dabei beobachtet – Kameras an der Decke zeichnen auf, vor welchen Produkten die Konsumenten wie lange stehen bleiben, das Leseverhalten am iPad wird analysiert. Diese Daten sammelt b8ta und stellt sie dem jeweiligen Hersteller zur Verfügung. Die haben darüber hinaus direkten Zugriff auf das Tablet und können in Echtzeit die Produktbeschreibungen, Optionen und Preise ändern.

Das Geschäftsmodell von b8ta sieht eine monatliche Gebühr für die genutzte Ausstellungsfläche und die Datenanalyse vor. Kunden sind vor allem Hersteller innovativer Consumer-Elektronik-Produkte, die noch in frühen Markteinführungsphasen sind und auf differenziertes Kundenfeedback zur Weiterentwicklung angewiesen sind.

De-Realisierung im Einzelhandel – Beam-Smart-Presence-Verkaufsroboter
Beam-Smart-Presence-Systeme der Firma Suitable Technologies kombinieren Videokonferenzen mit Mobilität – ein aus der Ferne gesteuerter Roboter trägt in Augenhöhe ein Display, das die Person zeigt, die über die Video-Konferenz zugeschaltet ist. Diese Person kann den Roboter aus der Ferne frei durch den Raum steuern. Sensoren verhindern den Zusammenstoß mit Hindernissen und ein Lautsprecher gibt die Stimme wieder. Das ermöglicht bei ausreichender Internet-Bandbreite eine erstaunlich natürliche Interaktion. Die Einsatzbereiche sind vielfältig, von der Telearbeit, Zusammenarbeit in verteilten Teams oder auch als „Verkaufsroboter"[84] im Einzelhandel.

Tatsächlich verzichtet die Firma Suitable in ihren Verkaufsräumen gänzlich auf Personal: Das mobile Tele-Presence-System fungiert als „Verkaufsroboter" mit menschlichem Gesichtern und Stimmen. Mitarbeiter aus verschiedenen Städten der USA geben den Geräten ein Gesicht und arbeiten als Verkaufsberater aus der Ferne. Die Tür des Ladengeschäfts wird elektronisch aus der Ferne geöffnet und geschlossen – gänzlich ohne Mitarbeiter vor Ort.

Die Kostendegression und gleichzeitige Leistungssteigerung bei digitalen Design- und Simulationswerkzeugen machen auch für den Mittelstand leistungsfähige Anwendungen in den Bereichen Virtual Reality (VR) oder Augmented Reality (AR) zugänglich – ob im Prototyping komplexer Anlagen, im Entwurf von Werkzeugmaschinen oder in der geführten Fernwartung technischer Installationen mit sogenannten digitalen

[84]Tatsächlich natürlich kein Roboter, weil sowohl Stimme als auch Bild und Steuerung über das Internet von einem externen Teilnehmer der Videokonferenz kommen.

Zwillingen[85]. In allen Wertschöpfungsschritten mit potenzieller Kundenbeteiligung werden sich zukünftig noch stärker als bereits heute Möglichkeiten der De-Realisierung von Wertschöpfungsschritten anbieten. Die Friedrich Remmert GmbH, ein mittelständischer Spezialist für Lager- und Logistiksysteme aus dem westfälischen Löhne, nutzt solche VR-Techniken nicht nur in der Konstruktion, sondern auch in den Phasen der Kundeninteraktion bei Inbetriebnahme und Marketing. Die immersive[86] VR-Umgebung ermöglicht es, mit Geschäftspartnern oder potenziellen Kunden über Distanz und in Echtzeit anhand einer simulierten Installation der betreffenden Maschine zu interagieren.

Beispiel BMW – Einsatz von VR-Komponenten in Entwicklung und Schulung[87]

1. **In der Entwicklung:** Als erster Automobilhersteller nutzt BMW in der Fahrzeugentwicklung für ein eigenentwickeltes Mixed-Reality-System Komponenten der Computerspiele-Industrie statt teurer Spezialanlagen. Neue Fahrzeugfunktionen und Innenraumkonzepte werden visuell erlebbar durch immersiv simulierte Fahrten in einem realen Auto in einer realen Verkehrssituation. Entwickler können so die reale Sitzposition, Rundumsicht etc. leicht, schnell und günstig testen. Dazu können Entwickler beliebiger Standorte integriert werden, ohne reisen zu müssen. Kürzere Innovationszyklen und höhere Stückzahlen in der Consumer Electronic bieten dazu rasant zunehmende Leistungsfähigkeit bei gleichzeitig sinkenden Kosten. Das immersive Eintauchen in virtuelle Welten wird damit immer realistischer und kann an vielen vorhandenen Entwicklerarbeitsplätzen mit geringem Aufwand erfolgen. BMW setzt dazu Vive Entwicklerkits des Mobile-Computing-Hersteller HTC[88] ein. Die Wahrnehmung wird zusätzlich unterstützt durch fühlbare Oberflächen und Bedienelemente eines Interieurs, dessen Aufbau durch 3-D-Druck-Komponenten schnell und einfach an die zu testenden Entwicklungen angepasst werden

[85]Auf Hannover Messe 2017 stand das Thema *digital twin* stark im Fokus: Computergestützte Abbildungen realer Anlagen und Produkte in einer virtuellen Umgebung. Mit diesen Abbildungen, dem digital twin, kann virtuell in 3D interagiert werden wie in der realen Welt mit der entsprechenden (Zwillings-)Maschine – und beide sind miteinander gekoppelt. Der digital twin ist eine echtzeitaktuelle, exakte Kopie der Eigenschaften und Zustände der realen Maschine einschließlich Form, Position, Geste, Status und Bewegung. Daher werden Manipulationen (z. B. Maschinenbedienung) im virtuellen Raum 1:1 und in Echtzeit an die reale Maschine übertragen und umgekehrt. Die „Digitalen Zwillinge" verwenden dazu Daten von Sensoren, die in den realen Maschinen installiert sind, um deren Echtzeitstatus, Arbeitsbedingungen und Positionen repräsentieren zu können. Alternativ wird für dieses Konzept auch der Begriff device shadow (Geräteschatten) genutzt.

[86]Immersiv beschreibt den Eindruck, in VR einzutauchen, sich mit der Person in der virtuellen Welt zu identifizieren.

[87]Quelle: BMW, rpc – the retail performance company.

[88]HTC-Brille mit zwei hochauflösenden Displays und 5 × 5 m Lighthouse-Laser-Trackingsystem, Grafikverarbeitung für fotorealistische Qualität erfolgt mit Unreal Engine 4 von Epic Games, zum Einsatz kommen High-End-Gaming-Computer mit Wasserkühlung und Übertaktung.

kann. Das Zusammenspiel der einzelnen Devices und Komponenten wird durch das von BMW selbst entwickelte Mixed-Reality-Gesamtsystem realisiert.

2. **In der Schulung** des Vertriebs: Um BMW-Händler in die neue Plug-in-Hybridtechnik einzuführen, setzt BMW auf Produktschulungen mit VR-Brillen. Statt „klassisch" die von der Karosserie umhüllte Technologie durch teure Schnittmodelle sichtbar zu machen und diese zu den Händlern zu bringen, zeigt ein Film mit einer VR-Brille hautnah die sonst unsichtbare Kerntechnik der neuen Hybridmodelle. Die komplexen technischen Zusammenhänge werden durch diese visuelle Darstellung leichter aufgenommen und besser erinnert. Für die Konzeption stand Einfachheit, Flexibilität und Mobilität im Vordergrund. Daher wurden zwar die vorhandenen 3-D-Konstruktionsdaten als Ausgangspunkt genommen, diese jedoch erheblich reduziert, um einen auf üblichen Smartphones lauffähigen Film produzieren zu können. Entsprechend werden Standardkomponenten der Unterhaltungselektronik eingesetzt – VR-Brille und Smartphone reichen.[89] Der Film wird auf dem Smartphone gespeichert, das Smartphone in die VR-Brille eingelegt – und los. Das ermöglicht kosteneffiziente Multiplikation und einen schnellen Rollout in das weltweit verzweigte Händlernetz von BMW mit alleine 550 Händlern in Deutschland.

Die technologische Entwicklung in diesem Feld reift in großen Schritten, ähnlich exponentiell wie in anderen Feldern der Informationstechnologie (Abb. 1.7). Die echte Herausforderung aber liegt in der Entwicklung der Kompetenzen und Prozesse in den Unternehmen. Denn die effektive Nutzung der technologischen Möglichkeiten erfordert (digitale) Kompetenzen, die im Kerngeschäft häufig nicht entstehen, und Zugang zu digitalen Infrastrukturen, die sich nicht für jeden einzelnen Mittelständler rechnen. Am KIT in Karlsruhe wird daher im Lifecycle Engineering Solutions Center (LESC) intensiv dazu geforscht, wie digitale Optionen der Virtual Reality (VR) in den frühen Phasen der Produkt-, System- und Service-Entwicklung des Mittelstandes eingesetzt werden können. Dabei zeigt sich, dass die skalierbaren VR-Systeme Möglichkeiten bieten, typische Ressourcenbeschränkungen des Mittelstandes zu überwinden und so insbesondere internationales Wachstum zu stärken.

Eine Firma wie Gabler, ein in vierter Generation geführtes Familienunternehmen, Spezialist bei Produktions- und Verarbeitungsmaschinen für Süßwaren (v. a. Kaugummis), steht beispielsweise vor der Herausforderung, komplexe, gebäudefüllende Maschinen international zu bewerben und zu vertreiben. Anlagen dieses Ausmaßes zu internationalen Messen zu bringen, ist natürlicherweise sehr aufwendig, ein Aufwand, den ein mittelständisches Unternehmen nur sehr begrenzt leisten kann. Skalierbare VR-Kollaborationssysteme wie beispielsweise die am LESC im Virtual Environments Lab

[89]Beispielsweise Samsung Gear VR Virtual Reality Headset mit Samsung Galaxy S7 Smartphone.

betriebene CAVE[90] ermöglichen hier ein interaktives, virtuelles Design Review zusammen mit dem Kunden.

Dazu können komplexe Produktionsmaschinen, wie die der Firma Gabler, in der Simulationsumgebung nachgebildet und beispielsweise in das dem potenziellen Kunden zur Verfügung stehende Gebäude integriert werden. Ein Vertriebsingenieur kann nun zusammen mit dem (potenziellen) Kunden in Echtzeit durch diese simulierte Installation einer produktiv arbeitenden Maschine „laufen", Komponenten austauschen und verschieben, Abläufe studieren und Verbesserungen diskutieren. In Kollaboration mit dem Kunden kann so in Echtzeit ein ganz realer Eindruck einer arbeitenden Produktionsmaschine in ihrer zukünftigen Installationsumgebung entstehen – ohne dass tatsächlich die Kosten der physischen Entwicklung, Produktion, Logistik und Installation entstehen würden – De-Realisierung im Vertrieb.

Der Einsatz digitaler Optionen an der Kundenschnittstelle führt ggf. nicht nur dazu, dass der Vertriebsingenieur weniger Face-to-Face-Interaktion mit dem (potenziellen) Kunden hat, sondern auch zu einer deutlichen Veränderung bzw. **Erweiterung des Aufgaben- und Kompetenzprofils** eines Vertriebsingenieurs, beispielsweise:

- Die technische Seite der VR-Kollaboration muss sicher beherrscht werden.
- Die soziale Interaktion über die digitalen Kanäle muss geeignet gestaltet werden.
- Die erweiterte Möglichkeit der Echtzeit-Manipulation am simulierten Modell verändert u. U. die notwendige Produktkompetenz, denn Abstimmungsschleifen mit der Entwicklung entfallen.
- Ein geeignetes Simulationsmodell, das die für den Kunden und für die technische Funktionsfähigkeit wichtigen Punkte abdeckt, muss entwickelt werden.[91]
- Dafür muss mit dem (potenziellen) Kunden daran gearbeitet werden, welche Daten bestehender CAx-Modelle notwendig sind, um für VR-Interaktion geeignete, reduzierte Modelle zu entwickeln.

Dieser notwendige Aufbau neuer digitaler Kompetenzen in Unternehmen, deren Kernprodukte wenig digitale Leistungsbestandteile haben, kann gerade im Mittelstand eine Herausforderung sein. Schlüsselfragen für den Einsatz dieser Möglichkeiten, die nicht im technologischen Feld liegen, sind eher organisatorischer Natur, beispielsweise:

---

[90]CAVE – Computer Automated Virtual Environment: stereoskopisches Mehr-Kanal-Projektionssystem mit Advanced Real Time Tracking für immersive Virtual-Reality-Simulation (Projektion betretbarer dreidimensionaler virtueller Realität) zur Interaktion und Kollaboration.

[91]Die TAKTOMAT GmbH, Spezialist für präzise, kundenindividuelle Bewegungskomponenten für die Automatisierungsbranche, nutzt eine Software-Lösung, mit deren Hilfe kundenindividuelle Ausführungsformen einer Anfrage schnell konfiguriert werden können. Kunden erhalten automatisiert ein individuelles, vereinfachtes CAD-Modell für die Integration in die Auslegung der Gesamtanlage.

- **Kooperation in Netzwerken:** Digitale Infrastrukturen für virtuelle Kundeninteraktion (z. B. CAVE) erfordern Investitions- und Betriebsaufwand, der für ein einzelnes mittelständisches Unternehmen wirtschaftlich kaum amortisierbar ist. Daher bieten sich zur Nutzung solcher Infrastrukturen regionale Kooperationen an – möglicherweise auch in Coopetition-Modellen[92], die im Mittelstand weniger häufig zu finden sind. Ein erfolgreiches Beispiel dazu ist das westfälische Kompetenzzentrum OWL ViProSim[93].
- **Neue Führungsmodelle:** De-realisierte Kundenprozesse in Vertrieb und Service werden Kundenerwartungen an Reaktionszeiten deutlich verändern. Die heute schon selbstverständliche „Sofortness" des Konsumgüterbereichs wird so auch für den Industriegüterbereich relevant. Wenn Dienstreisen und physische Logistik als Totzeiten in der Interaktion entfallen, werden Reaktionszeiten verkürzt, die Arbeitsdichte wird erhöht und das Arbeiten über Zeitzonen hinweg zum Regelfall. Dies stellt die Frage nach neuen Arbeits- und Führungsmodellen (Stichwort: Führung 4.0 vgl. Kap. 2) – auch zur Erhaltung der Arbeits- und Leistungsfähigkeit der Mitarbeiter (vgl. dazu auch Kap. 7).
- **Mehr Internationalität:** Fortschreitende De-Realisierung in Kollaborationsprozessen reduziert klassische Hemmnisse internationaler Zusammenarbeit – Reisekosten und Reisezeit entfallen zunehmend. Mitglied eines international besetzten Teams zu sein, wird daher für Mitarbeiter mehr die Regel denn wie heute die Ausnahme sein. Das gilt insbesondere für Mitarbeiter, die heute kaum internationale Reisetätigkeit gewohnt sind (z. B. Entwicklung, Produktion). Daher werden in der Organisation zunehmend interkulturelle Kompetenzen auf breiterer Basis notwendig sein, um internationale Diversität in Teams zur Verbesserung der Ergebnisqualität in Projekten nutzen zu können (vgl. dazu auch Kap. 11).

▶ **Kernaussagen**

- Digitalisierung ist keine Entwicklung der Zukunft, sie ist schon da, wir haben die zweite Schachbrett-Hälfte betreten, weitere Entwicklungen werden noch dynamischer und weitgreifender ausfallen.
- Digitalisierung ist eine Veränderung zweiter Ordnung, sie entwickelt sich exponentiell und ist damit eine besondere Herausforderung für uns Menschen – Prognosen sind immer weniger möglich.
- Verändert wird vor allem die Interaktion mit den Kunden: sofort, individuell, interaktiv – de-realisiert und antizipativ auch in „klassischen" Geschäften – neue Kompetenzen sind nötig.

---

[92]Coopetition beschreibt Dualität von Konkurrenz und Kooperation auf unterschiedlichen Märkten oder Tätigkeitsfeldern.

[93]OWL ViProSim wurde 2006 im Heinz-Nixdorf-Institut in Paderborn von Unternehmen des Branchennetzwerks OWL MASCHINENBAU e. V. in Kooperation mit der regionalen Universität Paderborn sowie den regionalen Hochschulen Ostwestfalen-Lippe und Bielefeld gegründet.

- Digital gestützte Interaktion und Kollaboration mit Kunden ermöglicht realitätsnahe, interaktive Simulationen von Lösungsentwürfen, schnellere Iteration und damit passendere Individualisierung.
- Anbieter konkurrieren um die Monopolisierung der Kundenschnittstelle[94] (mehr Daten = besseres Kundenverständnis = höhere Kundenbindung), daher gilt es, sich frühzeitig einzustellen – am besten schon dann, wenn Möglichkeiten erst zu erahnen sind. Denn wenn sie für jeden erkennbar sind, ist es bereits zu spät.
- Die Nutzung vorhandener Daten und die Ableitung von Verhaltensmustern ermöglichen neue Modelle der Kundenbedienung: Ein vollkommen neuer Grad an Convenience wird möglich.

1.4 Alles schneller, radikaler, digitaler – was tun?

Die vorherigen Abschnitte haben gezeigt, dass sich Innovationszyklen beschleunigen, Innovationen tiefgreifender wirken und der Wandel durch eine exponentielle Entwicklung in digitalen Optionen befeuert wird. Also ändern sich viele Parameter gleichzeitig, zum Teil sehr radikal und das immer häufiger bzw. schneller – das ist die Beschreibung einer *komplexen* Situation.

Definition „Komplexität" Die Komplexität eines Systems wird generell technisch definiert als Produkt aus „Anzahl von Schnittstellen" (Kompliziertheit) und „Veränderung pro Zeiteinheit" (Dynamik). Vereinfacht gesprochen sind komplexe Systeme komplizierte UND dynamische Systeme.

Damit verlieren komplexe Systeme eine wesentliche Eigenschaft der komplizierten Systeme – die Vorhersagbarkeit. Plastisch kann man den Übergang von kompliziert zu komplex sehr einfach mit Hilfe eines Pendels erfahren – das Einfachpendel ist dynamisch, aber nicht kompliziert, entsprechend gut vorhersehbar im Verhalten. Das Doppelpendel, das nur ein Gelenk mehr hat (ergo: zwei statt einer Schnittstelle), ist dagegen im Verhalten chaotisch und nicht mehr vorhersehbar.

[94]Zumindest so lange, wie der Gesetzgeber keine Regulierung von Datenmonopolen vornimmt. Was bei Amazon, Google, Apple etc. in der Datenwelt bisher unreguliert blieb, würde in der realen Welt (man denke an Einzelhandelsstandorte oder dergleichen) sehr wahrscheinlich kartellrechtlich reguliert. Datenmonopole führen jedoch fast zwangsläufig zu Marktmonopolen. Daher wird gefordert, dass der sich Gesetzgeber dieser Themenbereiche annehmen sollte. Netzaktivisten wie Anke Domscheit-Berg drängen beispielsweise darauf, den Wechsel zwischen sozialen Netzwerken durch den Export nicht nur der eigenen, persönlichen Daten, sondern des gesamten persönlichen Netzwerkes (d. h. inkl. der vernetzten Profile) gesetzlich zu regulieren, d. h. zu ermöglichen.

Bezogen auf Management und Organisationen als soziale Systeme bedeutet dies, dass Komplexität Planbarkeit reduziert oder eliminiert, formal-antizipierende Entscheidungen (ergo: Planung) also nicht mehr möglich sind und häufig „im Moment“ entschieden werden muss, weil erst dann notwendige Informationen (z. B. aktuelle Veränderungen) vorliegen. Aus Kompliziertheit (Schnittstellen) und Dynamik (Veränderungsrate) folgt somit erhöhter Entscheidungsbedarf (mehr Schnittstellen und mehr Veränderung bedeutet, öfter entscheiden zu müssen). Das kann zur individuellen, aber auch zur organisationalen Überlastung führen.

Komplexe, hochdynamische Entwicklungen entziehen sich analytischer Prognosefähigkeit. Das zeigen Gigerenzer und Kober in ihrem Plädoyer für einen alternativen Umgang mit Risikoentscheidungen sehr deutlich auf [21]. Unsere Prognosefähigkeit nimmt angesichts der Geschwindigkeit und des exponentiellen Charakters der Veränderungen im Umfeld deutlich ab – typischerweise versuchen wir es trotzdem. Immerhin können wir so eine Reihe von unterhaltsam untauglichen Versuchen solcher Prognosen studieren: Weder Kaiser Wilhelms Glaube an das Pferd[95] noch die ersten Absatzprognosen für Personal Computer[96] haben die jeweiligen Phänomene auch nur ansatzweise erfasst. Und wir sind scheinbar nicht viel besser geworden – denken Sie nur an die oben angesprochenen Prognosen von Ballmer und Nokia-Vorstand Vanjoki zur Wirkung des iPhones oder an die kohärenten Fehleinschätzungen der gängigen Meinungsforschungsinstitute zum Ausgang der amerikanischen Präsidentenwahl im November 2016.

Der Grund ist, dass Situationen hoher Komplexität natürlicherweise mit hoher *Unsicherheit* verbunden sind. Es ist an dieser Stelle wesentlich, *Risiko* von *Unsicherheit* abzugrenzen und beides nicht miteinander zu verwechseln.

▶ **Risiko** Neben den *Entscheidungsalternativen* (z. B. Ja/Nein) sind die möglichen *Ergebnisse* (z. B. Erfolg/Misserfolg) und deren *Eintrittswahrscheinlichkeit* (z. B. 65 % Erfolg zu 35 % Misserfolg) bekannt. Ein typisches Beispiel ist ein Würfelspiel, bei dem um Geld gewettet wird, dass der nächste Wurf eine 6 ergibt. Wir können solche Situationen analytisch gut beherrschen und haben daher (zu Recht) gutes Vertrauen in unsere Entscheidungsfähigkeit.

▶ **Unsicherheit** Wir kennen zwar immer noch *Entscheidungsalternativen* und mögliche *Ergebnisse* – aber nicht mehr deren *Eintrittswahrscheinlichkeiten* … so, als wüssten wir nicht, wie viele Seiten der Würfel hat. Diese Situationen beherrschen wir sehr viel schlechter, weil wir Menschen eine solche Situation analytisch nicht durchdringen können und

[95] „Ich glaube an das Pferd. Das Automobil ist eine vorübergehende Erscheinung.“ Kaiser Wilhelm II. (um 1900).

[96] „Ich denke, dass es einen Weltmarkt für vielleicht fünf Computer gibt.“ Thomas Watson, CEO IBM (1943).

aufgrund dessen Entscheidungen schnell durch persönliche Präferenzen (Risikotoleranz, Erfahrungen in der Vergangenheit, aktueller Status, Emotionen …) verzerrt werden.[97]

„Klassische" Investitionsrechnung belegt Unsicherheit insofern negativ[98], dass sie bei Unsicherheit folgerichtig nahelegt, strategisch eher *auszuweichen* (beispielsweise durch Rückzug aus unsicherer werdenden Marktsegmenten) oder so lange *abzuwarten,* bis die bestehende Unsicherheit durch mehr Information reduziert werden kann.

Strategische Reaktion auf Unsicherheit: Ausweichen
Der zunehmenden Unsicherheit in dynamischen Marktumfeldern auszuweichen ist ziemlich genau das, was die Siemens AG kurz nach der Jahrtausendwende mit der De-Investition scheinbar unsicher werdender Geschäftsfelder exekutiert hat: Die Siemens AG gab den Mobiltelefon-Bereich ab, später folgten noch IT-Dienstleistungen, Kommunikationsnetzwerke und Telefonendgeräte – „Infrastruktur-Geschäfte" sollte der neue Fokus mit weniger Unsicherheit im Marktumfeld sein.[99] Die Digitalisierung hat vor diesen jedoch auch nicht Halt gemacht. Nun scheint die Botschaft angekommen: Ausweichen hilft nicht und Siemens ist die Digitalisierung nun entschlossen angegangen. Heute gewinnt der Aktienkurs der Siemens AG gegenüber dem Hauptkonkurrenten General Electric an Wert, vor allem aufgrund der Beurteilung, dass Siemens die Umsetzung der Digitalisierung im eigenen Produkt- und Service-Portfolio deutlich besser gelingt.

Strategische Reaktion auf Unsicherheit: Abwarten
„Klassische" Technologiemanagement-Literatur der 80er Jahre legte nahe, dass eine abwartende strategische Haltung in Bezug auf die Einführung von Innovationen im Markt statistisch erfolgversprechender wäre. Verschiedene Studien der 80er Jahre[100] zeigten auf, dass die Pioniere im Markt selten erfolgreicher seien und im Gegenteil Follower, also Unternehmen, die mit zeitlichem Abstand in den Markt folgen, statistisch erfolgreicher seien. Das sollte insbesondere für den Mittelstand gelten. Entsprechend häufig sind solche Follower-Strategien *(„second but best")* bei erfolgreichen Mittelständlern anzutreffen. Die Dynamik im Wandel unserer Zeit, exponentielle Entwicklungen wie die Digitalisierung sowie neuere Untersuchungen (vgl. auch Abb. 1.10) stellen dies heute aber infrage und im Gegenteil scheinen Follower in zunehmend digital bestimmten Märkten chancenloser zu werden: Kennen Sie die Nummer 2 hinter Amazon? Kennen Sie den Marktanteil der Nummer 2 in der Internetsuche?

Im Ergebnis kommt das Management angesichts des komplexen Wandels und der damit verbundenen Unsicherheit in einen systemischen Konflikt: Auf der einen Seite wird

[97]Vgl. dazu die Arbeiten der Entscheidungstheorie, z. B. [13] oder [12]

[98]Beispielsweise „bestrafen" klassische Investitionsrechnungsverfahren (z. B. Kapitalwertmethode) Entscheidungsoptionen mit Unsicherheit durch höhere kalkulatorische Zinsen. Zahlungsströme „unsicherer" Investitionen werden daher stärker abgezinst, erscheinen systemisch weniger attraktiv. Alternative Verfahren für Kontexte hoher Unsicherheit existieren zwar (z. B. Optionenportfolio, Real-Optionen-Methode), sind aber in die Praxis der Unternehmensführung nur sehr begrenzt eingegangen.

[99]Siehe dazu beispielsweise die „Kleinfeld"-Phase in Hoefle, M. (2015). Transaktion oder Innovation – das ist die Frage, Denkschrift 18, MANAGERismus.com.

[100]Vgl. dazu Perillieux R. (1987) Der Zeitfaktor im strategischen Technologiemanagement, S + W Steuer- und Wirtschaftsverlag, Berlin, oder Schnaars S. (1986) When Entering Growth Markets, Are Pioneers Better Than Poachers?, Business Horizons, 29(2).

vielleicht richtigerweise erkannt, dass der dynamische Wandel dringendes Handeln erfordert. Auf der anderen Seite macht die damit verbundene Unsicherheit eine entscheidungsunterstützende Prognose (Was kostet es? Was bringt es?) schwierig bis unmöglich.

Folgt man nun „klassischen" Investitionsbeurteilungsverfahren, besteht große Wahrscheinlichkeit, dass man in dieser Situation „Handeln" eher nicht gut begründen kann und ein Abwarten oder Ausweichen bevorzugt – und damit das Window of Opportunity verpasst. Dieses wird aber generell zunehmend schmaler (vgl. Abschn. 1.1) und ist gerade in digital bestimmten Märkten noch einmal kritischer, weil diese aufgrund des Plattformwettbewerbs (vgl. Abschn. 1.2) zur schnellen Konsolidierung neigen (vgl. Abschn. 1.3). Abb. 1.10 zeigt dieses Charakteristikum digital bestimmter Märkte (rechte Seite) im Vergleich zu „traditionellen" Industriegütermärkten (linke Seite).

Die Auswahl der Branchen auf beiden Seiten ist eher zufällig, andere Märkte der gleichen Kategorie würden ein sehr ähnliches Bild zeigen. Jede Einzelgrafik zeigt für den jeweiligen Markt eine Abfolge der jeweils 10 größten Unternehmen im Markt. Dargestellt ist deren Marktanteil, jeweils zum Zwecke der grafischen Vergleichbarkeit auf 100 % normiert.[101] Gut zu erkennen ist der Unterschied zwischen den Märkten der linken und der rechten Seite, die eine völlig andere Marktanteilsverteilung zeigen:

Bei traditionellen Industriegütermärkten (links) nimmt der Marktanteil von Marktspielern über deren Marktposition eher langsam ab. Selbst im stark konsolidierten Automobilbau unterscheidet sich die Größe der größten drei Unternehmen nicht sehr signifikant voneinander. Die Marktanteile der Unternehmen an den Positionen 4 bis 10 sind zwar deutlich kleiner als die der drei marktführenden, untereinander sind sie aber in der Größe noch vergleichbar. In traditionellen Märkten können also auch Unternehmen an hinteren Marktpositionen noch einen ausreichend großen Marktanteil erreichen, um die effizienten Skalen der Branche zu erreichen. Eine der Voraussetzungen für den sprichwörtlichen Erfolg des deutschen Mittelstandes.

Ganz anders in digital bestimmten Märkten (rechts): Schon die Unterschiede zwischen Marktposition eins bis drei sind sehr signifikant – und danach sinkt der Marktanteil sehr schnell unter eine wirtschaftlich kritische Grenze. Häufig reicht der Marktanteil der Nummer drei schon nicht mehr aus, um profitabel zu arbeiten. Denken Sie nur an Suchmaschinen: Die Nummer drei, Yahoo, befindet sich im Zustand der Auflösung. Bei Smartphone-Betriebssystemen sieht es ähnlich aus: Die Nummer drei, Microsoft mit Windows 10 Mobile, hat sich zumindest im Hardwarebereich schon zurückgezogen.

Aufgrund der mit den aktuellen dynamischen und radikalen Entwicklungen natürlicherweise verbundenen Unsicherheit abzuwarten und nicht zu handeln, scheint daher wenig ratsam. Wie es William Ruh, CEO GE Digital, ausdrückte „Wenn es offensichtlich ist, dann ist es zu spät. Was das bedeutet, ist: *Jetzt* ist die Zeit zum Handeln. Wir müssen

[101] 100 % = Marktanteil des Marktführers.

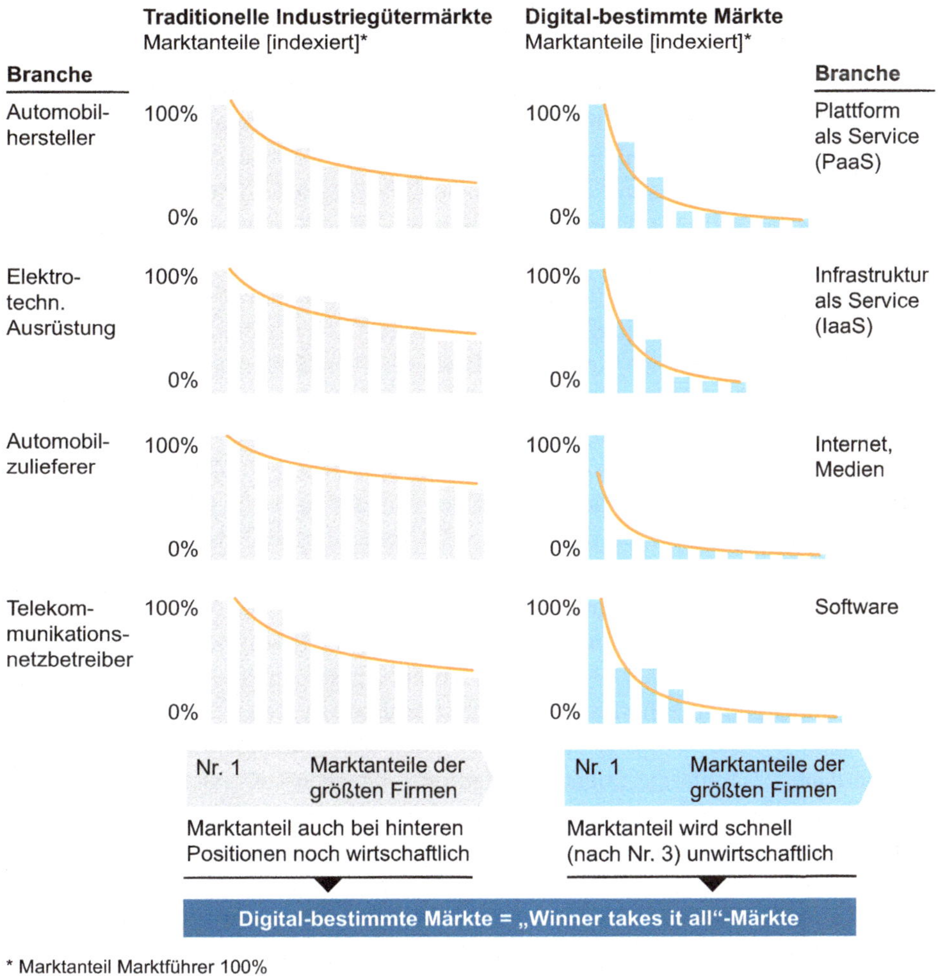

Abb. 1.10 Marktanteilsverteilung digitale Märkte versus traditionelle Märkte. (Marktdaten basierend auf Jahr 2014, Datenquellen: Bloomberg Visual Data & Ralph Finos @ wikibon)

verstehen, dass wir in den ersten zwei Minuten eines Fußballspiels sind – zur Halbzeit wird es zu spät sein."[102]

Der Niedergang von Kodak, 1996 noch viertwertvollste Marke[103] weltweit, mag in diesem Kontext ein warnendes Beispiel sein. Der schon erwähnte Ingenieur Sasson war

[102]„We learned this from the consumer Internet world ... by the time it's obvious it's too late. What that means is, now is the time to act. That you've got to realize we're in the first two minutes of a soccer match; by halftime it's too late" [65, S. 9].

[103]Interbrand's Annual Ranking of 100 of the Best Global Brands, 1996.

Angestellter von Kodak und hat dort 1975 das erste digitale Bild gemacht. Es hat Kodak auch danach nie an der technologischen Kompetenz in der digitalen Kameratechnik gemangelt.[104] Jedoch hat das Unternehmen das neue Paradigma digitaler Fotografie im Markt nur abwartend und zurückhaltend adressiert – zu attraktiv schienen die Profite aus den bestehenden Geschäften mit analogem Film und Papierabzügen.

Stattdessen hat Kodak massiv versucht, analoge Filmformate zu innovieren und damit neu zu beleben.[105] Die Entwicklung im Markt der digitalen Kamera schien lange zu unsicher, Profite im analogen Filmgeschäft lange zu attraktiv, sodass sich Kodak zwar Stück für Stück aus Marktsegmenten zurückzog und Kosten reduzierte[106] – jedoch den digitalen Markt nie entschieden anging.[107] Noch im Jahr 2000, an der Zeitenwende von analog zu digital[108], positionierte sich Kodak „als Erschaffer von Erinnerungen“[109]. Die Folge: ein zunächst schleichender, dann dramatischer Niedergang. Von etwa 130.000 Mitarbeitern Anfang der 90er Jahre waren zu diesem Zeitpunkt (2000) noch etwa 60 % an Bord, weitere sieben Jahre später waren es nur noch 20 % (2007: 26.800 Mitarbeiter).

Aber wann ist der richtige Zeitpunkt, auf den Wandel zu setzen und die Veränderungen im Markt trotz Unsicherheit eher selbst aktiv voranzutreiben, als von ihnen überholt zu werden?

Wohl früh, möglichst früh – zumindest in Märkten, die stark durch die exponentielle Digitalisierung beeinflusst werden, in denen zunehmend Plattformwettbewerb einzieht.

Hier gilt es, möglichst früh den Wettbewerb mitzugestalten, als einer der Ersten die neuen Entwicklungen mitzubestimmen, eigene Standards zu setzen und so für die eigene Plattform eine führende Position zu suchen – auch wenn anfangs noch nicht klar sein wird, wie denn am Ende die „richtige“ Plattform aussehen soll. Nicht jede neue Entwicklung wird dabei die Durchschlagskraft des Smartphones erreichen, manche sich am Markt womöglich nicht durchsetzen können. Aber dieser Gefahr kann man sich nicht entziehen, weder durch Ausweichen noch durch Abwarten, denn: „Wenn es offensichtlich ist, dann ist es zu spät.“

---

[104]Kodaks digitale Meilensteine: 1986 weltweit erste kommerzielle Digitalkamera, 1990 Foto-CD als Hybrid-Format zwischen analog und digital, 1994 weltweit erste Digitalkamera unter 1000 US$.

[105]Zuletzt noch 1996 mit dem APS Advanced Photo System Film.

[106]Dies wird häufig als Versagen des Kodak-Managements bzw. Scheitern organisationaler Veränderung interpretiert. Zeitgenössische Hintergrundberichte zeigen jedoch den erheblichen Druck der Aktionäre auf das Kodak-Management: Mächtige Investoren bevorzugten Dividenden gegenüber Investitionen in die notwendige Transformation, da ihnen diese zu unsicher erschienen [46].

[107]Ganz anders der Hauptkonkurrent FujiFilm, auf den wir später noch eingehen werden.

[108]1999 gilt als das Jahr der Wachablösung zwischen digital und analog: Ab 2000 ging der Absatz analoger Kameras in den Sturzflug, parallel dazu wuchs der Absatz digitaler Kameras dramatisch an. In der Summe stieg der Absatz von Kameras in völlig neue Höhen – die digitale Kamera hatte den Markt neu belebt und neue Kunden gewonnen (Quelle: CIPA, Camera & Imaging Products Association).

[109]„We create memories“, Kodak Geschäftsbericht 2000.

Daher gilt es schon dann erste Schritte in einen (potenziell) neu entstehenden Markt zu gehen, wenn dieser sich noch gar nicht abzeichnet, wenn dessen Erlösmodell noch gar nicht klar erkennbar ist. Denn nur dann, wenn diese Elemente des sogenannten *Dominant Design*[110] noch nicht gesetzt sind, ist ein Erfolg versprechender Eintritt in Innovationsmärkte wahrscheinlich. Dabei ist in diesen frühen Phasen für den späteren Erfolg weniger die frühe Profitabilität als die schnellere Marktdurchdringung wesentlich. Es gilt also in einem dynamischen Wettbewerbskontext „in flux" strategisch handlungsfähig zu bleiben und neue Märkte zu besetzen.

Der Geschäftsführer eines mittelständischen Herstellers für elektromechanische Antriebssysteme drückte es 2016 so aus: „Bei uns verlässt kein Produkt mehr das Haus, von dem nicht ein Kabel nach außen führt. Wir wissen heute noch nicht, was wir oder unsere Kunden mit diesen Daten machen werden. Aber wenn wir das wissen werden, müssen unsere Produkte bereits ausgerüstet im Feld sein, sonst sind wir zu spät." Eine ähnliche Motivation bewegt den Aufzughersteller ThyssenKrupp Elevators, mit der digital gestützten Service-Lösung MAX[111] heute schon eine Datenanalytik auch für Altsysteme im Markt zu etablieren – obwohl sich die Algorithmen, die für die angestrebte präventive Wartung notwendig sind, noch in der Entwicklung befinden und ihre Potenziale heute noch schwer abschätzbar sind.

Beispiel strategische Reaktionsfähigkeit trotz hoher Unsicherheit: Automobilbranche

Wesentliche Hersteller in der Automobilbranche gehen davon aus, dass zukünftig ein Zweitwagen zwar noch genutzt, aber nicht mehr im klassischen Sinne käuflich erworben werden wird. Das bedeutet für einen großen deutschen Automobilhersteller, dass sich das heute durch Zweitwagenkäufer gestellte Nachfragevolumen für Autoverkäufe in irgendeine Art von „Nutzung" transformieren wird.

Die Frage ist nun, wie genau das passieren wird. Wird es per Carsharing, Ride-Sharing, Ride-Hailing erfolgen? Werden autonome Fahrzeuge dabei schon eine Rolle spielen? In dieser Situation stellt sich kaum die Frage, OB man bei diesen Entwicklungen mit dabei sein möchte – sondern nur, WIE.

Wie es der Leiter der Organisationsentwicklung eines großen deutschen Automobilherstellers ausdrückte: „Weil wir nicht wissen, was sich am Ende in welchem Maße

---

[110]Identifiziert im Technologie-Management die wichtigsten technologischen Eigenschaften, die sich im Innovationswettbewerb als De-facto-Standard durchsetzen und denen die Marktteilnehmer folgen müssen, um im Markt erfolgreich zu sein. In frühen Marktphasen, wenn eine Technologie neu auftaucht, gibt es noch mehrere alternative Designs oder Architekturen. Mit der Zeit wird dann aber eine Architektur als Quasistandard akzeptiert – dies erst ermöglicht Skaleneffekte (z. B. Microsoft Windows, QWERTY-Tastatur) [60].

[111]ThyssenKrupp Elevators arbeitet dazu mit Microsoft an einer IoT-Lösung, die die Microsoft-Plattform Azure für Data Analytics nutzt, um über die Analyse von Aufzugbetriebsdaten Prognosen von Wartungszuständen zu entwickeln, 02.05.2016, IT Zoom, max.thyssenkrupp-elevator.com.

durchsetzen wird, müssen wir bei allen denkbaren Optionen mit dabei sein. Unsere Herausforderung ist daher, wie wir das machen, wie wir den Aufwand und die Komplexität beherrschen." Dafür braucht es neue Managementmethoden und -modelle.

Für die empfehlenswerte frühe strategische Reaktion auf sich erst leicht abzeichnende Entwicklungen im Umfeld gilt es, nicht die *Wahrscheinlichkeit des Erfolges* unserer Entscheidungen und Handlungen zu optimieren – denn das muss mangels Prognosefähigkeit in einem unsicheren Umfeld fehlschlagen. Stattdessen gilt es, die *Kosten des Misserfolgs* zu begrenzen und zu beherrschen (vgl. dazu auch [49]) und die Lernerfahrung zu optimieren:

Risiko versuchen wir typischerweise mit Analytik zu beherrschen (Chance-Risiko-Auswertung) – Unsicherheit ist auf diesem Wege nicht zugänglich. Hier spielt Intuition eine größere Rolle (vgl. dazu auch [21]) und es geht mehr um den Erhalt der Handlungsfähigkeit als um die Suche nach der „richtigen" Entscheidung. Es bleibt daher in einem Umfeld hoher **Unsicherheit** nur eine Möglichkeit – vom analytischen Beobachter („abwarten & analysieren") zum handelnden Akteur zu werden, die Veränderungen in den Märkten früh selbst mitzugestalten, den zunächst unsicheren Raum auszuforschen, dabei zu lernen und über die Menge der (Lern-)Erfahrungen die Unsicherheit zu reduzieren – um dann hoffentlich erfolgreich eine führende Marktposition zu besetzen.

Das gilt auch für den Mittelstand, der traditionell häufig auf Follower-Strategien setzt. Denn es gilt auch hier im Zeichen der diskutierten Marktveränderungen ein „Zwang zur Größe", wie es Markus Reithwiesner, CEO der Haufe Gruppe, ausdrückt [45]. Zumindest in den adressierten Marktsegmenten gilt es, „die Führerschaft anzustreben", um nicht von anderen Wettbewerbern und deren Plattformen aus dem Markt oder in eine wirtschaftlich nicht attraktive hintere Position (vgl. Abb. 1.10) gedrängt zu werden. Die Haufe Gruppe gilt diesbezüglich als ein Best-Practice-Beispiel … innerhalb von 10 Jahren ist die erfolgreiche Transformation von 90 % papierbasiertem Umsatz zu 90 % digitalem Umsatz gelungen. Der Gesamtumsatz hat sich seit 2005 mehr als verdoppelt und wächst in den „neuen" Geschäften mit zweistelligen Raten.

Zeiten volatiler Veränderung sind also nicht nur eine Bedrohung, sondern gleichzeitig auch eine Chance!

Gerade im Plattformwettbewerb bieten sich für mittelständische Unternehmen neue Möglichkeiten und Hebel, im globalen Wettbewerb zu konkurrieren und international zu expandieren: Die Skalennachteile des Mittelstandes gegenüber multinationalen Unternehmen können durch digitale Plattformen reduziert werden, weil die Skalen hier stückzahlunabhängig sind. Digital unterstützt lassen sich internationale Präsenz und Service besser und zu geringeren Kosten realisieren – denn eine lokale Präsenz eigener Mitarbeiter ist unter Umständen nicht notwendig.

Voraussetzung dafür ist jedoch, frühzeitig in den Markt zu gehen, besser noch: Die Marktentwicklung zu antizipieren und selbst voranzutreiben, bevor der Markt entstanden und gefestigt ist. Das bedeutet signifikante Investitionen über mittelfristige Zeiträume (3–5 Jahre) zu ermöglichen, auch bei gleichzeitig großer Unsicherheit und ohne zum

Start oder in frühen Phasen bereits den finanziellen Return im Sinne von Überschüssen zu sehen. Der Fokus liegt auf Marktdurchdringung und Lernerfahrung, die möglichst umgehend in die Anpassung des strategischen Vorgehens einfließt – dem agilen *Pivoting.*[112]

Für die Strukturen und planungsorientierten Entscheidungsprozesse mittelständischer Unternehmen ist diese Vorgehensweise eine Herausforderung. Häufig fehlen die Führungs- und Organisationsmodelle (auch bezeichnet als Führung 4.0, vgl. Kap. 2), um solche unsicheren, gegebenenfalls exponentiell skalierenden Modelle abseits des traditionellen Kerngeschäfts erfolgreich aufbauen zu können. Bemerkenswerte Erfolge wie die digitale Plattform 365FarmNet[113] des mittelständischen Landmaschinenherstellers CLAAS oder der Markterfolg der Mobile-ID-Plattform LEGIC *Connect*[114] des Schweizer Mittelständlers LEGIC [29] zeigen jedoch, dass erfolgreicher Plattformwettbewerb auch für mittelständische Unternehmen möglich ist.

Kernaussagen

- Veränderungen heutiger Märkte sind häufig komplex, weil sich viele Parameter (Technologie, Wertschöpfung, ...) gleichzeitig ändern, dies zum Teil radikal und in sehr kurzer Zeit.
- Durch diese Komplexität nimmt die Unsicherheit bei notwendigen Entscheidungen zu, nimmt die Prognose-Fähigkeit ab, werden etablierte Entscheidungsmethoden zunehmend ungeeignet.
- Abwarten oder Ausweichen hilft jedoch nicht, nur wer früh – als einer der Ersten – neu entstehende Märkte betritt und (mit-)gestaltet, kann die Veränderung auch als Chance nutzen.
- Für strategische Initiativen im Umfeld hoher Unsicherheit braucht es alternative Managementmethoden, die die Kosten des Misserfolgs begrenzen und Lernerfahrung optimieren.
- Organisations- und Führungsmodelle, die den Erfolg solcher Initiativen und Plattformstrategien ermöglichen, sind häufig inkompatibel mit dem gewohnten Vorgehen im Kerngeschäft (neue Methoden zu Führung 4.0, vgl. Kap. 2).

---

[112]Strukturierte Kurskorrektur, um eine neue Hypothese über Produkt, Strategie etc. zu testen (Lean-Start-up-Methode [49]). Auch „Veränderung des Plans statt der ausführenden Person" (Steve Blank).

[113]Offene Plattform für eine umfassende Agrarmanagementsystemlösung, die einzelne Betriebsbereiche herstellerneutral und -übergreifend verknüpft und durch Datenanalyse betriebliche Prozesse verbessert.

[114]LEGIC *Connect* ist ein End-to-End-Service für die Erstellung und Nutzung von ID-Karten auf Mobiltelefonen. Damit werden Smartcard-Applikationen wie z. B. Zutrittskontrolle, Parking, Ticketing etc. auf einem Smartphone ermöglicht. Verbreitung hat *Connect* u. a. in der Hotellerie gefunden. Hier ermöglicht *Connect* den Check-in über das Smartphone, auf das anschließend der digitale Zimmerschlüssel gesendet wird – das Smartphone öffnet das Hotelzimmer.

1.5 Beidhändigkeit im dynamischen Wandel – Herausforderung Ambidextrie

Wir haben gezeigt, dass der Wandel unserer Zeit komplex ist. Viele Parameter verändern sich gleichzeitig, teils radikal, und das immer häufiger. Dafür gilt es, trotz oder gerade wegen der damit verbundenen Unsicherheit frühzeitig und idealerweise antizipativ zu agieren. Dies gilt insbesondere im Plattformwettbewerb, der schon als ein neues Wirtschaftsparadigma diskutiert wird [27]. Für den (technischen) Aufbau und die Marktdurchdringung solcher Plattformen braucht es mindestens Zeit (vgl. das Beispiel Airbnb), und wenn es dabei zu einem Verdrängungswettbewerb kommt, (noch mehr) Geld – auch wenn zu diesem Zeitpunkt möglicherweise noch nicht klar ist, wie diese Plattform monetarisiert, also in Umsatzströme umgesetzt werden kann.

Eine solche Investition – parallel zu einem existierenden, profitablen Kerngeschäft und in einen Bereich, dessen zukünftige Wirtschaftlichkeit kaum durch einen zuverlässigen Business Case belegt wird – ist höchst unsicher und schwierig zu rechtfertigen. Gleichzeitig sind aber nur durch diese ersten Investitionen die notwendigen Lernerfahrungen, erste Test-Drills, im Markt möglich, um einen getesteten Business Case aufzubauen – ein klassisches Henne-und-Ei-Problem.

Am Beispiel der Firma EOS, ein bei München ansässiges, mittelständisches Unternehmen mit 960 Mitarbeitern (2016), kann man dies ganz gut erkennen. EOS hat seine Maschinen (Lasersinter-Anlagen) in ein hybrides, digital unterstütztes Geschäftsmodell erweitert, das heute exponentiell und profitabel wächst. Dafür hat das Unternehmen allerdings auch schon seit den frühen 90ern parallel zum bereits profitablen Kerngeschäft (Stereolithografiesysteme) in dieses hybride Geschäftsmodell investiert. Signifikante Umsätze stellten sich erst nach der Jahrtausendwende ein, und seit 2010 ist das Wachstum sehr dynamisch (Umsatzverdopplung alle 3 Jahre) – ein typischer exponentieller Entwicklungsverlauf.

Hybrides Geschäftsmodell von EOS

Mit den Maschinen von EOS werden generativ („3D-Druck") Produktiv-Teile, beispielsweise Einspritzdüsen für Turbinen von General Electric, hergestellt. Dafür müssen die Maschinen jedoch geeignet parametrisiert werden. Diese Parametersätze (z. B. Einwirkzeiten) basieren auf Erfahrungen aus Experimenten und Testreihen. Kunden haben nun die Möglichkeit, 1) Geld und Zeit aufzuwenden, um ebendiese Erfahrungen selbst zu sammeln, oder 2) entsprechende Parametersätze von EOS zu lizenzieren. Da diese Parametersätze für EOS-eigenes Rohmaterial optimiert sind, werden Kunden auch dieses von EOS beziehen. Ein Systemgeschäft mit sehr hoher Kundenbindung (und Profitabilität) ist das Ergebnis.

Vor ähnlichen Herausforderungen stehen auch die Start-ups des Silicon Valley. Sie haben nur einen Vorteil: Sie machen nichts anderes, als dieses eine neue Geschäft aufzubauen.

Die Risikokapitalinvestoren des Valley zielen auf Unternehmensbewertungen im x-Milliarden-Bereich – Investitionserfolge im x-100-Millionen-Bereich reichen nicht aus, um das Geschäftsmodell der Venture Fonds zu tragen [62]. Entsprechend reagieren diese Investoren eher zurückhaltend, wenn Start-ups frühe Umsätze und Erträge planen, statt mutig (in den allermeisten Fällen vergeblich) in weltverändernde Geschäftsmodelle zu investieren. Start-ups konzentrieren sich vollkommen auf genau diese eine, neue Aktivität. Es gibt keine Parallelität zu einem bestehenden Kerngeschäft. Und die Fonds zielen auf genau diesen *einen* Erfolg in ihrem Portfolio ab: einmal WhatsApp, Google oder Facebook spielt die Rendite ein, der Rest ist zu vernachlässigen. Daher können alle anderen Investitionen scheitern, spielt Überleben gar keine Rolle, denn nur ein exponentiell wachsendes Unternehmen kann die angestrebte Milliardenbewertung erzielen – die die neun von zehn Fällen finanziert, die ebendieses Wachstum nicht erreichen.

Industrieunternehmen stehen auf der einen Seite mit diesen Start-ups im Wettbewerb, müssen aber auf der anderen Seite nach anderen Regeln spielen, denn hier kommt das Risikokapital nicht von externen Investoren, sondern es besteht ein profitables Kerngeschäft, das mit mittelfristigen Plänen umsatz- und kostenorientiert arbeitet. Die Herausforderung für etablierte Unternehmen liegt also in der Parallelität, gleichzeitig das bestehende Kerngeschäft zu betreiben und radikal neue, strategische Innovationen aufzubauen. Dabei sind die Regeln des Kerngeschäfts in einem Wettbewerb mit dem aggressiven Investitionswillen von Risikokapitalinvestoren wenig hilfreich – unter Umständen sogar schädlich. Denn wenn Märkte sich dynamisch und radikal zu verändern drohen, zählt Geschwindigkeit und Marktdurchdringung – Umsatz und Profitabilität folgen (hoffentlich) später.

Auch das mittelständische Schweizer Unternehmen LEGIC verdankt seinen Erfolg im Mobile-ID-Markt[115] der Tatsache, dass das Unternehmen als einer der Ersten im Markt die Entwicklung einer Software-und-Service-Plattform für mobiles Identitätsmanagement angegangen ist – LEGIC *Connect*. Zum Start des Projekts in 2012 hatte man noch keine Vorstellung, welches ID-Marktsegment man mit dieser Lösung (wenn man sie denn hätte) adressieren sollte oder wie ein Erlösmodell aussehen würde. Erst nach zwei Jahren Entwicklung hatte man einen ersten Pilotkunden gewinnen können. Dieses Hotel[116] ging im Dezember 2014 mit LEGIC *Connect* in den Live-Betrieb. Gäste können per Mobiltelefon einchecken und das Telefon als „Schlüssel" für die Zimmertür verwenden. Nur 18 Monate später war eine sechsstellige Zahl von Hotelzimmern mit LEGIC *Connect* ausgestattet und Verträge mit den größten Hotelketten gezeichnet – als Follower wäre es nahezu unmöglich gewesen, gegen eine entsprechende Marktpräsenz eines Wettbewerbers anzukommen. Als Plattform-Pionier hat LEGIC die Chance genutzt, Marktsegmente zurückzugewinnen, die im scharfen Preiswettbewerb des Technologievorgängers (ID Card) gegen größere und billigere Wettbewerber verloren gegangen waren [29].

Durch diese Parallelität der notwendigen, aber wirtschaftlich lange nicht belastbaren Investition in strategische Innovationen auf der einen Seite und dem profitablen,

[115] Steuerung von Zugangsrechten (ID) über das Mobiltelefon statt beispielsweise über eine Zugangskarte.

[116] The Cromwell, Las Vegas.

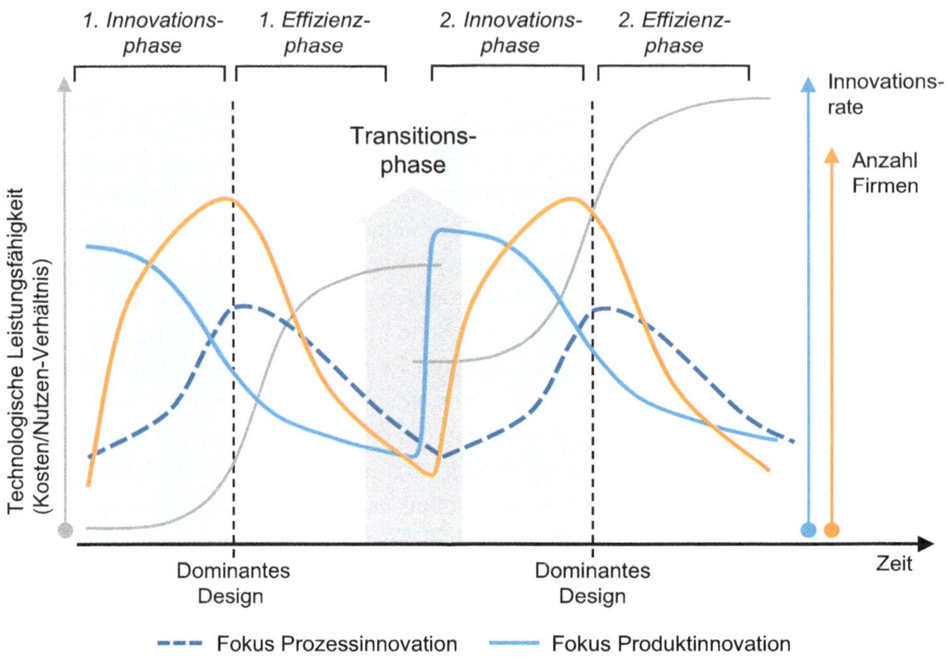

Abb. 1.11 Zeitlicher Verlauf und Marktwirkung von InnovationszyklenInnovationszyklus

effizienzorientierten Optimieren des Kerngeschäfts auf der anderen entstehen zwangsläufig Paradoxien und Widersprüche in der Organisation, die erklärungsbedürftig sind:

In einem Bereich mag massiv Personal abgebaut werden, während in einem anderen Bereich gleichzeitig massiv Personal aufgebaut wird. In einem Bereich mag man streng an der Kostenschraube drehen, während in einem anderen Bereich scheinbar großzügig Geld für unsichere Experimente ausgegeben wird [45]. Es gilt, den Widerspruch mitzudenken.

Abb. 1.11 zeigt die typische zeitliche Entwicklung verschiedener Parameter in aufeinanderfolgenden Innovationsgenerationen (schwarze Linie vgl. Technologie-Trajektorien aus Abb. 1.2). Die beiden schwarzen, S-förmigen Kurven stellen den Wechsel von der vorherigen (linke S-Kurve) auf die nächste (rechte S-Kurve) Innovationsgeneration dar. Entlang dieser vor allem technologisch geprägten Leistungsentwicklung erfolgt bei erfolgreichen Unternehmen ein Wechsel im Innovationsfokus [10, 40, 60]:

1. *Innovationsphase:* In der ersten, linken Hälfte der ersten S-Kurve liegt der Innovationsfokus auf dem Produkt, verschiedene alternative Lösungen kämpfen im Markt um die Gunst der Kunden.[117] Irgendwann stellt sich etwas ein, das als *Dominantes Design*

[117]Im Mobiltelefonmarkt war dies beispielsweise der Wettbewerb verschiedener Betriebssystemplattformen (iOS, Android, Windows Mobile, BlackBerry SO, Tizen, Firefox OS …).

[60] bezeichnet wird – die Kunden haben sich weit mehrheitlich für eine der unterschiedlichen am Markt angebotenen Lösungen entschieden – ein Auto hat jetzt vier Räder, vier Sitze, vorne den Motor und hinten den Kofferraum.[118] Zum Zeitpunkt des Auftretens des Dominanten Designs wechselt der *Innovationsfokus* vom Produkt auf den Prozess der Herstellung und Servicierung. Effizienz steht nun im Vordergrund.
2. *Effizienzphase:* Von nun an geht es mehr darum, effizienter zu werden, also die marktübliche Leistung zu möglichst geringen Kosten zu erzielen und im Preiswettbewerb zu bestehen. Nicht alle Firmen schaffen diesen Wechsel, es kommt zu einer Konsolidierung im Markt, einige Spieler werden übernommen, andere gehen in die Insolvenz.[119] Diejenigen, die überleben, konzentrieren ihren Innovationsfokus in der zweiten, rechten Hälfte der S-Kurve auf Prozessinnovationen und Kosteneffizienz. Das scheint auch sinnvoll, weil so die Innovationskosten amortisiert werden, die Kosten sinken und die Profitabilität steigt.
3. *Innovationsphase:* Trifft nun jedoch eine neue Technologiegeneration auf den Markt (linke Hälfte der zweiten S-Kurve), beginnt dieser Zyklus von neuem:

Etablierte, effiziente Spieler müssen den Innovationsfokus wieder zurück auf die Produktinnovation verlegen – sie sind aber im Handeln und Entscheiden auf Kosteneffizienz fokussiert. Es ist genau diese Übergangsphase der *Transition,* in der die kritische Phase des Innovationswettbewerbs spielt. Gerade für erfolgreiche Unternehmen – die die Konsolidierung der 1. Effizienzphase erfolgreich gemeistert haben – ist hier die Herausforderung besonders groß. Denn genau die Regeln, die Kultur, die Prozesse, die das Unternehmen während der 1. Effizienzphase der linken S-Kurve erfolgreich gemacht haben, sind nun hinderlich für die nächste, die 2. Innovationsphase. Dieser Zusammenhang ist nicht unbedingt intuitiv einsichtig und nicht einfach zu erklären.

Unternehmenskultur, Wertschöpfungsprozesse und Steuerungssysteme sind auf die Steigerung von Effizienz ausgerichtet – der Markt aber folgt einer grundlegend neuen Technologie, deren Vorteile nicht durch höhere Effizienz, d. h. geringere Kosten und Preise auf Basis der „alten" Technologiegeneration, kompensiert werden können. Das war bei Kodak und dem Wechsel von Foto-Prints zu digitalen Bildern so, das war bei Nokia und dem Wechsel vom Feature-Phone zum Smartphone so, das war bei Epson beim Wechsel von den Nadel- zu den Tintenstrahldruckern so, und wir können ganz ähnliche Entwicklungen aktuell in der Automobilbranche beobachten.

Das Automobil wird derzeit von vielen Start-ups – nicht nur Tesla – auf Basis der beiden Durchbruchsinnovationen *Elektroantrieb* (Substitution des Antriebsstrangs durch

[118]Mit nur zwei Sitzen ist es … ein Smart – es hat lange gedauert, bis der Smart mit nur zwei Sitzen als Auto akzeptiert wurde.

[119]Diesen Shake-out zeigt die orange Kurve: In der Automobilbranche beispielsweise fand diese Phase in den späten 1920er Jahren statt, zwischen dem ersten und dem zweiten Weltkrieg.

digitale Technologie) und *autonomes Fahren* (Substitution des Fahrers durch digitale Technologie) vollkommen neu gedacht. Und so sehr „klassische" Automobilhersteller neue Spieler wie Tesla, Google, Uber oder Apple nicht als HERSTELLER von Automobilen fürchten mögen – es wird immer klarer, dass diese Unternehmen dennoch über Plattformen die Kundenschnittstelle besetzen könnten, sodass die Automobilhersteller, die heute vor allem aus der Marge ihres Markenimages leben, in die Rolle von Auftragsfertigern gedrängt werden könnten – ganz ähnlich der Rolle, die der chinesische Auftragsfertiger Foxconn heute für Apple hat.

Treiber dieser Technologieentwicklung sind aber nicht die Unternehmen mit der breitesten Technologieerfahrung, mit dem tiefsten Branchen-Know-how, mit dem besten Kundenzugang, sprich: die Automobilhersteller. Treiber dieser Entwicklung sind junge Unternehmen, für die diese Technologien nicht „die nächste", sondern die ERSTE Technologiegeneration ist, mit der sie sich beschäftigen, die sich ohne Ballast und Historie, „Green Field" in die neuen Technologien, Wertschöpfungsketten und Geschäftsmodelle eindenken. Das bringt Tesla in die vergleichsweise komfortable Position, sich nur und ausschließlich auf die Gestaltung des Neuen (Elektrofahrzeuge) konzentrieren zu können.

Die Herausforderung der etablierten Automobilhersteller ist es, gleichzeitig das bisherige Kerngeschäft (benzinbetriebene, eigengesteuerte Fahrzeuge) effizient zu betreiben. Hier wird Liquidität erwirtschaftet, die die notwendigen Investitionen für die nächste Technologiegeneration (elektrisch betriebene, autonome Fahrzeuge) finanziert. Sie müssen also „Rucksäcke" (bestehendes Kerngeschäft) tragen, die die Start-ups (Green Field) nicht belasten, sie müssen die notwendigen Investitionen aus dem Kerngeschäft erwirtschaften (Cashflow-Finanzierung), während Start-ups die scheinbar grenzenlose Quelle des Risikokapitals nutzen können (Eigenkapitalfinanzierung), sie müssen bei der Kapitalallokation aus dem Cashflow auswählen, wie viel für die Erhaltung des Kerngeschäfts und wie viel zum Aufbau der neuen, unsicheren Felder verwendet wird.

Der Diesel-Skandal[120] von Volkswagen in den USA zeigt eindrucksvoll, wie stark in diesem Zwiespalt das Bestreben werden kann, eher bestehende Technologien und Investitionen der Vergangenheit weiter zu amortisieren – statt entschieden in die nächste Technologiegeneration zu investieren. Für VW ist in der Folge die Herausforderung noch größer geworden, weil nun nicht nur die notwendigen Investitionen in die neue Technologie zu leisten sind, sondern zusätzlich das Markenimage beschädigt wurde und immense Strafzahlungen zu finanzieren sind. Eine Bürde, die den Konzern viele Jahre in die Zukunft belasten wird s. u.

Die bis zur Transition Erfolg versprechende Strategie, die eigene Wettbewerbsfähigkeit entlang der industriespezifischen Effizienzgrenze [48] (Abb. 1.12) zu steigern, reicht im Technologieübergang zur nächsten Generation nicht mehr aus, ist sogar schädlich, denn die nächste Generation induziert bei den Kunden fundamental verändertes Verhalten (vgl. Abschn. 1.2), das mit den Leistungsmerkmalen der vorhergehenden Generation

[120] Vgl. de.wikipedia.org/wiki/Abgasskandal.

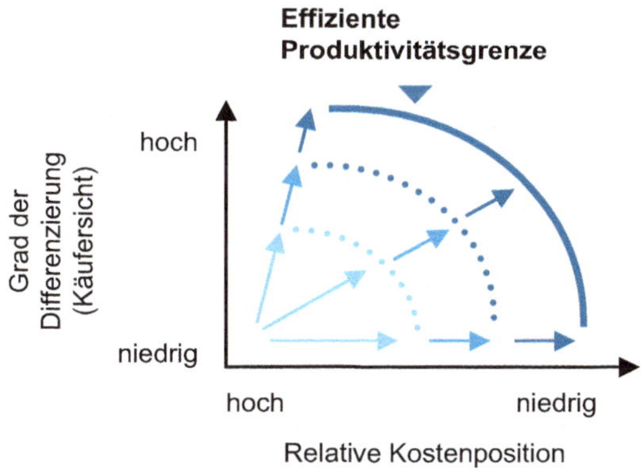

Abb. 1.12 Dynamische Effizienzgrenze einer Industrie. (vgl. dazu [49])

nicht bedient werden kann (vgl. Übergang Feature-Phone → Smartphone), egal zu welchem Preis. Kommt eine digitale Komponente oder Plattform hinzu, senkt diese zusätzlich die Eintrittsbarriere für neue Wettbewerber und die optimalen Skalen.[121]

▶ **Digital Darwinism ...** beschreibt eine Ära, in der sich Technologie und Gesellschaft schneller fortentwickeln und wandeln, als sich Unternehmen natürlich, das heißt branchentypisch, anpassen.

Daher gilt es, sich der Dualität zu stellen, gleichzeitig das bestehende Geschäft zu optimieren und entschieden das Neue aufzubauen, sonst läuft man Gefahr, dem digitalen Darwinismus zum Opfer zu fallen. Die dramatischen Veränderungen unserer Zeit vollziehen sich in einer Geschwindigkeit, die deutlich höher ist als der typische Rhythmus der betreffenden Geschäfte – ihr sogenannter *Clock Speed,*[122] denn der *Clock Speed* digitaler Technologien und Geschäfte ist deutlich schneller. Daher müssen Unternehmen in der Transition die Organisation in unterschiedlichen Geschwindigkeiten, mit unterschiedlichen Zielen und mit unterschiedlichen Organisation- und Führungsmodellen („Führung 4.0“, vgl. dazu Kap. 2) steuern.

Gerade im familiengeführten Mittelstand kann der Generationenübergang bei den geschäftsführenden Gesellschaftern positiv für diese Transitionsphasen genutzt werden. In Deutschland stehen aktuell (2016) 135.000 Unternehmen zur Übergabe bereit. Im gegenseitig wertschätzenden Zusammenspiel, bei dem sich erfahrene Gesellschafter der

[121]Je mehr Teile der Leistung über Informationstechnik dargestellt werden können, desto weniger hängen Leistungserstellungskosten an der Größenordnung, d. h. Skalen in der Produktion.

[122]*Clock speed:* Jede Industrie zeichnet sich durch eine „Taktung“ aus, beispielsweise den Rhythmus, in dem neue Produkte auf den Markt kommen, oder den Zeitraum, den Produkte im Markt überleben, vgl. [18].

vorhergehenden Generation und jüngere Nachfolger mit neuen Ideen und nativer digitaler Sozialisierung die Hand reichen, kann diese für die Unternehmen kritische Phase auch als unternehmerische Chance genutzt werden. Dazu kann beispielsweise – in einer Übergangsphase vor der Übernahme der Gesamtverantwortung – die nachfolgende Eigentümergeneration den Aufbau digital gestützter Geschäfte und Aktivitäten verantworten und aufbauen. Dies kann parallel und größtenteils unabhängig vom weiter durch die bestehende Leitung geführten Kerngeschäft erfolgen. Dabei ist jedoch zu beachten, dass solche digitalen Aktivitäten und das Kerngeschäft miteinander vernetzt bleiben müssen, damit die spätere (Rück-)Integration gut funktioniert (vgl. dazu Abschn. 2.5; Kap. 8). Diese Integration kann idealerweise erfolgen, wenn die nachfolgende Generation die Verantwortung für die Gesamtleitung im Sinne des Generationenübergangs (vgl. Kap. 12) übernimmt.

Kernaussagen

- In erfolgreichen Firmen sind Kultur, Prozesse und Steuerung oft auf Effizienz gerichtet. Wenn Märkte sich radikal verändern, sind die Vorteile des Neuen nicht durch noch mehr Effizienz kompensierbar.
- Die Herausforderung für etablierte Unternehmen liegt also darin, Parallelität zu steuern, gleichzeitig das bestehende Kerngeschäft zu optimieren und radikal neue, strategische Innovationen aufzubauen.
- Dafür muss parallel zum Kerngeschäft investiert werden, auch wenn die zukünftige Wirtschaftlichkeit höchst unsicher ist, denn nur dann sind die notwendigen Lernerfahrungen im Markt möglich.
- Durch die Parallelität entstehen zwangsläufig Paradoxien und Widersprüche in der Organisation, die nicht intuitiv anschaulich sind und Erklärungsbedarf erzeugen – es gilt, den Widerspruch mitzudenken.
- Es gilt sich der Dualität zu stellen: Die Regeln für den Erfolg im Kerngeschäft sind andere als für den erfolgreichen Aufbau strategischer Innovation. Sonst läuft man Gefahr, im digitalen Darwinismus unterzugehen.

1.6 Der Wandel des Wandels und der Veränderungsarbeit

Die vorhergehenden Abschnitte haben aufgezeigt, welche Treiber den Wandel unserer Zeit bestimmen und welche Herausforderungen sich daraus ergeben. Sehr deutlich wird, dass weder durch Abwarten noch durch Ausweichen dem Druck der Veränderungen Erfolg versprechend begegnet werden kann. Entsprechend stellt sich die Frage, wie Erfolg versprechende Veränderungsarbeit in diesem Kontext gestaltet werden kann. Um die bestimmenden Parameter dafür zu entwickeln, ist es zunächst sinnvoll, die Entwicklung der Veränderungsarbeit zu reflektieren. Anders ausgedrückt:

Wie sieht der Lebensweg der Veränderungsarbeit aus – welchen Einfluss hatten Veränderungen in der Vergangenheit auf den Umgang mit Wandel?

Diesen erprobten Bestandteil der Veränderungsarbeit aus unserer Beratungspraxis haben wir bei der Entwicklung des Konzepts der Veränderungsintelligenz in unsere eigene Arbeit integriert. Daher möchten wir Sie in diesem Abschnitt zunächst auf eine kleine Reise durch die Vergangenheit mitnehmen, die keinen Anspruch auf Vollständigkeit erhebt, aber wesentliche Entwicklungen herausstellen wird.

Auf dieser Basis lassen sich dann im weiteren Verlauf die folgenden Fragen gut beantworten, die zur Entwicklung des Konzepts der Veränderungsintelligenz geführt haben:

Was kann man aus der Vergangenheit der Veränderungsarbeit lernen? Welche Elemente und Modelle sind auch angesichts der aktuellen Herausforderungen weiterhin gut zu nutzen? Wie kann man vorhandene Ansätze weiterentwickeln? Wo ist es nötig, neue Wege in der Veränderungsarbeit zu beschreiten?

Wir beginnen unserer Zeitreise in einer Epoche, in der Veränderungsprojekte eher selten waren:

Über längere Perioden gab es einen stabilen Zustand von Routine im Unternehmen, dann tauchte plötzlich ein Veränderungsprojekt mit schickem Namen auf und die Ruhe war vorbei. Es folgte eine Phase der Aufregung, des Ringens von Kräften: die, die nach Veränderungen drängten, auf der einen Seite, und die widerstrebenden Kräfte, die den Status quo erhalten wollten, auf der anderen Seite. Es kam zu Mehrbelastung und Unsicherheiten, bis das Projekt irgendwann abgeschlossen war und wieder Ruhe einkehrte und alle zu ihrer eigentlichen Arbeit zurückkehren konnten.

Ein grundlegendes Modell der Organisationsentwicklung, das diese Art der Veränderung beschreibt, ist das in den 1940er Jahren entwickelte **3-Phasen-Modell nach Lewin** [42]. Es entstand aus der Übertragung von Erkenntnissen aus der Gruppendynamik auf Unternehmen. Dem Modell liegt ein Verständnis von Veränderung als Resultat von Kräften und Gegenkräften zugrunde, nach dem auf der einen Seite die sogenannten „driving forces" gezielt zu stärken sind und auf der anderen Seite ein Abbau der Beharrungskräfte, der sogenannten „restraining forces", anzustreben ist.

3-Phasen-Modell nach Lewin

- **Phase 1 (Unfreezing):** Auftauen eines stabilen Ausgangszustandes, Bereitschaft für Veränderungen muss geschaffen werden, die Kräfte, die die Veränderung treiben („driving forces") sind bzw. werden stärker als die widerstrebenden Kräfte („restraining forces").
- **Phase 2 (Changing):** Implementierung von Veränderungen, es werden Lösungen gefunden, Neues wird ausprobiert und es kommt auch zu vorübergehenden Leistungsabfällen, da Mitarbeiter die bisherigen Spezialisierungsvorteile verlieren bzw. auf der Lernkurve nach unten wandern.
- **Phase 3: (Refreezing):** (Wieder-)Einfrieren in einen neuen Gleichgewichtszustand auf einem (hoffentlich) höheren Niveau, das System stabilisiert sich wieder, die Veränderungen werden Bestandteil eines neuen Alltags.

Nach dieser Sicht ist es notwendig, dass in Phase 3 wieder Ruhe und Stabilität einkehrt, damit die angestrebten Veränderungsziele realisiert werden können und sich das Leistungspotenzial der Veränderung voll entfalten kann.

Die Methoden zur Bewältigung/Bearbeitung von Veränderungen waren anfänglich bestimmt von einem Top-down-Denken in Plänen und Strukturen. Als eine Schlüsselkompetenz zur Bewältigung solcher punktuellen Veränderungen bildete sich ein spezifisches Projektmanagement heraus.

Lewin prägte mit seinem Modell die „klassische" **Organisationsentwicklung.** Diese beschreibt einen ganzheitlichen Ansatz der Weiterentwicklung von Organisationen, betont für einen erfolgreichen Wandel die Bedeutung, Betroffene zu Beteiligten zu machen, und strebt nach Veränderung durch Selbstentfaltung (statt direktiver Gestaltung entsprechend der natürlich vorhandenen Wesensart der Organisation). Entsprechend ist die Organisationsentwicklung an ein humanistisches Menschenbild gebunden, das den Menschen als ein nach Selbstverwirklichung strebendes Geschöpf sieht, welches sich entsprechend seiner Möglichkeiten entwickelt und fähig ist, sein Leben selbst zu bestimmen und diesem Ziele und Sinn zu geben.

Auf dieser Basis formte sich 1960 die von **McGregor entwickelte Y-Theorie** [43] eines Menschen, der sich von Natur aus verwirklichen und entfalten will. Er unterschied mit der Theorie X und der Theorie Y zwei verschiedene Menschenbilder mit unterschiedlichen Haltungen und Verhaltensmustern im Berufsleben, die zwei unterschiedliche Führungsphilosophien begründeten, wobei er die Theorie Y bevorzugte.

Menschenbild und Führungsphilosophie der Theorie X und Y nach McGregor

a) **Theorie X**
   Der Mensch ist arbeitsunwillig, ohne Ehrgeiz, verantwortungsscheu, sicherheitsorientiert und von außen motiviert. Um ihn zu einer produktiven Tätigkeit und zu Veränderungen zu bewegen, bedarf es einer hierarchischen Führung mit detaillierten Vorgaben und strenger Kontrolle.
b) **Theorie Y**
   Der Mensch ist leistungsbereit, engagiert und kreativ, zeigt Initiative, sucht Verantwortung, ist von innen heraus motiviert und strebt nach Selbstverwirklichung. Um ihn zu einer produktiven Tätigkeit und zu Veränderungen zu bewegen, sind Bedingungen zu schaffen, die ihn motivieren, sowie Ziele zu setzen, mit denen er sich identifizieren kann.

Die später als Synthese aus der Theorie X und Y von McGregor entwickelte **Theorie Z** teilt wesentliche Annahmen mit dem u. a. von William Ouchi entwickelten japanischen Managementstil [47]. Dieser setzt auf die motivationsfördernde Wirkung der Partizipation von Mitarbeitern bei Entscheidungen in Veränderungsprozessen und betont die Betrachtung einer Organisation als ganzheitliches Beziehungsgefüge. Die bewusste

Arbeit auf der Prozess- und Beziehungsebene und die **Berücksichtigung des Faktors Mensch** (neben der Sachebene) gewann in Veränderungsvorhaben weiter an Bedeutung. Ein verstärktes **Denken in Prozessen** statt Strukturen drückte sich auch sprachlich darin aus, dass man zunehmend von „Veränderungsprozessen" (statt Projekten) sprach.

Anfang der 80er Jahre vollzog sich – nicht zuletzt unter dem Eindruck der Ölkrise – ein Paradigmenwechsel hin zu mehr Effizienzorientierung (statt Menschenorientierung). Aufbauend auf der Organisationsentwicklung rückte **systemisches Denken und Arbeiten** [55] immer weiter in den Fokus. Hier wird das Unternehmen als soziales System unter Berücksichtigung der verschiedenen relevanten Umwelten betrachtet (z. B. Unternehmer, Manager, Mitarbeiter, Kunden, Lieferanten, Konkurrenten, Kapitalgeber) und mit einem lebendigen Organismus verglichen, der mehr als die Summe seiner einzelnen Teile darstellt. Veränderung von Unternehmen bedeutete die Veränderung von Mustern in der Organisation [31].

In diesem Kontext begann eine Auseinandersetzung mit dem Spannungsfeld **„Verändern versus Bewahren".** Diese führte im Ergebnis zu dem Bewusstwerden, dass für die Lebensfähigkeit eines Systems ein gutes Zusammenspiel zwischen beidem notwendig ist. Im Gegensatz zum früheren Top-down-Ansatz folgte die systemische Organisationsentwicklung zudem dem Grundsatz „Hilfe zur Selbsthilfe". Lösungen sollten aus einem Selbstreflexionsprozess eines Individuums oder einer Gruppe entstehen. Damit rückte die Stärkung der Kompetenzen des sich verändernden sozialen Systems und Individuums **(Ressourcenorientierung)** in den Mittelpunkt.

Ende der 90er Jahre entwickelte sich eine neue Form des Wandels:

Die Lewin'sche Phase 3 wurde immer kürzer. Globalisierung, freier Welthandel und beschleunigter Informationsaustausch (Internet) führten zu immer schnelleren Veränderungszyklen. Zunehmend beklagten sich Mitarbeiter und Führungskräfte, dass sich der angestrebte Veränderungserfolg kaum noch realisieren ließe, da, bevor sich die Veränderungswirkung entfalten konnte, bereits das nächste Projekt gezündet wurde.

Dies verschärfte sich weiter im neuen Jahrtausend, als in vielen Unternehmen Veränderungsprojekte begannen, sich zeitlich zu überlappen – nicht selten mit sich widersprechenden Inhalten. Hier begannen Firmen ein neues Veränderungsverständnis zu fordern, das sich am besten mit der altgriechischen Weisheit „panta rei" (alles fließt) ausdrücken lässt. Veränderung sollte normaler Bestandteil eines zunehmend dynamischen Alltags sein, eine ständige Herausforderung und nicht ein punktuelles Projekt. Das **Management des permanenten Wandels** wurde so zu einer gefragten Kompetenz. Ein eher statisches Verständnis wie im Lewin'schen Modell (vor allem in der Phase des Refreezing) gilt vielen seitdem als überholt.

Angesichts von kontinuierlich notwendigen häufigeren Veränderungszyklen schien es notwendig, diese bewusst und planerisch zu gestalten. Damit rückte **Change Management** als das aktive planvolle Management stetiger Veränderungen in den Fokus. Change Management beinhaltet neben der gezielten Veränderung von Strategien, Strukturen und Prozessen vor allem auch die aktive Veränderung von Menschen mit ihren Einstellungen und Verhaltensmustern.

Im Sinne der aktiven Gestaltung von Veränderungsvorhaben veränderte sich auch das Bild des *Change Agent* [8]. Bis dato war diese Rolle die eines internen oder externen Beraters, der im Rahmen der Organisationsentwicklung den Wandel indirekt unterstützen sollte. Ausgehend davon wandelte sich die Rolle hin zu einem starken Anführer des Wandlungsprozesses, der, ausgestattet mit umfangreichen Kompetenzen, den Wandel top-down initiiert und immer wieder vorantreibt (Leadership-Ansatz der Change-Agent-Stellung). Aufgrund der durch zunehmende Unternehmensgrößen, Beschleunigung und andere Faktoren komplexer werdenden Veränderungsprozesse wurde diese Rolle zunehmend durch Unternehmensberatungen besetzt, die Rolle des externen Beraters mit der des Change Agenten gleichgesetzt, der Wandel im organisatorischen, wirtschaftlich-technologischen, politisch-sozialen oder persönlichen Bereich unterstützt.

Zur Gestaltung eher partizipativer Wandlungsprozesse, die meist erfolgreicher verlaufen als hierarchisch gesteuerte Ansätze, wurden zunehmend Manager mit bestimmten interpersonellen Fähigkeiten mit der Rolle des Change Agent betraut. Verantwortlich für die aktive Gestaltung des Neuen, sollten sie nicht nur den Veränderungsprozess steuern, sondern auch Entscheidungs- und Konfliktsituationen klären. Aufgrund der Erkenntnis, dass eine umfassende Veränderung nicht angemessen von einer Einzelperson geleistet werden kann, wurden Team-Modelle populär, in denen ein arbeitsteiliges Change Team mit komplementären Kompetenzen und kollektiven Lernprozessen die Change-Agent-Rolle übernahm.

Ohne die Diskussion über die Abgrenzung von Change Management und Organisationsentwicklung [54] zu vertiefen, ist festzuhalten, dass Change Management wesentliche methodische Ansätze aus der Organisationsentwicklung übernommen und weiterentwickelt hat. Zusätzlich wurden neue Fragen aufgeworfen, beispielsweise die nach der Bewältigung der hohen Belastung durch das Tagesgeschäft plus der Belastung durch permanenten Veränderungsdruck. Change Management stellte zudem nicht nur Einstellungen und Befindlichkeiten der Mitarbeiter in den Fokus von Interventionen, sondern zielte auch darauf, die Eigenverantwortung von Mitarbeitern in der Realisierung des Neuen zu stärken [34].

Aufbauend auf dem Lewin'schen Modell entstanden in der Folge differenzierendere Modelle, die als Gestaltungsleitfaden für erfolgreiche Veränderungen dienten und Erkenntnisse aus Untersuchungen über die Gründe des Scheiterns von Veränderungsvorhaben nutzten. Ein solches aufgrund seiner konkreten Handlungsanweisungen und der teilweise unterliegenden Empirik breit akzeptiertes Modell ist das **8-Stufen-Modell von John P. Kotter** [32]. Mehr als die Hälfte der von ihm untersuchten Veränderungsvorhaben scheiterten bereits in der Anfangsphase. Nach seinen Erkenntnissen vollzieht sich erfolgreicher Wandel in einem achtstufigen Prozess. Dabei versteht er sein Modell als mehrstufigen Veränderungsplan für einen einzelnen Prozess innerhalb übergeordneter, komplexerer Veränderungsprozesse. Demnach können verschiedene mehrstufige Veränderungsprozesse parallel oder versetzt durchlaufen werden.

Acht Stufen für eine erfolgreiche Veränderung nach Kotter [32]

1. **Dringlichkeit erzeugen:** Bewusstsein für die Notwendigkeit und Dringlichkeit des Wandels unter den Mitarbeitern und Führungskräften schaffen, Mitarbeiter auf der rationalen und emotionalen Ebene überzeugen, Chancen und Risiken, die eine Veränderung nötig machen, aus verschiedenen Perspektiven aufzeigen. Dringlichkeit dabei nicht mit Aktionismus verwechseln, sondern sich auf das Wesentliche fokussieren.
2. **Starke Führungskoalition aufbauen:** Richtungweisende Personen für die Veränderung gewinnen und gegenseitiges Vertrauen entwickeln. Diese Führungskoalition sollte die Organisation repräsentativ abbilden und über die nötigen Befugnisse und Kompetenzen verfügen.
3. **Anziehende Vision und konkrete Strategie des Wandels entwickeln:** Dies bietet eine Motivationsquelle zum aktiven Veränderungshandeln. Es dient als Entscheidungsgrundlage und dient dazu, die Handlungen der einzelnen Beteiligten zielgerichtet und effizient zu koordinieren. Kotter identifiziert dabei sechs Merkmale effektiver Visionen: vorstellbar, erstrebenswert, machbar, fokussiert, flexibel, leicht zu vermitteln.
4. **Vision der angestrebten Veränderungen auf breiter Basis kommunizieren:** Kernbotschaften auf allen zur Verfügung stehenden Kommunikationskanälen kontinuierlich kommunizieren und diesen notwendigen Aufwand nicht unterschätzen. Zur weiteren Förderung von Motivation und Vertrauen die Worte durch beobachtbares und kongruentes Handeln der Führungskoalition im Alltag erlebbar machen bzw. die Erwartungen an die Mitarbeiter vorleben.
5. **Hindernisse aus dem Weg räumen und die Veränderung auf eine breite Basis stellen:** Hinderliche Organisationsstrukturen, Arbeitsabläufe und Routinen aus dem Weg räumen. Für reibungslose Kommunikation über die Organisationseinheiten hinweg sorgen, Systeme an die neuen Anforderungen anpassen, Mitarbeiter an der Neugestaltung beteiligen und zu Eigeninitiative ermutigen.
6. **Kurzfristige Ziele setzen und Erfolge sichtbar machen:** Definition schnell erreichbarer Zwischenziele bzw. Planung kurzfristiger Verbesserungen durch die Veränderung und explizite Anerkennung auch kleiner Erfolge, um die Motivation aufrechtzuerhalten und Widerstand gegen die Veränderung abzubauen.
7. **Veränderung kontinuierlich weiter antreiben:** Erreichte Ziele und Erfolge sichern, aber sich nicht darauf ausruhen, Mitarbeiter, die den Wandel umsetzen, gezielt fördern, kontinuierliche Reflexion zur permanenten Optimierung, Fokussierung nicht verlieren, transparente Kommunikation aufrechterhalten, jetzt auch größere Sprünge wagen.
8. **Veränderungen in der Unternehmenskultur verankern:** Den Zusammenhang zwischen den erfolgten Veränderungen und den dadurch erzielten

Vorteilen identifizieren und aktiv kommunizieren. Von einem erfolgreichen Change-Management-Prozess kann erst gesprochen werden, wenn Sie die erreichten Veränderungen mit den neuen Verhaltensnormen und Werten nachhaltig in der Unternehmenskultur verankern.

Der ersten Stufe des Modells kommt eine besondere Bedeutung zu, da erfolgreicher Change mit „Sense of Urgency" startet. Dieser ist als Ausgangspunkt der Veränderungsarbeit notwendig und dafür ist eine „Burning Platform" zu erzeugen.

Burning-Platform-Metapher
Hintergrund ist die reale tragische Geschichte eines Unglücks auf der Piper-Alpha-Ölplattform in der Nordsee (1988). Als ein Oberaufseher dort, aufgeweckt von einer Explosion, auf die Plattform rannte und sah, dass diese in Flammen stand, musste er sich schnell entscheiden, entweder ins kalte Wasser mit der Hoffnung auf Seerettung zu springen oder auf der Plattform zu bleiben. Er sprang und wurde gerettet. Viele der Kollegen, die nicht sprangen, starben. Später antwortete er auf die Frage warum er knapp 50 m tief gesprungen sei: „Better probable death than certain death" [57]. Hieraus wurde abgeleitet, dass Angst, verbunden mit dem Gefühl von Dringlichkeit, ein starker Motivator für Change sein kann und die Handelnden schnell in Aktion bringt – ins neue Ungewisse zu springen.

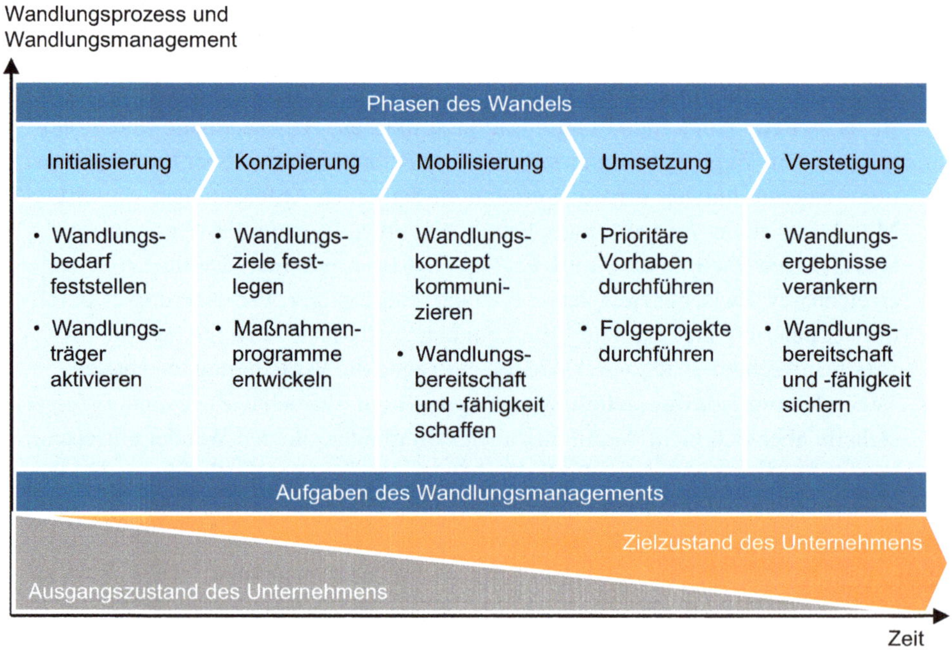

Abb. 1.13 Fünf Phasen im Change Management. (Nach Krüger [33, S. 40])

Kritisiert wird am Burning-Platform-Ansatz, dass ein Zustand von Angst zwar kurzfristig zum Handeln zwingen mag, aber nicht nachhaltig als förderlich angesehen wird, um Veränderungen erfolgreich umzusetzen. Aus der kritischen Auseinandersetzung mit der ausgeprägten Top-down-Perspektive im Kotter-Modell und der sequenziellen Vorgehenslogik entstand das im Change Management weitverbreitete **5-Phasen-Modell nach Krüger** (Abb. 1.13; [33, S. 40]).

Krüger beschreibt tiefgreifenden Wandel anhand der Phasen von Initialisierung, Konzipierung, Mobilisierung, Umsetzung und Verstetigung. Er ordnet diesen Phasen wesentliche Aufgaben für das konkrete Change Management zu (siehe Abb. 1.13). Dabei integriert er die rationale, emotionale und politische Dimension von Veränderungen und sieht Veränderungsmanagement im Spannungsfeld von **Wandlungsbedarf, Wandlungsbereitschaft** und **Wandlungsfähigkeit** stattfinden (3-W-Modell) [33, S. 6].

Ein anderes, in den späten 90er Jahren entwickeltes Modell vertieft die emotionale Dimension und stellt das Individuum in den Fokus der Betrachtung. Das **7-Phasen-Modell von Streich** [59] beschreibt die emotionalen Reaktionen der Beteiligten bzw. Betroffenen vor allem bei abrupten Veränderungen. Demnach durchlebt jeder Einzelne sämtliche sieben Phasen. Höhen und Tiefen sowie die Dauer der einzelnen Phasen sind jedoch individuell unterschiedlich ausgeprägt.[123] Führungsaufgabe ist es, zu erkennen und zu verstehen, wo der einzelne Mitarbeiter steht, und seine individuelle Entwicklung in die nächste Phase zu unterstützen.

Sieben Phasen individueller emotionaler Reaktion auf abrupte Veränderungen nach Streich [59]

1. **Überraschung und Schock** („Das kann nicht wahr sein"): Die Schwere des Schocks ist davon bestimmt, welche Auswirkungen die Veränderung auf den Menschen hat und wie stark seine Fähigkeiten ausgeprägt sind, Veränderungen zu bewältigen. Gerade der Bewertung des erstgenannten Aspekts liegt ein sehr individuelles Bewertungs-/Interpretationsmuster zugrunde, daher sind die Reaktionen anderer oft schwer einzuschätzen.
2. **Ablehnung und Verneinung** („Das mache ich nicht mit", „Das können die nicht machen"): Phase des Nicht-wahrhaben-Wollens, diverse Ängste tauchen auf, Verärgerung und aktive Ablehnung der Veränderung oder auch je nach Naturell abwartende passive Haltung und Frustration.
3. **Rationale Einsicht** (Viele Ja-aber-Sätze wie z. B. „Kann ich jetzt zwar nachvollziehen, aber das wird nicht funktionieren"): Mitarbeiter können nach verschiedenen Kommunikationsmaßnahmen die Gründe für die Veränderung nachvollziehen. Sie erhalten Antworten auf die Fragen nach dem „Warum". Sie

[123] So kann es sein, dass ein Mitarbeiter sich noch emotional echauffiert, dass diese Veränderung keinen Sinn ergebe, während ein anderer Mitarbeiter schon dabei ist, das Neue auszuprobieren.

erkennen, dass die ablehnende Haltung zu keinem Erfolg führt, die Entscheidung zur Veränderung wird kognitiv toleriert (im Sinne von geduldet, noch nicht emotional akzeptiert). Tiefer gehende Bereitschaft zu eigenen Verhaltensänderungen ist noch nicht vorhanden. Es werden maximal kleinere Änderungen durchgeführt und die „alte Welt" wird gerne noch glorifiziert.

4. **Emotionale Akzeptanz** („Stimmt eigentlich, bisher war ja auch nicht alles Gold und eigentlich hätten wir uns schon früher damit beschäftigen müssen"): Akzeptieren heißt, die Veränderungen gutzuheißen und anzunehmen. Die Mitarbeiter sind sich bewusst, dass sie selbst etwas ändern müssen, gleichzeitig können aber auch Ängste auftreten, die neuen Anforderungen nicht gut erfüllen zu können.
5. **Ausprobieren und Lernen** („Bin neugierig, das mal auszuprobieren"): Die Mitarbeiter setzen sich aktiv mit den neuen Anforderungen an sie auseinander, beginnen aktiv ihr Verhalten zu verändern, erleben erste Erfolge und Rückschläge. Je nach Reaktion des Umfeldes auf Rückschläge kommt es zu positiven Lernkurveneffekten. Sie freuen sich und werden mutiger, weitere Schritte zu gehen (bei negativen Erfahrungen des Ausprobierens besteht hier die Gefahr des Rückfalls in Phase 2!)
6. **Erkenntnis** („Es funktioniert ja tatsächlich", „Ich schaffe das"): Erkenntnis, dass die Veränderungen etwas Gutes haben, diese positive Erfahrung verstärkt eine förderliche Grundeinstellung, um weiter die eigenen Kompetenzen auszubauen und das Verhalten zu ändern, die Selbstsicherheit bezogen auf die eigenen Kompetenzen steigt, das Neue wird zunehmend in den Alltag integriert, Zufriedenheit breitet sich aus.
7. **Integration** („Es ist selbstverständlich"): Die Veränderungen sind vollständig in den Alltag integriert und zur Normalität geworden. Neue Routinen werden wie selbstverständlich ausgeführt. Die Mitarbeiter fühlen sich sicher mit dem Neuen, sie identifizieren sich damit.

Andere Kurvenmodelle ergänzen den Verlauf von **Emotionen im Veränderungsprozess** um weitere Aspekte wie z. B. die Emotionalität der Mitarbeiter, die es nicht schaffen, das gewünschte Neue erfolgreich umzusetzen, und die resignieren. Grundsätzlich wird hier kritisch diskutiert, dass Emotionen kaum standardisiert sind [30]. Dennoch können diese Kurvenmodelle für die wichtige emotionale Dimension in Veränderungsprozessen sensibilisieren und so eine Basis für die Auseinandersetzung und bewusste Arbeit mit diesen Emotionen schaffen.

Vor diesem Hintergrund gewann **Emotionale Intelligenz** als wesentliche Kompetenz in Veränderungsprozessen zunehmend an Bedeutung. Das Konzept der Emotionalen Intelligenz geht auf John D. Mayer und Peter Salovey [53] zurück und fand durch Daniel Goleman 1995 [22] weite Verbreitung. Im Mittelpunkt steht die Kompetenz, eigene und die Gefühle anderer richtig wahrzunehmen, zu verstehen und zu beeinflussen. Dabei werden fünf Einzelkompetenzen unterschieden:

- Emotionale Selbstwahrnehmung,
- Emotionale Selbstregulation,
- Fähigkeit zu Selbstmotivation,
- Empathie
- Soziale Kompetenz

Ergänzend dazu erfolgte eine vertiefte Reflexion des **förderlichen Umgangs mit Widerständen** in Veränderungsprozessen. Dies wurde motiviert durch empirische Befunde, die belegen, dass der individuelle Widerstand bei geplanten Veränderungen eine der häufigsten Ursachen für deren Misserfolge darstellt. Es entwickelten sich verschiedene Ansätze zur Identifikation und Ableitung von Handlungsempfehlungen für einen förderlichen Umgang mit diesen Widerständen. Als Voraussetzungen gelten:

- Achtsamkeit, um die verschiedenen möglichen Formen von Widerstand zu erkennen (aktive Formen wie z. B. Nichtbefolgung von Anweisungen und passive Formen wie z. B. Vermeidung, Herunterspielen, Fokus auf Nebensächliches, Schuldzuweisungen auf andere),
- ausreichende psychologische Grundkenntnisse, um die Widerstandsdynamik zu verstehen (z. B. sind klassische Ursachen für Widerstand mangelndes Vertrauen in die Verantwortlichen, fehlendes Verständnis der Veränderung, Verlustängste, entgegengesetzte individuelle Interessen) sowie
- eine Haltung, die Widerstand als normale menschliche Reaktion akzeptiert und sogar nützlich findet (Widerstand ist eine Informationsquelle und zeigt Interesse der Beteiligten).

Es wird eine proaktive Vorgehensweise empfohlen, die die Ängste, Sorgen und Einwände der Mitarbeiter frühzeitig im vertrauensvollen Rahmen thematisiert. Die geeignete Intervention ist von der Ursache für den Widerstand abhängig. Aufgrund der vielfältigen potenziellen Ursachen ist grundsätzlich eine individuell differenzierende und empathische Vorgehensweise angemessen und wichtig.

Neben den verschiedenen aufgeführten Phasenmodellen hat sich im Change Management auch ein Verständnis dafür herausgebildet, ebenso bewusst auf folgenden **Ebenen der Veränderung** zu arbeiten:

- **Ebene des Individuums:** Hier gilt es, dass von Veränderung Betroffene ihre Denk- und Verhaltensmuster ändern, um die Veränderungsziele im Alltag umzusetzen.
- **Ebene des Teams:** Um Gruppen von Mitarbeitern durch den Wandel zu begleiten, sind Kenntnisse von gruppendynamischen Prozessen die Voraussetzung.

- **Ebene der Organisation:** Auf dieser obersten Ebene werden zahlreiche Aspekte neu gestaltet, z. B. Visionen, Strategien, Ziele, Strukturen, Prozesse, Ressourcen, Unternehmenskultur oder Rollen.
- **Ebene des externen Umfeldes:** Die externen Faktoren üben auf der einen Seite Einfluss auf die Gestaltung der jeweiligen Veränderungen aus, auf der anderen Seite nimmt das Unternehmen durch seine eigene Veränderung Einfluss auf sein Umfeld und prägt z. B. Kundenpräferenzen neu.

Um angesichts der vielfältigen Bezugsgruppen auf den verschiedenen Ebenen sinnvolle Prioritäten zu wählen und adressatenorientiert vorgehen zu können, haben sich **Stakeholder-Analysen** als ein zentrales Element und als Ausgangspunkt von Veränderungsarbeit etabliert. Hier werden die relevanten Bezugsgruppen identifiziert und in ihrer Bedeutung für das Veränderungsvorhaben beschrieben, Hypothesen über die jeweiligen individuellen Interessen, Erwartungen und Ansprüche an die Veränderung entwickelt sowie Möglichkeiten der Beeinflussung in unterstützender oder widerstrebender Richtung aufgezeigt. In Abhängigkeit von den dabei gewonnenen Erkenntnissen werden gezielte Interventionen und Kommunikationsanforderungen abgeleitet. In diesem Sinne ermöglichen Stakeholder-Analysen einen reflektierten Perspektivenwechsel im Change Prozess.

Unabhängig von den vorgenannten und hier noch ungenannten verschiedenen Phasen- und Ebenen-Modellen hat sich im Change Management ein Konsens über **Schlüsselerfolgsfaktoren für erfolgreiche Veränderungsprozesse** entwickelt. Hervorgehoben werden folgende Aspekte [15, 39]:

- Motivierende Visionen und Ziele setzen
- Denken in Prozessen statt in Strukturen
- Systemisches Denken und Handeln
- Partizipation – Betroffene beteiligen
- Kommunikation als durchgehend wichtige Aufgabe in Veränderungsprozessen
- Emotionale Intelligenz
- Förderlicher Umgang mit Widerstand
- Lernen sicherstellen
- Perspektivenwechsel
- Betroffene und Beteiligte zielgerichtet entwickeln
- Vertrauen schaffen
- Wirksame Führung

Zahlreiche Studien ab der Jahrtausendwende belegten, wie wenig erfolgreich Veränderungsvorhaben in die Praxis umgesetzt wurden. Angesichts des hohen Aufwandes, den Veränderungsprozesse in Unternehmen verursachten, rückte die Realisierung der beabsichtigten Ziele eines Veränderungsvorhabens in den Fokus. Dies wurde als **„nachhaltige Veränderung" oder „nachhaltiges Change Management"** [28] so breit diskutiert, dass die entsprechenden Begriffe heute mitunter negative Emotionen auslösen.

Da letztlich die meisten unter diesem Begriff diskutierten Ansätze auf den oben bereits skizzierten Modellen basieren, sei an dieser Stelle nur auf die Selbstverständlichkeit der Umsetzungsorientierung hingewiesen.

Die globale Finanzkrise 2008/2009 führte dazu, dass das Maß an Unsicherheit im Umfeld sprunghaft gestiegen ist. Darauf haben die Firmen im Krisenmodus reagiert und kurzfristig standen Effizienz steigernde und Kosten senkende Veränderungen im Fokus. Zudem entwickelte sich krisentypisch ein erhöhtes Controlling-Bedürfnis. Diese Veränderung erstreckte sich auch auf das effiziente Management von Veränderungsprozessen, sodass **Change Controlling**[124] sprunghaft an Bedeutung gewann.

Auf dieser Basis entwickelten sich Ansätze wie z. B. die im Harvard Business Manager[125] beschriebenen *Change Befragungen.* Grundidee war die Stärkung von Effizienz und Wirksamkeit von Umsetzungsprozessen durch zeitnahe Rückmeldung förderlicher und nicht förderlicher Veränderungshandlungen an die Verantwortlichen. Studien belegen: Je zeitnäher zu Veränderungshandlungen und je transparenter die Beteiligten eine Rückmeldung zu ihrem Veränderungsverhalten bekommen, desto schneller stellen sich Lernprozesse ein, die die Effizienz in Veränderungsprozessen verbessern – und umso gezielter können Maßnahmen ergriffen werden.

Seit Überwindung der akuten Bankenkrise 2008/2009 ist das Maß an Unsicherheit, ökonomisch wie politisch, kaum zurückgegangen – es ist im Trend eher gestiegen. Nur die Ursachen haben gewechselt: Die Bankenkrise wurde nahtlos durch die Staatsschuldenkrise abgelöst, es folgten in schneller Folge viele politische Krisen wie z. B. Arabischer Frühling, Ukraine-Konflikt, Syrien-Krieg bis aktuell hin zur Trump-Präsidentschaft. Gemäß dem Economic Policy Uncertainty Index [2] vom Stanford Institut für Economic Policy Research hat sich, ausgehend von der Bankenkrise, die politisch bedingte wirtschaftliche Unsicherheit so gesteigert, dass wir heute ein einmalig hohes Niveau erreicht haben.[126]

Da sich seit der Finanzkrise nie wieder ein Zustand der Sicherheit wie vorher einstellte, verbreitete sich die Einsicht, dass grundsätzlich bessere Fähigkeiten im **Umgang mit Unsicherheit** nötig sind – nicht nur temporär in Veränderungsprozessen.

Darüber hinaus nahmen, wie oben beschrieben, die Dynamik in den Märkten und damit die Anforderungen an die Geschwindigkeit, mit der sich Unternehmen anpassen müssen, um zu überleben, immens zu.

Vor diesem Hintergrund gewannen Konzepte, die die grundsätzlichen **Veränderungsfähigkeiten von Unternehmen** stärken, an Bedeutung. Da erfolgreiche Veränderungen auf Ebene der Organisation auch Veränderungen auf Ebene des Individuums erfordern,

---

[124]Wie schon Krüger herausstellte, sind Veränderungsprozesse wie jeder andere Geschäftsprozess zu planen, zu steuern und zu kontrollieren [33].

[125]Heft vom Mai 2010.

[126]Es lässt sich höchstens noch vergleichen mit Werten aus der großen Depression der späten 20er Jahre.

rückte damit die **persönliche Veränderungskompetenz** von Mitarbeitern und Führungskräften in den Fokus. Dafür entwickelten die Herausgeber dieses Buches einen mittlerweile auch in der Praxis bewährten Ansatz, der wissenschaftlich fundiert individuelle Veränderungskompetenz konkretisiert und operationalisiert hat [3].

Bis hierhin war die Entwicklung sehr geprägt von immer schnellerer, häufigerer Veränderung. Nicht überraschend, dass diese Entwicklung, wie so häufig in der Geschichte, auch eine Gegenbewegung ausgelöst hat: Als solche ist **Achtsamkeit** [64] nicht nur in das Management generell, sondern auch in das Change Management eingezogen **(Mindful Change).**

Achtsamkeit fokussiert auf das gegenwärtige Erleben in einer nicht wertenden, annehmenden Haltung [14]. In dieser Haltung schärft sich die Wahrnehmung für sich selbst und die soziale Wahrnehmung für das Umfeld. Dies hilft (auch kleine) Veränderungen frühzeitig wahrzunehmen und entsprechend zu reagieren. Gleichzeitig unterstützt diese Haltung darin, Veränderungen, die geschehen und die der Einzelne nicht (mehr) beeinflussen kann, zu akzeptieren – statt sich daran aufzureiben [51]. Achtsamkeit ist dabei weniger ein Tool für Veränderungsprozesse als vielmehr eine förderliche Haltung.

Achtsam agierenden Unternehmen gelingt es eher besser, unbeabsichtigte Folgen des Change Management frühzeitig zu erkennen und geeignet zu bearbeiten sowie Wandel als Regelfall zu begreifen und in die Organisation zu integrieren [5].

Individuell praktizierte Achtsamkeit hat sich zudem als sehr wirkungsvoll erwiesen, die enormen persönlichen Belastungen, die sich aus der Kombination von zunehmender Dynamik und Komplexität im Umfeld sowie der Verdichtung der Arbeitswelt[127] ergeben, gesund zu bewältigen.[128] Gleichzeitig gewann das Konzept der individuellen **Resilienz** zur Stärkung der psychischen Widerstandsfähigkeit in der Bewältigung von Krisen [56] – nicht nur in Veränderungsprozessen – an Bedeutung.

Zum Abschluss unserer Reise möchten wir noch auf einen Begriff eingehen, der aktuell in Folge der hohen Dynamik im Unternehmensumfeld in aller Munde ist: **Agilität.**

Aus dem Lateinischen von „agilis" = „flink, beweglich" kommend, bedeutet Agilität: „von großer Beweglichkeit zeugend: regsam und wendig" (Duden). Für Agilität existieren verschiedene Definitionen. Einige fokussieren auf die Fähigkeit von sozialen Systemen, sich schnell, flexibel und kontinuierlich an seine komplexe, dynamische und unsichere Umwelt anzupassen. Andere Definitionen betonen ergänzend das proaktive, antizipative, initiative Agieren, um notwendige Veränderungen in einer Organisation einzuführen.

---

[127]Als langfristige Folge der Wirtschaftskrise.

[128]Hier sei vor allem auf das Konzept der achtsamkeitsbasierten Stressreduktion (*Mindfulness Based Stress Reduction* – MBSR [26]) verwiesen.

Letztlich ist Agilität die Renaissance und Weiterentwicklung bekannter Ansätze als eine Antwort auf die sogenannte **VUKA-Welt** (**V**olatilität, **U**nsicherheit, **K**omplexität und **A**mbiguität). Für die Harvard-Professorin Rosabeth Moss Kanter [44] und den ehemaligen McKinsey-Vorstand Tom Peters war bereits in den 70er und 80er Jahren die Fähigkeit einer Organisation, sich flexibel und aktiv an veränderte Märkte anzupassen, eine wichtige Quelle für deren Wettbewerbsvorteil.[129] In den 90er Jahren rückte mit „Agile Manufacturing" die beständige Anpassungsfähigkeit und schnelle Reaktion von Produktionsketten in den Fokus.[130] Daran anschließend erlangte der Begriff im Sinne einer flexibleren und schnelleren Softwareentwicklung große Popularität.[131] In einem *Agilen Manifest* [4] wurden 2001 die Werte agiler Softwareentwicklung formuliert und darauf aufbauend agile Prinzipien als Handlungsgrundsätze abgeleitet. Die Bedeutung dieser Wertebasis stellte auch Steve Jobs in einem Gespräch mit Rupert Murdoch heraus, als er den Aufbau einer „unternehmerischen und agilen Kultur" als wesentlichen Schlüssel für den Erfolg von Apple und seiner Rolle als CEO beurteilte [25]. Seine Intuition wird durch Frederic Laloux' Empirik bestätigt, der 2014 den Zusammenhang zwischen der Umsetzung agiler Prinzipien und dem wirtschaftlichen Erfolg von Unternehmen bestätigte [38]. Daher wird Agilität heute nicht mehr auf Funktionsbereiche beschränkt, sondern es steht die Transformation ganzer Unternehmensbereiche in Richtung Agilität im Fokus (agile Organisation) und Agilität zieht in alle Management- und Führungssysteme [24] ein.

Mit Konzepten wie der **Holokratie** [50] wird dieses Prinzip der agilen Organisation weiterentwickelt, mit dem Ziel, die Anpassungsfähigkeit eines Unternehmens zu optimieren. In der holokratischen Unternehmensführung integriert der Unternehmer Brian Robertson agile Methoden mit Prinzipien der Selbstorganisation, Konzepten kollektiver Intelligenz und Ideen aus der Kybernetik. Damit soll die unternehmerische Haltung (**Entrepreneurship**) in der Organisation gestärkt und die Organisation in die Lage versetzt werden, stets anpassungs- und wandlungsfähig auf die Umwelt zu reagieren. Wesentliche gestaltende Elemente sind hierbei beispielsweise:

- Grundlage ist die konsequente Dezentralisierung bzw. Selbstorganisation.
- Alle Mitglieder einer Organisation handeln hierarchiefrei nach den gleichen festgelegten Prinzipien.
- Im Mittelpunkt stehen Rollen, nicht mehr Personen oder Positionen einer Hierarchie.
- Die definierten Rollen sind mit hoher Autonomie ausgestattet, inhaltlich sinnvoll zu entscheiden, ohne auf Hierarchien Rücksicht zu nehmen.
- Handeln und Entscheiden erfolgt unter Beachtung definierter Prozessvorgaben (z. B. Integrative Entscheidungsverfahren).

[129]In Abgrenzung zu starren, bürokratischen, langsamen Organisationen.

[130]Fast-Fashion-Hersteller, wie beispielsweise Zara, haben darauf ihren Unternehmenserfolg aufgebaut.

[131]Als Antwort auf eine Vielzahl von gescheiterten Softwareprojekten.

Damit sei diese Reise in die Vergangenheit durch die verschiedenen Ansätze für einen wirksamen Umgang mit Wandel abgeschlossen. Wie deutlich wurde, unterliegen die Konzepte zur Veränderungsarbeit selbst einem kontinuierlichen Wandel und haben sich immer wieder an neue Herausforderungen im ökonomischen und politischen Kontext angepasst. Sie bieten die Basis für das Konzept der Veränderungsintelligenz.

1.7 Das Konzept der Veränderungsintelligenz

So wie sich die Konzepte zur Veränderungsarbeit selbst an die neuen Herausforderungen im jeweiligen Kontext angepasst haben, so ist auch das Konzept der **Veränderungsintelligenz** kontextabhängig. Diese Kontextabhängigkeit wird umgesetzt durch die geeignete Auswahl, Kombination und Integration bestehender Konzepte aus dem aktuellen Stand der Fachliteratur, ergänzt um Weiterentwicklungen aus originär eigener Forschung und Praxiserfahrung der Autoren.

Im Fokus stehen die Fähigkeiten von Organisationen, Teams und Individuen, in folgenden **Veränderungskontexten** intelligent zu agieren:

- Zunahme von Dynamik, Komplexität und Unsicherheit im Unternehmensumfeld (Abschn. 2.1).
- Hoher Innovationsdrucks (Abschn. 1.1, 1.2) vor allem angesichts der Notwendigkeit zur digitalen Transformation (Abschn. 1.3).
- Notwendigkeit zur Implementierung einer agilen Organisation aufgrund von Marktanforderungen (Abschn. 2.1, 2.2).
- Herausforderungen internationaler Veränderungsprozesse unter dem verstärkten Einfluss der Globalisierung (Kap. 5).
- Anstehender Generationenübergang in Familienunternehmen und die damit verbundenen Herausforderungen in der Familie und im Unternehmen (Kap. 12).

Nicht alle Unternehmensbereiche und -aktivitäten sind dabei von VUKA-Welt und Innovationsdruck gleichermaßen betroffen (vgl. Abschn. 1.5, 2.4). Während einige dem Sturm der radikalen Veränderungen voll ausgesetzt sind und agil im Wettbewerb mit dem Innovationsdruck von Start-ups konkurrieren müssen, werden andere, näher am Kerngeschäft operierende Unternehmensbereiche eher inkrementell verändern und bestehende Aktivitäten im Tagesgeschäft effizienzorientiert weiterentwickeln. Unternehmen gelingt es daher typischerweise heute nicht mehr, die gesamte Organisation in einem kohärenten Veränderungskontext zu halten.

Dies erfordert es, an einem Ende der Organisation eher die Fähigkeit zur radikalen Veränderung bzw. Innovation zur strategischen Erneuerung zu fördern, während am anderen Ende der Organisation eher die Fähigkeit zur inkrementellen Veränderung fortentwickelt werden muss.[132] Diese Fähigkeit der Beidhändigkeit nennt man **Ambidextrie** (vgl. Abschn. 2.4). Dabei gilt es, die natürlicherweise entstehenden Gegensätze mitzudenken, die zwangsläufig entstehenden Paradoxien zu akzeptieren und zu erklären, damit in der Organisation Akzeptanz und Unterstützung für beide Arten der Veränderung geschaffen werden kann.

Ein wesentliches Kernelement des Konzepts der Veränderungsintelligenz ist daher die Befähigung von Unternehmen sowie Führungskräften und Mitarbeitern, Ambidextrie umzusetzen, um so die Parallelität von radikalen und inkrementellen Wandlungsprozessen zu managen. Da die unterschiedlichen Veränderungskontexte unterschiedliche Anforderungen an das Individuum und die Organisation stellen, wird im Rahmen des Konzepts der Veränderungsintelligenz entsprechend nach diesen Kontexten differenziert.

▶ **„Traditioneller" Veränderungskontext:** Hierbei handelt es sich um Veränderungsvorhaben in einem eher stabilen Umfeld und einer von Routine geprägten Arbeitsumgebung (z. B. Produktion). Im Fokus der Veränderung steht, das konkrete Veränderungsvorhaben auf individueller Ebene erfolgreich umzusetzen. Die Übergänge vom Alten zum Neuen sind hier eher schleichend und für die Umsetzung des Neuen gibt es ein relativ großes Zeitfenster. Es gibt zwischen den Veränderungsvorhaben immer wieder mal Phasen, die von mehr Ruhe, Ordnung und klarer Struktur geprägt sind und als „sicher" wahrgenommen werden.

▶ **VUKA-Kontext:** Hier steht im Fokus das erfolgreiche Agieren in einem Umfeld, in dem **V**olatilität, **U**nsicherheit, **K**omplexität und **A**mbiguität bestimmende Phänomene sind. Organisationale Agilität ist eine Antwort auf die VUKA-Welt und wird unterstützt durch persönliche Agilität. Neue Organisationsformen, die sich als Antwort auf die VUKA-Welt herausbilden, führen zu neuen Rollen in der Organisation. Beispielsweise kommt dem „angestellten Unternehmer", einem Rollenprofil mit besonders hoch ausgeprägter persönlicher Agilität, eine hohe Bedeutung zu (vgl. Kap. 8).

Hier ist anzumerken, dass auch das Arbeiten im traditionellen Kontext zunehmend dynamischer werden wird und auch hier zwischen den Veränderungsvorhaben die Phasen, die von mehr Ruhe, Ordnung und klarer Struktur geprägt sind, sicher immer kürzer werden. Jedoch verbleibt unabhängig davon ein wesentlicher Unterschied zum Arbeiten im VUKA bzw. im rein agilen Organisationskontext, denn hier gelten grundsätzlich unterschiedliche Paradigmen (vgl. Kap. 7). Diese führen dazu, dass die im traditionellen Kontext erfolgreichen Denk- und Verhaltensmuster, die dort bisher und vermutlich auch weiterhin Erfolg versprechend sind, im VUKA-Kontext nicht funktionieren und unter Umständen sogar die Handlungsfähigkeit in diesem agilen Kontext behindern. Diese Kontexte, d. h. traditionell versus agil, sind daher zwingend zu unterscheiden und erfordern kontextabhängig unterschiedliche Vorgehensweisen. Im traditionellen Veränderungskontext können weiterhin die in Abschn. 1.6 vorgestellten bewährten Methoden der Veränderungsarbeit genutzt werden. Im VUKA-Kontext wird dies nicht reichen.

[132]Siehe auch das Beispiel Siemens AG in Abschn. 1.3.

Für eine umsetzungsorientierte Veränderungsarbeit wird Agilität als Antwort auf die VUKA-Welt im Konzept der Veränderungsintelligenz durch fünf Aktivitätscluster differenziert[133], die jeweils auf individueller, teambezogener und organisationaler Ebene operationalisiert werden:

1. **VUKA-Akzeptanz und Bereitschaft** *(Akzeptanz von und Bereitschaft zu vermehrtem Wandel und erhöhter Volatilität in einem komplexeren Umfeld):*
   Beständig veränderungsbereite, lernorientierte Mannschaft als fruchtbarer Nährboden für Agilität; Mitarbeiter und Führungskräfte sind grundsätzlich flexibel und offen für eine stärkere Dynamik und Komplexität und akzeptieren auch die damit verbundenen Unsicherheiten, sie haben die Notwendigkeit zur regelmäßigen Anpassung verstanden und teilen den Sinn von Agilität.
2. **Achtsamkeit/Sensing** *(relevante Veränderungen frühzeitig wahrnehmen):*
   Änderungen und Geschehnisse im relevanten Umfeld zeitnah wahrnehmen, auch feine Veränderungssignale achtsam frühzeitig wahrnehmen, denn wenn die Veränderungssignale klar erkennbar sind, kann es bereits zu spät für eine im Markt erfolgreiche Reaktion sein; Informationsvorsprung suchen, um angesichts exponentieller Entwicklungen frühzeitig mit der Entwicklung neuer Geschäftsfelder zu starten.
3. **Seizing und Initiierung** *(Kundenfokussiert Geschäftsgelegenheiten erkennen, Initialzündung im Unternehmen):*
   Umfeld-Signale und feine Veränderungen kundenorientiert im Sinne von Chancen interpretieren bzw. einschätzen, kreatives Suchen nach Geschäftsmöglichkeiten im Umfeld; Signale, Chancen und Möglichkeiten erkennen, Stoßrichtungen definieren, um Möglichkeiten schnell zu testen und Schlussfolgerungen zu Geschäftspotenzialen zu ziehen. Die Beschäftigung mit einer neuen Idee initiieren und die nötigen Ressourcen hierfür aktivieren, um letztlich aus einer Vielzahl kleiner Initiativen etwas wachsen zu lassen.
4. **Handlungsorientierung** und **Reagibilität** *(Geschäftsgelegenheiten in einem komplexen und von Unsicherheit und Ambiguität geprägten Umfeld zügig realisieren):*
   Entscheidungs- und Handlungsfähigkeit auch in unsicheren, mehrdeutigen Situationen; Komplexitätsmanagement, schnelles Reagieren und Möglichkeiten zeitnah in konkrete Aktionen umsetzen, zeitnahe Mobilisierung von Ressourcen und Ergreifen von Geschäftsmöglichkeiten, Zusammenspiel vorhandener Ressourcen schnell und flexibel neu konfigurieren, Potenzial der Mannschaft in die geeignete Richtung lenken.
5. **Fortgesetzte Transformation der Organisation** *(Das Unternehmen verändern)*
   Neue Handlungsmuster bzw. Routinen im Unternehmen verankern, neue Ressourcen und Kompetenzen aufbauen, bestehende Ressourcen und Kompetenzen loslassen, die Organisation weiter entwickeln (z. B. Änderungen an formaler Aufbauorganisation

[133] Zwecks besserer Operationalisierung wurden die drei Aktivitätscluster der dynamischen Fähigkeiten nach Teece [61] erweitert.

und Standardprozessen, den Personal- Führungsinstrumenten oder Weiterentwicklung der Unternehmenskultur in Richtung agiler Organisation bzw. agiler Kultur).

Nicht nur der Kontext unterscheidet verschiedene **Arten von Veränderung.** Auch innerhalb eines Kontexts, beispielsweise im traditionellen Kontext, ist Veränderung nicht gleich Veränderung. Die einen Veränderungen beinhalten lediglich die Optimierung von Bestehendem, während andere Veränderungen sehr viel tiefgehender sind. Diese tiefgreifenden, radikalen Veränderungen verlangen viel mehr von der Organisation und dem Individuum als eine evolutionäre Weiterentwicklung des Bestehenden. In der Unterscheidung nach Art der Veränderung differenziert das Konzept der Veränderungsintelligenz daher zwischen dem Wandel der 1. und der 2. Ordnung (in Anlehnung an [41, S. 9]):

Veränderungen 1. Ordnung … sind inkrementelle Veränderungen, die auf punktuelle oder beständige Verbesserungen (in kleinen Schritten) von Bestehendem abzielen, beispielsweise Optimierungen von Qualität und Effizienz, evolutionäre Weiterentwicklung von z. B. Strategien, Strukturen und Prozessen. Hier steht im Fokus: Machen wir die Dinge richtig (innerhalb des weiterhin bestehenden Systems bzw. der weiter bestehenden Unternehmenskultur)?

Veränderungen 2. Ordnung … sind tiefgreifende, radikale Veränderungen, die das System selbst verändern, beispielsweise bestehende Strukturen und Prozesse zerschlagen, die Unternehmenskultur selbst tiefgreifend verändern. Dafür sind Musterbrüche im Denken und Handeln notwendig. Der VUKA-Kontext, beispielsweise die digitale Transformation (Abschn. 1.3), führt häufig (aber nicht immer und zwangsläufig) zu solchen Veränderungen. Hier steht im Fokus: Machen wir die richtigen Dinge?

Veränderungsintelligenz stellt dazu ein integriertes Konzept bereit, das abgestimmtes Wissen, Modelle, kontextabhängige Gestaltungsempfehlungen, Tools, Praxisleitfäden und Umsetzungshinweise für diese Veränderungsarten auf folgenden Ebenen liefert:

- **Ebene des Individuums:** Werte, Einstellungen, Persönlichkeitsmerkmale, Kompetenzen, Verhaltensmuster in verschiedenen Rollen.
- **Ebene des Teams:** Rollen, Zusammensetzung, Interaktionen, Kompetenzen, Diversity.
- **Ebene der Organisation:** Wesentliche Aspekte von Strategie, Kultur, Strukturen, Prozessen.

Nachhaltig wirksame Veränderungsarbeit kann nur durch ein abgestimmtes Vorgehen auf diesen Ebenen erfolgen (vgl. Abb. 1.14 basierend auf dem ComTeam-Modell [58]).

Für das Vorgehen in der konkreten Veränderungssituation bietet das Konzept grundsätzlich einen **Dreiklang** aus realistischer Standortbestimmung, Ableitung von Maßnahmen und bei Bedarf gezielter Stärkung bzw. Entwicklung der relevanten Komponenten.

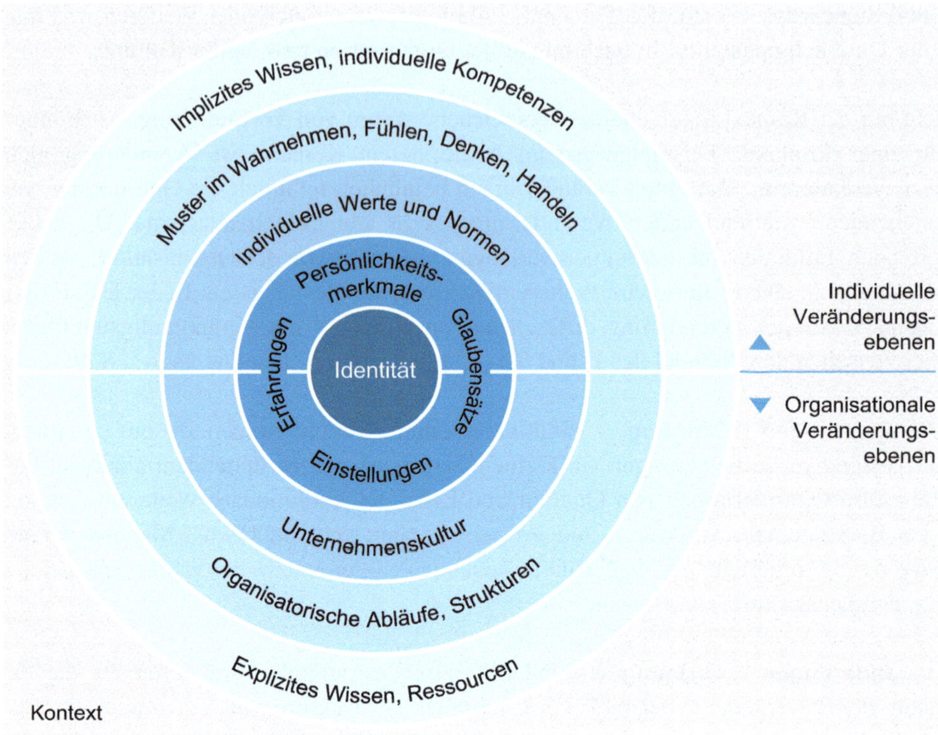

Abb. 1.14 Integration der Ebenen von Veränderung

Für die **realistische Standortbestimmung** wurden dazu spezifische **Diagnose-Tools** entwickelt, die im Sinne von effizienten Lernprozessen differenzierte Rückmeldungen bieten und die jeweiligen Stärken und Engpässe auf der organisationalen und individuellen Ebene transparent machen. Beispielsweise werden folgende Fragen beantwortet:

- Wie veränderungsfähig bzw. agil ist die Organisation? Wo liegen organisationale Veränderungsblockaden? Denn ohne Veränderungsfähigkeit gibt es keine Innovationsfähigkeit. Die nach Organisationseinheiten getrennte Diagnose bietet differenzierte Ansätze für ein wirksames und effizientes Vorgehen zur Bearbeitung (vgl. Abschn. 2.3).
- Wie veränderungsbereit und -kompetent und wie agil sind die Mitarbeiter bzw. Führungskräfte? Denn erfolgreiche Veränderung auf Ebene der Organisation erfordert Veränderungen auf Ebene des Individuums. Die Diagnose bietet differenzierte Ansätze für eine gezielte Personalentwicklung (vgl. Kap. 6).

- Wie ergänzen sich die Kompetenzen in den für Veränderung verantwortlichen Teams sinnvoll? Inwieweit wird die Veränderungsfähigkeit durch die Kompetenz- und Kultur-Diversität in der Teambesetzung unterstützt? Wo gefährden Störungen in der Team-Interaktion den Veränderungserfolg? Diese Diagnose ermöglicht es, Stärken im Team zu erkennen und zielgerichtet zu nutzen, Schwächen bewusst zu kompensieren sowie fehlende Kompetenzen gezielt zu ergänzen (vgl. Kap. 8).

Diese Diagnose-Tools basieren auf effizienter Online-Erfassung und softwaregestützter, objektiver Auswertung. Die Items sind Ergebnis unserer wissenschaftlichen Untersuchungen und integrieren die Praxiserfahrung der Autoren. In den nachfolgenden Kapiteln erhalten Sie einen Einblick in wesentliche Items dieser Befragungen anhand von Praxisfällen und Fragebögen-Auszügen und können diese zur Standortbestimmung nutzen.

▶ **Veränderungsintelligenz:** Mit dem Ziel, in unterschiedlichen Veränderungskontexten effizient und wirksam im Sinne der Sicherung der Zukunftsfähigkeit zu handeln, integriert das *Konzept der Veränderungsintelligenz* Wissen, Tools und Gestaltungsempfehlungen, um die relevanten Merkmale, Werte und Kompetenzen bei Individuen, Teams und Organisation zu diagnostizieren und auf Basis dieser Standortbestimmung gezielt zu stärken.

Die auf Basis dieser Standortbestimmungen im Einzelfall abzuleitenden Maßnahmen können kontextabhängig unterschiedlich sein. Daher kann es nicht die eine festgeschriebene Vorgehensweise für idealen Wandel geben. Vielmehr stellt das Konzept der Veränderungsintelligenz verschiedene aufeinander abgestimmte Module vor, die flexibel je nach Kontext genutzt werden können. Verbindendes Element ist dabei eine systemische Perspektive, die die harten Fakten der Zahlen (Hard Facts) mit der Unternehmenskultur und sozialen Dynamik verbindet und auf einer achtsamen Haltung aufbaut [52] (vgl. Kap. 4).

Die Entwicklung von **Veränderungsbereitschaft und Veränderungskompetenzen stehen grundsätzlich im Fokus,** dabei ist Veränderungsbereitschaft die Voraussetzung für eine wirksame Kompetenzausbildung bezogen sowohl auf „klassische" Veränderungskompetenzen als auch auf Agilitätskompetenzen.

Ein wesentliches Element zur Ausbildung von **Veränderungsbereitschaft** ist der aus dem Unternehmensumfeld abgeleitete Veränderungsbedarf. Vielen Mitarbeitern fällt es in einer zunehmend komplexen Welt immer schwerer, die relevanten Zusammenhänge zu erkennen und zu verstehen – das relevante Wissen kann nach unserer Erfahrung nicht einfach vorausgesetzt werden.[134] Daher setzt das Konzept auf einer konkretisierenden und verständlichen Vermittlung wesentlicher Veränderungsanforderungen aus dem

[134]Ein Grund für den aktuellen Vertrauensverlust in Unternehmen, Organisationen und Politik liegt laut Hans-Peter Klös, Institut der deutschen Wirtschaft, darin, dass bei vielen Menschen ökonomische Grundkenntnisse fehlen und komplexe wirtschaftliche Zusammenhänge nicht ausreichend vermittelt werden. Vertrauen ist jedoch ein wesentlicher Pfeiler von Veränderungsarbeit.

Unternehmensumfeld auf (vgl. Abschn. 1.1 bis 1.5). Darauf aufbauend wird ein konkreter Ansatz zur Entwicklung individueller Veränderungsbereitschaft in Kap. 6 vorgestellt.

Bei der Entwicklung von **Veränderungskompetenzen** wird differenziert zwischen kontextspezifisch notwendigen Kompetenzen sowie den für erfolgreiche Veränderung generell, d. h. situationsübergreifend notwendigen Kompetenzen. Zu Ersteren gehören unter anderem rollenspezifische Kompetenzen. Beispielsweise kommt für die Umsetzung von Ambidextrie und Unternehmerorientierung der Rolle des *angestellten Unternehmers* eine besondere Bedeutung zu. Daher wird in Kap. 6 das rollenspezifische Kompetenzmodell des angestellten Unternehmers vorgestellt.

Zu den grundlegenden Veränderungskompetenzen gehören insbesondere Kompetenzen der Change Kommunikation (Kap. 10) sowie Kompetenzen der wirksamen Führung in Veränderungsprozessen bzw. der agilen Führung (Kap. 7). Dies wird ergänzt um die generell förderlichen Faktoren, die beim einzelnen Menschen zusammenkommen müssen, damit individuelle Veränderungsleistung entstehen kann (Kap. 6).

Ziel des Konzepts der Veränderungsintelligenz ist es, die Zukunftsfähigkeit zu stärken (Abb. 1.15).

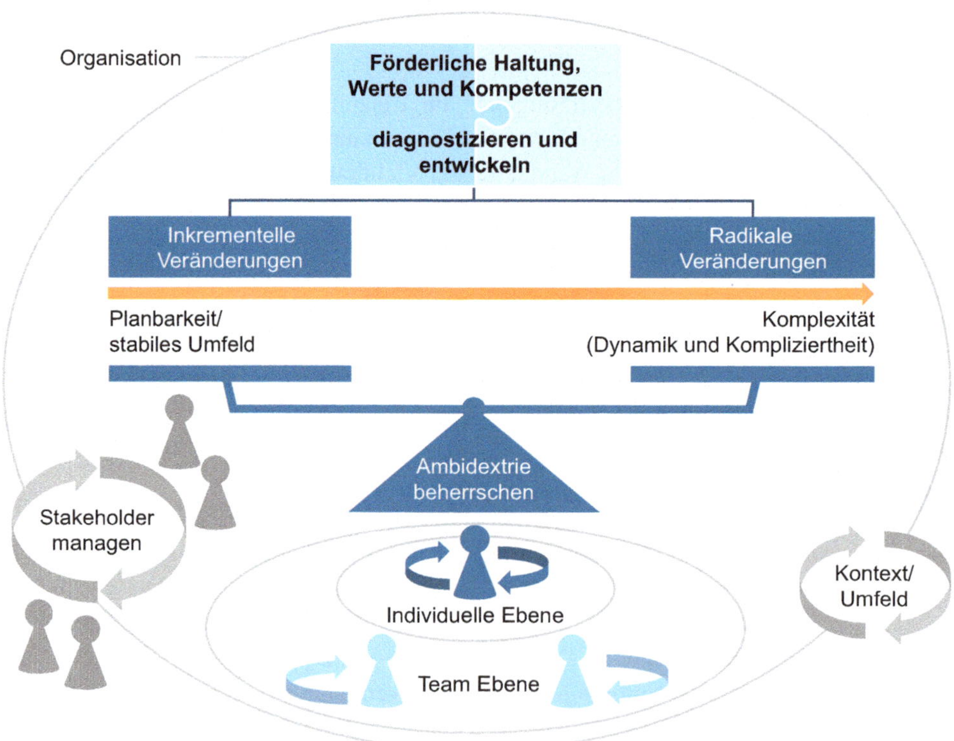

Abb. 1.15 Das Konzept der Veränderungsintelligenz im Überblick

Literatur

1. Agarwal, R., & Bayus, B. L. (2002). The market evolution and sales takeoff of product innovations. *Management Science, 48*(8), 1024–1041.
2. Baker, S. R., Bloom, N. A., & Davis, S. J. (2016). Measuring economic policy uncertainty. *The Quarterly Journal of Economics, 131,* 1593–1636.
3. Baltes, G., & Freyth, A. (2011). Individuelle Veränderungskompetenz als Erfolgsbeitrag für strategische Innovation. In J. Hasebrook (Hrsg.), *Diversity und Innovation.* Aachen: Shaker.
4. Beck, K., Beedle, M., Van Bennekum, A., Cockburn, A., Cunningham, W., Fowler, M., et al. (2001). Manifesto for agile software development. Abgerufen am 24. Januar 2016.
5. Becke, G., Behrens, M., Bleses, P., & Meyerhuber, S. (2013). *Organisationale Achtsamkeit: Veränderungen nachhaltig gestalten (Systemisches Management).* Stuttgart: Schäffer Poeschel.
6. Bonchek, M. (2016). How to create an exponential mindset. *Harvard Business Review, 2016*(7).
7. Brynjolfsson, E., & McAfee, A. (2014). *The second machine age.* New York: Norton & Company.
8. Caldwell, R. (2003). Models of change agency: A fourfold classification. *British Journal of Management, 2003*(14), 131–142.
9. Christensen, C. M., Raynor, M. E., & McDonald, R. (2015). What is disruptive innovation? *Harvard Business Review,* 2015(12), 44–53.
10. Christensen, C. M., Suárez, F. F., & Utterback, J. M. (1998). Strategies for survival in fast-changing industries, *Management science, 44*(12/2), 207–220.
11. Crovitz, G. (2014). Disruption is the new normal. *Wall Street Journal, 2014.*
12. Daniels, K. (2003). Asking the straightforward question: Managers' perception and managers' emotions'. *British Journal of Management, 14*(1), 19–22.
13. Delgado-Garcia, J., De la Fuente-Sabaté, J., & De Quevedeo-Puente, E. (2009). Too negative to take risks? The effect of the CEO's emotional traits on firm risk. *British Journal of Management, 21*(2), 313–326.
14. Dietz, I., & Dietz, T. (2008). Achtsamkeit als Schlüssel zur Veränderung. *Coaching Magazin,* 2008(3), 18–21.
15. Doppler, K., & Lauterburg, C. (2014). *Change Management – den Unternehmenswandel gestalten.* Frankfurt: Campus.
16. Feldman, S., Zysman, J., Kushiad, K., Murray, J., & Nielsen, N. (2013). Service with everything: The ICT-enabled digital transformation of services, In D. Breznitz & J. Zysman (Hrsg.), The Third Globalization – can wealthy nations stay rich in the 2st century? Oxford University Press.
17. Felton, N. (2008). *Spread of consumption.* New York: The New York Times Company.
18. Fine, C. H. (1999). *Clockspeed: Winning industry control in the age of temporary advantage.* New York: Basic Books.
19. Fishman, R., & Luca, M. (2016). Fixing digital discrimination. *Harvard Business Review, 2016*(12), 88–95.
20. Gharajedaghi, J. (2011). *Systems thinking: Managing chaos and complexity – A platform for designing business architecture Morgan Kaufmann* (3. Aufl.). Amsterdam: Elsevier.
21. Gigerenzer, G., & Kober, H. (2014). *Risiko: Wie man die richtigen Entscheidungen trifft.* München: btb.
22. Goleman, D. (1995). *Emotional intelligence: Why it can matter more than IQ.* New York: Bantam Books.
23. Gordon, R., & Harrop, J. (2016). *3D printing of metals 2015–2025: Pricing, properties and projections for 3D printing equipment, materials and applications.* Cambridge: IDTechEx.
24. Hofert, S. (2016). *Agiler Führen.* Wiesbaden: Springer Gabler.

25. Isaacson, W. (2011). *Steve Jobs.* New York: Simon & Schuster.
26. Kabat-Zinn, J., & Valentin, L. (2014). *Stressbewältigung durch die Praxis der Achtsamkeit, Audiobook.* Freiburg im Breisgau: Arbor.
27. Kenney, M., & Zysman, J. (2016). The rise of the platform economy, *Issues in Science and Technology, 32*(3), 61–69.
28. Keuper, F., & Groten, H. (2007). *Nachhaltiges Change Management: Interdisziplinäre Fallbeispiele und Perspektiven.* Wiesbaden: Gabler.
29. Klosa, K., & Baltes, G. (2017). LEGIC Identsystems Ltd: From selling ID cards to providing access to an ID network. In C. Linz, G. Müller-Stewens, & A. Zimmermann (Hrsg.), *Radical Business Model Transformation* (S. 113–124). London: Kogan Page.
30. Kohnke, O., & Wiesner, D. (2012). Die Veränderungskurve – Ein Beratermythos? *Organisationsentwicklung, 31*(1), 54–62.
31. Königswieser, R., & Exner, A. (2008). *Systemische Intervention. Architekturen und Designs für Berater und Veränderungsmanager* (9. Aufl.). Stuttgart: Schäffer-Poeschel.
32. Kotter, J. P. (2011). *Leading Change. Wie Sie Ihr Unternehmen in 8 Schritten erfolgreich verändern.* München: Vahlen.
33. Krüger, W. (Hrsg.). (2014). *Excellence in change – Wege zur strategischen Erneuerung* (5. Aufl., S. 33–61). Wiesbaden: Springer Gabler.
34. Kulmer, U., & Trebesch, K. (2004). Der kleine Unterschied und die großen Folgen – Von der Organisationsentwicklung zum Change Management. *Zeitschrift Organisationsentwicklung, 2004*(4), 80–85.
35. Kunze, F. (2013). Werte der Digital Natives. *Zeitschrift für Führung und Organisation, 82*(4), 232–236.
36. Kurzweil, R. (2000). *The age of the spiritual machine: When computer exceeds human intelligence.* London: Penguin.
37. Kushida, K. E., Murray, J., & Zysman, J. (2015). Cloud computing: Form scarcity to abundance. *Journal of industry Competition and Trade, 15*(1), 5–19.
38. Laloux, F. (2014). *Reinventing organizations, A guide to creating organizations.* Massachusetts: Nelson Parker.
39. Lauer, T. (2014). *Change Management, Grundlagen und Erfolgsfaktoren.* Wiesbaden: Springer Gabler.
40. Lehky, M. (2011). *Leadership 2.0.* Frankfurt a. M.: Campus.
41. Levy, A., & Merry, U. (1986). *Organizational transformation: Approaches, strategies, theories.* New York: Greenwood Publishing Group.
42. Lewin, K. (1963). Geplante Veränderungen als Dreischritt: „Auflockern, Hinüberleiten und Verfestigen eines Gruppenstandards": Gleichgewichte und Veränderungen in der Gruppendynamik. In D. Cartwright (Hrsg.), *Feldtheorie in den Sozialwissenschaften. Ausgewählte theoretische Schriften* (S. 262 f.). Bern: Hans Huber.
43. McGregor, D. (1960). *The human side of enterprise.* New York: McGraw-Hill.
44. Moss-Kanter, R. (1985). *Change masters: Innovation and entrepreneurship in the American corporation.* New York: Free Press.
45. Müller, E. (2014) Kannibalen aus Freiburg. *manager magazin, 2014*(10), 54–58.
46. Nocera, J., & Bonamici, K. (2004). Kodak: The CEO vs. the Gadfly after the film company announced plans to remake its business, one investor activist declared war. Did he overplay his hand? *FORTUNE Magazine, 2004*(Jan).
47. Ouchi W. G. (1983). *Theory Z. How American management can meet the Japanese challenge.* New York: Avon Books.
48. Porter, M. E. (1996). What is a strategy? *Harvard Business Review, 1996*(12), 61–78.

49. Ries, E. (2011). *The lean startup: How today's entrepreneurs use continuous innovation to create radically successful businesses.* New York: Crown Business.
50. Robertson, B. J. (2016). *Holacracy: Ein revolutionäres Management-System für eine volatile Welt.* München: Vahlen.
51. Romhardt, K. (2013). Müheloseres Management durch Achtsamkeit. *OrganisationsEntwicklung, Zeitschrift für Unternehmensentwicklung und Change Management, 2013*(2), 13–17.
52. Romhardt, K., & Plischke, M. (2016). Die achtsame Organisation, Mythos oder lebendige Realität? In H. Roehl & H. Asselmeyer (Hrsg.), *Organisationen klug gestalten, Das Handbuch für Organisationsentwicklung und Change Management* (S. 277–292). Stuttgart: Schäffer Poeschel.
53. Salovey, P., & Mayer, J. D. (1990). Emotional intelligence. Imagination, *cognition and personality, 9*(3), 185–211.
54. Schmid, B. (2012). *OE oder Changemanagement?* Paper OE-Strategie des ISB, Institut für systemische Beratung.
55. Schmid, B. (2014). *Systemische Organisationsentwicklung, Change und Organisationskultur gemeinsam gestalten.* Stuttgart: Schäffer Poeschel.
56. Siegrist, U., & Luitjens, M. (2011). *30 Minuten Resilienz.* Offenbach a. M.: Gabal.
57. Smith, W. E. (1988). Disaster screaming like a Banshee, An exploding platform takes 166 lives in the North Sea. *Time Magazin* (18. July).
58. Straub, W. G., Forchhammer, L. S., & Brachinger-Franke, L. (2002). *Bereit zur Veränderung* (S. 27). Hamburg: Windmühle GmbH Verlag & Vertrieb von Medien.
59. Streich, R. (1997). Veränderungsmanagement. In M. Reiß, L. von Rosenstiel, & A., Lanz (Hrsg.), *Change Management* (S. 662–671). Stuttgart: Poeschel.
60. Suarez, F. F., Grodal, S., & Gotsopoulos, A. (2015). Perfect timing? Dominant category, dominant design, and the window of opportunity for firm entry. *Strategic Management Journal, 36*(3), 437–448.
61. Teece, D. J. (2011). Dynamic capabilities and strategic management. *Organizing for Innovation and Growth, Oxford University Press, 18,* 509–533.
62. Thiel, P. (2014). *Zero to one: Notes on startups, or how to build the future.* Newyork: Crown Business.
63. Vogelstein, F. (2013). *Dogfight: How Apple and Google went to war and started a revolution.* William Collins.
64. Weiss, H., Harrer, M. E., & Dietz, T. (2015). *Das Achtsamkeitsbuch.* Stuttgart: Klett-Cotta.
65. World Economic Forum White Paper. (2016). *Digital transformation of industries: Digital entreprise.* Cologny: World Economic Forum.
66. Zysman, J. (2006). The 4th service transformation: The algorithmic revolution. *Communication of the ACM, 46*(7), 48.

2 Organisationale Veränderungsintelligenz – Wachstumsfähigkeit mit strategischer Innovation erneuern

Wie Unternehmen agile Anpassungsfähigkeit in ihren Organisationen implementieren können, um strategische Erneuerung für Innovation und Wachstum zu erreichen

Guido Baltes und Christoph Selig

Das vorangehende, einführende Kapitel hat in die wesentlichen Treiber und Charakteristiken der radikalen Veränderungen unserer Zeit, den aktuellen „Wandel des Wandels" und seine ökonomischen Zusammenhänge eingeführt. Ausgehend von diesen Erkenntnissen ist deutlich geworden, dass sich die Welt um uns herum nachhaltig, tiefgreifend und in atemberaubender Geschwindigkeit verändert.

In dieser Veränderung liegt jedoch nicht nur eine Gefahr, sondern auch die faszinierende Chance, die Veränderungen in Markt und Umfeld nicht nur zu begleiten, sie zu „ertragen", sondern aktiv zu prägen und zu treiben. Dafür allerdings müssen Unternehmen neue Managementfähigkeiten, insbesondere eine neue Qualität der Wandlungsfähigkeit in der Organisation aufbauen. Um der durch die radikalen Umwälzungen entstehenden Komplexität gut begegnen zu können, müssen Unternehmen die dynamische Fähigkeit[1] aufbauen, die Organisation agil an die neuen Anforderungen von Kunden und Markt anzupassen. Gleichzeitig besteht die Herausforderung, dass die Organisation kaum in einem gleichen, homogenen Kontext gehalten werden kann: In einem Teil der Organisation wird es weiterhin wichtig

[1]Der Begriff der *dynamischen Fähigkeit(en)* wird hier und nachfolgend genutzt im Sinne des konzeptionellen Rahmens der *dynamic capabilities,* vgl. [62].

G. Baltes (✉) · C. Selig
IST Innovationsinstitut, Hochschule Konstanz, Konstanz, Deutschland
E-Mail: baltes@innovationsinstitut.org

C. Selig
E-Mail: selig@innovationsinstitut.org

G. Baltes und A. Freyth (Hrsg.), *Veränderungsintelligenz,*
https://doi.org/10.1007/978-3-658-04889-1_2

sein, das bestehende Kerngeschäft zu optimieren, um dort die Erträge zu erwirtschaften, die die Investition in strategische Innovationsinitiativen ermöglichen. Für die erfolgreiche Entwicklung strategischer Innovationsoptionen ist es zudem wesentlich, mit alternativen, agilen Methoden zu operieren, um den komplexen Kontext neuer Wachstumsfelder zu „erforschen". In dieser „Beidhändigkeit" liegt die eigentliche Herausforderung der Umsetzung organisationaler Veränderungsintelligenz für Innovation und Wachstum im komplexen Kontext unserer Zeit.

Wie im einführenden Kapitel ausgeführt, zeigt das Konzept der Veränderungsintelligenz dafür auf mehreren Ebenen – Individuum, Team und (Gesamt-)Organisation – Ansatzpunkte und Gestaltungsunterstützung auf. In diesem Kapitel werden dazu die Ansatzpunkte und Implementierungsoptionen für eine wandlungs- und innovationsfähige Organisation dargestellt. Wir konzentrieren uns dabei auf den eingangs diskutierten, komplexen Kontext innovationsbestimmter Märkte. Daraus ergibt sich eine wichtige Rolle für Innovation als strategischer Wachstumstreiber. Entsprechend zielen die nachfolgend ausgeführten Aspekte vor allem darauf, durch die Wandlungsfähigkeit der Organisation das Wachstum des Unternehmens innovationsorientiert zu erneuern. Dabei gilt bezogen auf die Veränderungs- und Wandlungsfähigkeit: Nicht jede Veränderung führt zu Innovation – aber keine Innovation gelingt ohne Veränderung!

Wir führen zunächst in die Bedeutung steigender Komplexität im Managementkontext ein. Im Betrachtungszentrum steht hier der Erhalt strategischer Handlungsfähigkeit, auch angesichts steigender Unsicherheit und Dynamik. Dafür sind alternative Vorgehensweisen und Methoden im Management notwendig, die dynamische Fähigkeiten in der Organisation implementieren. Wir stellen dazu konkret vor, was genau diese dynamischen Fähigkeiten sind und geben Gestaltungshinweise, wie man dynamische Fähigkeiten im Unternehmen implementieren kann.

Für diese Implementierung ist ein förderlicher Rahmen notwendig. Dazu wird detailliert eingegangen auf die Kernelemente einer förderlichen Organisationsgestaltung und die Umsetzung einer veränderungs- und innovationsförderlichen Wertekultur. Davon ausgehend wird aufgezeigt, wie man erfolgreich der Herausforderung begegnen kann, gleichzeitig das Kerngeschäft effizient zu optimieren UND durch strategische Innovation in neue Geschäftsfelder zu wachsen – organisationale Beidhändigkeit *(Ambidextrie)*. Mit dem nachfolgend ausgeführten Konzept der *eingebetteten Unternehmerteams* wird hierfür eine konkret anwendbare Umsetzungs- und Implementierungsoption aufgezeigt, zu der detaillierte Gestaltungshinweise und Einführungshilfen bereitgestellt werden.

Daher bietet dieses Kapitel einen ganzheitlichen Überblick über die notwendigen Randbedingungen, Vorgehensweisen und Methoden zur Stärkung der Veränderungs- und Innovationsfähigkeiten auf der Ebene der (Gesamt-)Organisation. Diese organisationale Ebene des Konzepts der Veränderungsintelligenz bietet ein vertieftes

Verständnis für die Konsequenzen und Herausforderungen, die für Organisationen entstehen, wenn ihre Umwelt – wie das derzeit der Fall ist – zunehmend komplex wird. Konkrete, umsetzbare Gestaltungshinweise und Vorgehensmodelle zeigen, wie man diesen Herausforderungen proaktiv begegnen und Unternehmen Erfolgversprechend durch die Turbulenzen des Wandels unserer Zeit führen kann. Dafür werden bestehende Ansätze aufgenommen und um innovative Ergebnisse originär eigener Forschung und Praxiserfahrung ergänzt. Letztere greifen auf die Erkenntnisse aus der repräsentativen Untersuchung von 2000 Technologieunternehmen sowie die Auswertung von mehr als 5000 Interviewminuten mit Geschäftsführern und Innovationsverantwortlichen in mehr als 40 Industrieunternehmen zurück.

Diese Fragen werden Ihnen im folgenden Kapitel beantwortet

- Warum führen „klassische" Methoden des Managements im komplexen Kontext nicht zum Erfolg?
- Mit welchen Methoden und Vorgehensweisen wird Handlungsfähigkeit im komplexen Kontext gesichert?
- Warum ist im komplexen Raum ein Fokus auf Lernorientierung und Konvexität erfolgskritisch?
- Wie wird Lernorientierung in der Organisation umgesetzt?
- Welche Paradigmenwechsel erfordern ein neues Mindset und neue Verhaltensmuster?
- Welches veränderte Verständnis im Management ist dafür erforderlich?
- Warum ist autonome Wandlungsfähigkeit in der Organisation erfolgskritisch?
- Wie können die dafür notwendigen dynamischen Fähigkeiten implementiert werden?
- Wie kann Wandel mit wiederkehrenden, stabilen Routinen statt Prozessen organisiert werden?
- Wie verändern Routinen die dynamische Fähigkeit, auf Veränderungen zu reagieren, oder besser: diese zu antizipieren?
- Wie gelingt der Aufbau einer „beidhändigen" Organisation, die gleichzeitig Bestehendes optimiert und strategische Innovation in neuen Geschäftsfeldern aufbaut?
- Wie können Führung und Organisationsgestaltung kontextspezifisch differenziert werden?
- Wie kann aus strategischer Innovation eine Transformationsleistung ins Kerngeschäft gelingen?
- Wie kann Corporate Entrepreneurship mit Unternehmerteams (Corporate Startups) implementiert werden?
- Wie gelingt mit eingebetteten Unternehmerteams Innovation in neue Geschäftsmodelle?

- Welche Faktoren sind für eingebettete Unternehmerteams bzw. Corporate Start-ups erfolgskritisch?
- Wie werden Unternehmerteams aufgebaut, besetzt und aus der Stammorganisation gesteuert?

2.1 Wandlungsfähigkeit braucht Handlungsfähigkeit – vor allem im komplexen Kontext

In den Abschn. 1.1 bis 1.5 haben wir deutlich gemacht, dass den Wandel unserer Zeit vor allem eine Eigenschaft von den typischerweise im Change Management betrachteten Veränderungen unterscheidet – das hohe Maß an Komplexität. Dimensionen dieser Komplexität sind die Geschwindigkeit, in der sich die Veränderungen vollziehen, deren tief greifende Wirkung bzw. Radikalität und die Anzahl der sich gleichzeitig und parallel verändernden Parameter.

Um die im Zusammenhang mit Veränderungen oft bemühte Metapher des fließenden Flusses zu bemühen: Unternehmen sehen sich heute Anforderungen in Bezug auf radikalen und dynamischen Wandel gegenüber, die sich zu den gewohnten Anforderungen aus Veränderungen in etwa so verhalten wie eine Kanutour im Altmühltal zu einem Ritt durch die Stromschnellen des Amazonas. Und so, wie man sich auf Letzteres durch entsprechendes Training vorbereiten kann, ist auch der komplexe Wandel unserer Zeit zu bewältigen, vorausgesetzt, Methoden und Werkzeuge sind darauf eingestellt.[2]

Abb. 2.1 illustriert schematisch, was die Entwicklung hin zu komplexen Veränderungen in Märkten bedeutet und mit welchen Mustern Unternehmen typischerweise darauf reagieren (können):

Die orange Kurve zeigt die Veränderungen im Markt über den Zeitablauf. Vereinfacht gesprochen, verändern sich über die Zeitachse Parameter des Markts wie beispielsweise Technologien, Nachfragepräferenzen, Wettbewerber und dergleichen. Die Komplexität dieser Veränderungen bildet sich als Ausschlag der Marktlinie ab – je volatiler die Veränderungen, desto höher bzw. tiefer sind die Ausschläge, und je dynamischer die Veränderungen, desto schmaler sind die Ausschläge der Marktlinie. Unternehmen können hier grundsätzlich einem von drei Reaktionsmustern folgen:

Die Linie (1) zeigt die Reaktion des „Stoikers", die Strategie der „deutschen Eiche" – mein Umfeld mag sich verändern, aber warum heißt das, wir müssten etwas verändern? Die Linie (2) zeigt ein reaktives Unternehmen, das sich deutlich verändert, nur nicht *„in-sync"* mit dem Markt, sodass Unternehmensentwicklung und Marktentwicklung

[2]Eine weitere Voraussetzung ist die ganz individuelle Bewältigung der Konsequenzen aus der steigenden Komplexität. Darauf wird in Abschn. 7.1.7 eingegangen.

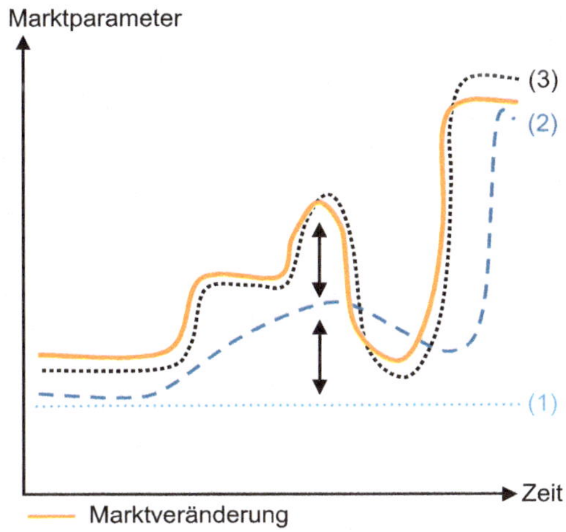

Abb. 2.1 Reaktionsmuster auf komplexe Marktveränderungen

mitunter gegenläufig sind. Und Linie (3) zeigt das Reaktionsmuster eines agilen, wandlungsfähigen Unternehmens, das sich in seinem agilen Veränderungsmuster an die Marktveränderungen anschmiegt und dieser folgt.

Letzteres Reaktionsmuster ist das Zielmodell eines agil und strategisch reaktionsfähig handelnden Unternehmens. Wir werden in diesem und in den nachfolgenden Abschnitten ausführen, mit welchen Methoden und Werkzeugen dies umgesetzt werden kann.[3] Dabei ist die Vorstellung des hochreaktiven Unternehmens kein Theoriekonstrukt aus dem Elfenbeinturm der Wissenschaft, sondern in der unternehmerischen Praxis sogar so häufig zu finden, dass dafür ein eigener Name geprägt wurde. Das Phänomen, dass erfolgreiche Unternehmen in volatilen Umfeldern stabile Erträge zeigen, wird als Bowman-Paradox diskutiert (benannt nach dem MIT-Forscher Edward Bowman[4]). In der Literatur werden dazu seit den 80er Jahren Erklärungsmodelle diskutiert. Heute gilt effektives Management, d. h. strategische Reaktionsfähigkeit *(strategic responsiveness)*, als akzeptiertes Erklärungsmodell [1].

Dieser agilen Reaktionsfähigkeit konträr gegenüber stehen Unternehmen, die dem Muster der Linie (2) folgen. Deren Veränderungen können mitunter einschneidend sein, sind jedoch nicht abgestimmt auf oder synchron mit den Veränderungen im Markt *(out-of-sync)*. Die daraus resultierenden, mitunter gegenläufigen Entwicklungen führen zu erheblichen Ergebniseinbrüchen (beispielsweise bei Kapazitätsausbau, während die Nachfrage im Markt abnimmt). Die Folge ist, dass ausgehend von diesen Verlusten in

---

[3]Hinweise zur individuellen Bewältigung dieser Herausforderung und die Unterstützung durch entsprechendes Führungshandeln vgl. Kap. 7.

[4]Bowman zeigte, dass bei Unternehmen die Volatilität (als Maß für das Risiko) und der Durchschnitt ihrer Ergebnisse negativ korreliert sind. Die Finanztheorie würde das Gegenteil erwarten lassen.

die Zukunft gerichtet noch risikoaffiner gehandelt wird – in dem Versuch, mit höheren Gewinnen die Verluste von vorher auszugleichen [1, 14]. Dies führt über die Zeit mit hoher Wahrscheinlichkeit zu geringen Erträgen, mitunter auch in die Insolvenz.

Beispiel: Entschlossenes Handeln – am Markt vorbei

Ein besonders „beeindruckendes" Beispiel der in Abb. 2.1 mit der Linie (2) illustrierten Strategie war die Serie größtenteils nicht autorisierter Handelsabschlüsse des Derivate-Händlers Nick Leeson 1995 in Singapur: Zunächst erfolgreich mit nicht abgesicherten Derivate-Wetten, erlitt er bald hohe Verluste – und versuchte diese mit noch höherem Volumen und noch größerem Risiko auszugleichen [63]. Dabei türmte er in kürzester Zeit in mehreren Wellen insgesamt 1,3 Mrd. US$ Verlust auf. Dies führte zum Kollaps der 230 Jahre alten Barings Bank.

Auch das Reaktionsmuster der Linie (1), also das Nicht-Reagieren („Stoiker"), scheint keine erfolgversprechende Option. Unternehmen wie Kodak, Quelle, Loewe oder auch Märklin[5] haben das eindrucksvoll gezeigt. Die Siemens AG dagegen – in den 90er Jahren wegen genau dieses strategischen Handlungsmusters als „Bank mit angeschlossenem Industriebetrieb" kritisiert, wo man Anfang der 2000er noch versuchte, der beginnenden digitalen Dynamik auszuweichen (vgl. Abschn. 1.3) – geht heute die Herausforderung der digitalen Transformation entschlossen an und wird dafür nicht nur von Analysten gelobt, sondern auch mit einer positiven Aktienkursentwicklung belohnt.

Um besser zu erklären, wie man eine Organisation führt und gestaltet, sodass sie agil und strategisch reaktionsfähig mit den dynamischen Veränderungen im Markt mitgeht, ist es zunächst wichtig, besser zu verstehen, was genau die Folgen von Komplexität im Management sind. Denn hier können nicht nur „klassische" Verfahren der Investitionsrechnung (vgl. Abschn. 1.3), sondern auch „klassische" Führungs- und Managementmethoden versagen.

Als Ausgangspunkt dafür nutzen wir eine eher technische Definition von Komplexität, die in Abb. 2.2 illustriert ist.

Die x-Achse der Abb. 2.2 ist als „Kompliziertheit" bezeichnet und beschreibt in technischen Systemen die Anzahl der Schnittstellen im System. Auf Organisationen als soziale Systeme übertragen beschreibt diese Dimension Größen wie die Anzahl der Menschen in einer Organisation oder die Anzahl der organisatorischen Teileinheiten. Auf der y-Achse der Abb. 2.2 ist als zweite, unabhängige Dimension der Komplexität die „Dynamik" aufgetragen. Diese ergibt sich aus der Volatilität der Veränderung (Stärke der Ausschläge, vgl. Abb. 2.1) und der Frequenz derselben (Veränderungsrate, d. h. wie viele

[5]Nach der Insolvenz im Februar 2009 war die Belegschaft von Märklin im Rahmen des Insolvenzplans um ca. 50 % reduziert worden. Mit den verbliebenen 480 Mitarbeitern konnte 2012 bei 109 Mio. Umsatz wieder ein Gewinn von 10 Mio. EUR erzielt werden. Heute ist Märklin Teil des Spielzeugherstellers Simba-Dickie.

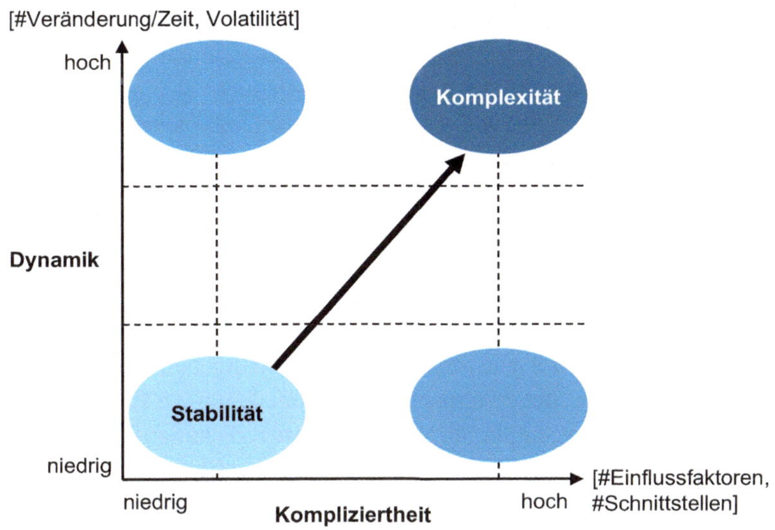

Abb. 2.2 Dimensionen der Komplexität

Veränderungen erfolgen pro Zeiteinheit?). Komplexität ist danach also das Produkt aus Kompliziertheit und Dynamik.

Im Folgenden betrachten wir die vier Extrempunkte der Grafik im Einzelnen.

Unten links, wenig dynamisch und wenig kompliziert, ist der Zustand, der den meisten von uns am angenehmsten sein dürfte – Stabilität. Dieser stabile Zustand ist möglicherweise mehr eine motivationspsychologische als eine Management-Herausforderung. Daher wollen wir ihn hier nicht weiter betrachten.

Unten rechts, sehr kompliziert, aber wenig dynamisch, ist eine „klassische" Managementaufgabe, also genau das, wofür die „klassische" Managementlehre hervorragend ausbildet. Ein Beispiel dafür ist ein sehr kompliziertes Projekt, vielleicht das komplizierteste aller Projekte überhaupt: Projekt „Apollo", die Mondlandung.

Als J. F. Kennedy 1962 mit seinen berühmten Worten „We choose to go to the moon" verkündete, Amerika würde noch in derselben Dekade den Mond betreten, startete er unzweifelhaft ein sehr kompliziertes Projekt, an dem viele, viele Menschen arbeiteten. Zahllose Firmen waren beteiligt und es wurden technisch bis dahin wenig verstandene Kontexte erschlossen. Aber die Dynamik war relativ gering: Mond und Erde laufen auf stabilen Bahnen und das Ziel (einen Menschen auf den Mond zu bringen) wurde während des Projekts nie geändert. Zusätzlich hatte Kennedy ein Zieldreieck vorgegeben mit festem Ziel (Mondlandung), breitem Zeitkorridor (in diesem Jahrzehnt) und nahezu unbegrenztem Budget.

Ein solches Projekt lässt sich planerisch gut fassen. Es kann in granulare Arbeitspakete zerlegt werden, die dann Stück für Stück abgearbeitet werden. Arbeitsergebnisse können zu Planabweichungen führen, die dann in eine Revision des Projektplanes eingearbeitet werden. So konnte dieses sehr komplizierte, aber eben nicht komplexe Projekt zuverlässig zum Erfolg gebracht werden – durch die erste Mondlandung am 16. Juli 1969.

Oben links, sehr dynamisch, aber wenig kompliziert, ist eine Situation, die sich dramatisch verändert und daher nach Vereinfachung verlangt, beispielsweise eine Krise. Gigerenzer zeigt dazu das Beispiel der Notlandung von C. B. Sullenberger auf dem Hudson River auf [25, S. 43 f.].

Kurz nach dem Start traf seine voll besetzte Maschine in nur 975 m Höhe auf einen Schwarm Gänse. Die Kollision führte zum Ausfall beider Triebwerke, die Maschine ging mitten über New York in den antriebslosen Sinkflug. Die Frage: Wo landen? Während Sullenberger über diese Frage nachdachte, verlor die Maschine an Höhe, an Geschwindigkeit, veränderten sich Wind und das überflogene Stadtgebiet – veränderte sich mit jeder kleinen Bewegung am Steuerknüppel sein Optionenraum zur Entscheidung.

Das ist eine Krise. Hier empfiehlt sich das vorher diskutierte planerische Vorgehen nicht (in der Luftfahrt wäre das das Abarbeiten einer Checkliste) – es bleibt dafür schlicht keine Zeit. Hier galt es stattdessen zu vereinfachen, die Situation auf einfache Entscheidungsfragen zu reduzieren (Wo landen?) und (wahrscheinlich) ungeeignete Entscheidungsoptionen möglichst schnell zu verwerfen – um in einem bewusst verkleinerten Optionenraum handlungsfähig zu bleiben, eine Entscheidungsoption zu wählen und diese möglichst schnell auszuführen.

In Sullenbergers Situation sah das Standardprotokoll La Guardia als Notflughafen vor. Eine Option, die er intuitiv (richtig) verwarf. Stattdessen beschloss er 40 s nach dem Vogelschlag, auf dem Hudson River zu landen. Auch die Wasserung selber führte er ohne Checkliste aus, da diese in den ihm verbliebenen drei Minuten nicht einmal annähernd hätte abgearbeitet werden können.

Hochdynamische Krisen dieser Art haben also einen gänzlich anderen Charakter als planerisch beherrschbare hoch komplizierte Projekte. Entsprechend wird die Qualifikation des Krisenmanagers von der des Projektmanagers deutlich abgegrenzt. Auch das Methodenrepertoire ist ein anderes [33]. Beide Situationen sind jedoch mit dem Repertoire „klassischer" Managementlehre gut beherrschbar.

Oben rechts, sehr dynamisch und sehr kompliziert, ist das gänzlich anders, denn diese Herausforderung ist nicht kompliziert, ist keine Krise, sondern komplex: Ein hoch kompliziertes System ändert sich hochdynamisch. Weder das planerische Handeln des Projektmanagements noch die Vereinfachung und Fokussierung des Krisenmanagements führen hier zu guten Ergebnissen.

Wendet man in einem komplexen Kontext Methoden des Projektmanagements an, geht man den komplexen Kontext also planerisch an, verändern sich in der Planungsphase die Planungshypothesen. Dies führt entweder in einen schier unendlichen Planungszyklus oder zu einer Planung, die, einmal erstellt, gleich wieder obsolet wird.

Wendet man im komplexen Kontext hingegen Methoden des Krisenmanagements an, geht ihn also durch Vereinfachung an, konzentriert man sich nur auf einen oder wenige Einzelaspekte, um Handlungsfähigkeit herzustellen. Dabei übersieht man die vielfältigen

Abhängigkeiten des komplizierten Systems und erzeugt dadurch (unbewusst) erhebliche Fehler- bzw. Folgekosten.

Komplexität zu managen braucht daher einen dritten, einen anderen Weg.

Beispiel komplexes Projekt: Flughafen Berlin

Ein schönes Beispiel für ein komplexes Projekt ist der neue Berliner „Willy Brandt"-Flughafen, der erst 2010, dann 2012 eröffnet werden sollte, auch 2017 noch nicht eröffnet hat und nur vielleicht 2019 eröffnet wird. Flughäfen sind generell Projekte der Kategorie „sehr kompliziert" (vgl. Typ „Mondlandung", unten rechts). Daher gibt es Spezialisten für den Bau und Betrieb solcher Infrastrukturen (z. B. die Firma Fraport AG). Idealerweise vermeiden diese Spezialisten aus den vorgenannten Gründen, die Projekte *komplex* werden zu lassen. Beispielsweise dadurch, dass zunächst sauber geplant und dann entlang dieses Plans gebaut wird.

Der Berliner „Willy Brandt"-Flughafen jedoch ist zum komplexen Projekt geworden, weil man in zwei wesentlichen Punkten vom üblichen Vorgehen abgewichen ist: Zum einen hat man keinen mit Flughafenbau und -betrieb erfahrenen Generalunternehmer verpflichtet (zur Kosteneinsparung) und zum anderen während des Baus mehrfach den Flächennutzungsplan verändert (aufgrund von Wirtschaftlichkeitsüberlegungen).[6] Damit wird ein *kompliziertes* Projekt *komplex,* weil nun dynamische Änderungen eintreten, und das in einem System mit vielfältigsten, zum Teil intransparenten Abhängigkeiten. Die Folgen sind bekannt: Seit 2015 wird diskutiert, ob Abriss und Neubau nicht günstiger wären.[7]

Als Anschauungsbeispiel ist dieses Projekt hier mindestens aus zwei Gründen hilfreich. Zum einen zeigt es auf deutliche Weise auf, was passiert, wenn *komplexe* Projekte (Abb. 2.1 oben rechts) mit Methoden für *komplizierte* Projekte (Abb. 2.1 unten rechts, z. B. klassisches Projektmanagement) gesteuert werden. Zum anderen zeigt es die Wirkung von *Krisenmanagement* (Abb. 2.1 oben links) im komplexen Kontext. Zu beobachten ist das hier, weil man im Frühjahr 2013 zwei Personen in der Geschäftsführung mit fundamental unterschiedlichen Führungsstilen vereint hatte:

Hartmut Mehdorn als Gesamtgeschäftsführer, „der wohl berühmteste *Krisenmanager* Deutschlands" (DIE WELT, 15.12.2014) mit Turn-around-Erfahrungen bei der Deutschen Bahn und Air Berlin, und Horst Amann als technischen Geschäftsführer, mit jahrelanger Projektmanagementerfahrung von Fraport.

Horst Amann wählte, wohl seiner Erfahrung in Methoden des Projektmanagements folgend, eine nicht ganz intuitive, aber richtig erscheinende Handlungsoption. Kurze Zeit

[6]Vermutlich hängen beide Punkte ein Stück weit zusammen. Ein entsprechend erfahrener Generalunternehmer hätte die massiven Planänderungen im laufenden Bau möglicherweise nicht akzeptiert oder nur unter so erheblichen Zahlungen, dass dies möglicherweise zum Nachdenken geführt hätte (vgl. das Vorgehen von Hochtief beim Bau der – eröffneten – Hamburger Philharmonie). Sehr ausführlich hat erstmals das Magazin DER SPIEGEL diese Zusammenhänge veröffentlicht, DER SPIEGEL Nr. 34 19.08.2007 „Mythen: Wie aus dem Projekt des Berliner Flughafens BER ein deutsches Debakel wurde".

[7]CDU-Bundestagsabgeordneter Jens Koeppen, 27.09.2015.

nach seinem Start im Herbst 2012 ließ er die Arbeiten weitgehend ruhen. Stattdessen ließ er alle Planungen aktualisieren und den Zustand der Baustelle (der sich von den Plänen deutlich unterschied) aufnehmen. Die Sinnhaftigkeit seines Vorgehens wird durch die mehr als 60.000 Mängel, die dabei festgestellt wurden, bestätigt.

Warum macht es Sinn, die Arbeit an einem Projekt einzustellen, das sich schon mehrere Jahre verzögert hat? In diesem Beispiel wird dadurch ein *komplexes* (oben rechts) Projekt wieder *kompliziert* (unten rechts), weil man die Dynamik aus dem System nimmt (Abb. 2.1, Wechsel auf der Y-Achse von oben nach unten) – im Ergebnis wird das Projekt nun wieder deutlich besser beherrschbar. Eigentlich keine ganz schlechte Idee, möchte man meinen. Es sei denn, der Gesamtgeschäftsführer ist vom Typ „Krisenmanager", der sich eher oben links mehr wohlfühlt als unten rechts (Abb. 2.1).

Folgerichtig wurden Mehdorn und Amann ein Machtkampf um diese Frage nachgesagt. Hartmut Mehdorn hat diese Diskussion zu seinen Gunsten entschieden. Kaum ein Jahr im Amt, wurde Horst Amann, der Fachmann für den Bau und Betrieb von Flughäfen, abgesetzt.[8] In der Folge schien Aktivität eine baldige Eröffnung wieder wahrscheinlicher zu machen – aber kurze Zeit später wurde offenbar, dass sich die Situation wenig verbessert hatte, das Chaos auf der Baustelle nach wie vor Bestand hatte. Entsprechend wurde Mehdorn eher als Teil der Probleme am BER und nicht mehr als Teil der Lösung gesehen.[9]

Der angesprochene dritte Weg für agiles und reaktionsfähiges Handeln (vgl. dazu auch Kap. 7) im komplexen Raum geht davon aus, dass dieser nicht zu beplanen ist, viele relevante Faktoren unbekannt sein können und sich viele Faktoren gleichzeitig ändern. Daher müssen Organisation und Individuum in einen *explorativen*[10] Modus übergehen, der darauf abzielt, den komplexen Kontext durch Handeln zu erforschen und – von den dabei erlernten Erfahrungen ausgehend – das eigene Handeln agil anzupassen und zu verändern.

Dieses Vorgehen stärkt die Rolle der Intuition (gegenüber Planung), unterstützt Handlungsorientierung und baut wesentlich auf Lernorientierung und Lernfähigkeit sowie Fehlertoleranz auf. Im Ergebnis ersetzen zielgerichtete *Trial-and-Error*-Methoden den im komplexen Raum untauglichen Versuch der Vorhersage und Prognose. Dieses eher adaptive als planerische Vorgehen wird auch als Methode der „intelligenten Fehler" (*smart mistakes* [57], vgl. auch Kap. 7) beschrieben. Wesentlicher Grundgedanke ist hier die Abkehr von der Optimierung der Erfolgswahrscheinlichkeit:

---

[8]„Hartmut Mehdorn gewinnt im BER-Machtkampf", DER TAGESSPIEGEL, 24.10.2013.

[9]Daniel Wesener, Die Grünen, Berlin, Handelsblatt 15.12.2014.

[10]Explorativ (synonym: auskundschaftend, ausprobierend) beschreibt ein erkundendes Verhalten, bei dem eine Person ihr (Unternehmens-)Umfeld erforscht, um dabei neue Dinge kennenzulernen und zu erlernen.

Bei der Beurteilung von Projekten wird meist das Chancen-Risiko-Verhältnis analysiert. Chancen sind, was gewonnen werden kann, wenn das Projekt erfolgreich ist. Risiken sind, was verloren geht, wenn das Projekt scheitert. Davon ausgehend versuchen wir meistens Chancen zu maximieren und das Risiko zu minimieren, idealerweise zu eliminieren. Im komplexen Raum lassen sich jedoch Chancen kaum abschätzen, denn es herrscht Unsicherheit (zu unterscheiden von Risiko, vgl. Abschn. 1.3). Die „klassische" Chancen-Risiko-Abwägung führt also leicht in die Irre und häufig zu sehr risikoaversem Handeln – im Ergebnis zur Strategie des „Abwartens" (vgl. Abschn. 1.3) und damit wird mit hoher Wahrscheinlichkeit das Window of Opportunity im Markt verpasst (vgl. Abschn. 1.1).

Die verständliche Neigung zum Abwarten wird dadurch verstärkt, dass die Bewertung von Handlungsalternativen häufig davon ausgeht, Nicht-Handeln sei nicht schädlich.[11] Im komplexen Raum jedoch, wenn sich viele Parameter gleichzeitig ändern, hat Nicht-Handeln meist einen eigenen, häufig negativen Wert. Denken Sie zurück an das vorgenannte Beispiel von Sullenberger – er hatte insgesamt drei Minuten, bis das Flugzeug auf dem Boden aufschlug. Nicht-Handeln hätte hier zu jedem Zeitpunkt potenziell katastrophale Folgen gehabt. Im komplexen Raum kann also auch die Option die richtige sein, die zwar nicht positiv ist, aber den geringsten negativen Betrag aufweist.[12]

Im komplexen Kontext ist es also zunächst ganz wesentlich, die Handlungsfähigkeit zu erhalten, individuell und auch als Organisation (ausführlicher dazu Kap. 7). Dieses Handeln muss aber im Bewusstsein erfolgen, dass zum gegebenen Zeitpunkt zumindest (noch) nicht klar ist, was „richtiges" Handeln wäre – denn der komplexe Kontext lässt sich analytisch kaum erschließen. Hier gilt es, durch Intuition und Handeln der sonst drohenden unendlichen Planungsschleife (siehe Beispiel Flughafen Berlin BER) zu entgehen. Dabei sollte dieses Handeln so ausgerichtet werden, dass für den Fall des Scheiterns die Lernerfahrung aus diesem Versuch den Einsatz im Sinne von Kosten, Zeit und Ressourcen wert war – wichtig ist also auch, diese Lernerfahrung entsprechend zu reflektieren. Dieses Prinzip wird *„Konvexität"* genannt [5] (vgl. dazu auch Kap. 7).

Erfolgreiches Handeln im komplexen Raum erfordert somit eine Abkehr vom „traditionellen" Management-Prinzip des Deming-Kreises [45]. Die deterministischen Prinzipien (Verstehen, Planen, Organisieren) werden durch eher stochastische Vorgehensweisen ersetzt. Analytisches Vorgehen versucht Herausforderungen zu „verstehen" und darauf aufbauend Lösungen zu erarbeiten. Im komplexen Raum ist dies aufgrund der dynamischen Veränderung und Kompliziertheit nicht möglich. Entsprechend gilt es hier, Wissen über die komplexe Herausforderung durch eigenes Handeln zu erzeugen, ohne vorher zwangsläufig die Herausforderung gänzlich analytisch verstanden zu haben.

[11]Beispiel Kapitalwertmethode für Investitionsbeurteilung: Der Kapitalwert des Nicht-Handels wird typischerweise mit „0" bewertet. Ein negativer Kapitalwert entspricht also der Empfehlung, der jeweiligen Handlungsalternative nicht zu folgen.

[12]Detaillierter sind solche entscheidungstheoretischen Betrachtungen im Feld der Real-Optionen und der strategischen Optionen zu finden.

Abb. 2.3 Paradigmenwechsel im Management

Aufgrund der speziellen Charakteristiken des Wandels unserer Zeit (vgl. Abschn. 1.1 bis 1.4) und der daraus resultierenden Komplexität im Umfeld findet daher ein Paradigmenwechsel im Management im Vergleich zum traditionellen Veränderungskontext statt. Diesen Paradigmenwechsel (vgl. Abb. 2.3 und Tab. 2.1) gilt es zu erkennen, zu verstehen und auch zu akzeptieren, damit auf dieser Basis eine förderliche innere Haltung und neue Denkweisen (vgl. dazu Abschn. 7.3 bis 7.5) sowie alternative, wirksame Managementmethoden (hier nachfolgend ausgeführt, vgl. aber auch Abschn. 7.10 bis 7.14) entwickelt und erlernt werden können.

Die Pfadabhängigkeit *(path dependencies)*, die sich aus dem Lebensweg des eigenen Unternehmens (vgl. Abschn. 4.3.1) und auch aus der Historie der eigenen Erfahrungen ergibt, kann hier zum Hindernis werden – denn gewohnte, bisher wirksame Erfolgshebel funktionieren nicht mehr. Stattdessen gilt es in der Organisation aber auch individuell Muster zu brechen (vgl. Kap. 4), um gewohnte Pfade und Gewohnheiten zu verlassen und den Raum für neues Handeln zu eröffnen. Aufgrund der Bedeutung dieser Veränderungen und der sich daraus auch ganz individuell ergebenden Herausforderungen wird in den nachfolgenden Abschnitten detaillierter ausgeführt, wie diese Paradigmenwechsel im Alltag individuell und als Führungskraft (vgl. Kap. 7) gut bewältigt werden können.

Im technischen Bereich finden wir analoge Überlegungen bei den Ansätzen zur künstlichen Intelligenz [64]: Hier kämpfen derzeit vereinfacht gesprochen[13] regelbasierte Ansätze („verstehen", warum wann was passieren soll/muss) gegen Machine-Learning-Ansätze[14] („wissen" aus Erfahrungsdaten und Statistik). Bei hochkomplexen Anwendungen, beispielsweise autonomen Fahrzeugen, scheinen Machine-Learning-Ansätze aufgrund der besseren Adaptionsfähigkeit zunehmend überlegen zu sein. So geraten regelbasierte

[13]Es gibt noch weitere Ansätze im Bereich der künstlichen Intelligenz, beispielsweise semantische Netze.

[14]Beispielsweise basierend auf neuronalen Netzen [45].

Tab. 2.1 Elemente des Paradigmenwechsels im Management – Stabilität versus Komplexität

Paradigma der Stabilität, eher …	Paradigma der Dynamik und Komplexität, eher…
Organisieren in Strukturen	Orchestrieren von Netzwerken
Feste Strukturen und Verantwortungsbereiche	Temporäre Strukturen, dynamische Rollen
Sicherheit und Ordnung über Strukturen	Sicherheit und Ordnung über Routinen und Werte
Hierarchischer Status und Position zählen	Wertbeitrag und inhaltliche Kompetenz zählen
Feste Ziele zur individuellen Orientierung	Strategische Stoßrichtung als Orientierungshilfe
Starre, absolute Ziele	Flexible, anpassbare Ziele
Die Geschäftsleitung als Unternehmer	Mitarbeiter als Unternehmer im Unternehmen
Kontrollieren in der Hierarchie	Eigenverantwortung und Peer-Feedback im Team
Veränderungen „von oben" getrieben	Veränderungen „von unten" getrieben
Entscheiden entlang hierarchischer Linien	Eigenverantwortliches Entscheiden des Einzelnen oder im Team
Vor dem Handeln Aufgaben erst vollständig verstehen	Wissen erzeugen ohne Verstehen: Mutig und bedacht handeln zur Generierung neuen Wissens
Aufgaben durch Pläne operationalisieren	Anti-Planning, Handeln & Adaptieren mit Handlungs- und Entscheidungsverantwortung
Pläne abarbeiten, vorgegebene Ziele erreichen	Zielgerichtet handeln, im Handeln adaptieren durch organisiertes Reflektieren und Lernen
Abarbeiten von Weisungen	Eigenständiges Handeln in Freiräumen
Informationen entlang der Hierarchieebenen	Offene, transparente Information im Netzwerk

Ansätze[15] auch hier mehr und mehr ins Hintertreffen – der Sieg einer auf neuronalen Netzen basierenden Google-Software gegen einen Go-Meister zeigte dies öffentlich.[16]

Aktuelle Prinzipien, die auf ganzheitlich agile Organisationen abzielen (z. B. Holokratie, Abschn. 2.4), gehen auf diesem Weg so weit, „Anti-Planung" zu empfehlen: Organisationen sollen im komplexen Kontext so ausgerichtet werden, dass (zentrale) Planung weitgehend überflüssig wird [48]. Stattdessen steht das Zielbild der Selbstorganisation im Vordergrund – Handlungs- und Entscheidungsverantwortung werden stark

[15]Das Prinzip ist hier: Wenn wir alle Regeln kennen, funktioniert das System – wenn etwas noch nicht funktioniert, müssen wir eine Regel ergänzen.

[16]Die Welt 12.03.2016: Go gilt als das komplexeste Strategiespiel der Welt. Go-Spieler beschreiben ihre Spielweisen häufig anhand von intuitiven Beurteilungen von Spielsituationen. Deterministisches Durchdenken von Spielzügen (wie beispielsweise beim Schach) ist in Go aufgrund der schier unendlichen Zahl an Möglichkeiten (auch für einen Computer) nicht möglich.

dezentralisiert, hierarchische Funktionen weitgehend eliminiert und stattdessen Rollen definiert. Entscheidungen und Handlungen der Organisation werden damit, wie Mintzberg [43] postulierte, „an den äußeren Enden der Organisation stattfinden" [42]. Im direkten Kontakt mit Kunde und Markt gibt es schnelle marktrelevante Rückmeldungen und daraus folgt schnelle und effektive Adaption.

Diese höhere Handlungsschnelligkeit und bessere Adaptionsfähigkeit, also Agilität der Organisation, ist im komplexen Kontext Voraussetzung für nachhaltigen Erfolg [53]. Voraussetzung dafür sind flache Hierarchien, sodass Entscheidungen direkt im relevanten Funktionsbereich getroffen werden können. Das Prinzip der vertikalen, hierarchischen Verantwortungs- und Informationsverteilung wird abgelöst durch das Orchestrieren von differenzierenden Netzwerkstrukturen mit kleineren, agilen Projektgruppen (vgl. Abschn. 2.5). Diese agieren mit einem höheren Grad an Verantwortung und interagieren selbstorganisiert mit Netzwerkpartnern innerhalb und außerhalb der Organisation.

Kernaussagen

- „Klassische" Methoden des Managements führen im komplexen Kontext nicht zum Erfolg – Dynamik und Kompliziertheit erfordern spezifische Methoden und Herangehensweisen.
- Trotz Unsicherheiten im komplexen Kontext müssen Märkte und Entwicklungen früh mitgeprägt werden, der Erhalt von Handlungsfähigkeit ist wesentlich für den Erfolg im komplexen Umfeld.
- Die Unsicherheit verhindert „klassische" Chancen-Risiko-Abwägung; daher muss komplexer Raum „erforscht" (exploriert) werden mit dem Fokus auf Lernorientierung und Konvexität.
- Lernorientierung erfordert Dezentralisierung von Handlungs- und Entscheidungsverantwortung sowie die Befähigung, selbstorganisiert durch Handeln neues Wissen zu generieren.
- Das Management ändert sich dafür von besser informiertem und ausgebildetem Entscheiden hin zum Orchestrieren kollaborativer Entscheidungsfindung und Lernprozesse.

2.2 Mit dynamischen Fähigkeiten Wandlungsfähigkeit implementieren – Routinen statt Prozesse

Im vorangehenden Abschnitt wurde die Handlungsfähigkeit als wesentlicher, fähigkeitsbasierter Vorteil im komplexen Kontext dargestellt. Als Folge davon entsteht für die Organisation die Herausforderung der *Wandlungsfähigkeit:* Selbstorganisation sowie dezentrales, eigenverantwortliches Handeln und Entscheiden können da an Grenzen stoßen, wo bestehende Prozesse und verfügbare Ressourcen nicht ausreichen oder gegebenenfalls sogar behindern. Dem tayloristischen Prinzip der Arbeitsteilung und Effizienz folgend, sind Organisationen jedoch typischerweise durch rigide Prozesse und Regeln charakterisiert. Das führt häufig zu einer gewissen Trägheit gegenüber Neuerungen, die aber notwendig sind, um die agile Adaption im komplexen Kontext zu leisten.

Ein wesentlicher Aspekt dieser Wandlungsfähigkeit wird beschrieben durch die *Re-Konfiguration von Ressourcennetzwerken* in der Organisation. Dabei stellen wir uns die Organisation modellhaft als ein Netzwerk von Ressourcen vor[17], wobei die „Kanten" des Netzwerks koordinative Mechanismen (z. B. Prozesse, Führung) und die „Knoten" des Netzwerks verfügbare Ressourcen (z. B. Technologie, Mitarbeiter, Maschinen, Lieferanten) darstellen. Über die Verknüpfung der Ressourcen durch die koordinativen Mechanismen erfolgt der Output der Organisation im Sinne von Produkten, Services, Innovationen etc. Die Wandlungsfähigkeit der Organisation führt daher in die koordinative Herausforderung, das Zusammenwirken bzw. die Vernetzung dieser Ressourcen in Reaktion auf – oder besser: Antizipation von – Marktentwicklungen weiterzuentwickeln bzw. zu verändern.

Dafür sind *dynamische Fähigkeiten*[18] erforderlich, die es der Organisation ermöglichen, selbstorganisiert und (teil-)autonom das Zusammenwirken von Ressourcen innerhalb der Organisation neu zu strukturieren und die dafür notwendigen Netzwerke und Verbindungen neu zu entwickeln. Dabei wird zum einen betrachtet, welche Ressourcen einer Organisation zur Verfügung stehen (Veränderung bzw. Erweiterung der Ressourcenbasis) und zum anderen fokussiert auf die Art und Weise, wie diese Ressourcen miteinander vernetzt sind, also zusammenwirken, um Marktangebote zu schaffen. Dafür unterstützend gilt es, jedem Individuum im eigenen Einflussbereich Möglichkeiten bereitzustellen, die notwendige bzw. unterstützende individuelle Veränderung zu antizipieren, zu initiieren und damit auch auf dieser Ebene aktiv zu gestalten. Diese dynamischen Fähigkeiten materialisieren sich in Routinen, wiederkehrenden, stabilen Verhaltensmustern einer Gruppe von Menschen[19]. Grundsätzlich werden drei Typen solcher Routinen unterschieden:

- Routinen zur **Ressourcen-Integration**
  (z. B. Neu-Produktentwicklung, strategische Entscheidungsfindung, Reflexionsroutinen)
- Routinen zur **Ressourcen-Neukonfiguration**
  (z. B. Allokation von Ressourcen, Transfer von Wissen, Koordination der Zusammenarbeit)

---

[17]Def. Ressourcen: Sind sowohl firmenintern als auch -extern (z. B. über Partner) zur Leistungserbringung. Ressourcen können tangible (z. B. Patente, Fertigungsanlagen) oder intangible (z. B. das Unternehmensimage) sein, sowohl Maschinen und Gebäude als auch Menschen (z. B. Know-how und Erfahrungen der Mitarbeiter und Führungskräfte) sowie finanzielle Mittel (z. B. Liquidität, Ausstattung mit Fremd- und Eigenkapital) umfassen.

[18]Der Begriff der *dynamischen Fähigkeit(en)* wird hier und nachfolgend genutzt im Sinne des konzeptionellen Rahmens der *dynamic capabilities,* vgl. [62].

[19]Mitunter werden Routinen auch beschrieben als *ergebnisoffene Prozesse,* was insofern richtig ist, dass Routinen ergebnisoffene Koordinationsmechanismen sind, gleichzeitig möglicherweise auch irreführend, weil es sich eben um *Verhaltensmuster* und eben nicht um *Prozesse* im Sinne zeitlicher Sequenzen handelt (beispielsweise in der Scrum Methode „Daily Scrum", vgl. Abschn. 3.3.1).

- Routinen zur **Akquise/Abstoßung von Ressourcen**
  (z. B. strategisches Kompetenzmanagement, Entwickeln neuen Wissens, Zugang durch Allianzen)

Beispiel – Routinen statt Prozesse

Im Rahmen eines strategischen Veränderungsprojekts hatte der CEO die begründete Vermutung, dass die nächste Führungsschicht die von seiner Seite bereitgestellten Informationen nur partiell gefiltert, an ihre Mitarbeiter weitergab. Er sah darin Widerstände der Führungsebene und suchte nach Möglichkeiten, diese Informationsblockade zu überwinden, den Mitarbeitern (an ihren Führungskräften vorbei) mehr Information zur Verfügung zu stellen, um damit „von unten" die notwendige Veränderung zu unterstützen.

Hilfreich war hier, mehr über Routinen statt über Prozesse zu führen, denn ein neuer Prozess in der Kommunikationskaskade hätte evtl. die Blockade der Führungspersonen offengelegt, ggf. Gesichtsverlust ausgelöst und damit möglicherweise noch größere Widerstände verursacht. Stattdessen vereinbarten wir mit dem CEO eine Routine, ein stabiles Verhaltensmuster. Dieses Muster sah vor, dass er fortan immer an einem bestimmten Tag der Woche in etwa zur gleichen Uhrzeit in die Kaffeeküche ging, um sich dort einen Kaffee zu holen. Die vermutete Wirkung war, dass diese Routine beobachtet werden würde und dazu führte, dass ein Mitarbeiter „zufällig" die gleiche Zeit für den Kaffeekonsum wählte und die Gelegenheit für eine Frage nutzte – der CEO sollte auf jede Art der Frage sehr interessiert und nachfragend reagieren.

Und es dauerte nur wenige Wochen, bis sich so tatsächlich eine informelle Informationsdrehscheibe gebildet hatte, über die der CEO nun informell seine Information direkt an die Mitarbeiter weitergeben konnte – ohne dabei seine Führungskräfte zu brüskieren. Die gaben bald die nun zunehmend sinnlos gewordene Filterung von Information auf. Netflix CEO Hastings hat ähnliche Routinen implementiert, um seine Firma agil zu halten: Jeden Morgen beginnt er seine Arbeit in der Kantine, ein eigenes Büro hat er nicht. Von dort wandert er, gesteuert von Terminen und Gesprächen, jeden Tag auf einem anderen Weg durch seine Firma, sodass sich jeden Tag neue Begegnungen und Gelegenheiten zum Gespräch ergeben[20].

Vor diesem Hintergrund ist es zunächst wichtig, den Begriff der *strategischen Ressource* genauer zu verstehen, um anschließend darauf einzugehen, welche Routinen eine Veränderung, d. h. Re-Konfiguration von Ressourcennetzwerken (Anpassung der Ressourcenbasis und/oder Anpassung deren Vernetzung) im Sinne der vorher ausgeführten strategischen Reaktionsfähigkeit ermöglichen.

Die ressourcenorientierte Betrachtungsweise hat sich in den späten 80er-Jahren als dominantes Paradigma in der Managementforschung durchgesetzt. Die eher markt- und

[20] Z. B. Fichter, A. (2014) Netflix: Da! Schau! Her!, DIE ZEIT, 13.11.2014.

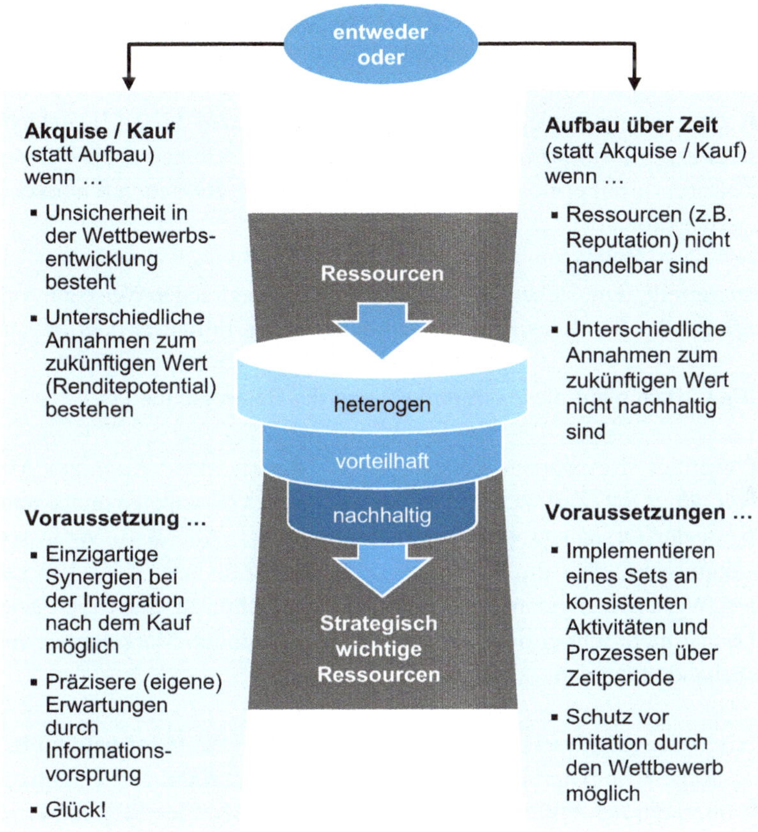

Abb. 2.4 Aufbau strategisch wichtiger Ressourcen

stabilitätsorientierten Managementtheorien (vgl. M. E. Porter *„Competitive Strategy"*, Free Press) werden in dem Sinne ergänzt, dass iterativer Kompetenzaufbau Ressourcen bereitstellt (vgl. Abb. 2.4), die in neuer Zusammenstellung innovationsbasiertes Wachstum ermöglichen. Der Schlüssel für Wettbewerbsvorteile liegt demnach weder in aktuell zur Verfügung stehenden Ressourcen oder deren aktueller Vernetzung, d. h. deren *Konfiguration* – sondern vielmehr in der Fähigkeit, genau diese Konfiguration zu ändern, also in der *Re-Konfiguration* der Ressourcen, der dynamischen Anpassung des Zusammenwirkens und der Vernetzung von verfügbaren Ressourcen. Aufbauend auf der Strategic-Fit-Theorie wird diese Fähigkeit als strategische Reaktionsfähigkeit[21] (*„strategic*

[21]Organisationale Fähigkeit Unternehmensstrategien und -strukturen fortwährend miteinander und in Reaktion beziehungsweise Antizipation auf volatile Marktbedingungen zu adjustieren. Die Resultate dieser Fähigkeit sind innovative Technologien, Anpassungsprozesse, Kategorienneubildung, Serviceausrichtung oder Geschäftsmodellanpassung, die die Spielregeln im Markt verändern.

responsiveness", [1]) bezeichnet. Wettbewerbsvorteile durch Re-Konfiguration von Ressourcennetzwerken materialisieren sich beispielsweise durch neu entwickelte Kompetenzen oder Innovationen am Markt.

Der dem zugrunde liegende, sogenannte *Ressource-based View* [7], unterstellt, dass der (exklusive) Zugriff auf *strategisch wichtige Ressourcen* einen nachhaltigen strategischen Wettbewerbsvorteil ermöglicht. Strategisch wichtige Ressourcen müssen dazu folgende Kriterien erfüllen [7], …

1. ***heterogen*** verteilt, d. h. stehen Wettbewerbern nicht in gleicher Weise zur Verfügung
2. ***vorteilhaft*** aus der Sicht des Kunden, ermöglichen ein billigeres oder besseres Angebot [44]
3. ***nachhaltig*** in Bezug auf diesen Vorteil (2) und die Heterogenität (1).

Strategisch wichtige Ressourcen können durch *Akquise oder Kauf* am Markt oder durch *Aufbau über die Zeit* (z. B. durch strategisches Kompetenzmanagement, vgl. Abschn. 6.6) in der Organisation aufgebaut werden (vgl. Abb. 2.4). Voraussetzung für Kauf oder Akquise ist, dass die Ressource (z. B. Rohstoffe oder Zwischenerzeugnisse, Technologien, Wissen, …) gehandelt wird, also auch technisch tatsächlich gekauft werden kann. Das ist nicht immer der Fall, beispielsweise können Marken, aber nicht deren Reputation gehandelt werden.

Strategische Ressource „Marke" – nicht zwangsläufig mit Reputation verknüpft

Der chinesische Computerhersteller Lenovo hat Ende 2004 den Computer-Bereich von IBM übernommen inkl. dem Recht, die Marke „IBM" für PCs und Laptops weiter nutzen zu können. Nach dem Verkauf stellte IBM jedoch durch intensive Kommunikation sicher, dass in das Bewusstsein der Öffentlichkeit breit einzog, dass zwar das Logo „IBM" auf den Computern gezeigt wird – dahinter aber nicht die Reputation von IBM, sondern die eines chinesischen Herstellers, eben Lenovo steht. Daher sah Lenovo schon ein Jahr später davon ab, die Marke „IBM" weiter zu nutzen – obwohl das Recht bestand[22].

Weitere Voraussetzung für den Kauf strategischer Ressourcen ist, dass bei potenziellen Käufern, ergo: Wettbewerbern, unterschiedliche Bewertungen in Bezug auf den Wert der entsprechenden Ressource vorliegen.[23] Ist das nicht der Fall, wird die Ressource zu effizienten Preisen gehandelt – kann der Kauf also keinen strategischen Vorteil bieten, weil der Preis den strategischen Wert schon berücksichtigt. Solche *asymmetrischen Bewertungen* können nur a) durch einen Informationssprung oder b) durch die Möglichkeit entstehen, durch die Einbindung der entsprechenden Ressource in das eigene

[22]Rifkin, G., Smith, J, (2006) Lenovo makes break with the IBM brand, New York Times, 10.04.2006.

[23]Diese Voraussetzung bedeutet, dass der entsprechende Faktormarkt ineffizient ist.

Wertschöpfungssystem oder in die eigene Produkt- und Service-Architektur Mehrwert zu schaffen, der etwaigen Wettbewerben nicht zugänglich ist.

Strategische Ressource durch Kauf/Akquise – „privilegierter Zugang zu Rohstoffen"[24]

Ferrero ist bekannt für Süßwaren, die größtenteils Schokolade und Nuss verarbeiten. Haselnüsse sind hier für die Qualität und Kosten wesentlich (Ersatz durch z. B. Mandeln ist nicht möglich). Im Schnitt stehen Haselnüsse für etwa 13 % der Produktkosten und sind damit kostentreibender als der Kakao. Als Naturprodukt unterliegt die Verfügbarkeit von Haselnüssen Schwankungen. In 2014 ging die Produktion um 20 % zurück, was in einem Preisanstieg von 75 % resultierte (von ca. 2300 EUR auf ca. 3900 EUR pro Tonne). Daraufhin hat Ferrero Mitte 2014 den größten Lieferanten von Haselnüssen, die türkische Oltan-Gruppe, akquiriert. Mit diesem bevorzugten Zugang zu Rohstoffen hat Ferrero nicht nur den eigenen Bedarf gesichert, sondern sich auch einen strategischen Hebel auf Konkurrenten (Mondelez, Nestlé etc.) verschafft.

Strategische Ressource durch Integration in die eigene Produktarchitektur

Apple hat häufiger Technologien eingekauft, für die sonst niemand Verwendung zu haben schien, und darauf aufbauend innovative Produkte in den Markt gebracht. Beispielsweise drängte Jobs seit 2000 darauf, einen besseren MP3-Player zu entwickeln. Eine entsprechende Produktarchitektur lag vor, jedoch sah Technik-Chef Rubinstein keine verfügbare Technologie für einen ausreichend großen und günstigen digitalen Speicher – bis ihm Toshiba eine 1,8"-Festplatte zeigte, die keinerlei Absatz fand.[25] Denn für Kameras war die Festplatte zu groß (Standardgröße: 1"), für Laptops war die Speicherkapazität zu gering (nur 5 GB). In Apples Produktarchitektur des iPod wurde diese Festplatte jedoch zur wertvollen Kerntechnologie, die ein völlig neues Leistungsversprechen ermöglichte: „A thousand songs in your pocket".

Während im Beispiel der Haselnüsse die strategische Wirkung klar und wahrscheinlich auch nachhaltig ist, ist in den meisten, insbesondere technisch orientierten Industrien eine solche vergleichsweise einfache Operation zur Sicherung eines strategischen Vorteils kaum denkbar. Zu schnell ändern sich technische Rahmenbedingungen (vgl. Abschn. 1.3) oder Kundenpräferenzen (vgl. Abschn. 1.1). Im Beispiel von Apple ist die Festplatte natürlich längst durch andere Speicherbausteine ausgetauscht, der exklusive Liefervertrag mit Toshiba entsprechend wertlos geworden.

[24]U. a. Terazono, E (2014). High hazelnut prices torment confectioners. *Financial Times,* 13.08.2014 oder Wong, V. (2014). Nutella Hogs Hazelnuts to Meet the World's Insatiable Craving for Chocolaty Goodness. *Bloomberg,* 15.08.2014.

[25]Toshiba stimmte einem 3-Jahres-Exklusivvertrag zu – keine schwere Entscheidung, es gab sonst keinen Abnehmer [30, S. 504 ff.]. Gleiches wiederholte Apple mit dem Gorilla-Glas von Corning [30, S. 615 ff.].

Daher ist es gerade in dem hier thematisierten komplexen Kontext wesentlich, nicht nur einmalig, d. h. durch eine einzelne Transaktion (z. B. 1,8"-Festplatte Exklusivvertrag) solche Vorteile zu schaffen, sondern dauerhaft, durch geeignete *Routinen,* einen solchen Informationsvorsprung zu generieren. Das ist herausfordernd, insbesondere vor dem Hintergrund, dass die Regulierung von Märkten häufig darauf gerichtet ist, genau solche Informationsvorsprünge zu verhindern oder zumindest zu erschweren (z. B. Kapitalmärkte), und alle Wettbewerber vernünftigerweise nach ähnlichen Informationsvorsprüngen streben.

Daher gilt es, von einer eher statischen Betrachtung (Fokus: stabile Ressourcenbasis) überzugehen in eine eher dynamische Betrachtung, die die geeignete Adaption und Re-Konfiguration der eigenen Ressourcennetzwerke beispielsweise durch Erweiterung der Ressourcenbasis in den Fokus stellt. Dafür müssen kontinuierlich, immer wieder aufs Neue solche „verborgenen Schätze" wie die 1,8"-Festplatte „gefunden" werden – denn die „Schätze", die man in der Vergangenheit gefunden hat, verlieren entweder an Wert (z. B. durch technischen Fortschritt) oder werden in ähnlicher Weise für Konkurrenten zugänglich (z. B. durch Nachahmung). „Gezieltes" Suchen aber ist kaum möglich (deswegen sind diese „Schätze" ja verborgen …), stattdessen geht es darum, gezielt Gelegenheiten oder Chancen zu eröffnen, die ein eher zufälliges Finden unterstützen bzw. ermöglichen [2].

Beispiel Interaktionsroutine – Laufwege sind nicht nur im Fußball wichtig

Für erfolgreiches Management im komplexen Kontext ist ein verändertes Rollenverständnis im Management erforderlich (vgl. dazu auch ausführlicher Abschn. 7.13), das mehr das Eröffnen von Chancen und Gelegenheiten in den Fokus nimmt. Isaacson [30, S. 317 ff.] führt dazu eine illustrierende Episode im Kontext der kalifornischen Computeranimations-Pioniere von Pixar aus: Nachdem er Apple Mitte der 80er verließ, finanzierte Steve Jobs das Management-Buy-out der Lucasfilm Computer Division und wurde Chairman der daraus entstehenden Pixar. Er prägte in dieser Rolle u. a. Entwurf und Bau des Pixar Headquarters, weil er es als wesentlich ansah, das Pixar-Gebäude so zu entwerfen, dass ungeplante Begegnungen und Kooperationen gefördert werden.[26] Um das zu erreichen, optimierte der Chairman und Mehrheitseigentümer die Laufwege der Mitarbeiter zum Bad.

Dazu sollte das Gebäude so entworfen werden [30, S. 563 ff.], dass die Mitarbeiter dazu verleitet, ja nachgerade genötigt werden, ihre Büros zu verlassen und sich stattdessen im offenen Atrium aufzuhalten, um so – „zufällig" – andere Mitarbeiter zu

[26]„Creativity comes from spontaneous meetings, from random discussions. […] If a building doesn't encourage that, you'll lose a lot of innovation and the magic that's sparked by serendipity. […] So we designed the building to make people get out of their offices and mingle in the central atrium with people they might not otherwise see" [30, S. 563 ff.]

treffen, die sie sonst nie treffen würden. Dabei ging er in der ursprünglichen Planung so weit, nur zwei Bäder, jeweils eines je Geschlecht, vorzusehen, die nur über das Atrium erreichbar wären. Hier wurde erst nach langen Diskussionen ein etwas „aufgeweichter" Kompromiss gefunden … statt zehn Minuten Fußweg zum Bad wurde je Etage auf den beiden gegenüberliegenden Seiten ein Bad installiert.

Im Kontext von Innovation und Veränderung können Kategorien von Routinen unterschieden werden, die die dafür notwendige Adaption der Ressourcenbasis unterstützen:

1. **Interaktionsroutinen:** Diese Kategorie bezieht sich auf Routinen, die im weitesten Sinne alltägliche Austauschprozesse zwischen Organisationsmitgliedern koordinieren (vgl. das vorher ausgeführte „Laufwege"-Beispiel).
2. **Suchroutinen:** Akquisition von Wissen und weiteren Ressourcen aus unternehmensexternen Quellen ist eine der zentralen Aktivitäten zur Unterstützung von Innovation und Veränderung, weil auf diese Weise die bestehende Ressourcenbasis erweitert werden kann und Potenziale für neuartige Ressourcenverknüpfungen entstehen (vgl. das vorher ausgeführte 1,8"-Festplatten-Beispiel).
3. **Kombinationsroutinen:** Subsumiert Handlungsmuster, die im weitesten Sinne auf die Nutzung bzw. Re-Kombination von Ressourcen abzielen. Die Bedeutung leitet sich aus dem Verständnis von Innovationen als neuartige Re-Kombination intern und/oder extern verfügbarer Ressourcen ab (vgl. das nachfolgend ausgeführte Finger-Works-Beispiel).
4. **Diffusionsroutinen:** Zielen auf eine Verteilung von Informationen und Wissen in Organisationen ab. Angenommen wird, dass sowohl das Potenzial für die Generierung neuer Ideen als auch die Bereitschaft für Veränderung und Innovation steigen, wenn die Mitarbeiter guten Zugang zum verfügbaren Wissen haben (vgl. das eingangs ausgeführte Kaffeeküchen-Beispiel).

Ein Beispiel für die konkrete Umsetzung solcher *Suchroutinen* können spezialisierte Teams zum *„Innovationseinkauf"* sein. Auch können *regionale Forward Sourcing Teams* für besonders interessante regionale Märkte eingesetzt werden, die dort Technologieoptionen scannen. Beides zielt auf regelmäßige Tech-Talks mit (möglichen) Lieferanten, um dort schon dann über Technologien zu sprechen, wenn diese in der eigenen Branche noch keine Anwendung finden (können). Daher tummeln sich beispielsweise alle namhaften Autohersteller im Silicon Valley.[27]

---

[27]Postinett, A. (2016). VW, GM und Co. auf der CES: Auto-Dämmerung in Las Vegas. *Handelsblatt,* 06.01.2016.

Beispiel Suchroutine: Innovationseinkauf

Zu einer Zeit, als noch nicht alle Autohersteller im Silicon Valley präsent waren, hatte BMW dort (durch eine spezialisierte Einheit zum Innovationseinkauf) die Kerntechnologie für den zentralen Dreh-Drück-Schiebe-Controller des BMW iDrive Systems identifiziert. Für die taktile Rückmeldung des Controllers[28] nutzte BMW Algorithmen der Firma Immersion Corp. aus San José in Kalifornien – ein typischer Silicon-Valley-Technologielieferant, der seine Technologie normalerweise für Computerspiel-Controller („Joystick") lieferte. BMW erreichte hier einen Vorsprung, weil sowohl die Technologie als auch die Branche dieses Lieferanten außerhalb des Automotive-Bereiches waren.[29] Dazu gehörte die Fähigkeit der BMW-Organisation, einen Lieferanten in die Wertschöpfungskette zu integrieren, der dafür kaum Voraussetzungen (z. B. ISO-Zertifizierung) mitbrachte.

Die Wahrscheinlichkeit, solche „Schätze" zu finden, steigt dann, wenn Organisationen durch entsprechende *Kombinationsroutinen* befähigt werden, „Out of the Box" über technische (Teil-)Lösungen in Produkt- und Service-Architekturen nachzudenken. Interdisziplinäre, crossfunktionale Teams (vgl. ähnlich auch Abschn. 5.3.1), Einsatz von Methoden wie beispielsweise Design Thinking (vgl. Kap. 9) und institutionalisierte Experten-Teams zur Unterstützung kreativer Lösungsfindung und Einbindung von Lead Usern etc. (vgl. die Rollen „die Kreativen" Kap. 8) können hierfür konkrete Umsetzungen sein.

Das steigert das Potenzial, Lösungen in Bereichen zu finden, die typischerweise nicht im Lösungsraum der eigenen Branche und damit auch nicht in dem der Wettbewerber präsent sind. Der Landmaschinenhersteller CLAAS hat beispielsweise die großen Mähdrescher der LEXION Reihe als Erster der Branche mit einem Raupenfahrwerk ausgestattet. Die dafür verwendete Gummiraupe[30] wurde zusammen mit einem kanadischen Hersteller entwickelt, der im Hauptgeschäft Antriebsspezialist im Bereich von Schneemobilen ist. Solche Entwicklungen werden auch als *kombinatorische Innovation* beschrieben – die Verbindung von bestehenden Komponenten mit dem Ziel einer signifikant neuen Produktgestaltung.

Beispiel Kombinationsroutine: Kombinatorische Innovation

Technologien können bereits im Markt eingeführt sein – neu kombiniert in eine innovative Produktarchitektur jedoch völlig neue Werte erschließen. Ein Beispiel dafür ist die Firma FingerWorks aus Delaware, die Technologie für Multitouch-Gesten

[28]Der Controller, im November 2001 im BMW 745i eingeführt, simuliert rein softwarebasiert das taktile Gefühl von „Gassen" und „Rastern", in denen sich der Controller bewegt oder dreht.

[29]Z. B. Whitfield, K. (2002). Touch and Go. Automotive Design & Production, 01.06.2002.

[30]Diese reduziert den Bodendruck und notwendigen Bauraum gegenüber den sonst üblichen Rädern.

für große, multitouchfähige Touchpads entwickelt hatte. Damit war FingerWorks Zulieferer im IT-Bereich, größter Kunde war Microsoft. 2005 kaufte Apple Fingerworks inklusive aller Patente und nahm alle Produkte vom Markt. Die FingerWorks-Technologie wurde stattdessen Kernmerkmal aller Apple-Touch-Geräte, vom iPhone bis zum iPad. Microsoft hatte also Zugang zu dieser Technologie, nutzte aber statt Touch-Gesten eine stift-basierte Technologie für die eigenen Tablets.

Nachhaltige Vorteile durch den *Kauf von Ressourcen* (Abb. 2.4) setzen also die erfolgreiche Implementierung von *Suchroutinen* voraus, die Informationsvorsprünge ermöglichen, und/oder *Kombinationsroutinen,* die mit neuen Produkt- und Service-Architekturen regelmäßig kombinatorische Innovation ermöglichen. Solche Routinen aufzubauen, die nachhaltig einen Vorteil gegenüber dem Wettbewerb ermöglichen, erfordert kontinuierliche Investition in die dafür notwendigen Fähigkeiten und Mitarbeiter. Das entspricht im Mechanismus dem *Aufbau strategischer Ressourcen über die Zeit* (Abb. 2.4) durch kontinuierliche, konsistente Investition (z. B. in strategisches Kompetenzmanagement, vgl. [20]) bzw. kontinuierliche Wiederholung bestimmter Tätigkeiten.

Das Ergebnis ist der Aufbau eines konsistenten Sets an operativen Tätigkeiten zur Generierung von Spezialisierungs- und Know-how-Vorteilen. Diese Vorteile werden ermöglicht durch idiosynkratisch[31] co-spezialisierte Assets[32] und Fähigkeiten, die in ihrem Zusammenwirken Vorteile[33] gegenüber dem Wettbewerber ermöglichen. Neben der Fähigkeit, kontinuierlich immer wieder „verborgene Schätze" zu finden, können solche Vorteile beispielsweise auch in der Entwicklung spezialisierter Wertschöpfungsketten liegen, die im Vergleich zur Branche günstiger oder flexibler agieren.

Beispiel Kombinationsroutine: Spezialisierte Wertschöpfungskette

Zara hat über Jahre kontinuierlich in eine Wertschöpfungskette investiert, die die aktuellen Modetrends schneller in die Läden bringt als die Wettbewerber – Fast Fashion. Dazu wurde ein Design-Team aufgebaut, das sowohl aktuelle Modetrends auf den Laufstegen als auch Absatztrends in den eigenen Stores analysiert. Daraus entstehen pro Monat etwa 1000 Designentwürfe, deren Fertigung zunächst lokal bei Zaras mehr als 20 eigenen Fabrikationen in Spanien erfolgt. Hier wird mit moderner Technik (z. B. CAD-gestützter Stoffschnitt) gearbeitet, um schnell und flexibel erste

---

[31] Aus der Sprachwissenschaft: Die Bedeutung eines Wortes ist nicht aus der Bedeutung seiner Wortteile herzuleiten. Bedeutet hier, dass sich Art und Grund der spezifischen Anpassung, die sich als Co-Spezialisierung über die Zeit entwickelt hat, nicht aus dem Status quo ableiten lässt, also nicht durch Analyse, Reverse Engineering etc. „nachgebaut" werden kann.

[32] Als Beispiel solcher Co-Spezialisierung kann das Zusammenwirken der FingerWorks-Touch-Gesten mit der Oberfläche des Corning-Glases betrachtet werden – keine dieser Ressourcen würde für sich genommen ähnlich große Vorteile bieten wie die Kombination der beiden in den heute üblichen Touch-Interfaces.

[33] „A different set of activities to deliver a unique mix of value" [52].

(Test-)Serien mit kleinen Stückzahlen herzustellen. Stabilisiert sich der Absatz, wird die Serie global, beispielsweise in Asien, eingekauft. Aber auch dann hält Zara vom Material über den Zuschnitt bis zur Färbung große Teile der Fertigung weiter in der eigenen Hand. So kann zweimal in der Woche das Sortiment in über 2000 Verkaufsstellen weltweit auf Basis der jeweils lokalen Bedürfnisse und der Nachfrage angepasst und ausgetauscht werden.

In dieser Weise über die Zeit aufgebaute Fähigkeiten bieten einen Vorteil gegenüber dem Wettbewerb, weil sie nicht ohne weiteres kopiert oder imitiert werden können. Diesen Schutz vor Imitation kann man mit der Metapher einer Badewanne [15] illustrieren. Der Imitationsschutz ergibt sich aus den folgenden Mechanismen:

- **Überproportionale Kostenprogression** beim Versuch, **durch Beschleunigung** aufzuholen (z. B. bei der technischen Entwicklung, vgl. S-Kurve Abb. 1.2)
- **Höhere Wirkungsgrade,** die erst **durch kritische Masse** erreicht werden (z. B. Netzwerkeffekt bei sozialen Netzwerken wie Facebook etc.)
- Idiosynkratische **Kundenvorteile durch Komplementarität und Vernetzung** (z. B. Apple Systemarchitektur, die mehr Vorteile bietet, je mehr Geräte miteinander vernetzt sind)
- Unklarheit bei Beobachtung von außen, warum was wie zusammenwirkt **(kausale Mehrdeutigkeit)** (z. B. ist ein formales Organigramm von außen beobachtbar, sekundäre Netzwerkstruktur aber nicht)

Der Wasserstand der Badewanne (vgl. Abb. 2.5) entspricht dem strategischen Wert der Fähigkeiten. Der Wasserzulauf illustriert den kontinuierlichen Strom an Investitionen in den (weiteren) Aufbau bzw. die (Weiter-)Entwicklung. Der Vergleich zwischen den Niveaus zweier Badewannen entspricht dem Vergleich zweier Unternehmen. Dasjenige mit dem höheren Wasserniveau oder der weiter gefüllten Badewanne ist das entsprechend wettbewerbsfähigere. Die Badewanne in dieser Metapher ist jedoch nicht dicht, leckt also.[34] Diese Leckagen entstehen beispielsweise durch Mitarbeiter, die das Unternehmen verlassen und zur Konkurrenz wechseln, durch partielle Nachahmung der Konkurrenz oder auch durch technologische Änderungen bzw. Substitution im Markt.

Wie im vorhergehenden Kap. 1 ausgeführt, droht hier für viele Unternehmen die größte Gefahr vonseiten des Marktes: Sich volatil und dynamisch verändernde Kundenpräferenzen wie auch exponentieller technischer Fortschritt führen dazu, dass der Vorteil

[34]Daher stellt nur ein kontinuierlicher Zustrom an Investitionen die Nachhaltigkeit des Wettbewerbsvorteils sicher … stellt man Investitionen ab, schmilzt der Vorsprung relativ zum Wettbewerb über die Zeit ab.

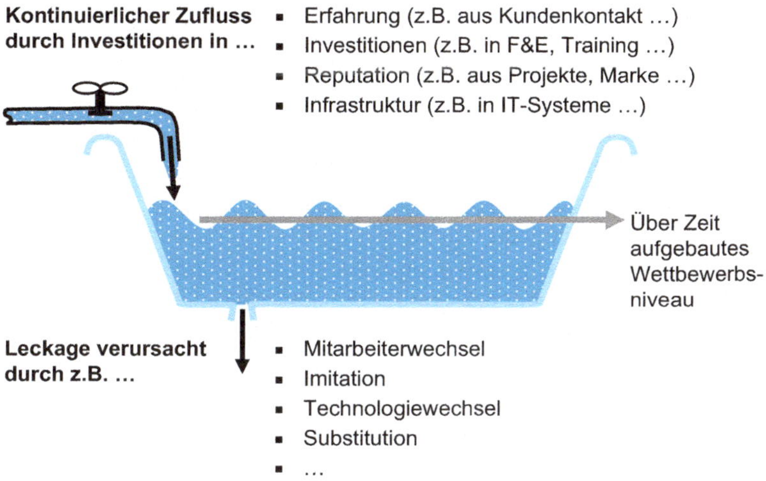

Abb. 2.5 Badewannen-Metapher [15]

von heute keineswegs ein Garant für den Erfolg von morgen ist. Im Gegenteil kann der Vorteil von heute die Wurzel des Niedergangs von morgen sein, wenn die Organisation nicht agil genug ist, sich von dem zu lösen, was den Erfolg in der Vergangenheit begründet hat.

Wie es John Kern, Senior VP Cisco Supply Chain Operations, ausdrückte: „Der Bereich, in dem Sie Ihrem Unternehmen wirklich ernsthaft schaden können, ist, wenn Sie versuchen, das Legacy-Modell zu schützen.“[35] Beispielsweise hatten in den Jahren vor der Veröffentlichung von iTunes und dem Start des iPod (2001) sowohl Nokia als auch Sony ähnliche Produkte in der Entwicklung. Beide Unternehmensführungen beschlossen jedoch, nicht mit diesen Entwicklungen fortzufahren. Es bestand jeweils die Befürchtung, das bestehende profitable Geschäft zu stören oder zu beschädigen [68].

Kodak war der Größte im analogen Film – was hilft das, wenn die Welt nur noch digital fotografiert?

Nokia war der Größte bei Mobiltelefonen – was hilft das, wenn die ganze Welt Smartphones kauft?

Yellow Cab war das größte Taxiunternehmen in San Francisco – was hilft das, wenn alle mit Uber fahren?

[35] „The area you can really do damage to your business is if you try and protect the legacy model“ [69, S. 12].

Erfolg der Vergangenheit als Wurzel des Misserfolgs von morgen [46]

Der Aufstieg Nokias zum weltweit führenden Hersteller für Mobiltelefone wird erklärt durch privilegierten Zugang zum (damals) führenden Mobiltelefonmarkt[36] (Skandinavien[37]), technologische Kompetenz und innovationsorientierte Unternehmenskultur.[38] Angesichts dessen stellt sich die Frage: wie konnte dieses Unternehmen seine ehemals führende Stellung verlieren? Die Antwort liegt in der fehlenden Anpassungs- und Wandlungsfähigkeit. Im Konsortium mit Ericsson, Motorola und Psion entwickelte Nokia auch das erste Smartphone-Betriebssystem (Symbian 1998). Auch im Smartphone-Markt war Nokia so schnell Marktführer und brachte 2002 schon eine grafische Benutzeroberfläche (S60) mit der Möglichkeit nutzerspezifischer Erweiterungen durch „Apps". Bei der Markteinführung des iPhones 2007 schien Nokia also gut gerüstet.

Aber Änderungen auf der Kundenseite (Präferenz für Touch-Bedienung) und technischer Fortschritt (iOS, Android) machten die Vorteile der Vergangenheit obsolet. Symbian kämpfte als Lösung der ersten Hälfte des Schachbretts (vgl. Abschn. 1.3) aussichtslos gegen Lösungen der zweiten Hälfte des Schachbretts. Dennoch hielt Nokia noch bis 2011 daran fest, schwenkte erst dann auf Windows Mobile und stellte erst 2013 die Entwicklung von Mobiltelefonen unter Symbian OS vollständig ein.

Wäre Nokia nicht schon so früh so erfolgreich mit Symbian gewesen, wäre der Wechsel auf eine andere Plattform möglicherweise leichter oder zumindest früher erfolgt. Samsung im Gegensatz sah sich 2007 mit leicht zurückgehenden Marktanteilen konfrontiert und war der erste große Hersteller, der schon ab Oktober 2008 auf Android setzte. Deutlich vor Apple konnte Samsung sich so als Marktführer bei Mobiltelefonen etablieren.

Die Implementierung dynamischer Fähigkeiten durch entsprechende Routinen zielt daher darauf ab, die Fähigkeit eines Unternehmens zu stärken, möglichst autonom und selbstorganisiert auf Veränderungen im Umfeld zu reagieren, oder besser, diese zu antizipieren. Dies ermöglicht es, die Anforderungen des dynamischen Innovations- und Zeitwettbewerbs (vgl. Kap. 1) weniger als Bedrohung, sondern vielmehr als Chance zu begreifen und nutzen zu können. Auf diese Weise hat der Mittelständler ARRI, Hersteller von Geräten zur Filmherstellung, die digitale Transformation im Kamerageschäft nicht nur überlebt, sondern im Markt selbst getrieben und erfolgreich gestaltet – von der

[36]Vorteile entstanden durch 1) Förderung von staatlicher Seite für den Mobilfunk (in dichter besiedelten Ländern wie z. B. Deutschland schien mobile Kommunikationsinfrastruktur nicht prioritär) und 2) frühzeitige Privatisierung des Telekommunikationssektors in Skandinavien [46].

[37]In den 80er Jahren hatte Siemens zwar eine ähnlich starke Technologieposition, verfügte jedoch im Heimatmarkt Deutschland nicht über eine ähnlich starke Förderung oder Telekommunikationscluster.

[38]Viele Ex-Mitarbeiter von Nokia haben nach ihrer Entlassung erfolgreich Start-ups gegründet, ein Effekt, der in der Entrepreneurship-Forschung dezidiert als „erzwungenes Unternehmertum" beschrieben wird, vgl. [67].

Markteinführung digitaler Kameras bis zum Produktionsende analoger Kameras blieben hier nur 24 Monate.

Dynamische Fähigkeiten mit crossfunktionalen Innovationsteams: Analog zu digital in 24 Monaten

Digitalisierung in der Fotografie haben wir persönlich erlebt, die Firma Kodak ist Geschichte. Die professionelle Filmherstellung (Kino, Werbung, ...) hat sich dem lange verschlossen, analoge Kameras schienen sich behaupten zu können.[39] Entsprechend hat der weltweit führende[40] mittelständische Hersteller von Geräten zur Filmherstellung Arnold & Richter Cine Technik, kurz ARRI AG, mit weltweit ca. 1200 Mitarbeitern 2009 noch analoge Kameras produziert – in dem Jahr, in dem James Cameron mit Avatar den erfolgreichsten Film aller Zeiten mit einem digitalen Kamerasystem produzierte.

Trotz dieses Menetekels und fortgeschrittener Digitalisierung in anderen Verarbeitungsschritten (z. B. digitaler Schnitt) fehlte im Markt der professionellen Filmherstellung ein breit akzeptiertes digitales Kamerasystem. Mit einem crossfunktionalen Innovationsteam (ausführlicher zur Rolle und Arbeitsweise von Innovationsteams Kap. 8) gelang es ARRI jedoch, genau dieses digitale Kamerasystem zu entwickeln und 2010 als ARRI ALEXA in den Markt zu bringen. Schon im ersten Jahr wurden 1500 Stück abgesetzt. Dieser Erfolg wird der leicht zu erlernenden Bedienung sowie der Qualität der digitalen Bilder[41] zugeschrieben, die, so ein Filmregisseur, *„genau den gleichen Bildeindruck erzeugen wie den, den ich von analogen Kameras gewohnt bin. Ich muss mich nicht groß umstellen"*.

Der Erfolg der ARRI ALEXA beruhte also ganz wesentlich darauf, die (zukünftigen) Kunden aktiv in den Entwicklungsprozess miteinzubeziehen, das Design der Prototypen iterativ auf Basis von deren Rückmeldungen zu ändern und dabei die bestehende Erfahrung, das bestehende Technologie-Know-how und die Kundenzugänge von ARRI zu nutzen. Wie es der Projektleiter im Interview ausdrückte: *„Wir haben verdammt viel Zeit in den Hinterzimmern von Hollywood verbracht."* Dies zeigt eine konkrete Umsetzung dynamischer Fähigkeiten durch die Re-Konfiguration bestehender Ressourcen von ARRI (Film-Know-how, Kundenzugänge, ...) und Erweiterung der Ressourcenbasis durch den von ARRI zwar spezifizierten, aber extern zugekauften Super-35-CMOS-Bayer-Sensor in ein digitales Kamerasystem.

Das hat den Markt fundamental verändert: Schon ein Jahr später ist der Anteil der analogen Kameras an der Filmherstellung auf unter 30 % gefallen.[42] Konsequenterweise

---

[39] Unter anderem aufgrund überlegener Farbdarstellung und dynamischen Bandbreite im Bild.

[40] ARRI hat 18-mal den Technik-„Oskar" gewinnen können.

[41] ARRI entwickelte dazu ein eigenes Datenformat ARRIRAW zur Aufzeichnung der digitalen Rohdaten.

[42] Bill Russell, ARRI, Vizepräsident Kamera-Produkte (Okt. 2011).

stellte ARRI die Produktion analoger Kameras 2011 vollständig ein – von analog auf digital in zwei Jahren.[43]

Als eine der wichtigsten Voraussetzungen für diese Art der agilen, strategischen Reaktion zeigt sich in unseren Projekten die Verteilung bzw. Bereitstellung von Informationen über Markt, Kunde und Wettbewerb. Im Rahmen unserer *Change Befragungen* stellen wir dazu häufig fest, dass wertvolle Informationen in der Organisation nicht ausreichend zur Verfügung stehen, beispielsweise Rückmeldungen an der Service-Hotline nicht zeitnah bei Produktion und Entwicklung landen, neueste Eindrücke von der Messe nicht zeitnah in der Organisation verteilt werden. Diese Diffusionsroutinen sind nach unserer Erfahrung eine ganz wesentliche Voraussetzung für agiles Handeln und Veränderung der Organisation. Gerade bei sehr erfolgreichen mittelständischen Unternehmen, den *Hidden Champions,* finden wir dazu häufig informelle Routinen (weniger Prozesse), die sich bei näherer Betrachtung als äußerst effektiv erweisen. Interessant dabei ist, dass diese Routinen häufig historisch gewachsen sind, also nicht nach langer Analyse als Teil einer strategischen Initiative implementiert wurden. Daher lohnt es sich häufig, in der Organisation nach solchen, möglicherweise im Ansatz schon vorhandenen Routinen zu suchen, um diese transparent zu machen und somit auch reflektieren und steuern zu können.

Diffusions- und Kombinationsroutine: Strategiefindung in der Sauna

Strategieentwicklung erfolgt meist über formalisierte Prozesse der strategischen Planung. In einem Projekt zur Entwicklung solcher Prozesse für den Mittelstand hatten wir Gelegenheit, ein mittelständisches, familiengeführtes Unternehmen in einer metallverarbeitenden Branche kennenzulernen. Obwohl mit einer Milliarde Euro Umsatz in seiner Branche zu den weltweit führenden gehörend, schien dieses Unternehmen über keinerlei Prozesse der strategischen Planung zu verfügen.

Der geschäftsführende Gesellschafter wollte daher wissen, wie es sein könne, dass sein Unternehmen keinen Prozess der strategischen Planung habe, aber seit mehr als hundert Jahren erfolgreich und profitabel wachse. Wie kann das sein? Die folgenden Interviews führten uns zu einer interessanten Einsicht:

Das Unternehmen hat seinen Sitz in einem Tal im Schwarzwald. Diese etwas abgeschiedene Lage führt dazu, dass große Teile der Mitarbeiter aus der lokalen Gemeinde kommen – und große Teile der lokalen Gemeinde Mitarbeiter dieser Firma sind. Entsprechend kennen sich Menschen in der Belegschaft seit langem, einige seit

[43]Das gesamte Eco-System der professionellen Filmproduktion und -verwertung profitiert von einer durchgehend digitalisierten Wertschöpfungskette, die die sonst notwendige analog-digital-analoge Wandlung (z. B. für Filmschnitt) vermeidet. Digitale Projektoren in den Kinos vermeiden zudem Logistikkosten für Transport und Lagerung von Filmkopien und erhöhen die Flexibilität im Programm sowie die Qualität der Projektion (vgl. Debra Kaufman, „Cinematography: Film Fading to Black", COW Library, http://library.creativecow.net/kaufman_debra/magazine_27-Film-Fade-to-Black).

Kindertagen. Im Speziellen konnten wir eine Gruppe von Mitarbeitern identifizieren, zu der u. a. vorgenannter Geschäftsführer, ein leitender Angestellter des Entwicklungsbereiches, ein Ingenieur aus dem Prototypenbereich und andere Mitarbeiter aus unterschiedlichen Bereichen und Hierarchiestufen gehörten. Diese kannten sich seit Kindertagen, waren befreundet und trafen sich jeweils mittwochs zum Saunieren. Und hier wurde die Strategie gemacht.

Im Vokabular der Managementliteratur traf sich wöchentlich eine crossfunktionale, hierarchieübergreifende Gruppe von Mitarbeitern in einem hierarchiefreien Raum und tauschte sich dabei über aktuell relevante Erlebnisse und Erfahrungen in der Firma aus, diskutierte Einschätzungen zu aktuellen Themenstellungen – eine perfektere Diffusionsroutine lässt sich schwerlich finden. Daher war auch kein formeller Strategieplanungsprozess notwendig, denn diese Routine gewährte strategische Reaktionsfähigkeit[44], wie wir anhand kritischer Ereignisse in der Firmenhistorie nachvollziehen konnten.

Für die Ausprägung dynamischer Fähigkeiten sind förderliche Rahmenbedingungen wichtig, die Faktoren wie Kultur, aber auch Organisationsstrukturen mit einschließen. Beispielsweise entstehen dynamische Fähigkeiten eher in projektartigen und/oder Netzwerk-Strukturen und weniger in hierarchischen Organisationen. Gleichzeitig kann jedoch in mehrschichtigen Organisationen eine formal u. U. notwendige Hierarchie von einer effizienten Sekundärorganisation überlagert werden, die typischerweise als Netzwerk (vgl. Beispiel crossfunktionale „Sauna-Gruppe“) oder Projektorganisation (vgl. Innovationsteam ARRI-Beispiel) ausgebildet ist. Entsprechend kann es zur Implementierung von dynamischen Fähigkeiten sinnvoll und hilfreich sein, informelle Netzwerke zu motivieren und zu unterstützen sowie Macht und Anerkennung eher in Projekten als in hierarchischen Positionen zu allokieren. Auf diese Rahmenbedingungen geht der nachfolgende Abschnitt ausführlicher ein.

Kernaussagen

- Das im komplexen Kontext notwendige dezentrale und eigenverantwortliche Entscheiden und Handeln kann an Grenzen bestehender Prozesse und verfügbarer Ressourcen stoßen.
- Die Fähigkeiten und Positionen von heute sind aber kein Erfolgsgarant für morgen – im Gegenteil, daher muss autonome Wandlungsfähigkeit in der Organisation nachhaltig gestärkt werden.
- Dynamische Fähigkeiten implementieren diese Wandlungsfähigkeit als ergebnisoffene Prozesse, die Netzwerke und Ressourcen selbstorganisiert und (teil-)autonom (weiter-)entwickeln.

---

[44]Diese Reflexion hat in der Folge auch zu einer Veränderung geführt: Ein großer Teil der betreffenden Personen war altersbedingt nahe daran in den Ruhestand zu gehen und die Organisation musste daher diese „Sauna-Strategierunde“ durch eine andere Art der Koordination bzw. Routine substituieren.

- Diese wiederkehrenden, stabilen Handlungsmuster – Routinen – ermöglichen Vorteile im komplexen Kontext durch Erweiterung und Re-Konfiguration bestehender Ressourcennetzwerke.
- Management-Fokus auf und kontinuierliche Investition in geeignete organisationale Routinen stärken die Fähigkeit, selbstorganisiert auf Veränderungen zu reagieren, besser: diese zu antizipieren.

2.3 Elemente des förderlichen Rahmens für eine wandlungs- und innovationsfähige Organisation

Die Umsetzung der in den vorhergehenden Abschnitten beschriebenen Handlungs- und Wandlungsfähigkeit bedarf eines förderlichen Rahmens. Fehlt dieser, stoßen Umsetzungsbemühungen auf Implementierungsbarrieren, die den Erfolg in der Umsetzung behindern oder gar verhindern können. Einige Punkte davon wurden vorher schon kurz angesprochen, beispielsweise die erhöhte Lernorientierung und Zusammenarbeit in (informellen) Netzwerken. Zusammenfassend finden wir wesentliche Elemente eines förderlichen Rahmens für Veränderungs- und Innovationsfähigkeit auf vier Ebenen:

- **Individuelle Bereitschaft und Fähigkeiten von Mitarbeitern und Führungskräften**
  Individuelle Veränderungs- und Innovationsbereitschaft und -fähigkeiten von Mitarbeitern (vgl. Kap. 6) kann man verstehen als den fruchtbaren Acker, auf den der Samen der Veränderungsinitiative oder innovativen Ideen fällt – dieser kann nur aufgehen, wenn entsprechendes Potenzial in der Organisation vorhanden ist. Entwickelt werden diese förderlichen individuellen Fähigkeiten über entsprechende Rollenprofile, die beschrieben und besetzt sind (vgl. Kap. 8), eine Personalentwicklung, die gezielt die individuellen Veränderungs- und Innovationskompetenzen der Mitarbeiter aufbaut (vgl. Abschn. 6.6) und ein integriertes Kompetenzmanagement, das die organisationale Kompetenzentwicklung auf die strategische Stoßrichtung hin ausrichtet (vgl. [20]). Auf dieser Basis sollten gezielt crossfunktionale, heterogen besetzte Teams mit differenzierten Rollen besetzt werden (vgl. Abschn. 8.5).
- **Führung und Kontext**
  Förderliche Führung (vgl. Kap. 7) erkennt, unterstützt und fördert gezielt Mitarbeiter, die Beiträge im Sinne der Veränderungsarbeit und Innovationsentwicklung leisten. Dazu gehört beispielsweise, Freiräume bereitzustellen, gezieltes Experimentieren und „Smart Mistakes" zu fördern (vgl. Abschn. 2.1) und fach-, abteilungs- und hierarchieübergreifende Austauschroutinen (Diffusions- und Kombinationsroutine, vgl. Abschn. 2.2) zu implementieren. Dabei müssen Mitarbeitern und Führungskräften Inhalt und Stoßrichtung der Strategie klar verständlich sein. Für Führungskräfte gilt es, kontextbezogen (Effizienz oder Innovation) den Führungsstil anzupassen (Herausforderung Ambidextrie, vgl. Abschn. 2.4). Weiter sind sie dafür verantwortlich, Kontextfaktoren wie Anreiz- und Zielsysteme, Arbeitsplatzgestaltung, Kollaborationstechnologien

und Wissens- sowie Lernumgebungen unterstützend zu gestalten und zur Verfügung zu stellen.

- **Gestaltung der Organisation**
  Hier steht für einen förderlichen Rahmen, dem Prinzip der dynamischen Fähigkeiten folgend, die Agilität, d. h. die strategische Reaktionsfähigkeit im Vordergrund. Organisatorische Abläufe, Zusammenarbeit und Routinen sind darauf auszurichten, dass das Pivoting (strukturierte Kurskorrekturen, vgl. Abschn. 1.4) schnell und autonom erfolgen kann, ohne zunächst Widerstände überwinden zu müssen. Das dafür notwendige Wissen muss aktiv und zeitnah verteilt werden und für jeden leicht zugänglich zur Verfügung stehen (Diffusionsroutinen, vgl. Abschn. 2.2). Die handelnden Personen müssen ausreichend Handlungsspielraum und Entscheidungsfreiheit haben, ohne erst entlang der Hierarchie nach Unterstützung und Konsens suchen zu müssen.
- **Ausgeprägte Wertekultur**
  Ein bereichsübergreifend geteiltes Verständnis zur Organisationskultur – d. h. allgemein akzeptierte Verhaltenserwartungen (Normen), Werte und Paradigmen – reduziert Konflikte und Spannungen und fördert so Veränderungsbereitschaft [28]. Empirisch kann gezeigt werden, je stärker[45] die Kultur, je erfolgreicher ist das Unternehmen (vgl. beispielsweise [65] oder [61]). Ein gemeinsamer Kulturkern sollte dabei sowohl effizienzorientierte Unternehmensbereiche (z. B. Produktion) und innovationsorientierte Bereiche (z. B. Entwicklung) umfassen und dort jeweils kontextbezogen differenziert ausgeprägt werden.

Zur Diagnose und Standortbestimmung, bezogen auf diese vier Ebenen eines förderlichen Rahmens für eine wandlungs- und innovationsfähige Organisation, dienen sogenannte **Change-Befragung** – ein innovativer Typ von Mitarbeiterbefragungen. Sie liefern ein differenziertes Feedback zur Diagnose von Veränderungs- bzw. Innovationsblockaden und -fähigkeiten. Es zeigt sich in unserer Arbeit mit Unternehmen immer wieder, dass Ineffizienzen und Blockaden in der Veränderungsarbeit aufkommen können, wenn beispielsweise das Top-Management oder die Personal- und Organisationsentwicklung nur gefilterte Informationen erhalten und somit die „Knackpunkte", die zu diesen Blockaden führen, nicht klar erkennen und bearbeiten können.

Anonymisierte Befragungen der Mitarbeiter können hier ein umfassenderes und realistischeres Bild über die Themen geben, die die Veränderungs- und Innovationsfähigkeiten der Organisation begrenzen oder fördern könnten. Eine solche differenzierte Standortbestimmung liefert eine gute Basis für die Entwicklung gezielter Maßnahmen und ein effektives Veränderungsvorgehen. Die Wiederholung der Change Befragung nach einer gewissen Zeit bietet zudem Transparenz, um die Wirkung von Maßnahmen

[45]„Stärker" bedeutet hier das Maß, in dem die Werte, Normen und Glaubenssätze von (möglichst) allen Mitarbeitern auf (möglichst) die gleiche Art und Weise, d. h. mit derselben Interpretation, geteilt wird.

zu evaluieren und weiter feinzusteuern. Die Verankerung solcher Feedback-Routinen im Unternehmen ist eine konkrete Implementierung von Reflexionsroutinen, wie sie für die Umsetzung von dynamischen Fähigkeiten in der Organisation erforderlich sind (vgl. Abschn. 2.2). Damit wird die Veränderungsintelligenz auf organisationaler Ebene gestärkt. Abb. 2.6 und 2.7 zeigen ein Praxisbeispiel für eine solche Change Befragung.

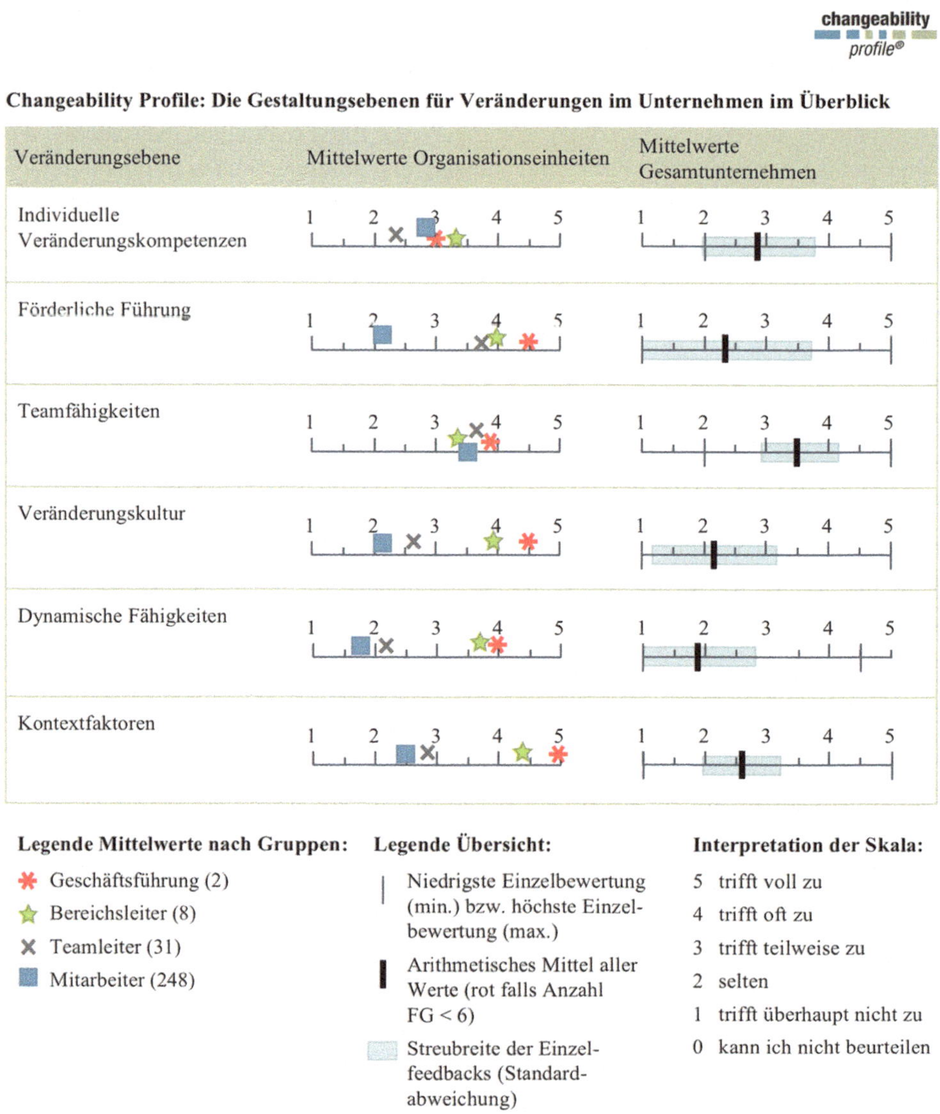

Abb. 2.6 Übersicht Changeability Profile (Auszug)

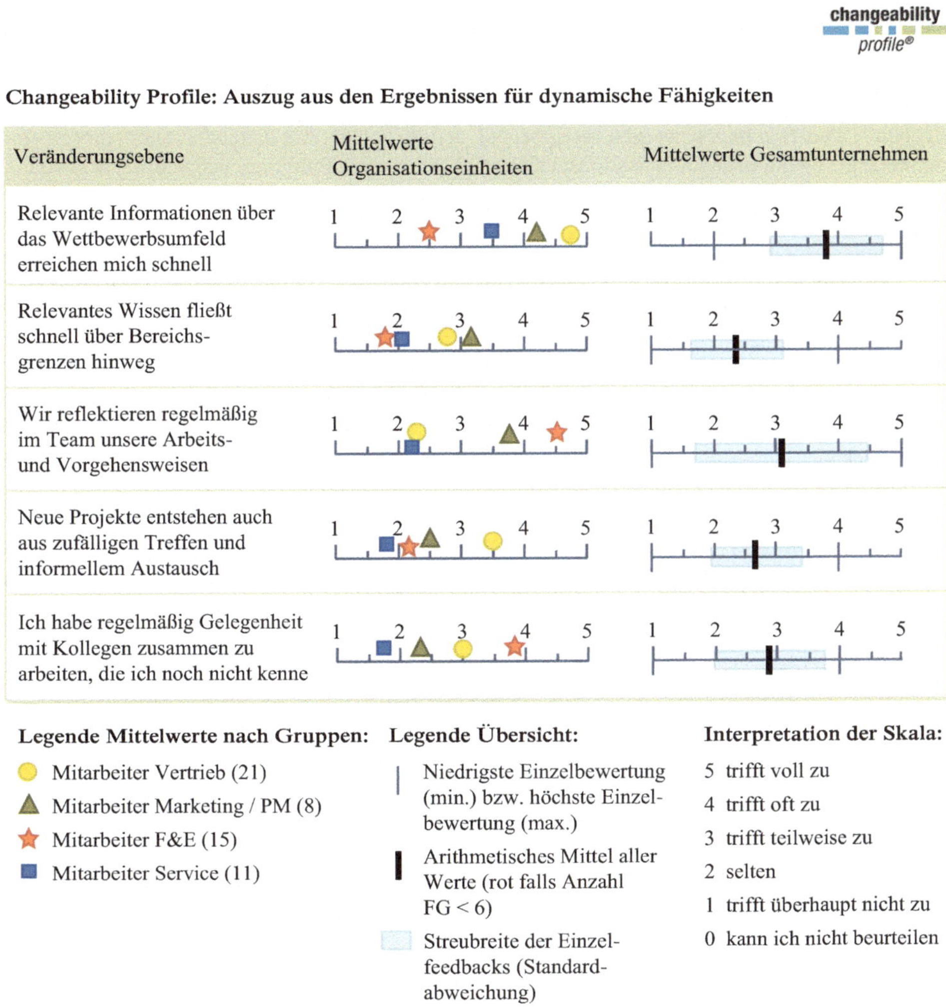

Abb. 2.7 Blockaden zu dynamischen Fähigkeiten (Auszug)

Praxisbeispiel: Diagnose von Wandlungs- und Innovationsfähigkeiten und -blockaden im Changeability Profile

Ein mittelständisches Unternehmen stellte ein Jahr, nachdem das Top-Management den Startschuss zur digitalen Transformation gegeben hatte, fest, dass sich immer noch nicht viel geändert hatte, sondern vielmehr die allermeisten Mitarbeiter und Führungskräfte weiter den bisherigen Alltagstätigkeiten folgten. Eine Change Befragung sollte die Veränderungs- und Innovationsblockaden identifizieren, um auf dieser Basis gezielte Maßnahmen zu deren Überwindung abzuleiten.

Um den Spagat zwischen Anspruch auf Validität der Befragung auf der einen und einer maßgeschneiderten, effizienten Fragebogenentwicklung auf der anderen Seite zu leisten, wurde eine individuell zugeschnittene Auswahl an Frage-Items aus unserer Online-Bibliothek[46] auf Basis repräsentativer Interviews im Unternehmen getroffen. In der daraus generierten Online-Befragung wurden dann alle Mitarbeiter und Führungskräfte im Unternehmen eingeladen, auf einer normierten 5er Skala ihre Rückmeldung zu den potenziellen Veränderungs- und Innovationsblockaden zu geben.[47] Die Ergebnisse wurden bezogen auf den einzelnen Antwortenden anonymisiert und anschließend sowohl nach Organisationseinheiten als auch nach Führungsebenen differenziert ausgewertet, um gezielte Interventionen ableiten zu können.

Abb. 2.6 zeigt einen Ausschnitt aus dem Ergebnisreport des *Changeability Profile* dieses Projektbeispiels zu den wesentlichen Blockaden im Unternehmen[48]. Die Differenzierung der Ergebnisse nach Hierarchie-Ebene verdeutlicht das hier in dem Fall konkret, aber in der Praxis auch ansonsten häufig zu findende Phänomen, dass erst die Befragung der Mitarbeiterebene die kritischen Themen transparent macht.

In einer Auswertungsebene tiefer zeigt das *Changeability Profile* die Blockaden im Detail (vgl. Abb. 2.7). Die differenzierte Auswertung nach Organisationseinheiten ermöglicht hierbei gezielte und effiziente Organisationsentwicklung. Bei diesem Praxisbeispiel wurden unter anderen folgende Blockaden durch die Befragung sichtbar, die anschließend ganz gezielt bearbeitet wurden (Auszug)[49]:

- Die Kollegen in F&E wurden nicht ausreichend über aktuelle Entwicklungen im Markt informiert und neigten daher zu einer eher technologie- als kundengetriebenen Entwicklung. Der fehlende informelle Austausch führte darüber hinaus dazu, dass Erfahrungen und Erlebnisse des Vertriebs im Kundenkontakt für Entwickler nicht zugänglich waren.
- Stark ausgeprägte Bereichsegoismen führten zu starken Organisationsbarrieren. Die Maxime „Informationen und Wissen sind Macht“ behinderte den für die angestrebte Innovation notwendigen Austausch über Organisationseinheiten hinweg.
- Wegen fehlender Reflexionsschleifen arbeitete man in Vertrieb und Service immer noch mit den bisherigen Methoden, obwohl die notwendige digitale Transformation andere erfordert hätte.
- Die seltene crossfunktionale Zusammenarbeit war eine Ursache, weshalb man eher inkrementelle Veränderungen als radikalere Innovationen hervorgebracht hat.

Der Ebene der **individuellen** (Veränderungs-)**Bereitschaft und -Fähigkeiten von Mitarbeitern und Führungskräften** ist aufgrund seiner grundlegenden Bedeutung später ein eigenes Kapitel gewidmet (Kap. 6). Ähnlich erfolgt eine ausführlichere Betrachtung der Ebene von **Führung und Kontext** in einem weiteren Kapitel (vgl. Kap. 7). Zur Ebene der **Gestaltung der Organisation** werden in weiteren Kapiteln ausführliche Gestaltungshilfen für verschiedene Formen der Umsetzung in der eigenen Organisation aufgezeigt („Eingebettete Unternehmehrteams“ in Kap. 8 und „Agiles Projektmanagement“ in Kap. 3).

---

[46]Ein online verfügbarer Katalog aus Frage-Items aus referierten wissenschaftlichen Untersuchungen ergänzt um Erkenntnisse aus eigenen Forschungsergebnissen zu Veränderungs- und Innovationsblockaden und -fähigkeiten.

[47]Für die Beantwortung und Auswertung gilt hier: Je weiter die Antworten in Richtung 1 liegen, desto eher bestehen Blockaden, je weiter die Antworten in Richtung 5 liegen, desto eher bestehen förderliche Rahmenbedingungen.

[48]Die Abbildung zeigt die oberste Aggregationsebene des Reports.

[49]Diese Beispiele sind nach unserer Erfahrung in der Unternehmenspraxis häufig zu beobachten.

Hier nachfolgend werden nun Themenstellungen zur Gestaltung förderlicher Kontextfaktoren detaillierter ausgeleuchtet. Hier gilt, dass der Charakter der Organisationsgestaltung sowohl auf der Ebene der Werte und Normen (ergo: **Wertekultur,** Abschn. 2.3.3) als auch auf der Ebene der formalen **Gestaltung der Organisation** (Abschn. 2.3.1) einen wesentlichen Einfluss auf Veränderungs- und Innovationsbereitschaft hat. Dabei sind Wertekultur und formale Organisationsgestaltung nicht gänzlich unabhängig voneinander. Hier ist der „klassische" Trade-off zwischen notwendiger Effizienz (notwendig für die kostenorientierte Wettbewerbsfähigkeit) und innovationsorientierter Effektivität (notwendig für die Gestaltung marktadäquater, attraktiver Produkte und Services) aufzulösen.

2.3.1 Elemente eines förderlichen Rahmens in der Organisationsgestaltung

Zielt man in der Gestaltung der Organisation eher auf Effektivität, wird man hierbei eher auf Lern- und Netzwerkorientierung abzielen. Lernerfahrungen gehen jedoch typischerweise Fehler voraus und Netzwerke sind zwar sehr agil, verursachen aber vergleichsweise hohe Koordinationskosten (z. B. im Sinne von Zeit). Effektive Organisationsgestaltung hat also einen „Preis", der im komplexen Raum jedoch angemessen scheint – denn alternative Vorgehensweisen führen in die Handlungsunfähigkeit oder verursachen enorme Folgekosten (vgl. Abschn. 2.1). Aber nicht jeder Kontext ist komplex; nicht immer lohnt es sich, den „Preis" der Agilität zu zahlen.

Gestaltung der Organisation – kurze Charakterisierung alternativer Organisationsformen

Hierarchische Organisationen (z. B. Militär) sind typischerweise effizient, bezogen auf die Zusammenarbeit ihrer Mitglieder aber eher wenig flexibel. Sollen Mitarbeiter, die aktuell in verschiedenen Ästen der Hierarchie sind, nun zusammenarbeiten, müssen zumindest Teile der Organisation auch formell geändert werden, neue Organigramme erstellt, Abläufe geändert werden – ein langwieriger Prozess.

Projektorganisationen (z. B. Unternehmensberatungen) dagegen sind weniger effizient, aber bezogen auf die Zusammenarbeit ihrer Mitglieder eher flexibel – welche Mitarbeiter an einem spezifischen Thema arbeiten, kann für jedes Projekt neu entschieden werden, ohne die Organisation ändern zu müssen. Somit sind die Strukturen zwar temporär (für die jeweilige Projektdauer) stabil, können danach jedoch weitgehend frei neu sortiert werden. Unterstützend dazu ist die Ausbildung spezifischer Rollen und rollenspezifischer Karrierewege, beispielsweise des „Projektmanagers" oder des „Fachexperten".

Netzwerkorganisationen (z. B. Open-Source-Projekte) arbeiten in der Regel selbstorganisiert mit wenig formalisierten Entscheidungsstrukturen. Teams finden sich hier aufgaben- und motivationsorientiert zusammen. Wer beitragen will, ist dabei, wer nicht, der nicht. Teamstrukturen sind daher häufig im Fluss, d. h. es gibt sowohl Teammitglieder, die stabil und länger in einem Team arbeiten, als auch häufig solche, die nur sehr kurz, evtl. für eine nur kleine Teilaufgabe, hinzustoßen. Als natürliche Folge entsteht dynamische Instabilität, die jederzeit eine schnelle und flexible Änderung von Konstellationen zulässt. Die Koordination erfolgt daher häufig über informelle, soziale Regeln und Verhaltensnormen, die nicht teamspezifisch sind, sondern von allen geteilt werden, die „Mitglieder" im Ressourcen-Pool sind. Implizite Mechanismen sichern die Wertekongruenz (beispielsweise nur solche Gruppenmitglieder in die Kommunikation einzuschließen, die aktiv beitragen – passive „Zuhörer" werden so de facto ausgeschlossen).

Ganzheitlich agile Organisation – z. B. Holokratie – zielt auf die De-Komposition, Vereinfachung und Dezentralisierung von Entscheidungen, um Arbeitsabläufe und Verantwortungsbereiche selbstorganisiert zu gestalten. Angestrebt wird eine dynamische Steuerung der Organisation, die häufige, kleine Kurskorrekturen („Pivoting") gegenüber planerischem Vorgehen bevorzugt. So soll eine inkrementelle Entwicklung der Organisation das evolutionäre Prinzip der Natur nachbilden. Transparente und partizipative Entscheidungsfindung durch alle Ebenen hindurch soll Bürokratie vermeiden. Dafür wird Hierarchie durch Rollen und deren Zuständigkeit substituiert. Auftretende Konflikte sollen als Ideenquelle für Optimierungen in der Zusammenarbeit produktiv genutzt werden. Diskussion und Entscheidung sollen dabei den Sachbezug in den Fokus stellen, um schnell zu brauchbaren – aber noch nicht zwingend optimalen – Entscheidungen zu kommen, die im Betriebsablauf getestet werden können.

In sehr stabilen Umfeldern können auch strikte Hierarchien mit klarer Weisungsbefugnis und Ausführungsorientierung adäquat sein. Fehler- und Koordinationskosten werden so reduziert und damit steigt die Effizienz der Organisation. Gleichzeitig sinkt natürlich die Anpassungsfähigkeit und das kann zur Herausforderung werden, wenn der Kontext von „stabil" auf „dynamisch" wechselt (Abb. 2.2 der Wechsel von unten nach oben). Die deutschen Energieversorger haben das leidvoll durch die „Energiewende" erfahren. Organisationen, die hocheffizient auf ein stabiles Marktumfeld optimiert waren, standen gänzlich unerwartet und daher auch unvorbereitet regulatorischer Innovation gegenüber und mussten sich nun wohl oder übel anpassen – eine Fähigkeit, die in etwa das Gegenteil von dem erfordert, wofür diese Organisationen über Jahrzehnte optimiert worden sind. Nicht gänzlich überraschend ist daher, dass sich die Energieversorger mit diesen Anpassungen entsprechend schwertun.

Junge Wachstumsunternehmen bzw. Start-ups genießen bei diesem Trade-off zwischen Effizienz und Effektivität häufig den „Luxus", die eigene Organisation vollkommen auf Adaptionsfähigkeit, Agilität und Innovation ausrichten zu können (vgl. Abschn. 1.5). In schon länger bestehenden, größeren Unternehmen ist dies typischerweise nicht möglich, weil ein Charakteristikum des Wandels unserer Zeit ist, dass nicht mehr die gesamte Organisation im gleichen Kontext gehalten werden kann (z. B. unterschiedliche Stadien im Produktlebenszyklus, unterschiedliche Geschäftsmodelle und Märkte, unterschiedliche regionale Marktsituation). Ähnliches gilt, sobald eine Organisation physische Produktion als Teil der eigenen Wertschöpfungsprozesse integriert. Für Produktionseinheiten ist

Effizienz das wesentliche Leistungsmaß, und das gilt auch, wenn der Rest der Organisation sehr veränderungs- und innovationsorientiert gestaltet ist.

Daher ist die „echte“ Herausforderung in der Gestaltung einer veränderungs- und innovationsfähigen Organisation nicht, eine effiziente ODER eine agile Organisation zu gestalten, sondern die Organisation differenziert zu gestalten und zu führen, also in Teilen effizienzorientiert und in Teilen effektivitätsorientiert – je nachdem, welcher Kontext für den jeweiligen Organisationsbereich relevant ist. Die Differenzierung der Organisation in dem Sinne kann auch über verschiedene Organisationsebenen erfolgen, was im Ergebnis zu hybriden Organisationen führt. Schon aus regulativen Gründen kann es für Organisationen erforderlich sein, eine mehr oder weniger hierarchisch ausgeprägte Primär-Organisation aufzuweisen. Konkrete Zusammenarbeit kann dennoch unabhängig davon über eine Sekundär-Organisation, also eine die Primär-Organisation überlagernde Ebene, koordiniert werden. Für diese Sekundär-Organisation ist dann Netzwerkorientierung wesentlich. Im Ergebnis werden unterschiedliche Organisationsgestaltungen mit differenzierten Ausprägungen der organisationsspezifischen Wertekultur implementiert.

Die sich daraus ergebende Herausforderung ist, diese unterschiedlichen Bereiche trotz negativer Externalitäten in der gleichen Organisation zu führen, geeignet voneinander zu separieren und sie zu „beschützen“ – aber gleichzeitig wechselseitige Akzeptanz, Wertschätzung und damit auch Befruchtung und Vernetzung zu fördern [3]. Die Fähigkeit, diese Herausforderung zu beherrschen, nennt man „Ambidextrie“ (Beidhändigkeit [49]): Die dynamische Fähigkeit (vgl. Abschn. 2.2), beides zu beherrschen, agile Anpassung (Exploration: Innovation & Veränderung) auf der einen und Effizienz (Exploitation: Replikation & Optimierung) auf der anderen Seite. Aufgrund der fundamentalen Bedeutung dieser Fähigkeit werden wir darauf im nächsten Abschnitt (Abschn. 2.4) noch ausführlicher eingehen. Für die weitere Diskussion hier wollen wir uns auf die veränderungs- und innovationsorientierte Ausprägung fokussieren.

2.3.2 Die konkret greifbare strategische Stoßrichtung als wichtiger Rahmen

In der Managementliteratur wird die Veränderungs- und Innovationsorientierung der Organisation im Konstrukt der *„entrepreneurial orientation“* (in etwa: Unternehmer- oder auch Entrepreneur-Orientierung [36]) zusammengefasst. Um organisationale Veränderungsintelligenz umzusetzen, gilt es, diese Entrepreneur-Orientierung in der Organisation als Leitbild für das Handeln von Individuum und Organisation zu etablieren. Entrepreneur-Orientierung beschreibt hierbei, in welchem Maße Verhalten, Führungspraxis und (strategische) Entscheidungsfindung in der Organisation als „unternehmerisch“ charakterisiert werden können [35]. Diese unternehmerische Ausrichtung des organisationalen Rahmens ist insoweit von Bedeutung, dass in dem für unsere Betrachtung volatilen und dynamischen (ergo: komplexen) Kontext Entrepreneur-Orientierung eindeutig und stark mit Erfolg korreliert [37], also diejenigen Unternehmen erfolgreicher sind, die dazu hohe Werte aufweisen [66]. Dabei wird diese Eigenschaft der Entrepreneur-Orientierung durch fünf Merkmale beschrieben [36]:

- **Innovationsneigung** („innovativeness“)
- **Proaktivität** („proactiveness“)
- **Risikofreudigkeit** („risk taking“)
- **Wettbewerbsorientierung** („competitive aggressiveness“)
- **Autonomie**[50] („autonomy“)

Das Management muss dafür jedoch im Sinne von **Führung und Kontext** einen förderlichen Rahmen bereitstellen, der Mitarbeitern und Führungskräften das Handeln nach diesem Leitbild ermöglicht und entsprechendes Handeln fördert und motiviert. Wesentliche Elemente dieses förderlichen Rahmens sind zum einen die klare Definition und Kommunikation der strategischen Stoßrichtung oder Herausforderung, die Festlegung von „Leitplanken“ (siehe dazu ausführlicher Abschn. 7.13), die das individuelle und organisationale Handeln im Sinne von rechten und linken Grenzen ausrichten, und das Ausräumen typischer Hindernisse[51] für Veränderung und Innovation.

Die Ausgestaltung der strategischen Stoßrichtung oder der strategischen Herausforderung inklusive der Festlegung von Leitplanken ist sicher die wichtigste Voraussetzung für die Umsetzung von Entrepreneur-Orientierung. Ohne Klarheit darüber, welche strategische Stoßrichtung verfolgt und welche strategische Herausforderung adressiert werden sollen, können Individuen und Teams in der Organisation kaum zielorientiert Beiträge dazu leisten. Die Herausforderung für das Management ist jedoch, dass die Formulierung einer klaren strategischen Vision, einer konkreten und verständlichen strategischen Stoßrichtung umso schwieriger wird, je komplexer der Kontext wird. Denn gerade wenn sich das Unternehmensumfeld immer dynamischer verändert, ist die strategische Stoßrichtung idealerweise so zu formulieren, dass sie (zumindest temporär) stabil bleiben kann.

Nur auf diese Weise leistet die strategische Stoßrichtung die Aufgabe, einen Ordnungsrahmen bereitzustellen, der das unternehmerische, selbstorganisierte, eigeninitiative Handeln der Individuen in der Organisation fördert und auf ein gemeinsames Ziel hin ausrichtet (strategische Kohärenz – *strategic alignment*)[52]. Vereinfacht gilt:

[50]Gemeint ist: Autonomie von Innovationsaktivitäten, z. B. Innovationsteams.

[51]Das Ausräumen von Hindernissen fordert vom Management im Kontext von Veränderungs- und Innovationsinitiativen, die Widerstände und Hürden beiseitezuräumen (mangelnde Ressourcen, Versuche der Normierung durch die Organisation, fehlende Anerkennung …), an denen solche Initiativen typischerweise in der Vergangenheit gescheitert sind. Vergleicht man innovationsfähige mit weniger innovationsfähigen mittelständischen Unternehmen, ist genau hier ein signifikanter Unterschied zu erkennen: Führungskräfte in innovationsfähigen mittelständischen Unternehmen teilen dieser Aktivität signifikant mehr Anteile (Faktor 3) ihrer Arbeitszeit zu (Prof. Dr. N. Franke, Wirtschaftsuniversität Wien).

[52]Wird der strategische Rahmen im Gegensatz dazu in kurzer Folge häufig geändert, leistet dieser genau diese Aufgabe nicht mehr, unterstützt nicht mehr die Orientierung, sondern fördert eher die Verwirrung (Welche Strategie haben wir denn heute?). Zudem entstehen durch den häufigen Wechsel von Strategien unproduktive Implementierungskosten, die es ebenso zu vermeiden gilt.

Unternehmen, die häufiger ihre Strategie wechseln, sind weniger erfolgreich als solche, die ihre Strategien stabil formulieren können. Die Kunst dabei ist es, Strategien auf einer Ebene zu formulieren, die unabhängig von den Änderungen im Umfeld Gültigkeit behält UND konkret genug ist, Handlungshinweise zu geben in Bezug auf das, was beiträgt, und das, was nicht zur Umsetzung der Strategie beiträgt.

Beispiel: Langfristig stabile strategische Stoßrichtung

Prof. Schoemaker, Management-Experte der Wharton-School, hat die Strategie von Apple im Sinne wesentlicher Kernfähigkeiten[53] beschrieben, auf die das Handeln von Apple gerichtet ist [59]:

- Verfügbarkeit von Software und Peripherie
- [Fokus auf] Benutzerfreundlichkeit in der Produktentwicklung
- Kompatibilität / Integrative Produktlinie
- Sehr kompetente Mitarbeiter im Vertrieb
- Low-Cost-Position in der Fertigung
- Zugang zu Vertriebskanälen
- Professionelles Image – Qualität und Zuverlässigkeit
- Einsatz neuer und innovativer Technologien

Bemerkenswert ist, dass Schoemaker diese Beschreibung 1992 veröffentlicht hat. Er beschreibt also die strategische Ausrichtung von Apple in den 80er Jahren. Dennoch scheint diese Beschreibung auch recht gut die heutige strategische Ausrichtung von Apple zu beschreiben – 25 Jahre später, in einem völlig anderen Wettbewerbsumfeld, in einer völlig anderen wirtschaftlichen und technologischen Situation.

Das vorgenannte Beispiel zeigt, wie vorteilhaft eine strategische Ausrichtung ist, die trotz dynamischen Umfelds über längere Zeit stabil gehalten werden kann[54]: Die (Rück-) Besinnung auf die frühere strategische Ausrichtung der Firma ermöglichte Jobs nach seiner Rückkehr in den späten 90ern, im Sinne der Badewannen-Metapher (Abb. 2.5) auf bestehende Prinzipien, Abläufe und Aktivitäten aufzusetzen oder diese wiederbeleben

[53]In absteigender Wichtigkeit [59]: „*Availability of software and peripherals; User friendliness in product development; Compatibility/Integrative product line; Highly knowledgeable salesforce; Low-cost position in manufacturing; Access to distribution channels; Professional image – quality and reliability; (8) Use of new and innovative technology.*"

[54]Auch Firmen wie Google oder Facebook arbeiten bezogen auf ihre strategische Ausrichtung mit relativ einfachen Regeln, Prinzipien oder Paradigmen, die trotz ihrer äußerst dynamischen Unternehmensumwelt relativ stabil sind – nur die Umsetzungsformen dieser Regeln ändern sich.

zu können – eine zumindest „teilgefüllte[55] Badewanne". Erst eine solche zumindest temporär stabile strategische Stoßrichtung ermöglicht die vorher beschriebene (vgl. Abschn. 2.2) konsistente und kontinuierliche Investition in den Aufbau einer spezifischen Kombination operativer Tätigkeiten und Abläufe, die durch Spezialisierung und Know-how Wettbewerbsvorteile ermöglichen.

Zusätzlich ist zu bedenken, dass die ehemals Orientierung und sicherheitstiftende, hierarchische Struktur in einer veränderungs- und innovationsorientierten Organisation abgelöst wurde, durch die oben ausgeführte temporäre, aufgabenorientierte Koordination in Form von Netzwerken und/oder Projekten. Die (zumindest temporär) stabile strategische Ausrichtung ist daher zusätzlich als sinn- und sicherheitsstiftender Rahmen für die beteiligten Individuen der Organisation notwendig. Dieser Rahmen substituiert die Sicherheit und Stabilität, die vormals vom formalen Rahmen der hierarchischen Organisation bereitgestellt wurde (vgl. „Ränge" ähnlich wie beim Militär). Daher muss dieser Rahmen, also die strategische Ausrichtung, ein gewisses Maß an Stabilität aufweisen, sonst würde diese Aufgabe (Sicherheit zu stiften) vom Unternehmen nicht geleistet und Verunsicherung und Orientierungslosigkeit wären die potenziellen Folgen.

Nicht in allen Fällen kann eine strategische Stoßrichtung oder ein Zielbild schon klar und konkret genug formuliert werden, beispielsweise zu einem frühen Zeitpunkt einer strategischen Veränderungsinitiative. Es braucht aber auch zu dem Zeitpunkt schon zumindest eine langfristige unternehmerische Perspektive, die konkret und greifbar genug die strategische (Kern-)Herausforderung beschreibt. Tatsächlich kann die konkrete und für alle verständliche Formulierung und Kommunikation dieser unternehmerischen Perspektive Mitarbeiter und Führungskräfte auf allen Ebenen des Unternehmens dazu aktivieren, Beiträge im Sinne von Wissen, Erfahrungen und Einschätzungen zur Entwicklung einer geeigneten strategischen Stoßrichtung zu leisten. Damit werden verteiltes Wissen und kollektive Intuition Teil der strategischen Entscheidungsfindung, was für das Handeln im komplexen Kontext wünschenswert und hilfreich ist (vgl. Abschn. 2.1).

Ein gutes Beispiel für die Formulierung einer klaren und greifbaren strategischen Herausforderung ist das sogenannte *„Tidal wave memo"*, das Bill Gates am 25. Mai 1995 an die gesamte Führungsmannschaft von Microsoft sendete. Sehr kurz zusammengefasst[56] stellte das Memo das Internet als aktuelles Phänomen vor, charakterisierte den aktuellen Wettbewerb und stellte Felder vor, in denen Aktivitäten von Microsoft notwendig erschienen. Zusätzlich wurden Ressourcen zum vertieften Studium bereitgestellt. Das Memo endete mit: „Die nächsten Jahre werden sehr spannend sein, denn wir begreifen diese Herausforderungen als Möglichkeiten. Das Internet ist eine Flutwelle. Es ändert die Regeln. Es ist eine unglaubliche Gelegenheit sowie eine unglaubliche Herausforderung. Ich freue mich auf Ihre Vorschläge, wie wir unsere Strategie verbessern

[55]Die beschriebenen Kernfähigkeiten der strategischen Ausrichtung waren in den 90ern zumindest teilweise erodiert durch verschiedene Re-Organisationen und größere Entlassungen [59].

[56]Das Memo umfasste insgesamt neun Seiten.

können, um unsere Geschichte unglaublicher Erfolge fortzusetzen." Durch das Memo wurden immense Kräfte freigesetzt und die Organisation als Ganzes aktiviert.[57]

Beispiel: Klare unternehmerische Perspektive trotz hoher Unsicherheit [32]

Das mittelständische Unternehmen LEGIC blickt auf eine mehr als 20-jährige, erfolgreiche Firmengeschichte als *fabless*-Halbleiterhersteller und Technologielieferant für Identifikation und Zugangskontrolle zurück. Im Kern wurde der Umsatz bestimmt durch zwei Komponenten, den Reader-Chip (z. B. im Türschloss) und passende RFID-Zugangskarten. Während der Reader-Chip sehr lange im Feld bleibt, entsprechend technologisch komplex ist, sind die Zugangskarten technisch relativ einfach, werden aber häufig ausgetauscht (ein Hotel erneuert pro Jahr ca. 30 % der Zugangskarten). Das führt zu einem Geschäftsmodell, in dem die Entwicklung einer neuen Reader-Chip-Generation relativ aufwendig ist – der Umsatz aber zu weit mehr als 50 % von den Zugangskarten kommt.

Zwei Entwicklungen schienen dieses Geschäftsmodell fundamental anzugreifen: 1) Kontinuierlich und über mehrere Jahre sank (bei LEGIC) das Verhältnis zwischen ausgelieferten Reader-Chips und Zugangskarten und 2) es deutete sich ab 2011 an, dass die Zugangskarte in einer nicht allzu fernen Zukunft gänzlich durch das Smartphone ersetzt werden könnte – beide Entwicklungen bedrohten fundamental die Existenz des Unternehmens.

LEGIC hat heute seine digitale Transformation erfolgreich gemeistert und hat eine starke Position in den Bereichen *Mobile Access* und *Mobile Identification*[58] gewonnen. Ein Schlüssel zur Aktivierung der Organisation war die klare Formulierung und Kommunikation der unternehmerischen Perspektive (Software & Service statt Hardware & Technologie) und die konkrete, greifbare Darstellung der strategischen Herausforderung (Abschmelzen der Hardware-Umsätze, keine Investitionsmöglichkeiten für neue Reader-Generationen …).

Neben der inhaltlichen Klarheit für die unternehmerische Perspektive braucht es auch die kommunikative Klarheit – allen Mitarbeitern muss konkret und greifbar vor Augen sein, was die strategische Stoßrichtung oder Kernherausforderung ist.

In einer stabilen und simplen Unternehmensumwelt können wir uns komplizierte Strategien leisten, weil wir Zeit genug haben, diese anhand detaillierter Pläne umzusetzen. Angesichts des komplexen Unternehmensumfeldes unserer Zeit ist dies jedoch nicht

[57]Die Bemühungen zielten darauf ab, eine signifikante Position mit Microsofts Internet Explorer zu erreichen und den (vermeintlichen) Hauptwettbewerber Netscape aus dem Markt zu drängen. Damit war Microsoft so erfolgreich, dass Netscape drei Jahre später vom Markt ging – allerdings schien Microsoft es gleichzeitig etwas „übertrieben" zu haben und musste sich im Anschluss jahrelang wegen unfairer Wettbewerbspraktiken vor Gericht verantworten.

[58]Identifikationslösungen, die das Smartphone statt einer Karte nutzen.

mehr möglich. Pläne sind mitunter schon obsolet, bevor sie fertig geschrieben sind. Stattdessen muss individuelles, selbstorganisiertes, also autonomes strategisches Handeln entlang der definierten unternehmerischen Perspektive die Umsetzung der Veränderungs- und Innovationsziele unterstützen.

Dafür muss die unternehmerische Perspektive klar, konkret und verständlich in eine Handvoll einfacher Regeln übersetzt werden (im Sinne von: Was ist gut? Was ist schlecht?), die für jeden Mitarbeiter bekannt, verstanden und akzeptiert sind [17]. Nur dann kann jeder Mitarbeiter in einer gegebenen Situation schnell und sicher entscheiden, welche Art von Handeln im Sinne der strategischen Stoßrichtung eher hilfreich wäre. Das ist ein Grund, warum erfolgreiche Unternehmen heute sehr einfach formulierte Strategien propagieren (z. B. Google: *„Don't be evil"*) und versuchen, sehr starke Marken auszuprägen. Die Marken dienen nicht nur nach außen als Orientierungshilfe für mögliche Kunden, sondern wirken ebenso nach innen als Orientierung für die Mitarbeiter, weil starke Marken für klare Werte und Leistungserwartungen stehen (vgl. die vorher beschriebene Schoemaker-Analyse) und in dem Sinne einfache Orientierungsregeln bereitstellen.

Strategy as a game of simple rules – die 9 Regeln von Googles Innovationsstrategie[59]

1. *Innovation comes from anywhere:* Ideen können überall und von jedem kommen.
2. *Focus on the user:* Setze den Nutzer immer auf Rang 1. Ein zufriedener Nutzer verlängert die Haltbarkeit des Produktes.
3. *Aim to be ten times better:* Think Big!
4. *Bet on technical insights:* Daten, Daten, Daten. Probiere jeden Prozess zu quantifizieren, sodass die Resultate messbar sind.
5. *Ship and iterate:* Bring das Produkt so schnell wie möglich auf den Markt. Je eher man das Feedback der Nutzer hat, desto eher weiß man, ob man sich auf dem richtigen Weg befindet – oder eben das Gegenteil.
6. *Give employees 20 % time:* Gib dem Arbeitnehmer genügend Raum, um eigene Initiativen zu entwickeln.
7. *Default to open processes:* Teile alle verfügbaren Informationen, gib allen Mitarbeitern Zugang zu allen internen Informationen.
8. *Fail well:* Trau dich, Ideen und Produkte auch dann vorzulegen, wenn sie nicht direkt verwendbar sind oder das gewünschte Resultat bringen. Vielleicht sind sie in Zukunft noch von Nutzen – wir töten keine Ideen.
9. *Have a mission that matters:* Hol die besten Menschen und hole Menschen mit Leidenschaft für ihr Fach.

Idealerweise ist die unternehmerische Perspektive nicht nur klar, konkret und verständlich, sondern auch für den größeren Teil der Organisation motivierend und attraktiv. Denn eine unternehmerische Perspektive oder strategische Stoßrichtung zu entwickeln,

[59]Gopi Kallayil, Google Chief Evangelist for Brand Marketing, anlässlich des Dreamforce Summit 2013 nach Leongin, K.C. (2013). Google Reveals Its 9 Principles of Innovation. Fast Company, 20.11.2013

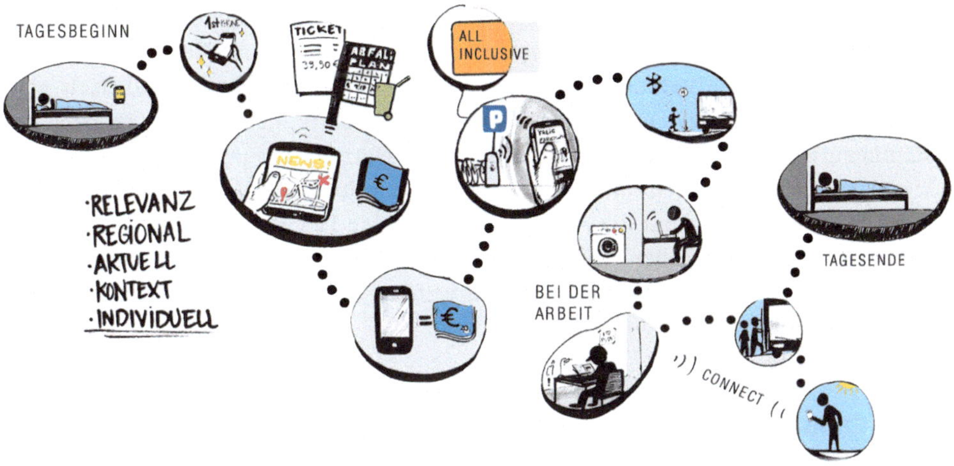

Abb. 2.8 Projektbeispiel Zukunftsbild auf Basis von Micro-Moments

ist das eine – Mitarbeiter und Führungskräfte in der Organisation zu motivieren, an der Umsetzung dieser unternehmerischen Perspektive mitzuwirken, das andere. Dafür muss über funktionale Ebenen hinweg das „Warum" erklärt werden. Gleichzeitig muss deutlich werden, was der geeignete Beitrag des Einzelnen zur Umsetzung sein kann *(„strategy as a game of simple rules")*. Die Kommunikation der unternehmerischen Perspektive muss also einen sinnstiftenden Rahmen anbieten, bevor man strategische und strukturelle Elemente der Umsetzung diskutieren kann.

Wie kann man also strategische Zielbilder effektiv in alle Ebenen der Organisation kommunizieren? Wie kann man für die Mitwirkung und Unterstützung der Umsetzung werben und begeistern?[60]

Die Geschwindigkeit der Marktveränderungen und die damit verbundene steigende Komplexität der sich ergebenden Anforderungen lässt den scheinbar sicheren Status quo u. U. sehr attraktiv erscheinen. Um Veränderungsbereitschaft in der Organisation zu motivieren, bedarf es daher klarer und schnell zu erfassender strategischer Szenarien, die für alle Ebenen und Funktionsbereiche ähnlich verständlich und kommunizierbar sind [40]. Dafür ist es wichtig, die unternehmerische Perspektive in eine greifbare Form zu bringen, sodass diese nicht nur eine klare Orientierung gibt, sondern auch Attraktivität entwickelt und die Menschen begeistert. Aus unserer Arbeit mit Unternehmen haben wir die Erfahrung geschöpft, dass dafür neben einem professionellen Kommunikationskonzept (vgl. dazu auch Kap. 10) eine grafische Visualisierung (vgl. Abb. 2.8: In diesem Projektbeispiel wurde die Technik der Micro-Moments für die Narrativ-Darstellung gewählt) sehr hilfreich sein kann.

[60]Aufgrund der Bedeutung von Kommunikation wird dieses Thema in Kap. 10 dezidiert beleuchtet.

Solche *Zukunftsbilder* ermöglichen es, ein komplexes zukünftiges Szenario als sinnstiftendes, attraktives Narrativ zu verdichten und zu visualisieren. Die grafische Visualisierung dient dazu, Mitarbeiter abzuholen, ihre Fantasie zu wecken und auch nicht technikaffinen Mitarbeitern neue, beispielsweise digitale Möglichkeiten zu erklären und sie dafür zu motivieren. Das entwickelte Szenario/Narrativ ist dabei idealerweise ausreichend konkret und genau, um Diskussionen und kritische Auseinandersetzungen zu motivieren. Gleichzeitig lässt die Abstraktion sehr feine Details aus, sodass die Diskussion auf einem angemessenen Auflösungsniveau bleiben kann, ohne in zu viel Details technischer Einzelfragen zu versinken. Somit werden Veränderungsbereitschaft geweckt und die Veränderungsmotivation gestärkt.

2.3.3 Elemente einer veränderungs- und innovationsförderlichen Kultur

Während die strategische Stoßrichtung vor allem den inhaltlichen Rahmen für Veränderung und Innovation vorgibt (das „Was" und „Warum"), trägt eine **ausgeprägte Wertekultur** dazu bei, förderliche Vorgehensweisen und Handlungsprinzipien durch soziales „Dürfen" zu motivieren und einen sicherheits- und vertrauensstiftenden Rahmen in einem ansonsten volatilen Umfeld zu bieten [47]. Dazu ist es wichtig, dass die gewünschten förderlichen Werte vom Top-Management konsistent kommuniziert und ausgehend davon im eigenen Verhalten vorgelebt werden (Konsistenz in Wort und Tat). Eine von dieser Kultur abweichende strategische Intention hat kaum Chancen, sich durchzusetzen: *„Culture eats strategy for breakfast"*[61].

Inhaltlich gilt es zur Stärkung von Veränderungs- und Innovationsfähigkeit vor allem die **Lernorientierung** und **Fehlertoleranz** zulasten von Effizienzorientierung zu fördern [11]: In einer eher effizienzorientierten Kultur steht Wissen häufig nur dem Top-Management zur Verfügung und wird von dort verteilt. Führendes Technologie-Know-how mag aufgrund von Spezialisierung zwar vorhanden sein, doch in der Umsetzung in Produkte und Services dominieren bekannte Muster und vertraute Modelle.[62] Daher werden hier Innovations- und Veränderungsinitiativen top-down gesteuert und entwickeln häufig wenig Durchschlagskraft (vgl. Kodak), denn auf dem Weg nach unten stoßen diese neuen Ideen und Initiativen bedingt durch Hierarchien der Organisation auf vielfältige Konflikte mit dem bestehenden Wertesystem. Und das ist nicht überraschend, denn in einer effizienzorientierten Kultur wird typischerweise fehlerfreies Arbeiten nach bekannten, bewährten Prinzipien belohnt. Geringere Leistung, weil man Neues, Unbekanntes ausprobiert, Fehler, weil man alternative Verfahrensweisen anwendet, werden in einer solchen Kultur

[61]Wird häufig Management-Guru Peter Drucker zugeschrieben, der argumentierte, dass die bestehende Firmenkultur gegen jeden Versuch, eine Strategie zu schaffen, die mit dieser Kultur unvereinbar ist, obsiegen würde. Das konkrete Zitat ist aber wohl von Mark Fields von der Ford Motor Company aus 2006.

[62]So wurde beispielsweise die Wertekultur von Kodak charakterisiert.

subjektiv als geringere persönliche Leistung angesehen und führen zu geringerer Belohnung oder Statusverlust [40]. Nicht überraschend ist angesichts dessen die individuelle Konsequenz, lieber im bekannten Muster effizient und fehlerfrei zu arbeiten.

In einer eher **lernorientierten Kultur** [19] stehen eher Lernziele (statt Performance-Ziele) im Fokus. Freiraum und Autonomie bauen auf die intrinsische Motivation der Mitarbeiter [13]. Dazu steht Wissen auf breiter Basis, ohne Zugangshürden, über Netzwerke (technische Netzwerke und/oder informelle Netzwerke in der Organisation) zur Verfügung (vgl. Google-Regel 7: „Gib allen Mitarbeitern Zugang zu allen internen Informationen") [34]. Zudem werden Ressourcen (Zeit, Geld, Expertenzugang, ...), Werkzeuge und Unterstützung zur Verfügung gestellt, damit individuell Ideen vorangetrieben werden können [9]. Der geschäftsführende Gesellschafter eines großen deutschen Mittelständlers nennt das „Mach-mal-Budgets": Er stellt solche begrenzten Budgets und Zeitfreiräume regelmäßig zur Verfügung, wenn ihn bei seinen Rundgängen durch eines der Werke ein Mitarbeiter mit einer Idee anspricht.

Auf diese oder ähnliche Weise kann die autonome unternehmerische Initialisierung von Projekten unterstützt und motiviert werden (vgl. Google-Regel 8: „Trau dich, Ideen und Produkte ... vorzulegen") [9]. Wichtig ist, dies durch interne Marktmechanismen zu begleiten, die diese autonomen Initiativen in einen transparenten, nachvollziehbaren und akzeptierten Wettbewerb zueinander stellen, sodass eine darwinistische Selektion erfolgen kann (vgl. Google-Regel 4: „Daten, Daten, Daten ..."), beispielsweise durch die Allokation von Geld und Personal. Die Bewertung im Rahmen dieser Wettbewerbe sollte Spezialisten und externe Experten mit einschließen und nicht ausschließlich einem geschlossenen Kreis des (Top-)Managements überlassen werden. Die Pharmafirma Merck nutzt bei ihrem internen Innovationswettbewerb InnoSpire beispielsweise die kollektive Intelligenz aller Mitarbeiter und lässt diese darüber abstimmen, welche Innovationsideen gefördert werden sollten.

Führungskräfte unterstützen die Lernorientierung in der Kultur, wenn sie einen Fokus auf (neue) Wege und Routinen legen, mit denen Mitarbeiter neues Wissen jenseits ihrer üblichen Arbeitskontexte generieren können, beispielsweise durch den Austausch mit Experten außerhalb der eigenen Organisation und Zugang zu Schulungs- und Fortbildungsmöglichkeiten [16]. Der Geschäftsführer eines erfolgreichen mittelständischen Softwareunternehmens hat beispielsweise die Regel eingeführt, dass jeder Software-Entwickler des Hauses mindestens einmal im Jahr aktiv auf einem Messestand der Firma auftritt. Ziel ist hier sicherzustellen, dass jeder Entwickler (eben bei dieser Gelegenheit, also mindestens einmal im Jahr) direkten Kontakt und Austausch mit Kunden hat, somit die Kundenperspektive besser versteht und in die eigene Lösungsfindung miteinbezieht: „Das gefällt nicht jedem, viele [Entwickler] bleiben lieber auch in ihrem Büro. Aber wer da nicht mitzieht, ist bei uns am falschen Platz."

Neben solchem persönlichen Austausch gehört jedoch auch dazu, unternehmensweit Daten zu sammeln und auszuwerten, um Produkte und Services zu verbessern, Trends im Umfeld zu analysieren und daraus Ideen und Innovation abzuleiten [4]. Die Firma Harmann, Hersteller von Lautsprechern, Audiogeräten und Infotainmentsystemen, hat für die Analyse interner und externer Daten-Inputs und deren Interpretation mit „Sherlock" eine digitale Lösung umgesetzt, die künstliche Intelligenz nutzt. Damit werden die Mitarbeiter darin unterstützt, relevante Signale frühzeitig aus dem Informationsrauschen herauszufiltern. Harmann nutzt diese Möglichkeit vor allem im Innovationsprozess.

Die Stärkung der Lernorientierung muss parallel durch eine Erhöhung der Fehlertoleranz [19] begleitet werden, denn Lernen geht zwangläufig mit Fehlern einher. Lernorientierung und Fehlertoleranz verschaffen die Freiheit, Ideen nachzugehen, auch wenn diese ggf. scheitern. Dies ermöglicht ein systematisches, aber eher experimentelles Veränderungs- und Innovationsvorgehen, das im komplexen Kontext vorteilhaft ist [50]. Dafür wird das sogenannte Pivoting (vgl. [56]: strukturierte Experimente und kleine Kurskorrekturen) angewandt, das in jedem neuen Schritt die gewonnenen Erfahrungen auswertet, die bisher bestehenden Hypothesen überprüft und ggf. das weitere Vorgehen anpasst. Die Stärkung von Lernorientierung und die Erhöhung von Fehlertoleranz sind also nicht gleichbedeutend mit dem Einzug von Chaos und Beliebigkeit – im Gegenteil: Dem Lean-Start-up-Prinzip folgend [56] geschieht dieses Experimentieren in klaren Strukturen (vgl. die Scrum-Regeln Kap. 3) und mit klaren Messindikatoren (Kundenfeedback, Google-Regel 2), aber eben ergebnisoffen (vgl. das Prinzip der Routinen ggü. dem Prinzip von Prozessen Abschn. 2.2).

Dabei ist es wichtig, zu reflektieren, welche Art der Fehlerkultur bisher im Unternehmen vorherrscht. Typischerweise finden wir eines der folgenden drei Muster:

1. **„Wir machen keine Fehler“:** Häufig anzutreffen in sicherheits- und effizienzorientierten Unternehmenskulturen. Natürlich passieren auch hier Fehler – aber man versucht tunlichst, diese zu verbergen, weil die Vergangenheit gezeigt hat, dass diejenigen, die Fehler gemacht und nicht verborgen haben, keine allzu rosige Zukunft im Unternehmen hatten.
2. **„Hier kann jeder Fehler machen – wir sprechen nur nicht drüber“:** Häufig anzutreffen in Organisationen mit langen Firmenzugehörigkeiten. Geprägt von dem Gedanken, dass jedem Fehler passieren, also wird das in Grenzen toleriert … aber man spricht nicht darüber, weil zu viel Transparenz über Fehler nach Sanktionen (siehe Muster 1) ruft.
3. **„Wir machen Fehler, sprechen darüber und lernen davon“:** Diese Fehlerkultur ist für Innovation und Veränderung am förderlichsten. Der Grundgedanke ist: Wenn ein Fehler passiert ist, sind die Kosten schon entstanden – wenn man nicht drüber spricht, hat man aber nichts daraus gelernt. Also ist es am besten, man nutzt den Fehler zum Lernen, dann hat man zumindest etwas von den Kosten.

Für Veränderungs- und Innovationsfähigkeit ist die letztere Fehlerkultur am förderlichsten [58]. Sie stellt denjenigen, dem der Fehler unterlaufen ist, in den Mittelpunkt, sieht diese Person als Quelle einer potenziellen Lernerfahrung an (vgl. Google-Regel 8) und gibt Wertschätzung dafür, dass die Erfahrung geteilt wird und damit möglicherweise andere von ähnlichen Fehlern abhält oder Verbesserungen im weiteren Vorgehen ermöglicht. Einige Unternehmen gehen hier so weit, Fehler zu feiern, um die Innovationskraft im Unternehmen nachhaltig zu stärken. Wichtig ist, dass dies in der Regel für Fehler Anwendung findet, die zum ersten Mal auftreten und damit eine Gelegenheit zum Lernen darstellen. Die Wiederholung desselben Fehlers wird kaum gefeiert, ist diese doch möglicherweise Ausdruck dafür, dass die Lernerfahrung nicht umgesetzt wurde.

Fehlerkultur „Fehler feiern" – Unternehmensbeispiele

Intuit: „Wir feiern Scheitern"

Die Firma Intuit, sehr erfolgreich mit Buchhaltungssoftware, vergibt jährlich eine spezielle Auszeichnung für das „beste Versagen" (*Best Failure* Award) und veranstaltet „Misserfolgspartys" *(Failure Parties)*. Einer der Gründer, Scott Cook, führt aus: „Bei Intuit feiern wir Versagen, denn jeder Fehler lehrt etwas Wichtiges, das der Samen für die nächste große Idee sein kann."

Tata: Fehler als Goldmine

Rajan Tata, der Gründer des gleichnamigen indischen Mischkonzerns Tata, installierte einen Preis für die „beste fehlgeschlagene Idee" (*Best Failed Idea* Award). Er schuf diesen Preis, als er sich als Vorsitzender des Unternehmens dem Ruhestand näherte. Seine Sorge war, dass man unter seinem Nachfolger Risiken vermeiden würde – der vom Gründer selbst geschaffene Preis soll genau das verhindern und mit der Ermutigung von Ideen auch Innovationen auslösen.

Gore: Scheitern mit Bier oder Champagner

Die Firma WL Gore, Erfinder von Goretex, ist eines der innovativsten Unternehmen in den USA. Damit das so bleibt, werden hier auch die Projekte gefeiert, die nicht funktionieren. Typischerweise mit Bier oder Champagner und zwar genauso, „wie wenn es ein Erfolg gewesen wäre". Dies folgt der grundlegenden Überzeugung: „Aktion wird geschätzt, Ideen werden gefördert – und Fehler sind Teil dieses kreativen Prozesses."

Lernorientierung und Fehlertoleranz geben die Freiheit, Ideen nachzugehen, auch wenn diese ggf. scheitern und ermöglichen ein zwar systematisches aber eher experimentelles Veränderungs- und Innovationsvorgehen, das im komplexen Kontext vorteilhaft ist [17]. Dafür wird das sogenannte Pivoting, strukturierte Experimente und Kurskorrekturen, angewandt, das in jedem neuen Schritt die gewonnenen Erfahrungen auswertet, die bisher bestehenden Hypothesen überprüft und ggf. das weitere Vorgehen anpasst.

Eine lernorientierte Kultur und Fehlertoleranz kann ein gewisses Maß an Unordnung oder auch scheinbarem Chaos mit sich bringen: Die frühen Phasen von Innovation und Veränderung sind selten gut strukturiert, im Gegenteil kann solches Chaos auch kreative Lösungen fördern [40]. Offenheit und Toleranz für diese förderliche Wirkung von Unordnung kann auch durch Symbole gefördert werden. Nicht umsonst weicht die Architektur von Inkubatoren und Start-up-Zentren von der Uniformität und Effizienz üblicher

Bürogestaltungen ab.[63] Die Gestaltung von Architektur (vgl. „Laufwege"-Beispiel), eine attraktive Kaffeeküche für zufällige Begegnungen und Austausch, attraktiv eingerichtete Räume für kreative Ideenfindung und spontane Kollaboration geben nicht nur praktische Möglichkeiten für die kreative Arbeit an innovativen Ideen und Vorschlägen, sondern kommunizieren schon durch ihre schlichte Existenz, dass Veränderung und Innovation als Teil des Jobs gesehen und ungewöhnliche Ideen wertgeschätzt und honoriert werden. Dazu gehört auch, dass das Top-Management die Zeit investiert, sich mit den Ideen und Vorschlägen der Mitarbeiter auseinanderzusetzen und dass Erfolge gefeiert werden.

Dazu gehört aber auch ein förderlicher Umgang miteinander, beispielsweise die Bereitschaft auch nicht sofort einleuchtende Vorschläge zu diskutieren (Google-Regel 1), hierarchiefreie Diskussion und die Bereitschaft, andere zu beraten, das Zulassen von Widersprüchen und die offene und konstruktive Diskussion von Konflikten. Führungskräfte sollten hierzu aktiv unterstützen, dass Mitarbeiter sich gleichzeitig berufen und wohl damit fühlen, Differenzen zu kommunizieren – umgekehrt gehört dazu eine Feedback-Kultur, in der die Mitarbeiter aktiv nach Feedback suchen und dies nutzen[64], um Ideen und Projekte zu verbessern [31]. Die Häufigkeit von Kommunikation erhöht hierbei die Leistung und Effektivität von Innovationsteams [29], agile Methoden wie SCRUM (vgl. Abschn. 3.3) sehen solche Abstimmungen täglich vor.

Praxisbeispiel: Diagnose alltäglich gelebter Veränderungskultur im Changeability Profile

Anknüpfend an den eingangs zu diesem Abschnitt beschriebenen Praxisfall zum *Changeability* Profile zeigt Abb. 2.9 einen Auszug aus dem Teil dieser *Change Befragung*, der sich auf eine Standortbestimmung zu der im Arbeitsalltag gelebten Veränderungskultur bezieht. Auch in diesem Beispiel machte die Befragung das Auseinanderklaffen der Einschätzung von Führungskräften gegenüber der Einschätzung der Mitarbeiter transparent und damit auch bearbeitbar. Ohne eine realistische, ehrliche Standortbestimmung ist eine wirksame Entwicklung der Wertekultur kaum möglich. Dieser Praxisfall zeigt daher wichtige Elemente einer veränderungs- und innovationsförderlichen Kultur. Die in diesem Auszug dargestellten Frage-Items sind relativ kontextfrei und gelten als stark valide. Daher zeigt Abb. 2.9 nicht nur eine weitere Facette des vorgestellten Praxisfalls, sondern die dargestellten Frage-Items können auch im Sinne eines Self-Assessments für eine erste Einschätzung des eigenen Arbeitsumfeldes genutzt werden. Dabei gilt: Je weiter links, also je näher an der „1" der 5er Skala die Einschätzung liegt, desto größer ist der Handlungsbedarf.

---

[63]Häufig zu finden: Einfache Möglichkeiten, den kreativen Prozess zu dokumentieren (Wände können beschrieben werden, Haftnotizen sind in rauen Mengen verfügbar …), Orte für den stillen Rückzug zum Nachdenken (auch Nap Rooms genannt), Möglichkeiten, Blockaden im Denken durch körperliche Tätigkeit aufzubrechen (Kicker, Billard …).

[64]Eine Untersuchung der Google-Innovationsteams hat gezeigt, dass gegenseitiges Vertrauen im Team in diesem Sinne mehr oder weniger die einzige Gemeinsamkeit besonders erfolgreicher Innovationsteams ist (interne Studie über 200 Google-Innovationsteams, einzig signifikante Gemeinsamkeit besonders erfolgreicher Teams: Gegenseitiges Vertrauen und Teamharmonie).

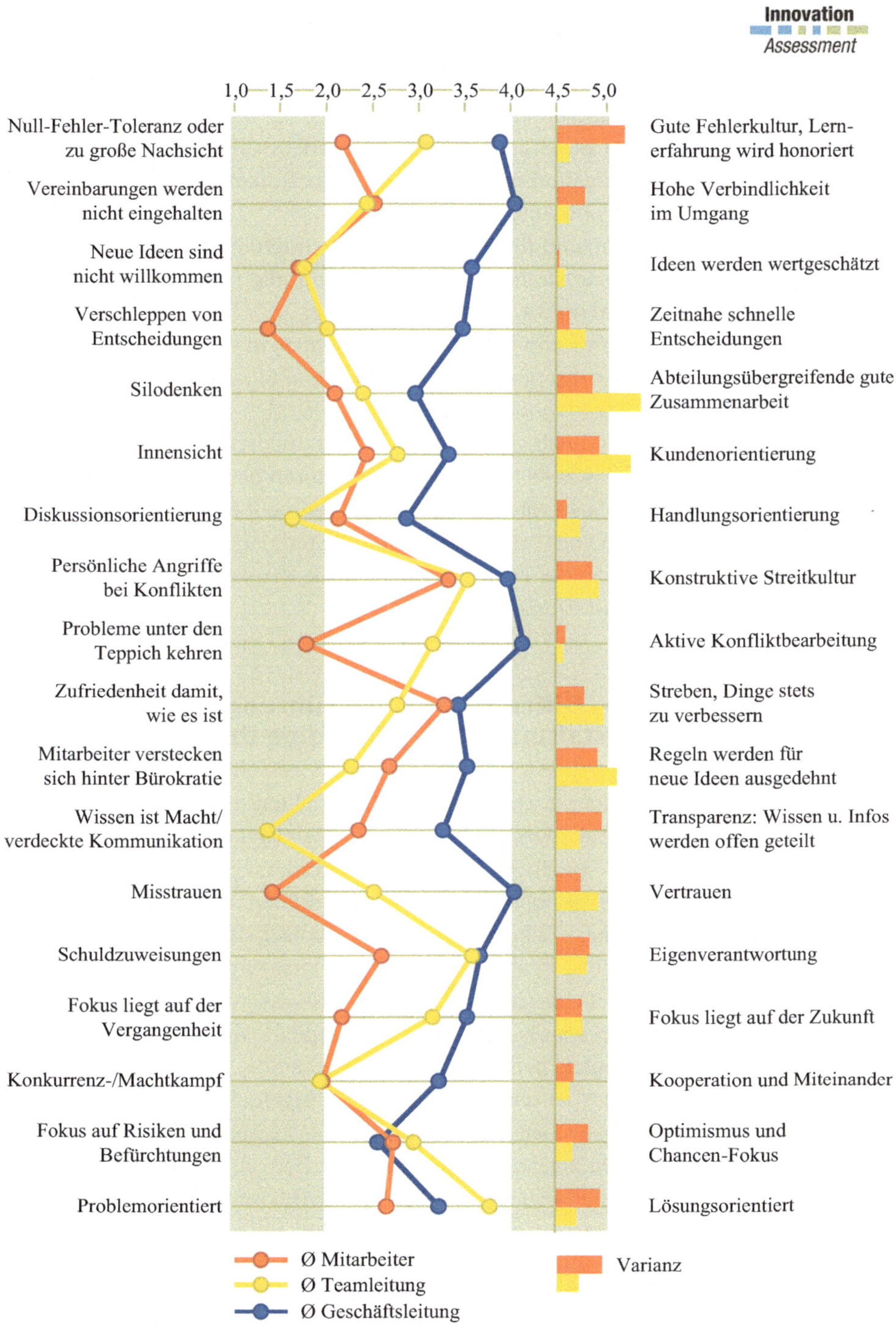

Abb. 2.9 Assessment der gelebten Veränderungskultur im Unternehmen (Praxisfall)

Kernaussagen

- Ein förderlicher Rahmen für die Umsetzung von dynamischen Fähigkeiten baut auf vier Ebenen auf: individuelle Fähigkeiten, Führung & Kontext, Organisationsgestaltung und Wertekultur.
- Ziel des Rahmens ist die Stärkung der Entrepreneur-Orientierung in der Organisation aus Innovationsneigung, Proaktivität, Risikofreudigkeit, Wettbewerbsorientierung und Autonomie.
- Wesentliche Voraussetzung für Entrepreneur-Orientierung ist die klar und verständlich formulierte strategische Stoßrichtung, die für jeden konkret und anfassbar deutlich macht, wo das Ziel liegt.
- Neben der Stoßrichtung sind Leitplanken wesentlich, die eingrenzen, welche Limitierungen zu akzeptieren sind und welche Eigenschaften geeignete Ideen und Lösungen zeigen sollen.
- Ausgeprägte Wertekultur als sicherheits- und vertrauensstiftender Rahmen stellt ein Substitut für stabile hierarchische Strukturen bereit – durch mehr Sicherheit von dieser Seite wird der Mut zum Experimentieren gefördert.
- Im Kern einer förderlichen Wertekultur steht die Stärkung der Lernorientierung und die Erhöhung der Fehlertoleranz – diese Kernkultur ist bereichsspezifisch und kontextbezogen zu adaptieren.

2.4 Kontextbezogene Differenzierung in Führung und Organisationsgestaltung: die beidhändige Organisation

Im vorhergehenden Abschnitt haben wir Elemente der Gestaltung eines veränderungs- und innovationsförderlichen Rahmens sowie einer entsprechenden Kultur aufgezeigt. In diesem Kontext haben wir bereits angesprochen, dass die Herausforderung im Management darin besteht, die Organisation differenziert zu gestalten und zu führen, also in Teilen eher effizienzorientiert und in Teilen eher effektivitätsorientiert – je nach dem Kontext (*stabil* oder *komplex*), der für die jeweilige Aufgabe oder den jeweiligen Organisationsbereich relevant ist. Lernorientierung und Fehlertoleranz werden insbesondere dann wichtiger, wenn die „richtige" Lösung nicht bekannt ist und auch nicht geplant werden kann, sondern im komplexen Raum gesucht werden muss. Dies gilt insbesondere, dann wenn die Eigenschaft der Lösung, die „richtige" zu sein, wichtiger ist als Eigenschaft, eine „günstige" zu sein – wenn also geringere Kosten den Vorteil der „richtigen" Lösung zumindest aus Sicht des Kunden nicht kompensieren können. Das ist häufig im Bereich technologie- und innovationsgetriebener Märkte der Fall (vgl. „günstiges" Feature-Phone versus „Smartphone").

Da jedoch, wo es gilt, eine bekannte Lösung effizient umzusetzen, beispielsweise bestehende Produkte effizient zu produzieren oder inkrementell weiterzuentwickeln, wäre eine solche Lernorientierung und Fehlertoleranz im gleichen Maße fehl am Platz. Stellen Sie sich für einen Moment vor, jeder Mitarbeiter in Ihrer Produktion würde mit experimentellen Vorgehensweisen die täglichen Aufgaben angehen und dabei zwangsläufig eine Menge Fehler machen, um daraus zu lernen und sich zu verbessern. Im komplexen Veränderungs- und Innovationskontext wäre es wünschenswert, auf diese Weise Bestehendes zu hinterfragen und unternehmerisch zu agieren. In der komplizierten (nicht komplexen) Produktion, die viele, viele Subsysteme effizient miteinander koordiniert, wäre diese Situation jedoch nicht erstrebenswert.

Die Folge wären häufige Unterbrechungen des Produktionsflusses wegen Stillstand, wechselhafte Qualität in den Endprodukten, unterschiedliche Stände … mithin in etwa das Gegenteil dessen, was wir als einen statistisch stabilen, kontrollierbaren, effizienten Prozess bezeichnen würden. Daher wäre in diesem Kontext die Organisation und die Führung eher effizienzorientiert auszuprägen, ebenso wie der gemeinsame Kulturkern hier eine eher effizienzorientierte Ausprägung finden sollte. Dennoch werden auch hier idealerweise Veränderungs- und Innovationsräume geschaffen, in denen die Mitarbeiter mit einem definierten Teil ihrer Arbeitszeit an der Optimierung und Veränderung ihrer konkreten Umgebung arbeiten können.

Ganzheitlich agile Organisationsformen dagegen, wie die bereits erwähnte Holokratie (Abschn. 2.3.1), können in bestimmten Unternehmenskontexten hilfreich sein, beispielsweise in Dienstleistungsunternehmen, jungen Wachstumsunternehmen oder rein digitalen Geschäftsmodellen. Also in Organisationen, die zum einen (noch) nicht sehr groß sind (das Holokratie-Best-Practice-Beispiel Zappo ist mit 1500 Mitarbeitern das bisher größte Unternehmen mit dieser Form der Organisation) und die zum anderen für die gesamte Unternehmung einen vergleichbar dynamischen Kontext im Umfeld haben.

Alternative Organisationskonzepte für eine ganzheitlich agile Organisation – Holokratie

Im Bereich der jungen Wachstumsunternehmen und digitalen Geschäftskonzepte haben sich Organisationsformen entwickelt, die eine ganzheitlich agile Organisation anstreben. Ein Beispiel dafür ist die sogenannte Holokratie, die in verschiedenen Firmen und Non-Profit-Organisationen umgesetzt wurde. Bekannte Beispiele sind die NGO Kiron und der Onlinehändler Zappos. Letzterer gilt mit über 1500 Mitarbeitern als das größte Unternehmen, das diese Organisationsform erfolgreich umgesetzt hat, und als Best-Practice-Beispiel.

Das Ziel der Umsetzung von Holokratie – wie der Umsetzung agiler Organisation ganz allgemein (Kap. 3) – ist die De-Komposition, Vereinfachung und Dezentralisierung von Entscheidungen, um Arbeitsabläufe und Verantwortungsbereiche selbstorganisierter zu gestalten. Angestrebt wird eine – im Gegensatz zum eher statischen Prinzip der Hierarchie – eher dynamische Steuerung der Organisation, die häufige, kleine Kurskorrekturen („Pivoting") gegenüber planerischem Vorgehen und zentralen, „großen" Entscheidungen bevorzugt. So soll eine „natürliche" inkrementelle Entwicklung der Organisation das evolutionäre Prinzip der Natur nachbilden. Transparente und partizipative Entscheidungsfindung durch alle Ebenen hindurch soll Bürokratie vermeiden, sodass das natürliche Beharrungsvermögen von Organisationen überwunden und Handlungsfähigkeit (vgl. Abschn. 2.1) sichergestellt wird.

Dafür ersetzt Holokratie Organigramm und Hierarchie durch „Rollen" (oder Funktionen) und deren „Zuständigkeiten", die zunächst personenneutral definiert und dann einer Person zugeordnet werden. Fraktale Kreise (oder Zuständigkeitsbereiche, kleinster Kreis = 1 Person) agieren dann weitgehend autonom im Rahmen ihrer definierten Zuständigkeit und der festgelegten Handlungsregeln („holacracy constitution"). Das fraktale Prinzip wird umgesetzt, indem in einem übergeordneten Kreis *(super circle)* ein untergeordneter fraktaler Kreis *(sub circle)* als „Rolle" behandelt wird. Zusätzlich hat jeder Kreis das Recht, Rollen des Kreises in Sub-Kreise aufzuteilen, falls eine Person für diese Rolle nicht ausreicht.

Die Kreise sind untereinander kommunikativ verbunden (doppelte Verbindung) durch Vertreter, die jeder Kreis bestimmt für den jeweilig übergeordneten (Rep-Link-Rolle: vertritt den Kreis als Rolle im übergeordneten Kreis) und untergeordneten Kreis (Lead Rolle). Ähnliche Rollen (Cross Links) vertreten einen Kreis lateral in benachbarten, aber nicht über- oder untergeordneten Kreisen. Diese Vertretungsrollen übernehmen zum einen *Linking Pin* Aufgaben für die Weitergabe von Informationen, aber sind gleichzeitig in dem Kreis, in den sie entsendet wurden, gleichberechtigter Akteur und tragen somit zur übergreifenden Harmonisierung der Entscheidungsfindung bei.

Steuerungstreffen (typischerweise monatlich) jedes dieser Kreise dienen dazu, Zuständigkeiten und Entscheidungsbefugnisse mit dem Ziel eines reibungslosen Ablaufs weiterzuentwickeln. Auftretende Konflikte werden produktiv genutzt als Ideenquelle für solche Optimierungen, die Ressourcenfragen (Geld, Zeit, Personal) außen vor lassen. Diese Steuerungstreffen (Gestaltung des „Wie") werden somit streng getrennt von den operativen Treffen zur Steuerung des Tagesgeschäfts (Gestaltung des „Was"). Ergänzend werden Strategietreffen genutzt, um strategische Prioritäten der Organisation festzulegen.

Die Zusammenarbeit und Diskussion in den Kreisen und Treffen wird moderiert durch das Prinzip der integrativen Entscheidungsfindung, bei dem alle Rollen eines Kreises gleiches Gewicht und Stimmrecht besitzen. Diskussion und Entscheidung sollen dabei den Sachbezug in den Fokus stellen, um schnell zu „brauchbaren" (nicht unbedingt optimalen) Entscheidungen zu kommen, die im Betriebsablauf getestet werden können. Zeigt sich eine Entscheidung hier als nicht geeignet oder konfliktauslösend, kann diese jederzeit revidiert und geändert werden. Dazu kann jedes Mitglied im Kreis einen Vorschlag einbringen.

In der Breite der deutschen Industrielandschaft sind diese Bedingungen jedoch nicht gegeben: Gerade Unternehmen des deutschen Mittelstands haben häufig eine längere[65], über mehrere Eigentümergenerationen hinwegreichende Unternehmensgeschichte. Dieser Lebensweg des Unternehmens (vgl. Abschn. 4.3.1) bestimmt nicht nur Werte und Normen der Unternehmenskultur, sondern hat auch zur Entwicklung eines stabilen Kerngeschäfts beigetragen. Häufig steht eher Produktion als Dienstleistung im Zentrum dieses Kerngeschäftes, technologisch eher Qualitäten des Maschinenbaus als Informations- oder Kommunikationstechnik.

[65]Viele Gründungsgeschichten im deutschen Mittelstand gehen auf die Zeit nach dem Zweiten Weltkrieg zurück, einige sind zeitlich noch deutlich vor dem Ersten Weltkrieg zu verorten.

Geprägt durch diesen historischen Entwicklungspfad *(path dependencies)* sind diese Unternehmen zwar bekanntermaßen innovativ, häufig aber eher näher am Kerngeschäft: Innovation entsteht typischerweise als dessen Verbesserung und Optimierung. Miele wird hier häufig als ein typisches Beispiel von Wettbewerbsfähigkeit im deutschen Mittelstand genannt. Wachstum und Marge zeichnen dieses Unternehmen als vorbildlich aus – und dies im Wettbewerb mit leistungsfähigen und deutlich größeren Wettbewerbern wie Bosch-Siemens-Hausgeräte (BSH), Whirlpool oder Samsung. Trotz größenbedingt deutlich geringeren F&E-Budgets gelingt es Miele, als Technologie- und Qualitätsführer der Branche angesehen zu werden.

Eine Ursache dafür kann in der traditionell eher produktorientierten Werke-Topologie gesehen werden, die ein distanzfreies Zusammenspiel zwischen Entwicklung und Produktion und damit schnelle Entwicklungsiterationen und Lernzyklen ermöglicht – eine konkrete Umsetzung des Markenkerns „Immer besser", der fester Bestandteil einer tief verwurzelten, vom Firmengründer ausgehenden Unternehmenskultur ist. Dieses „Immer besser" ist ein gutes Beispiel für die konsequente kosten- und leistungsoptimierende Kultur im Kerngeschäft des deutschen Mittelstandes, die auch zu den im Weltmarkt überlegenen Produkten geführt hat.[66] Gleichzeitig gilt hier kritisch zu prüfen, ob eine einseitige Ausrichtung auf „Immer besser"-Anstrengungen[67] ausreichend Raum für radikale, disruptive Innovationen auch jenseits des Kerngeschäfts zulässt.

Der Beste zu sein in einem Markt, der im Begriff ist, zu sterben; der Beste zu sein mit einem Produkt, das Kunden nicht mehr nachfragen, der Beste zu sein mit einer Leistung, auf die Kunden heute anders als in der Vergangenheit zugreifen – das hilft wie weiter oben ausgeführt nicht weiter. Nokia, Yellow Cab und Kodak sind nur einige Beispiele dafür (vgl. Abschn. 2.2).

Bestehende Unternehmen werden jedoch nicht nur durch die aus dem Lebensweg des Unternehmens hervorgegangenen Prozesse und Vorgehensweisen im Kerngeschäft davon abgehalten, radikale Innovationen umzusetzen. Zusätzlich erschwert wird die dafür notwendige strategische Innovation durch die oft bestehende Furcht vor Kannibalisierung: Können wir sicherstellen, dass das neu zu entwickelnde Geschäft das bestehende Kerngeschäft nicht angreift, sondern ein tatsächlich zusätzliches Geschäft ist?

Diese Frage kann Unternehmen in der Phase der Transition (vgl. Abschn. 1.5) in der Strategie des „Abwartens" bestärken, denn durch die langjährige Spezialisierung ist das Kerngeschäft wunderbar profitabel geworden, können Marktanteile erfolgreich gegen Wettbewerber verteidigt werden, gibt es immer noch weitere Ideen, was man noch „immer besser" machen könnte. Das alles hilft aber nicht, wenn eine neue Kategorie von Produkt, ein neues dominantes Design neue Regeln im Wettbewerb einführt[68] – einige Beispiele haben wir bereits vorgestellt, beispielsweise mit dem Wettbewerb der Nadel- gegen die Tintenstrahldrucker (vgl. Abschn. 1.1), dem der Feature-Phones gegen die Smartphones

---

[66]Scheer, O. (2017). „Made in Germany" ist das beliebteste Label der Welt. SPIEGEL ONLINE, 27.03.2017.

[67]Die vom Bestehenden ausgehen und versuchen, ebendies „immer besser" zu machen.

[68]Vgl. beispielsweise die Ausführungen zu den Regeln des Plattformwettbewerbs, Abschn. 1.2.

(vgl. Abschn. 1.1), dem aktuellen Rennen der Kraftstoff- gegen die Elektrofahrzeuge (vgl. Abschn. 1.5) oder auch dem Wettbewerb der analogen gegen die digitale Fotografie (vgl. Abschn. 1.4).

Letzterer liefert ein gutes Anschauungsbeispiel nicht nur dafür, wie das neue Paradigma der digitalen Fotografie das Verhalten der Menschen im Umgang mit Fotos radikal verändert hat[69], sondern auch dafür, welche Art von strategischer Reaktion auf eine solche Entwicklung Erfolgversprechend scheint. Eine besondere Qualität erwächst daraus, dass in diesem Fall zwei Unternehmen (Fujifilm und Kodak) mit recht ähnlichen Startvoraussetzungen zwei deutlich unterschiedliche Vorgehensweisen angewendet haben und wir heute die Folgen dieser Vorgehensweisen erkennen und bewerten können.

Wie schon im Kap. 1 an verschiedenen Stellen ausgeführt, hatte Kodak zwar eine technologische Pionierstellung in der digitalen Fotografie (z. B. mit dem ersten digitalen Foto schon Mitte der 70er), hat diesen technologischen Vorsprung jedoch auf der Marktseite nicht umgesetzt und stattdessen versucht, das deutlich profitabler erscheinende analoge Filmgeschäft durch Innovationen aufrechtzuerhalten und wiederzubeleben (z. B. mit dem APS-System vgl. Abschn. 1.4). In dem Bestreben, das schrumpfende Geschäft mit der in der Vergangenheit gewohnten Profitabilität weiterzuführen, wurden die Kostenstrukturen angepasst und der größte Teil der Mitarbeiter entlassen[70] – aber der Markt der digitalen Fotografie nicht entschlossen adressiert.[71] Der Konkurs in 2012 war die natürliche Folge.

Der in Japan mit einem ähnlichen Quasimonopol wie Kodak in den USA ausgestattete Konkurrent Fujifilm wählte einen völlig anderen Weg. Dort wurde eine Doppelstrategie verfolgt: zum einen das bestehende, aber sterbende analoge Filmgeschäft wirtschaftlich so gut wie möglich auszunutzen und gleichzeitig entschlossen mit Investitionen in neue Bereiche zu gehen, nach einer neuen Identität zu suchen. Der Präsident von Fujifilm drückte die gegebene Situation damals so aus: *„If Toyota could no longer sell cars, what would they be? That is what we are facing. If we aren't an imaging company, then what are we?“*[72]

---

[69]Im Jahr 2000, Tipping point, hin zur digitalen Fotografie, wurden weltweit noch etwa 80 Mrd Fotos als Prints entwickelt (Kodak, New York Times). Gut 10 Jahre später (2013) war nur auf Facebook schon eine Menge von 250 Mrd. Fotos hochgeladen, täglich um ca. 350 Mio. Fotos anwachsend. In 2017 sollen ca. 1,3 Trilliarden Fotos auf digitalen Plattformen gespeichert sein. Die in 2017 wertvollsten Unternehmen sind daher nicht mehr die Kamerahersteller (z. B. Wert Nikon ca. 5,5 Mrd. EUR), sondern die Betreiber der Speicher- und Kommunikationsplattformen (z. B. Wert Snapchat ca. 13,9 Mrd. EUR).

[70]Von den in 1991 global noch 130.000 Mitarbeitern waren zu Beginn der digitalen Revolution (1999) noch 80.650 Mitarbeiter übrig (ca. 60 %), weitere 8 Jahre später waren es nur noch 26.900 (2007) – weniger als 20 %.

[71]Kodak war zwar als Spieler im Markt der digitalen Fotografie präsent, hat jedoch die Geschäftsentwicklung dort eher zurückhaltend betrieben vgl. Abschn. 1.4.

[72]Shigetaka Komori, (Präsident Fujifilm 2000–2003). Ihm wird noch ein weiteres Zitat zugeschrieben, das auf den Wettbewerber Kodak gemünzt ist: Konfrontiert mit der digitalen Fotografie als kommendem „Tsunami“ hätte es Kodak für eine gute Idee befunden, „die Hütte am Strand zu befestigen“. Die einzig geeignete Lösung aber wäre gewesen, „vom Strand wegzuziehen“ (wie es Fujifilm aus seiner Sicht richtigerweise gemacht hat).

Bezeichnend für die unterschiedliche Herangehensweise der Wettbewerber ist schon diese Wahrnehmung der gegebenen Situation: Es geht nicht darum, ein neues Produkt, einen neuen Service, ein neues Geschäftsfeld zu finden – die digitale Fotografie bedroht das Selbstverständnis der Firma im Kern. Die Suche nach einem neuen Geschäft ist also gleichzeitig die Suche nach einer neuen Identität – eine Herausforderung, der man sich bei Kodak zum gleichen Zeitpunkt ganz offensichtlich nicht stellen wollte oder konnte.

Fujifilm hat die strategische Transformation im Gegensatz zu Kodak erfolgreich gemeistert und dazu haben im Wesentlichen drei parallele Aktivitäten beigetragen:

1. Fujifilm hat von Beginn an den Markt für digitale Kameras aktiv adressiert.[73] Das hat dazu geführt, dass Fujifilm heute bei digitalen Kameras stabil unter den größten fünf im Markt ist.
2. Das hochprofitable Filmgeschäft hat Fujifilm intensiv optimiert, um a) in einem sterbenden Markt Marktanteile über den Preis hinzuzugewinnen[74] und b) möglichst viel Liquidität (nicht Profit) aus diesem Geschäft zu erzielen.[75]
3. Mit massiven und auch experimentellen Investitionen[76] hat Fujifilm neue Anwendungen und Geschäftsfelder in völlig neuen Bereichen gesucht, beispielsweise in der Kosmetik[77], in medizintechnischen Systemen, bei optischen Geräten, Dokumentenlösungen und hochfunktionalen Materialien[78].

Abb. 2.10 zeigt den Effekt dieser Maßnahmen in finanziellen Größen: Im Konzernumsatz zunächst kleiner und im Filmgeschäft vergleichbar groß, hat Fujifilm in der Zeit der Transformation (vgl. Abschn. 1.5) von analogem zu digitalem Film (90er Jahre) im Vergleich zu Kodak signifikant geringere Profite akzeptiert. Ab dem Zeitpunkt jedoch, ab

[73]Fujifilm hat nicht nur ab 1977 mit ersten Modellen digitaler Kameras experimentiert, sondern auch ergänzende, über die Kameras hinausgehende Lösungen entwickelt, wie beispielsweise Minilabore für den Einzelhandel und internetbasierte Lösungen. Bei den Minilaboren für den Einzelhandel hat Fujifilm heute eine führende Position erreicht.

[74]Die Produktion physischer Filme erfolgte in hoch automatisierten Fabriken, daher war hier der Erhalt der Auslastung wesentlich für die Verteidigung einer akzeptablen Kostenposition.

[75]Im Zuge dieser Optimierungen hat Fujifilm Fertigungsstätten geschlossen und ca. 5000 Mitarbeiter entlassen. Gleichzeitig hat Fujifilm akzeptiert, dass die Profitabilität (zugunsten von Liquidität) reduziert wurde. Während im Jahr 2000 das Filmgeschäft noch für 60 % der Fujifilm-Profite verantwortlich war, reduzierte sich das in der Folgezeit deutlich auf unter 5 %. Die durch diese Optimierung gewonnene Liquidität wurde genutzt, um die notwendigen großen Investitionen zu Punkt 1 (digitale Kameras) und Punkt 3 (neue Geschäfte) zu leisten.

[76]Beispielsweise wurde dafür ein neues Forschungslabor für 400 Mio. US$ aufgebaut.

[77]U. a. Astalift, eine in Asien erfolgreiche Kosmetiklinie, die Fujifilms Wissen über Antioxidantien nutzt.

[78]Beispielsweise der WV-Film als Schlüsselkomponente für LCD-Displays. Die WV-Film-Technologie erlaubt es, LCD-Displays auch aus extrem spitzen Winkeln zu betrachten, ohne dass die Qualität des Bildes leidet.

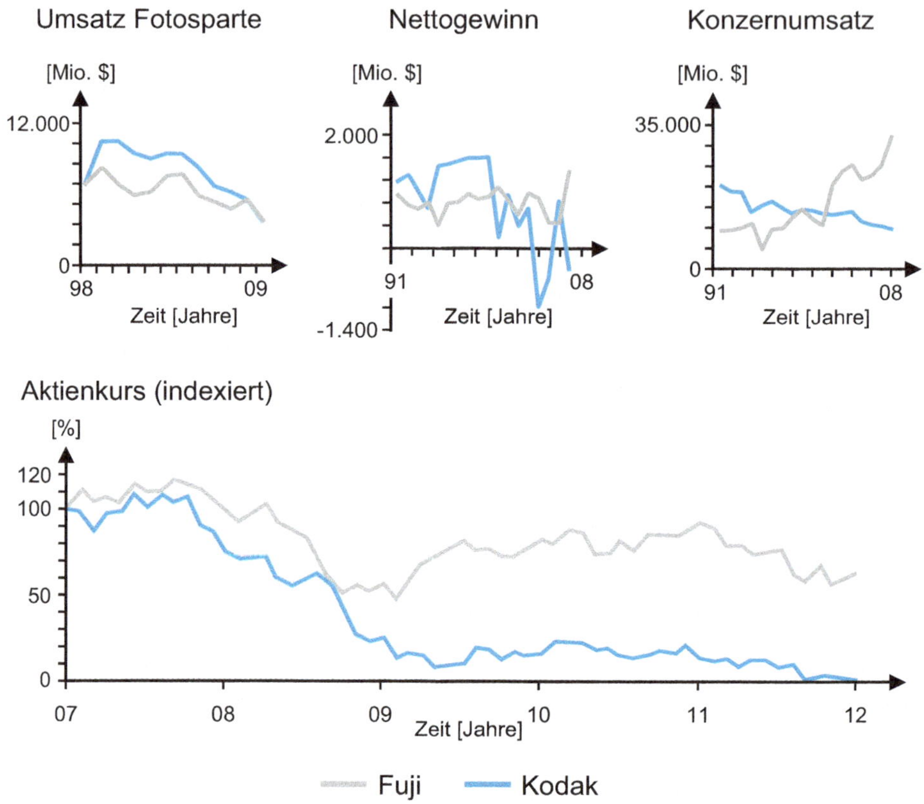

Abb. 2.10 Unternehmensvergleich Kodak vs. Fujifilm

dem mehr digitale als analoge Kameras verkauft wurden (2001), dreht sich dieses Verhältnis um und Kodak realisiert ab 2004 erhebliche Verluste. Auch auf der Umsatzseite zeigt sich die erfolgreiche strategische Erneuerung [54] von Fujifilm: Ab 2002 überholt Fujifilm Kodak sogar im Konzernumsatz.

Während also Kodak weiter das Kerngeschäft optimiert und daraus höhere Profite als Fujifilm realisiert, nutzt Fujifilm das existierende Kerngeschäft als Quelle für Liquidität, um daraus die strategischen Investitionen für die Zukunft zu finanzieren, akzeptiert über einen längeren Zeitraum (die „flache" Phase der exponentiellen Entwicklung, vgl. Abschn. 1.3) vergleichbar geringere Erträge, um die Chance auf überproportionales Wachstum in der Zukunft zu realisieren. Mit Erfolg: Sieben Jahre, nachdem sich digitale Kameras als neues dominantes Design etabliert haben (2001), ist der Umsatz von Fujifilm dreimal so groß wie in den 90ern. Das Beispiel zeigt die Fähigkeit zur strategischen Erneuerung als eine notwendige Voraussetzung für das langfristige Bestehen und Überleben von Unternehmen [54].

An diesem Fallbeispiel ist konkret die Herausforderung zu erkennen, die vorher schon angedeutet wurde. Es geht in etablierten Unternehmen eher selten darum, ausschließlich eine agile Organisation und Kultur umzusetzen. Häufiger ist der Fall, dass die Herausforderung zu meistern ist, GLEICHZEITIG das *Kerngeschäft möglichst effizient (Exploitation)* zu betreiben und zu optimieren (weil die dort erwirtschaftete Liquidität Grundlage für die Investitionen in strategische Innovation ist) UND strategisch und *experimentell in neue Geschäftsfelder* zu investieren *(Exploration),* die die Basis des Geschäfts von morgen bilden.

Exploitation und Exploration in der Automobilindustrie

Exploitation in der Automobilindustrie entspricht der weiteren Optimierung der seit langem eingesetzten Verbrennungsmotoren (vgl. Abschn. 1.5). Dabei werden das langjährige Erfahrungswissen zu dieser Technologie sowie die bestehenden Infrastrukturen für die Entwicklung und die Produktion genutzt. Als Ergebnis resultieren daraus Fähigkeiten, noch effizientere und leistungsstärkere Verbrennungsmotoren zu noch günstigeren Produktionskosten zu entwickeln und herzustellen – das Miele-Motto: Immer besser.

Exploration in der Automobilindustrie richtet sich auf neue, teils alternative Antriebstechniken wie die verschiedenen Formen des Hybridantriebs oder Elektroantriebs und neue Energiespeicher wie Batterien oder Brennstoffzellen. Hier kann nicht auf bestehende Infrastrukturen oder bestehendes Erfahrungswissen zurückgegriffen werden, gleichzeitig ist das dominante Design noch nicht etabliert – verschiedenste Konzepte kämpfen um die Vorherrschaft im Markt. Daher müssen Automobilhersteller verschiedene mögliche Pfade verfolgen und dabei gleichzeitig eine neue Wissensbasis aufbauen.

Exploitation richtet sich also auf die Nutzung bestehenden Wissens und die effiziente Umsetzung einer bekannten Lösung. Hier wird also kaum Unsicherheit empfunden und Prozesse und Vorgehensweisen sind daher auf Effizienz[79] ausgerichtet. Organisation und Koordination folgen den folgenden Prinzipien:

- Spezialisierungsvorteile durch Strukturierung, Standardisierung, Wiederholung und Verbesserung
- Handlungsfokus auf Planung, Kontrolle von Qualität, Definition von Prozessen, Kultur der Stabilität
- Lernen durch inkrementelle Fortschritte zur Optimierung von Bestehendem
- Anreize für das Vermeiden von Risiken und Fehlern, Kostensenkung, Dokumentation
- Infrastrukturen für Massenproduktion, die durch bessere Automatisierung und Logistik skalieren

Exploration richtet sich umgekehrt auf den Aufbau einer neuen Wissensbasis und die Suche nach der effektiven Lösung.[80] Die Suche nach einer effektiven, also „richtigen"

[79]Effizienz im Sinne von „die Dinge richtig tun".

[80]Effektivität im Sinne von „die richtigen Dinge tun".

Lösung in einem komplexen Umfeld (vgl. Abschn. 2.1) ist aber eben nicht effizient, die „richtige" Lösung ist kaum planbar und die Suche danach von hoher Unsicherheit beherrscht. Daher müssen für Exploration Routinen und Vorgehensweisen auf Lernorientierung und Fehlertoleranz ausgerichtet sein. Organisation und Koordination folgen den folgenden Prinzipien:

- Agilität durch Experimentieren und Improvisieren mit Flexibilität („Scheitere früh und billig")
- Handlungsfokus auf strategische Optionen mit Toleranz für Risiko, Misserfolg und Fehler
- Lernen durch den Aufbau neuen Wissens und neuer Fähigkeiten aus Erkundung des komplexen Kontexts
- Anreize für Ideen, Akzeptanz von Unsicherheit und dezentrale Initiativen mit experimentellem Lernen
- Infrastrukturen für Wissensarbeit und Kollaboration zum Aufbau von neuen Technologiefähigkeiten

Für etablierte Unternehmen besteht in der Transition (vgl. Abschn. 1.5) also die Herausforderung, beide Prinzipien in derselben Organisation umzusetzen, obwohl die zugrunde liegenden Prinzipien fundamental unterschiedlich und in Teilen widersprüchlich sind und die jeweils förderlichen organisatorischen, strukturellen Rahmenbedingungen[81] inkompatibel zueinander sind [38]. Exploitative und explorative Aktivitäten zeigen zudem negative Externalitäten, beeinflussen sich also negativ.[82] Daher müssen diese unterschiedlichen Aktivitäten bzw. die Teams, die sie ausführen, einerseits voreinander „beschützt" [51] werden und andererseits miteinander vernetzt bleiben, denn sonst kann die strategische Erneuerung im Kerngeschäft (vgl. Fujifilm) nicht erfolgen, auch wenn unabhängig davon der Aufbau eines neuen Geschäfts gelingen sollte. Es gilt also parallel das Kerngeschäft effizient zu optimieren und gleichzeitig transformationale neue Geschäfte aufzubauen [55].

---

[81]*Exploitative Prozesse* werden typischerweise durch Budgets gesteuert. Die Erwartung ist, dass das Budget gehalten und der damit verbundene Leistungswert (Output) erreicht wird. Ist das nicht der Fall, erfolgt eine negative Sanktion, im Wiederholungsfall häufig die Ablösung. In *explorativen Prozessen* steht die Lernerfahrung im Vordergrund. Auch hier gibt es Budgets – jedoch ist der Output offen, d. h. auch dann, wenn sich die ursprünglich angepeilte Erwartung nicht erfüllt, kann eine Initiative als erfolgreich gelten, wenn die Lernerfahrung wertvoll ist und neue Möglichkeiten eröffnet. Hier kann also jemand, der für das gewährte Budget nicht den vereinbarten Output erzielt, erneut Mittel bekommen, um eine neue Iteration zu starten. Es ist leicht vorstellbar, wie ungerecht diese Behandlung jemandem vorkommen muss, der seinerseits in exploitativen Prozessen aufgrund von Budgetverfehlung sanktioniert wurde.

[82]*Exploitation* Strukturen, Prozesse, Hierarchien, Bürokratie; versus *Exploration:* Routinen statt Prozesse, kurze informelle Entscheidungswege, geringer Grad an Formalisierung, hierarchiefreie und flache Struktur.

Abb. 2.11 Ambidextrie – die beidhändige Organisation

Beides zu beherrschen, die effiziente Optimierung auf der einen und die agile Innovation auf der anderen Seite, wird als dynamische Fähigkeit der *organisationalen Ambidextrie* bezeichnet. Diese Ambidextrie referenziert auf das medizinische Phänomen der *Beidhändigkeit*, welches Menschen beschreibt, die weder links- noch rechtshändig, sondern eben beidhändig orientiert sind. Diese Menschen können mit beiden Händen gleichzeitig Bilder malen (vgl. Abb. 2.11) – eine Fähigkeit, die rechts- oder linkshändigen Menschen fehlt.

Für die Umsetzung von Ambidextrie in Organisationen wird zwischen *struktureller* und *kontextueller* Ambidextrie unterschieden [24].

Kontextuelle Ambidextrie zielt darauf, die Dualität der unterschiedlichen organisationalen Kontextfaktoren (z. B. Rahmenbedingungen, Führung, Werte, Normen ...) dynamisch, d. h. je nach Aufgabe innerhalb der gleichen Struktur, zu steuern. Die Kontextfaktoren[83] müssen hierbei so gestaltet werden, dass sich Verhalten und Fähigkeiten in Teams derart entwickeln, dass Mitarbeiter beide (konfliktären) Vorgehensweisen akzeptieren, zulassen und mit den daraus resultierenden Spannungen produktiv umgehen können. Seitens der Führung ist daher eine – auch abhängig von der aktuellen Aufgabe –

[83]80/20-Regel von Google: Mitarbeiter müssen sich 20 % ihrer Arbeitszeit mit innovativen Themen beschäftigen, die nicht zum Tagesgeschäft gehören. Ziel ist, so die Innovationsfähigkeit zu steigern.

geeignete Balance zwischen Replikation (Exploitation) und Innovation (Exploration) anzustreben. Auf Teamebene sollte ausreichend Entscheidungsautonomie und Freiraum bestehen, die Balance zwischen Exploitation und Exploration auch individuell eigenständig zu beeinflussen. Umsetzung findet kontextuelle Ambidextrie vor allem in forschungsintensiven Bereichen und späteren Wachstumsphasen von Startups, wenn also eine rein explorative Vorgehensweise die notwendige Stabilität und Prozesssicherheit für signifikantes Wachstum (Skalierung) nicht (mehr) gewährleisten kann.

Strukturelle Ambidextrie resultiert im Aufbau *dualer Strukturen* mit differenzierten Organisationseinheiten, die jeweils auf Exploitation oder Exploration spezialisiert sind. Entsprechend den oben ausgeführten Prinzipien von Exploitation und Exploration sind effizienzorientierte Einheiten, die auf Exploitation spezialisiert sind, eher geprägt durch Formalisierung, Hierarchie und Strukturierung, während innovationsorientierte Einheiten, die auf Exploration spezialisiert sind, eher Start-up-ähnliche Strukturen und Vorgehensweisen abbilden, also eher informell, experimentell, autonom und risikotolerant arbeiten. Die koordinative Herausforderung in der Umsetzung solch dualer Strukturen ist die geeignete strukturelle Abgrenzung der effizienzorientierten von den innovationsorientierten Einheiten – ohne diese gänzlich zu separieren – also Koexistenz zu realisieren, die mit möglichst wenig negativer Wechselwirkung (sog. negative Externalitäten) gewünschte (Spill-Over)[84] (vgl. dazu auch Abschn. 8.4) sowie Austausch und wechselseitiges Voneinander-Lernen ermöglicht.

Umsetzungsbeispiel Ambidextrie: BMW auf dem Weg zum Mobilitätsdienstleister

Der Automobilbauer BMW steht, wie die gesamte Automobilbranche, vor der Herausforderung der sich ankündigenden, radikalen Veränderungen in der Branche. Die Treiber dieser Veränderungen sind zum einen technologischer Natur (z. B. Elektromobilität) und könnten neue Produktarchitekturen (z. B. Antriebsstrang) zur Folge haben. Zum anderen wird die Branche aber auch durch neue Geschäftsmodelle (z. B. Ride-Sharing, Car-Sharing insbesondere in Verbindung mit autonomem Fahren) radikal verändert. Beides führt zu einer Zukunftserwartung, die Automobilhersteller weniger in der Rolle der Herstellung und des Verkaufs von Produkten (Auto) sieht, sondern eher in der Rolle, über verschiedenen Kanäle und Zugänge einen Mobilitätsservice bereitzustellen. Die Herausforderung ist jedoch, dass das Zielbild unklar ist und die möglichen Zukunftsszenarien in der Branche heftig diskutiert werden. Daher ist unklar, wo genau investiert werden sollte, welche Technologien sich tatsächlich als dominant durchsetzen und welche Services die Mobilität von morgen prägen werden.

In dieser Situation gibt BMW Raum für eine Reihe von einzelnen, teils *bottom-up* entstandenen Initiativen, die das Ziel haben, diesen unsicheren, komplexen

[84]Wechselseitige Übertragungseffekte – die innovationsorientierten Einheiten mögen beispielsweise vom Erfahrungswissen und der Marktkenntnis der langjährigen Mitarbeiter in exploitativen Einheiten profitieren. Mitarbeiter in eher effizienzorientierten Aufgaben mögen aus Anregungen von den alternativen Vorgehensweisen und Methoden der innovationsorientierten Einheiten profitieren und lernen.

Raum weiter auszuforschen – vom Car-Sharing-Joint-Venture DriveNow[85] über die BMW-Start-up-Garage, der Think.Make.Start.-Initiative bis zum BMW-Accelerator. Gleichzeitig wurden *top down* strategische Initiativen unter dem Logo „BMW i" versammelt. Ursprünglich mit Fokus auf Elektromobilität, wurde die eigenständige Marke „BMW i" 2010 initiiert und hat als eigenständige Einheit Modelle wie den BMW i3[86] und BMW i8[87] entwickelt. Diese Technologieträger haben nicht nur neue Technologien bereitgestellt (z. B. für die BMW eDrive Hybridmodelle), sondern auch nach innen die Möglichkeiten und Potenziale der neuen Technologien aufgezeigt, um so einen Beitrag zur Überwindung bestehender Widerstände in der Organisation und Kultur von BMW zu leisten. Heute umfasst die Marke BMW i breitere Bereiche und steht auch für den 500 Mio. EUR starken Corporate Venture Capital Fonds (BMW i Ventures), den BMW in Silicon Valleys Mountainview aufgebaut hat, um mit Beteiligungen Zugang zu neuesten Technologietrends zu erhalten.

Durch verschiedene Ausprägungsformen struktureller Abgrenzung (eigenständige rechtliche Einheit, Joint Venture, interne Teams, eigene Räumlichkeiten außerhalb BMW-Offices etc.) wird ein unterschiedliches Maß an Eigenständigkeit und Unabhängigkeit von der BMW-Stammorganisation realisiert. Eine dennoch gegebene räumliche Nähe (Beispiel: Die Distanz zwischen dem BMW-Vierzylinder am Olympiastadion und der BMW-Start-up-Garage in Garching beträgt 13 km) lässt den Austausch und wechselseitiges Voneinander-Lernen zu.

Duale Strukturen können also beispielsweise durch kleine, agile unternehmerische Einheiten (vgl. ARRI Innovationsteam Abschn. 2.2) ausgebildet werden, die abseits und parallel zum Kerngeschäft neue, transformationale Geschäftsfelder erschließen. Damit solche Innovationsteams nicht nur technologische Möglichkeiten erkunden, sondern neue Geschäftsmöglichkeiten am Markt entwickeln, sollten sie mit einem unternehmerischen Mandat ausgestattet werden. Damit werden aus Innovationsteams sogenannte Unternehmerteams im Sinne des *Corporate Entrepreneurship,* die zur Förderung der vorher ausgeführten Spill-over-Effekte und des Voneinander-Lernens zwar strukturell separiert, aber nahe an der Stammorganisation angelegt sein sollten.

---

[85]DriveNow: Joint Venture mit dem Mietwagenanbieter Sixt, gestartet 2011 als eine Initiative aus einer BMW-internen Workshop-Serie zum Thema Nachhaltigkeit der Marke BMW und Mobilität der Zukunft. DriveNow ist eines der alternativen Geschäftsmodelle, mit denen die Kernprodukte (Autos) monetarisiert werden sollen, ohne dass sie (wie bisher) dafür verkauft werden müssten.

[86]Der BMW i3 ist ein reines Elektroauto, das für den Stadtverkehr konzipiert wurde und 200 km Reichweite aufweist. Die BMW i-Modelle sind im Vergleich zu anderen Herstellern keine elektrifizierten Standardmodelle, sondern von Grund auf neu konzipierte Automobile, die beispielsweise die schweren Batterien in der Bodenplatte verbaut und eine Karosserie aus kohlefaserverstärktem Kunststoff haben.

[87]Der BMW i8 ist ein Sportwagen auf Basis eines Plug-in-Hybrids und aus einer früheren Technologiestudie heraus entstanden, die vor allem auf energiesparende Aspekte ausgelegt war.

Corporate Entrepreneurship beschreibt ein Konzept, das im Kontext der Veränderungs- und Innovationsfähigkeiten von Unternehmen seit den 90er Jahren zunehmend in den Fokus gerückt ist: *„We believe that Corporate Entrepreneurship will become an increasingly important topic over the next decade, as competitive, technological, social and political change in the environment of U. S. firms continues to accelerate"* [26]. Die zunehmend komplexe Unternehmensumwelt und der verschärfte Zeit- und Innovationswettbewerb (vgl. Kap. 1) haben dem Thema eine völlig neue Relevanz verliehen, denn etablierte Unternehmen schaffen es kaum, mit den bestehenden Strukturen die anliegenden Herausforderungen zu meistern.

Corporate Entrepreneurship fokussiert daher auf zwei Dimensionen: 1) das Separieren eigenständiger unternehmerischer Einheiten im Unternehmen („Unternehmen im Unternehmen") – das sogenannte *Corporate Venturing* – und 2) die strategische Neuausrichtung und Transformation des Unternehmens mithilfe dieser Einheiten – das sogenannte *Strategic Renewal.* Das Ziel ist, unternehmerisches Verhalten (*entrepreneurial orientation,* vgl. Abschn. 2.3) in einer bestehenden, eher reifen Organisation zu stimulieren und diese daraus zukunftsfähig zu gestalten [27].

In dem Sinne können diese Teams auch als „eingebettet" in die Stammorganisation verstanden werden [51]. Solche *eingebetteten Unternehmerteams* [21] agieren eigenständig, agil und unternehmerisch am Markt und sind dafür mit den notwendigen Ressourcen (Mitarbeiter, Einrichtungen, Geld etc.) ausgestattet, verfügen aber gleichzeitig über eine starke „Nabelschnur" zur Stammorganisation, über die zum einen weitere Ressourcen herangezogen werden können (z. B. operative Unterstützung in Bereiche wie HR, R&D, etc.) und zum anderen ein Transformationsbeitrag der Unternehmerteams in die Stammorganisation (*Spill-over*) gewährleistet wird.

Für die Implementierung eingebetteter Unternehmerteams als konkrete Umsetzungsform struktureller Ambidextrie ist die Gestaltung der „optimalen" Autonomie und Schnittstelle der Teams zur Stammorganisation ein wesentlicher Erfolgsfaktor: Maximale Autonomie ist nicht ideal, weil dann strategische Kohärenz *(strategic alignment)* nicht gewährleistet ist, zu geringe Autonomie ist nicht wünschenswert, weil dann die gerade zu Beginn notwendigen experimentellen Lernschleifen *(Pivoting)* eingeschränkt werden. Die konkrete Ausgestaltung dieser „idealen" Autonomie ist daher Gegenstand intensiver Forschung [21] und wird aufgrund ihrer besonders ausgeprägten Bedeutung für den Erfolg in der Umsetzung von Ambidextrie im nächsten Abschnitt ausführlich behandelt.

Kernaussagen

- Im Wandel unserer Zeit gelingt es typischerweise nicht (mehr), die gesamte Organisation in einem Kontext zu halten, daher ist Führung und Organisationsgestaltung adäquat zu differenzieren.
- Die dynamische Fähigkeit der Ambidextrie ermöglicht die „beidhändige" Organisation – gleichzeitig bestehendes Kerngeschäft zu optimieren und strategische Innovation aufzubauen.
- Exploitation (Kerngeschäft) und Exploration (Innovation) haben negative Wechselwirkungen, müssen daher in dualen Strukturen abgegrenzt werden.

- Trotz der Abgrenzung ist eine Vernetzung des Innovationsteils zum Kerngeschäft notwendig, damit nicht nur ein neues Geschäft aufgebaut werden kann, sondern auch eine Transformationsleistung (sog. strategic spill-over) erfolgt.
- Unternehmerteams im Corporate Entrepreneurship stellen verschiedene Möglichkeiten bereit, duale Strukturen aufzubauen und sowohl Innovation als auch Transformation zu leisten.

2.5 Eingebettete Unternehmerteams als konkrete Option zur Implementierung der beidhändigen Organisation

Dem vorher ausgeführten Konzept des Corporate Entrepreneurship folgend, sollen eingebettete Unternehmerteams eigenständig und strukturell separiert von der Stammorganisation, agil und unternehmerisch am Markt aktiv werden und gleichzeitig eine starke „Nabelschnur“ zur Stammorganisation behalten, um einen Transformationsbeitrag zur Stammorganisation leisten zu können *(Spill-over)*. Aus diesem Spannungsfeld in der Autonomie der Unternehmerteams entsteht eine besondere Bedeutung der organisationalen Schnittstelle zwischen Stammorganisation und Unternehmerteam, die in Abb. 2.12 illustriert ist.

Abb. 2.12 zeigt deutlich, dass das eingebettete Unternehmerteam einer hybriden Organisationsgestaltung entspricht, die Anleihen sowohl bei Elementen der Gestaltung der Stammorganisation als auch bei Elementen des Aufbaus von Start-ups nimmt – und sich dennoch von beiden unterscheidet.

Beispiele für Umsetzungsformen eingebetteter Unternehmerteams:

- **(Externes) Corporate Venturing** zielt auf Kapitalbeteiligung oder Akquisition an unternehmensextern gegründeten Start-ups. Ziel ist es u. a., durch diese Beteiligungen das eigene Technologie- und Geschäftsportfolio geeignet zu ergänzen und zu erweitern.

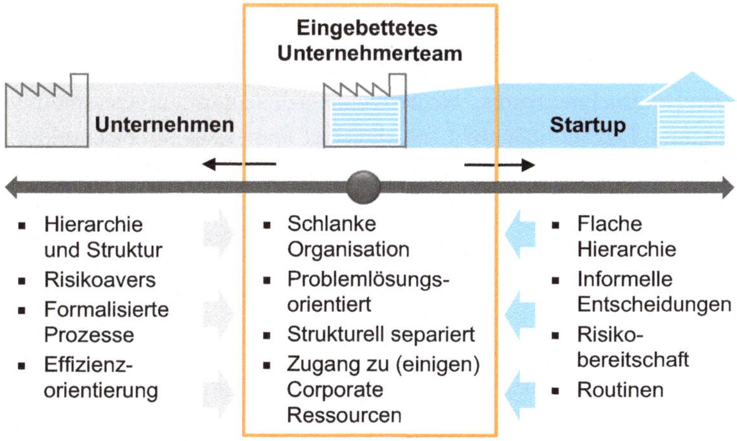

Abb. 2.12 Das eingebettete Unternehmerteam als hybride Organisationsform

- **(Internes) Corporate Venturing** fokussiert auf unternehmensintern gegründete Initiativen, die beispielsweise als Ausgründungen (Spin-offs) oder interne Start-up-Teams auch rechtlich ganz oder teilweise aus den Strukturen der Mutterorganisation herausgelöst werden können.
- **Joint Ventures** werden als rechtlich eigenständige Einheiten durch die Beteiligung von mindestens zwei Unternehmen gegründet. Hier soll die Kombination komplementärer Partnerkompetenzen eine Erweiterung/Erneuerung des jeweiligen Geschäftsportfolios ermöglichen (z. B. DriveNow: BMW – Auto, SIXT – Vermietung).

Für die Koordination, Förderung und Unterstützung von eingebetteten Unternehmerteams werden im Corporate Entrepreneurship mitunter eigene Einheiten eingerichtet, die die Management- und Spill-over-Prozesse im Kontext von Unternehmerteams professionalisieren sollen. Unterschieden werden hierzu meist *Corporate Accelerators* und *Corporate Incubators*.

Ein unternehmensinterner **Corporate Accelerator** zielt darauf ab, neue Ideen für Produkte oder Dienstleistungen möglichst schnell und mit möglichst geringem Einsatz an Ressourcen nach dem Lean-Start-up-Prinzip „Scheitere möglichst früh und möglichst günstig" [56] zu validieren. Daher werden im Accelerator in typischerweise kleinen, temporär besetzten Teams Validierungsprojekte schnell und agil umgesetzt. Der Accelerator unterstützt mit entsprechenden Einrichtungen und Ressourcen sowie mit Coaching.

Ein interner **Corporate Incubator** geht über diese Ideenvalidierung hinaus und zielt darauf ab, Teams in einem Start-up-ähnlichen Umfeld über einen längeren Zeitraum bis hin zur Marktreife des Produkts zu führen. Der Incubator kapselt dabei die internen Start-up-Teams vor negativem Einfluss der Regeln und Vorgaben in der Stammorganisation ab und stellt zudem Unterstützung durch Ressourcen, Einrichtung und Coaching, ähnlich dem Accelerator, bereit.

Wie schon diese Professionalisierung in der Praxis zeigt, ist für die erfolgreiche Implementierung eingebetteter Unternehmerteams ganz wesentlich, die Anbindung der Unternehmerteams an die Stammorganisation differenziert zu betrachten [22] und deren Gestaltung bewusst vorzunehmen. Eine wichtige Voraussetzung hierbei ist ein Verständnis für den Auftrag, der an solche Teams gehen sollte (vgl. ähnlich auch Abschn. 2.3.2). Idealerweise werden Unternehmerteams, wie der Name nahelegt, mit einem unternehmerischen Auftrag ausgestattet. Das schließt nicht aus, dass das Team „nur" eine neue Idee oder Technologie schnell und günstig validieren soll[88] (vgl. Ausführungen zu Corporate Accelerator weiter oben). Jedoch sollten Markt und Kunde immer ein wesentlicher Bestandteil sein und

[88]In einem erweiterten Verständnis können eingebettete Unternehmerteams jedoch auch zur reinen Exploration technologischer Konzepte (3-D-Druck, Virtual Reality, Augmented Reality, …) oder auch methodischer Ansätze (Lean-Start-up, Scrum, E-Collaboration …) genutzt werden, ohne dass dabei die Zielsetzung besteht, ein neues Geschäft aufzubauen.

eine starke Stimme im Team haben. Entsprechend sollte der Auftrag darin bestehen, die Validierung am Markt und in Interaktion mit „realen" Kunden[89] vorzunehmen.

Die Notwendigkeit, am Markt und im direkten Kontakt mit Kunden zu agieren, ergibt sich zum einen aus der Natur des komplexen Kontexts und seiner Unplanbarkeit (vgl. Abschn. 1.4 und 2.1) und zum anderen aus der Interdependenz von Technologie, Produkt und Geschäftsmodell. Eine bestimmte Technologie führt nicht zwangsläufig nur zu dem einen, einzigen Produkt- oder Service-Design, und ähnlich können ein bestimmtes Produkt oder ein bestimmter Service ganz unterschiedliche Geschäftsmodelle bedienen [12]. Je nach Geschäftsmodell wiederum kann eine andere Technologie attraktiver oder eine andere Produkt- oder Servicegestaltung sinnvoller sein (vgl. die Ausführungen zu Plattformgeschäftsmodellen Abschn. 1.2). Technologie-, Produkt- und Geschäftsmodellentwicklungen sind also nicht sequenziell abzuarbeitende Schritte, sondern entstehen aus der Iteration des Unternehmerteams in den drei Unsicherheitsdimensionen strategischer Innovation (vgl. dazu auch [39]):

- **Technologie:** Welche Technologie ist die richtige und was wird diese leisten können?
- **Markt:** Wie entwickeln sich Wettbewerber und Wettbewerbsangebote sowie mögliche Substitute?
- **Kundenumfeld:** Wie verändern sich das Kundenverhalten und die Präferenzen der Kunden?

Für die agile Steuerung dieser Iteration ist der Kunde – bzw. dessen Verhalten, Zahlungsbereitschaft etc. – die wesentliche Referenz, denn eine scheinbar gute Lösung, die der Kunde nicht akzeptiert, wird ebenso wenig zum Erfolg führen wie ein Geschäftsmodell, dem der Kunde nicht folgt. Umgekehrt kann ein geeignetes Geschäftsmodell Produkte, die nur schwer *verkauft* werden können, in ein erfolgreiches Geschäft verwandeln.[90]

Daher ist die Entwicklung des Geschäftsmodelles ein integraler Teil des Innovationstrichters strategischer Innovation und findet nicht am Ende statt (wenn das Produkt „fertig" ist), sondern zusammen und iterativ [41] mit der Produkt- und Serviceentwicklung in den Innovationsphasen der Inkubation und Entwicklung. In dieser Phase muss das Team daher nicht nur Produktprototypen am Markt und mit Kunden testen, sondern ebenso auch deren Monetarisierung auf der Basis von Hypothesen zum passenden Geschäftsmodell. Je nach den Rückmeldungen der Kunden dazu kann nicht nur eine Revision des Geschäftsmodells notwendig sein, sondern unter Umständen auch eine veränderte Gestaltung von Produkt und Service erforderlich werden.

---

[89]In Scrum ist dies beispielsweise nicht vorgesehen, der Kunde ist keine explizite Scrum-Rolle, stattdessen übernimmt der *Product Owner* die Aufgabe, Kontakt zum Kunden zu halten und diese Sicht in die Arbeit mit einzubringen. Im Rahmen von Unternehmerteams würde das nicht ausreichen.

[90]Ein recht markantes Beispiel ist dafür der „unverkäufliche" Trocken-Kopierer Modell 914 der Firma Haloid aus dem Jahre 1959, auf den im Folgenden noch einmal ausführlicher Bezug genommen wird.

Vom Misserfolg zum Erfolg nur durch das Geschäftsmodell[91]

Die **Watt-Dampfmaschine** war eine wichtige Erfindung und hat die Dampfmaschinen ihrer Zeit im Wirkungsgrad erheblich verbessert. Dennoch konnte James Watt die Maschine nicht erfolgreich verkaufen, ging bei dem Versuch zweimal in die Insolvenz. Der Grund war, dass seine Zielkunden, die Minenbetreiber Cornwalls, aufgrund des immer stärker in die Stollen einbrechenden Wassers selbst nah an der Insolvenz waren und keine Investitionen in teure Maschinen leisten konnten – auch wenn diese Maschine versprach, genau dieses Wasserproblem zu lösen. Den Erfolg brachte erst ein neuer Geschäftspartner Watts, der das **Geschäftsmodell** änderte und den Minenbetreibern anbot, statt ihrer die Wasserpumpen der Minen zu betreiben, und zwar zu 30 % geringeren Kosten. Dieses Geschäftsmodell, das Investitionen seitens der Minenbetreiber obsolet machte, war äußerst erfolgreich. Kurze Zeit später, 1783, operierten mehr als 90 % der Minen Cornwalls mit Watt-Dampfmaschinen. Und die kontinuierlichen Royaltys machten James Watt zu einem reichen Mann.

Der erste **„Trocken-Kopierer"** Modell 914 der Firma Haloid wurde 1959 entwickelt. Er war leistungsfähig, aber mit mehreren tausend Dollar auch sehr teuer in der Herstellung [12]. Im Markt etabliert waren zu der Zeit sogenannte Nass-Kopierer, die in der Anschaffung günstig (ca. 300 US$), aber im Betrieb teuer waren, aufgrund spezieller Verbrauchsmaterialien und Papiere (Razor & Blade-Geschäftsmodell). Dagegen schien das um Größenordnungen teurere Modell 914 chancenlos. Kodak, General Electric und IBM lehnten eine Partnerschaft ab. Das **Geschäftsmodell** veränderte die Situation grundlegend: Das Modell 914 wurde vermietet (95 US$ pro Monat) und nicht verkauft (27.500 US$ Kaufpreis), Service und Verbrauchsmaterialien per kopierte Seite abgerechnet (4 ct/Seite). Dies und die nur zweiwöchige Vertragskündigungsfrist senkten Entscheidungshürden für Kunden – und einmal im Kontakt mit dieser neuen Technologie, änderte sich ihr Verhalten fundamental und unumkehrbar: Statt mit dem umständlichen und schmutzigen Nass-Kopierer 15–20 Kopien pro Tag und Gerät[92] wurden nun mit dem Modell 914 durchschnittlich 2000 Kopien pro Tag und Gerät angefertigt. Eine für einen Nasskopierer undenkbare Anzahl von Kopien und für Haloid ein fantastisches Geschäft – die fast unbekannte Firma mit 30 Mio. US$ Umsatz (1959) wurde in etwas mehr als zehn Jahren ein globaler Konzern mit 2,5 Mrd. US$ Umsatz, die Firma Xerox.

Für die erfolgreiche Iteration in den verschiedenen Unsicherheitsdimensionen strategischer Innovation müssen die Unternehmerteams die jeweils neu erarbeiteten Hypothe-

[91]Ein aktuelles Beispiel dafür liefert die Druckerindustrie. Der Verkauf der Geräte ergibt allenfalls marginalen Profit, erst der Verkauf der Druckerpatronen erzeugt attraktive Profitabilität – nicht umsonst ist Druckertinte eine der teuersten Industrieflüssigkeiten: Der Preis für eine Gallone schwarzer Druckertinte lag im Jahre 2010 bei 2700 US$. Im Vergleich dazu lag der Preis für eine Gallone Heizöl in Deutschland im Jahr 2010 bei gerade einmal 2,47 EUR, Hippler, M. (2010). Warum Druckertinte wertvoller ist als Öl. DIE ZEIT, 26. Mai 2010.

[92]90 % der Nass-Kopierer wurden für weniger als 100 Kopien pro Tag genutzt.

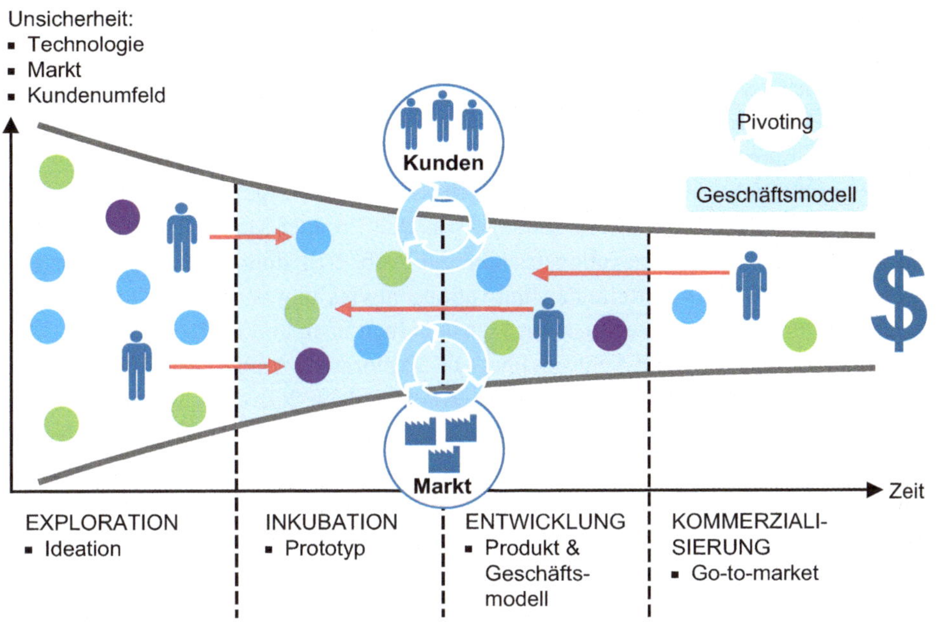

Abb. 2.13 Innovationstrichter bei eingebetteten Unternehmerteams

sen und Prototypen direkt mit und an Kunden testen, die Rückmeldungen aufnehmen und schnell in kleine Kurskorrekturen und Abwandlungen umsetzen (sog. *Pivoting,* vgl. [56]). Daher ist die Rückmeldung der Kunden das zentrale Kriterium für diese Teams, eine Idee oder ein Projekt von einer Phase im Innovationstrichter in die nächste zu überführen. Diese zentrale Rolle der Kundeninteraktion ist in der Abb. 2.13 dargestellt. Hier stehen symbolhaft die Kunden im Zentrum des Innovationstrichters und „schieben" die Projekte im Innovationstrichter von links nach rechts Schritt für Schritt weiter. Dabei gilt es jedoch zuzulassen, dass zukünftige Kunden – möglicherweise auch sehr spät im Prozess – Unzufriedenheit und wenig Begeisterung als Rückmeldung auf einen aktuellen Prototyp geben. Dann gilt es zu akzeptieren, dass dieses Feedback das Projekt einen Schritt zurück, also von rechts nach links, „schiebt" – ein Kennzeichen des im komplexen Umfeld notwendigen iterativen Vorgehens. Nun sind Änderungen vorzunehmen, bis die Erwartungen der Zielkunden getroffen werden.

Dieses in schnellen und kurzen Iterationszyklen einzuholende Kundenfeedback, das schnelle Verarbeiten des Feedbacks und entsprechend agiles Anpassen durch stetige Kurskorrekturen gehören zu den wesentlichen Grundprinzipien der vorher schon vereinzelt thematisierten Lean-Start-up-Methodik[93] [56]. Dazu werden Lean-Prinzipien auf den

[93]Ähnliche Iterationen finden sich auch in agilen Entwicklungsmethoden wieder. Jedoch wird hier der „reale" Kunde typischerweise durch spezifische Team-Rollen (z. B. Product Owner) ersetzt. Ob der Kunde für Feedback ausreichend präsent ist, hängt also sehr davon ab, wie diese Rollen ausgefüllt werden, vgl. Kap. 3.

Kontext einer Unternehmensgründung angewendet. Alle Prozesse sollen so schlank wie möglich gehalten werden, um mit möglichst geringem Einsatz an Ressourcen herauszufinden, ob eine Geschäftsidee erfolgreich sein kann oder nicht. Der Fokus geht dazu weg von langen Planungen und hin zu agiler, iterativer Kundeninteraktion, Generierung von Wissen durch Lernerfahrungen und Feedbackschleifen aus der Interaktion mit den Kunden. Dies ermöglicht die kontinuierliche Verbesserung der angestrebten Innovation auf Basis der Bedürfnisse der späteren Kunden, was den Product-Market-Fit der Innovation steigert. Dies deutet der Innovationstrichter der Abb. 2.13 durch die Reduzierung der Unsicherheit im Verlauf der Reife der Innovationsentwicklung an: Durch Kundeninteraktion, Lernerfahrungen und Feedback wird Unsicherheit nach und nach reduziert.

Solch iteratives Vorgehen kennzeichnet die explorative Aufgabe der Unternehmerteams. Derartige Konstellationen sind insbesondere dann hilfreich, wenn strategische Innovation in hochunsicheren, komplexen Umfeldern angestrebt wird. Diese Art von Innovation integriert nicht nur iterativ Innovation entlang mehrerer Dimensionen (Technologie, Produkt & Service, Geschäftsmodell), sondern strebt insbesondere auch Innovation weiter entfernt vom Kerngeschäft an. Für inkrementelle Innovationen wären die Lernkosten für das iterative Trial-and-Error-Vorgehen, den nicht sequenziellen Prozess und die intensive Einbindung von Kunden nicht gerechtfertigt (vgl. dazu Diskussion zu Effektivität vs. Effizienz in Abschn. 2.3).

Die Positionierung von Innovationsprojekten in einem strategischen Innovationsportfolio, vgl. Abb. 2.14, macht diese Abgrenzung anhand der Unsicherheitsdimensionen „Markt" und „Technologie" deutlich. Dort wo auf der Marktseite und/oder der Technologieseite das Risiko „niedrig" bis „mittel" – also noch nicht „hoch" – ist, sollten die bestehenden F&E Prozesse des Kerngeschäfts Anwendung finden. Ob hier teilweise mit agilen Methoden gearbeitet werden kann oder sollte, hängt vom individuellen Technolo-

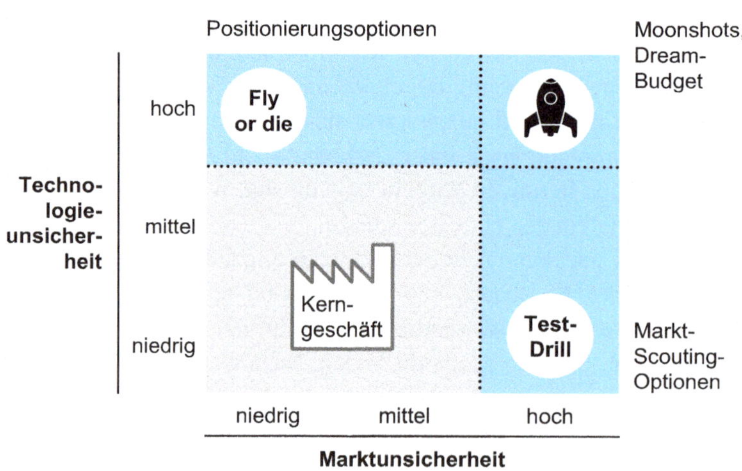

Abb. 2.14 Strategisches Innovationsportfolio

gie- und Marktkontext ab (vgl. Kap. 3 und 7). Eingebettete Unternehmerteams dagegen adressieren den äußeren, blauen Bereich, der durch hohe Unsicherheit in Markt und/oder Technologie gekennzeichnet ist.

In diesem komplexen Umfeld ist die iterative und explorierende Vorgehensweise des eingebetteten Unternehmerteams zielführend, weil ein unbekanntes Terrain betreten wird und die „richtige“, „gute“ Lösung – anders als im Kerngeschäft – noch unbekannt ist. In diesem äußeren, blauen Feld ist insgesamt eine balancierte Verteilung von Projekten anzustreben. Idealerweise verfolgen verschiedene Teams Projekte in den unterschiedlichen Ausprägungen dieses Innovationsportfolios. Die Entwicklungen der eingebetteten Unternehmerteams sollen damit der Stammorganisation flexible strategische Optionen für die Weiterentwicklung des Innovations- und Geschäftsportfolios zurückgeben. So kann ein Unternehmen beispielsweise nach einem erfolgreichen „Test Drill“ noch entscheiden, ob man die jeweilige Innovation nun auf breiter Basis als Geschäft einführen und aufbauen will – oder aus welchen Gründen auch immer eher nicht weiterverfolgen möchte. Nachfolgend werden die einzelnen Felder des strategischen Innovationsportfolios erläutert.

Oben links (Markt: sicher, Technologie: hoch unsicher) stehen sogenannte **Positionierungsoptionen.** Die Nachfrage am Markt und das Bedürfnis der Kunden sind schon transparent – nur das eigene Unternehmen hat dazu noch kein Angebot und muss das schnellstens nachholen, um nicht vom Markt verdrängt zu werden. Beispiele dazu wären die derzeit sichtbare Neuorientierung der etablierten Automobilhersteller (vgl. BMW Abschn. 2.4) hin zur Elektromobilität sowie das ARRI-Beispiel (Abschn. 2.2).

Unten rechts ist die Situation genau umgekehrt. Im **Markt Scouting** verfügt das Unternehmen über (neue) Technologie, es besteht aber hohe Unsicherheit, wie diese monetarisiert werden könnte (Wer zahlt was wofür?). Diese Situation ist häufig bei den großen digitalen Konsumenten-Plattformen wie beispielsweise Google oder Twitter zu beobachten. Google hatte lange die beste Suchmaschine im Internet – aber kein Geschäftsmodell. Twitter hat eine hohe Verbreitung und unbestreitbar gesellschaftlichen Einfluss[94] – aber nur langsam steigende Werbeeinnahmen, was Gegenstand harter Kritik von Aktienanalysten ist. Für den hier notwendigen Market Drill geht es darum, mit Experimenten den Markt zu testen und Akzeptanz, Zahlungsbereitschaft und Kundenverhalten mit Iterationen besser zu verstehen. Kodak ist ein sehr gutes Beispiel dafür, wie man in diesem Feld NICHT agieren sollte (vgl. Abschn. 1.4): Statt unternehmerisch Marktoptionen für die seit Mitte der 90er Jahre auch wirtschaftlich verfügbare Technologie der digitalen Fotografie zu suchen, hat man sich dort intensiv bemüht, die analoge Welt (Kerngeschäft) zu erhalten.

Oben rechts sind die **Optionen des radikal Neuen,** wo sowohl in der Technologie als auch im Markt hohe Unsicherheiten bestehen. Die Firma Google nennt Projekte dieser Art metaphorisch *„Moon Shots“*, in den Xerox Forschungscentern wird das Budget für solche Projekte *„Dream Budget“* genannt. Hier liegt die Herausforderung darin, groß

[94]Man denke hier nur an den „ersten Twitter-Präsidenten“ in den USA.

genug und weit genug zu denken – und gleichzeitig konkrete Ergebnisse anzustreben. Mit dem Dream Budget versucht Xerox dies beispielsweise dadurch zu erreichen, dass dessen Höhe unangetastet festliegt, über die Zuteilung aber die Entwickler selbst entscheiden. Dafür versammeln sich die Entwickler, ohne dass jemand vom Management anwesend sein darf, und diejenigen, die das Budget für ein Projekt nutzen wollen, müssen dieses vor ihren Peer-Kollegen präsentieren und diese davon überzeugen und dafür gewinnen.

Es zeigt sich nach einigen Jahren zum einen, dass die Entwickler sehr verantwortlich mit diesen Budgets umgehen, denn die jeweilige Wahrnehmung ist: „Ich habe das Geld bekommen, also kann jemand anderes sein Projekt nicht verwirklichen." So entsteht eine durch Verantwortungsgefühl gegenüber den Peer-Kollegen erzeugte Motivation, das Budget „gut" zu nutzen. Zum anderen zeigt sich mittlerweile, dass einige Schlüsselentwicklungen im heutigen Xerox-Service-Portfolio auf genau solche Projekte zurückgehen, u. a. die Atlas Public Service Transportation Analytics. Eine Entwicklung, die ihren Ausgangspunkt bei zwei Entwicklern nahm, die nach eigener Aussage „Spaß an Algorithmen für Verkehrsdaten" hatten.

Durch das Verfolgen von eher flexiblen Strategieoptionen fernab des Kerngeschäfts der Stammorganisation und die Anwendung von alternativen, agilen Methoden erweitern und erneuern eingebettete Unternehmerteams die Kompetenzbasis des Unternehmens und eröffnen neue Marktchancen. In diesem Sinne tragen die Aktivitäten der Unternehmerteams nicht unerheblich zum langfristigen Überleben und insbesondere zur strategischen Erneuerung der Stammorganisation bei. Angesichts dieses strategisch wichtigen Beitrages sollte man erwarten, dass die Mitarbeiter in der Stammorganisation diese Teams begrüßen und unterstützen – tragen diese doch zur mittel- und langfristigen Sicherung der Arbeitsplätze in der Stammorganisation bei. Tatsächlich ist aber meist das Gegenteil der Fall, eine Folge der vorher schon beschriebenen negativen Externalitäten zwischen Unternehmerteam und Stammorganisation. Häufig finden sich eingebettete Unternehmerteams in einer „Alien"- oder sogar „Feind"-Rolle bezogen auf die Stammorganisation wieder. Daher können an der Schnittstelle zwischen Stammorganisation und Unternehmerteam Spannungen auftreten, die wir als *Autonomiekrisen* bezeichnen. Für den Erfolg von eingebetteten Unternehmerteams ist daher die Gestaltung der Schnittstelle zur Stammorganisation ganz wesentlich, weil diese Gestaltung als konkrete Umsetzungsform struktureller Ambidextrie (vgl. Abschn. 2.4) die „optimale" Autonomie des Teams gewährleistet und dabei unterstützt, solche Autonomiekrisen zu vermeiden [21].

Differenzierte Gestaltung der Autonomie eingebetteter Unternehmerteams

Die Dimension der strukturellen Autonomie beschreibt die Gestaltung der Zusammenarbeit, der Regeln und des Arbeitsumfelds, aber auch Einsatz und Ausrichtung der vorhandenen Kompetenzen im Unternehmerteam. Das Management der Stammorganisation muss hier zwischen der Vorgabe und der Durchsetzung etablierter Methoden und Regeln der Stammorganisation und dem Gewähren von Freiraum abwägen. Letzteres ermöglicht eine bewusste Abgrenzung des Teams, die die Ingroup-Solidarität und Motivation fördert sowie glaubwürdig zeigt, dass das Unternehmerteam selbstbestimmt eigene Wege gehen kann.

Die Dimension der strategischen Autonomie ermöglicht dem Unternehmerteam, am Markt und mit Kunden eigenständig strategische Entscheidungen zu treffen und umzusetzen.[95] Hier gilt es abzuwägen, in welchem Maße dem Team zum einen Top-down-Vorgaben im Sinne von „Leitplanken" gemacht werden (vgl. Abschn. 2.3), und zum anderen, inwieweit die Aktivitäten am Markt trotz gewünschten Freiraums der Abstimmung bedürfen. Je stärker die Top-down-Vorgabe, desto stärker typischerweise die strategische Kohärenz – desto unwahrscheinlicher jedoch out-of-the-Box-Denkansätze und innovative Ergebnisse.

Die Dimension der (funktionalen) **Entscheidungsautonomie** adressiert die Frage von Zentralisierung versus Dezentralisierung. Hier gilt es abzuwägen, in welchem Maße operative fachliche Entscheidungen dezentralisiert im Unternehmerteam getroffen werden sollen (mit der Gefahr von Inkompatibilitäten oder Ineffizienzen gegenüber etablierten Standards) und in welchem Maße bestehende Expertise in der Stammorganisation für taktische Entscheidungen genutzt werden soll.

Die Dimension der funktionalen Autonomie beschreibt die Abwägung, welche funktionalen Kapazitäten[96] im eingebetteten Unternehmerteam aufgebaut werden und in welchem Maße das Unternehmerteam stattdessen bestehende Ressourcen und Kapazitäten der Stammorganisation „mitnutzt". Diese Frage bestimmt mitunter signifikant den Kostenaufwand, der für die Einrichtung solcher Teams entsteht. Insofern ist gerade für die frühe Phase solcher Teams die mögliche bzw. Erfolgversprechende Minimalausstattung interessant. Diese wird später noch einmal detailliert diskutiert (Abschn. 8.5).

Die möglichen Konflikte an der Schnittstelle zwischen eingebettetem Unternehmerteam und Stammorganisation entstehen entlang von vier Dimensionen, die daher auch für die Gestaltung der für das Team und die Stammorganisation „optimalen" Autonomie bestimmend sind [23]:

Strukturelle Autonomie (Job Autonomie): Eingebettete Unternehmerteams gestalten idealerweise eigene Regeln in Bezug auf Arbeitsweisen und -methoden (Regeln der Zusammenarbeit, Arbeitszeit, Anwesenheit, Remote-Arbeit etc.) bis hin zur Gestaltung ihrer Arbeitsumgebung (Büroeinrichtung, IT-Infrastruktur, Nap Rooms, Kicker etc.). Funktional kann diese autonome Gestaltung selten direkt eine bessere Arbeitsfähigkeit in Bezug auf die zu bearbeitende Aufgabe begründen (häufig genannt: Steigerung der Kreativität). Jedoch ist diese Autonomie stark mit der individuellen Motivation und Leistungsbereitschaft der Teammitglieder verbunden: Die eher symbolische Abgrenzung durch eigendefinierte Spielregeln bestärkt das „Wir sind anders"-Ingroup-Gefühl[97].

---

[95] Ganz im Sinne der Strategie der Mitzberg'schen Forderung [42], Strategie an den äußeren Enden der Organisation in Interaktion mit Markt und Kunden zu „craften", also nicht zu planen, sondern zu „fertigen".

[96] Dabei handelt es sich um die folgenden acht Funktionen: Marketing, Vertrieb, Service, Forschung und Entwicklung, Fertigung, Recht, Personal, Buchhaltung und Controlling sowie Produktmanagement.

[97] Und diese Teams sollen ja auch „anders" arbeiten, sonst entsteht nichts Neues, sondern nur mehr vom Gleichen.

Gleichzeitig scheint dies oft ein unbewusster Test der gewährten Rahmenbedingungen zu sein – wenn ein Team ein revolutionäres, neues Geschäftsfeld aufbauen soll, die Freiheit des Teams aber schon bei der Wahl der Büromöbel aufhört, wirkt das Versprechen, frei und out-of-the-Box denken zu können, wenig glaubwürdig. Die Stammorganisation wird dagegen institutionell (HR-Abteilung, Einkauf, Gewerkschaften, Arbeitszeitregelungen etc.) und auf individueller Ebene auf die Einhaltung der für die Stammorganisation geltenden Regeln drängen. Eine natürliche Quelle von Konflikten.

Strategische Autonomie: Eingebettete Unternehmerteams wollen und sollen, der vorher genannten Lean-Start-up-Methodik folgend, direkt am Markt und mit Kunden interagieren können, ohne in Richtung der Stammorganisation und deren Hierarchie nach einem Konsens oder einer Freigabe dafür suchen zu müssen. Die Stammorganisation wiederum hat ein starkes Interesse, nur strategisch kohärentes Verhalten in Richtung bestehender und (möglicherweise) zukünftiger Kunden zuzulassen. Es ist verständlich, wenn Organisationen bei dem Gedanken nervös werden, dass ein Team „junger Wilder" ohne Abstimmung und mit halb fertigen Prototypen auf die eigenen Kunden losgeht. Hat das Unternehmerteam diese Möglichkeit jedoch nicht, werden schnelle Iterationen kaum möglich und die notwendigen Lernerfahrungen *(Pivoting)* stellen sich nicht ein. Hier entstehen ganz natürlich Konflikte.

(Funktionale) **Entscheidungsautonomie:** Diese Autonomie beschreibt ein Bestreben, ähnlich wie bei strategischen Entscheidungen, auch bei eher operativen und taktischen, funktionalen Entscheidungen frei und unabhängig von der Stammorganisation entscheiden zu können, ohne dass ein Konsens mit den fachlich zuständigen Fachabteilungen gesucht werden muss. Auch hier ist das Argument, ähnlich wie oben, der Drang nach schnellen Iterationen und Lernerfahrungen, um Produkt und Service sowie Geschäftsmodell integrativ und iterativ schnell und zielgerichtet entwickeln zu können. Die Fachabteilungen haben hier ein natürliches Interesse, das Handeln des Unternehmerteams an die existierenden Standards und Regeln zu binden. Häufig sind beispielsweise Online-Marketing-Aktivitäten in Unternehmen gebündelt und es wird der Marketingabteilung nicht sofort einleuchten, warum das Unternehmerteam hier (zu erhöhten Kosten) einen eigenen Weg gehen muss. Die Suche nach funktionaler Autonomie wird dabei häufig als geringe Wertschätzung der bestehenden Erfahrung und der aufgebauten Kompetenz in der Stammorganisation empfunden – eine Wahrnehmung, die die schon natürlich auftretenden Konflikte zusätzlich befeuern kann.

Funktionale (Ressourcen-)**Autonomie:** Dem Streben nach Autonomie in Entscheidungen sowohl auf strategischer als auch auf operativer Ebene folgt ganz natürlich das Streben nach Unabhängigkeit in den für die Entwicklung und den Aufbau der Innovation notwendigen Personalressourcen. Eingebettete Unternehmerteams werden ein natürliches Bestreben zeigen, notwendige Expertise und Kapazität als Personal im Team aufzubauen – unabhängig davon, ob diese Expertise in der Stammorganisation auch verfügbar wäre. Dieser Aufbau von Personal wird jedoch seitens der Stammorganisation typischerweise kritisch gesehen, weil das Unternehmerteam häufig nicht rechtlich eigenständig ist, also das (neu) eingestellte Personal des Teams nicht notwendigerweise beim Scheitern der Idee

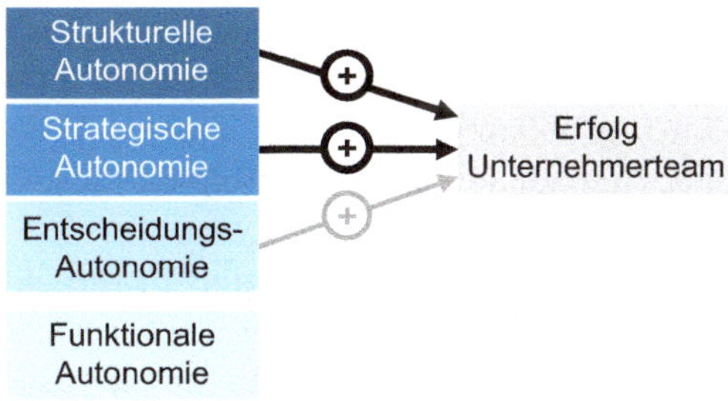

Abb. 2.15 Wirkung der Autonomie-Dimensionen auf Erfolg

wieder die Organisation verlässt. Zusätzlich wird verständlicherweise der Aufbau von Parallelexpertise und -kapazität als ggf. nicht notwendige Ineffizienz betrachtet. Daher entsteht natürlicherweise ein Konflikt an der Stelle, welche Ressource originär im Team aufgebaut und welche zumindest temporär aus der Stammorganisation im Sinne eine Projektabstellung oder eines Expertenservice (z. B. Rechtsberatung) genutzt werden soll.

Unsere deutschlandweit erste repräsentative Untersuchung [21] von Unternehmerteams in ca. 2000 Technologieunternehmen[98] sowie die darauf aufbauende Nachfolgeuntersuchung [60] mit Tiefeninterviews in ca. 60 Unternehmerteams von etwa 40 Industrieunternehmen[99] ergaben zur Gestaltung der organisationalen Schnittstelle zwischen Unternehmerteam und Stammorganisation u. a. die nachfolgend beschriebenen Gestaltungsempfehlungen. Hierzu illustriert Abb. 2.15 die im Rahmen unserer repräsentativen, quantitativen Untersuchung empirisch validierte Wirkung der vorher diskutierten Autonomiedimensionen auf den Erfolg von eingebetteten Unternehmerteams[100]:

- **Es gilt nicht die Regel „je mehr Autonomie, desto besser":** Vielmehr ist hier eine differenzierte Betrachtung, auch abhängig vom jeweiligen strategischen Kontext, wichtig. Es gilt abzuwägen, dass eine engere Anbindung beispielsweise die Nutzung bestehender Ressourcen und Kompetenzen in der Stammorganisation erleichtert. Umgekehrt fördert diese engere Anbindung die oben beschriebenen Autonomiekrisen.

[98]Befragt wurden ca. 2000 Technologieunternehmen im deutschsprachigen Raum, Gegenstand der Befragung war die konkrete Ausgestaltung der Unternehmerteam-Stammorganisation-Schnittstelle betreffend die Dimensionen der typischen Autonomiekrisen. Die Ergebnisse sind vielfach international beachtet und veröffentlicht worden, z. B. [22, 23]. Eine konsolidierte Verarbeitung der Ergebnisse erfolgte im Rahmen einer Promotion an der renommierten Forschungsuniversität Leiden (NL) [21].

[99]In dieser breit angelegten Forschungsarbeit wurden in etwa 40 Unternehmen ca. 60 eingebettete Unternehmerteams mit Tiefeninterviews untersucht. Dabei wurden die Teamleiter, Teammitglieder und die Unternehmensleitung der Stammorganisation bezogen auf die Gestaltung der Schnittstelle zwischen Unternehmerteam und Stammorganisation für jeweils 90 min interviewt. Die Interviews, insgesamt mehr als 5000 (Stand: 09/2017) Interviewminuten, wurden aufgezeichnet, transkribiert und quantitativ wie qualitativ ausgewertet [60].

[100]Ausführlicher wird die Gestaltung und Implementierung von eingebetteten Unternehmerteams in Kap. 8 dargestellt.

Eine losere Anbindung dagegen fördert den Freiraum, mit alternativen Vorgehensweisen und Methoden Neues zu entwickeln und die dafür notwendigen neuen Kompetenzen aufzubauen. Im Ergebnis ergibt sich ein „inverse U-Shape" Zusammenhang zwischen dem Maß der Autonomie und dem Erfolg der Teams, es gibt also ein „zu viel", „zu wenig" und eben das Optimum dazwischen.

- **„Fußläufigkeit" zwischen Stammorganisation und Unternehmerteam ist wichtig:** Sehr große räumliche Distanz, wenn beispielsweise die Stammorganisation in Süddeutschland und das Unternehmerteam in Berlin sitzt, kann zwar helfen, Autonomiekrisen zu verhindern, reduziert aber gleichzeitig den strategischen Wert dieser Aktivität. Ist die Autonomie zu stark ausgeprägt, steigt die Wahrscheinlichkeit, dass die strategische Kohärenz *(strategic alignment)* mit der Stammorganisation verloren geht. Im Ergebnis leisten Unternehmerteams dann nicht den strategischen Spill-over (vgl. Abschn. 2.4), der erwartet wird. Umgekehrt kann damit zwar die Wahrscheinlichkeit einer erfolgreichen Unternehmensgründung steigen – selten ist aber die reine Kapitalbeteiligung an einem neuen Geschäft das strategische Interesse der Stammorganisation. Häufiger soll das neue Geschäft in irgendeiner Form mit bestehenden Produkten und Services vernetzt werden und/oder einen Beitrag zur Transformation der Stammorganisation leisten.[101]
- **Strukturelle und strategische Autonomie sind erfolgskritisch** (vgl. Abb. 2.15): Demnach sind strukturelle und strategische Autonomie sehr signifikant für den Erfolg von Unternehmerteams.
- **Entscheidungsautonomie und funktionale Autonomie** sind **nicht erfolgskritisch** (vgl. Abb. 2.15): Funktionale Entscheidungsautonomie zeigt sich nur schwach signifikant in Bezug auf den Erfolg von Unternehmerteams (mit der Ausnahme der Funktion „Vertrieb und Marketing"). Funktionale Autonomie zeigt keinen signifikanten Einfluss auf deren Erfolg.

Strukturelle Autonomie zeigt sich hier als kritische Erfolgsvoraussetzung, die zwar alleine keinen Erfolg garantiert – aber ohne ausreichende strukturelle Autonomie ist Erfolg kaum wahrscheinlich. Ein hohes Maß an struktureller Autonomie fördert dabei nicht nur die Motivation, die Arbeitszufriedenheit und die Leistungsbereitschaft im Team, sondern ermöglicht auch das Ausbrechen aus den Arbeitsweisen und Methoden der Stammorganisation. Dies lässt Unternehmerteams neue Kompetenzen entwickeln, die für strategische Innovationen in der Regel notwendig sind.

---

[101] Im Rahmen der Interviewstudie haben wir einige Unternehmerteams interviewen können, die zwischenzeitlich u. a. über Inkubatorenprogramme Präsenz in der Start-up-Metropole Berlin hatten. Die Rückmeldungen von dort decken sich mit den empirisch validierten Daten der repräsentativen Studie in Bezug auf die Frage, wie große räumliche Distanz (negativ) auf den strategischen Wert der Aktivität wirkt.

Strukturelle Autonomie umfasst auch eine gewisse räumliche Abgrenzung des eingebetteten Unternehmerteams, z. B. in separaten Räumen oder einem separaten Gebäude. Wichtig ist jedoch, dass eine auch physische Nähe zur Stammorganisation bestehen bleibt. So hat beispielsweise die Firma Merck für ihren Inkubator ein dezidiertes Gebäude gebaut – dieses steht aber direkt neben der Hauptverwaltung am Stammsitz, sodass alle Mitarbeiter daran auf ihrem Weg zur Kantine vorbeikommen. Als Faustregel zeigt sich, dass fußläufige Nähe hilfreich ist[102], sodass ein Austausch zwischen Mitgliedern im Unternehmerteam und in der Stammorganisation ohne Hürde stattfinden kann und Mitarbeiter der Stammorganisation ohne Voranmeldung und Vorbereitung neugierig vorbeischauen können.

Strukturelle Autonomie: Freiraum zur Gestaltung gewähren

Aus den zahlreichen Interviews sind verschiedenste und recht unterschiedliche Gestaltungen im Rahmen der Nutzung struktureller Autonomie deutlich geworden: Den einen waren bestimmte Büromöbel wichtig, andere empfanden eine alternative IT-Infrastruktur[103] als bedeutsam (z. B. Apple statt Microsoft), wieder andere fanden diese Punkte unerheblich, legten aber gesteigerten Wert auf ein eigenes Türschild. In kaum einem Fall konnten diese Gestaltungen auf eine für die zu lösende Aufgabe essenziell wichtige funktionale Bedeutung zurückgeführt werden. Vielmehr schien hier die Motivation zumindest unbewusst in einer eher symbolischen Abgrenzung zur Stammorganisation zu liegen, um gleichzeitig in das Unternehmerteam hinein zu signalisieren: „Denkt anders, arbeitet anders."

Betrachtet man gleichzeitig das eher konservative Wertegerüst der bei erfolgreichen Unternehmerteams beteiligten Personen (vgl. Abschn. 8.3), folgt daraus eine Empfehlung, in dieser Dimension eher keine (inhaltlichen) Vorgaben (ggf. innerhalb eines definierten Kostenrahmens) zu machen, sondern eher maximale Freiheit zu gewähren. Der Schaden, der andernfalls für die Glaubwürdigkeit des Vorhabens und die Motivation im Team entstehen kann, steht dazu in keinem Verhältnis:

Im Interview merkte ein angestellter Unternehmer mehrfach (!) eine Gegebenheit an, die er als störend und frustrierend empfunden hatte. Ihm sei zugesichert worden, dass er seine eigenen Entscheidungen treffen könne und das Projekt höchste Relevanz für das Unternehmen habe. Konkret konnte er dann aber nicht einmal das Türschild an seinem Büro austauschen, denn die Regeln dafür würden ja für alle Räume gelten. Natürlich trägt das Türschild nicht produktiv zum Erfolg des Projekts bei – zeigt aber,

[102] „Fußläufig" im weitesten Sinne ist auch noch die 13 km Distanz zwischen der BMW-Startup-Garage bzw. dem BMW-Accelerator in Garching und der Hauptverwaltung bzw. dem FIZ am Olympiazentrum.

[103] Die IT-Infrastruktur der Stammorganisation wird zwar häufig gerade zum Start gerne angenommen und als operative Entlastung empfunden – schnell können hier aber Herausforderungen entstehen, da die Teams häufig mit Programmen arbeiten, die den Sicherheitsbestimmungen der Stammorganisation nicht gerecht werden oder den dortigen Standards nicht entsprechen.

wie ernst es das Management meint und zeigt den Mitgliedern des Unternehmerteams symbolhaft (vgl. Abschn. 2.3.3) die Glaubwürdigkeit der Zusicherung ihrer Gestaltungsfreiheit. Solche oder ähnliche vermeintliche Kleinigkeiten, die diese Ernsthaftigkeit zumindest unbewusst auf den Prüfstand gestellt haben, haben sich in fast allen untersuchten Teams gezeigt – ein Lackmus-Test, den man auf keinen Fall verpatzen sollte.

Ähnlich der strukturellen Autonomie zeigt sich auch die **strategische Autonomie** als eine kritische Erfolgsvoraussetzung, da das Unternehmerteam nur mit strategischer Autonomie in die Lage versetzt wird, schnell Entscheidungen zu treffen und wieder zu korrigieren, um über ein experimentelles Vorgehen am Markt relevante Lernerfahrungen zum Product-Market-Fit zu generieren. Diese iterative Entwicklung integrierter, strategischer Innovation (vgl. Abb. 2.13) erfordert schnelle und kurze Lernzyklen in der Interaktion mit Kunden. Die Notwendigkeit zur internen Abstimmung und Konsenssuche in der Hierarchie würde das Vorgehen des Teams nicht nur deutlich verzögern, sondern auch die Risikoaversität im Handeln erhöhen, im Bestreben, Konsens wahrscheinlicher zu machen. Die Wahrscheinlichkeit, radikale Innovation deutlich entfernt vom Kerngeschäft zu gestalten (vgl. Abb. 2.14), sinkt damit erheblich.

Ähnlich wie bei der strukturellen Autonomie scheint auch hier auf Basis der Befragungs- und Interviewdaten in der Tendenz ein Gewähren maximaler strategischer Autonomie ratsam. Das setzt jedoch voraus, dass das Unternehmerteam und insbesondere der Projektmanager des Teams, der sogenannte *angestellte Unternehmer* (vgl. Kap. 8), in ein förderliches Ökosystem[104] eingebettet ist. Ein wichtiger Teil dieses Ökosystems ist die coachende Führung und Kontrolle durch eine Person in der Rolle des „Beirats", der insbesondere die Aufgabe wahrnimmt, die strategische Kohärenz zur Stammorganisation zu beachten.[105] Während so die Frage der strategischen Kohärenz trotz hoher strategischer Autonomie gewahrt bleibt, kann die Sorge bestehen bleiben, dass experimentelles Handeln des Unternehmerteams am Markt beispielsweise Schaden für das Renommee der Marke der Stammorganisation auslösen könnte. Aber auch dann, man denke an das Experimentieren mit Prototypen (beispielsweise Applikatoren) unter der Marke eines Pharmaherstellers, ist eine Auflösung des Autonomiekonflikts durch Beschränkung der strategischen Autonomie weniger aussichtsreich, da dies die Erfolgsaussichten der Innovationsinitiative deutlich reduziert. Vielmehr kann diese Konstellation durch eine stärkere Separierung des Unternehmerteams im Marktauftritt aufgelöst werden. So kann dem Unternehmerteam für Aktivitäten im Markt und mit Kunden eine von der Stammor-

---

[104]Im Englischen *Ecosystem:* Ursprünglich aus dem Englischen entlehnt steht der Begriff auf den Bereich des Managements übertragen für die Gesamtheit der relevanten Akteure oder Stakeholder sowie deren wirtschaftlicher Interaktion und Zusammenspiel, beispielsweise innerhalb einer Branche (business ecosystem). In Bezug auf Unternehmerteams wird mit Blick auf die Gründerszene häufig von Gründerökosystemen oder Start-up-Ökosystemen gesprochen.

[105]Aufgrund der wesentlichen Bedeutung dieser geeigneten Einbettung für den Erfolg von Unternehmerteams wird diese detaillierter in einem dezidierten Kapital diskutiert (vgl. Kap. 8).

ganisation deutlich abgegrenzte Zweitmarke bereitgestellt werden – oder das Team entwickelt diese gleich selbst.

Für die Dimensionen der (funktionalen) **Entscheidungsautonomie** besteht, anders als bei struktureller und strategischer Autonomie, nur ein schwacher, wenig signifikanter Einfluss auf den Erfolg eingebetteter Unternehmerteams. Hier ist im Wesentlichen zu beachten, dass „Köpfe" und „Entscheidungen" zusammengehören. Ist das Team mit F&E-Personal ausgestattet, sollten also auch die F&E-Entscheidungen im Team fallen (entspricht höherer F&E-Entscheidungsautonomie) – und umgekehrt. Eine Ausnahme davon bildet die Autonomie in der Funktion von Vertrieb und Marketing, auf die wir nachfolgend eingehen (vgl. Abb. 2.16).

Abb. 2.16 zeigt den sogenannten Moderationseffekt von Entscheidungs- und funktionaler Autonomie in der **Funktion Marketing und Vertrieb.** Diese spezifische Ausprägung von Autonomie in der Funktion Marketing und Vertrieb beeinflusst nicht direkt, aber indirekt den Erfolg eingebetteter Unternehmerteams. Die Teilauswertungen der Abb. 2.16 zeigen mit der unterbrochenen Linie Teams, die in Marketing und Vertrieb geringe Autonomie haben. Die durchgezogene Linie markiert Teams, die eine hohe Entscheidungs- und funktionale Autonomie in Marketing und Vertrieb haben. Es ist deutlich zu erkennen, dass die Teams mit geringer Autonomie signifikant weniger erfolgreich sind, je mehr Entscheidungsautonomie sie erhalten (ähnlich, aber etwas schwächer ist die indirekte Wirkung bei struktureller und strategischer Autonomie). Hieraus ergibt sich zum einen die intuitiv naheliegende Forderung, dass die Teams zum schnellen iterativen Handeln am Markt und mit Kunden Ressourcen in Marketing und Vertrieb brauchen – aber in dieser Funktion auch frei entscheiden können müssen. Umgekehrt scheinen auch Teams ohne diese weitgehende Autonomie in diesen Funktionen erfolgreich zu sein – diese dürfen dann allerdings nur eine sehr geringe Entscheidungsautonomie haben, müssen also sehr eng geführt werden. Das entspricht beispielsweise einem „klassischen" F&E-Team, wie wir es oben im Kontext der *Dream Budgets* angesprochen haben.

Abgesehen von dieser Ausnahme in der Funktion Marketing und Vertrieb hat **funktionale Autonomie** keinen signifikanten Einfluss auf den Erfolg eingebetteter Unternehmerteams. Das bedeutet, dass eingebettete Unternehmerteams sehr schlank starten

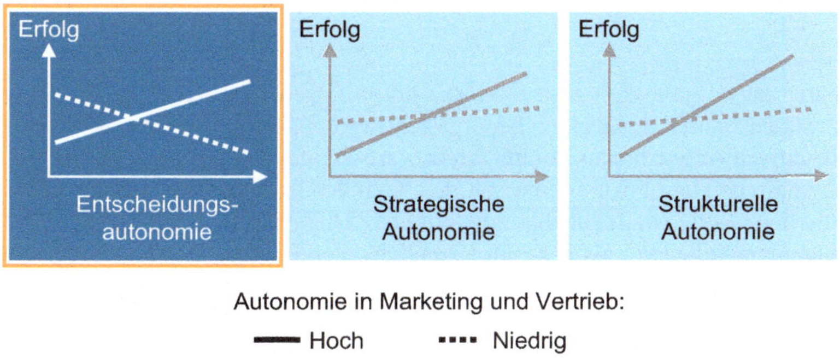

Abb. 2.16 Bedeutung von Marketing und Vertrieb im Unternehmerteam

können und nur ein überschaubar großes Kernteam mit drei Rollen benötigen (angestellter Unternehmer, Marktkenner, Fachexperte).[106] Die Konstellation dieses Kernteams wird ausführlicher später in Abschn. 8.5 diskutiert. Im Kernteam übernimmt der angestellte Unternehmer als unternehmerischer Projektleiter [10] eine Schlüsselrolle, die später in Kap. 8 im Kontext der weiteren Rollen im Kernteam des eingebetteten Unternehmerteams ausführlich diskutiert wird.

Die Besetzung des eingebetteten Unternehmerteams erfolgt idealerweise mit überdurchschnittlich fähigen und leistungsbereiten Mitarbeitern, die persönlich auf das Projektziel „committed" sind, idealerweise „dafür brennen". In den Interviews beschreiben erfolgreich angestellte Unternehmer die Regel ihrer Personalauswahl als „Motivation schlägt Qualifikation". Aufgrund der zu erwartenden Widerstände scheint es prioritär, dass sich die Mitglieder des Unternehmerteams unbedingt dem Projektziel verpflichtet fühlen, während fachliche Qualifikation (in einem gewissen Rahmen zumindest) substituierbar oder erlernbar erscheint.

Im gleichen Sinne zeigen sich Teilzeit-Projektmitarbeiter zumindest im Kernteam oder gar in der Rolle als angestellte Unternehmer als weniger erfolgreich. Ein Grund hierfür liegt in dem Rollenkonflikt, der aus der Teilzeit-Aufteilung (Teil 1: Unternehmerteam, Teil 2: Angestellter in der Stammorganisation) entstehen muss. Auf der einen Seite wird der angestellte Unternehmer zur Erreichung der Ziele des Unternehmerteams (Teil 1) starke Konflikte mit der Stammorganisation in Kauf nehmen. Auf der anderen Seite wird er in seiner Aufgabe als Angestellter in der Stammorganisation (Teil 2) auf Kooperation und Zusammenarbeit mit den Kollegen zählen, mit denen er sich vorher in der Rolle als angestellter Unternehmer gestritten hat, damit diese Teilaufgabe gelingt. Das führt zwangsläufig zu weniger risikoaffinem Handeln in der Rolle als angestellter Unternehmer, im vorauseilenden Vermeiden von Konflikten mit der Stammorganisation – beides verhindert systemisch neue, innovative Lösungen.

Neben Qualifikation und „Commitment" zeigt sich die Diversität im Team als wesentlicher Erfolgsfaktor [6]. Ohne die Erkenntnisse dazu hier im Detail zu diskutieren, ist festzuhalten, dass Unternehmerteams mit diversen, im Optimalfall komplementären Kompetenzen erfolgreicher sind (vgl. dazu auch Abschn. 5.3.1). Daher empfiehlt sich eine crossfunktionale Besetzung mit Teammitgliedern, die sich schon etwas kennen (*„moderate tenure"* [10]). Wenn die Teammitglieder sich schon etwas kennen, ggf.

[106]Daher sollten auch, zumindest zum Start, die notwendigen Ressourcen im Sinne der Arbeitsausstattung von der Stammorganisation bereitgestellt werden, damit das Unternehmerteam schnell in einen produktiven Arbeitsmodus kommt, nicht wertschöpfende (Verwaltungs-)Aktivitäten reduziert werden und eine klare Fokussierung auf den Kern des Innovationsvorhabens erfolgt. Studien über die förderliche Rolle von Inkubatoren liefern klare Hinweise auf den positiven Einfluss dieser Art der „Anlaufunterstützung". Es geht um Räumlichkeiten (Büros, Meetingräume), Büroausstattung (Möbel, Verbrauchsmaterial), IT-Infrastruktur (Rechner, Drucker, Scanner). Hier kann allerdings auch eine Quelle von Konflikten entstehen (z. B. mit den zentralen Einkaufsvorschriften), wenn das Unternehmerteam beispielsweise Apple-Geräte statt des zentral bevorzugten Microsoft-Standards bestellt. Dem Team sollte jedoch wie weiter oben diskutiert hoher Freiraum auch abseits der ansonsten geltenden Einkaufsstandards gewährt werden.

schon einmal in einem Projekt zusammengearbeitet haben, hilft dies, sich in der Kommunikation besser zu verstehen und schnell Vertrauen in der Zusammenarbeit aufzubauen. Es ist allerdings nicht hilfreich, wenn die Teammitglieder schon länger gewohnt sind, zusammenzuarbeiten, denn dies behindert typischerweise die Offenheit für alternatives Denken und die Bereitschaft, neue Vorgehensweisen zuzulassen.

In der Besetzung von eingebetteten Unternehmerteams kann Diversität als Chance genutzt werden (Kap. 5). Hohe interkulturelle Diversität erhöht die Qualität der Ergebnisse, insbesondere wird die Kreativität im Team gesteigert [18]. Ähnlich senkt interkulturelle Diversität die Risikoaversität im Team, steigert also Motivation und Fähigkeit, out-of-the-Box zu denken und zu handeln – eine für den Erfolg eingebetteter Unternehmerteams ganz wesentliche Fähigkeit. Zusätzlich erweitern sich die zugänglichen Optionen für Unternehmerteams, da interkulturelle Diversität die verfügbaren Netzwerkverbindungen des Teams erhöhen. Wichtig ist in diesem Kontext, dass sich diese positiven Wirkungen von interkultureller Diversität nur bei einem hohen Maß an Diversität einstellen, d. h. im Vergleich zu kulturell homogenen Teams sind solche mit geringer Diversität (z. B. „nur" zwei verschiedene Nationen, alle vom gleichen Geschlecht) in den Ergebnissen unterlegen. Das ändert sich erst, wenn die Diversität sehr hoch wird (mehrere Nationen, Männer und Frauen, jung und alt ...). Gleichzeitig ist diese Zusammenarbeit für die Teammitglieder jedoch sehr anspruchsvoll und verläuft nicht immer harmonisch [8] – hier ist aber keinesfalls der Wunsch nach Harmonie im Team mit Teamleistung zu verwechseln. Hohe interkulturelle Diversität ist eine Quelle produktiver (kognitiver) Konflikte auf der Suche nach einer „guten" und innovativen Lösung.

Beispiel: Geringe Diversität ist eher nicht hilfreich

In diesem Projektbeispiel hat ein internationaler Medizingerätehersteller ein Innovationsprojekt gestartet, das mit der Neuentwicklung eines großen bildgebenden Diagnosegeräts insbesondere den chinesischen Wachstumsmarkt adressieren sollte.[107] Man könnte erwarten, dass das Projektteam im Zielmarkt China angesiedelt ist und im Team Marktkenner aus China eine starke Stimme haben. Das Gegenteil war der Fall: Das Team saß in Deutschland, die meisten Teammitglieder waren deutsche Ingenieure. Die Stimme des chinesischen Markts vertrat die einzige Frau im Team, eine jüngere Vertriebsmitarbeiterin der chinesischen Landesorganisation. Die einzige weitere China-Expertise im Team hatte ein Business Development-Mitarbeiter, der ein halbes Jahr Aufenthalt in China vorweisen konnte. Daher war das Team klar dominiert von deutscher, männlicher Ingenieurkultur und den entsprechenden Sichtweisen. Nur eine Person mit einem anderen kulturellen Hintergrund (China, Frau, Vertrieb) im Team zu haben ist ein typischer Fall geringer Diversität, die sich häufig als eher nicht hilfreich zeigt, wie auch in diesem Fall.

[107] Das zu entwickelnde Gerät sollte auch in Europa und in den USA verkauft werden – das größte Wachstumspotenzial neuer Kunden wurde aber in China gesehen.

Wenig überraschend wurde die Stimme der chinesischen Vertriebsmitarbeiterin wenig gehört, weil die Gruppe männlich dominiert und von einer Ingenieursichtweise bestimmt war. Dies wurde verstärkt durch das kulturell bedingt eher zurückhaltende Kommunikationsmuster der chinesischen Vertriebsdame – die jedoch auch kaum aktiv eingebunden wurde. Wenig überraschend entwickelte sich das Projekt nicht zur Zufriedenheit der Geschäftsleitung und wurde wenig später gestoppt.[108]

Der Hauptkonkurrent dagegen hat seine Entwicklung in sechs Innovationscentern in China dezentralisiert mit starken Entscheidern[109] für die Entwicklung von innovativen Produkten für den chinesischen Markt. Diese Produkte unterscheiden sich in wesentlichen Produktmerkmalen – nicht jedoch in der technischen Leistungsfähigkeit. Ihr Erfolg ist wesentlich darauf zurückzuführen, dass sie die lokalen Bedürfnisse und Anwendungsfälle besser abdecken. Einige Entwicklungen von dort haben mittlerweile sogar erfolgreich als Innovationen im europäischen und amerikanischen Markt reüssiert.

In der Zusammenarbeit der Mitglieder im eingebetteten Unternehmerteam ist Ko-Lokation, also die physisch nahe Zusammenarbeit, trotz aller Möglichkeiten der virtuellen Zusammenarbeit zumindest für frühe Phasen zu bevorzugen. Der Grund hierfür ist in der Komplexität der Aufgabenstellung zu sehen, die vom Team verlangt, die Fragestellung in einzelne parallele Aufgaben *(tasks)* herunterzubrechen und diese (Teil-)Aufgaben in starker Parallelität gleichzeitig voranzutreiben und aufeinander abzustimmen (*high level of concurrency* [10]). Zusätzlich sollen daraus schnelle, kurzzyklische Iterationen entstehen, um Hypothesen und Prototypen im Markt und mit Kunden zu testen (*design-based testing* [10]). Diese per se komplexe Aufgabe würde noch einmal komplexer, wenn die Kommunikation und Abstimmung dazu über Distanz erfolgen müsste. Gleichzeitig verstärkt die Ko-Lokation das Ingroup-Gefühl und Commitment der Projektmitarbeiter.

Zitat eines angestellten Unternehmers zum Thema räumliche Nähe

„Wir haben ehrlich gesagt dort [Co-Working Space der Softwareentwicklung] von Anfang an gearbeitet, weil wir näher dran sein mussten. [...] wir haben so viele Learnings [aus der Interaktion mit den Kunden] gehabt, dass wir gemerkt haben, dass die Techies gar nicht mehr mitkamen. Wir dachten, was wollen die jetzt eigentlich mit unserer Technologie? Daher war es essenziell für uns, den engen Austausch zu haben. Wir haben dann ganz normal an den Stand-ups [Meeting in der Scrum Softwareentwicklung] und Retros [Scrum Sprint Retrospective] teilgenommen.“

[108]Immerhin hat man aus dieser Erfahrung gelernt: Ein neues Team wurde aufgestellt, das in China allokiert wurde und stark mit chinesischen Mitarbeitern und Mitarbeiterinnen besetzt war.

[109]Die Aufgabe dieser *„starken Entscheider“* kann interpretiert werden im Sinne einer Rolle als angestellter Unternehmer, so wie hier und später in Kap. 8 weiter ausgeführt.

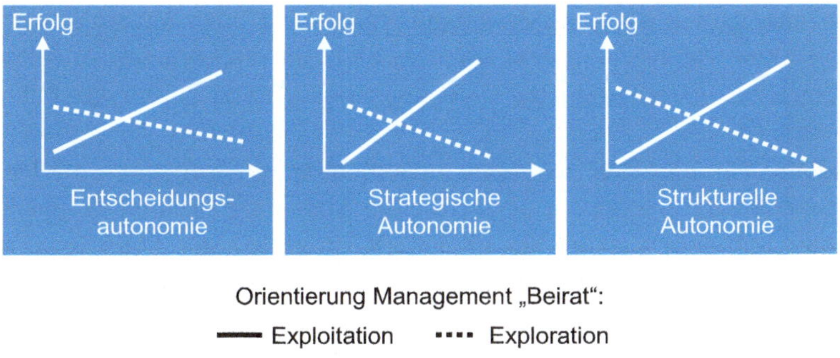

Abb. 2.17 Bedeutung des Management-„Beirates" für den Erfolg des Unternehmerteams

Ähnliches ist auch bei den Start-ups im Silicon Valley zu beobachten. Dort, wo Technologie eine starke Rolle spielt und die Entwicklungen sehr komplex werden, wird auch im Land der elektronischen Kommunikation die persönliche, physische Interaktion und Ko-Lokation präferiert. Nicht umsonst haben Unternehmen wie Facebook und Apple große Firmenzentralen gebaut, um dort möglichst viele ihrer Mitarbeiter an einem Ort physisch zusammenbringen zu können. Auch ein Unternehmen wie der innovative Spezialtextilhersteller W.L. Gore & Associates Inc.[110] folgt diesem Prinzip. Die ca. 8000 Mitarbeiter des Unternehmens sind auf 45 Standorte verteilt. Die vergleichsweise hohe Anzahl von Standorten wird damit begründet, dass so sichergestellt wird, dass sich alle Mitarbeiter an einem Standort kennen (der angesprochene *„moderate tenure"*) und gleichzeitig jedoch ALLE Funktionen vorhanden sind, um schnell neue Projektinitiativen mit Unternehmerteams aus Mitarbeitern vom Standort besetzen zu können, und innerhalb der Standorte die vorhandenen Kompetenzen und Entwicklungen transparent sind.

Zuletzt soll hier noch die Rolle des Top-Managements als eine Art „Beirat" des Unternehmerteams angesprochen werden. Im Detail wird diese für den Erfolg eingebetteter Unternehmerteams ganz wesentliche Rolle im späteren Kap. 8 diskutiert. Jedoch soll hier bereits auf den empirisch validierten Einfluss dieses Beirates, der in Abb. 2.17 dargestellt ist, hingewiesen werden. Ähnlich der weiter oben diskutierten Bedeutung von Marketing und Vertrieb moderiert die Ausprägung der Rolle des Beirats den Erfolg der Unternehmerteams.[111] Der vonseiten der Stammorganisation eingesetzte „Beirat", idealerweise ein Mitglied des Top-Managements, der den angestellten Unternehmer coachend kontrolliert und führt (*„subtle control"* [23]), soll zum einen

---

[110]Führend in der Verarbeitung von Fluorpolymeren, u. a. PTFE. Bekanntes Produkt ist die wasserdichte und atmungsaktive Bekleidung unter der Marke Gore-Tex.

[111]Einfach zusammengefasst: Führt der Beirat das Unternehmerteam mit einem eher „explorativen" Angang, wird das Team kaum erfolgreich sein – führt er das Team dagegen mit einem eher „exploitativen" Angang, steigert das die Erfolgschancen des Teams erheblich, vgl. Abb. 2.17.

das Unternehmerteam in Richtung der Stammorganisation unterstützen, Zugang zu Ressourcen und Expertise von dort ermöglichen, und zum anderen soll er vonseiten der Stammorganisation in Richtung des Unternehmerteams eine coachende Führungsrolle übernehmen.

Diese subtile Führungsrolle fokussiert inhaltlich darauf, zum einen die Risiken, die das Unternehmerteam eingeht, in einem für die Stammorganisation akzeptablen Rahmen zu halten und zum anderen die strategische Kohärenz der Aktivitäten des Unternehmerteams mit der Stammorganisation zu sichern. Dazu gehört auch, das Team bei Fehlschlägen zu motivieren, die strategische Bedeutung des Projekts für die Stammorganisation deutlich zu machen (vgl. die Ausführungen zur *unternehmerischen Perspektive* Abschn. 2.3) und damit zu einem motivierenden und sinnstiftenden Rahmen beizutragen. Gleichzeitig jedoch ist es die Aufgabe des Beirates, das Unternehmerteam und den angestellten Unternehmer zu „erden", es gilt hier das Motto: Leistung ist wichtiger als Talent, die Implementierung wichtiger als die Idee.

Dazu gilt es, vonseiten des Beirats den angestellten Unternehmer und sein Team mit einer Kombination aus wirklich anspruchsvollen Zielen und knappen Ressourcen aus der Komfortzone zu bringen, um damit die Suche nach kreativen und neuen Lösungen zu forcieren. Wichtig ist, dass der Beirat selbst einen Fokus auf die Implementierung und Verwertung bereits im Team entwickelter Lösungen behält (Exploitation) und nicht stattdessen selbst die Konvergenz des kreativen Teamprozesses durch die Motivation der weiteren Suche nach neuen Ideen (Exploration) aufbricht. Dieser Zusammenhang, ein weiteres Ergebnis der vorher bereits erwähnten repräsentativen Studie über ca. 2000 Technologieunternehmen, ist in Abb. 2.17 dargestellt:

Die untersuchten Unternehmerteams wurden ähnlich wie bei der Untersuchung der Bedeutung von Marketing und Vertrieb in zwei Gruppen eingeteilt. In der ersten Gruppe (unterbrochene Linie) hat der Beirat eine eher auf Exploration ausgerichtete Rolle eingenommen, also die Suche nach weiteren neuen Ideen forciert, statt die Implementierung und Verwertung bereits im Team entwickelter Ideen zu motivieren. In der zweiten Gruppe (durchgezogene Linie) hat der Beirat gerade umgekehrt eher eine auf Exploitation ausgerichtete Rolle eingenommen und das Team dahin gehend motiviert, bestehende Ideen zu implementieren und am Markt zu verwerten. Die Ergebnisse sind sehr eindeutig: Die Unternehmerteams der ersten Gruppe (unterbrochene Linie) waren eindeutig weniger erfolgreich als die Unternehmerteams der zweiten Gruppe (durchgezogene Linie) – unabhängig von der Ausprägung der vorher diskutierten Autonomiedimensionen.

Der Grund hierfür wurde schon weiter oben kurz angedeutet. Für den Erfolg des Teams ist es förderlich, dem angestellten Unternehmer und Unternehmerteam möglichst weitgehend strukturelle und strategische Autonomie zu gewähren. Gleichzeitig ist es förderlich, durch komplementäre und diverse Kompetenzen möglichst viele unterschiedliche Sichtweisen und unterschiedliches Kreativpotenzial ins Unternehmerteam zu bringen. Durch diese Randbedingungen hat das Unternehmerteam idealerweise eine starke Neigung, eher explorativen Aktivitäten zu folgen, mehr nach neuen Ideen zu suchen als schon bekannte Ideen zu implementieren und zu verwerten. Dieser „Innovationsbias"

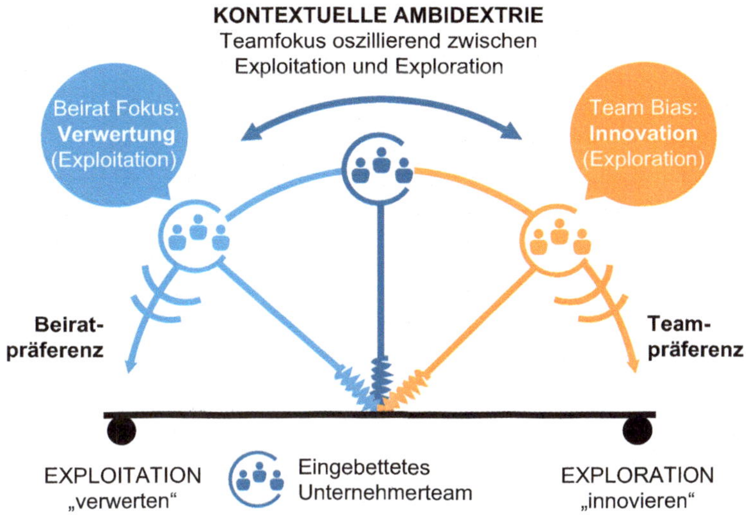

Abb. 2.18 Aufgabe des Beirates: Kontextuelle Ambidextrie für Unternehmerteam sicherstellen

wäre ohne eine geeignete Kontrollinstanz u. U. zu stark, könnte eher zu Spielerei als zu neuem Geschäft führen, macht hohe Fehlerkosten wahrscheinlicher und strategische Kohärenz und Spill-over-Effekte eher unwahrscheinlich.

Daher ist diese Kontrollinstanz, die durch den Beirat aus dem Top-Management wahrgenommen wird, von entscheidender Bedeutung. Diese Rolle des Beirates (vgl. Abb. 2.17) nimmt idealerweise die Gegenposition zum Innovationsbias des Teams ein (vgl. Abb. 2.18), führt also coachend mit einem Fokus auf exploitative Aktivitäten.[112] Im Ergebnis wird damit für das eingebettete Unternehmerteam *kontextuelle Ambidextrie* hergestellt, indem der teaminterne Fokus auf Exploration durch die Interaktion mit dem Beirat immer wieder auf Exploitation wechselt (oszillierender Teamfokus, vgl. Abb. 2.18). Wie in Abschn. 2.4 ausgeführt, fördert diese kontextuelle Ambidextrie die Lernprozesse im Team und erhöht die Wahrscheinlichkeit auf eine erfolgreiche Umsetzung der angestrebten Innovationsinitiative.

Diese Interaktion zwischen Unternehmerteam und Beirat kann allerdings durch den Gegensatz von Exploration- und Exploitation-Fokus leicht zur Quelle von Konflikten werden. Daher gilt es hier seitens des Top-Managements entsprechend erfahrene und etablierte Führungskräfte in der Rolle des Beirats zu besetzen, damit diese Rolle das Team

[112]Hier liegt für die betroffenen Führungskräfte eine Herausforderung, weil typischerweise solche Führungskräfte diese Rolle einnehmen (wollen), die persönlich eher eine Innovationspräferenz haben, neugierig und an Neuem interessiert sind – dieses ganz persönliche Interesse gilt es in der Rolle jedoch zurückzustellen zugunsten der für den Teamerfolg notwendigen Exploitation-Orientierung.

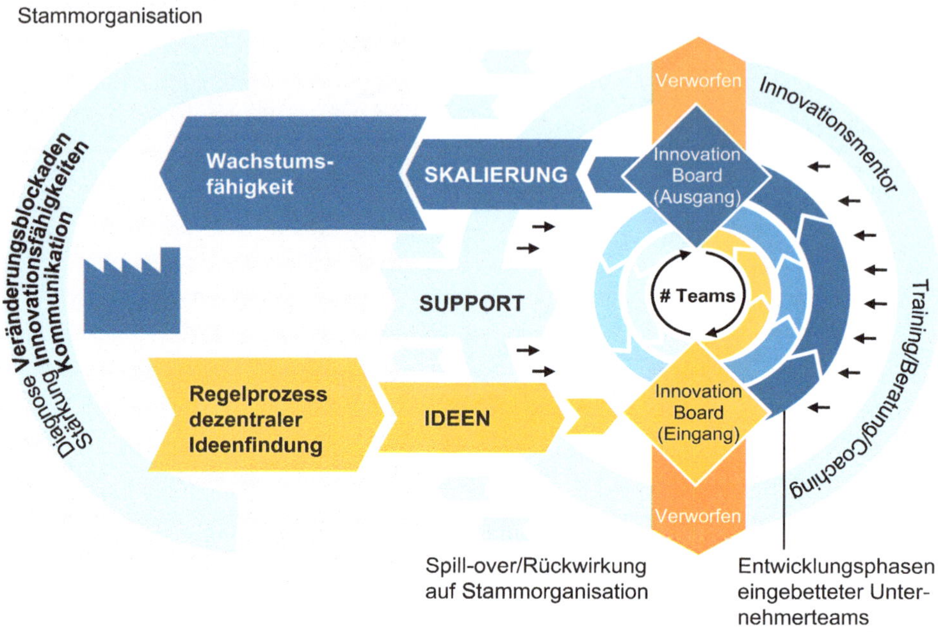

Abb. 2.19 Rahmenmodell für strategische Innovation mit eingebetteten Unternehmerteams

nicht dominiert, auftretende Konflikte eher moderiert werden und der Beirat insgesamt eine souverän coachende Rolle einnehmen kann.[113]

Abschließend zeigt Abb. 2.19 ein Rahmenmodell für die Nutzung eingebetteter Unternehmerteams zur Umsetzung strategischer Innovation. Im Kern steht hier der Gedanke, zu jedem Zeitpunkt eine definierte Anzahl von Unternehmerteams in unterschiedlichen Entwicklungsphasen strategischer Innovation zu haben, damit ein balanciertes Innovationsportfolio (vgl. Abb. 2.14) entstehen kann. Ein Innovation Board entscheidet regelmäßig entlang von Meilensteinen, ob ein Projekt weitergeführt wird oder stattdessen eine der neuen Ideen in den Innovationszyklus aufgenommen werden soll. Aus den Ergebnissen der Interviews zeigt sich, dass die Fähigkeit, neue Projekte zu starten, als ähnlich wichtig einzuschätzen ist wie die Fähigkeit, Projekte auch zu beenden, weil jede Organisation aufgrund natürlicher Ressourcenbeschränkungen nur eine bestimmte Anzahl

[113]Erfolgreiche angestellte Unternehmer beschreiben die Rolle des Beirats nicht als Führung, sondern als Coaching und Unterstützung. Umgekehrt beschreiben die Beiräte dieser angestellten Unternehmer ihre Rolle sehr klar als Führung: „Natürlich sagt er [der angestellte Unternehmer], das ist Coaching und nicht Führung. Aber das ist so, weil ich mich sehr bemühe, dass er mich genau so wahrnimmt. Natürlich muss ich ihn führen, ganz klar. Aber er soll ja Unternehmer sein, also muss er auch eigene Fehler machen."

solcher Projekte stemmen kann. Daher ist es wichtig, die Priorisierung jeweils regelmäßig zu überprüfen, um gegebenenfalls weniger aussichtsreiche Projekte durch aussichtsreichere zu substituieren.

Kernaussagen

- Eingebettete Unternehmerteams sind abgegrenzte Teams mit unternehmerischem Auftrag, die iterativ flexible Innovationsoptionen aufbauen und eine Verbindung zum Unternehmen halten.
- In der Iteration in den Unsicherheitsdimensionen Technologie, Markt und Kunden entwickeln die Unternehmerteams integrierte Innovation aus Technologie, Leistung und Geschäftsmodell.
- Für das dafür im komplexen Kontext notwendige iterative Vorgehen stehen Kunden im Zentrum, schieben Vorhaben Schritt für Schritt weiter – oder verlangen, einen Schritt zurückzugehen.
- Um in den dafür notwendigen schnellen und kurzen Iterationszyklen agieren und lernen zu können, brauchen die Unternehmerteams hohe strategische Entscheidungsautonomie.
- Neben dem angestellten Unternehmer in der Schlüsselrolle sind für das Team Autonomie in Marketing und Vertrieb, crossfunktionale Kompetenzen und ein coachend führender Beirat kritisch.

Literatur

1. Andersen, T. J., & Bettis, R. A. (2014). The risk-return outcomes of strategic responsiveness. In T. J. Andersen, S. Mayes, & S. Mayes (Hrsg.), *Contemporary challenges in risk management* (S. 63–90). UK: Palgrave Macmillan.
2. Anderson, J. C., Glassman, M., McAfee, R. B., & Pinelli, T. (2001). An investigation of factors affecting how engineers and scientists seek information. *Journal of Engineering and Technology Management, 18,* 131–155.
3. Andriopoulos, C., & Lewis, M. W. (2009). Exploitation-Exploration tensions and organizational ambidexterity: Managing paradoxes of innovation. *Organization Science, 20*(4), 696–717.
4. Angel, R. (2006). Putting an innovation culture into practice. *Ivey Business Journal, 70*(3), 1–5.
5. Asgari, B., & Yen, L. W. (2009). Accumulated knowledge and technological progress in terms of learning rates. *Asian Journal of Technology Innovation, 17*(2), 71–99. (Jan 1).
6. Baltes, G., & Freyth, A. (2011). Team-Diversity erfassen und nutzen – Individuelle Veränderungskompetenz als Erfolgsbeitrag für strategische Innovation. In S. Dohrn, J. P. Hasebrook, & M. Schmette (Hrsg.), *Vielfalt und Innovation: Strategisches Diversity Management für Innovationserfolg* (S. 164–198). Aachen: Shaker Verlag.
7. Barney, J. B. (1986). Strategic factor markets: Expectations, luck, and business strategy. *Management science, 32*(10), 1231–1241.
8. Bassett Jones, N. (2005). The paradox of diversity management, creativity and innovation. *Creativity and innovation management, 14*(2), 169–175.
9. Bhatia, S., & Khan, P. N. U. (2013). Building an intrapreneurial culture: A Sine-Qua-non for organizations today. *Global Journal of Management and Business Studies, 3*(8), 849–854.

10. Brown, S. L., & Eisenhardt, K. M. (1995). Product development: Past research, present findings, and future directions. *Academy of management review, 20*(2), 343–378.
11. Büschgens, T., Bausch, A., & Balkin, D. B. (2013). Organizational culture and innovation: A meta-analytic review. *Journal of Product Innovation Management, 30*(4), 763–781.
12. Chesbrough, H., & Rosenbloom, R. S. (2002). The role of the business model in capturing value from innovation: Evidence from xerox corporation's technology spinoff companies. *Industrial and corporate change, 11*(3), 529–55.
13. Chillarege, K. A., Nordstrom, C. R., & Williams, K. B. (2003). Learning from our mistakes: Error management training for mature learners. *Journal of Business and Psychology, 17*(3), 369–385.
14. Delgado-Garcia, J., De la Fuente-Sabaté, J., & De Quevedeo-Puente, E. (2009). Too negative to take risks? The effect of the CEO's emotional traits on firm risk. *British Journal of Management, 21,* 1–14.
15. Dierickx, I., & Cool, K. (1989). Asset stock accumulation and sustainability of competitive advantage. *Management science, 35*(12), 1504–1511.
16. Edmondson, A. C. (1999). Psychological safety and learning behavior in work teams. *Administrative Science Quarterly, 44*(2), 350–383.
17. Eisenhardt, K. M., & Sull, D. N. (2001). Strategy as simple rules. *Harvard business review, 79*(1), 106–119.
18. Fallah, M. H., & Lechler, T. G. (2008). Global innovation performance: Strategic challenges for multinational corporations. *Journal of Engineering and Technology Management, 30*(25), 58–74.
19. Farson, R., & Keys, R. (2002). The failure-tolerant leader. *Harvard Business Review,* August, 64–71.
20. Freyth, A., & Baltes, G. (2011). Strategiefokussiertes Kompetenzmanagement individueller Kompetenzen als Erfolgsbeitrag für Innovationsstrategien. In E. Barthel, A. Hanft, & J. Hasebrook (Hrsg.), *Integriertes Kompetenzmanagement Innovationsstrategien als Aufgabe der Organisations-und Personalentwicklung*. Münster: Waxmann.
21. Gard, J. (2015). Corporate venture management in SMEs: Evidence from the German IT consulting industry. Leiden Institute of Advanced Computer Science (LIACS), Faculty of Science, Leiden University.
22. Gard, J., Baltes, G., & Katzy, B. (2013). Managing autonomy of teams in Corporate Entrepreneurship–Evidence from small and medium firms. In 22nd International Conference on Management of Technology (IAMOT).
23. Gard, J., Baltes, G., Wehle, D., & Katzy, B. (2013). *An integrating model of autonomy in corporate entrepreneurship, 2013 IEEE-ITMC & 19th ICE conference*. The Hague.
24. Gibson, C. B., & Birkinshaw, J. (2004). The antecedents, consequences, and mediating role of organizational ambidexterity. *Academy of Management Journal, 47*(2), 209–226.
25. Gigerenzer, G., & Kober, H. (2014). *Risiko: Wie man die richtigen Entscheidungen trifft.* München: btb Verlag.
26. Guth, W. D., & Ginsberg, A. (1990). Guest editors' introduction: Corporate entrepreneurship. *Strategic management journal, 11,* 5–15.
27. Haid, D. (2004). *Corporate Entrepreneurship im strategischen Management: Ansatz zur Implementierung des Unternehmertums im Unternehmen*. Weisbaden: Springer-Verlag.
28. Herrmann, D., Felfe, J., & Hardt, J. (2012). Transformationale Führung und Veränderungsbereitschaft. Stressoren und Ressourcen als relevante Kontextbedingungen. *Zeitschrift für Arbeits- und Organisationspsychologie, 56*(2), 70–86.
29. Högl, M., & Gemünden, H. G. (2001). Teamwork quality and the success of innovative projects: A theoretical concept and empirical evidence. *Organization Science, 12*(4), 435–449.

30. Isaacson, W. (2011). *Steve Jobs*. New York: Simon & Schuster.
31. Jassawalla, A., & Sashittal, H. (2002). Culture that supports product-innovation processes. *Academy of Management Executive., 16*(3), 42–54.
32. Klosa, K., & Baltes, G. (2017). LEGIC Identsystems Ltd: From selling ID cards to providing access to an ID network. In C. Linz, G. Müller-Stewens, & A. Zimmermann (Hrsg.), *Radical Business Model Transformation* (S. 113–124) (Kogan Page).
33. Lerbinger, O. (2011). *The crisis manager: Facing disasters, conflicts, and failures* (2. Aufl.). New York: Routledge.
34. Liebeherr, J. (2009). *Innovationsförderliche Organisationskultur – Eine konzeptionelle und empirische Untersuchung radikaler Innovationsprojekte.* Dissertation, Technische Universität, Berlin.
35. Linton, G., & Kask, J. (2017). Configurations of entrepreneurial orientation and competitive strategy for high performance. *Journal of Business Research, 70,* 168–176.
36. Lumpkin, G. T. (2011). Entrepreneurial orientation theory and research reflections on a needed construct. *Entrepreneurship: Theory & Practice, 35*(5), 855–872.
37. Lumpkin, G. T., & Dess, G. G. (1996). Clarifying the entrepreneurial orientation construct and linking it to performance. *Academy of management Review, 21*(1), 135–172.
38. March, J. G. (1991). Exploration and exploitation in organizational learning. *Organization science, 2*(1), 71–87.
39. Markides, C. (2006). Disruptive innovation: In need of better theory. *Journal of product innovation management, 23*(1), 19–25.
40. Martins, E. C., & Terblanche, F. (2003). Building organisational culture that stimulates creativity and innovation. *European journal of innovation management, 6*(1), 64–74.
41. Maurya, A. (2012). *Running lean: Iterate from plan A to a plan that works.* Sebastopol: O'Reilly Media.
42. Mintzberg, H. (1987). *Crafting strategy.* Boston: Harvard Business School Press.
43. Mintzberg, H. (2005). *Strategy safari: A guided tour through the wilds of strategic management.* New York: Free Press.
44. Mises, L. von. (1940). *Nationalökonomie – Theorie des Handelns und Wirtschaftens.* Genf: Editions Union.
45. Moen, R. D., & Clifford, N. L. (2010). Circling back. *Quality Progress, 43*(11), 22–28.
46. Mussler, P. (2010). Fallstudie Finnland. in Forschungsstelle für Umweltpolitik (2010) Ländervergleichende Analyse industriepolitischer Maßnahmen und Instrumente, FFU-report 01-2010. S. 40–74.
47. Naranjo Valencia, J. C., Sanz Valle, R., & Jiménez Jiménez, D. (2010). Organizational culture as determinant of product innovation. *European Journal of Innovation Management, 13*(4), 466–480.
48. Nassim, N. T. (2014). *Antifragile: Things that gain from disorder.* New York: Random House.
49. O'Reilly, C. A., & Tushman, M. L. (2008). *Ambidexterity as a dynamic capability: Resolving the innovator's dilemma.* Oxford: Elsevier.
50. Panne, G. van der, Beers, C. van, & Kleinknecht, A. (2003). Success and failure of innovation: A literature review. *International Journal of Innovation Management, 7*(3), 309–338.
51. Peric, K. (2012). The Castle and the Sandbox. London: Searching Finance Ltd.
52. Porter, M. E. (1996). What is a strategy? *Harvard Business Review, 1996*(12), 61–78.
53. Power, D. J., Sohal, A. S., & Rahman, S. U. (2001). Critical success factors in agile supply chain management. *International Journal of Physical Distribution & Logistics Management, 2001*(31), 247–265.
54. Raisch, S., & Birkinshaw, J. (2008). Organizational ambidexterity: Antecedents, outcomes, and moderators. *Journal of management, 34*(3), 375–409.

55. Raisch, S., Birkinshaw, J., Probst, G., & Tushman, M. L. (2009). Organizational ambidexterity: Balancing exploitation and exploration for sustained performance. *Organization science, 20*(4), 685–695.
56. Ries, E. (2011). *The lean startup: How today's entrepreneurs use continuous innovation to create radically successful businesses*. New York: Crown Business.
57. Sastry, A., & Penn, K. (2014). *Fail better: Design smart mistakes and succeed sooner*. Boston: Harvard Business Review Press.
58. Schmidt, N. (2016). Growth Mindset: Scheitern ist der wichtigste Schritt zum Erfolg, Bildungsthemen, 2016/2.
59. Schoemaker, P. J. (1992). How to link strategic vision to core capabilities. *Sloan Management Review, 34*(1), 67–81.
60. Selig, C., Stettina, C., & Baltes, G. (2016). The corporate entrepreneur: A driving force for strategic renewal and radical innovation in established companies. 2016 IEEE-ITMC & 22th ICE conference, Trondheim (NOR), S. 1–12.
61. Sørensen, J. B. (2002). The strength of corporate culture and the reliability of firm performance. *Administrative science quarterly, 47*(1), 70–91.
62. Teece, D. J. (2011). *Dynamic capabilities and strategic management: Organizing for innovation and growth*. Oxford: Oxford University Press.
63. The Economist. (1995). A fallen star. *The Economist, 334*(7904), 19–21 (04.03.1995).
64. The Economist. (2015). Artificial intelligence – Rise of the machines. *The Economist*, 09.05.2015.
65. Tushman, M. L., & O'Reilly, C. A. (1997). *Winning through innovation*. Boston: Harvard Business School Press.
66. Wales, W., Gupta, V., & Mousa, F. (2013). Empirical research on entrepreneurial orientation: An assessment and suggestions for future research. *International Small Business Journal, 31*(4), 357–383.
67. Wallin, A., Still, K., & Henttonen, K. (2016). Entrepreneurial growth ambitions: The case of Finnish technology startups. Technology innovation. *Management Review, 6,* 5.
68. Wang, R. (2015). *Disrupting digital business: Create an authentic experience in the peer-to-peer economy*. Boston: Harvard Business Review Press.
69. World Economic Forum White Paper. (2016). *Digital transformation of industries: Digital enterprise*. World Economic Forum.

Agilität zur Steigerung der Veränderungsintelligenz einer Organisation

3

Agil sein heißt das Vorgehen für die Planung und für die Inhalte kontinuierlich und gemeinsam zu verbessern

Hans-Jörg Vohl

Die steigende Komplexität und Veränderungsgeschwindigkeit scheint den Bedarf für agile Methoden zur Umsetzung von Veränderungen zu begünstigen. Die stark steigende Nachfrage und Anwendung von agilen Ansätzen belegt das eindrucksvoll.

Doch es zeigt sich, dass das Verstehen von agilen Methoden nicht ausreicht, um diese auch erfolgreich einzuführen. Agilität unterliegt einem Widerspruch, denn sie erfordert auch ein hohes Maß an Veränderungsbereitschaft, die sie gleichermaßen erst schaffen soll.

Zusätzlich stellt sich die Frage wie es gelingen kann, dass auf dezentrale Organisation und Verantwortung angelegte Strukturen erfolgreicher sein können, als hierarchische Strukturen, deren Vorteil gemeinhin in einer besonderen Effizienz gesehen wird.

Die Antwort ist wohl darin zu suchen, dass Effizienz in Zeiten einer hohen Komplexität nicht alleine die richtigen Antworten auf die Richtung und Gestaltung von grundsätzlichen Veränderungen geben kann.

Diese Fragen werden Ihnen im folgenden Kapitel beantwortet

- Wann ist es sinnvoll agile Methoden einzusetzen und wann sind klassische Methoden überlegen?
- Wie können die erfolgreichen agilen Ansätze im Projektmanagement auch auf Linienorganisationen übertragen werden?

H.-J. Vohl (✉)
Project Management Partners, Bernried, Deutschland
E-Mail: vohl@pmps.de

G. Baltes und A. Freyth (Hrsg.), *Veränderungsintelligenz*,
https://doi.org/10.1007/978-3-658-04889-1_3

- Warum haben agile Methoden oft sehr genaue Zeitpläne und Rituale für Meetings, obwohl sie doch kreative Freiräume zur Entwicklung von Ideen und Lösungen bieten sollen?
- Wie kann die Einführung von Agilität gelingen und was ist dabei besonders zu beachten?
- Was sind die besonderen Anforderungen an das Management und die Mitarbeiter, um agil erfolgreich zu sein?

3.1 Ziele und Hürden der Agilität

Wenn große Veränderungen in schwierige Fahrwasser geraten, lautet ein Ergebnis der Ursachenanalyse meist: „Es wurde zu wenig kommuniziert". Wie aber können die zentralen Mitarbeiter noch mehr kommunizieren, wenn endlose Meetings bereits ganze Arbeitstage auslasten?

Das richtige Ergebnis der Ursachenanalyse müsste wohl besser lauten: „Es muss mehr zielgerichtet und lösungsorientiert sowie nicht nur zwischen Schlüsselpersonen kommuniziert werden". Denn Veränderungen in einem komplexen Kontext entziehen sich, das wurde bereits erläutert (vgl. Kap. 2), einer analytischen Planung. Eine stabile, rationale Planung ist nur möglich, wenn das notwendige Wissen vorab vorliegt. In dynamischen Märkten, Unternehmen oder Projekten entspricht das jedoch meist nicht der Realität.

Deswegen müssen Organisationen, die neue Wege gehen, lernfähig sein und das erlernte Wissen schnell teilen und anwenden. Hierfür ist ausreichend zielgerichtete Kommunikation und das Teilen von Wissen in kurzen Abständen notwendig. Gleich einem Menschen, der sich im Dunkeln auf unbekanntem Territorium bewegt, müssen auch bei Veränderungen mit ausgestreckten Händen kleine Schritte gemacht werden, um rechtzeitig zu steuern, bevor der Kopf gegen einen harten Widerstand stößt.

Das ist im Kern der Rahmen für agiles Projektmanagement oder auch für agile Strukturen in Unternehmen: Es werden schnell Erfahrungen gemacht und mit anderen geteilt, um durch schnelle, abgestimmte Anpassungen größere Schäden zu vermeiden. Aufgrund der bereits beschriebenen Veränderungen und der Veränderungsgeschwindigkeit stehen agile Vorgehensweisen heute bei Unternehmen zur Vermeidung schwerwiegender Unfälle auf neuen Wegen hoch im Kurs.

Wirtschaften unter stabilen und planbaren Rahmenbedingungen lebt von den Vorzügen der tayloristischen[1] Organisation, die auf Arbeitsteilung, Spezialisierung und

---

[1]Nach Frederick Winslow Taylor (1856–1915), dessen Ziel die Steigerung der Produktivität menschlicher Arbeit ist. Dies geschieht durch die Teilung der Arbeit in kleinste Einheiten, zu deren Bewältigung einfache Denkvorgänge zu leisten und die aufgrund des geringen Umfangs bzw. Arbeitsinhalts schnell und repetitiv zu wiederholen sind.

Massenproduktion basiert. Dadurch sind immense Effizienzvorteile möglich, die die Grenzkosten von vielen Produkten gegen Null tendieren lassen. Deshalb verwundert es auch nicht, wenn das Erfolgsmuster Effizienz für viele Verantwortliche starke Anziehungskraft besitzt. In Zeiten von großen Veränderungen und vielen Unbekannten gibt es jedoch weitere Notwendigkeiten: Nicht die Effizienz (Machen wir die Dinge richtig und besser als die Konkurrenz?), sondern die Effektivität (Machen wir die richtigen Dinge, und vor der Konkurrenz?) rückt in den Vordergrund.

Dieser organisatorische Paradigmenwechsel – der selbstverständlich ganz im Sinne der Ambidextrie mit der Effizienz für bereits bewährte Verfahren kombiniert werden kann – fällt vielen Unternehmen schwer, da über lange Jahre bestehende Erfolgsmuster geändert oder ergänzt werden müssen, um neue Lösungen zu (er-)finden. Das grundsätzliche Verständnis für die Notwendigkeit und Ausprägung der agilen Elemente ist dabei meist nicht die größte Hürde, es ist das Einüben und Leben der Agilität, das den herkömmlichen Mustern in vielen Teilen widerspricht[2]. Bestehende Muster geben uns Sicherheit, neue Muster erlernen bedeutet immer ein gewisses Maß an Verunsicherung und Verlust von (sicher geglaubter) Kompetenz. Das Ausbrechen aus bestehenden Mustern erfordert Mut und Zuversicht, ein Grund warum oftmals von einer agilen Haltung oder Kultur und nicht von agilen Methoden gesprochen wird. Für den Erfolg ist es mindestens ebenso notwendig, den Schraubenschlüssel richtig anwenden zu können, wie das richtige Werkzeug in der Hand zu halten. In diesem Kapitel gehe ich deshalb sowohl auf die Auswahl des richtigen Werkzeugs als auch auf dessen sachgemäßen Gebrauch ein.

3.2 Grundelemente von Agilität

Agile Methoden – gleich ob es sich um Projektmanagement oder um agile Elemente in einer Linienorganisation handelt – haben die gleichen Grundelemente. Sie sollen sicherstellen, dass der Weg zur richtigen Lösung mit hoher Wahrscheinlichkeit und minimalem Aufwand (Kosten und Zeit) erreicht werden kann. Welche Schwerpunkte im Projekt oder in einer Linienorganisation gesetzt werden, muss im Einzelfall entschieden werden. Es ist jedoch unbedingt notwendig zu wissen, dass in einem komplexen Umfeld unter Nutzung eines agilen Ansatzes die feste Verpflichtung auf alle drei Faktoren des „magischen Dreiecks" (Zeit, Kosten und Qualität) nicht sinnvoll ist. Kein seriöser Projektleiter würde sich auf feste Ziele verpflichten, wenn ihm elementare Anforderungen weitgehend unbekannt sind.

[2]In der englischsprachigen Literatur findet man oft die Formulierung „Agility is easy to understand but difficult to master" (Agilität ist leicht zu verstehen, aber schwierig zu meistern).

Beispiel

Für ein internationales Großprojekt eines Dax-Unternehmens wurde zur Umsetzung ein agiler Projektmanagementansatz gewählt. Aufgrund der hohen Komplexität und der erst wenig bekannten Anforderungen, schien ein agiler Ansatz nach Scrum eine sinnvolle Wahl für die Lösung des Problems.

Da das strategische Projekt von einem Vorstand des Unternehmens initiiert wurde und eng mit seiner Reputation im Unternehmen verbunden war, wurden bereits vor dem Start des aufwendigen Projektes von dem verantwortlichen Vorstand Einführungsdaten und feste Budgets genannt.

Die Projektleitung wurde einem internen Projektleiter und einem externen Projektleiter, der mit seinem Unternehmen eine wichtige Rolle für die Umsetzung übernommen hatte, übertragen. Als nach und nach die wahren Dimensionen der Herausforderung bekannt wurden, „musste" der Druck auf die Umsetzungsverantwortlichen erhöht werden. In den folgenden, krisengeschüttelten Monaten versuchten die Projektleiter mit kreativen Ansätzen das Unausweichliche zu vermeiden. Der Plan des Vorstands wurde dabei jedoch nie sichtbar infrage gestellt. Als das mit der Umsetzung betraute Unternehmen in die finanzielle Mitverantwortung genommen werden sollte, quittierte der externe Projektleiter seinen Dienst. Die Preise für die externen Mitarbeiter mussten gesenkt werden, es wurden daraufhin nur noch günstige, jedoch gänzlich unerfahrene Mitarbeiter eingesetzt.

Merke: Auch in agilen Projekten gelten die Regeln der Schwerkraft (Fortsetzung folgt …).

Die Grundelemente von Agilität in Projekten und Organisationen sind:

- Definition und Abstimmung eines klaren Ziels. Ohne ein bekanntes und abgestimmtes Ziel können dezentrale Entscheidungen nicht sinnvoll und richtig getroffen werden[3].
- Gemeinsame Sammlung und Priorisierung von notwendigen Anforderungen für die Erreichung des Ziels, die in kurzen Zeitintervallen umgesetzt werden könne.
- Viele, kurze – aber meist fixe – Zeitintervalle für die Umsetzung der Anforderungen (von drei Wochen bis drei Monaten).
- Eine sehr klare Aufteilung von Aufgaben und Verantwortung in definierten Rollen.
- Große Freiheiten innerhalb dieser Verantwortungsbereiche um die richtige Lösung im Sinne der vereinbarten Ziele zur Umsetzung der Anforderungen zu finden.
- Fehlertoleranz und Schaffen von Möglichkeiten zum Lernen (Diskussionen und kleine Umsetzungsschritte).

---

[3]Das heißt nicht, dass eine Korrektur und Anpassung der Ziele nicht möglich ist. Im Gegenteil: Wenn im Laufe des Verfahrens festgestellt wird, dass das Ziel nicht oder nur mit unangemessenen Mitteln zu erreichen ist, helfen agile Methoden dabei, diese Informationen schnell transparent zu machen. Für die Optimierung innerhalb der gegebenen Perioden müssen jedoch vereinbarte Ziele gelten.

- Arbeit in heterogenen und ggf. auch interdisziplinären Teams, um sich gegenseitig zu unterstützen und zu ergänzen (etwa zwischen Fachbereich und Entwicklern einer Lösung).
- Häufige, regelmäßige Termine, um sich in den Teams und zwischen den Teams abzustimmen.
- Transparenz über Status und verbindliche Leistungskontrolle am Ende der Zyklen.
- Gemeinsames Festhalten des Erlernten.

Die angeführten Punkte mögen banal oder selbstverständlich scheinen, doch sie mit Leben zu füllen ist eine Herausforderung für ein Unternehmen. Vergleichbar ist diese Herausforderung mit Eltern, die ihren Kindern auf dem Spielplatz zusehen, wie sie ein Klettergerüst besteigen und sich fragen, wann der Punkt für ihr Eingreifen gekommen ist. Die kurzen Zeitintervalle agiler Vorgehensweisen begrenzen die Höhe des Klettergerüsts und reduzieren somit das Risiko für Verletzungen, bei gleichzeitiger Möglichkeit, das Klettern zu erlernen. Im agilen Umfeld soll das Wissen von vielen eigenverantwortlich genutzt werden, um die gemeinsamen Ziele zu erreichen. Zentrale Entscheidungsprozesse werden deshalb durch schnelle, eigenverantwortliche und dezentrale Entscheidungen ersetzt, die jedoch zyklisch mit den übergeordneten Zielen und Anforderungen abgeglichen werden.

► Die Weisheit von vielen ist kein Mythos, sie lässt sich auch empirisch belegen.

Der britische Naturforscher und Schriftsteller Francis Galton war bereits 85 Jahre alt, als er 1906 einen Viehmarkt besuchte – aber er war nicht zu alt, um seine eigene, lang gehegte These über den Haufen zu werfen. Der Forscher und Cousin von Charles Darwin vertrat die Ansicht, dass das Fortbestehen und Gedeihen der menschlichen Gesellschaft von einer winzigen Elite abhängt. Die Masse sei einfach zu dumm. Auf dem Markt widerlegte Galton sich selbst. Dort sollte das Gewicht eines Ochsen zu geschätzt werden: Rund 800 Besucher gaben ihren Tipp ab – Experten ebenso wie komplette Amateure. Galton besorgte sich die Tippzettel, addierte alle Schätzungen, teilte die Summe durch die Zahl der Besucher und kam auf einen Durchschnittswert von 1197 Pfund. Was ihn komplett verblüffte: Der Ochse wog exakt 1198 Pfund [8].

Was das für Unternehmen in Zeiten starker Veränderungen bedeutet, lässt sich leicht ermessen: Zentralistisches, alt hergebrachtes Herrschaftswissen verliert an Relevanz. Entscheider, die bereit sind, die Ideen anderer im Sinne der gemeinsamen Ziele zuzulassen und deren Wert schnell auf die Probe zu stellen, werden langfristig die Nase vorn haben.

Agile Ansätze kommen ursprünglich aus der Softwareentwicklung zu Beginn der 1990er-Jahre, hier wurde in den vergangenen Jahrzehnten bei der Umsetzung von Projekten sehr viel Lehrgeld bezahlt. Das oben bereits erwähnte agile Manifest war ein Gegenentwurf zur zentralistischen und analytischen Planung bei stark begrenztem Wissen. Es kann durchaus auch als Provokation verstanden werden, da etwa „heilige Kühe", wie eine umfassende Dokumentation der Software, pragmatischen Zielen, wie etwa einer funktionierenden Software, untergeordnet wurden.

▶ **Auszug aus dem „Agilen Manifest"** (agilemanifesto.org)

„Wir erschließen bessere Wege, Software zu entwickeln, indem wir es selbst tun und anderen dabei helfen. Durch diese Tätigkeit haben wir diese Werte zu schätzen gelernt:

- Individuen und Interaktionen stehen über Prozessen und Werkzeugen.
- Funktionierende Software steht über einer umfassenden Dokumentation.
- Zusammenarbeit mit dem Kunden steht über der Vertragsverhandlung.
- Reagieren auf Veränderung steht über dem Befolgen eines Plans.

Das heißt, obwohl wir die Werte auf der rechten Seite wichtig finden, schätzen wir die Werte auf der linken Seite höher ein."

Ihre erfolgreiche Verbreitung bestätigt die Notwendigkeit agiler Ansätze: Während im Jahr 2005 lt. einer Untersuchung von Forrester 14 % der Unternehmungen in Nordamerika und Europa ihre Software unter Zuhilfenahme von agilen Prozessen entwickelten, lag ihr Anteil im Jahr 2016 bereits bei 95 % [9].

Heute ist Agilität in aller Munde: Nicht nur in der Softwareentwicklung, sondern auch zur Bewältigung von Veränderungen in der Linienorganisation, werden agile Methoden und Haltungen sowie ebenso agile Mitarbeiter händeringend gesucht.

Im Folgenden wird exemplarisch für agiles Projektmanagement die Methode Scrum beschrieben. Die Methode OKR (Objectives & Key Results) wird im darauffolgenden Abschnitt exemplarisch für einen äußerst erfolgreichen Ansatz zur Steigerung der Agilität einer Linienorganisation dargestellt.

3.3 Agiles Projektmanagement nach Scrum

3.3.1 Theorie

Wie die meisten agilen Methoden ist Scrum im Umfeld von IT-Projekten entstanden. Auch mutmaßlich „reine" IT-Projekte sind bei genauem Hinsehen meist Veränderungsprojekte, die Prozesse und Aufbauorganisationen tief greifend beeinflussen können. Ohne einen regelmäßigen Abgleich mit den Anwendern der Software sinkt die Wahrscheinlichkeit für ihre erfolgreiche Einführung aus zwei Gründen: Erstens besteht die Gefahr, dass die Software nicht den Notwendigkeiten ihrer Nutzer entspricht und zweitens besteht die Gefahr, dass die Nutzer eine Software ablehnen, wenn sie nicht ausreichend in den Entstehungsprozess einbezogen wurden.

Ken Schwaber, einer der Väter der Scrum-Methode, veröffentlichte 1995 den ersten Konferenzbeitrag über Scrum (das Wort ist dem Rugby entnommen und bedeutet „Gedränge“) indem er erläutert: „Scrum akzeptiert, dass der Entwicklungsprozess nicht vorherzusehen ist. Das Produkt ist die bestmögliche Software unter Berücksichtigung der Kosten, der Funktionalität, der Zeit und der Qualität“ [10].

Im seinem 2007 erschienenen dritten Buch „The Enterprise and Scrum“ weitet Schwaber den Begriff auf das gesamte Unternehmen aus und betont, dass Scrum Probleme nicht lösen, sondern lokalisieren kann, er möchte die Methode als Aufforderung zum unternehmensweiten Umdenken verstanden sehen [6]. Damit hat sich Scrum weit über den ursprünglichen agilen Ansatz für Projekte hinaus weiterentwickelt, baut aber nach wie vor auf dem agilen Manifest und seinen Grundelementen auf (Abb. 3.1).

Agil heißt eben auch hier keine dogmatischen Festlegungen zu verfolgen, sondern jederzeit lösungs- und nutzenorientiert vorzugehen, um schnell auf neue Erkenntnisse oder Änderungen reagieren zu können. Deshalb betont die agile Vorgehensweise als Gegenentwurf zu ganzheitlichen Planungsansätzen eine starke Orientierung an Werten wie Kommunikation, Einfachheit, Feedback, Offenheit, Mut, Respekt und Vertrauen und vertritt bereits an dieser Stelle einen kulturellen Wandel, der weit über IT-Abteilungen hinausgeht. Es geht um eine lernende (Projekt-) Organisation, eine Evolution im Unternehmen. Der Aspekt der Organisationsentwicklung und der Verantwortung der Einzelnen für die Erreichung der Ziele spielt bereits hier eine wichtige Rolle. Dem mangelnden ganzheitlichen Plan werden eine Lösungsorientierung sowie klare und streng einzuhaltende Rollen und Regeln gegenübergestellt. Dem Individuum und den Teams werden

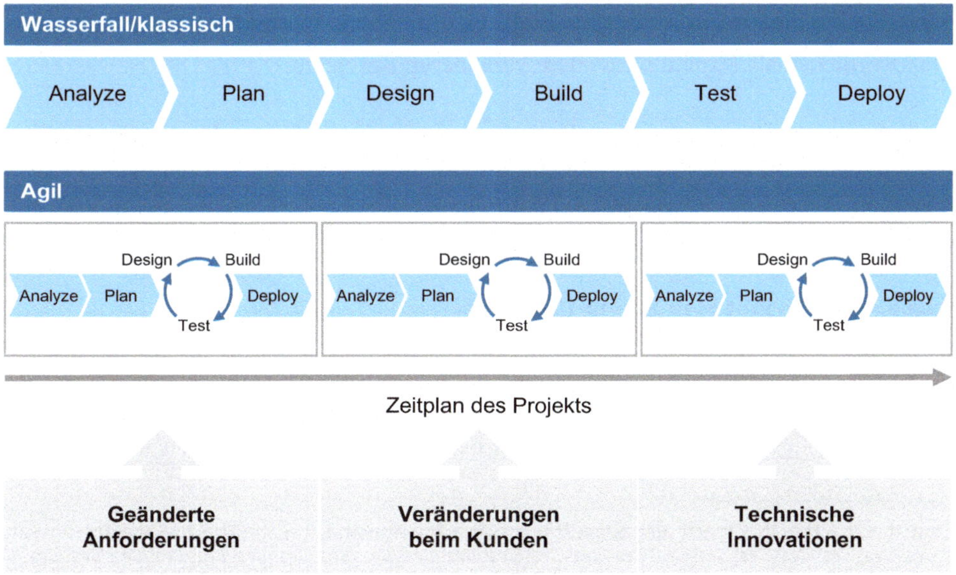

Abb. 3.1 Klassische vs. agile Entwicklung von Software

dabei Freiheiten zugestanden, die in klassischen – eher hierarchisch organisierten – Projekten revolutionär erscheinen, die aber jedem Mitarbeiter ein hohes Maß an Sicherheit in seiner Rolle und Eigenverantwortung zuweisen. Andererseits beschränken diese Regeln auch die Macht von Einzelpersonen in einer herkömmlichen Hierarchie, ähnlich der Geltung eine Verfassung, die die Macht der Exekutive begrenzt.

Ohne Formulierung eines klaren und erreichbaren Ziels kommt jedoch auch ein Scrum-Projekt nicht aus, das ist immer eine unbedingt notwendige Vorgabe für die eigenverantwortliche Optimierung der notwendigen Maßnahmen.

Beispiel

Das oben erwähnte Großprojekt bei dem Dax-Konzern ist im Sinne seiner Ziele gescheitert[4]. Die Qualität der Software hat allerdings alle überzeugt. Die agilen Prozesse bei der Umsetzung der Anforderungen haben geholfen, die Fehler beim Aufsetzen des Projekts schnell offensichtlich werden zu lassen.

Tatsächlich wurden im Verlauf des Projekts Erfahrungen gesammelt, die für die nachfolgenden Projekte wertvoll sind. Die bereits teilweise entwickelte Software konnte für andere Bereiche und regionale Märkte verwendet werden, da zu jedem Zeitpunkt bereits nutzbare Funktionen zur Verfügung standen. Die Tatsache, dass die Softwareentwicklung die Projektleitung immer wieder zu klaren und schnellen Vorgaben gezwungen hat, hat den Entscheidungsprozess und schließlich das Eingeständnis des Scheiterns deutlich beschleunigt. So hat Agilität wie ein Katalysator gewirkt, der schnell die Schwächen des Projekts – hier im Beispiel die genaue Definition und Abgrenzung von Anforderungen – offensichtlich gemacht hat. Scheitern ist auch hier eine Möglichkeit, schnell zu lernen und somit ganz im Sinne der agilen Haltung. Das inhaltlich Erlernte und die Rückschlüsse auf die Fehler im Prozess bleiben den Verantwortlichen als Kapital für weitere Veränderungsprojekte.

Um Scrum einzuführen, sind klare Rollen, regelmäßige Zeitfenster für die Umsetzungszeiträume und eine abgestimmte Meetingstruktur notwendig. Die klar definierten Rollen helfen ein hohes Maß an Eigenverantwortung und Autonomie für die Suche nach den besten Lösungen zu erzeugen.

Folgende Rollen gibt es in Scrum-Projekten

- Der **Product Owner** ist für die strategische Produktentwicklung aus Sicht des Nutzers zuständig. Seine Verantwortung beinhaltet die Konzeption einer klaren Ergebnisvision, die Festlegung und Priorisierung der jeweils zu entwickelnden Ausprägungen

[4]Laut dem „CHAOS report" der Standish Group (renommierte, regelmäßige Messung mit sehr großen Stichproben über 10.000 Projekte von Erfolgs- und Misserfolgsfaktoren in IT-Projekten) sind 18 % der agil gemanagten Großprojekte erfolgreich, 23 % scheitern vollends. „Klassisch", analytisch gemanagte Großprojekte sind zu nur zu 3 % erfolgreich, 42 % scheiten vollends [5].

sowie die Abnahme des Ergebnisses. Der Product Owner gestaltet das Produkt mit dem Ziel, den wirtschaftlichen Nutzen für das eigene Unternehmen zu maximieren, er repräsentiert die Interessen der Stakeholder. Ihm allein obliegt die Entscheidung über Freigabe, Qualität und Kosten. Er beschreibt in Abstimmung mit dem Umsetzungsverantwortlichen die Inkremente oder Arbeitspakete, die vom Team umzusetzen sind.
- Der **Scrum Master** ist dafür verantwortlich, dass Scrum gelingt. Dazu arbeitet er mit dem Entwicklungsteam zusammen, gehört aber selber nicht dazu. Er führt die Scrum-Regeln ein und überprüft deren Einhaltung, moderiert die Meetings und kümmert sich um die Beseitigung von allen Arten von Hindernissen („Impediments"), seien sie inhaltlicher, kultureller oder infrastruktureller Natur.
- Das **Team** ist für die Lieferung des Produkts in der vom Product Owner gewünschten Reihenfolge und Qualität verantwortlich. Das Entwicklungsteam ist autonom, es entscheidet allein, was aus dem abgestimmten Arbeitsvorrat es in einem Entwicklungsabschnitt (Sprint) liefern will. Hierzu sollte ein Team in der Lage sein, das Ziel eines jeweiligen Sprints ohne größere Abhängigkeiten von außen zu erreichen. Eine interdisziplinäre Besetzung des Entwicklungsteams gilt als wichtig. In Scrum tritt das Team immer als Einheit auf – gute und schlechte Ergebnisse werden nie auf einzelne Teammitglieder, sondern immer auf das Entwicklungsteam als Einheit zurückgeführt. Die ideale Teamgröße liegt bei 7 ± 2 Mitarbeitern, die sich im gegebenen Rahmen selbst organisieren, um in jeder Iteration fertige Funktionalität/Arbeitsergebnisse zu liefern.
- Das **Management** gehört nicht zum Scrum-Team. Es trägt Verantwortung dafür, dass die Rahmenbedingungen stimmen. Dazu gehört die Bereitstellung von materiellen Ressourcen (Räumlichkeiten, Arbeitsmittel) und die Unterstützung für den eingeschlagenen Kurs. Das Management ist auch dafür verantwortlich, das Scrum-Team vor externen (nicht das Projekt betreffenden) Arbeitsanforderungen zu schützen, adäquate personelle Besetzungen zu finden sowie den Scrum Master dabei zu unterstützen, Hindernisse auszuräumen.

Die regelmäßigen Zeitfenster (Sprints)

Sprints sind festgelegte Zeiträume (meist drei bis vier Wochen) für die Umsetzung von Aufgaben (in der Softwareentwicklung sind das z. B. lauffähige Teile von Software). Sprints beginnen mit einem Sprint Planning Meeting und enden mit dem Sprint Review Meeting. Während des Sprints wird das Team nicht durch neue oder geänderte Anforderungen unterbrochen, Fachverantwortliche stehen während des Sprints für Rückfragen zur Verfügung. Somit wird vor dem Sprint eine Vereinbarung darüber getroffen, was bis zum Ende des Sprints fertiggestellt werden soll. Im Sprint Review Meeting wird das Ergebnis und der Prozess erörtert. In den relativ kurzen Iterationen von bis zu 30 Tagen werden also verbindliche und gut überprüfbare Ergebnisse eingefordert, ein monatelanges Erstellen von Lastenheften oder Arbeitspaketen mit fraglichem Nutzen wird dadurch weitgehend ausgeschlossen.

Die Meetingstruktur

Eine klare Meetingstruktur mit zeitlichen Begrenzungen (time-boxing) trägt der agilen Methodik Rechnung, in einer vorgegebenen Zeit ein definiertes Ziel zu erreichen. Dabei kommt den Meetinsgs neben dem Informationsaustausch und der gemeinsamen Suche nach Lösungen oft auch ritueller Charakter[5] zu und hilft dabei, die Teams zu formieren und den Austausch auf gleicher Augenhöhe einzuüben.

- Das **Sprint Planning Meeting** steht am Anfang eines Sprints und ist auf acht Stunden begrenzt. Aus der Gesamtmenge der umzusetzenden Aufgaben (Product Backlog) werden die im nächsten Sprint umzusetzenden Aufgaben geplant. Dabei präsentiert der Product Owner dem Team die Procuct Backlog Items mit der höchsten Priorität und benennt (optional) sein Sprint Goal, mit dem das Team einverstanden sein muss. Das Ergebnis wird im Sprint Backlog festgehalten. Das Team plant autonom (ohne Mitsprache des Product Owners) im Detail, wie es sein gegebenes Versprechen einlösen kann.
- Das **Daily Scrum** ist das tägliche Status Meeting des Teams (max. 15 min im Stehen), in dem die Teammitglieder mit dem Scrum Master den Status und die aktuellen Hindernisse (Impediments) erörtern. Der Scrum Master notiert sich Impediments und greift – wenn notwendig – moderierend ein. Zur Klärung von Verständnisfragen kann auch der Product Owner am Daily Scrum teilnehmen.
- Schließlich werden – wie oben erwähnt – im **Scrum Review Meeting** in begrenzter Zeit (max. vier Stunden) bei maximal einer Stunde Vorbereitungszeit pro Person dem Product Owner die Ergebnisse vorgestellt und wechselseitiges Feedback zum Ergebnis und zu der Zusammenarbeit gegeben.
- Die **Sprint Retrospektive** bietet dem Scrum-Team die Gelegenheit, sich selbst zu überprüfen und einen Verbesserungsplan für den kommenden Sprint zu erstellen, es ist also keine inhaltliche Sicht auf das Erreichte, sondern eine Prozessreflexion, die zwischen dem Sprint Review und dem nächsten Sprint Planning stattfindet. Diese Prozessreflexion wird vom Scrum Master organisiert und folgt wie die meisten Meetings bei Scrum einem festen Zeitthema von drei Stunden. Am Ende des Meetings soll das Team gemeinsam mit dem Scrum Master Verbesserungsmaßnahmen definiert haben [7].

Durch die Sprints in kurzen Zyklen mit hohem inhaltlichen aber auch prozessualen Lerneffekt und die klare Struktur und Abfolge der Meetings wird schnelles Lernen institutionalisiert und zum Reifen der Projektorganisation sowie des Gesamtergebnisses führen. Kommunikation, Einfachheit, Feedback, Offenheit, Mut, Respekt und Vertrauen, die oben erwähnten agilen Werte, müssen täglich gelebt werden.

---

[5]Diese Rituale helfen, eine feste und vertrauenswürdige Struktur in dem komplexen Umfeld der Agilität aufzubauen und geben den Mitgliedern Zuversicht, in den Wert der gemeinsamen Zusammenarbeit.

Das Prinzip eines fest vorgegebenen, detaillierten Planes und einer hierarchischen Führung wird mit Hilfe von Scrum durch eine klare Methodik in definierten Rollen und eigenen Handlungsspielräumen ersetzt (Abb. 3.2).

3.3.2 Risiken von Scrum

Keine Methode ist ohne Risiken und so ist es Aufgabe alle Beteiligten, aber insbesondere der Verantwortlichen, diese Risiken zu kennen und entsprechende Vorkehrungen für deren Minimierung zu treffen.

- **Teamrisiko:** Das Team ist nicht vertraut mit den Rollen oder ausreichend verpflichtet auf die Rollen und Verantwortlichkeiten von Scrum.
  Rollen und die Dynamik im Team müssen geübt und gelebt werden, das ist ein entscheidender Punkt für die angestrebte Veränderung. Das Können ist nur zum Teil ein kognitiver Prozess, deswegen ist Üben und Erfahrungen sammeln ganz im Sinne des Ziels und auch im Sinne einer agilen Vorgehensweise. Teambesprechungen,

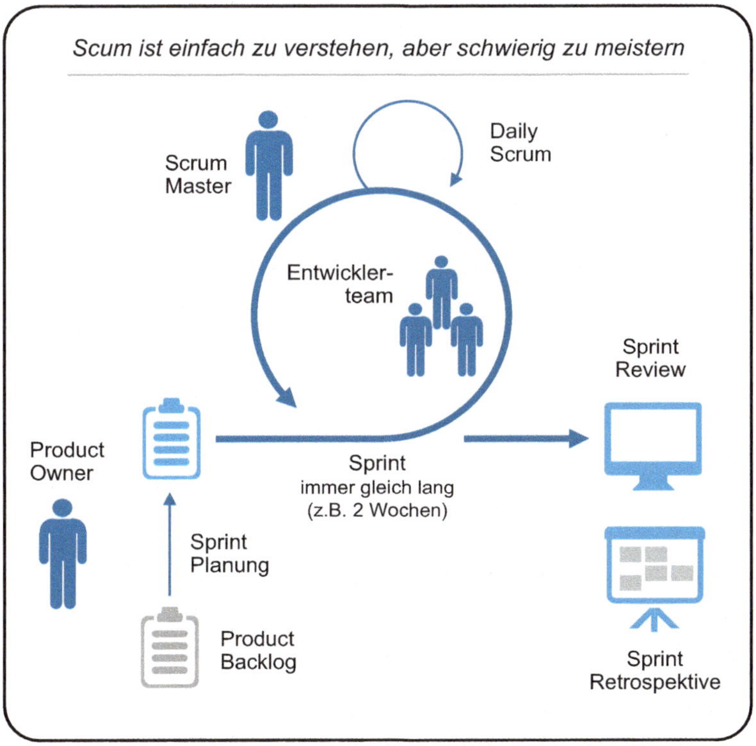

Abb. 3.2 Scrum auf einem Bierdeckel nach [4]

regelmäßiges Feedback und eine Begleitung durch Erfahrene in der Einführungsphase geben Sicherheit und bilden ein stabiles Team.

- **Rollenrisiko:** Die Rollen sind nicht geklärt und können deshalb nicht dabei helfen, die Personen durch Eigenverantwortung und Einsatz ihrer Kompetenzen positiv anzutreiben. Neben der selbstverständlichen Klärung der formellen Rollen und Aufgaben in einem Scrum Projekt, lebt ein Team auch von der Unterschiedlichkeit seiner Mitglieder. Das bedeutet, dass im Team die notwendige Toleranz für individuelle Stärken und Schwächen vorhanden sein muss. Dem Scrum Master kommt dabei eine entscheidende Rolle zu. Nicht jeder erfahrene Techniker ist auch ein erfahrener Team Leader. Diesen Prozess in der Einführungsphase zu unterstützen und für Verständnis im Team und beim Scrum Master zu werben vermindert das Rollenrisiko erheblich.
- **Managementrisiko:** Die agile Methode ist nicht verzahnt mit den Ideen (Meilensteinen, Budgets, inhaltlichen Zielen) der Auftraggeber des Projekts (wie etwa im Fallbeispiel oben).

  Die Unterstützung des Managements ist unbedingt notwendig für den Erfolg von Scrum. Wie in der Grafik unten dargestellt, ist die Unterstützung des Managements der mit Abstand wichtigste Erfolgsfaktor für die Einführung. Wie bei allen wichtigen Veränderungsprozessen im Unternehmen kann auch eine Einführung von Scrum nicht ohne ein klares Commitment des Managements gelingen. Das „Erwartungsmanagement der Erwartungen des Managements" muss von dem Projektleiter verantwortet werden. Werden – wie in dem beschriebenen Fallbeispiel – unrealistische Erwartungen mit dem Projekt verknüpft, muss der Projektleiter seine Auftraggeber rechtzeitig darauf hinweisen. „Nein" sagen ist eine Schlüsselkompetenz für einen erfahrenen Projektleiter.
- **Prozessrisiko:** Der geplante Ablauf funktioniert nicht aufgrund von mangelnder Erfahrung der Mitarbeiter oder anderer Hindernisse wie unzureichender Infrastruktur[6].

  Banalitäten können zu entscheidenden Störfaktoren werden und gerade in der Einführungsphase das strapazierte Nervenkostüm zusätzlich belasten. Für einen professionellen Ablauf und die Organisation einer ausreichenden Infrastruktur sind weder gut ausgebildete Techniker noch Scrum-Spezialisten notwendig. Es wäre deshalb fahrlässig, ein Prozessrisiko einzugehen.
- **Anforderungsrisiko:** Die Ziele und Anforderungen sind nicht bekannt oder nicht ausreichend vereinbart. Die Verzahnung mit der Fachabteilung oder der Linienorganisation ist nicht ausreichend.

  Der Bedeutung der frühzeitigen Einbindung der Fachabteilung wird ins Scrum durch die Rolle des Product Owners Rechnung getragen. Es ist der Kern der Vorgehensweise in Scrum, dass zu jedem Zeitpunkt die Fachseite in die Kommunikation eingebunden ist und die fachlichen Anforderungen vorgibt. Selbstverständlich muss gewährleistet sein, dass der Product Owner seinerseits die Anforderungen ausreichend mit den späteren Nutzern der Software abgestimmt hat.

[6] In der Praxis stellen Hindernisse in der Infrastruktur Projekte vor große Herausforderungen. So fehlen oft notwendige technische Geräte oder freie Räume für die fest vorgegebenen Meetings.

Für eine sinnvolle Entscheidung für oder gegen die Anwendung von Scrum hat Hans Peter-Korn ein Schema entwickelt [3], das die Entscheidung unterstützen soll. Je weiter die „Schieberegler" rechts stehen, umso eher ist das agile Vorgehen zweckmäßig. Die Reihenfolge der Beschriftung steht dabei für die nach unten hin abnehmende Bedeutung des jeweiligen Kriteriums. Je mehr die Schieberegler rechts stehen, umso eher ist ein agiles Projektvorgehen angeraten (Tab. 3.1).

3.3.3 Der erste Schritt zur Einführung von Scrum

Eine einfache Möglichkeit agiles Projektmanagement mit Scrum einzuführen, ist ein tägliches kurzes Meeting im Stehen mit dem Projektteam abzuhalten. Diese Meetings können einfach auch in einer klassischen Projektorganisation abgehalten werden und benötigen keine besonderen Voraussetzungen. In diesem Meeting von 10 bis 15 min Länge kann der Status besprochen und die nächsten Schritte gemeinsam geklärt werden.

Wenn der vollständige Schritt hin zu Scrum gemacht werden soll, ist es wichtig zu hinterfragen, warum das Team und die Organisation sich dafür entschieden hat. Was funktioniert nicht wie erwartet? Was funktioniert gut?

Im Anschluss daran sollte eine Bestandsaufnahme der agilen Fähigkeiten die oben genannten Risikofaktoren betrachten und die Schwachpunkte beheben.

Welchen Weg Sie auch wählen, vergessen Sie nicht, dass Scrum von seiner Natur her flexibel ist. Daher sollte jedes Dogma vermieden werden und stattdessen agile Tugenden wie Offenheit, Diskussion im Team und Nutzung der individuellen Stärken vorgelebt werden.

Mit Scrum zu arbeiten, bedeutet auch die Gewohnheiten des Teams und seine Mitglieder zu verändern. Jeder muss mehr Veränderungen übernehmen, dabei helfen, die Qualität der Ergebnisse zu verbessern und die Geschwindigkeit in der Umsetzung zu erhöhen. Verbindliche Vereinbarungen sind deshalb genauso notwendig wie die verbindliche Messung der Ergebnisse. Die Vereinbarung der Ziele eines Sprints sollen alle Teammitglieder dazu antreiben, das Ziel gemeinsam zu erreichen.

Tab. 3.1 Schema für Entscheidung für oder gegen die Anwendung von Scrum. (Nach [3])

Kriterien	Traditionell		Agil
Funktionsanforderungen:	Bekannt und stabil	←→	Unbekannt oder variabel
Ökonomisches Risiko:	Kalkulierbar	←→	Unkalkulierbar
Technologie:	Vertraut	←→	Neuland
Projekttyp:	Wartung, Routine	←→	Neuentwicklung
Anzahl Teammitglieder:	Mehr als 30	←→	Bis 5
Businesswissen des Teams:	Sehr groß	←→	Sehr klein

Ein guter Start kann auch eine gemeinsame, offene Diskussion über die zu besetzenden Rollen im Team sein und selbstverständlich hat niemand Anspruch darauf, eine Rolle auf Dauer zu besetzen. Es ist wichtig für den Teamgeist auch zu wissen, dass Rollen getauscht werden können und nicht als Machtpositionen missbraucht werden dürfen.

Bei einer Einführung von Scrum ist es unbedingt ratsam, das Team durch erfahrene Berater oder Kollegen in den ersten Monaten unterstützen zu lassen. Dem Umgang mit Widerständen sollte – ganz im Sinne der agilen Methode – mit Transparenz, offenen Diskussionen und dem Interesse an der Möglichkeit zu Lernen, begegnet werden.

3.4 Agilität in der Linienorganisation mit OKR (Objectives & Key Results)

3.4.1 Theorie

OKR (Objectives & Key Results, also wörtlich „Ziele und Schlüssel-Resultate") mutet zunächst seinem Namen nach wie eine neue Wortschöpfung von Unternehmensberatern an. Tatsächlich gibt es OKR jedoch bereits seit den 1970er-Jahren. Die Methode wurde bei Intel entwickelt und kombiniert zahlreiche erfolgreiche Elemente der heute sehr verbreiteten Management- und Führungspraxis, wie etwa Organisationsentwicklung, Veränderungsmanagement, Management bei Objectives (MbO) oder auch Balanced Scorecard. Insbesondere die agilen Elemente sind unverkennbar und helfen einer Organisation, ehrgeizige Ziele in kurzen Zyklen zu verfolgen und daran zu schnell lernen.

Ende der 1990er-Jahre wurde OKR auf Druck des einflussreichen Venture Capital Managers John Doerr bei Google eingeführt. Doerr hatte die Genialität der Google Gründer (Larry Page, Sergey Brin und Eric Schmidt) erkannt, sah aber auch die Notwendigkeit ihnen effiziente Steuerungsmöglichkeiten mit den notwendigen Freiheiten für hoch motivierte und leistungsfähige Mitarbeiter an die Hand zu geben. Ihr Erfolg gibt der Methode recht und hat zu ihrer Verbreitung, insbesondere bei innovativen Unternehmen rund um das Silicon Valley, beigetragen. Heute nutzen neben Google u. a. auch Linkedin, Twitter, Apple und Oracle OKR als Methode ihre Strategie und Ziele umzusetzen. Aber auch zahlreiche deutsche, mittelständische und große Unternehmen setzen OKR äußerst erfolgreich ein.

Die Stärke der OKR-Methode ist ihre pragmatische und einfache Anwendung. Die starke Formalisierung und klare Handhabung bewahrt die Methode dabei – ganz ähnlich wie bei Scrum – vor einer schrittweisen „Erosion".

Vorgehensweise

Auch bei OKR werden in – für eine Linienorganisation – relativ kurzen Perioden Ziele vereinbart und diese bereits während der Umsetzung als auch zum Abschluss der Periode kritisch gewürdigt. Im Gegensatz zu den verbreiteten Zielvereinbarungen sind diese Ziele sehr hoch gesteckt, die Zyklen vergleichsweise kurz und die Transparenz über die Umsetzung und die Zielerreichung extrem hoch. OKR-Ziele haben eine Besonderheit, die – richtig umgesetzt – ein entscheidender Treiber ist: Die Ziele sind bisweilen so ambitioniert, dass sie oftmals für zu kühn gehalten zu werden, um wahr zu werden, kühn, waghalsig, aber nicht unmöglich. Leistungsbereite Mitarbeiter inspiriert das zu Höchstleistungen in ihrer Einsatzbereitschaft und nimmt sie in ihren Fähigkeiten ernst. Diese Ziele erfordern auch Kreativität und Innovationen, denn mit herkömmlichen Mitteln lassen sie sich oft nicht erreichen. Das Verfehlen der Ziele wird deshalb auch niemals sanktioniert. Zielerreicher und Zielverfehler sind gleichgestellt, denn beide haben einen wichtigen Beitrag geleistet, der Zielerreicher durch das erfolgreiche Umsetzen, der Zielverfehler durch das Kennenlernen von Grenzen.[7] Das ist für viele Unternehmen ein Bruch mit der bestehenden Kultur und bedarf daher einer guten und glaubwürdigen Begründung.

Der Ablauf eines OKR-Zyklus

Zentral für die Einführung von OKR sind auch hier übergeordnete, klare, kommunizierte und schlüssige Ziele für das Unternehmen. In der Regel steht als abstraktes Ziel eine Unternehmensvision, deren Umsetzung in der Unternehmensstrategie weiter ausgeführt wird. Selbstverständlich gilt auch hier, dass Ziele niemals unumstößlich sind. Treten in der Umsetzung unüberwindbare Hindernisse auf, müssen die Ziele am ‚Ende des Zyklus' revidiert werden. Ein Planungs- und Umsetzungszyklus (das entspricht den Sprints bei Scrum) beträgt bei OKR meist drei Monate.

Die Planung bei OKR erfolgt in Kaskaden Top-down im Unternehmen:

- Zunächst werden für den nächsten Zeitraum ein bis drei Unternehmensziele auf Basis der Strategie festgelegt. Wie oben erwähnt, sollen Ziele bei OKR inspirieren, sie sind oft visionär formuliert und lassen sich nicht immer einfach messen. Für die Messung und genauere Planung werden nun für jedes Ziel zwei bis vier Key Results formuliert, die man im Deutschen zum besseren Verständnis mit „Ergebnisse von Umsetzungsmaßnahmen" übersetzen sollte. Der Erfüllungsgrad dieser Maßnahmen muss zwingend messbar sein, er hilft nun bei der Steuerung der Zielerfüllung innerhalb der vorgegebenen drei Monate.
- Genauso wie die Unternehmensziele werden infolgedessen auch für die Bereiche, Abteilungen und Einzelpersonen bis zu drei Ziele mit jeweils bis zu vier Maßnahmen festgelegt. Da die Ziele top-down abgeleitet werden und aufeinander aufbauen, werden sie auch nacheinander top-down innerhalb von nur etwa zwei Wochen mit den entsprechenden Maßnahmen formuliert. Der Zeitdruck ist Bestandteil der Agilität und beschränkt die Zeit für langwierige theoretische Diskussionen. Die OKR-Maxime lautet daher „mit begrenztem Risiko neue Wege" zu beschreiten oder „Probieren über Studieren", um Erkenntnisse zu sammeln, die sich einer linearen, analytischen Planung entziehen.

[7] Dazu sagt Robert Sutton, Professor an der Stanford University: „Sobald Unternehmen versuchen, die Zahl der Flops zu verringern, kommt der Innovationsprozess meist zum Erliegen. Der Schlüssel zu effizienter Innovation besteht darin, schneller zu scheitern, nicht weniger häufig" [1].

- Wie erläutert, müssen die Ziele sehr ehrgeizig sein, der Zielkorridor für die Erreichung liegt bei – im Schnitt- 60 bis 70 %. Kann mehr erreicht werden, waren die Ziele nicht ehrgeizig genug gesteckt, wird weniger erreicht, hat man die Chance mehr zu lernen und kann das nächste Mal schon mehr erreichen.
- Als Ergebnis der Festlegung der Ziele und Maßnahmen hat nun jede Organisationseinheit und jeder Mitarbeiter Ziele und Maßnahmen für die Umsetzung in hoher Eigenverantwortung. Alle Ziele und Maßnahmen sind transparent, ihr Erfüllungsgrad wird wöchentlich gemessen (die Skala misst zwischen null und 100 %), der Status ist für jeden sichtbar (siehe Abb. 3.3).

Da Scheitern nicht sanktioniert wird, darf die Zielerreichung auch auf keinen Fall mit finanziellen Anreizen (Incentives, Boni) verknüpft werden. Hier liegt ein wesentlicher Unterschied zu den Zielvereinbarungen, die in Unternehmen vielfach gelebt werden. Ziele und Maßnahmen bei OKR sind sehr viel ehrgeiziger und werden als Teamleistung verstanden, die nicht individuell honoriert wird.

Nach knappen drei Monaten, während der bestehende OKR-Zyklus noch läuft, werden bereits die neuen Ziele und Maßnahmen für den nächsten Zyklus vereinbart.

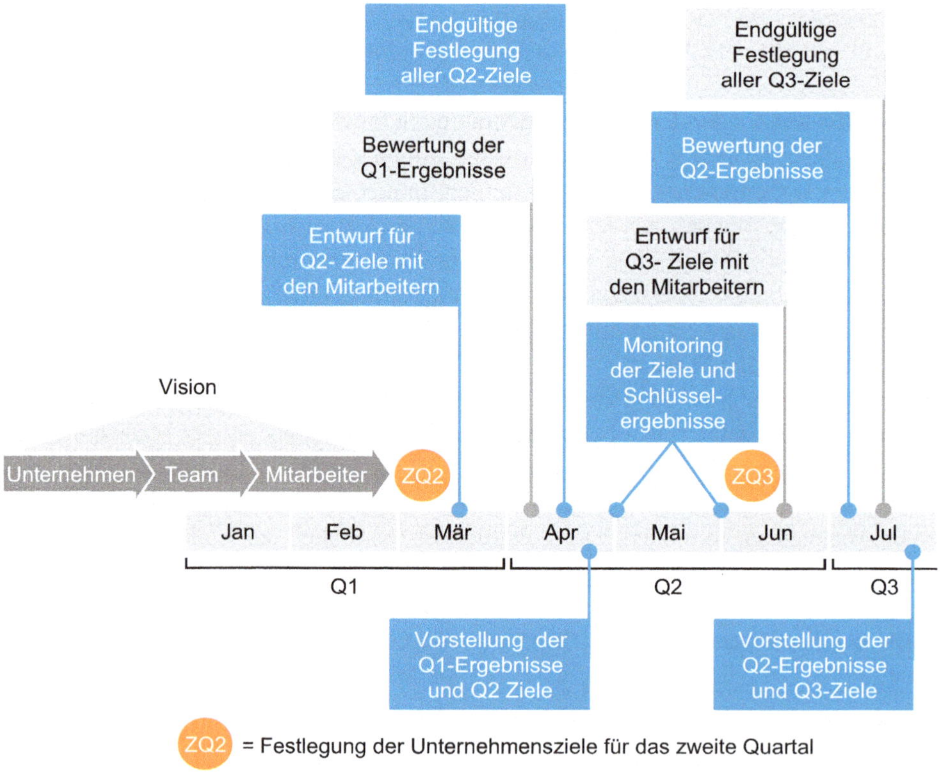

Abb. 3.3 Der OKR-Zyklus mit Planung und Bewertung

In einem gemeinsamen Meeting am Ende des Zyklus wird Bilanz gezogen und die neuen Ziele vorgestellt. Ziele die nicht erreicht werden konnten, werden entweder aufgegeben oder aber, ggf. mit neuen Maßnahmen, in einem späteren Zyklus weiterverfolgt.

So sind analog zu Scrum auch bei OKR regelmäßige Meetings Teil der Methode: Jeden Montag werden im Team der Status und die Maßnahmen für die Zielerreichung besprochen, freitags erfolgt ein positiver Rückblick auf das bereits Erreichte. Dabei gibt es immer umfassende Transparenz zu den Zielen und Maßnahmen auf allen Ebenen. Manche Unternehmen machen die Ziele und ihren Erreichungsgrad mithilfe einer schicken App zugänglich, die auch die Eingabe und Aktualisierung unterstützt. Andere Unternehmen nutzen lediglich eine einfache Tabelle auf einem gemeinsamen Laufwerk. Pragmatismus ist Teil der Methode und wer von vornherein nach technischer Perfektion strebt, anstatt die Umsetzung der wirklichen Ziele anzutreiben, widerspricht fundamentalen Prinzipien der Methode.

Zusammengefasst sind die Merkmale der Ziele und der Maßnahmen wie folgt:

Objectives = Ziele:

- inspirieren und treiben alle zu besonderen Leistungen sowie guten Ideen für die Umsetzung an. Sie lassen die Mitarbeiter gerne zur Arbeit gehen und geben ihnen Sinn.
- orientieren sich an übergeordneten Zielen (Vision, Strategie, Mission)
- sind sehr ambitioniert.
- können in einer Periode erreicht werden.
- Individuelle Ziele können auch vom Team unabhängig erreicht werden.
- müssen noch nicht unbedingt quantitativ messbar sein.
- klären das „Warum" und „Was"

Key Results = Schlüsselergebnisse oder Ergebnisse von Umsetzungsmaßnahmen:

- präzisieren die inspirierenden Ziele (max. vier pro Ziel) und klären das „Wie?"
- quantifizieren die Ziele und machen sie so messbar.
- sollten schwierig, aber nicht unmöglich sein (sie können nur zu 60 bis 70 % erreicht werden).
- Scheitern heißt Lernen und sollte Bestandteil einer agilen Unternehmenskultur sein.

Was sich möglicherweise leicht und auch ein wenig unverbindlich anhört, ist in Wirklichkeit ein starker und sehr ehrgeiziger Wettbewerb um Ideen und deren effektive Umsetzung. Nicht jedem Mitarbeiter wird diese Art Wettbewerb und Transparenz vertraut und auch angenehm sein. Auf der anderen Seite fühlen sich leistungsfähige und ehrgeizige Mitarbeiter oft angezogen von gleichermaßen ehrgeizigen Zielen und der hohen Autonomie die mit kreativer Umsetzungsmöglichkeit verbunden ist.

OKR ist noch mehr als Scrum eine sportliche Methode, die Menschen, Teams und gesamte Organisationen zu Höchstleistungen im positiven Sinne ermuntern kann.

Beispiel

Ein noch junges, schnell gewachsenes Unternehmen ist aufgrund von kostspieligen Expansionen im Ausland und teuren Firmenakquisitionen im Inland beim Abflachen seiner Wachstumskurve in eine finanzielle Schieflage geraten.

Der dynamische und innovative Firmeninhaber sucht nach einer Methode einen tiefgreifenden und schnellen Veränderungsprozess zur nachhaltigen Gesundung des Unternehmens umzusetzen. Ihm ist bewusst, dass er die Mitarbeiter in die angestrebten und vermutlich auch schmerzhaften Veränderungen frühzeitig und intensiv einbinden muss. Er erhofft sich dadurch eine hohe Veränderungsgeschwindigkeit, eine gute Qualität der Entscheidungen sowie der Umsetzung und eine frühzeitige Vermeidung von Widerständen der Mitarbeiter.

Der Firmeninhaber entscheidet sich für die OKR-Methode, denn sie passt gut in die Haltung der meist jungen und ehrgeizigen Mitarbeiter, die auch bereit sind, Eigenverantwortung für das dynamische Unternehmen zu übernehmen.

Das Ziel ist eine stabile Gesundung des Unternehmens, die insbesondere eine schnelle Identifikation und Trennung von unrentablen Aktivitäten beinhaltet.

Zunächst bildet sich ein Kernteam für die Zieldefinition der angestrebten Veränderungen. Bereits die ersten Sofortmaßnahmen – dazu gehört auch die Messung und Prognose der tatsächlichen Situation des Unternehmens – werden nach der OKR-Methode geplant und in nur einem Monat weitgehend umgesetzt. Parallel werden weitere Sanierungsmaßnahmen und der Aufbau von wirtschaftlichen Alternativen geplant und umgesetzt. Auf Basis der Erfahrungen, die in nur drei Monaten gemacht wurden, werden angepasste Ziele und Maßnahmen geplant und umgesetzt.

Das Tempo und die Qualität der Sanierung überzeugt nicht nur die Mitarbeiter, sondern auch die Gläubiger. Die Veränderungen sind tief greifend, im Rahmen der Sanierung müssen gut 20 % der Mitarbeiter entlassen werden, doch das Verständnis für die Notwendigkeiten ist sehr hoch.

Nach insgesamt gut acht Monaten ist das Unternehmen saniert und finanziell stabilisiert. Die Zukunftsaussichten sind gut und die Risiken aufgrund der gemachten Erfahrungen sehr gut handhabbar. So wird das Unternehmen kurz nach der Sanierung auch interessant für einen ausländischen Investor, der wenige Monate später das Unternehmen zu 100 % übernimmt. Die OKR- Methode überzeugt auch die neuen Eigentümer, sie wird in den folgenden Monaten Schritt für Schritt unternehmensübergreifend auch bei anderen Tochterunternehmen des Investors eingeführt.

3.4.2 Risiken von OKR

Keine Methode ist ohne Risiken und so müssen die Verantwortlichen diese Risiken für eine Entscheidung zur Einführung und Umsetzung von OKR kennen und ggf. entsprechende Vorkehrungen für deren Minimierung zu treffen.

- **Auswahlrisiko:** Wie Scrum ist auch OKR keine Medizin für alle Diagnosen. Soll eine Organisation lernen, dynamischer zu werden, Entscheidungen schneller und dezentral – unter Nutzung der Möglichkeiten ihrer Mitarbeiter – zu treffen, ist OKR eine gute Wahl. OKR bietet die Möglichkeit schnell zu lernen („Scheitere früh und billig") und in einem komplexen Umfeld mit leistungs- und veränderungsbereiten Menschen erfolgreich angewendet zu werden.

  Gibt es jedoch die Notwendigkeit für eine hohe Qualität bewährter Prozesse und Mitarbeiter, die nichts von einem „Wettbewerb der Ideen" halten, würden die Stärken von OKR geringe Chancen auf eine positive Wirkung haben.
- **Rollenrisiko:** Im Gegensatz zu den klaren Rollen bei Scrum ist die Klarheit und das Spiel zwischen den Rollen bei OKR – wie etwa zwischen Product Owner und Scrum Team – nicht so stark ausgeprägt. Die OKR-Ziele werden im eigenen Verantwortungsbereich vereinbart und eigenverantwortlich im Team oder auch alleine umgesetzt. Dazu gehört, dass die Rolle bekannt ist und angenommen wird. Während mit Scrum anspruchsvolle Projekte umgesetzt werden, ist OKR für die Zielverfolgung in der Linienorganisation bewährt. Allerdings verschwimmen die Grenzen zwischen Projekten als „zeitlich befristete, relativ innovative und risikobehaftete Aufgabe von erheblicher Komplexität"[8] und Veränderungen in der Linie, die auch zeitlich durch dreimonatige Zyklen begrenzt, innovativ und risikobehaftet sind. Das entscheidende Merkmal von Projekten ist wohl – klassisch gesehen – ein klar zu definierendes und einzigartiges Ziel im Sinne eines Gewerks (eine besondere Software, eine Mondlandung oder ein Flughafenbau) im Gegensatz zu Zielen, die üblicherweise in einer Linienorganisation als Kernaufgabe angestrebt werden (etwa die effiziente Erzeugung von Produkten für Kunden bei gleichzeitiger Vergrößerung des Marktanteils).[9]
- **Zielrisiko:** Ein weiterer großer Unterschied zu Projekten mit dedizierten Projektbudgets sind Veränderungen in der Linie mit OKR, die in der Regel im Rahmen der alltäglichen Arbeit zu erfüllen sind. Zielkonflikte sind auf alle Fälle zu vermeiden, denn nicht selten stehen OKR-Ziele im Widerspruch zu den Zielen der klassischen Organisation.

---

[8]Definition von „Projekt" im Gabler Wirtschaftslexikon http://wirtschaftslexikon.gabler.de/Definition/projekt.html.

[9]Eine mangelnde Installation der Rolle in OKR kann dazu führen, dass diese Rolle nicht angenommen oder schlicht nicht ernstgenommen wird. Das Rollenrisiko kann auch durch eine Überforderung von Mitarbeitern entstehen, eigenverantwortlich Aufgaben umsetzen zu müssen. Nicht jeder Mitarbeiter hat gelernt mit dieser Anforderung umzugehen. Selbst in Projekten, die meist unter besonderer Beobachtung von Sponsoren, Stakeholdern und Lenkungsausschüssen stehen, können sich Mitarbeiter gelegentlich im Team „verstecken". Bei OKR mit individuellen und transparenten Zielen ist das so nicht möglich. Deshalb muss von Beginn an für das Verständnis von Unterschiedlichkeiten und gegenseitige Hilfe geworben werden. Externe Trainer können hier in einer neutralen Rolle meist besser helfen als Kollegen oder Vorgesetzte, die bereits eine bestimmte, über Jahre gewachsene – nicht immer hilfreiche – Befangenheit haben können. Erfreulicherweise stellt sich in der Praxis sehr oft heraus, dass viele Mitarbeiter an großen Aufgaben besonders wachsen und aus dem Schatten einer Organisation in der Komfortzone heraustreten können.

Man stelle sich vor, OKR wird im zweiten Quartal eines Jahres eingeführt und es gelten bereits die üblichen Zielvereinbarungen, die jedoch nicht kongruent zu den neuen OKR-Zielen sind. Die meisten Mitarbeiter würden sich vermutlich, trotz inspirierender OKR Ziele, für ihren Bonus am Ende des Jahres entscheiden.

- **Kulturrisiko:** Die Abwägung zwischen Team- und Einzelinteressen stellt auch die Frage der Kultur der Zusammenarbeit. Wenn im Unternehmen traditionell die Verfolgung von Einzelinteressen gelebt und honoriert wird, kann ein kultureller Wandel nicht mit einer einfachen Anordnung vollzogen werden. Kultur erlernt man, sie kann nicht wie ein Kleidungsstück gewechselt werden. Die wichtigsten Gestalter der Unternehmenskultur sind dabei die Führungskräfte. Ihre Vorbildwirkung überragt bei weitem alle anderen kulturprägenden Faktoren im Unternehmen (s. a. [2]). Stilprägend sind gute Vorbilder und Erfolge, die sie erzielen, ohne dass andere Mitarbeiter sich zurückgesetzt fühlen. Keine einfache Aufgabe, wenn man bedenkt, dass Veränderungen von vielen als Kritik am Gewohnten und damit auch am eigenen Verhalten verstanden wird. Auch hier ist es sinnvoll, sich temporär externe Hilfe zu holen und jedem ausführlich die Ziele und die Vorgehensweise zu erläutern und bei den ersten Schritten zu begleiten.
- **Managementrisiko:** OKR ist kein Tool um Dinge zu erledigen. OKR hilft dabei, eine Unternehmensstrategie schnell und wirksam umzusetzen. Daher ist bei einer unternehmensweiten Einführung das Management nicht nur ausreichend „einzubinden". Die Unternehmensleitung muss selber Treiber dieser Einführung sein und auch die oben erwähnte Vorbildwirkung glaubwürdig leben. Wird die Einführung im Sinne der in Kap. 2 erwähnten Unternehmerteams lediglich auf Teile des Unternehmens begrenzt, muss klar sein, dass die angestrebten Änderungen in der Zusammenarbeit Bestandteil eines großen und wichtigen Plans sind und nicht auf Ideen von einzelnen Managern beruhen. Die Mitarbeiter müssen die Sicherheit haben, dass die Veränderungen und die sie begleitenden Unbequemlichkeiten einem gemeinsamen Ziel dienen und ihre Anstrengungen gewürdigt werden. Ein Zielsystem wie OKR erzeugt eine Verbindlichkeit für alle Beteiligten, das auch die Spielräume für spontane Änderungen oder Mikromanagement reduziert. Das empfinden Führungskräfte bisweilen als Machtverlust. Somit ist es auch für eine erfolgreiche Einführung notwendig, diesen Machtverlust als Zugewinn von Zeit und strategischem Fokus aller Mitarbeiter zu begreifen.
- **Prozessrisiko:** Wie in jedem Veränderungsprozess wird auch bei der Einführung und der Anwendung von OKR nicht alles „nach Plan" gehen. Phasen der Euphorie und Phasen der Enttäuschung liegen nah beieinander. Es ist wichtig, dass Enttäuschungen und Kritik selbstverständlich geäußert werden dürfen, gerade die den Einführungsprozess betreffen. Fehler und Enttäuschungen gehören zu einer agilen Kultur, sie sollten mit allen geteilt werden, um gemeinsam zu lernen und – nahezu nebenbei – auch noch als Team zu reifen. Damit können agile Werte auch im Prozess vorgelebt werden, ohne dass der Prozess selber infrage gestellt werden muss.

Wer neben seiner Tagesarbeit weitere Aufgaben zu erfüllen hat, soll das honoriert bekommen, etwa durch mehr Gestaltungsfreiräume oder eine temporäre Freistellung von entbehrlichen Routineaufgaben. Das Ziel muss sein, effektiver zu werden und damit seinem Team und seinem Unternehmen Vorteile zu verschaffen. Mit Agilität ist aber nicht gemeint, dass die Lasten ungleich verteilt werden, weil einige Teammitglieder leistungswilliger sind – das würde die Statik von Unternehmen, insbesondere den älteren, gefährden. Deshalb muss es für jeden Leistungsträger ausreichend Möglichkeiten zur Entspannung und zur Reflexion geben, ohne dass vitale Linienaufgaben vernachlässigt werden.

- **Anforderungsrisiko:** Die OKR-Ziele müssen herausfordernd und kühn sein um zu inspirieren und als Organisation möglichst schnell zu lernen. Die Gratwanderung zwischen Herausforderung und Frust kann sehr gut in den gemeinsamen Planungsgesprächen ermittelt werden. Während manche Mitarbeiter lieber vorsichtig sein wollen, ist für andere eine kühne Aufgabe die Quelle ihrer Motivation. Was für einige noch der positive Eustress ist (Stress, der motiviert, produktiv und glücklich macht) ist für andere bereits ungesunder Disstress (Stress, der unangenehme Empfindungen auslöst und zu Schlafstörungen und Burn-out führen kann). Daher ist es wichtig, niemals einen Mitarbeiter oder ein Team ohne seine Zustimmung auf ein OKR-Ziel zu verpflichten und Anerkennung und Wertschätzung für besonders schwierige Ziele zu zeigen. Eine Verordnung schwieriger Ziele würde dagegen nur Frustration und den Willen zu beweisen, dass das Ziel tatsächlich nicht zu erreichen ist, provozieren.

3.4.3 Der erste Schritt zur Einführung von OKR

Die Einführung von OKR erfolgt parallel zum Tagesgeschäft. Zwar ist eine intensive Vorbereitung des Managements notwendig, um selber mit authentischer Überzeugung die Einführung vertreten zu können, aber monatelange Vorbereitungsarbeiten widersprechen auch dem agilen Ansatz und dem notwendigen Veränderungsmanagement. Sinnvoll ist die Bildung eines leistungsfähigen Kernteams das die Entscheidung für die Einführung befürwortet und bereit ist die Einführung neben dem Tagesgeschäft intensiv zu begleiten. Entscheidungen im Elfenbeinturm der Unternehmensleitung sind kein ratsames Führungssignal angesichts eines Themas, das die Erhöhung der Eigenverantwortlichkeit und Dezentralisierung von Entscheidungen im Unternehmen stärken möchte.

OKR ist einfach zu verstehen (aber schwierig zu meistern) und lässt sich schnell und ohne komplizierte technische Infrastruktur einsetzen. Im Sinne der angestrebten Agilität sind hier keine Gründe für langwierige Verzögerungen zu finden. Dennoch ist jedem Verantwortlichen anzuraten, sich vorab gründlich mit den Einführungsszenarien anderer Unternehmen zu beschäftigen und das Für und Wider der Entscheidung im Kernteam zu erörtern. Eine Unterstützung während der Einführung durch erfahrene Coaches oder OKR-Berater ist empfehlenswert und sicherlich auch abhängig vom Mut und der Verfügbarkeit der Einführungsverantwortlichen.

Agile Methoden sind sicher nicht zu empfehlen für Befürworter einer unternehmensübergreifenden Kontrolle und Verweigerern der Idee, aus kleinen und smarten Fehlern zu lernen.

3.5 Kernaussagen

Die drei wohl größten Herausforderungen für Unternehmen heute sind:

- Die Digitalisierung erfolgreich zu meistern,
- auch weiterhin qualifizierte Arbeitskräfte zur Verfügung zu haben und
- durch Innovationen von Produkten, Dienstleistungen und Geschäftsmodellen weiterhin wettbewerbsfähig zu bleiben oder sogar neue Märkte zu erschließen.

In einer Zeit in der sich die Möglichkeiten neue Wege zu gehen – oder auch zu scheitern – immer weiter beschleunigen, stehen zentral organisierten und effizienzfokussierten Unternehmen und Unternehmern schwere Zeiten bevor. Wenn es einem Unternehmen nicht gelingt, das Wissen und die Fähigkeiten der Mitarbeiterinnen und Mitarbeiter im ausreichendem Maß zu nutzen, werden sicher geglaubte Wettbewerbsvorteile schnell obsolet. Das verstehen auch Unternehmer, die in einer handwerklichen Tradition die Unternehmen erfolgreich gemacht haben: Um diesen Erfolg langfristig zu bewahren, bedarf es Innovationen bevor das Produkt oder sogar das Geschäftsmodell ein Auslaufmodell ist (die immer kürzeren Reaktionszeiten aus Veränderungsimpulse wurden in Kap. 2 eindrucksvoll geschildert). Insbesondere in Zeiten beschleunigten Wandels wird neben der

1. **Fachkompetenz** und der
2. **Kompetenz Menschen zu führen** auch die
3. **Kompetenz zielgerichtete Veränderungen zu ermöglichen**

zu einer weiteren Kernkompetenz im Unternehmen. Deshalb muss neben dem Willen zur strategischen Veränderung auch das Know-how zur Implementierung von dynamischen Fähigkeiten in der Organisation angelegt werden. Die Rolle des Managers und/oder Unternehmers wandelt sich vom „Analysieren & Entscheiden“ hin zum „Orchestrieren des Zusammenspiels“ interner und externer Ressourcen (s. a. Kap. 2).

Agile Methoden, sei es Scrum für die Organisation von IT-Projekten oder OKR für Veränderungen in der Linienorganisation, bieten hervorragende Möglichkeiten die Fähigkeiten und das Wissen der Mitarbeiter besser zu nutzen. Gleichzeitig wird mit der Einführung und der Nutzung agiler Methoden die Kultur eines Unternehmens verändert. Aber Vorsicht: Kultur ist kein Tool und so wird die Nutzung der Vorteile von agilen Methoden und die gleichzeitige Verhinderung der neuen kulturellen Elemente wie Transparenz, Eigenverantwortung und Freiheiten im Rahmen der gewährten Rolle auf Dauer nicht funktionieren. Die Begrenzung oder die Gängelung von Mitarbeitern und von notwendigen Lernprozessen wird zu Enttäuschungen und möglichen Abwanderungen – vor allem der leistungsfähigen und -willigen Mitarbeiter – führen. Angesichts des immer stärkeren Mangels an qualifizierten Arbeitskräften sollte niemand dieses Risiko bewusst eingehen. Umgekehrt jedoch sind Unternehmen mit einer agilen Haltung attraktiv für junge dynamische, innovative und leistungsbereite Mitarbeiter. Als Lohn wird mit agilen Methoden die Transparenz und Kommunikation im Betrieb gesteigert und Mitarbeiter wissen nicht nur, was sie tun, sondern auch warum – und was kann erstrebenswerter sein, als Sinn bei der Verrichtung seiner Arbeit zu empfinden.

Literatur

1. Hofmann, K. (2015). *Neue Unternehmer braucht das Land! Wie Sie wirtschaftlichen Erfolg mit sozialer Verantwortung verbinden* (S. 154). Weinheim: Wiley.
2. Jost, H.-R. (2003). *Unternehmenskultur – Wie weiche Faktoren zu harten Fakten werden.* Zürich: Orell Fuessli.
3. Korn, H.-P. (2012). Scrum: Agile Projektmanagementpraxis. In S. Kammerer, M. Lang, & M. Amberg (Hrsg.), *IT-Projektmanagement-Methoden: Best Practices von Scrum bis PRINCE2®* (S. 319–348). Düsseldorf: Symposion.
4. Krieg, A. (2015). Bierdeckelskizzen – Scrum ist leicht aber nicht einfach. In M. Engstler, M. Fazal-Baqaie, E. Hanser, M. Mikusz, & A. Volland (Hrsg.), *Projektmanagement und Vorgehensmodelle 2015 – Hybride Projektstrukturen erfolgreich umsetzen, Lecture Notes in Informatics (LNI).* Bonn: Gesellschaft für Informatik.
5. Lynch, J. (2015). Chaos Report, Standish Group.
6. Schwaber, K. (2008). *Scrum im Unternehmen.* Unterschleißheim: Microsoft Press (Originaltitel: The Enterprise and Scrum).
7. Schwaber, K., & Sutherland, J. (2013). Der Scrum Guide, Ausgabe vom Juli 2013, S. 12 f.
8. Surowiecki, J. (2005). *Die Weisheit der Vielen: Warum Gruppen klüger sind als Einzelne und wie wir das kollektive Wissen für unser wirtschaftliches, soziales und politisches Handeln nutzen können.* München: Bertelsmann.
9. VERSIONONE. (2016). The 10th annual State of Agile report.
10. Wiegand, S. (2015). Scrum-Grundlagen. http://agilmanagen.de/scrum/. Zugegriffen: 24. März 2017.

Weiterführende Literatur

1. Hayek, F. A. v. (1952). Die Verwertung des Wissens in der Gesellschaft. *Individualismus und wirtschaftliche Ordnung* (S. 103–121). Erlenbach: Rentsch.
2. Hayek, F. A. v. (1968). *Wettbewerb als Entdeckungsverfahren, Kieler Vorträge* (N.F. Bd. 36). Kiel: Institut für Weltwirtschaft.
3. Hayek, F. A. v. (1972). *Die Theorie komplexer Phänomene.* Tübingen: Mohr.
4. Lindblom, C. E. (1959). The science of muddling-through. *Public Administration Review, 19,* 79–88.
5. Popper, K. R. (1945). *Die offene Gesellschaft und ihre Feinde.* Tübingen: Mohr.

6. Popper, K. R. (1965). *Das Elend des Historizismus*. Tübingen: Mohr.
7. Porter, M. E. (1986). *Wettbewerbsvorteile (Competitive Advantage). Spitzenleistungen erreichen und behaupten*. Frankfurt a. M.: Campus.
8. Schwaber, K. (2007). *Agiles Projektmanagement mit Scrum*. Unterschleißheim: Microsoft Press (Originaltitel: Agile Project Management with Scrum, übersetzt von Thomas Irlbeck).
9. Vohl, H.-J. (2013). *„Agiles Projektmanagement: Chancen und Risiken" im Sammelband „Projektmanagement: Erfahrungen, Methoden und Trends"* (Hrsg. C. Fabig und A. Haasper). Bad Homburg.
10. Vohl, H.-J. (2015). *Achtung Infarkt. Wie man die schleichende Arterienverkalkung in Unternehmen verhindern kann* (S. 208). Hamburg: Murmann (November 2015). www.achtung-infarkt.de.
11. Vohl, H.-J. (2015). *Balanced Scorecard im Mittelstand – Veränderungsprozesse in mittelständischen Unternehmen (KMU) mit der Balanced Scorecard (BSC) meistern* (2. Aufl., S. 210). Hamburg: Murmann. www.bsc-im-mittelstand.de.
12. Werder, S. von, & Georg, A. (2004). *Handwörterbuch Unternehmensführung und Organisation* (4. Aufl., S. 1369–1374). Stuttgart: Schäffer-Poeschel.
13. Wrapp, H. E. (1967). Good managers don't make policy decisions. *Harvard Business Review, 45*(5), 91–99.

Die Organisation verändern – Muster aufbrechen

4

Bestehende Muster in einer Organisation erfolgreich aufbrechen

Markus Plischke

Die kommenden Zeiten werden, wie auch schon in den vorangegangenen Kapiteln beschrieben, in Wirtschaft und Gesellschaft nachhaltig volatil bleiben. Volatilität, Unsicherheit, Komplexität und Ambiguität sind in unserer Welt keine Ausnahme mehr, sondern zur Normalität geworden. Die Fähigkeit von Organisationen, sich schnell an Veränderungen anzupassen und sich immer wieder neu zu erfinden, wird in diesem Kontext zur „Conditio sine qua non", zur Überlebensfrage. In anderen Worten: Unternehmen, die ihre bisherigen Muster und Routinen nicht hinterfragen, riskieren mehr denn je, ihre führende Marktposition zu verlieren oder ganz vom Markt zu verschwinden. Die einst glorreichen Konzerne Sony, Panasonic oder Nokia sind nur einige prominente Beispiele hierfür.

Diese Fragen werden Ihnen im folgenden Kapitel beantwortet:

- Wie können Organisationen ihre Vorstellungen von ihrer relevanten Umwelt immer wieder auf den neuesten Stand bringen, um nicht in alten Denkmustern hängen zu bleiben?
- Wie gelingt es, bestehende Unternehmensmuster aufzubrechen, um z. B. eine neue Strategie umzusetzen oder eine neue Organisation zu verankern?
- Welche Erkenntnisse kann man in diesem Zusammenhang aus dem Lebensweg einer Organisation ziehen?

M. Plischke (✉)
COAN GmbH, Berlin, Deutschland
E-Mail: mapli@co-an.com

G. Baltes und A. Freyth (Hrsg.), *Veränderungsintelligenz*,
https://doi.org/10.1007/978-3-658-04889-1_4

- Wenn die Entscheidung gefallen ist, einen Musterbruch zu initiieren, wo kann man am besten ansetzen? Wo liegt der größte Hebel, um die Organisation in die gewünschte Richtung zu lenken?
- Und wie kann sichergestellt werden, dass der Wandel auch wirklich nachhaltig ist?

4.1 Unser Bild der Organisationen und die unterschiedlichen Arten der Unternehmenssteuerung

4.1.1 Die FIFA in der Krise

Im Auftrag der US-Justiz hatten die Schweizer Sicherheitsbehörden im Mai 2015 sieben Fifa-Funktionäre festgenommen, unter ihnen die Stellvertreter des damaligen FIFA-Präsidenten Blatter, Jeffrey Webb und Eugenio Figueredo. Sie standen unter dem Verdacht, von 1990 bis zum Zeitpunkt ihrer Festnahme mehr als 100 Mio. US$ Bestechungsgeld angenommen zu haben [10].

Das gesamte Fifa-Gefüge wurde von den Vorwürfen erschüttert. Sponsoren dachten über ihr Engagement nach. Rücktrittsforderungen wurden laut. Sepp Blatter selbst wies jedoch jede Schuld mit der Begründung von sich, die Korruptionsvorwürfe seien die Aktion einiger weniger und er könne nicht jeden einzelnen überwachen. Diese Äußerungen müssen für die Fußballfans auf der ganzen Welt wie Hohn geklungen haben, wenn man die bisherige Verbandpolitik der FIFA betrachtete. Über die Jahre war ein System entstanden, das der Korruption Tür und Tor geöffnet hatte.

Der verzweifelte Versuch von Sepp Blatter, im Amt zu bleiben, scheiterte. Nur wenige Tage nach seiner Wiederwahl kündigte er seinen Rücktritt an. Kaum war dieser verkündet, begannen nach einem kurzen Aufatmen die Spekulationen um den möglichen Nachfolger an der Spitze des Fußball-Weltverbands. Genaueren Beobachtern der Szene wurde jedoch schnell klar, dass eine Person alleine das Problem nicht würde lösen können. Um das System FIFA grundsätzlich auf neue Beine zu stellen, braucht es tief gehende Strukturreformen. Ob Blatters Nachfolger Gianni Infantino diese auch wirklich in Angriff nehmen wird, ist fraglich.

Auch in der Wirtschaftswelt wird oft die Ursache für viele Probleme als Defizit von Personen und deren Qualifikationen oder Charaktereigenschaften beschrieben. Symptomatisch lässt sich beispielsweise ein häufiger Führungswechsel beobachten, während die Strukturen und Führungssysteme unverändert bleiben [3, S. 55 f.]. In der Regel greift eine solche Herangehensweise jedoch zu kurz.

Lassen sie uns, bevor wir uns den in der Einführung dieses Kapitels genannten Fragen widmen, kurz eine grundsätzliche Frage stellen: Was konkret ist eigentlich mit dem Management bzw. der Steuerung von Unternehmen gemeint?

4.1.2 Bilder von Organisationen und unterschiedliche Arten der Unternehmenssteuerung

Die Art und Weise, wie wir Organisationen managen, hängt zu einem wesentlichen Teil von unserem Selbstverständnis als Manager ab bzw. von unseren inneren Bildern, die wir von Organisationen haben.

4.1.2.1 Die Organisation als „Maschine" (Scientific Management)

In diesem Bild dominiert die Vorstellung, dass es sich bei Organisationen um zielorientierte, rational zu gestaltende Gebilde handelt. Die Steuerung bzw. Veränderung der Organisation stellt sich dar, wie der Umbau einer Maschine. Dem Manager kommt dabei bildlich gesprochen die Rolle des Konstrukteurs zu (Abb. 4.1). Der Ursprung dieses Ansatzes liegt im Taylorismus und im Industrial Engineering, das von betriebswirtschaftlichem und technischem Verständnis geprägt ist. Der Fokus liegt auf der Verbesserung von Arbeitsproduktivität und von Produktionsabläufen. Charlie Chaplin hat in seinem Meisterwerk „Modern Times" aus dem Jahre 1936 darauf Bezug genommen.

Die Vorgehensweise vieler Manager und Berater entspricht nach wie vor weitgehend diesem „klassischen" Managementverständnis. Inhalte stehen im Vordergrund. Experten analysieren den Veränderungsbedarf und schlagen Lösungen vor. Ausgehend von Marktanalysen,

Abb. 4.1 Der Manager in der Rolle des Konstrukteurs

Benchmarks und Best-Practice-Vergleichen werden neue Unternehmensstrategien und Konzepte für optimierte Geschäftsprozesse entwickelt. Motivation geschieht primär durch logische Argumente. Konflikte sind sachliche Auffassungsunterschiede, die man mithilfe von Bewertungstechniken löst. Die Gestaltung und Veränderung von Organisationen dieser Art ist meist nur mit dem Druck des Topmanagements umsetzbar [7, S. 262 f.].

4.1.2.2 Das Unternehmen als „Ansammlung von Menschen" (Human-Relations-Bewegung)

Oft genug verschwinden teuer eingekaufte Fachkonzepte in der Schublade. Die Notwendigkeit, sich mit der Komplexität geplanten Wandels auseinanderzusetzen, hat eine Gegenbewegung zum rein rationalen, betriebswirtschaftlichen Ansatz zur Folge.

Im Zuge der Human-Relations-Bewegung rückt der Mensch und die emotionale Seite der Gestaltung von Organisationen in den Vordergrund. Der Mensch wird zur wichtigsten Ressource eines Unternehmens (Abb. 4.2). Die „Organisationsentwicklung" versteht die Veränderung als sozialen Prozess. Die Prozessberatung, d. h. die Gestaltung der Veränderung selbst, wird zu einem wichtigen Bestandteil des Organisationsverständnisses. Grundvoraussetzung für eine erfolgreiche Umsetzung des Veränderungsvorhabens ist die aktive Einbeziehung aller Beteiligten. Das Mobilisieren von Veränderungsenergie der handelnden Personen ist ein zentraler Zugang. Sachgegner werden nicht eliminiert, sondern integriert. Beteiligte sehen die eigene Veränderungsnotwendigkeit ein, die Zusammenarbeit wird gestärkt und das Unternehmen wird im Idealfall zur „lernenden Organisation" [7, S. 264 ff.].

Abb. 4.2 Der Mensch als zentrale Ressource

4.1.2.3 Die Organisation als lebendiger Organismus (Systemisches Management)

Vergleicht man die beiden Bilder bzw. die damit verbundenen Ansätze, ist man versucht die Frage zu stellen: Welches Bild ist richtig? Welcher Ansatz wird den Herausforderungen von Organisationen am ehesten gerecht? Bei genauerer Betrachtung wird jedoch klar, dass es für beide Vorstellungen Argumente gibt, die dafür bzw. dagegensprechen.

Das Maschinenbild zeigt überall dort Nutzen, wo der Einfluss des menschlichen Faktors eher gering ist, beispielsweise einfache Arbeiten verrichtet werden oder gleiche Produkte in großer Zahl hergestellt werden. Aber auch wenn eine präzise und schnelle Ausführung verlangt wird und in Krisen hat dieser Ansatz Vorteile. Gleichzeitig stößt er auf Grenzen, wo Kreativität und menschliche Initiative erforderlich sind und Kommunikation und Kooperation einen hohen Stellenwert haben.

Für die aktive Einbeziehung aller Beteiligten wiederum sprechen konsequenterweise v. a. Situationen, wo der Einfluss des menschlichen Faktors im Vordergrund steht, komplexe Arbeiten verrichtet werden und unterschiedliche Bedürfnisse und Interessen von Subsystemen berücksichtigt werden müssen. Insbesondere dort, wo ein mentaler Wandel aller Beteiligten notwendig ist, hat diese Herangehensweise klare Vorteile. Ein zu starker Fokus auf Beteiligung birgt jedoch auch Risiken, z. B. in der Angst des Managements vor Macht- und Kontrollverlust, in der Anwendung auf kommunikative Prozesse in Krisensituationen oder in der Berücksichtigung des Stellenwerts von Einzelleistungen [7, S. 23 f.].

Wir erkennen also, dass es weniger um ein richtig oder falsch geht, sondern viel mehr um die Frage, was in einer bestimmten Situation hilfreich bzw. weniger hilfreich ist. Dieser Standpunkt entspricht auch der „systemischen Sichtweise". Je nach Kontext sind bestimmte Interventionen mit höherer Wahrscheinlichkeit wirksamer als andere. Einen absoluten Wahrheitsanspruch bzw. Patentrezepte gibt es nicht. In der systemischen Haltung „könnte es so, aber auch ganz anders sein" [3, S. 8].

Die Autoren Exner, Exner und Hochreiter bieten in ihrem Buch „Selbststeuerung von Unternehmen" [5] eine alternative Metapher zu den oben genannten Bildern an, die diese Haltung unterstreicht: Die Organisation als „Biotop" bzw. als „lebendiger Organismus" (Abb. 4.3).

Abb. 4.3 Die Organisation als Organismus

Betrachtet man die Organisation als lebendigen bzw. eigenständigen Organismus, eröffnen sich ganz neue Einsichten auf die zuvor gestellte Frage, was mit der Steuerung von Unternehmen gemeint ist. Lebendige Organismen lassen sich nicht so ohne weiteres steuern. Sie reagieren zwar auf Impulse von außen (z. B. von Managern oder Beratern), steuern sich aber auf Basis ihrer inneren Muster selbst. Die Muster sind Ausdruck der jeweils ganz spezifischen Identität einer Organisation – ihrer Stärken und Eigenheiten. Sie sind aus der geschichtlichen Entwicklung heraus entstanden und sind erkennbar u. a. in den Routinen, Regeln, Normen und Rollen einer Organisation (z. B. wie und von wem Entscheidungen getroffen werden oder wie im Unternehmen mit Konflikten umgegangen wird). Auch lässt sich in lebendigen Organismen die Steuerung nicht an einer bestimmten Stelle verorten, sie geschieht vernetzt an vielen Orten gleichzeitig [5, S. 44 ff.]. Die in der Einleitung genannte FIFA mit ihren 209 Länderorganisationen ist hierfür ein anschauliches Beispiel.

Folgt man dieser Metapher – das Unternehmen als Biotop oder lebendiger Organismus – so wird laut Exner, Exner und Hochreiter eines sehr deutlich:

> Ein Unternehmen als lebendiger Organismus folgt nicht einer Steuerungslogik von „oben oder außen", sondern es „entscheidet selbst" – auf Basis seiner inneren Strukturen und Muster, ob und wie es auf Einflüsse seiner Umwelt reagiert. Es kann also von außen höchstens „verstört und irritiert" aber nicht direkt gelenkt werden. Unternehmen, so wie alle anderen lebenden Organismen, haben einen Eigensinn, sie „steuern sich selbst" [5, S. 46].

Für unsere Frage bedeutet dies, dass Manager oder Berater, um wirksame Aktionen setzen zu können, sich der Geschichte und Eigenarten einer Organisation bewusst sein müssen. Je nachdem wie die Organisation „tickt", wird die eine oder andere Herangehensweise vielversprechender sein. Je besser es dabei gelingt, die im Unternehmen dominierenden Mechanismen und Grundmuster zu erkennen und zu verstehen, desto höher die Wahrscheinlichkeit, wirkungsvolle Impulse zu setzen.

4.2 Organisationale (Selbst-)Reflexion als Voraussetzung für Musterwechsel

4.2.1 Im Bann des Vorherbestimmbaren

Wer von uns hat es noch nicht erlebt? Manchmal übersehen wir Dinge, die direkt vor unserer Nase geschehen – weil wir anderweitig beschäftigt sind.

In einer breit angelegten Testreihe haben die beiden Psychologen Simons und Chabris dieses wissenschaftlich als „Unaufmerksamkeitsblindheit" oder „Change Blindness" betitelte Phänomen nachgewiesen. Das Experiment lässt sich sehr einfach selbst nachvollziehen.

Die Basis für Simons' und Chabris' Experiment sind vier Videos von jeweils 75 s Dauer. Die im Internet verfügbare „Gorilla-Version" zeigt zwei Mannschaften von Basketballspielern mit je drei Spielern, ein Team trägt weiße, das andere schwarze T-Shirts. Die Mitglieder jedes Teams spielen sich einen Basketball durch Werfen oder Dribbeln zu. Nach ca. 45 s ereignet sich etwas Unerwartetes: Eine Frau in einem Gorillakostüm spaziert seelenruhig durch das Bild, bleibt in der Mitte stehen, klopft sich auf die Brust und geht anschließend weiter. Währenddessen setzen die Basketballspieler ihre Aktionen unbeirrt fort.

Vor dem Film erhalten Versuchspersonen die Aufgabe die exakte Anzahl der Pässe zu zählen, die die weiß gekleideten Basketballer einander zuspielen. Nachdem die Versuchspersonen das Video gesehen haben, werden sie gebeten, ihre Zahlen niederzuschreiben. Anschließend werden sie gefragt, ob ihnen während des Zählens etwas Ungewöhnliches aufgefallen ist bzw. ob sie noch etwas anderes als die sechs Spieler bemerkt haben. Das Verblüffende: Obwohl der Gorilla sehr auffällig in dem Video zu sehen ist, bleibt er in der Regel für die Hälfte der Befragten unbemerkt.

Das Ergebnis des Experiments zeigt recht anschaulich, dass wir Dinge bzw. Details nur dann wahrnehmen oder bemerken, wenn wir unsere Aufmerksamkeit auf sie richten [8, S. 1059 ff.].

Auch in unserer Wirtschaftswelt lässt sich im übertragenen Sinn ein vergleichbares Phänomen beobachten. Die Muster bzw. Routinen, Regeln und Normen einer Organisation sorgen für geordnete Abläufe und schaffen Sicherheit. Sie helfen uns, unsere Umwelt zu strukturieren, Informationen zu selektieren, Pläne zu schmieden und auf Basis der bisherigen Erfahrung schnelle Entscheidungen zu treffen. Was auf den ersten Blick absolut logisch und sinnvoll erscheinen mag, birgt jedoch eine gewisse Gefahr in sich. Mintzberg nennt sie den „Irrtum der Vorherbestimmung":

> Wer zu sehr im Bann des Vorherbestimmbaren steht, für den bleibt kein Raum für unerwartete Ereignisse … [9, S. 70].

4.2.2 Organisationale (Selbst-)Reflexion als Erfolgsfaktor

Wie schon im einleitenden Kap. 1 beschrieben, erleben wir zurzeit, dass viele unserer bisherigen Grundannahmen infrage gestellt werden. Das US-amerikanisches Technologie-Magazin „Wired" greift diese Situation auf und spricht von der „VUKA-Welt". **V**olatilität, **U**nsicherheit, **K**omplexität und **A**mbiguität sind in unserer Welt keine Ausnahme mehr, sondern zur Normalität geworden. Die Fähigkeit von Organisationen sich schnell an Veränderungen anzupassen und sich immer wieder neu zu erfinden, wird in einem solchen Umfeld quasi zur Überlebensfrage. Die nachfolgende Hypothese scheint daher naheliegend:

> Organisationen, die ihre Vorstellungen von ihrer relevanten Umwelt immer wieder auf den neuesten Stand bringen und nicht in alten Denkmustern und Routinen hängen bleiben, haben bessere Chancen in dynamischen und unsicheren Zeiten bestehen zu können.

In anderen Worten: Unternehmen, die ihr bisheriges Denken und Handeln nicht hinterfragen, riskieren mehr denn je, ihre führende Marktposition zu verlieren oder ganz vom Markt zu verschwinden. Die einst glorreichen Konzerne Sony, Panasonic oder Nokia sind prominente Beispiele hierfür. Es ist wie in der in Kap. 7 beschriebenen Parabel, in der der Frosch ohne es zu merken im heißen Wasser allmählich verbrüht. Die zentrale Frage ist also: Wie bringe ich den Frosch dazu, rechtzeitig aus dem Wasser zu springen?

Hier kommt die Fähigkeit zur (Selbst-)Reflexion ins Spiel. Um bestehende Normen, Ziele und grundlegende Praktiken einer Organisation zu hinterfragen, braucht es eine Art „Helikopterfähigkeit", eine „Reflexion zweiter Ordnung". Es geht darum, den üblichen Beobachtungsrahmen zu sprengen und mit einem „perspektivenreichen Blick" auf das Sein und Handeln bzw. die Muster einer Organisation zu schauen.

Lassen Sie uns dies an einem Beispiel näher betrachten [1].

Fallbeispiel: Beratergruppe

In einem Pionierunternehmen der systemischen Beratung rumort es. Obwohl die Position am Markt und die Umsätze gut sind, herrscht Unzufriedenheit. Ein Teil der Organisation hat das Gefühl, man lebt vom Erfolg der Vergangenheit. Das Unternehmen schafft in den Augen einiger Gesellschafter und Berater wenig Neues. Zudem steht ein Generationenwechsel an. Die beiden noch verbliebenen Gründer bereiten schrittweise ihren Rückzug aus dem operativen Geschäft vor.

Auf Vorschlag der Geschäftsführerrunde treffen sich in dieser Zeit einmal monatlich alle Berater, die nicht Mitglied der Geschäftsführung sind, in einer neu formierten Entwicklungsrunde. Es gibt keinen konkreten Auftrag für die Gruppe. Der Handlungsspielraum wird neben Fallarbeit zur Reflexion genützt. Am Anfang steht die Frage: Inwiefern passt der Status quo im Unternehmen zur persönlichen Vision von Beratung jedes einzelnen? Gemeinsam mit dem Gründer, der sich bereits aus der Geschäftsführung zurückgezogen hat, geht die Gruppe mit einigen neuen Beratern sehr engagiert und kreativ an das Thema heran. Alle möglichen Thesen werden gebildet und diskutiert. Ein erster Fokus wird deutlich: Nach Meinung der Entwicklungsrunde braucht es für die Organisation insgesamt ein weg von der „Vereinzelung und Ökonomisierung" hin zu mehr „Gemeinsamkeit und Blick auf das Ganze". Die Ergebnisse werden aufgrund der Brisanz einzelner Themen der Geschäftsführung in Form von Einzelgesprächen präsentiert. Es kommt zu unterschiedlichen Reaktionen. Die Gruppe der Bewahrer unter den Geschäftsführern weist auf die gut gehenden Geschäfte. Die Gruppe unter den Geschäftsführern, die mit dem Status quo unzufrieden sind, unterstützt das Anliegen der Entwicklungsrunde und fordert Entscheidungen. Nach einigem „Hin und Her" wird ein „Zukunftsprogramm" ins Leben gerufen. Der Pioniergeist der Anfangsjahre soll wiederbelebt werden.

Ein Teil der Organisation drängt nun rasch auf konkrete Pläne und Maßnahmen. Die neu installierte Projektkoordination, die das interne Veränderungsprojekt prozessual vorantreiben soll, sieht sich jedoch von diesen Erwartungen überfordert. Es gibt noch keine klare Richtung, die Themen sind noch zu unscharf, zudem stellt sich heraus, dass das Commitment einiger Entscheider nicht gesichert ist. Der Vorschlag, in dieser Phase einen externen Berater hinzuzuziehen, wird kontrovers diskutiert. Schließlich setzt sich in Anbetracht der internen Verstrickungen und des schleppenden Veränderungsprozesses die Meinung durch, dass auch Berater einen Berater benötigen. Mithilfe der externen Unterstützung gelingt es, den Prozess auf eine neue Ebene zu heben. Zwischen den verändernden und den bewahrenden Kräften entsteht ein intensiver Dialog. Alle Mitglieder der Organisation beschäftigen sich nun ernsthaft mit dem Thema Veränderung. Das Ergebnis sind 14 Grundsatzentscheidungen der Geschäftsführung, die alle relevanten Themen berühren. Der Durchbruch scheint geschafft.

Um die von der Geschäftsführung getroffenen Grundsatzentscheidungen schneller voranzutreiben, soll ein neues Organisationsmodell im „Probebetrieb" eingeführt werden. „Holacracy", das neue „Betriebsmodell" stellt Entscheidungen und nicht Personen ins Zentrum der Organisation. Die Bearbeitung und Entscheidungsfindung zu bestimmten Themenschwerpunkten wird in eigens dafür eingerichtete „Zirkel" verlagert. Ein zentrales Gremium kümmert sich um die Koordination und stellt sicher, dass der Zweck und die langfristige Ausrichtung des Unternehmens sichergestellt sind. In dieser Phase können die Erwartungen, ein Projekt mit einem klaren Scope einzurichten, erfüllt werden. Es gibt konkrete Meilensteine und Pläne für die Implementierung. Nach dem ersten Jahr Probebetrieb soll beschlossen werden, wie weiter zu verfahren ist. Auch wenn bei Weitem noch nicht alle Fragen geklärt und alle Hürden überwunden sind, eine Erkenntnis macht sich allmählich breit: ein Zurück zum alten gibt es nicht mehr.

Wie ist es der Beratergruppe in unserem Beispiel gelungen, sich selbst zu hinterfragen und nicht in alten Denkmustern hängen zu bleiben?

Bei genauer Betrachtung lassen sich fünf zentrale Faktoren zur Förderung von (Selbst-)Reflexion in Unternehmen näher beschreiben, die auch auf andere Organisationen übertragen werden können [2], auf welche in den folgenden Abschnitten eingegangen wird.

4.2.3 Fördernde Faktoren für organisationale (Selbst-)Reflexion

4.2.3.1 (Selbst-)Reflexion in Organisationen braucht „Raum und Zeit"

Reflexion findet in einer Organisation immer statt – formell und informell. Zur Verankerung als Struktur- und Kulturmerkmal stellt sich die Frage: Welche zusätzlichen Gefäße zur Reflexion braucht es? In unserem Beispiel hat sich durch die Beraterrunde, die parallel zur Geschäftsführerrunde ins Leben gerufen wurde, ein neuer Raum geöffnet, der zur Reflexion genützt wurde. Unterstützt wurde diese Entwicklung u. a. auch durch den Rückzug einer der beiden Gründer und dem Eintritt neuer Berater in die Organisation. Die Wahl des geeigneten Reflexionsformats war dabei sehr unternehmensspezifisch und in gewisser Weise auch vom Zufall mitbestimmt.

Im Beispiel wird außerdem deutlich, dass (Selbst-)Reflexion in Unternehmen Zeit braucht und kein Prozess ist, der von heute auf morgen implementiert werden kann. Erst durch den intensiven Dialog aller am „Change" Beteiligten hat der Prozess allmählich Fuß gefasst.

4.2.3.2 Kultur als Schlüsselmerkmal

Neben Raum und Zeit benötigt (Selbst-)Reflexion in Unternehmen weitere wichtige Voraussetzungen. Kultur ist dabei ein Schlüsselelement. Wichtig ist, Reflexion in der Organisation überhaupt zuzulassen. Wie auch unser Beispiel zeigt, hat Reflexion etwas „subversives": Es stellt das Bestehende infrage und trägt den „Keim der Veränderung" in sich. Einige Mitglieder der Geschäftsführung haben die Ergebnisse der Entwicklungsrunde zu Beginn des Veränderungsprozesses auch als Kritik an der Art und Weise, wie sie das Unternehmen führen, empfunden.

Vertrauen und gegenseitige Wertschätzung sind deshalb wesentliche kulturelle Merkmale für „selbstreflektierte Unternehmen". Mangelnde Offenheit ist ebenso hinderlich wie fehlende Kritikkultur bzw. Harmoniekultur.

4.2.3.3 Die Rolle des Topmanagements

Wie in jeder kulturellen Veränderung kommt dem Topmanagement bzw. der Geschäftsführung dabei eine ganz besondere Rolle zu. Um (Selbst-)Reflexion in Organisationen nachhaltig zu verankern, benötigt es eine klare Positionierung der Leitung. Der überwiegend beteiligende bzw. kooperative Führungsstil der Geschäftsführung der Beratergruppe im Beispiel oben, hat, wenn zu Beginn auch etwas ungeplant, die (Selbst-)Reflexion im Unternehmen gefördert. Ein rein autoritärer Führungsstil hätte die Initiativen zur Veränderung schon im Keim ersticken lassen.

4.2.3.4 (Selbst-)Reflexion als Frage der Haltung und persönlichen bzw. organisationalen Kompetenz

Darüber hinaus handelt es sich um einen Entwicklungsprozess. Organisationen müssen gemeinsame Reflexion oft erst lernen, indem sie eine spezifische Form der Auseinandersetzung einüben und sich im Laufe der Zeit zu eigen machen. Das gemeinsame Verständnis von Veränderungsprozessen und die vorhandenen Referenzmodelle waren im Beispiel der Beratergruppe äußerst hilfreich. Sich in guten Zeiten zu hinterfragen und neu zu erfinden, zeigt zudem einen hohen Reifegrad der Organisation hinsichtlich (Selbst-)Reflexion.

4.2.3.5 Handlungsrelevanz von Reflexion

Zum Schluss sei erwähnt, dass (Selbst-)Reflexion in Organisationen nie reiner Selbstzweck sein darf. Es besteht die Gefahr, dass Reflexion übertrieben wird und ihre Auswirkungen auf Entscheidungen nicht nachvollziehbar sind bzw. nicht vollzogen werden.

(Selbst-)Reflexion muss als Teil der Unternehmenssteuerung immer handlungsrelevant sein. Etwas womit sich die Beratergruppe in unserem Beispiel im Laufe des Veränderungsprozesses immer wieder schwergetan hat.

Beispiele Reflexionsformate

- Reflexionsteam (vgl. Abschn. 4.4)
- 1 × monatl. Helikopter-Runde
- Jahresklausur
- Informelle Gespräche
- Freiraum/Räume für Kreativität
- Urlaub/Sabbatical

Beispiele für Methoden zur Beobachtung und Reflexion

- Makro-Beobachtung (Gesellschaft, Wirtschaft, Politik, Technologie usw.)
- Markt- und Trendanalysen
- Wettbewerbsbeobachtung
- Learning Journey
- Guest Speaker
- Stakeholder-Analyse
- Kundenparlament
- Kundenfokusgruppe
- Mitarbeiterbefragung/Puls-Check
- Lebensweganalyse (vgl. Abschn. 4.3.1)
- Systemische Diagnose (qualitativ, quantitativ, intern, extern)
- Systemische Schleife (Beobachten und Hypothesen bilden)
- Bewusstes Eingehen auf Unterschiede bzw. Differenzen (Widersprüche)
- Symptomträgeranalyse
- Beobachtung zweiter Ordnung

4.3 Wirkungsvolle Interventionen für Musterwechsel

4.3.1 Die Lebensweganalyse als hilfreiche Methode zum besseren Verständnis von organisationalen Mustern

Wie bereits mehrfach erwähnt, muss sich eine Organisation ihrer eigenen Muster und Routinen bewusst werden, wenn nachhaltiger Wandel gelingen soll. Eine konkrete Methode die Muster einer Organisation besser zu verstehen, bietet die „Lebensweganalyse". Die Untersuchung des Lebenswegs einer Organisation ermöglicht den Blick auf deren „Identität im Zeitverlauf". Wie ist ein Unternehmen zu dem geworden, was es heute ist? Wo liegen die Wurzeln bestimmter Spielregeln und Handlungsmuster? Wo gab es markante

Einschnitte und Richtungsänderungen? Studiert man den Lebensweg einer Organisation, so erkennt man die typischen Muster, die sich im Laufe der Zeit herausgebildet haben [5].

Wie aufschlussreich eine solche Betrachtungsweise einer Organisation sein kann, soll am folgenden Fallbeispiel verdeutlicht werden:

Optimierung des Softwareentwicklungsprozesses bei der Firma NT

Die Firma NT, ein führender Spezialanbieter von Abrechnungs-, Dokumentations- und Informationssoftware, ist nach einer stetigen Wachstumsphase zunehmend mit Qualitätsproblemen konfrontiert. Ein externes Beratungsunternehmen wird mit der Analyse des Softwareentwicklungsprozesses beauftragt, um Maßnahmen zu dessen Optimierung zu erarbeiten. Das Projekt wird unter Zuhilfenahme des Vorgehensmodels CMMI (Capability Maturity Model Integration) und starker Beteiligung der Mitarbeiter des Unternehmens durchgeführt. Die Untersuchung ergibt, dass zwar das Anforderungsmanagement und die Zusammenarbeit mit den externen Lieferanten den Ansprüchen an ein professionelles Qualitätsmanagement entsprechen, die Zusammenführung der einzelnen Softwareteile und die Durchführung der finalen Tests jedoch teilweise erheblich zu wünschen übrig lässt. Außerdem wird deutlich, dass bei den Mitarbeitern je nach Dauer der Unternehmenszugehörigkeit unterschiedliche Vorstellungen existieren, wie eine Software zu entwickeln ist. Demzufolge wird gemeinsam ein Maßnahmenpaket mit nachfolgenden Eckpunkten entwickelt:

- Organisationsweite und einheitliche Definition des Softwareentwicklungsprozesses
- Schulung aller Mitarbeiter
- Installation eines integrierten Projektmanagements, um eine übergreifende Projektplanung über die einzelnen Abteilungen hinweg zu gewährleisten
- Mehr Zeit und Ressourcen für den kritischen Prozessschritt der Produktintegration (u. a. Einführung eines Tools für ein professionelles Konfigurationsmanagement)

Da das Unternehmen mit ihrem Produkt auf eine nur sehr kleine Nische im Markt ausgerichtet ist, wird gemeinsam mit der Geschäftsführung unter dem Claim: „Wir bringen Daten in Form" zusätzlich eine neue Vision erarbeitet. Ziel ist es, unter Berücksichtigung der bestehenden Kernkompetenzen, neue Geschäftsfelder zu entwickeln, um das „Klumpenrisiko" zu verringern. Alle Mitglieder der Organisation, von der Geschäftsführung über die Abteilungsleiter bis hin zu den Programmierern, sind überzeugt, auf dem richtigen Weg zu sein.

Das Unternehmen befindet sich in der Krise

Ca. fünf Jahr später befindet sich das Unternehmen in der Krise. Die Qualitätsprobleme konnten nicht nachhaltig beseitigt werden. Kaum eine der damals gemeinsam beschlossenen Maßnahmen wurde konsequent umgesetzt. Zudem hat der größte Kunde, der ca. 40 % des Gesamtumsatzes ausmacht, dem Unternehmen mitgeteilt, dass er im kommenden Jahr den Vertrag kündigen wird. Auf Wunsch des Eigentümers und des inzwischen gegründeten Betriebsrats kommt es zur erneuten Beauftragung des externen Beratungsunternehmens.

Anders als beim ersten Versuch soll dieses Mal nicht die Analyse des Softwareprozesses im Vordergrund stehen, sondern der Lebensweg des Unternehmens. Die Analyse soll zusätzliche Erkenntnisse liefern, um Wege aus der aktuellen Krise zu finden.

Lebensweg und Muster der Firma NT

Ursprünglich als IT-Dienstleistungseinheit eines Industriekonzerns Ende der 1980er-Jahre gegründet wurde das Unternehmen nach Einführung einer Standardsoftware im Konzern als eigenständiges IT-Unternehmen abgespalten (vgl. Abb. 4.4). Ziel war es, das vorhandene Know-how zu nutzen und mit einem eigenständigen Produkt am Markt bestehen zu können. Nach einer Phase der Produktentwicklung lernte einer der beiden Geschäftsführer zufällig im Urlaub einen potenziellen Kunden kennen. Es kam zur Herstellung des ersten eigenen Softwareprodukts. Das Produkt sprach sich schnell im Markt herum. Die Firma NT wuchs kontinuierlich und wurde schließlich zu einem führenden Anbieter in seinem Spezialsegment in Deutschland.

Nach der Pensionierung des bisherigen Geschäftsführers kam es zu einem entscheidenden Umbruch im Unternehmen. Ein von extern angeworbener Manager übernahm die Leitung des Unternehmens und die Aufgabe, Ordnung in die gewachsenen Strukturen zu bringen. Die engen Kontrollschleifen, die mit der Einführung eines neuen Managementsystems einhergingen, waren jedoch nur kurzfristig von Erfolg gekrönt. Mit zunehmender Anzahl und vor allem Größe der Kunden wurde das Unternehmen immer häufiger mit Beschwerden hinsichtlich der Qualität der Software konfrontiert. Die Lage spitzte sich mit dem Zugewinn des Marktführers als bisher größten Kunden weiter zu. Die wesentlich ausdifferenzierteren Anforderungen des Großkunden an die Software überforderten die damalige Organisation schlichtweg.

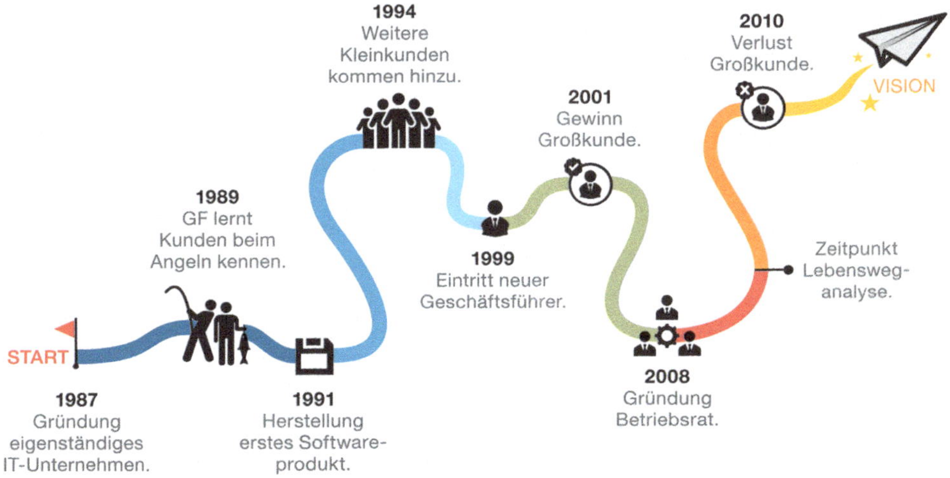

Abb. 4.4 Lebensweg der Firma NT

Die gewachsenen Abteilungsstrukturen und die prägende Persönlichkeit des neuen Geschäftsführers haben die Steuerungsmuster der Firma NT nachhaltig geprägt:

- Starkes Abteilungsdenken, Mitarbeiter der ersten Stunde als Abteilungsleiter
- Betonung des Bestehenden und Erreichten; Neues wird vorerst einmal „misstrauisch" beobachtet
- Hohe Leistungskultur, viele Kontrollschleifen, vereinbarte Spielregeln vor Flexibilität
- Absicherung geht vor Entscheidung; Scheu vor Risiko
- Wertorientierung steht vor der Entwicklung einer Vision
- Akquisition per Zufall (nicht in der „DNA" des Unternehmens)

Allen Entscheidungsträgern im Prozess wird nach der Analyse klar, um den noch verbliebenen Handlungsspielraum zu nützen, reicht die Optimierung der Geschäftsprozesse alleine nicht aus. Die Kombination aus gewachsenen Strukturen, starkem Abteilungsdenken und enger Kontrolle durch die Geschäftsführung hat jegliche Bemühung zur Optimierung auf der Prozessebene zunichtegemacht. Zudem war man von der Vision, neue Geschäftsfelder zur entwickeln und das Unternehmen auf breitere Beine zu stellen, weiter entfernt denn je. Gemeinsam mit dem Eigentümer werden daraufhin u. a. nachfolgende Maßnahmen beschlossen und umgesetzt:

- Auflösung der alten Abteilungsstrukturen und Einführung einer Projektorganisation, um das „Denken in Abteilungen" zu überwinden und eine übergreifende Projektplanung überhaupt erst zu ermöglichen
- Ersatz des scheidenden Geschäftsführers durch einen Interimsmanager, von dem erwartet wird, dass er „integrative Impulse" in die Steuerung des Unternehmens und Kultur einbringt
- Wiederbelebung der ursprünglich erarbeiteten Maßnahmen zur Prozessoptimierung aus der ersten Phase des Projekts

Das Beispiel zeigt deutlich: Ohne Kenntnisse bestehender Muster bleiben Steuerungsversuche von Managern und Beratern Experimente mit unsicherem Ausgang. Das Konzept zur Qualitätsoffensive im ersten Teil des Projekts war inhaltlich richtig, ist jedoch nicht mit der notwendigen Priorität umgesetzt worden. Die Maßnahmen sind sozusagen dem Alltag und den bisherigen Steuerungsmustern des Unternehmens „zum Opfer gefallen". Schon beim ersten Versuch wären zusätzliche Veränderungen v. a. hinsichtlich der Strukturen des Unternehmens und der Führungskultur notwendig gewesen. Erst die Analyse des Lebenswegs des Unternehmens hat die Diskussion auf eine andere (Meta-)Ebene gehoben und die Identifikation der richtigen Hebel für den Musterwechsel ermöglicht.

Die folgenden Tabellen (Tab. 4.1 und 4.2), die Anleitung und Leitfragen dienen als Leitfaden zur selbständigen Durchführung einer Lebensweganalyse ([5], S. 205 ff.).

Tab. 4.1 Typische Geschäftslogiken und die damit verbundenen Steuerungsmuster

Prägende Logik des Unternehmens	Strategieentwicklung	Prozess und Strukturen	Kultur
1. Produktlogik	Konzentration auf typische Produkt/Markt-Kombinationen (neue Märkte für bestehende Produkte, Produktvariationen	Strukturen und Prozesse werden vor allem rund um den Herstellungsprozess organisiert, meist einer QM-Logik folgend; kaum andere Denkvarianten	Der ausgeprägte Stolz auf die Produkte und die oft stark regionale Verankerung führen zu Überbetonung bestehender Produkt-/Markt-Kombinationen
2. Mehrere Geschäftslogiken unter einem Dach	Im Zentrum der Strategie steht vor allem die finanzielle Optimierung („Shareholder-Fokus“); kaum langfristige Ausrichtungen; die gelebten Steuerungslogiken unter dem Dach des Ganzen widersprechen sich zum Teil (z. B.: teilweise kurz-, teilweise langfristige Orientierung)	Holding-Lösungen mit operativen Units und zentralen Supportleistungen; oft Matrixorganisationen; Tendenz zu Orientierung an der Zentrale und viel Abstimmungsaufwand; wenig unternehmerische Freiheit aufgrund standardisierter Vorgaben der Holding	Kaum ein Bezug der Teile auf das Ganze außer durch Finanzkennzahlen; Orientierung der Entscheidung an kurzfristigen Finanzzielen; Unternehmenskultur ist eher „geldgesteuert“ als wertorientiert, längerfristige Investitionen in Mitarbeiter und Standorte etc. eher fraglich
3. Projektlogik	Primärer Fokus ist auf einen reibungslosen Ablauf bestehender Projekte im Hier und Jetzt gerichtet; Mittelfristig gibt es auch Orientierung an „Prestigeprojekten“; kaum längerfristige Strategien; Firma folgt den Aufträgen, statt bewusste Strategien zu verfolgen	Es gibt wenig auf Dauer angelegte Strukturen; wenige Abstimmungsgremien; viele Entscheidungen passieren dezentral vor Ort; viel Macht bei den Projektleitern; Organisation zielt auf das Einhalten von Zeitplänen und Kosten	Kultur und Werte sind das Bindeglied, da die Arbeit oft über längere Zeiträume direkt bei diversen Kunden stattfindet; Mobilität und Einsatzflexibilität haben hohen Wert; es zählen die Topexperten; Außen- und Projektorientierung geht vor Innenorientierung
4. Dienstleistungslogik	Strategien richten sich eng an die den kurzfristigen Erwartungen der Kunden aus; starke Außenorientierung	Meist Prozesslogik; Messkriterien: Schnelligkeit, Qualität und Kundenzufriedenheit	Der Kunde ist König und wir tun alles für unseren Kunden
5. Expertenlogik	Hohe Innenorientierung; weniger Fokus nach außen; Strategien folgen internen Logiken und werden nicht vom „Markt“ her definiert	Prozesse sind eng an die Logik der Expertise und den Herstellungsprozess geknüpft (z. B. ärztliche Logik geht vor Betriebswirtschaft und vor Patientenwunsch)	Der höheren Expertenlogik verpflichtet und aus dieser Brille beobachtend und entscheidend (z. B. an der Uni: Anerkennung für das Publizieren, weniger für guten Unterricht, eher Koryphäe als guter Institutsleiter)

Tab. 4.2 Unterschiedliche Persönlichkeitsstile und die damit verbundenen Steuerungsmuster

Prägende Logik des Unternehmens	Strategieentwicklung	Prozess und Strukturen	Kultur
1. Analytische Steuerung	Ständige Arbeit an Vision und Zielen; Strategien sind ausgerichtet auf eng begrenzten Bereich (z. B. Kostenführer); Strategie als ausgefeilter und aufwendiger Planungsprozess; Versuch Zukunft „berechenbar“ zu machen	Prozess- und Matrix-Organisation, Schwerpunkt liegt auf Planungs-, Informations- und Kontrollsystem; Analyse geht immer vor Entscheidung	Im Vordergrund stehen Gründlichkeit, Vollständigkeit und Konformität; Gute Planung und Analysen haben hohen Stellenwert; Ins-Handeln-kommen fällt schwer, da Analyse und Pläne noch nicht „ausgereift“ sind
2. Einfühlsame Steuerung	Starke Innenorientierung führt zur Abwertung von Marktbedürfnissen; wenig Differenzierung gegenüber anderen Anbietern bis hin zur Überanpassung	Strukturen werden um Personen herum gebaut, oft unklare Entscheidungsstrukturen; in Harmonie verweilen geht vor Entscheidung	Harmonie und Anerkennung als hohe Werte, Überbetonung von Zugehörigkeit, Harmonie geht vor Position beziehen, Konsensentscheidungen, Versuch es innen und außen allen recht zu machen
3. Ruhige Steuerung	Explizite Strategieformulierung findet nicht statt	Führungsvakuum durch Distanz der obersten Führungsriege; Rückzug beziehungsweise „Aussitzen“ geht vor Entscheidung	Wenig zwischenmenschlicher Kontakt, Sache steht vor Persönlichem
4. Aktive Steuerung	Rasches Wechseln von Strategien, oft eher kurzfristig, riskante Aktionen verfolgend; Operieren auf einer Vielzahl von Märkten mit extremen Wachstumszielen („no risk, no fun“)	Wenig Struktur, viele Projekte, um kühne und riskante Operationen zu realisieren; Handeln ist wichtiger als gemeinsam getragene Entscheidungen	Hyperaktivismus und Impulsivität prägen das Zusammenspiel, die Führungsriege braucht Bühnen nach innen und nach außen

(Fortsetzung)

Tab. 4.2 (Fortsetzung)

Prägende Logik des Unternehmens	Strategieentwicklung	Prozess und Strukturen	Kultur
5. Wertorientierte Steuerung	Wertorientierung steht vor der Entwicklung einer Vision; Betonung des Bestehenden und Erreichten, Neues wird vorerst einmal „misstrauisch“ beobachtet	Viele Kontrollschleifen, vereinbarte Spielregeln gehen vor Flexibilität; Offizielle Strukturen sind teilweise von inoffiziellen Strukturen unterwandert; Absicherung geht vor Entscheidung	Hohe Leistungskultur, Betonung von Bewährtem, Loyalität und Verlässlichkeit; Scheu vor Risiko; „Passung“ zu den Grundwerten ist wichtig
6. Kreative Steuerung	Kurzfristiges Wechseln der Strategien (ohne wirklichen Grund), kurzfristig befriedigtes Lust- und Spaßprinzip geht vor Langfristausrichtung („just for fun“)	Wenig Struktur, Projektorganisation, Spaß und kurzfristiger Lustgewinn sind wichtiger als langfristig bindende Strategien und Entscheidungen	Impulsives Lustprinzip, humorvoller, kreativer Kontakt, Aufrechterhaltung der Freiräume

Anleitung und Leitfragen zur Lebensweganalyse

- Schritt 1: Fragen zum Entwicklungspfad:
  - Wie verliefen die ersten Jahre, Jahrzehnte?
  - Wann kam es im Laufe der Unternehmensgeschichte zu wichtigen Umbruchphasen, Veränderungen?
  - Überlegen Sie, was zu diesen Umbrüchen geführt hat und was sich dadurch konkret verändert hat. Was ist gleich geblieben?
  - Was waren die besonderen Qualitäten der jeweiligen Phasen? Was hat das Unternehmen erfolgreich gemacht?
  - Was waren besonders prägende Umwelten und Einflüsse (Banken, Kunden, Lieferanten, prägende Persönlichkeiten etc.)?
  - Wie sieht der Entwicklungspfad in der nahen Zukunft aus? Wann erwarten Sie den nächsten Umbruch?
- Schritt 2: Nehmen Sie die Tab. 4.1 „Typische Geschäftslogiken" zur Hand:
  - Überlegen Sie, welche ein bis zwei der fünf prägenden Geschäftslogiken Ihrem Unternehmen am ehesten entsprechen.
  - Prüfen Sie, welche der vorgeschlagenen Muster in den Bereichen Strategie, Struktur/Prozess und Kultur für Ihr Unternehmen passen.
  - Überprüfen Sie, ob Sie noch weitere passende Musterbeschreibungen in den anderen prägenden Logiken für Ihr Unternehmen finden können.
  - Ergänzen Sie die gefundenen Muster assoziativ.
- Schritt 3: Nehmen Sie die Tab. 4.2 „Unterschiedliche Persönlichkeitsstile" zur Hand:
  - Überlegen Sie, welche ein bis zwei der sechs genannten Steuerungslogiken Ihrem Unternehmen am ehesten entsprechen.
  - Prüfen Sie, welche der vorgeschlagenen Muster in den Bereichen Strategie, Struktur/Prozess und Kultur für Ihr Unternehmen passen.
  - Überprüfen Sie, ob Sie noch weitere passende Musterbeschreibungen in den anderen prägenden Logiken für Ihr Unternehmen finden können.
  - Ergänzen Sie die gefundenen Muster assoziativ.
- Schritt 4: Betrachten Sie das ganze Bild und fassen Sie die erarbeiteten Charakteristika Ihres Unternehmens in übersichtlicher Form zusammen:
  - Überlegen Sie, wie ihr Unternehmen „tickt".
  - Was sind typische Muster?

4.3.2 Inhaltliche Hebelpunkte für Musterwechsel

Wie im Beispiel der Firma NT deutlich geworden ist, braucht es oft viel mehr Energie und intensive Impulse, als man glaubt, um den nötigen Musterwechsel und Umbruch in Organisationen zu initiieren. Eingriffe in bewährte Muster eines Unternehmens stellen eine große Herausforderung dar. Sie erfordern hohe Kreativität, weil sie die bestehenden Regeln und Normen sprengen. Es braucht Mut, weil mit Widerständen im Unternehmen zu rechnen ist und es müssen ausreichend Aufmerksamkeit und Ressourcen zur Verfügung gestellt werden [5, S. 120 ff.].

Wenn jedoch in einer Organisation die Entscheidung gefallen ist, einen Musterbruch zu initiieren, so stellt sich die Frage: wo kann man am besten ansetzen? Wo liegt der größte Hebel, um die Organisation trotz aller zu erwartenden Widerstände in die gewünschte Richtung zu lenken?

Das „Neuwaldegger Dreieck" oder „vierseitige Dreieck" (Abb. 4.5) mit seinen Ausprägungen „Strategie", „Struktur/Prozesse", „Personen/Verhalten" und „Kultur" liefert eine gute Übersicht über mögliche Hebelpunkte und unterstützt Manager dabei, die Wechselwirkung zwischen den einzelnen Ausprägungen mitzudenken ([3], S. 55 f.):

- Die Festlegung auf eine „Strategie" (Geschäftsmodell, Ausrichtung, Positionierung) oder ein strategisches Ziel, z. B. auf Qualitätsführerschaft, schließt eine Menge anderer Optionen aus.
- Mit „Prozessen und Strukturen" stehen Aufbau- und Ablauforganisation im Fokus, die den Fluss von Kommunikation regeln.
- Über „Personen" kommen ganz bestimmte Werte, Einstellungen und Sichtweisen in das Unternehmen. Entscheidungen werden von Person A möglicherweise anders getroffen als von Person B.
- Die zuvor genannten Ausprägungen beeinflussen wiederum indirekt die Kultur des Unternehmens, die wiederum selbst starken Einfluss auf die Geschehnisse in einer Organisation hat.

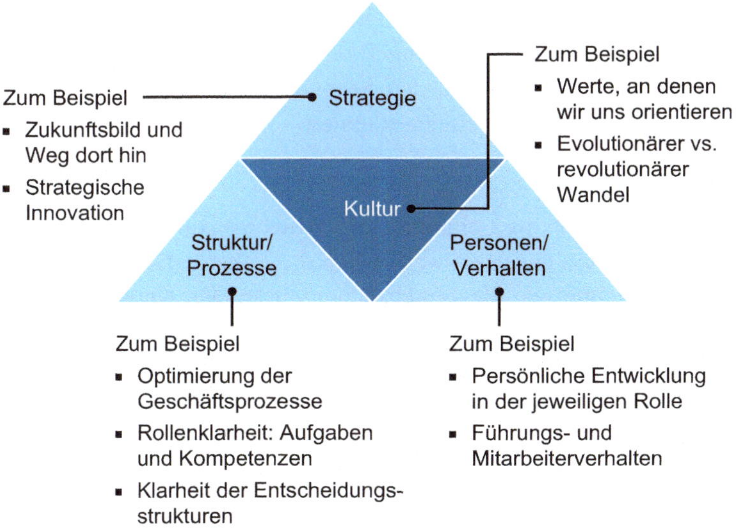

Abb. 4.5 Neuwaldegger Dreieck (Dimensionen systemischen Managements)

Das nachfolgende Beispiel einer integrierten Strategiearbeit soll dies noch etwas greifbarer machen.

Lebensweg und Muster der Organisation

Der Firmengründer ist ein begeisterter Hobbyastronom. Seine Passion „den Sternen ein wenig näher zu sein" weckte in ihm den Ehrgeiz, ein eigenes, verbessertes Fernglas zu bauen. Die damals schon im väterlichen Betrieb vorhandenen Methoden zur Glaserzeugung und Glasveredelung nutzte er für die Entwicklung eines gänzlich neuartigen Prismen-Produktions- und Schleifverfahrens. Im Jahre 1949 kommt es zur Gründung eines eigenen Optik Unternehmens.

Nach dem Krieg und den Jahren des allgemeinen Wirtschaftswachstums gerät das Unternehmen zunehmend in die Krise (70er Jahre). Die Familie beschließt den Ausstieg aus dem Militärgeschäft. Die in diesem Segment typischen Auslastungsschwankungen bergen ein zu hohes Risiko, zudem passen die Aktivitäten nicht mehr zur Marke und den Werten des Gesamtkonzerns. Man konzentriert sich von nun an auf das Jagdgeschäft.

Der neue Vorstandsvorsitzende, ein Enkel des Unternehmensgründers, gibt in dieser Zeit das ehrgeizige Ziel aus: Wir werden „Qualitäts-Weltmeister". Es folgen Jahre des Fortschritts und der Innovation. Die Herstellung des weltweit ersten Fernglases mit Durchgriff wird unter anderem in den 1990er vom Markt als „Entwicklung des Jahrzehnts" gewürdigt. Das Unternehmen avanciert aufgrund höchster Qualitätsansprüche an Optik und Design Schritt für Schritt zum Marktführer.

Doch die Erfolgsgeschichte hat auch eine „Schattenseite". Sämtliche Strukturen und Prozesse wurden im Laufe der Zeit rund um den Herstellungsprozess organisiert und folgen einer ausgeprägten QM-Logik, die kaum andere Denkvarianten zulässt. Der ausgeprägte Stolz auf die Produkte und die stark regionale Verankerung haben zu einer Überbetonung der bestehender Produkt-/Markt-Kombinationen geführt. Ein weiteres Wachstum in den bestehenden Segmenten mit den vorhandenen Produkten erscheint schwierig. Das Unternehmen stagniert.

Stellhebel für den Musterwechsel

Die neue Generation, die die Leitung des Unternehmens übernommen hat, steht nun vor der Frage: Wo muss angesetzt werden um die Zukunftsfähigkeit der Organisation zu sichern? Wie gelingt es, die bestehenden Muster des Unternehmens zu ändern, ohne die bewährten Errungenschaften der Vergangenheit zunichte zu machen?

Ein umfassender Veränderungsprozess wird ins Leben gerufen. Ziel ist es, unter Beibehaltung der bisherigen Qualitätsführerschaft neue Wachstumsfelder zu identifizieren. Die neue Führung setzt auf die Entwicklung einer Strategie im Sinne eines „lebendigen Dialogs". Alle wichtigen Führungskräfte und Mitarbeiter werden an der Lösungsfindung beteiligt.

Im Laufe des Projekts wird relativ bald klar, dass die inhaltliche Formulierung einer Wachstumsstrategie alleine nicht ausreicht. Soll sich wirklich nachhaltig etwas im Unternehmen ändern, so bedarf es einer integrierten Strategiearbeit mit zusätzlichen Maßnahmen auf der Ebene der Prozesse und Strukturen, dem Verhalten der Führungskräfte und Mitarbeiter sowie Veränderungen auf der kulturellen Ebene.

Die nachfolgenden Maßnahmen werden im Zuge eines iterativen Prozesses implementiert und führen schließlich zum gewünschten Wachstumsschub:

a) Strategie

Die Pflege des Stammgeschäfts hat oberste Priorität. Durch die Integration innovativer Technologien in die bestehenden Produkte sollen die vorhandenen Marktsegmente abgesichert und der Anschluss an den Zukunftsmarkt „Optronik“ sichergestellt werden. Darüber hinaus sollen auch neue Zielgruppen angesprochen werden. Nach intensiver Auseinandersetzung mit unterschiedlichen Optionen entscheidet man sich für den Aufbau eines neuen Geschäftsfelds, das der wachsenden Sehnsucht nach Natur und Nachhaltigkeit in einer von voranschreitender Urbanisierung geprägten Gesellschaft Rechnung tragen soll. Die Abschöpfung bisher nicht genützter Vertriebspotenziale durch eine gezielte Internationalisierungsstrategie rundet die neue Strategie des Unternehmens ab.

b) Prozesse und Strukturen

Die mit der Neuausrichtung verbundene zusätzliche Arbeitsbelastung, insbesondere in der Produktentwicklung, soll nicht allein durch die Anstellung neuer Mitarbeiter abgedeckt werden. Die Einführung eines professionellen Projektmanagements mit den entsprechenden organisatorischen Anpassungen und eine verstärkte Zusammenarbeit zwischen Technik, Marketing und Vertrieb in interdisziplinären Projektteams tragen wesentlich zur Verkürzung der Durchlaufzeit im Entwicklungsprozess bei.

c) Personen

Mit den organisatorischen Veränderungen in der Produktentwicklung gehen auch neue Anforderungen an das Verhalten der Führungskräfte und Mitarbeiter einher. Führungskräfte, die es bisher gewohnt waren, abgeschottet vom Rest der Mannschaft einsame Entscheidungen zu treffen, müssen lernen, zu delegieren und Verantwortung abzugeben. Junge talentierte Produktmanager sehen sich mit der Herausforderung konfrontiert, mutig Entscheidungen zu treffen. Ein Prozess, der nicht ohne Reibungen vonstattengeht und der vor allem eines benötigt: Zeit, um das neue Verhalten auszuprobieren und zu verinnerlichen.

d) Kultur

Auch auf kultureller Ebene kommt es zu einer entscheidenden Veränderung. Die Bewerkstelligung der mit der Integration innovativer Technologien in die bestehenden Produkte verbundenen Herausforderungen erfordert einen Paradigmenwechsel von der „geschlossenen“ hin zur „offenen Innovation“. Das Unternehmen geht unter dem neuen Leiter Technik entgegen der bisherigen Gepflogenheiten Kooperationen mit anderen Unternehmen ein. Die Erkenntnis „Wir müssen nicht alles selber erfinden, um Innovationsführer zu sein“, setzt sich gegenüber dem bisherigen Glaubenssatz „Wir müssen unser geistiges Eigentum schützen, damit wir nicht kopiert werden können“, im Unternehmen durch.

4.4 Den nachhaltigen Wandel sicherstellen

4.4.1 Das Reflexionsteam als Methode, um Musterwechsel nachhaltig zu verankern

Größere Veränderungen von Organisationen, wie in dem zuvor beschriebenen Beispiel, geschehen in der Regel nicht von heute auf morgen. Zum Abschluss dieses Kapitels soll daher noch eine Methode vorgestellt werden, die wesentlich dazu beitragen kann, die im Zuge einer Veränderung beschlossenen Maßnahmen auch tatsächlich umzusetzen.

Um zu gewährleisten, dass der Wandel auch wirklich nachhaltig ist, braucht es einen Lernprozess. Die bisherigen Denk- und Handlungsmuster einer Organisation müssen teilweise verlernt und durch neue Routinen ersetzt werden. Die Einführung eines „Reflexionsteams“ im Sinne eines „Sounding Boards“ ist eine bewährte Methode, die einen solchen Prozess unterstützen kann. Sie soll zum Abschluss dieses Kapitels im Detail beschrieben werden. Beginnen wir wieder mit einem Beispiel:

Praxisbeispiel: Nachhaltige Umsetzung einer neuen Strategie und Organisation

Einer der weltweit führenden Anbieter von Schalungskomplettlösungen mit über 5000 Mitarbeitern in über 70 Ländern hat einen tiefgreifenden strategischen Veränderungsprozess angestoßen. Neben ehrgeizigen Wachstumszielen soll eine neue Organisation eingeführt werden. Ziel ist es mithilfe der Matrix-Logik, die Marktorientierung und das Bekenntnis zur Qualitätsführerschaft weiter zu stärken. Die einzelnen Regionen der Unternehmensgruppe sollen mit mehr Verantwortung und Entscheidungsmacht ausgestalten werden. Als Unterstützung für die Linienorganisation, die für die Umsetzung der neuen Strategie und Organisation verantwortlich ist, wird ein Reflexionsteam ins Leben gerufen.

Aus den ersten Zusammentreffen des Reflexionsteams ergibt sich der deutliche Hinweis, dass nach einem fulminanten Start die Change-Kommunikation im Laufe des Veränderungsprozesses abgeflaut ist. Zudem wird klar, dass die Interpretation der neuen Organisation noch viele Fragen aufwirft. Das Management nimmt die Hinweise aus dem ersten Treffen auf und beschließt ein Maßnahmenpaket mit folgenden Schwerpunkten:

- Eine Kommunikationskampagne soll den kontinuierlichen Informationsfluss sicherstellen. Neben regelmäßigen Artikeln in der neu gestalteten Mitarbeiterzeitung und einer aktualisierten Roadmap, die allen Führungskräften und Mitarbeitern zugänglich gemacht wird, verpflichtet sich der Vorstand, regelmäßig persönlich über den Status quo der Strategieumsetzung zu berichten. Dies geschieht in Form eines „Frühstücks mit dem Vorstand“ in den Regionen, E-Mails vom CEO und bei zahlreichen anderen Gelegenheiten.
- Um ein besseres Verständnis zum Thema „Führen und arbeiten in der Matrix“ zu gewährleisten, wird ein entsprechender Führungskräfte-Workshop angeboten – ein

erster Schritt um die mit der Einführung der neuen Organisation notwendigen kulturellen Veränderungen anzustoßen. Das alte Muster einer primären „Top-down"-Führung greift zu kurz; Themen wie Vertrauen und der konstruktive Umgang mit unterschiedlichen Sichtweisen sind wesentliche Voraussetzungen für eine erfolgreiche Zusammenarbeit in der Matrix.

In weiteren Meetings wird u. a. das Zusammenspiel zwischen dem Headquarter und den Regionen näher beleuchtet. Es zeigt sich, dass mit der Einführung der Matrix die Anzahl der Reportings, die von der Zentrale vom regionalen Management eingefordert werden, deutlich zugenommen hat. Eine Entwicklung, die der ursprünglichen Idee, den Regionen mehr Verantwortung zu übertragen, zuwiderläuft. Themen wie eine bessere Koordination der Anfragen aber auch ein angemessenes Verhältnis von Vertrauen und Kontrolle werden weiter vertieft und führen im Unternehmen zu einem besseren Verständnis, was für eine erfolgreiche Umsetzung der neuen Strategie und Organisation notwendig ist.

Wie aus dem Beispiel ersichtlich, dient die Arbeit mit dem Reflexionsteam dem Management als zusätzliche Informationsquelle. Es geht darum, über die reinen Zahlen, Daten und Fakten hinauszublicken und besser zu verstehen, was das Unternehmen und deren Mitarbeiter im Zuge der aktuellen Veränderung bewegt.

Auch wenn die Grundidee eines Reflexionsteams ziemlich offensichtlich ist, so ist eine erfolgreiche Einführung und Umsetzung an gewisse Voraussetzungen geknüpft, die nicht zu unterschätzen sind.

4.4.2 Voraussetzungen für die Einführung eines Reflexionsteams

4.4.2.1 Das erforderliche Bewusstsein schaffen

Die Einführung eines Reflexionsteams stellt hohe Ansprüche an eine Organisation und die darin agierenden Personen. Es ist in gewisser Weise ein Widerspruch in der Rollenerwartung an Manager und Mitarbeiter. Statt etwas „dingfest zu machen" und „schnell wieder zu schließen", braucht es in einem ersten Schritt ein „öffnen" und „in Frage stellen". Die Reflexion wirkt wie eine scheinbare Verlangsamung, ist aber in Wirklichkeit eine Beschleunigung [4].

▶ Zitat Josef K., interner Projektleiter: „Wichtig für die erfolgreiche Einführung des Reflexionsteams war die Erkenntnis, dass es in unserer Unternehmenskultur Manager und Mitarbeiter gewöhnt sind, rasch Entscheidungen zu treffen, um die anstehenden Probleme zu lösen. Für die Mitglieder des Reflexionsteams ist die Beschränkung auf Informationssammlung, Reflexion und Entwicklung von Hinweisen eine Herausforderung. Es braucht Anerkennung und Wertschätzung für diese in der Regel ungewohnte Tätigkeit".

Die Herausforderung für das Topmanagement wiederum besteht u. a. darin, die ggf. kritischen Hinweise des Reflexionsteams nicht als persönliche Kritik bzw. Angriff aufzufassen, sondern als zusätzliche Informationsquelle und Teil der Unternehmenssteuerung wahrzunehmen und zu schätzen.

4.4.2.2 Klare Rollenverteilung und gute Vor- und Nachbereitung der Treffen

Neben der Bewusstseinsbildung bei allen Beteiligten sind für die gelungene Einführung eines Reflexionsteams eine klare Rollenverteilung zwischen Topmanagement und Reflexionsteam (vgl. Abb. 4.6) und die gute Vor- und Nachbereitung der Treffen von besonderer Bedeutung [4, S. 15].

Schon im Vorfeld zum jeweiligen Treffen werden die Mitglieder des Reflexionsteams dazu aufgefordert, sich zu bestimmten Themen und Fragen mit Kollegen, Mitarbeitern, Kunden etc. abzustimmen. Dadurch werden zusätzliche Sichtweisen in die Reflexion einbezogen und die besprochenen Themen erhalten eine breitere Aufmerksamkeit.

Nach dem Workshop werden die Ergebnisse des Treffens von zwei Repräsentanten bzw. Delegierten, die aus dem Kreis des Reflexionsteams gewählt werden, dem Management präsentiert. Das Management hat die Aufgabe, auf Basis der erhaltenen Hinweise entsprechende Maßnahmen in Gang zu setzen. Die Entscheidungen werden dem Reflexionsteam zeitnah mitgeteilt. Dessen Mitglieder geben die Information weiter an ihre Kollegen und Mitarbeiter und fungieren so als zusätzlicher „Informationskanal" für das Management. Gleichzeitig wird die Wirkung der beschlossenen Maßnahmen weiterhin beobachtet. Die Rückmeldungen im Rahmen eines der nächsten Treffen eröffnet wiederum die Möglichkeit, frühzeitig nachzujustieren und kontrollierend einzugreifen.

Die Methode des Reflexionsteams in der Übersicht (vgl. auch [4])

- Wann? Im Rahmen einer Umbruchphase oder als Teil der Unternehmenssteuerung.

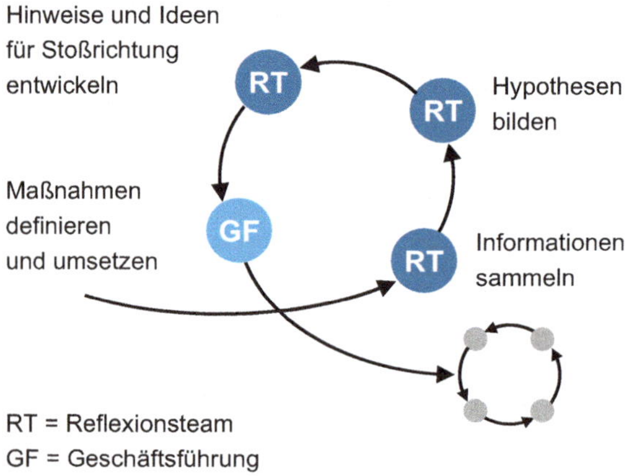

Abb. 4.6 Rollenverteilung Reflexionsteam

- Wer? Teilnehmer aus unterschiedlichen Bereichen, Hierarchieleveln und Regionen einer Organisation.
- Wie oft und wie lange? Abhängig von der Aufgabenstellung, eintägige Treffen alle 4–6 Wochen bzw. halbjährlich.
- Wo? Zentraler Ort, der für alle Teilnehmer gut zu erreichen ist.
- Ziele, die mit der Einführung eines Reflexionsteams verbunden sind:
  - Bewusst Raum zum Reflektieren schaffen
  - Rückspiegeln, was das Unternehmen und deren Mitarbeiter bewegt (zusätzliche Information über rein quantitatives Zahlenwerk hinaus)
  - Gemeinsame Basis für Entscheidungen schaffen
  - Qualität der Entscheidungen verbessern
  - Zusätzlichen Kommunikationskanal etablieren
- Wichtige Voraussetzungen bei der Etablierung eines Reflexionsteams
  - Das erforderliche Bewusstsein schaffen
  - Für das nötige Commitment sorgen
  - Den Auftrag klar formulieren
  - Die Rollen zwischen Topmanagement und Reflexionsteam klar verteilen
  - Die Kriterien der Gruppenzusammensetzung festlegen
  - Ein genaues Selbstverständnis erarbeiten
  - Die Reflexionsschleife einüben
  - Anzahl der Treffen
  - Vorbereitung der Treffen

4.5 Kernaussagen

Technologische Umwälzungen, eine fortschreitende Globalisierung und neue Kunden- und Mitarbeiteranforderungen stellen Unternehmen mehr denn je vor die Aufgabe, sich neu aufzustellen. In einer digital vernetzten Welt lassen sich die Zusammenhänge und Abhängigkeiten nur mehr selten ganz durchschauen. Veränderungen induzieren neue Veränderungen, erzeugen Kettenreaktionen. Zudem zwingt der globale Konkurrenzdruck die Unternehmen zur „Flucht nach vorne". Vom Markt unter Druck gesetzt, halsen Manager ihren Unternehmen häufig mehr auf, als diese verkraften können. Immer schneller steigt die Zahl der Projekte, Leistungsvorgaben werden erhöht, Innovationszyklen verkürzt etc. Jedoch ist nicht „mehr von Demselben" die Lösung, sondern sind „Musterwechsel" gefragt.

Um Unternehmen wirksam zu steuern, müssen Manager oder Berater sich der „Eigenarten" bzw. Muster einer Organisation bewusst sein. In volatilen Zeiten wird somit (Selbst-)Reflexion zu einer Kernkompetenz, sowohl auf der individuellen als auch organisationalen Ebene, die hohe Ansprüche an alle Beteiligten stellt. Die Analyse der Geschichte eines Unternehmens kann dabei helfen, die Muster eines Unternehmens besser zu verstehen und die richtigen Hebel für die notwendige Veränderung zu identifizieren. Um Muster in Organisationen erfolgreich aufzubrechen und nachhaltig zu verankern, braucht es umfassende Interventionen auf unterschiedlichen Ebenen. Dabei gibt es kein „richtig oder falsch". Die Wirksamkeit der Interventionen hängt vom Kontext ab. Je umfassender die Maßnahmen sind und je mehr die Wechselwirkung zwischen den unterschiedlichen Dimensionen (Strategie, Prozesse/Strukturen, Personen und Kultur) berücksichtigt werden, umso höher ist die Wahrscheinlichkeit, dass auch tief greifende Veränderungen von nachhaltigem Erfolg gekrönt sind.

Für die Zukunft werden dabei aufgrund der genannten Veränderungen in unserer Wirtschaft und Gesellschaft kollektive Formen der Wertschöpfung eine immer größere Rolle spielen. Netzwerke, virtuelle Arbeitsgruppen und Co-Working-Spaces scheinen die klassischen Organisationsformen und Hierarchieverständnisse auf den Kopf zu stellen. Stichworte wie „agile Organisationsformen" oder „Purpose Driven Organizations" machen in Beraterkreisen und Managementforen die Runde. Der Gedanke hinter diesem Trend: Je komplexer und schnelllebiger unsere Welt wird, desto weniger funktionieren hierarchieorientierte Konzepte. Selbstorganisierte und dezentrale Modelle können damit einfach besser umgehen.

Oder wie es Sackman einst ausdrückte:

> Our growth depends not on how many experiences we devour, but on how many we digest [6].

Literatur

1. Ahrend J., Plischke M., & Pöppl R. (2013). Die Kunst Projekte zu managen, wenn alles anders bleibt. Arbeitspapier Project Management Partners.
2. Böhm M., Guggenberger P., Königshofer J., Plischke M., Souchay M., & Überacker J. (2012). Verankerung von (Selbst)Reflexion in Organisationen, Arbeitspapier SBi Meisterstück.
3. Boos, F., & Mitterer, G. (2014). *Einführung in das systemische Management*. Heidelberg: Carl-Auer.
4. Exner, H. (2012). Verlangsamen um effizienter zu werden, Reflexionsteams als wichtiges Instrument für die Unternehmensleitung. *Hernsteiner, 12*(03), 14–15.
5. Exner, A., Exner, H., & Hochreiter, G. (2009). *Selbststeuerung von Unternehmen*. Frankfurt a. M.: Campus.
6. Sockman, R. W. (2015). Thought of the day. Forbes.com, 26.06.2015.
7. Glatz, H., & Graf-Götz, F. (2007). *Handbuch organisation gestalten*. Weinheim: Beltz.
8. Simons, D. J., & Chabris, C. F. (1999). Gorillas in our midst: Sustained inattentional blindness for dynamic events. *Perception, 28,*1059–1074.
9. Weick, K., & Sutcliffe, M. (2010). *Das Unerwartete managen*. Stuttgart: Schäffer-Poeschel.
10. ZEIT ONLINE, dpa, Reuters, AFP, sdo, Fifa (2015). Skandal – Blatter weist jede Verantwortung von sich. ZEIT.de, 28.05.2015.

Organisationale Veränderung in internationalen Zusammenhängen

5

Nationalkultur als Einflussfaktor in Change Projekten und Tools zum Umgang damit

Peter Franklin und Moritz Krüger

Das Szenario ist bekannt. Ein Unternehmen muss sich neu aufstellen. Das Change Projekt wird in Deutschland erfolgreich umgesetzt; jetzt sind die ausländischen Niederlassungen und Töchter dran. Das Mutter-Haus entsendet die Change Berater, die das Change Programm in Deutschland erfolgreich begleitet haben, nach Vietnam, um dasselbe Programm – etwas angepasst, angesichts der Erfahrungen zu Hause – dort umzusetzen und den gleichen Erfolg zu erzielen. „Klappt vorne und hinten nicht" stellen die Berater bald fest. Widerstand wird erlebt; die Einheimischen „just don't get it"; das Wort „Sabotage" macht hinter vorgehaltener Hand die Runde. Die Besuche der Berater werden immer seltener. Sie werden nach mühsamen Monaten endgültig zurückgezogen. Der Erfolg bleibt aus.

Diese Fragen werden Ihnen im folgenden Kapitel beantwortet

- Warum ist Change Management in internationalen Zusammenhängen so schwierig?
- Wird die Veränderungsfähigkeit von Organisationen im Ausland durch die nationalkulturelle Andersartigkeit (andere Werte, Normen und Praktiken) ihres Umfelds beeinflusst und wenn ja, wie?
- Lassen sich ausländische Niederlassungen in unterschiedlichen Ländern mit denselben Vorgehensweisen wie in Deutschland verändern?

P. Franklin (✉)
Hochschule Konstanz, Konstanz, Deutschland
E-Mail: peter.franklin@htwg-konstanz.de

M. Krüger
The University of Manchester, Manchester, Großbritannien
E-Mail: moritz.krueger@gmx.de

G. Baltes und A. Freyth (Hrsg.), *Veränderungsintelligenz*,
https://doi.org/10.1007/978-3-658-04889-1_5

- Wie reagieren die an internationalen Veränderungsprozessen Beteiligten und von internationalen Veränderungen Betroffene auf die Umsetzung von Veränderung in deren Organisation?
- Welche Change Strategien und -Maßnahmen passen zu welchen Nationalkulturen?
- Was und wie muss eine Organisation bei Veränderungsprozessen in unterschiedlichen Kulturen kommunizieren?
- Wie kann eine Organisation Veränderung über kulturelle Grenzen hinweg optimal operativ umsetzen?

5.1 Die Herausforderung, Change über kulturelle Grenzen hinweg effektiv und angemessen umzusetzen

> Whereas changing an organization within one's own national culture is already problematic, changing an organization in another national culture is like black magic [1, S. 298].

Die notorischen historischen Negativ-Beispiele für internationales Change Management sind gerade in Deutschland in peinlicher Erinnerung geblieben. Die Zusammenarbeit von BMW mit Rover, die mit Change in hohem Maße verbunden gewesen wäre, war nach sechs Jahren gescheitert und hat 9 Mrd. DM gekostet. Eine ähnliche Geschichte ist von dem Daimler-Chrysler-Zusammenschluss zu erzählen: Die notwendigen Veränderungen in beiden Unternehmen blieben aus – der Preis nach neun Jahren: 40 Mrd. EUR. Das sind gescheiterte Change Projekte von riesigen Dimensionen gewesen, die sich im kleineren Maßstab ständig wiederholen. Nicht nur die Größe macht die Veränderung von Organisationen so schwierig. Das Verhalten der Organisationen, der Change Leader, die für Change Prozesse verantwortlich sind, und der Change Follower, die von Change betroffen sind, wird – meistens von den Akteuren unbemerkt – durch die Nationalkultur des Umfelds beeinflusst, in das die Organisation eingebettet ist. Zielorientierung, aber auch gleichzeitig Flexibilität der Akteure (s. Kap. 11) sind gefragt, um erfolgreich zu sein – vor allem aber ein Verständnis dieser kulturellen Faktoren und die Beherrschung einer Reihe von Tools. Ziel des folgenden Kapitels ist es, das zum Verständnis notwendige Wissen zu vermitteln und diese Tools zu präsentieren.

5.2 Der Einfluss nationalkultureller Werte und Einstellungen auf das Change Verhalten von und in Organisationen

5.2.1 Das Einflussfaktoren-Dreieck

Verhaltensweisen und Praktiken in *allen* Change Projekten werden von drei Faktoren beeinflusst:

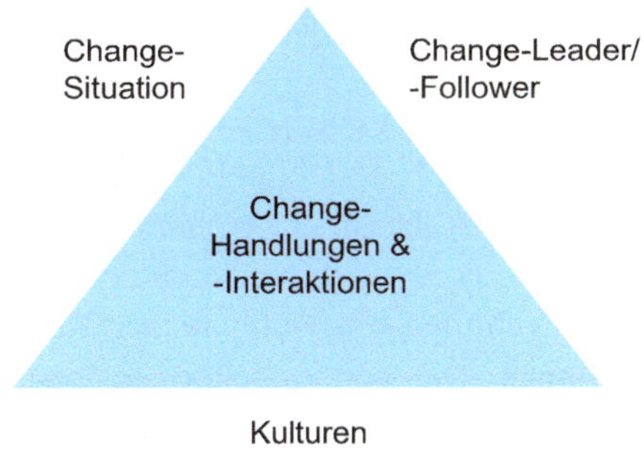

Abb. 5.1 Das Einflussfaktoren-Dreieck. (Eigene Darstellung)

1. Von den beteiligten Change Leadern und Change Followern und ihren individuellen, persönlichen Werten, Eigenschaften, Ressourcen und Kompetenzen (s. Kap. 11);
2. von der spezifischen Change Situation, in der sie sich befinden und agieren und
3. von den Kulturen, die das Unternehmen prägen – und zwar nicht nur von der Unternehmenskultur, sondern auch von der Nationalkultur bzw. der ethnischen Kultur, in die das Unternehmen eingebettet ist.

Diese drei Faktoren bilden ein Dreieck (s. Abb. 5.1), das die Handlungen und Interaktionen der beteiligten Akteure beeinflussen kann:

Der Faktor Nationalkultur übt in grenzüberschreitenden Change Projekten einen besonders großen Einfluss aus. Um die Beschaffenheit und Folgen dieses Einflusses geht es im nächsten Abschnitt; und mit dem effektiven und angemessenen Umgang mit den nationalkulturtypischen Verhaltensweisen, Werten und Einstellungen beschäftigen sich Abschn. 5.3 und 5.4.

5.2.2 Kulturdimensionen: Was sind sie und wie können sie sich auf Einstellungen zu Veränderung und auf das Change Verhalten von und in Organisationen auswirken?

Die Mitarbeiter einer Abteilung äußern sich in einer Besprechung mit dem Change Leader einstimmig skeptisch über eine geplante Veränderung. Wie kann sich der Change Leader diese Skepsis erklären? Liegt es an einer unterschiedlichen fachlichen Beurteilung der Change ***Situation?*** Liegt es an den beteiligten ***Personen,*** an persönlichen Zweifeln, die zufällig alle Mitarbeiter der Abteilung teilen? Oder liegt es vielleicht nicht eher an einer Dimension (oder an mehreren) der ***Nationalkultur,*** die sie alle – mehr oder weniger – teilen? Eine Herausforderung für den Change Leader ist es sicherlich zu erkennen, woran Ablehnung und Widerstand liegen und zu unterscheiden zwischen den drei geschilderten möglichen Ursachen. Ein Bewusstsein für sogenannte Kulturdimensionen kann ihn dabei unterstützen.

Unter dem Begriff *Kulturdimensionen* versteht man Werte, Präferenzen, Einstellungen und Glaubenshaltungen,

- die zusammen als Orientierungssystem für das Verhalten von Angehörigen einer bestimmtem Nationalkultur dienen,
- die sich demnach in gemeinsamen Verhaltensweisen und Praktiken in der Kultur äußern und
- die *alle* Nationalkulturen prägen – aber in unterschiedlichem Umfang.

Dies führt dazu, dass sich Angehörige unterschiedlicher Kulturen – ceteris paribus – unterschiedlich verhalten können. Die von Angehörigen einer Kultur geteilten Werte und Einstellungen, die die Verhaltensweisen und Praktiken in unterschiedlichen Lebensbereichen einer Kultur beeinflussen, nennt man Kulturdimensionen. In Handlungen und Interaktionen in der eigenen Kultur sind sie meistens nicht auffällig, weil sie die Norm bestimmen. Unerwartetes, von der Norm abweichendes Verhalten in der eigenen Kultur wird dem Individuum oder der Situation zugeschrieben. In der Interaktion mit Angehörigen anderer Nationalkulturen fallen Kulturdimensionen und deren Folgen schnell und häufig negativ auf, speziell in Situationen, die negative Emotionen hervorrufen, weil sie potenziell bedrohlich und konfliktträchtig sind. Auf Kulturdimensionen, die Einstellungen zu Veränderung und so das Verhalten in Change Situationen beeinflussen, wird in den nächsten Abschnitten eingegangen.

5.2.2.1 *Kann* eine Kultur Veränderung überhaupt herbeiführen? *Kontrollüberzeugung, internale* vs. *externale* Kontrolle

Haben Veränderungsbemühungen von Menschen und Organisationen überhaupt einen Sinn, wenn Angehörige einer Kultur glauben, dass man sowieso wenig anrichten kann? Externale Kontrolle [2, 3]; (für Management-Zusammenhänge, s. [4]) kommt in der Überzeugung zum Ausdruck, dass Ereignisse außerhalb der Kontrolle der eigenen Person und des eigenen Verhaltens liegen. Andere Kräfte bestimmen das Umfeld und das eigene Schicksal – zum Beispiel Zufall oder eine höhere Autorität, (die in Ausdrücken wie ‚insh'allah', ‚shikata ga nai' und ‚so Gott will' sichtbar wird). Das proaktive Initiieren von Veränderung ist dann eher unwahrscheinlich. Beispiele für solche Kulturen sind laut Berry et al. [5] die japanische und die afro-amerikanische.

Internale Kontrolle scheint dahingegen eine Vorbedingung für Change Management zu sein: Eine internale Kontrollüberzeugung liegt vor, wenn Menschen und Kulturen glauben, dass sie in hohem Maße ihr Umfeld beeinflussen können. Sie sind überzeugt, etwas bewegen und ändern zu können und dass das Individuum für sein eigenes Schicksal verantwortlich ist. Ehrgeiz, Beharrlichkeit und Fleiß sind typische Eigenschaften solcher Kulturen. Speziell angelsächsische und nordwesteuropäische Kulturen sind Beispiele für die Auffassung internaler Kontrolle.

5.2.2.2 *Darf* eine Kultur ihre Umwelt verändern? *Beziehung zur Natur und Umwelt*

Bei dieser Kulturdimension geht es, anders als bei der Kontrollüberzeugung, nicht um die Frage, ob man seine Umwelt verändern *kann* sondern ob man den Versuch überhaupt unternehmen *darf* oder *sollte.* Wie ist die von einer Kultur bevorzugte Beziehung zur natürlichen und sozialen Umwelt? Eher eine der Unterordnung, der Harmonie oder eine der Dominanz? Bei ersterer Orientierung ist geplante Veränderung wie in Change Projekten eher schwierig; Veränderung in Organisationen setzt eher die letztere voraus. Diese Kulturdimension, die auf die Pionierarbeit der Kulturanthropologen Kluckhohn und Strodtbeck [6] zurückgeht, ist seit ihrer Formulierung auch in der Management-Literatur, z. B. Osland [7] rezipiert und im Wertemodell von Schwartz [8] als *Überlegenheit vs. Harmonie* erfasst worden. Sagiv und Schwartz [8, S. 180 f.] ordnen englischsprachige und konfuzianisch beeinflusste Kulturen eher dem Wert *Überlegenheit* und West- und besonders Osteuropa eher dem Wert *Harmonie* zu.

5.2.2.3 Betrachtet eine Kultur die Zukunft als wichtig? *Zukunftsorientierung*

Bei Change Projekten ist eine andere und bessere Zukunft das Ziel der geplanten Management-Handlungen. Aber wie wichtig ist die Zukunft? Wenn Menschen sie als weniger wichtig erachten als die Gegenwart oder die Vergangenheit, sollte man viel Energie darin investieren, sie zu gestalten? Die renommierte GLOBE-Untersuchung[1] von 17.300 Führungskräften in 62 Ländern [9] griff ähnliche Dimensionen, nämlich *Zeitorientierung* oder *langfristige Grundorientierung,* von Kluckhohn und Strodtbeck [6] beziehungsweise von Hofstede [10] auf. Die Autoren stellten unter anderem fest, dass unterschiedliche Kulturen der Zukunft in unterschiedlichem Umfang (s. Tab. 5.1) Bedeutung beimessen. Kulturen unterscheiden sich nach GLOBE zum Beispiel in dem Ausmaß, in dem zukunftsorientierte Verhaltensweisen, wie etwa vorausschauendes Planen, Investieren in die Zukunft und individueller oder kollektiver Verzicht und Belohnungsaufschub im Interesse der Zukunft gefördert werden (tatsächliche Praktiken oder Ist-Zustand) bzw. werden sollen oder dürfen (Werte oder Soll-Zustand) [9, S. 12].

Kulturen, in denen der Vergangenheit erhebliche Bedeutung beigemessen wird, zeigen tendenziell mehr Widerstand gegenüber Veränderung, weil Veränderung die alte bzw. bisherige Ordnung infrage stellt. Deshalb dauert die Umsetzung von Change in solchen Kulturkreisen eher länger. Bei zukunftsorientierten Kulturen wird Change als Vorbereitung auf die Zukunft betrachtet. Nach einer tiefer gehenden Analyse der ursprünglichen GLOBE-Daten von Chhokar, Brodbeck und House [11] gehören zu den am meisten zukunftsorientierten Kulturen Singapur, die Schweiz, die Niederlande, die nordischen und deutschsprachigen Länder, England, die USA und Indien. Zu den Schlusslichtern gehören Russland, Argentinien, Spanien, Frankreich und Griechenland. Ostdeutsche Manager sind laut GLOBE in ihren *Werten* tendenziell zukunftsorientierter als ihre Kollegen im Westen, die in ihren *Praktiken* und Verhaltensweisen den Ostdeutschen voraus sind.

---

[1]**G**lobal **L**eadership and **O**rganizational **B**ehavior **E**ffectiveness.

Tab. 5.1 Zukunftsorientierung ausgewählter Länder nach der GLOBE-Studie. (Quelle der Daten: [54, S. 304, 306]; eigene Tabelle, eigene Länderauswahl)

	Praktiken (Ist): Gruppe	Werte (Soll): Gruppe
Brasilien	B	A
China	C	C
Dänemark	A	D
Deutschland (West)	B	C
Deutschland (Ost)	B	B
England	B	C
Frankreich	C	C
Hong Kong	B	B
Indien	B	B
Indonesien	B	A
Iran	C	A
Israel	B	B
Italien	C	A
Japan	B	B
Malaysia	A	A
Mexiko	B	A
Niederlande	A	C
Nigeria	B	A
Österreich	A	C
Philippinen	B	A
Polen	D	B
Qatar	C	A
Russland	D	B
Schweden	B	C
Schweiz – französischsprachige	B	C
Schweiz	A	C
Singapur	A	B
Spanien	C	B
Südkorea	B	A
Taiwan	B	B
Türkei	C	A
USA	B	B

Gruppe A enthält Länder mit der höchsten Zukunftsorientierung, Gruppe D diejenigen mit der niedrigsten Zukunftsorientierung

5.2.2.4 Betrachtet eine Kultur Change, Verbesserung und Innovation als wichtig? *Leistungsorientierung*

Zu den Zielen von Change Management gehört unter Umständen nicht nur die Optimierung des Bestehenden sondern die Entwicklung von tatsächlich Neuem und bisher nicht Existierendem – also von Innovation. Bemerkenswerterweise ist Innovation viel häufiger Gegenstand der kulturbezogenen Managementforschung als Change an sich. Die GLOBE-Studie liefert uns die Kulturdimension *Leistungsorientierung,* die hier von besonderer Bedeutung ist. Kulturen unterscheiden sich (s. Tab. 5.2) nach GLOBE nach dem Ausmaß, in dem eine Gesellschaft oder eine Organisation Leistungsverbesserung belohnt und herausfordernde Ziele setzt und in dem diese Praktiken geschätzt werden [12, S. 246].

Zu den Eigenschaften, die für leistungsorientierte Gesellschaften typisch sind und die auch in Change Projekten eine Rolle spielen, gehören ein Gefühl der Dringlichkeit und ein spürbarer Handlungsdruck. Durchsetzungsfähigkeit, die Erreichung von Zielen, ein expliziter Kommunikationsstil und Feedback als Mittel zur Verbesserung werden in solchen Kulturen besonders geschätzt und sind auch in Change Situationen in anderen Kulturen von Bedeutung [12, S. 245]. Leistungsorientierte Kulturen sind laut GLOBE die Schweiz, Singapur, Taiwan, Südkorea und die USA. Außerdem findet man nach Brodbeck [13, S. 20] eine hoch ausgeprägte Leistungsorientierung in Gesellschaften mit Religionspluralität und geringem religiösen Dogmatismus. Weniger leistungsorientierte Kulturen, wie Griechenland, Russland, Italien und Polen legen laut GLOBE hingegen mehr Wert auf Lebensqualität, Seniorität und Loyalität. Sie pflegen häufig einen eher indirekten Kommunikationsstil und empfinden Feedback als unangenehm.

5.2.2.5 Was ist einer Kultur wichtiger – der Einzelne ...? *Individualismus*

Es ist vielleicht nicht verwunderlich, dass die Veränderungen, Innovationen und Technologien, die die industrielle Revolution und die digitale Revolution auslösten, in den Ländern entstanden sind, die laut Hofstede [10] den höchsten und dritthöchsten Grad an *Individualismus* nachweisen: den USA bzw. Großbritannien. Harzing und Hofstede [1] gehen in ihrem theoretischen Aufsatz bei solchen Kulturen von einem sehr geringen Widerstand gegenüber Veränderung und von einer positiven Einstellung zum Neuen aus, was sie auf die Wertschätzung von freiem Willen und einer größeren Dominanz ihrer Umwelt in individualistischen Gesellschaften zurückführen. In seiner immer wieder zitierten Arbeit zu Innovationsfähigkeit und Nationalkulturen hat auch Shane [14] eine Korrelation zwischen Individualismus und Innovation festgestellt. Diese Einsicht wurde in einer empirischen Studie von Taylor und Wilson [15, S. 240] bestätigt.

Hofstede stuft neben den USA und Großbritannien auch andere Länder Nordwesteuropas als individualistisch ein. Sagiv und Schwartz kommen zu ähnlichen Ergebnissen: Nach der Schwartz'schen Konzeptualisierung von Individualismus, die er *intellektuelle Autonomie* [16, S. 27] nennt, stufen sie Westeuropa und englischsprachige Kulturen auch als besonders individualistisch ein [8, S. 180 f.].

Tab. 5.2 Leistungsorientierung ausgewählter Länder nach der GLOBE-Studie. (Quelle der Daten: [12, S. 250 f.]; eigene Tabelle, eigene Länderauswahl)

	Praktiken (Ist): Gruppe	Werte (Soll): Gruppe
Brasilien	B	B
China	A	C
Dänemark	B	C
Deutschland (West)	B	B
Deutschland (Ost)	B	B
England	B	B
Frankreich	B	C
Hong Kong	A	C
Indien	B	B
Indonesien	A	C
Iran	A	B
Italien	C	B
Israel	B	C
Japan	B	E
Malaysia	A	B
Mexiko	B	B
Niederlande	A	D
Nigeria	B	A
Österreich	A	B
Philippinen	A	A
Polen	B	B
Qatar	C	B
Russland	C	D
Schweden	B	C
Schweiz – französischsprachige	B	B
Schweiz	A	C
Singapur	A	C
Spanien	B	C
Südkorea	A	D
Taiwan	A	C
Türkei	B	D
USA	A	B

Gruppe A enthält Länder mit der höchsten Leistungsorientierung, Gruppe D diejenigen mit der niedrigsten Leistungsorientierung

5.2.2.6 … oder die Gruppe? *Kollektivismus*

Als Gegenpol zu Individualismus steht in der Arbeit von Hofstede [10, 17] *Kollektivismus*. Andere ähnlich besetzte Begriffe werden von Trompenaars und Hampden-Turner [4] und Schwartz [16] sowie in der GLOBE-Studie [9] verwendet. Die GLOBE-Studie unterscheidet zwischen zwei unterschiedlichen Arten von Kollektivismus. *Institutioneller Kollektivismus* ist das Ausmaß, in dem eine kollektive Verteilung von Gütern und Leistungen durch institutionelle Regeln und Praktiken festgelegt ist bzw. festgelegt werden soll oder darf, wohingegen *gruppen/familienbasierter Kollektivismus* (s. Tab. 5.3) das Ausmaß ist, in dem die einzelne Person weniger für sich selbst als für Gruppen einsteht, bzw. einstehen soll oder darf.

Harzing und Hofstede [1, S. 314] spekulieren, dass Angehörige kollektivistischer Kulturen es meiden, von der Norm abweichende Ideen zu äußern, weil sie zu Konfrontation und Konflikten in der Gruppe führen könnten und deshalb Change Prozesse weniger voranbringen. Andererseits stellten Kirsch et al. [17, S. 191] in ihrer groß angelegten Untersuchung von internationalen Change Projekten in 146 Organisationen in 27 Ländern der Welt fest, dass Change Teams in kollektivistischen Kulturen über signifikant bessere Teamprozesse und Teamressourcen verfügten.

Was Innovation als spezielle Form von Change angeht, stellten Taylor und Wilson [15, S. 235] ebenfalls fest, dass Kollektivismus *generell* der Innovation nicht förderlich ist. Allerdings weisen sie auf eine positive Korrelation zwischen Innovation und *institutionellem* Kollektivismus hin. Dies liege darin begründet, dass in solchen Kulturen Individuen eher bereit sind, die Risiken und Herausforderungen, die mit Innovation bzw. Veränderung einhergehen, zum Wohle der Gesamtheit zu tragen [15, S. 240 f.].

Laut Hofstede liegen die am stärksten kollektivistischen Kulturen in Ost- und Westafrika, Zentral- und Südamerika (z. B. Kolumbien, Venezuela, Panama, Ecuador, Guatemala) sowie in Asien (z. B. China, Pakistan, Indonesien), obwohl Argentinien, Brasilien und Japan als moderat kollektivistisch die Ausnahmen ihrer jeweiligen Region darstellen. Zu den am wenigsten individualistischen Kulturen gehören laut Sagiv und Schwartz [8, S. 181] Afrika, der muslimische Nahe Osten sowie Süd- und Südostasien.

5.2.2.7 Ist Macht in einer Kultur in den Händen von wenigen Personen konzentriert? Oder haben viele ein Wort mitzureden? *Machtdistanz*

Wer entscheidet und wie? Mit diesen Schlüsselfragen, die naturgemäß auch für Change Leader und auch Change Follower von Bedeutung sind, haben sich sowohl Hofstede [10, 17, 18], als auch Schwartz (z. B. [16]) sowie die GLOBE-Studie [9] beschäftigt. Sie kommen alle zu sehr ähnlichen Ergebnissen, nämlich, dass diese Fragen je nach Nationalkultur sehr unterschiedlich beantwortet werden: Organisationen und Nationalkulturen unterscheiden sich voneinander (s. z. B. Tab. 5.4) in dem Ausmaß, in dem eine ungleichmäßige Machtverteilung von denjenigen mit weniger Macht erwartet und akzeptiert wird.

In Kulturen und Organisationen mit großer *Machtdistanz* ist also die Führungskraft eindeutig der Chef, deren typischerweise autoritärer Führungsstil von seinen

Tab. 5.3 Gruppen/Familienbasierter Kollektivismus ausgewählter Länder nach der GLOBE-Studie. (Quelle der Daten: [55, S. 469, 471]; eigene Tabelle, eigene Länderauswahl)

	Praktiken (Ist): Gruppe	Werte (Soll): Gruppe
Brasilien	B	C
China	A	C
Dänemark	C	B
Deutschland (West)	C	C
Deutschland (Ost)	B	C
England	C	B
Frankreich	B	B
Hong Kong	B	C
Indien	A	C
Indonesien	A	B
Iran	A	B
Israel	B	B
Italien	B	B
Japan	B	C
Malaysia	A	B
Mexiko	A	B
Niederlande	C	C
Nigeria	A	B
Österreich	B	C
Philippinen	A	A
Polen	A	B
Qatar	B	B
Russland	A	B
Schweden	C	A
Schweiz – französischsprachige	C	C
Schweiz	C	C
Singapur	A	B
Spanien	A	B
Südkorea	A	B
Taiwan	A	B
Türkei	A	B
USA	C	B

Gruppe A enthält Länder mit dem höchsten Gruppen-/Familienbasierten Kollektivismus, Gruppe D diejenigen mit dem niedrigsten Gruppen-/Familienbasierten Kollektivismus

Tab. 5.4 Machtdistanz ausgewählter Länder nach der GLOBE-Studie. (Quelle der Daten: [56, S. 539 f.]; eigene Tabelle, eigene Länderauswahl)

	Praktiken (Ist): Gruppe	Werte (Soll): Gruppe
Brasilien	A	D
China	B	B
Dänemark	D	C
Deutschland (West)	B	C
Deutschland (Ost)	A	C
England	B	C
Frankreich	A	C
Hong Kong	B	B
Indien	A	C
Indonesien	B	C
Iran	A	C
Israel	C	C
Italien	A	D
Japan	B	C
Malaysia	B	B
Mexiko	B	C
Niederlande	D	D
Nigeria	A	C
Österreich	B	D
Philippinen	A	C
Polen	B	B
Qatar	C	B
Russland	A	C
Schweden	B	C
Schweiz – französischsprachige	B	C
Schweiz	B	D
Singapur	B	B
Spanien	A	D
Südkorea	A	C
Taiwan	B	B
Türkei	A	D
USA	B	C

Gruppe A enthält Länder mit der höchsten Machtdistanz, Gruppe D diejenigen mit der niedrigsten Machtdistanz

Mitarbeitern und Mitarbeiterinnen als normal akzeptiert wird. Tendenziell wird von Führungskräften die Beteiligung der Mitarbeiter an Entscheidungsprozessen abgelehnt, Anweisungen werden stattdessen erteilt und es wird intensiv Aufsicht geführt. Von Mitarbeitern wird Initiative nicht ergriffen, Statussymbole von und Privilegien für die Mächtigen werden als normal erachtet. Dies alles stellt eine deutliche Herausforderung an manche deutsche Change Leader, die anderes gewohnt sind. In Kulturen mit geringer Machtdistanz ist Führung tendenziell partizipativer: flache Hierarchien, weniger Aufsichtspersonal und dezentrale Entscheidungsprozesse sind typisch für solche National- und Organisationskulturen.

Harzing und Hofstede [1] vermuten, wie Shane [14, S. 61] in der Begründung seiner Hypothesen auch, dass eine große Machtdistanz zu einer geringeren Veränderungsbereitschaft führt, da die Mächtigen dadurch einen Verlust an Status und Einfluss befürchten. Shane [14, S. 59] stellt in seinen empirischen Ergebnissen in der Tat fest, dass geringe Machtdistanz mit hohen Innovationsraten einhergeht. Und Engelen et al. [19, S. 130] kommen in einer empirischen Studie zu dem Schluss, dass geringe Machtdistanz die Innovationsorientierung verbessert.

Kulturen mit großer Machtdistanz sind z. B. viele asiatische, afrikanische, lateinamerikanische und lateineuropäische, darunter – für viele Nordwesteuropäer überraschend – Frankreich und Spanien. Typischerweise ist Machtdistanz geringer in Nordamerika und Nordwesteuropa – wo bezeichnenderweise das Konzept des Change Managements herkommt.

5.2.2.8 Wird Change in einer Kultur als bedrohlich empfunden…? *Hohe Unsicherheitsvermeidung*

Dass Change statt einer Chance eine Bedrohung darstellt, die in Change Prozessen zu Widerstand oder Ablehnung führen kann, ist nicht alleine das Resultat einer individuellen kognitiven Einschätzung oder emotionalen Reaktion in einer gegebenen Situation, sondern kann auch die Präferenz einer Kultur ausdrücken.

Nach Hofstede [10] unterscheiden sich Kulturen voneinander in dem Ausmaß, in dem sich Angehörige eines Kulturkreises von ungewissen oder unbekannten Situationen bedroht fühlen. Harzing und Hofstede [1] und Hofstede [10] führen aus, dass Angehörige von Kulturen mit einem hohen Bedürfnis, Unsicherheit zu vermeiden, dazu tendieren, sich an Regeln und Gewohnheiten zu halten, deshalb Veränderung als etwas Beängstigendes und Beunruhigendes betrachten und folglich auch mehr Widerstand gegenüber Veränderung zeigen. Neuerungen werden zwar zunächst abgelehnt, sobald sie jedoch akzeptiert wurden, werden sie konsequent umgesetzt [10, S. 170]. Diejenigen, die Innovation hervorbringen sollen und zwangsweise von Normen abweichen müssen, fühlen sich durch Regeln eingeschränkt [10, S. 169].

Brodbeck [13, S. 19] macht den Bezug zu Change in seiner Zusammenfassung des Konstrukts *Unsicherheitsvermeidung* bei der GLOBE-Studie ebenfalls sehr deutlich: Unsicherheitsvermeidung ist

> das Ausmaß, in dem traditionelle Verfahrensweisen (z.B. Ordnung, Beständigkeit) und soziale Kontrolle (z.B. detaillierte Vorgaben) auf Kosten von Variation, Innovation und Experimentieren eingesetzt werden (‚as is') bzw. eingesetzt werden sollen oder dürfen (‚should be') um Ambiguitäten, die mit der Unvorhersehbarkeit zukünftiger Ereignisse verbunden sind, abzuschwächen.

Die in der GLOBE-Studie mit der Untersuchung von Unsicherheitsvermeidung beauftragten Wissenschaftler Sully de Luque und Javidan [20, S. 618] stellen lapidar fest: Kulturen mit einem hohen Bedürfnis, Unsicherheit zu vermeiden, zeigen tendenziell stärkeren Widerstand gegenüber Change.

Laut House et al. [9] ist mit großer Unsicherheitsvermeidung zu rechnen in der Schweiz, Schweden, Singapur, Dänemark, Deutschland, Österreich, Finnland, China, Malaysia und Neuseeland (s. auch Tab. 5.5). Interessanterweise geht Hofstede [10, S. 502] bei seiner Schätzung für China von einer niedrigen Unsicherheitsvermeidung aus.

5.2.2.9 … oder wird Change in einer Kultur positiv betrachtet? *Geringe Unsicherheitsvermeidung*

Es liegt auf der Hand, dass eine Kultur, die das Unbekannte, das Neue, das Mehrdeutige weniger oder gar nicht als Bedrohung empfindet, Change grundsätzlich eher positiv gegenübersteht und Change Situationen besser meistert. Darin sind sich Interkulturalisten einig.

Auch diejenigen Wissenschaftler, die Innovation als besondere Form von Change empirisch untersucht haben, sehen dies ähnlich. Laut Shane [14, S. 59] korreliert von den bekannten Kulturdimensionen geringe Unsicherheitsvermeidung am höchsten mit hohen Innovationsraten. Ähnlich stellen Engelen et al. [19, S. 130] fest, dass geringe Unsicherheitsvermeidung die Innovationsorientierung verbessert.

Laut Sully de Luque und Javidan [20] ist in Brasilien, Kolumbien, Südkorea, Georgien, Venezuela, Griechenland, Bolivien, Guatemala, Ungarn und Russland mit geringer Unsicherheitsvermeidung zu rechnen (s. auch Tab. 5.5). Hofstedes Schätzung für Russland [10, S. 502] weicht mit 95 (sehr hoher Unsicherheitsvermeidung) erheblich von dem errechneten Wert für Praktiken in Russland in der GLOBE-Studie ab.

5.3 Tools zum Umgang mit Change in internationalen Zusammenhängen

Die oben dargestellte nationalkulturelle Vielfalt macht das Change Management in internationalen Zusammenhängen besonders komplex, zumal sie den westlich geprägten, ethnozentrischen Charakter der etablierten Change Theorien und -Praxis deutlich macht und

Tab. 5.5 Unsicherheitsvermeidung ausgewählter Länder nach der GLOBE-Studie. (Quelle der Daten: [20, S. 622 f.]; eigene Tabelle, eigene Länderauswahl)

	Praktiken (Ist): Gruppe	Werte (Soll): Gruppe
Brasilien	C	B
China	A	A
Dänemark	A	D
Deutschland (West)	A	D
Deutschland (Ost)	A	C
England	B	C
Frankreich	B	C
Hong Kong	B	B
Indien	B	B
Indonesien	B	A
Iran	C	A
Israel	C	C
Italien	C	B
Japan	C	C
Malaysia	A	B
Mexiko	B	A
Niederlande	B	E
Nigeria	B	A
Österreich	A	D
Philippinen	C	A
Polen	C	B
Qatar	C	B
Russland	D	A
Schweden	A	D
Schweiz – französischsprachige	A	D
Schweiz	A	E
Singapur	A	C
Spanien	C	B
Südkorea	C	B
Taiwan	B	A
Türkei	C	B
USA	B	C

Gruppe A enthält Länder mit der höchsten Unsicherheitsvermeidung, Gruppe E diejenigen mit der niedrigsten Unsicherheitsvermeidung

Change Ansätze infrage stellt, behindert oder zumindest deren Umsetzung erschwert. Dem erforderlichen Komplexitätsmanagement von Change in internationalen Zusammenhängen und speziell dem Change Leader stehen verschiedene Tools zur Verfügung, die in den nächsten Abschnitten erläutert werden.

5.3.1 Mit *Divirtual Teams®* Change in internationalen Zusammenhängen erfolgreich umsetzen

International arbeitende Teams sind naturgemäß fast immer kulturell *divers* besetzt. Sie arbeiten außerdem nicht nur punktuell face-to-face sondern auch – häufig hauptsächlich – *virtuell* zusammen. Nationalkulturelle *Diversität* und *Virtualität* gehören also zu den Rahmenbedingungen von Change Teams, die organisationale Veränderungen in internationalen Zusammenhängen umsetzen. Die ohnehin häufig als komplex erlebte Kooperation in Teams wird allerdings potenziell weiter verkompliziert durch den dualen Charakter dieser *Divirtual Teams®* und zwar durch

- die Werte und Praktiken, die aus der oben beschriebenen kulturellen *Diversität* der Team-Mitglieder resultieren, und durch
- die wegen der *geografischen Verteilung* der Team-Mitglieder und der daher notwendigen *Abhängigkeit von elektronischen Kommunikationsmedien* bedingte *Virtualität* der Kooperation im Team.

Sogenannte *Divirtual Teams®* stellen aber trotz dieser möglichen Schwierigkeiten ein unerlässliches Tool und sogar einen Mehrwert für das internationale Change Management dar – solange sie effektiv und angemessen mit der vorhandenen *Diversität* (s. unten Abschn. 5.3.1.2) und der *Virtualität* (s Abschn. 5.3.1.3) umgehen und sie mit Menschen besetzt sind, die über die erforderlichen persönlichen Ressourcen verfügen (s. Kap. 11).

5.3.1.1 *Divirtual Teams®*: Kulturelle Diversität in internationalen Change Management Teams verstehen

Das von Langer [21] für die Psychologie generierte Konzept der *Achtsamkeit* und dessen Weiterentwicklungen, z. B. durch Gudykunst [22], Ting-Toomey [23] und Comfort und Franklin [24] haben die Einsicht gemeinsam, dass die Effektivität und Angemessenheit der Interaktion mit Angehörigen anderer Kulturen durch eine intensivere Fokussierung (Achtsamkeit, Aufmerksamkeit) auf den *Prozess* der Interaktion [22, S. 253 ff.] und auf den *Kontext* der Interaktion [23, S. 16] anstatt auf das *Ziel* der Interaktion erhöht werden können. Gerade diese Aspekte sind Gegenstand der umfangreichen Meta-Analyse von 108 empirischen Studien über 10,000 kulturell divers besetzten Teams von Stahl et al. [25].

Was die *Prozesse* in divers besetzten Teams angeht, so bestätigt die Meta-Analyse, dass kulturelle Diversität in Teams positiv mit Arbeitszufriedenheit und wichtiger noch mit Kreativität korreliert. Es macht Spaß in einem multikulturellen Team zu arbeiten und solche Teams liefern innovative Ergebnisse. *Divirtual Teams®* sind also besonders vielversprechend, wenn es sich beim angepeilten Change um Innovation handelt.

Dieser Mehrwert hat allerdings seinen Preis. In kulturell divers besetzten Teams entstehen häufiger Konflikte über die vorhandene Aufgabe *(task conflict)* und in solchen Zusammenhängen wird die soziale Integration der Teamangehörigen beeinträchtigt. Diese aufgabenorientierten Konflikte können aber produktiv sein: in der Auseinandersetzung werden Ideen generiert, diskutiert, verworfen oder aber durch die Vielfalt der kulturell beeinflussten Perspektiven bereichert und weiterentwickelt. Erfreulicherweise stellte die Untersuchung keine Beziehung zwischen Diversität und Beziehungskonflikten, Prozesskonflikten oder kommunikativer Effektivität fest [25, S. 700], d. h. man versteht sich, man streitet nicht über den Weg zum Ziel und die Kommunikation ist vielleicht erstaunlicherweise nicht beeinträchtigt.

Die Untersuchung beleuchtete auch andere Aspekte der Arbeit in internationalen Teams: Je größer ein internationales Team wird, desto weniger effektiv ist die Kommunikation und desto geringer die Arbeitszufriedenheit – beides intuitiv sehr nachvollziehbare Einsichten. Es gibt weniger Konflikte und interessanterweise mehr soziale Integration in *virtuellen* Teams als in denjenigen, die nicht virtuell arbeiten. Internationale Teams, die länger zusammenarbeiten, haben mehr Konflikte und kommunizieren weniger effektiv als diejenigen, die weniger lang zusammenarbeiten.

5.3.1.2 Mit kultureller Diversität in *Divirtual Teams®* umgehen und sie nutzen: Mapping, bridging, integrating

Wie kann man am besten den Mehrwert der vorhandenen Diversität in *Divirtual Teams®* erzielen? Die Erfahrung zeigt, dass Diversität proaktiv und am Anfang einer Projektlaufzeit angegangen werden muss, wenn nicht später Probleme, Reibungsverluste und Konflikte entstehen sollen. In zahlreichen Publikationen, z. B. Maznevski und DiStefano [26], wird das vielfach angewendete *MBI-Tool* zur Gestaltung erfolgreicher Arbeitsprozesse in internationalen Teams vorgestellt. Das Tool sieht drei Schritte vor:

1. **M – Mapping to understand differences**
   In dieser Phase erfassen in einem moderierten Prozess die Team-Mitglieder Gemeinsamkeiten und Unterschiede, die sie in ihrer Interaktion festgestellt haben oder vermuten, mit dem Ziel, sie zu verstehen. In diesem Prozess der Bewusstmachung können kulturbeeinflusste Gemeinsamkeiten und Unterschiede anhand der bekannten Kulturdimensionen (s. Abschn. 5.2.2.1, 5.2.2.2, 5.2.2.3, 5.2.2.4, 5.2.2.5, 5.2.2.6, 5.2.2.7, 5.2.2.8 und 5.2.2.9) erarbeitet aber auch individuelle Präferenzen z. B. beim Arbeits-, Kommunikations- und Führungsstil besprochen werden. Diese Diskussion nimmt gerade am Anfang einer Zusammenarbeit Zeit in Anspruch, d. h. zu einem Zeitpunkt, wenn Team-Mitglieder mit der Arbeit des Teams beginnen wollen. Ohne diesen Schritt sind aber eigentlich unnötige Konflikte und Reibungsverluste in einem internationalen Team, das ohne den unsichtbaren gemeinsamen national-kulturellen Kompass funktionieren muss, unausweichlich.

2. **B – Bridging to communicate across differences**
   Diese Phase besteht nach Maznevski und DiStefano [26] aus drei Schritten:
   Vorbereiten – die Teammitglieder müssen Motivation und Zuversicht empfinden, dass deren Zusammenarbeit gelingt und dass die festgestellten Unterschiede beachtet werden können. Hier ist der Team-Leader besonders gefordert.
   Dezentrieren – die Teammitglieder nehmen die Perspektiven anderer Mitglieder und beschreiben die Unterschiede, ohne sie zu bewerten. Sie gehen noch weiter, indem sie das eigene Verhalten und den eigenen Kommunikationsstil anpassen.
   Rezentrieren – die Teammitglieder generieren eine gemeinsame Plattform für ihre Zusammenarbeit auf der Basis des *Geteilten* – einem geteilten Verständnis ihrer Aufgabe, akzeptierten Praktiken und akzeptierten Interaktionsformen. Es werden gewissermaßen die Grundlagen für eine neue Kultur gelegt.
3. **I – Integrating to leverage differences**
   Diese Phase besteht laut Maznevski und DiStefano [26] ebenfalls aus drei Komponenten:
   Beteiligung sicherstellen: Wie man zu einem Teamgespräch beiträgt, kann von Kultur zu Kultur sehr unterschiedlich sein. Eine individuell oder kulturell bedingte Präferenz für indirekte Kommunikation sowie für Zurückhaltung kann in angelsächsisch oder europäisch geprägten Formen von Besprechungen zu einer Nichtbeachtung wichtiger Beiträge führen. Gesprächsführungstechniken, vielleicht auch Moderationstechniken, sind erforderlich, um die Beteiligung aller sicherzustellen, damit das Potenzial, das kulturelle Andersartigkeit beinhaltet, tatsächlich zum Ausdruck kommt und als Ressource genutzt werden kann.
   Konflikte lösen, um Mehrwert zu erhöhen: Nichtzustimmung, Ablehnung und Konflikte müssen erkannt und gelöst werden, auch um weitere Ideen zu generieren. Team-Mitglieder müssen sich bewusst sein, dass Konfliktlösungstechniken auch durch die Nationalkultur beeinflusste Praktiken sind und dass die angemessene Art und Weise, einen Konflikt zu lösen, durchaus anders sein könnte als die auf Anhieb von einem selbst präferierte.
   Auf Ideen aufbauen: Gesprächsbeiträge, Ideen und Meinungen sollen respektvoll als Ausgangspunkte für Diskussion und Weiterentwicklung und nicht als Endpunkte zum Befürworten oder Ablehnen betrachtet werden. So kann interkulturelle Team-Interaktion deren inhärente Kreativität und Innovation – und im besten Fall kulturelle Komplementarität und interkulturelle Synergie (s. Kap. 11 dieses Bandes, Abschn. 11.6) – ermöglichen.

5.3.1.3 Virtualität in *Divirtual Teams*® verstehen und nutzen

Obwohl die kulturelle Diversität von *Divirtual Teams*® bei diversitätsgerechtem Management nachweislich nicht unbedingt als Problem erlebt werden muss und sogar die Kreativität und Innovationsfähigkeit von Change Teams erhöhen kann, stellt der virtuelle Charakter von *Divirtual Teams*® die Team-Mitglieder trotzdem vor erhebliche Schwierigkeiten. Virtualität wird einerseits durch die *geografische Verteilung* der Team-Mitglieder und andererseits durch die *Abhängigkeit von elektronischen Kommunikationsmitteln* stark geprägt. Vielfach wird in der Literatur auch festgestellt, dass virtuelle Teams typischerweise auch noch von *dynamischen strukturellen Merkmalen* in Form von schnell sich ändernden Teilnehmern, Rollen und Beziehungen untereinander gekennzeichnet sind.

Diese Eigenschaften können offensichtlich bis zu einem gewissen Grad die Kommunikation und Kooperation im Team beeinträchtigen. Könnte es nicht sein, dass Virtualität den Mehrwert eines Teams mindert, möglicherweise sogar zunichtemacht oder sich sonst auf die Performance von *Divirtual Teams®* negativ auswirkt (vgl. [57])? Gibt es andere Nachteile? Haben sie aber auch Vorteile? Diese Fragen sind unter vielen Aspekten gründlich untersucht worden (vgl. [27, 28]). Im Folgenden beschäftigen wir uns mit den Folgen der *geografischen Verteilung* und der *Abhängigkeit von elektronischen Kommunikationsmitteln* von *Divirtual Teams®*.

Die *geografische Verteilung* ermöglicht das „Anzapfen" global vorhandenen Wissens und Könnens, was allerdings einen größeren und komplexeren Koordinationsaufwand als bei lokalen Teams erfordert. Forschungsergebnisse über die Auswirkungen der geografischen Verteilung von Teams auf deren Performance sind widersprüchlich. Mal wird eine höhere Entscheidungsqualität in virtuellen Teams festgestellt, mal eine schlechtere [29]; mal wird eine positive Korrelation mit Innovation beobachtet, mal stellt eine Meta-Analyse [30] eine höhere Fähigkeit zur Ideengeneration bei virtuellen Teams fest. Staples und Zhao [31] kamen zu dem Ergebnis, dass virtuelle, kulturell heterogene Teams eine höhere Performance erzielen als konventionelle kulturell heterogene Teams.

Die *geografische Verteilung* von *Divirtual Teams®* birgt also Vor- und Nachteile in sich. Sie führt aber mit Sicherheit dazu, dass den Team-Mitgliedern *kontextuelles Wissen* über die anderen Team-Mitglieder und deren Arbeitsumfeld fehlt oder höchst wahrscheinlich zumindest unvollständig ist. Welche anderen Aufgaben außerhalb des Teams ein Team-Mitglied wahrnimmt, wer sein Chef ist, welche Themen seine lokale Organisation prägen, welche Prioritäten und Ziele um das Engagement des Team-Mitglieds konkurrieren, dieses Wissen dürfte nur bruchteilhaft vorhanden sein. Solches Wissen fließt aber im nicht-virtuellen Normalfall den Teilnehmern unbewusst in jedes Gespräch hinein und reduziert damit die Komplexität der sozialen Interaktion.

Die *Abhängigkeit von elektronischen Kommunikationsmedien* ist eine zwingende Folge der geografischen Verteilung der Team-Mitglieder und bringt weitere Nachteile für die Zusammenarbeit im Team mit sich. Studien belegen, dass die Abhängigkeit von den elektronischen Medien z. B. Monitoring-Möglichkeiten im Projekt reduziert und informelles Feedbackverhalten einschränkt. Insgesamt werden Sprechabsichten und Inhalte weniger klar und umfangreich zum Ausdruck gebracht.

Sowohl die Konsequenzen der geografischen Verteilung, nämlich die Abhängigkeit von elektronischen Medien, als auch der Charakter der Medien selbst können

- die Effektivität der Kommunikation [32],
- die Qualität des Konfliktmanagements [33] oder
- den Erfolg von Arbeitsprozessen, die Kommunikation und Koordinierung erfordern [33, 34, 35],

negativ beeinflussen.

All diese Probleme lassen sich durch die Theorie der sozialen Präsenz [36] erklären, nämlich dass die elektronischen Kommunikationsmedien aufgrund des Mangels an sozialen Signalen (z. B. nonverbaler und paraverbaler Art) und wiederum des Fehlens an geteiltem Kontext, d. h. an sozialer Präsenz, der Beziehungsbildung abträglich sind. Virtuelle Teams, deren Mitglieder hauptsächlich elektronisch miteinander kommunizieren, sind demnach hauptsächlich aufgabenorientiert und vernachlässigen in der Regel sozioemotionale Prozesse. Dies kann für beziehungsorientierte Personen und Kulturen besonders problematisch sein.

In einem Bericht von McKinsey & Company stellen Ewenstein et al. [37] die These auf, dass gerade Change Management von der Virtualität und von der dadurch bedingten Abhängigkeit von digitalen Kommunikations-Werkzeugen profitieren kann. Die Autoren bemängeln den ‚vor-digitalen' Charakter konventioneller Change Maßnahmen wie Trainings und Workshops wegen derer fehlenden Schnelligkeit und Skalierbarkeit und weisen auf vier Vorteile digitaler Change Tools hin:

- **Just-in-time Feedback**
  In einem dynamischen Umfeld erweisen sich zeitnahe Performance-Informationen über ein maßgeschneidertes SMS-System als besonders Change förderlich.
- **Personalisierung**
  Informationen werden digital so gefiltert, dass nur für die einzelne betroffene Person relevante Informationen weitergeleitet wurden. Dies führt zu erhöhter Motivation und einem als positiv bewerteten Gruppendruck.
- **Einfluss der Hierarchie mindern**
  Ein schnelleres Umsetzen von Change Maßnahmen wird durch kommunikative Querverbindungen ermöglicht, die nicht durch hierarchische Überlegungen gehindert werden. So kann Information schneller weitergeleitet und Unterstützung von der richtigen Person eingeholt werden.
- **Empathie, Gemeinschaft und gemeinsamen Geist aufbauen**
  Die Nachteile der geografischen Verteilung von Change Teams können durch digitale Werkzeuge zum Teil überwunden werden, die zum Aufbau und der Pflege eines Team-Geistes beitragen. Solche Tools sind z. B. *shared dashboards,* die Visualisierung der Aktivitäten des gesamten Teams, die *gamification* der Teamleistung, um Wettbewerb unter den Team-Mitgliedern zu intensivieren und Online-Foren, um informelle Kommunikation zu erleichtern.

Auch wenn viele internationale Change Projekte nicht über digitale Werkzeuge dieser Komplexität verfügen, können Mitglieder in *Divirtual Teams®* dennoch mit den Nachteilen der *geografischen Verteilung* und *elektronischen Abhängigkeit* besser umgehen, wenn gewisse Verhaltensweisen zur Regel werden. Hiermit beschäftigt sich der nächste Abschnitt.

5.3.1.4 Virtualität in Divirtual Teams® meistern – häufige Fehler meiden

Der fehlende persönliche Kontakt in einem internationalen Change Team erschwert die Kooperation und kann das Change Projekt konfliktträchtiger machen, verlangsamen oder gar gefährden. Was sind die besonderen Herausforderungen virtueller Kooperation? Und wie kann man damit umgehen?

5.3.1.4.1 Zeit managen

Divirtual Teams® bringen mit sich, dass die Teammitglieder wegen der geografischen Verteilung in unterschiedlichen Zeitzonen arbeiten. Dies erschwert die Echtzeitkommunikation, hat aber den Vorteil, dass kontinuierlich gearbeitet wird – Arbeitsergebnisse können „über Nacht" entstehen. Wahrscheinlich bedeutender für die Arbeit des einzelnen Team-Mitglieds ist allerdings, dass unterschiedliche Kulturen unterschiedliche Zeitorientierungen haben. Die Unterschiede in der Kulturdimension *monochrone* bzw. *polychrone Zeitorientierung* [38] hat beispielsweise zur Folge, dass Kulturen in Asien, Afrika, Südamerika und Südeuropa häufig eine viel weniger strenge Einstellung zu Pünktlichkeit, Zeitplänen, Meilensteinen, dem Umgang mit ‚Unpünktlichkeit' und mit Unvorhergesehenem etc. haben, als Kulturen in Nordwesteuropa und Nordamerika, die dort schnell zu erheblicher Frustration führen kann.

Zeitmanagement wird auch dadurch erschwert, dass – wie Comfort und Franklin [24, S. 171] es ausdrücken – das physische Umfeld oft die virtuelle Welt dominiert. Aufgaben, die sich aus dem unmittelbaren Umfeld ergeben, scheinen manchmal automatisch eine höhere Priorität einzunehmen als diejenigen, die durch ein virtuelles Projekt bedingt sind. Gerade eher monochron handelnde Change Leader und Change Follower aus Deutschland müssen sich im Klaren sein, dass Zeitmanagement in virtuellen Arbeitszusammenhängen aufgrund der Virtualität aber auch wegen kulturell beeinflusster Präferenzen anders gehandhabt wird – und werden muss – als ‚zu Hause'.

5.3.1.4.2 Kontext vermitteln und verstehen

In herkömmlichen Teamzusammenhängen, wo *face-to-face* gearbeitet wird, teilt man häufig nicht nur die Nationalkultur mit anderen Teammitgliedern; man kennt sowohl den Arbeitskontext innerhalb des Unternehmens als auch den Kontext außerhalb. Dieses Wissen stellt eine Plattform für die Zusammenarbeit zur Verfügung, bietet den Inhalt von aufgabenbezogenen sowie informellen Gesprächen und einen Rahmen für Beziehungsaufbau und -pflege. In *Divirtual Teams*® fehlt dieser geteilte Kontext gänzlich, was die Interaktion im Team erschwert. Virtuell Arbeitende sind gut beraten, sich trotz der Schwierigkeiten aktiv ein Bild von dem Kontext der virtuellen Teampartner zu verschaffen und ein Bild des eigenen Kontexts zu vermitteln, um die Zusammenarbeit zu verbessern und einen Beitrag zur Vertrauensbildung zu leisten.

5.3.1.4.3 Vertrauen bilden

Jede Kooperation braucht ein Minimum an Vertrauen, denn Vertrauen gilt spätestens seit Luhmann [39] als Mittel zur Reduktion sozialer Komplexität. Kooperation mit Angehörigen anderer Kulturen, die man hauptsächlich virtuell kennt, bedarf eben wegen der extrem hohen Komplexität der sozialen Interaktion sehr viel Vertrauen. Gerade das ist aufgrund der fehlenden sozialen Präsenz – besonders am Anfang eines Projektes – oft nicht im Überfluss vorhanden, kann aber entstehen. Wilson et al. [40] liefern in ihrer Studie die Einsicht, dass Vertrauen in virtuellen Gruppen am Anfang einer Zusammenarbeit niedriger ist als in konventionellen Teams, aber dass der Grad an Vertrauen mit der Zeit ansteigt und sich nicht wesentlich von nicht-virtuellen Teams unterscheidet. Vertrauen muss jedoch durch den gezielten Aufbau und der Pflege von persönlichen Beziehungen geschaffen werden.

5.3.1.4.4 Beziehungen durch soziale Kommunikation bewusst aufbauen und pflegen

Übliche Zeichen der Vertrauenswürdigkeit wie Zuverlässigkeit, Sachkompetenz und Offenheit im Umgang mit Informationen (die im Übrigen alle drei prototypisch nordamerikanische und nordwesteuropäische Nachweise der Vertrauenswürdigkeit darstellen) kommen automatisch und meist relativ schnell in einem virtuellen Projektzusammenhang zum Ausdruck – oder eben nicht. Vertrauensbildung geht aber auch mit dem Aufbau zwischenmenschlicher Beziehungen und dies wiederum mit sozialer, d. h. relationaler (und nicht ausschließlich transaktionaler) Kommunikation einher.

Wiederholt ist in Forschungsergebnissen (z. B. [41, 42]) und in Praxisberichten [37] auf die besondere Bedeutung zwischenmenschlicher Beziehungen in der virtuellen Zusammenarbeit hingewiesen worden. Jarvenpaa und Leidner [43] fanden z. B. heraus, dass ein höherer Grad an Vertrauen und bessere soziale und emotionale Beziehungen im Team mit der sozialen, nicht aufgabenbezogenen Kommunikation unter Team-Mitgliedern korrelierten.

Gerade Kommunikation wird aber durch die Virtualität erschwert. Deshalb sind der bewusste und gezielte Aufbau solcher Beziehungen und deren Pflege durch – für die Aufgabenerledigung oft scheinbar überflüssige – soziale Kommunikation unabdingbar. Denn die Qualität jeder Zusammenarbeit in einem Team hängt zu einem hohen Grad von der Qualität der Beziehungen und von dem dadurch geprägten Vertrauen ab. Soziale Medien erleichtern die sozial-emotionale Kommunikation in *Divirtual Teams®* und können, wie von Ewenstein et al. [37] beschrieben, nicht nur der Aufgabenerfüllung dienen, sondern eben den Beziehungsaufbau, die -pflege und das Schaffen von Vertrauen unterstützen.

Dieses Vertrauen kann auch face-to-face durch *kick-off events* am Anfang eines Team-Auftrags und durch regelmäßig stattfindende *face-to-face*-Meetings gefördert werden – sie verleihen einem virtuellen Team ein *heartbeat,* wie Maznevski und Chuboda [44] es beschreiben. Auch wenn sie einen wesentlichen Kostenpunkt darstellen können, mindern sie Reibungsverluste und Konflikte und sollten deswegen als lohnende Investition betrachtet werden.

5.3.1.4.5 Kommunikationskanäle optimal nutzen

Der richtige und bewusste Umgang mit den elektronischen Kommunikationskanälen spielt eine besondere Rolle bei der Überwindung der Nachteile von Virtualität.

- **E-Mail**
  Wenn die Kompetenz in der Verkehrssprache des *Divirtual Teams*® nicht besonders ausgeprägt ist, zeigt die Erfahrung, dass Team-Mitglieder, besonders in Deutschland, häufig dazu neigen, E-Mail als Hauptkommunikationsmedium zu nutzen. Hier hat man Zeit zum Überlegen; man kann unbekannte Wörter nachschlagen; die Klarheit wird erhöht. Man fühlt sich sicher, zumal der Inhalt schriftlich dokumentiert wird, was natürlich in einer unsicherheitsvermeidenden Kultur, wie der deutschen, als besonders wichtig betrachtet wird.

  Die ausschließliche Verwendung von E-Mail als Kommunikationskanal fördert allerdings nicht gerade den Aufbau von Beziehungen, die im virtuellen Raum, aber auch in eher beziehungsorientierten Kulturen wie den asiatischen, von großer Bedeutung sind, und sollte auf jeden Fall durch andere Kanäle ergänzt werden. E-Mail-Kommunikation bietet sich zum reinen Informationsaustausch oder zum Vor- und Nachbereiten von Telefonaten an, vor allem wenn vollständiges Verständnis oder Commitment des Gesprächspartners nicht sicher ist. In einem ohnehin durch kulturelle Unterschiede und divergente Sprachkompetenzen beeinträchtigten Kommunikationskanal ist E-Mail zum Aushandeln inhaltlicher Bedeutung eher weniger geeignet. Dies gilt insbesondere dann, wenn es sich um schwierige oder potenziell konfliktträchtige Themen handelt, bei denen die Möglichkeit einer nuancierten Echtzeit-Kommunikation oft von hohem Nutzen ist.

  Team-Mitglieder aus eher beziehungsorientierten Nationalkulturen schätzen etwas Small Talk – oder genauer ausgedrückt *social conversation* – am Anfang oder Ende einer Mail. Dies ist besonders wichtig, wenn der Kontakt nach einer längeren Pause wieder aufgenommen wird. Das Versenden von Kopien via cc kann auch zu Hause natürlich je nach beteiligten Personen und der Situation unterschiedlich gedeutet werden: Information oder Eskalation? Bei *Divirtual Teams*® ist hier besondere Vorsicht geboten: Stammen die Beteiligten aus Kulturen mit unterschiedlicher Machtdistanz (s. Abschn. 5.2.2.7), kann das Versenden von Kopien an Dritte unvorhergesehene Konflikte erzeugen.
- **Telefonieren**
  Auch wenn das Telefon eine Echtzeit-Kommunikation ermöglicht, ist der Kommunikationskanal wegen fehlender nonverbaler und paraverbaler Signale dennoch im Vergleich zum persönlichen Gespräch natürlich beeinträchtigt und weniger befriedigend. Wenn die Faktoren Kultur und verkehrssprachliche Kommunikation hinzukommen, ist es notwendig, der Strukturierung des Gesprächs besondere Aufmerksamkeit zu schenken. Eine generell anwendbare Struktur wäre beispielsweise: Small Talk – Gesprächsanlass beschreiben – Punkte abarbeiten – geplante Aktionsschritte zusammenfassen – Small Talk.

  Angesichts der erhöhten Bedeutung von Beziehungen in *Divirtual Teams*® sowie in eher beziehungsorientierten Kulturkreisen kann die Small-Talk-Phase einen sehr hohen Stellenwert haben. Angehörigen eher aufgabenorientierter Kulturen wie der deutschen fällt es vielleicht schwer, Small Talk mit aus ihrer Sicht aufgabenorientierten

Gesprächen zu kombinieren. Jemanden ohne wichtigen inhaltlichen Anlass anzurufen, ist noch schwerer vorstellbar. Aber in weiten Teilen der Welt zahlt sich gerade dieses Verhalten in Form harmonischer Beziehungen und besserer Kooperation aus.

5.4 Wie man Change in internationalen Teams vermittelt – Leadership- und Kommunikationsstrategien

Für Organisationen, die Veränderungen realisieren wollen, ist nicht nur von Bedeutung, wie Menschen aus verschiedenen Kulturen auf Veränderung reagieren, sondern insbesondere, wie die Organisation und deren Akteure selbst mit diesen Unterschieden im Arbeitsalltag eines Change Projektes umgehen. In der Regel entfällt die Verantwortung auf einzelne Führungskräfte, die die Organisation vertreten, die Strategie umsetzen und entsprechend im Change Prozess das Sprachrohr der Organisation sind. Entscheidend hierbei sind

- die *Rolle,* die der Change Leader hier einnimmt,
- das *Verhalten* des Change Leaders sowie
- Stil und Ziel der *Kommunikation* im Change Prozess.

Die notwendigen Schritte, um Veränderungen herbeizuführen, ähneln sich in vielen Kulturen. Organisationen müssen bei ihren Mitarbeitern ein Gefühl der Notwendigkeit von Veränderung erzeugen, eine Vision kommunizieren, Zusammenhalt und Vertrauen schaffen, Ungewissheiten möglichst auf ein Minimum reduzieren und den Change operationalisieren. Zur Erreichung dieser Ziele sind in *verschiedenen* Kulturen jedoch *verschiedene* Verhaltens- und Kommunikationsweisen erforderlich. Insbesondere die Dimensionen

- Machtdistanz (s. Abschn. 5.2.2.7),
- Unsicherheitsvermeidung (s. Abschn. 5.2.2.8 und 5.2.2.9) und
- Individualismus/Kollektivismus (s. Abschn. 5.2.2.5 und 5.2.2.6)

haben in der Regel große Auswirkungen auf die Rolle des Leaders und den Stil der Kommunikation. Besonders im Change Kontext können sich derartige Einflussfaktoren besonders auffällig auf die Veränderungsbereitschaft auswirken und deswegen entscheidend für den Erfolg einer Change Maßnahme sein.

Im folgenden Abschnitt sollen konkrete Strategien im Zusammenhang mit Veränderungsmanagement in verschiedenen Kulturen beleuchtet werden. Als gemeinsamer Orientierungspunkt dienen Hofstedes Kulturdimensionen, die in der GLOBE-Studie von House et al. [9] im Wesentlichen bestätigt bzw. verfeinert wurden, wobei insbesondere die in den Abschn. 5.2.2.5 bis 5.2.2.9 erläuterten Dimensionen *Individualismus/Kollektivismus, Machtdistanz* und *Unsicherheitsvermeidung* betrachtet werden sollen. Die Strategien und Tools schließen sich dabei gegenseitig keinesfalls aus. Vielmehr werden verschiedene Aspekte und Ansätze beleuchtet, denen die Organisation bei der Umsetzung von Change gleichermaßen Aufmerksamkeit schenken sollte.

5.4.1 Die Rolle und der Status der Change Leader und Change Follower – Vier Strategien

In ihrem Aufsatz schlagen Harzing und Hofstede [1] vier Leadership-Ansätze bei der Realisierung von Change vor, die wiederum aus zahlreichen Strategien der Change Management Literatur, u. a. von Child [45], Hermon-Taylor [46], Kanter [47], Kotter und Schlesinger [48], Vroom und Yetton [49], Zaltman und Duncan [50] abgeleitet sind. Je nach Ausprägung der Kulturdimensionen müssen unterschiedliche Strategien angesetzt beziehungsweise miteinander kombiniert werden. Die vier Strategien sind (nach [1, S. 321 f.]):

- **Macht**
  Die Art und Weise der Veränderung und die Strategie werden von oben autoritär entschieden und den Mitarbeitern „aufgezwungen".
- **Manipulation/Überzeugung**
  Der Change Leader trifft die Entscheidungen im Alleingang und versucht, die Follower von der Entscheidung zu überzeugen. Zwar nutzt der Leader seine Machtposition nicht aus, doch ist das Ergebnis dasselbe wie bei der *Macht*-Strategie, das heißt die Follower haben keine oder kaum Möglichkeit der Einflussnahme.
- **Konsultation**
  Die Change Follower werden in die Entscheidungsfindung miteinbezogen, indem sie ihre Meinung äußern können. Der Leader kann selbst entscheiden, ob er die Vorschläge seiner Follower bei der Umsetzung beachtet, trifft die Entscheidung letztendlich aber selbstständig.
- **Partizipation**
  Die Follower gestalten die Veränderung von Anfang bis Ende selbst mit, der Konsens der Gruppe steht an erster Stelle. Der Leader hat hier oft eher eine symbolische Funktion. Die tatsächliche Entscheidungsgewalt der Follower kann jedoch variieren.

Harzing und Hofstede argumentieren [1, S. 322 ff.], dass in Kulturen mit einer **niedrigen Machtdistanz** „demokratischere" Change Strategien, also *Konsultation* und *Partizipation,* vorzuziehen sind. Je niedriger die Machtdistanz, umso eher erwarten Mitarbeiter, in die Entscheidungsfindung miteinbezogen zu werden und die Leader erwarten von ihnen aktive Mitarbeit. Umgekehrt ziehen Follower in Kulturen mit **hoher Machtdistanz** direkte Anweisungen von einer Autoritätsperson vor, weswegen die Strategien *Macht* sowie *Manipulation/Überzeugung* hier das beste Ergebnis erzielen.

Auch in **individualistischen** Kulturen ist die aktive Mitarbeit jedes einzelnen Mitarbeiters fester Bestandteil der Arbeitskultur, weswegen hier die Strategien *Konsultation* und *Partizipation* Anwendung finden sollten. Derartige Strukturen sind in kollektivistischen

Kulturen unüblich. Entscheidungen werden von oben getroffen und nicht zur Diskussion gestellt, um Meinungsverschiedenheiten zu vermeiden und so die Harmonie der Gruppe zu wahren. Dieses Ziel erreicht man am ehesten mit den Strategien *Macht* und *Manipulation/Überzeugung*[2].

Kulturen mit **niedriger Unsicherheitsvermeidung,** so Harzing und Hofstede weiter, schätzen auch die Meinung von Nicht-Experten, es ist daher wünschenswert, dass sich Mitarbeiter auf jeder Ebene einbringen. Hier sind in einem Change Prozess die Strategien *Konsultation* und *Partizipation* geeignet. In Kulturen, die **Unsicherheiten möglichst vermeiden** wollen, vertraut man auf die Meinung von Experten, die sich folglich in einer höheren Machtposition befinden und eine gewisse Autorität ausüben. Hier finden wieder die Strategien *Macht* und *Manipulation/Überzeugung* Anwendung. Demokratische und eher autoritäre Strategien schließen sich nicht zwingend aus.

In ihrem Aufsatz haben Harzing und Hofstede [1, S. 327] sogenannte *Länder-Cluster* entwickelt, die sich in der Ausprägung der Kulturdimensionen ähneln. Diesen Clustern haben Harzing und Hofstede dann die vier Change Strategien (sowie einige Mischstrategien) zugewiesen, wobei die Dimension *Machtdistanz* besonders gewichtet wurde.

Bei der Erstellung der Länder-Cluster haben sie außerdem eine vierte Kulturdimension berücksichtigt: **Maskulinität vs. Feminität.** In maskulinen Gesellschaften sind nach Hofstede [10] die Geschlechterrollen eindeutig verteilt: Männer sollten Durchsetzungsvermögen haben, Stärke zeigen und Erfolg und materiellen Reichtum anstreben; Frauen hingegen sollten bescheiden und fürsorglich sein. In femininen Gesellschaften überschneiden sich die Rollen; Männer wie Frauen sollten Bescheidenheit, Mitgefühl und Kooperationsbereitschaft zeigen.

Der Zusammenhang zwischen Veränderungsbereitschaft bzw. Innovationsfähigkeit und der Kulturdimension Maskulinität/Femininität ist im Vergleich zu den anderen drei Dimensionen weniger eindeutig und bezieht sich nach Harzing und Hofstede hauptsächlich auf das präferierte Entscheidungs- und Konfliktlösungsverhalten im Veränderungsprozess. Die Ergebnisse der Studie von Kirsch et al. [51] deuten darauf hin, dass ein hoher Grad an Maskulinität positiv mit negativen Emotionen (insbesondere Wut) assoziiert ist, was Auswirkungen auf die *Phasen der Umsetzung* haben kann.

Wir haben eigene Cluster ermittelt, wobei wir die Darstellung von Harzing und Hofstede um die Erkenntnis erweitert haben, dass Unsicherheitsvermeidung bei der Einstellung gegenüber Veränderungen eine große Rolle spielt (s. Abschn. 5.2.2.8 und 5.2.2.9) und somit die Wahl der passenden Strategie in ebenso hohem Maße beeinflusst. Auf Basis der Ausprägungen (hoch, mittel, niedrig) der Kulturdimensionen weisen wir jedem Land eine passende Change Strategie von 1 bis 6 zu (s. Tab. 5.6), wobei in Ländern mit dem

---

[2]Doch auch in einigen eher **kollektivistisch** geprägten Kulturen wie Japan sind konsultative Strategien durchaus üblich. Dies ist besonders bei Entscheidungen der Fall, in denen Leader, die selbst Teil des Teams sind, Entscheidungen mit eher geringerer Tragweite treffen. Eher „demokratische" Systeme wie das japanische *ringi* sollen dann Konsens und Harmonie in der Gruppe sicherstellen.

Tab. 5.6 Change Strategien nach Länder-Cluster (eigene Tabelle in Anlehnung an [1, S. 327], mit eigenem Gewichtungsschlüssel und eigener Länderauswahl auf der Grundlage anderer Daten von [52])

Punkte/Change Strategie	MD	ID	UV	MAS	Länder-Cluster
0 Partizipation	Niedrig	Hoch	Niedrig	Niedrig	Norwegen, Schweden, Dänemark, Finnland
1 Partizipation, Konsultation	Niedrig	Hoch	Mittel	Niedrig	Niederlande
2 Konsultation	Niedrig	Mittel	Hoch	Mittel	Israel
	Mittel	Hoch	Mittel	Mittel	USA, Großbritannien, Deutschland
	Mittel	Mittel	Mittel	Mittel	Iran
3 Konsultation, Manipulation/Überzeugung,	Niedrig	Mittel	Hoch	Hoch	Österreich
	Mittel	Hoch	Mittel	Hoch	Schweiz
	Mittel	Mittel	Hoch	Mittel	Spanien, Türkei
	Hoch	Mittel	Mittel	Mittel	Indien
4 Manipulation/Überzeugung	Hoch	Hoch	Hoch	Mittel	Frankreich
	Mittel	Hoch	Hoch	Hoch	Italien
	Hoch	Niedrig	Niedrig	Hoch	Hongkong, Singapur, China
	Mittel	Niedrig	Hoch	Mittel	Taiwan, Südkorea
	Mittel	Mittel	Hoch	Hoch	Japan
	Hoch	Mittel	Hoch	Mittel	Russland, Brasilien, Polen
	Hoch	Niedrig	Niedrig	Mittel	Indonesien, Malaysia, Philippinen, Vietnam
5 Manipulation/Überzeugung, Macht	Hoch	Niedrig	Hoch	Mittel	Kolumbien, Ecuador, Guatemala, Panama Serbien, Kroatien, Rumänien
6 Macht	Hoch	Niedrig	Hoch	Hoch	Mexiko

MD = Machtdistanz, ID = Individualismus, UV = Unsicherheitsvermeidung, MAS = Maskulinität

Wert 0 die „demokratischste" Strategie, also *Partizipation,* und in den Ländern mit dem Wert 6 die „undemokratischste" Strategie, *Macht,* am angemessensten ist.

Da wir sowohl *Machtdistanz* als auch *Unsicherheitsvermeidung* als die ausschlaggebenden Komponenten annehmen, werden bei der Zuweisung *hohe Machtdistanz* sowie *hohe Unsicherheitsvermeidung* doppelt gewichtet und *mittlere Machtdistanz* und *mittlere Unsicherheitsvermeidung* einfach gewichtet. Niedrige Ausprägungen dieser Dimensionen werden nicht berücksichtigt.

Da sich niedriger *Individualismus (d. h. Kollektivismus)* und *Maskulinität* zwar ebenfalls auf die Wahl der Change Strategie auswirken, jedoch nicht in dem Maße wie die zwei anderen Dimensionen, werden *niedriger Individualismus* sowie *hohe Maskulinität* nur einfach gewichtet. Weitere Ausprägungen dieser Dimensionen werden nicht berücksichtigt. Unter Verwendung der aktuellen Werte Hofstedes ergeben sich somit die in Tab. 5.6 dargestellten Länder-Cluster und Change Strategien:

5.4.2 Veränderungsbereitschaft erhöhen: Die Verantwortung der Organisation bei der Schaffung eines Change freundlichen Umfeldes

Ähnlich wie Harzing und Hofstede [1] erörtern auch Kirsch et al. [51, S. 193] auf Basis ihrer groß angelegten empirischen Untersuchung von 146 Change Projekten, welche Schritte Organisationen in unterschiedlichen kulturellen Umfeldern unternehmen müssen, um die Veränderungsbereitschaft zu erhöhen und einen erfolgreichen Change Prozess durchzuführen.

Aufgrund des tendenziellen Top-down-Charakters von Kulturen mit **hoher Machtdistanz** – Entscheidungen werden oben getroffen und ohne Hinterfragen durchgeführt – kann hier Kirsch et al. [51] zufolge Change eher schnell umgesetzt werden, wobei jedoch die Gefahr der Überlastung von Mitarbeitern besteht. Die Organisation muss den Workload und Stress ihrer Mitarbeiter daher stets im Auge behalten. Da Hierarchien in Kulturen mit **geringer Machtdistanz** eher flach sind, muss dort hingegen für eine klare Aufgabenverteilung gesorgt und Leistungsziele definiert werden. Darüber hinaus sollten die Mitarbeiter Möglichkeiten zur Weiterbildung erhalten und beim Erfolg Karrierechancen eröffnet werden, um Motivation und Commitment sicherzustellen.

Ähnlich verhält es sich laut Kirsch et al. [51] in **individualistischen** Kulturen: Die Arbeit dient prototypisch der Selbstverwirklichung, somit müssen die Leistungen *einzelner* Mitarbeiter anerkannt und wertgeschätzt werden. Rollen und Ziele sollten klar definiert und die Mitarbeiter gleichzeitig in Entscheidungsprozesse einbezogen werden. Wichtig ist, dass im Change Prozess die Fähigkeiten und Begabungen der Follower genutzt werden. Der/die Einzelne muss die Chance erhalten, zur Geltung zu kommen. Da die Identifikation mit der Organisation und ihrer Vision in **kollektivistischen** Kulturen von großer Bedeutung ist, muss dafür gesorgt werden – so wird es in der Theorie sowie in empirischen Studien impliziert –, dass alle Beteiligten eine klare Vorstellung von der Notwendigkeit und dem Ziel der Veränderung haben.

In Kulturen mit **hoher Unsicherheitsvermeidung** müssen nach Einschätzung von Kirsch et al. [51] Organisationen dafür sorgen, dass mögliche Ungewissheiten und der damit verbundene psychische Stress für die Mitarbeiter gering gehalten werden. Es kann daher sinnvoll sein, Umfang und Geschwindigkeit der Veränderung zu reduzieren, auch wenn dies größere Change Projekte eher schwierig macht. Wichtig ist außerdem, die Mitarbeiter stets mit Informationen zu versorgen, wobei diese Informationen möglichst schriftlich und direkt vom Change Leader kommen sollten. Da die Überzeugung, dass eine Veränderung gelingt und tatsächlich zu besserer Leistung führt, meist geringer ist, ist es darüber hinaus wichtig, die Identifikation mit der Change Vision sicherzustellen. In Kulturen **mit niedriger Unsicherheitsvermeidung** hingegen muss für die Einhaltung gewisser Standards gesorgt und die Rollen klar verteilt werden, da Regeln für gewöhnlich einen geringeren Stellenwert darstellen und somit die Gefahr der Missachtung gewisser Mindestanforderungen besteht.

5.4.3 Kommunikationsstrategien im internationalen Change Prozess

Kommunikation (s. auch Kap. 10) ist eine der Kernkompetenzen im Management und Leadership, und Change Management ist keine Ausnahme. Im Gegenteil – besonders wenn Veränderungen umgesetzt werden sollen, ist es von zentraler Bedeutung, wie dies den Change Followern vermittelt wird. Yüksek und Bekmeier-Feuerhahn [58] entwickeln in ihrem Aufsatz ein theoretisches Modell kulturspezifischer Kommunikationsstrategien im internationalen Change Management. Die Autoren identifizieren drei zentrale Kommunikationsziele im Kontext des Change Managements [58, S. 182 ff.] : Die Schaffung von *Vertrauen,* das Sicherstellen eines Gefühls des *Commitments* sowie die Verminderung von *Unsicherheiten.*

- **Vertrauen**
  Haben Mitglieder Vertrauen in ihre Organisation, werden sie auch Situationen persönlicher Unsicherheit und Verwundbarkeit, die sich aus Change ergeben, eher hinnehmen, weil sie mit der Unterstützung der Organisation rechnen können. Eigenschaften der Organisation, die das Vertrauen ihrer Mitglieder stärken können, sind zum Beispiel Integrität, Kompetenz, Ehrlichkeit, Interesse an und eine positive Einstellung gegenüber den Mitgliedern sowie Zuverlässigkeit [58, S. 183]. Wenn nach Unternehmensskandalen auch innerhalb eines Unternehmens Vertrauen fehlt, sind Change Projekte zur Erhöhung des Vertrauens der Beschäftigten naturgemäß äußerst schwierig. Dem Change Leader kommt eine besondere Bedeutung zu.
- **Commitment**
  Eine Verpflichtung gegenüber der Organisation *(Commitment)* beinhaltet die Identifikation mit deren Werten und Vision, die Bereitschaft, sich aktiv in die Realisierung der Ziele einzubringen und der Wunsch, ein Mitglied der Organisation zu bleiben. Gefördert wird diese Form der Selbstverpflichtung durch eine Kommunikationsstrategie, in der sich die Mitarbeiter aktiv einbringen können und Teil der Entscheidungsfindung sind [58, S. 183].
- **Minderung von Unsicherheit**
  Unsicherheit bezeichnet hier die individuell wahrgenommene Unfähigkeit, zukünftige Ereignisse zuverlässig vorauszusagen. Besonders in Veränderungssituationen steigt die Unsicherheit, beispielsweise bezüglich der Sicherheit des Arbeitsplatzes oder der zukünftigen Rolle in der Organisation. In diesen Situationen brauchen Menschen das Gefühl, die ablaufenden Prozesse verstehen und zumindest in gewissem Umfang kontrollieren zu können [58, S. 183].

Während alle drei Kommunikationsziele in Change Prozessen eine große Rolle spielen, kommt nach Yüksek und Bekmeier-Feuerhahn [58, S. 184 ff.] einzelnen Aspekten in verschiedenen Kulturen unterschiedlich große Bedeutung zu. So sollte in Kulturen mit **hoher Machtdistanz** eine Kommunikationsstrategie gewählt werden, die insbesondere das *Vertrauen* in die Organisation stärkt. Da sich Mitglieder in diesen Kulturen tendenziell auf die Kompetenz der Führungsebene verlassen und selbst nur ungern die Initiative ergreifen, ist es von zentraler Bedeutung, das Vertrauensverhältnis zwischen den beiden Polen aufrecht zu erhalten. In Kulturen mit **geringer Machtdistanz** erwarten Follower, eher eingebunden zu werden und die Möglichkeit zu haben, aktiv Feedback zu geben. Hier muss also das Ziel der Kommunikation die Stärkung des *Commitments* sein.

Ähnlich verhält es sich, so Yüksek und Bekmeier-Feuerhahn weiter, bei der Dimension Individualismus/Kollektivismus. In **kollektivistischen** Kulturen haben Menschen in der Regel ein starkes Zugehörigkeitsgefühl zu ihrer Organisation. Um diese Beziehung und damit die Harmonie der Organisation zu wahren, müssen Kommunikationsstrategien gewählt werden, die das *Vertrauen* stärken. Menschen in **individualistischen** Kulturen sind eher weniger an ihre Organisation gebunden und gegenüber der Führungsriege und der Vision unter Umständen kritisch eingestellt. Damit sie das Change Vorhaben akzeptieren, muss *Commitment* aufgebaut werden.

In **unsicherheitsmeidenden** Kulturen muss laut Yüksek und Bekmeier-Feuerhahn das Ziel der Kommunikation in einem Change Prozess die *Minderung dieser Unsicherheiten* und der damit verbundenen psychologischen Belastung sein. Dies kann erreicht werden, indem Ziele und Strategien klar und möglichst transparent kommuniziert werden. In **unsicherheitsakzeptierenden** Kulturen sind Menschen eher bereit, sich aktiv am Change Prozess zu beteiligen, weswegen auch hier der Aufbau eines *Verpflichtungs- und Zugehörigkeitsgefühl* von zentraler Bedeutung ist.

5.4.4 Transformational Leadership zur Steigerung der Innovationsbereitschaft

Innovation kann in vielerlei Hinsicht als eine Form der Veränderung betrachtet werden. Innovation wird immer von Veränderung begleitet und verlangt von den Beteiligten oft ähnliche Fertigkeiten wie in Change Prozessen (siehe auch Abschn. 5.2.2.4). In einer Untersuchung von 951 Firmen prüften Engelen et al. [19], wie sich bestimmte Verhaltensweisen der *Transformationalen Führung* (Transformational Leadership) auf die *Innovationsorientierung* in Organisationen in verschiedenen Kulturen auswirken. Für uns ist dies in doppelter Hinsicht interessant, da das Konzept der Transformationalen Führung viele Charakteristika des Change Managements aufweist. Podsakoff et al. [53, S. 108] beschreiben das Ziel der Transformationalen Führung folgendermaßen:

> [Effective] leaders transform or change the basic values, beliefs, and attitudes of followers so that they are willing to perform beyond the minimum levels specified by the organization.

Das Konzept der *Transformationalen Führung* beinhaltet gemeinhin sechs Verhaltensweisen [53, S. 112 f.]:

- Eine Vision artikulieren
- Eine Vorbildfunktion einnehmen
- Gruppenziele setzen und akzeptieren
- Leistung erwarten
- Individuelle Unterstützung gewährleisten
- Intellektuelle Stimulation bieten.

Innovationsorientierung hingegen wird in der Studie von Engelen et al. [19] als die Strategie und Maßnahme definiert, zu der Organisationen greifen, um Innovation zu ermöglichen.

Während sich das Einnehmen einer Vorbildfunktion sowie das Setzen von Gruppenzielen durch den Leader in allen Kulturen gleichermaßen positiv auf die Innovationsorientierung einer Organisation auswirkt, ist der Einfluss der anderen vier Verhaltensweisen kulturell abhängig [19, S. 130 ff.]:

In Kulturen mit **hoher Machtdistanz** wirkte sich besonders intellektuelle Stimulation auf das Streben nach Innovation aus, wohingegen in Kulturen mit niedriger Machtdistanz die Erwartungen an die Einzelnen sowie die Bereitstellung individueller Unterstützung den größten Einfluss hatten. Dies erscheint einleuchtend, da in Kulturen mit **niedriger Machtdistanz** einerseits die Leistungen jedes Mitglieds der Organisation wertgeschätzt werden und andererseits die Distanz zwischen Leader und Follower weitaus geringer sind und deswegen die Unterstützung durch den Vorgesetzten erwartet wird.

Auch in **kollektivistischen** Kulturen war intellektuelle Stimulation bei der Innovationsorientierung der einflussreichste Faktor, wohingegen in individualistischen Kulturen Leistungserwartungen, Unterstützung und die Vision den größten Einfluss hatten. Auch in **individualistischen** Kulturen wird die Leistung des Einzelnen betont und persönlicher Erfolg hat einen hohen Stellenwert, wohingegen dies in kollektivistischen Kulturen die Harmonie der Gruppe stört. Auch die Vision kann in individualistischen Kulturen die intrinsische Motivation der Beteiligten steigern, wodurch die Arbeit zu einer Form der Selbstverwirklichung der einzelnen Mitarbeiter wird.

In **unsicherheitsvermeidenden** Kulturen wirkten sich laut Engelen et al. [19] besonders die Erwartungen an die Mitarbeiter positiv auf die Innovationsorientierung aus, wohingegen in **unsicherheitsakzeptierenden** Kulturen intellektuelle Stimulation sie am meisten beeinflusste. Intellektuelle Stimulation motiviert Mitarbeiter, innovative Lösungen zu finden, was gewöhnlich die Unsicherheit erhöht. Erwartungen hingegen schaffen Klarheit und Regeln.

5.5 Kernaussagen

Tab. 5.7 fasst wichtige Kulturdimensionen sowie verschiedene Strategien und Techniken für das Change Management in internationalen Zusammenhängen nochmals zusammen. Selbstverständlich muss man beachten, dass keine Kultur z. B. vollkommen

Tab. 5.7 Strategien für das interkulturelle Change Management. (Quelle: Eigene Darstellung, eigene Zusammenfassung)

Kulturdimension	Eigenschaften	Change Maßnahmen
Hohe Machtdistanz	Ungleichheit und Hierarchien werden akzeptiert und erwartet. Macht ist zentralisiert, Entscheidungen werden oben getroffen und dann durchgeführt (autoritäre Führung). Mitarbeiter erwarten klare Anweisungen von und Aufsicht durch ihren Vorgesetzten. Es existieren viele formalisierte Regeln	Change Idee muss durch eine starke Führungsposition vertreten und von oben auferlegt oder an die Mitarbeiter „verkauft" werden. Mitarbeiter sollen nicht in die Entscheidung involviert werden und setzen Veränderung schnell um, doch sollte die Arbeitsbelastung der Mitarbeiter beachtet werden. Vertrauensbeziehung zwischen Organisation und Mitarbeitern ist sehr wichtig
Niedrige Machtdistanz	Ungleichheit und Hierarchien werden vermieden. Macht ist verteilt, Mitarbeiter wollen in die Entscheidungsfindung integriert werden und bevorzugen eine „open door policy" des Managements (konsultative Führung). Erfahrungen sind wichtiger als Regeln	Demokratische Change Strategien sollten eingesetzt werden, die die Mitarbeiter involvieren, motivieren und an die Change Vision binden. Möglichst direkte Möglichkeiten für Feedback schaffen. Aufgaben und Ziele müssen klar definiert sein. Mitarbeiter sollten gefordert werden und die Chance haben, sich persönlich weiterzubilden und weiterzuentwickeln
Individualistisch	Selbstständigkeit, Erfolg und Materialismus spielen eine große Rolle. Mitarbeiter wollen Entscheidungen frei, eigenständig und in eigenem Interesse treffen. Individuen haben ein Recht auf Privatsphäre und freie Meinungsäußerung. Beziehungen zwischen Individuen sind locker, Gruppenbildung wird als negativ gesehen	Mitarbeiter müssen in die Change Prozesse involviert und die Leistungen einzelner Personen anerkannt und wertgeschätzt werden. Rollen und Ziele der Veränderung sollten möglichst klar definiert und bei den Mitarbeitern die Identifikation mit der Vision in den Vordergrund und durch Anreize intrinsische Motivation zur Veränderung erzeugt werden
Kollektivistisch	Sicherheit, Konformität und Tradition spielen eine große Rolle. Entscheidungen werden kollektiv und zum Wohle der Gruppe getroffen. Mitarbeiter sind in den Kontext der Organisation eingebunden und messen Gemeinschaft, Kooperation und Harmonie große Bedeutung zu. Gruppenbildung ist erwünscht	Entscheidungen werden oben getroffen und nicht zur Diskussion gestellt, um die Harmonie der Gruppe zu bewahren. Einige kollektivistische Kulturen haben komplexe Feedback-Systeme innerhalb der Organisation, die nicht umgangen werden sollten. Vertrauen in der Organisation sollte gefördert werden. Die Leistung Einzelner sollte nicht im Vordergrund stehen

(Fortsetzung)

Tab. 5.7 (Fortsetzung)

Kulturdimension	Eigenschaften	Change Maßnahmen
Hohe Unsicherheitsvermeidung	Es existieren zahlreiche soziale Normen, Regeln und Rituale, das Management ist stark formalisiert. Stark aufgabenorientierte, direkte, klare und präzise Anweisungen sind notwendig und Experten sind hoch angesehen. Hohe Loyalität gegenüber dem Arbeitgeber. Veränderung und Innovation werden als eher negativ angesehen, aber konsequent umgesetzt, wenn beschlossen. Zuversicht in den Erfolg der Veränderung ist geringer, das wahrgenommene Change Tempo langsamer. Hoher Stress am Arbeitsplatz	Die Change Vision und die notwendigen Entscheidungen sollten Experten an der Spitze überlassen und den Mitarbeitern klar verständlich und möglichst schriftlich vermittelt werden. Umfang und Geschwindigkeit der Veränderung müssen u. U. reduziert werden, um die psychische Belastung der Mitarbeiter gering zu halten. Ziele, Strategien und Meilensteine müssen klar, transparent und regelmäßig kommuniziert werden. Commitment der Mitarbeiter muss sichergestellt werden
Niedrige Unsicherheitsvermeidung	Es gibt wenige Regeln und Hierarchien. Beziehungsorientiert, Anweisungen und Aufgaben können Spielräume lassen und Generalisten sowie Allgemeinwissen sind hoch angesehen. Geringe Loyalität gegenüber dem Arbeitgeber. Veränderungen und Innovation sind erwünscht, werden aber nicht immer bis zum Ende umgesetzt. Wenig Stress am Arbeitsplatz	Mitarbeiter jeder Ebene, auch Nicht-Experten, sollten sich in den Prozess einbringen können und regelmäßig konsultiert werden. Zur Qualitätssicherung müssen gewisse Standards festgelegt und die Rollen im Change Prozess klar verteilt werden. Mitarbeiter sollten sich der Veränderung verpflichtet fühlen und intellektuell stimuliert sowie belohnt werden

„kollektivistisch“ oder „unsicherheitsmeidend“ ist, sondern sich viele Länder bei einigen Dimensionen eher im Mittelfeld befinden. Hier muss abgewogen und müssen auch die spezifischen Gegebenheiten und Gepflogenheiten vor Ort beachtet werden. Dennoch soll das Tool eine Übersicht darüber geben, welche Punkte in einem Change Prozess im Ausland beachtet werden müssen.

Literatur

1. Harzing, A.-W., & Hofstede, G. (1996). Planned change in organizations: The influence of national culture. *Research in the Sociology of Organizations, 14,* 297–340.
2. Rotter, J. B. (1966). Generalized expectancies for internal versus external control of reinforcement. *Psychological Monographs: General and Applied, 80*(1), 1–28.
3. Rotter, J. B. (1975). Some problems and misconceptions related to the construct of internal versus external control of reinforcement. *Journal of Consulting and Clinical Psychology, 43*(1), 56–67.

4. Trompenaars, F., & Hampden-Turner, C. (1997). *Riding the waves of culture: Understanding cultural diversity in business*. London: Nicholas Brealey.
5. Berry, J. W., Poortinga, Y. H., Segall, M. H., & Dasen, P. R. (1992). *Cross-cultural psychology: Research and applications*. Cambridge: Cambridge University Press.
6. Kluckhohn, F. R., & Strodtbeck, F. L. (1961). *Variations in value orientations*. New York: Harper & Row.
7. Osland, J. S. (2008). Leading global change. In M. E. Mendenhall, J. S. Osland, A. Bird, G. R. Oddu, & M. L. Maznevski (Hrsg.), *Global leadership. Research, practice and development* (S. 131–159). London: Routledge.
8. Sagiv, L., & Schwartz, S. H. (2007). Cultural values in organisations: Insights for Europe. *European Journal of International Management, 1*(3), 176–190.
9. House, R. J., Hanges, P. J., Javidan, M., Dorfman, P. W., & Gupta, V. (2004). *Culture, leadership, and organizations. The GLOBE study of 62 societies*. London: Sage.
10. Hofstede, G. (2001). *Culture's consequences: Comparing values, behaviors, institutions, and organizations across nations*. Thousand Oaks: Sage.
11. Chhokar, J. S., Brodbeck, F. C., & House, R. J. (2007). *Culture and leadership across the world: The GLOBE book of in-depth studies of 25 societies*. Mahwah: LEA Publishers.
12. Javidan, M. (2004). Performance orientation. In R. J. House, P. J. Hanges, M. Javidan, P. W. Dorfman, & V. Gupta (Hrsg.), *Culture, leadership, and organizations. The GLOBE study of 62 societies* (S. 239–281). London: Sage.
13. Brodbeck, F. C. (2006). Navigationshilfe für internationales Change Management. *Erkenntnisse aus dem GLOBE Projekt. OrganisationsEntwicklung, 25*(3), 16–31.
14. Shane, S. (1993). Cultural influences on national rates of innovation. *Journal of Business Venturing, 8*(1), 59–73.
15. Taylor, M. Z., & Wilson, S. (2012). Does culture still matter?: The effects of individualism on national innovation rates. *Journal of Business Venturing, 27*(2), 234–247.
16. Schwartz, S. H. (1999). A theory of cultural values and some implications for work. *Applied Psychology, 48*(1), 23–47.
17. Hofstede, G. (1980). *Culture's consequences: International differences in work-related values*. Beverly Hills: Sage.
18. Hofstede, G., Hofstede, G. J., & Minkon, M. (2010). *Cultures and organizations: Software of the mind* (3. Aufl.). New York: McGraw-Hill.
19. Engelen, A., Schmidt, S., Strenger, L., & Brettel, M. (2014). Top management's transformational leader behaviors and innovation orientation: A cross-cultural perspective in eight countries. *Journal of International Management, 20*(2), 124–136.
20. Sully de Luque, M., & Javidan, M. (2004). Uncertainty avoidance. In R. J. House, P. J. Hanges, M. Javidan, P. W. Dorfman, & V. Gupta (Hrsg.), *Culture, leadership, and organizations. The GLOBE study of 62 societies* (S. 602–653). London: Sage.
21. Langer, E. J. (1989). *Mindfulness*. Reading: Addison-Wesley.
22. Gudykunst, W. B. (2004). *Bridging differences. Effective intergroup communication* (4. Aufl.). Thousand Oaks: Sage.
23. Ting-Toomey, S. (1999). *Communicating across cultures*. New York: Guilford Press.
24. Comfort, J., & Franklin, P. (2014). *The mindful international manager. How to work effectively across cultures*. London: Kogan Page.
25. Stahl, G. K., Maznevski, M. L., Voigt, A., & Jonsen, K. (2010). Unraveling the effects of cultural diversity in teams: A meta-analysis of research on multicultural work groups. *Journal of International Business Studies, 41*(4), 690–709.
26. Maznevski, M. L., & DiStefano, J. J. (2000). Global leaders are team players: Developing global leaders through membership on global teams. *Human Resource Management, 39*(2–3), 195–208.

27. Bergiel, B. J., Bergiel, E. B., & Balsmeier, P. W. (2008). Nature of virtual teams: A summary of their advantages and disadvantages. *Management Research News, 31*(2), 99–110.
28. Powell, A., Piccoli, G., & Ives, B. (2004). Virtual teams: A review of current literature and directions for future research. *Database for Advances in Information Systems, 35*(1), 6–36.
29. Dennis, A. R., & Wixom, B. H. (2001). Investigating the moderators of the group support systems use with meta-analysis. *Journal of Management Information Systems, 18*(3), 235–257.
30. DeRosa, D. M., Hantula, D. A., Kock, N., & D'Arcy, J. (2004). Trust and leadership in virtual teamwork: A media naturalness perspective. *Human Resource Management, 43*(2–3), 219–232.
31. Staples, D. S., & Zhao, L. (2006). The effects of cultural diversity in virtual teams versus face-to-face teams. *Group Decision and Negotiation, 15*(4), 389–406.
32. Whitman, L. E., Malzahn, D. E., Chaparro, B. S., Russell, M., Langrall, R., & Mohler, B. A. (2005). A Comparison of group processes, performance, and satisfaction in face-to-face versus computer-mediated engineering student design teams. *Journal of Engineering Education, 94*(3), 327–337.
33. Paul, S., Samarah, I. M., Seetharaman, P., & Mykytyn, P. P. (2004). An empirical investigation of collaborative conflict management style in group support system-based global virtual teams. *Journal of Management Information Systems, 21*(3), 185–222.
34. Cummings, J. N., & Kiesler, S. (2005). Collaborative research across disciplinary and organizational boundaries. *Social Studies of Science, 35*(5), 703–722.
35. Hoegl, M., & Proserpio, L. (2004). Team member proximity and teamwork in innovative projects. *Research Policy, 33*(8), 1153–1165.
36. Short, J. A., Williams, E., & Christie, B. (1976). *The social psychology of telecommunications.* London: Wiley.
37. Ewenstein, B., Smith, W., & Sologar, A. (2015). Changing change management. http://www.mckinsey.com/insights/leading_in_the_21st_century/changing_change_management. Zugegriffen: 28. Sept. 2015.
38. Hall, E. T. (1976). *Beyond culture*. Garden City: Anchor Press & Doubleday.
39. Luhmann, N. (1968). *Vertrauen: Ein Mechanismus der Reduktion sozialer Komplexität*. Stuttgart: Enke.
40. Wilson, J. M., Straus, S. G., & McEvily, B. (2006). All in due time: The development of trust in computer-mediated and face-to-face teams. *Organizational Behavior and Human Decision Processes, 99*(1), 16–33.
41. Stein, V. (2006). European (Virtual) team-building: From optimism to efficiency. In C. Scholz & J. Zentes (Hrsg.), *Strategic management – New rules for old Europe* (S. 203–225). Wiesbaden: Gabler.
42. Warkentin, M. E., Sayeed, L., & Hightower, R. (1997). Virtual teams versus face-to-face teams: An exploratory study of a web-based conference system. *Decision Sciences, 28*(4), 975–996.
43. Jarvenpaa, S., & Leidner, D. E. (1999). Communication and trust in global virtual teams. *Organization Science, 10*(6), 791–815.
44. Maznevski, M. L., & Chudoba, K. M. (2000). Bridging space over time: Global virtual team dynamics and effectiveness. *Organization Science, 11*(5), 473–492.
45. Child, J. (1972). Organizational structure, environment and performance: The role of strategic choice. *Sociology, 6*(1), 1–22.
46. Hermon-Taylor, R. J. (1985). Finding new ways of overcoming resistance to change. In J. M. Pennings (Hrsg.), *Organizational strategy and change* (S. 383–411). San Francisco: Jossey-Bass.
47. Kanter, R. M. (1988). Managing the human side of change. In P. D. Dubose (Hrsg.), *Readings in management* (S. 240–247). Englewood Cliffs: Prentice Hall.

48. Kotter, J. P., & Schlesinger, L. A. (1979). Choosing strategies for change. *Harvard Business Review, 57*(2), 106–114.
49. Vroom, V. H., & Yetton, P. W. (1973). *Leadership and decision-making*. Pittsburgh: University of Pittsburgh Press.
50. Zaltman, G., & Duncan, R. (1977). *Strategies for planned change*. New York: Wiley.
51. Kirsch, C., Chelliah, J., & Parry, W. (2012). The impact of cross-cultural dynamics on change management. *Cross Cultural Management: An International Journal, 19*(2), 166–195.
52. Hofstede, G. J. (2015). Dimension data matrix. www.geerthofstede.nl/dimension-data-matrix. Zugegriffen: 30. Okt. 2015.
53. Podsakoff, P. M., MacKenzie, S. B., Moorman, R. H., & Fetter, R. (1990). Transformational leader behaviors and their effects on followers' trust in leader, satisfaction, and organizational citizenship behaviors. *The Leadership Quarterly, 1*(2), 107–142.
54. Ashkanasy, N. M., Gupta, V., Mayfield, M. S., & Trevor-Roberts, E. (2004). Future orientation. In R. House, P. Hanges, M. Javidan, P. Dorfman, & W. Gupta (Hrsg.), *Culture, leadership, and organizations: The GLOBE study of 62 societies* (S. 282–342). London: Sage.
55. Gelfand, M. J., Bhawuk, D. P., Nishii, L. H., & Bechtold, D. J. (2004). Individualism and collectivism. In R. J. House, P. J. Hanges, M. Javidan, P. W. Dorfman, & V. Gupta (Hrsg.), *Culture, leadership, and organizations. The GLOBE study of 62 societies* (S. 437–512). London: Sage.
56. Carl, D., Gupta, V., & Javidan, M. (2004). Power distance. In R. J. House, P. J. Hanges, M. Javidan, P. W. Dorfman, & V. Gupta (Hrsg.), *Culture, leadership, and organizations. The GLOBE study of 62 societies* (S. 513–563). London: Sage.
57. Cramton, C. D., & Webber, S. S. (2005). Relationships among geographic dispersion, team processes, and effectiveness in software development work teams. *Journal of Business Research, 58*(6), 758–765.
58. Yüksek, S., & Bekmeier-Feuerhahn, S. (2013). Culture-specific objectives of change communication: An intercultural perspective. *Journal of Management & Change, 30/31*(1/2), 180–193.

Tipps zum Weiterlesen

59. Barmeyer, C. (2012). *Taschenlexikon Interkulturalität.* Göttingen: Vandenhoeck & Ruprecht.
60. Barmeyer, C., & Franklin, P. (2016). *Intercultural management. A case-based approach to achieving complementarity and synergy.* London: Palgrave Macmillan.
61. Comfort, J., & Franklin, P. (2014). *The mindful international manager. How to work effectively across cultures.* London: Kogan Page.
62. Hildebrandt, M., Jehle, L., & Meister, S. (2013). *Closeness at a distance. Leading virtual groups to high performance.* Faringdon: Libri.
63. Hofstede, G., & Hofstede, G. J. (2011). *Lokales Denken, globales Handeln. Interkulturelle Zusammenarbeit und globales Management. 5., durchgesehene Auflage.* München: dtv.
64. House, R. J., Hanges, P. J., Javidan, M., Dorfman, P. W., & Gupta, V. (2004). *Culture, leadership, and organizations. The GLOBE study of 62 societies.* London: Sage.

Veränderungsintelligenz auf individueller Ebene Teil 1: Persönliche Veränderungskompetenz

6

Diagnose und Stärkung der persönlichen Voraussetzungen zur Entstehung von Veränderungsleistung

Antje Freyth

Zahlreiche Studien belegen die hohe Bedeutung des Faktors Mensch für die erfolgreiche Umsetzung von Veränderungen im Unternehmen. Personenbezogene Faktoren landen bei Befragungen nach den Gründen des Scheiterns von Veränderungsvorhaben regelmäßig weit vorne. Angesichts des in Abschn. 1.6 beschriebenen Wandel des Wandels gewinnen die individuellen Veränderungskompetenzen sowie die Einstellung der beteiligten Menschen gegenüber Veränderung weiter an Bedeutung. Die zunehmende Dynamik im beruflichen Alltag erfordert immer mehr Mitarbeiter und Führungskräfte mit einer grundsätzlichen Offenheit und Bereitschaft für Veränderungen, die diese Veränderungen darüber hinaus lösungsorientiert, eigenverantwortlich und aktiv unterstützen.

Die Diagnose und die Stärkung der Veränderungsintelligenz auf persönlicher Ebene ist einerseits aus der Unternehmensperspektive ein zentraler Wettbewerbsfaktor und andererseits aus der Mitarbeiterperspektive ein wichtiger Faktor, um am Arbeitsmarkt zu bestehen sowie die Auswirkungen von organisationalen Veränderungen bestmöglich zu bewältigen.

Das Wissen um die Faktoren, die zu einer erfolgreichen individuellen Veränderungsleistung führen,

- ermöglicht es Menschen, sich in einem eigenverantwortlichen und selbst gesteuerten Entwicklungsprozess fit für die Herausforderungen von Veränderungsprozessen zu machen,

A. Freyth (✉)
Veränderungsintelligenz GmbH, Reichenau, Deutschland
E-Mail: freyth@veraenderungsintelligenz.de

G. Baltes und A. Freyth (Hrsg.), *Veränderungsintelligenz*,
https://doi.org/10.1007/978-3-658-04889-1_6

- ermöglicht es Führungskräften, die individuellen Reaktionen von Mitarbeitern zu verstehen und positiv zu beeinflussen (äußere Führung) und auch sich selbst gut durch Veränderungsprozesse zu führen (innere Führung),
- ist notwendig, um das Entstehen von individuellen Widerständen gegen Veränderungen zu verstehen und die richtige Antwort zur Bearbeitung und Überwindung zu finden,
- ist die Voraussetzung, um Menschen in Veränderungsprozessen zielführend zu unterstützen und zu entwickeln.

Das vorliegende Kapitel operationalisiert wissenschaftliche Erkenntnisse zur Entstehung von individueller Veränderungsleistung für die praktische Anwendung. Es werden wesentliche Parameter für eine realistische persönliche Standortbestimmung vorgestellt (inklusive Fragebögen zur Selbsteinschätzung) sowie Impulse für die gezielte Weiterentwicklung der jeweiligen Faktoren von Veränderungsleistung gegeben (beispielsweise im Rahmen von Selbst-Coaching). Dabei werden die individuellen Veränderungsfähigkeiten rollen- bzw. funktionsübergreifend beschrieben.

Wie in Abschn. 1.6 beschrieben, hat sich zwar auf der einen Seite auch der Wandel gewandelt – auf der anderen Seite ist davon aber noch nicht jeder Mensch im gleichen Ausmaß betroffen. So arbeiten manche Menschen noch in einem eher traditionellen Kontext, in dem Veränderungsvorhaben immer wieder in die Routine des Alltags einfallen, während andere sich mit den Herausforderungen von Agilitätskonzepten in einem VUKA-Kontext (Volatilität, Unsicherheit, Komplexität und Ambiguität) konfrontiert sehen oder sogar bereits in konsequent agilen Organisationsformen (beispielsweise in einem vollständig selbst organisierten Team) arbeiten. Da diese unterschiedlichen Kontexte auch unterschiedliche Anforderungen an das Individuum stellen, differenziert das Konzept der Veränderungsintelligenz in den nachfolgenden Kap. 6 und 7 zwischen den individuellen Herausforderungen im „traditionellen" Veränderungskontext und den agilen Herausforderungen im VUKA-Kontext.

Vor dem Hintergrund des oben beschriebenen Konzepts der Ambidextrie (also der beidhändigen Organisation vgl. Abschn. 2.5) werden weiterhin Mitarbeiter in beiden Kontexten benötigt und stiften einen gleichermaßen wertvollen Beitrag zum Gesamtunternehmen. Das Verständnis der unterschiedlichen Veränderungsanforderungen an Menschen im traditionellen Kontext und VUKA-Kontext unterstützt hierbei die passgenaue Findung eines stimmigen Arbeitsumfeldes für den einzelnen Menschen.

Im traditionellen Kontext des vorliegenden Kapitels geht es eher darum, konkrete Veränderungsvorhaben auf individueller Ebene erfolgreich zu initiieren und umzusetzen. Sie lernen hierzu im vorliegenden Kapitel anhand des wissenschaftlich fundierten und praxiserprobten 7-V-Modells alle wesentlichen Schlüssel zur Stärkung der individuellen Veränderungsintelligenz kennen. Diese

Veränderungsvorhaben können sich dabei sowohl auf die Optimierung von Bestehendem beziehen, als auch zu tiefgreifenden Umwälzungen führen. Da radikale Veränderungen Menschen auch im traditionellen Kontext viel mehr abverlangen, als eine evolutionäre Weiterentwicklung von Bestehendem – nämlich nicht nur das System, sondern auch sich selbst tief greifend zu ändern – differenzieren wir hier zusätzlich nach der Art der Veränderung in Veränderungen 1. Ordnung und Veränderungen 2. Ordnung (vgl. Abschn. 1.7).

Diese Fragen werden Ihnen im folgenden Kapitel beantwortet

- Wie entsteht Veränderungsleistung zur Umsetzung eines Veränderungsvorhabens auf der individuellen Ebene? Sie lernen mit dem 7-V-Modell einen strukturierten Ansatz kennen, der alle wesentlichen Faktoren für das Entstehen von individueller Veränderungsleistung integriert.
- Wie entstehen Veränderungsbereitschaft und Veränderungsmotivation als wesentliche Voraussetzung? Und wie können Veränderungsbereitschaft und -motivation gestärkt werden? Wie kommen Menschen in Bewegung?
- Wie entstehen veränderungskritische innere Veränderungsblockaden? Wie kann ein Mensch diese Veränderungsblockaden erkennen und überwinden?
- Was sind konkrete individuelle Veränderungskompetenzen? Wie können diese für eine realistische Standortbestimmung gemessen und gezielt gestärkt werden?

6.1 Theoretischer Rahmen – Überblick über das 7-V-Modell

In der gängigen Literatur finden sich inzwischen zwar zahlreiche Beiträge zu den verhaltensbezogenen Anforderungen an Führungskräfte in Veränderungsprozessen, allerdings nur wenige zu den persönlichen Voraussetzungen bei Mitarbeitern für gelungene Veränderungen. Die meisten Beiträge beziehen sich auf die erforderlichen Veränderungskompetenzen und Kompetenzpotenziale (Persönlichkeitsmerkmale). Beim Mitarbeiter vorhandene veränderungsförderliche Veränderungskompetenzen und Persönlichkeitsmerkmale führen jedoch noch nicht automatisch zu zielgerichteten Veränderungshandlungen, da dazu das Zusammenspiel weiterer Komponenten auf individueller Ebene notwendig ist.

Da im Konzept der Veränderungsintelligenz die handlungsorientierte Umsetzung von erforderlichen Veränderungen im Mittelpunkt steht, fokussiert sich dieser Beitrag auf das umfassendere Konstrukt der Veränderungsleistung. Unter **Veränderungsleistung ist die handlungs- und zielorientierte Initiierung und Umsetzung eines konkreten Veränderungsvorhabens** zu verstehen.

Ausgangspunkt für die Beschreibung der persönlichen Voraussetzungen für erfolgreiche Veränderungsleistung ist die verbreitete Differenzierung nach folgenden drei Dimensionen [23, S. 171]:

- „Wollen“: Veränderungsbereitschaft
- „Können“: Veränderungsfähigkeit
- „Dürfen/Sollen“: Veränderungsbedingungen

Im Sinne einer bestmöglichen Operationalisierung für die Diagnose und Entwicklung von Veränderungsintelligenz auf individueller Ebene hat es sich allerdings in unserer Praxis bewährt, noch tiefer gehender zu differenzieren (vgl. Abb. 6.1). Dies erleichtert es Menschen, gut zu erkennen, wo jeweils ihre persönlichen Veränderungsressourcen und -blockaden liegen und ermöglicht es, konkrete Ansatzpunkte für die persönliche Weiterentwicklung bzw. Überwindung der Veränderungsblockaden zu finden. Zudem bietet die weitergehende Differenzierung eine sehr gute Basis für zielgerichtete Interventionen durch Führungskräfte oder Coaches.

Abb. 6.1 bietet einen Überblick über die wesentlichen Komponenten, damit individuelle Veränderungsleistung entstehen kann.

Veränderungsleistung entsteht in unserem 7-V-Modell, wenn ein förderliches Zusammenspiel von folgenden Komponenten besteht: Einer förderlichen Grundhaltung Veränderungen gegenüber im Generellen, einer persönlichen Veränderungsbereitschaft, Klarheit über den inhaltlichen Rahmen der Veränderung, positiven Veränderungserfahrungen, persönlichen Motivationsstrukturen, die mit den Veränderungsinhalten übereinstimmen, unterstützenden individuellen Verhaltenspräferenzen, spezifischen Fähigkeiten, Fertigkeiten und Wissen, zur Verfügung stehenden Ressourcen und bestimmten förderlichen Veränderungsbedingungen im Umfeld.

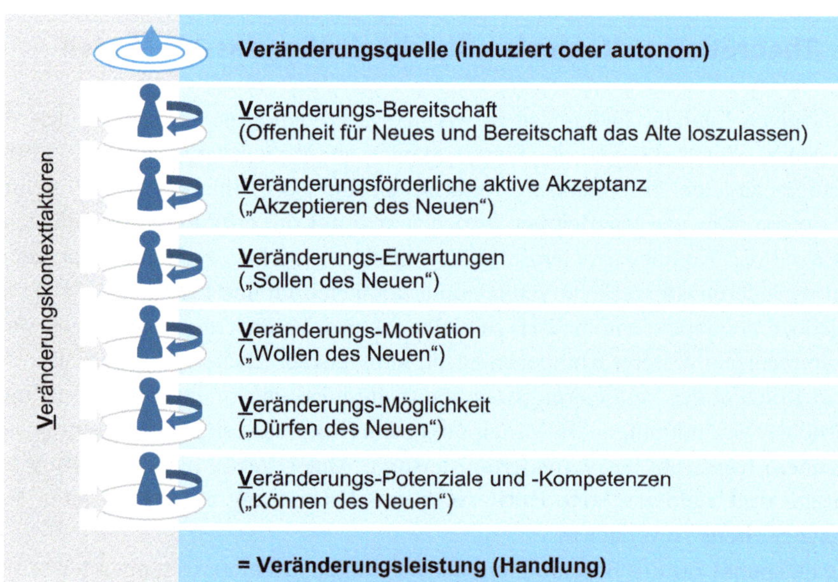

Abb. 6.1 Das 7-V-Modell zur Veränderungsleistung

Die Quelle der Veränderung bzw. die Initiierung zur Veränderungsleistung kann dabei aus dem Umfeld eines Menschen kommen **(induzierte Veränderung)** oder von ihm selbst aktiv initiiert werden **(autonome Veränderung).**

Bei jeder Komponente des 7-V-Modells ist zu unterscheiden, dass ihre jeweilige Ausprägung von zwei möglichen Einflussfaktoren bestimmt wird:

- **Gestaltungsfaktoren:** Die Ausprägung vieler Komponenten des 7-V-Modells ist von Gestaltungsfaktoren bestimmt, die jeder Mensch weitgehend unabhängig von externen Faktoren eigenverantwortlich und aktiv ausfüllen und beeinflussen kann. In den nachfolgenden Abschnitten werden hierzu vielfältige Impulse gegeben, um diesen individuellen Gestaltungsspielraum auch so weit wie möglich zu nutzen.
- **Kontextfaktoren:** Daneben gibt es in der Unternehmensumwelt des einzelnen Mitarbeiters bestimmte limitierende Umweltfaktoren, die der Einzelne nicht beeinflussen kann. Diese externen Einflussfaktoren haben aber umgekehrt einen direkten Einfluss auf die Ausprägung der individuellen Komponenten. Diese Kontextfaktoren gilt es möglichst frühzeitig klar zu erkennen, um die individuellen Möglichkeiten für die Realisierung einer Veränderungsleistung realistisch einzuschätzen.

Die Klarheit dieser Differenzierung ermöglicht einem Individuum seine Energie auf die Gestaltungsfaktoren zu fokussieren, wo sie auch wirksam eingesetzt werden kann. In unserem Coaching-Alltag erleben wir hier immer wieder, dass Menschen ihre Energie in Veränderungsprozessen auf solche Kontextfaktoren verschwenden, die nicht von ihnen zu ändern sind, und gleichzeitig die persönlichen Gestaltungsmöglichkeiten aus dem Auge verlieren bzw. vernachlässigen.

Zudem ermöglicht diese Differenzierung den Führungskräften auch eine Klarheit darüber, welche der Blockaden, die eine Veränderungsleistung verhindern, in der Person des Mitarbeiters begründet sind, und welche nicht im Verantwortungsbereich des Mitarbeiters liegen. Auch hier erleben wir in unserer Beratungspraxis immer wieder, dass Führungskräfte bei einer Vermengung der beiden Bereiche unrealistische Erwartungen an den Mitarbeiter stellen oder womöglich den Mitarbeiter negativ sanktionieren, weil es nicht zu der gewünschten Veränderungsleistung kam – obwohl die Ursache dafür außerhalb des Gestaltungsbereichs des Mitarbeiters lag. Wenn beispielsweise ein grundsätzlich veränderungsmotivierter und -fähiger Mitarbeiter ein Veränderungsvorhaben in einer Unternehmenskultur umsetzen soll, in der jeder kleine Fehler negativ sanktioniert wird, dann wird es vermutlich nicht zur Veränderungsleistung kommen, da der Mitarbeiter befürchten wird, dass ihm beim Ausprobieren des Neuen Fehler unterlaufen könnten.

Die in unserem Modell integrierte Differenzierung nach Gestaltungsfaktoren und Kontextfaktoren stellt daher an sich bereits eine Intervention dar.

Dabei führt keine der aufgeführten einzelnen Komponenten des 7-V-Modells allein zu einer Handlungsinitiierung. **Die einzelnen Komponenten führen im positiven Fall zu einer Tendenz in Richtung Umsetzung des Veränderungsvorhabens. Erst das Zusammenspiel der einzelnen Komponenten bringt Mitarbeiter zielgerichtet und mit ausreichender Energie in Bewegung.**

Die **Reihenfolge der verschiedenen Komponenten des 7-V-Modells** ist dabei nicht sequenziell zu verstehen, da es zwischen den einzelnen Komponenten verschiedene **Wechselwirkungen** gibt. Wenn ein Mitarbeiter sich z. B. aufgrund mangelnder Kompetenzen die Umsetzung der Veränderung nicht zutraut – es also in der Selbsteinschätzung am Können mangelt – so wird dies auch seine Motivation zur Veränderung beeinflussen.

Darüber hinaus können sich verschiedene Ausprägungen einzelner Komponenten gegenseitig kompensieren. So kann z. B. ein gesteigertes Anstrengungsniveau bis zu einem bestimmten Grad geringere Kompetenzen kompensieren. Umgekehrt allerdings führt ein kaum vorhandenes Anstrengungsniveau in Kombination mit stark ausgeprägten Kompetenzen zu einer vermutlich nur geringen Veränderungsleistung.

Wenn auch die aufgeführte Reihenfolge nicht festgeschrieben ist, so ist es bei der Bearbeitung aus unserer Erfahrung sinnvoll, einige Komponenten in einer bestimmten Reihenfolge anzugehen – unter Beachtung der oben skizzierten Wechselwirkungen. Nach unserer Erfahrung ist der beste Startpunkt die Veränderungsbereitschaft. Denn nur wenn ein Mensch bereit ist, das Alte loszulassen, die eigene Komfortzone zu verlassen, kann ein anziehendes, grundsätzlich motivierendes Zielbild der Veränderung ihn in Richtung einer Veränderungshandlung bewegen. Ebenfalls ist es ratsam, sich zunächst mit der Motivation und erst anschließend mit den Kompetenzen zu beschäftigen.

Letztlich ist noch zu beachten, dass die sinnvolle **Ausprägung der einzelnen Komponenten rollenabhängig** unterschiedlich sein kann. So kann es sein, dass eine Führungsrolle einer anderen Ausprägung bedarf als eine Mitarbeiterrolle. Voraussetzung, um andere in Veränderungsprozessen gut zu führen, ist jedoch, dass ich mich selbst als Führungskraft auch gut in der Veränderung führe. Dies ist umso wichtiger, wenn Führungskräfte auch gleichzeitig selbst als Mitarbeiter von der Veränderung betroffen sind. Dieser Aspekt der Selbstführung wird leider oft vernachlässigt und stattdessen wird unter dem Begriff der Veränderungskompetenz von Führungskräften „nur" auf die zur Mitarbeiterführung in Veränderungsprozessen nötigen Kompetenzen fokussiert. In diesem Kapitel steht daher der Mensch im Mittelpunkt, der, unabhängig von seiner Rolle, von Veränderung betroffen ist.[1]

Darauf aufbauend finden Sie in Kap. 7 eine spezifische Betrachtung der Führungsrolle sowie in Kap. 8 eine detaillierte Beschreibung weiterer Rollen, die im Kontext von Innovation und Veränderung relevant sind.

Die einzelnen Komponenten des 7-V-Modells werden im Folgenden detailliert vorgestellt. Dabei bietet die Reihenfolge der Darstellung, wie oben ausgeführt, nur eine Orientierung, die jedoch angesichts der verschiedenen Wechselwirkungen nicht in Stein gemeißelt ist.

[1]Wenn daher im vorliegenden Kapitel von Mitarbeitern gesprochen wird, sind darunter Mitarbeiter mit und ohne Führungsverantwortung zu verstehen.

6.2 Veränderungsbereitschaft

Der Begriff der Veränderungsbereitschaft wird in Literatur und Praxis nicht einheitlich verwendet. Bekanntere Definitionen beschreiben Veränderungsbereitschaft als ein Zusammenspiel aus Einstellungen, Überzeugungen und Intentionen bezogen auf den Veränderungsbedarf [3, S. 681]. Andere Autoren differenzieren weiter zwischen Wandlungseinstellung und Wandlungsbereitschaft (z. B. [29, S. 101]). Wiederum andere Ansätze arbeiten mit dem negativ formulierten Gegenpol der Resistenz gegenüber Veränderungen (z. B. [40]).

Im Rahmen des 7-V-Modells greifen wir diese Definitionen auf und unterscheiden im Sinne einer leicht abgrenzbaren und in der Praxis gut nutzbaren Begriffsbestimmung zwischen der allgemeinen und der spezifischen Veränderungsbereitschaft. Hintergrund sind folgende Beobachtungen, die Sie vielleicht auch schon gemacht haben: Menschen, die Veränderungen eigentlich sehr offen gegenüberstehen, treten plötzlich ganz negativ in einem konkreten Veränderungsprozess auf. Oder auch andersherum unterstützt ein Mensch, der insgesamt Veränderungen eher skeptisch gegenübersteht, eine bestimmte Veränderung überraschenderweise sehr positiv.

a) **Allgemeine Veränderungsbereitschaft:** Beschreibt die situations- und Kontext übergreifende Einstellung von Menschen zu Veränderungen, d. h. eine eher dispositionale und erfahrungsbasierte Orientierung. Die allgemeine Veränderungsbereitschaft besteht dabei aus zwei Komponenten: aus förderlichen Persönlichkeitsmerkmalen und Veränderungserfahrungen in der individuellen Biografie.
b) **Spezifische Veränderungsbereitschaft:** Beschreibt die Einstellung von Menschen zu einer konkreten Veränderungssituation, mit der sie sich konfrontiert sehen, und ist vom tatsächlichen Veränderungsobjekt abhängig, also von den Inhalten dieses Veränderungsvorhabens. Hier geht es darum, ob Menschen, die eine konkrete Veränderung für notwendig erachten, auch verstanden haben, warum es nicht so bleiben kann und ob sie auf dieser Basis bereit sind, das alte loszulassen bzw. ihre Komfortzone zu verlassen.

Dabei gilt: Eine größere allgemeine Veränderungsbereitschaft wirkt zwar grundsätzlich förderlich auf die spezifische Veränderungsbereitschaft, allerdings kann die spezifische Ausgestaltung einer Veränderungssituation dazu führen, dass auch ein Mensch mit einer hohen allgemeinen Veränderungsbereitschaft in diesem konkreten Fall nicht veränderungsbereit ist. Somit führt eine hohe allgemeine Veränderungsbereitschaft nicht zwingend auch zu einer positiven Einstellung im tatsächlichen Veränderungsprozess. Ein typisches Praxisbeispiel ist hier ein Ingenieur in der Automobilbranche, der sehr offen und innovativ orientiert war, aber die Veränderungen in Richtung Elektromotor nicht unterstützte, da er für Verbrenner zuständig war und seinen Job in Gefahr sah.

Sowohl die allgemeine als auch die spezifische Veränderungsbereitschaft beinhaltet dabei jeweils eine kognitive und eine emotionale Dimension. Im Folgenden wird die allgemeine und die spezifische Veränderungsbereitschaft detaillierter ausgeführt.

6.2.1 Förderliche Persönlichkeitsmerkmale für die allgemeine Veränderungsbereitschaft

Wenn Sie schon einmal beobachtet haben, wie Babys und Kinder auf Veränderungen im Umfeld reagieren, dann wissen Sie, dass zum Beispiel eine unterschiedliche Ausprägung des Persönlichkeitsmerkmals Neugierde von Geburt an zu beobachten ist. Inzwischen geht die Wissenschaft davon aus, dass ungefähr die Hälfte der Ausprägungen von Persönlichkeitsmerkmalen in den Genen angelegt ist.

▶ **Persönlichkeitsmerkmale** eines Menschen sind relativ stabile und zeitlich überdauernde Eigenschaften bzw. Neigungen, die einen Einfluss auf das Erleben, Fühlen, Denken und Handeln von Menschen haben. Die Persönlichkeitsmerkmale werden auch als Kompetenzpotenziale bezeichnet, da die Ausbildung von Kompetenzen auf diesen Persönlichkeitsmerkmalen basiert.

Die Ableitung von Vorhersagen von menschlichem Verhalten und Befinden in Veränderungsprozessen auf Basis der jeweiligen Persönlichkeitsmerkmale ist allerdings aufgrund zahlreicher weiterer Einflussfaktoren nur als relative Wahrscheinlichkeit zu verstehen. Bestimmte Persönlichkeitsmerkmale beschreiben nicht mehr oder weniger als eine Bereitschaft zu einem bestimmten Verhalten (dispositionelle Funktion). Ob sich diese Disposition in einer konkreten Veränderungssituation zeigt oder nicht, hängt jedoch von den weiteren inneren und äußeren Bedingungen ab. Wenn wir als Mensch also bestimmte **Veranlagungen** in uns nicht aktiv und **gezielt fördern,** dann entfalten diese trotz genetischer Disposition keine förderliche Wirkung. Ebenso kommen veränderungsförderliche Dispositionen nicht zum Ausdruck, wenn Führungskräfte ihren Mitarbeitern hierfür keinen **unterstützenden Rahmen** bieten.

Auch aus einem Forschungsgebiet in der Biologie – der **Epigenetik** – kann man ableiten, dass der Mensch trotz der genetischen Dispositionen jederzeit die Möglichkeit zur aktiven Gestaltung hat, denn bestimmte Umweltfaktoren (z.B. Erlebnisse, Ernährung oder Bewegung) beeinflussen die Gene (genauer gesagt die Steuerung unserer Gene). Die Epigenetik beschäftigt sich unter anderem mit (weiter vererbbaren) Veränderungen der Aktivierung von Genfunktionen im Laufe des Lebens eines Menschen, die nicht durch Mutation entstehen. Die Zwillingsforschung hat beispielsweise ergeben, dass eineiige Zwillinge zwar in den ersten Lebensjahren noch genetisch weitgehend übereinstimmen, aber mit zunehmendem Alter diese Übereinstimmung abnimmt, je weniger Zeit sie miteinander verbringen und je unterschiedlicher ihr Leben verläuft [16]. Andere Forscher belegten den Zusammenhang zwischen einem Wandel in der Ernährung und der darauf folgenden hochgradigen epigenetischen Umprogrammierung durch Aktivierung bzw. Nichtaktivierung von Genen[2]. Damit wird dem Menschen auch aus dieser Perspektive der Biologie eine große Eigenverantwortung zur bewussten förderlichen Gestaltung der verschiedenen Aspekte seines Lebens gegeben.

Dementsprechend ist das Wissen um die Persönlichkeitsmerkmale, denen eine grundsätzlich positive Wirkung bei der individuellen Bewältigung von organisationalem Wandel zugeschrieben werden, sinnvoll, damit Menschen

- ihre förderlichen Persönlichkeitsmerkmale erkennen und in Veränderungsprozessen aktiv nutzen können
- und darüber hinaus die förderlichen Persönlichkeitsdispositionen so weit wie möglich gezielt stärken und weiter entwickeln können.

Beispiel

Ich möchte Ihnen das Beschriebene anhand folgender Metapher verdeutlichen: Stellen Sie sich vor, Sie befinden sich auf Ihrer Reise durch das Leben, ausgestattet mit einer bestimmten Portion Neugierde, wie in einem Auto, das mit einer bestimmten PS-Anzahl ausgestattet ist. Nehmen wir an, Person A hat eine geringere Ausprägung an Neugierde und fährt in einem VW Käfer mit 40 PS, während Person B über eine hohe Ausprägung an Neugierde verfügt und in einem BMW mit 250 PS fährt. Hier steht nun Person A vor der Aufgabe, zu lernen, wie sich die vorhandene Ausstattung vollständig ausschöpfen lässt, um in unserer Metapher mit 120 km/h auf der Autobahn überall hinfahren zu können. Allerdings ist auch klar, dass die 40 PS Neugierde auch bei bestem Training irgendwann an eine Grenze stoßen und dass Person A nicht für jede Rolle geeignet ist (also z. B. in der Metapher nicht als Rennfahrer in der Formel 1 Umgebung bzw. im Unternehmen nicht für die Rolle des Innovationsmanagers, der eher eine mit 250 PS vergleichbare Ausstattung an Neugierde benötigt).

Auf der anderen Seite führen die 250 PS von Person B nicht automatisch dazu, dass diese mit Höchstgeschwindigkeit über die Straßen jagt. Vielleicht fällt Ihnen ja auch das eine oder andere Auto im Straßenverkehr auf, das trotz hoher Motorisierung vor Ihnen herschleicht und ein Blick auf den Fahrer lässt Sie zu der Vermutung kommen, dass dessen Fahrkünste die Ursache darstellen. So wie die Mechanik des Motors angesichts des Fahrstils von Person B über die Zeit degenerieren würde, so kann der Zugang zu den ungenutzten Potenzialen von Menschen verkümmern. Wenn dagegen Person B ihre Potenziale erkennt und voll ausschöpft dann kann sie sich zum Rennfahrer eignen und übertragen auf den Unternehmenskontext z. B. mit einer sehr hohen Ausstattung an Neugierde Innovationsscout werden oder einen Job in der Vorentwicklung übernehmen.

---

[2]Nach dem Motto: Wir sind, was wir essen.

Auf Basis dieser Erkenntnisse würden Person A und Person B dann ein Fahrtraining besuchen bzw., übertragen auf den Unternehmenskontext, die Neugierde in einem gezielten Training oder Coaching, soweit es ihnen jeweils möglich ist, stärken.

In der Forschung wurden im Wesentlichen folgende Persönlichkeitseigenschaften identifiziert, die die Veränderungsbereitschaft fördern:

- **Neugierde** [43, S. 114 ff.] kommt eine besondere Bedeutung zu, um sich als Mensch an Veränderungen in dynamischen Situationen anzupassen. Die sog. epistemische Neugier umfasst die Lust auf neues Wissen und neue Entdeckungen sowie die Freude an der Suche nach Problemlösungen (nicht dagegen die wenig wandlungsförderliche Sensationsgier oder übermäßige soziale Neugierde auf die Privatsphäre anderer Menschen). Der Reiz neugieriger Menschen, etwas Neues zu erfahren und zu erleben, wird in Veränderungsprozessen positiv bedient und wechselnde Ereignisse erscheinen grundsätzlich lustvoller als die Alltagsroutine. Epistemische Neugierde bietet die Grundlage für Innovationen. Neugierige Menschen suchen aktiv nach neuen Reizen, sobald die Umwelt zu wenig Reize bietet und Langeweile droht.
- **Optimismus/**positives Gefühlsleben [24] bezeichnet eine positive, zuversichtliche Erwartungshaltung gegenüber der Zukunft. Optimistische Menschen rechnen eher mit positiven Ereignissen und mit dem guten Ausgang einer Sache. In Veränderungsprozessen führt dies tendenziell dazu, dass sie sich in unsicheren Situationen nicht in Angstfantasien verlieren oder durch Vorstellungen, was alles Schlimmes passieren könnte, gelähmt oder blockiert fühlen, sondern stattdessen die sich ergebenden neuen Chancen entdecken können. Optimismus führt dazu, dass durch Veränderungen ausgelöster Stress eher besser bewältigt wird. Angemerkt sei noch, dass (in der Forschung) keine Einigkeit darüber herrscht, ob Optimismus situationsspezifisch ist oder ob es sich um ein stabiles Persönlichkeitsmerkmal handelt.
- **Spontanität** [44]: Dieses Persönlichkeitsmerkmal lässt Menschen häufig unerwartet reagieren bzw. agieren. Spontane Menschen planen weniger als andere und können sich kurzfristig auf neue Situationen einstellen. Nach dem Riemann-Thomann-Modell sind Menschen mit einem Bedürfnis nach Veränderungen spontaner und diese Spontanität ermöglicht es ihnen, auch unvorhergesehene Änderungen oder überraschende ungeplante Ereignisse im Veränderungsprozess besser zu bewältigen.
- **Frustrationstoleranz** [24] beschreibt, ob ein Mensch eine frustrierende Situation über einen längeren Zeitraum aushalten kann, ohne dass seine Wünsche und Bedürfnisse befriedigt werden. Da Veränderungsprozesse häufig auch von Frustration begleitet sind, weil z. B. nicht immer alles sofort gelingt oder vieles mehr Zeit beansprucht als geplant, ist die Frustrationstoleranz wichtig, damit ein Mensch nicht zu schnell aufgibt. Zudem sind Lernprozesse ein natürlicher Begleiter von Veränderungsprozessen und Frustrationstoleranz ist in nahezu jedem Lernprozess notwendig.

- **Ambiguitätstoleranz** [24] beschreibt, inwieweit Menschen Unsicherheiten und mehrdeutige oder widersprüchliche Aussagen und Handlungen ertragen, ohne darauf überfordert, aggressiv oder einseitig mit zu stark vereinfachendem Schwarz-Weiß-Denken zu reagieren [8]. Ambiguitätstolerante Persönlichkeiten können Mehrdeutigkeiten und Widersprüchlichkeiten, wie sie für Veränderungsprozesse typisch sind, in ihrer Vielschichtigkeit wahrnehmen und bewerten. Inwieweit Menschen diese Mehrdeutigkeiten tolerieren können und somit eine Tendenz haben, positiv damit umzugehen, ohne sich daran aufzureiben, ist ein wichtiges Merkmal im Kontext von organisationalem Wandel. Eine gering ausgeprägte Ambiguitätstoleranz führt tendenziell im unsicheren Veränderungskontext zu einem hohen Stresserleben[3].
- **Selbstwirksamkeit** [11]: Hierbei handelt es sich um den Glauben an die eigenen Fähigkeiten, schwierige Herausforderungen zu meistern [5, S. 3], bzw. die Überzeugung, wenn es gefordert wird, die angemessene Leistung bringen zu können. Ursprünglich wurde diese innere Überzeugung eher als situationsspezifisch betrachtet, doch inzwischen setzt sich eine Tendenz zur Akzeptanz einer dispositionalen, situationsübergreifenden Selbstwirksamkeitsüberzeugung durch. Studien belegen, dass Menschen, die einen positiven Umgang mit Veränderungen haben, über eine hohe Selbstwirksamkeitserwartung verfügen. Wenn ein Mensch überzeugt ist, dass er auch neue Anforderungen bzw. Verhaltenserwartungen umsetzen kann, wird er tendenziell weniger Ängste haben (z. B. vor einem Scheitern in neuen Situationen). Er wird sich aktiver mit auftretenden Problemen auseinandersetzen und veränderungsbereiter sein.
- **Internale Kontrollüberzeugung** [24] liegt vor, wenn ein Mensch über die Selbstwirksamkeitserwartung hinaus auch noch die Überzeugung hat, dass er die Konsequenzen seiner Handlungen kontrollieren kann und ein Ereignis als Konsequenz seines eigenen Handelns ansieht, anstatt äußere Umstände, Schicksal oder Zufall als ursächlich anzusehen. Eine niedrige Kontrollüberzeugung kann zu einem passiven fatalistischen Verhalten in Veränderungssituationen führen und einen Menschen eher in eine Opferrolle bringen („Ich kann ja eh nichts machen"). Eine hohe Ausprägung lässt Menschen tendenziell aktiver und mutiger bzw. im positiven Sinne naiver auf Veränderungen zugehen (auch wenn es sich letztlich um die sog. Illusion der Kontrolle handeln sollte). Menschen mit hoher Kontrollüberzeugung schätzen sich allerdings nicht unbedingt auch risikofreudiger ein, vielmehr sehen sie bestimmte Risiken einfach nicht, da sie ja die Überzeugung/Illusion der Kontrolle haben.
- **Risikoaffinität:** Veränderungen sind in der Regel mit Risiken verbunden. Menschen, die Angst haben, ein Risiko einzugehen, scheuen tendenziell Veränderungen und versuchen stattdessen den Status quo zu bewahren. Eine Studie hat darüber hinausgehend das Konstrukt der generalisierten **Risikotoleranz** abgeleitet, welches sich aus der

[3] Manche Autoren betrachten die Ambiguitätstoleranz als Persönlichkeitsmerkmal und andere als kognitiven Prozess.

Offenheit für neue Erfahrungen, niedriger Risikoaversion sowie der Ambiguitätstoleranz zusammensetzt [24].

- **Bereitschaft zu Anstrengung:** Veränderungen beinhalten potenziell verschiedene Komponenten, die von den betroffenen Menschen einen Energieeinsatz zur Bewältigung erfordern, z. B. Lernaufwand, einen zeitlichen Zusatzaufwand neben der Alltagsarbeit. Es gibt dispositionelle Unterschiede, wie viel Anstrengung ein Mensch grundsätzlich bereit ist, im Leben aufzuwenden, dementsprechend unterschiedlich wird seine Bereitschaft zur Veränderungsanstrengung oder für einen Lernprozess im Generellen sein. Menschen mit einer hohen Anstrengungsbereitschaft sind tendenziell eher bereit, die Mühen eines Veränderungsprozesses auf sich zu nehmen. Neben der Einstellung gegenüber den allgemeinen Anforderungen gibt es noch die Bereitschaft, sich in einer konkreten Situation Mühe zu geben. Ebenfalls in Verbindung mit der Anstrengungsbereitschaft könnte man das sog. **Kognitionsbedürfnis** sehen. Die damit verbundene Bereitschaft auch für komplexe Aufgaben kognitiv aufwendige Lösungen zu suchen [32], könnte sich förderlich auf die Bereitschaft vor allem für Veränderungen 2. Ordnung auswirken.

Weitere Untersuchungen fokussieren ihre Forschung zu den die Veränderungsbereitschaft fördernden Dispositionen auf die fünf Dimensionen des international in Forschung und Praxis anerkannten **Persönlichkeitsmodells Big Five**[4]:

- **Offenheit für Neues/für Erfahrungen:** Diese Dimension beschreibt das Interesse an neuen (Lern-) Erfahrungen, Wissen und Erlebnissen und das Ausprobieren von Neuem bzw. das Ausmaß der Beschäftigung mit Neuem. Diese Persönlichkeitsdimension wird häufig mit folgenden Merkmalen assoziiert: vielseitig interessiert, wissbegierig, hinterfragend, kreativ, aufgeschlossen, tolerant, experimentierfreudig, einfühlsam, unkonventionell, unabhängig, an Abwechslung interessiert etc. Die Dimension Offenheit für Neues wird häufig in einen positiven Zusammenhang mit einer hohen Veränderungsbereitschaft gebracht [37]. Personen, die offen für neue Erfahrungen sind, nehmen Veränderungen eher als Herausforderung an [34] und erweisen sich als anpassungsfähig in dynamischen Arbeitsumgebungen [19].
- **Gewissenhaftigkeit:** Personen mit einer hohen Ausprägung an Gewissenhaftigkeit sind eher zuverlässig, detailverliebt bzw. perfektionistisch, sorgfältig, selbst kontrolliert, planend, organisiert, überlegt, zielstrebig und gehen methodisch vor. Ein signifikanter Zusammenhang zwischen Gewissenhaftigkeit und Veränderungsbereitschaft konnte in der Forschung noch nicht nachgewiesen werden. In unserer Praxis erleben wir jedoch immer wieder, dass gerade Persönlichkeiten, denen Kontrolle und Planung

[4]In englischer Sprache nach den Anfangsbuchstaben auch OCEAN-Modell genannt.

sehr wichtig ist und die einen Hang zum Perfektionismus [48] haben, den immanenten Kontrollverlust in Veränderungsprozessen sowie die häufigen Fehler beim Erlernen von Neuem als größere Herausforderung erfahren und somit eine geringere Veränderungsbereitschaft zeigen.

- **Extraversion:** Diese Persönlichkeitsdimension beschreibt vor allem interpersonelles Verhalten und das Aktivitätsniveau. Menschen mit einer hohen Ausprägung sind gesellig, begeisterungsfähig, optimistisch, aktiv, energiegeladen, gesprächig, durchsetzungsstark, offen für Anregungen und Aufregungen etc. Viele dieser aufgeführten Teilaspekte verdeutlichen bereits die förderliche Auswirkung auf die Veränderungsbereitschaft [40]. Zudem wurde eine Verbindung zwischen Extraversion und dem persönlichen Wachstumsstreben hergestellt [37]. Diese Präferenz für persönliches Wachstum und die daraus resultierende Lernbereitschaft ist förderlich, um sich neuen Aufgaben und Herausforderungen in Veränderungsprozessen zu stellen.
- **Verträglichkeit:** Auch diese Persönlichkeitsdimension beschreibt vor allem die soziale Interaktion. Typische Merkmale von Menschen mit einer hohen Verträglichkeit sind: kooperativ, verständnisvoll, mitfühlend, hilfsbereit, nachgiebig, herzlich, freundlich etc. Zur Verträglichkeit konnten in der Forschung noch keine signifikanten Zusammenhänge zur Veränderungsbereitschaft nachgewiesen werden. Basierend auf unserer Praxis-Erfahrung wissen wir aber, dass Menschen mit diesen Merkmalen in Veränderungsphasen, die von Emotionalität geprägt sind, ein gut nutzbares Potenzial zum Erkennen und Bearbeiten der mit Veränderungsprozessen einhergehenden Emotionen im Team haben.
- **Neurotizismus:** Diese Persönlichkeitsdimension beschreibt vor allem die emotionale Labilität und das Maß des Empfindens von als negativ wahrgenommenen Gefühlen. Menschen mit hoch ausgeprägten Neurotizismus empfinden vergleichsweise häufiger und länger Phasen von Unsicherheit, Nervosität, Angst, Sorgen oder Trauer. Sie tendieren zu unrealistischen Ideen, reagieren in Stresssituationen eher unangemessen und sind öfter launisch und angespannt. Diese Beschreibung lässt bereits vermuten, was Forschungsergebnisse bestätigen: Neurotizismus korreliert positiv mit dem Widerstand gegenüber Veränderungen und damit negativ mit der Veränderungsbereitschaft [40].

Allerdings gibt es auch Kritik an der Ableitung aus den Big-Five-Dimensionen auf Verhaltenseffekte in Veränderungsprozessen aufgrund des zu abstrakten Charakters der Beschreibungen (z. B. [29, S. 69]).

Grundsätzlich gilt, dass wenn es sich um eine tief greifende **Veränderung 2. Ordnung** handelt, eine **eher stärkere Ausprägung** der oben als förderlich beschriebenen einzelnen Merkmale als bei einer Veränderung 1. Ordnung unterstützend ist.

Es wird dabei jedoch oft nicht beachtet, dass **eine zu starke Ausprägung eines Merkmals durchaus auch eine hinderliche Wirkung entfalten kann.** Diese sind nachfolgend beispielhaft skizziert.

- Zu stark ausgeprägte **Neugierde** auf etwas Neues, kann sich hinderlich darauf auswirken, dass ein Mensch ein Veränderungsvorhaben mit allen langweiligen Routineaufgaben in den Alltag umsetzt; ein zu starkes Hinterfragen könnte auf ein Gegenüber auch misstrauend wirken oder als Zeitfresser nerven.
- Unrealistischer **Optimismus** kann in Veränderungssituationen dazu führen, dass ein Mensch bestimmte Gefahren übersieht und sich nicht rechtzeitig darauf vorbereitet oder zu unvorsichtig agiert. Es könnte auch dazu führen, dass ein Mensch die Kritikfähigkeit verliert und somit nötige Veränderungen nicht anstößt.
- Zu viel **Spontanität** kann dazu führen, dass ein Mensch zu wenig verbindlich im sozialen Miteinander agiert, sich nicht festlegen möchte, sprunghaft erscheint und vielleicht Zusagen zur Umsetzung von Veränderungsvorhaben öfter nicht einhält.
- Zu viel **Frustrationstoleranz** kann dazu führen, dass ein Mensch zu lange in einer aussichtslosen Situation verharrt, verbohrt wird und möglicherweise zu lange an einem nicht Erfolg versprechenden Projekt festhält, anstatt es zu beenden.
- Zu viel **Ambiguitätstoleranz** kann dazu führen, dass ein Mensch zwar sehr differenziert die Perspektiven aller anderen wahrnimmt und aushalten kann, aber vielleicht zu schnell die eigene Perspektive verliert, die eigenen Ziele unklar sind oder diese nicht ausreichend stark verfolgt werden.
- Eine zu stark ausgeprägte **Selbstwirksamkeit** könnte dazu führen, dass jemand sich überschätzt oder sich zu schnell auf sich selbst und die eigenen Fähigkeiten zurückzieht. Es ist auch vorstellbar, dass ein Mensch denkt, er kann es selbst besser als andere, und im sozialen Miteinander in Veränderungsprozessen andere Menschen nicht genügend einbindet oder ausgrenzt.
- Ein zu hohes Maß an **Internaler Kontrollüberzeugung** kann zu einer von außen betrachtet zu hohen Risikotoleranz führen. Ein Beispiel: ein Autofahrer mit einer übersteigerten Kontrollüberzeugung rast mit 120 km/h in eine steile Kurve, in der Überzeugung, er schafft das, und ignoriert dabei, dass der Ausgang der Situation mehr von den Naturgesetzen der Physik als von ihm selbst kontrolliert wird.
- Menschen mit einer zu großen **Risikoaffinität,** sind nicht unbedingt auch diejenigen, die mit den eintretenden Folgen des Risikos (z. B. materieller Schaden oder negative emotionale Folgen bzw. ein Verlust von etwas) gut umgehen können, sondern es kann vielmehr sein, dass sie sich immer wieder selbst in unnötig große Probleme führen bzw. einen zu hohen Preis für Veränderungen zahlen.
- Eine zu starke **Anstrengungsbereitschaft** kann sich gesundheitsgefährdend auswirken, da zur Gesunderhaltung eine gute Balance von Entspannung und Anspannung nötig ist. Zudem könnte es sein, dass ein Mensch mit einer zu hohen Anstrengungsbereitschaft Erfolge nur schätzt, wenn sie mühsam erreicht wurden und einfache Lösungen in Veränderungsprozessen nur ungern wählt, da sie weniger wert erscheinen.

- Zu viel **Offenheit für Erfahrungen** kann dazu führen, dass ein Mensch zu wenig fokussiert ist oder zu wenig bereit ist, ein Veränderungsvorhaben mit allen langweiligen Routineaufgaben in den Alltag umzusetzen und sich stattdessen lieber immer wieder neuen Themen zuwendet.
- Menschen mit einer zu stark ausgeprägten **Extraversion** könnten nicht nur aktiv und energiegeladen Veränderungen angehen, sondern sogar in Aktionismus verfallen oder ein Zuviel an Geschwindigkeit und sozialer Interaktion könnte im Veränderungsprozess bedrängend auf Menschen wirken, die eine entgegensetzte Persönlichkeitsstruktur haben und diese Menschen dann erst recht in eine Abwehrhaltung führen.

Die Ausprägungen dieser Dispositionen eines Menschen können wie bereits weiter oben beschrieben, durch die im Umfeld des Menschen gegeben Verhältnisse (Kontextfaktoren) gefördert oder behindert werden. So fördert z. B. ein Umfeld, das Fragen wertschätzt, weiter die Ausprägung von Neugierde, ein Umfeld, das dagegen Hinterfragen als lästig empfindet, behindert Neugierde[5]. Insofern ist es für Führungskräfte ein wichtiger Hebel sich zu fragen, wie sie einen förderlichen Rahmen zur Entfaltung dieser Dispositionen ihrer Mitarbeiter in Veränderungsprozessen schaffen können.

Zur Bestimmung der Ausprägung der konkreten oben genannten Merkmale sind in Forschung und Beratung zahlreiche diagnostische Verfahren entwickelt worden. **Für eine erste pragmatische Standortbestimmung des Lesers bieten wir den nachfolgenden Fragebogen, der kein ausführlicheres wissenschaftlich fundiertes Verfahren ersetzen kann, aber dennoch für die Praxis Indizien liefert, wo die individuellen Themen liegen könnten.** Empfehlenswert ist es, die nachfolgenden Fragen zusätzlich zu einer **Selbsteinschätzung** um eine **Fremdeinschätzung** zu ergänzen (also mit einer dritten Person zu reflektieren), und so die Validität zu steigern. Sie finden zu jedem Persönlichkeitsmerkmal in folgender Tabelle 4 Fragen, wobei gilt, **je weiter rechts Ihre Antworten sich bei den jeweils ersten drei Fragen befinden, desto förderlicher** wirkt sich dies tendenziell auf Ihre generelle Veränderungsbereitschaft aus.

Um auch für die potenziell negativen Auswirkungen eines zu stark ausgeprägten Merkmals in Veränderungsprozessen zu sensibilisieren, haben wir in der nachfolgenden Tabelle zu jedem Persönlichkeitsmerkmal jeweils eine **vierte kursiv gedruckte Frage ergänzt. Bei dieser vierten Frage gilt: je weiter rechts Ihre Antworten sich befinden, desto tendenziell hinderlicher wirkt sich dies aus** und desto eher empfehlen wir, sich die Frage zu stellen, ob Sie hier bereits auch negative Auswirkungen in Veränderungsprozessen erlebt haben. Diese Erkenntnisse sollten Sie unbedingt in die weitere Stärkung Ihrer Veränderungsbereitschaft miteinbeziehen.

[5] Im Kap. 7 wird im Einzelnen darauf eingegangen, wie eine Führungskraft hier förderlich agieren kann.

Standortbestimmung allgemeine Veränderungsbereitschaft: Indizien zum Erkennen individueller Ansatzpunkte als Basis für eine gezielte Entwicklung	Stimmt gar nicht, nie	Stimmt eher nicht, selten	Stimmt teilweise	Stimmt weitgehend, oft	Stimmt vollkommen, immer sehr stark ausgeprägt
Förderliche Persönlichkeitsmerkmale					
Ich bin ein **neugieriger** Mensch. Mich reizt es, Neues zu entdecken, erleben oder zu lernen. Ich bin vielseitig interessiert. *Ich setze Dinge nicht ausreichend um, da ich mich lieber wieder auf etwas Neues stürze.*					
Ich bin ein **optimistischer** Mensch. Ich sehe in Veränderungsprozessen immer die Chancen. Ich sehe in Phasen der Unsicherheit immer das Positive, statt mir auszumalen, was alles Schlimmes passieren könnte. *Ich übersehe Risiken und bin dann nicht ausreichend darauf vorbereitet.*					
Ich bin ein **spontaner** Mensch. Unvorhergesehene Änderungen bzw. überraschende Ereignisse im Veränderungsprozess beunruhigen mich nicht. Ich reagiere häufig in einer Art, die für Andere unerwartet ist. *Ich habe schon öfter die Kritik erhalten, dass ich zu unverbindlich oder sprunghaft bin.*					
Ich habe eine ausreichende **Frustrationstoleranz.** Wenn mir etwas nicht gelingt, dann bleibe ich dran und gebe nicht so schnell auf. Ich kann frustrierende Situationen über einen längeren Zeitraum aushalten. *Ich halte zu lange an aussichtslosen Dingen fest.*					
Ambiguitätstoleranz: Ich kann Situationen von Mehrdeutigkeiten und Widersprüchen gut aushalten. Ich kann Unsicherheit gut ertragen.					

Ich kann gut andere Sichtweisen, abweichende Meinungen akzeptieren. *Ich verliere schnell meine eigenen Vorstellungen aus dem Blick.*					
Selbstwirksamkeit: Ich glaube, dass ich eine angemessene Leistung erbringen werde, wenn es gefordert ist. Ich bin davon überzeugt, dass ich neue Anforderungen schon irgendwie meistern werde. Mit auftretenden Problemen setze ich mich aktiv auseinander. *Es kommt vor, dass ich mich selbst überschätze.*					
Internale Kontrollüberzeugung: Was geschieht, ist die Konsequenz des eigenen Handelns. Ich denke nur selten: „Da kann man nichts machen." Ich habe mein eigenes Schicksal in der Hand. *Andere geben mir die Rückmeldung, dass ich zu hohe Risiken eingehe.*					
Ich habe eine ausreichend große **Risikobereitschaft** für Veränderungsprozesse. Ich bin mutig, um immer, wenn es nötig ist, den Status quo zu verlassen. In Phasen der Unsicherheit blockieren oder belasten mich die möglichen Risiken nicht. *Meine Risikobereitschaft ist aber auch nicht so groß, dass ich mir selbst immer wieder größere Probleme damit bereite.*					
Ich habe grundsätzlich eine hohe **Bereitschaft mich anzustrengen.** Ich gehe anstrengenden Situationen nicht aus dem Weg. Auch wenn es schwierig wird, bleibe ich dran und beiße mich durch. *Ich mute mir zu viel zu.*					
Ich bin ein **extrovertierter** Mensch (z.B. gesellig, begeisterungsfähig, aktiv, energiegeladen, gesprächig, durchsetzungsstark).					
Ich bin **offen für Neues.**					

Eine differenzierte Klarheit zu gewinnen, wo bei einem Menschen konkret die Ansatzpunkte für eine mangelnde Veränderungsleistung liegen, ist bereits ein großer Schritt in Richtung persönlicher Weiterentwicklung. Der nächste Schritt ist dann die gezielte Stärkung.

Da hinter der **Stärkung der oben identifizierten Merkmale** teilweise sehr umfassende Konzepte liegen, ist es nicht realistisch, diese im Rahmen des vorliegenden Buches so ausreichend darzustellen, dass durch das Lesen allein eine Stärkung erzielt wird. Vielmehr sollten die erkannten Themen jeweils im Rahmen eines Coachings über einen gewissen Zeitraum oder im Seminarkontext tiefer gehend bearbeitet werden. Daher finden Sie im Folgenden nur einen ersten Einblick in die bestehenden Möglichkeiten zur Stärkung:

- **Neugierde** könnte man z. B. trainieren, indem ein Mensch sich selbst das Ziel setzt, jeden Tag eine weiterführende „Was genau…“, „Wie…“ oder „Warum…“ -Frage zu stellen oder eine neue Sache zu entdecken („Wo kann ich etwas Neues heute erfahren oder lernen?“)
- Auch **Optimismus** lässt sich trainieren, z. B. durch das Bewusstwerden pessimistischer innerer Denkmuster, verbunden mit dem Training positiverer Gedanken bezogen auf bestimmte Situationen oder auch, indem man sich vornimmt, weniger soziale Kontakte zu anderen Pessimisten zu pflegen, sondern statt dessen gezielt mehr den Umgang mit Optimisten sucht oder auch, indem man Fragen nach den positiven Aspekten stellt („Was gibt es denn Positives in dieser Angelegenheit?“, „Ist wirklich alles/immer nur schlecht in dieser Angelegenheit oder gibt es nicht zumindest eine kleine positive Ausnahme?“)
- Eine sehr lustvolle Art, **Spontanität** zu trainieren, bieten Angebote von sogenannten Improvisationstheatern – diese Theaterform stellt Handlungen ohne vorher geschriebene Dialoge dar und lebt somit von der Spontanität der Schauspieler. Hier lernen Sie z. B. Assoziations-Übungen kennen, die Sie in Ihren Alltag ohne zusätzlichen Zeitaufwand integrieren können: wenn Sie das nächste Mal Auto fahren, dann schauen Sie, welche Farbe das Auto vor Ihnen hat (z. B. rot), welches nächste Wort fällt Ihnen als nächstes ein, wenn Sie an diese Farbe denken (z. B. Sonnenuntergang), an welches Wort denken Sie dann als nächstes (z. B. Urlaub), was ist dann der nächste Gedanke und so weiter.
- Eine zu geringe **Frustrationstoleranz** könnte z. B. dadurch gestärkt werden, dass ein Mensch lernt, den empfundenen Frust durch bewussten Belohnungsaufschub auszugleichen, es ihm also möglich ist, eine frustrierende Situation länger auszuhalten in Erwartung der künftigen Bedürfniserfüllung (z. B. wenn eine Aufgabe im Job mit viel mehr Mühen als gedacht verbunden ist, lehnen Sie sich kurz zurück und malen sich gedanklich aus, was alles Positives geschieht, wenn die Aufgabe bewältigt ist: Was sehen Sie?, Wen sehen Sie?, Was hören Sie?, Wie fühlen Sie sich? etc.) und planen Sie für Ihr Durchhalten in längeren Veränderungsprozessen in regelmäßigen Abständen eine Belohnung für sich selbst ein.

- Folgende erste Anregungen für den besseren Umgang mit **Ambiguität:** Ausgangspunkt ist die Akzeptanz, dass widersprüchliche und unsichere Situationen normal sind. Versuchen Sie sich in einem Ambiguitätskontext einen Spielraum zu eröffnen, der flexible Bewertungen und Anpassungen auf der Sachebene zulässt, anstatt Ihre Zeit mit der Suche nach der einen richtigen Lösung zu verschwenden. Schieben Sie Ihren inneren Perfektionisten beiseite, da Sie in einem Ambiguitätskontext vermutlich nicht aus jeder Perspektive heraus betrachtet perfekt sein können. Suchen Sie in einer mehrdeutigen widersprüchlichen Situation drei bis fünf unterschiedliche Interpretationen. Fragen Sie dazu auch Menschen, die gut mit der Situation umgehen können, nach deren Einschätzungen.
- Der Grundgedanke einer Förderung von **Selbstwirksamkeit** ist Erkenntnis durch Erleben. Nehmen Sie sich bewusst regelmäßig etwas Neues vor. Dabei sollten diese Vereinbarungen mit sich selbst folgende Anforderungen erfüllen: sie sollten realistisch erreichbar sein und Sie sollten diese Vereinbarungen wirklich einhalten wollen. Bitte nehmen Sie sich auf keinen Fall zu viel auf einmal vor, da nicht erfüllte Vorhaben tendenziell zu einem größeren Verlust an Selbstwirksamkeit führen, als erfüllte Vereinbarungen zu einer Stärkung. Nehmen Sie sich vor, regelmäßig bewusst zu reflektieren, welchen Schritt Ihrer Vereinbarung Sie schon geschafft haben und würdigen Sie bewusst jeden kleinen Schritt in die richtige Richtung. Letztlich richten Sie die Erwartungshaltung darauf aus, dass die Stärkung der Selbstwirksamkeit ein längerer Prozess ist.
- Auch zur Stärkung einer internen **Kontrollüberzeugung** ist ein erfahrungsbasiertes Lernen am vielversprechendsten. Nehmen Sie sich hier regelmäßig vor, in einer bestimmten Situation ihr Verhalten zu variieren und bewusst wahrzunehmen, welche Wirkung eintritt, wenn Sie etwas anders machen/aktiver angehen als bisher. Da es wichtig ist, das Risiko hierbei zu begrenzen, fragen Sie sich vorher bei der Auswahl einer solchen Situation, was im schlimmsten Fall passieren könnte, und wählen Sie eine Situation, in der Sie auch noch gut mit dem Schlimmsten leben könnten.
- Für einen ersten Impuls zur Stärkung der **Anstrengungsbereitschaft** lade ich Sie zu folgender inneren Reise ein: Suchen Sie in Ihrer Biografie nach fünf Erfahrungen, in denen Sie sich angestrengt haben und am Ende dadurch ein für Sie lohnenswertes Ziel/emotional sehr positiv belegtes Ergebnis erreicht haben. Schließen Sie die Augen und tauchen Sie jeweils mit allen Sinnen in Ihre Erinnerungen ein: Was sehen, hören, riechen, schmecken oder fühlen Sie? Suchen Sie für jede Erfahrung den Moment, den Sie mit dem positivsten Gefühl verknüpfen und halten Sie diesen in Ihrer Erinnerung wie in einem inneren Gemälde fest. Wiederholen Sie diese kleine Reise über mehrere Wochen täglich einmal und fragen sich dann, was Sie über den Wert von Anstrengung gelernt haben. Bei der nächsten anstrengenden Herausforderung rufen Sie bitte diese inneren Bilder wieder ab und schmücken im Geiste schon mal ein anziehendes Zielbild aus, wenn Sie diese Anstrengung auch hinter sich gebracht haben.

6.2.2 Erfahrungsbedingte Veränderungsbereitschaft resultierend aus der individuellen Biografie

Die persönlichen Erfahrungen mit Veränderungen sind ein weiteres wesentliches Element zur Ausbildung von Veränderungsbereitschaft. Positive Erfahrungen mit Veränderungen stärken den individuellen Glauben, dass ein Mensch die Veränderungen gut bewältigen kann und damit die eigene Veränderungsbereitschaft. Hat ein Mensch dagegen einige prägende als negativ empfundene Erfahrungen mit Veränderungen gemacht, so verstärken diese tendenziell eine ablehnende Haltung weiteren Veränderungen gegenüber.

Die Neurobiologie bestätigt durch wissenschaftliche Methoden den großen Einfluss der im Gehirn verankerten Erfahrungen auf das künftige Denken, Fühlen und Handeln von Menschen bezogen auf das Erfahrungsobjekt. Hierbei steht vor allem das limbische System im Fokus, da diese Region das Zentrum für Erinnerungen, die emotionale Verarbeitung, das (Wieder-)Erkennen von Situationen und Lernen ist. Das Limbische System ordnet im Zusammenspiel mit anderen Hirnregionen Sinnesmeldungen eine emotionale Beurteilung zu und beeinflusst dementsprechend die nachfolgenden Aktivitäten (wie z. B. Aufmerksamkeit, Motivation, motorische Muster).

Man kann sich das vereinfacht wie folgt vorstellen: Immer, wenn ein Mensch mit einer für ihn relevanten Situation konfrontiert wird, folgt eine (unbewusste) Abfrage im limbischen System, ob es nicht schon Erfahrungen mit ähnlichen Situationen gibt und inwiefern diese mit negativen oder positiven Gefühlen verbunden sind. Auf der Basis erfolgt dann eine Bewertung, ob diese Situation zu wiederholen oder zu vermeiden ist. Dies führt dann zu entsprechenden aktiven Bewältigungs- oder Vermeidungsstrategien.

Auf der einen Seite hat dieser Mechanismus für uns Menschen in Veränderungsprozessen einen großen Wert: Er stärkt in unklaren Situationen eine Ahnung bzw. unser Gespür dafür, was kommen könnte, er fördert unser Verständnis von einer Situation bzw. unsere Urteilsfähigkeit, er hilft uns, mögliche Gefahren frühzeitig zu erkennen und er lässt uns durch die Erfahrung wiederkehrender Situationen im Zeitverlauf gelassener werden.

Idealerweise kommt es zu folgendem **positiven Erfahrungskreislauf** (siehe Abb. 6.2): Sie bewältigen eine Veränderungsherausforderung erfolgreich, der individuelle Glaube an die eigenen Fähigkeiten (Selbstwirksamkeit) wird gestärkt, dies macht Ihnen Lust auf neue Veränderungserfahrungen, stärkt Ihre Neugierde und die Lust zu lernen und dementsprechend Ihre Veränderungsbereitschaft.

Entweder Sie starten auf dieser Basis mit einer positiven Ausrichtung in neue Veränderungssituationen, die von außen angestoßen werden (induzierte Veränderung) oder Sie führen sich selbst sogar aktiv in neue Veränderungsherausforderungen (autonome Veränderung). Ihre positive Erwartungshaltung führt dann dazu, dass Ihre Wahrnehmung eher weiter verstärkend die positiven Aspekte der Veränderung sieht und Sie in unklaren Situationen eher zu positiven Interpretationen neigen. Dementsprechend empfinden Sie vergleichsweise weniger Belastungen. Ausgestattet mit diesen positiven Unterstützern meistern Sie auch diese Situation sogar noch besser, (da die positiven Unterstützer einen

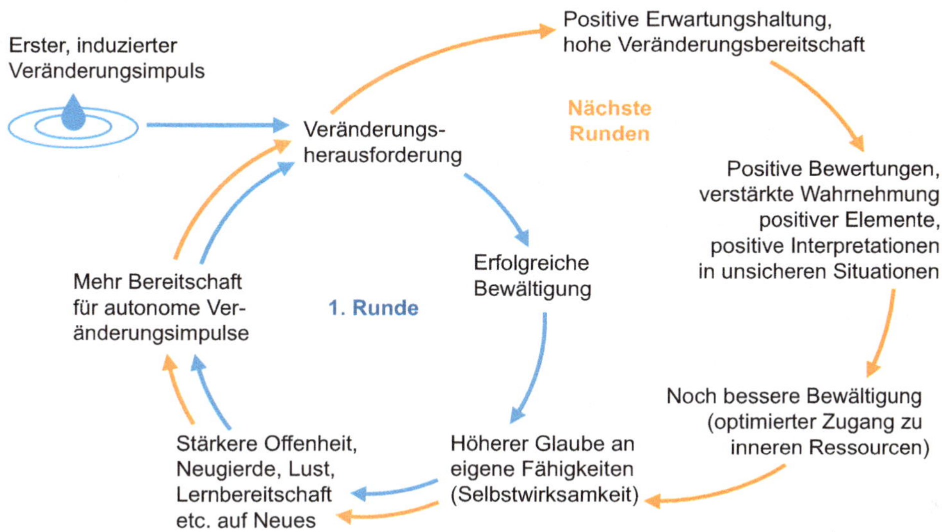

Abb. 6.2 Positiver Kreislauf von Veränderungserfahrungen

leichteren und schnelleren Zugang zu Ihren Kompetenzen und Potenzialen finden) und Sie starten weiter gestärkt in die nächste Veränderungsrunde.

Auf der anderen Seite kann es auch zu folgendem **„Teufelskreislauf"** mit Veränderungserfahrungen kommen (siehe Abb. 6.3): Wenn Sie eine negative Erfahrung mit der Bewältigung einer Veränderungssituation machen, kann dies dazu führen, dass Sie beginnen, an Ihren eigenen Fähigkeiten zu zweifeln. Sie entwickeln möglicherweise weniger Lust und Neugierde für weitere Veränderungen, verspüren nur eine geringe bis keine Veränderungsbereitschaft, stoßen weniger aktiv eigene weitere Veränderungen an und werden sich vermutlich bei dem nächsten Veränderungsimpuls an all die negativen Gefühle erinnern, die Sie mit Veränderungen jetzt verbinden.

Ihre Wahrnehmung filtert dann eher verstärkend die besorgniserregenden Aspekte der Veränderung heraus, in unklaren Situationen sehen Sie vor allem, was alles Schlimmes passieren könnte, und neigen zu negativen Interpretationen, bilden vielleicht sogar Ängste aus. Sie fühlen sich belasteter und verhalten sich im Ergebnis entsprechend passiver oder ablehnend im Veränderungsprozess. Die belastenden Emotionen blockieren tendenziell den Zugang zu Ihren inneren Ressourcen (Kompetenzen und Potenziale) und führen ggf. zu negativen Sanktionen im Umfeld, was wiederum zu einer weiteren negativen Veränderungserfahrung führt. Mit so verstärkten Selbstzweifeln und negativen Erwartungen starten Sie dann in die nächste Veränderungsrunde und finden sich vielleicht sogar irgendwann in einer echten Krise wieder.

Diese skizzierten Vorgänge laufen in der Regel unbewusst ab. Wie kann ein Mensch nun **aus diesem Teufelskreislauf ausbrechen?**

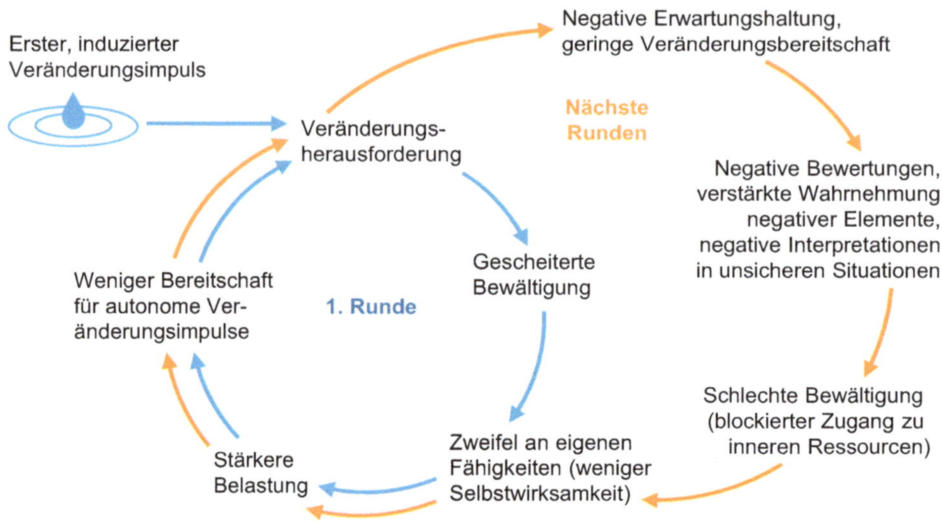

Abb. 6.3 Negativer Kreislauf mit Veränderungserfahrungen

Auf kognitiver Ebene ist es hierfür ein wichtiger Schritt, sich die beschriebenen Zusammenhänge zu verdeutlichen. Dies allein wird aber nicht ausreichen, da die Erkenntnisse der Neurobiologie belegen, dass der wichtigste Aspekt hier die Verbindung der jeweiligen Situationen mit positiven Gefühlen – also eine positive emotionale Veränderungserfahrung – ist. Es gilt: Alte Erfahrungen werden durch neue (förderliche) Erfahrungen überschrieben.

Genau hier beißt sich oft die berühmte Katze in den Schwanz, denn ein häufiger Effekt negativer Erfahrungen ist es ja genau, dass ein Mensch versucht, weitere Erfahrungen im gleichen Kontext zu vermeiden und sich so der Chance beraubt, eine neue positive Erfahrung, welche die alte negative Erfahrung überschreiben könnte, zu machen. Dies manifestiert die Wirkung der alten schlechten Erfahrung für die Zukunft und etwas inzwischen Überholtes steht etwas Neuem im Wege.

Daher gilt es, die Herausforderung zu bewältigen, sich trotz negativer Veränderungserfahrung bewusst in weitere neue Veränderungserfahrungen zu führen und somit die Chance (leider keine Gewissheit) auf eine positive Erfahrung mit allen damit verbundenen positiven Effekten zu eröffnen.

Ein weiterer wichtiger Aspekt der Arbeit mit Veränderungserfahrungen liegt darin begründet, dass, wie es eine Trainerkollegin ausdrückte: *„Positive Veränderungserfahrungen innerlich weggleiten, wie an einer Teflon-Beschichtung und negative Veränderungserfahrungen haften bleiben, wie an einem Klettband.“* Daher ist es für eine förderliche Arbeit mit Erfahrungen sehr wichtig, den positiven und negativen emotionalen Erfahrungen jeweils einen angemessenen Platz im inneren System eines Menschen zu geben. Wie das funktionieren kann, wird nachfolgend anhand der Arbeit mit sogenannten

Glaubenssätzen verdeutlicht. Wie in Abschn. 1.7 bei den Ebenen der Veränderung dargestellt, prägen individuelle Erfahrungen die inneren Haltungen/Überzeugungen eines Menschen, welche letztlich dann die Basis für Verhaltensweisen sind. Diese erfahrungsbasierten inneren Einstellungen zu einem Thema werden in sogenannten **Glaubenssätzen** sichtbar. Hierzu das folgende Praxisbeispiel:

Praxisbeispiel Glaubenssatz

Ich hatte die Seminarteilnehmer gebeten, folgenden Satzanfang möglichst schnell und intuitiv zu Ende zu bringen, um die jeweiligen inneren Glaubenssätze ins Bewusstsein zu heben: „Veränderungen sind für mich…“.

Bei ungefähr der Hälfte der Teilnehmer fanden sich Satzenden wie z. B. „normal“, „ein Weg zur Weiterentwicklung“, „neue Chancen“. Bei der anderen Hälfte endeten die Sätze dagegen wie folgt: „anstrengend“, „schrecklich“, „ein Risiko“.

Dementsprechend fand sich bei der ersten Gruppe eine große Veränderungsbereitschaft und bei der zweiten Gruppe eine geringere Bereitschaft für weitere Veränderungen (wer hat schon große Lust auf anstrengende schreckliche Risiken?). Wenn man sich das bekannte Phänomen der sich selbsterfüllenden Prophezeiung vor Augen führt, dann ist schnell klar, dass die Glaubenssätze der zweiten Gruppe dazu führen, dass diese Menschen im nächsten Veränderungsprozess auch eher die Risiken sehen oder die Anstrengung empfinden.

Für eine förderliche Bearbeitung dieser Glaubenssätze, stelle ich unter anderem meinen Klienten folgende Fragen:

- Waren wirklich alle bisherigen Erfahrungen mit Veränderungen in Ihrem Leben schrecklich?
- Gab es niemals eine einzige positive Erfahrung?
- Waren sämtliche Veränderungen in Ihrem Leben immer nur ein Risiko und niemals auch eine Chance für etwas Neues, Gutes?

Sie ahnen bereits, dass es immer auch gute Erfahrungen mit Veränderungen gibt und meine Klienten meistens antworten „Doch, klar …“. Hier hatte der Teflon-Klett-Mechanismus zugeschlagen und nur die unguten Erfahrungen hatten sich in den Glaubenssätzen abgebildet – mit allen negativen Folgen.

Im nächsten Schritt vertiefe ich dann die individuelle Erinnerung an die positiven Erfahrungen und bitte anschließend den Glaubenssatz noch einmal individuell stimmig mit dem Wort „und“ so zu ergänzen, dass auch den positiven Erfahrungen in der jeweiligen Biografie einen angemessenen Platz bekommen. Diese Haltungsarbeit ist ein wichtiger Schritt zur Stärkung der Veränderungsbereitschaft.

Abschließend möchte ich noch auf einen Aspekt eingehen, der in meiner Praxis immer wieder von Klienten zum Ausdruck gebracht wird: **„Mit dem Alter wird man halt weniger veränderungsbereit“.** Meine Antwort hierauf ist: Auch wenn einige

Autoren schreiben, dass mit Zunahme des Alters die Anpassungsgeschwindigkeit teilweise zurückgeht [33], ist das keine Zwangsläufigkeit. Neben den oben beschriebenen Charakterdispositionen besteht ggf. folgender Zusammenhang, der zu dem Eindruck führt, dass manche Menschen mit dem Alter widerwilliger bis ängstlicher gegenüber Veränderungen werden: Im Laufe eines Lebens sammeln wir immer mehr Erfahrungen mit Veränderungen; manche Menschen sammeln überwiegend positive Erfahrungen, andere eher negative, sogar als traumatisierend empfundene Erfahrungen. Die nicht förderliche Verarbeitung dieser Erfahrungen kann dann zu einer verminderten Veränderungsbereitschaft führen. Die zugrunde liegenden Erfahrungen kann ein Mensch nicht immer beeinflussen (manche Menschen haben hier ein härteres Schicksal zu bewältigen als andere), aber der förderliche Umgang bzw. die Verarbeitung dieser Erfahrungen liegt in unserem Gestaltungsbereich (ähnlich dem Zitat von Aristoteles: „Wir können den Wind nicht ändern, aber die Segel anders setzen"). Daher sehe ich hier keine zwangsläufige Korrelation mit dem Alter, sondern möchte jedem Leser an dieser Stelle die Eigenverantwortung für einen förderlichen Umgang mit seinen gemachten Erfahrungen geben, um so, wie es heute von vielen Unternehmen gefordert wird, bis zum Ende des Berufslebens seine Veränderungsbereitschaft zu erhalten.

6.2.3 Spezifische Veränderungsbereitschaft

Über die grundsätzliche Veränderungsbereitschaft hinaus ist es für die Realisierung einer Veränderungsleistung wesentlich, ob ein Mensch in der jeweiligen konkreten Veränderungssituation zum Wandel bereit ist. Dies ist abhängig vom jeweiligen tatsächlichen Veränderungsobjekt bzw. den konkreten Inhalten und Anforderungen in der Situation. So finden Sie in Kap. 12 beispielsweise die Aspekte der Veränderungsbereitschaft im Kontext des Generationenübergangs beschrieben. Die Ausprägung der spezifischen Veränderungsbereitschaft wirkt sich auf die spezifische Anstrengungsbereitschaft aus, sich in der konkreten Anforderungssituation Mühe für eine gelungene Veränderung zu geben.

Hierzu ist die Kernfrage, die sich ein Individuum als erstes klar und nachvollziehbar beantworten muss: **Warum kann es eigentlich nicht so bleiben, wie es ist?** Wenn ich hierauf keine befriedigende Antwort habe (bzw. erhalte) und die Veränderung somit als nicht notwendig erachte, werde ich eher am Status quo festhalten und keine Bereitschaft entwickeln, meine gemütliche Komfortzone zu verlassen.

Nicht immer wird es gelingen, eine überzeugende Antwort aus der eigenen Perspektive heraus zu finden. Hier ist es wichtig, den in Kap. 1 skizzierten Gedanken der **Stakeholder-Analyse** aufzugreifen und aus anderen Perspektiven heraus aktiv nach Antworten zu suchen z. B. aus der Perspektive von Kunden, Lieferanten, Kapitalgebern und natürlich der Perspektive derjenigen, die die Veränderungsentscheidung getroffen haben. Entweder können Sie sich dazu in die anderen Perspektiven gedanklich hineinversetzen oder Sie stellen anderen Menschen Fragen. Letzteres möchte ich explizit noch einmal betonen, da ich es in meiner Coaching- oder Seminarpraxis immer wieder erlebe, dass Klienten sich darüber beschweren, dass sie die Antwort auf diese Frage nicht kennen, da ihnen das von den Verantwortlichen für den Veränderungsprozess nicht kommuniziert worden ist. Meine Nachfrage an Klienten, ob sie denn aktiv von sich aus die Frage allen Beteiligten gestellt hätten, wird dann oft verneint. Hierzu ist anzumerken, dass es tatsächlich leider in der Change Kommunikation in Unternehmen immer noch zu oft vergessen wird, den Mitarbeitern diese wichtige Frage aktiv zu beantworten. Auf der anderen Seite ist die Verärgerung über dieses Versäumnis pure Energieverschwendung.

Veränderungsintelligenz bedeutet hier, dass jeder Mensch sich darauf konzentrieren sollte, was er in seinem eigenen Handlungsradius gestalten kann. Dazu gehört in der beschriebenen Situation, dass der einzelne Mitarbeiter auch aktiv die für ihn wichtigen Fragen stellt und vielleicht sogar noch den Zusammenhang zu seiner persönlichen Veränderungsbereitschaft verdeutlicht. Damit signalisiert er nach außen, dass er grundsätzlich veränderungsbereit ist, er aber im Speziellen noch Antworten benötigt. Zudem bietet dies auch dem Gegenüber die Chance, die Bedeutung einer Beantwortung dieser Fragen zu erkennen und vielleicht im nächsten Veränderungsprozess aktiver Antworten zu diesen Fragen zu bieten.

Wichtig zur Entwicklung einer spezifischen Veränderungsbereitschaft ist, neben dem aktiven Stellen der richtigen Fragen an die relevanten Stakeholder, natürlich auch das ebenso aktive Zuhören, also z. B. die Sicherung eines gemeinsamen Verständnisses der Antworten („Habe ich Sie richtig verstanden, dass …?") oder das vertiefende Nachfragen („Was genau meinen Sie …?").

Ebenso gilt es, sich zu verdeutlichen, dass manche Antworten aus der eigenen Perspektive zunächst nicht nachvollziehbar sind, da sie vom Gegenüber aus einer anderen Logik heraus gegeben werden. So ist der einzelne Mitarbeiter vielleicht in einer an seinen aktuellen Kunden orientierten Logik verhaftet und der Vorstand, der immer die Kunden-, Mitarbeiter- und Eigentümerinteressen ausbalancieren muss, hat die aktuelle Veränderungsentscheidung zugunsten der Eigentümerorientierung getroffen. Die Fähigkeiten zum **Perspektivwechsel** sind ein weiterer wesentlicher Schlüssel zur Entwicklung einer Veränderungsbereitschaft.

Ein typisches Beispiel hierzu: Der Vorstand hat entschieden, in bestehende profitable Geschäfte nicht weiter zu investieren und stattdessen Investitionen in neue, noch unsichere Geschäftsfelder zu tätigen, die bisher noch keine klare Renditeerwartung zeigen. In der Realmarktlogik sieht das so aus, dass man den Geschäftsfeldern, in denen man doch aktuell gutes Geld verdient, keine Investitionen mehr gönnt und aktuelle Kunden nicht mehr bestmöglich unterstützt. Aus der Eigentümerperspektive kann es wichtiger sein, die Zukunft über Generationen zu sichern indem in scheinbar unsichere und noch nicht ertragsbringende Geschäfte investiert wird, um den Unternehmenserfolg auch langfristig nachhaltig zu gewährleisten. Wie der Geschäftsführer eines mittelständischen Familienunternehmens sagte: „Manchmal muss man Risiken eingehen, um Risiken zu vermeiden".

Die Macht der Perspektive – Die Blinden und der Elefant[6]

Es waren einmal fünf blinde Gelehrte. Sie wurden vom König auf eine Reise geschickt und sollten herausfinden, was ein Elefant ist. So machten sie sich auf die Reise nach Indien. Dort wurden sie von einem Helfer zu einem Elefanten geführt. Die fünf Gelehrten versuchten nun, sich durch Ertasten ein Bild vom Elefanten zu machen. Als sie zurück zu ihrem König kamen, berichteten sie ihm über den Elefanten. Der erste Weise stand am Kopf des Elefanten und hatte den Rüssel betastet. Er sagte: „Ein Elefant ist wie ein langer Arm." Der zweite Weise hatte das Ohr des Elefanten ertastet und widersprach: „Aber nein, ein Elefant ist wie ein großer Fächer." Der dritte Weise, der am Bein des Elefanten stand, widersprach auch: „Nein, ein Elefant ist wie eine dicke Säule." Und der vierte Weise, der den Schwanz des Elefanten ertastet hatte, widersprach ebenfalls heftig: „Ein Elefant ist wie eine Strippe mit einigen Haaren am Ende". Der fünfte Weise schloss ab, mit der Meinung, dass ein Elefant eine riesige Masse mit Rundungen und Borsten sei, denn er stand am Rumpf des Tieres.

Die Weisen fürchteten nach ihren widersprüchlichen Äußerungen den Zorn des Königs. Doch der König lächelte und bedankte sich mit den Worten: „Ich weiß nun, was ein Elefant ist: Ein Elefant ist ein Tier mit einem Rüssel, der wie ein langer Arm ist, mit Ohren, die wie Fächer sind, mit Beinen wie starke Säulen, mit einem Schwanz ähnlich einer kleinen Strippe mit ein paar Haaren daran und mit einem Rumpf, der wie eine große Masse mit Rundungen und einigen Borsten ist."

Die Gelehrten senkten beschämt ihren Kopf, als sie erkannten, dass jeder nur einen Teil des Elefanten ertastet hatte und sie sich zu schnell damit zufriedengegeben hatten.

Dieses Gleichnis verdeutlicht sehr schön, dass verschiedene Perspektiven zu unterschiedlichen Einschätzungen der Realität führen und dass es eine absolute Wahrheit nicht gibt. Erst das Zusammensetzen der verschiedenen Perspektiven bzw. relativen subjektiven Wahrheiten ermöglicht ein vollständiges Bild.

Das skizzierte Vorgehen des aktiven Erfragens verschiedener Perspektiven bietet lediglich die Chance darauf, dass ein Mensch befriedigende Antworten erhält, aber keine Sicherheit. Was nun aber, wenn ein Mensch seine für die Veränderungsbereitschaft wichtigen Fragen aktiv allen Stakeholdern stellt und leider keine (überzeugenden) Antworten erhält? Auf diesen Fall gehen wir im Kapitel der veränderungsförderlichen Akzeptanz ein (vgl. Abschn. 6.3).

Darüber hinaus ist die zeitliche Dimension der spezifischen Veränderungsbereitschaft zu beachten. Ein Mensch kann zwar verstanden haben, dass es grundsätzlich nicht so bleiben kann, wie es ist, aber es hat einen großen Einfluss auf die Mobilisierung der nötigen Veränderungsenergie, ob er denkt, die Veränderungen könnten irgendwann einmal eingeleitet werden, oder ob kurzfristiges bzw. sofortiges Handeln nötig erscheint. Daraus ergibt sich die nächste wichtige Frage, die beantwortet werden sollte: **Wie dringlich ist der bisherige Zustand zu verlassen? Kann ich mir nicht noch etwas Zeit damit lassen?**

Vor allem radikale Veränderungen 2. Ordnung mit ihren grundsätzlich höheren Anforderungen an das Individuum benötigen eine nachvollziehbare Begründung zur Mobilisierung der individuellen Veränderungsenergie. Am einfachsten nachvollziehbar erscheint dies für Mitarbeiter, wenn sich ihr Unternehmen oder Unternehmensbereich in einer Krise befindet. Je existenzieller die Krise ist, desto mehr steigt die individuelle Bereitschaft zur schnellen Zerschlagung bisheriger Prozesse und Strukturen.

---

[6]Der Ursprung dieses Gleichnisses wird in Südasien vermutet, am bekanntesten ist die Version aus einem Gedicht von John Godfrey Saxe (19. Jahrhundert).

Was ist aber nun, wenn es dem Unternehmen sehr gut geht, es vielleicht sogar von einem Rekordergebnis zum nächsten jagt? Hier könnte aus der Perspektive des einzelnen Mitarbeiters eigentlich alles so bleiben, wie es ist und ein Gefühl der Dringlichkeit zur Veränderung stellt sich erst recht nicht ein. An dieser Stelle möchte ich den Leser auf das Kap. 1 verweisen, in dem deutlich gemacht wurde, dass angesichts des **beschleunigten bzw. exponentiellen Wandels im Unternehmensumfeld ein frühzeitiges Handeln für Unternehmen heutzutage mehr denn je überlebensnotwendig** ist und das ein „sich in Sicherheit wähnen“ angesichts aktueller Gewinne eine große Gefahr bedeutet.

Zudem ist es hier auch wiederum wichtig, die **Perspektive der verschiedenen Stakeholder einzunehmen** und eine Antwort aus deren Sichtweise zu suchen. So kann es sein, dass der Vorstand, der die Veränderungsentscheidung gefällt hat, eine radikal den Markt verändernde Entwicklung erkannt hat (z. B. wie in Kap. 1 beschrieben, eine Änderung des dominanten Designs des Hauptproduktes im Unternehmen oder eine radikale Innovation, die zunächst noch einen kleinen, für das Unternehmen kaum spürbaren Marktanteil hat, aber droht, die Verhaltensgewohnheiten der Kunden tief greifend zu ändern). Hier ist es auch wichtig, dass Mitarbeiter sich sensibilisieren für zunächst noch schwache Signale aus der Kundenperspektive und sich fragen, ob diese auf eine neue Marktentwicklung hindeuten könnten, auf die man sich als Unternehmen besser frühestmöglich einstellt. Wie in Kap. 1 angeführt, führt der disruptive Charakter des Wandels unserer Zeit dazu, dass Marktveränderungen sehr viel schneller vonstattengehen als früher und zunehmend nur noch diejenigen Unternehmen gute Geschäftschancen haben, die frühzeitig in neu entstehende Marktsegmente vorstoßen (vgl. Abschn. 1.5). Daher ist es für den einzelnen Mitarbeiter zur Ausprägung der spezifischen Veränderungsbereitschaft bedeutsam, dass er nachfolgende besondere Herausforderung unserer heutigen Zeit klar erkennt:

► **Es herrscht oft gleichzeitig eine sehr gute Geschäftslage auf der einen Seite und auf der anderen Seite kann sich eine drohende Gefahr mit 7-Meilen-Stiefeln am Horizont nähern, deren Auswirkungen heute in den Geschäftszahlen noch nicht zu spüren ist – wenn diese Auswirkung aber in den Geschäftszahlen zu spüren ist, dann kann es ggf. bereits zu spät sein** – wie das Beispiel von Nokia eindrücklich zeigte. Verdeutlichen Sie sich auch in einer solchen Situation, dass vielfach beschrieben ist, dass besonders Unternehmen gefährdet sind, die auf eine erfolgreiche Vergangenheit und Gegenwart schauen können und an ihrer bisherigen Erfolgsstrategie rigide festhalten. Verdeutlichen Sie sich die Möglichkeit, dass gerade das, was bisher den Erfolg ausgemacht hat, künftig nicht mehr funktionieren wird und ein vermeintliches Festhalten am Status quo zum Verlust desselben führen kann.

Letztlich sei noch erwähnt, dass in einer aktuellen Erfolgssituation die **Entwicklung einer autonomen Veränderungsbereitschaft** aus dem einzelnen Menschen heraus, ohne Anstoß von außen, eine besondere Herausforderung ist. Eine über die vorherigen Ausführungen hinausgehende Erklärung ist, dass der Erfolg von Unternehmen sehr stark mit der Rigidität ihrer Unternehmenskultur korreliert – je erfolgreicher, desto rigider ist typischerweise die Unternehmenskultur. Das bedeutet, jeder einzelne Mitarbeiter verhält sich entlang bestimmter Verhaltenserwartungen, Normen und Werte – denn genau das war die Quelle für den Erfolg in der Vergangenheit und der Gegenwart. Nach vorne hin, durch Innovation oder den Wandel im Markt, mögen aber andere Verhaltensweisen, andere Normen und Werte erfolgskritisch sein. Hier aus dem gewohnten, positiv sanktionierten und allseits erwarteten Verhaltensweisen von sich aus auszubrechen, bedeutet eine besondere Kraftanstrengung.

Ein weiterer wichtiger Aspekt, der die spezifische Veränderungsbereitschaft beeinflusst, ist der **Lerntreppeneffekt** (siehe Abb. 6.4). Ich möchte diesen Effekt an einem Beispiel verdeutlichen.

Praxisbeispiel Lerntreppeneffekt

Ein Mitarbeiter hat sich in den vergangenen 20 Jahren vom Auszubildenden in eine allseits anerkannte Seniorposition entwickelt, die er nun bereits seit einigen Jahren gleichzeitig routiniert und mit hoher Qualität bzw. nahezu fehlerfrei ausfüllt. Eine anstehende Veränderung im Rahmen der digitalen Transformation im Unternehmen würde nun die Inhalte seines Aufgabengebietes deutlich verändern. Der Schwerpunkt seiner Tätigkeit würde sich in ein neues, ihm bislang wenig bekanntes, Aufgabengebiet verlagern. In einem bewussten oder unbewussten inneren Prozess ist diesem Mitarbeiter klar, dass er die neue Position erst einmal nicht mit der gleichen Souveränität wie die bisherige ausfüllen wird und sogar wieder wie ein Anfänger Fehler im neuen

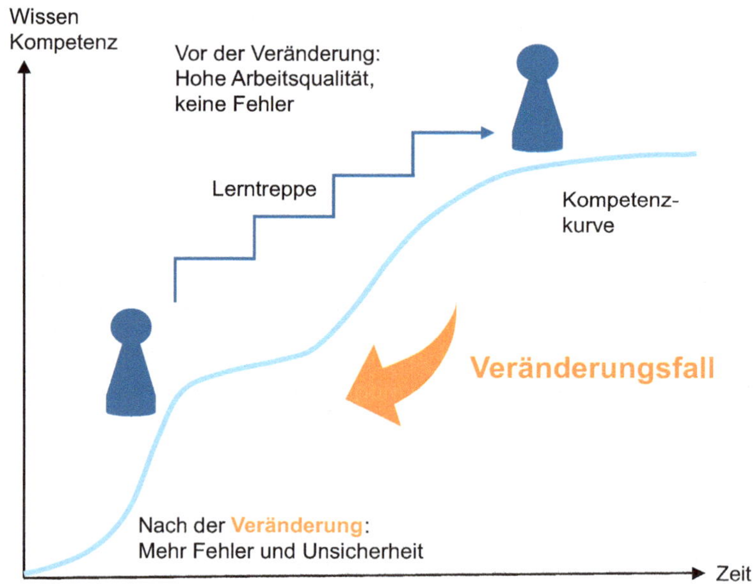

Abb. 6.4 Lerntreppeneffekt

Aufgabengebiet machen wird. Er würde von einem erfahrenen Mitarbeiter, den Kollegen oft um Hilfe gebeten oder nach seiner Einschätzung gefragt haben, zu einem Mitarbeiter werden, der plötzlich selbst wieder Fragen zur Einarbeitung stellen muss, der mehr Fragen und Unsicherheiten als selbstbewusste Antworten haben wird. Verschärft wird dieser Effekt noch, wenn er womöglich deutlich jüngere Kollegen bitten muss, ihm zu helfen, da diese sich teilweise schon besser im neuen Aufgabengebiet rund um die Digitalisierungsstrategie des Unternehmens auskennen, während er noch nicht einmal die Begrifflichkeiten genau versteht, mit denen der Azubi wie selbstverständlich um sich wirft.

Diese Vertreibung aus dem Paradies der Komfortzone in die 4.0-Welt könnte dazu führen, dass eine geringe spezifische Veränderungsbereitschaft besteht.

Die individuelle Bewertung eines Menschen bezüglich seines Bewältigungspotenzials für die konkrete anstehende Veränderung (also die Überlegung, ob er die ausreichenden Fähigkeiten oder Ressourcen bzw. das nötige Wissen mitbringt oder erwerben kann) wird eine große Auswirkung darauf haben, wie er einer Veränderungssituation begegnet. Ich verdeutliche meinen Klienten an dieser Stelle immer, dass, je länger sie sich nicht ihren eigentlichen inneren Barrieren der Veränderungsbereitschaft stellen, das Problem tendenziell größer wird. Denn es vergeht wertvolle Zeit, in der ein Mensch durch aktives Lernen schon wieder die Lernkurve nach oben in Richtung neuer Komfortzone hätte klettern können. Die Zeit, in der er sich in Vorwänden und Blockaden verrennt, nutzen dagegen oft schon andere, um auf der Treppe nach oben zu überholen und je mehr Zeit vergeht, desto größer und unangenehmer wird der Abstand zu den Kollegen, die bereits die Treppe hochgegangen sind und desto größer die Hemmschwelle, die nötigen Fragen zur Einarbeitung zu stellen.

Verstärkt wird dieser Effekt tendenziell noch, wenn ein Mensch gleichzeitig eine perfektionistische Persönlichkeitsstruktur aufweist, so wie im vorherigen Abschnitt skizziert. Weniger verbreitet wird dieser Effekt dagegen vermutlich bei Menschen mit einer hohen Selbstwirksamkeit sein. Denn wenn sich ein Mensch zutraut, dass er es schon schaffen wird, alles Nötige zur Bewältigung der konkreten Veränderung lernen zu können, dann wird er tendenziell schneller und aktiver die Lernkurve wieder nach oben klettern.

Zum Abschluss dieses Kapitels möchte ich noch folgende zwei weitere in der Praxis immer wieder zu beobachtende Faktoren zur Entwicklung der spezifischen Veränderungsbereitschaft nennen:

a) Die individuelle Bewertung der **Erfolgsaussichten des Veränderungsvorhabens.** Hierzu ein kleines Gedankenexperiment: Stellen Sie sich innerlich zwei Situationen vor: Beim ersten Veränderungsvorhaben sind Sie davon überzeugt, dass es ein großer Erfolg sein wird. Beim zweiten Veränderungsvorhaben glauben Sie eher, dass es ein Misserfolg werden wird. Wo ist Ihre Bereitschaft sich einzubringen und anzustrengen größer? Es ist ein sehr gesunder effizienter Mechanismus von Menschen sich mit der verfügbaren Energie dorthin zu wenden, wo sie sich am Ende einen Erfolg erhoffen. Die Veränderungs- und Anstrengungsbereitschaft steigt deutlich, wenn ein Mitarbeiter in einem Unternehmen vom Gelingen und der positiven Wirkung eines Veränderungsvorhabens überzeugt ist.

b) Die Bereitschaft auch einen **Preis für die Veränderung** zu zahlen: Fast jede Veränderung bringt nicht nur Vorteile mit sich, sondern auch Nachteile bzw. erfordert ein bestimmtes Investment (beispielsweise Zeit, Energie …). Veränderung heißt in der Regel, dass ein Mensch eine bestimmte Ist-Situation mit ihren Vor-und Nachteilen gegen eine andere Soll-Situation mit anderen Vor-und Nachteilen tauscht. Die Kernfrage lautet: Ist das neue Paket besser als das alte und ist ein Mensch bereit, die Nachteile oder Beschaffungskosten des neuen Paketes für die erwarteten Vorteile des neuen Paketes zu zahlen? Es wäre naiv, die Kosten der Veränderung nicht bewusst mit einzukalkulieren und eine klare Position hierzu zu entwickeln.

Einschätzung bzw. Bearbeitung Ihrer spezifischen Veränderungsbereitschaft

Bitte beantworten Sie für eine konkrete Veränderungssituation folgende Fragen aus Ihrer eigenen Perspektive sowie aus der Perspektive weiterer wesentlicher Stakeholder:

- Warum kann es eigentlich nicht so bleiben, wie es ist?
- Weshalb muss/sollte ich überhaupt meine Komfortzone/den Status quo verlassen?
- Wie dringend ist es, den aktuellen Status quo zu verlassen?
- Kann ich mir damit nicht noch etwas Zeit lassen?
- Bin ich davon überzeugt, dass das Veränderungsvorhaben erfolgreich sein wird?
- Bin ich bereit, den Preis für die Veränderung zu zahlen?

Falls Sie diese Fragen nicht für sich zufriedenstellend beantworten, finden Sie hierzu in Abschn. 6.3 weiterführende Impulse.

- Traue ich mir zu, das, was jetzt konkret von mir Neues verlangt wird, zu schaffen?
- Bin ich bereit, das, was jetzt konkret von mir Neues verlangt wird, zu lernen – auf der Lernkurve wieder mit aller damit verbundenen Anstrengung nach oben zu klettern?

Verdeutlichen Sie sich, dass ein frühzeitiges und aktives Hinaufklettern auf der Lernkurve die beste persönliche Strategie ist. Hierzu sollten Sie zeitnah klären: Was genau ist jetzt zu lernen, wie gehe ich es konkret und aktiv an, was ist mein nächster Schritt, wo sollte ich mir Unterstützung organisieren?

6.3 Veränderungsförderliche aktive Akzeptanz

Vielleicht erinnern Sie sich noch an das in Kap. 1 vorgestellte 7-Phasen-Modell der emotionalen Reaktionen in Veränderungsprozessen nach Streich (vgl. Abschn. 1.6). Ein zentrales Element dieses Modells ist, dass es erst einer Akzeptanz einer Veränderung bedarf, um dann direkt in das aktive Ausprobieren des Neuen zu starten. Die **kognitive**

und emotionale Akzeptanz eines Veränderungsvorhabens ist eine besonders wichtige Voraussetzung für die Realisierung von Veränderungshandlungen im Rahmen von Veränderungen 2. Ordnung, die aus dem Umfeld eines Menschen angestoßen bzw. induziert wurden. Wir erleben aber in der Praxis immer wieder, dass es eine sehr große Herausforderung ist, genau diese Akzeptanz zu entwickeln und dass es an dieser Stelle häufig zu inneren Blockaden kommt, die dann letztlich eine Veränderungsleistung verhindern. Daher möchten wir in diesem Abschnitt dem Leser einige Impulse an die Hand geben – soweit es im Selbst-Coaching möglich ist, diesen Aspekt förderlich zu bearbeiten.

Zum Start möchte ich an eine oben bereits kurz skizzierte Ausgangssituation anknüpfen: Ein Mitarbeiter ist zwar grundsätzlich veränderungsbereit, aber er kann nur eine geringe oder keine spezifische Veränderungsbereitschaft in der konkreten Situation entwickeln, da er auf die dafür wichtigen oben beschriebenen Fragen leider keine (überzeugenden) Antworten erhält. Vielleicht findet er sogar Antworten, die seinem inneren Wertegerüst bzw. inneren Überzeugungen widersprechen. Was nun?

Um hierauf eine Antwort zu finden und dennoch am Ende zu einer Veränderungsleistung zu gelangen, hat sich in unserer Praxis das Modell des „Circle of Influence" nach Stephen R. Covey [10] als hervorragend geeignet erwiesen. Das Grundmodell erscheint auf den ersten Blick recht einfach, ist aber in seiner Aussagekraft sehr weitreichend. Anhand dieses Modells lassen sich anschaulich die Kernbotschaften für einen zielführenden Umgang mit Akzeptanz in Veränderungsprozessen vermitteln sowie auf dieser Basis wesentliche Impulse zur aktiven förderlichen Gestaltung geben.

Das Modell unterscheidet zwei Cluster, in die ein Mensch seine Themen, die ihn gedanklich beschäftigen oder emotional berühren, einordnen kann: den Circle of Concern und den Circle of Influence Abb. 6.5.

- Der **„Circle of Concern":** Hier finden sich alle Themen, um die sich ein Mensch sorgt, Probleme, die die Aufmerksamkeit beanspruchen, Dinge, über die ein Mensch sich ärgert oder frustriert ist – die er aber *nicht* beeinflussen kann.
- Der **„Circle of Influence":** Hier finden sich alle Angelegenheiten, auf die ein Mensch direkt Einfluss nehmen kann, die der Einzelne willentlich (mit-)gestalten kann, da er die Macht oder Möglichkeit hat, das Thema anzugehen bzw. zu lösen. Hier kann man noch weitergehend in Themen differenzieren, die der Einzelne unter seiner Kontrolle hat und allein gestalten kann und Themen, die er zwar nicht unter Kontrolle hat, die er aber immerhin beeinflussen kann.

In Veränderungsprozessen ist häufig zu beobachten, dass Menschen viel Energie in den ersten Kreis stecken, sich über Themen aufregen, die sie nicht mehr verändern können oder auch die Schuld an unbefriedigenden Situationen auf die äußeren Umstände oder Andere schieben („Wenn die mir vernünftige Antworten auf meine Fragen geben würden, dann würde ich die Veränderung auch mit Energie umsetzen"). Dies ist jedoch reine Energieverschwendung! Genauso, wie über Dauerregen zu klagen, gibt es den als negativ empfundenen Emotionen unangemessen viel Raum, kostet wertvolle Lebenszeit und

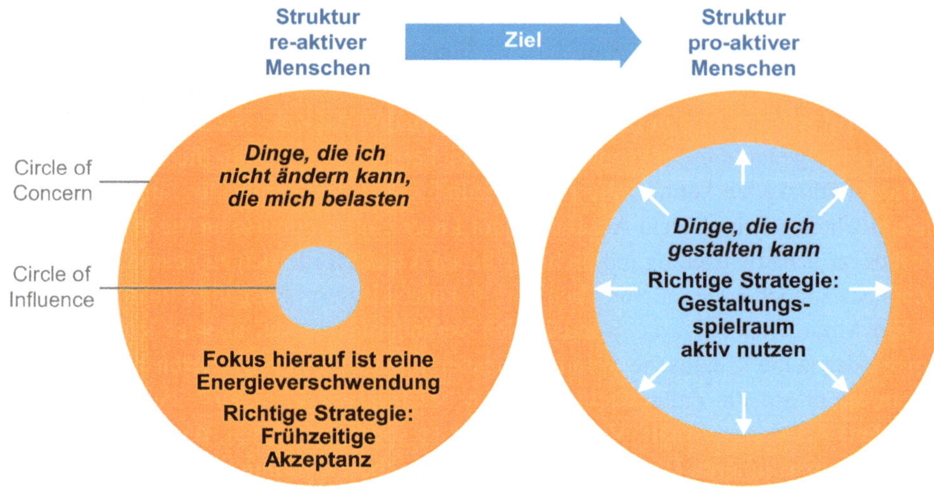

Abb. 6.5 Circle of Influence nach Stephen R. Covey

ändert gar nichts. Menschen, die grundsätzlich dazu neigen, ihre Energie auf Themen im Circle of Concern zu fokussieren, werden auch als **reaktive Menschen** bezeichnet. Diese haben einen großen Circle of Concern und einen kleinen Circle of Influence. Neben der oben skizzierten Energieverschwendung, verhalten sie sich eher passiv, neigen zur **Opferrolle** („Wir müssen das wieder ausbaden") und tendieren sogar dazu, die Dinge, die sie beeinflussen könnten, auszublenden. In der Folge wird durch die ungenutzten potenziellen Einflussmöglichkeiten der Circle of Influence tatsächlich auch kleiner.

▶ **Eine empfehlenswerte Strategie zum Umgang mit den Themen im Circle of Concern ist dagegen, diese Themen zu akzeptieren und sich stattdessen, auf das zu besinnen, was man auch beeinflussen kann – also die ganze Energie auf die Dinge im „Circle of Influence" zu konzentrieren** (im oben genannten Wetter-Beispiel: z. B. Gummistiefel anziehen). Dies entspricht auch dem in Kap. 7 vorgestellten Ansatz des lösungsorientierten Denkens und Handelns: pragmatisch nach Lösungen innerhalb des eigenen Gestaltungsbereiches zu suchen, anstatt Limitierungen einen unangemessenen Raum zu geben.

Menschen, die ihre Zeit und Energie eher für Themen einsetzen, die sie beeinflussen können, werden **pro-aktive Menschen** genannt. Sie lassen nicht zu, dass Dinge, die sie nicht beeinflussen können, sie belasten, sie gehen auch unangenehme Dinge aktiv an und schieben diese nicht auf, sie denken in Ressourcen und Möglichkeiten der Gestaltung, anstatt in Defiziten. Pro-aktive Menschen leben bewusster und verstärken im Zeitverlauf tendenziell ihre Autonomie und ihren Einfluss, indem sie aktiv die Möglichkeiten in ihrem Einflussbereich wahrnehmen.

Bei der Arbeit mit dem Circle-Modell ist ein erster oft unterschätzter Schritt die Zuordnung von Themen in den richtigen Kreis. Je nach Persönlichkeitsdisposition neigen manche Charaktere dazu, Themen vorschnell dem Circle of Concern zuzuordnen („Kann ich eh nicht beeinflussen") und andere Charaktere spüren einen inneren Widerstand, ein Thema wirklich als eine Limitierung zu sehen, und testen viel länger die Grenzen aus, um herauszufinden, ob sie nicht doch noch etwas an der Situation ändern können (z. B. Persönlichkeiten mit einer ausgeprägten Extraversion, Neugierde oder Risikobereitschaft). Hier gilt es, die Balance zu wahren:

- Versuchen Sie zum einen **aktiv herauszufinden,** ob denn wirklich schon alles in den berühmten Stein gemeißelt ist, oder nicht doch noch Möglichkeiten zur Gestaltung bestehen.
- Vermeiden Sie es zum anderen, nicht immer wieder bildlich gesprochen gegen die gleiche Wand zu laufen, mit der Gefahr, sich eine blutige Nase zu holen. Bemühen Sie sich stattdessen, anhand der Reaktion des Umfeldes **achtsam wahrzunehmen,** wenn keine Modifizierung der Veränderungsentscheidung mehr möglich ist und die eigenen Versuche, die Veränderungsentscheidung noch zu modifizieren, **nicht mehr wirksam** sind.

Die Tatsache, dass auch im traditionellen Kontext die Anzahl und Intensität von Veränderungen zunimmt, liegt im Circle of Concern
Auch wenn das Arbeiten in einem traditionellen Kontext im Vergleich zum VUKA-Kontext auch weiterhin mehr von Ordnung und klaren Strukturen geprägt sein wird, so gilt es auch hier zu akzeptieren, dass das Arbeiten zunehmend dynamischer werden wird und die Stabilitätsphasen zwischen den Veränderungsvorhaben immer kürzer werden. Dies gilt es als eine nicht beeinflussbare, vom Umfeld getriebene Entwicklung zu akzeptieren und sich frühzeitig, aktiv und konstruktiv damit auseinanderzusetzen.

Für eine stimmige Einordnung von Themen in den Circle of Concern oder Circle of Influence empfehlen wir, über die eigene Einschätzung hinaus noch weitere Perspektiven Dritter einzuholen. **Denn es gilt: je früher und angemessener die Einteilung von Themen erfolgt, desto stimmiger kann ein Mensch in der jeweiligen Situation reagieren.**

Reflexion der eigenen Muster – der erste wichtige Schritt für eine förderliche Bearbeitung

- Neigen Sie dazu, Dinge zu schnell als nicht mehr beeinflussbar hinzunehmen und dem Circle of Concern zuzuordnen?
- Neigen Sie dazu, eher (zu) spät zu erkennen, dass Themen im Circle of Concern liegen, und verschwenden immer wieder Ihre Energie und bringen sich (unnötig) in Problemsituationen, indem Sie versuchen gegen Windmühlen zu kämpfen?
- Was nehmen Sie sich hier vor, um besser die beschriebene Balance zu wahren?
- Neigen Sie eher zu reaktiven Mustern, verhalten Sie sich eher passiv, neigen Sie zur Opferrolle („Wir müssen das wieder ausbaden") und tendieren Sie sogar dazu, die Dinge, die Sie beeinflussen könnten, auszublenden?

- Neigen Sie eher zu einem pro-aktiven Muster und lassen nicht zu, dass Dinge, die Sie nicht beeinflussen können, Sie belasten? Gehen Sie auch unangenehme Dinge aktiv an und schieben diese nicht auf? Fokussieren Sie sich darauf, die Möglichkeiten der Gestaltung in ihrem Einflussbereich maximal auszunutzen?

Idealerweise begegnen Menschen der oben beschriebenen Ausgangssituation (keine befriedigenden Antworten auf ihre Fragen nach Sinn und Zweck der Veränderung zu bekommen) mit der nachfolgend beschriebenen **aktiven Akzeptanz:**

- Sie akzeptieren das, was sie nicht beeinflussen können.
- Dabei heißt akzeptieren nicht resignieren, und Akzeptanz bedeutet nicht Passivität – im Gegenteil, denn:
- Sie entwickeln zugleich Aktivität in den Bereichen, die Sie noch gestalten können.
- Aktivität bedeutet dabei nicht Aktionismus, hier gilt es, bewusst abzuwägen, wie viel Energie und Aufwand man bereit ist, zu investieren und mit wie viel Wirkung man im Ergebnis rechnen kann.

Eine positive Folge dieser aktiven Akzeptanz ist oft, dass sich durch die Nutzung von Gestaltungsmöglichkeiten im Zeitverlauf tendenziell weitere Handlungsoptionen ergeben und die Sphäre der eigenen Einflussnahme gesteigert und somit auch die eigene Handlungsfähigkeit größer wird. Dies stärkt die im vorherigen Abschnitt beschriebene Selbstwirksamkeit. So verstandene aktive Akzeptanz führt letztlich auch zu mehr Selbstverantwortung in dem Sinne, dass man dort, wo es möglich ist, für sein Leben die Verantwortung übernimmt, indem man es im Rahmen der Möglichkeiten aktiv gestaltet.

▶ **Das Ziel von Menschen sollte es grundsätzlich sein, im Laufe der Zeit den Circle of Concern zu verkleinern und den Circle of Influence zu vergrößern.**

Hier bietet das Modell auch Menschen, die von der Persönlichkeit her eher zu re-aktiven Mustern neigen (z. B. Menschen mit einer eher geringen Selbstwirksamkeit und einer geringen internalen Kontrollüberzeugung), die Möglichkeit, künftigen Veränderungen besser zu begegnen. An dieser Stelle ist die Weiterentwicklung der Persönlichkeit durch Reflexion und die bewusste Entscheidung, welche Gewohnheiten und Muster ein Mensch beibehalten und welche er verändern möchte, möglich.

Impulse zur Überwindung hinderlicher Muster bzw. Stärkung aktiver Akzeptanz in drei Schritten

1. Treffen Sie eine bewusste Unterscheidung zwischen Themen, auf die Sie aktiv Einfluss nehmen können und den Themen, die Sie nicht ändern können. Vielen Menschen ist diese Differenzierung gar nicht klar und sie verschwenden somit unbewusst ihre Energie. Überprüfen Sie diese Aufteilung, indem Sie sich mit anderen Menschen dazu austauschen und deren Perspektiven mit einbeziehen.

2. Machen Sie sich Folgendes deutlich: Jeder Mensch hat die bewusste Wahl, welchen negativen Faktoren in Veränderungsprozessen er gestattet, dass sie ihn belasten! Sie können bewusst entscheiden, wo Sie Ihr kostbarstes Gut – Ihre Lebensenergie – unwirksam verschwenden oder wirksam aufwenden möchten. Nutzen Sie auch hier Ihre Freiheit zur eigenen Entscheidung und Ihren eigenen Willen. So wie Covey sagte:„You are the programmer" [10, S. 148].
3. Fokussieren Sie sich auf die Themen, die Sie (mit-)gestalten können. Handeln Sie pro-aktiv und nutzen Sie Ihren Einfluss, wo es möglich ist.

Zum Abschluss möchte ich noch auf die Möglichkeit eingehen, dass ein Mensch natürlich auch zu dem Ergebnis kommen kann, dass er diesen Weg der Akzeptanz einer Veränderung, die er ablehnt aber nicht mehr beeinflussen kann, nicht gehen möchte. Hier gilt dann das bekannte Sprichwort:

Change it, love it or leave it
In dem Fall, dass „change it" und „love it" nicht funktionieren, ist es empfehlenswert, sich bewusst zu machen, dass dann nur die **„leave it" -Strategie** bleibt. Auch diese gilt es nun allerdings genauso aktiv anzugehen, wie oben beim pro-aktiven Handeln empfohlen. In der Praxis erlebe ich hier leider viele Fälle, in denen Menschen dann in einem passiven Muster stecken bleiben und z. B. in die innere Kündigung gehen. Dies stellt eine der schlechtesten Alternativen dar, denn dieser Zustand ist das Gegenteil von einem glücklichen, erfüllten, gesunden Leben. Oft ist dieser Zustand mit einer gewissen Trotzhaltung verbunden („Wenn die diesen Schwachsinn entschieden haben, dann sollen die das alleine machen"). Hier verdeutliche ich in meinen Seminaren oder im Coaching, dass es letztlich dem System, also dem Unternehmen egal ist, ob ein Mensch in der inneren Kündigung verharrt, und die Veränderungen trotzdem umgesetzt werden. Der einzelne Mensch dagegen verschwendet auch hier sein wertvollstes und knappes Gut: seine Lebensenergie.

6.4 Veränderungserwartung („Sollen des Neuen")

Auf der Basis der zuvor beschriebenen Veränderungsbereitschaft und aktiven Akzeptanz stehen nun im nächsten Schritt die Fragen nach dem Kennen des Neuen bzw. dem Verstehen der Veränderung an, z. B.: Wie genau sieht das Neue aus? Was genau wird bei dem Neuen von einem Menschen erwartet? Was muss konkret geschehen, damit das Neue erfolgreich umgesetzt ist? Was soll ich anders machen? Je klarer die Antworten sind, desto mehr kann ein Mensch seine Veränderungsenergie bündeln und desto weniger Streuverluste bzw. Ineffizienzen entstehen im Veränderungsprozess.

Diesen Fragen begegnen Menschen je nach Persönlichkeitspräferenzen wiederum sehr unterschiedlich:

- Manche Menschen stellen diese Fragen aktiv
- Manche Menschen warten erst einmal ab, ob ihnen nicht jemand von sich aus weitere Antworten zu Klärung bzw. Konkretisierung liefern wird.

Wir stoßen hier auf die bekannte Frage: **Holschuld oder Bringschuld?**

Auch wenn es in allen einschlägigen Ratgebern zum Thema Veränderungskommunikation empfohlen wird, dass Führungskräfte in Veränderungsprozessen ihren Mitarbeitern zur Beantwortung der relevanten Fragen aktiv das Gespräch anbieten und so weit wie möglich Antworten liefern – in der Praxis erleben wir oft genug, dass dies nicht geschieht. Nun könnte ich mich hierüber als Mitarbeiter zu Recht aufregen oder beschließen, dass solange mein Chef mir nicht weitere Fakten zur Konkretisierung liefert, ich erst einmal am Alten festhalte und das Neue nicht angehe. Aber genau hier gilt es sich zu vergegenwärtigen, dass man dann wieder schnell im Circle of Concern landet – mit allen oben beschrieben negativen Folgen.

Stattdessen empfehlen wir daher auch hier wieder eine **aktive und eigenverantwortliche Herangehensweise:** Stellen Sie die für Sie wichtigen Fragen aktiv und versuchen Sie möglichst viele Puzzle-Stücke aus verschiedenen Perspektiven einzusammeln, indem Sie Ihre Fragen zur Klärung von Zielbild und Erwartungshaltung bei verschiedenen Rollen im Veränderungsprozess adressieren (z. B. Ihren Chef, Kollegen, Betriebsrat, Projektleiter …). Beachten Sie dabei am besten die Elemente vom **aktiven Zuhören,** um so viel Klarheit wie möglich zu erzielen (z. B. „Was genau meinen Sie damit?", „Habe ich es richtig verstanden, dass …?").

Über das Fragenstellen hinaus ist es ratsam, das Umfeld im Veränderungsprozess **achtsam** zu **beobachten bzw. wahrzunehmen,** wie sich Dynamiken im sozialen Miteinander ändern, wo sich Macht und Einflussbereiche verschieben, welche neuen Ursache-Wirkungs-Mechanismen es gibt, inwieweit Worten auch Taten folgen, welches Verhalten positiv und welches negativ sanktioniert wird etc. Hier empfehlen wir immer mal wieder jenseits der Hektik des Alltags sich mit sich selbst zu einer kleinen Reflexionsrunde zurückzuziehen, denn es gilt: je mehr ich wahrnehme, desto angemessener kann ich im Veränderungsprozess agieren.

In vielen Veränderungsprozessen wird es aber so sein, dass auch nach dieser aktiven Fragenphase bzw. bewussten Wahrnehmungsphase nicht alles klar sein wird. Wir erhalten vermutlich noch nicht alle Puzzle-Bausteine, damit ein vollständiges Bild entsteht und **viele Antworten und Beobachtungen** werden **interpretationsbedürftig** sein. Dies trifft umso mehr zu, wenn es sich um eine Veränderung 2. Ordnung handelt. Hier gilt es zu beachten, dass diese nötigen Interpretationen zu Verzerrungen führen können und unterschiedliche Bewertungen der Beobachtungen und Aussagen wahrscheinlich zu unterschiedlichen Konstrukten der Veränderungsrealität bei verschiedenen Menschen führen werden.

Weiteren Einfluss auf die individuelle Realitätskonstruktion haben sogenannte **Wahrnehmungsphänomene.** So werden die empfangenen Informationen auf für uns subjektiv relevante, bedeutsame Dinge reduziert. Diesem Effekt sind Sie vielleicht schon einmal begegnet, als Sie einen bestimmten Gegenstand kaufen wollten und plötzlich sehen Sie überall im Alltag diesen Gegenstand. Genauso prägen bestimmte physiologische und psychologische Zustände unsere Wahrnehmung. Diesem Phänomen begegnen wir Menschen z. B. wenn wir hungrig sind und sehr viel intensiver Essensgerüche wahrnehmen.

Die Tatsache, dass wir subjektiv geprägt von individuellen Erfahrungen, Überzeugungen und Vorstellungen sowie unserer Physiologie auswählen und interpretieren, führt zu der Einsicht, dass es **die eine richtige Realität in Veränderungsprozessen nicht geben** wird. Die einzelnen Puzzle-Steine der Antworten und Beobachtungen werden bei jedem Menschen zu einem anderen inneren Bild der Realität bzw. einem persönlichen inneren Modell der Veränderung vervollständigt (Pars-pro- Toto-Effekt). Wenn ein Team von Kollegen gemeinsam und gleichzeitig im Team-Meeting die Erläuterungen des Chefs zur geplanten Veränderung hört, so werden die Kollegen anschließend mit vielen unterschiedlichen inneren Vorstellungen und Bewertungen an den Arbeitsplatz zurückkehren. Wenn wir Menschen nun unreflektiert auf dieser Basis ins Handeln kommen, kann dies zu unangemessenen Reaktionen führen, da die individuelle Realität leider nicht mit der Chef-Realität übereinstimmt.

> Daher empfehlen wir das Aufgeben der Annahme eines verbindlichen Realitätsanspruches. Vielmehr ist ein Bewusstsein der individuellen Konstruktionen von Veränderungsrealität, verbunden mit dem offenen, neugierigen Einsammeln von verschiedenen Perspektiven bzw. Realitäten, die Voraussetzung, um in einem von Unsicherheit und Dynamik geprägten Umfeld angemessen reagieren zu können.

Die auf den Psychologen Richard Lazarus zurückgehende Emotionstheorie [30] geht davon aus, dass wir Menschen auf Basis dieser von uns individuell konstruierten Realität und subjektiven Bewertungen in der Folge unsere Emotionen ausbilden. Die Emotionen in einer Veränderungssituation werden demnach nicht dadurch hervorgerufen, dass ein Ereignis geschieht, sondern vielmehr dadurch, wie wir dieses Ereignis wahrnehmen und bewerten. Daher haben Menschen sehr unterschiedliche Emotionen in der Reaktion auf Veränderungsinformationen bzw. in einer Veränderungssituation.

Praxisbeispiel zur Verdeutlichung der Realitätskonstruktion und Emotionsausbildung

Im Unternehmen wird bekannt, dass der Reinigungsfirma gekündigt wurde. Mitarbeiter A hatte in seinem früheren Unternehmen die Erfahrung gemacht, dass dort kurze Zeit nach der Kündigung der Reinigungsfirma die Standort-Schließung verkündet wurde und er seinen Arbeitsplatz verlor. Mitarbeiter A bildet nun große Ängste aus, dass er wieder arbeitslos wird, und es kommt bei ihm zu diversen Stressreaktionen. Für Kollegen B, der bislang keine derartige Erfahrung gemacht hat, ist die Information der Kündigung der Reinigungsfirma ohne Bedeutung und er vergisst sie schnell wieder. Einige Wochen später wird im unternehmensinternen Intranet der Name der neuen billigeren Reinigungsfirma verkündet – von einer Schließung des Standortes war auch noch Jahre später keine Rede.

Die im Beispiel anschaulich beschriebene Gefahr einer im Nachhinein unnötigen Angstbildung und Stressreaktion ist in Veränderungsprozessen immer wieder vorzufinden. Dabei entstand der Stress weniger durch den Reiz von außen (Kündigung der Reinigungsfirma), sondern vielmehr, weil Mitarbeiter A die Situation als stressend bewertet hat.

Aufgrund der vielfach beschriebenen Zunahme von **Belastungsreaktionen in Veränderungsprozessen** gilt es, sich zu verdeutlichen, dass Stress durch die Wechselwirkung einer sich verändernden Situation mit den Wahrnehmungen und Bewertungen der Person entsteht. Dies bietet gleichzeitig einen Ansatz zur Stressbewältigung in Veränderungssituationen. Neben der Strategie der problemorientierten Stressbewältigung durch die Änderung der Situation verfolgt die emotionsorientierte Stressbewältigung den Ansatz, dass ein Mensch den Bezug zur Situation ändert – indem er sich z. B. fragt, wie man die Situation noch verstehen und bewerten könnte, was mögliche positive Interpretationen wären und welche Vorteile die Situation mit sich bringen könnte.

▶ **Kernbotschaften für einen förderlichen Umgang mit dem Aspekt der Veränderungserwartung**

- Aktiv Fragen stellen zur Klärung, zum guten Verstehen des Neuen: z. B. Wie genau sieht das Neue aus? Was genau wird künftig von mir anderes erwartet? Was muss konkret geschehen, damit das Neue erfolgreich umgesetzt ist?
- Aktives Zuhören, um so viel Klarheit wie möglich zu erzielen, z. B. „Was genau meinen Sie damit?", „Habe ich es richtig verstanden, dass …?"
- Achtsame Wahrnehmung: Wie verändert sich mein Umfeld? Welche neuen Wechselwirkungen und Dynamiken entstehen? Welche Verhaltensänderungen werden positiv sanktioniert? etc.
- Was lernen Sie aus diesen Wahrnehmungen über den Veränderungsprozess?
- Seien Sie sich dabei der Wahrnehmungs- bzw. Interpretationsphänomene bewusst und geben Sie den Anspruch auf eine verbindliche Veränderungsrealität auf.
- Erforschen Sie stattdessen neugierig die verschiedenen Perspektiven bzw. Realitäten der anderen Beteiligten im Veränderungsprozess (z. B. „Was haben Sie denn wahrgenommen", „Wie sieht aus Ihrer Sicht das neue Zielbild aus?", „Wie interpretieren Sie das?", „Was halten Sie von meiner Interpretation?")
- Vermeiden Sie gedanklich und sprachlich absolute Formulierungen wie z. B. „Das wird so kommen", „Das ist so" – denn es könnte auch ganz anders kommen.
- Halten Sie sich daher im Veränderungsprozess immer innerlich flexibel, indem Sie Ihre Interpretationen nicht nur regelmäßig im Austausch mit anderen überprüfen, sondern auch in Ihrer Sprachwahl bewusst die Flexibilität herausstellen (z. B. „Es könnte so sein" statt „Es wird so kommen"; „Meine Perspektive ist…" statt „Das ist so richtig…") – denn Sprache formt Gedanken.

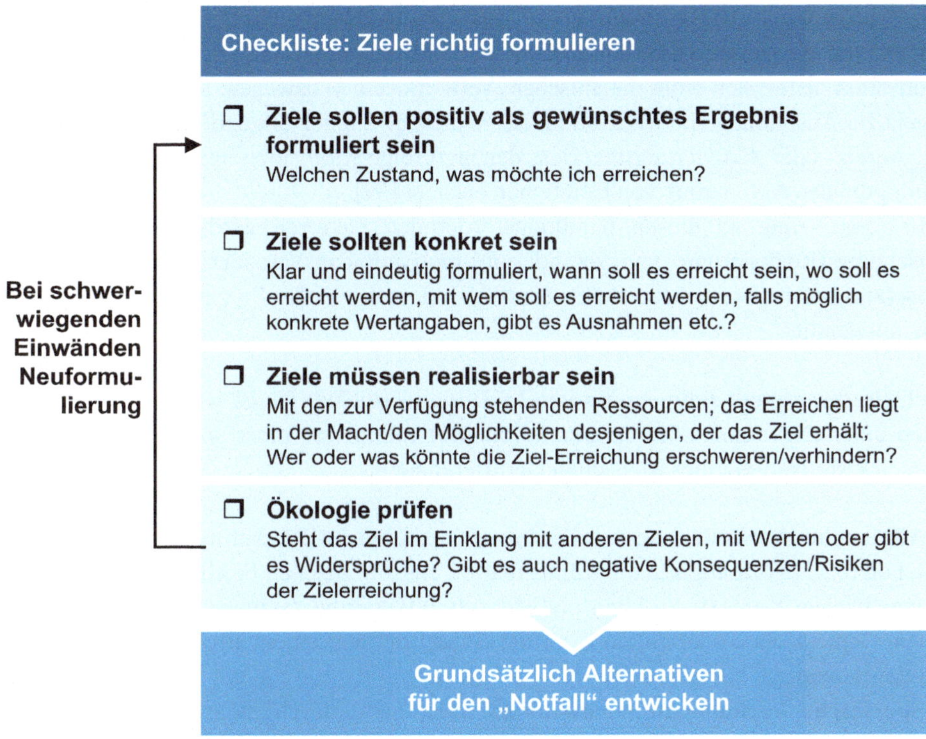

Abb. 6.6 Anleitung für wirksame Zielformulierungen

Abschließend sei noch darauf hingewiesen, dass für autonome Veränderungen (die gerade nicht von extern vorgegebenen Zielbildern angestoßen werden) die Fähigkeit, **motivationale Selbstbilder** aus sich selbst heraus zu schaffen, ein wesentlicher Schlüssel ist. Dabei ist zu beachten, dass nur ein gut formuliertes Ziel die optimale Wirkung entfaltet (vgl. Abb. 6.6).

6.5 Veränderungsmotivation („Wollen des Neuen")

Nachdem wir uns im vorherigen Kapitel mit dem Zielbild in Veränderungsprozessen beschäftigt haben, geht es im nachfolgenden Kapitel um das individuelle Streben nach diesem Zielbild. Veränderungsmotivation ist eine wesentliche Basis zur Entwicklung der nötigen Energie für ein zielgerichtetes Veränderungsverhalten.

▶ Wir folgen dem Verständnis von **Motivation** als dem Streben nach Zielen bzw. Zielobjekten [31]. Dieses Streben wird durch verschiedene Beweggründe (Motive) ausgebildet bzw. entsteht durch den Wunsch nach Bedürfnisbefriedigung. Die Summe der Motive bzw.

der Bedürfnisse beeinflusst die Entscheidungen und Handlungen in Veränderungsprozessen und aktiviert die Aufwendung von Energie für die Veränderungshandlung bzw. -bewegung (Motivation leitet sich vom lateinischen Verb movere = bewegen ab). Einen weiteren Aspekt zur Ausbildung von Motivation, der in diesem Kapitel aufgegriffen wird, liefern die sog. Anreiz- oder Aktivierungstheorien, denen zufolge Motivation aus dem Streben nach einer optimalen Aktivierung von Emotionen entsteht [39].

In Abgrenzung zu diesen handlungsfördernden Faktoren wird die anschließende Umsetzung (Realisierung) von Veränderungsmotivation in Veränderungshandlungen als **Umsetzungskompetenz** bezeichnet. Hierfür sind noch weitere Prozesse der Selbststeuerung notwendig.

Auch für die weitere Betrachtung von Motivationsaspekten ist es wieder sinnvoll, zwischen einer allgemeinen Komponente von Motivation und einer spezifischen Komponente der Motivation eines Menschen zu differenzieren:

- **Allgemeine Veränderungsmotivation:** Diese wird im Wesentlichen von der physischen bzw. psychologischen Grundsituation eines Menschen bestimmt, losgelöst vom spezifischen Kontext. So kann ein Mensch z. B. gering motiviert sein, der aufgrund von Depressionen oder einem Burn-out-Syndrom unter einem allgemeinen Mangel an Energie leidet.
- **Spezifische Veränderungsmotivation:** Diese wird durch die positive Einstellung eines Menschen bezogen auf die konkreten Inhalte eines Veränderungsvorhabens ausgebildet.

Die verschiedenen Aspekte der spezifischen Veränderungsmotivation werden im Folgenden näher beschrieben.

Eng verknüpft ist die spezifische Veränderungsmotivation mit der **Sinnfrage**[7] „Warum ergibt das Neue Sinn?“ **Sinn gilt als einer der am stärksten motivierenden Faktoren** [17]. Menschen sind besonders veränderungsmotiviert, wenn ihnen die zu vollziehenden Tätigkeiten Sinn stiften. Auf der Suche nach dem Sinn gilt wieder das Prinzip des eigenverantwortlichen Handelns, um in jeder Veränderungssituation aktiv herauszufinden, wo der Sinn liegen könnte. Führungskräften und Change Managern wird aufgrund der hohen Bedeutung der Sinnfrage in der gängigen Fachliteratur zwar empfohlen, den Mitarbeitern hier Impulse für einen sinnstiftenden Rahmen der Veränderung anzubieten. Allerdings wird dies leider in der Praxis oft nicht umgesetzt. Hier empfehlen wir dann dem einzelnen Mitarbeiter, den jeweiligen Ansprechpartnern die Bedeutung der Sinnfrage für

[7]Für Viktor Frankl will ein Mensch Sinn in seiner Existenz finden und realisieren. Er sieht im Gegensatz zu Sigmund Freud den Menschen nicht von seinen Trieben oder wie Alfred Adler vom Streben nach Macht bestimmt, sondern als geistiges Wesen, das nach Sinn strebt. Die Antwort auf die Frage „Wozu?“ lässt nach seiner Erfahrung und Erkenntnis einen Menschen auch jede widrigen Umstände ertragen.

die eigene Motivation zu verdeutlichen und durch aktives Suchen Antworten zu entdecken bzw. die für ihn selbst sinnstiftenden Aspekte zu finden. Da Sinn sehr individuelle Aspekte hat, ist es unrealistisch zu erwarten, dass der zuständige Change Manager die eine, für alle Mitarbeiter gleichermaßen sinnstiftende, Antwort liefern kann. Vielmehr gilt es, eine individuelle Sinnhaftigkeit zu finden.

Es gibt, abhängig von der Persönlichkeit eines Menschen, allerdings Unterschiede in der Sinnsuche. Menschen mit einem ausgeprägten **Kohärenzgefühl**[8] haben die Tendenz in allem einen Sinn zu suchen bzw. zu konstruieren. Auf der einen Seite bietet diese Tendenz zur Sinnkonstruktion den Vorteil, dass Veränderungsereignisse eher besser und schneller verstanden und akzeptiert werden und es in der Folge als lohnenswert erachtet wird, die Veränderungsherausforderungen anzunehmen. Auf der anderen Seite gilt auch hier wieder, dass ein Zuviel des Guten sich ins Gegenteil verwandeln kann, dass also aus einer zu stark ausgeprägten Stärke eine Schwäche werden kann. So besteht z. B. die Gefahr, dass Menschen mit einem gleichzeitig stark ausgeprägten Kohärenzgefühl und einem Hang zur Passivität zu viel und zu lange grübeln und in der Folge eher Veränderungsereignisse resignativ hinnehmen – also das Gegenteil der erwünschten handlungsaktivierenden Motivation.

Ein weiterer wichtiger Aspekt zur Einschätzung eines Menschen, ob sich die Anstrengung im Veränderungsprozess überhaupt lohnt, ist neben der Sinnhaftigkeit die **Aussicht auf Erfolg** [42]. Wenn ein Mensch von einer Veränderungshandlung zu wenige Erfolgserlebnisse erwartet, dann wird er eine entsprechend geringe Motivation entwickeln, sich im Veränderungsprozess zu engagieren. Dies ist auch grundsätzlich im Sinne von Effizienz und Effektivität ein intelligenter Mechanismus. Allerdings gilt es zu beachten, dass die Erfolgseinschätzung subjektiv ist und vor allem auf den bereits dargestellten individuellen Veränderungserfahrungen sowie Wahrnehmungs- und Interpretationsphänomenen beruht. Ist z. B. in der Vergangenheit ein ähnliches Veränderungsvorhaben gescheitert, so wird ein Mensch eher wenig motiviert, sich hier in einem vergleichbaren Kontext erneut zu engagieren. Dabei kann diese subjektive Erfolgseinschätzung aufgrund der genannten Verzerrungen falsch sein und eine daraus resultierende unreflektierte Demotivation wäre nicht angemessen. Deshalb gilt es, sich zu verdeutlichen, dass auch hier Menschen wieder die Wahl einer Alternative haben und sich durch bewusste Reflexion in einen motivierten Zustand führen können.

---

[8]Kohärenzgefühl wird als eine subjektive Empfindung nach Antonovsky [1] aus dem Vertrauen in drei Komponenten gebildet – übertragen in den Veränderungskontext sind dies: 1) Verstehen des Neuen (siehe auch Abschn. 6.4 Veränderungserwartung), 2) Gefühl der Bewältigbarkeit der Veränderungsherausforderungen (siehe die Ausführungen zum Lerntreppeneffekt und zur Selbstwirksamkeit), 3) Gefühl von Bedeutsamkeit bzw. Sinnhaftigkeit im Neuen. Kohärenzgefühl gilt auch als ein entscheidender Faktor zum Entstehen und der Erhaltung von Gesundheit (Salutogenese). Da Veränderungen häufig mit zusätzlichen Belastungen verbunden sind, kommt diesem Aspekt eine besondere Bedeutung zu.

Zum einen ist dafür wichtig, sich die oben gemachten Ausführungen zum Umgang mit den Wahrnehmungs- und Interpretationsphänomenen noch einmal ins Bewusstsein zu bringen. Zum anderen gilt es, sich zu verdeutlichen, dass ein aktuelles Veränderungsvorhaben, welches ein früher schon mal gescheitertes Veränderungsvorhaben aufgreift, im erneuten Versuch dennoch gelingen kann (so z. B. das Vorhaben, eine Matrixorganisation einzuführen, nachdem diese erst vor einigen Jahren zugunsten der Zentralisierung abgeschafft wurde). Denn inzwischen ist der Kontext ein völlig anderer, die Rahmenbedingungen haben sich geändert, die Beteiligten bringen andere Kompetenzen mit etc. Zudem kann der erste Veränderungsversuch wunderbar als Lernerfahrung genutzt und ausgewertet werden. Hierbei könnte gerade ein Mitarbeiter, der bereits beim ersten Mal dabei war, einen großen Wert entfalten bzw. Sinn stiften.

Weitere Beweggründe für die Ausbildung von Veränderungsmotivation liefern nachfolgende in der Literatur anerkannte und in der Praxis verbreitete Modelle zur **Differenzierung von Motiven.**

David McClelland [35] differenziert folgende drei Motive:

1. **Das Machtmotiv:** Geleitet von der Aussicht auf Bedeutung, Dominanz, Status, Einfluss oder Kontrolle. Durch das Veränderungsvorhaben tendenziell verbunden mit dem Wunsch, in Veränderungsentscheidungen eingebunden zu werden, und der Befürchtung, unwichtig, abhängig oder ohnmächtig zu sein.
2. **Das Anschlussmotiv:** Geleitet von der Aussicht auf Zugehörigkeit, Zusammenhalt und Geborgenheit. Durch das Veränderungsvorhaben tendenziell verbunden mit dem Wunsch, im Veränderungsprozess und danach in die gewünschte soziale Gruppe integriert zu sein, und der Befürchtung, zurückgewiesen zu werden, ausgeschlossen zu sein und sich wertlos zu fühlen.
3. **Das Leistungsmotiv:** Geleitet von der Aussicht auf Erfolg, Abwechslung, kreativ Neues. Durch das Veränderungsvorhaben tendenziell verbunden mit dem Wunsch nach Anerkennung und der Möglichkeit, in der Veränderung etwas Eigenes zu gestalten und zu hinterlassen, sowie der Befürchtung, zu versagen, schwach oder nutzlos zu sein.

Eine andere in der Praxis gängige Differenzierung ist die Unterscheidung zwischen intrinsischer und extrinsischer Motivation, wobei sich keine einheitliche Definition herausgebildet hat, sondern es hier verschiedene Ansätze zur Beschreibung gibt, die in die folgenden Ausführungen integriert sind[9]:

- **Intrinsische Motivation** entspringt aus der Tätigkeit bzw. Aufgabe als solches. Einfach ausgedrückt: Wenn eine Arbeit Spaß macht, ist ein Mensch motivierter, die Tätigkeit wird um ihrer selbst willen ausgeführt. Intrinsische Motivation umfasst

[9]Wobei eine wesentliche Quelle die Arbeiten von Scholz und Barbuto sind [6].

aber auch das Bedürfnis nach Selbstbestimmung und Kompetenzaufbau, nach selbstbestimmtem Lernen, persönlichem Wachstum sowie der Möglichkeit, die persönlichen Ideale und Werte leben zu können. Für die intrinsische Motivation ist zudem der bereits skizzierte Zusammenhang zum Ziel insofern entscheidend, dass zwischen einer Handlung und dem Ziel eine Übereinstimmung besteht.
- **Extrinsische Motivation** speist sich aus äußeren Anreizen, aus den Folgen einer Tätigkeit. Es ist der Wunsch, in Folge einer Handlung einen bestimmten Vorteil bzw. eine Belohnung (z. B. mehr Gehalt oder einen Titel) zu erzielen oder Nachteile zu vermeiden. Eine andere extrinsische Motivationsquelle ist die Übernahme von Vorstellungen und Erwartungen aus dem Umfeld, die ein Mensch erfüllen möchte, oder die Übernahme von Zielen des Unternehmens, die ein Mensch verinnerlicht hat, und zu deren Verwirklichung er einen Beitrag leisten möchte.

Frederick Hertzberg grenzt in seiner Zwei-Faktoren-Theorie noch die sogenannten Hygienefaktoren von den Motivatoren ab. Welche einzelnen oben genannten Motive dabei konkret welcher nachfolgenden Gruppe zugeordnet werden, hängt individuell vom einzelnen Menschen und seiner spezifischen Situation ab.

1. **Hygienefaktoren**
   Diese Faktoren verhindern bei positiver Ausprägung die Entstehung von Unzufriedenheit. Sie erzeugen aber nicht aktive Zufriedenheit, sondern es sind eher Selbstverständlichkeiten, die vorhanden sein müssten. Wenn diese Faktoren fehlen oder nur unzureichend ausgeprägt sind, dann macht das unzufrieden, da der Mensch einen Mangel empfindet.
2. **Motivatoren**
   Diese Faktoren fördern die Arbeitsmotivation unmittelbar und führen bei einer positiven Ausprägung zu Zufriedenheit. Umgekehrt führt ihr Fehlen nicht zwangsläufig zu Unzufriedenheit.

Über diese Modelle hinaus gibt es zahlreiche weitere Motivationstheorien, aber in meiner Praxis habe ich die Erfahrung gemacht, dass man mit diesen drei Modellen als Basis die Veränderungsmotivation sehr gut bearbeiten kann.

Hierzu ist es im ersten Schritt wichtig, dass ein Mensch **reflektiert, welche Motive in seiner aktuellen Lebensphase für ihn die wichtigsten inneren Treiber sind,** welche Motivatoren ihn wirklich in Bewegung bringen und nicht nur Hygienefaktoren sind, welche Bedürfnisse und Befürchtungen in ihm tendenziell eher vorherrschen. Dabei schließen sich die Differenzierungen der einzelnen Modelle nicht gegenseitig aus (man muss sich also nicht für die eine oder andere Motiv-Kategorie entscheiden), vielmehr dienen die oben aufgeführten einzelnen Motive als Anregung, seinen individuellen Motiv-Mix zusammenzustellen.

Als nächstes ist die Fragestellung wesentlich, welchen **Einfluss diese Motive auf die Beurteilung der aktuellen Veränderung** haben. Abhängig vom individuellen Motiv-Mix können die geplanten Inhalte einer Veränderung:

- zu einer Beeinträchtigung der Realisierung individueller Wünsche führen,
- eine Verstärkung individueller Befürchtungen erzeugen,
- oder die Realisierung wichtiger Bedürfnisse bzw. individueller Wünsche unterstützen.

Abhängig von dieser Einschätzung, d. h. vom Abgleich der (interpretierten) Ziele und Inhalte der Veränderung auf der einen Seite und der persönlichen Ziele und Wünsche auf der anderen Seite, werden bei einem Menschen entsprechende Emotionen hervorgerufen (z. B. Freude über die Veränderung, Angst vor der Veränderung). Diese Emotionen signalisieren einem Menschen, ob die Veränderung gut oder schlecht bzw. gefährlich ist und beeinflussen in der Folge entsprechend unterschiedliche Verhaltensweisen wie z. B. Ablehnung, Kampf oder Unterstützung.

▶ Ob und in welcher Intensität ein Mensch motiviert ist, eine Veränderung engagiert zu unterstützen oder aber sie abzulehnen bzw. sogar zu bekämpfen, hängt stark davon ab, wie er die konkreten Veränderungsinhalte relativ zu seinen persönlichen Motiven bewertet, also wie sich die Veränderung auf die Realisierung seiner Motive auswirken könnte.

Weitere Fragen, deren Beantwortung zur Ausbildung einer zielgerichteten Veränderungsmotivation in der Praxis immer wieder eine zentrale Rolle spielen, lauten:

- Welchen **Nutzen** stiftet die Veränderung für die Ausübung der Tätigkeiten eines Menschen in seinem Arbeitsalltag bzw. welchen Gewinn wird eine Verhaltensänderung bringen? Je mehr Nutzen bzw. Gewinn, desto förderlicher für die Ausbildung einer positiven Veränderungsmotivation.
- Ist mit der geplanten Veränderung auch eine Änderung der Unternehmenskultur verbunden? Falls ja, inwieweit stimmen die geplanten Veränderungen der Unternehmenswerte mit meinen persönlichen **Werten** überein? Je größer die Übereinstimmung, desto förderlicher für die Ausbildung einer positiven Veränderungsmotivation.[10]

Neben der emotionalen Dimension besteht noch eine **kognitive Dimension zur Entstehung von Veränderungsmotivation:** Ein Mensch wird auch immer bewerten, inwieweit die konkreten geplanten Veränderungen eine adäquate Antwort in der gegebenen

[10]Die Bedeutung von Werten auf die Ausbildung von Veränderungsleistung sowie eine Darstellung der unterschiedlichen individuellen Ausprägung von Werten erfolgt ausführlich an anderer Stelle im Buch (vgl. Kap. 11 Persönliche Ressourcen in internationalen Change Zusammenhängen und Kap. 8 im Kontext der Diskussion der Charakteristiken des angestellten Unternehmers).

Situation bieten. Wenn er hier rational nicht überzeugt ist, dass genau diese geplanten Änderungen eine angemessene Reaktion darstellen, dann wird sich dies negativ auf seine Veränderungsmotivation auswirken.

Die oben genannten Aspekte zielten vor allem auf die **Richtung** der Auswirkung der Veränderungsmotivation, also ob ein Mensch für eine Veränderungshandlung eher demotiviert oder motiviert wird.

In welcher **Intensität** diese Veränderungsmotivation oder -demotivation sich ausprägt, hängt dagegen entscheidend davon ab, welche **Relevanz** die jeweilige spezifische Veränderung bzw. deren Folgen überhaupt für Arbeit und Leben des einzelnen Menschen hat. Je stärker die Relevanz, desto intensiver wird die Motivation oder Demotivation des Einzelnen ausfallen. Die persönliche Relevanz gilt auch als ein handlungsfördernder Faktor.

▶ Dasselbe Veränderungsvorhaben löst in Menschen sehr unterschiedliche Wirkungen aus, abhängig von

- der subjektiv empfundenen Sinnstiftung,
- der Bewertung der Erfolgsaussichten,
- dem individuell wahrgenommenen Nutzen für den Arbeitsalltag,
- der Übereinstimmung etwaiger geänderter Unternehmenswerte mit dem eigenen Wertegerüst,
- der erlebten Anreizwirkung auf Basis des persönlichen Motiv-Mixes
- bzw. den eingeschätzten Auswirkungen auf die Realisierung der individuellen Bedürfnisse, Interessen, Ziele oder Befürchtungen,
- der kognitiven Einschätzung, ob die Veränderungsinhalte eine adäquate Antwort im jeweiligen Veränderungskontext bieten,
- der persönlichen Relevanz der Veränderungen auf Leben und Arbeit eines Menschen.

Veränderungsmotivation im Sinne der Bereitschaft, spezifische Veränderungshandlungen grundsätzlich anwenden zu wollen, hängt somit von persönlichen Wahrnehmungen, Werten sowie dem individuellen Motiv-Mix ab und der auf dieser Basis erfolgten individuellen Bewertung von Mehrwert und Risiko der Veränderungen.

Ein in unserer Praxis bewährtes Tool, um auf Basis der vorgestellten Fragen zu einer strukturierten persönlichen Einschätzung der eigenen Veränderungsmotivation zu gelangen, ist die **Veränderungsbilanz** (siehe Abb. 6.7).

Eine positive Veränderungsbilanz (die linke Seite in Abb. 6.7 überwiegt) allein ist allerdings für Veränderungsleistung noch nicht ausreichend. Darüber hinaus ist folgende Abwägung entscheidend: Wie werden die **Vorteile des Veränderungsvorhabens im Vergleich zum Aufwand** für sich selbst und/oder die Organisation eingeschätzt? Erscheinen die Vorteile groß genug, damit ein Mensch bereit ist, den Aufwand für die

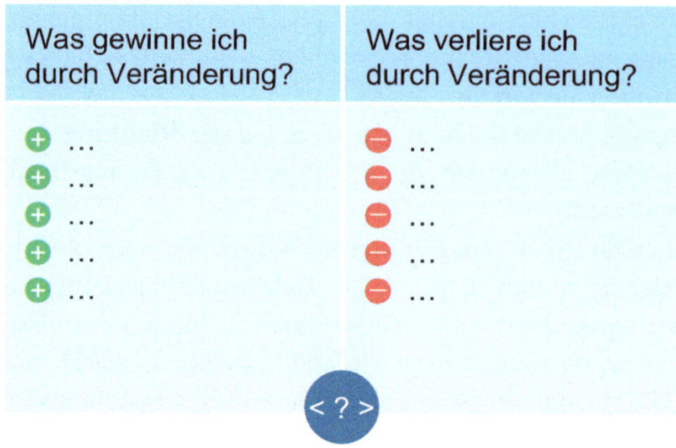

Abb. 6.7 Persönliche Veränderungsbilanz

Veränderung zu leisten? Damit es zu einer Veränderungshandlung kommt, muss die individuelle Motivation so stark ausgeprägt sein, dass ein Mensch bereit ist, Energie für die zur Veränderung nötige Bewegung aufzuwenden (Veränderungsanstrengung).

Hier gilt es zu beachten, dass der **Veränderungsaufwand zu Beginn oft besonders hoch ist, bei gleichzeitig noch geringer Veränderungsrendite.** Verschiedene Studien zeigen, dass sich Menschen angesichts der Wahl zwischen der direkten, anstrengungslosen, kleineren bzw. kurzfristigen Bedürfnisbefriedigung auf der einen Seite und dem Verzicht auf diese kurzfristige Bedürfnisbefriedigung zugunsten einer größeren Belohnung in der Zukunft auf der anderen Seite, sehr unterschiedlich entscheiden. Eine sehr anschauliche Studie hierzu ist der sogenannte Marshmallow-Test [36].

Marshmallow-Test
Kinder wurden vor die Wahl gestellt, einen Marshmallow, der vor ihnen auf einem Tisch steht,

- entweder sofort zu essen,
- oder 15 min lang nicht zu essen und als Belohnung für das Warten anschließend noch zwei weitere Marshmallows zu bekommen.

Ungefähr ein Drittel verspeiste die Marshmallows sofort mit Genuss, ein weiteres Drittel probierte vergeblich, zu warten, und ein Drittel schaffte es, unter Nutzung verschiedener Strategien (beispielsweise Wegschauen oder Nase und Augen Zuhalten) durchzuhalten und erhielt nach 15 min freudestrahlend zwei weitere Marshmallows.

Zur Selbsteinschätzung ein kleines Gedankenexperiment: Stellen Sie sich vor Ihrem inneren Auge die beschriebene Marshmallow-Szene vor – wie würden Sie sich verhalten?

Die Fähigkeit zum **Belohnungsaufschub** ist laut Studienergebnissen nicht nur grundsätzlich ein wichtiger Erfolgsindikator [36], sondern auch im Kontext größerer Veränderungsvorhaben wesentlich, in denen der Nutzen der Veränderung erst nach einem längeren Zeitraum realisiert wird. Der von Münchhausen sehr anschaulich beschriebene „innere Schweinehund" [38] kann Menschen in Veränderungsprozessen immer wieder davon abbringen, langfristig wichtige Motive und Bedürfnisse, die mit einer gewissen Anstrengung verbunden sind, zu befriedigen und stattdessen einem kurzfristigen Bedürfnis, beispielsweise der Bequemlichkeit, nachzugeben. Dies ist auch bei autonom induzierten Veränderungen, wo der äußere Veränderungsdruck fehlt, unserer Erfahrung nach eine der häufigsten Verhinderungsquellen von Veränderungsleistung.

Zur Überwindung der für Veränderungsprozesse typischen Durststrecken und zur Aufrechterhaltung einer Veränderungsenergie auch in länger andauernden Veränderungsprozessen sind **Strategien zur Selbstmotivation** gefragt. Die gute Nachricht ist: diese können, unterstützt durch spezifische Coaching und Seminarangebote, erlernt werden[11]. **Was aber nun, wenn ein Mensch aufgrund der oben beschriebenen Wirkungsmechanismen nicht zur Veränderung motiviert ist, seine Veränderungsbilanz negativ ist?**

Einerseits kann das Bewusstwerden dieser mangelnden Veränderungsmotivation dazu führen, dass ein Mensch basierend auf dem Grundsatz „Change it, love it, or leave it" zu der Erkenntnis gelangt, dass er realistischerweise nicht genügend Energie für eine Veränderungsleistung aufbringen wird und somit sich dann auch mit der Alternative des „leave it" beschäftigen sollte, um nicht in einem Dauerzustand von Frustration oder womöglich einer äußeren oder inneren Kündigung zu enden.

Anderseits führt eine negative Veränderungsbilanz nicht zwangsläufig dazu, dass es zu keiner Veränderungshandlung kommt, denn es ist möglich, mit Willenskraft widerstrebende Motive, Unlustgefühle oder Zielkonflikte zu überwinden. Dieser Prozess der Selbststeuerung zur Überwindung von Handlungsbarrieren durch Willenskraft wird als **Volition** [21] **oder Umsetzungskompetenz** bezeichnet [49]. Das Interesse an diesem Thema wurde in den letzten Jahren durch neuere Erkenntnisse in der Hirnforschung [21] verstärkt. Dazu im nächsten Absatz mehr.

6.6 Individuelle Veränderungskompetenzen („Können des Neuen")

6.6.1 Begriffsdefinitionen

Wenn ein Mensch verstanden hat, warum Veränderung nötig ist und was die Veränderung beinhaltet und zudem noch eine Veränderungsmotivation entwickelt hat, stellt sich im nächsten großen Schritt in Richtung der gewünschten zielgerichteten Veränderungshandlung die Frage: Welche Kompetenzen sind dazu nötig?

Im Rahmen des Konzeptes der Veränderungsintelligenz nutzen wir folgende Kompetenzkonstruktion:

---

[11]Einen sehr empfehlenswerten Beitrag hierzu liefert von Münchhausen mit seinem Buch: „So zähmen Sie Ihren Inneren Schweinehund" [38].

▶ **Individuelle Veränderungskompetenzen** werden als stabiles, beobachtbares Verhaltensrepertoire (Fähigkeiten und Fertigkeiten) verstanden, das ein Individuum befähigt, in variablen Veränderungssituationen die damit verbundenen Problemstellungen zu meistern und selbst organisiert und wirksam im Sinne der Erreichung der Veränderungsziele zu agieren.

Fähigkeiten werden im Sinne von übergreifenden verallgemeinerten Handlungsprozessen und **Fertigkeiten** im Sinne von eher objektgebundenen, klar umrissenen Handlungsprozessen verstanden.

Die in Abschn. 6.2.1 beschriebenen relevanten **Persönlichkeitsmerkmale** gelten als Kompetenzpotenziale, d. h. die Ausbildung von Kompetenzen basiert auf spezifischen Persönlichkeitsmerkmalen.

Die **Kontextfaktoren** einer Veränderung beeinflussen die Wahrscheinlichkeit der Überführung von Kompetenzpotenzialen in Kompetenzen sowie von Kompetenzen als Handlungsrepertoire in konkrete Handlungen.

Wissen zu den Besonderheiten von Veränderungsprozessen und den damit verbundenen Themenstellungen, Methoden und Tools kann die Veränderungskompetenz positiv beeinflussen.

Auch im Rahmen der Betrachtung von Veränderungskompetenzen bietet sich im Sinne der guten Übertragbarkeit in die Praxis des Lesers die Differenzierung nach kontextspezifischen Kompetenzen und generellen Veränderungskompetenzen an:

- **Generelle Veränderungskompetenzen:** Situations- und Kontext übergreifende Veränderungskompetenzen
- **Kontextspezifische Veränderungskompetenzen:** Für die erfolgreiche Bewältigung einer konkreten Veränderungssituation notwendigen Kompetenzen

Zur weiteren Systematisierung der Kompetenzen wird zudem nach der Relation bzw. dem Bezug der Kompetenz differenziert in:

- **Persönliche (subjektbezogene) Veränderungskompetenzen:** fokussieren auf den Umgang eines Menschen mit sich selbst in Veränderungssituationen
- **Soziale (Subjekt-Subjekt-bezogene) Veränderungskompetenzen:** fokussieren auf die Interaktion mit dem Team oder der Organisation in Veränderungssituationen
- **Objektbezogene Veränderungskompetenzen:** fokussieren eher auf methodische Kompetenzen in Veränderungssituationen.

Dabei ist auch hier wieder zu beachten, dass eine zu starke Ausprägung von Kompetenzen auch zu negativen Effekten führen kann. Diese werden beispielhaft im Rahmen der nachfolgenden Kompetenzbeschreibungen aufgeführt.

6.6.2 Generelle Veränderungskompetenzen

6.6.2.1 Persönliche Veränderungskompetenzen

- **Umsetzungskompetenz** [51] **bzw. prospektive Handlungsorientierung:**
  Hierunter versteht man die Fähigkeiten, dass ein Mensch auch angesichts von Schwierigkeiten bei der Aufgabenstellung, unter Belastungen oder in einem Zustand von Frustration die eigenen Motive und Absichten realisieren bzw. Pläne in konkrete Handlungen überführen kann [28]. Es handelt sich um eine durch den eigenen Willen gesteuerte, konsequente Ergebnisorientierung. Menschen mit einer hohen Kompetenzausprägung können auch in herausfordernden Veränderungssituationen aus sich selbst heraus die nötige Energie für zielgerichtetes Handeln aktivieren und diese auch angesichts von Störungen bzw. Widerständen im Umfeld bis zur Umsetzung aufrechterhalten [41]. Diese Selbststeuerung beinhaltet zudem die Fähigkeit, in schwierigen Situationen Entscheidungen zu treffen, negative Emotionen gut zu bewältigen und sich wieder in eine positive emotionale Stimmung zu führen[12].

  Eine zu starke Handlungsorientierung könnte dazu führen, dass ein Mensch zu starr an einmal gefassten Absichten festhält oder in Aktionismus verfällt bzw. in die sogenannte Aktivitätsfalle gerät[13]. Diese potenziell negativen Effekte können auch durch das ausbalancierende Zusammenspiel mit anderen Kompetenzen, wie z. B. den nachfolgenden, begrenzt werden.
- **Anpassungsfähigkeit bzw. Flexibilität**[14]:
  Hierunter versteht man die Fähigkeiten, sich auf veränderte Anforderungen oder Bedingungen im Umfeld bzw. wechselnde Situationen zeitnah einstellen zu können[15]. Im Fokus stehen die Fähigkeiten, persönliche Vorstellungen und Ziele sowie eigene Verhaltensmuster an aktuelle Entwicklungen im Umfeld anzupassen, sich stetig neues notwendiges Wissen aneignen zu können oder auch innere Einstellungen zu überprüfen und anzupassen. Gedanklich flexible Menschen können immer wieder verschiedene Perspektiven einnehmen, den eigenen Standpunkt ändern, Vorhandenes neu kombinieren und ihre Konzepte neu ausrichten. Je stärker diese Kompetenz ausgeprägt ist, desto schneller erfolgt die Anpassung.

[12]Das Gegenteil dieser Affektregulation ist die Lageorientierung. Diese bedeutet, dass Menschen dazu neigen, in der augenblicklichen emotionalen Lage verhaftet zu bleiben.

[13]Die Leiter-Metapher von Covey verdeutlicht diesen Effekt sehr gut: Ein Mensch steigt eine Leiter mit viel Energie und Willenskraft nach oben, um dann festzustellen, dass die Leiter an die falsche Mauer angelehnt war [10, S. 92].

[14]vom lateinischen Verb „flectere", was „biegen" oder „beugen" bedeutet.

[15]Diese Fähigkeit findet sich zunehmend in Stellenausschreibungen als Kompetenzvoraussetzung ohne dass der Bezugsrahmen konkret definiert ist. Hier gilt es dann den Rahmen zu klären (z. B. Flexibilität hinsichtlich sich häufig verändernden Arbeitszeiten, Einsatzorten oder bezogen auf häufig statt findende Umorganisationen).

Eine zu starke Ausprägung dieser Kompetenz könnte zu negativen Effekten bezogen auf die Bindungskompetenz und Loyalitäten führen oder dazu, dass ein Mensch das berühmte Fähnchen im Wind ohne angemessene Kritikfähigkeit oder Beharrlichkeit wird. Zudem könnte die Identifikation mit einer Tätigkeit, einem Produkt oder dem Arbeitgeber leiden. Der durch hohe Flexibilität ausgelöste Mangel an Stabilität könnte zur eigenen Überforderung bzw. Belastungsreaktion führen.

- **Reflexionsfähigkeit und Fähigkeit zur Selbstkritik**
  Die Fähigkeiten zur Selbstreflexion ermöglicht es Menschen, auch in der Hektik des Alltags innerlich einen Schritt zur Seite zu treten, um das eigene Verhalten zu reflektieren, sowie die eigenen Stärken und Engpässe konstruktiv einzuschätzen. Zudem ist damit die Fähigkeit verbunden, Informationen aus dem Umfeld in Strategien zur Veränderung der eigenen Handlungsmuster zu überführen. In Kombination von Reflexionskompetenz, Fähigkeit zur Selbstkritik und Lernfähigkeiten streben Menschen danach, die eigenen Kompetenzen basierend auf Feedback von anderen und regelmäßiger Selbstreflexion eigeninitiativ weiterzuentwickeln [14, S. 56], um somit neue Herausforderungen erfolgreich zu bewältigen.

  Eine zu starke Ausprägung dieser Fähigkeiten könnte zu langem Grübeln statt Handeln führen oder zu persönlichen Abwertungstendenzen.

Die Säge-Metapher zur Bedeutung der Reflexionsfähigkeiten (nach Covey [10])

Ein Spaziergänger läuft durch den Wald und sieht zwei Waldarbeiter, die versuchen, mit einer Säge, einen Baum zu fällen. Er beobachtet die Waldarbeiter einige Zeit und stellt fest, dass es trotz intensiver Anstrengung der Arbeiter kaum vorangeht.

Er bemerkt, dass das Sägeblatt stumpf ist, und fragt die Waldarbeiter, warum diese nicht einige Minuten Pause machen, um das Sägeblatt zu schärfen. Da antworten ihm die Waldarbeiter:

„Keine Zeit, wir müssen doch sägen."

Die Kompetenzen zu Reflexion und Anpassung sind eng mit dem Lernen verwandt.

- **Selbst reguliertes bzw. selbst organisiertes Lernen**
  Auch wenn die Fähigkeit, zu lernen, als ein Ergebnis von angeborenen Dispositionen des Zentralnervensystems gilt, so kann ein Mensch durch den Einsatz von Lern- und Gedächtnisstrategien beeinflussen, wie gut er Wissensstrukturen aufbaut und verändert. Selbst reguliertes Lernen stellt genau diese erlernbare Anwendung von Prinzipien in den Vordergrund[16]. Hierzu zählen neben den Lern- und Gedächtnis-Strategien auch Fähigkeiten der vorausschauenden Planung, der sinnvollen Gestaltung des Arbeitsumfeldes, Problemlösungstechniken sowie Fähigkeiten der Selbstreflexion und Selbstmotivation [46]. Der Begriff der Selbstorganisation zielt zudem noch darauf ab,

[16]Bis in die 1970er Jahre führte man Lernerfolg auf individuelle Fähigkeiten wie Intelligenz oder Gedächtnis zurück. Dann ergaben Untersuchungen, dass viele Studierende trotz derartiger Eigenschaften keine guten Leistungen erbrachten, und als wichtiger für den Lernerfolg erwiesen sich Kompetenzen der Selbstregulierung.

dass ein Mensch bei vorgegebenen Lernzielen die Art und Weise, wie er sich beim Lernen organisiert, selbst bestimmt.

Ein zu starkes Streben nach selbst reguliertem Lernen könnte ggf. dazu führen, dass ein Mensch zu wenig bereit ist, Lernvorgaben bzw. steuernde Elemente von außen zu akzeptieren.

- **Kreativität**
  Es gibt hier keine allgemeingültige Definition, sprachlich stammt das Wort vom lateinischen Verb „creare – erschaffen" ab. Neurologisch geht Kreativität mit der optimalen Nutzung der rechten und linken Gehirnhälfte einher, der Verbindung von Fantasie und Logik. Wir schließen uns der Auffassung an, dass Kreativität eine Fähigkeit ist, die erlernt, durch spezielle Kreativitätstechniken gefördert und auch beschleunigt werden kann – wenn auch in unterschiedlichem Ausmaß, je nach Veranlagung. In jedem Menschen ist ein kreatives Potenzial vorhanden, das geweckt werden kann [12]. In Veränderungsprozessen ist Kreativität notwendig, um neue Wege mit neuen Ideen beschreiten zu können und bei auftretenden Problemen Lösungsansätze zu finden. Kreativität bezieht sich dabei auf die Fähigkeit etwas Neuartiges zu erschaffen, dass gleichzeitig nützlich und sinnvoll bezogen auf die Aufgabenstellung ist [47][17].

  Eine zu starke Ausprägung könnte dazu führen, dass ein Mensch dem Bestehenden zu wenig Wertschätzung gibt oder das Umfeld mit vielen neuen schöpferischen Ansätzen überfordert.
- **Stressmanagement**
  Veränderungsprozesse sind häufig mit zusätzlichen Belastungen für die Betroffenen bzw. Beteiligen verbunden. Aus der Neuroscience ist bekannt, dass in Zeiten hoher emotionaler Belastung das limbische System den Kortex in seiner Funktion zur Problemlösung und dem Steuern von Emotionen blockiert. Zur optimalen Potenzialnutzung der menschlichen Kompetenzen ist ein dynamisches Gleichgewicht verschiedener Hirnareale nötig (zum Beispiel des Kortex als Ort der Kognition und des limbischen Systems als Ort der Emotionen). Um belastungsbedingte Blockaden und eine Beschränkung der möglichen Kapazitäten [45, S. 80 ff.] eines Menschen in Veränderungsprozessen zu verhindern, sind Fähigkeiten eines wirksamen Stressmanagements unerlässlich. Hierzu stehen in der Praxis vielfältige bewährte erlernbare Methoden zur Verfügung.
- **Resilienz**
  Wenn eine Veränderungssituation nicht nur mehr Belastung bringt, sondern sogar zu einer Krise führt, dann ist Resilienz[18] gefragt. Hierbei handelt es sich um die psychische Widerstandsfähigkeit bzw. die Fähigkeiten, die es Menschen ermöglichen, Krisen, schwierige Bedingungen und neue Herausforderungen erfolgreich zu meistern. Da Veränderungsprozesse mit persönlichen Rückschlägen und teilweise sogar mit

[17] Ansonsten wäre es „Spinnerei".

[18] Vom lateinischen Verb „resilire" = „abprallen".

Lebenskrisen verbunden sind, ist die Kompetenz damit in angemessener Weise umzugehen und auf einem leistungsfähigen Niveau zu bleiben, von hoher Bedeutung. In der Forschung wurden sogenannte Resilienzfaktoren identifiziert [7] und in der Praxis darauf aufbauend Resilienztrainings entwickelt. Über die konkrete Benennung der Faktoren herrscht Uneinigkeit, wobei sich bei genauerem Hinsehen hinter verschiedenen Bezeichnungen ähnliche Aussagen verbergen. In unserem Konzept arbeiten wir mit folgenden sieben Resilienzfaktoren: Akzeptanz, Optimismus, Emotionale Intelligenz (v. a. Empathie, Emotionssteuerung), Selbstwirksamkeit, Eigenverantwortung, Lösungsorientierung und Zukunftsorientierung.

- **Achtsamkeit**
  Achtsamkeit ermöglicht, dass Gelassenheit und Entspannung in belastenden Veränderungssituationen entstehen kann. In einem achtsamen Zustand ist es in Veränderungsprozessen möglich, differenzierter und bewusster Veränderungen im Umfeld sowie die Reaktionen im eigenen Selbst wahrzunehmen. Letzteres ist ein wesentlicher Schlüssel für die verschiedenen, oben vorgestellten Tools zur persönlichen Standortbestimmung. Gleichzeitig unterstützt diese Haltung darin, Veränderungen, die der Einzelne nicht (mehr) beeinflussen kann, zu akzeptieren und fördert somit die oben beschriebene aktive Akzeptanz (vgl. Abschn. 6.3). Es existieren unterschiedliche Wege, um Achtsamkeit zu praktizieren: von eher buddhistischen Varianten bis hin zum medizinisch geprägten MBSR-Ansatz (Mindfulness-Based-Stress-Reduktion) [25]. Achtsamkeit ist letztlich eine Haltung, die auf das gegenwärtige Erleben in einer nicht-wertenden, annehmenden Haltung fokussiert [13].

6.6.2.2 Methodenbezogene Veränderungskompetenzen

- **Problemlösefähigkeit:**
  In Veränderungssituationen sind Menschen häufig mit Problemen bzw. herausfordernden Aufgabestellungen konfrontiert, die es zu lösen gilt. Hierzu sind kognitive Fähigkeiten wie Abstraktionsvermögen und Problemlösefähigkeiten notwendig [14, S. 59].

  Zu stark ausgeprägte kognitive Fähigkeiten könnten dazu führen, dass ein Mensch Probleme hat, in von Unsicherheit geprägten Veränderungsprozessen vom Denken und Analysieren ins Handeln zu kommen und ins Ungewisse zu springen, ohne sich vorher umfassend analytisch abgesichert zu haben.
- **Organisationsfähigkeit:**
  Ein effizienter Veränderungsprozess erfordert Planung, stellt Menschen vor die Herausforderung, verschiedene Arbeitspakete zu koordinieren, er führt zu Umpriorisierungen und neuen Ressourcenverteilungen. Für all dies sind Organisationsfähigkeiten gefragt, Verhaltensmuster bzw. -strategien, die dazu führen, dass ein Mensch in Veränderungsprozessen systematisch vorgeht und zielgerichtet koordiniert, um den Wandel so effektiv und effizient wie möglich zu managen [29].

  Eine zu starke Ausprägung kann zu individuellen Blockaden oder Belastungen führen, wenn die Dynamik im Veränderungsprozess immer wieder die Planungen über den Haufen wirft.

- **Change Management-Kompetenzen:**
  Auch wenn diese Kompetenzen vor allem der Rolle von Führungskräften, Projektleitern bzw. Change Managern zugeschrieben werden, so ist dennoch ein veränderungsbezogenes Grundwissen bei allen Mitarbeitern förderlich. Denn: je stärker veränderungsbezogene Kenntnisse im Change Management bei allen Mitarbeitern ausgeprägt sind, desto größer sind nicht nur die Veränderungsfähigkeiten im Unternehmen, sondern desto höher ist tendenziell auch die allgemeine Veränderungsbereitschaft. Aufgrund dieser positiven Wechselwirkung sind Grundkenntnisse im Change Management in der Breite empfehlenswert.

6.6.2.3 Soziale Veränderungskompetenzen

- **Kommunikationskompetenz:**
  Kommunikation gilt als ein wesentlicher Erfolgsfaktor für einen gelungenen Veränderungsprozess. Abgesehen von besonderen kommunikativen Anforderungen, die an Führungskräfte und Projektleiter in Veränderungsprozessen gestellt werden, ist es für jeden Betroffenen und Beteiligten wichtig, kommunikativ angemessen in Veränderungssituationen zu agieren [29, S. 103]. In diesem Kontext wird besonders die kommunikative Flexibilität betont, das eigene Kommunikationsverhalten an das jeweilige Gegenüber und die wechselnden Situationen anzupassen, vermehrt mit neuen, bis dahin unbekannten Menschen in den Dialog zu treten und neue Netzwerke aufzubauen und zu nutzen [50, S. 169]. Aus unserer Praxis wissen wir, dass darüber hinaus in Problemsituationen die Kompetenzen einer lösungsorientierten Kommunikation wesentlich für den Veränderungserfolg sind.
- **Empathie:**
  Empathie ermöglicht Menschen, sich in andere Perspektiven hineinzuversetzen – eine wesentliche Fähigkeit beispielsweise, um die Veränderungsnotwendigkeit zu erkennen Abschn. 6.2.3 oder für Stakeholder-Analysen (vgl. dazu auch Kap. 9 und Kap. 12). Menschen mit einer stark ausgeprägten Empathie verfügen zudem über eine hohe Sensibilität für zwischenmenschliche Dynamiken und Emotionen [29, S. 104] sowie über ein gutes systemisches Verständnis inkl. Organisationseinheit-übergreifendes Denken [14, S. 59] – alles wesentliche Aspekte, die es für erfolgreiche Veränderungen zu beachten gibt

  Eine zu starke Ausprägung kann dazu führen, dass ein Mensch nicht nur sensibel, sondern ein Sensibelchen ist und das „Gras wachsen hört" – mit entsprechenden Überreaktionen.
- **Konfliktmanagement:**
  Konflikte sind ein natürlicher Begleiter von Veränderungsprozessen, beispielsweise zwischen verschiedenen Interessensgruppen, aufgrund von Unklarheiten von-Verantwortlichkeiten oder unter dem Druck vermehrter Belastungen. Zudem gilt es die kreative Kraft von Konflikten in Veränderungsprozessen zu nutzen, denn konstruktiv gemanagte Konflikte sind eine kreative Quelle für neue Lösungen. Für eine erfolgreiche Veränderung ist daher die konstruktive und aktive Bearbeitung

von Konflikten entscheidend. Hierzu sind Kompetenzen im Konfliktmanagement notwendig z. B. die Fähigkeiten, zwischenmenschliche Meinungsverschiedenheiten bzw. Störungen offen anzusprechen und gemeinsam mit dem Konfliktpartner konstruktive, angemessene und verbindliche Lösungen zu entwickeln [20].

6.6.3 Kontextspezifische Kompetenzen

Über diese grundlegenden in Veränderungssituationen förderlichen Kompetenzen hinaus können weitere Kompetenzfelder definiert werden, die aus dem jeweiligen Veränderungskontext abgeleitet werden.

Dies können bestimmte **Fachkompetenzen** (oder Wissen) sein, die notwendig sind, um die jeweiligen Inhalte einer Veränderung erfolgreich umzusetzen. Wenn eine Veränderung beispielsweise eine stärkere Internationalisierung zur Folge hat, so sind interkulturelle Kompetenzen (vgl. Kap. 11) und entsprechende Fremdsprachenkenntnisse erforderlich.

Abb. 6.8 Entwicklung eines kontextspezifischen Kompetenzmodells

Zudem kann **rollenabhängig** der Bedarf nach weiteren Kompetenzen für erfolgreichen Wandel entstehen. So werden beispielsweise an Projektleiter und Führungskräfte in Veränderungsprozessen andere Kompetenzanforderungen gestellt, als an Mitarbeiter [4, S. 180]. Für ausgewählte, im Kontext von Veränderung und Innovation relevante Rollen, finden Sie in Kap. 8 detailliertere Kompetenzprofile beschrieben.

In unserer Praxis hat sich dabei die in Abb. 6.8 dargestellte Methode und Vorgehensweise zur Entwicklung eines kontextspezifischen Kompetenzmodells bewährt.

An dieser Stelle möchte ich noch einmal an den in Abschn. 6.2.3 beschriebenen Lerntreppeneffekt mit der klaren Empfehlung anknüpfen, sich möglichst frühzeitig in einem Veränderungsprozess zu fragen, welche konkreten Kompetenzen bzw. welches neue Wissen erforderlich ist, um die Inhalte der geplanten Veränderung erfolgreich umzusetzen. Auf dieser Basis gilt es dann ebenso frühzeitig aktiv diesen Kompetenz- und Wissensaufbau anzugehen und sich, wo es erforderlich ist, Unterstützung dafür zu sichern (beispielsweise von der Führungskraft).

6.6.4 Messung von Veränderungskompetenzen für eine realistische Standortbestimmung

Basis für die gezielte Stärkung der relevanten Kompetenzen ist eine realistische Standortbestimmung. Voraussetzung dafür ist die Operationalisierung der Kompetenzen durch konkrete, im Alltag beobachtbare Verhaltensmuster. So können sie mittels strukturierter Feedback-Methoden gemessen werden.

Hier bieten **online-gestützte Multi-Source Verfahren** aus unserer Erfahrung heraus den besten Ansatz [18, S. 208 f.]. Dabei werden Rückmeldungen zu den einzelnen Verhaltensmustern aus verschiedenen Perspektiven mit einer Selbsteinschätzung abgeglichen. Im Rahmen eines **360°-Feedbacks** werden beispielsweise die Rückmeldungen von Kollegen, Mitarbeitern, der eigenen Führungskraft und ggf. Kunden mit dem Selbstbild abgeglichen[19]. So werden sowohl blinde Flecken und verborgene Stärken sichtbar, als auch die individuellen Kompetenzprofile transparent. Die Rückmeldungen werden dabei im Rahmen einer effizienten Online-Befragung strukturiert erhoben und softwaregestützt anonymisiert zusammengefasst und automatisiert ausgewertet (vgl. Abb. 6.9).

---

[19]Im Rahmen eines 270°- oder 180°-Feedbacks wird aus entsprechend weniger unterschiedlichen Perspektiven die Rückmeldung eingeholt. Allerdings ist zu beachten, dass je mehr Perspektiven eingebunden werden, auch die Objektivität der Ergebnisse steigt. Zudem sind jeweils ausreichend viele Personen zu wählen, um auch in der jeweiligen Perspektive, statistisch repräsentative Ergebnisse zu erhalten.

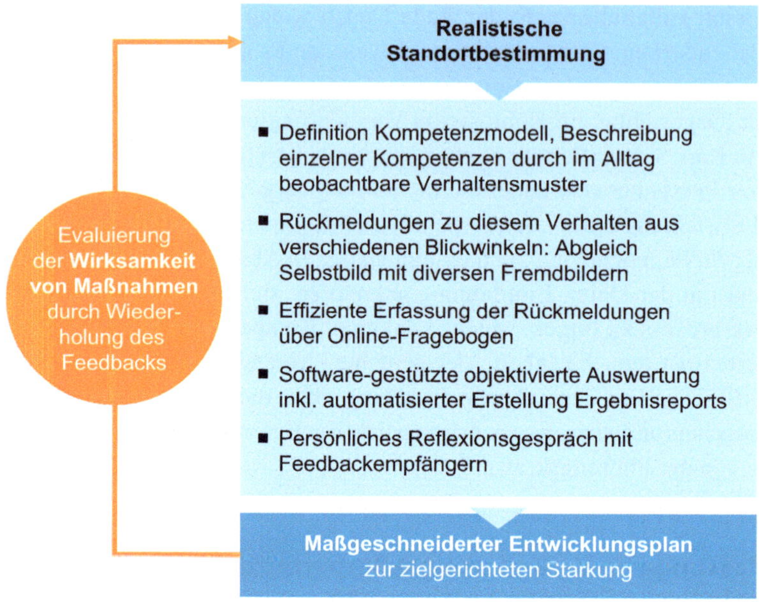

Abb. 6.9 Prozessüberblick 360°-Feedback

Die so generierten **Ergebnisreports** werden am besten in einem persönlichen Gespräch mit dem Feedbackempfänger überreicht und besprochen. Im Mittelpunkt dieser persönlichen **Reflexionsgespräche** stehen folgende Inhalte:

- Verständnis und Akzeptanz der Ergebnisse sichern
- Auf Kernaussagen fokussieren
- Impulse zur Entwicklung anbieten
- 1–3 konkrete Entwicklungsziele und Maßnahmen formulieren

Über die Diagnosefunktion hinaus bietet die Verknüpfung mit einem persönlichen Reflexionsgespräch eine wertvolle Entwicklungsfunktion. Die aufgedeckten Selbst-/Fremdbilddifferenzen führen in der Regel zu nachhaltigen Lerneinsichten und fördern eine selbstbestimmte Bereitschaft zur Verhaltensänderung. Diese katalytische Wirkung der Lerneinsichten eines 360°-Feedbacks unterstützt auch das im VUKA-Kontext erforderliche eigenverantwortliche Lernen.

Eine Beispielgrafik aus einem 360°-Ergebnisreport, basierend auf einem Kompetenzmodell für die Messung von Veränderungs- und Innovationskompetenzen, finden Sie in Abb. 6.10. Die differenzierten Rückmeldungen zu den Verhaltensmustern bieten konkrete Ansätze zur Bearbeitung der identifizierten Themen -beispielsweise im Rahmen eines Coachings.

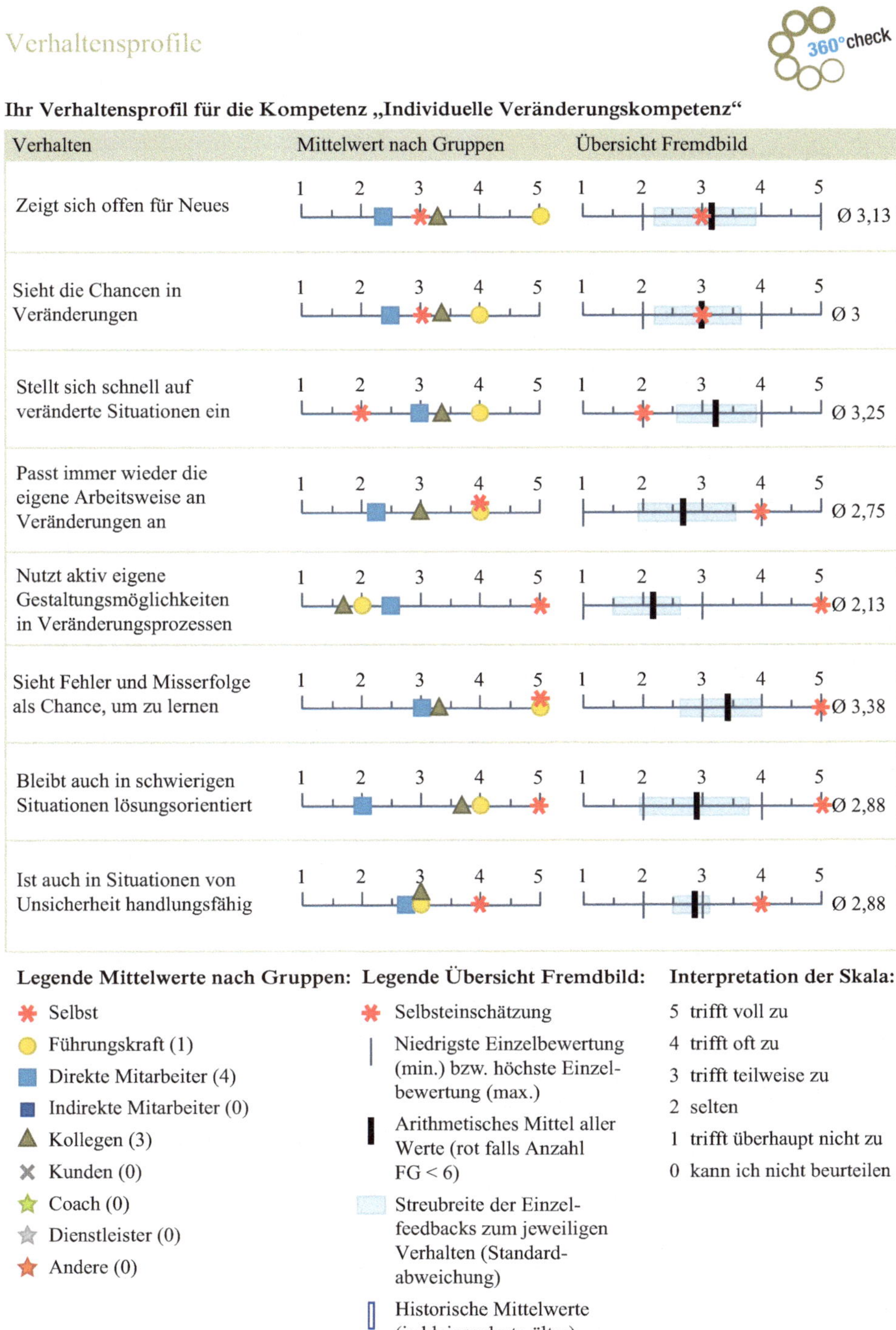

Abb. 6.10 Praxisbeispiel: Auszug aus dem Ergebnisreport eines 360°-Change-Profils

Die Aggregation von individuellen Ergebnissen einzelner Feedback-Empfänger zu Kompetenzprofilen einer Organisationseinheit bietet darüber hinaus Transparenz über das Veränderungskompetenz-Portfolio beispielsweise eines Unternehmensbereiches. Dies ist ein guter Ausgangspunkt für **qualitative und quantitative Bedarfsanalysen zur Kompetenzentwicklung.**

Ein Tool wie das 360°-Feedback ist jedoch nur so gut, wie der Umgang mit diesem Instrument. Für valide Messungen ist neben einem stimmigen Kompetenzmodell auch die freiwillige Teilnahme und Akzeptanz der Methodik unter den Feedbacknehmern notwendig. Letzteres kann beispielsweise durch die Anonymität des Feedbacks, durch aufwandsarme Befragungsprozesse frei von Barrieren (wie es bei modernen onlinebasierten Befragungen der Fall ist) oder durch die Ergebnisverwendung im Kontext der Weiterentwicklung von Menschen (und nicht in einem Kontext der Personalauswahl) gefördert werden.

6.6.5 Gezielte Stärkung der Veränderungskompetenzen

Die beschriebene Kompetenzmessung ermöglicht eine gezielte Entwicklung relevanter Kompetenzen sowie den passgenauen Einsatz von Menschen dort, wo die individuellen Stärken benötigt werden. Zum einen sollten vorhandene **Schwächen auf ein ausreichendes „Hygieneniveau"** geführt werden, damit sie der vollen Entfaltung der Stärken nicht im Wege stehen und ein Gefühl der Machbarkeit von Veränderung entsteht. Für das subjektive Gefühl von Machbarkeit ist vor allem ein Blick auf die Selbsteinschätzung im Rahmen eines 360°-Feedbacks hilfreich. Ein mangelndes Gefühl von Machbarkeit begründet Veränderungsblockaden bzw. Widerstände. Überforderung in Veränderungsprozessen aufgrund empfundener mangelnder Kompetenzen zur Bewältigung der Veränderungsaufgaben gilt als einer der größten Veränderungsmotivationskiller (Unterforderung allerdings auch).

Darüber hinaus kann es sinnvoll sein, auch **vorhandene Stärken weiter auszubauen,** um Excellence in Veränderungsprozessen zu realisieren.

Dabei ist es ein wesentlicher Baustein des Konzepts der Veränderungsintelligenz, dass Entwicklungsmaßnahmen zu einer **nachhaltigen Verhaltensänderung im Alltag** führen, die Inhalte einer Weiterbildungsmaßnahme auch **in der Praxis umgesetzt** werden[20]. Damit dies gelingt und es nicht bei den vielfach gefassten „guten Vorsätzen" bleibt, bedarf es des Zusammenspiels folgender **Umsetzungsfaktoren:**

---

[20]Die Relevanz dieses Themas zeigt sich daran, dass die praxistransferförderliche Gestaltung von Bildungsmaßnahmen seit vielen Jahren in verschiedenen Umfragen zu den größten Herausforderungen von Personalentwicklern gezählt werden [15, S. 13].

- **Vor dem Start einer Entwicklungsmaßnahme** sollte jeder Mitarbeiter mit seiner Führungskraft in einem Gespräch die gemeinsame Akzeptanz des Entwicklungsbedarfs sichern, sowie die Lernziele klären.
- **Bei der Auswahl von Entwicklungsmaßnahmen** sollte beachtet werden, dass einmalige punktuelle „Weiterbildungsereignisse" einen geringeren Umsetzungserfolg aufweisen, als ein prozessorientiertes Design von Entwicklungsmaßnahmen bzw. aufeinander abgestimmte Intervalltrainings. Vor allem die Kombination von Gruppenseminaren oder Webinaren mit persönlichem Praxistransfer-Coaching hat sich hier bewährt. Der in den vergangenen Jahren zu beobachtende Trend zu immer kürzeren Präsenzseminaren führt dazu, dass oft zu wenig Zeit für die Fragen der Teilnehmer zur individuellen Integration der Inhalte in ihren Alltag bleibt, oder die individuellen Barrieren für einen erfolgreichen Praxistransfer in der Kürze nicht überwunden werden können. Einmalige Tagestrainings wären hier nur kosmetische Maßnahmen ohne nachhaltige Verhaltensänderungen im Arbeitsalltag.
- **Im Rahmen der jeweiligen Entwicklungsmaßnahme** ist dann der potenzielle spätere Umsetzungserfolg von der Trainerkompetenz und Didaktik abhängig. Hier sollte darauf geachtet werden, dass die Methodik einen permanenten Wechsel zwischen Trainer-Impulsen und der unmittelbaren Übertragung in den Arbeitsalltag des jeweiligen Teilnehmers vorsieht. Jeder inhaltliche Impuls sollte in den konkreten nächsten Schritt zur Umsetzung im Alltag überführt werden. Zudem sind erlebnisaktivierende Methoden und ein individuelles Eingehen auf die Teilnehmer förderlich für die nachhaltige Umsetzung.
- **Im Anschluss an eine Entwicklungsmaßnahme** sollte es natürlich auch gleich Möglichkeiten der Anwendung des Erlernten geben. Grundsätzlich sollte ausreichend Zeit für das Üben und Experimentieren mit dem Neuen zur Verfügung stehen. Da dabei vermutlich noch nicht alles funktionieren wird, bedarf es zudem einer förderlichen Lernkultur im Umfeld – vor allem einer förderlichen Fehlerkultur, die einen Menschen ermutigt, auch mal etwas Neues auszuprobieren ohne dabei Angst zu haben, etwas falsch zu machen. Förderlich ist auch das achtsame Wahrnehmen und bewusste Anerkennen auch von kleinen Umsetzungserfolgen durch die Führungskraft.
- Zur Sicherstellung des Erfolges einer Entwicklungsmaßnahme ist es zudem empfehlenswert **nach einem gewissen Zeitablauf die Kompetenzmessung zu wiederholen.** Dies dient übrigens nicht nur der Evaluierung von Entwicklungsmaßnahmen und bildet die Basis für die weitere Feinsteuerung. Vielmehr haben wir in unserer Praxis die Erfahrung gemacht, dass die frühzeitige Ankündigung der Wiederholung der Kompetenzmessung einen deutlich messbaren Anreiz zur individuellen Verhaltensänderung bewirkt (denn so kann niemand mehr nach der Durchführung des Reflexionsgesprächs unbemerkt in die alten Verhaltensmuster im Alltag „abtauchen").

Einen weiteren interessanten Ansatz für den nachhaltigen Umsetzungserfolg von Weiterbildungsmaßnahmen liefert das Konzept der **Transferstärke von Koch,** dass über die genannten Faktoren hinaus auf individueller Ebene die Motivation und die persönlichen Fähigkeiten für einen Praxistransfer ergänzt. Transferstärke beschreibt die „persönliche Kompetenz, Lern- und Veränderungsimpulse aus Fort- und Weiterbildungen selbstverantwortlich, erfolgreich und nachhaltig in der Praxis umzusetzen" [27, S. 16].

Im Rahmen des Konzeptes wurde ein Instrument zur Diagnostik der Transferstärke entwickelt sowie darüber hinaus ein Coaching-Programm zur gezielten Verbesserung [26]. Basierend auf Forschungsergebnissen wurden folgende vier Faktoren für Transferstärke ermittelt:

- Offenheit für Fortbildungsimpulse
- Selbstverantwortung für den Umsetzungserfolg
- Rückfallmanagement im Arbeitsalltag
- Positives Selbstgespräch bei Rückschlägen

Wir haben sehr gute Erfahrungen damit gesammelt, im Anschluss an unsere Seminare die Teilnehmer um eine kleine Selbsteinschätzung zu den Umsetzungsfaktoren zu bitten. So können sie ihre **individuellen Risikofaktoren für einen erfolgreichen Praxistransfer erkennen und sich Maßnahmen für ein gutes Management der Risikofaktoren erarbeiten.** Idealerweise sind diese Erkenntnisse und Maßnahmen dann auch Gegenstand des Transfer-Coachings im Anschluss an das Seminar. Zudem empfehlen wir unseren Klienten in regelmäßigen Zeitabständen diese Selbsteinschätzung zu wiederholen, da sich die Ausprägung der Faktoren im Zeitverlauf ändern kann – und damit auch die jeweiligen Umsetzungsrisiken. Nachfolgend finden Sie wesentliche Fragen für eine kurze Selbsteinschätzung zu den aufgeführten Umsetzungsfaktoren.

Selbsteinschätzung zur Umsetzungsstärke von Maßnahmen zur Kompetenzentwicklung

Diagnose Umsetzungsstärke	Stimmt nicht	Stimmt weitgehend nicht	Stimmt teilweise	Stimmt weitgehend	Stimmt völlig
bitte ankreuzen					
Meine Führungskraft unterstützt meine Entwicklung					
Ich habe nach diesem Seminar Möglichkeiten, in anderen Weiterbildungsmaßnahmen an meinen Themen weiterzuarbeiten					
Im meinem Arbeitsumfeld besteht eine förderliche Lernkultur					
Ich bin bereit, mich auf neue Erfahrungen bei der Umsetzung des Gelernten einzulassen					
Ich habe den Willen, aktiv die Initiative für Veränderungen zu ergreifen					
Der nächste Schritt dazu ist mir klar					
Ich lasse mich durch anfänglichen Mehraufwand / Anstrengung nicht von meinen Vorsätzen abbringen					
Ich habe ein gutes Gefühl zu dem Nutzen, der mich erwartet, wenn ich das Neue umgesetzt habe					
Der Nutzen für eine Veränderung ist groß genug, um die nötige Veränderungsenergie aufzubringen					
Für eine realistische Einschätzung des Aufwandes zur Umsetzung des Neuen, reflektiere ich meine Aufwandsschätzung noch einmal mit einem anderen Menschen					
Ich priorisiere die Umsetzung meiner Lernerfahrung in meinem Alltag so hoch, dass ich mich nicht von dringenden, aber weniger wichtigen Alltagsthemen davon abbringen lasse					
Ich halte Rückfälle in alte Muster für normal und…					
…ich entwickle einen Notfallplan für Rückschläge und Unvorhergesehenes					
Ich nehme mir vor, auch kleine Schritte in die richtige Richtung bei mir selbst zu würdigen bzw. auch kleine erste Erfolge zu feiern					
Ich kann mich immer wieder zur Veränderung selbst motivieren					
Für die Auswertung gilt: rechts finden Sie die Stärken für eine erfolgreiche Umsetzung von Lerninhalten und links die Risikofaktoren.					

6.7 Veränderungsmöglichkeit („Dürfen des Neuen")

Die letzte Hürde, die es auf dem Weg zu einer individuellen Veränderungsleistung zu überwinden gilt, ist die der Veränderungsmöglichkeiten. Was nützt es, wenn ein Mensch zwar veränderungsbereit ist, sich die Veränderungen auch zutraut und bis in die Haarwurzeln für die Veränderung motiviert ist, ihm aber nicht die notwendigen Ressourcen für die Veränderung zur Verfügung stehen?

Für erfolgreiche Veränderungen ist es notwendig, dass ein Mensch auf **ausreichende Ressourcen zur Bewältigung der Veränderungsaufgaben** zugreifen kann. Ressourcen können dabei beispielsweise sein: zeitliche Freiräume, Materialien, Informationszugänge oder auch Unterstützung durch andere.

Verschiedene Studien belegen zudem einen **positiven Rückkopplungseffekt** zwischen

- Veränderungsbereitschaft und den zur Verfügung stehenden Ressourcen [22] sowie
- der individuell als hilfreich wahrgenommenen Unterstützung durch die Organisation und der individuellen Einschätzung über ausreichende Fähigkeiten für eine erfolgreiche Bewältigung der Veränderung zu verfügen [2].

Die notwendigen Ressourcen können grundsätzlich unterteilt werden in solche, auf deren Beschaffung der Einzelne Einfluss hat (die also im Circle of Influence liegen) und solche, die gegebenenfalls zu einer nicht beeinflussbaren Limitierung führen (Circle of Concern). Für einen differenzierten Umgang damit sind die Ausführungen von Abschn. 6.3 auch hier zu berücksichtigen.

Gerade die **Ressource Zeit** erleben wir in unserer Praxis zunehmend als eine der Hauptbarrieren zur Realisierung von Veränderungsleistung. Hier liegt die Herausforderung darin, sich aktiv Freiraum für das Neue zu organisieren. Klassische Ansatzpunkte hierzu sind das Nein sagen zu Altem und Umpriorisierungen.

Nein sagen zu Altem: Wem es als Mensch eher schwerfällt, „Nein" zu sagen, sollte sich im ersten Schritt fragen, was für ihn das Schlimme am Nein sagen ist. Das kann beispielsweise die Angst vor negativen Konsequenzen wie Ablehnung, Enttäuschung, Zurückweisung oder gar Verlust sein. Das unten stehende Beispiel aus meiner Coaching-Praxis sollte dazu ermutigen, das Nein sagen öfter auszuprobieren und sich die Chance zu geben, positiv von der Reaktion der anderen überrascht zu werden. Zudem gilt, dass der Schlüssel zur Lösung nicht darin liegt, *ob* man Nein sagt, sondern *wie* man Nein sagt. Richtig Nein sagen ohne Schuldgefühle kann man lernen [9]. Ein wichtiger Ansatzpunkt ist hier beispielsweise sich zu verdeutlichen, dass „Nein" zu sagen zu etwas Altem gleichzeitig bedeutet, „Ja" zu sagen zu einer realistischen Umsetzung des Neuen.

Praxisfall „Nein sagen"

Meine Klientin startete völlig überlastet in den Coaching-Prozess, da ihr Chef ihr im Rahmen des Veränderungsprozesses immer mehr neue Themen zusätzlich übertragen hatte. Sie hatte sich aus Angst vor negativen Konsequenzen nicht getraut, Nein zu sagen und bis zur Erschöpfung versucht, alles abzuarbeiten. Nach einer Bearbeitung des Themas im Coaching hat sie sich dann getraut, mit ihrem Chef zu sprechen und einzugestehen, dass sie sich überlastet fühlt und Aufgaben abgeben muss. Die Reaktion ihres Chefs lautete: „Ich habe mich eh schon gewundert, wie Sie das alles schaffen, aber da Sie immer zugestimmt haben, habe ich Ihnen immer mehr Aufgaben gegeben". Das Neinsagen hatte keine negativen Auswirkungen für die Klientin, sondern brachte ihr endlich den notwendigen Rahmen, sich auch wieder um eigene Bedürfnisse kümmern zu können.

Dieses Beispiel verdeutlicht, wie oft die Sorge vor den negativen Auswirkungen des Neinsagens eine Selbstbeschränkung darstellt.

Umpriorisierung zugunsten des Neuen gilt es mit den Stakeholdern im Umfeld zu klären und verbindlich zu vereinbaren. Vor allem sollte sich ein Mitarbeiter hierzu die notwendige Rückendeckung von seiner Führungskraft einholen.

6.8 Kernaussagen

Mit dem 7-V-Modell kann strukturiert Schritt für Schritt aufeinander aufbauend im traditionellen Veränderungskontext analysiert werden, wo konkret individuelle Blockaden bei der erfolgreichen Umsetzung von Veränderungsvorhaben entstehen können. Diese Standortbestimmung liefert die Basis zur Überwindung der Veränderungsblockaden sowie zur gezielten Entwicklung notwendiger Veränderungskompetenzen. Hier eine Übersicht der einzelnen Komponenten des 7-V-Modells:

- **Veränderungsbereitschaft:** Die allgemeine Veränderungsbereitschaft, welche die situations- und kontextübergreifende Einstellung von Menschen zu Veränderungen beschreibt, besteht aus förderlichen Persönlichkeitsmerkmalen und Veränderungserfahrungen in der individuellen Biografie. Die spezifische Veränderungsbereitschaft: beschreibt die Einstellung von Menschen zu einer konkreten Veränderungssituation, mit der sich ein Mensch aktuell konfrontiert sieht und ist von den Inhalten des konkreten Veränderungsvorhabens abhängig. Hier geht es darum, ob Menschen die konkrete Veränderung für notwendig erachten, ob sie verstanden haben, warum es nicht so bleiben kann, wie es ist, und ob sie auf dieser Basis bereit sind, das Alte loszulassen bzw. ihre Komfortzone zu verlassen, ob sie auch bereit sind, einen Preis für die Veränderung zu zahlen sowie eine ausreichende Lern- und Anstrengungsbereitschaft haben, um auf der Lerntreppe wieder nach oben zu klettern.
- **Veränderungsförderliche aktive Akzeptanz:** Die Zuordnung von Veränderungsthemen in den „Circle of Concern" und „Circle of Influence" verdeutlicht die Energieverschwendung, wenn Menschen ihre Aufmerksamkeit zu lange auf Dinge über die sie sich ärgern, die sie aber nicht beeinflussen können, verwenden. Eine empfehlenswerte Strategie zum Umgang mit den Themen im „Circle of Concern" ist es dagegen,

diese Themen zu akzeptieren und sich stattdessen, auf das zu besinnen, was man auch beeinflussen kann – also die ganze Energie auf die Dinge im „Circle of Influence" zu konzentrieren. Diese Strategie zeichnet auch pro-aktive Menschen aus und bietet ihnen die Chance, im Zeitverlauf tendenziell ihre Autonomie und ihren Einfluss zu verstärken. Letztlich gilt es sich klar zu entscheiden: Change it, love it or leave it.

- **Veränderungserwartung:** Je klarer für einen Menschen die Erwartung und Zielsetzung in Veränderungsprozessen ist, desto mehr kann er seine Veränderungsenergie bündeln und desto weniger Streuverluste entstehen im Veränderungsprozess. Hierzu liegt neben der Bringschuld des Umfeldes auch die Holschuld in seiner Eigenverantwortung und durch z. B. aktives Nachfragen und Zuhören so viel Klarheit wie möglich zu erzielen. Im Bewusstsein der verschiedenen Wahrnehmungs- und Interpretationsphänomene ist hierbei ein Abgleich unterschiedlicher Perspektiven und das Aufgeben des Wahrheitsanspruchs wesentlich.
- **Veränderungsmotivation:** Ob und in welcher Intensität ein Mensch motiviert ist, eine Veränderung engagiert zu unterstützen oder sie ablehnt, hängt stark davon ab, wie sich die Veränderung auf die Realisierung seiner Motive auswirken könnte, welchen Nutzen ihm die Veränderung stiftet und inwieweit die geplanten Veränderungen der Unternehmenswerte mit den persönlichen Werten übereinstimmen. Ein praxisbewährtes Tool für eine strukturierte persönliche Einschätzung der eigenen Veränderungsmotivation ist die Veränderungsbilanz. Die Intensität der Veränderungsmotivation oder -demotivation hängt entscheidend davon ab, welche Relevanz die jeweilige Veränderung überhaupt für Arbeit und Leben des einzelnen Menschen hat. Vor allem in Veränderungsprozessen sind dabei die Fähigkeiten zur Selbstmotivation entscheidend.
- **Veränderungskompetenzen:** Verschiedene persönliche, soziale und methodenbezogene Veränderungskompetenzen unterstützen grundsätzlich das Zustandekommen von erfolgreichen Veränderungsleistungen. Darüber hinaus gibt es abhängig von den konkreten Veränderungsinhalten noch für die erfolgreiche Bewältigung einer konkreten Veränderungssituation notwendige Kompetenzen. Daher empfiehlt sich die Entwicklung eines auf den jeweiligen Veränderungskontext maßgeschneiderte Kompetenzmodell. Mittels der 360°-Methode kann so eine realistische Standortbestimmung der vorhandenen Kompetenzen erfolgen und als Basis für eine gezielte Kompetenzentwicklung dienen. Dabei erfordert eine Kompetenzentwicklung, die zu nachhaltiger Verhaltensänderung im Alltag führen soll, das Zusammenspiel verschiedener Umsetzungsfaktoren.
- **Veränderungsmöglichkeiten:** Für erfolgreiche Veränderungen ist es notwendig, dass ein Mensch auf ausreichende Ressourcen zur Bewältigung der Veränderungsaufgaben zugreifen kann. Ressourcen können dabei beispielsweise sein: zeitliche Freiräume, Materialien, Informationszugänge oder auch Unterstützung durch andere. Die Schaffung dieser Freiräume erfordert es, auch einmal „Nein" zu etwas Altem zu sagen und aktiv umzupriorisieren.
- **Veränderungskontext:** Die Ausgestaltung bestimmter Faktoren der Unternehmensumwelt des einzelnen Mitarbeiters hat einen direkten Einfluss auf die Ausprägung der zuvor beschriebenen individuellen Komponenten des 7-V-Modells. Es ist eine

Kernaufgabe von Führungskräften, einen veränderungsförderlichen Kontext zu schaffen. Dazu zählen vor allem eine positive Fehler- und Vertrauenskultur und ein unterstützendes Mitarbeiterentwicklungskonzept.

Literatur

1. Antonovsky, A., & Franke, A. (1997). *Salutogenese, zur Entmystifizierung der Gesundheit.* Tübingen: Dgvt-Verlag.
2. Armenakis, A. A., & Harris, S. G. (2002). Crafting a change message to create transformational readiness. *Journal of Organizational Change Management, 15,* 169–183.
3. Armenakis, A. A., Harris, S. G., & Mossholder, K. W. (1993). Creating readiness for organizational change. *Human Relations, 46,* 681–703.
4. Baltes, G., & Freyth, A. (2011). Individuelle Veränderungskompetenz als Erfolgsbeitrag für strategische Innovation. In J. Hasebrook (Hrsg.), *Diversity und innovation.* Aachen: Shaker Verlag.
5. Bandura, A. (1997). *Self-efficacy: The exercise of control.* New York: Freeman.
6. Barbuto, J. E., Jr., & Scholl, R. W. (1998). Motivation sources inventory: Development and validation of new scales to measure an integrative taxonomy of motivation. *Psychological Reports, 82*(3), 1011–1022.
7. Bengel, J., & Lyssenko, L. (2012). *Schriftenreihe zu Forschung und Praxis der Gesundheitsförderung: Bd. 43. Resilienz und psychologische Schutzfaktoren im Erwachsenenalter. Stand der Forschung zu psychologischen Schutzfaktoren von Gesundheit im Erwachsenenalter.* Köln: Bundeszentrale für gesundheitliche Aufklärung.
8. Budner, S. (1962). Intolerance of ambiguity as a personality variable. *Journal of Personality, 30,* 29–50.
9. Cloud, H. (2012). *Nein sagen ohne Schuldgefühle: Gesunde Grenzen setzen.* Holzgerlingen: SCM Hänssler.
10. Covey, S. R. (1992). *The seven habits of highly effective people* (S. 148). New York: Simon & Schuster.
11. Cunningham, C. E., Woodward, C. A., Shannon, H. S., Macintosh, J., Lendrum, B., Rosenbloom, D., et al. (2002). Readiness for organizational change: A longitudinal study of workplace, psychological and behavioural correlates. *Journal of Occupational and Organizational Psychology, 75,* 377–392.
12. De Bono, E. (1992). *Laterales Denken: Der Kurs zur Erschließung Ihrer Kreativitätsreserven.* Düsseldorf: Econ/Knieß, M. (2006). *Kreativitätstechniken. Methoden und Übungen.* München: dtv.
13. Dietz, I., & Dietz, T. (2008). Vom Reden zum emotionalen Erleben. Achtsamkeit als Schlüssel zur Veränderung. *Coaching Magazin, 3*(2008), 18–21.
14. Dlugosch, S. (2009). Nichts ist so beständig wie der Wandel: Bedeutung und Diagnostik von Veränderungskompetenz. In S. Dlugosch & A. Terörde (Hrsg.), *Eignungsdiagnostik im Wandel. Perspektiven – Trends – Konzepte* (S. 47–74). Göttingen: Vandenhoeck & Ruprecht.
15. Fandel-Meyer, T., Schneider, C., Seufert, S., Meiner, C., & Schuchmann, D. (2015). scil Trendstudie 2015/2016, Trends im Corporate Learning, Swiss Centre for Innovations in Learning (scil). Universität St.Gallen.
16. Fraga, M. F., Ballestar, E., Paz, M. F., Ropero, S., Setien, F., Ballestar, M. L., Heine-Suñer, D., Cigudosa, J. C., Urioste, M., Benitez, J., Boix-Chornet, M., Sanchez-Aguilera, A., Ling, C., Carlsson, E., Poulsen, P., Vaag, A., Stephan, Z., Spector, T. D., Wu, Y.-Z., Plass, C., & Esteller, M. (2005). Epigenetic differences arise during the lifetime of monozygotic twins. *Proceedings of the National Academy of Sciences of the United States of America, 102*(30), 10604–10609.

17. Frankl, V. E. (1981). *Die Sinnfrage in der Psychotherapie*. München: Piper.
18. Freyth, A., & Baltes, G. (2011). Strategiefokussiertes Kompetenzmanagement individueller Kompetenzen als Erfolgsbeitrag für Innovationsstrategien. In E. Barthel, A. Hanft, & J. Hasebrook (Hrsg.), *Integriertes Kompetenzmanagement Innovationsstrategien als Aufgabe der Organisations- und Personalentwicklung*. Münster: Waxmann.
19. Fugate, M., & Kinicki, A. J. (2008). A dispositional approach to employability: Development of a measure and test of implications for employee reactions to organizational change. *Journal of Occupational and Organizational Psychology, 81,* 503–527.
20. Glasl, F. (2013). *Konfliktmanagement: Ein Handbuch für Führungskräfte, Beraterinnen und Berater*. Stuttgart: Verlag Freies Geistesleben.
21. Haggard, P. (2008). Human volition: Towards a neuroscience of will. *Nature Reviews Neuroscience, 9*(12), 934–946.
22. Herrmann, D., Felfe, J., & Hardt, J. (2012). Transformationale Führung und Veränderungsbereitschaft: Stressoren und Ressourcen als relevante Kontextbedingungen. *Zeitschrift für Arbeits- und Organisationspsychologie, 56*(2), 70–86.
23. Jacob, K., Duell, W., Binder, T., Glowitz, F., & Grimm, E. (2008). *Der Mensch im betrieblichen Veränderungsprozess. Vorgehen zur Entwicklung von Veränderungskompetenz*. Hartmann, M. (1998). *DYNAPRO III*. Stuttgart: Logis.
24. Judge, T. A., Thoresen, C. J., Pucik, V., & Welbourne, T. M. (1999). Managerial coping with organizational change: A dispositional perspective. *Journal of Applied Psychology, 84,* 107–122.
25. Kabat-Zinn, J., & Valentin, L. (2014). *Stressbewältigung durch die Praxis der Achtsamkeit, Audiobook*. Freiburg im Breisgau: Arbor.
26. Koch, A. (2015). Gelerntes umsetzen lernen. Transferstärke Coaching. In managerSeminare. Das Weiterbildungsmagazin. Ausgabe Juni 2015, Coaching, Beilage zu Heft 207, S. 4–9. Bonn: managerSeminare.
27. Koch, A. (2017). Lerntransfer. Wie Sie mit 10 Minuten Aufwand den Lerntransfer sicherstellen. Transferstärke-Methode statt "Happy Sheets". In Frank Siepmann (Hrsg.), *Jahrbuch eLearning & Wissensmanagement 2017* (S. 16–21). Hagen im Bremischen: Siepmann Media.
28. Kuhl, J. (2001). *Motivation und Persönlichkeit: Interaktionen psychischer Systeme*. Göttingen: Hogrefe.
29. Krummaker, S. (2007). *Wandlungskompetenz von Führungskräften*. Wiesbaden: Deutscher Universitäts-Verlag.
30. Lazarus, R. S. (1991). *Emotion and adaptation*. New York: Oxford University Press.
31. Ledoux, J. (2006). *Das Netz der Persönlichkeit* (S. 338). Düsseldorf: Deutscher Taschenbuch Verlag. sowie Bear, M. Connors, B., & Paradiso, M. (2009). *Neurowissenschaften* (3. Aufl., S. 571). Heidelberg: Springer.
32. Machunsky, M., & Meiser, T. (2006). Personal Need for Structure als differenzialpsychologisches Konstrukt in der Sozialpsychologie: Psychometrische Analyse und Validierung einer deutschsprachigen PNS-Skala. *Zeitschrift für Sozialpsychologie, 37*(2), 87–97.
33. Madden, D., Costello, M., Dennis, N., Davis, S., Shepler, A., Spaniol, J., et al. (2010). Adult age differences in functional connectivity during executive control. *Neuroimage, 52,* 643–657.
34. McCartt, A. T., & Rohrbaugh, J. (1995). Managerial openness to change and the introduction of GDSS: Explaining initial success and failure in decision conferencing. *Organization Science, 5,* 569–584.
35. McClelland, D. (1987). *Human motivation. CUP Archive*. Cambridge: Cambridge University press.
36. Mischel, W. (2015). *The Marshmallow test: Mastering self-control*. New York: Little Brown (Deutsch Ausgabe: Mischel, W. (2015). *Der Marshmallow-Test: Willensstärke, Belohnungsaufschub und die Entwicklung der Persönlichkeit*. München: Siedler).

37. Mount, M. K., & Murray, R. B. (2005). Higher-order dimensions of the big five personality traits and the big six covational interest types. *Personnel Psychology, 58*, 447–478.
38. Münchhausen, M. von. (2004). *So zähmen Sie Ihren inneren Schweinehund, Vom ärgsten Feind zum besten Freund*. München: Piper.
39. Myers, D. G. (2010). *Psychology* (9. Aufl., S. 444). New York: Worth Publishers.
40. Oreg, S. (2003). Resistance to change: Developing an individual differences measure. *Journal of Applied Psychology, 88*(4), 680–693.
41. Pelz, W. (2010). Fokussieren statt verzetteln. *PERSONAL, 4*, 30 f.
42. Porter, L. W., & Lawler, E. E. (1965). Properties of organization structure in relation to job attitudes and job behavior. *Psychological Bulletin, 64*(1), 23.
43. Renner, B., & Salewski, C. (2009). *Differentielle und Persönlichkeitspsychologie*. München: Reinhardt.
44. Riemann, F. (2003). *Grundformen der Angst. Eine tiefenpsychologische Studie* (36. Aufl.). München: Reinhardt.
45. Rüegg, C. (2007). *Gehirn, Psyche und Körper. Neurobiologie von Psychosomatik und Psychotheraphie* (4. Aufl.). Stuttgart: Schattauer.
46. Schiefele, U., & Pekrun, R. (1996). Psychologische Modelle des selbstgesteuerten und fremdgesteuerten Lernens. In F. E. Weinert (Hrsg.), *Enzyklopädie der Psychologie, Serie Pädagogische Psychologie: Bd. 2. Psychologie des Lernens und der Instruktion* (S. 249–278). Göttingen: Hogrefe.
47. Sternberg, R. J., & Lubart, T. I. (1999). The concept of creativity: Prospects and paradigms. In R. J. Sternberg (Hrsg.), *Handbook of creativity* (S. 3). Cambridge: Cambridge University Press.
48. Stumpf, H., & Parker, W. D. (2000). A hierarchical structural analysis of perfectionism and its relation to other personality characteristics. *Personality and Individual Differences, 28*(5), 837–852.
49. Tierny, J. (2011). *Willpower – Rediscovering the greatest human strength*. New York: Penguin/ Pelz, W. (2010). Fokussieren statt verzetteln: Willenskraft und Umsetzungskompetenz sind ein gutes Vorzeichen für beruflichen Erfolg. *Personal, Zeitschrift für Human Resource Management, 2010*(4), 30.
50. Wittwer, W. (2010). Vom "Betroffenen" zum Change Agent – Management von Entwicklungs- und Veränderungsprozessen durch individuelle Veränderungskompetenz. In F. Strikk (Hrsg.), *Human Ressource im Wandel: Veränderungskompetenzen entwickeln* (S. 159–180). Bielefeld: Bertelsmann.
51. Wunderer, R., & Bruch, H. (2000). *Umsetzungskompetenz* (S. 70). München: Vahlen.

7 Veränderungsintelligenz auf individueller Ebene Teil 2: Persönliche Agilität und agiler führen

Diagnose und Stärkung von persönlicher Agilität, veränderte Führungsrolle im agilen Kontext

Antje Freyth und Guido Baltes

Die persönliche Agilität von Mitarbeitern gilt laut verschiedenen Studien als einer der wichtigsten Enabler (Befähiger) für eine agile Organisation. Auch im digitalen Wandel gewinnt der Faktor Mensch weiter an Bedeutung, denn ein digitaler Transformationsprozess führt in der Regel zu radikalen Veränderungen, die nur mit einem ebenso radikalen Ausstieg aus bisherigen Denk- und Verhaltensmustern der Mitarbeiter bewältigt werden können.

Im VUKA-Umfeld (Volatilität, Unsicherheit, Komplexität, Ambiguität) wird von den Menschen verlangt, für einen begrenzten Zeitraum im Rahmen eines Veränderungsprojektes nicht nur mit Unsicherheiten, Komplexität, Widersprüchen bzw. Mehrdeutigkeiten gut umzugehen, sondern diese auch dauerhaft gut auszuhalten und darüber hinaus ausreichend schnell entscheiden und handeln zu können. Die individuellen Fähigkeiten, auch in einem komplexen Arbeitsumfeld handlungsfähig und zu hoher Leistung fähig zu sein, sind ein wesentliche Erfolgsfaktor für agile Unternehmen sowie ein individueller Karrierefaktor in einem agilen Umfeld.

Das Konzept der Agilität bietet für diese neuen Herausforderungen radikal neue Lösungsansätze, da viele bisherige Erfolgsrezepte in einem agilen Kontext nicht mehr funktionieren oder sogar Agilitätsblockierer sind.

A. Freyth (✉)
Veränderungsintelligenz GmbH, Reichenau, Deutschland
E-Mail: freyth@veraenderungsintelligenz.de

G. Baltes
IST Innovationsinstitut, Hochschule Konstanz, Konstanz, Deutschland
E-Mail: baltes@innovationsinstitut.org

G. Baltes und A. Freyth (Hrsg.), *Veränderungsintelligenz*,
https://doi.org/10.1007/978-3-658-04889-1_7

Was bedeutet agil sein eigentlich konkret? Agilität ist zwar ein Modewort, aber wir stellen in der Praxis fest, dass gleichzeitig Agilität für viele Menschen noch ein unklarer Begriff ist, zu dem es sehr unterschiedliche Vorstellungen gibt. Daher wird in diesem Kapitel zunächst der Agilitätsbegriff konkretisiert und vor allem erläutert, was es bedeutet, ein agiler Mensch zu sein.

Warum muss jetzt eigentlich alles agil sein? Diese Frage begegnet uns immer noch häufig. Wenn Menschen hierauf keine Antwort finden, ihnen der Sinn des Agilitätskonzeptes unklar ist, dann sind sie wenig motiviert, sich auf diesen neuen Weg zu begeben. Hierzu finden Sie in Abschn. 7.3 Antworten – dort werden aus den Paradigmenwechseln in der VUKA-Welt die konkreten neuen Anforderungen und die Kernelemente des Agilitätskonzeptes abgeleitet.

Das vorliegende Kapitel führt aus, was agile Menschen auszeichnet und wie ein verändertes, agiles Führungsverständnis aussieht. Für viele Menschen ist „agil sein" immer noch gleichbedeutend mit „flexibel sein" oder mit einer stärkeren Ausprägung der in Kap. 6 beschriebenen Veränderungsbereitschaft und -motivation bzw. Veränderungskompetenzen verbunden. Die im Rahmen des 7-V-Modells beschriebenen individuellen Merkmale, Einstellungen und Kompetenzen bilden auch tatsächlich die notwendige Basis für individuelle Agilität. Denn wenn ein Mensch aufgrund seiner Persönlichkeitsmerkmale grundsätzlich bereits wenig Offenheit und Bereitschaft für Veränderungen mit sich bringt oder nur über schwach ausgeprägte Veränderungskompetenzen verfügt, dann wird er mit den häufigeren und komplexeren Veränderungsanforderungen im VUKA-Kontext kaum zurechtzukommen.

Allerdings reichen die Faktoren des 7-V-Modells auf keinen Fall aus. Für ein erfolgreiches agiles Handeln und zur Erhaltung der Arbeitsmarktfähigkeit in den neuen agilen Arbeitsformen sind darüber hinaus ein förderliches agiles Mindset sowie weitere Persönlichkeitsmerkmale und Kompetenzen erforderlich. Diese finden Sie in Abschn. 7.4 beschrieben.

Dabei betrachten wir die persönlichen agilen Anforderungen, die an Menschen gestellt werden, differenziert nach verschiedenen Agilitätslevel. Denn ob ein Mensch in einer ganzheitlich agilen holokratischen Organisation arbeitet oder in einem eher traditionellen hierarchischen Umfeld, in dem beschlossen wurde, agiler zu arbeiten, hat einen großen Einfluss auf die Anforderungen, die an ihn gestellt werden. Viel Verwirrung entsteht nach unserer Wahrnehmung aktuell, wenn beispielsweise ein Agilitätsbeitrag von Autoren mit Scrum-Hintergrund geschrieben wird und dann von Menschen gelesen wird, die im Kontext ihres nach wie vor hierarchischen und nicht konsequent selbst organisierten Alltags konkrete Empfehlungen für ein agileres Vorgehen suchen. Sie machen dann die Erfahrung, dass sich die Scrum-basierten Agilitätsempfehlungen nicht stimmig in ihren Alltag integrieren lassen. Das hinterlässt sie oft ratlos, wie sie mit dem Agilitätsthema weiter umgehen sollen. Die Differenzierung nach den unterschiedlichen Agilitätskontexten führt dann schnell zu der Erkenntnis, dass einfach nur die Passgenauigkeit zwischen agilem Bedürfnis und agilem Lösungsangebot nicht gestimmt hat.

Da das Verhalten von Menschen grundsätzlich umso erfolgreicher ist, je stimmiger es zum jeweiligen Kontext passt, differenzieren wir in unserem Konzept drei Ausprägungen von Agilität und betrachten die jeweiligen Anforderungen, die an einen Menschen gestellt werden, kontextabhängig. In unserem Konzept der Veränderungsintelligenz unterscheiden wir zwischen 1) einer ganzheitlichen Agilität, die konsequent eine ganzheitlich agile Organisation anstrebt, 2) einer Projekt-Agilität, bei der die konsequente Agilität in Projekten im Rahmen eines definierten Frameworks gelebt wird (beispielsweise in der agilen Software-Entwicklung oder in Innovationsteams), während die projektumgebenden Organisationseinheiten aber noch nach eher traditionellen Prinzipien organisiert sind und es so zu einem Agilitätsgefälle kommt und 3) der Alltagsagilität, bei der sich (einzelne) Führungskräfte und Mitarbeiter vorgenommen haben, in den traditionellen Strukturen ihres Arbeitsalltags agiler zu arbeiten als bisher, um die VUKA Herausforderungen erfolgreich zu meistern.

Während sich Abschn. 7.1 bis Abschn. 7.10 grundsätzlich und Rollen übergreifend auf das agile Denken und Handeln eines Menschen bezieht, beschäftigen wir uns ab Abschn. 7.11 mit dem veränderten Führungsverständnis in den unterschiedlichen agilen Kontexten.

Braucht Agilität noch Führungskräfte? Wir erleben hier in unserer Praxis viel Verunsicherung zu der Frage, ob Führungskräfte in einer agilen Welt überhaupt noch einen Platz haben. Auch hier ist bei der Beantwortung nach Agilitätskontext zu differenzieren. Unabhängig vom Kontext gilt jedoch, dass sich die Führungsrolle in einer agilen Welt stark verändert. Wie, das zeigen wir Ihnen in diesem Kapitel konkret auf.

Diese Fragen werden Ihnen im folgenden Kapitel beantwortet

- Welche besonderen Anforderungen stellt die VUKA-Welt an den Menschen?
- Welche Paradigmenwechsel zwischen traditionellem Veränderungskontext und VUKA-Kontext führen dazu, dass bisherige Erfolgsmuster nicht mehr funktionieren?
- Was bedeutet Agilität?
- Was sind die konkreten Anforderungen an agile Menschen?
- Was zeichnet agile Menschen aus? Was bedeutet agiles Arbeiten genau?
- Welche neuen Denk- und Verhaltensmuster erfordert individuelle Agilität?
- Was sind die Inhalte eines agilen Mindsets?
- Was sind die Schlüsselkompetenzen für ein erfolgreiches Arbeiten in den neuen agilen Arbeitsformen?
- Wie funktioniert die Zusammenarbeit in selbst organisierten Teams?
- Braucht Agilität überhaupt noch Führung?
- Wie sehen die veränderten Rollenanforderungen an Führung in den verschiedenen agilen Arbeitskontexten aus?

7.1 Teil 1: Individuelle Agilität – der Schlüssel für ein erfolgreiches Agieren in der VUKA-Welt

In der VUKA-Welt[1] gilt Agilität als ein essenzieller Faktor für die Sicherung der Zukunftsfähigkeit eines Unternehmens, da Agilitätskonzepte die notwendige Anpassung an die schnellen Veränderungen im Umfeld sowie die Handlungsfähigkeit in komplexen, unsicheren Situationen sichern. Auch wenn es aktuell noch keine einheitliche Definition von Agilität gibt, so finden sich doch die Elemente der nachfolgenden Definition in den meisten Definitionen wieder[2]:

> **Organisationale Agilität** ist die Fähigkeit einer Organisation, sich kontinuierlich und schnell an eine komplexe, unsichere Umwelt anzupassen und besser noch, Marktentwicklungen frühzeitig zu antizipieren, um initiativ und kundenorientiert Innovationen zu gestalten.
>
> Die in der Literatur beschriebenen charakteristischen Merkmale einer agilen Organisation sind: schnell anpassungsfähig, flexibel, schlank, kundenzentriert, mitarbeiterkompetenzorientiert, initiativ, innovativ, geprägt von einer Vertrauenskultur mit einem hohen Maß an Selbstorganisation und Selbstverantwortung der einzelnen Teams und Mitarbeiter.

Aufbauend darauf geht es in den nachfolgenden Abschnitten darum, wie ein Mensch durch persönliche Agilität einen aktiven Beitrag für ein agiles Unternehmen oder für eine agile Organisationseinheit leisten kann. Denn die persönliche Agilität von Mitarbeitern gilt als einer der wichtigsten Enabler (Befähiger) für eine agile Organisation[3].

> **Unter persönlicher Agilität** verstehen wir einen sinnvollen individuellen Beitrag im Rahmen eines Teams, schnell, kreativ und chancenorientiert, auf Veränderungen im Markt zu reagieren und Veränderungen und Innovationen proaktiv zu initiieren sowie kundenfokussiert zu gestalten.

---

[1]Das Nebeneinander der einzelnen VUKA Elemente Volatilität, Unsicherheit, Komplexität und Ambiguität (Mehrdeutigkeiten und Widersprüchlichkeiten) ist streng genommen nicht ganz korrekt. Laut Definition ist beispielsweise Volatilität ein Element von Komplexität (vgl. Abschn. 2.1) und Unsicherheit eine Folge der Komplexität. Aufgrund der inzwischen weiten Verbreitung des VUKA-Begriffes wird dieser dennoch im vorliegenden Beitrag plakativ für die Beschreibung einer aufgrund von hoher Dynamik und Kompliziertheit komplexen Umwelt mit den Folgen einer erhöhten Unsicherheit und der damit verbundenen Ambiguität verwendet.

[2]Eine gute Übersicht darüber, was Unternehmen in der Praxis unter dem Begriff Agilität verstehen was ihre Beweggründe sind, sich mit Agilität zu beschäftigen und welche Vorteile sie sich von einer agilen Organisation versprechen, finden Sie in einer Studie des Instituts für Personalforschung an der Hochschule Pforzheim [12].

[3]Siehe beispielsweise Kienbaum-Studie zur Agilität 2015.

Sinn ist es, neuen Wert für Kunden zu schaffen bzw. die Zukunft des Unternehmens durch neue Geschäftsmodelle zu sichern, so dass das Unternehmen und auch das Individuum erfolgreich in der VUKA-Welt bestehen können.

Agiles Agieren kann dabei in Abhängigkeit vom Kontext unterschiedliche Ausprägungen haben. So wird die persönliche Agilität eines Mitarbeiters in einer konsequent selbst organisierten holokratischen Organisation (vgl. Abschn. 2.3.1) oder in einem Scrum-Team im IT-Bereich deutlich höher ausgeprägt sein, als die eines Mitarbeiters in einer Abteilung eines traditionell organisierten Unternehmens, die sich vorgenommen hat, agiler zu arbeiten. Im Konzept der Veränderungsintelligenz differenzieren wir daher folgende drei Ausprägungen von Agilität (vgl. auch Abb. 7.1):

- **Ganzheitliche Agilität:** Hierunter fassen wir Agilitätskonzepte, die konsequent eine ganzheitlich agile Organisation anstreben. Ein Beispiel dafür sind holokratische Organisationen, in denen Agilität am radikalsten gelebt wird, da die Dezentralisierung, Selbstorganisation und Abschaffung der Hierarchie das ganze Unternehmen umfasst (siehe auch Abschn. 2.4). Solche agilen Organisationsformen finden sich vor allem im Bereich der jungen Wachstumsunternehmen und digitalen Geschäftskonzepte. Hier findet der Einzelne nicht nur einen förderlichen Rahmen für das eigene agile Agieren vor, sondern auch klare Regeln und Routinen, die das agile Arbeiten im ganzen Unternehmen einheitlich koordinieren. Radikale Agilität führt demnach beim Einzelnen nicht zu einem völlig freien Arbeiten, wie häufig angenommen wird, da die Einhaltung der definierten agilen Regeln und Routinen (z. B. der Holokratie-Verfassung) strikt eingefordert wird, um Chaos und unproduktive Ineffizienz zu vermeiden.
- **Projekt-Agilität:** In agilen Projekten (beispielsweise in der agilen Software-Entwicklung) wird Agilität auch konsequent im Rahmen eines definierten, agilen Frameworks

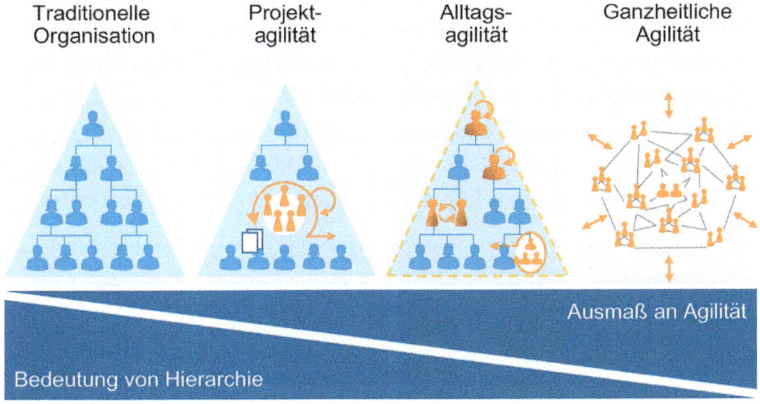

Abb. 7.1 Ausprägungen von Agilität

bzw. Vorgehensmodells gelebt. In Kap. 3 wird beispielsweise Scrum als ein dafür mögliches Framework beschrieben und im nachfolgenden Kap. 8 finden Sie das Rahmenmodell für Corporate Entrepreneur-Teams (Unternehmerteams für radikale Innovationsinitiativen) dargestellt. Im Unterschied zur ganzheitlichen Agilität findet dieses Framework aber nur auf der Ebene der Selbstorganisation einzelner Projektteams Anwendung. Die projektumgebenden Organisationseinheiten können dagegen durchaus nach eher traditionellen und nicht agilen Prinzipien organisiert sein.[4] In diesem Fall entsteht ein unternehmensinternes Agilitätsgefälle zwischen dem agilen Projekt und den „traditionell" organisierten Einheiten. Dieses Gefälle bringt eine eigene Problemstellung für die Mitglieder des agilen Projektteams mit sich. Im Mikrokosmos des Teams herrschen zwar gute Rahmenbedingungen für agiles Arbeiten, in der Interaktion mit der umgebenden Organisation stößt der Einzelne aber auf verschiedene Agilitätsblockaden. Aufgrund dieses Agilitätsgefälles können entsprechende Konflikte auftreten. Ein Beispiel sind die in Abschn. 2.5 beschriebenen Autonomiekrisen im Zusammenspiel zwischen Kernorganisation und Unternehmerteam.

- **Alltagsagilität:** In den meisten Fällen, die uns aktuell begegnen, wird dagegen die Führung und Entscheidungsfindung auch weiterhin nicht komplett von selbst organisierten Teams getragen, sondern es existieren nach wie vor Führungskräfte in der Linienorganisation. Allerdings haben sich (einzelne) Führungskräfte und Mitarbeiter vorgenommen, in den traditionellen Strukturen ihres Arbeitsalltags agiler zu arbeiten als bisher, um die VUKA-Herausforderungen erfolgreich zu meistern. Etablierte Unternehmen haben hier eine „Erbschaft", die es in der Regel nicht ermöglicht, alle bisherigen organisationalen Mechanismen zu verwerfen und wie junge Start-up Unternehmer eine radikal neue Organisationsform auf die „grüne Wiese zu stellen". Das Konzept der Ambidextrie verdeutlicht zudem den in der VUKA-Welt nach wie vor bestehenden Mehrwert der effizienz-orientierten etablierten Strukturen. Daher stehen die meisten etablierten Unternehmen vor der Herausforderung, agile Elemente intelligent in das bestehende System zu integrieren und das bestehende System kontinuierlich weiter zu entwickeln. Bei dieser Form der Alltagsagilität übernimmt ein Unternehmen, ein Team oder ein Einzelner eine spezifische agile Methodik nicht vollständig, sondern pickt sich aus agilen Rahmenmodellen einzelne Gestaltungselemente heraus, die anschlussfähig an die Regelorganisation sind.

  Im Mittelpunkt steht hier, Prinzipien und Routinen oder auch Elemente einer Haltung auszuwählen und zu adaptieren, die im Alltag hilfreich sind, um sich in der VUKA-Welt agiler bewegen zu können. So kann es beispielsweise agilitätsförderlich

---

[4]Kotter hat diese Einrichtung von zwei parallelen „Betriebssystemen" empfohlen, da er einerseits nach wie vor traditionelle hierarchische Organisationsmodell als Garant für effizientes und effektives Arbeiten für unverzichtbar hält und andererseits die Trägheit eines solchen Systems durch eine parallele Organisation überwinden möchte. Er schreibt dieser „Armee der Freiwilligen" die Aufgabe zu, dafür zu sorgen, dass das Unternehmen sich immer wieder anpasst [8]. Wir nennen dies die beidhändige Organisation (vgl. Ambidextrie).

sein, bestimmte Reflexionsroutinen und Meetingformate aus Scrum zu übernehmen, ohne Scrum gleich vollumfänglich einzuführen. Oder auch als Führungskraft in der klassischen Linie den Mitarbeitern mehr Eigenverantwortung zu übertragen ohne gleich eine holokratische Organisation zu werden. Oder die Unternehmenskultur in Richtung einer agilen, innovationsfördernden Kultur weiterzuentwickeln, ohne gleich alle Hierarchien im Unternehmen aufzulösen.

Aber auch im Kontext der Alltagsagilität und Projektagilität ist zu beachten, dass sich das individuelle agile Potenzial umso erfolgreicher entfalten kann, je förderlicher der Rahmen ist, den das Unternehmen dafür bietet (vgl. die Übersicht über einen förderlichen Rahmen in Abschn. 2.3). Beispielsweise werden die meisten Menschen die im Rahmen des Agilitätskonzepts geforderte Eigenverantwortung nur in einer positiven Vertrauenskultur übernehmen – und auch nur dann, wenn die jeweiligen Führungskräfte entsprechend loslassen können. Den geforderten Mut zum Experimentieren bzw. Ausprobieren von Neuem werden die meisten Menschen zudem nur aufbringen, wenn sie auf eine positive Fehlerkultur vertrauen können, ihnen im Falle des Scheiterns also keine negativen Sanktionen drohen.[5] Hier ist es für den einzelnen Menschen wichtig, seinen agilen Gestaltungsspielraum realistisch einzuschätzen. Dabei sollte man unterscheiden, inwieweit man sich persönlich agil im System bewegt oder den eigenen Einflussbereich dazu nutzt, das System in Richtung einer agilen Organisation aktiv mitzugestalten. Letzteres ist im Kontext der Alltagsagilität vor allem in der Führungsrolle eine wesentliche Verantwortung und wird in Abschn. 7.14 eingehender beschrieben.

► Im Idealfall werden nicht nur die einzelnen Menschen im Unternehmen hin zu mehr persönlicher Agilität ermutigt und entwickelt, sondern abgestimmt darauf auch die Organisation sukzessive so weiterentwickelt, dass sie agilen Menschen und Teams einen optimal unterstützenden Rahmen bietet.

Es ist wichtig, den jeweiligen Agilitätskontext klar zu erkennen, da wir die Erfahrung machen, dass hier ansonsten viel Verwirrung entsteht. So werden aktuell viele Agilitätsbeiträge von Autoren mit Scrum-Hintergrund geschrieben, die dann von Menschen gelesen werden, die im Kontext der Alltagsagilität konkrete Empfehlungen für ein agileres Vorgehen suchen. Diese Menschen machen dann die Erfahrung, dass sich die Scrum-basierten Agilitätsempfehlungen nicht stimmig in ihren Alltag integrieren lassen. Sie sind dann entweder ratlos, wie sie mit dem Agilitätsthema weiter umgehen sollen oder kommen zu dem Ergebnis, dass Agilität für sie nicht passt. Die Differenzierung nach den unterschiedlichen Agilitätskontexten führt dann schnell zu der Erkenntnis, dass einfach nur die Passgenauigkeit zwischen Bedürfnis und Lösungsangebot nicht gestimmt hat.

---

[5] In Kap. 8 finden Sie konkrete Empfehlungen für Führungskräfte zur Gestaltung der relevanten Kontextfaktoren.

Aufgrund der Tatsache, dass der Agilitätsbegriff in unterschiedlichen Kontexten aktuell sehr unterschiedlich interpretiert und verwendet wird, empfehlen wir immer, im ersten Schritt zu einem gemeinsamen Agilitätsverständnis im Unternehmen zu kommen und auf dieser Basis dann für den jeweiligen Kontext die stimmigen Lösungsansätze zu suchen.

> Das Verhalten von Menschen ist grundsätzlich umso erfolgreicher, je stimmiger es zum jeweiligen Kontext passt. Dies gilt es erst recht in der VUKA-Welt zu beachten, in der vieles im Umbruch ist und aufgrund vielfältiger Paradigmenwechsel die persönlichen Erfolgsrezepte der Vergangenheit nicht mehr funktionieren.
>
> Hier ist es ein wesentlicher individueller Erfolgsschlüssel, genau wahrzunehmen, in welchem Kontext ich mich bewege, und zu lernen, das eigene Verhalten flexibel je nach Kontext variieren zu können. Dies ist vor allem im Rahmen der Projektagilität und Alltagsagilität wichtig, da hier ein Unternehmen nicht durchgängig nach agilen Prinzipien funktioniert, sondern jeder Mensch auch persönlich die bestehende Ambidextrie[6] bewältigen muss.
>
> Dies bedeutet, dass auf der einen Seite im weiterhin noch bestehenden traditionellen Kontext die in der Vergangenheit erfolgreichen Verhaltensmuster funktionieren. Auf der anderen Seite erfordert persönlicher Erfolg im agilen Kontext völlig neue Herangehensweisen.

Im vorliegenden Kapitel differenzieren wir, wo immer es erforderlich ist, nach der Agilitätsausprägung. Inhalte, bei denen es keine gesonderten Hinweise auf den Agilitätskontext gibt, sind nach unserer Auffassung verbindende Kernelemente aller Agilitätsausprägungen.

Dabei beschränken wir uns in diesem Kap. 7 nicht auf ein bestimmtes agiles Framework bzw. Vorgehensmodell (wie z. B. Scrum), sondern zeigen vielmehr Framework-übergreifende Aspekte von persönlicher Agilität auf, die einen Menschen beim Einsatz verschiedener agiler Methoden und Tools unterstützen. Damit bietet der vorgestellte Ansatz einen flexiblen Zugang zu individueller Agilität. In Kap. 3 wurden bereits spezifische Rahmenbedingungen für das Arbeiten in Scrum-Teams dargelegt und in Kap. 8 finden Sie zusätzliche Ausführungen für das Arbeiten in Corporate-Entrepreneur-Teams.

[6]Ambidextrie bedeutet die Beidhändigkeit der Organisation. Auf der einen Seite bestehen noch traditionelle Strukturen und Funktionsweisen und auf der anderen Seite sind agile Prinzipien und Herangehensweisen gefordert (vgl. Abschn. 2.4).

7.2 Übersicht über die Kernelemente persönlicher Agilität

Persönliche Agilität erfordert das Zusammenspiel verschiedener Elemente, die nachfolgend aufgeführt sind:

VUKA-Akzeptanz und Klarheit über Paradigmenwechsel: Wesentliche Voraussetzung ist zunächst, dass ein Mensch die neuen Herausforderungen in der VUKA-Welt und die damit verbundenen Paradigmenwechsel versteht und akzeptiert. So kann er nachzuvollziehen, weshalb es bestimmte Gestaltungselemente im Konzept der Agilität überhaupt gibt. Wir treffen immer noch auf viele Menschen, die sich fragen: „Warum muss jetzt eigentlich alles auf einmal agil sein?" Wenn ein Mensch hier keine sinnvolle Antwort findet, dann wird er wenig bereit sein, jetzt auch persönlich agiler zu werden. Antworten auf diese Frage finden Sie in Kap. 1 sowie im nachfolgenden Abschn. 7.3.

Agiles Mindset: Ein agiles Mindset ist die Voraussetzung für den effektiven Einsatz agiler Methoden und für ein erfolgreiches agiles Handeln. Obwohl der Begriff „agiles Mindset" aktuell in aller Munde ist, stellen wir in der Praxis doch immer wieder fest, dass er für viele Menschen noch sehr abstrakt ist. Daher ist es wichtig, Klarheit über die mit den Paradigmenwechseln verbundene Notwendigkeit neuer Denkmuster bzw. Klarheit über die konkreten Inhalte eines förderlichen agilen Mindsets zu schaffen. Wesentliche Bestandteile eines agilen Mindsets werden im Abschn. 7.4 beschrieben.

Agilitätsförderliche Persönlichkeitsmerkmale und Agilitätsbereitschaft: Die in den vorangegangenen Abschnitten beschriebenen individuellen Merkmale, die die Entstehung von Veränderungsleistung unterstützen, sind eine Mindestvoraussetzung für persönliche Agilität.

Wenn ein Mensch aufgrund seiner Persönlichkeitsmerkmale grundsätzlich wenig Offenheit und Bereitschaft für Veränderungen mit sich bringt, dann wird er mit den häufigeren und komplexeren Veränderungsanforderungen im VUKA-Kontext kaum zurechtkommen.

> **Folgende Persönlichkeitsmerkmale (vgl. Abschn. 6.2.1) bilden eine wesentliche Basis für persönliche Agilität:** Offenheit für Neues, Neugierde, Optimismus, Extraversion, Spontanität, Ambiguitätstoleranz, Selbstwirksamkeit, Risikoaffinität, Anstrengungsbereitschaft und Frustrationstoleranz.
>
> So führt beispielsweise Neugierde bei einer hohen Dynamik eher zu einer lustvollen Entdeckung neuer Möglichkeiten, Ambiguitätstoleranz lässt einen Menschen die vielfachen Mehrdeutigkeiten in einem komplexen unsicheren Umfeld besser ertragen, Risikotoleranz ist angesichts der deutlich höheren Risiken in einem unsicheren volatilen Umfeld erforderlich, Extraversion unterstützt Menschen im Rahmen der notwendigen Vernetzungen in der VUKA-Arbeitswelt und die Anstrengungsbereitschaft ist erforderlich, da das Arbeiten in einem VUKA-Umfeld einen deutlich höheren Energieeinsatz abverlangt.

Allerdings reichen diese Merkmale allein zur Ausbildung einer Agilitätsbereitschaft nicht aus. Im Gegensatz zur Veränderungsbereitschaft ist in einem komplexen Umfeld die Bereitschaft zu deutlich häufigerem Wandel mit erhöhter Intensität gefordert. Weiterführende Ausführungen zum Aufbau dieser Agilitätsbereitschaft finden Sie in Abschn. 7.5.

Agile Kompetenzen: Auch hier bilden wieder die in den vorangegangenen Abschnitten beschriebenen individuellen Wandlungskompetenzen die notwendige Basis für die persönliche Agilität. Wenn ein Mensch grundsätzlich schon über keine ausreichenden Kompetenzen für die Bewältigung von Veränderungsherausforderungen im traditionellen Kontext verfügt, dann wird er im VUKA-Kontext kaum Fuß fassen können.

▶ **Folgende Veränderungskompetenzen (vgl. Abschn. 6.6.2.1) sind ebenfalls notwendige Voraussetzung für persönliche Agilität:** Umsetzungskompetenz bzw. prospektive Handlungsorientierung, Anpassungsfähigkeit bzw. Flexibilität, Reflexionsfähigkeit und Fähigkeit zur Selbstkritik, selbst reguliertes bzw. selbst organisiertes Lernen, Kreativität, Stressmanagement, Resilienz, Achtsamkeit, Empathie, Kommunikationskompetenzen, Teamkompetenz, Konfliktmanagement.

Der Blick auf die agilen Basiskompetenzen zeigt, dass persönliche Agilität nicht – wie so oft angenommen – gleichbedeutend mit persönlicher Flexibilität ist. Vielmehr ist die persönliche Flexibilität nur ein – wenn auch wichtiger – Bestandteil. In unseren Seminaren begegnet uns oft die Vorstellung, dass stärker ausgeprägte Veränderungskompetenzen von sich aus zur persönlichen Agilität führen. Hier ist die klare Antwort: Nein, das reicht nicht aus. Über die im Rahmen des 7-V-Modells beschriebenen Veränderungskompetenzen hinaus erfordert agiles Arbeiten zusätzliche spezifische Kompetenzen, die in diesem Kapitel ausführlich beschrieben werden. Einige Autoren betonen die Bedeutung von Engagement bzw. Anstrengungsbereitschaft im agilen Arbeiten und bewerten dabei im Zweifelsfall Engagement sogar höher als Kompetenz [18]. Eine Auswertung der vorhandenen Literatur zum Thema Agilität und eine Befragung in agilen Unternehmen (durchgeführt von Isabel Reichel und Lutz Becker von der Hochschule Fresenius) führte zu folgenden neun Voraussetzungen für agiles Arbeiten [26]:

1. Vertrauen
2. Eigeninitiative
3. Fähigkeit zu teilen
4. Selbstreflexion
5. Sich auf ein gemeinsames Ziel verständigen
6. Kommunikation
7. Bereit zur Veränderung
8. Konzentration auf das Wesentliche
9. Verständnis für Kundenbedürfnisse

Agile Methodenkompetenz: Im Rahmen der Beschreibungen der erforderlichen agilen Kompetenzen wird nachfolgend auf die nähere Beschreibung agiler Methodenkompetenzen wie beispielsweise Scrum, Kanban, Design Thinking oder von Kompetenzen zur Nutzung moderner Social Collaboration Tools verzichtet, da dies den Rahmen dieses Kapitels sprengen würde. Weiterführende Erläuterungen dazu finden sich in Kap. 3, 8 und 9. Wir möchten an dieser Stelle aber darauf hinweisen, dass für die persönliche Agilität auch der Aufbau einer entsprechenden Methodenkompetenz erforderlich ist. Aus unserer Perspektive macht es dabei Sinn, verschiedene agile Methoden kennenzulernen, um flexibel je nach Kontext bzw. Fragestellung zu entscheiden, welche Methode am besten einzusetzen ist, und diese auch aufgabenspezifisch zu kombinieren. Für viele Organisationsformen eignet es sich nicht, lediglich eine Methode in Reinform anzuwenden, sondern es gilt zunächst einmal zu definieren, was organisationale Agilität im jeweiligen Kontext bedeutet und welcher individuelle Methodenmix dazu die beste Lösung bietet.

Agile Aktivitäten: Im VUKA-Kontext stellen sich den Menschen neue Herausforderungen, die über die Umsetzung konkreter Veränderungsvorhaben (wie sie in Kap. 6 beschrieben wurden) hinausgehen. Diese leiten sich aus den genannten Paradigmenwechseln ab. Für eine gute Umsetzung der neuen Anforderungen im Arbeitsalltag ist es wichtig, diese zu konkretisieren. Im Konzept der Veränderungsintelligenz haben wir dazu agile Kernaktivitäten in folgenden Clustern (**Aktivitätscluster** vgl. Abschn. 1.7) herausgearbeitet:

- *Sensing:* relevante Veränderungen frühzeitig wahrnehmen, Informationsvorsprung sichern
- *Seizing & Initiierung:* Chancen erkennen und Initialzündung im Unternehmen
- *Reagibilität & Handlungsorientierung:* Geschäftsmöglichkeiten in einem komplexen und von Unsicherheit und Ambiguität geprägten Umfeld zügig realisieren
- *Fortgesetzte Transformation der Organisation:* mit den gemachten Erfahrungen das Unternehmen verändern

Für ein erfolgreiches individuelles Handeln in diesen Aktivitätsclustern sind spezifische Persönlichkeitsmerkmale und Kompetenzen nötig, die in Abschn. 7.6 bis 7.9 ausführlich beschrieben werden.

Die in diesen Clustern beschriebenen Aufgaben und Verantwortlichkeiten sind aus unserer Sicht kontextübergreifend wichtig für agil handelnde Menschen – also unabhängig davon, ob sie z. B. in einem radikalen Agilitätskontext oder in einem Kontext von Alltagsagilität arbeiten. Sie sind nach unserer Erfahrung auch methodenübergreifend relevant und damit ein wesentlicher Bestandteil für das erfolgreiche individuelle Agieren in verschiedenen agilen Frameworks.

7.3 VUKA-Akzeptanz und Paradigmenwechsel: Neue Herausforderungen an Menschen im agilen Kontext

Das Konzept der Agilität ist eine logische Folge aus den in Kap. 1 beschriebenen Veränderungen im Umfeld, die auf ein Unternehmen und seine Mitarbeiter einwirken. Die hohe Komplexität und damit verbundene Unsicherheit führt zu Paradigmenwechseln[7] (vgl. Abschn. 2.1), die mit neuen Fragestellungen und Problemlösungsstrategien verbunden sind. Dies erfordert eine Abkehr von vielen bisherigen Denk- und Verhaltensmustern. Daher ist eine wichtige Voraussetzung für persönliche Agilität, dass ein Mensch bereit ist, von bisherigen Denk- und Verhaltensmustern loszulassen, und zu verstehen und zu akzeptieren, dass die Erfolgshebel der Vergangenheit in einem agilen Kontext nicht mehr funktionieren und sogar teilweise seine Handlungsfähigkeit behindern. Stattdessen gilt es, sich auf eine neue Art des Arbeitens neugierig einzulassen.

> Die Paradigmenwechsel in der VUKA-geprägten Unternehmensumwelt (im Folgenden kurz VUKA-Welt genannt) können vom einzelnen Menschen nicht beeinflusst, sondern nur akzeptiert werden (sie liegen im Circle of Concern vgl. Abschn. 6.3). Das Denken und Handeln aus vergangenheits-bezogenen Routinen und Gewohnheiten heraus (Pfadabhängigkeit) funktioniert angesichts dieser Paradigmenwechsel nicht mehr. Persönliche Erfolgsrezepte der Vergangenheit können daher zu Agilitäts-Verhinderern werden.

Nachfolgend werden aus den wesentlichen Paradigmenwechseln im Unternehmensumfeld die daraus resultierenden neuen Herausforderungen für Menschen abgeleitet und der Sinn der einzelnen Elemente des Agilitätskonzepts verdeutlicht.

Zunehmende Dynamik

Wie in Kap. 1 aufgezeigt fordern die exponentiellen Marktentwicklungen eine schnelle Anpassungs- bzw. Handlungsfähigkeit, um das Überleben des Unternehmens zu sichern. Das Grundprinzip der Anpassung zum Überleben findet sich bereits in der Evolutionstheorie. Die zunehmende Dynamik führt auch dazu, dass Pläne immer häufiger bereits während der Planungsphase von den Ereignissen überholt werden. Damit ist das herkömmliche Verhaltensmuster aus Planen, Organisieren und Umsetzen infrage gestellt.

Dies führt zu der persönlichen Herausforderung, dass ein Mensch schnell ins Handeln kommen – und Verantwortung für sein Handeln übernehmen – muss, auch ohne einen sicheren Gesamtplan zu haben. Hier gilt es den Spagat zu bewältigen, von Plänen loszulassen, aber nicht planlos oder chaotisch zu agieren. Statt die Umsetzung eines Planes zu

[7]Unter einem Paradigma versteht man eine bestimmte Art von Leitbild wie etwa eine Lehrmeinung oder Weltanschauung (vgl. Duden). Covey beschreibt Paradigmen als eine mentale Landkarte, die der Orientierung dient [6].

organisieren, gilt es vielmehr durch organisiertes Reflektieren und Lernen immer wieder zu adaptieren. Statt einen Gesamtplan zu entwerfen, gilt es planvoll die nächsten Schritte anzugehen.

Zunehmende Unsicherheit
Ein weiteres wesentliches Element der VUKA-Welt ist die erhöhte Unsicherheit. Hier ist es wichtig, sich den Unterschied zwischen Risiko und Unsicherheit zu verdeutlichen [13, S. 38]. Wir erleben in der Praxis immer wieder, dass dieser Unterschied nicht klar ist und sich somit auch die daraus abzuleitenden Paradigmenwechsel nicht vollständig erschließen können.

▶ **Risiko** bedeutet, dass die Eintrittswahrscheinlichkeit bekannt ist. Dies war im traditionellen Kontext bisher häufig der Fall. Hier ist die übliche Vorgehensweise, diese Eintrittswahrscheinlichkeiten zu berechnen und auf dieser Basis analytisch-logisch zu entscheiden, wie viel Risiko man in Kauf nehmen möchte.

▶ **Unsicherheit** bedeutet dagegen, dass die Eintrittswahrscheinlichkeit nicht bekannt ist! Hier funktioniert der Erfolgshebel der Vergangenheit, d. h. Datensammlung und Analyse der Wahrscheinlichkeiten, nicht mehr. Hier sind zusätzlich andere persönliche Strategien gefragt, um dennoch entscheiden und handeln zu können. Beispielsweise ein intuitives, chancenorientiertes Handeln, kombiniert mit der individuellen Abwägung, wie weit ich gehen kann, damit ich das Scheitern noch aushalte.

Das Aufgeben des Anspruchs auf Sicherheit auch in der Berechnung von Risiken ist ebenso wie Risikotoleranz eine wesentliche mentale Voraussetzung für individuelle Agilität.

▶ Die Fähigkeit eines Menschen immer wieder ein hohes Maß an Unsicherheit zu akzeptieren und auszuhalten, wird unserer Einschätzung nach zu einer Schlüsselkompetenz der Zukunft.

Die Kombination aus Unsicherheit und dem Postulat schneller Handlungsfähigkeit erfordert, ohne vollständige Information mutig zu entscheiden und zu handeln – und auch ein Scheitern in Kauf zu nehmen. Dies fordert vor allem Menschen, die ein hohes Bedürfnis nach Sicherheit durch Analyse und Fakten haben.

Zunehmende Komplexität
Die zunehmende Komplexität führt dazu, dass Menschen nicht mehr alle Sachverhalte rational durchdringen und verstehen können und in zunehmend komplexeren Projekten so beispielsweise die bisherigen Methoden des Projektmanagements nicht mehr funktionieren.

▶ Komplexität entsteht durch eine hohe Dynamik und eine gleichzeitig hohe Kompliziertheit (vgl. auch Abschn. 2.1 und Abb. 2.2).

Eine hohe Kompliziertheit entsteht dabei durch eine hohe Anzahl von Einflussfaktoren, Schnittstellen, Parallelitäten bzw. eine hohe Vielfalt. Eine hohe Dynamik ergibt sich aus der hohen Intensität und Anzahl von Veränderungen.

Für die Erhaltung der organisationalen und individuellen Handlungsfähigkeit im komplexen Kontext kann ein Handeln nur im Bewusstsein erfolgen, dass zum gegebenen Zeitpunkt (noch) nicht klar ist, was „richtiges" Handeln wäre, da sich der komplexe Kontext analytisch kaum erschließen lässt. Hier gilt es also im ersten Schritt auch andere Mechanismen, wie beispielsweise die Rolle der Intuition, für Handlungsentscheidungen zu stärken, um der drohenden unendlichen Planungsschleife, wie sie in Abschn. 2.1 am Beispiel des Berliner Flughafens eindrücklich beschrieben wurde, zu entgehen.[8]

Die Kombination aus der zunehmenden Komplexität und der geforderten schnellen Handlungsfähigkeit erfordert von Menschen, auch ohne alles rational durchdrungen und verstanden zu haben, mutig zu entscheiden und zu handeln. Hier gilt es pragmatisch vom Analysieren ins Experimentieren, vom Denken ins Tun zu kommen. Wenn ich als Mensch einen Sachverhalt in der zur Verfügung stehenden Zeit nicht mehr mit allen Auswirkungen verstehen und durchdringen kann, dann gilt es stattdessen schrittweise das unbekannte Terrain zu ergründen und bei jedem Schritt zu reflektieren, was ich über das Neue gelernt habe und inwieweit ich dieses im Tun erworbene Wissen gut für den nächsten Schritt nutzen kann. Anders ausgedrückt lernt ein Mensch im Ausprobieren, *wie* etwas funktionieren könnte, ohne vielleicht schon ganz verstanden zu haben, *warum* es funktioniert. Dies fordert vor allem Menschen, die ein hohes Bedürfnis nach kognitiven Erklärungen haben.

Idealerweise sollte das Handeln dabei so ausgerichtet werden, dass für den Fall, dass es schiefgeht, die Lernerfahrung aus diesem Handlungsversuch den Einsatz im Sinne von Kosten, Zeit und Ressourcen wert war. Dieses Prinzip wird „Konvexität" genannt [1].

Das Prinzip der Konvexität als ein zentraler Bestandteil agiler Konzepte
Mit dem Ziel, die Handlungsfähigkeit zu fördern, werden „kleine" Fehler mit erträglichen Verlusten (Kosten) motiviert, um darin die Chance auf überproportionale Lernerfahrung (Gewinn) zu suchen. Die Leitfrage in Management und Führung „Wie können wir unser Handeln so ausrichten, dass es erfolgreich ist?", dreht sich damit um in: „Wie können wir unser Handeln so ausrichten, dass wir dabei möglichst wertvolle Lernerfahrungen machen?" [16] Der Fokus wechselt von der Optimierung der Prognose (Chance/Risiko) auf die Optimierung der „Lernerfahrungen pro Scheitern".

[8] In Abschn. 2.1 finden Sie weitere Ausführungen zu den Folgen von Komplexität im Management und dem Versagen „klassischer" Führungs- und Managementmethoden. Hier könnten nicht nur „klassische" Verfahren der Investitionsrechnung, sondern auch „klassische" Führungs- und Managementmethoden versagen.

Diese Optimierung der Lernerfahrung maximiert auf der einen Seite den Lernoutput und dessen Wirkung in der Organisation (maximal viel Lernoutput soll entstehen und maximal vielen Personen zur Verfügung stehen) und versucht zum anderen die „Kosten" (Zeit, Geld, Ressourcen ...) pro Handlungsversuch zu reduzieren.[9] Dies geht einher mit der Umkehrung des „klassischen" Erfolgsprinzips (erfolgreich ist, wer Projekte zum Erfolg bringt) in ein fehlertolerantes Lernprinzip (erfolgreich ist, wer aus Projekten Lernerfolg erzielt und verfügbar macht). Diese Lernorientierung und Fehlertoleranz geben die Freiheit, Ideen nachzugehen, auch wenn diese ggf. scheitern und ermöglichen ein zwar systematisches, aber eher experimentelles Veränderungs- und Innovationsvorgehen, das im komplexen Kontext vorteilhaft ist [31].

Zunehmende Ambiguitäten

Die Zunahme an Mehrdeutigkeiten und Widersprüchen ist eine Folge der zunehmenden Komplexität. Daher sind im agilen Umfeld vor allem Menschen mit einer hohen Ambiguitätstoleranz gefordert (vgl. Abschn. 6.2.1). Hieraus entsteht auch wiederum die Herausforderung, ohne eindeutige Entscheidungsgrundlage schnell genug ins Handeln zu kommen.

Da also wie beschrieben die klassische Herangehensweise mit Planen, Organisieren und Umsetzen nicht mehr funktioniert, rückt im Agilitätskonzept das iterative Vorgehen in kleinen Schritten mit systematischen Reflexions- und Lernroutinen unter systematischer Einbindung der Kundenperspektive als zentrales Gestaltungsmerkmal in den Mittelpunkt. Dieses adaptive Vorgehen sichert die notwendige Handlungsfähigkeit in der erforderlichen Geschwindigkeit (vgl. auch Abschn. 2.1 „Wandlungsfähigkeit braucht Handlungsfähigkeit") sowie die beschriebene Kundenfokussierung.

Pivoting: Iteratives Vorgehen mit systematischen Reflexions- und Lernroutinen

Hier geht es darum, dass ein Mensch Schritt für Schritt das unbekannte Terrain erforscht, die Vorgehensweisen und erzielten Resultate kontinuierlich in kurzen Abständen reflektiert und daraus zukunftsgerichtet lernt. So kann es gelingen, auch schnell genug weitere Änderungen immer wieder zu adaptieren, Fehler frühzeitig zu erkennen und bei Bedarf nachzusteuern. Die regelmäßige Reflexion und das daraus abgeleitete Lernen sind auch notwendig, damit dieses eher experimentelle Vorgehen eines Menschen effektiv und zielgerichtet bleibt. Agiles Vorgehen bedeutet hier kein schlichtes zielloses Ausprobieren, sondern muss eine bestimmte Qualität des Experimentierens und Lernens erfüllen. Planen wird insofern nicht völlig abgeschafft, sondern durch planvolles Probieren ersetzt.

Die konsequente Einbindung der Kundenperspektive in die Reflexionsschleifen unterstützt die geforderte Kundenzentrierung. Weitere Ausführungen zu den individuellen Anforderungen, die dieses iterative Vorgehen an Menschen stellt, finden Sie in Abschn. 7.7.

---

[9]„Kosten" beziehen sich hier nicht zwingend auf Geldeinheiten, „Kosten" in dem Sinne können auch Ressourcen (z. B. Personal, Material, Räume ...) oder Zeitaufwand sein.

> Pivoting mit seinen zielgerichteten Trial-and-Error-Methoden in kurzen, überschaubaren Umsetzungs- und Reflexionszyklen ersetzt den im komplexen Raum untauglichen Versuch der Vorhersage, Prognose und Gesamtplanung.

Die Durchführung dieser Reflexions- und Lernroutinen erfordert vom Menschen eine ausgeprägte Lernfähigkeit bzw. **Lernorientierung.**[10]

Es geht nicht darum, direkt alles richtig zu machen, sondern darum, mit der richtigen Vorgehensweise anhand intelligenter Fehler bewusst zu lernen. Wesentlicher Grundgedanke ist hier die Abkehr von der Optimierung der Erfolgswahrscheinlichkeit zugunsten der Hinwendung zu einer Optimierung der Lernerfahrungen. Diese Abkehr von der Optimierung der Erfolgswahrscheinlichkeit darf allerdings nicht als Freifahrschein für ein chaotisches oder zielloses Vorgehen verstanden werden.

Vielmehr sollte und kann die geforderte Lernerfahrung intelligent gestaltet werden. Wie oben im Rahmen des Prinzips der Konvexität beschrieben, sollten die Lernkosten und die Lernerfahrung optimiert werden. Wie das genau funktioniert, wird in der Literatur auch unter auch dem Begriff der so genannten **„intelligenten Fehler" (smart mistakes** [36]) beschrieben. Konkrete Handlungsempfehlungen dazu finden Sie in Abschn. 7.7.

> Die adaptive Methode der „intelligenten Fehler" ist ein wichtiges Kernelement von agilen Konzepten.

Im Sinne der Lernorientierung sind kurzzyklische Reflexions- und Lernschleifen schon länger breit akzeptierter Bestandteil der Management-Literatur. Zu unterscheiden sind hier jedoch die Motivation und der Anwendungskontext: Das traditionelle Wissensmanagement zielt eher auf inkrementelle Verbesserungen bekannter Probleme (z. B. im Rahmen von sogenannten KVP = „kontinuierlichen Verbesserungsprozessen"), auf die Externalisierung von individuellem Wissen durch Dokumentation für Dritte und auf die Generalisierung und Übertragung des gewonnenen Wissens als Regelwerk für die gesamte Organisation ab. Im agilen Kontext liegt der Fokus dagegen auf der Sicherstellung der Handlungsorientierung in einem komplexen, unsicheren Kontext mit dem Ziel auch radikaler Innovationen. Da die Teilung von vorhandenem Wissen in diesem agilen Kontext nicht ausreicht, geht es hier um den Aufbau von neuem Wissen durch Ausprobieren. Daher steht auch das Teilen von Lernerfahrungen, die im Ausprobieren gewonnen wurden, im agilen Team im Mittelpunkt.

[10]Diese individuelle Lernorientierung unterstützt grundsätzlich die Anforderung an eine agile Organisation, ständig zu lernen.

Digitale Transformation und gesellschaftlicher Wandel
Digitale Transformation und gesellschaftlicher Wandel wurden in Kap. 1 als Treiber der VUKA-Welt beschrieben. Für die Ableitung der Kernelemente des Agilitätskonzepts ist es wichtig zu verstehen, dass digitale Transformation und gesellschaftlicher Wandel dazu führen, dass Kunden und Konsumenten die Art, *wie* sie mit Dingen umgehen, verändern (vgl. auch Kap. 1 und 9). Daraus folgt, dass nur radikale Kundenorientierung in allen Veränderungs- und Innovationsprozessen zu Lösungen führt, die am Markt erfolgreich sind – denn erfolgreich ist hier nicht die „günstige", ggf. zu geringen Kosten herstellbare Lösung (vgl. Nokias Mobiltelefon), sondern nur die „richtige" Lösung, die die veränderten Kundenbedürfnisse auf ideale Weise erfüllt. In Zukunft werden nur noch die Firmen erfolgreich sein, die sich bereits bei der Entwicklung ihrer Lösung am Nutzer orientieren und mit diesen in verschiedenen Phasen kollaborieren – denn letztlich kennt niemand Kundenbedürfnisse besser, als der Kunde selbst. Pragmatische, einfache und nutzerorientierte Ergebnisse sind gefragt.

► Eine weitere zentrale Anforderung an agile Menschen ist es, die Kunden konsequent ins Zentrum ihres Denkens und Handelns zu stellen.

Eine weitere Auswirkung von gesellschaftlichem Wandel sind die veränderten Ansprüche von Mitarbeitern bezogen auf Zusammenarbeit, Arbeitsweisen, Arbeitszeiten und Arbeitsplatzgestaltung. Diese werden in Studien als ein Treiber dafür genannt, dass sich Unternehmen mit Agilität beschäftigen [12]. Die neuen agilen Arbeitsformen bieten vor allem auch Menschen der sogenannten Generation Y oder Generation Z attraktive Arbeitsangebote. In diesen Generationen zeichnet sich der Trend ab, dass die Beantwortung der Frage: „In welchem Netzwerk bin ich aktiv?" wichtiger ist, als die Antwort auf die Frage „Zu welchem Unternehmen gehöre ich?". Hier droht das Zusammenbrechen des klassischen Identifikationskerns Unternehmen.

Die grundsätzlich geforderte Geschwindigkeit in der Reaktion auf Marktveränderungen ist wie beschrieben ein zentraler Aspekt von Agilität. **Diese Geschwindigkeit ist jedoch mit den seit 1911 geltenden Prinzipien des tayloristischen Management** [44] **nicht mehr realisierbar.** Taylor begründete unter anderem das Dogma der Trennung zwischen denkenden Führungskräften und nicht denkenden ausführenden (Mit-)Arbeitern. Hieraus entstehen systemimmanente Lücken (vgl. [32, S. 12 ff.]), die aus der agilen Perspektive betrachtet eine Verschwendung von Ressourcen darstellen und unnötige Zeit kosten.

► Im VUKA-Kontext gelten die tayloristischen Prinzipien als Gefahr für eine agile Organisation.
Daher verabschieden sich agile Konzepte von tayloristischen Paradigmen.

Hierzu einige Beispiele:

- Die Reduktion von Verantwortlichkeiten auf Teilaufgaben erfordert einen hohen hierarchischen Koordinationsaufwand (Planung, Standardisierung, Kontrolle etc.), der entsprechend Zeit kostet. Im agilen Kontext erhalten die Menschen daher deutlich mehr **Selbstverantwortung** (vgl. auch Abschn. 7.10). Durch die Trennung von Planung und Ausführung entsteht auch eine zeitliche Lücke, die im agilen Kontext überwunden werden muss. Hierzu gewinnen Konzepte an Bedeutung, bei denen Menschen Rollen übernehmen, die umfassender definiert sind: Von der Planung bis zur Umsetzung liegt die Verantwortung in einer Hand.
- Die funktionale Trennung der Verantwortlichkeiten zwischen einer Führungskraft und den Mitarbeitern führt auch dazu, dass Entscheidungsprozesse in der Hierarchie oft viel Zeit kosten. Im agilen Umfeld wird dagegen ein anderes Paradigma im **Umgang mit Entscheidungen** eingeführt. Entscheidungen sollen dabei vor allem die schnelle Handlungsfähigkeit unterstützen (vgl. Abschn. 7.7).
- Auch die klassische Verteilung von Informationen entlang der Hierarchieebenen kostet viel Zeit und führt immer wieder zu einem Verlust wertvoller Informationen durch Filterung und Umdeutungen. Agilität erfordert hingegen, dass relevante Informationen z. B. über Änderungen im Markt schnell und ungefiltert an die richtige Stelle gelangen. Hierzu bedarf es anderer Verteilungsmechanismen. Eine Möglichkeit zur schnelleren und besseren Informationsverteilung bieten dezentralisierte **Netzwerkstrukturen** (vgl. Abschn. 7.10). Hier erfolgt die Bereitstellung von Informationen möglicherweise zentralisiert, die Verteilung aber auf jeden Fall dezentralisiert und selbst organisiert. Agiles Arbeiten erfordert an dieser Stelle die offene, transparente Teilung von Information und Wissen in Netzwerken (vgl. zu weiteren Einzelheiten zum Design der Elemente eines Netzwerks [32, S. 66 ff.]). Im Kontext der ganzheitlichen Agilität wird die Netzwerkorganisation zur Primärorganisation, während im Kontext der Alltagsagilität das Netzwerk als parallele Sekundärorganisation aufgebaut werden sollte (vgl. Abschn. 2.2). Eine aktuelle Kernfrage im Kontext der Netzwerkgestaltung ist: Wie vernetze ich Mensch und Computer so, dass sie in Summe intelligenter sind?
- Da klassische Hierarchien ein schnelles Agieren behindern, gewinnt auch das Arbeiten in Teams mit einem hohen Grad an Selbstorganisation an Bedeutung. Agile Teams sind daher **selbst organisierte Teams** (vgl. auch Abschn. 7.10). In selbst organisierten Teams entfällt die Kontrolle durch einen hierarchischen Vorgesetzten und wird ersetzt durch Selbstkontrolle und soziale Kontrolle im Team. Im Rahmen der Alltagsagilität ist zu prüfen, wo genau noch hierarchische Kontrollmechanismen bestehen bleiben sollen und wo die Selbstkontrolle und soziale Kontrolle gefordert ist. Selbstorganisation setzt immer persönliche Selbstverantwortung voraus, da es bedeutet, dass die Aufgaben und Vorgehensweisen nicht mehr (vollständig) vorgeschrieben werden. Statt dem Abarbeiten von Weisungen rückt das eigenverantwortliche Handeln mit vielen Freiräumen in einem gegebenen Rahmen in den Fokus.

Da auch feste Strukturen und starre Positionen im Unternehmen die geforderte schnelle Anpassung an Veränderungen behindern würden, gewinnt das Arbeiten in

temporären Strukturen mit dynamischen Rollen an Bedeutung. Eine Begründung dafür liegt in der Systemtheorie: Temporäre Organisationsstrukturen entwickeln weniger Beharrungskräfte und lassen sich demnach schneller in eine andere Richtung drehen bzw. die Besetzungen von Projektteams schneller verändern (vgl. Abschn. 2.2). Im Kontext ganzheitlicher Agilität oder innerhalb eines agilen Teams entfallen daher die klassischen Strukturen vollständig. Im Kontext der Alltagsagilität ist zu prüfen, inwieweit bestehende hierarchische Strukturen sinnvoll durch flexible Rollenmodelle ergänzt werden können. Der Verlust „klassischer" Positionen, die an hierarchische Macht (Position im Organigramm) und fest beschriebene Stellenprofile bzw. Geschäftsaufträge gebunden sind, ist gerade für sicherheits- und statusorientierte Menschen eine Herausforderung. Eine weitere Herausforderung entsteht dadurch, dass ein einmal erarbeiteter Status bzw. eine einmal erlangte Position nicht zwangsläufig erhalten bleibt, sondern vielmehr immer wieder durch den aktuellen Beitrag gestützt werden muss.

▶ Agiles Arbeiten führt zu einer Abkehr von einer Unternehmensorganisation in klassischen hierarchischen Strukturen mit Top-down-Anweisungen und -Entscheidungen sowie Kontrollmechanismen. Stattdessen gewinnt das Arbeiten in selbst organisierten (oft auch cross-funktionalen) Teams und Netzwerkstrukturen mit dem Prinzip der Eigenverantwortung an Bedeutung.

Die letzte wesentliche Herausforderung an Menschen im agilen Kontext leitet sich daraus ab, dass wie in Kap. 2 beschrieben zur Sicherung der Zukunftsfähigkeit eines Unternehmens radikal neue Produkte und Dienstleistungen gefordert sind. Dies bedingt eine entsprechende **Innovationsneigung** vom einzelnen Menschen. Weil diese Innovationen schon entwickelt werden müssen, bevor sich am Markt abzeichnet, was sich letztendlich durchsetzen wird, sind hierfür vom einzelnen Mitarbeiter Proaktivität und Risikobereitschaft – und letztlich auch die Bereitschaft Fehler zu machen – gefordert.

Zudem findet dieser Zeit- und Innovationswettbewerb unter hohem Druck statt, sodass auch eine Bereitschaft und Neigung zur **Wettbewerbsorientierung** notwendig ist. Die Wirksamkeit der Innovationsanstrengungen setzt voraus, dass diese im Rahmen eigenverantwortlichen, **autonomen Handelns** stattfinden, also der ureigene Gestaltungswille des Individuums der Treiber ist. Diese Eigenschaften – Innovationsneigung, Proaktivität, Risikofreudigkeit, Wettbewerbsorientierung und Autonomie – werden zusammengefasst als **Unternehmerorientierung** (vgl. Abschn. 2.3) bezeichnet. Hieraus ergibt sich die Notwendigkeit, Unternehmertum auf breiterer Basis in der Organisation zu verankern und nicht nur auf die Geschäftsführung oder Eigentümer zu begrenzen.

▶ Eine wesentliche Anforderung an agile Menschen ist es, auch unternehmerisch zu denken und zu handeln.

So lässt sich die in letzter Zeit vermehrt gestellte Forderung klären, dass nicht nur das Top-Management, sondern auch die Mitarbeiter des Unternehmens unternehmerischer

Traditionelle Muster	Agile Muster
Wissen + Verstehen	Mutig ins Handeln kommen und Entscheiden ohne vollständige Information, Intuition nutzen, im Tun lernen …
Planen	Ohne sicheren Gesamtplan Verantwortung für das Handeln übernehmen, die nächsten Schritte planen, planvoll experimentieren …
Organisieren	Systematisches Reflektieren und Lernen organisieren, adaptieren und sich eigenverantwortlich weiter entwickeln …
Vorgaben umsetzen in der Hierarchie	Eigenständiges Handeln, Freiräume aktiv nutzen, unternehmerisch denken und handeln, arbeiten im Netzwerk …
Alles richtig machen	Die richtigen Dinge machen, „intelligente" Fehler machen …

Abb. 7.2 Paradigmenwechsel – neue agile Muster

werden und die notwendigen Innovationen und Veränderungen zunehmend auch „von unten" treiben müssen.

Eine Übersicht über die wesentlichen genannten Paradigmenwechsel und die sich daraus ergebenden Anforderungen an agile Menschen bietet Abb. 7.2.

7.4 Agiles Mindset bzw. agile Haltung

Der Begriff „agiles Mindset" ist aktuell in aller Munde, aber viele Menschen wissen nicht genau, was eigentlich darunter zu verstehen ist und es gibt auch unterschiedliche Auslegungen. Daher bedarf es einer Konkretisierung.

▶ Unter Mindset wird eine bestimmte Denkweise oder innere Haltung verstanden. Das Mindset wird durch Werte und daraus abgeleitete Prinzipien beschrieben, die das Verhalten eines Menschen beeinflussen.

Eine wesentliche Quelle zur Beschreibung einer agilen Denkweise bzw. Haltung liefert das sogenannte agile Manifest, das im Kontext der Softwareentwicklung definiert wurde (vgl. Abschn. 1.6 und 3.2). Darauf aufbauend können aufgrund des in Abschn. 1.6

beschriebenen Wandels des Wandels weitere förderliche Haltungen und Denkweisen abgeleitet werden.

Die Voraussetzung für eine agile Organisation oder ein agiles Team ist, dass sich alle Mitarbeiter innerhalb der Organisation oder des Teams auf diese gemeinsamen Denkweisen und die zugrunde liegenden Werte verständigen und sie im Alltag konsequent leben.[11] Dazu ist zu prüfen, welche Aspekte eines agilen Mindsets im jeweiligen Agilitätskontext am sinnvollsten sind.

Da Haltung und Werte eine sehr persönliche Angelegenheit sind, bedarf es darüber hinaus einer bewussten individuellen Entscheidung, inwieweit ein Mensch das erforderliche agile Mindset teilen möchte und kann.

Für diese Überlegungen dient nachfolgender Überblick über wesentliche potenzielle Aspekte eines agilen Mindsets als Basis.

Konkretisierung und persönliche Standortbestimmung zum agilen Mindset

Bitte überlegen Sie im ersten Schritt, welche der angeführten Aspekte in Ihrem Agilitätskontext unterstützend wirken können. Danach beantworten Sie sich die Frage, inwieweit folgende Werte, Denkweisen bzw. Haltungen typisch für Sie sind. (Die angeführten Aspekte sind aus verschiedenen Quellen zusammengetragen und beschreiben wesentliche potenzielle Inhalte eines agilen Mindsets.)

1. Nur außerhalb der eigenen Komfortzone findet Innovation statt.
2. Ich bin überzeugt, dass in der Zusammenarbeit im Team die besten Lösungen gefunden werden.
3. Die Ergebnisse im Team werden umso wertvoller, je diverser es ist, wenn beispielsweise unterschiedliche Persönlichkeiten funktionsübergreifend zusammenarbeiten – auch wenn das anstrengender ist.
4. In der Zusammenarbeit zählen weniger Status und Positionen als vielmehr Inhalte sowie der aktuelle Wertbeitrag und Kompetenzen eines jeden Einzelnen. Die Rolle im Team ist wichtiger, als die hierarchische Position.
5. Gegenseitiges Feedback im Team ist wichtig für ein schnelles Lernen. Ich bin offen auch für kritische Rückmeldungen anderer Menschen zu mir und meiner Arbeit. Gleichzeitig bin ich bereit, offenes und auch kritisches Feedback an andere zu geben.
6. Gegenseitiger Respekt und menschliche Wertschätzung auch in Konfliktsituationen sind mir wichtig.
7. Offenheit und Ehrlichkeit bzw. transparente Kommunikation sind mir in der Zusammenarbeit wichtig. Ich finde es wichtig, Wissen und Informationen im

[11]Die Studie des Instituts für Personalforschung an der Hochschule Pforzheim [12] benennt neben Geschwindigkeit, Anpassungsfähigkeit und Kundenorientierung die agile Haltung als vierten zentralen Aspekt der Agilität.

Team offen zu teilen sowie aktiv und ehrlich auch über Probleme, eigene Schwächen und Fehler zu kommunizieren.

8. Mir ist es wichtig, mit meinen persönlichen Fähigkeiten das Teamergebnis bestmöglich zu unterstützen. Ich bin auch bereit, Unterstützung von anderen im Team anzunehmen.
9. Ich bin bereit, Verantwortung zu übernehmen. Ich fühle mich verantwortlich für das Teamergebnis.
10. Ich akzeptiere die vereinbarten Regeln und Routinen im Team, auch wenn im Ergebnis Entscheidungen dabei herauskommen, die nicht vollständig meine eigene Auffassung widerspiegeln.
11. Ich kann gut mit wechselnden Verantwortlichkeiten, Arbeitsabläufen und Inhalten umgehen.
12. Mir ist eigenständiges Handeln wichtiger als das Abarbeiten von Weisungen. Auch ist es mir wichtig, meinen Arbeitsablauf und meine Arbeitsumgebung aktiv zu gestalten.
13. Ich bin überzeugt davon, dass wir unsere Arbeit selbst besser organisieren können, als andere von außen, und es ist mir wichtig, dazu einen Beitrag zu leisten.
14. Es ist wichtiger, auf Veränderung flexibel zu reagieren, als einen Plan zu befolgen.
15. Ich vertraue auch auf meine Intuition, um analytische Lücken zu überbrücken.
16. Der Verlust von Kontrolle ist in Veränderungs- und Innovationsprozessen normal. Ich kann mit Kontrollverlust gut umgehen.
17. In einem dynamischen Umfeld ist es wichtiger, schnell und pragmatisch ins Handeln zu kommen und im Ausprobieren zu lernen, als zu warten, bis alle Informationen für eine saubere Analyse des Themas vorliegen. Dabei ist es notwendig, pragmatisch vorzugehen, einfache kleine Schritte zu machen und immer wieder iterativ zu testen.
18. Ich habe den Mut, etwas auszuprobieren und zu experimentieren, auch ohne einen Gesamtplan zu haben.
19. „Wir schaffen das schon“ ist eine typische Haltung von mir auch in schwierigen Situationen. Ich habe großes Vertrauen in meine eigene Wirksamkeit auch in unbekannten Situationen.
20. Fehler sind eine gute Chance zu lernen, sie liefern wertvolle Informationen zur Weiterentwicklung. Ich bin mutig, Fehler zu machen. Lernen ist wichtiger als Können.
21. Scheitern gehört zu Veränderung und Innovation dazu.
22. Veränderungen sind Möglichkeiten zur Weiterentwicklung. Werden ist wichtiger als Sein.
23. Meine persönliche Weiterentwicklung bzw. persönliches Wachstum ist mir wichtig.
24. Die aktive und frühzeitige Einbindung von Kunden in die Entwicklung von Neuem ist unabdingbare Voraussetzung für Erfolg. Es wäre falsch damit zu warten, bis es schon eine vollständige Lösung zum Vorzeigen gibt. Es ist wichtig, frühzeitig aktiv das Feedback des Kunden zu suchen und dabei auch unvollständige Ergebnisse mutig zu zeigen und zu diskutieren. Das Feedback des Kunden ist wesentlicher als meine individuellen Bedürfnisse und Vorstellungen.

25. Es ist wichtig, den Kunden in den Mittelpunkt der Überlegungen zu stellen. Wert für den Kunden zu steigern ist für mich die wichtigste Leistungsgröße (Performanceindikator).

7.5 Agilitätsbereitschaft

Während im traditionellen Veränderungskontext die Bereitschaft zur handlungs- und zielorientierten Umsetzung konkret geplanter Veränderung im Mittelpunkt steht, erfordert die hohe Dynamik in einem VUKA-Umfeld eine beständige Veränderungsbereitschaft der Mitarbeiter. Die in Abschn. 6.2 beschriebene generelle Veränderungsbereitschaft ist eine zwingende Voraussetzung für persönliche Agilität.

> Beständig veränderungsbereite und lernorientierte Mitarbeiter sind der fruchtbare Nährboden für ein agiles Unternehmen.

Einige Autoren stellen einen **negativen Zusammenhang zwischen der Häufigkeit bzw. der Intensität von Veränderung und der Bereitschaft für stetige Veränderung** fest. Die Autoren beschreiben hier zunehmend negative Reaktionen von Menschen mit zunehmender Häufigkeit von Veränderungen [33] oder Ermüdungserscheinungen und eine damit abnehmende Veränderungsbereitschaft angesichts hoher Veränderungsfrequenzen [21, S. 106]. Angesichts der hohen Dynamik im agilen Umfeld ist es wichtig, sich mit diesen Ergebnissen näher zu beschäftigen.

Studien zeigen immer wieder auf, dass die stetigen Veränderungen im VUKA-Umfeld die Mitarbeiter zunehmend belasten und zu nachlassender Leistungsbereitschaft und innerer Kündigung führen[12]. Die Ursachen für Widerstände gegen Veränderungen haben sich in den vergangenen Jahren nach unserer Beobachtung verschoben. Während früher die Widerstände vor allem darin lagen, dass die Notwendigkeit und Sinnhaftigkeit einer Veränderung angezweifelt oder das Vorgehen im Veränderungsmanagement kritisiert wurde, ist es heute eher so, dass in einem VUKA-Umfeld vielen Menschen einfach die Puste für weitere Veränderungen ausgeht. Sie sehen zwar die Notwendigkeit zum Wandel („wollen" also durchaus), stoßen aber angesichts von Arbeitsverdichtung, hoher Dynamik und zunehmenden Komplexitäten an ihre Belastungsgrenzen („können" also nicht mehr).

Gleichzeitig wird in Studien aber auch immer wieder herausgestellt, dass **bei einem anderen Teil der Befragten, die hohe Dynamik positiv aktivierend wirkt[13].** Viele Menschen begrüßen häufige Veränderungen nicht nur, sondern haben sogar noch Spaß

---

[12]Beispielsweise die Studie der Hamburger Unternehmensberatung osb international, in der 600 Führungskräfte und 1500 Mitarbeiter befragt wurden.

[13]In der zuvor genannten Studie erzeugen Veränderungen beispielsweise bei ca. 30 % der befragten Führungskräfte eine positive Energie.

daran. Zudem führen verschiedene Autoren aus, dass es einen grundsätzlich positiven Zusammenhang zwischen häufigen Veränderungserfahrungen und der Veränderungskompetenz von Menschen gibt (beispielsweise durch den Aufbau von Erfahrungswissen) und somit positive Effekte auf die Veränderungsbereitschaft. Eine andere Studie zeigt auf, dass Unternehmen immer häufiger sogar mit der Erwartung von Bewerberinnen und Bewerbern konfrontiert sind, agil zu arbeiten [12].

Auch wir stellen in unserer Beratungspraxis zunehmend diesen **Dualismus** fest: Auf der einen Seite erleben wir Mitarbeiter, die im VUKA-Umfeld an ihre persönlichen Grenzen stoßen, und auf der anderen Seite Mitarbeiter, die im VUKA-Umfeld aufblühen und mit viel Engagement und Leidenschaft immer wieder neue Möglichkeiten entdecken und vorantreiben. Wir können hier feststellen, dass Menschen aus der erstgenannten Gruppe über eine geringere Ausprägung der Persönlichkeitsmerkmale der generellen Veränderungsbereitschaft verfügen und die der zweitgenannten Gruppe über eine entsprechend hohe Ausprägung.

Was nun? sollte den (durchaus) nachvollziehbaren Wünschen der Erschöpften nachgegeben werden? Wie in Kap. 1 und 2 ausgeführt, kann kein Unternehmen, das überleben möchte, dies tun – selbst, wenn es wollte. Die hohe Dynamik im VUKA-Kontext liegt außerhalb des Einflussbereiches von Unternehmen im Circle of Concern (vgl. Abschn. 6.3) und ein Unternehmen, das diese Dynamik des Umfeldes nicht in der eigenen Organisation spiegeln kann, gefährdet seine Existenz. Dies gilt es sich klar vor Augen zu führen und zu akzeptieren, dass die Zeiten, in denen auf Phasen der Veränderungen verlässlich auch wieder längere Phasen der Stabilität folgen, vorbei sind.

Zur Unterstützung wäre es wünschenswert, dass in der Unternehmenskommunikation Klartext gesprochen wird, und den Mitarbeitern dieser Paradigmenwechsel verdeutlicht wird. Dies ermöglicht es Menschen, eher zu erkennen, dass jegliche individuelle Auflehnung dagegen Energieverschwendung wäre. In unserer Praxis erleben wir hier vielfach, dass Mitarbeiter ohne eine solche klare unternehmensinterne Kommunikation zu anderen Interpretationen der hohen Veränderungsfrequenz gelangen. Eine typische Äußerung eines Seminarteilnehmers ist hier: *„Die wissen doch selbst nicht, was sie tun und wir müssen es ausbaden“*. Dies kostet unnötig wertvolles Vertrauen in das Management und wirkt sich negativ auf die Veränderungsbereitschaft aus.

Klarheit über den nicht beeinflussbaren Wandel des Wandels allein reicht allerdings zur Herstellung von VUKA-Bereitschaft nicht aus. **Die immer deutlicher sichtbar werdenden Belastungsgrenzen von Menschen können nicht ignoriert werden.** Angesichts des ebenfalls zunehmenden Mangels an Fachkräften und der gesellschaftlichen Verantwortung von Unternehmen ist es auch keine Lösung, sich von allen Mitarbeitern zu trennen, die die hohe Veränderungsdynamik nicht bewältigen können. Die Bewältigung der Herausforderungen der digitalen Transformation löst sowieso bereits eine Vielzahl von Befürchtungen bei Menschen aus, die die Veränderungsbereitschaft beeinträchtigen. Da ein von Ängsten geprägtes Klima innovationsfeindlich ist, wäre es auch kontraproduktiv, sich nicht kreativ mit Möglichkeiten zur Lösung auseinanderzusetzen, die möglichst vielen Mitarbeitern auch künftig Angebote im Arbeitsleben machen.[14]

Auch das aktuell weitverbreitete „Ausquetschen" der letzten Energie aus den Mitarbeitern wird an seine Grenzen stoßen und bietet nur einen kurzfristigen, aber keinen nachhaltig erfolgreichen Lösungsansatz. Ebenso reicht das vermehrte Angebot von Unternehmen an Kursen zur Stressprävention und -bewältigung allein nicht aus, wenn der systemimmanente Überlastungs-Trigger weiter bestehen bleibt.

Wie ist dieses Dilemma aufzulösen? In unserem Konzept der Veränderungsintelligenz haben wir folgende Lösungsansätze entwickelt, die erst in Kombination ihr optimale Wirkung entfalten:

- **Klartext zum Paradigmenwechsel:** Es sollte ein klares Verständnis über die nicht beeinflussbaren VUKA-Treiber im Unternehmensumfeld und die sich zwangsläufig zur Existenzsicherung eines Unternehmens ergebenden Anforderungen geschaffen werden (vgl. Kap. 1 und Abschn. 7.3). Das modifizierte Denkmodell im Umgang mit Veränderungen gilt es frühzeitig zu akzeptieren, da es im Circle of Concern liegt und damit außerhalb des eigenen Einflussbereiches. Allerdings entfaltet die VUKA-Welt nicht überall im Unternehmen die gleiche Wirkung – Stichwort Ambidextrie.
- **Ambidextrie:** Die Paradigmenwechsel im Unternehmensumfeld bedeuten nicht, dass sich überall im Unternehmen beständig alles verändern muss. Die vielfach zu lesende oder zu hörende Ableitung, permanente Veränderungen für alles und jeden seien die neue Normalität, ist aus unserer Sicht zu vereinfachend und führt eben genau zu dem oben beschriebenen Dilemma. Die differenziertere Betrachtung der Ambidextrie (vgl. Abschn. 1.5 und 2.4) eröffnet dagegen einen Lösungsraum.

  Auf der linken Seite der Ambidextrie (vgl. in Abschn. 2.4, Abb. 2.11) – dem effizienzorientierten Kontext – besteht immer noch deutlich mehr Stabilität als auf der rechten Seite – dem komplexen Kontext. Die für den Unternehmenserfolg ebenso notwendige linke Seite wird daher auch in der Zukunft ein stimmiges Umfeld für Menschen mit einer geringeren Ausprägung der generellen Veränderungsbereitschaft bieten.[15] Allerdings ist hier vom einzelnen Menschen aufgrund der ebenfalls ansteigenden Dynamik auf der linken Ambidextrie-Seite gefordert, konsequent an den in Kap. 6 beschriebenen Faktoren zur Entstehung von Veränderungsleistung zu arbeiten.

---

[14]Wie oben in Abschn. 2.3 beschrieben, braucht erfolgreiches Experimentieren auch eine gewisse Sicherheit im Rahmen.

[15]Wobei noch einmal zu betonen ist, dass natürlich auch auf der linken Seite regelmäßig (und auch zunehmend) Veränderungsleistungen zu erbringen sind und jeder Mitarbeiter die Verantwortung für die Schaffung der oben in den Abschn. 1.1 bis 1.7 beschriebenen individuellen Voraussetzungen trägt. Da jedoch die Intensität der Veränderungsanforderungen hier deutlich geringer ist, bieten sich realistisch zu bewältigende Möglichkeiten auch für Menschen mit einem Persönlichkeitsprofil, das von einem höheren Bedürfnis nach Stabilität, Sicherheit, Ordnung und Struktur geprägt ist.

- **Passgenaue Besetzung** von Schlüsselpositionen bzw. aktive Selbstpositionierung auf der richtigen Seite der Ambidextrie: Vor dem Hintergrund der Maxime „Stärken stärken und gezielt nutzen", empfehlen wir für die Besetzung von Schlüsselpositionen in einem VUKA-Umfeld auf der rechten Ambidextrie-Seite im Besonderen Menschen mit einer starken Ausprägung der für die allgemeine Veränderungsbereitschaft förderlichen Merkmale soweit mit einem ausgeprägten agilen Mindset auszuwählen. Zudem raten wir jedem Menschen, Eigenverantwortung für eine bewusste Selbstpositionierung zu übernehmen, um sich vor Situationen der permanenten Selbstüberforderung bzw. übergroßen Belastung zu schützen und rechtzeitig zu verhindern, dass ein zu langes Verharren in einem nicht passenden Umfeld womöglich zur inneren Kündigung, Selbstentwertung oder Selbstaufgabe führt[16]. Es gilt sich zu verdeutlichen, dass es nach wie vor Arbeitskontexte geben wird, die von vergleichsweise mehr Stabilität geprägt sind und genauso wertvoll für den Erfolg eines Unternehmens sind.
- **Balance zwischen inneren Bedürfnissen und äußerem Anpassungsdruck (gesunde individuelle Abgrenzung):** Es besteht allerdings auch bei passgenauer Positionierung auf der rechten Seite der Ambidextrie eine Gefahr: Es kann passieren, dass sich ein Mensch, der in hohem Maße beständig veränderungsbereit bzw. flexibel ist, in den hohen Volatilitäten der VUKA-Welt persönlich verliert. Wir erleben im Coaching häufig, dass sich ein Mensch zwar aus Unternehmenssicht immer wieder vorbildlich an sein Umfeld angepasst, die äußeren Vorgaben alle übernommen hat, aber dann irgendwann feststellt, dass sein Leben sich sehr fremdbestimmt entwickelt hat – eine typische Aussage ist hier: *„Ich bin jetzt irgendwie in einem Leben gelandet, das gar nicht zu mir passt"*. Dies ist eine Quelle von persönlicher Unzufriedenheit, innerer Zerrissenheit und auch persönlicher Belastung. Daher erfordert das Arbeiten in einem Umfeld mit beständigem Anpassungsdruck den ebenso beständigen inneren Zugang zu persönlichen Zielen und Bedürfnissen im Leben und die Fähigkeit zu einer gesunden Abgrenzung, wenn es notwendig ist.
- **Balance zwischen flexibler persönlicher Anpassung und innerer Verankerung in einem Wertekern und Leitbild:** Um die Gefahren von persönlicher Orientierungslosigkeit in der VUKA-Welt zu vermeiden, ist als innerer Kompass das Bewusstsein bzw. die Entwicklung des persönlichen Wertegerüsts und Lebensleitbildes essenziell. Leitbilder und Werte dienen als Entscheidungsmaßstab in einem unsicheren komplexen Umfeld

[16]Wir erleben in unserer Praxis immer wieder Klienten, die vor allem auf Basis von fachlichem Interesse oder Verdienstmöglichkeiten ein Umfeld gewählt haben, dass von beständigem Wandel geprägt ist, obwohl sie selbst eine Persönlichkeitsstruktur aufweisen, die vom Wunsch nach Beständigkeit, Sicherheit, Ordnung und Struktur geprägt ist. Mit dem Ergebnis, dass sie belastet und unzufrieden sind, ihre eigentlichen Qualitäten nicht entfalten können und vergleichsweise schlechte Leistung erbringen. Die Erstellung eines Kompetenz- und Persönlichkeitsprofils wirkt dann oft entlastend, da Ursache und Wirkung sofort klar werden und gleichzeitig die Erkenntnis gewonnen wird, dass es auch für sie ein passendes Arbeitsumfeld gibt – auf der anderen Seite der Ambidextrie.

und verhindern Orientierungslosigkeit. Damit möchten wir frühzeitig bewusst ein Gegengewicht zu der aktuellen Dominanz setzen, mit viel Aufwand die äußere VUKA-Welt bewusst wahrzunehmen und zu verstehen. Im Sinne eines langfristig gesunden und zufriedenen Arbeitslebens ist es ebenso wichtig, die innere Welt neugierig zu erforschen und bewusst und aktiv zu entwickeln – um sich, wenn es notwendig ist, auch abgrenzen zu können. Unser Lösungsansatz liegt hier in einer stimmigen Balance zwischen der schnellen flexiblen Anpassung in einem komplexen Umfeld auf der einen Seite und der inneren Orientierung und Verankerung in einem stabilen inneren Wertekern und einem eigenbestimmten eher stabilen persönlichen Lebensleitbild auf der anderen Seite.[17]

- **Passgenauigkeit im Wertegerüst**: In der VUKA-Welt gilt auch mehr denn je, dass die Unternehmenswerte mit den individuellen Werten eines Mitarbeiters übereinstimmen sollten. Wie in Kap. 2 ausgeführt, sollten gerade in der VUKA-Welt stabile Werte und Normen der Unternehmenskultur als Quelle von Sicherheit und Orientierung dienen und so den Menschen im Unternehmen den Umgang mit Unsicherheiten und Komplexitäten erleichtern. Unsicherheiten bezogen auf die Aufgaben, Inhalte, Ziele der Veränderungen *und* die Werte und Normen im Unternehmen würden potenziell eine Überforderung des Individuums bewirken und zu großen inneren Widerständen gegen die VUKA-Welt bzw. mangelnder VUKA-Bereitschaft führen. Damit klare und stabile Unternehmenswerte diesen Nutzen entfalten können, ist die Voraussetzung, dass die Firmenwerte eine Teilmenge der individuellen Werte sind. Dies ermöglicht einem Mitarbeiter eher, sich immer wieder an neue Aufgaben und inhaltliche Herausforderungen anzupassen, ohne dass ein belastender vollständiger Verlust der Orientierung droht. Die Kompatibilität zwischen individuellen Werten und Unternehmenswerten wirkt sich somit grundsätzlich förderlich auf die VUKA-Bereitschaft der Mitarbeiter aus. Hier ist jeder Mensch gefordert, einen Abgleich zwischen seinen persönlichen Werten und den Unternehmenswerten vorzunehmen. Das Auseinanderfallen von individuellen und Unternehmenswerten sollte (nicht nur) im VUKA-Kontext zu der aktiven Suche nach einem stimmigeren Arbeitsumfeld führen.
- **Stärkung der individuellen Regenerationsfähigkeiten**: Angesichts der kaum mehr vorhandenen Ruhepausen auf der rechten Seite gilt es, dass ein Mensch lernt, seine Kräfte entsprechend einzuteilen. Im Leben vor der VUKA-Welt hat sich im Umgang mit Veränderungen ein Muster entwickelt, dass sich viele im Veränderungsprozess verausgabt haben und sich anschließend wieder erholen konnten. Diese Sprint-Technik funktioniert in der VUKA-Welt nicht mehr. Damit Menschen nicht die Puste und damit die Bereitschaft zu weiteren Veränderungen ausgeht, ist es wichtig zu erkennen, dass im Umgang mit der persönlichen Energie eher das Muster eines Marathonläufers oder eines Intervall-Trainings mit sehr kurzen Gehpausen benötigt wird.

[17]Auch ein persönliches Leitbild ist natürlich nicht in Stein gemeißelt und sollte regelmäßig überprüft werden. Aber auch wenn dann von Zeit zu Zeit neue Schwerpunkte gesetzt werden, bietet es doch angesichts kurzfristiger Veränderungen in der VUKA-Welt den nötigen inneren Kompass.

Daher gilt letztlich: Egal ob ein Mensch auf der linken oder rechten Seite der Ambidextrie arbeitet, für die Aufrechterhaltung einer gesunden Leistungsfähigkeit sind die Kenntnis und konsequente Nutzung von Stress- und Burn-out-Prophylaxe-Maßnahmen notwendig. Hier hat sich aus unserer Erfahrung das Konzept der achtsamkeitsbasierten Stressreduktion (Mindfulness-Based Stress Reduction – MBSR) bewährt – zumal dies im Kontext der Agilität gleich einen mehrfachen Nutzen bildet. So ist Achtsamkeit beispielsweise eine wertvolle Ressource im Rahmen des Sensing.

7.6 Individueller Beitrag zum Sensing

In Kap. 1 wurde ausgeführt, wie bedeutsam es ist, auch feine Veränderungssignale aus dem Unternehmensumfeld frühzeitig wahrnehmen. Denn wenn die Veränderungssignale klar und stark erkennbar sind, kann es bereits zu spät für eine im Markt erfolgreiche Reaktion sein. In diesem Aktivitätscluster der Agilität muss es darum gehen, sich einen Informationsvorsprung vor den Wettbewerbern zu sichern, um angesichts exponentieller Entwicklungen frühzeitig mit der Entwicklung neuer Geschäftsfelder starten zu können.

Hier sind vor allem die Mitarbeiter und Führungskräfte gefordert, die mit Kunden und dem Markt interagieren. Ihre Verantwortung ist die stetige aktive Suche nach einem Informationsvorsprung. Aber auch alle anderen Mitarbeiter sollten sensibilisiert werden, Informationen über kleine Veränderungen bei Kunden, Wettbewerbern, Produkten oder technischen Entwicklungen achtsam wahrzunehmen und wie ein innerer Automatismus folgende Frage anzuschließen: Könnte diese Information für unser Unternehmen bzw. in meinem Arbeitsumfeld wichtig sein?

Das frühzeitige Erkennen von bereits feinen kleinen Veränderungen oder Verschlechterungen, die einen Handlungsbedarf erzeugen, ist gar nicht so leicht. Das sogenannte **Boiled Frog Phänomen** veranschaulicht dies sehr bildhaft (vgl. Abb. 7.3). Zunächst fühlt sich der Frosch in seiner Komfortzone sehr wohl und adaptiert dann die kontinuierliche Verschlechterung seiner Situation aufgrund der zunehmenden Hitze des Ofens, indem sein Körper sich an diese Hitze gewöhnt. Dieser Effekt ist auch bei anderen Systemen wie beispielsweise Unternehmen oder Menschen zu beobachten. Wir nehmen kleine Veränderungen im Umfeld nicht wahr, wähnen uns immer noch in unserer Komfortzone (verteidigen diese vielleicht sogar), obwohl es inzwischen bereits ziemlich heiß geworden

Abb. 7.3 Boiled Frog Phänomen

ist. Wenn der Frosch dann bemerkt, dass es heiß ist und aus dem Wasser springen möchte, ist es schon zu spät, da er zu geschwächt ist. Genauso ist es vielen bekannten Unternehmen gegangen wie beispielsweise das in Kap. 1 angeführte Kodak-Beispiel aufzeigt.

> Die Herausforderung für Organisationen und ihre Mitarbeitern besteht darin, frühzeitig kleine Veränderungen wahrzunehmen, um frühzeitig reagieren zu können und nicht unterzugehen. Anders ausgedrückt: Seien Sie niemals der Frosch, sondern springen Sie frühzeitig los.

Dazu bedarf es einerseits der eigenen permanenten Achtsamkeit und andererseits der Unterstützung aus anderen Perspektiven, denn es ist schlichtweg unmöglich, alle relevanten kleinen Veränderungen aus der eigenen Perspektive wahrzunehmen. Hier droht die übliche Betriebsblindheit. Würde man dagegen in unserem Froschbild in einem bereits ziemlich heißen Stadium (vielleicht dem 2. Bild von rechts in Abb. 7.3) einen zweiten Frosch in den Topf werfen, so würde dieser sofort entsetzt wieder hinausspringen. Übertragen auf Unternehmen können wir feststellen, dass neue Mitarbeiter mit sehr offenem, neugierigem Blick sehr schnell feststellen, wenn etwas nicht stimmt, und so schnell, wie sie gekommen sind, auch wieder gehen.

Dieses Potenzial wird in der Praxis gar nicht ausreichend genutzt. Die kritischen Hinweise neuer Mitarbeiter auf heiße Themen, die ihnen auffallen, sind in den meisten Fällen als unliebsame vorlaute Kommentare nicht erwünscht und führen sogar oft zu Beziehungsstörungen. Im agilen Umfeld wäre es dagegen im Rahmen des Seizing wünschenswert, diese Wahrnehmungen zu schätzen und sogar aktiv zu erfragen, um die eigene Perspektive zu erweitern. Der **Perspektivwechsel** ist eine wesentliche Kompetenz – nicht nur im agilen Kontext.

Grundsätzlich gilt daher: Je mehr Mitarbeiter derart achtsam sind, desto besser.

> Die dazu erforderliche Haltung der **Achtsamkeit** (vgl. auch Abschn. 6.6.2.1) ermöglicht es, dass ein Mensch sein Umfeld differenzierter und bewusster wahrnimmt. Achtsamkeit entschleunigt das Individuum und führt auch in einem komplexen Umfeld zu mehr Konzentration auf schwache Signale – die Voraussetzung auch kleine Veränderungen in der VUKA-Welt frühzeitig wahrzunehmen und entsprechend zu reagieren.

Das Wahrnehmen in einer achtsamen Haltung bedeutet auch, dass ein Mensch nicht vorschnell etwas bewertet. Eine vorschnelle Bewertung wäre kontraproduktiv, da sie die weitere Wahrnehmung verengen würde und stattdessen das Hirn dazu neigen würde, Signale zur Bestätigung dieser ersten Bewertung auszufiltern. Ziel sollte es aber im Rahmen des Sensing sein, möglichst viele feine Signale wahrzunehmen. Die Bewertung und Ableitung von Aktionen erfolgt erst getrennt davon im nächsten Schritt.

Ein weiterer wertvoller Nutzen der Achtsamkeit ergibt sich in der VUKA-Welt direkt aus den Herausforderungen der digitalen Transformation für die Menschen. Die damit verbundene Virtualisierung bzw. De-Realisierung birgt die Gefahr in sich, dass ein Mensch sich in der virtuellen Welt verliert. Anders ausgedrückt ist es für das gesunde persönliche Agieren in der virtuellen Welt umso wichtiger, dass ein Mensch in seiner Wahrnehmung klar zwischen realer und virtueller Welt unterscheiden kann.

Hierzu ist Achtsamkeit eine wertvolle persönliche Ressource. Sie ermöglicht es einem Menschen, gut zwischen den Welten in der Wahrnehmung zu differenzieren und immer wieder das Bewusstsein auf die physische Existenz mit den in der realen Welt vorhandenen Bedürfnissen und Emotionen zu lenken.

7.7 Individueller Beitrag zum Seizing

Im nächsten Schritt geht es darum, mit möglichst wenig Ressourceneinsatz möglichst schnell festzustellen, ob sich aus den feinen Signalen bzw. Informationen eine Chance ergeben könnte. Im Rahmen des Seizing gilt es, zu initialisieren, mit Enthusiasmus die Beschäftigung mit einer neuen Idee anzustoßen und die nötigen Ressourcen hierfür zu aktivieren, um letztlich aus einer Vielzahl kleiner Initiativen etwas wachsen zu lassen. Hierbei steht nicht die Verifizierung von Risiken, sondern vielmehr die Fokussierung auf Chancen und das Entdecken neuer Märkte im Mittelpunkt (vgl. Abschn. 2.1).

Daher sind hier Menschen gefragt, die schon von der Persönlichkeit her chancenorientiert denken und handeln. Das Suchen nach neuen Geschäftsmöglichkeiten erfordert darüber hinaus **individuelle Kreativität** (vgl. auch Abschn. 6.6.2.1). Hier sind Menschen gefragt, die nebeneinanderstehende Bereiche bzw. scheinbar beziehungslose Fragen, Ideen oder Probleme miteinander verknüpfen können, um neue Einsichten zu gewinnen – Menschen, deren Denken sich durch kreative Intelligenz auszeichnet.

> Für die kreative Suche nach innovativen Geschäftsmöglichkeiten wird mit dem in Kap. 9 vorgestellten Design Thinking eine erlernbare strukturierte Methode vorgestellt.

In der Phase des Seizing startet ein iterativer Prozess des schrittweisen Austestens und Priorisierens der neuen Möglichkeiten (vgl. die Ausführungen zum **Pivoting**, siehe Abb. 7.4). Hierbei geht es um das kleinteilige schrittweise Annähern an „richtige", „gute" Lösungen der gegebenen Herausforderung, beispielsweise zur Auswahl der Innovationen für das Innovationsportfolio im Unternehmen oder die Beantwortung der Frage, ob ein bestimmter Markt erschlossen wird. Das frühzeitige Erkennen von Fehlern im Rahmen systematischer Reflexionsschleifen ermöglicht notwendige Korrekturen bereits im Frühstadium. Strukturierte kontinuierliche Lernprozesse beschleunigen die Suche nach einer guten Lösung. Beides unterstützt die Effektivität und Effizienz im Vorgehen.

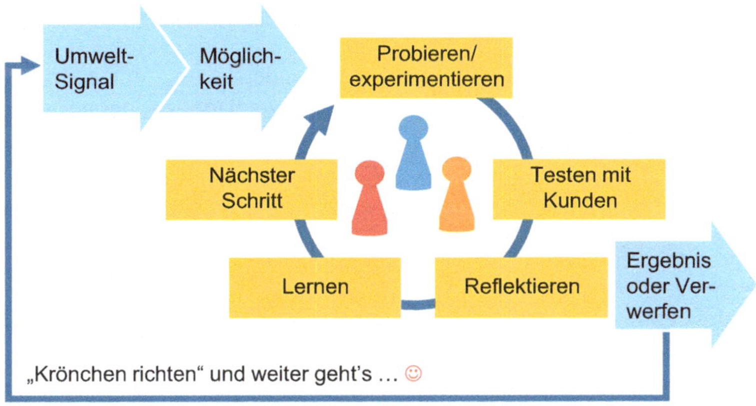

Abb. 7.4 Pivoting als grundlegendes agiles Handlungsprinzip

Ein Kernelement im Pivoting ist die **radikale Kundenzentrierung**. Dies erfordert neben einer entsprechenden Haltung und Interaktionskompetenzen vor allem auch den Mut, sich immer wieder mit Prototypen und Teillösungen den Zielkunden zu zeigen. Menschen mit einem starken perfektionistischen Anspruch stehen hier vor der Herausforderungen, das noch unvollständige und nicht fehlerfreie Minimalprodukt mit den Zielkunden zu reflektieren und sich deren Bewertung zu stellen. Hier gilt es sich rational zu verdeutlichen, dass die Wahrscheinlichkeit, eine gute Lösung ohne Kundenrückmeldung zu erreichen, gering ist und schnelles und regelmäßiges Kundenfeedback davor schützt, zu lange einer falschen Hypothese nachzulaufen. Ziel der frühzeitigen konsequenten Einbindung von Zielkunden ist es, möglichst frühzeitig zu lernen, was der Kunde möchte und was für ihn die beste Lösung ist.

> Radikale Kundenzentrierung erfordert immer wieder den persönlichen Mut, sich auch mit Prototypen und unvollständigen, noch fehlerbehafteten Teillösungen beim Kunden zu zeigen und diese gemeinsam mit dem Kunden zu reflektieren.

Ein weiteres Kernelement des Pivoting ist wie in Abschn. 7.3 beschrieben die **persönliche Lernorientierung** von Menschen als Voraussetzung für das wirksame Durchführen der Reflexions- und Lernschleifen. Dazu muss ein Mensch immer wieder bereit und fähig sein, **sich und sein Handeln zu reflektieren.** Zudem muss er offen dafür sein, kritisches Feedback von anderen zu empfangen und zu verarbeiten sowie auch selbst kritische Rückmeldungen in einer konstruktiven Art und Weise zu geben. **Konstruktives Feedback** erfordert die Fähigkeit, in der Sache hart, aber dem Menschen gegenüber immer wertschätzend, Kritik zu äußern. Aus Sachverhalten, die schiefgelaufen sind, gilt es rein **lösungsorientiert** und zukunftsgerichtet Handlungsempfehlungen für das weitere Vorgehen ableiten, anstatt wertvolle Zeit damit zu vergeuden, einen Schuldigen zu suchen und anzuklagen.

Da zum Lernen auch die konstruktive Auseinandersetzung mit unterschiedlichen Positionen gehört, sind Menschen mit einem größeren Harmoniebedürfnis besonders gefordert, auch selbst aktiv in konstruktive Konfliktgespräche einzusteigen (anstatt ihnen aus dem Weg zu gehen) und die eigene Position auf der Suche nach einem Kompromiss nicht zu schnell aufzugeben. **Je früher auch kritische Themen aktiv angesprochen** werden, desto eher kann man sich lösungsorientiert der Entwicklung einer alternativen Vorgehensweise widmen – oder feststellen, dass die angestrebte Lösung doch nicht umsetzbar ist und dann mit aller Kraft einen alternativen Weg beschreiten.

Diese Lernorientierung setzt im Kontext eines agilen Teams weiterhin voraus, dass die Teammitglieder bereit sind, **offen ihre Lernerfahrung zu teilen** (statt diese im internen Konkurrenzkampf zur Stärkung der eigenen Position zu nutzen). Dieses Teilen von Lernerfahrungen und neu aufgebautem Wissen ist eine wichtige Aktivität zur Vermeidung unnötiger Fehler bzw. für ein schnelles und wirksames Vorgehen im Team.[18]

▶ Lernorientierung erfordert Reflexionsfähigkeiten und Feedback-Kompetenzen, kritische Themen frühzeitig aktiv anzusprechen, den Mut Fehler zu machen sowie Lernerfahrungen offen zu teilen.

Im Rahmen der Lernorientierung ist die **Bereitschaft, Fehler zu machen und sogar ein Scheitern einzukalkulieren,** eine grundsätzlich förderliche Haltung. Allerdings fordert wie oben beschrieben das Prinzip der Konvexität (vgl. Abschn. 7.3) die Kosten des Fehlermachens bzw. Scheiterns bewusst zu gestalten. Hier geht es vor allem darum, nicht die Erfolgswahrscheinlichkeit von Versuchen zu erhöhen, sondern die „Kosten" von Versuchen zu steuern, die Kosten pro Versuchs- und damit Lerneinheit zu optimieren: Wie kann man noch schneller, mit noch weniger Aufwand noch mehr lernen? Effektive Trial-and-Error-Verfahren beachten dazu eine bestimmte Qualität des Experimentierens. Das notwendige **planvolle Probieren** stellt folgende Anforderungen an einen Menschen:

- mutiges, aber durchdachtes Vorgehen im Experiment
- den nächsten Schritt des Ausprobierens planen
- wo es möglich ist, bewusst kalkulierte Risiken eingehen

---

[18]Wenn allerdings im Unternehmen oder Team erst eine schwach ausgeprägte agile Kultur besteht, dann ist es gegebenenfalls für einzelne Mitarbeiter wenig empfehlenswert sein, agile Werte weitgehend isoliert zu leben. Ein klassisches Beispiel dazu ist eine Kultur, die von Schuldzuweisungen und geringer Wertschätzung anstatt von gegenseitigem Respekt und einer förderlichen Fehlerkultur geprägt ist. Würde hier ein Mitarbeiter – so wie es den agilen Werten entspricht – offen seine Fehler und Lernerfahrung teilen wollen, so ist die Wahrscheinlichkeit groß, dass er mit einem respektlosen Tonfall angeklagt würde.

- versuchen, günstig zu scheitern (Try early – fail cheap)
- intelligente Fehler („Smart Mistakes") beim Experimentieren machen.

Dabei ist es durchaus eine große Kunst, intelligente Fehler zu machen. Nachfolgend finden Sie wesentliche Prinzipien der „Smart Mistakes" [36] zusammengefasst:

Prinzipien intelligenter Fehler

- Entwickle schrittweise, teste und reflektiere kurzzyklisch vor jedem nächsten Schritt die richtige Richtung für den weiteren Schritt.
- Versuche mit möglichst wenig Einsatz (Minimieren der Lernkosten und Lernzeit) möglichst viel Lernerfahrung zu gewinnen – oder anders ausgedrückt: Versuche die Kosten des Scheiterns (Zeit und Ressourcen) pro Versuch zu optimieren, anstatt das Risiko des Scheiterns zu begrenzen.
- Maximiere das Lernergebnis aus jedem Versuch durch die Implementierung von Lernschleifen in den Arbeitsroutinen. Verfolge die lösungsorientierte Reflexion im Team statt einer Schuldzuweisung und Fokussierung auf das Problem. Teile die gewonnenen Erkenntnisse für die Zukunft mit allen Beteiligten.
- Integriere in die Lernschleifen eine Rückkopplung aus dem relevante System: z. B. von Kunden, Lieferanten oder Mitarbeitern aus verschiedenen beteiligten Abteilungen.
- Kundenrelevanz: Mache dort Fehler, wo Du was über Kunden lernst.

Um wie gefordert die **Kosten des Scheiterns zu reduzieren,** haben sich folgende drei voneinander unabhängige Hebel bewährt:

1. **Try early – fail cheap:** Testen Sie frühzeitig die Marktresonanz, um die richtige Richtung beim Experimentieren zu finden, führen Sie Teilexperimente durch, statt direkt nach dem Perfekten zu streben. Wann immer es „gut genug" für ein Kundenfeedback ist, holen Sie sich dieses aktiv ein.
2. **Reihenfolge/Sequenz der Experimente optimieren:** Bearbeiten Sie frühzeitig die „Make-or-break- Kriterien". Stellen Sie nicht das Leichte an den Anfang und dann das Komplizierte ans Ende der Experimente, sondern nehmen Sie die Risiken, die Abbruchkriterien darstellen können, direkt in den Blick und fragen Sie sich frühzeitig „Woran könnten wir scheitern?" (z. B. „Gibt es überhaupt ein Marktbedürfnis?").
3. **Geschwindigkeit der Entscheidungsfindung erhöhen:** Lassen Sie Experimente nicht beliebig lange laufen, sondern definieren Sie Kriterien, mit denen Sie frühzeitig entscheiden können, ob man das Experiment noch einen Schritt weiter führt oder es beendet und zu einer anderen Option wechselt.

Auf dieser Basis des planvollen Probierens können Prioritäten regelmäßig hinterfragt und neu ausgerichtet werden.

Ein weiteres zentrales Element für ein funktionierendes Pivoting sind **effiziente Entscheidungsprozesse.** Dazu liegt der Fokus weniger auf der einen richtungsweisenden Entscheidung, da diese im komplexen Umfeld nicht gut getroffen werden kann und diese Anforderung eine zu hohe Hürde ist, die potenziell zu Entscheidungsblockaden führt. Entscheidungen im Rahmen des Pivoting sollten vor allem die schnelle Handlungsfähigkeit unterstützen. Dazu reichen pragmatische, ausreichend gute Entscheidungen aus. Denn diese Entscheidungen werden ja sehr schnell reflektiert und können bei Bedarf wieder revidiert werden. Im Fokus der Entscheidungen steht die Frage: „Was muss ich jetzt entscheiden, um die nächste Handlung durchführen zu können?".

> Voraussetzung für einen agilen Iterationsprozess sind handlungsorientierte, schnelle und pragmatische Entscheidungen.

Für die erfolgreiche Umsetzung von Pivoting sind neben diesen spezifischen Methodenkompetenzen[19] weitere persönliche **Kompetenzen** und auch **Persönlichkeitsmerkmale** erforderlich. Aufbauend auf den Forschungsergebnissen, die unter dem Begriff der **„Innovatoren DNA"**[20] bekannt geworden sind [9] können die individuell notwendigen Merkmale und Kompetenzen dafür nach unserer Erfahrung in den folgenden sieben Feldern beschrieben werden, die **„Agilitäts-DNA"** sozusagen:

1. **Hinterfragen & Herausfordern** des Status quo, um alte Muster aufzubrechen, neue Möglichkeiten zu entdecken und gängige Meinungen und bestehende Annahmen infrage zu stellen.
2. **Beobachten** innerhalb und außerhalb des eigenen Marktumfeldes, um Hinweise auf Neues zu bekommen, Beobachten, wie (Ziel-)Kunden die Produkte nutzen, um neue Ideen zu entwickeln bzw. um zu verstehen, welche Kundenprobleme gelöst werden müssen.
3. **Verknüpfen & Vernetzen:** Verknüpfung von nebeneinander bestehendem Wissen und Vernetzung mit Menschen aus unterschiedlichen Tätigkeitsbereichen, um neue Perspektiven und Möglichkeiten zu finden. Vernetztes systemisches Denken unter aktiver Einbindung unterschiedlicher Perspektiven.
4. **Inspirieren & Überzeugen** von Schlüsselpersonen im Unternehmen, um die nötigen Ressourcen für die nächsten Schritte des Ausprobierens zu aktivieren; auch gegen Widerstände und hierarchieübergreifend den eigenen Standpunkt offen vertreten.
5. **Experimentieren & Erforschen,** um neue Erfahrungen zu machen und Themen zu erforschen, dabei Fehler und Scheitern mit einer gewissen Risiko- und Frustrationstoleranz in Kauf nehmen[21] (sofern Lernerfahrungen gewonnen werden können ist dies ebenfalls ein wertvolles Ergebnis) und die Prinzipien intelligenter Fehler beachten.

---

[19] Beispielsweise basierend auf Eric Ries, The Lean Start-up (vgl. auch Abschn. 2.4 und Abb. 3.1).

[20] Der besondere Nutzen dieser Ergebnisse ist unter anderem, dass die erforderlichen Verhaltensmuster durch konsequentes Training erlernt werden können.

[21] Siehe auch Risikotoleranz (vgl. Abschn. 6.2.1).

6. **Reflektieren & Lernen**[22]**:** Die beim Experimentieren gewonnenen Erkenntnisse immer wieder reflektieren, selbstreflexives Wahrnehmen, das eigene Denken und Handeln immer wieder selbstkritisch hinterfragen, auch anderen frühzeitig und konstruktiv kritisches Feedback geben, kritische Themen frühzeitig offen ansprechen, selbst gesteuerte Lernprozesse anstreben, aktiv aus Fehlern lernen (und sich nicht für Fehler schämen), Lernerfahrungen schnell adaptieren[23].
7. **Kommunizieren & Teilen:** Lernerfahrungen aktiv teilen, für andere im Unternehmen relevante Informationen und Wissen offen über Organisationseinheiten hinweg kommunizieren, kein Hoheitswissen aufbauen, aktiv Erfahrungen von anderen erfragen.

Jedem dieser Felder können förderliche Verhaltensmuster zugeordnet werden. Mittels eines 360°-Feedbacks kann zu dem so entstandenen Kompetenzmodell eine individuelle Standortbestimmung als Basis für eine gezielte Entwicklung erfolgen (vgl. auch Abschn. 6.6.4). Auch hier gilt wieder, dass allein das Übertragen von abstrakten Anforderungen an individuelle Agilität in konkrete förderliche Verhaltensmuster und die Kenntnis davon für Mitarbeiter eine wichtige Intervention zur Ausbildung von persönlicher Agilität ist. Zudem stärkt die 360° Methodik die geforderte Feedbackkultur im Unternehmen.

Nachfolgend finden Sie einen Auszug aus unserem Agilitäts-DNA-Kompetenzmodell für eine erste persönliche Standortbestimmung.

Kurzeinschätzung der persönlichen „Agilitäts-DNA" anhand von ausgewählten Fragen aus unserem Agilitäts-DNA-Kompetenzmodell

Hinweis: Dies ersetzt keine vollständige Diagnostik, bietet jedoch Hinweise für erste Hypothesen zu individuellen Stärken und Entwicklungsfeldern. Zudem empfehlen wir die Selbsteinschätzung noch um eine Fremdeinschätzung im Dialog mit anderen zu ergänzen, um blinde Flecken zu begrenzen.

[22]Siehe auch selbstreguliertes bzw. selbstorganisiertes Lernen (vgl. Abschn. 6.6.2.1) und Reflexionskompetenz und Fähigkeit zur Selbstkritik.

[23]Die hierzu notwendige Veränderungskompetenz „Reflexionsfähigkeit und Fähigkeit zur Selbstkritik" wurde bereits weiter oben vorgestellt (vgl. Abschn. 6.6.2.1) und gewinnt im agilen Kontext noch weiter an Bedeutung.

	Stimmt nicht	Stimmt weitgehend nicht	Stimmt teilweise	Stimmt weitgehend	Stimmt völlig
Hinterfragen & Herausfordern					
Bezweifelt gängige Annahmen					
Widerspricht gerne					
Stellt lösungsorientierte Fragen z. B. „Wie könnte denn…?“					
Stellt hypothetische Fragen, z. B. „Was wäre, wenn…?“					
Beobachten					
Beobachtet genau die (Ziel-)Kunden, um zu verstehen, welche Probleme die Kunden lösen müssen					
Beobachtet Marktteilnehmer (Kunden, Wettbewerber, Lieferanten) sehr genau, um Hinweise auf neue Möglichkeiten zu bekommen					
Beobachtet neugierig Menschen im Alltag und leitet daraus neue Geschäftsideen ab					
Beobachtet sorgfältig, ohne vorschnell zu bewerten					
Verknüpfen & Vernetzen					
Verknüpft Themengebiete, die zunächst in keiner Beziehung zueinander stehen, miteinander					
Tauscht sich mit Menschen aus anderen Fachgebieten aktiv aus					
Vernetzt aktiv Menschen aus unterschiedlichen Tätigkeitsbereichen, um neue Perspektiven zu eröffnen					
Kann sich aus widersprechenden Ideen eine Synthese bilden					
Experimentieren & Erforschen					
Möchte verstehen, wie Dinge funktionieren					
Sucht aktiv nach neuen Erfahrungen					
Probiert Neues schnell aus					
Fokussiert sich auf die Chancen beim Erforschen von Neuem					
Inspirieren & Überzeugen					
Entwickelt inspirierende Visionen					
Kann andere für neue Geschäftsmöglichkeiten begeistern					
Legt die eigenen Ideen und Vorstellungen überzeugend dar					
Vertritt seine Ideen auch offen gegenüber (skeptischen) hierarchisch überlegenen Personen					

	Stimmt nicht	Stimmt weitgehend nicht	Stimmt teilweise	Stimmt weitgehend	Stimmt völlig
Reflektieren & Lernen					
Holt sich aktiv Feedback aus verschiedenen Perspektiven ein					
Gibt anderen konstruktive Rückmeldungen					
Geht mit Kritik an der eigenen Person konstruktiv um					
Passt sein Vorgehen bzw. Verhalten schnell an neu gewonnene Erkenntnisse an					
Kommunizieren & Teilen					
Kommuniziert ehrlich, auch wenn etwas schiefgelaufen ist					
Hört aufmerksam zu					
Stellt relevante Informationen offen zur Verfügung					
Teilt offen das eigene Wissen					

Ein Unternehmen sollte über eine ausreichende Anzahl von Menschen mit diesem Profil verfügen und diese gezielt einsetzen, um möglichst viele dieser vermeintlichen Chancen parallel zu testen.

Im Rahmen des Seizing tauchen nach unserer Erfahrung immer wieder **scheinbare Widersprüche** für Menschen auf, zu deren Auflösung ein gutes **Ausbalancieren verschiedener Aspekte** erforderlich ist. Nachfolgend zwei Beispiele dazu:

1. Auf der einen Seite sollen Menschen die initiierten Ideen mit einer gewissen Hartnäckigkeit und Ausdauer verfolgen und auf der anderen Seite auch wieder gut loslassen können, wenn beispielsweise der interne Markt angesichts attraktiverer Projektalternativen die Prioritäten anders setzt. Dazu ist es nötig, dass die beteiligten Menschen im Unternehmen folgende Aspekte gut ausbalancieren:
   - Sie sollten zum einen über ausreichende **Überzeugungskraft, Willensstärke, Ausdauer und Präsentationskompetenz** verfügen, um sich im internen Ideen-Wettbewerb engagiert mit ihrer Idee bzw. ihrem neuen Thema zu präsentieren bzw. diese überzeugend intern zu verkaufen, um die notwendigen Ressourcen für den nächsten Schritt im Pivoting zu erhalten, und sich auch immer wieder gegen Widerstände behaupten zu können.
   - Zum anderen sollten sie jedoch **nicht stur** zu lange an einem Thema festhalten, das im internen Wettbewerb unterlegen ist, sondern sich angesichts knapper Ressourcen

auch das **Scheitern einer Idee rechtzeitig eingestehen und davon loslassen können,** weil sie akzeptieren, dass andere Prioritäten mehr Zustimmung finden (selbst wenn das eigene Projekt aus der individuellen Perspektive erfolgreich scheint). Dies erfordert eine kooperative innere Haltung, damit ein Mensch nicht aus Frust andere Ideen als „U-Boot" intern torpediert, sondern auch, wenn seine eigene Idee nicht weiterverfolgt wird, mit vollem Engagement eine der anderen Ideen unterstützt.

2. Auf der einen Seite sollen Menschen sich in bestimmten agilen Frameworks im Rahmen des Pivoting strikt an bestimmte Regeln und Routinen halten und auf der anderen Seite zeichnen sich erfolgreiche Innovatoren gerade dadurch aus, dass sie regelflexibel sind und zum Aufspüren und Umsetzen von Durchbruchinnovationen auch immer wieder bestehende Einschränkungen und Regeln hinterfragen und brechen. Wie passt das zusammen? Zur Aufklärung ist es hier wichtig, zwischen den verschiedenen Bezugsrahmen des Umgangs mit Regeln zu differenzieren:
   - In inhaltlicher Hinsicht, d. h. auf der Suche nach neuen Möglichkeiten und innovativen Lösungen, muss Freiheit und Regelflexibilität bestehen, muss ein Mensch immer wieder all die Regeln, Glaubenssätze und unsichtbaren Beschränkungen, die sich im Rahmen des Kerngeschäfts entwickelt haben, aufbrechen können.
   - Damit diese hochkreative und rebellische Arbeit aber wirksam ist und zur strategischen Stoßrichtung des Unternehmens beiträgt (und nicht im Chaos endet bzw. „Kindergarten" wird), ist die Strukturierung der Zusammenarbeit im Team unabdingbare Erfolgsvoraussetzung. Und dafür gilt es, die im Team selbst definierten Regeln und Routinen, die die Zusammenarbeit oder Entscheidungsprozesse betreffen, zu beachten.
   - Die Menschen benötigen hier eine **gute Balance zwischen Regelorientierung und Regelflexibilität,** zwischen einem „inneren Rebellen" und einem „inneren Teamspieler". Sie müssen auf der einen Seite mit Freiheit umgehen wollen und können, sowie gleichzeitig auch einen bestimmten Rahmen zur Ausübung der Freiheit akzeptieren und einhalten können.

▶ Persönliche Agilität erfordert immer wieder ein stimmiges Ausbalancieren verschiedener Aspekte. Beispielsweise: Ausdauer haben – Loslassen können oder Regelorientierung – Regelflexibilität.

7.8 Individueller Beitrag zur Reagibilität und Handlungsorientierung

Ein wesentlicher Bestandteil des Agilitätskonzepts ist es, dass ein Mensch auch in einer komplexen und von vielen Unsicherheiten, Mehrdeutigkeiten oder Widersprüchlichkeiten geprägten Situation, schnell ins aktive Handeln kommt, um zu reagieren oder proaktiv zu agieren. Gleichzeitig stellt dies unserer Erfahrung nach eine der größten Herausforderungen für Menschen dar, da es im VUKA-Umfeld viele Auslöser für

Entscheidungs- und Handlungsblockaden gibt. Daher werden in diesem Abschnitt die dazu erforderliche Haltung und die notwendigen Kompetenzen näher betrachtet.

Eine förderliche Haltung ist es nicht nur die zunehmenden Unsicherheiten und Ambiguitäten im Umfeld zu akzeptieren, sondern auch zu akzeptieren, dass es in einem solchen Umfeld immer weniger möglich ist, jederzeit alles souverän im Griff zu haben. Dies erfordert gegebenenfalls eine Korrektur des Selbstbildes. Statt Energie darauf zu verschwenden, weiterhin zu versuchen, jederzeit souverän und sicher aufzutreten, ist es im VUKA-Kontext empfehlenswerter, sich darauf zu fokussieren, die Unsicherheiten und Ambiguitäten aushalten zu lernen und dennoch handlungs- und entscheidungsfähig zu sein.

> Angesichts der zunehmenden Unsicherheiten und Ambiguitäten im Umfeld können auch Menschen mit langjähriger Berufserfahrung nicht mehr erwarten, jederzeit alles souverän im Griff zu haben. Das Gefühl von persönlicher Verunsicherung gilt es in der VUKA-Welt als normalen Zustand im Alltag zu akzeptieren.
>
> Eine der Schlüsselkompetenzen der Zukunft wird es sein, Unsicherheit nicht nur gut aushalten zu können, sondern darüber hinaus in unsicheren, mehrdeutigen oder widersprüchlichen Situationen auch ausreichend schnell entscheiden und handeln zu können.

Im Folgenden finden Sie typische Strategien von Menschen für den Umgang mit komplexen, unsicheren und mehrdeutigen Situationen skizziert und bewertet.

Ausblenden und Nichtstun

Bei dieser (unbewussten) Strategie versuchen Menschen die neue unsichere Situation so weit wie möglich zu ignorieren oder die Konfrontation mit den komplexen unsicheren Themen zu vermeiden. Stattdessen klammern sie sich an die alten vertrauten Muster und rennen weiter in ihrem Hamsterrad.

Viele Menschen verknüpfen durchaus Erfolgserlebnisse mit dieser Strategie. Sie stellen vielleicht fest, dass gerade in einem dynamischen Umfeld bestimmte Themen wieder so schnell verschwinden wie sie gekommen sind und sehen es als Gewinn dieser Strategie an, dass sie keine unnötige Energie in diese flüchtigen Themen verschwendet haben. Auch wenn es hier kurzfristige Erfolge dieser Strategie geben wird, ist das Festhalten am Vertrauten und Ignorieren des Unbekannten in einer VUKA-Welt keine nachhaltig erfolgreiche Strategie.

> Der Preis, den ein Mensch dafür zahlen muss, wenn er in einem dynamischen Umfeld nicht schnell ins Handeln kommt, ist, dass andere Menschen für ihn mithandeln werden und somit seine Zukunft fremdgesteuert ist.

Irgendwann wird ein Mensch mit dieser Strategie als Engpass im agilen System erkannt und muss mit entsprechenden negativen Sanktionen rechnen. Ein weiterer Preis dieser Strategie ist, dass die Fremdsteuerung eines Menschen zunimmt. Denn es werden sich andere Menschen finden, die das Neue aktiv gestalten und die Chance nutzen, dabei ihre eigenen Interessen durchzusetzen und ihren Einfluss auszubauen. Anders ausgedrückt ist die Entscheidung zum persönlichen Nichtstun gleichzeitig die aktive Entscheidung dafür, dass andere mich gestalten und ich dann später nur noch die von anderen geschaffenen Fakten akzeptieren und umsetzen kann.

Konzentration bzw. Reduktion
Bei dieser Strategie versuchen Menschen ein komplexes System durch Reduktion auf einzelne Faktoren beherrschbar zu machen.

Die Strategie der Reduktion auf einzelne Faktoren ist bei komplizierten Fragestellungen zur Vereinfachung durchaus erfolgreich anzuwenden. Bei komplexen Fragestellungen, die nicht nur kompliziert, sondern auch noch dynamisch sind, wäre das schädlich.

Die Trivialisierung durch Fokussierung auf einzelne Kriterien zerstört potenziell komplexe Systeme. Denn in komplexen Systemen gibt es ja gerade keine monokausalen Zusammenhänge, sondern jede Wirkung hat verschiedene Ursachen und jede Ursache hat verschiedene Wirkungen. Der Versuch, Komplexität durch vereinfachende Schlussfolgerungen mit mangelnder Berücksichtigung von relevanten Kontextfaktoren aufzulösen, mindert potenziell die Ergebnisqualität, da wichtige Zusammenhänge aufgelöst werden.

> Die Strategie der Reduktion funktioniert bei komplizierten Themenstellungen, um ins Handeln zu kommen, aber bei komplexen Themenstellungen wäre dies eine zerstörende Vereinfachung.

Hier wäre stattdessen ein guter Lösungsansatz, die Komplexität durch Musterbildung zu reduzieren, um die Handlungsfähigkeit herzustellen.

Musterbildung
Diese Strategie liegt vor allem Menschen mit einer systemischen Ausbildung nahe. Ein Kernelement von systemischem Denken lautet: Das Ganze ist mehr als die Summe seiner Teile. Demnach sind einzelne Aspekte eines Themas weniger von Bedeutung, stattdessen rücken die Beziehungen zwischen den einzelnen Aspekten in den Fokus.

Da in der VUKA-Welt aber oft nur ein kurzes Zeitfenster zur Verfügung steht, um zu handeln, würde es zu lange dauern, alle Wechselwirkungen mit allen Faktoren systemisch zu durchdringen. Hier ist es die schnellere Strategie, nach Mustern zu suchen. Muster zu erkennen und diese dann zu lenken ist ein Erfolg versprechender Ansatz zur Aufrechterhaltung der Handlungsfähigkeit in komplexen Situationen. Hilfreich ist hier, dass das menschliche Hirn mit Komplexität durch Musterbildung gut umgehen kann. Dabei ist es allerdings wichtig, dass dies in einer offenen und neugierigen Haltung erfolgt, damit ein Mensch nicht immer wieder in vorgefertigten Mustern landet (Gefahr der Pfadabhängigkeit). Um diese Gefahr zu reduzieren empfiehlt es sich, gemeinsam mit anderen Menschen Zusammenhänge zu reflektieren und nach Mustern zu suchen. Dieser Perspektivenwechsel erhöht die Ergebnisqualität deutlich.

▶ Versuchen Sie Muster zu erkennen und zu lenken, ohne jedes Detail zu verstehen.

Rationales Durchdringen

Der Versuch, Komplexität über Details zu verstehen, ist gerade in unserem Kulturkreis hoch geschätzt.

Diese Strategie des Verstehens funktioniert bei komplizierten Fragestellungen, jedoch nicht bei komplexen Themenstellungen, da Systeme sich schneller ändern, als ein Mensch sie erfassen kann. Zudem reicht die Zeit oft nicht aus, zunächst einmal in Ruhe alle erforderlichen Daten zu sammeln, da sich in dieser Zeit das Zeitfenster für Möglichkeiten bereits wieder geschlossen hat. Auch der Versuch, eine analytisch durchdrungene Vergangenheit in die Zukunft zu extrapolieren, funktioniert in einem komplexen System nicht. In der VUKA-Welt mit all ihren Paradigmenwechseln und Überraschungen ist es sinnlos aus einem Verstehen der Vergangenheit in die Zukunft zu schließen. In einem unsicheren System kann ich ja wie oben beschrieben noch nicht einmal die Risiken berechnen, sondern muss Fehler und sogar Scheitern in Kauf nehmen.

All diese Punkte können gerade Menschen mit einem stark kognitiv-analytisch geprägten und sicherheitsorientierten Persönlichkeitsstil in Entscheidungs-und Handlungsblockaden in der VUKA-Welt führen.

▶ Der Versuch komplexe Situationen allein durch rationales Verstehen zu beherrschen, kann nicht funktionieren und führt zu Entscheidungs- und Handlungsblockaden.

Daraus erwächst die große individuelle Herausforderung, Entscheidungen treffen und handeln zu müssen, auch wenn ein Mensch das Thema analytisch nicht vollständig erfassen konnte. Die persönliche Herausforderung besteht darin, ohne vollständige Informationen, ohne Gesamtplan und ohne fertige Analysen dennoch schnell ins Handeln zu kommen.

Ein Ansatz zur Bewältigung dieser Herausforderung kann darin liegen, nicht nur wie gewohnt „Warum-Fragen" zu stellen, sondern sich mehr auf die „Wie-Fragen" zu konzentrieren: „Wie könnte es denn vielleicht funktionieren?" Dies ermöglicht es einem Menschen, auch ohne dass er ein Thema ganz durchdrungen hat, sich auf den Weg zu begeben, im Tun Wissen über das Neue aufzubauen (anstatt im theoretischen Denken).

▶ Wenn Sie mit den „Warum ist das so?" -Fragen nicht in angemessener Zeit weiter Richtung Handlung kommen, dann lenken Sie Ihre Energie auf die „Wie könnte es denn vielleicht funktionieren?"-Fragen, um rechtzeitig vom Denken ins (experimentelle) Handeln zu kommen.

Intuition nutzen

Eine andere gute Lösung, um eine analytische Lücke zu überwinden und rechtzeitig ins Handeln zu kommen, bietet die Strategie, die mangelhafte Datenlage mit Intuition zu überbrücken. Menschen mit einem guten Zugang zu ihrer **Intuition** bleiben in komplexen Situationen eher handlungsfähig, wenn sie ihrem Bauchgefühl folgen.

Im komplexen Kontext gewinnt daher die bewusste Nutzung der menschlichen Intuition weiter an Bedeutung. Forschungsergebnisse deuten auch darauf hin, dass man mit Intuition in komplexen Situationen bzw. in Situationen von Unsicherheit zu besseren Entscheidungen kommt als mit bewusstem Verstand, und Intuition dort Handlungsimpulse gibt, wo reine Analytik mangels Datensicherheit in Handlungsblockaden führt.

▶ Nutzen Sie auch Ihre Intuition, wenn Sie mit Analyse nicht mehr weiterkommen.

Der Erklärungsansatz hierfür ist, dass das Unbewusste in der Lage ist, weitaus mehr Informationen als das Bewusstsein zu berücksichtigen. Es kann analytisch nicht messbare Themen instinktiv erfassen und zu einer gefühlten Ahnung verarbeiten. Intuition ist bei großer Komplexität der zu verarbeitenden Daten eine zentrale menschliche Kompetenz jenseits des rationalen Verstehens, die vielfältige Eindrücke aus dem Umfeld ganzheitlich verarbeiten kann und den Menschen eine angemessene Reaktion ermöglicht.[24]

Allerdings bedeutet dies nicht die Negierung der Bedeutung von Daten – es geht nur darum, die rationale Lücke, die die verfügbaren Daten offenlassen, mit Intuition zu überbrücken. Ein intelligentes Vorgehen unter Nutzung der Intuition basiert daher darauf, dass zunächst alle mit sinnvollem Aufwand und in angemessener Zeit bearbeitbaren Daten erfasst und analysiert werden.[25] Dies optimiert nicht nur die Qualität der Entscheidung, sondern stärkt auch die Akzeptanz der Entscheidung im Unternehmen.[26]

Ebenso fördert es die Ergebnisqualität, wenn sich ein Mensch nicht nur auf seine eigene intuitive Bewertung verlässt, sondern sich auch mit der Intuition von anderen Menschen vernetzt. Da Intuition auf vergangenen Erfahrungen beruht, auf Mustern in der individuellen Biografie, die aus der Vergangenheit heraus in der heutigen Bewertung noch wirken, kann individuelle Intuition in die Irre führen. Das offene Erfragen und die Verarbeitung auch der intuitiven Einschätzungen von anderen Menschen überwindet diese Reduzierung auf die eigenen Erfahrungen und die eigene Perspektive.

---

[24]Auch hier wirkt übrigens eine achtsame Haltung von Menschen wiederum unterstützend, da sie einen guten Zugang zur Intuition ermöglicht.

[25]Hierbei können ein gutes Business Intelligence System sowie analytisch geprägte Persönlichkeiten mit spezifischen Methodenkompetenzen im Informationsmanagement unterstützen.

[26]Daher wäre die stark vereinfachende Ableitung zu kurz gedacht, dass sich in einer komplexen Welt nur Menschen mit einem bestimmten Persönlichkeitsstil eignen. Vielmehr ist auch hier wieder die Lösung im bewussten Nutzen der jeweiligen Stärken (analytische Stärken – intuitive Stärken) in den einzelnen Arbeitsphasen zu suchen sowie das Potenzial zur gegenseitigen Kompensation der Schwächen im Team bei der Besetzung von beispielsweise interdisziplinären Innovationsteams oder Unternehmerteams zu beachten.

- Intuition intelligent nutzen bedeutet, vorhandene Daten pragmatisch auswerten und die Bauchgefühle anderer Menschen in einer offenen neugierigen Haltung erfragen.

Ein anderer Ansatz, Handlungsblockaden in einer von Komplexität und Unsicherheiten geprägten Situation zu vermeiden, ist der Einsatz von **heuristischen Verfahren** wie beziehungsweise Faustregeln [13, S. 46 ff.] oder Trial-and-Error-Verfahren.

Einfache Faustregeln bzw. Prinzipien finden und nutzen

Eine Möglichkeit, um in komplexen Situationen handlungsfähig zu bleiben, kann manchmal darin liegen, wenige einfache Prinzipien oder Faustregeln zu suchen und zu nutzen, die einen großen Teil der Komplexität reduzieren. Beispiele sind hier das Rechtsfahrgebot im Straßenverkehr zur Reduzierung der Komplexität des Individualverkehrs oder die 10 Gebote zur Reduktion der Komplexität des Zusammenlebens. Ein weiteres Beispiel ist Sullenberger (der Pilot, der sein Flugzeug im Hudson River landete, vgl. Abschn. 2.1), als er nach der Regel handelte: Wenn etwas aus dem Cockpitfenster nach oben verschwindet (in seinem Fall der Tower von La Guardia), ist es nicht mehr im Segelflug erreichbar. So konnte er in dem kleinen Zeitfenster, das ihm für eine Handlungsentscheidung in einer komplexen Situation zur Verfügung stand, eine gute Lösung finden.

Hierbei sollte es allerdings nicht darum gehen, viele komplizierte kleinteilige Regeln zu finden. Diese gehören in den traditionellen Kontext und sind oft Agilitätsblockierer. Vielmehr geht es um wenige und einfache Faustregeln oder Prinzipien. Solche Prinzipien bieten Orientierung für Handlungsalternativen auch in unsicheren Situationen.

- Suchen und nutzen Sie wenige einfache Faustregeln oder Prinzipien, die schnelles (erstes) Handeln in Ihrem Arbeitskontext ermöglichen.

Trial-and-Error-Verfahren

Bei dieser Strategie steht die schrittweise Handlungsfähigkeit in unsicherem Terrain im Fokus. Wie bereits oben ausführlich beschrieben, ist das Lernen und Adaptieren durch Versuch und Irrtum (vgl. Abschn. 2.1 und 7.7) ein zentrales Element des Agilitätskonzepts. Dieser Ansatz nimmt Menschen den tendenziell blockierenden Druck, die *eine* richtige Lösung finden zu müssen. Das schrittweise Annähern bietet eine niedrigere Schwelle, um Entscheidungen zu treffen und ins Handeln zu kommen.

- Finden Sie einen guten nächsten Schritt, um sich auf den Weg zu machen, das unsichere Terrain zu erforschen, reflektieren Sie Ihre Lernerfahrungen in kurzen Abständen und leiten daraus die nächsten Schritte ab.

Ein weiteres zentrales Element der Trial-and-Error-Strategie ist es, viele andere Menschen mit unterschiedlichen Rollen und Perspektiven einzubinden. Dies führt nicht nur potenziell zu besseren Ergebnissen, sondern kann auch entlastend für den Einzelnen wirken, da nicht er alleine alles erkennen, berücksichtigen, reflektieren etc. muss und somit Handlungsblockaden verhindern. Diese Strategie erfordert daher aktive Kommunikation und Interaktion.

▶ Binden Sie in die Suche nach dem nächsten guten Schritt und die regelmäßige Reflektion andere Menschen mit unterschiedlichen Perspektiven und Rollen ein.

Eine wesentliche **Querschnittkompetenz,** die es für alle empfohlenen Strategien braucht, um im komplexen unsicheren Kontext schnell ins Handeln zu kommen, ist **Mut.** Mut bedeutet Handeln unter Unsicherheit. Es braucht immer wieder viel Mut für ein erfolgreiches agiles Agieren:

- Mut, sich mit einer neuen Idee zu zeigen
- Mut, Visionen zu realisieren
- Mut, zu experimentieren
- Mut, vertraute Verhaltensmuster zu verlassen
- Mut, in unsicheren Situationen eine Entscheidung zu treffen
- Mut, ohne Plan ins Handeln zu kommen
- Mut, Fehler zu machen
- Mut, sogar zu scheitern
- Mut, kritisches Feedback zu geben und zu empfangen

All diese Mut-Situationen haben eines gemeinsam: im Augenblick des Handelns sind sie mit unsicheren und manchmal unangenehmen Gefühlen verbunden. Denn wer kann schon garantieren, dass mutiges Handeln zum Erfolg führt? Weil unser Gehirn von seiner evolutionären Entwicklung her auf Sicherheit und Risikovermeidung angelegt ist, scheuen wir oft den mutigen Schritt. Was wir uns in diesen Situationen des Rückzugs nicht bewusst machen, ist der Preis, den wir möglicherweise für unser unmutiges Handeln zahlen.

Die erste wichtige Erkenntnis zum Ausbau von Mut ist, **dass Nicht-Handeln auch einen Preis hat** (vgl. [45, S. 50]). Dieser Preis zeigt sich meist noch nicht in den konkreten Situationen, sondern erst im Nachhinein, etwa wenn wir eine Idee zurückgehalten haben, die wichtig war, einer Entscheidung aus dem Weg gegangen sind oder unsere Meinung zurückgehalten haben. So gehen gute Ideen verloren, die eigene Wirksamkeit wird nicht erfahrbar und die Qualität von Entscheidungen leidet, weil kein konstruktives Hinterfragen stattfindet. Agilität braucht die Ressourcen, Ideen und die Intelligenz des gesamten Teams. Daher lohnt es sich nicht nur für den Einzelnen, sondern auch für das gesamte agile Team, die Kompetenz, mutig zu handeln, als persönliches Entwicklungsprojekt im Rahmen der agilen Arbeitsform anzuerkennen.

Die zweite wichtige Erkenntnis ist, dass **kluger Mut erlernbar ist.** Mut ist zwar als Persönlichkeitseigenschaft bei Menschen unterschiedlich angelegt, aber auf dieser Basis weiter ausbaufähig. Wie, das zeigen meine Kollegen Gracia Thum und Juliane Kluge in ihrem Buch „Mut zu Veränderung“ auf [45].

Mut als erlernbare Schlüsseleigenschaft von agilen Persönlichkeiten

(Beitrag von Juliane Kluge und Gracia Thum)

Mut zu erlernen, beginnt für den Einzelnen und das Team im agilen Umfeld damit, sich die vielen kleinen täglichen Mut-Situationen bewusst zu machen. Gedanken wie „Eigentlich müssten wir …" oder „Eigentlich würde ich jetzt …", ein ungutes Grummeln im Bauch oder auch die Tendenz zum inneren Rückzug können als Hinweise auf Situationen genutzt werden, in denen eine Portion Mut fehlt. In diesen Mut-Momenten kann trotz der Unsicherheit und Alarmierung des Gehirns gelernt werden, handlungsfähig zu sein. Zur Fragestellung, warum wir uns manchmal nicht trauen, unsere Meinung zu vertreten, eine Idee einzubringen oder auch zu zeigen, wie es uns gerade geht, gehört bereits Mut. Denn wir müssen anerkennen, dass es Ängste bzw. Befürchtungen und Unsicherheiten gibt, die uns davon abhalten, mutig zu sein. In der Regel stellen wir uns unseren Unsicherheiten oder Ängsten nicht gerne, wir blenden sie lieber aus. Doch hier beginnt der Aufbau von Mut als einer Kompetenz. Je klarer ich weiß, was ich versuche zu vermeiden, desto bewusster kann ich beginnen, diese Ängste bzw. Befürchtungen zu überwinden. Einige Coaching-Methoden, die Angst auflösenden Charakter haben, arbeiten mit diesem Ansatz.[27]

In den konkreten Situationen ist es hilfreich, die aufkommende Unsicherheit nicht wegzudrücken, sich aber auch nicht von ihr vereinnahmen zu lassen. Gefühle tun uns nicht den Gefallen, zu verschwinden, wenn wir gegen sie ankämpfen, sie nehmen eher an Intensität zu. Mut als Kompetenz zu entwickeln bedeutet Unsicherheiten bewusst wahrzunehmen und trotzdem zu handeln. Die Fähigkeit, Unsicherheit als ein notwendiges und gut aushaltbares Gefühl in das Leben zu integrieren, wird eine der Schlüsselkompetenzen der neuen agilen Welt sein. So kann das Kribbeln im Bauch kurz wahrgenommen und akzeptiert werden und dann kann ich mich darauf konzentrieren, was ich erreichen möchte.

Im inneren Dialog mit mir selbst hilft es zu fragen: „Wofür lohnt es sich zu handeln?", „Was kann mir schlimmstenfalls passieren?" Durch diese Fragen wird der emotionalen Überalarmierung im Gehirn eine realistische Risikoabschätzung gegenübergestellt. In den meisten Fällen wird das Risiko zu handeln emotional überschätzt. Läuft der Rückzug in das Nichthandeln nicht mehr automatisch ab, entsteht ein Fenster an neuen Handlungsmöglichkeiten. Statt gegen die Unsicherheit anzukämpfen, kann gelernt und trainiert werden, sie als Teil des Mut-Prozesses anzunehmen. Es ist normal, dass sich in unsicheren Momenten körperliche und mentale Reaktionen zeigen. In einem agilen Umfeld ist das mehrmals täglich spürbar und mit der Zeit wird sich im Umgang mit diesen Gefühlen eine Routine entwickeln.

Mut-Arbeit ist also immer auch Haltungsarbeit und es empfiehlt sich dabei, nicht mit zu großen Erwartungen an sich selbst und die anderen zu starten. Nicht jeder kann und muss immer mutig sein. Es gibt Situationen, in denen es gute Gründe gibt, nicht

[27] So beispielsweise die an der Universität Hamburg über 30 Jahre entwickelte Methode der Introvision. Dabei stellen sich die Klienten in einer zuvor trainierten Form der Wahrnehmung sukzessive ihren größten Ängsten und gelangen dadurch zu mehr Gelassenheit und Handlungskraft.

aktiv zu werden. Das Prinzip der kleinen Schritte macht bei der Entwicklung und Stärkung von Mut Sinn. Wer einmal angefangen hat, mutiger und klarer aufzutreten, wird daran schrittweise Gefallen finden. Er wird bemerken, wie viel mehr möglich ist. Die ersten kleinen mutigen Schritte helfen, diese Erfahrungen zu machen.

7.9 Individueller Beitrag zur fortgesetzten Transformation der Organisation

Das letzte Aktivitätscluster unseres Agilitätskonzepts stellt die fortgesetzte Transformation der Organisation in den Mittelpunkt. Hier geht es zum einen darum, die neuen Geschäftsfelder bzw. Produkte aus den Innovationsinitiativen in der Stammorganisation zu verankern, und zum anderen darum, mit den Erkenntnissen aus agilen Projekten bzw. Innovationsinitiativen das Unternehmen insgesamt agiler aufzustellen.

Um die erforderlichen Strukturen, Prozesse bzw. Arbeitsweisen in der Stammorganisation zu ändern, sind auf individueller Ebene neben der **Umsetzungskompetenz** (vgl. Abschn. 6.6.2.1) die klassischen **methodenbezogenen Veränderungskompetenzen** (vgl. Abschn. 6.6.2.2) und die **sozialen Veränderungskompetenzen** (vgl. Abschn. 6.6.2.3) erforderlich. Die besondere Herausforderung wird hier vor allem aufgrund folgender zwei Aspekte entstehen:

- Um schnell genug die Marktchancen nutzen zu können, besteht die Notwendigkeit zu einem hohen Tempo in der Transformation. Eine Barriere für die geforderte Geschwindigkeit der Transformation sind aus unserer Erfahrung immer wieder Menschen in Schlüsselpositionen, die, aus der Perspektive eines Abteilungsegoismus heraus agieren. Dadurch boykottieren sie die aus der Gesamtunternehmenssicht notwendige Transformation oder Verteilung notwendiger Informationen, nach der Maxime „Information ist Macht". Für die Umsetzung agiler Konzepte sind mehr denn je Menschen gefordert, die immer wieder eine **Helikopterperspektive auf das Unternehmen als Ganzes** einnehmen und bereit sind, Informationen offen und zeitnah mit relevanten Adressaten zu teilen – also letztlich ihre Machtpositionen nicht zu missbrauchen.
- Tief greifende Veränderungen in der Organisation können, wie zuvor in den Abschn. 1.2 bis 1.7 beschrieben, zu diversen Widerständen bzw. Beharrungskräften bei den Mitarbeitern in der Stammorganisation führen. Für die Überwindung dieser Beharrungskräfte ist die **Förderung der sogenannten Spill-over-Effekte**[28] (vgl. Abschn. 2.4) ein vielversprechender Ansatz. Diese können entstehen, wenn insbesondere auch die Mitarbeiter mit einem inneren Widerstand gegen das Neue immer wieder mit agilen Teams in Interaktion gebracht werden und durch die Interaktion eine Änderung in der Haltung und ein entsprechender Aufbau neuer Kompetenzen bewirkt wird. Diese Interaktion ist im Idealfall ein abgestimmter Mix aus niederschwelligen Angeboten der Begegnung wie beispielsweise durch fußläufige Nähe, die

[28]Aspekte aus agilen Projekten oder Innovationsinitiativen pflanzen sich in die Stammorganisation fort.

Nutzung von Meeting-Räumen in unmittelbarer Nähe agiler Innovationsteams, der Begegnung im Rahmen sozialer Events, wie z. B. Prämierungen und Vorträge sowie die Zusammenarbeit in gemeinsamen Workshops.

Aufseiten der Mitglieder der agilen Innovationsteams ist es für eine gute Anbindung des Neuen in die Stammorganisation wichtig, dass sie den Mitarbeitern der Stammorganisation mit **Empathie für deren unterschiedlichen Arbeitskontext und in einer wertschätzenden Haltung** begegnen – in dem Ambidextrie-Bewusstsein, dass beide Seiten für den Erfolg im Unternehmen notwendig sind. Ansonsten drohen zwischenmenschliche Störungen, die zu vermeidbaren Widerständen in der Transformation der Organisation führen.

7.10 Neue Arbeitsformen: Agiles Arbeiten in selbst organisierten und/oder virtuellen Teams oder in Netzwerken

Agile Organisationsformen bieten dem Individuum grundsätzlich viele Freiheiten und weisen ihm ein hohes Maß an Eigenverantwortung und Autonomie bei der Suche nach den besten Lösungen zu. Im Kontext der ganzheitlichen Agilität sind agile Teams rein selbst organisierte Teams. Im Kontext der Alltagsagilität wird ein bestimmter Grad der Selbstorganisation zu definieren sein.

Zur Verankerung des Prinzips der **Selbstorganisation im Team** ist es erforderlich, dass sich die Mitglieder des Teams zu Beginn intensiv damit auseinandersetzen, welche Rollen, Regeln und Routinen für die Zusammenarbeit und Entscheidungsfindungsprozesse sie anwenden, bzw. welches Framework sie hierzu nutzen möchten. Hierzu ist der Aufbau einer spezifischen Methodenkompetenz notwendig, damit die einzelnen Mitglieder des Teams die Tools und Methoden des jeweiligen agilen Frameworks kennen, individuell nach Kontext kombinieren können und später sicher anwenden (siehe beispielsweise die in Kap. 3 beschriebenen agilen Methoden).

Konsequent agile selbst organisierte Teams arbeiten aufgrund der geforderten schnellen Anpassung an Veränderungen auch nicht mit festen Strukturen und starre Positionen, sondern stattdessen mit **temporären Strukturen mit dynamischen Rollen.** Rollen beschreiben inhaltliche definierte Aufgaben und Verantwortlichkeiten. Während die Rolle selbst und eventuell deren personelle Besetzung eher stabil sein kann, ist die konkrete Einbindung im Rahmen einer Themenstellung bzw. eines Projekts typischerweise temporär (z. B. wird die Rolle des Kreativen, vgl. Abschn. 7.5, vor allem in frühen Phasen von Innovationsprojekten benötigt). Ein Mensch kann diesem Verständnis nach auch verschiedene Rollen gleichzeitig einnehmen oder es kann eine Rolle gleichzeitig von mehreren Personen ausgefüllt werden.

Hier liegt die individuelle Herausforderung darin zu erkennen, dass ein einmal erarbeiteter Status bzw. eine einmal erlangte Position nicht zwangsläufig erhalten bleibt, sondern vielmehr durch den aktuellen Beitrag weiter gestützt werden muss. Im agilen Kontext zählt vor allem der aktuelle Wertbeitrag in einer Rolle bzw. der inhaltliche Beitrag, den ein Mensch in einer temporären Struktur beisteuern kann. Der Verlust „klassischer" Positionen, die an hierarchische Macht (Position im Organigramm) und fest beschriebene Stellenprofile bzw. Geschäftsaufträge gebunden sind, ist gerade für sicherheits- und statusorientierte Menschen eine Herausforderung. Ergänzend dazu gilt es zu erkennen, wie wichtig es in einem agilen Kontext ist, immer wieder die eigene Rolle und den eigenen Beitrag aktiv zu suchen und ggf. zu verändern, so dass der eigene Wertbeitrag erhalten und sichtbar bleibt.

Das Arbeiten in radikal agilen Arbeitsformen verlangt noch mehr als in den vorherigen Abschnitten bereits beschrieben, sich auf eine komplett neue Art des Arbeitens einzulassen und von alten Denk- und Verhaltensmustern loszusagen.

> Die Bereitschaft immer wieder aktiv den eigenen Beitrag zu suchen und Mehrwert einzubringen, radikale Kollaboration, Selbstverantwortung und Selbstführung sind die Stellschrauben für den individuellen Arbeitserfolg in selbst organisierten Teams.

In selbst organisierten Teams sind Menschen gefragt, die über die in den vorhergehenden Abschnitten bereits genannten agilen Merkmale und Kompetenzen hinaus im Besonderen die nachfolgenden Voraussetzungen erfüllen – Menschen, die

- Vertrauen in sich selbst haben, um immer wieder von bekannten und bewährten Mustern auch loslassen zu können, um neue Lösungsansätze zu finden
- dazu bereit sind, für eigene Entscheidungen, das eigene Handeln und letztlich sich selbst die Verantwortung zu übernehmen und die Konsequenzen daraus zu tragen
- ihre eigenen Stärken und Schwächen gut kennen, um sich auf dieser Basis gezielt die Rollen und Tätigkeiten zu suchen, in denen sie ihre Stärken optimal entfalten können
- immer wieder dazu bereit sind, sich an ihrem aktuellen Beitrag zum Team messen zu lassen und akzeptieren, dass ein Ausruhen auf vergangenen Erfolgen nicht mehr zählt
- ein hohes Maß an Flexibilität haben, da sich Strukturen, Aufgaben und Rollen je nach Anforderung auch schnell wieder ändern
- grundsätzlich bereit zur radikalen Kollaboration im agilen Team sind
- eine Affinität zu digitalen Kollaborationswerkzeugen haben
- über eine ausgeprägte Kommunikationskompetenz verfügen, vor allem auch spezifische Netzwerk-Kommunikationskompetenzen

Praxisbericht Teil 1: Arbeit in selbst organisierten Teams

(Dr. Heike Schiebeck, Unternehmensentwicklung u. PR-Management, Talentcube)

In einer Zeit, in der bewährte Geschäftsmodelle nicht mehr funktionieren und neue digitale Modelle eine andere Form des Arbeitens erfordern, gilt es diese Veränderungen bewusst wahrzunehmen, mit diesen mitzugehen und aktiv zu gestalten. Die Gegenwart wird bereits tagtäglich von neuen, jungen Unternehmen bestimmt, die nicht nur mit ihren Produkten und Services, sondern auch mit ihrer Art der Herangehensweise etablierte Unternehmen oft das Fürchten lehren. Talentcube beschreitet diesen Weg zur Etablierung der Video-Bewerbung mit einem konsequent agilen Konzept.

Das Arbeiten in dieser neuen Arbeitswelt verläuft nach anderen Prinzipien und erfordert ganz andere Herangehensweisen als noch während der Phase der softwarebasierten Automatisierung. Anstehende Aufgaben werden jeden Morgen im Team auch unter Einbindung virtueller Plattformen besprochen. Das sorgt für Transparenz. Jeder leistet jeden Tag seinen individuellen Beitrag zur Erreichung der Unternehmensvision und des vereinbarten Ziels. Daran wird er gemessen. Alle anstehenden Aufgaben sind in einer App vermerkt, somit für jeden zu jeder Zeit sichtbar. Ergebnisse werden über verschiedene Channels eines kollaborativen Tools geteilt. Dies ermöglicht es, sich auch über Distanzen hinweg Feedback einzuholen.

Rollen und Aufgaben werden entsprechend der individuellen Stärken und Kompetenzen ausgefüllt. Dies trifft auch für zusätzliche Aufgaben zu, die es kurzfristig zu erledigen gilt. Dafür ist es notwendig, dass das gesamte Team um die jeweiligen Stärken und Kompetenzen aller Anderen Bescheid weiß und natürlich jeder exakt seine eigenen kennt. Dem Einzelnen ist es dabei überlassen, wie er die Aufgabe zielorientiert erfüllt. In neue Tätigkeitsfelder arbeitet sich jeder selbst eigenverantwortlich ein und nutzt hierfür als Informationsquelle neben dem Internet, das eigene Netzwerk oder auch Fachliteratur. Kompetenzentwicklung findet somit eigenverantwortlich fernab von klassischen Trainings und Seminaren statt. Tätigkeiten gilt es in einem festgelegten Zeitrahmen fertigzustellen; diese definieren damit den zeitlichen Arbeitsrahmen.

Um sich komplett auf diese neue Art des Arbeitens in einem anderen Umfeld einzulassen braucht es ein inneres „Ja“ sowie Vertrauen zu sich selbst und zu anderen. Rollen und Aufgaben orientieren sich an Projekten und deren Entwicklungsstadien. Sie sind temporär. Sie können sich jederzeit ändern. Dies erfordert ein hohes Maß an mentaler Flexibilität.

Es bedarf der inneren Haltung Neues willkommen zu heißen und den Weg in die neue Welt des Arbeitens proaktiv zu gehen. Positiv, optimistisch und vertrauensvoll in die Zukunft zu blicken sind zudem wichtige Aspekte.

Um in der neuen Arbeitswelt anzukommen, ist es hilfreich sich zu überlegen, was Sinn für einen ergibt. Mit welchem Thema möchte man sich gerne beschäftigen, woran hängt das eigene „Herz“ und wofür begeistert man sich. Dafür sollte man sich selbst gut kennen und die Kompetenz besitzen, sich selbst gut führen zu können – nicht nur durch die Veränderung und Neuausrichtung, hindurch, sondern auch darüber hinaus. Dabei ist es wichtig, Verantwortung für sich selbst und die eigene Arbeitsfähigkeit zu übernehmen. Es erfordert kontinuierliche Selbstreflexion und Selbstbeobachtung, zu sehen, wo man gerade steht. Wo müssen evtl. Anpassungen vorgenommen werden oder sind Grenzen zu verschieben? Dies lässt sich nur mithilfe bewussten Innehaltens und einem Zugang zu sich selbst und aufmerksamer Wahrnehmung klären. Nur so ist es möglich, wirklich gute Entscheidungen zu treffen; sowohl für sich, als auch für das Projekt und damit für den Kunden.

Durch die Nutzung eigener, innerer Ressourcen gelingt es Ungewissheit auszuhalten und mit dem evtl. damit verbundenen Stress umgehen. Stress kann sich dabei auch dadurch ergeben, hin und wieder kein Projekt oder keine Aufgabe zu haben. Die Zeit sollte man dann für sich und die eigene Weiterentwicklung nutzen.

Hilfreich für das Ankommen und eine erfolgreiche Tätigkeit in der Digitalisierung sind auch die Betrachtung interner Abläufe und Prozesse und sich mit Ideen zur Verbesserung aktiv selbst einbringen sowie diese mitzugestalten. Medienaffinität, Technologiekompetenz, Flexibilität, Offenheit gegenüber Veränderungen und Wandlungsfähigkeit sind Mindestvoraussetzungen, um in der neuen Arbeitswelt Fuß zu fassen. Wer diese Bereitschaft nicht hat, setzt seine „Employability" und damit seine soziale und gesellschaftliche Akzeptanz auf's Spiel.

Netzwerk-, und Kommunikationskompetenz sind darüber hinaus essenziell, um andere passende Menschen aus dem eigenen Netzwerk ins Boot für eine Aufgabe im Projekt zu holen und diese dafür zu begeistern. Kommunikationskompetenz ist intern und extern erforderlich, um Unternehmensneuigkeiten adressatengerecht aufzubereiten und in die entsprechenden Kommunikationskanäle zu leiten.

Um den Weg in die neue Arbeitswelt zu gehen, braucht es Lernbereitschaft, Offenheit sich auf Neues und Unbekanntes einzulassen und die Bereitschaft neue Erfahrungen zu machen. machen. Es ist wichtig, mutig den eigenen Weg zu gehen und proaktiv zu handeln, Verantwortung für sich selbst zu übernehmen und Entwicklungschancen bewusst zu suchen und zu nutzen. Das eigene Netzwerk weiter auf- und auszubauen gehört ebenso dazu. Das bedeutet: Raus aus der Komfortzone, denn „Aussitzen" funktioniert nicht mehr.

Persönliches Wachstum, innerer Reichtum, Freiheitsgrade, Selbstbestimmung und Zeitsouveränität sind nur einige positive Gewinne, die dafür in der neuen Arbeitswelt locken.

Selbstorganisation setzt immer Selbstverantwortung und Selbstführung voraus, da es bedeutet, dass die Aufgaben und Vorgehensweisen nicht mehr vorgeschrieben werden. Dies beinhaltet nicht nur eigenverantwortliches Handeln, sondern auch eigenverantwortliches Entscheiden des Einzelnen oder im Kollektiv im gegebenen Rahmen.

Selbstverantwortung
Die Übernahme von Selbstverantwortung ist eine wesentliche Voraussetzung für das erfolgreiche Agieren in einem agilen Kontext. Die notwendige Basis zur Übernahme von Selbstverantwortung ist, dass ein Mensch freiwillig bereit ist, seinen Beitrag im agilen Team zu leisten. Ohne dies wird er kaum die notwendigen Aktivitäten entfalten oder mit dem erforderlichen Mut agieren.

Was diese notwendige Selbstverantwortung konkret umfasst, beschreiben folgenden Aussagen, die Sie gleichzeitig für eine erste Selbsteinschätzung nutzen können [20]:

- Ich traue mir Veränderungen zu und treibe sie aktiv voran
- Ich weiß, was ich kann und was ich noch lernen muss
- Ich nutze meine Fehler, um mich weiter zu entwickeln
- Ich weiß, was ich von anderen brauche
- Ich weiß, was andere von mir erwarten können
- Ich weiß, wie ich Entscheidungen treffe
- Ich teile eigenverantwortlich Ideen in der Gruppe
- Ich gehe notwendigen Konflikten nicht aus dem Weg

- Ich kenne und achte meine Grenzen
- Ich kenne meine Ziele und Bedürfnisse und sorge dafür
- Ich organisiere mich selbst für verlässliches Commitment
- Ich übernehme Verantwortung

Das Gegenteil von Selbstverantwortung sind dagegen Persönlichkeitsmuster, die von Schuldzuweisungen und Passivität geprägt sind, mangelnde Frustrationstoleranz und eine Haltung in der Opferrolle.

Selbst organisierte Netzwerke gewinnen im Rahmen agiler Konzepte stark an Bedeutung. In radikalen Agilitätskontexten ersetzt das Netzwerk die Hierarchie [32, S. 66 ff.]. Im Kontext der Alltagsagilität ist hier eine sinnvolle Ergänzung der Hierarchie durch aktive Netzwerke mit einem effizienten und wirksamen Mechanismus zur Informations- und Wissensteilung zu prüfen.

Die Arbeit in selbst organisierten Netzwerken erfolgt nach grundsätzlich anderen Prinzipien als in der klassischen hierarchischen Organisation. Diese sind wichtig zu verstehen, um sich erfolgreich darin bewegen zu können. Daher nachfolgend eine Übersicht über die wesentlichen Unterschiede:

- Macht und Einfluss im Netzwerk entstehen durch inhaltliche Attraktivität bzw. inhaltlichen Mehrwert eines Netzwerkteilnehmers, durch die Qualität und Quantität seiner Vernetzung. Wer Macht bzw. Einfluss in einem Netzwerk hat, entscheidet dabei der Nachfrager (und nicht der Anbieter von etwas – Pull statt Push), somit entsteht die Gestaltungsmacht über die Resonanz eines Angebots im System. Das bedeutet für Menschen, dass sie sich immer wieder kontinuierlich mit einem attraktiven Mehrwert aktiv einbringen müssen.
- Es gibt keine festen Positionen, sondern dynamischere Rollen, ein Mensch kann in Netzwerken verschiedene Rollen annehmen und die Rollen können häufig wechseln. Ein Mensch ist somit nicht auf eine feste Stellenbeschreibung festgelegt, sondern sollte sich aktiv ein attraktives Rollenportfolio aufbauen, das zu seinen verschiedenen Stärken passt. Dies erfordert eine realistische Einschätzung der eigenen Stärken.
- Dieser Einfluss eines Einzelnen ist in Netzwerken im Vergleich zu klassischen hierarchischen Strukturen aufgrund der hohen Dynamik eventuell zeitlich begrenzter. Ein individuelles Bedürfnis nach gesichertem Status und konstanter Macht kann nicht erfüllt werden. Wenn die „Lorbeeren der Vergangenheit" keinen Stellenwert mehr haben, dann erfordert das auch eine hohe Motivation und Anstrengungsbereitschaft, sich immer wieder neu Lorbeeren zu verdienen.
- Ein wichtiges Prinzip von Netzwerken ist die informelle Kommunikation, die einen schnelleren und direkteren Zugriff auf Informationen begünstigt als wenn Informationen von oben nach unten oder unten nach oben durch eine Hierarchie geschoben werden. Dies erfordert vom einzelnen Netzwerkteilnehmer immer wieder in einer entsprechend neugierigen offenen Haltung aktiv auf Menschen zuzugehen – auch auf Menschen mit denen man ansonsten, d. h. im Rahmen definierter Prozesse, nichts zu tun hat.

- Gute Netzwerke funktionieren, indem wenige einfache Prinzipien konsequent befolgt werden (anstatt vieler komplizierter Regeln). Damit kein Chaos im Netzwerk ausbricht, sollte ein Mensch diese wenigen Prinzipien konsequent einhalten.
- Ein weiteres Prinzip funktionierender Netzwerke ist, dass sie eine Transparenz über Ansprechpartner und ihre jeweiligen Kompetenzen schaffen, so dass kein unnötiger Zeitverlust durch Suchaufwand entsteht. Die Möglichkeit zur direkten Ansprache von Netzwerkpartnern begünstigt ebenfalls ein effizientes Arbeiten. Dies erfordert aber auch vom Einzelnen die Bereitschaft, sich unabhängig von Position und Status (außerhalb des Netzwerkes) des jeweiligen Gesprächspartners Zeit zu nehmen und Wissen und Informationen zu teilen.
- Informationen und Wissen werden in Netzwerken schnell auffindbar und dezentral über offene IT Systeme mit Zugriff für jeden bereitgestellt. Der persönliche Umgang mit Informationen entsprechend der Devise „Wissen ist Macht" ist sozial unerwünscht und wäre ein Agilitätsblockierer. Stattdessen erfordert es eine Haltung und die Fähigkeiten zu teilen – Informationen, Wissen und Lernerfahrung. Nicht nur für dieses Teilen braucht es auch immer wieder Vertrauen – in das direkte Gegenüber und das Netzwerk.
- In Netzwerken hat jeder Einzelne auch die Verantwortung, sich die für ihn relevanten Informationen zu holen. Eine Konsumentenhaltung „ich warte mal ab bis mir die Informationen gebracht werden" oder „der muss mir das doch sagen, bevor ich anfangen kann" wäre ebenfalls ein Agilitätsblockierer. Stattdessen ist immer wieder Eigeninitiative gefragt.

Eine weitere Herausforderung entsteht, wenn die Zusammenarbeit nicht nur selbst organisiert ist, sondern zugleich die Mitglieder des selbst organisierten Teams auch verteilt arbeiten[29].

Die Mitglieder so genannter **virtueller Teams** oder **verteilter Teams** arbeiten an unterschiedlichen Standorten und nutzen für die Zusammenarbeit elektronische Kommunikationsmittel. Wie jedes andere Team arbeiten sie (cross-funktional) gemeinsam an einer bestimmten Aufgabe, um ein bestimmtes Ziel zu erreichen[30].

Die Vorstellung, in selbst organisierten **agilen und verteilten Teams** zu arbeiten, löst in vielen Menschen Befürchtungen aus[31]. Tatsächlich ist die Zusammenarbeit in virtuellen Teams ja auch herausfordernd. Dabei ist aber festzustellen, dass die Art der Probleme virtueller Teams sich grundsätzlich nicht sehr von den bekannten Problemen von Teams,

[29]Die besonderen Herausforderungen von virtuellen und zugleich interkulturellen diversen Teams finden Sie unter dem Begriff der divirtuell Teams in Kap. 5 beschrieben.

[30]Auf die mögliche weitere Differenzierung von virtuellen Teams in beispielsweise verteilten und verstreuten Teams oder isolierten und integrierten Teams sei hier nur verwiesen (vgl. [19, S. 9]). der Schwerpunkt der vorliegenden Betrachtung liegt auf den cross-funktionalen verteilten Teams.

[31]Etwa die Hälfte der befragten US-amerikanischen Arbeiter haben laut einer Umfrage von Gallup diese Befürchtung (http://www.gallup.com/poll/184649/telecommuting-work-climbs.aspx).

Abb. 7.5 Risiken der Zusammenarbeit in virtuellen Teams nach Reed und Knight [34]

die an einem Ort zusammenarbeiten, unterscheiden.[32] Die virtuelle Zusammenarbeit kann aber bestehende Dysfunktionen zusätzlich verstärken. Die Ergebnisse einer Umfrage zu den subjektiv empfundenen Risiken in verteilten im Vergleich zu nicht-verteilten Projektteams zeigt diese Verstärkungseffekte deutlich auf (vgl. Abb. 7.5). Die Zusammenfassung verschiedener wissenschaftlicher Studien zeigte folgende weitere Risikofaktoren auf [39]: Verzögertes Feedback, der Mangel an Emotionen, mangelnder audiovisueller Kontakt, höhere Komplexität, Missverständnisse und lang andauernde Konflikte.

Aufgrund der hohen Bedeutung von Informations- und Wissensteilung und Feedback sowie angesichts der sowie schon hohen Komplexität im agilen Kontext kann man sich daher die Frage stellen, ob die Kombination aus agil und verteilt funktionieren kann.

Angesichts der stetigen Zunahme dieser Arbeitsform ist es wichtig, einerseits zu einer realistischen Einschätzung der vorhandenen Risiken zu gelangen und andererseits aber auch die bestehenden Chancen klar zu erkennen und die Werkzeuge für eine erfolgreiche Zusammenarbeit gezielt zu nutzen, um die potenziellen negativen Auswirkungen zu

[32]Die von Patrick M. Lencioni [27] beschriebenen fünf Dysfunktionen von Teams (fehlendes Vertrauen, fehlendes Engagement, Scheu vor Konflikten, Scheu vor Verantwortung, fehlende Ergebnisorientierung) bedrohen potenziell alle Teams.

mindern. Zur Minderung der potenziellen Dysfunktionalitäten braucht es mehr Disziplin und Sicherheit in der Anwendung der relevanten Methoden. Für die notwendige vertrauensvolle Zusammenarbeit braucht es eine gute Balance zwischen physischer und virtueller Zusammenarbeit.

Tietz und Kluge beschreiben aufbauend auf ihrer Praxis-Erfahrung mit agilen verteilten Teams vier Stellhebel zum Gelingen der Arbeit in agilen und virtuellen Teams [19]: die Organisation, den Teamraum, die Werkzeuge und das Team. In ihrer Gesamtheit bilden sie einen systematischen Ansatz zur Gestaltung erfolgreicher verteilter Zusammenarbeit.

Stellhebel zum Gelingen der Arbeit in agilen und virtuellen Teams

(Praxisbeitrag von Juliane Kluge und Vincent Tietz):

Auch wenn die verteilte Zusammenarbeit noch eine zusätzliche Dimension an Komplexität und Herausforderungen mit sich bringt, ist es dennoch möglich, wenn nicht sogar notwendig, mit etwas Sensibilität und gesundem Menschenverstand agile und verteilte Zusammenarbeit zu kombinieren. Die agilen Prinzipien (z. B. Kommunikation, Transparenz und kurze Planungszyklen) wirken per se positiv auf eine vertrauensvolle, werte- und teamorientiere Zusammenarbeit. Schenkt man der Organisation, dem Teamraum, den Werkzeugen und dem Team die notwendige Aufmerksamkeit, so legt man die Grundlage für eine erfolgreiche verteilte Zusammenarbeit.

Die Organisation

Gerade im verteilten Team ist ein klarer Rahmen für die regelmäßige Synchronisation der Arbeitsstände, gemeinsame Planung und Reflexion wichtig. Die Auseinandersetzung mit der Organisation hilft dabei, optimale Meetingformate, Regeln und Rollen im verteilten Projekt zu finden. Arbeitet man nach einem etablierten Rahmenwerk (wie zum Beispiel Scrum siehe Kap. 3) sind tägliche Synchronisationsmeetings, regelmäßige Planungsmeetings und die Arbeit in kurzen Iterationen vorgesehen. Somit bricht die Kommunikation im Team selten ab. Virtuelle Meetings sind jedoch meist anstrengend und sollten deshalb gut strukturiert und moderiert werden. Die Teilnehmer sollten regelmäßig aktiv in das Gespräch einbezogen werden. Zu häufig schalten Kollegen ab oder machen nebenbei andere Dinge, was langfristig zu Vertrauensverlust führen kann. Darüber hinaus zeigen verschiedenen Studien, dass trotz regelmäßiger Videokonferenzen persönliche Treffen stattfinden sollten, um das gegenseitige Vertrauen dauerhaft aufrecht zu erhalten. Treffen bieten sich beispielsweise am Ende einer jeden Iteration an. Darüber hinaus können sich Vertreter von Teilteams gegenseitig besuchen, um die Kultur und persönliche Aspekte abseits der Arbeit am jeweils anderen Standort kennenzulernen. Schließlich sollten auch die hervorgehobenen Rollen, wie beispielsweise Projektleiter, der Corporate Entrepreneur (vgl. Kap. 7) oder Scrum Master nicht der Illusion verfallen, ihre Teams ausschließlich virtuell führen zu können. Reisen und Signale der Wertschätzung für jeden Standort können sich auch in der virtuellen Welt langfristig auszahlen.

Der Teamraum

Der Teamraum ist zunächst ein abstraktes Konzept, welches die Funktion der Zugehörigkeit, der Kommunikationsmöglichkeit und der Ablage für gemeinsame Gegenstände erfüllt. Besonders im verteilten Team ist es wichtig, einen gemeinsamen Bezug zu schaffen und sich zugehörig zu fühlen. Der Teamraum kann sowohl virtuell als auch physisch sein. In jedem Fall sollte auch ein verteiltes Team einen eigenen Raum zur Verfügung haben. Verschiedene Werkzeuge (z. B. Wikis oder Chatsysteme) können einen Raum repräsentieren. Videokonferenzsysteme können wiederum in einem physischen Raum installiert sein. Letztere sind wichtig, um die ohnehin reduzierte Bandbreite der Kommunikation mit audiovisuellen Bestandteilen zu ergänzen. Heutige Systeme ermöglichen die Übertragung in HD-Qualität und die geschickte Anordnung von Kameras und Monitoren können den Eindruck vermitteln, über ein Fenster mit den Kollegen verbunden zu sein. Lässt man die Verbindung permanent bestehen, so fühlt man sich weniger allein und man kann schnell erkennen, ob die Kollegen angesprochen werden können. Aufgrund der Wichtigkeit nonverbaler Kommunikation sind Videokonferenzen normalen Telefonkonferenzen stets vorzuziehen.

Die Werkzeuge

Digitale Werkzeuge bieten die Grundlage dafür, mit anderen Standorten effizient zu kommunizieren und Arbeitsergebnisse gemeinsam zu erstellen. Heute sind Dokumentenablagesysteme, Wikis, Chatsysteme, digitale Whiteboards und Aufgabenmanagementsysteme üblich. Die Visualisierung von Arbeitsständen (z. B. durch ein digitales Aufgabenboard) kann dabei helfen, den Flow der Arbeit in Gang zu halten und das Gefühl stärken, etwas gemeinsam zu erreichen. Da es am Markt inzwischen eine Vielzahl von Angeboten gibt, besteht die Herausforderung darin, die richtige Auswahl für den jeweiligen Kontext und die stimmige Kombination der verschiedenen Tools zu treffen. Das Team sollte regelmäßig reflektieren, ob die eingesetzten Werkzeuge sinnvoll und hilfreich sind.

Das Team

Der letzte und wahrscheinlich wichtigste Aspekt ist natürlich das Team selbst. Agiles Vorgehen stellt den Menschen in den Mittelpunkt und weckt Potenziale, indem Selbstverantwortung und Kreativität gefördert und gefordert wird. Das heißt auch, dass die Teammitglieder Kommunikations-, Moderations- und Problemlösungskompetenz mitbringen sollten. Die direkte und informale Kommunikation hat hier einen hohen Stellenwert, was die besondere Herausforderung der agilen verteilten Zusammenarbeit erklärt. Entscheidet sich ein Team dafür, wird es wie oben beschrieben aber Mittel und Wege finden, eine effiziente Form der Zusammenarbeit zu realisieren. Denn die agilen Werte Fokus, Offenheit, Verpflichtung, Mut und Respekt begünstigen eine gute verteilte Zusammenarbeit auf direktem Weg. Darüber hinaus sind Identität, Empathie, Vertrauen, Zusammenarbeit und Einfachheit wichtig, um das Teamgefühl zu stärken und die Komplexität verteilter Zusammenarbeit zu reduzieren. Agile Teams sind sich über die eigenen Werte im Klaren und reflektieren sie regelmäßig. Ein agiler Coach kann dabei unterstützen, gemeinsam mit dem Team Verbesserungspotenziale zu entdecken und zu entwickeln.

Kombiniert man agile und verteilte Zusammenarbeit, so eröffnet sich die Chance, die Vorteile der agilen Produktentwicklung mit der heutigen global verteilten Zusammenarbeit zu vereinbaren. So können unterschiedliche Standorte angebunden, die Reisetätigkeit reduziert, die Mitarbeiterbindung gestärkt und Lebensstile in bestimmten Lebensphasen integriert werden. Agiles Vorgehen scheint darüber hinaus gerade dafür geeignet zu sein, Probleme der verteilten Arbeit zu mindern. Die Transparenz und Synchronisation sowie die kontinuierliche Verbesserung ermöglichen es, den Herausforderungen erfolgreich zu begegnen.

7.11 Teil 2: Führung und Agilität

Die Kernfrage, die uns oft begegnet, lautet: Braucht Agilität überhaupt noch Führung? Oder ist „Führung und Agilität" nicht ein Widerspruch in sich? Das agile Kernelement der „Selbstorganisation" impliziert für viele Menschen die Abschaffung von Führung. Aufgrund der Unterschiedlichkeit und Widersprüchlichkeit der Antworten, die man hierzu in der Literatur und Praxis findet, treffen wir häufig auch auf Verwirrung und angesichts der empfundenen Bedrohung für die eigene Führungsposition auch auf Widerstände. Kein Wunder, denn klassische Antworten lauten beispielsweise: „Es gibt keinen Vorgesetzten mehr, der einem sagt, was man wie tun soll"[33], „Agile Führung ist eine gemeinschaftliche Aufgabe und keine Aufgabe einzelner oder des Managements" [18], „Verantwortlichkeiten werden sukzessive weg vom Vorgesetzten hin zu den Mitarbeitern verlagert" [30], „Agiles Führen ist ein Mindset" [15, S. 84] „Agile Organisationen brauchen Management und Führung genauso wie traditionelle Organisationen" [14, S. 89].

Entscheidend zur Einschätzung der unterschiedlichen Antworten ist, aus welcher Perspektive sie gegeben werden. Auch hier ist die Auflösung der scheinbaren Widersprüche wieder in der Betrachtung des unterschiedlichen Agilitätskontexts zu finden.

> Verschiedene Ausprägungen von Agilität bedingen ein unterschiedliches Rollenverständnis von Führung.

Im Kontext der ganzheitlichen Agilität ändert sich das Führungsverständnis am grundlegendsten. Hier werden klassische hierarchische Positionen zugunsten konsequenter Dezentralisierung und Selbstorganisation abgeschafft. Die Position der disziplinarischen Führungskraft, die für ein Team verantwortlich ist, gibt es nicht mehr. Stattdessen können sich Führungsaufgaben auf mehrere Rollen verteilen. Diese Rollen sind dynamisch besetzt und ein Mensch füllt eine Rolle temporär aus, d. h. auch Menschen mit Führungsaufgaben müssen immer wieder davon loslassen können[34]. Einen Praxisbericht zu einem konsequent agil organisierten Unternehmen finden Sie in Abschn. 7.12.

[33]Siehe Praxisbericht von Dr. Heike Schiebeck.

[34]Haufe Umantis lässt beispielsweise die Führungsrollen auf Zeit durch Mitarbeiter wählen [35].

Im Kontext der Projektagilität gelten innerhalb des selbst organisierten Teams die gleichen Ausführungen, wie zur ganzheitlichen Agilität. Ein wesentlicher Unterschied ist hier jedoch die Einbettung in eine umgebende Organisation mit klassischen Führungskräften in der Linie. Die hieraus entstehenden besonderen Anforderungen an die Führung von selbst organisierten Unternehmerteams finden Sie in Abschn. 7.13 beschrieben.

Im Kontext der Alltagsagilität gilt es für Führungskräfte diejenigen agilen Elemente zu suchen und konsequent zu nutzen, die sinnvoll in den klassischen Alltag in der bestehenden Regelorganisation (Linie oder Matrix) integriert werden können, um das eigene Team agiler aufzustellen. Darüber hinaus sollten Führungskräfte auch Impulse zur Entwicklung einer agil*eren* Gesamtorganisation geben -auch wenn kein Zielbild eines ganzheitlich agilen Unternehmens besteht. Zum einen dienen diese Impulse dazu, unmittelbar die Anpassungs- und Reaktionsfähigkeit des Unternehmens zu stärken. Zum anderen erfordert die Entfaltung der agilen Potenziale einzelner Mitarbeiter im Team oder des Teams als Ganzem oft bestimmte Rahmenbedingungen in der Gesamtorganisation (z. B. eine förderliche Kultur). Hier ist eine intelligente Verzahnung und Abstimmung der einzelnen ausgewählten agilen Elemente von den Führungskräften gefordert.

Aufgrund der bereits vielfältigen vorhandenen Literatur zu Führung im Kontext der Projektagilität[35] und der begrenzten Anwendungsfälle für eine konsequent ganzheitliche Agilität[36] liegt der Schwerpunkt unserer Ausführungen auf der veränderten Führungsrolle im Kontext der Alltagsagilität (vgl. Abschn. 7.14).

Das gemeinsame in allen Kontexten ist: In keinem Agilitätskontext wird ein traditionelles hierarchisches Führungsverständnis basierend auf formeller Macht, top-down-Weisungen und Kontrolle erfolgreich sein. Stattdessen wird immer die Selbstverantwortung und Selbststeuerung von Teams und einzelnen Mitarbeitern gestärkt – je nach Kontext aber in einem unterschiedlichen Ausmaß. Ebenfalls ein verbindendes Element in jedem Agilitätskontext ist die persönliche Herausforderung einer guten Selbstführung. Voraussetzung für eine gute äußere Führung – egal nach welchem Führungsverständnis – ist immer noch eine gute innere Führung.

7.12 Führung im Kontext ganzheitlicher Agilität

Selbstführung [24, S. 63] wird auch in nachfolgendem Praxisbericht über die persönlichen Herausforderungen und Erfolgshebel im Kontext ganzheitlicher Agilität von Dr. Heike Schiebeck als eine Kernkompetenz herausgestellt.

[35]Was unter anderem darin begründet ist, dass es in der Softwareentwicklung agile Führungsansätze bereits seit den 1990er Jahren gibt.

[36]Vor allem im Bereich der jungen Wachstumsunternehmen und digitalen Geschäftskonzepte.

Praxisbericht Teil 2: Selbstführung – eine Kernkompetenz der neuen Arbeitswelt

(Dr. Heike Schiebeck, Unternehmensentwicklung u. PR-Management, Talentcube)

Führung heißt in einem Umfeld konsequenter Agilität nicht mehr, Menschen zu führen, sondern sich selbst zu führen und für gute Arbeitsbedingungen zu sorgen.

Firmengründer und Mitarbeiter sind gleichberechtigte Teammitglieder, deren Aussagen und Meinungen die gleiche Bedeutung haben. Es gibt keine Hierarchien und somit auch kein Machtgefälle.

Ein Delegieren von Aufgaben findet nicht statt, da es keine Untergebenen mehr gibt. Damit liegen Konzeption und operative Umsetzung in der gleichen Hand.

Es gibt keinen Vorgesetzten mehr, der einem sagt, was man wie tun soll. Das Arbeiten findet überall statt und ist von international besetzten Teams geprägt. Man sollte also bereit sein, Rollen und Aufgaben immer wieder loszulassen. Das heißt auch bei einem Projekt im „Lead" zu sein. Ist dieses Projekt erledigt, geht man aus der Leadfunktion heraus und übernimmt bei einem anderen Projekt die Funktion eines Teammitgliedes.

Der klassische Manager wird zum Möglichmacher, indem er das richtige Team zu einem stimmigen Orchester zusammenstellt und für passende Rahmenbedingungen, eine gute Infrastruktur und die entsprechenden Ressourcen sorgt. Nur in Workshops hat er die Möglichkeit lenkend einzugreifen. Die exakten Aufgaben und Prioritäten werden von den sich selbstorganisierenden Teams festgelegt.

In der neuen Arbeitswelt trifft man ambitionierte Firmeninhaber mit „Power und Drive", die um die 30 Jahre alt sind. Seniorität, Ausbildung und „Lorbeeren" aus der Vergangenheit haben keinen Stellenwert mehr. Das Gehalt hängt von der Bedeutung der Rolle für das Projekt und vom Beitrag zur Erreichung des Unternehmensziels ab. Alleine die Leistung und das Ergebnis zählen. Jeden Tag gilt es, sich wieder neu zu bewähren.

Hier wird offensichtlich, dass das Arbeiten und Führen in dieser neuen Arbeitswelt nach völlig anderen Prinzipien verläuft und ganz andere Herangehensweisen erfordert, als wir es gewohnt sind.

Macht und Einfluss entstehen nicht durch formell in der Hierarchie verliehene Macht, sondern durch inhaltliche Attraktivität bzw. inhaltlichen Mehrwert eines Mitarbeiters. Eine Lead-Rolle muss sich ein Mensch immer wieder durch attraktive Beiträge neu sichern. Dazu muss er kontinuierlich die Frage beantworten können: „Welchen Nutzen kann ich stiften?" Dieses Attraktivitätsprinzip ersetzt das Loyalitätsprinzip (mit dem eine Führungskraft in traditionellen Führungspositionen sogar die Loyalität seiner Mitarbeiter einfordern konnte)[37].

Ein wichtiges Element zur Sicherstellung dieser ganzheitlichen Agilität ist, dass das „wie" in der Zusammenarbeit über definierte Prozesse und Prinzipien, die strikt eingehalten werden müssen, koordiniert wird. In holokratischen Organisationen wird deren Einhaltung von so genannten Lead Links und Facilitators überwacht (vgl. Kap. 2 Guido). Insofern ist selbst diese agilste Organisationsform nicht völlig hierarchiefrei.

[37]Vertiefende Ausführung spezifisch zum Thema „Führen in Netzwerken" finden Sie bei Faltin [11].

7.13 Führung im Kontext der Projektagilität

Agile Projektteams zeichnen sich durch ein hohes Maß an Eigensteuerung und Eigenverantwortung aus. Daher legen diese Teams konkrete Prioritäten und Aufgaben eigenständig fest. In Kap. 3 wurden agile Teams beispielsweise im Kontext der Softwareentwicklung nach Scrum beschrieben. Davon zu unterscheiden sind unternehmerische Innovationsteams, die so genannten eingebetteten Unternehmerteams (vgl. Abschn. 2.5 und ausführlicher das nachfolgende Kap. 8). Während erstere eine konkrete Zielvorstellung (Produkt, Kundenwunsch …) in agiler Vorgehensweise umsetzen, suchen letztere – dem Lean-Start-up Prinzip folgend – nach neuen strategischen Optionen und Innovationen.

Aufgrund der höheren Unsicherheit und der Unschärfe im Zielbild werden eingebettete Unternehmerteams durch einen starken, unternehmerischen Projektleiter geführt, den so genannten angestellten Unternehmer (vgl. dazu ausführlicher nachfolgendes Kap. 8). Agile Scrum Teams dagegen folgen einem anderen Rollenmodell, das keinen expliziten Projektleiter, sondern stattdessen differenzierte Rollen vorsieht (Scrum Master, Product Owner, … vgl. Abschn. 3.3.1). In beiden Fällen erfolgt die Arbeit innerhalb des Teams weitgehend hierarchiefrei und autonom im Sinne von Freiheiten im Gegensatz zu der (hier: nicht-agilen) Kernorganisation.

Die Führung dieser Teams im Sinne der Projektagilität fokussiert sich daher darauf, die Ausrichtung der Teams beziehungsweise die Anstrengungen in Bezug auf das angestrebte Ziel (ein Stück Software, Innovation, …) sicherzustellen. Dazu gilt es, seitens der Führungskraft (die weder Teil des Teams ist noch beispielsweise der angestellte Unternehmer) regelmäßig und in eher kürzeren Zeitzyklen einen Abgleich zwischen den Unternehmenszielen (z. B. wann erwarten die Kunden die neue Software?) und dem Arbeitsstand sowie wie den Prioritätszielen der Teams herzustellen. Führung in der Projektagilität bedeutet, das Ergebnis dieses Abgleichs transparent zu machen und die Kräfte des Teams in Richtung der Unternehmensziele auszurichten. Ohne die Sicherstellung dieser strategischen Kohärenz (strategic alignment) könnten solche Teams ansonsten schnell iterierend und agil in eine für das Unternehmen nicht wertstiftende Stoßrichtung schwenken.

Im Fall von agilen Software-Teams nimmt diese Ausrichtung in der Regel Bezug auf das Zieldreieck der Softwareentwicklung: Termin, Funktionsumfang und Ressourcen/Kosten. Im Rahmen eingebetteter Unternehmerteams ist aber die angestrebte Lösung noch nicht bekannt. Daher ist es hier von enormer Wichtigkeit, die strategische Stoßrichtung und gegebenenfalls notwendige Leitplanken („define gravity" [23]) transparent zu machen und ggf. wiederholend zu erläutern. Auch wenn der Zielzustand, d. h. die angestrebte Innovation zumindest in frühen Phasen noch nicht gut bekannt ist, können und müssen dennoch Meilensteine wie beispielsweise ein erster Prototyp, erste Kundenrückmeldungen etc. vereinbart werden, damit auch hier konkrete Ziele und Termine bestimmt werden können. Bezogen auf die Kosten werden eingebettete Unternehmerteams in der Regel ein definiertes Budget haben, in der Allokation desselben aber weitgehend frei sein. D. h. die Verknüpfung von Budget und Meilensteinen ist hier, anders als in der agilen Softwareentwicklung nicht unbedingt gegeben.

Eine von dieser regelmäßigen und kurzzyklischen Ausrichtung und Kontrolle („subtle control", [5]) unabhängige Aufgabe der Führung ist die Zusammenstellung der Teams. In der agilen Softwareentwicklung kann die Verantwortlichkeit der Führungskraft recht weitreichen, bis dahin, die Zusammensetzung des gesamten Teams zu gestalten. Bei eingebetteten Unternehmerteams auf der anderen Seite kann diese Aufgabe unter Umständen auch schon mit der Besetzung der Schlüsselrolle des angestellten Unternehmers beendet sein, da dieser anschließend – als Teil seiner unternehmerischen Autonomie – sein Team selbst besetzt. Jedoch auch wenn dieser Ablauf den formal vereinbarten Verantwortlichkeiten und Freiheiten entspricht, gilt es, vonseiten der Führungskraft im Sinne einer coachenden Führung[38] auf eine geeignete Besetzung des Kernteams hinzuwirken (zu dieser geeigneten Besetzung vgl. ausführlicher Abschn. 8.5).

Unabhängig davon, ob die Besetzung eines agilen Teams im Kontext der Softwareentwicklung oder der Entwicklung strategischer Innovationen stattfindet, sollte hier die Chance der Diversität im Team genutzt werden. Empirisch ist klar gezeigt, dass hohe interkulturelle Diversität im Team die Qualität der Teamergebnisse und das Kreativitätspotenzial im Team steigert [10]: Unterschiedliche kulturelle Hintergründe, Ausbildungswege, Geschlechter, Persönlichkeitsstile, Erfahrungshintergründe etc. steigern die Anzahl der im Team verfügbaren Netzwerkverbindungen sowie die Fähigkeit zum Denken jenseits bestehender Standards und Paradigmen (out-of-the-box) und senken gleichzeitig die Risikoaversität im Team. Damit werden deutlich bessere Ergebnisse möglich als im Falle von eher homogen besetzten Teams.

Wie immer ist auch das nicht ohne Preis, denn die dafür notwendige hohe Diversität[39] erzeugt auch einen höheren Bedarf an individueller Anpassung und Toleranz, Aufwand zur Gestaltung interpretationssicherer Kommunikation sowie ein höheres Potenzial nicht nur für Kreativität, sondern auch für Konflikte. Daher ist die Zusammenarbeit in hochdiversen Teams für die Teammitglieder sehr anspruchsvoll, verläuft nicht immer harmonisch und wird (zu Recht) als anstrengend beschrieben [10].

Es zeigt sich hier, wie auch an anderen Stellen schon ausgeführt, die neue, positive Rolle von Konflikten im Kontext des agilen Handels: Die hohe Diversität kann als Quelle

---

[38]Diese Art der „sanften" Führung folgt dem Zielbild, dass sie von der geführten Peron, in diesem Fall dem angestellten Unternehmer, nicht als Führung, sondern eher als Unterstützung und Ratschlag empfunden wird. Im modernen Sprachgebrauch wird dafür häufig auch der Begriff des „nudging" (ein Begriff aus der Verhaltensökonomik) verwendet. Das Nudging wird jedoch teilweise auch als manipulativ kritisiert. Im Innovationskontext wird häufig der Begriff der „subtle control" (subtile Kontrolle, [5]) verwendet, der eine geeignetere Konnotation zu tragen scheint.

[39]Teams mit niedriger Diversität, z. B. nur zwei Nationen und alle vom gleichen Geschlecht, zeigen eine sogar im Vergleich zu homogen besetzten Teams niedrigere Leistungsfähigkeit. Ausführlichere Darstellungen der Chancen und Herausforderungen in internationalen Teams finden Sie in Kap. 5.

produktiver (kognitiver) Konflikte auf der Suche nach eine „guten“ und innovativen Lösung gesehen werden.

Gibt man diesen produktiven Konflikten Raum und wird die Diskussion im Rahmen dieser Konflikte weitgehend hierarchiefrei geführt, entsteht ein produktives Streiten, ein Wettbewerb im Sinne einer besseren Lösung. Ist auch die strategische Stoßrichtung ausreichend klar, werden Diskussion und Handeln der im Konflikt beteiligten Personen in Richtung dieser Stoßrichtung gerichtet. So bringt die team-interne Diskussion mit hoher Wahrscheinlichkeit (so sagt es die Empirie) eine nicht nur gute, sondern bessere Lösung hervor. Jedoch brauchen solche Konflikte Raum und Zeit – sind also nicht effizient, sondern effektiv. Für die Führungskraft ist hier wichtig, im Sinne der Führung von der klassischen Rolle des Konfliktmoderators loszulassen und es dem Team zu überlassen, diese Konflikte produktiv aufzulösen – solange die Konflikte erkennbar im inhaltlichen Rahmen des Projekts stattfinden. Selbst wenn das nicht der Fall sein sollte, ist möglicherweise eher die Heranziehung eines externen Coaches als die Einbindung der Führungskraft zu erwägen, damit die Schlichtung eines unproduktiven Konfliktes im machtfreien Raum stattfinden kann.

Teil dieser produktiven Konflikte im Team kann die Auswahl eines agilen Rahmenmodells, die Vereinbarung von Meeting-Strukturen, Abläufen etc. sein (vgl. Job Autonomy, Abschn. 2.5). Im Kontext von Entwicklungsprojekten mit einer eher klaren Zielvorstellung (z. B. Softwareentwicklung nach Scrum) kann die Führungskraft hier auch ein Rahmenwerk als Standard vorgeben[40]. Wenn die Zielvorstellung eher unschärfer ist und dem Team eine hohe Methodenkompetenz zuzutrauen ist, sollte diese Wahl jedoch eher freigestellt werden, weil dies wesentlicher Teil der für den Erfolg notwendigen strukturellen Autonomie solcher Teams ist (vgl. Abschn. 2.5).

Unabhängig von dem gewählten agilen Rahmenmodell ist es ein ganz wesentlicher Teil der Führung im Kontext der Projektagilität, die Teams freizuhalten von den ggf. negativen Einflüssen (negativen Externalitäten) der Regeln, Glaubenssätze und unsichtbaren Beschränkungen, die sich über die Zeit und aus gutem Grund im (hier: nicht-agilen) Kerngeschäft und in der umgebenden Organisation entwickelt haben. Je unklarer die Zielvorstellung für die agilen Teams ist und je höher der strategische Innovationsbeitrag ist, der von ihnen erwartet wird, desto mehr müssen diese Teams regelflexibel in Bezug auf die Rahmenbedingungen der Kernorganisation handeln können.

Vor den dabei auftretenden Konflikten sind die Teams seitens der Führungskraft zu schützen. Die Teams sind zwar möglicherweise Auslöser des Konflikts – die Auflösung muss jedoch durch ein verändertes Verhalten der Kernorganisation erfolgen – also außerhalb des Teams – und nicht durch ein verändertes Verhalten des Teams (sonst wäre es

[40]Dies kann sich anbieten, wenn beispielsweise in der gleichen Organisation mehrere Projekte oder immer wieder Projekte agil durchgeführt werden. Wenn hier ein zumindest sehr ähnliches Rahmenmodell angewendet wird, ermöglicht das projektübergreifendes Methodenlernen und bessere Abstimmung zwischen den Projekten.

ja nicht mehr agil). Mit der Auflösung solcher Konflikte seitens der Kernorganisation induzieren die agilen Teams durch dort verändertes Verhalten, geänderte Regeln etc. eine Wirkung und damit einen Transformationsbeitrag (strategic spill-over) hin zu einer insgesamt agiler handelnden Kernorganisation. Auch hier gilt also: machen die Teams ihren Job in dieser Beziehung gut, verursachen sie notwendigerweise Ärger, d. h. produktive Konflikte in und mit der Kernorganisation.

Die Führung im agilen Projektkontext verlangt daher von der Führungskraft, die agilen Teams in Richtung einer ggf. nicht agilen Kernorganisation zu schützen. Dieser Schutz wird umso notwendiger und aufwendiger, je stärker das agile Team mit bestehenden Paradigmen und Glaubenssätzen bricht, um so neue strategische Optionen und Innovationen zu finden. Solche unternehmerischen Innovationsteams oder eingebetteten Unternehmerteams (Kap. 8) werden daher in der Regel durch ein Mitglied des Top-Managements, nicht selten aus der Geschäftsführung oder sogar durch den CEO selbst geführt. Diese Führungsrolle und Machtposition in der Kernorganisation ergibt sich aus der vorgenannten Notwendigkeit, das Team vor den genannten Konflikten schützen zu können, der notwendigen Reife und Erfahrung, die die Ausübung subtiler Kontrolle und coachender Führung voraussetzt und der Aufgabe dieser Führungsperson, die strategische Stoßrichtung des Unternehmens und des Unternehmerteams aufeinander auszurichten.

„Klassisches" Rollenverständnis vs. Rollenverständnis im komplexen Kontext für die Führung
Im klassischen Rollenverständnis ist die Führungskraft typischerweise besser ausgebildet, hat Zugang zu mehr Information und daher die Möglichkeit, informiertere, d. h. bessere Entscheidungen zu treffen. Zwar werden auch Entscheidungen auf die Ebene der Mitarbeiter verlagert, jedoch könnte die Führungskraft diese aufgrund des bevorzugten Informationszugangs ähnlich oder im Zweifel auch besser selbst treffen. Der oft hierarchisch begründete, bevorzugte Zugang zu Information wird so zu einer Quelle von Macht und wird dementsprechend „knapp" gehalten und geschätzt (Wissen ist Macht = Hoheitswissen).

Im komplexen Kontext mag die Führungskraft immer noch besser ausgebildet sein und privilegierten Zugang zu Information haben – angesichts der Komplexität im Umfeld ermöglicht ihm dieses Informationsprivileg keine besseren oder gar „richtigeren" Entscheidungen, denn der komplexe Kontext entzieht sich dem analytischen Zugang (vgl. Abschn. 2.1). Die Führungskraft hat im komplexen Kontext, verglichen mit den Mitarbeitern, nur einen anderen Stand des Irrtums. Führung im komplexen Kontext erfordert daher, den Mitarbeitern Zugang zu möglichst viel Information und möglichst diversen Quellen und Kontaktpunkten zu ermöglichen, damit diese daraus unterschiedliche Einschätzungen und Eindrücke entwickeln können – die dann die kollektive Intuition stärken. Auf dieser Basis orchestriert die Führungskraft dann kollaborative Entscheidungsfindung durch methodische Unterstützung.

Damit wird der Führungskraft die Aufgabe des Entscheidens jedoch nicht gänzlich abgenommen, im Gegenteil: Gerade im komplexen Kontext bleibt häufig ein großer Unsicherheitsraum, wo Informationen fehlen oder Einschätzungen sehr unterschiedlich sind. Diese sind per Entscheidung zu überbrücken, damit Handlungsfähigkeit erhalten bleibt. Die Rolle der Führungskraft kann hier die sein, von allen darin akzeptiert zu werden, genau diese nicht analytisch begründete, sondern eher intuitive Entscheidung zu treffen. Nicht weil seine Entscheidung notwendigerweise „die beste" wäre, sondern weil diese Entscheidung der Führungskraft, die von allen akzeptierte ist, zu einem Zeitpunkt der Unsicherheit. Also dann, wenn die Qualität der Entscheidung (noch) nicht gut zu bewerten ist[41].

Diese Akzeptanz kann formal, beispielsweise per Rollendefinition (vgl. dazu auch die Rolle des angestellten Unternehmers Kap. 7), eingerichtet werden und/oder als Ergebnis positiver Erfahrungen und dem daraus erwachsenden Vertrauen informell erwachsen.

In einem veränderten Rollenverständnis, das die Herausforderungen des komplexen Kontexts berücksichtigt, ist die Führungskraft daher mehr dafür verantwortlich, geeignete (Rahmen-) Bedingungen zu schaffen, damit Mitarbeiter im Zusammenspiel mit externen und internen Quellen angemessene Lösungen finden können. Führung fokussiert also mehr auf organisatorische und koordinative Gestaltungsfragen, der Öffnung von Wegen zu neuem Wissen, als auf Analyse und Entscheidung.

Die Führung des eingebetteten Unternehmerteams orientiert sich daher am Wirken eines Aufsichtsrats im Kontext einer Aktiengesellschaft: Der Aufsichtsrat übernimmt dort die Aufgabe, die Kontrolle des angestelltes Vorstandes durchzuführen und berichtet regelmäßig dazu an die Anteileigner, diese wiederum delegieren ihre Aufsichts- und Kontrollinteressen entsprechend an den Aufsichtsrat. Diesem Bild folgend nutzen wir für diese Führungsrolle die Metapher-Beschreibung **„Beirat"** (vgl. Abschn. 2.5 und 8.5). An diesen Beirat wird also seitens der Kernorganisation die Verantwortung delegiert, sicherzustellen, dass die Entwicklung(en) des eingebetteten Unternehmerteams strategisch kohärent auf die übergeordneten Ziele der Kernorganisation ausgerichtet werden (Verantwortung für das *Strategic Alignment*). Dieser Kontrollfunktion (subtle control) steht die Verantwortung des Beirats gegenüber, das eingebettete Unternehmerteam und insbesondere seinen Projektleiter, den angestellten Unternehmer, coachend zu unterstützen. Dafür gilt es auch, coachend und peu à peu das langjährig aufgebaute Führung- und Erfahrungswissen seitens des Beirates auf den angestellten Unternehmer zu übertragen, soweit dies hilfreich und sinnvoll ist. In diesem Sinne ist der Beirat aus Sicht des angestellten Unternehmers eher ein Mentor und es ist wichtig, dass diese Wahrnehmung seitens des angestellten Unternehmers besteht, da er sonst die andere Aufgabenseite (Kontrollinstanz) kaum akzeptieren wird.

[41]Es sei hier an die Notwasserung von Sullenberger erinnert (vgl. Abschn. 2.1): Er entschied notzuwassern, als niemand bewerten konnte, wie „gut" diese Option ist und ob eine andere (z. B. Rückkehr nach La Guardia) besser gewesen wäre. Obwohl seine Entscheidung nicht dem Regelbuch entsprach (das sah die Notlandung in La Guardia vor) stellte niemand seine Entscheidung in Frage, aufgrund seiner formalen Rolle (Flugkapitän) und Erfahrung (42 Jahre Flugerfahrung, 29 Jahre Linienflugerfahrung). Erst Monate später zeigten Simulationen, dass eine Notlandung in La Guardia, sofort eingeleitet nach dem Vogelschlage, möglich gewesen wäre (4 von 4 Simulationen positiv). Die (untätige) Reaktionszeit mitberücksichtigt (etwa 30 s), hatte diese Option jedoch kaum Chancen (3 von 9 Simulationen positiv). Nach 15-monatigen Untersuchung durch das National Transportation Safety Board wurde Sullenberger entlastet, seine Entscheidung wurde auch formal als „richtig" bewertet. Er begründete seine Entscheidung deutlich einfacher: Er habe intuitiv alles vermeiden wollen, was eine Restchance auf eine Bruchlandung in New York hatte, mit potentiell Tausenden von Toten am Boden – die Rückkehr nach La Guardia kam für ihn somit nie infrage.

Daher ist es für die Führung durch den Beirat notwendig und wichtig eine enge und vertrauensvolle Zusammenarbeit mit dem angestellten Unternehmer zu gestalten, die zumindest in der frühen Phase gekennzeichnet ist durch häufige und längere 1:1 Regeltermine. Nicht selten sind bei erfolgreichen eingebetteten Unternehmerteams in der frühen Phase wöchentliche Austauschgespräche zwischen Beirat und angestelltem Unternehmer zu finden. Erst wenn die Zielvorstellung klarer und damit die Iterationszyklen länger werden, werden auch diese Gesprächszyklen etwas weiter (zunächst zweiwöchig, dann monatlich, sehr selten nur im Quartalsrhythmus).

Gegenstand dieser Regeltermine ist die Darstellung des angestellten Unternehmers, woran (beispielsweise in den letzten 7 Tagen) gearbeitet wurde, welche Lernerfahrungen gemacht wurden, welche Entscheidungen getroffen wurden und was für die kommenden Tage geplant ist. In aller Regel erfolgt dieser Austausch eher informell, ohne Präsentation oder andere schriftliche Unterlagen, sodass der Termin jederzeit auch spontan stattfinden könnte. Wesentlich ist für einen effektiven Ablauf jedoch, dass der Beirat und der angestellte Unternehmer sich gleich zu Beginn auf eine Regelagenda mit Zeitscheiben für definierte Themenbereiche verständigen (beispielsweise 15 min „Was gibt es Neues", 15 min „Stand der Entwicklung", 30 min „Anstehende Entscheidungen" …), die beiden bewusst und von beiden akzeptiert ist.

Im Rahmen dieser Regeltermine zielt der Beirat in seinem Führungsprozess gegenüber dem angestellten Unternehmer auf drei wesentliche Ziele:

- Der Beirat fragt nach und erhält Transparenz über die Entwicklung des Unternehmerteams, kann so frühzeitige Signale einer möglichen Fehlentwicklung erkennen, mit dem angestellten Unternehmer diskutieren und ggf. aufgrund seiner Erfahrung und Kenntnisse intervenieren.
- Der Beirat macht dem angestellten Unternehmer die strategische Stoßrichtung und Zielsetzung der Kernorganisation transparent und diskutiert mit ihm, inwiefern die Aktivitäten und Ergebnisse des eingebetteten Unternehmerteams dazu beitragen (Sicherung Strategic Alignment).
- Der Beirat fragt nach und erhält Transparenz darüber, wie und warum Entscheidungen getroffen wurden (auf Basis welcher Daten, mit welchen Annahmen, mit welchen Analysemethoden, ob mit Intuition und Bauchgefühl etc.) – ohne das Ergebnis bzw. die Entscheidung selbst infrage zu stellen oder eine Rechtfertigung dafür zu verlangen.

In Richtung des angestellten Unternehmers ist das Ziel dieses Führungsprozesses, dass dieser sein eigenes Handeln transparent reflektiert und somit die Wahrscheinlichkeit erhöht, im Rahmen des iterativen Lean Start-up Prozesses erfolgreich in Richtung einer strategisch relevanten Innovation zu arbeiten. Der Beirat umgekehrt erhält einen konsistenten Eindruck zu Herangehensweise, Arbeitsweise und der Frage, wie der angestellte Unternehmer Entscheidungen trifft. Dies ermöglicht den Aufbau von Vertrauen und die Gewährung weiteren autonomen Spielraums, was unter anderem auf die Ausweitung des Zeitzyklus für die Regeltermine (z. B. monatlich oder vierteljährlich) und/oder ggf. auch auf eine Erhöhung von Budgetfreigaben hinauslaufen kann. Im gleichen Sinne kann der Beirat in Richtung der Kernorganisation die Erfahrung aus den Regelterminen einsetzen, um auf mehr Vertrauensbildung vonseiten der Kernorganisation in Richtung des Unternehmerteams hinzuwirken.

Neben dem Prinzip der subtle control – also der grundsätzlich eher coachenden und unterstützenden Führung – ist es ganz wesentlich für die Rolle des Beirates, seine Führungsgrundrichtung eher auf wirtschaftliche Verwertung (exploitation) auszurichten. Damit kompensiert der Beirat den natürlichen Innovationsbias des eingebetteten Unternehmerteams (und in der Regel auch den des angestellten Unternehmers), mit dem Ziel, eine zielführende Balance zwischen einem Fokus auf wirtschaftliche Verwertung (exploitation) und der Suche nach neuen Lösungen und Ideen (exploration) herzustellen (vgl. dazu ausführlicher Abschn. 2.5 und 8.5).

Diese Kompensation ist aus zwei Gründen erfolgskritisch (vgl. die empirischen Untersuchungen dazu in Abschn. 2.5) für eingebettete Unternehmerteams:

1. Die eingebetteten Unternehmerteams werden für die Suche nach radikal neuen Innovationen mit Persönlichkeiten besetzt, die einen kreativen Geist, überdurchschnittliche Fähigkeiten im relevanten Feld und einen ausgeprägten Gestaltungsdrang haben. Damit erhalten diese Teams eine – sinnvollerweise – überstarke Ausrichtung auf Innovationsaktivitäten (Innovationsbias) und weisen eine sehr starke Exploration-Ausrichtung auf. Um diesen Innovationsbias zu kompensieren, wird der Beirat (ganz unabhängig von seiner eigenen persönlichen Präferenz) von außen einfordern, dass Ergebnisse und Fortschritte geliefert werden und bestehende Prototypen möglichst schnell dem Kunden ausgesetzt werden (Exploitation-Ausrichtung).
2. Durch den regelmäßigen Wechsel zwischen Exploration-Fokus (ohne Interaktion mit Beirat) und Exploitation-Fokus (Interaktion mit dem Beirat) oszilliert das Team, zumindest der angestellte Unternehmer beständig zwischen Exploration und Exploitation. Diese Oszillation in der Ausrichtung der Arbeitsweise wird kontextuelle Ambidextrie genannt (vgl. Abschn. 2.4) und korreliert signifikant positiv mit der Innovationsleistung eingebetteter Unternehmerteams[42].

Auch hier gilt es, ähnlich wie oben beim Punkt der Diversität, anzumerken, dass die Führungsinteraktion mit diesen eher gegensätzlichen Ausrichtungen vonseiten des Beirats und des angestellten Unternehmers fast zwangsläufig zu Konflikten führt. Auch diese Konflikte sind jedoch als produktive Konflikte zu betrachten, geben sie doch dem angestellten Unternehmer die Gelegenheit, von Wissen und Erfahrung des Beirates zu profitieren und ermöglichen umgekehrt dem Beirat, Verständnis für alternative Vorgehensweisen und Methoden aufseiten des angestellten Unternehmers zu erwerben. Beides

[42]Vgl. die Hinweise auf entsprechende empirische Forschung der Autoren in Kap. 8 und Abschn. 2.5.

wird jedoch nur in einer Führungsbeziehung auf Augenhöhe und möglichst ohne Machtgefälle möglich sein. Dieser Aspekt verstärkt die Forderung, für die Besetzung der Rolle des Beirates eher erfahrene Führungskräfte mit einem definierten Persönlichkeitsprofil vorzusehen, damit diese eher gelassen und lösungsorientiert mit einem Selbstverständnis als Mentor und Coach beim Auftreten solcher Konflikte agieren.

7.14 Agiler Führen im Kontext der Alltagsagilität

Bevor sich eine Führungskraft auf den Weg zu einer agileren Führung macht, gilt es im ersten Schritt – am besten gemeinsam mit dem Team – Agilität zu definieren und somit einen einheitlich verständlichen und sinnvollen Rahmen für eine agile Führung zu setzen. Fragen Sie sich dazu, welchen Herausforderungen der VUKA-Welt sich Ihnen und Ihrem Team konkret stellen und was ein Agilitätskonzept leisten muss, damit es Sie dabei unterstützt, die Zukunftsfähigkeit Ihres Teams und Unternehmens zu sichern.

Aufbauend auf unserer Agilitätsdefinition (vgl. Abschn. 7.1) finden Sie nachfolgend unsere Beschreibung von agiler Führung.

▶ Agile Führung unterstützt die Mitarbeiter dabei, schnell und kreativ auf wechselnde Bedürfnisse von Märkten und Kunden zu reagieren (vgl. [15, S. VII]) und besser noch, diese zu antizipieren. Agilere Führung unterstützt das Unternehmen dabei, sich in der VUKA-Welt immer wieder an Veränderungen schnell genug anzupassen und zügig innovative Geschäftsmöglichkeiten zu realisieren.

Es geht also nicht nur darum, **im bestehenden System** Mitarbeiter dabei zu unterstützen, agiler zu arbeiten, sondern auch **am bestehenden System** zu arbeiten, um einen stimmigen Rahmen für individuelle Agilität zu schaffen und einen Beitrag zu einer agileren Organisation zu leisten (Ausbalancieren der Anschlussfähigkeit an die Regelorganisation und der Impulse zur Veränderung derselben). Agile Führung reicht dabei weit über die reine Einführung agiler Tools hinaus. Es geht auch um Fragen der Haltung [25, S. 84], Überlegungen zu einer sinnvollen Schrittfolge und Geschwindigkeit agiler Transformationsprozesse sowie der intelligenten Verzahnung der einzelnen agilen Elemente, die eine Führungskraft mit ihrem Team einführen möchte. Eine förderliche Voraussetzung ist dabei das oben vorgestellte Wissen, wie persönliche Agilität entsteht.

In diesem Abschnitt führen wir Sie schrittweise durch eine Auswahl von agilen Elementen, die sich aus unserer Erfahrung dazu eignen, sie auch in einem eher traditionellen Umfeld in den Führungsalltag zu integrieren. Wir laden Sie ein, dies als Arbeitspapier zu nutzen und jeweils zu reflektieren, was Sie davon stimmig in Ihren Alltag integrieren können und wo es sinnvoll ist, noch Modifizierungen vorzunehmen. Wir weisen Sie im Sinne eines integrierten Konzepts an verschiedenen Stellen auf Abhängigkeiten und Wechselwirkungen hin, die es zu berücksichtigen gilt. Sie werden dabei feststellen, dass agile Führung nicht etwas vollständig Neues ist. Vielmehr werden Sie auf Bekanntes stoßen[43], dass es gilt in einem neuen Licht zu betrachten, konsequenter in den Führungsalltag zu integrieren und durch neue Elemente zu ergänzen bzw. weiterzuentwickeln.

Agile Führung fängt bei jeder Führungskraft selbst an. **Voraussetzung für eine gute äußere Führung ist** wie oben aufgeführt immer eine förderliche innere Haltung und **gute innere Führung.** Die Art und Weise, in der Führungskräfte selbst mit den VUKA-Herausforderungen umgehen bzw. die Kernelemente eines Agilitätskonzeptes selbst authentisch und glaubwürdig leben, wirkt sich unmittelbar auf die Einstellung der Mitarbeiter zu Agilität und ihr agiles Handeln aus. Daher empfehlen wir jeder Führungskraft zunächst selbst eine **ehrliche Standortbestimmung** zu den im vorhergehenden Abschn. 7.1 beschriebenen Kernelementen agilen Denkens und Handelns vorzunehmen. Wenn ich beispielsweise selbst als Führungskraft nicht bereit bin, immer wieder meine Denk- und Verhaltensmuster aufzubrechen, dann werde ich das kaum glaubwürdig von meinen Mitarbeitern verlangen können. Oder wenn ich selbst nicht offen, fair und transparent kommuniziere, dann werden es meine Mitarbeiter vermutlich auch nicht machen.

> Starten Sie mit einem Boxenstopp und hinterfragen Sie Ihre Haltung und Ihre bisherigen Herangehensweisen selbstkritisch. Ohne mein eigenes Selbstbild als Führungskraft zu kennen, kann ich das meiner Mitarbeiter nicht bewusst beeinflussen.

Bei dieser Selbsteinschätzung ist zu beachten, dass es sich bei den in den vorherigen Abschnitten beschriebenen Elementen agilen Denkens und Handelns um die Beschreibung eines Idealzustandes handelt, den vermutlich niemand in Gänze erfüllen kann. Ein Abgleich mit dem Idealzustand sollte daher niemanden entmutigen, sondern eher dazu führen, sich der eigenen agilen Stärken bewusst zu werden, diese in der agilen Führung bewusst zu nutzen und darüber hinaus einen gezielten Entwicklungsprozess mit realistischen Entwicklungszielen zu starten.

Ein ergänzender und agiler Ansatz für den Umgang mit individuellen Abweichungen vom Idealzustand ist es, die agilen Führungsaufgaben nicht alle ausschließlich an die eigene hierarchische Führungsposition zu koppeln. Vielmehr gilt es zu überlegen, inwieweit nicht im Sinne der Selbstorganisation einige Aufgaben auf andere Rollen im Team verteilt werden können. Dies könnte auf der einen Seite eine Führungskraft entlasten, da sie nicht mehr versuchen muss, die berühmte „eierlegende Wollmilchsau“ zu sein und auf der anderen Seite fördert dies die Entwicklung der Mitarbeiter. Auch wenn sich die Führungsrolle im Kontext der Alltagsagilität nie so wie im Kontext der ganzheitlichen

[43]Wie Svenja Hofert in ihrem Beitrag ausführlich beschreibt [15, S. 39 ff.], integriert das agile Denken in einer Führungsrolle Ideen und Ansätze der Vergangenheit und entwickelt sie evolutionär weiter. So werden Sie in den nachfolgenden Ausführungen beispielsweise Elemente aus der transformationalen Führung, der lateralen Führung, der Theory Y oder einem coachenden Führungsstil wiedererkennen.

Agilität vollständig entpersonalisiert – also von einer bestimmten Person entkoppelt – lohnt es sich dennoch darüber nachzudenken, ob nicht **Teilaufgaben von agiler Führung auf verschiedene Rollen im Team verteilt** werden können.

In der Praxis erleben wir aber auch immer wieder, dass der bewusste Abgleich mit den Inhalten von agilem Denken und Handeln eine Führungskraft zu der Frage führen kann: **„Will ich mir das überhaupt noch antun?“.** Diese Frage sollte sich jede Führungskraft ehrlich beantworten. Denn wenn eine Führungskraft gegen das eigene Innere arbeitet und sich dazu zwingt, eine Rolle oder Funktion in einem Agilitätskontext auszuüben, die nicht zu den eigenen Stärken und Motivatoren passt, ist das kein langfristig erfolgversprechender und persönlich zufriedenstellender Ansatz. Hier empfehlen wir, sich in diesem Fall auch intensiv mit Möglichkeiten einer aktiven Neupositionierung auf der linken Seite der Ambidextrie auseinanderzusetzen (vgl. Abschn. 7.5). In traditionellen Unternehmen finden sich hier weiterhin ebenso wertvolle Positionen, die weniger Anforderungen an die persönliche Agilität stellen. Auch aus Unternehmenssicht ist eher früher als später zu empfehlen, dass sich die Führungskräfte bewusst mit den Anforderungen an ihre persönliche Agilität auseinandersetzen. Denn ansonsten besteht die Gefahr, dass Führungskräfte, die in einem agilen Kontext des Unternehmens arbeiten, aufgrund der mangelnden persönlichen Passung kombiniert mit einer mangelnden Motivation zu agiler Führung das Unternehmen auf ihrem Weg zu einer agilen Organisation blockieren.

Wo auch immer wir Führungskräfte dabei begleiten, zu einer realistischen Standortbestimmung der persönlichen Agilität zu gelangen, erleben wir, dass es unabhängig vom inhaltlichen Ergebnis immer einen großen Wert darstellt, sich bewusst selbst zu reflektieren und zu prüfen, bevor man sich als Führungskraft der agilen Mitarbeiterführung zuwendet.

▶ Das Ergebnis des Boxenstopps kann sehr unterschiedliche Folgen haben:
- Bewusste Nutzung persönlicher agiler Stärken und die gezielte Weiterentwicklung
- Verteilung der Führungsaufgaben auf verschiedene Rollen im Team
- Gezielte Suche nach einer Führungsposition in einem Umfeld mit geringeren Agilitätsanforderungen (traditioneller Kontext auf der linken Seite der Ambidextrie)

Die zunehmende Komplexität der Umwelt, Nichtlinearität von Entwicklungen und die damit verbundenen Ambiguitäten in der Bedeutung von Informationen bzw. Bewertung führt wie beschrieben zu einer deutlich höheren Unsicherheit. Eine Führungskraft steht

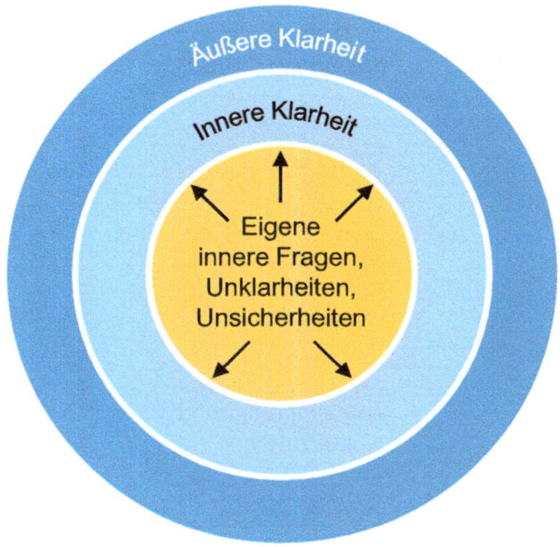

Abb. 7.6 Circle of Clarity

dabei gleich vor mehreren Herausforderungen, die nachfolgend anhand des Circle of Clarity (vgl. Abb. 7.6) aufgeführt werden:

- Sie muss selbst mit dem in der VUKA-Welt zunehmend größeren Unsicherheitskern gut umgehen, da der Wunsch nach innerer und äußerer Klarheit immer weniger möglich ist
- Mitarbeitern dabei als Modell für einen guten Umgang mit Unsicherheit dienen
- Mitarbeiter, wo es möglich ist, unterstützen
- darüber hinaus aktiv versuchen, wo es möglich ist, Aspekte aus dem Unsicherheitskern schrittweise zu klären und in den mittleren Kern zu führen
- letztlich alles, was der Führungskraft selbst innerlich klar und auch noch weiterhin unklar ist, mit entsprechender Kommunikationskompetenz den Mitarbeitern zu transparent zu machen (innere Klarheit in äußere Klarheit zu wandeln).

In einem von Unsicherheiten geprägten Umfeld wird das **Selbstbild** einer Führungskraft immer wieder zu überprüfen und teilweise zu verändern sein.

Im VUKA-Kontext ist es beispielsweise einer erfahrenen Führungskraft nicht mehr möglich, immer alles im Griff zu haben. Insofern verschiebt sich das Bild von dem häufig noch anzutreffenden traditionellen Verständnis souveräner Führung (immer alles zu wissen, sich in jedem Moment sicher zu sein, was das Richtige ist) hin zu einer neuen agilen Souveränität (vgl. Abb. 7.7). Agile Führungssouveränität bedeutet, die erhöhte Unsicherheit in einem komplexen Umfeld sich selbst und den Mitarbeitern gegenüber einzugestehen und die Energie (für die Mitarbeiter sichtbar) darauf zu konzentrieren, zu lernen, die Unsicherheit gut auszuhalten. Dies ermöglicht Mitarbeitern auch über eigene Unsicherheiten zu sprechen und bietet ihnen ein Modell für einen konstruktiven Umgang mit Unsicherheiten.

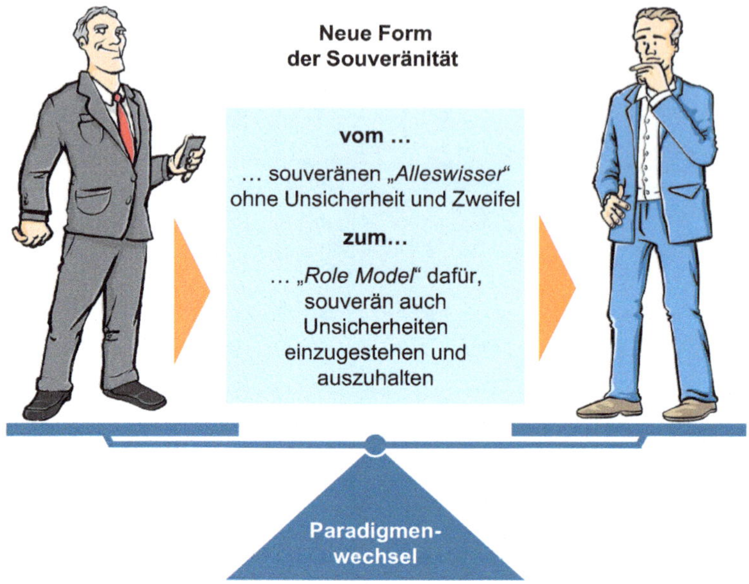

Abb. 7.7 Verändertes Selbstbild von Souveränität

Wir erleben hier in unserer Beratungstätigkeit oft, dass gerade erfahrene Führungskräfte versuchen, ihre Unsicherheit zu verstecken, und wenn das nicht mehr gelingt, tendenziell in den Rückzug gehen. Auch wenn es menschlich verständlich ist, ist Passivität und Rückzug für Führungskräfte doch langfristig keine erfolgreiche Strategie. Es ist genau das Gegenteil von dem, was die VUKA-Welt von Führungskräften fordert und das Gegenteil von agiler Führung. Vor allem die rasanten Entwicklungen im Rahmen der digitalen Transformation können diesen Effekt noch verstärken, wenn Führungskräfte zusätzlich die neuen Begrifflichkeiten und Möglichkeiten im digitalen Kontext nicht kennen und verstehen. Der Geschäftsführer eines von uns betreuten Unternehmens brachte seine Verunsicherung mit folgender Aussage auf den Punkt: „Ich kann doch nicht meinen Azubi fragen, wie social media funktioniert." Unsere Antwort war: „Doch, klar!"

Es gilt zu akzeptieren, dass relevantes Wissen in der digitalen Welt nicht nur bei den altgedienten Leistungsträgern in der Hierarchie zu finden ist, sondern Kompetenz-Leuchttürme in jeder Hierarchiestufe und Altersklasse zu suchen und zu nutzen sind. Agiles Führungsverhaltens beinhaltet ein gegenseitiges Lernen – auch **Führungskräfte lernen von ihren Mitarbeitern („Reverse Coaching" z. B. von Digital Natives).**

Die lernorientierten Fragen einer Führungskraft ermutigen Mitarbeiter dazu, sich ebenfalls mit ihren Fragen zu zeigen („Wenn der Chef so etwas schon fragt, dann darf ich das auch."). Diese **Hinwendung vom „Antwortgeben" zum „Fragenstellen"** ist notwendige Voraussetzung für ein aktives Lernen und damit für ein Kernelement von Agilität. In Abschn. 6.2.3 haben wir als eine wichtige Voraussetzung zur Veränderungsbereitschaft den Lerntreppeneffekt beschrieben. In der VUKA-Welt wird diese Treppe regelmäßig neu von den Führungskräften gemeinsam mit ihren Mitarbeitern mit vielen lernorientierten Fragen zu erklimmen sein. **Lebenslanges Lernen** gilt für Führungskräfte und Mitarbeiter. Das eigene mutige Voranschreiten einer Führungskraft in das unbekannte Terrain, ermutigt auch Mitarbeiter, sich auf den Weg zu begeben. Mut hat eine ansteckende Wirkung auf andere. Da Mut wie oben beschrieben eine bedeutende Schlüsselkompetenz für agile Mitarbeiter darstellt, ist es eine ebenso bedeutende Funktion agiler Führung, ein **Ermutiger** zu sein.

> Die Vorbildfunktion von Führungskräften ändert sich: Vom Alles-Wissenden zum vorbildlichen Lernenden, der Mitarbeiter ermutigt, sich auch immer wieder auf die Lerntreppe zu begeben und Neues kennen zu lernen. Vom inhaltlich stets kompetenten Vorgesetzten zu jemandem, der als Lernbegleiter mit den Mitarbeitern gemeinsam das neue Terrain erkundet und dabei hilfreiche Reflexions- und Lernschleifen anbietet. Von jemandem, der durch scheinbare Souveränität und Sicherheit die Mitarbeiter entmutigt, eigene Unsicherheiten und Schwächen einzugestehen, zu einem Ermutiger, sich aktiv den Unsicherheiten und Risiken der VUKA-Welt zu stellen.

Darüber hinaus motiviert die Suche nach Antworten oder neuen Lösungsansätzen jenseits der altgedienten Leistungsträger in der Hierarchie die digitalen Know-how Träger sich aktiv einzubringen. Auch über eine enger gefasste formale Stellenbeschreibung hinaus lässt sich so das **in einem Unternehmen verfügbare Wissen und Potenzial ganz erschließen** – und wie im oben genannten Beispiel das Potenzial der Azubis als sogenannte Digital Natives als wichtiges Kundenwissen von morgen nutzen. Hier liegt ein weiteres Kernelement agiler Führung: Unabhängig von formellen Stellenbeschreibungen, hierarchischen Positionen oder formeller Macht gilt es die erforderlichen Potenziale für die VUKA-Welt zu finden, zu stärken und passgenau zu nutzen. Dies erfordert einen wertschätzenden Umgang und **die Begegnung auf Augenhöhe** zwischen der Führungskraft und den Mitarbeitern.

Führungskräfte unterstützen die geforderte **Lernorientierung**, wenn sie in einem eher partizipativem und auf Personen ausgerichtetem Führungsstil [17] freien Wissensaustausch und offenen Dialog in, über und zwischen Ebenen und Funktionen motivieren, den Wert formeller und informeller Netzwerke sowie zufälliger Kontakte (vgl. Beispiel „Laufwege") für den Wissensaustausch anerkennen und sinnvollen Austausch und Interaktion unterstützen [16]. Die Rolle der Führungskraft verändert sich in dem Kontext hin zu einem **Lernbegleiter** und Unterstützer, der Mitarbeiter **befähigt,** neues Wissen zu generieren und dafür seinen Fokus auf (neue) Wege und Routinen legt, um solches neues Wissen zu akquirieren, z. B. durch den Austausch mit externen Experten, Besuchsprogrammen bei Kunden oder dem Zugang zu Schulungs- und Fortbildungsmöglichkeiten [29] (vgl. Abb. 7.8). Die Stärkung der Lernorientierung muss durch eine Erhöhung der Fehlertoleranz begleitet werden, denn Lernen geht zwangläufig mit Fehlern einher.

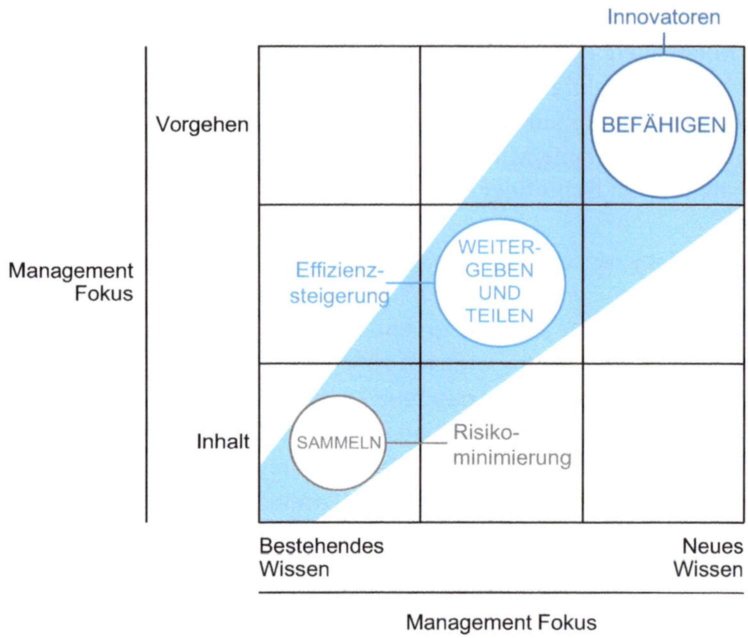

Abb. 7.8 Rolle der Führungskraft in der Lernorientierung

Diese Rolle des **Befähigers** wird auch klar in einer internen Studie von Google zu guten Führungsprinzipien herausgestellt. Hier lautet eines der zehn wichtigsten Prinzipien: „Befähige dein Team und kümmere dich dann nicht um jede Kleinigkeit" [35]. Agile Führung bedeutet, auf der Ebene der Fähigkeiten zu steuern[44] und den nötigen Rahmen zur Ausbildung dieser Fähigkeiten zu schaffen. Dabei gilt mehr denn je, jeden Mitarbeiter auf Basis seiner individuellen Motive und Bedürfnisse sowie Stärken und Potenziale zu entwickeln und zu fördern. Insofern liegt der agilen Führung ein **mitarbeiterzentriertes Führungsverständnis** zugrunde.

▶ Die Führungsaufgabe des Befähigens von Mitarbeitern fokussiert sich im agilen Kontext über die Nutzung der klassischen Werkzeuge der Personalentwicklung hinausgehend auf die Entwicklung eines Growth Mindset, eines agilen Mindset sowie die Gestaltung eines anziehenden Rahmens und einer förderlichen Dynamik im Team. Ziel ist die Aktivierung der Eigenmotivation der Mitarbeiter in Richtung der gewünschten Verhaltensänderungen.

Neben den klassischen Werkzeugen der Personalentwicklung, die in jedem Methodenkoffer einer Führungskraft zu finden sind, rücken im Rahmen agiler Führungskonzepte die nachfolgend aufgeführten Aspekte in den Fokus.

[44]Die agilen Fähigkeiten und Kompetenzen wurden bereits ausführlich in Abschn. 7.1 dargestellt.

Angesichts der geforderten Lernorientierung in agilen Konzepten liegt eine Schlüsselaufgabe von Führungskräften darin, Mitarbeiter zu einem kontinuierlichen Lernen zu befähigen. Hierzu bietet die Stanford-Professorin Carol Dweck mit ihren Forschungsergebnissen zu dem genannten „Growth Mindset“ einen wertvollen Beitrag [7]. Menschen mit einem **„Growth Mindset“** gehen nach Dweck davon aus, dass sie alles lernen und sich immer weiterentwickeln können, wenn sie nur ausreichend viel Arbeit investieren. Wenn etwas schief läuft, denken sie: „Das ist eine gute Gelegenheit, um aus dem Fehler zu lernen“ und fragen sich, was sie nächstes Mal besser machen könnten. Menschen mit dieser inneren Überzeugung stecken Misserfolge gut weg und sehen diese als Schritte auf ihrem Weg zum Erfolg. Sie lieben Herausforderungen[45]. Viele große Erfinder und Wissenschaftler haben sich durch diese besondere Art des Durchhaltevermögens und der Anstrengungsbereitschaft hervorgetan[46]. Beispielsweise soll Thomas Edison – der Erfinder der Glühbirne – 1000 Modelle gebaut haben, bis er endlich eine funktionstüchtige Glühbirne erfunden hatte. Ein Zitat, das ihm zu diesem Vorgehen zugeschrieben wird, lautet: *„I didn't fail, I just found a 1000 ways that didn't work.“*

Dweck hat mit ihrer langen Forschungsarbeit aufgezeigt, wie diese innere Einstellung von Mitarbeitern gestärkt werden kann. Ihre Experimente zeigen auf, dass man das Selbstbild situationsbezogen durch Kommunikation, vor allem eine bestimmte Qualität des Lobens, sowie durch die Eliminierung sogenannter Fixed-Mindset-Triggern aus der Arbeitsumgebung [8] verschieben kann. Nachfolgend finden Sie dazu konkrete Empfehlungen:

- Teilen Sie als Führungskraft offen mit ihren Mitarbeitern, wie schwer es auch Ihnen anfangs fiel, sich der Herausforderung XYZ zu stellen, was Sie alles lernen mussten und wie lange Sie durchhalten mussten, bis Sie es besser konnten. Dies knüpft genau an der Stärkung der Überzeugung an, dass man Fähigkeiten erlernen und durch Übung verbessern kann. Vermitteln Sie Optimismus in Richtung: „Ich kann das schaffen, ich muss nur üben“.
- Loben Sie die Anstrengung Ihrer Mitarbeiter und weniger das Talent. Die Forschung hat gezeigt, wie wichtig es ist, Anstrengung zu loben. Das Loben von Talent oder

[45]Menschen mit einem sogenannten „Fixed Mindset“ glauben dagegen, dass Fähigkeiten angeboren und nicht veränderbar sind. Sie messen ihren Selbstwert entsprechend daran, welche Talente sie haben und denken: „Besser keine Fehler machen und gut dastehen“. Sie orientieren sich stark daran, was andere Menschen über sie denken. Anstatt zu glauben, dass sie an Herausforderungen wachsen können, sehen sie Fehlschläge als Beweis für ihr mangelndes Talent an. Sie werden von Fehlschlägen zutiefst verunsichert, da diese den Selbstwert in Frage stellen. Für Menschen mit einem „Fixed Mindset“ übertrifft beim Lernen die Gefahr des Versagens und die Angst vor Fehlern die Freude des Wissenserwerbs. Dies hindert sie daran ihr volles Potential auszuschöpfen und sie versuchen Herausforderungen zu vermeiden.

[46]Dies ist unter anderem eine Ursache dafür, dass im Zweifel das Engagement der Mitarbeiter sogar höher zu werten ist, als deren Kompetenz [14].

Intelligenz beeinträchtigt dagegen die Lernmotivation – und nur mit Motivation können Mitarbeiter ihr Potenzial voll ausschöpfen.
- Wichtige Ansatzpunkte zur Gestaltung von „Growth-Mindset-Triggern" in der Arbeitsumgebung liegen in der Unternehmenskultur, wie beispielsweise in einer förderlichen Feedback- und Fehlerkultur.

Ein weiterer wichtiger Baustein im Rahmen der Befähigung von Mitarbeitern ist die **Ausbildung eines agilen Mindset,** da dieses wie oben beschrieben die notwendige Basis für agiles Handeln ist. Allerdings ist zu überprüfen, welche Elemente des in Abschn. 7.4 aufgeführten agilen Mindset im Kontext der Alltagsagilität sinnvoll und realistisch sind. Grundsätzlich ist dabei der wechselseitige Zusammenhang zwischen der Ausbildung eines agilen Mindset der Mitarbeiter und der Unternehmenskultur zu berücksichtigen. Einerseits unterstützt eine agile Unternehmenskultur den einzelnen Mitarbeiter bei der Ausbildung eines agilen Mindset. Andererseits unterstützen Mitarbeiter mit einem förderlichen agilen Mindset den Aufbau einer agilen Unternehmenskultur. In jedem Fall können Führungskräfte mit ihrem Verhalten den Aufbau einer agilen Unternehmenskultur forcieren und damit auch den Aufbau eines agilen Mindset der Mitarbeiter.

Falls ein Mensch aktuell erst wenige Aspekte der agilen Haltung teilt, so gilt es folgende Gedanken abzuwägen:

- Einerseits betont die Stanford-Professorin Carol Dweck, die Denkweisen und Glaubenssätze erforscht, dass diese nicht in Stein gemeißelt, sondern hinterfragbar und veränderbar sind [7]. Eine starke agile Unternehmenskultur wird wie beschrieben im Laufe der Zeit entsprechend positive Auswirkungen auf das agile Mindset des einzelnen Mitarbeiters haben, da Werte nicht angeboren sind, sondern gelernt werden und sich mit Einflüssen aus der Umwelt verändern können. Dies erfordert neben einem förderlichen Verhalten der Führungskraft vom einzelnen Mitarbeiter die Bereitschaft zum Ausbrechen aus den bestehenden Denkmustern, persönliche Flexibilität, Neugierde, Mut, Optimismus, Anstrengungsbereitschaft und Zeit. Da Einstellungen sehr nah an der menschlichen Identität liegen, sollte es zudem eine bewusste persönliche Entscheidung eines Mitarbeiters sein, ob er sich auf diesen Weg begeben möchte.
- Andererseits ist aus Unternehmensperspektive abzuwägen, inwieweit es im jeweiligen Kontext möglich ist, Menschen die notwendige Zeit zu geben, ihre Haltung zu verändern und auf dieser Basis die notwendigen Verhaltensweisen zu stärken. In manchem Kontext mag die Zeit nicht reichen, um Menschen erst „zum Jagen zu tragen", sondern hier wird es sinnvoller sein, direkt Mitarbeiter, die schon weitgehend die erforderliche Haltung mitbringen, passgenau im agilen Kontext einzusetzen. Die Strategie, Menschen in einer Haltung des inneren Widerstands bzw. sogar mit Leidensdruck im agilen Kontext einzusetzen und zur Ausübung bestimmter Verhaltensmuster zu drängen, ist nicht empfehlenswert und bringt potenziell „Sand ins agile Getriebe".

Weitere Ansatzpunkte für die agile Befähigung der Mitarbeiter finden Sie nachfolgend aufgeführt:

- Stärken Sie eine Kultur, die das erwünschte agile Denken und Handeln der Mitarbeiter fördert und belohnt [37, S. 59 ff.]. Geben Sie in diesem Rahmen den Mitarbeitern die Eigenverantwortung zur Verhaltensänderung, anstatt mühsam einzelnen Verhaltensänderung hinterher zu jagen. Hierzu gibt es einen schönen Spruch: „Gras wächst nicht schneller, wenn man dran zieht."
- Arbeiten Sie Ihre Energie nicht an den Mitarbeitern ab, die sich im Widerstand gegen agiles Arbeiten befinden. Verdeutlichen Sie sich, dass Sie sogar den Widerstand der Mitarbeiter potenziell belohnen und weiterhin nähren, wenn Sie Ihre Aufmerksamkeit dahin verschenken.
- Erzeugen Sie stattdessen eine Zugwirkung im Team in die Richtung des erwünschten Verhaltens und lenken Ihre Energie auf die Mitarbeiter, die die ersten Schritte in die richtige Richtung mitgehen. Stärken, ermutigen und belohnen Sie diese „first follower". Entfalten Sie so eine agile Anziehungskraft und reden nicht nur über die Vorteile der Agilität, sondern lassen die Teammitglieder diese Vorteile erleben.
- Koppeln Sie das gewünschte Verhalten mit Sinn, geben Sie ihm einen sinnstiftenden Rahmen und wecken so die Eigenmotivation der Mitarbeiter in Richtung agiler Denk- und Verhaltensmuster.
- Schaffen Sie die notwendigen Rahmenbedingungen zur agilen Weiterentwicklung – Rahmenbedingungen, die eine Selbstentwicklung der Mitarbeiter nicht durch viel Kontrolle oder Einengung behindern.
- Geben Sie der sozialen Kontrolle im Team mehr Raum. Nutzen Sie die das Peer-Feedback bewusst für gewünschte Verhaltensänderungen.
- Zudem wäre es grundsätzlich sinnvoll, bereits frühzeitig im Rahmen der Ausbildung junge Menschen für die in der agilen Welt notwendige Veränderungsbereitschaft zu befähigen.

Verankerung einer agilen Kultur

Das im Alltag gelebte Verhalten der Führungskräfte ist kultur-prägend – Wort und Tat müssen konsistent sein. Haupteinfluss haben dabei konkret folgende Aspekte: Was wird von der Führungskraft als wertvoll angesehen und daher gemessen und bewertet? Wo wird mit dem Einsatz von Ressourcen Priorität signalisiert? Welches Verhalten wird belohnt, welches bestraft? Wie wird mit Fehlern oder Scheitern umgegangen?

Die so geprägte Kultur führt zu Wertvorstellungen und Normen, d. h. Verhaltenserwartungen, die formell oder informell geteilt und sozial gelernt werden. Agile Organisationskulturen sind geprägt von Transparenz, Dialog, einer Haltung des Vertrauens sowie von kurzfristigen Feedbackmechanismen [40], Offenheit, Respekt [15, S. 11], einer förderlichen Fehler- bzw. Scheiterkultur, Lernorientierung, Kundenorientierung, Kollaboration, Selbstverantwortung mit Freiräumen und gemeinsamer Verantwortlichkeit für Erfolg und Misserfolg [46].

Realistisch gesehen benötigen bisher anders gelebte Unternehmenskulturen Zeit und eine schrittweises Vorgehen, um sich in klassisch-hierarchischen Organisationen entsprechend zu verändern. Dabei ist es ratsam, sich auf wenige Werte zu fokussieren, um Streuverluste zu minimieren.

Nachfolgend ausgewählte Empfehlungen zur Stärkung einer agilitäts-förderlichen Kultur:

- Zur Stärkung der **Lernorientierung** können Sie Mitarbeitern kontinuierlich folgende Fragen stellen: „Wie können wir unser Handeln so ausrichten, dass wir dabei möglichst wertvolle Lernerfahrungen machen?" [16], „Was genau können wir machen, so dass es Ihnen beim nächsten Mal etwas leichter fällt?" Stellen Sie flexible Lernressourcen für diejenigen, die lernen wollen, bereit – mit der Wahl, wann, wo und wie sie lernen wollen.
- Zur Stärkung einer förderlichen **Feedbackkultur** können Sie selbst als Führungskraft immer wieder aktiv nach Feedback suchen und regelmäßige kurzzyklische Feedbackroutinen im Team verankern. Zudem sollten Sie strikt darauf achten, dass die Regeln für angemessenes wirksames Feedback eingehalten werden [42, S. 81 ff.].
- Zur Stärkung einer förderlichen **Fehlerkultur** ist es hilfreich, aus Misserfolgen kein Drama zu machen, sondern gemeinsam mit den Mitarbeitern zu überlegen, was das nächste Mal anders laufen könnte. Belohnen Sie Mitarbeiter für Lernerfolge, auch wenn die ursprünglichen Ziele nicht erfüllt werden konnten.
- Zur Stärkung der **Vertrauenskultur** ist die offene, ehrliche und transparente Kommunikation der Führungskraft eine Grundvoraussetzung. Zudem gilt es, Versprechen einzuhalten (und versprechen Sie nichts, das nicht realistisch ist) sowie Vereinbarungen verbindlich umzusetzen. Sprechen Sie Ihr Vertrauen in die Kompetenzen der Mitarbeiter, da wo es Ihnen authentisch möglich ist, explizit aus. Auch die Schaffung bestimmter Artefakte, in denen sich Vertrauen zeigt, ist dienlich (beispielsweise die Einführung von Vertrauensarbeitszeit und Vertrauensarbeitsort).
- Zur Stärkung der **Kollaboration** unterstützen Sie aktiv die Zusammenarbeit über Organisationsgrenzen hinweg, öffnen Sie Ihren Mitarbeitern hier aktiv Türen und versuchen Sie, Organisationsbarrieren zu überwinden. Machen Sie Teamleistung transparent und feiern Sie gemeinsame Ergebnisse.

Im Gespann des Ermutigers und Befähigers fehlen noch die weiteren wichtigen Rollen des Möglichmachers und Rahmengestalters. Wenn man sich diese Rollen in Kombination anschaut, lässt sich auch gut verstehen, weshalb manche Autoren im agilen Kontext von der **dienenden Führung** sprechen. Nach diesem Verständnis stellt sich die Führungskraft in den Dienst seines Teams, um gemeinsam mit ihm schnelleren und besseren Nutzen für die Kunden zu schaffen [31].

Die Rolle des **Möglichmachers** bedeutet, Steine für die Mitarbeiter aktiv aus dem Weg zu räumen und das Ermöglichen von Chancen und Gelegenheiten in den Fokus zu stellen. Hier gilt es, die Widerstände und Hürden beiseite zu räumen, an denen Innovationsinitiativen und Veränderungsprozesse typischerweise in der Vergangenheit gescheitert sind (mangelnder Ressourcen, Versuche der Normierung durch die Organisation, fehlende Anerkennung…) und die im Rahmen von kontinuierlichen kurzzyklischen Reflexionsschleifen von den Mitarbeitern als Hindernisse benannt werden. Hierzu kann es im Kontext der Alltagsagilität die formelle Macht einer Führungskraft auch von Vorteil sein. Sie kann in manchen Situationen hilfreich eingesetzt werden, um Hindernisse für seine Mitarbeiter in der Organisation aus dem Weg zu räumen. Vergleicht man innovationsfähige mit weniger innovationsfähigen mittelständischen Unternehmen, ist hier ein signifikanter Unterschied zu erkennen: Führungskräfte in innovationsfähigen mittelständischen Unternehmen teilen der Aktivität des beiseite Räumens von Widerständen und Hürden signifikant mehr Anteile (Faktor 3) ihrer Arbeitszeit zu (Prof. Dr. N. Franke, Wirtschaftsuniversität Wien).

In der Rolle des **Rahmengestalters** schafft eine agile Führungskraft gezielt solche Rahmenbedingungen, die ein agiles Arbeiten ermöglichen und unterstützen. Dabei ist agile Führung vor allem auf die Gestaltung des Systems ausgerichtet, um einen förderlichen bzw. anziehenden Rahmen zur Entfaltung der agilen Potenziale im Verantwortungsbereich zu schaffen. Auch wenn im Kontext der Alltagsagilität die Rahmenbedingungen für agiles Arbeiten niemals so perfekt sein werden, wie im Kontext der ganzheitlichen Agilität, so gilt es auch hier kontinuierlich zu versuchen, einen agileren Rahmen zu entwickeln. Hierzu benötigt eine Führungskraft Überzeugungskraft, Frustrationstoleranz und Ausdauer. Ansonsten bleibt der Wunsch nach agilen Mitarbeitern nur ein Lippenbekenntnis [8]. Allerdings gilt hier vor allem für Führungskräfte in kleineren Unternehmen folgendes zu beachten: In besonders kreativen Unternehmen sind die Führungskräfte über die Gestaltung eines förderlichen Rahmens hinaus auch selbst kreativ tätig und übernehmen Verantwortung für strategische Innovation.

Die grundsätzlich zu gestaltenden Rahmenbedingungen sind beispielsweise neben der oben bereits erwähnten Unternehmenskultur die notwendigen Strukturen, Prozesse, Ressourcen, Systeme, Applikationen, passende Infrastruktur, förderliche Arbeitszeitmodelle und Arbeitsplatzgestaltungen, unterstützende HR-Systeme wie z. B. Zielsysteme. Die Rolle der Führungskraft als Rahmengestalter ist zwar nichts Neues, allerdings besteht im Kontext der Alltagsagilität oft eine besonders hohe Herausforderung, das Phänomen der Trägheit und Widerstände der etablierten Organisation zu überwinden. Nachfolgend ein nach unserer Erfahrung typisches Beispiel zur Verdeutlichung:

Die klassischen zentral organisierten Zielsysteme stehen häufig einem agilen Handeln entgegen. Bei komplexen Anforderungen funktionieren die etablierten Methoden und Zeitdimensionen zur Zielerreichung nicht mehr. Erstens lassen sich Ziele in der VUKA-Welt nicht immer so konkret wie gewünscht formulieren. Zweitens umfasst der traditionelle jährliche Turnus von Zielvereinbarungen gemessen an der Dynamik im Umfeld einen zu großen Zeitraum. Drittens können zielbezogene, variable Vergütungssysteme sogar zu absurden Folgen führen. Wenn ein Mitarbeiter sein Handeln vorbildlich agil im Laufe des Jahres an neuen Erkenntnissen und Entwicklungen im Umfeld ausrichtet, so wird er bei der starren Beurteilung anhand der ein Jahr zuvor fixierten Ziele mit Bonus-Einbußen bestraft. Die Mitarbeiter, die dagegen starr am vereinbarten Ziel fest gehalten haben, werden für dieses nicht-agile Verhalten belohnt.

Beispiel

Zitat eines Vertriebsleiters zur Verdeutlichung der Konflikte zwischen persönlichen Zielen und der agilen Ausrichtung des Unternehmens aufgrund zielbezogener variabler Vergütungssysteme:

„Ich will ja agil sein und habe Lust unsere Innovationsinitiative mit voranzutreiben, aber das steht nicht in meiner letzten Zielvereinbarung und in meiner Freizeit mache ich das sicher nicht. Ich muss vielmehr schauen, wie ich mein Gehalt zum Jahresende möglichst maximieren kann und das geht nur, wenn ich an den alten Zielen festhalte – auch wenn das aus heutiger Sicht keinen Sinn mehr macht."

Hier gilt es dringend, die klassischen Methoden und Prozesse des Management by Objectives weiter zu entwickeln. Ein Verzicht auf Zielsetzungen ist keine Lösung, da auch agile Führung dafür Sorge tragen muss, dass das Handeln des Einzelnen insofern zielgerichtet ist, dass es die strategische Stoßrichtung des Unternehmens unterstützt. Ein möglicher Lösungsansatz kann es sein, in kürzeren Abständen (z. B. drei- bis viermal im Jahr) iterativ Ziele zu setzen, die Erreichung zu reflektieren und die Ziele gegebenenfalls anzupassen. Diese Vorgehensweise unterstützt eher das oben beschriebene Pivoting mit seinem Vorgehen in kleineren Schritten und schnelleren kleinen Erfolgen. Wenn das Unternehmen nicht bereit ist, sein gesamtes Zielvereinbarungssystem anzupassen, gilt es kreativ andere Gestaltungsmöglichkeiten zu suchen. Hier möchte ich anhand dieses Beispiels dazu ermutigen, auch wenn keine ideale Lösung erreichbar ist, dennoch zumindest aktiv die beste der möglichen Optionen umzusetzen. Diese könnte hier darin liegen, Ziele so zu formulieren, dass sie für die Zielerreichung eine gewisse Flexibilität zulassen, sodass der Mitarbeiter noch einen Gestaltungsspielraum hat, wie er die Ziele situationsadäquat erfüllt. Eine Idee dazu ist die Festlegung relativer statt absoluter Werte wie beispielsweise statt absoluter Verkaufszahlen besser Marktanteile festzulegen oder statt einem zu erreichenden Gewinn die Profitabilität vorzugeben.

Ein weiterer Aspekt der Rolle des Möglichmachers und Rahmengestalters ist es, die offene und transparente Kommunikation und Zusammenarbeit seiner Mitarbeiter über Abteilungsgrenzen hinweg zu ermöglichen und den Mitarbeitern Zugang zu Marktinformationen zu verschaffen, damit sie noch schneller neues Wissen aufbauen und relevante Entwicklungen frühzeitig erkennen können. **Agile Führungskräfte sorgen aktiv für den reibungslosen Informationsfluss an den Organisationsgrenzen bzw. bauen den Informationsstau hier konsequent ab.** Hierfür kann es verschiedene Hebel geben:

- Sich aktiv für flachere und durchlässigere Hierarchien im Unternehmen einzusetzen.
- Cross-funktionale Teams mit Mitarbeitern aus verschiedenen Organisationseinheiten für die Lösung einer Fragestellung aufzustellen und diesen Teams dann auch entsprechende Handlungs- und Entscheidungsautonomien einzuräumen, damit sie nicht mit jeder Kleinigkeit doch wieder zur Klärung und Abstimmung zurück in die Hierarchie verwiesen werden[47].
- Netzwerkstrukturen neben der klassischen Hierarchie aufzubauen und den Mitarbeitern den Raum zur Teilnahme zu bieten und Orte der informellen Begegnungen bereitzustellen. Netzwerkdialoge und informelle Dialoge sollten aktiv gefördert und nicht als Zeitverschwendung betrachtet werden.
- Moderne Formen der internen Kommunikation und des Wissensaustauschs mithilfe der sogenannten Social Collaboration Tools nutzbar zu machen.

[47]Vertiefende Ausführungen zu diesen interdisziplinären Teams finden Sie in Kap. 2 und 8.

> Agile Führung bedeutet, nicht über Weisung, Macht, Kontrolle und auf der Ebene der Artefakte zu führen, sondern als Rahmengeber und Ermöglicher zu steuern und Einfluss auszuüben. Auch wenn es einer Führungskraft im Kontext der Alltagsagilität nicht immer möglich ist, die idealen Rahmenbedingungen für das agile Arbeiten der Mitarbeiter zu schaffen, so sollte dennoch kreativ und aktiv die bestmögliche Lösung gesucht und die Erwartungshaltung an das agile Handeln der Mitarbeiter entsprechend realistisch angepasst werden.

Auch agile Führung beinhaltet als eine Kernaufgabe die **Zusammensetzung eines stimmiges Teams.** Stimmig bedeutet in diesem Fall nicht ein jederzeit harmonisches Team, in dem sich alle Mitarbeiter aneinander und an die Führungskraft gut anpassen. Ganz im Gegenteil erfordert radikale Innovation und Agilität die konstruktive Reibung. Erst viele unterschiedliche Perspektiven in diversen Teams setzen die notwendige Innovationskraft frei. Diversität entsteht z. B. durch unterschiedliche Geschlechter, Altersgruppen, Persönlichkeitsstile, Fachgebiete oder Nationalitäten der Teammitglieder.[48]

In unserer Beobachtung werden immer noch zu viele Teams nach dem Motto „gleich und gleich gesellt sich gern" zusammengestellt. Die teilweise zu beobachtende Tendenz zu Verhaltensnormierungen gefährdet ebenfalls die notwendige Diversität. Recruiting in der agilen Welt bedeutet dagegen mehr denn je, als Führungskraft ein Team zusammenzustellen, das sich gegenseitig mit seinen Stärken ergänzt, und die Verteilung von Aufgaben noch viel bewusster als bisher an den jeweiligen Stärken auszurichten. Die Vertreter der des so genannten „New Work" Konzepts, das auf Frithjof Bergmann zurückgeht [4], betonen das Ziel, dass die Mitarbeiter aus sich heraus an etwas arbeiten, bei dem sie ihre Stärken einsetzen können und so mit Freude und Leidenschaft etwas Sinnvolles schaffen.

Wenn die Selbstbestimmung in einem Team nicht so weit geht, dass die Mitarbeiter selbst ihre Aufgaben und Rollen wählen können, dann ist die Führungskraft hier gefordert. Im Rahmen der Besetzung von offenen Positionen, der Verteilung von Rollen oder Aufgaben und Verantwortlichkeiten gilt es noch konsequenter als bisher den Grundsatz zu beachten, Menschen passgenau entsprechend ihrer Stärken, Talente und Bedürfnisse zuzuordnen. Da wir in unserer Praxis hier oft erleben, dass grundlegende persönliche Dispositionen von Menschen dabei zu wenig beachtet werden, gehen wir auf diesen Aspekt etwas näher ein. In Abschn. 8.5 finden Sie ausführlich ein Persönlichkeitsmodell beschrieben, dass wir hier als Basis nutzen.[49]

- Die in Abb. 8.3 auf der linken Seite dargestellten Persönlichkeitsstile haben ein hohes Sicherheitsbedürfnis, schätzen Beständigkeit, Klarheit, Struktur, Ordnung und Regeln (die ihnen Sicherheit bieten). Sie lieben Pläne, an denen Sie sich im Verhalten orien-

[48]Im Zuge der fortschreitenden Globalisierung haben multikulturell geprägte Teams immer weiter an Bedeutung gewonnen. Die zur Führung in internationalen Zusammenhängen notwendigen interkulturellen Kompetenzen werden gesondert Kap. 11 ausgeführt.

[49]Vor allem die Dimension der Introversion und Extraversion des Insights MDI® Modells, da diese im vorliegenden Kontext den stärksten Erklärungsbeitrag liefern.

tieren können, scheuen eher Konflikte, brauchen Zeit, um sich auf Neues einzustellen, sehen eher die Risiken als die Chancen, warten erst mal ab und halten an Altem/ Bewährten fest. Zuviel geforderte Flexibilität und Veränderungsdruck kann überfordern und sehr belasten, lähmen und zu Entscheidungs- und Handlungsblockaden oder auch zu Rückzug führen. Menschen mit diesen Präferenzen werden im folgenden als „stabilitätsorientierte Persönlichkeiten" bezeichnet.
- Die in Abb. 8.3 auf der rechten Seite dargestellten Persönlichkeitsstile haben dagegen ein Bedürfnis nach Flexibilität, Freiheit und Abwechslung. Neues ist eher Lebenselixier, sie nehmen Risiken in Kauf (empfinden Risiko vielleicht auch als aktivierend), möchten Veränderungen aktiv mitgestalten, sehen eher die Möglichkeiten und Chancen, fühlen sich von Regeln tendenziell eingeengt (wenn schon Regeln, dann am besten die eigenen mitgestalteten). Sie gehen offen auf neue Situationen und Menschen zu, sind extrovertiert und können Netzwerke gut nutzen. Menschen mit diesen Präferenzen werden im folgenden als „agilitätsaffine Persönlichkeiten" bezeichnet.

Vielleicht fallen Ihnen sofort einige Menschen ein, auf die diese Beschreibung ziemlich genau zutrifft. Es ist allerdings nicht so, dass diese Bedürfnisse sich gegenseitig ausschließen. Es gibt auch Menschen, die eine Mischung der verschiedenen Grundpräferenzen vereinigen und abhängig vom Kontext unterschiedliche Seiten zeigen. Im Sinne der Forderung der Passgenauigkeit zwischen einer Job-Anforderung und den Persönlichkeitspräferenzen gilt es Folgendes zu beachten:

- Agilitätsaffine Persönlichkeitsstile eignen sich selbsterklärend im besonderen Maß für Aufgabenstellungen, die eine hohe persönliche Agilität erfordern und sind sehr schnell Selbstläufer in der VUKA-Welt.
- Stabilitätsorientierte Persönlichkeiten stehen in der VUKA-Welt vor größeren Herausforderungen und benötigen für Herausforderungen, die eine hohe persönliche Agilität erfordern, eine deutlich größere Unterstützung von Ihnen als Führungskraft. Sie fühlen sich eher in einem traditionellen Arbeitskontext wohl und können dort ihre Stärken oft besser entfalten als im VUKA-Kontext.
- Dennoch raten wir hier nicht zu einer einseitigen Besetzung mit agilitätsaffinen Persönlichkeitsstilen in der VUKA-Welt. Auch stabilitätsorientierte Menschen können im Sinne einer höheren Diversität im Team wertvolle Beiträge leisten (vgl. [2, S. 190 f.]). Homogene Team-Zusammensetzungen mit vielen agilitätsaffinen Menschen bergen Gefahren wie beispielsweise die „Überhitzung" durch eine zu hohe Dynamik oder das Eingehen zu hoher Risiken. Der Beitrag von stabilitätsorientierten Menschen kann beispielsweise darin liegen, frühzeitig potenzielle Widerstände gegen neue Ideen bei anderen relevanten Stakeholdern zu erkennen. Eine kluge Teamstrategie wäre es hier, diese frühzeitig zu antizipieren, um die Widerstände in der Organisation zu überwinden.

- Die Herausforderung der agilen Führungskraft liegt hier in der Balance der Passgenauigkeit zwischen Aufgabenstellung und Persönlichkeitspräferenz auf der einen Seite und der Passung zum Team im Sinne einer optimalen Entfaltung der Vorteile der Teamdiversität auf der anderen Seite – sowie der Balance zwischen Stabilität und Agilität im Team (vgl. Abb. 7.9).
- Dabei ist die Führungskraft gefordert, das Team zu befähigen, die jeweiligen Stärken und Schwächen realistisch einzuschätzen und dann bewusst zu nutzen, um sich optimal zu ergänzen – basierend auf der gegenseitigen Wertschätzung für die Unterschiede.

Im Rahmen der Zusammenstellung eines Teams ist es auch überlegenswert, inwieweit die Mitarbeiter in die Rekrutierung und Personalplanung einbezogen werden. In ganzheitlich agilen Organisation ist dies üblich.

Agilität steht wie oben beschrieben auch für organisierte Selbstverantwortung. Daher ist es eine weitere wichtige Führungsaufgabe, diese **Selbstorganisation im Team** gezielt zu fördern und zu stärken. Agile Führung ist hier mehr als ein kooperativer, partizipativer Führungsstil, bei dem die Führungskraft die Mitarbeiter *mit*gestalten und *mit*entscheiden lässt. Agile Führung heißt darüber hinausgehend, dass Mitarbeiter in einem bestimmten Handlungsraum mit vorgegebenen Zielen autonom bzw. selbstständig entscheiden und handeln können (vgl. [15, S. 57]). Je nach Grad der möglichen und sinnvollen Selbstorganisation kann sogar überlegt werden, ob bestimmte disziplinarische Aufgaben immer weiter in Richtung Team delegiert werden können wie z. B. Urlaubsgenehmigungen.

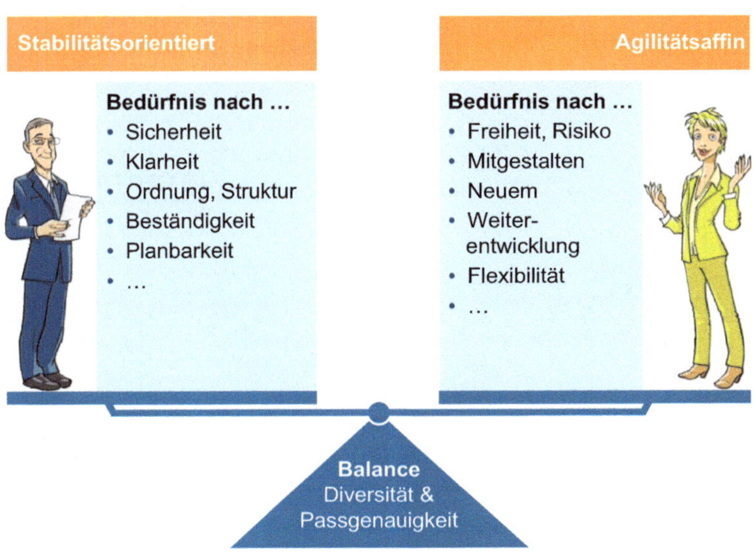

Abb. 7.9 Differenzierung der Persönlichkeitspräferenzen

▶ Ein Ziel agiler Führungskräfte ist es, ihren Mitarbeiterteams Verantwortung zu übergeben und sie zur Selbstorganisation zu befähigen.

Die Forderung nach mehr Selbstorganisation im Team löst bei vielen Führungskräften die Befürchtung aus, dass sie damit überflüssig werden. Im Rahmen der konsequenten Selbstorganisation in ganzheitlich agilen Organisationen gibt es auch tatsächlich keine klassischen Führungspositionen mehr – aber immer noch Führungsrollen (vgl. Abschn. 7.12). Im Kontext der Alltagsagilität wird dagegen ein geringerer Grad der Selbstorganisation angestrebt. Hier werden Führungspositionen bestehen bleiben, allerdings mit einem anderen Selbstverständnis bzw. veränderten Herausforderungen und Aufgaben (vgl. Abb. 7.10).

Die Selbstorganisation im Team zu stärken bedeutet für eine Führungskraft, loszulassen von der Mikrosteuerung und stattdessen Verantwortung an Teammitglieder zu

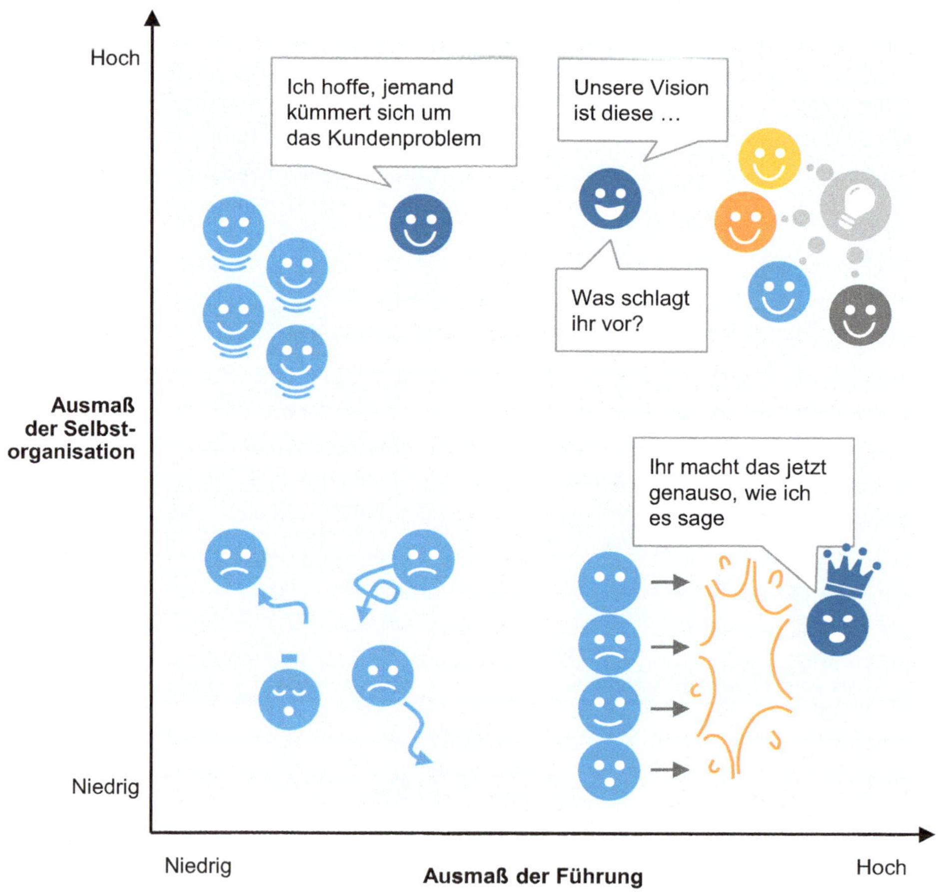

Abb. 7.10 Führung und Selbstorganisation

übergeben und die Selbstverantwortung der Mitarbeiter einzufordern und zu fördern. Hierarchiedenken ist hier fehl am Platz. Stattdessen gilt es, jeden Mitarbeiter als Experten und Mikromanager in seinem Bereich zu respektieren. Agile Führungskräfte fokussieren sich stärker auf die Rollen zur Entwicklung und Stärkung der Mitarbeiter und des Unternehmens. Statt operativer Aufgaben rücken strategische Aufgaben zur Weiterentwicklung des eigenen Bereichs in den Mittelpunkt. Führungskontrolle findet nur in einer eher subtilen coachenden Form statt und wird durch die soziale Kontrolle und den Gruppendruck im Team oft wirkungsvoller ergänzt.

Was ist bei der schrittweisen Stärkung der Selbstorganisation eines Teams zu beachten? Nachfolgend finden Sie dazu ausgewählte Impulse.

Selbst organisiertes Arbeiten kann nur funktionieren, wenn die Mitarbeiter freiwillig im agilen Umfeld arbeiten und die Grundhaltung mitbringen, einen eigenen Beitrag aktiv und eigenverantwortlich leisten zu wollen. Nicht alle Mitarbeiter streben aber nach mehr Selbstständigkeit und Selbstverantwortung. Hier gibt es unterschiedliche Erwartungshaltungen an eine Führungskraft – viele Mitarbeiter erwarten von ihrer Führungskraft klare Anweisungen und zweifeln sogar an der Führungskompetenz, wenn die Führungskraft nicht mit höchster eigener Fachkompetenz Entscheidungen fällen und Anweisungen geben kann. Hierzu die exemplarische Aussage einer Seminarteilnehmerin zu ihrer Vorgesetzten: „Wozu ist die dann überhaupt Führungskraft?". Daher gilt es zunächst mit der Vermittlung der Sinnhaftigkeit von mehr Selbstorganisation und den Hintergründen eines veränderten Führungsverständnisses zu starten.

Auf dieser Basis kann ein entsprechend von der Führungskraft gestalteter Rahmen die Bereitschaft zu mehr Selbstorganisation fördern. Je nach Persönlichkeitsprofil benötigen Mitarbeiter mehr oder weniger ausgeprägt die explizite und klare Erlaubnis eigenverantwortlich agieren zu dürfen. Wenn eine Führungskraft diese Erlaubnis nicht explizit ausspricht und den Rahmen klärt, erleben wir in der Praxis vor allem bei den oben beschriebenen stabilitätsorientierten Mitarbeitern oft Unsicherheiten, die dazu führen, dass sie nicht selbstständig voranschreiten, sondern lieber auf sichere Anweisungen warten und solange Dienst nach Vorschrift machen. Hier gilt es eine gute Balance zwischen der Formulierung des notwendigen klaren Rahmens und einem ausreichenden Freiraum, der nicht die Motivation und den Raum zur Übernahme von Eigenverantwortung beschränkt, zu wahren.

Im nächsten Schritt können dann die ausgewählten Verantwortlichkeiten sukzessive von der Führungskraft weg hin zu den Mitarbeitern verlagert werden. Die Führungskraft sollte dabei mit Themengebieten starten, bei denen sich der Nutzen der Selbstorganisation möglichst schnell zeigt. Auch kleine Erfolge und erste Schritte in die richtige Richtung gilt es zu würdigen. Eine wichtige Aufgabe der Führungskraft sollte es auch sein, die Ergebnisse des selbst organisierten Teams im Unternehmen sichtbar zu machen. Dies alles fördert die Anziehungskraft der selbst organisierten Arbeit.

Im Sinne der kontinuierlichen Stärkung der Selbstverantwortung der Mitarbeiter empfiehlt sich ein **coachender Führungsstil** mit kontinuierlich an die Mitarbeiter gestellten Fragen.

> **Ausgewählte Fragen an die Mitarbeiter zur Stärkung der Selbstverantwortung**
> - Durch welche eigenen Beiträge bringen Sie das Thema voran?
> - Wie werden Sie das Team und das Thema konkret unterstützen?
> - Welche Stärken können Sie dazu aktiv einbringen?
> - Was ist Ihr konkreter nächster Schritt dazu?

Die Führungskraft sollte dann Schritt für Schritt weiter **loslassen,** immer weniger in die selbst organisierten Verantwortungsbereiche eingreifen und lernen, der Selbstorganisationsfähigkeit ihres Teams **zu vertrauen.** Dabei ist der Balanceakt zu bewältigen, dass die Führungskraft weiterhin durch regelmäßigen Austausch über die laufenden Prozesse eine Transparenz behält – ohne dass sich das Team durch dieses Informationsbedürfnis überwacht fühlt.

Falls es – nicht überraschend – im selbst organisierten Team zu Konflikten kommt, ist dabei folgender Grundsatz zu beachten: **Produktive Konflikte** sind zur Förderung besserer und innovativer Lösungen erwünscht. Daher sollte eine Führungskraft nicht sofort als Schlichter einspringen, sondern stattdessen die kreative Kraft von Konflikten verdeutlichen und eigene Problemlösungskompetenzen bzw. Kompetenzen für eine konstruktive Streitkultur vom Mitarbeiter einfordern und diese aktiv fördern (vgl. auch Abschn. 7.13).

Zu den agilen Führungsprinzipien gehört es auch, dass eine **Führungskraft nicht mehr die Rolle des einsamen Entscheiders** hat. Vielmehr gilt es bewusst abzuwägen, wo Entscheidungen alleine, gemeinsam mit dem Team oder auch alleine vom Team getroffen werden. In Agilitätskonzepten „springt" das Entscheidungsrecht beispielsweise dahin, wo die Probleme sind [32, S. 89], die zur für eine schnelle Entscheidung notwendigen Informationen als erstes auftreten oder die meiste Kompetenz oder Erfahrung besteht (Voraussetzung für intuitives Handeln). Die Führungskräfte entscheiden möglichst wenig selbst.

> Die höhere Dynamik der Märkte verlangt schnelle Entscheidungen an den Stellen, wo die Menschen dicht am Markt, kompetent und engagiert sind [18].

Für eine gute **dezentralisierte Entscheidungsfindung** im Team kann die Führungskraft – vor allem im Rahmen der ersten dezentralisierten Entscheidungen im Team – noch als Moderator und Mentor mit methodischem Wissen unterstützen. In Kapitel Abschn. 7.8 wurde bereits dargestellt, dass in einem komplexen Kontext eine Entscheidungsfindung über Analytik nicht funktioniert, sondern es empfehlenswert ist, die Handlungsfähigkeit über Intuition und Heuristik herzustellen und dann aus dem (ersten) Handeln schnell zu lernen und den nächsten Schritt anzupassen. Nachfolgend finden Sie zu der Entscheidungsfindung in der VUKA-Welt vertiefende Hinweise in einem Praxisbeitrag von Marion Strehlow.

Wie kann „gutes Entscheiden" in einem komplexen Umfeld gelingen?
(Praxisbeitrag von Marion Strehlow, Organisations- und Personalentwicklerin bei TÜV SÜD)

Entscheiden in Komplexität braucht selbstwirksame Führungskräfte mit achtsamem Blick auf positive Systemwirkung
Die Kompetenz der Selbstwirksamkeit [3] ist für Führungskräfte von besonderer Bedeutung: Mit dem Glauben an die eigene Gestaltungskraft und dem Wissen um die eigene Wirksamkeit trifft nicht nur die Führungskraft selbst, sondern auch das Team die besseren Entscheidungen. Der psychologische Mechanismus dahinter ist doppelt verstärkend: Die zuversichtliche Grundhaltung eines Entscheiders reduziert Unsicherheiten der Teammitglieder. Diese fühlen sich ermutigt, weitere und vielleicht ungewöhnliche Ideen zur Entscheidungsfindung zu entwickeln, was wiederum eine stärkende Wirkung auf das gesamte Team hat, da es sich im gemeinsamen Entwicklungsmodus als aktiv gestaltend und damit handlungsfähig erlebt. Eine positive Grundhaltung der Führungskraft gegenüber Veränderungen und Innovation setzt Energien für Entscheidungen frei – und zwar bei allen Beteiligten im System.

Entscheiden in Komplexität benötigt Stabilität und Entlastung von Entscheidungsdruck
Für agiles Entscheiden in der VUKA-Welt braucht es eine stabile Basis. Zum Ausgleich des permanenten Wechsels benötigen wir ein sicheres „Heimatsystem". Dieses entsteht für Mitarbeiter im beruflichen Kontext vor allem durch Vertrauen in die Führungskraft und einen verlässlich-vertrauensvollen Umgang im Team. Vertrauen ist Komplexitätsreduktion [28].

Auch zu viel Druck führt tendenziell zu Entscheidungsblockaden [41]. Daher sollte eine Führungskraft sich selbst und das Team entlasten – beispielsweise dadurch, sich zu verdeutlichen, dass es die für alle Zeit „richtige" Entscheidung nicht geben kann, sondern dass es in der VUKA-Welt vielmehr darum geht, eine Entscheidung zu treffen, die aus der aktuellen Perspektive als „am ehesten passend" und „möglichst zukunftsfähig" erscheint. Komplexe Entscheidungen müssen immer wieder reflektiert und auf ihre Stimmigkeit überprüft werden müssen.

Entscheiden in Komplexität ist ein sozialer Prozess – Methoden der „konsultativen Entscheidungsfindung"
In der VUKA-Welt reichen „heroische" Einzelentscheidungen nicht mehr aus. Individuelle Lösungsansätze müssen durch Austausch mit anderen ergänzt und weiterentwickelt werden [24, S. 70]. Die Entscheider sollten hierzu möglichst viele Perspektiven im Vorfeld der Entscheidungsfindung in den Blick nehmen – von interner Mitarbeiter- bis externer Kunden-Seite. So entsteht Multiperspektivität, die generell bei der Entscheidungsfindung helfen kann. Das heißt, dass erst die volle Komplexität sichtbar werden muss, bevor diese sinnvoll reduziert wird. Entscheiden bedeutet damit auch Ko-Kreation durch vernetzte Denk- und Handlungsprozesse.

Eine hilfreiche Methode für das vernetzte Entscheiden in komplexen Situationen ist der „Konsultative Einzelentscheid“ [32, S. 95]. Hier geht es kurz gesagt darum, dass a) von einer Einzelperson Entscheidungsbedarf erkannt wird und b) in einem weiteren Schritt formuliert wird, wer die von der Entscheidung Betroffenen sind und was entschieden werden sollte, c) welche Person aufgrund ihrer Expertise die Entscheidung treffen soll und welche Personen zur Entscheidungsfindung sinnvollerweise zusätzlich einbezogen und konsultiert werden sollten. Schließlich wird festgelegt, d) welche Rahmenbedingungen und Auflagen zu beachten sind. Wichtig ist bei dieser Methode, dass von Beginn an allen Beteiligten bewusst ist, dass nicht jeder Einzelne konsultiert wird und nicht alle Wünsche berücksichtigt werden können und dass die Entscheidung von allen im Team verbindlich getragen wird.

Auch wenn selbst organisierte Teams inhaltlich große Freiheiten haben, so gibt es für die Zusammenarbeit verschiedene Regelsätze und Grenzen. Die **Definition eines Handlungsraums** für das selbstorganisierte Arbeiten bündelt die Energie und Aktivitäten der Teammitglieder in die gleiche und richtige Richtung. Letztlich geht es auch bei agilem Arbeiten darum, dass jeder einen sinnvollen Beitrag zur Umsetzung der unternehmerischen Vision oder strategischen Stoßrichtung des Unternehmens leistet. Im Kontext der Alltagsagilität wird die Führungskraft diesen Handlungsraum weitestgehend definieren. Wesentliche Elemente dieses förderlichen Rahmens sind zum einen die klare Definition und Kommunikation der unternehmerischen Vision, der strategischen Stoßrichtung und der geteilten Werte im Unternehmen und im Team sowie die Festlegung von Limitierungen bzw. Grenzen des eigenverantwortlichen Handelns. Selbst im Rahmen radikaler Agilität wie z. B. in konsequent dezentralisierten Netzwerken, sind die Grenzen und die Sphäre der Geschäftstätigkeit zu definieren [32, S. 67 ff.].

Dabei ist zu beachten, dass es nicht nur wichtig ist, diesen Handlungsraum klar den Mitarbeitern zu kommunizieren, sondern ihn im eigenen Tun als Führungskraft auch jederzeit konsistent zu leben.

Umsetzungsformen zur Definition des Handlungsraums

Differenzierte Handlungsbereiche – Blue Zone vs. Red Zone

Eine einfache Art, Leitplanken für selbst organisiertes, dezentrales Handeln zu etablieren ist die Definition von Bereichen, in denen Entscheidungen bereits getroffen wurden *(„Red Zone“)*, also Festlegungen bestehen, die es zu akzeptieren gilt, und von Bereichen, in den frei gestaltet werden kann und soll („Blue Zone“). Wird nun in der Kommunikation diese Differenzierung aktiv genutzt und zeitnah verdeutlicht, wenn sich etwa eine „Blue Zone“ in eine „Red Zone“ verwandelt hat, dann fokussiert das die Energie der Beteiligten, verhindert Frustration, weil sich agile Aktivitäten auf tatsächlich existierende Gestaltungsbereiche fokussieren, und reduziert Handlungsschleifen, weil die Akzeptanz für einmal getroffene Entscheidungen erhöht wird. Die Einführung dieser red und blue zones unterstützt Führungskräfte in der erforderlichen Klarheit in ihrer Kommunikation und verhindert unnötige Unsicherheiten.

Definition von „Schwerkraft“ – welche Limitierungen sind zu akzeptieren

Ähnlich wie die Festlegung von Blue und Red Zone selbst organisierte und dezentrale Aktivitäten fokussieren kann, kann auch die Festlegung von „Schwerkraft“, also die Definition von Limitierungen, die es zu akzeptieren gilt, die strategische Kohärenz *(strategic alignment)* eigeninitiativen

Handelns fördern. Hier geht es darum, klar zu definieren, welche Regeln und Vorgaben im Rahmen von Veränderungs- und Innovationsinitiativen zu beachten sind. Das kann beispielsweise die Definition eines Marktes sein, außerhalb dessen man sich nicht bewegen möchte, das kann ähnlich auch die Anwendung einer bestimmten Technologie (oder genau deren Vermeidung) sein. Es geht also um die Klärung, welche Eigenschaften eine Lösung oder Idee mindestens haben muss (eben Teil dieses Marktes zu sein oder eben jene Technologie zu nutzen), um unterstützend zur strategischen Stoßrichtung beitragen zu können. Dabei gilt: Wir müssen auf der Erde jederzeit die Schwerkraft als Randbedingung akzeptieren – und das darf uns trotzdem nicht vom Fliegen abhalten!

Festlegung der Vision und Strategischen Stoßrichtung
In der Google-Befragung zu den Prinzipien guter Führung findet sich die Aussage „Zeige eine klare Vision und nachvollziehbare Strategie" nach wie vor unter den zehn wichtigsten Prinzipien [35]. Auch oder gerade im agilen Kontext bieten Visionen und Strategische Stoßrichtungen die notwendige Orientierung. In diesem Rahmen können die Teams operativ selbstverantwortlich entscheiden und handeln. Wie in Abschn. 2.3.1 dargelegt, ist die Ausgestaltung der strategischen Stoßrichtung inklusive der Festlegung von Leitplanken eine der wichtigsten Voraussetzungen für die Umsetzung einer Entrepreneur-Orientierung im Team. Ebenfalls wurde hier die besondere Herausforderung beschrieben, in einem komplexen Kontext bzw. dynamischen Unternehmensumfeld die strategische Stoßrichtung idealerweise so zu formulieren, dass sie (zumindest temporär) stabil bleiben kann. Dies ist notwendig, damit sie als sinn- und sicherheitsstiftender Rahmen für agiles Arbeiten dienen kann.

Die Prinzipien der selbst organisierten Zusammenarbeit definieren
Damit Selbstorganisation nicht im Chaos endet, ist es zudem – wie bereits mehrfach erwähnt – nötig, bestimmte Prinzipien, die die Zusammenarbeit regeln, zu definieren. Diese Prinzipien sind auch ein wesentlicher Bestandteil, um den Handlungsraum aufzuspannen, in dem es dem Einzelnen möglich ist, unternehmerisch und agil zu handeln und in dem die Wertschöpfung des Teams entstehen kann [32, S. 89]. Hier ist zu prüfen, inwieweit die Führungskraft dem Team auch die Verantwortung überträgt, diese Prinzipien der selbst organisierten Zusammenarbeit zu gestalten, um die Identität damit zu stärken. Die Entscheidung hierüber sollte von der Methodenkompetenz und agilen Reife der Teammitglieder abhängig gemacht werden. In jedem Fall ist eine eigene Methodenkompetenz der Führungskraft zu agilen Frameworks für die Arbeit in selbst organisierten Teams notwendig.

Einen sinnstiftenden motivierenden Rahmen bieten
Da agiles Arbeiten der Mitarbeiter nicht durch Weisungen und Sanktionsmechanismen erreicht werden kann, sondern vielmehr die „Freiwilligkeit des Folgens" [15, S. 72] voraussetzt, rückt hier noch stärker die Motivation der Mitarbeiter in den Fokus. Mitarbeiter werden ihren Führungskräften freiwillig folgen, wenn ihre eigenen Bedürfnisse dabei befriedigt werden. Im Agilitätskontext ist es daher wichtiger denn je, die Motivationsstruktur bzw. die Veränderungsbilanzen seiner Mitarbeiter zu kennen (vgl. auch die Ausführungen zur Veränderungsmotivation in Abschn. 6.5).

Wie in Kap. 6 dargestellt, ist Sinngebung einer der wichtigsten Faktoren, damit Menschen zielgerichtet in Bewegung kommen. Daher gilt es den Mitarbeitern einen sinnstiftenden Rahmen für agiles Handeln zu bieten und so Einfluss auf ihr Verhalten zu nehmen. Dazu muss jedem das „Warum" sowie der geeignete Beitrag des Einzelnen zur Umsetzung transparent sein.

Das Wertegerüst definieren und vorleben
Im positiven Fall können Werte und Normen einen sicherheits- und vertrauensstiftenden Rahmen bieten, der die vormals durch hierarchische Strukturen bereitgestellte Sicherheit und Orientierung substituiert (vgl. zur oben ausgeführten Bedeutung von Marken im Kontext dynamischer Märkte) [6]. Die Führungskräfte können hier – zu einem Zeitpunkt, zu dem das Ergebnis einer Innovationsinitiative bzw. eines Veränderungsprozesses noch unklar sein mag, die Struktur, in der man zukünftig arbeiten wird, noch völlig unbekannt ist – einen verlässlichen Rahmen bereitstellen, der Werte und Normen

definiert, auf die man sich verlassen kann. Dazu ist es wichtig, diese Werte und Normen nicht nur zu kommunizieren, sondern auch konsistent vorzuleben. Sicherheit und Vertrauen in diesem Sinne stärkt die Veränderungsbereitschaft, Agilität und Entrepreneur-Orientierung in der Organisation.

Es ist gerade in einem dynamischen Umfeld zu beachten, dass nicht alles permanent in Bewegung ist, sondern es auch stabile Elemente gibt. In diesem Sinne kommen wir zu der nächsten wichtigen Rolle einer agilen Führungskraft: Sie ist ein **Ausbalancierer:**

- zwischen der Formulierung des notwendigen klaren Rahmens für selbst organisiertes Arbeiten und der Übertragung von Autonomie an das Team
- in der Toleranz für Fehler – wenn diese intelligent sind (vgl. Smart Mistakes Abschn. 7.7)
- bei der Ermutigung und Verbreitung von Optimismus im Team – aber ohne naiv zu sein
- beim Loslassen und Schenken von Vertrauen an ein selbst organisiertes Team – stimmig entsprechend der Potenziale und Fähigkeiten der Mitarbeiter
- zwischen Veränderung und Kontinuität, Stabilität und Agilität.

Selbst auf der rechten Seite der Ambidextrie stoßen Menschen und Organisationen an ihre Grenzen und riskieren ihre Leistungsfähigkeit, wenn alles permanent in Bewegung wäre. Der immer wieder geforderte individuelle Mut in der VUKA-Welt benötigt ein **gewisses Maß an Sicherheit** Die Fehlertoleranz oder das Suchen nach neuen Möglichkeiten würde überfordern oder in Beliebigkeit ausarten, wenn es keine stabilen Leitplanken gäbe. Führung muss hier wichtige Voraussetzungen für effektives agiles Arbeiten schaffen. Damit die stark ausgeprägte individuelle Offenheit für Neues und Flexibilität in einem hoch dynamischen und komplexen Umfeld nicht im Chaos endet, bieten in einem agilen System bestimmte stabile Regeln für Interaktionsroutinen die nötige Strukturierung. Wo feste Strukturen im Unternehmen zur individuellen Orientierung fehlen, bieten stabile Werte einer Unternehmenskultur dem Menschen Kompensation. Wo die Identifikation mit einem festen Produkt fehlt, bietet die Identifikation mit einem stabilen Markenkern dem Einzelnen ersatzweise Sicherheit. Hier muss eine Führungskraft immer wieder reflektieren, wo und wie sie auch in der VUKA-Welt eine gewisse Stabilität bieten kann, damit es nicht zu Überforderungen und Blockaden kommt.

Eine weitere Herausforderung des Ausbalancierens kann in der **Ambidextrie** begründet liegen. Im Verantwortungsbereich einer Führungskraft können sowohl Aufgaben liegen, die sich mit den Prinzipien der linken Seite der Ambidextrie Erfolg versprechend bearbeiten lassen, als auch Aufgaben, die sich mit den Prinzipien der rechten Seite erfolgreich bearbeiten lassen[50]. Dementsprechend muss der Führungsstil kontextbezogen angepasst werden. Ambidextrie erfordert hier die beidhändige Führungskraft – mit unterschiedlichen Denkweisen und Problemlösungsstrategien je nach Kontext (vgl.

[50]Vergleiche auch die Ausführungen zur kontextuellen Ambidextrie in Abschn. 2.4.

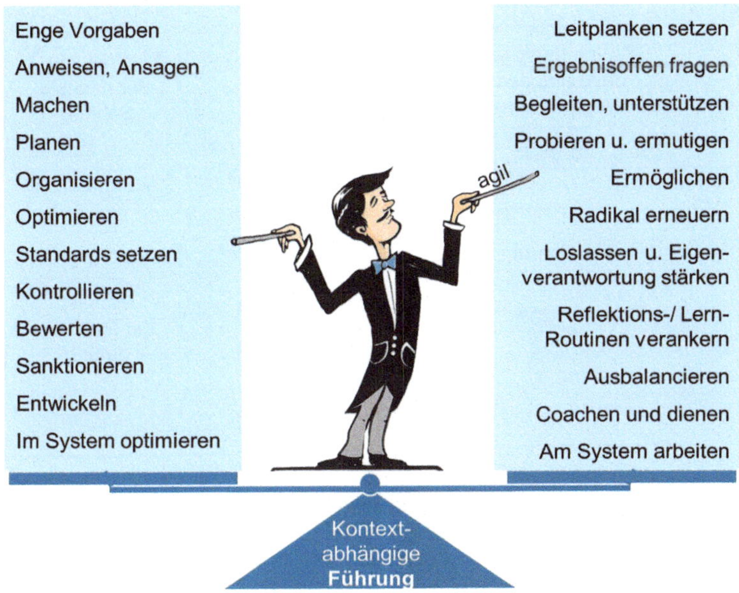

Abb. 7.11 Die beidhändige Führungskraft

Abb. 7.11)[51]. In Abschn. 2.1 finden Sie zur Differenzierung des Führungshandelns in der Komplexitätsmatrix (vgl. Abb. 2.2) auch konkrete Empfehlungen und anhand des Beispiels des Berliner Flughafens wurde eindrücklich aufgezeigt, was passieren kann, wenn man falschen Führungsstil im falschen Kontext anwendet.

Zum Abschluss dieser Ausführungen zu den verschiedenen möglichen Funktionen und Rollen einer Führungskraft im Kontext der Alltagsagilität möchten wir auf eine letzte wichtige Rolle eingehen: Die Agile **Führungskraft als Coach** ihrer Mitarbeiter. Unter den bereits zitierten Prinzipien guter Führung laut einer Google-Studie findet sich folgendes Prinzip ganz oben: „Sei ein guter Coach.“ [16].

Die wertschätzende, achtsame (und nicht von Macht, Status und Autorität geprägte), entwicklungsorientierte und menschenzentrierte Grundhaltung eines Coaches, die die Selbstverantwortung des Coachees fördert, verbunden mit der Methodik, über Fragen zu führen, passt nahezu ideal zu den Anforderungen, die an eine agile Führungskraft gestellt werden. Das kontinuierliche Reflektieren bzw. Hinterfragen gilt dabei sowohl für die innere Führung als auch für die äußere Führung als wesentliche Qualität. In Abb. 7.12 finden Sie dazu eine Übersicht über wesentliche Fragestellungen.

Die förderliche Haltung der Führungskraft – eine in der Coaching-Rolle notwendige Basis – wurde bereits an anderer Stelle in diesem Kapitel dargestellt. Daher möchten wir nachfolgend ergänzend den Aspekt **„Führen mit Fragen und Reflexion“** vertiefen.

[51]Das Dirigentenbild scheint auch in anderer Hinsicht sehr geeignet im agilen Kontext, da das Prinzip der Selbstorganisation und ein transformationaler Führungsstil in den letzten Jahren auch vermehrt in die Führungstätigkeit von Dirigenten einzieht [22].

Abb. 7.12 Wesentliche Fragen einer agilen Führungskraft

Einerseits ist Agilität durch einen zeitnahen Austausch und flexible Interaktion gekennzeichnet, andererseits ist ein wesentliches Kernelement agiler Führung die Verankerung von Reflexions-, Feedback- bzw. Lernroutinen im Alltag. Hierzu sollte neben den flexiblen, spontanen Interaktionen in kurzzyklischen Abständen auch in Alltagsroutinen das kontinuierliche Stellen von Fragen integriert werden – und Meetings nicht nur zum Senden von Informationen und Statements genutzt werden. Die Häufigkeit dieser Fragenroutinen erhöht die Leistung und Effektivität von Teams. Agile Methoden wie Scrum (vgl. Kap. 3) sehen solche Routinen täglich vor. Dabei ist zu beachten, dass die Reflexion von organisationsinternen Themen nicht überhand gewinnt, sondern die im Agilitätskonzept geforderte Kundenzentrierung sich auch in den Fragen wiederfindet.

Nachfolgend finden Sie eine Auflistung von potenziell sinnvollen Fragen, die Sie als Ausgangspunkt für Ihre Überlegungen nutzen und in Ihre Routinen integrieren können.

Beispielfragen für die Verankerung von Reflexions- bzw. Lernroutinen im Alltag

- Was lief gut? Wie ist unser Fortschritt? Was haben wir schon erreicht?
- Welchen Nutzen haben wir davon?
- Wo konnten Sie Ihre Stärken gut einsetzen? Wo lagen die Stärken des Teams?
- Wie können wir diese Stärken noch weiter ausbauen und noch besser nutzen?

- Was haben Sie bei Ihrem letzten Arbeitsschritt, -paket herausgefunden?
- Was haben wir in unserem letzten Schritt über unsere Kunden gelernt?
- Was war der wertvollste Fehler in der letzten Zeit, mit dem größten Lernbeitrag?
- Wer sollte davon noch erfahren, um von unserer Lernerfahrung zu profitieren?
- Wo tauchen Hindernisse auf? Was ist unser größter Stolperstein?
- Wo könnten make-or-break Kriterien liegen? Was müssen wir dafür tun, um das schnell zu klären?
- Was können Sie dazu beitragen, die Hindernisse zu überwinden? Wie kann ich unterstützen?
- Wie können wir unsere Aufgabe noch besser erledigen?
- Wie ließe sich unsere Arbeit beschleunigen?
- Welchen Schritt zur Prozessoptimierung kann das Team/können Sie unmittelbar umsetzen?
- Wie können Sie das Team noch besser unterstützen?
- Woran zeigt es sich, wenn die Verbesserung tatsächlich eingetreten ist?
- Was haben Sie in der Zwischenzeit gelernt? Welche Änderungen nehmen Sie sich für die Zukunft vor?
- Wie können wir noch schneller, mit noch weniger Aufwand, noch mehr lernen?
- Wo können wir noch mehr über unsere Kunden lernen?
- Was ist Ihr nächster Schritt? Was erwarten Sie davon?
- Wann können wir uns anschauen, was Sie durch diesen Schritt herausgefunden haben?
- An welche noch offenen Fragestellungen sollten wir uns erinnern? Wo haben wir noch ein Problem zu lösen? Was ist hierzu der konkrete nächste Schritt?
- Was muss jetzt entschieden werden, um die nächste Handlung durchführen zu können?

Ein weiteres zentrales Coaching-Element im Sinne eines kontinuierlichen Lernprozesses ist die **Implementierung von Feedback-Prozessen** im Team. Studien belegen, dass die für Innovation und Veränderung Verantwortlichen zur erfolgreichen Gestaltung eine unmittelbare Rückkopplung für ihr Handeln benötigen. Dabei gilt: Je zeitnäher zu relevanten Handlungen und je transparenter die Beteiligten Rückmeldung zu ihrem Veränderungsverhalten bekommen, desto schneller stellen sich Lernprozesse ein, die die Effizienz in Veränderungs-und Innovationsprozessen verbessern, und umso gezielter können Maßnahmen zur Optimierung ergriffen werden.

Ein Kernelement des coachenden Führungsstils ist für uns auch die sogenannte Lösungssprache. Lösungsorientierte Führung bedeutet nicht – wie so oft fälschlicherweise angenommen – dass Probleme unter den Teppich gekehrt und ignoriert werden. Dies wäre in einem agilen Kontext auch schädlich, da gerade auch in konstruktiven Konflikten ein großer Wert bei der Suche nach neuen und guten Lösungen liegt. Lösungssprache beschäftigt sich so lange, wie es nötig ist, mit einem Problem und richtet dann die Aufmerksamkeit auf die Zukunft und die Lösung – anstatt unproduktiv im Problem zu verharren oder in der Problemanalyse festzustecken. Der lösungsorientierte Ansatz wurde von Steve de Shazer und seinem Team in den siebziger Jahren entwickelt.

Gemeinsam mit unserer Kollegin Nadja Henrich erleben wir in Workshops und Seminaren immer wieder die starke positive Wirkung der lösungsorientierten Sprache und damit auch Führung im agilen Kontext.

Lösungsorientierte Führung mit Lösungssprache

(Ein Beitrag unserer Kollegin Nadja Henrich)

Steve de Shazer sagte [38]: „Über Probleme reden schafft Probleme, über Lösungen reden schafft Lösungen". Beispiele für Problem- und Lösungssprache sind:

- Statt „wir müssen weg von..." – „wir müssen hin zu..."
- Statt „wir müssen aufhören mit..." – „wir müssen anfangen mit..."
- Statt „ich kann das nicht..." – „Du kannst das *noch* nicht...wie könnte es denn vielleicht funktionieren...?".

Zu der Lösungssprache gehört auch eine konsequent optimistische Grundhaltung. Negative Generalisierungen wie „Das hat noch nie geklappt..." werden sofort optimistisch nach der einen Ausnahme hinterfragt: „Hat es wirklich noch nie geklappt? Noch nicht einmal in Ansätzen? Was war hier die eine Ausnahme? ..." Auf dieser Basis wird der Fokus mit weiteren Fragen auf die Möglichkeiten gelenkt z. B. „Was genau hast Du da gemacht? Kannst Du das öfter so machen? Was genau macht den Unterschied zwischen besser und schlechter? Was können wir hieraus über die Möglichkeiten lernen?".

Lösungssprache spricht die Kompetenzen der Mitarbeiter an, nicht deren Defizite. Sie stärkt Stärken. Lösungen werden nicht aufgezwungen, sondern durch eine entsprechende Gesprächsführung bei den Mitarbeitern selbst gefördert. Sie legt den Fokus auf Ziele und Ressourcen anstatt auf Probleme und Hindernisse. Mit Lösungssprache unterstützt die Führungskraft ihre Mitarbeiter in der Lösungsfindung – und ist sie wertschätzend, dann werden gleich mehrere Vorteile erreicht: Die Ressourcen von Mitarbeitern werden sicht- und nutzbar gemacht, Potenziale gefördert und Kompetenzen weiterentwickelt. Handlungsfähigkeit wird lanciert. Das entspricht der Kernaufgabe von agiler Führung.

Lösungssprache eröffnet auch einen neuen Lösungsraum. Hierzu dienen beispielsweise sogenannte expand-your-mind-Fragen wie „Nehmen wir an, es gäbe keine Beschränkungen...".

Voraussetzung hierfür ist, dass sich – entgegen dem klassischen Verständnis – die Führungskraft nicht länger als Experte sieht, die primär für Lösungen verantwortlich ist. Sie gibt also keine Lösungen vor, die von ihren Mitarbeitern umzusetzen sind. Die Aufgabe der Führungskraft ist es, die Mitarbeiter durch lösungsorientierte Fragen zu begleiten und den Reflexionsprozess in Gang zu setzen. Zusammen mit den Mitarbeitern richtet sie ihren Blick auf das schon Funktionierende und die nächsten Schritte. Auf diesem Wege werden Mitarbeiter zu Experten. Ein Problem wird also nicht allein von den Führungskräften gelöst, sondern von den beteiligten Mitarbeitern selbst. Die Verantwortung für die Lösung wird auf eine gemeinsame und breite Basis gestellt.

Lösungsorientierte Führung ist ein notwendiger Baustein, um in der heutigen VUKA-Welt erfolgreich bestehen zu können. Mit diesem Ansatz werden die Mitarbeiter zu Lösungsfindern und sie werden Teil der kleinen und großen Erfolgsgeschichten des Unternehmens. Sie leisten einen aktiven und wertvollen Beitrag. Das steigert nicht nur Motivation und Selbstverantwortung – auch die Akzeptanz des Neuen ist um ein Vielfaches höher.

7.15 Kernaussagen

Die im Rahmen des 7-V-Modells beschriebenen individuellen Merkmale, Einstellungen und Kompetenzen bilden ergänzt durch ein förderliches **agiles Mindset** auch eine notwendige Basis für individuelle Agilität. Darüber hinaus sind für das erfolgreiche individuelle agile Agieren in der VUKA-Welt verschiedene Aspekte in den fünf Aktivitätsclustern der Agilität zu beachten.

- **VUKA-Akzeptanz und Bereitschaft:** Hier ist es wichtig zu akzeptieren, dass das Umfeld schneller, unsicherer bzw. komplexer geworden ist und Erfolgshebel der Vergangenheit nicht mehr funktionieren. Dieser Paradigmenwechsel erfordert die Abkehr von bisherigen Denk-/Verhaltensmustern. Ein Mensch benötigt dazu Flexibilität, Mut, Optimismus und Anstrengungsbereitschaft. Die immer häufigeren und intensiveren Veränderungen führen allerdings viele Menschen an ihre Belastungsgrenzen. Hier eröffnet das bewusste Management von Ambidextrie kombiniert mit passgenauen Stellenbesetzungen, einer stimmigen Balance zwischen Veränderung und Kontinuität und der Stärkung der individuellen Regenerationsfähigkeiten einen Lösungsraum.
- **Achtsamkeit/Sensing:** Achtsamkeit ermöglicht es, dass ein Mensch differenzierter und bewusster sein Umfeld wahrnimmt und sich auch in einem komplexen Umfeld mehr auf schwache Signale fokussieren kann – die Voraussetzung auch kleine Veränderungen in der VUKA-Welt frühzeitig wahrzunehmen und entsprechend zu reagieren.
- **Seizing & Initiierung:** Um mit möglichst wenig Ressourceneinsatz möglichst schnell festzustellen, ob sich aus den feinen Signalen eine Geschäftsgelegenheit ergeben könnte, benötigen Menschen neben der Lean-Start-up-orientierten Methodenkompetenzen Merkmale und Kompetenzen in den sieben Feldern der „Agilitäts-DNA“: Hinterfragen & Herausfordern; Beobachten innerhalb und außerhalb des eigenen Marktumfeldes, Verknüpfen & Vernetzen; Inspirieren & Überzeugen von Schlüsselpersonen im Unternehmen; Experimentieren & Erforschen; Reflektieren & Lernen; Kommunizieren & Teilen. Für die Initialzündung im Unternehmen sind Enthusiasmus, individuelle Ausdauer und Überzeugungskraft gefragt.
- **Reagibilität & Handlungsorientierung:** Hier gilt es, schnell vom Denken und Analysieren pro-aktiv ins eigenverantwortliche Handeln zu kommen. Dazu benötigt ein Mensch neben der Bereitschaft, Verantwortung zu übernehmen, Umsetzungskompetenz bzw. Handlungsorientierung, Anpassungsfähigkeit und eine gute Balance

zwischen Regelorientierung und Regelflexibilität sowie Kompetenzen im Umgang mit Komplexität. Eine besondere Herausforderung ist es dabei, dass Unsicherheiten bzw. hohe Komplexität nicht zu Entscheidungs- und Handlungsblockaden führen. Hier ist es empfehlenswert die rationale Lücke, die die verfügbaren Daten offen lassen, mit Intuition zu überbrücken und heuristische Verfahren bewusst zu nutzen. Für eine intelligente Intuition ist es sinnvoll, bestimmte Rahmenparameter zu beachten.
- **Fortgesetzte Transformation der Organisation:** Um die neuen Geschäftsfelder bzw. Produkte aus den Innovationsinitiativen in der Stammorganisation zu verankern und mit den Erkenntnissen aus agilen Projekten bzw. Innovationsinitiativen das Unternehmen insgesamt agiler aufzustellen, ist die bewusste Förderung der Spill-over-Effekte notwendig. Zudem werden mehr denn je Menschen gesucht, die immer wieder eine Helikopterperspektive auf das Unternehmen als Ganzes einnehmen und bereit sind, immer wieder auch mal Abteilungsegoismen zurückzustellen für die Weiterentwicklung der Organisation als Ganzes.

Persönliche Agilität ist dabei eine Grundvoraussetzung für eine agile Führungskraft bzw. in einer agilen Führungsrolle. Die Beantwortung der Frage, was unter agiler Führung konkret zu verstehen ist, hängt vom Kontext ab:

- *Im Kontext der ganzheitlichen Agilität* ändert sich das Führungsverständnis am grundlegendsten. Hier werden klassische hierarchische Positionen zugunsten konsequenter Dezentralisierung und Selbstorganisation abgeschafft. Die Position der disziplinarischen Führungskraft, die für ein Team verantwortlich ist, gibt es nicht mehr. Stattdessen können sich Führungsaufgaben auf mehrere Rollen verteilen. Diese Rollen sind dynamisch besetzt und ein Mensch füllt eine Rolle temporär aus, d. h. auch Menschen mit Führungsaufgaben müssen immer wieder davon loslassen können.
- *Im Kontext der Projektagilität* gelten innerhalb des selbst organisierten Teams die gleichen Ausführungen, wie zur ganzheitlichen Agilität. Ein wesentlicher Unterschied ist hier jedoch die Einbettung in eine umgebende Organisation mit klassischen Führungskräften in der Linie. Daher fokussiert sich die Führung dieser Teams seitens der Kernorganisation nicht nur darauf, die Ausrichtung auf das angestrebte Ziel sicherzustellen, sondern auch die Teams freizuhalten von den ggf. negativen Einflüssen (Regeln, Glaubenssätze und unsichtbaren Beschränkungen) der umgebenden Organisation. Sogenannte eingebettete Unternehmerteams werden durch einen starken, unternehmerischen Projektleiter geführt, den so genannten angestellten Unternehmer. Agile Scrum Teams dagegen folgen einem anderen Rollenmodell, das keinen expliziten Projektleiter, sondern stattdessen differenzierte Rollen vorsieht (z. B. Scrum Master). In beiden Fällen erfolgt die Arbeit innerhalb des Teams weitgehend hierarchiefrei und autonom im Sinne von Freiheiten im Gegensatz zu der (hier: nicht-agilen) Kernorganisation.
- *Im Kontext der Alltagsagilität* bleiben den Führungskräften die hierarchischen Positionen grundsätzlich erhalten. Allerdings gilt es, die damit verbundenen Inhalte und Verantwortlichkeiten konsequent weiterzuentwickeln bzw. zu verändern. Das Ziel ist

es, im bestehenden System Mitarbeiter dabei zu unterstützen, agiler zu arbeiten, und darüber hinaus auch am bestehenden System zu arbeiten, um einen stimmigen Rahmen für individuelle Agilität zu schaffen und einen Beitrag zu einer agileren Organisation zu leisten. Eine agilere Führung in etablierten Unternehmen reicht dabei weit über die reine Einführung agiler Tools hinaus. Es geht vielmehr auch um Fragen der Haltung, Überlegungen zu einer sinnvollen Schrittfolge und Geschwindigkeit agiler Transformationsprozesse sowie der intelligenten Verzahnung der einzelnen agilen Elemente, die eine Führungskraft mit ihrem Team einführen möchte.

Das gemeinsame dabei ist: In keinem Agilitätskontext wird ein traditionelles hierarchisches Führungsverständnis basierend auf formeller Macht, top-down-Weisungen und Kontrolle noch erfolgreich sein. Stattdessen wird die Selbstverantwortung und Selbststeuerung von Teams und einzelnen Mitarbeitern gestärkt – je nach Kontext aber in einem unterschiedlichen Ausmaß. Ebenfalls ein verbindendes Element in jedem Agilitätskontext ist die persönliche Herausforderung einer guten Selbstführung. Voraussetzung für eine gute äußere Führung – egal nach welchem Führungsverständnis – ist immer noch eine gute innere Führung.

Literatur

1. Asgari, B., & Yen, L. W. (2009). Accumulated knowledge and technological progress in terms of learning rates. *Asian Journal of Technology Innovation,* 17(2), 71–99.
2. Baltes, G., & Freyth, A. (2011). Individuelle Veränderungskompetenz als Erfolgsbeitrag für strategische Innovation. In J. Hasebrook (Hrsg.), *Diversity und Innovation* (S. 164 ff.). Aachen: Shaker.
3. Bandura, A. (1997). *Self-efficacy: The exercise of control.* New York: Freeman.
4. Bergmann, F. (2004). *Neue Arbeit, neue Kultur.* Freiburg: Arbor.
5. Brown, S. L., & Eisenhardt, K. M. (1995). Product development: Past research, present findings, and future directions. *Academy of Management Review, 20*(2), 343–378.
6. Covey, S. R. (1992). *The seven habits of highly effective people* (S. 148). Wallingford: Simon & Schuster.
7. Dweck, C. (2007). *Mindset: The new psychology of success.* New York: Ballantine.
8. Dweck, C. (2016). What having a "growth mindset" actually means. *Harvard Business Review,* 13. Jan. 2016.
9. Dyer, J. H., Gregersen, H. B., & Christensen, C. M. (2009). The innovator's DNA. *Harvard Business Review, 87*(12), 60–67.
10. Fallah, M. H., & Lechler, T. G. (2008). Global innovation performance: Strategic challenges for multinational corporations. *Journal of Engineering and Technology Management, 25*(1), 58–74.
11. Faltin, G. (2012). *Erfolgreich führen in Netzwerken, Gemeinsamkeit gestalten.* Wien: Signum.
12. Fischer, S., Weber, S., & Zimmermann, A. (2017). Was ist Agilität und welche Vorteile bringt eine agile Organisation. *Personalmagazin Haufe, 2017*(4), 40 ff.
13. Gigerenzer, G. (2014). *Risiko, Wie man die richtigen Entscheidungen trifft.* München: btb.
14. Gloger, B., & Rösner, D. (2014). *Selbstorganisation braucht Führung.* München: Hanser.

15. Hofert, S. (2016). *Agiler Führen, Einfache Maßnahmen für bessere Teamarbeit, mehr Leistung und höhere Kreativität.* Hamburg: Springer Gabler.
16. Högl, M., & Gemünden, H. G. (2001). Teamwork quality and the success of innovative projects: A theoretical concept and empirical evidence. *Organization Science, 12*(4), 435–449.
17. Jassawalla, A., & Sashittal, H. (2002). Culture that supports product-innovation processes. *Academy of Management Executive, 16*(3), 42–54.
18. Kasch, W. (2013). *Wenn der Chef agil ist. Wirtschaft und Weiterbildung, 10,* 34–37.
19. Kluge, J., & Tietz, V. (2017). Agil & Verteilt, Ein praktischer Leitfaden für verteiltes Scrum mit ETEO®.
20. Kluge, J., & Tietz, V. (2017). Ein starkes Ich für ein starkes Wir. *Sybit agile, 15,* 11–12.
21. Krummaker, S. (2007). *Wandlungskompetenz von Führungskräften.* Wiesbaden: Deutscher Universitäts-Verlag.
22. Kübler, S. (2010). Die Herrscher mit dem Taktstock. Tagesanzeiger, 6. Aug. 2010. http://bit.ly/1gEoTJJ.
23. Kuratko, D. F. (2007). 4 Conclusion: sustaining corporate entrepreneurship. *Foundations and Trends in Entrepreneurship, 3*(2), 187.
24. Laloux, F. (2016). *Reinventing Organizations, Ein illustrierter Leitfaden sinnstiftender Formen der Zusammenarbeit.* München: Vahlen.
25. Lantermann, E., & Döring-Seipel, E. (2005). Selbstverantwortliches Lernen in der Auseinandersetzung mit Unsicherheit und Risiko unter den Bedingungen des globalen Wandels. Universität Bamberg.
26. Leitl, M. (2016). *Lost in transformation. Harvard Business manager, 5,* 30–37.
27. Lencioni, P. M. (2014). *Die 5 Dysfunktionen eines Teams.* Weinheim: Wiley-VCH.
28. Luhmann, N. (1968). *Vertrauen. Ein Mechanismus der Reduktion sozialer Komplexität.* Stuttgart: Enke.
29. Martins, E. C., & Terblanche, F. (2003). Building organisational culture that stimulates creativity and innovation. *European journal of innovation management, 6*(1), 64–74.
30. Mierswa, S. (2016). Die moderne Arbeitswelt verlangt nach agiler Führung, Blog „Führung und Leadership". Haufe Akademie. www.haufe-akademie.de/blog/themen/fuehrung-und-leadership.
31. Panne, G. v. d., Beers, C. v., & Kleinknecht, A. (2003). Success and failure of innovation: A literature review. *International Journal of Innovation Management, 7*(3), 309–338.
32. Pfläging, N. (2015). *Organisation für Komplexität.* München: Redline.
33. Rafferty, A. E., & Griffin, M. A. (2006). Perceptions of organizational change: A stress and coping perspective. *Journal of Applied Psychology, 91,* 1154–1162.
34. Reed, A. H., & Knight, K. V. (2010). Project risk differences between virtual and co-located teams. *Journal of Computer Information Systems, 2010,* 19–30.
35. Rutz, B. (18. Dez. 2015). Agile Leadership: Was agile Führung ausmacht, Haufe. www.haufe.de/personal/hr-management/hr-trends-2016-agile-fuehrung-die-pyramide-steht-kopf_80_333110.html.
36. Sastry, A., & Penn, K. (2014). *Fail better: Design smart mistakes and succeed sooner.* Boston: Havard Business Review Press.
37. Scherber, S. & Lang, M. (Hrsg.). (2015). Agile Führung, Vom agilen Projekt zum agilen Unternehmen, Symposion, Düsseldorf.
38. Shazer, S. de. (2004). *Der Dreh, Überraschende Wendungen und Lösungen in der Kurzzeittherapie.* Heidelberg: Carl-Auer-Systeme.
39. Shikha, G. (2013). Virtual teams versus face to face teams: A review of literature. *IOSR Journal of Business and Management, 11*(2), 01–04.
40. Sørensen, J. B. (2002). The strength of corporate culture and the reliability of firm performance. *Administrative Science Quarterly, 47*(1), 70–91.

41. Spitzer, M. (2006). Lernen. In *Die Entdeckung des Selbstverständlichen* (2. Aufl.). DVD. Weinheim: Beltz.
42. Stöwe, C., & Keromosemito, L. (2004). *Führen ohne Hierarchie, Wie Sie ohne Vorgesetztenfunktion Teams motivieren, kritische Gespräche führen, Konflikte lösen*. Wiesbaden: Gabler.
43. Taleb, N. N. (2014). *Antifragile: Things that gain from disorder*. Random House.
44. Taylor, F. W. (2014). *The principle of scientific management*. Mansfield Centre: Martino Fine Books (Erstveröffentlichung 1911).
45. Thum, G. (2016). *Mut zu Veränderung*. Göttingen: BusinessVillage.
46. Wipfler, H., & Vorbach, S. (2015). *Change management and the human factor*. Cham: Springer.

Weiterfuhrende Literatur

1. Cox, D. (1967). *Risk taking and Information handling in consumer behavior*. Boston: Harvard University.
2. Edmondson, A. C. (1999). Psychological safety and learning behavior in work teams. *Administrative Science Quarterly, 44*(2), 350–383.
3. Greitemeyer, T., & Schulz-Hardt, S. (2003). Preference-consistent evaluation of information in the hidden profile paradigm: Beyond group-level explanations for the dominance of shared information in group decisions. *Journal of Personality and Social Psychology, 84*, 322–339.
4. Kotter, J. P. (2012). Die Kraft der zwei Systeme. *Harvard Business Manager*, 12(12), 22 ff.
5. Lazarus, R. S., & Launier, R. (1978). Stress-related transactions between person and environment. In L. A. Pervin & M. Lewis (Hrsg.), *Perspectives in interactional psychology* (S. 287–327). New York: Plenum.
6. Machunsky, M., & Meiser, T. (2006). Personal Need for Structure als differenzialpsychologisches Konstrukt in der Sozialpsychologie: Psychometrische Analyse und Validierung einer deutschsprachigen PNS-Skala. *Zeitschrift für Sozialpsychologie, 37*(2), 87–97.

Corporate Entrepreneurship stärken: Der angestellte Unternehmer und sein Team

8

Die Rollen und Kompetenzen im Kontext eingebetteter Unternehmerteams

Christoph Selig, Guido Baltes und Antje Freyth

Eingebettete Unternehmerteams (Abschn. 2.5) sind eine konkrete Option, die für den nachhaltigen Erfolg notwendige Ambidextrie (Abschn. 2.4) im Unternehmen zu implementieren. Solche crossfunktionalen, teilautonomen Teams fokussieren auf die iterative Entwicklung integrativer, strategischer Innovationen zum Aufbau neuer Geschäftsfelder, die parallel zur Optimierung des Kerngeschäfts in der Stammorganisation entstehen. So werden die Innovations- und Veränderungsfähigkeiten der Stammorganisation verbessert und die notwendige digitale Transformation unterstützt.

Als hybride Organisationsform vereinen eingebettete Unternehmerteams dazu einige strukturelle Merkmale sowohl von Start-ups als auch von klassischen Linienorganisationen. Dies ist in der Herausforderung begründet, dass diese Unternehmerteams zwei Aufgaben leisten sollen:

Als **Unternehmen im Unternehmen** neue, transformationale[1] Geschäftsbereiche erschließen und aufbauen, die sich aufgrund der betreffenden Technologien und/oder Geschäftsmodelle radikal vom bestehenden Kerngeschäft unterscheiden, und

[1]Transformationale Innovationsinitiativen [16] zielen auf Wachstumspotenziale durch innovationsgetriebene Diversifikation mit neuen Produkten und Dienstleistungen in neue Märkte.

C. Selig (✉) · G. Baltes
IST Innovationsinstitut, Hochschule Konstanz, Konstanz, Deutschland
E-Mail: selig@innovationsinstitut.org

G. Baltes
E-Mail: baltes@innovationsinstitut.org

A. Freyth
Veränderungsintelligenz GmbH, Reichenau, Deutschland
E-Mail: freyth@veraenderungsintelligenz.de

G. Baltes und A. Freyth (Hrsg.), *Veränderungsintelligenz*,
https://doi.org/10.1007/978-3-658-04889-1_8

gleichzeitig durch **Einbettung,** d. h. einer starken Verbindung zur Stammorganisation, nicht nur den Zugang zu deren Ressourcen zu sichern, sondern auch im Sinne eines *Strategic Spill-over*[2] die strategische Transformation der Stammorganisation zu unterstützen und die neu aufzubauenden Geschäftsbereiche mit dem bestehenden Kerngeschäft zu vernetzen.

Aufgrund dieser dualen Herausforderung kommt der organisationalen Schnittstelle zwischen dem Unternehmerteam und der Stammorganisation besondere Bedeutung zu. Ohne eine geeignete Einbettung, d. h. Verbindung mit und in die Stammorganisation hinein, könnte zwar möglicherweise ein neues, separates Geschäft aufgebaut werden (z. B. als Stand-alone-Start-up), die strategische Wirkung dieser Aktivität auf die Stammorganisation würde jedoch, abseits des finanziellen Beteiligungswertes, marginal bleiben.[3] Eine erfolgversprechende Einbettung bzw. Anbindung bedingt aber, dass das (eingebettete) Unternehmerteam Akzeptanz in der Stammorganisation findet. Dafür müssen die Mitarbeiter der Stammorganisation die Möglichkeit haben, möglichst barrierefrei die alternativen Vorgehensweisen und Methoden des Unternehmerteams zu beobachten, aus dieser Beobachtung zu lernen und sich idealerweise diese Vorgehensweisen und Methoden auch aneignen zu können. Gleichzeitig aber darf das Unternehmerteam nicht (zu sehr) durch Regelungen bzw. Vorgaben der Stammorganisation behindert werden (vgl. Autonomiekrisen Abschn. 2.5).

Der unternehmerische Projektleiter, der dieses Team führt – der *angestellte Unternehmer* oder *Corporate Entrepreneur*[4] –, hat daher ebenfalls eine duale

---

[2]Aktivitäten des Unternehmerteams sollen idealerweise Auswirkungen auf andere Bereiche der Stammorganisation haben: strategische Synergieeffekte mit bestehenden Produkten und Services, Infusion neuer Vorgehensweisen und Methoden, Veränderung der Unternehmenskultur etc.

[3]Die Axel Springer SE z. B. geht eher diesen Weg, der mehr dem Gedanken einer Portfolio-Steuerung als dem einer strategischen Transformation folgt: Neue, digitale Geschäfte werden aufgebaut (z. B. Über Springer Plug-‚n‘-Play-Inkubator, Springer Digital) und parallel werden „alte“, analoge Geschäfte abgegeben (z. B. durch den Verkauf einer Anzahl an Regionalzeitungen an die Funke Gruppe im Jan. 2014).

[4]Die hier verwendete Bezeichnung *Corporate Entrepreneur* folgt der Definition von Kierulff *„I define a corporate entrepreneur as a person (or sometimes a team of persons) in an existing corporation who examines potential new market opportunities, obtains resources to meet attractive opportunities, and initiates production and sales. In short, the person starts a new business venture within the company“* [11]. In der Literatur wird mitunter auch der Begriff *Intrapreneur (Intracorporate Entrepreneur)* gleichdeutend verwendet. Um hier mehr Klarheit zu gewinnen, wird im Folgenden der Begriff des *angestellten Unternehmers* verwendet, der im Sinne des Corporate Entrepreneurs der Definition von Kierulff folgt, im speziellen eingegrenzt auf den Fall des *„teams of persons“*. Einzelne, individuell unternehmerisch handelnde Individuen in der Organisation, häufiger als Intrapreneure bezeichnet, sind damit nicht Gegenstand der Betrachtung.

Herausforderung, indem er nicht nur das Team intern führt, sondern auch das zielgerichtete Stakeholder-Management in die Stammorganisation hinein verantwortet. Er agiert dabei als *linking pin*[5] des Unternehmerteams zur Stammorganisation. Der angestellte Unternehmer muss sich also sowohl in einem Start-up-ähnlichen Umfeld wie auch im Corporate-Kontext größerer Organisationen zurechtfinden können. Daher teilt der angestellte Unternehmer Charakteristiken sowohl mit dem Entrepreneur (Start-up-Gründer) als auch mit dem Linienmanager (Corporate Manager) – und ist dennoch von beiden zu unterscheiden.[6]

So wird beispielsweise ein „klassischer" Start-up-Gründer, motiviert durch seine ureigenen Ziele (ergo *nicht* die Ziele der Stammorganisation), nach maximalem Freiraum streben und dabei Regeln oder übergeordnete Zielsetzungen der Stammorganisation als Begrenzungen wahrnehmen – und wenig Motivation im Streben nach den zuvor genannten Spill-over-Effekten finden. Einem „klassischen" Linienmanager würden umgekehrt das vergleichsweise hohe Maß an Freiraum sowie das Fehlen definierter Prozesse ungewohnte Herangehensweisen abfordern – die ihn gegebenenfalls überfordern –, sodass die erhofften Ergebnisse vielleicht nicht erzielt werden.

Für die Rolle des angestellten Unternehmers (Abschn. 8.5) kommt es daher darauf an, ein Profil (Abschn. 8.3 und 8.4) mit einer geeigneten Balance zwischen dem Profil eines Start-up-Gründers (Abschn. 8.1) und dem eines Corporate Managers (Abschn. 8.2) zu finden. Dazu beschreiben wir das Profil des erfolgreichen angestellten Unternehmers anhand der förderlichen Persönlichkeitsmerkmale (Abschn. 8.3) sowie der erfolgskritischen Kompetenzen und Motivationen (Abschn. 8.4). Illustriert und verdeutlicht wird die Bedeutung der jeweiligen Charakteristika anhand kurzer Fallbeispiele von Unternehmen bzw. angestellten

---

[5]Dem Linking-Pin-Modell (vgl. Rensis Lickert) folgend, sollte der angestellte Unternehmer nicht nur das Unternehmerteam leiten, sondern gleichzeitig Teil der Stammorganisation sein. Dort, in der Verantwortung als Projektleiter für das definierte strategische Innovationsprojekt, kann er beispielsweise direkt berichtend an den CEO oder als Teil der Geschäftsführung o. Ä. Teil der (Stamm-)Organisation bzw. des Organigramms sein. Auf diese Weise wird eine in seiner Person liegende Überlappung entstehen, die die Vernetzung von Stammorganisation und Unternehmerteam forciert.

[6]Abhängig von der organisatorischen Ausgestaltung des eingebetteten Unternehmerteams kann der angestellte Unternehmer eine disziplinarische Führungsverantwortung ausprägen oder „nur" laterale Führung ausüben. Die hier dargestellten Forschungsergebnisse beruhen auf empirischen Untersuchungen von Fällen mit disziplinarischer Führung, die jedoch auch für laterale Führung weitgehend Gültigkeit haben.

Unternehmern aus der Praxis.[7] Dabei fokussieren wir auf die für den Erfolg des angestellten Unternehmers wesentlichen Merkmale und Eigenschaften. Diese Hinweise können in der Praxis für den Aufbau und die Besetzung solcher Teams, aber auch für die gezielte Weiterentwicklung von Mitarbeitern und Führungspersonal genutzt werden.

Diese Fragen werden Ihnen im folgenden Kapitel beantwortet

- Wie unterscheidet sich der angestellte Unternehmer von anderen Rollen im Innovationsumfeld?
- Warum werden Aufgaben des angestellten Unternehmers nicht von anderen Rollen abgedeckt?
- Welche Herausforderungen begegnen einem angestellten Unternehmer im Rahmen dieser Rolle?
- Wie helfen die Merkmale und Kompetenzen des angestellten Unternehmers, diese Herausforderungen anzugehen?
- Welche Aufgaben müssen ein angestellter Unternehmer und sein Team erfüllen?
- Wie kann die minimale (Start-)Besetzung eines eingebetteten Unternehmerteams aussehen?
- Wie können die erforderlichen Kompetenzen und sinnvollen Persönlichkeitsstile der Teammitglieder für ein passgenaues Recruiting und eine gezielte Entwicklung diagnostiziert werden?
- Wie kann die Zusammenarbeit der Teammitglieder optimiert werden?
- Welche weiteren Rollen, die nicht zum Kernteam des Unternehmerteams gehören, begegnen dem Team während der Arbeit?

8.1 Der Start-up-Gründer (Entrepreneur)

Der Ursprung des Begriffes *Entrepreneur* liegt im französischen *entreprendre = unternehmen* und dem lateinischen *pre(he)ndere = nehmen, ergreifen.* Der Begriff beschreibt im Deutschen einen Unternehmensgründer bzw. Start-up-Gründer.[8]

[7]In der diesem Buch zugrundeliegenden Forschungsarbeit wurden ca. 2000 Technologieunternehmen im deutschsprachigen Raum zur Ausgestaltung der Unternehmerteam-Stammorganisation-Schnittstelle befragt. Auf diesen Ergebnissen aufbauend wurden, zum aktuellen Stand, in etwa 40 Unternehmen ca. 60 eingebettete Unternehmerteams mit Tiefeninterviews untersucht. Dabei wurden die Teamleiter (angestellte Unternehmer), Teammitglieder aus der frühen Phase der (Unternehmer-) Teams sowie die Person in der Rolle des „Beirates" (häufig ein Mitglied der Unternehmensleitung) für jeweils ca. 90 min einzeln interviewt. Die Interviews, aktuell mehr als 20.000 Interviewminuten wurden aufgezeichnet, transkribiert, codiert und quantitativ wie qualitativ ausgewertet. Die nachfolgend dargestellten Zitate und Hinweise auf Erfahrungen sowie die Praxisbeispiele beziehen sich auf diese einzigartig breite und repräsentative Datenbasis [26, 25].

[8]Vgl. Definition Duden: *Entrepreneur.*

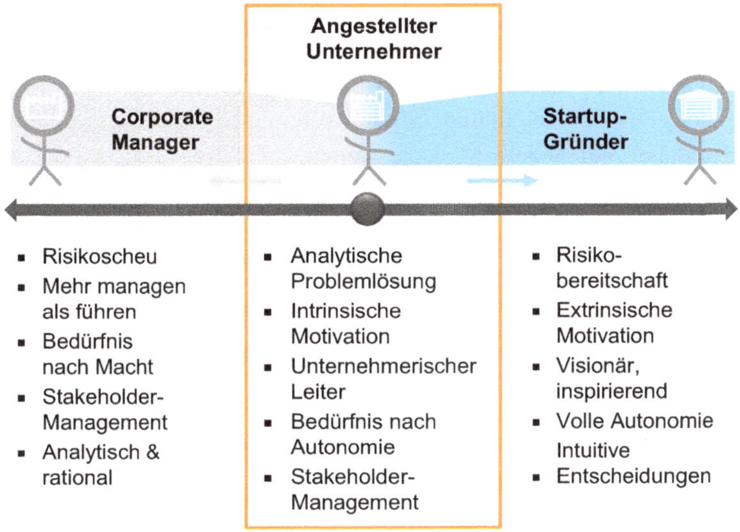

Abb. 8.1 Angestellter Unternehmer – zwischen Start-up-Gründer und Corporate Manager

Er bildet einen der Extrempole (vgl. Abb. 8.1) bezüglich der Eigenschaften des angestellten Unternehmers und unterscheidet sich, so wie wir ihn hier verstehen, vom selbstständigen Unternehmer oder Handwerker durch den Geschäftszweck, der beim Start-up-Gründer in der Durchsetzung eines marktverändernden, innovativen Produkts oder Dienstleistung liegt. Hierbei geht der Start-up-Gründer ein überdurchschnittlich hohes Risiko ein und kompensiert dieses durch überproportionale Expansionsabsichten und Wachstumserwartungen für sein Unternehmen. Diese Vorstellung folgt der Klassifizierung des Entrepreneurs in der evolutorischen Ökonomik: *„Eine Person, die bereit und fähig ist, neue Ideen oder Inventionen in erfolgreiche Innovationen umzusetzen"* [24].

Um in diesem Sinne erfolgreich Innovationen am Markt durchzusetzen, werden dem Start-up-Gründer folgende für unsere Betrachtung wesentlichen **Persönlichkeitsmerkmale** zugeschrieben:[9]

- **Hohe Offenheit für Neues:** Das Hinterfragen des Status quo, um Neues zu finden, ist eine Voraussetzung, um Veränderung voranzutreiben und Innovation zu etablieren. Hierfür ist Offenheit für Neues nicht nur eine hilfreiche, sondern sogar eine notwendige Eigenschaft [4].
- **Hohe Risikobereitschaft:** Um mit der hohen Unsicherheit gut umgehen und Entscheidungen auch mit wenig Informationen relativ schnell treffen zu können, wird für

[9]Diese und die nachfolgende Auflistung stellt einen auf den hier relevanten Untersuchungsumfang fokussierten Auszug dar, der die elementarsten Eigenschaften des Start-up-Gründers abbildet, ohne Anspruch auf Vollständigkeit zu erheben [26].

Start-up-Gründer eine überdurchschnittlich hohe Risikobereitschaft als notwendige Eigenschaft angesehen [3].

- **Hohe Extraversion:** Innovationen erfordern vielseitige Kompetenzen, die im Regelfall nicht eine Person alleine auf sich vereinigt. Extraversion unterstützt Start-up-Gründer dabei, auf andere Menschen zuzugehen, was u. a. bei der Kaltakquise möglicher Kunden hilfreich ist [30].
- **Hohe emotionale Stabilität:** Emotionale Stabilität (als Gegenpol zu Neurotizismus) hilft, mit Rückschlägen und unerwarteten Änderungen umzugehen. Der Umgang mit Stress, hoher Arbeitslast, aber auch psychischem Druck (finanzielles Risiko etc.), fällt leichter [22].
- **Hohe Chancenorientierung:** In der Veränderung liegen Bedrohungen – aber auch Chancen. Der Unterschied ist häufig nur eine Frage der Wahrnehmung bzw. des eigenen mentalen Modells. Die Orientierung an Chancen ist verwandt mit dem Persönlichkeitsmerkmal des Optimismus [7].

Neben diesen Persönlichkeitsmerkmalen zeichnen sich erfolgreiche Start-up-Gründer durch **Kompetenzen** aus, die nicht unbedingt alle in dieser einen Person, aber zumindest innerhalb des initialen Gründerteams abgedeckt sein sollten:

- **Sehr gute Netzwerkfähigkeit:** Die Herstellung von Kontakten und der langfristige Aufbau eines Netzwerks sowie dessen Pflege stellen wesentliche Aufgaben von Start-ups dar, ob bei der Suche nach Investoren oder Partnern, bei der Bildung des Gründerteams selbst oder beim Aufbau erster Kundenbeziehungen [2].
- **Sehr gute Kommunikationsfähigkeit:** Eine Voraussetzung für den Aufbau eines Netzwerkes ist bspw. die Fähigkeit, eine Idee so zu kommunizieren, dass Kunden, Partner, Investoren oder Mitarbeiter diese verstehen, davon überzeugt werden und sich dafür begeistern können [20].
- **Sehr gute Motivationsfähigkeit:** Das Team gilt als Schlüsselfaktor bei einer Gründung. Besonders im Hinblick auf Rückschläge, die überdurchschnittlich hohe Arbeitslast und dem damit verbundenen Stress ist die Fähigkeit, ein Team zu motivieren, von großer Relevanz [1].
- **Sehr gute Experimentierfähigkeit:** Sie wird als „Macher-Mentalität" bezeichnet und führt dazu, dass Ausgangshypothesen durch Experimente validiert und Lernerfahrungen generiert werden, die für die Weiterentwicklung entscheidend sind. Experimentierfähigkeit ist als solche verwandt mit Lernbereitschaft und Selbstreflexion [7].

8.2 Der Corporate Manager

Der Corporate Manager (Linienmanager) bildet den zweiten Extrempol (vgl. Abb. 8.1) bezüglich der Eigenschaften des angestellten Unternehmers. Generell wird der Corporate Manager verstanden als eine Rolle auf der Ebene des unteren (operativ), des mittleren (taktisch) oder des Top-Managements (strategisch), die für Planung, Führung und Controlling verschiedener Einheiten innerhalb einer Organisation verantwortlich ist. Aufgrund der Vielfältigkeit der Rollen in einer arbeitsteiligen Organisation werden verschiedene Managerrollen differenziert, die jeweils in Abhängigkeit von der gestellten Aufgabe leicht unterschiedliche Eigenschaften und Fähigkeiten erfordern. Am ehesten relevant für den hier im Fokus stehenden Kontext von Innovation und Veränderung sind hierbei die Rollen des Innovationsmanagers und die des Projektmanagers.

Der **Innovationsmanager** ist zuständig für Innovationsvorhaben, was im Konkreten neben dem Aufspüren und Auswählen von vielversprechenden Ideen (intern und extern) vor allem die Unterstützung bei der Überwindung von typischen Innovationsbarrieren innerhalb der Organisation umfasst.

Der **Projektmanager** hat eine Managerrolle, die durch die zunehmende Dezentralisierung und die Unterstützung sekundärer Organisationsstrukturen (Abschn. 2.2) an Bedeutung gewonnen hat. Projektmanager leiten interdisziplinäre, heterogene Teams auf Basis einer eher generalistischen Veranlagung und eines hohen Maßes an Sozialkompetenz.

Für die Ableitung von erfolgsrelevanten Charakteristiken des angestellten Unternehmers besonders relevant sind jene für Innovations- bzw. Projektmanager beschriebenen **Persönlichkeitsmerkmale,** die als wesentlich und hilfreich für innovations- bzw. veränderungsorientierte Handlungskontexte identifiziert wurden:[10]

- **Mittlere Offenheit für Neues:** Veränderungen im Unternehmen erfordern grundsätzlich auch von Managern Offenheit. Jedoch sind etablierte Unternehmen gleichzeitig relativ stabil, sodass im Vergleich zum Start-up-Gründer weniger Offenheit gegenüber neuen Entwicklungen bzw. Veränderungen erforderlich ist [5].
- **Hohes Maß an Gewissenhaftigkeit:** Koordination setzt voraus, dass zugeteilte Aufgaben plangemäß und termingerecht erfüllt werden. Dies erfordert Gewissenhaftigkeit und damit einhergehende Zuverlässigkeit. Corporate Manager zeichnen sich durch ein hohes Maß an beidem aus [29].
- **Hohes Maß an Verträglichkeit:** Das Überleben einer Organisation hängt angesichts möglicherweise divergierender individueller Interessen davon ab, dass – wenngleich auch nicht immer und zu jedem Zeitpunkt, so doch zumindest grundsätzlich – an einem Strang gezogen wird, um gemeinsam den Unternehmenserfolg zu sichern. Dies setzt eine ausgeprägte Verträglichkeit im Umgang mit anderen voraus [29].
- **Geringe Risikobereitschaft:** Größere Organisationen verhalten sich häufig risikoavers, was sich in einer geringen bis mittleren Risikobereitschaft ihrer Manager

[10]Diese und die nachfolgende Auflistung stellt einen auf den hier relevanten Untersuchungsumfang fokussierten Auszug dar, der die förderlichen Eigenschaften des Corporate Managers in innovations- und veränderungsrelevanten Kontexten abbildet, ohne Anspruch auf Vollständigkeit zu erheben [26].

widerspiegelt. Zudem gilt ein Angestelltenverhältnis (im Gegensatz zu einer selbstständigen Tätigkeit) als relativ risikoarm [27].

Neben diesen Persönlichkeitsmerkmalen zeichnen sich die Rollen von Innovations- bzw. Projektmanager durch folgende **Kompetenzen** aus:

- **Sehr gute Problemlösungsfähigkeit:** Für die schnelle und strukturierte Bearbeitung von aufkommenden Problemen gilt es, die Probleme für Dritte nachvollziehbar anzugehen, in Teilprobleme herunterzubrechen, Lösungsvorschläge auszuarbeiten und diese umzusetzen [18].
- **Sehr gutes Stakeholder-Management:** Diese Fähigkeit umfasst, Sensibilität für die Organisation und deren Belange zu entwickeln, relevante Stakeholder zu identifizieren und deren Erwartungen und Zielsetzungen mit dem eigenem Vorgehen und den eigenen Zielen abzugleichen [15, 10].
- **Sehr gute Leadership-Fähigkeiten:** Ein Corporate Manager sollte fähig sein, Führungsstile situations- und aufgabenabhängig einzusetzen, ein Team je nach Aufgabenstellung mehr zu führen (explorative Themen) oder mehr zu managen (effizienzorientierte Themen), wobei das Managen meist überwiegt [23].
- **Sehr gute Zielorientierung:** Aufgabe des Corporate Managers ist die Erfüllung definierter bzw. vorgegebener Ziele, die zur Erreichung von Unternehmenszielen beitragen (sollen). Die Fähigkeit, diese Ziele den Vorgaben entsprechend umzusetzen, wird auch als *Delivery Skill* beschrieben [7].
- **Sehr gute Planungs- und Organisationsfähigkeit:** Zur Koordination, insbesondere zur Bearbeitung mehrerer parallel zu verantwortender Projekte, müssen Manager die dafür benötigte Zeit der Mitarbeiter sowie deren Kompetenzen zielführend planen und organisieren können [6].

8.3 Persönlichkeitsmerkmale des angestellten Unternehmers

Die Rolle des angestellten Unternehmers nimmt Anleihen sowohl bei den Persönlichkeitsmerkmalen des Start-up-Gründers als auch bei denen des Corporate Managers. Diese Balance (Abb. 8.1) ist kontextabhängig zu gestalten – es gibt also nicht das EINE ideale Persönlichkeitsprofil für einen erfolgreichen angestellten Unternehmer. Jedoch sind einige Persönlichkeitsmerkmale[11] kontextunabhängig signifikant für erfolgreiche angestellte Unternehmer und zeichnen diese aus [26]:

[11]Die in diesem Abschnitt vorgestellten Persönlichkeitsmerkmale stellen lediglich einen Auszug der förderlichen Merkmale des angestellten Unternehmers dar, der nach Auswertung der diesem Buch zugrundeliegenden Forschung jedoch die wichtigsten bzw. erfolgskritischsten dieser Merkmale umfasst.

Mittlere Risikobereitschaft ist eine für den angestellten Unternehmer notwendige Eigenschaft, da aufgrund des hohen Unsicherheitsfaktors bei eingebetteten Unternehmerteams ständig risikobehaftete Entscheidungen getroffen werden müssen [28, 12]. Im Vergleich zu einem Start-up-Gründer ist aber eine geringere Risikobereitschaft erforderlich, da zum einen kein eigenes Kapital in das eingebettete Unternehmerteam investiert werden muss und zum anderen – trotz der erhöhten Gefahr zu scheitern – eine Anstellung in der Mutterunternehmung gewährleistet ist. Im Vergleich zum Corporate Manager ist die Risikobereitschaft jedoch deutlich höher ausgeprägt. Beispielsweise ist der angestellte Unternehmer eher bereit, die eigene Karriere innerhalb der Stammorganisation den unternehmerischen Zielen des eingebetteten Unternehmerteams unterzuordnen und der unternehmerischen Gestaltung im Rahmen des eingebetteten Unternehmerteams Priorität einzuräumen.

Fallbeispiel: Erhöhte Risikobereitschaft des angestellten Unternehmers

Ein angestellter Unternehmer hat die Leitung eines Digitalisierungsteams bei einem großen mittelständischen Unternehmen übernommen. Er ist Mitte 30, verheiratet, hat zwei Kinder und arbeitet nach einer längeren Zeit bei einer Unternehmensberatung und einer kurzen Phase in der Start-up-Welt nun in seiner dritten beruflichen Station als angestellter Unternehmer.

Im Zusammenhang mit Risikobereitschaft berichtete er von seiner Zeit bei einem der größten deutschen Beratungsunternehmen. Als er nach längerer Zeit und mit guten Aufstiegschancen entschied, das Unternehmen in Richtung der Start-up-Welt – als sogenannter *Entrepreneur in Residence*[12] – zu verlassen, war dies für seine Kollegen aufgrund des vergleichsweise hohen wirtschaftlichen Risikos nicht nachvollziehbar.

Aus seiner Sicht dagegen bestand kaum ein Risiko, da er als Entrepreneur in Residence ein Gehalt bezog, also nur auf Zeit einen moderaten finanziellen Verlust erlitt. Aufgrund seiner Qualifikation ging er davon aus, im Falle des Scheiterns jederzeit eine seiner vorherigen Position vergleichbare Beschäftigung finden zu können. Eine eigene Start-up-Gründung – trotz einiger vielversprechender Ideen – war für ihn aufgrund des Risikos („Alles auf eine Karte") jedoch keinesfalls denkbar.

Zu hohe Risikoaversität (Corporate Manager) könnte beispielsweise zu langen Analysen möglicher Einflussfaktoren und damit dem Verpassen von Möglichkeiten führen (zur Bedeutung dieses Window of Opportunity vgl. Abschn. 1.1 und 1.4). Umgekehrt

[12] *Entrepreneur in Residence* beschreibt eine bei einem Venture Capitalist (VC) angestellte Person, die neben der Arbeit für den Venture Capitalist (Analyse von Geschäftskonzepten, Unterstützung bei der Start-up-Bewertung etc.) ebenfalls immer wieder für einen bestimmten Zeitraum bei einem der Start-ups aus dem Portfolio des VCs mitarbeitet und dort verschiedene Tätigkeiten wie bspw. den Aufbau des Onlinemarketings für sechs Monate übernimmt. Dabei macht der Entrepreneur in Residence wichtige Erfahrungen, auf die er bei einer eigenen Start-up-Gründung aufbauen kann. Typischerweise erhält der VC im Gegenzug das Recht des Erstinvestors bei diesem Start-up.

könnte zu hohe Risikoaffinität (Start-up-Gründer) innerhalb der Stammorganisation als irrational und inakzeptabel wahrgenommen werden. Die Krise der Deutschen Bank zeigt zudem deutlich, wie zu hohe Risikoaffinität angestellter Manager zu verdeckten Risiken in der Organisation führen kann, die im Sinne der Nachhaltigkeit kaum empfehlenswert scheinen.[13]

In diesem Sinne sind angestellte Unternehmer aufgrund moderat erhöhter Risikoaffinität auch bei schlechter Informationslage und großer Unsicherheit eher bereit, Risiken zu akzeptieren, um handlungsfähig zu bleiben. Sie bezeichnen diese Risiken in den Interviews als *„kalkuliertes Risiko"*, weil sie die (wenigen) verfügbaren Informationen gründlich analysieren, das Worst-Case-Szenario prüfen und gleichzeitig das Gefühl haben, die relevanten Faktoren in der Art steuern und beeinflussen zu können, dass am Ende das gewünschte Ziel erreicht wird.[14]

Hohe Selbstwirksamkeit und Selbstvertrauen sind stark mit dem Eingehen kalkulierter Risiken verbunden. Der angestellte Unternehmer nimmt seine Fähigkeiten (überdurchschnittlich) positiv wahr und meint gut einschätzen zu können, was er damit zu erreichen vermag. Ein damit verwandter Aspekt ist die Kontrollillusion, welche Menschen glauben lässt, Sachverhalte beeinflussen zu können, die nachweislich nicht beeinflussbar sind. Entrepreneure zeigen hier hohe Werte, was dazu führt, dass Start-up-Gründer Risiken bisweilen nicht als solche erkennen und stattdessen glauben, die Situation steuern zu können. Die Ausprägung dieses Merkmals scheint beim angestellten Unternehmer, ähnlich wie bei der Risikotoleranz, überdurchschnittlich hoch zu sein, jedoch nicht auf demselben, hohen Niveau von Start-up-Gründern. In Kombination mit der hohen Selbstwirksamkeit kann dies auch beim angestellten Unternehmer dazu führen, dass sich seine Risikowahrnehmung (also nicht die Risikotoleranz) von der in der Stammorganisation deutlich unterscheidet, er also vermeintlich deutlich höhere als die zu akzeptierenden Risiken eingeht (weil er sie eben als solche nicht wahrnimmt oder anders bewertet).

Daher ist es eminent wichtig, die Schnittstelle von der Stammorganisation zum Unternehmerteam geeignet zu gestalten, dem angestellten Unternehmer eine Art **Beirat** zur Seite zu stellen (Abschn. 2.5), der die Risikowahrnehmung der Stammorganisation spiegelt und dem angestellten Unternehmer Transparenz über Entscheidungsoptionen und -gründe abverlangt (ohne dabei notwendigerweise Einfluss auf die Entscheidungsfindung zu nehmen). Dies stellt sicher, dass die sogenannten kalkulierten Risiken in der Tat kalkuliert sind und führt gleichzeitig zu einer wechselseitigen Sozialisierung: Die Risikotoleranz der Stammorganisation mag auf eine gesunde Weise gesteigert und die

[13]Schulz, B. (2016) Der große Kater, DIE ZEIT 27.09.2016.

[14]Während der stark analytische Umgang mit Risiken in den konkreten Fällen objektiv nachvollzogen werden kann, scheint die überhöhte internale Kontrollüberzeugung objektiv nicht immer nachvollziehbar – sie scheint aber sehr hilfreich in Bezug auf den Erhalt der Handlungsfähigkeit.

Risikowahrnehmung des angestellten Unternehmers auf eine geeignete Weise kalibriert werden.

Dieses Zusammenspiel zwischen Beirat und angestelltem Unternehmer – im Interview von den „Beiräten" häufig als „Führung" und von den angestellten Unternehmern häufig als „Coaching" beschrieben – wird von den angestellten Unternehmern (im Gegensatz zu Start-up-Gründern) nicht nur akzeptiert, sondern auch begrüßt. Dies scheint eng mit ihrem **hohen Verantwortungsbewusstsein** zusammenzuhängen, das sich in eine professionelle und private Dimension unterteilen lässt.

In der **professionellen Dimension** manifestiert sich dieses Verantwortungsbewusstsein in einer ausgeprägten Loyalität gegenüber der Mutterorganisation und der Priorisierung strategischer Ziele der Stammorganisation gegenüber individuellen (finanziellen) Motivationen.

Fallbeispiel: Verantwortungsbewusstsein und Loyalität gegenüber der Stammorganisation

Eine Führungskraft Mitte fünfzig bei einem großen internationalen Unternehmen der Telekommunikationsbranche arbeitet seit vielen Jahren für dieses Unternehmen. Im Laufe dieser Zeit kam dieser „angestellte Unternehmer" zu der Überzeugung, dass „Intrapreneurship"[15] für die Innovationsfähigkeit des Unternehmens höchst relevant sein könnte. Er überzeugte aus eigener Initiative einen der Top-Manager als informellen Sponsor und startete ein „Undercover"-Pilotprojekt, das einige interne Teams mit innovativen Geschäftsideen unterstützte.

Je sichtbarer deren Aktivitäten wurden, desto mehr stieß er auf Widerstände verschiedener Stakeholder im Unternehmen, nicht zuletzt, weil das Projekt nicht offizieller Teil der Unternehmensstrategie war. Es war ihm immer bewusst, dass dies seine Karriere im Unternehmen deutlich negativ beeinflussen konnte, aber er hielt dennoch an der Initiative fest, die nach Höhen und Tiefen heute tatsächlich Teil der Innovationsstrategie des Unternehmens geworden ist.

Auf Nachfrage – zu einem Zeitpunkt, wo das Projekt kurz vor der Ablösung stand –, was ihn dazu bewogen hat, trotz der massiven Widerstände und Karriererisiken weiterzumachen, antwortete er, dass ihm das Thema und dessen Relevanz für das Unternehmen wichtiger seien als seine persönliche Karriere dort.

In der **persönlichen Dimension** manifestiert sich dieses Verantwortungsbewusstsein in den persönlichen Lebensumständen. Abgesehen von ganz wenigen Ausnahmen sind alle

[15] Mit *Intrapreneurship* gemeint ist hier, in Abgrenzung zum vorher diskutierten Begriff des Corporate Entrepreneurship, das unternehmerische Verhalten eines Individuums, nicht notwendigerweise im Sinne eines angestellten Unternehmers, sondern eher im Sinne der individuellen Umsetzung einer Unternehmenskultur, die Unternehmerorientierung betont und fordert (vgl. dazu Abschn. 2.3).

im Rahmen dieser Forschung untersuchten erfolgreichen angestellten Unternehmer im Familienstand verheiratet und haben (in der Regel mehrere) Kinder. Das Familienleben wird reflektiert als *„wichtig"* und *„aktiv"* beschrieben. Hier wird auch die moderate Risikoaffinität gespiegelt: Vor dem Hintergrund der familiären Situation wird das subjektiv als sicherer empfundene Angestelltenverhältnis einer eigenen Gründung vorgezogen. Diese familiären Lebensumstände signalisieren generell eine eher konservative, nachhaltige Werte- und Normenausrichtung, die sich auch im professionellen Verhalten widerspiegelt. Gleichzeitig signalisiert dies an die Stammorganisation, dass die Bindung dieser Mitarbeiter potenziell hoch und die Gefahr einer Abwanderung in ein eigenes oder anderes Start-up eher gering ist.

Dieser eher konservativen Werte- und Normenausrichtung folgend, akzeptieren angestellte Unternehmer durchaus ein überdurchschnittlich hohes Arbeitspensum – versuchen dies aber bewusst in Einklang mit einem als aktiv beschriebenen Familienleben zu bringen.[16] Diese Werte- und Normenausrichtung, die Priorisierung der Work-Life-Balance und andere Faktoren lassen die Rolle des angestellten Unternehmers als recht konsistent mit den Werten und Prioritäten der Spitzenleister in der Generation Y[17] erscheinen. Daher scheint es mehr als sinnvoll – völlig unabhängig von etwaigen Innovations- bzw. Veränderungsprojekten –, Mitarbeitern Karriereoptionen als angestellte Unternehmer anbieten zu können, um im Sinne des *Employer Branding* als attraktiver Arbeitgeber zu gelten und damit besseren Zugang zum hoch qualifizierten und -motivierten Nachwuchs zu erhalten.

Fallbeispiel: Angestellter Unternehmer – „Mein Weg, Mitarbeiter zu sein."

Ein angestellter Unternehmer hatte für seine Stammorganisation ein neues Geschäft innerhalb von zwei Jahren von 7 auf 120 Mitarbeiter profitabel aufgebaut. Auf die Frage, warum er seine augenscheinlich sehr ausgeprägten Gründerfähigkeiten nicht besser monetarisiere, z. B. als Entrepreneur in Residence bei einem Risikokapitalfonds, antwortete er im Interview: *„Ich würde nie [Stammorganisation] verlassen."* Auf die Replik, dass er das ja schon getan habe, weil sein Team eine eigenständige Gesellschaft *(Legal Entity)* formt, an der die Stammorganisation nicht einmal die Mehrheitsanteile besitzt, antwortete er: *„Das ist mein Weg, Mitarbeiter von [Stammorganisation] zu sein."*

Erfolgreiche angestellte Unternehmer zeigen sich (im Unterschied zu erfolgreichen Start-up-Gründern) in der persönlichen Motivlage folgerichtig weniger egoistisch und weniger monetär interessiert. Sie beschreiben zwar einen gemessen an ihrem Qualifikationsniveau

[16]Ein Beispiel: Der angestellte Unternehmer verlässt das Office immer so, dass er am Abendessen teilnehmen und die Kinder zu Bett bringen kann. Danach arbeitet er bis zum späten Abend weiter.

[17]Diese fokussieren auf individuelle Entwicklung, Sinnstiftung im Beruf, persönliche Weiterentwicklung, Zeit für Partner und Familie etc. Vgl. dazu auch [14], [17] und [13].

eher moderaten bis moderat-hohen Gehaltsrahmen zur Erreichung eines als „gut“ empfundenen Lebensstandards[18] als Hygienebedingung, sehen aber keine Motivation darin, deutlich darüber hinaus zu verdienen – akzeptieren es allerdings auch nicht, über längere Zeit unter dieses Hygieneniveau zu fallen. Monetäre Anreize scheinen daher insgesamt zur Rekrutierung angestellter Unternehmer wenig geeignet, sondern eher toxisch, würden diese doch eine eher ungeeignete Zielgruppe ansprechen, die vor allem egoistisch und monetär motiviert ist und weniger die strategische Zielsetzung der Stammorganisation im Blick hat.

Fallbeispiel: Angestellter Unternehmer – Finanzielle Sicherheit

„Also ja, ich würde auf einen Teil [meines Gehaltes] verzichten, wobei ich durch die Familie auch Verpflichtungen habe. Das heißt, ich muss gucken, dass da die Balance stimmt. Also jetzt zu sagen, ich gehe jetzt wirklich ganz raus, ohne dass ich weiß, ob das Start-up, das ich aufbaue, auch irgendwie finanziert ist, das würde ich momentan nicht machen.“

Erfolgreiche angestellte Unternehmer erklären eher den **Freiraum** in ihrer Tätigkeit und die Möglichkeit, **unternehmerische Verantwortung** wahrzunehmen, als motivierende Elemente. Für sie liegt darin eine Möglichkeit der Selbstverwirklichung im beruflichen Kontext und folgerichtig beschreiben mehr als 90 % der erfolgreichen angestellten Unternehmer ihr Projekt als „mein Baby“. Ihre intrinsische Motivation wiegt also deutlich stärker als extrinsische Motivatoren. Der Inhalt der unternehmerischen Idee scheint dabei eine untergeordnete Rolle zu spielen. Anders ausgedrückt: Erfolgreiche angestellte Unternehmer sind zwar in einem professionellen Sinne überzeugt von dem Potenzial der Idee, die sie in ihrer Tätigkeit verfolgen und aufbauen, müssen dafür aber weder zwingend emotional „brennen“ noch die Quelle dieser Idee sein. Im Gegenteil, es fällt angestellten Unternehmern durch dieses professionelle Verhältnis zum unternehmerischen Auftrag leichter, im Pivoting ([21], vgl. auch Abschn. 2.3.3) Ideen loszulassen oder zu verändern.

Erfolgreiche angestellte Unternehmer zeigen eine **hohe emotionale Stabilität,** die eng in Verbindung steht mit dem Kompetenzfeld der Resilienz und auch auf die Loyalität zu ihrer Stammorganisation einzahlt [28]. Hohe emotionale Stabilität zeigt sich in einer starken psychischen Widerstandsfähigkeit, die vor allem dabei hilft, mit Krisensituationen und unerwarteten Veränderungen umgehen zu können oder Rückschläge wegzustecken. Angestellte Unternehmer mit hoher emotionaler Stabilität können gut mit dem hohen Konfliktpotenzial zwischen dem eingebetteten Unternehmerteam und der Stammorganisation umgehen. Aufgrund der oft eher radikalen Zielsetzung für eingebettete

[18]Beschrieben durch die Art und Anzahl von Autos und Urlauben pro Jahr sowie die Größe einer Wohnung.

Unternehmerteams[19] können das Team und sein Leiter persönlich schnell zum Feindbild werden – statt hilfreiche Unterstützung zu erfahren, wird die Arbeit des eingebetteten Unternehmerteams dann erschwert. In der Praxis zeigt sich dabei häufig folgender Zusammenhang: Je ausgeprägter die strategische Relevanz oder Radikalität des Veränderungsthemas, desto höher werden auch die Hindernisse und Barrieren aus der Mutterorganisation. Daher ist ein hoher Wert an emotionaler Stabilität von großer Bedeutung.

Fallbeispiel: Angestellte Unternehmer – hohe emotionale Stabilität

In einem Unternehmen der Branche für Zugangskontrolle bestand in der aufkommenden Digitalisierung eine existenzielle Bedrohung, da nicht nur die Technologie (von Hardware zu Software), sondern auch die Geschäftsmodelle (von Komponentenverkauf zu Lizenzumsätzen) vor einem radikalen Wandel standen. Dafür sollten neue (digitale) Kompetenzen aufgebaut und in einem eingebetteten Unternehmerteam gebündelt werden.

Der dafür eingesetzte, von außen kommende angestellte Unternehmer konnte jedoch in seinen ersten Wochen keinen der bestehenden Mitarbeiter dafür begeistern, bei diesem Projekt mitzuarbeiten: Kaum jemand traute dieser Initiative einen Erfolg zu, viele sahen darin den strategisch falschen Weg.

Ohne ein hohes Maß an emotionaler Stabilität wäre es dem angestellten Unternehmer kaum möglich gewesen, in dieser negativen Situation weiter an der angedachten Lösung zu arbeiten. Er ließ sich jedoch nicht abbringen und entwickelte den ersten Prototyp notgedrungen nicht mit internen, sondern mit externen Projektmitarbeitern. Die Präsentation desselben auf einer Messe und die begeisterte Reaktion der Kunden darauf ließen dann das interne Momentum zugunsten der Software-Lösung umschwenken.

Erfolgreiche angestellte Unternehmer zeichnen sich des Weiteren durch ein hohes Maß an **Offenheit gegenüber Neuem** aus. Diese Offenheit geht einher mit der Fähigkeit, alternative Problemlösungen und Herangehensweisen zu finden, und ist daher für den Projekterfolg ganz wesentlich. Entsprechend wird diese Offenheit mit Merkmalen der Innovativität, Kreativität und Veränderungsbereitschaft in Verbindung gebracht (Abschn. 6.2.1). Diese sind vor allem in frühen Projektphasen von Bedeutung. In späteren Phasen hingegen kann sich ein zu hohes Maß an Offenheit negativ auf die Entwicklung des eingebetteten Unternehmerteams auswirken, beispielsweise aufgrund mangelnder Fokussierung, Verschwendung von Ressourcen o. Ä. [28, 19]. Daher ist für den Erfolg des angestellten Unternehmers eine Einbettung in ein förderliches Ökosystem wichtig. Dazu gehört z. B. die schon angesprochene Rolle des Beirates, der in seiner

[19]Beispiel Automobilbranche: Die Entwicklung elektrisch angetriebener Fahrzeuge (EV) zielt darauf, den Verbrennungsmotor und folglich alle damit zusammenhängenden Wertschöpfungsaktivitäten (Entwicklung, Test, Produktion etc.) in Zukunft abzulösen.

Führung vor allem auf die wirtschaftliche Verwertung von bereits Erreichtem fokussiert (Fokus Beirat: *Exploitation* versus Fokus angestellter Unternehmer: *Exploration,* vgl. dazu Abschn. 2.5 sowie Abb. 2.18).

Der grundsätzlich hohen Loyalität der angestellten Unternehmer kann das hohe Maß an Offenheit für Neues aber auch entgegenstehen: In dem Maße, in dem die frühe, turbulente Phase der Veränderung überwunden und gemeistert wird, stellt sich Alltagsroutine statt Abwechslung ein. Die dann u. a. für die Skalierung des neuen Geschäfts notwendige Standardisierung und Stabilisierung von Prozessen trifft nicht mehr den Kern der Motivationen des angestellten Unternehmers (Freiheit, Autonomie, Gestaltung, Aufbau etc.). Das kann zunächst zu Konflikten und schlussendlich zu einer Situation führen, in der für die in späteren Reifephasen wichtiger werdende Standardisierung eine andere Führungsrolle gefragt ist, die der angestellte Unternehmer nicht ideal ausfüllt. In der Praxis erfolgen hier häufig Führungswechsel, die die Stammorganisation vor die Herausforderung stellen, für den (abgelösten) angestellten Unternehmer ein neues, zu seinen Fähigkeiten und Motivationen passendes Betätigungsfeld zu finden[20] – sonst kann ein Wechsel des angestellten Unternehmers in ein anderes Unternehmen und damit einhergehend der Verlust von wertvollem Wissen und Erfahrung die Folge sein.[21]

Fallbeispiel: Angestellter Unternehmer – neue Herausforderungen für die Mitarbeiterbindung

Der angestellte Unternehmer (Anfang 30, verheiratet, mehrere Kinder) arbeitet seit seinem Studium für denselben großen Hersteller von Consumer Electronics. Zunächst in der Linienorganisation als Innovationsmanager angestellt, konnte er über ein Intrapreneurship-Programm die Leitung eines eingebetteten Unternehmerteams übernehmen, um dort Nutzungsszenarien für ein definiertes Spektrum digitaler Technologien zu entwickeln. Das Projekt wurde nach acht Monaten durch die öffentliche Präsentation des entwickelten Prototyps erfolgreich abgeschlossen – aber nicht weitergeführt.

[20]Idealerweise wird ein anderes, strategisches Projekt identifiziert („Inseln" in der Organisation), auch Beförderungen in geschäftsverantwortliche Positionen an anderer Stelle sind nicht selten – jedoch gibt es auch den Fall des *„serial",* d. h. „in Serie" angestellten Unternehmers, der in ähnlicher Weise für verschiedene Unternehmen neue strategische Geschäftsfelder aufbaut, aber dennoch nicht als Entrepreneur den Corporate-Rahmen verlassen möchte.

[21]Grundsätzlich bevorzugen angestellte Unternehmer den Verbleib im Unternehmen, sofern ein geeignetes Arbeitsumfeld (Freiraum, Abwechslung, Gestaltungsmöglichkeiten ...) geboten werden kann. Daher wird beispielsweise in einem Unternehmen wie der Haufe Group die Organisation in Form von drei „Horizonten" geführt: „Explorations" (neue Ideen, neue Innovationen), „Emerging Opportunities" (Skalierung bzw. Wachstum erfolgreicher Ideen bzw. Innovationen), „Core Business" (bestehendes, effizienzgesteuertes Kerngeschäft). Typischerweise wechseln zumindest Teile der Managementteams bei der Übergabe eines Geschäfts von einem in den nächsten Horizont – systemisch werden aber immer neue Exploration Aktivitäten gesucht (und gefunden), auch um in diesem Horizont besonders befähigten und erfahrenen Führungskräfte zu halten und so deren Lernerfahrungen zu kapitalisieren.

Die Projektmitarbeiter wurden nicht übernommen, der angestellte Unternehmer kehrte in seine Linienfunktion zurück.

Sein „altes", bekanntes Arbeitsumfeld löste in ihm nun hohe Frustration aus: Nach vorheriger großer Autonomie galt es jetzt wieder, Prozesse und Vorschriften zu akzeptieren (z. B. eine um den Faktor 100 geringere Zeichnungsfreigabe). Um dem – auch im wörtlichen Sinne – aus dem Weg zu gehen, verbrachte er fortan einen Teil seiner Arbeitszeit in dem ehemaligen, nun leeren Unternehmerteam-Büro außerhalb des Gebäudes der Stammorganisation. Die Situation wurde erst dadurch aufgelöst, dass dem angestellten Unternehmer eine geschäftsführende Tätigkeit in einer (digitalen) Ausgründung angeboten wurde. Dadurch konnte der Mitarbeiter gehalten und seine Lernerfahrungen konnten genutzt werden – eine Win-win-Situation.

8.4 Kompetenzen des angestellten Unternehmers

Auch hinsichtlich seiner Kompetenzen nimmt der angestellte Unternehmer Anleihen sowohl beim Start-up-Gründer als auch beim Corporate Manager – und unterscheidet sich dennoch von beiden. Im Gegensatz zu den nur schwer beeinflussbaren Persönlichkeitsmerkmalen können diese Fähigkeiten verhältnismäßig gut durch gezielte Personalentwicklungsmaßnahmen gestärkt werden. Die erfolgskritischen **Kompetenzen**[22] des angestellten Unternehmers können dabei in drei Kategorien eingeteilt werden:[23]

1. die Fähigkeiten, die dabei helfen eine **Idee** zu **entwickeln,** diese in eine erfolgreiche Innovation umzusetzen und am Markt zu etablieren,
2. die Fähigkeiten, die helfen, **Veränderungsbarrieren** in der Stammorganisation zu **überwinden,** Ressourcen zu allokieren und ein Team zu führen, sowie
3. die Fähigkeiten, die den **Spill-over** von Erkenntnissen zu Technologien, Geschäftsmodellen, Arbeitsweisen etc. in die Stammorganisation **fördern.**

Erfolgreiche angestellte Unternehmer zeigen **Leadership-Fähigkeiten** und die Fähigkeit, **visionären Weitblick** zu entwickeln. Damit erhalten die Mitarbeiter im Unternehmerteam eine ausreichend klare Vorstellung von der strategischen Stoßrichtung und

[22]Die in diesem Abschnitt vorgestellten Kompetenzen stellen lediglich einen Auszug der förderlichen Fähigkeiten des angestellten Unternehmers dar, der nach Auswertung der diesem Buch zugrundeliegenden Forschung jedoch die wichtigsten bzw. erfolgskritischsten dieser Fähigkeiten umfasst.

[23]Ähnlich den vorher beschriebenen Persönlichkeitsmerkmalen ist auch hier das „ideale" Kompetenzprofil des angestellten Unternehmers zumindest in Teilen kontextabhängig – es gibt also nicht das EINE ideale Kompetenzprofil für einen erfolgreichen angestellten Unternehmer. Jedoch sind einige Kompetenzen kontextunabhängig signifikant für erfolgreiche angestellte Unternehmer und zeichnen diese aus [26].

letztendlich ein attraktives Zielbild, das sie bei der Orientierung in einem von großer Unsicherheit geprägten Umfeld unterstützt, mit dem sie sich identifizieren und das sie sich somit auch zu eigen machen können. Gleichzeitig hilft diese strategische Vision dabei, in der Mutterorganisation Aufklärungsarbeit zu leisten und Unterstützer zu gewinnen. Der angestellte Unternehmer muss also fähig sein, aus einer sehr groben (ersten) Vorstellung eine konkrete, greifbare Stoßrichtung zu entwickeln, die ihm und seinen Mitarbeitern ausreichend Handlungsorientierung bietet.

Experimentierfähigkeit beschreibt die Fähigkeit, eine reflektiert heuristische Vorgehensweise anzuwenden, bei der durch Experimente und daraus gewonnenen Lernerfahrungen stückweise Erkenntnisse zu Stoßrichtung und weiterem Vorgehen gewonnen werden. Diese Fähigkeit benötigen angestellte Unternehmer insbesondere aufgrund der Aufgabenstellung (die in der Regel zunächst explorativen Charakter hat) und des Umfeldes (das v. a. in der frühen Phase von großer Unsicherheit geprägt ist).[24] Gleichzeitig kann jedoch eine sehr ausgeprägte Präferenz für experimentelles, erfahrungsorientiertes Vorgehen aufseiten der angestellten Unternehmer zu (tatsächlicher oder vermeintlicher) Verschwendung von Ressourcen (monetär oder temporär) führen. Hier kommt dem schon angesprochenen Beirat als Vertreter der Stammorganisation die Aufgabe zu, zum einen die notwendige Experimentierfreudigkeit aktiv zu fördern und gleichzeitig konsequent Ergebnisse einzufordern, um Alignment zu unterstützen und „Über-Exploration“ zu vermeiden (Abschn. 2.5).

Soziale Kompetenz ist ein übergeordneter Begriff für Fähigkeiten wie Toleranz, Kritikfähigkeit, emotionale Intelligenz, Teamfähigkeit, Empathie, Einfühlungsvermögen, Menschenkenntnis und ähnliche Persönlichkeitsmerkmale, die für den angestellten Unternehmer vor allem in der Anfangsphase von großer Bedeutung sind: Die Teammitglieder sehen sich aufgrund der zunächst hohen Unsicherheit über das Zielbild, der noch unklaren Erfolgsaussichten und möglicher Konflikte mit der Stammorganisation einem hohen Stresslevel ausgesetzt – was wiederum ein hohes Konfliktpotenzial birgt. Der angestellte Unternehmer sollte folglich in der Lage sein, aufkeimende Konflikte frühzeitig zu erkennen – ihnen im Optimalfall sogar vorzubeugen – sowie die Mitarbeiter aufzubauen und weiterzuentwickeln. Diese Aufgabenstellungen bedingen demnach auch Fähigkeiten hinsichtlich Konfliktmanagement und Beziehungskompetenz.

Zudem benötigt der angestellte Unternehmer eine Vielzahl sozialer Kompetenzen, um bei der Teambesetzung aus möglichst divers veranlagten Persönlichkeiten ein harmonierendes, vielfältiges Team zusammenzustellen. Dabei gilt es auch, die kleinen und großen Erfolge im Team zu feiern, um sich für die harte Arbeit zu belohnen und als Team zusammenzuwachsen.

Erfolgreiche angestellte Unternehmer zeigen zudem sehr gute **Führungsqualitäten** und folgen häufig dem Leitsatz „mehr führen, weniger managen“. Das ist von Bedeutung, weil die eingebetteten Unternehmerteams (im Vergleich zur Stammorganisation)

[24]Offenheit für Neues und (moderate) Risikobereitschaft unterstützen diese Fähigkeit.

häufig jüngere und weniger erfahrene Mitarbeiter aufweisen. Daher ist es unabdingbar, ein nicht nur forderndes, sondern auch förderndes Führungsverhalten zu entwickeln, das den Aufbau der Mitarbeiter und ihre Weiterentwicklung in den Fokus nimmt. Dies ist speziell vor dem Hintergrund, dass in den frühen Phasen der Veränderungsprojekte häufig noch keine klaren Veranwortungs- und Aufgabenverteilungen existieren, Mitarbeiter daher häufig ins kalte Wasser springen und eine steile Lernkurve absolvieren müssen, von großer Bedeutung.

Fallbeispiel: Fokus auf Führung – Eine typische Darstellung im Interview

„[In der Stammorganisation haben wir] automatisch schon mal wenig Zeit für Führung, wegen aller möglichen Themen, Prozesse und auch bürokratischer Aufgaben […]. Das ist bei uns [im Unternehmerteam] bewusst anders, weil wir wissen, dass wir eben eine eher vergleichsweise junge Belegschaft haben, die teilweise recht unerfahren ist […], das heißt, bei uns sind die Führungsthemen, sind die Personalthemen wesentlich wichtiger, so dass wir uns eigentlich dauernd damit beschäftigen."

Erfolgreiche angestellte Unternehmer zeigen eine gute **Kommunikationsfähigkeit** sowohl im Team als auch in Richtung der Stammorganisation oder Kunden. Diese Kompetenz bildet die Grundlage für die notwendige **Netzwerkfähigkeit,** also die Fähigkeit, interne und externe Netzwerke aufzubauen und zu pflegen. Insbesondere interne Netzwerke haben großen positiven Einfluss auf den Erfolg des Unternehmerteams. Sie öffnen den unbürokratischen Zugang zu verschiedensten Ressourcen (Experten, Kunden, Ausstattung, etc.), helfen neu Entwickeltes mit Bestehendem zu vernetzen und somit mehr Akzeptanz in der Stammorganisation zu generieren. Mangelnde Netzwerkfähigkeit behindert dagegen den Zugang zu wichtigen (internen) Ressourcen und führt so zu höheren Widerständen respektive weniger Akzeptanz innerhalb der Stammorganisation. In diesem Kontext ist das Persönlichkeitsmerkmal der Verträglichkeit ein Kompetenzpotenzial, das einen einfacheren Aufbau von Netzwerkfähigkeit ermöglicht.[25]

Eine mit der Netzwerkfähigkeit verwandte Kompetenz ist die des **Stakeholder-Managements.** Sie versetzt Menschen in die Lage, frühzeitig zu erkennen, welche relevanten Stakeholder in einer bestimmten Weise tangiert werden, wie ihre jeweilige Motivationslage ist und auf welche Weise sie ihrerseits das Projekt beeinflussen können. Der angestellte Unternehmer nutzt diese Fähigkeit, um gezielt Promotoren für das Projekt zu gewinnen und die Erwartungen der Stakeholder realistisch auszutarieren. Dies ist insbesondere wichtig in der Anfangsphase, um das notwendige Vertrauen der Stammorganisation zu gewinnen und – daraus folgend – den für das Projekt notwendigen Freiraum zu erhalten.

[25]Start-up-Gründer weisen in puncto Verträglichkeit eher unterdurchschnittliche Ausprägungen auf, was die Entwicklung von Netzwerkfähigkeit negativ beeinflussen kann.

Erfolgreiche angestellte Unternehmer ergänzen ihre **intuitive Entscheidungsfindung** durch **gute analytische Fähigkeiten.** Sie sind – auch im unsicheren Kontext – bestrebt, zumindest die zur Verfügung stehenden Informationen und Daten mit analytischen Methoden zu verarbeiten. Dabei achten sie bewusst darauf, ihre Handlungsfähigkeit zu bewahren, geben also dem Handeln Vorrang vor dem Analysieren und überbrücken eine gegebene analytische Lücke gegebenenfalls durch intuitive Entscheidungsfindung. Auch wenn sie diesen Weg wählen, also ihre Entscheidung nicht gänzlich analytisch, sondern zumindest teilweise intuitiv begründen, sind sie offen und gut darin, ihren Entscheidungsweg transparent zu erläutern und ihre Vorgehensweise nachvollziehbar zu begründen.

Fallbeispiel: Best-Practice-Beispiel Vorbildung für Analytik und Erläuterung – Investor Relations

Als Best Practice mag das Beispiel eines angestellten Unternehmers dienen, der vor dieser Tätigkeit für die Stammorganisation den Bereich Investor Relations aufgebaut hat: *„Ich habe mit dem CEO gesprochen und versucht zu verstehen, warum wir welche Entscheidungen treffen. Anschließend habe ich überlegt, wie ich das Investoren nachvollziehbar erklären kann."* Genau diese (Kommunikations-)Fähigkeit hilft ihm nun in der Rolle als angestellter Unternehmer, seine Entscheidungen gegenüber der Stammorganisation nachvollziehbar darzulegen. Gleichzeitig kann er als *Role Model* auch zur stärkeren Akzeptanz (teil-)intuitiver Entscheidungswege in der Stammorganisation beitragen.

Im Ergebnis vertrauen angestellte Unternehmer ihrer Intuition mehr als „klassische" Linienmanager, nutzen aber analytische Methoden stärker als „klassische" Start-up-Gründer *(„begründetes Bauchgefühl")*. Sie wenden ihre Analytik dabei bewusst nicht unbedingt zur „besseren" Entscheidungsfindung an, sondern als Instrument der Argumentation und Kommunikation gegenüber der Stammorganisation. Diese analytisch saubere Aufarbeitung und Verwertung verfügbarer Informationen lässt Dritten in der Stammorganisation Entscheidungen und Vorgehen nachvollziehbar erscheinen – und stärkt die Fehlertoleranz im Falle einzelner Fehlschläge, die unvermeidbar sind.

Fallbeispiel: Angestellter Unternehmer – begründetes Bauchgefühl

„Das ist am Ende genau wie bei der Bewertung einer Maßnahme: Mache ich die jetzt, oder nicht? Das, was ich an Daten dazu habe, das wird analysiert und dann gucke ich mir an: Wie viel habe ich nicht analysiert? [...] Also, kenne ich nur so ein bisschen etwas und ist hier noch sehr viel Unbekanntes? Oder habe ich ein gutes Gefühl, dass mein Bauchgefühl den offenen Bereich abdeckt?"

Erfolgreichen angestellten Unternehmern ist bewusst, dass es in einem Umfeld, welches analytische, rationale Entscheidungsprozesse gewohnt ist (Stammorganisation), deutlich schwerer ist, auf Akzeptanz für reine Bauchentscheidungen zu treffen – völlig unabhängig vom Ausgang. Entsprechend der X/Y-Theorie von McGregor sehen sie diese Akzeptanz jedoch als notwendig an, um den für das Projekt notwendigen Freiraum, d. h. Autonomie, zu erhalten. Umgekehrt würde eine etwaige Nichtakzeptanz zu weniger Autonomie, mehr Kontrolle und dadurch fast zwangsläufig zum Scheitern des Projekts führen. Sie zielen auf eine Wahrnehmung seitens der Stammorganisation, die man wie folgt charakterisieren könnte: *„Die machen da zwar verrückte Dinge – aber die sind nicht verrückt."*

An dieser Stelle kommt wieder der schon angesprochene **Beirat** ins Spiel, der idealerweise diese teilanalytische Vorgehensweise vom angestellten Unternehmer einfordert. In erfolgreichen Konstellationen fordert der Beirat ein, dass der angestellte Unternehmer transparent macht, wie sich eine bestimmte Entscheidung begründet – der Beirat übernimmt also als eine Art Coach eher Einfluss auf die Art und Weise der Entscheidungsfindung, weniger auf den Inhalt der Entscheidung selbst. Damit akzeptiert er gegebenenfalls auch eine aufgrund des unsicheren Kontexts unvermeidbare analytische Lücke, also einen Bereich, der analytisch nicht erschlossen werden kann und durch intuitive Entscheidung überbrückt wird. Ein Entscheidungsverhalten, das in der Stammorganisation womöglich als inakzeptabel angesehen wird.

Fallbeispiel: Angestellter Unternehmer – analytische Entscheidungsfindungsfähigkeit

Ein mittelständisches Softwareunternehmen befindet sich in der Transformation vom Projektgeschäft zum Produktgeschäft. Diese Transformation wird durch ein Unternehmerteam getrieben, das von zwei angestellten Unternehmern (Technik und Wirtschaft) geleitet wird. Der Technikverantwortliche bringt dabei Berufserfahrung als Unternehmensberater mit, was ihn nach eigener Einschätzung in der Art und Weise prägte, wie er Probleme analytisch angeht und entscheidet.

Im wöchentlichen Jour fixe mit der Geschäftsführung arbeitete er seine diversen Entscheidungsmöglichkeiten analytisch auf und begründete seinen Lösungsvorschlag. Diese strukturierte, analytische Herangehensweise schaffte bei der Geschäftsführung das Vertrauen, schon nach kurzer Zeit die volle Entscheidungskompetenz bei (fast) allen technischen Fragestellungen an diesen angestellten Unternehmer abzugeben – was nach seiner Einschätzung erst die für den Erfolg notwendige Autonomie für sich und sein Team ermöglichte.

Erfolgreiche angestellte Unternehmer sind, ähnlich wie Start-up-Gründer, bereit, „die Ärmel hochzukrempeln" und die Dinge selbst in die Hand zu nehmen – sie haben eine Macher-Mentalität. Dies erfordert gute **Umsetzungsfähigkeiten,** also das Geschick, Dinge nicht nur strategisch-theoretisch auszuarbeiten, sondern auch operativ-praktisch umzusetzen. Diese Umsetzungsfähigkeit erhöht die Wahrscheinlichkeit, dass der angestellte Unternehmer bereits in einer frühen Phase schnell erste Erfolge – sogenannte *Quick Wins* – erzielt. Diese wiederum versetzen ihn in die Lage, eventuelle Skeptiker und Kritiker (Opponenten) aus der Stammorganisation zu überzeugen. Dazu muss der angestellte Unternehmer nicht nur das eingebettete Unternehmerteam führen, sondern selbst auch operativ liefern können.

Abb. 8.2 Die wichtigsten Rollen im eingebetteten Unternehmerteam

8.5 Der angestellte Unternehmer und sein Kernteam

Das initiale Kernteam eines eingebetteten Unternehmerteams setzt sich typischerweise aus Personen zusammen, die mindestens drei Rollen ausfüllen, wobei eine Person grundsätzlich mehrere Rollen abdecken kann oder mehrere Personen eine Rolle oder Teile davon abdecken können. Das ist insbesondere bei fachlichen, technischen Themen der Fall.

Unabhängig davon liegt bei den untersuchten Teams die initiale Größe erfolgreicher eingebetteter Unternehmerteams in der Regel tatsächlich bei drei Personen – was jedoch nicht nur in den folgenden drei Rollen begründet ist, sondern auch in den Vorteilen, die sich daraus hinsichtlich Gruppendynamik, Entscheidungsfindung etc. ergeben.[26]

Die drei **Rollen** im initialen Kernteam (Abb. 8.2) sind:

- Der **angestellte Unternehmer** selbst ist in der Regel für Aufbau, Führung und Steuerung des eingebetteten Unternehmerteams verantwortlich. Dies umfasst alle Aktivitäten, beginnend mit der Validierung der Idee bis hin zur erfolgreichen Markteinführung des Produkts oder der Dienstleistung. Dabei ist wichtig, dass der angestellte Unternehmer zwar unternehmerisch denkt, aber stets (auch) im Sinne der strategischen

[26]Interne Unternehmerteams sind typischerweise keine rechtlich unabhängigen Einheiten, weil sie leicht auf die *Shared Services* der Stammorganisation zugreifen können – die Minimalgröße von drei Personen gilt daher eher für interne Teams als für Ausgründungen oder Joint Ventures.

Stoßrichtung der Stammorganisation agiert *(Strategic Alignment)*. Verallgemeinernd lassen sich die Kompetenzfelder des angestellten Unternehmers daher eher im wirtschaftlichen und organisatorischen Bereich ansiedeln.

- Der **Fachexperte** bringt eine spezifische Expertise mit, die vor allem für die technische Umsetzung der Idee und der Entwicklung eines ersten Prototyps relevant ist. Der Fachexperte lässt sich als Technikenthusiast beschreiben. So die technischen Fragestellungen weit außerhalb des Kompetenzbereiches der Stammorganisation liegen, kann diese Rolle (auch temporär) eher von außen besetzt werden. In dem Fall ist es jedoch von immenser Bedeutung, die später notwendige Internalisierung des technischen Know-hows von Anfang an mit in die Wege zu leiten, um einen Abfluss der spezifischen Expertise und daraus folgende Hürden für die spätere Übergabe *(Handover)* in die Stammorganisation zu verhindern.
- Der **Marktkenner** verantwortet die Schnittstelle in den Markt und zu potenziellen Kunden. Er bringt tiefe Kenntnis über den Markt mit, die notwendig ist, um Zugang zu relevanten Informationen, beispielsweise über Kundenbedürfnisse, zu erhalten und *Use Cases* bereitzustellen. Er kennt *Lead User*,[27] die bereit sind, auch schon frühe Versionen und Prototypen der angestrebten Innovation zu testen.

Fallbeispiel: Das Kernteam aus Praktiker-Sicht

Ein erfahrener Experte im Intrapreneurship beschreibt erfolgreiche eingebettete Unternehmerteams wie folgt: *„Nach meiner Erfahrung braucht es drei Typen, um ein internes Start-up erfolgreich zu machen: den Hipster, den Hustler und den Hacker."*

Das trifft, mit etwas anderen Begriffen, genau die oben ausgeführte Rollenaufteilung: Der **Hipster** erkennt die neuesten Trends und holt mit seiner offenen Art Kunden mit ins Boot. Der **Hustler** geht in eine Führungsrolle und ist derjenige, der für das Projekt auch gegen Widerstände einsteht. Der **Hacker** ist Experte im relevanten Technologiefeld und hervorragend in der Lage, neueste Technologien auch auf unkonventionelle Weise anzuwenden.

Für das initiale Kernteam gilt es schon in der Anfangszeit und frühen Phase schnell erste Erfolge *(Quick Wins)* zu erzielen, denn hier gilt häufig – unausgesprochen – eine Art „Probezeit": Wenn nach kurzer Zeit Fortschritte oder erste Erfolge nicht sichtbar sind, werden solche Projekte in der Stammorganisation gerne beendet, bevor sie richtig Fahrt aufgenommen haben. Zweifler werden bestätigt, ein neuer Anlauf wird dadurch noch viel schwieriger. Mit wenigen Ressourcen muss das initiale Kernteam also schnell und schlagkräftig erste Ergebnisse liefern. Dabei wirkt sich eine **interdisziplinär** und **interkulturell hohe Diversität** im Team positiv aus (Abschn. 2.5 und 4.3.1), erhöht sie

[27]Kunden, die mit ihren Bedürfnissen der Mehrheit voranlaufen und gleichzeitig bereit sind, aktiv die Entwicklung von Innovationen zu unterstützen, diese zu testen und weiterzuentwickeln, um früher als andere Zugang dazu zu erhalten.

doch die Bandbreite verfügbarer Kompetenzen, Erfahrungen, Sichtweisen und Netzwerkverbindungen.[28] Aufgrund der natürlichen Neigung des Menschen zur Harmonie besteht jedoch eine Tendenz zu einer eher homogenen Teamzusammensetzung [8], welcher aus den beschriebenen Gründen entgegengewirkt werden sollte. Stattdessen empfiehlt es sich, unterschiedliche Stärken bewusst sich ergänzend und komplementär zu nutzen.

Zusätzlich erfordert die erfolgreiche Ausübung der verschiedenen Rollen im Unternehmerteam unterschiedliche Kompetenz- und Persönlichkeitsprofile der Beteiligten. Für die Diagnostik dieser Kompetenzen ist das in Abschn. 6.6.3 beschriebene 360°-Feedbackverfahren gut geeignet. Es kann kombiniert mit Persönlichkeitsanalysen bei der Zusammenstellung und Entwicklung eines Unternehmerteams genutzt werden. Das aufeinander abgestimmte Zusammenspiel beider Tools unterstützt die passgenaue Auswahl der richtigen Personen für die einzelnen Rollen unter der bewussten Nutzung der jeweiligen Stärken bzw. der Kompensation der jeweiligen Schwächen im Team sowie dessen gezielte Weiterentwicklung.

Persönlichkeitsanalyse im Unternehmerteam nach Insights MDI®

Basierend auf dem Insights-MDI®-Modell können zwei Persönlichkeitsdimensionen unterschieden werden:

- Menschen, die eher extrovertiert, flexibel, risikotolerant, chancenorientiert und ungeduldig sind (Abb. 8.3, rechte Seite) versus introvertiertere Menschen mit einem höheren Bedürfnis nach Sicherheit, Ordnung, Struktur und Beständigkeit sowie mehr Geduld und stärkerem Fokus auf mögliche Gefahren und Probleme (Abb. 8.3, linke Seite).
- Sogenannte Kopfmenschen, die eher Analytik und Logik vertrauen und sich aufgaben- und zielorientiert auf die Sachebene fokussieren (Abb. 8.3, obere Hälfte) versus die sogenannten Bauchmenschen, deren Handeln in stärkerem Maße von der Beziehungs- und Prozessebene sowie von Emotionen und Intuition geprägt ist (Abb. 8.3, untere Hälfte).

Wenn man nun wie in Abb. 8.3 dargestellt diese beiden Dimensionen miteinander kombiniert, entstehen vier Felder mit grundlegenden Persönlichkeitsstilen, denen zur Kurzbeschreibung jeweils eine Farbe zugeordnet wird: rot, gelb, grün und blau.[29]

Basierend auf einem Online-Fragebogen lässt sich nun für jeden Menschen analysieren, welche Farbanteile den eigenen Persönlichkeitsstil beschreiben. Die in Abb. 8.3 dargestellten Verhaltenspräferenzen ermöglichen dem Leser dazu eine erste Selbsteinschätzung.

In der Praxis zeigen manche Menschen prototypisch nahezu nur eine Farbe, die meisten Menschen verbinden jedoch im Wesentlichen die Verhaltenspräferenzen zweier Farben. Viele

[28]Es gilt vereinfachend folgende Regel: *Sehr homogene* Teams sind gut (und machen Spaß), *wenig diverse* Teams sind nicht so gut (und machen weniger Spaß), *sehr diverse* Teams liefern jedoch *sehr viel* bessere Ergebnisse – werden von den Beteiligten aber auch als sehr anstrengend beschrieben (machen also noch weniger Spaß) [9].

[29]Wir haben in der Praxis die Erfahrung gemacht, dass Persönlichkeitsmodelle, die den einzelnen Charakteren einen Namen zuordnen, unnötige Störungen erzeugen können, indem Menschen negative Assoziationen mit den jeweiligen Namen verbinden.

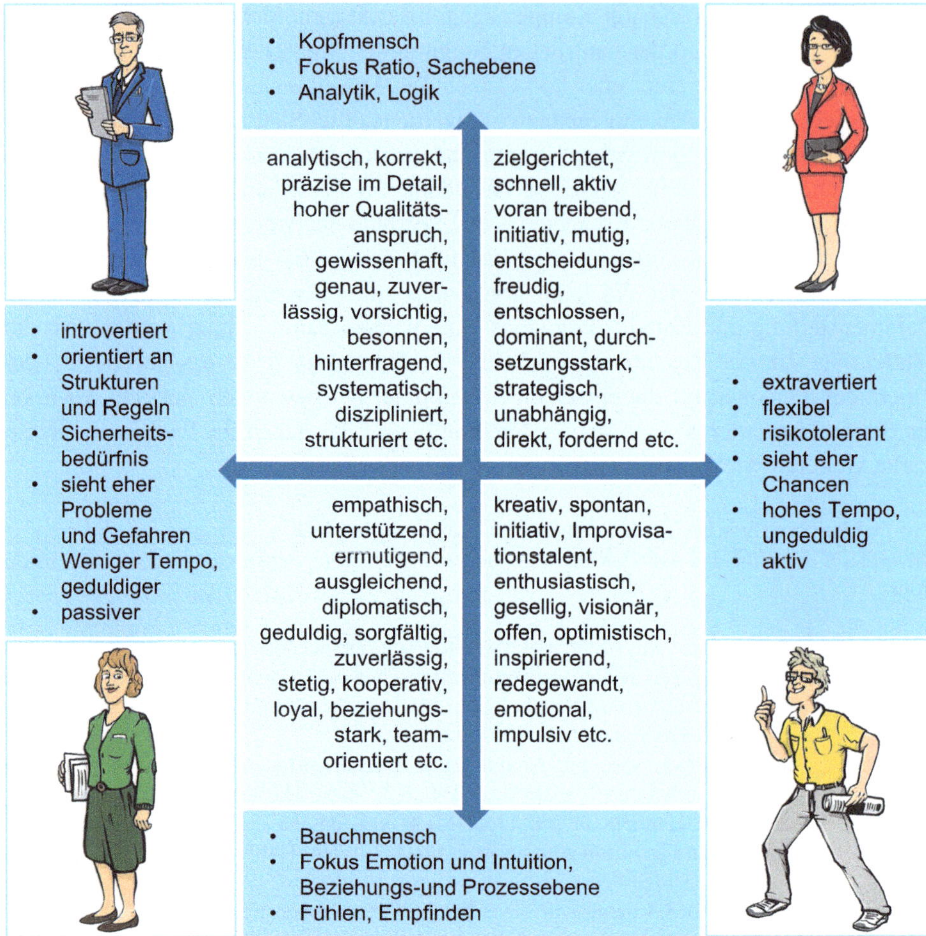

Abb. 8.3 Einführung Persönlichkeitsmodell basierend auf Insights-MDI®

Menschen weisen sogar Verhaltenspräferenzen jeder Farbe auf – entscheidend für die Arbeit im Unternehmerteam sind jedoch diejenigen, die am stärksten in der Zusammenarbeit erlebbar sind.

Die mit den verschiedenen Persönlichkeitsstilen verbundenen unterschiedlichen Bedürfnisse, Perspektiven und Herangehensweisen bergen ein Konfliktpotenzial, das bei gegenüberliegenden Farbanteilen (blau/gelb bzw. rot/grün) potenziell am größten ist. Gleichzeitig sind Teams mit hoher Diversität, auch bezogen auf diese Präferenzen im Persönlichkeitsstil – wie weiter oben bereits ausgeführt –, meist kreativer, finden bessere Lösungsansätze und arbeiten effektiver – unter der Voraussetzung, dass die unterschiedlichen Persönlichkeitsstile ein grundsätzliches Verständnis für die anderen Sichtweisen aufbringen und erkennen, dass sich die unterschiedlichen Stile in ihren Stärken gegenseitig ergänzen beziehungsweise Schwächen kompensieren können. Für die Förderung einer auf diese Weise konstruktiven Zusammenarbeit bietet das skizzierte Persönlichkeitsmodell einen leicht zugänglichen Ansatz.

Fallbeispiel: Praxisfall Persönlichkeitsanalyse eines Unternehmerteams

Ein Unternehmerteam im Bereich Big-Data-Analytics bestand aus den folgenden drei Mitgliedern:

- dem operativ ausgerichteten Programmierer (im folgenden Person **P** genannt),
- dem für die interne und externe Kommunikation sowie das Management der Kunden- und Partnerbeziehungen Verantwortlichen (im folgenden Person **M** genannt)
- sowie dem Teammitglied mit Fokus auf der Modellentwicklung, Steuerung technischer Entwicklung, Übersetzung von Kundenimpulsen in technische Lösungen, Erarbeitung von Strategien etc. (im folgenden Person **S** genannt).

Die Insights-MDI®-basierte Persönlichkeitsanalyse führte zu der in Abb. 8.4 dargestellten Aufteilung der Persönlichkeitsstile. In der täglichen Arbeit kam es zu folgenden typischen Problemen zwischen den einzelnen Persönlichkeitsstilen:

- Person M betrieb mit viel Leidenschaft aktives Networking und trug aus dieser Kommunikation enthusiastisch immer wieder viele neue Ideen ins Team. Dies überforderte vor allem P, der eher das Bedürfnis hatte, die vorhandenen Ideen in

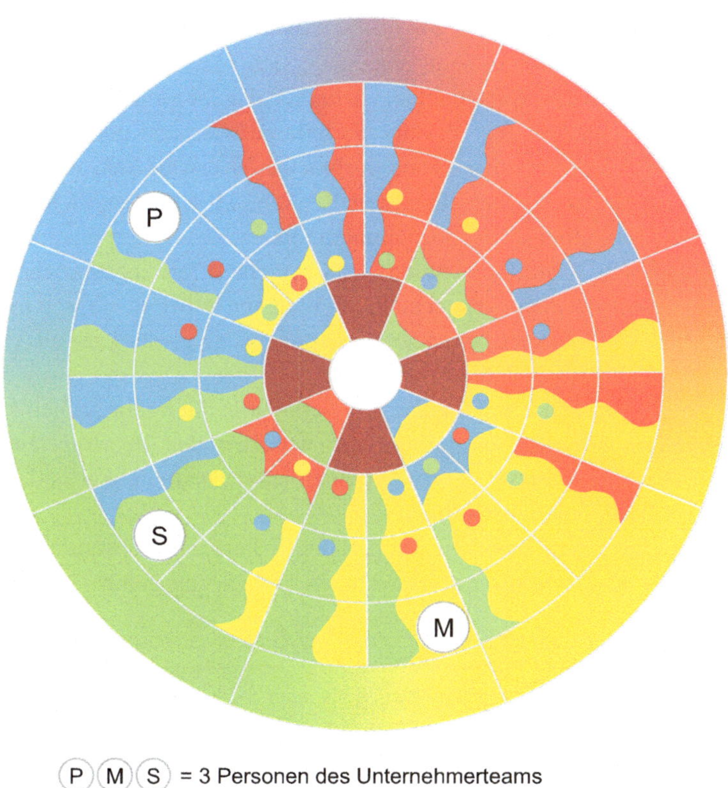

Abb. 8.4 Praxisfall Persönlichkeitsanalyse eines Unternehmerteams

Ruhe abzuarbeiten. Zudem war M selbst schnell wieder mit Leidenschaft bei einer nächsten neuen Idee, anstatt alte Ideen in einen verbindlichen Bearbeitungsprozess zu überführen. So verschwanden viele gute Ideen genauso schnell, wie sie generiert worden waren.
- Person P arbeitete sehr sorgfältig an perfekten Lösungen, was Person M viel zu lange dauerte. Person M wollte bereits mit noch nicht perfekten Lösungen mit potenziellen Nutzern in den Austausch gehen, was P strikt ablehnte, weil er Sorge davor hatte, seinen Ruf mit halb fertigen Sachen zu gefährden. Stattdessen traf er während der Programmierung autonom diverse Gestaltungsentscheidungen ohne die sinnvolle Einbindung der Kundenperspektive.
- Während der Programmierungen tauchte Person P nahezu vollständig ab, machte alle seine Probleme und Sorgen mit sich selbst aus, sodass keiner im Team über den Stand der Arbeiten Kenntnis hatte. Erst kurz vor Ablauf eines Meilensteins und der von M dazu bereits geplanten großen Präsentation im Unternehmen kommunizierte P, dass er ein größeres Problem noch nicht hatte lösen können, die Präsentation daher nicht möglich sei, er sich aber auch nicht auf einen anderen Termin festlegen wollte.
- Person S versuchte immer wieder zwischen P und M zu vermitteln, was ihn zunehmend belastete und ihm die Freude an der Arbeit nahm.
- Entscheidungsprozesse im Team gestalteten sich sehr langwierig. Es wurde ausufernd diskutiert[30] und Entscheidungen immer wieder verschoben, da sich selten eine Alternative präsentierte, die nur Vorteile aufwies und gegen welche P nicht immer wieder zahlreiche Einwände vorbrachte. S erwies sich ebenfalls als sehr zögerlich angesichts der verschiedenen Risiken, M schlussendlich als zu unverbindlich und sprunghaft in der Kommunikation.
- Die vorhandenen Konflikte wurden jedoch nicht offen angesprochen[31], da alle Beteiligten Kontroversen eher scheuten. Stattdessen äußerten sie sich mit Hilfe von wenig hilfreichen spitzen Einwänden oder gingen sich gleich ganz aus dem Weg.

Durch die Arbeit mit dem Persönlichkeitsmodell wurde allen sehr schnell klar, dass
- zwar grundsätzlich die Passgenauigkeit zwischen den übertragenen Aufgaben und dem Persönlichkeitsstil stimmte, jedoch jeder Persönlichkeitsstil ein Stärken-Schwächen-Paket beinhaltet, wobei
- die Stärken der unterschiedlichen vorhandenen Persönlichkeitsstile aber nicht zur gegenseitigen Kompensation der jeweiligen Schwächen genutzt wurden bzw. die

[30]Der Grund: Sowohl Personen mit starken blauen als auch solche mit starken gelben Anteilen im Persönlichkeitsstil neigen zu längeren Ausführungen.

[31]Der Grund: Personen mit starken gelben Anteilen möchten „geliebt" werden, Personen mit starken grünen Anteilen streben nach Harmonie und Personen mit starken blauen Anteilen fürchten die mit einer Auseinandersetzung verbundenen Emotionen und nicht kalkulierbaren Risiken.

Stärken der anderen nicht ausreichend wertgeschätzt oder aktiv genutzt wurden, sondern
- stattdessen die mangelnde Kompensation und Kommunikation zunehmend die Performance im Team behinderte und die emotionale Fokussierung auf die Schwächen der anderen zu unnötigen Reibungsverlusten führte, sowie
- im Team ein roter Anteil fehlte, der Diskussionen zielorientiert moderieren und Entscheidungsprozesse beschleunigen könnte, Mut zum Handeln in unsicheren Situationen mitbringen würde sowie neue Optionen konsequent und verbindlich vorantreiben würde.

Idealerweise können folgende Persönlichkeitsstile den jeweiligen Rollen im Kernteam (Abb. 8.5) zugeordnet werden:
- Der **angestellte Unternehmer:** zeigt typischerweise hohe Dominanz **(rot).** Damit assoziierte Eigenschaften wie antreibend, ehrgeizig, willensstark, entschlossen, risikofreudig und entscheidungsfreudig helfen Aufgaben trotz Unsicherheit erfolgreich zu erfüllen. Zudem unterstützen diese Eigenschaften in der Abgrenzung zur Stammorganisation. Deutlich, aber schwächer ausgeprägt, ist die der Initiative **(gelb),** die sich mit den Eigenschaften inspirierend, enthusiastisch, beeinflussend, überredend, kontaktfreudig und vertrauensvoll beschreiben lässt.
- Der **Fachexperte:** häufig von Gewissenhaftigkeit **(blau)** geprägt. Damit assoziierte Eigenschaften sind qualitätsbewusst, akribisch, anspruchsvoll, umsichtig und ordentlich. Diese Rolle steht für die Entwicklung der technischen Lösung. Auch bei Anwendung agiler Methoden muss am Ende ein marktfähiges Produkt stehen. Anteile aus der Dimension der Initiative **(gelb)** helfen bei der Umsetzung technologischer Kenntnisse in kreative Anwendungsszenarien und somit der Gestaltung kundenzentrierter Innovationen.
- Der **Marktkenner:** die Kombination ähnlich starker Ausprägungen in den Dimension Initiative **(gelb)** und Stetigkeit **(grün)** helfen ein belastbares Netzwerk aufzubauen und zu pflegen. Dieses Netzwerk bringt den Kontakt zu den für die Entwicklung notwendigen Lead Usern hervor und stellt potenzielle Kundenkontakte für die Vermarktung bereit. Die diesen Dimensionen zugeordneten Eigenschaften sind entspannt, gewohnheitsorientiert, beharrlich, berechenbar, geduldig, zuverlässig (grün) sowie inspirierend, enthusiastisch, beeinflussend, überzeugend, kontaktfreudig und vertrauensvoll (gelb).

Neben der ausgewogenen Rollenverteilung innerhalb des initialen Kernteams ist seine Einbettung in ein **förderliches Ökosystem** wesentlich für den Erfolg (Abb. 8.5). Über den bereits angesprochenen Beirat hinaus kommt hierbei Kreativen und Shared Services eine hervorzuhebende Bedeutung zu:

Die **Kreativen** stellen fallweise, auf formale Anforderung oder informelle Anfrage des Kernteams, Ressourcen und Methoden für Kreativität, Querdenken und alternative Lösungswege bereit. Der Zugang dazu kann vor allem in der Ideenfindungsphase entscheidend sein.

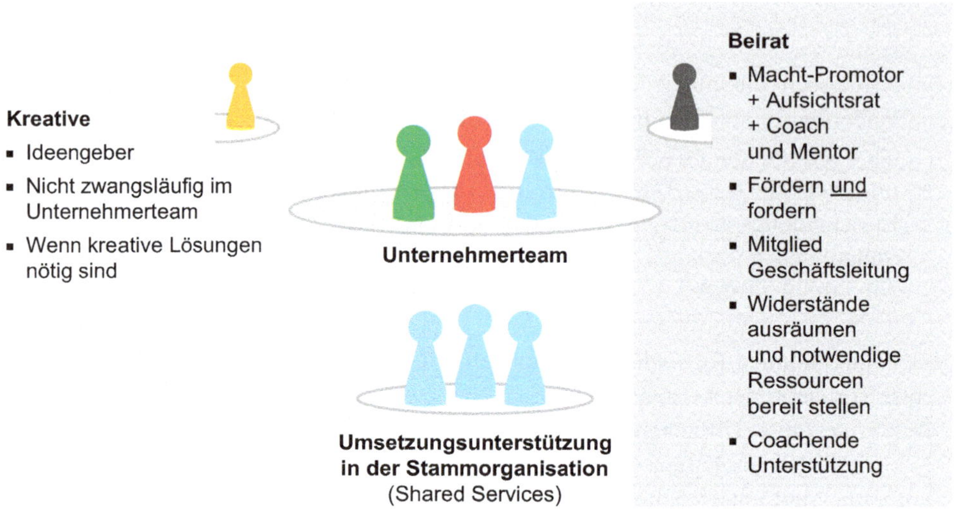

Abb. 8.5 Das Ökosystem des eingebetteten Unternehmerteams

Das ist besonders relevant für Unternehmen mit starker Unternehmenskultur, denen es wirtschaftlich gut geht. Die dominanten, bisher erfolgreichen Muster und Vorgehensweisen „aufzubrechen" bedarf häufig der Unterstützung durch Methodenexperten.

Die Rolle der Kreativen kann auch im Team selbst besetzt sein, bei mehr als zwei Drittel der untersuchten erfolgreichen Unternehmerteams war dies jedoch nicht der Fall. Hier existierte beispielsweise die Innovationsidee schon, bevor das Team gebildet und besetzt wurde. Eine Korrelation mit Erfolg bezüglich der Frage, ob die Kreativen innerhalb oder außerhalb des Teams allokiert wurden, konnte bisher nicht festgestellt werden (vgl. dazu Abschn. 2.5). Für die Allokation außerhalb des Teams sprechen die Stärkung der Expertenrolle, die Möglichkeit zur spezifischen Weiterbildung und das projektübergreifende Sammeln von Wissen und Erfahrung. Für die teaminterne Besetzung sprechen höhere Akzeptanz, besseres Verständnis des spezifischen Kontexts und leichterer Zugang.

Ein Beispiel: Die Idee kann im Rahmen eines Ideenwettbewerbs eingereicht worden sein. Der Ideengeber wird dann nicht automatisch Teil des eingebetteten Unternehmerteams. Wichtig ist jedoch, solche Spielregeln für alle Beteiligten von Anfang an transparent und verständlich zu kommunizieren (Abschn. 10.2.2). Im Gegenteil, in der Praxis kommen Ideen häufig von Mitarbeitern, die in ihren jeweiligen (Stamm-)Abteilungen als Spitzenleister gelten. Es kann daher sinnvoller sein, diese Mitarbeiter dort nicht herauszulösen, sondern stattdessen ein Unternehmerteam bewusst neu zu besetzen – ein Steuerungsprozess, welcher den zwangsläufig auftretenden Ressourcen- und Interessenkonflikt zwischen Kerngeschäft und eingebettetem Unternehmerteam adressiert. Diesen Konflikt gilt es bewusst wahrzunehmen, idealerweise zu antizipieren und mit entsprechenden Maßnahmen (beispielsweise Kompensation von Kapazität) zu bearbeiten, wenn möglich zu vermeiden.

Fallbeispiel: „Die Kreativen" – Umsetzung einer Design-Thinking-Einheit als Shared Service

Bei einem deutschen Großkonzern wurde im Rahmen der Einrichtung neuer Innovationseinheiten ein Design-Thinking-Team gegründet, das ähnlich einem Unternehmerteam ein hohes Maß an Freiraum und Autonomie erfährt und dafür im internen Accelerator (vgl. Abschn. 2.5) allokiert ist. Die Aufgaben umfassen fallspezifische Fragestellungen zu Marktpotenzialen, Ideenvalidierung und Ähnlichem. Zusätzlich nutzt das Team die eigene Autonomie für die Entwicklung von eigenen, neuen Ideen, die in einem späteren Schritt zum Beispiel an eingebettete Unternehmerteams zur Umsetzung weitergereicht werden sollen. Das Team arbeitet als reines Cost-Center und wird anteilig von den Geschäftsbereichen getragen, die den Service des Teams nutzen oder die Ideen im Nachgang verwerten.

Dem **Beirat** kommt eine duale Rolle zu, die auf der einen Seite die Führung des Unternehmerteams seitens der Stammorganisation übernimmt (im Sinne eines Aufsichtsrates) und auf der anderen Seite im Sinne eines Sponsors bzw. Mentors die Akzeptanz des Unternehmerteams in die Stammorganisation hinein unterstützt, Zugang zu Ressourcen schafft und das Unternehmerteam von schädlichen Kultureinflüssen der Stammorganisation (sogenannte negative Externalitäten) freihält. Dieser Beirat ist im Normalfall sehr „senior", sowohl im Sinne von Erfahrung und Lebensalter als auch im Sinne der ausgefüllten Machtposition in der Stammorganisation – nicht selten ist es der CEO selbst. Durch seine institutionelle Macht dient er dem Unternehmerteam als Türöffner zu Stakeholdern in der Stammorganisation.

Die Stammorganisation „delegiert" an den Beirat die Aufgabe, die strategische Kohärenz *(Strategic Alignment)* des Unternehmerteams sicherzustellen. In diesem Sinne gleicht ein Teil seiner Rolle der eines strategischen Controllers, der auf die Einhaltung der vereinbarten Ziele und Meilensteine achtet und bei Abweichungen mit dem angestellten Unternehmer nach Lösungsmöglichkeiten sucht. In dem Sinne ist in dieser Person auch das Risikomanagement der Stammorganisation angelegt, d. h. diese Rolle stellt sicher, dass Such- und Fehlerkosten des Unternehmerteams die finanziellen Möglichkeiten der Stammorganisation nicht übersteigen. Entwickelt sich das eingebettete Unternehmerteam ganz im Sinne der strategischen Stoßrichtung, ist die Rolle stärker durch den Teil des Mentors bestimmt und der Beirat steht als Sparringspartner bei anstehenden Entscheidungen zu Verfügung.

Fallbeispiel: Beirat – Umsetzungsherausforderung

Der Beirat eines Unternehmerteams beschreibt den Balanceakt zwischen dem Wunsch, basierend auf eigener Erfahrung und Einschätzung aktiv einzugreifen, und der Gefahr, die Autorität des angestellten Unternehmers zu untergraben:

„Ich sage mal, meine Hypothese wäre: Er ist da als Geschäftsführer angetreten und wollte auch den Beweis erbringen, dass er es selber machen kann. Und daher

wollte ich natürlich auch nicht immer eingreifen, und er wollte natürlich auch nicht sein Gesicht verlieren, weil, desto mehr ich eingreife, desto mehr war es ja eigentlich so, dass er geschwächt wird – ist ja klar. […] Aber irgendwie war man halt so weit, dass ich auch mit ihm zusammen diskutiert habe: ‚Nee, das geht so nicht mehr'. Jetzt musste ich mich involvieren, dass wir es halt gemeinsam umsetzen können."

Shared Services sind Unternehmensaktivitäten der Stammorganisation, die dort für die Wertschöpfung oder im administrativen Bereich angesiedelt sind und vom eingebetteten Unternehmerteam (temporär als Dienstleistungen/Services) mitgenutzt werden können. Die administrativen Shared Services liegen meist im Bereich Buchhaltung, Personal, Einkauf etc., näher an der Wertschöpfung liegt der Zugang zu Know-how und Wissen interner Experten bis hin zur Nutzung von F&E-Ressourcen zur technischen Entwicklung. In der Praxis sind rein administrative Aktivitäten (z. B. Personal) meist außerhalb des Teams in der Stammorganisation allokiert. Für den Erfolg kritisch ist es dagegen, wertschöpfungsnahe Aktivitäten, insbesondere Schnittstellen zu Markt und Kunden, im Team zu besetzen (s. o. Rolle Marktkenner, vgl. dazu auch Abschn. 2.5). Die Bereitstellung der Shared Services entlastet das Unternehmerteam und ermöglicht die Fokussierung auf die Kernaktivitäten zu Entwicklung, Vermarktung und Vertrieb der angestrebten Innovation.

Fallbeispiel: Angestellter Unternehmer und die Unterstützung durch Shared Services

„Ja, das ist so, als Start-up hätte ich Probleme gehabt, so schnell an Leute zu kommen. Dieser ganze Rekrutierungsprozess kostet ja erst einmal Zeit und Geld. Und die haben hier sofort loslegen können, in ein paar Tagen hatten wir das Team fertig und konnten arbeiten. Ich musste nicht alles neu besorgen. Meinen Arbeitsplatz hatte ich ja erst einmal, die Räumlichkeiten waren da, keine Miete zahlen, das sind natürlich Sachen, die entlasten dich erst mal ganz gewaltig."

Um den bereits oben angesprochenen möglichen **Ressourcen-** und **Interessenkonflikt** zwischen Kerngeschäft und eingebettetem Unternehmerteam zu verhindern, ist es in diesem Kontext wichtig, dass der Zugriff auf die Shared Services in der Wahl des Unternehmerteams liegt. Für den Fall, dass also Prozesse oder Vorgehensweisen in der Stammorganisation als nicht hilfreich eingestuft werden, sollte die Option bestehen, diese Ressourcen anderweitig zu integrieren (externe Dienstleistung, Teamaufbau). Der Hintergrund ist, dass oftmals keine formelle Regelung bezüglich der Mitnutzung von Ressourcen und Services der Stammorganisation besteht. Vor allem bei einer hohen Arbeitslast in der Stammorganisation werden Belange des eingebetteten Unternehmerteams daher gerne als weniger relevant erachtet und daher zugunsten der Anforderungen aus dem Tagesgeschäft hintangestellt. Dies kann innerhalb des Projekts zu inakzeptablen Verzögerungen führen, weshalb das Unternehmerteam die entsprechenden Ressourcen auch auf alternativen Wegen anfragen können sollte.

Fallbeispiel: Angestellter Unternehmer – Behinderung durch Shared Services

Ein eingebettetes Unternehmerteam hatte die Vorgabe, alle Bestellungen über den zentralen Einkauf abzuwickeln. Dies scheint zunächst nachvollziehbar und gut begründet, denn die Motivation, günstig und zu geringen Kosten einzukaufen, sollte auch für das Unternehmerteam gelten.

Das eingebettete Unternehmerteam hatte den Auftrag, eine Kunden-App zu entwickeln, über die alle Leistungen der Stammorganisation zugänglich sein sollten. Ein erster Prototyp der App wurde erstellt und das positive Feedback dazu bestätigte das Projektziel. Zur Erhöhung der Reichweite neben einer Android-Variante auch eine iOS-Variante zu entwickeln, scheiterte jedoch zunächst an den Vorgaben des Einkaufs: Da dort keine Apple-Geräte gelistet waren, konnten keine Geräte zum Testen beschafft werden. Die Bestellung wurde durch den Einkauf – völlig regelkonform – blockiert. Mit dem Ergebnis, dass das Projekt kurzzeitig zum Stillstand kam.

Bei sehr großen Unternehmen kommt als eine Herausforderung hinzu, dass die Mitglieder des Unternehmerteams nicht zwangsläufig über das Wissen verfügen, wo in der Organisation ein für sie relevanter Experte zu finden wäre. Das kann entweder zu hohen Suchkosten und langen Suchzeiten führen oder zur (unnötigen) Dopplung von Ressourcen, wenn diese im Team neu aufgebaut werden. Um dem entgegenzuwirken, hat ein großes deutsches Technologieunternehmen als zusätzliche Rolle sogenannte **Expertenvermittler** installiert. Deren Aufgabe ist es, die Bedürfnisse der eingebetteten Unternehmerteams zu verstehen, mit den Ressourcen der Stammorganisation abzugleichen und das Team mit passenden Experten in der Stammorganisation zu vernetzen.

8.6 Kernaussagen

- Der angestellte Unternehmer hat eine Schlüsselrolle in der Umsetzung von Ambidextrie, hebt sich sowohl vom Start-up-Gründer als auch vom Corporate Manager ab – und nimmt Anleihen von beiden.
- Der Verantwortung des angestellten Unternehmers obliegt neben dem Aufbau eines neuen Geschäfts auch die Vernetzung des eingebetteten Unternehmerteams mit der Stammorganisation, um strategische Spill-over-Effekte zu erzielen.
- Angestellte Unternehmer handeln entlang einer eher konservativen Werte- und Normen-Ausrichtung, sind motiviert, nachhaltig aufzubauen und repräsentativ für Spitzenleister der Generation Y.
- Das initiale Kernteam umfasst neben dem angestellten Unternehmer zusätzlich den (technischen) Fachexperten und den Marktkenner, welche auf Shared Services wie z. B. Kreative zurückgreifen.
- Mit Blick auf Strategie, Risikoprofil und Implementierungsorientierung wird der angestellte Unternehmer vom Beirat coachend geführt und in der Stammorganisation als Mentor unterstützt.

Literatur

1. Baum, J. R., & Locke, E. A. (2004). The relationship of entrepreneurial traits, skill, and motivation to subsequent venture growth. *Journal of Applied Psychology, 89*(4), 587.
2. Bird, B. (1988). Implementing entrepreneurial ideas: The case for intention. *Academy of Management Review, 13*(3), 442–453.
3. Brandstätter, H. (1997). Becoming an entrepreneur – a question of personality structure? *Journal of Economic Psychology, 18*(2), 157–177.
4. Brandstätter, H. (2011). Personality aspects of entrepreneurship: A look at five meta-analyses. *Personality and Individual Differences, 51*(3), 222–230.
5. Ciavarella, M. A., Buchholtz, A. K., Riordan, C. M., Gatewood, R. D., & Stokes, G. S. (2004). The big five and venture survival: Is there a linkage? *Journal of Business Venturing, 19*(4), 465–483.
6. De Bruecker, P., Van den Bergh, J., Beliën, J., & Demeulemeester, E. (2015). Workforce planning incorporating skills: State of the art. *European Journal of Operational Research, 243*(1), 1–16.
7. Dyer, J. H., Gregersen, H. B., & Christensen, C. (2008). Entrepreneur behaviors, opportunity recognition, and the origins of innovative ventures. *Strategic Entrepreneurship Journal, 2*(4), 317–338.
8. Golub, B., & Jackson, M. O. (2012). How homophily affects the speed of learning and bestresponse dynamics. *The Quarterly Journal of Economics, 127*(3), 1287–1338.
9. Kaiser, U., & Müller, B. (2013). *Team heterogeneity in startups and its development over time* (Discussion Paper No. 13–058). ZEW Zentrum for Europäische Wirtschaftsforschung.
10. Keil, M., Lee, H. K., & Deng, T. (2013). Understanding the most critical skills for managing IT projects: A delphi study of IT project managers. *Information & Management, 50*(7), 398–414.
11. Kierulff, H. E. (1979). Finding – and keeping – corporate entrepreneurs. *Business Horizons, 22*(1), 6–15.
12. Kolchin, M. G., & Hyclak, T. J. (1987). The case of the traditional intrapreneur. *SAM Advanced Management Journal, 52*(3), 14.
13. Kunze, F. (2013). Werte der Digital Natives. *Zeitschrift für Führung und Organisation, 82*(4), 232–236.
14. Lehky, M. (2011). *Leadership 2.0: Wie Führungskräfte die neuen Herausforderungen im Zeitalter von Smartphone, Burn-out & Co. managen.* Frankfurt/New York: Campus Verlag.
15. Martinelli, R. J., & Milosevic, D. Z. (2016). *Project management toolbox: Tools and techniques for the practicing project manager* (2. Aufl.). Hoboken/New Jersey: John Wiley & Sons.
16. Nagji, B., & Tuff, G. (2012). Managing your innovation portfolio. *Harvard Business Review, 90*(5), 66–74.
17. Palfrey, K., Gasser, U. (2008). *Born digital: Understanding the first generation of digital natives.* New York: Basic Books.
18. Proctor, T. (2014). *Creative problem solving for managers: Developing skills for decision making and innovation* (4th Revised ed.). London: Routledge.
19. Rathna, K. G., & Vijaya, T. G. (2009). Competencies of entrepreneurs and intrapreneurs: A comparative study. *South Asian Journal of Management, 16*(2), 28.
20. Ray, D. M. (1993). Understanding the entrepreneur: entrepreneurial attributes, experience and skills. *Entrepreneurship & Regional Development, 5*(4), 345–358.
21. Ries, E. (2011). *The lean startup: How today's entrepreneurs use continuous innovation to create radically successful businesses.* New York: Crown Business.

22. Schmitt-Rodermund, E. (2004). Pathways to successful entrepreneurship: Parenting, personality, early entrepreneurial competence, and interests. *Journal of Vocational Behavior, 65*(3), 498–518.
23. Schoemaker, P. J., Krupp, S., & Howland, S. (2013). Strategic leadership: The essential skills. *Harvard Business Review, 91*(1), 131–134.
24. Schumpeter, J. A. (1997). *Theorie der wirtschaftlichen Entwicklung: Eine Untersuchung über Unternehmergewinn, Kapital, Kredit, Zins und den Konjunkturzyklus* (9. Aufl., S. 132). Berlin: Duncker & Humblot.
25. Selig, C. J., & Baltes, G. H. (2017). Clarifying the roles in corporate entrepreneurship. 2017 IEEE-ITMC & 23th ICE conference, Madeira (POR).
26. Selig, C. J., Stettina, C. J., & Baltes, G. H. (2016). The corporate entrepreneur a driving force for strategic renewal and radical innovation in established companies. 2016 IEEE-ITMC & 22th ICE conference, Trondheim (NOR).
27. Stewart, W. H., Jr., & Roth, P. L. (2001). Risk propensity differences between entrepreneurs and managers: A meta-analytic review. *Journal of Applied Psychology, 86*(1), 145.
28. Vandermerwe, S., & Birley, S. (1997). The corporate entrepreneur: Leading organizational transformation. *Long Range Planning, 30*(3), 345–352.
29. Witt, L. A., Burke, L. A., Barrick, M. R., & Mount, M. K. (2002). The interactive effects of conscientiousness and agreeableness on job performance. *Journal of Applied Psychology, 87*(1), 164.
30. Zhao, H., Seibert, S. E., & Lumpkin, G. T. (2010). The relationship of personality to entrepreneurial intentions and performance: A meta-analytic review. *Journal of Management, 36*(2), 381–404.

Kreative Veränderungsprozesse mit Design Thinking

9

Von Heckklappen und Pappscheiben: Stellen Sie den Prozess ins Zentrum, nicht Ihr Produkt

Jo Wickert

Die Zeiten ändern sich. Wir konnten im Kap. 1 sehen, dass sich Veränderungen nicht nur auf fast alle Sparten und Unternehmensformen beziehen, sondern auch auf das, was diese Unternehmen machen: Ziemlich viele Produkte und Dienstleistungen scheinen einem tiefgreifenden Wandel zu unterliegen (vgl. Kap. 1). Auf den ersten Blick ist das zunächst verwunderlich. Fahren nicht alle nach wie vor zur Arbeit, kaufen am Wochenende ein und essen ganz normale Brötchen zum Frühstück? Werden plötzlich keine Fahrräder, Möbel oder Kleidungsstücke mehr gebraucht? Wird tatsächlich weniger eingekauft und fahren wir alle nicht mehr in den Urlaub? Sieht es so aus, als ob sich alle verabredet haben, nächste Woche oder in zehn Jahren nicht mehr unterwegs zu sein und die Nahrungsaufnahme einzustellen? Eher nicht. Auch die Kurve des GfK-Konsumklimaindex mag beruhigen: Alles in allem wird stetig konsumiert, sogar mit leicht steigender Tendenz.[1] Kunden planen wie eh und je Anschaffungen zu tätigen und sich auch in den nächsten Jahren im Urlaub zu erholen.

Worin liegt also der Wandel? Die Antwort ist: Es ist weniger ein Wandel des *Was,* sondern des *Wie.* Kunden und Konsumenten verändern die Art, *wie* sie mit all den Dingen umgehen. Sie tun es in erster Linie *anders,* als es bisher üblich war. Die Prognosen beziehen sich auf die Veränderung des *Wie:* Bald werden

[1]Der Konsumklimaindex der GfK untersucht das Konsumklima und die Konjunkturerwartung der Deutschen, vgl. www.gfk.de.

J. Wickert (✉)
Wickert medien design GmbH, Meersburg, Deutschland
E-Mail: wickert@wmd-branding.com

G. Baltes und A. Freyth (Hrsg.), *Veränderungsintelligenz,*
https://doi.org/10.1007/978-3-658-04889-1_9

uns autonom lenkende Fahrzeuge zur Arbeit fahren und es mag sein, dass auch am Wochenende eingekauft wird, aber vor allem in Online-Shops und zwar mit ungebremsten Zuwachsraten.[2] Amazon liefert per Post auch in Deutschland nun Lebensmittel und bedroht damit den stationären Lebensmittelhandel.[3] Fahrräder, Möbel und Kleidungsstücke werden in Zukunft individuell maßgeschneidert auf genauso individuelle Bedürfnisse, der Nutzer digital selbst zusammengestellt und produziert (Kap. 1). Und natürlich fahren alle in den Urlaub! Über Airbnb lassen sich nach eigenen Angaben weltweit 3 Mio. Unterkünfte mieten.[4] Das ist für den Reisenden in erster Linie eine günstige und spannende Angelegenheit, für den Hotelbetreiber aber ist es ein ziemliches Problem. Wenn uns der Wandel interessiert, dann sollten wir das *Wie* betrachten und *wie* Kunden und Konsumenten mit den Produkten umgehen. Genau um diese Frage dreht sich im Wesentlichen **Design Thinking.** Dabei verstehen wir hier Design Thinking als Methode, um in Veränderungsprozessen zu innovativen und erfolgreichen Ideen für das *Wie* zu gelangen. Dabei werden Fragen vor allem um das *Wie* gestellt und die Antworten führen zu einer radikal veränderten Nutzung von Produkten und Märkten.

Design Thinking ist dabei jedoch keineswegs nur etwas für Designer, wie der Name vermuten lassen könnte. Auch wenn dabei auf Vorgehensweisen aus dem Design-Bereich zurückgegriffen wird, ist es vielmehr ein **erlernbarer Prozess und Mindset,** der es erlaubt, Veränderungsprozesse **strukturiert** und dennoch **kreativ zu gestalten.** Design Thinking steht für ein jahrzehntelang erprobtes Set von Methoden, das seinen Ursprung in den 90er-Jahren in der Design- und Innovationsagentur IDEO[5] hatte. IDEO hat diese Methoden im Laufe der Jahre kultiviert und in einfach anzuwendende Werkzeuge überführt. Eine Vielzahl von spannenden Produkten ist durch diese Innovationsmethode entstanden. Dabei zeichnen sich diese Produkte selten durch technologische Neuerungen oder neuartige Materialien aus, sondern eher durch die merkwürdig leichte, fast schon spielerische

[2]Bekleidung gehört zu der beliebtesten Warengruppe im E-Commerce, gefolgt von Elektronikartikeln und Büchern bzw. E-Books, Bundesverband E-Commerce und Versandhandel Deutschland e. V. (bevh), Pressemitteilung „Fast jeder achte Euro wird online ausgegeben“ vom 16.02.2016, Berlin/Hamburg.

[3]Groeneveld, J. (2017). Amazon Fresh drängt in die deutsche Lebensmittelbranche – für Supermärkte ist das eine echte Gefahr. HuffPost. 28.04.2017.

[4]Allein 1400 Schlösser lassen sich weltweit über Airbnb buchen. 150 Mio. Gäste wurden bereits vermittelt, Quelle: Airbnb.

[5]IDEO ist eine Design- und Innovationsagentur stammt ursprünglich aus Palo Alto, Kalifornien (USA) und ist heute an elf Standorten weltweit vertreten.

Annäherung an ein Problem, von dem man bisher meinte, es gebe dafür keine bessere Lösung. Man kann sogar davon sprechen, dass es bei Ergebnissen, die durch Design Thinking-Methoden erarbeitet wurden, eine Reihe von Gemeinsamkeiten gibt, an denen sich die Funktionsweise der Methode ablesen lässt.

Design Thinking ist

- ein Mindset für innovatives Arbeiten und
- ein Prozess kundenzentrierte Ideen bzw. Problemlösungen unter Vernetzung der verschiedenen Perspektiven eines interdisziplinären Teams gezielt zu entwickeln.

Design Thinking steigert die Innovationskraft und beschleunigt Innovationsprozesse, indem es

- kreative und intuitive Denkprozesse in Unternehmen fördert, um neue Produkte, Verfahren und Services zu entwickeln,
- die Problemlösungskompetenz stärkt und Teams in die Lage versetzt, eingefahrene Lösungswege zu hinterfragen und kundenorientierte Innovationen hervorzubringen,
- das Wissen der Mitarbeiter in multidisziplinären Teams vernetzt wird bzw. neue Formen der kreativen Zusammenarbeit ermöglicht und die Potenziale der Mitarbeiter im Team voll ausschöpft, sowie
- zügig und ohne Umwege unabhängig von Abteilungsdenken zu innovativen Ergebnissen führt.

Design Thinking eignet sich besonders zur Erarbeitung radikal neuer Lösungen für komplexe Problemstellungen und fokussiert sich in besonderem Maße darauf, Innovationen hervorzubringen, die sich am Kunden orientieren.

Was sich bei alldem aus der Arbeitsweise von Designern lernen lässt, wird im nachfolgenden Kapitel anhand verschiedener Beispiele aufgezeigt.

Diese Fragen werden Ihnen im folgenden Kapitel beantwortet

- Wie entstehen neue, erfolgsversprechende Ideen?
- Wieso steht sich der Mensch bei der Ideenfindung meist selbst im Weg?
- Wie funktionieren Design Thinking Methoden?
- Was für Beispiele für Produkte und Ideen gibt es, aus denen man lernen kann?
- Welchen Stellenwert hat der spätere Nutzer im Ideenfindungsprozess?
- Wie wird ein Design Thinking Team idealerweise aufgebaut?
- Welche Instrumente und Werkzeuge für die Ideenentwicklung in Workshops gibt es?

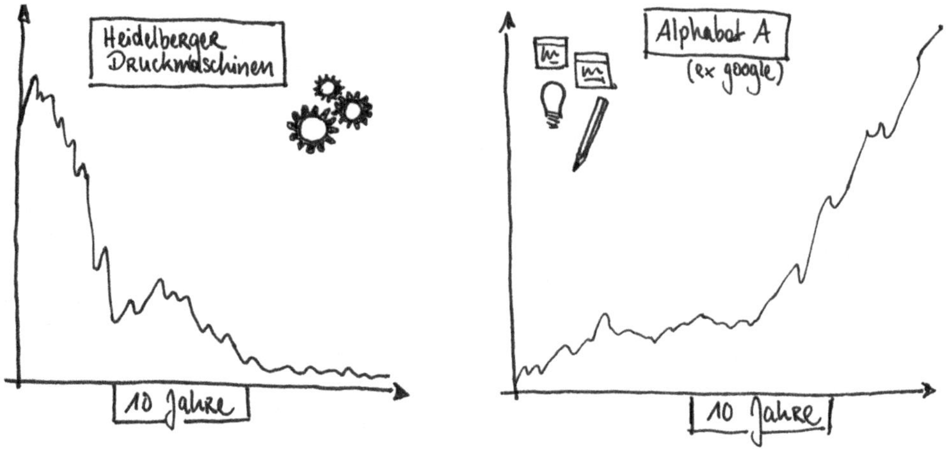

Abb. 9.1 Die Börsenkurse zweier internationaler Unternehmen: Heidelberger Druckmaschinen und Alphabet zu dem auch Google gehört

9.1 *Was* gegen *Wie*

Der Wert des *Was,* also des Produkts, der Maschine oder der reinen Dienstleistung, gegen den Wert des *Wie,* also den Wert des Umgangs mit diesen Dingen, lässt sich an zwei Börsenkursen gut ablesen. Das Unternehmen Heidelberger Druckmaschinen wurde 1850 gegründet und stellt riesige Druckmaschinen her, die weltweit im Einsatz sind. Eine Offset-Druckmaschine ist gut und gerne jahrzehntelang in Betrieb und noch heute sind bis zu 100 Jahre alte Exemplare der sogenannte „Tiegel"[6] bei manchen Druckern im Einsatz. Trotz eines technisch sehr guten Produkts bricht der Verlauf um 2007 ein und verharrt bis heute auf einem vergleichsweise niedrigen Niveau. Die Kurve der Google-Tochter Alphabet steigt in der Zehnjahresübersicht im gleichen Zeitraum dagegen steil und ungebremst nach oben (Abb. 9.1).

Zum Börsenwert des Unternehmens Alphabet wird sicher auch der Erfolg der Suchmaschine Google zu einem wesentlichen Teil beitragen und das, obwohl weder etwas produziert wird, noch selbst Inhalte erzeugt werden. Google schafft selbst überhaupt keine Inhalte und verweist lediglich auf Inhalte anderer Webseiten.

Auf der Karriere Webseite der Heidelberger Druckmaschinen sind als erstes junge Leute vor den enormen Zahnrädern einer riesigen Maschine zu sehen, während auf der „career"-Webseite von Google junge Leute mit Stiften an einem Flipchart stehen. An praktisch identischen Stellen wird bei dem einen Unternehmen das *Was* gezeigt, während beim anderen das *Wie* im Vordergrund zu stehen scheint.

[6]„Tiegel" ist die Kurzform der sogenannten Heidelberger Tiegeldruckpresse, einer Offset-Druckmaschine mit fast unbegrenzter Langlebigkeit.

9.2 Die paradoxe Situation der Designer

Hauptfigur der Filmkomödie „39,90" ist Octave. Octave ist Designer und entwickelt in seiner Werbeagentur maschinengewehrartig geniale Ideen während gleichzeitig seine Füße auf dem Tisch liegen oder er schöne Frauen im Cabrio ausfährt. Kreativ sein ist demnach nicht schwer. Los! Holen Sie schon mal die Schlüssel Ihres Cabrios oder, wenn gerade keins verfügbar ist, legen Sie wenigstens die Füße auf den Tisch. Bemerkenswert daran ist:

Auch wenn die Darstellung im Film überzogen ist, am Rande trifft das Klischee vom lockeren, oberflächlichen Designer, dem nichts heilig ist, einen wesentlichen Punkt des Themas „Wie Designer denken", um das es in diesem Kapitel gehen soll. Wenn Sie es wirklich ernst meinen mit der kreativen „Designer-Denke" und etwas bei sich oder Ihrem Unternehmen mit der Innovationsmethode Design Thinking verändern wollen, dann: LEGEN SIE BITTE DIE FÜSSE AUF DEN TISCH und lesen Sie ganz entspannt weiter. Sollten Sie gerade im Büro und Kunden oder Kollegen in der Nähe sein – umso besser. Den Idealzustand haben Sie erreicht, wenn Sie auch noch im Stress sind. Dann können Sie gleich einige sehr wichtige Dinge über Design Thinking am eigenen Leib erfahren.

Wie Vieles im Leben ist nämlich auch die Situation unseres Filmprotagonisten äußerst ambivalent. Denn das lockere Gehabe des Designers im Film geht einher mit existenziellem Druck. Der Auftraggeber droht: Wenn um 14 Uhr keine Idee dazu auf dem Tisch liegt, wie man 7 Mio. t Jogurt verkaufen kann, geht die Werbefirma pleite. Der Druck könnte also größer kaum sein. Octave muss sich etwas einfallen lassen. Lösung kann nur eine geniale Idee sein, der man vor allen Dingen nicht den existenziellen Druck ansehen darf unter dem sie entstanden ist. Eine paradoxe Situation, die dazu auch noch branchentypisch ist: Oft steckt hinter der Notwendigkeit einer guten Idee eine brenzlige Situation. Und offensichtlich verhält sich der Designer im Film kontrovers zu dem, was man in brenzligen Situationen erwartet. Trotz Druck ist er – nach außen hin – extrem locker und offen.

Um zu verstehen, wieso es in einem solchen Fall wichtig ist, sich widersprüchlich zu den Umständen zu verhalten, müssen wir einen Blick auf die Funktionsweise unseres Gehirns werfen.

Zunächst geht es darum, wie unser Gehirn auf Problemstellungen reagiert. Es greift nämlich in solchen Situationen auf seinen Autopiloten zurück, was bei der Ideenfindung leider mehr als hinderlich ist. Also müssen Wege gefunden werden, die es ermöglichen, auch unter solchen Umständen eine kreative, innovative Lösung zu finden. Die wichtigste Prämisse beim Design Thinking ist, dass **der Mensch und seine Handlungsweisen im Zentrum der Produktentwicklung** stehen sollten, nicht das Produkt selbst. Genaues Beobachten, Papierprototypen, veränderte Entwicklungsprozesse, Personas und neue Blickwinkel auf Problemsituationen ermöglichen genau das.

9.3 Die zwei Gesichter unseres Denkens

In unserem Kopf arbeiten sich nicht nur zwei Hirnhälften, sondern auch zwei Denksysteme. Vereinfacht gesagt, ein schnelles, automatisches und ein mehr oder weniger nachdenkliches, reflektierendes. Der Nobelpreisträger und Psychologe Daniel Kahneman bezeichnet diese zwei Systeme als **„das schnelle und das langsame Denken“.**[7]

Gehen wir zunächst auf das schnelle, automatische Denksystem ein. Es sichert seit Tausenden von Jahren das Überleben der Menschen und funktioniert im wörtlichen Sinn *eigen-sinnig* – ohne, dass die Steuerungsvorgänge in unserem Bewusstsein ankommen und dort überdacht würden. Es lässt uns handeln, weil zum Beispiel eine gefährliche Situation eine schnelle, automatische Reaktion erfordert. Legen wir unsere Hand auf eine heiße Herdplatte, so reagieren wir, ohne zu überlegen: Die Nerven unserer Hand lassen uns diese schnell zurückziehen, um Verbrennungen so gut es geht zu verhindern. Dieses schnelle, automatische System brauchen wir in allen bedrohlichen Situationen. Es reagiert über intuitive Schutzmechanismen, wie z. B. Flucht oder Angriff und wird grundsätzlich dann aktiviert, wenn wir Druck empfinden. Dummerweise kann es nicht so richtig zwischen dringendem physischen Handlungsbedarf (zum Beispiel wegen einer heißen Herdplatte) und weniger dringlichen Situationen (zum Beispiel im Job) unterscheiden. Unser Gehirn gerät in Alarmbereitschaft und gibt den Befehl zur Flucht, bläst zum Angriff oder schlägt schlimmstenfalls vor uns tot zu stellen. Das alles sind adäquate Reaktionen auf plötzlich auftretenden Druck – nur nicht im Job.

Die andere Denkweise ist die langsame, nachdenkliche. Interessanterweise liegt schon in dem Adjektiv eine wichtige Information. „Nach-denklich“ meint offensichtlich eine Tätigkeit des Gehirns, die nach dem (Schnell)-Denken kommt. Bevorzugt tritt dieses Denksystem in Aktion, wenn wir entspannt sind, gute Laune, Zeit und Muße haben. Es ist also eine freie, offene und schöpferische Gedankenwelt, die positiv belegt ist. „Nachdenken“ erfordert eine entspannte Grundsituation. Es ist kein Wunder, dass unter der Dusche viele gute Ideen entstehen. Und oft sehen wir auch im Urlaub viel klarer, wie sich die Probleme im Job lösen lassen.

Raten Sie mal, welche der beiden Denkweisen im Zweifel die Oberhand hat. Natürlich regiert das schnelle, automatische, druckaktivierte Denksystem ganz klar über das nachdenkliche, offene, positive System. Die Hand auf der heißen Herdplatte lässt keine langen inneren Diskussionen zu. Es muss sofort gehandelt werden. „Nach-denken“ würde hässliche Brandblasen zur Folge haben. Unter Druck regiert denktechnisch gesehen eher der Autopilot. Leider regiert die automatische Denkweise auch dann, wenn unter Druck eine kreative Lösung gefunden werden muss.

Nur ist das Gift für gute Lösungen. Designer kennen diese paradoxe Situation und haben aus diesem Grund Werkzeuge und Methoden entwickelt, um die schnelle und

[7]Daniel Kahneman ist Experte für Fragen zu Denkmustern in unserem Gehirn und welche Konsequenzen letztlich für menschliches Verhalten daraus folgt, vgl. [1].

automatische Denkweise in Schach zu halten und parallel die nachdenkliche Denkweise zu aktivieren. Im eingangs beschriebenen Film werden uns diese Methoden als Cabrio-Fahren oder Füße-auf-den-Tisch legen verkauft, aber professionell arbeitende Designer kennen durchaus auch eher wissenschaftliche und systematische Herangehensweisen. Was aktuell in vielen Managementetagen als Design Thinking-Methode bezeichnet wird, ist im Designbereich seit vielen Jahren etabliert.

An welchen grundlegenden Stellschrauben wir in unseren Köpfen drehen sollten, um der „nach-denklichen" Seite unseres Denkapparats eine Chance zu geben und neue, bessere Lösungen für ein Problem zu erhalten, verdeutlichen die folgenden fünf Beispiele.

9.4 Design Thinking – Beispiel 1: Schau genau hin

Wer mit einem Auto fahren will, braucht dafür den entsprechenden Autoschlüssel. In den Anfängen brauchte es noch separate Zünd- und Türschlüssel. Irgendwann gab es die Zentralverriegelung, die alle Türen praktischerweise gemeinsam verschloss und entriegelte. Dank Funktechnologie kann heute der Schlüssel per Knopfdruck schon wenige Meter vor dem Fahrzeug alle Schlösser bedienen. In den letzten Jahrzehnten hat sich einiges getan. Entwickelt wurden innovative Ideen, die den Autoschlüssel an sich verbessert haben und für den Benutzer eine Erleichterung mit sich brachten, indem sie sich an der Weiterentwicklung des Schlüssels und des Schlosses orientiert haben. Beim aktuellen BMW der 7er-Reihe kann man schon kaum mehr von einem Schlüssel sprechen. Der Fahrer benutzt vielmehr ein Display, wie man es von einer Smartwatch oder einem Smartphone her kennt. Per „Touch" lässt sich das Fahrzeug eigenständig, ohne Fahrer vor- und zurückbewegen. Was kann man da noch verbessern?

Kennen Sie die Situation, wenn Sie voll beladen auf dem Parkplatz des Einkaufszentrums zu Ihrem Auto kommen, erst einmal alles abstellen müssen, um umständlich den Schlüssel zu suchen, aufzuschließen und dann die Sachen im Kofferraum zu verstauen? Wer das selbst erlebt hat, weiß, dass auch ein Funkschlüssel noch immer nicht alle Probleme löst. Denn das Problem ist, dass man keine Hand frei hat, um ihn zu betätigen. Viele Möglichkeiten gibt es da nicht. Und fast wäre man geneigt dem Auto einen Fußtritt zu verpassen, statt alle Taschen auf den Boden zu stellen und den Schlüssel zu kramen.

So sind die Fahrzeughersteller 2015 zu automatisch sensorgesteuerten Heckklappen gekommen.[8] Sie lassen sich mit einer Fußbewegung öffnen. Und sie öffnen sich erst, nachdem man noch Zeit hatte, mit den Taschen in den Händen einen Schritt zurückzutreten. Weiterentwicklung des Schlüssels? Nein. Hier wurde kein Produkt angefasst und verändert. Die Entwickler der fußgesteuerten automatischen Heckklappe haben vielleicht

[8]Sensorgesteuerte Heckklappen lassen sich inzwischen in verschiedenen Modellen von Ford, Opel, BMW oder Audi finden. Ford bewirbt das Prinzip intensiv und bietet automatische Heckklappen bei verhältnismäßig vielen Modellen an.

nicht einmal mit einem Schlüsseltechniker gesprochen. Viel notwendiger war die **Beobachtung** auf dem Parkplatz eines Einkaufszentrums.

Zwar fehlt Designern in der Regel das technische Fachwissen – z. B. wie Autoschlösser funktionieren –, aber sie sind sensibel für die Probleme des Benutzers. Somit wird der Designer zum Anwalt eines Produkts und befragt die Situation, nicht das Produkt selbst. Design Thinking stellt die Erwartungen und Probleme des Endanwenders in den Mittelpunkt der Überlegungen. Obwohl diese Erkenntnis für niemanden eine wirkliche Überraschung sein dürfte, wird sie erstaunlich selten konkret umgesetzt. Welches Unternehmen schaut Nutzern regelmäßig über die Schulter, wenn diese die eigene Unternehmenswebseite besuchen? Man müsste einfach nur mitschreiben, was die Nutzer dann sagen. Diese **Methode** nennt man übrigens **„lautes Denken".** Unbedarfte potenzielle oder auch Bestandskunden sprechen einfach laut aus, was ihnen durch den Kopf geht, während sie sich mit dem Produkt beschäftigen. Ob Webseite, eigenes Produkt oder Gebrauchsanweisung – so kann man leicht und schnell verbesserungswürdige Schwachstellen entdecken. Man muss sich nur trauen und bereit sein **Anschauungen über Bord zu werfen,** von denen man aus der eigenen Historie heraus immer überzeugt war.

Ein weiteres typisches Negativbeispiel ist es, Produktnamen als Menüpunkte auf einer Webseite zu verwenden. Wer einmal gesehen hat, wie hilflos Nutzer und Neukunden Produkt für Produkt anklicken, um möglicherweise das richtige zu finden, wird schnell merken, dass es bessere Möglichkeiten für die Webseitenstruktur geben sollte.

Lassen Sie Ihre Nutzer laut aussprechen, was ihnen durch den Kopf geht, und notieren Sie ihre Antworten, um sie anschließend zu analysieren und Schlüsse daraus zu ziehen.

► Schauen Sie unbedarften Menschen zu und beobachten Sie sie im Kontext Ihres Produktes, um Rückschlüsse auf ihre wirklichen Bedürfnisse und typische Handlungsabläufe zu ziehen.

9.5 Design Thinking – Beispiel 2: Der Mensch im Zentrum

Wer früher in Berlin das Taxi nehmen wollte, benötigte drei Dinge: die Telefonnummer einer Taxivermittlung, eine genaue Angabe, wo man sich gerade befand, und gute Nerven, um der unfreundlichen Stimme am Taxi-Telefon Paroli bieten zu können. Mit einer App geht das heute einfacher. Mit einem einzigen Buttondruck ist alles erledigt. Tapp. Fertig. Taxi kommt. Auf dem Display steht noch, wie viele Minuten man warten muss, aber das ist ja schon purer Luxus. „mytaxi" hat in kürzester Zeit mit dieser App einen riesigen Marktanteil im Berliner Taxigeschäft erobert. Kannten sich die Macher im Taxigeschäft aus? Beileibe nicht, sie haben nur den **Prozess** der Taxibestellung mit einer App einfacher gemacht. Das war alles.

Die App „mytaxi" hat nicht nur den Vorgang des Bestellprozesses auf Kundenseite vollkommen neu gedacht, sondern auch für die Taxifahrer hat sich etwas Grundlegendes geändert. In der ersten Version gab es ein System, das allerdings dem Taxikunden verborgen blieb: Jeder Taxifahrer mit der App, der sich in der Nähe eines Kunden befand, hat in dem Moment eine Nachricht bekommen, in dem der Kunde auf „bestellen" getippt hat. Daraufhin hatte der Taxifahrer die Möglichkeit zwischen 3 % und 30 % anteilige Provision auf den Fahrgast zu bieten. Der höchste Bieter erhielt den Zuschlag und die Abholadresse des Fahrgasts wurde übermittelt. Inzwischen hat „mytaxi" das System aufgrund hohen Drucks seitens der Taxifahrer geändert.[9] Die App hat also nicht nur die Art der Taxibestellung umgekrempelt, sondern auch das gesamte Geschäftsmodell.

Es ist nicht einfach für Brancheninterne solche rigorosen Veränderungen in eingefahrenen Prozessen überhaupt gedanklich zuzulassen. Daher überrascht es nicht, dass solche **disruptiven Ansätze** häufiger von vollkommen branchenfremden, jungen, unerfahrenen Start-ups entwickelt werden. Sie haben keine Aktien in bestehender Hardware oder müssen Mitarbeiter bezahlen, die „das schon immer so gemacht haben". Es gibt einen einfachen Weg, wie man zu einer jungen Start-up-Denke kommen kann: Beauftragen Sie doch mal ein Start-up mit der Ideenfindung. Die aktuelle Generation von jungen Gründern ist offen, schnell und vor allem unkompliziert.

Sie können in Ihrem Team auch regelrecht Theater spielen um auf disruptive Ansätze zu kommen. Konfrontieren Sie das Team mit entsprechenden Hinweisen auf diese Übung damit, dass das bisherige Verfahren ab sofort gesetzlich verboten wurde. Im Fall des Taxibetriebs in Berlin wäre das die Vermittlungszentrale, die plötzlich ungesetzlich wäre und durch eine andere Idee substituiert werden müsste. Diese Aufgabenstellung zwingt Ihre Mitarbeiter nach neuen Ansätzen für die Problemlösung zu suchen, da die alten einfach nicht mehr zur Verfügung stehen. Versuchen Sie hierbei die Bedürfnisse der Menschen auszuformulieren. Die Lösungen sollten einfach und bequem sein. Sie ändern dadurch Ihre alten Entwicklungsprozesse und sind durch diese Disruption in der Lage, neue Wege zu begehen, auf die Sie vorher womöglich nie gekommen wären. Viele – vor allem im digitalen Bereich – erfolgreiche Unternehmen machen es sich zu eigen, ausschließlich die **Bedürfnisse der Nutzer ins Zentrum zu stellen.** Für Airbnb, Doodle, Dropbox und sogar Tinder gibt es jeweils analoge Vorbilder, aber diese sind für die Nutzer komplizierter und aufwendiger.

▶ Stellen Sie den Menschen und seine Bedürfnisse ins Zentrum Ihrer Überlegungen, wenn Sie neue Services und Produkte anbieten wollen. Lassen Sie dabei Ihr bisheriges Produkt oder Verfahren komplett außer Acht. Versetzen sich in die Rolle des Nutzers und machen Sie es sich selbst dann so einfach wie nur irgendwie denkbar. Analysieren Sie erst anschließend, welche Idee umsetzbar ist.

[9] Mit der App von mytaxi lassen sich nicht nur Taxis rufen. Die Kunden können auch die Fahrer bewerten und bargeldlos zahlen.

9.6 Design Thinking – Beispiel 3: Ihr Produkt braucht ein Idol

Johanne ist 27 Jahre alt, lebt in Kopenhagen und wohnt in einem 65 m^2 großen Apartment in der Nähe des Stadtzentrums. Sie liebt ihren Beruf als Event-Managerin. Die 15 km Arbeitsweg bewältigt sie mit ihrem Stevens-Allzweck-Fahrrad, wenn sie nicht gerade mit dem Auto (Carsharing) zu einem Event unterwegs ist. Ihr Zuhause ist eine Wohlfühloase. Die Einrichtung ist gemütlich zusammengeschustert. Ihre Couch hat sie von Freunden eines Freundes bekommen. Kleine Schmuckstücke findet sie auch gerne im Internet z. B. bei „dawanda" oder auf „etsy".

Mit ihrem Freund geht sie gerne auf Reisen. Egal, ob Städtetrips, wie nach Kapstadt oder in die weite Prärie hinaus. Hauptsache unterwegs sein. Am Wochenende findet sie sich gerne mal auf einer Rooftop Party mit einem Gin Tonic in der Hand wieder – im Gespräch mit dem neuen Kollegen. Das kleine Tattoo an ihrer Leiste steht symbolisch für die bewusste Freude und das Leben.

Wir kennen Johanne nicht. Aber wir können uns dennoch vorstellen, wie wohl die Kissen auf dem Sofa aussehen (alle verschieden und ziemlich bunt) und irgendwo in der Wohnung hängt ein Bild von einem VW-Bus. Es fällt uns leicht das Leben von Johanne – die wir gar nicht kennen – zu ergänzen. Wir könnten ein passendes Weihnachtsgeschenk für sie suchen (einen bemalten Fair Trade Geldbeutel aus Leder) und wissen, wie es bei Johanne in der Küche riecht. Dabei gibt es Johanne nicht einmal wirklich.

Johanne ist eine sogenannte **Persona,** ein reines Hirngespinst. Johanne wurde entwickelt, um ein bestehendes Produkt genauer zu definieren. Mit einer Persona lassen sich Fragen um die Identität eines Produkts, aber auch um die Zielgruppe – also die Käufer eines Produkts – besser beantworten. Bei der Entwicklung einer Persona dürfen wir uns gedanklich ziemlich frei bewegen und der gedachten Person alles andichten, was uns passend erscheint.

Dennoch gibt es eine Reihe von Regeln, die zwingend eingehalten werden müssen.

- Zunächst gibt es EINE Persona – also eine Wunschperson bzw. **Zielidentität.** Gerne verfällt man dem Gedanken eine Frau und einen Mann zu kreieren. Aber gerade durch die Beschränkung auf genau eine Person muss man einerseits genauer nachdenken und andererseits wird die Beschreibung damit schärfer. Das bedeutet jedoch nicht, dass man die Zielgruppe einschränkt. Der Zusammenhang zwischen Zielgruppe und der Persona ist ein anderer, auf den im Abschn. 9.9.5 noch einmal genauer eingegangen wird.
- Die gedachte Persönlichkeit muss mit mehrheitlich **positiven Charaktereigenschaften** ausgestattet sein. Da wir ja alles dürfen, fällt das sicher nicht besonders schwer. Allerdings sollten wir darauf achten unsere Persona nicht zu glatt und zu perfekt auszustatten. Sie sollte eine **glaubwürdige** Persönlichkeit darstellen, denn niemand ist durch und durch perfekt. Die ein oder andere **liebenswerte Schwäche** macht die Persona nahbar und für uns Normalmenschen nachvollziehbarer. Johanne könnte z. B. Schokolade lieben und schon mal eine ganze Tafel auf einmal verdrücken.
- Auch ein zu spezieller Charakter ist nicht unbedingt förderlich. Mit dem „Bar-Test" kann man überprüfen, ob die Persona **gesellschaftskompatibel** genug ist: Wenn wir

die Persona in einer fremden Stadt in einer Bar treffen, sollte es kein Problem darstellen sich angeregt ein paar Stunden mit ihr zu unterhalten, auch wenn wir selbst nicht in der gleichen Lebenswelt unterwegs sind. Es sollte immer so sein, dass die Persona etwas Interessantes zu erzählen hat.

- Im Zweifel sollte die Persona auch meist eher **jünger als die Zielgruppe, erfolgreich und gesund** sein. Wer sich bewusst einmal TV-Werbung für Banken oder Versicherungen ansieht, kann dort übrigens die leibhaftige Persona entdecken: Bei genauem Hinsehen sind die Protagonisten in den TV-Spots recht jung für das Vermögen, das im Hintergrund mitschwingt, und grundsätzlich lächeln alle, denn sie haben ja dank unserer Überlegung ein perfektes Leben.
- Die Zielgruppe oder die Käuferschicht Ihres Produkts steht in besonderem Zusammenhang mit der Persona. Grundsätzlich ist die Persona so etwas wie ein Ideal oder zumindest ein Teilzeitideal Ihres Kunden. Was ist damit gemeint? Nehmen wir an Sie wollen sich ein Mountainbike zulegen, sind aber schon aus dem Alter raus, in dem man sich halsbrecherisch Waldhänge mit Fahrrädern hinabstürzt. Dennoch sehen wir auf Bildern genau das, und zwar dargestellt von Leuten, die wir SEIN KÖNNTEN, wenn unser Leben eben nicht gerade so verlaufen wäre, wie es eben nun verlaufen ist. Und somit kaufen wir mit dem Mountainbike ein Stück dieser Idee.

▶ Mit der Persona kreieren Sie also ein positives Lebensgefühl, das Ihre Zielgruppe anspricht. Je genauer Sie die Persona beschreiben, desto mehr Ansatzpunkte haben Sie für sie, um mit dem Idealbild im Kopf Ihrer Kunden in Kontakt zu kommen. Kunden kaufen nicht nur ein Produkt, sondern verbinden immer ein Gefühl damit. Gestalten und definieren Sie dieses Gefühl durch die Entwicklung einer Persona.

9.7 Design Thinking – Beispiel 4: Für einen Hammer sieht auch eine Schraube wie ein Nagel aus

Es war einmal ein Unternehmen, das war Weltmarktführer im Mobilfunkbereich. Es hieß Nokia. Als sich ein kalifornischer Computerhersteller namens Apple daran machte, auch Mobilfunktelefone herzustellen, hat Nokia nur müde gelächelt. Die Führungsspitze von Nokia ließ verlauten, man würde mehr Mobilfunktelefone am Tag verkaufen als Apple in einem Jahr produzieren könnte. Aber bald sollte sich zeigen, dass sich die Geschichte anders entwickeln würde als Nokia sich das gedacht hatte (Abschn. 1.1).[10]

[10]Nur fünf Jahre nach dem Interview, das SPIEGEL ONLINE mit Kari Tuuti („Wir haben ein Jahr Vorsprung". SPIEGEL ONLINE. 10.01.2007) führte, war Nokia schon nicht mehr Marktführer bei den Mobilfunktelefonen und wurde in den folgenden Jahren mehrfach verkauft.

Apple hat 2007 das erste iPhone mit nur einem einzigen Knopf auf der Benutzeroberfläche auf den Markt gebracht. Mit diesem einzigen Knopf änderte sich die Benutzung vollständig. Um das Handy zu bedienen, reichte dieser eine Knopf aber nicht aus. Erstmalig wurden die Funktionen über Tippen und Wischen mit dem Finger auf dem Bildschirm aufgerufen. Dadurch konnte der Bildschirm vergleichsweise riesig werden, man verschenkte ja keinen Platz mehr an die Tastatur. Um den Screen zu entriegeln oder einen Telefonanruf anzunehmen, wischte man nun einfach über den Bildschirm. *Swipen* gehört seither zu den Grundinteraktionen unzähliger Apps. Wem es zu kompliziert wurde oder wer sich verirrt hatte, dem half der Knopf am Ende des Bildschirms. Hier wurde nur eine einzige Funktion untergebracht: „Zurück zum Startbildschirm". Apple stellte so sicher, dass einerseits komplexe Programme (genannt Apps) auf dem Handy laufen konnten, aber andererseits auch jedem ungeübteren Benutzer jederzeit der Weg zurück zum Startbildschirm sofort und intuitiv zur Verfügung stand.

Es gibt einige Bücher über Apple und Steve Jobs, und darüber, wie die Entwicklung zu dieser völlig anderen Interpretation der Bedienelemente abgelaufen ist. Beachtenswert ist, wie es zu dem **Bruch mit allen gängigen Bedienverfahren** gekommen ist. Wie ist es gelungen, in einer Zeit, in der unzählige vergleichbare Modelle von Tasten-Telefonen auf dem Markt waren, etwas derart Neues wie ein iPhone zu entwickeln?

Die Antwort wird eher nicht darin liegen, erst einmal mit einem Benchmarking die bestehenden Geräte zu analysieren und Gemeinsamkeiten herauszufinden. Ein ganz anderes – verblüffend einfaches – Verfahren kann helfen fündig zu werden. Eine weiße, dicke Pappscheibe reicht aus.

Stellen Sie sich vor, diese Pappscheibe mit einer Schere zunächst auf eine rechteckige Form zurechtzuschneiden, die einerseits optimal in der Hand liegt und sich gut festhalten und mit den Fingern umschließen lässt, andererseits aber auch in einer Jacken- oder Hosentasche Platz findet. Die Ecken würde man bei diesem Modell abrunden. Sonst bleibt das Gerät – Entschuldigung – die Pappscheibe zu schnell an einer Ecke in der Tasche hängen. Nehmen wir weiter an, Sie würden über eine längere Zeit diese Pappscheibe in der Hand halten, auch in der Jackentasche. Ständig würden Sie mit dem Daumen darauf herumtapsen. Mit der Zeit würden sich die Fingertapser auf der Pappscheibe abzeichnen. Um das Gerät mithilfe der Pappscheibe weiter zu entwickeln, könnte man nun mit einem Stift ein möglichst großes Rechteck im Seitenverhältnis eines Fernsehbilds für den Screen aufzeichnen. Dabei würde auf dem Papp-Prototyp oben oder unten etwas Platz bleiben. Will man nur noch einen Knopf – den sogenannten *Hardkey* – unterbringen, wäre man zwangsläufig mit der unteren Seite besser bedient, denn die Spuren zeigen, dass der Daumen da besser hinkommt. Für Links- und Rechtshändler ist die Position in der Mitte gleichermaßen praktisch. Fertig ist das iPhone: Ein Smartphone, klein genug für die Hosentasche, ein Knopf mittig am unteren Ende, der Screen rechteckig in TV-Format darüber. Und: Auf unserem Papp-Prototyp wären eine Reihe von Daumenabdrücken genau da zu sehen, wo sich beim ersten iPhone der *Slide to unlock*-Schiebeschalter befand.

Natürlich würde dieser Prototyp auch eine ganze Reihe von technischen Herausforderungen mit sich bringen, aber darin hat die Firma Apple Erfahrung: Technisch das zu realisieren, was die Benutzung maximal unterstützt.

Auch wenn Sie keine neuen Geräte entwickeln wollen, kann das Verfahren des ***Paper Prototype*** sehr hilfreich sein. Zum einen ist es **einfach und erschwinglich** in der Herstellung, zum anderen ist es sehr schnell und viel universeller anwendbar, als das Beispiel mit dem iPhone vermuten lässt. Zum Beispiel lassen sich interaktive Applikationen hervorragend mit einem kleinen Papierblock simulieren. Mit einem Stift werden Buttons oder andere Interaktionselemente skizziert und so die Funktion mit dem Papierblock nachgespielt. Ein Klick auf den Button auf Seite eins führt zu Seite drei mit vielen Informationen und einem weiterführenden Link auf eine Seite mit einem Film. Aber wie kommt ein Nutzer nun auf Seite eins zurück? Im Papierprototyp ist schnell der notwendige *Home*-Button eingefügt. Selbst für ein Buch oder eine Broschüre ist ein Papierprototyp hilfreich. Zunächst entwickelt man frei von konventionellen Formatgrößen, die für das Projekt richtig erscheinen. Auf den gefalteten Seiten können die geplanten Inhalte schnell skizziert werden und so der Gesamteindruck beim Durchblättern der Broschüre nachempfunden werden. Je nach dem, für welchen Zweck ein Prototyp entstehen soll, können sich für das Prototyping **Knetmasse oder andere Materialien** eignen. Entscheidend sind die Geschwindigkeit, in der ein für das Team sichtbares diskutables Modell vorliegt, und die dazugehörige Fantasie.

▶ Im Vergleich zu allen anderen Prototypverfahren ist so ein Prototyp (z. B. aus Holz oder Papier) unglaublich schnell und günstig. Vollkommen ohne Risiko lassen sich so wichtige Rückschlüsse auf das spätere Produkt ziehen.

9.8 Design Thinking – Beispiel 5: Die Situation abstrahieren – aus lauter Bausteinen etwas Neues entstehen lassen

Im letzten Beispiel geht es um die Spielzeugsteine von Lego, die schon seit über 80 Jahren in Generationen von Kinderstuben eine gleichbleibende Begeisterung hervorrufen. Hauptsächlich werden vorgefertigte Bausätze für Objekte, wie Bagger, Flugzeuge oder andere technische Faszinationen verkauft. Entscheidend ist dabei, dass diese nur dann einen spielerischen Wert haben, wenn man Sie komplett selbst zusammenbauen muss. Ist das einmal geschehen, werden die Modelle anschließend fast immer demontiert und danach nie wieder so zusammengesetzt, wie es der Bauplan für das Modell vorsieht. Aus den Bauteilen entstehen in den Köpfen der Kinder neue Situationen, Städte, Häuser oder Flugobjekte und die werden mit Lego als Modell nachgebaut. Lego gibt den Kindern das Werkzeug sich eine haptische Umgebung ihrer Vorstellungen zu kreieren. Dabei geschieht etwas sehr Wichtiges: Die Vorstellungswelt in den Köpfen der Kinder und die realen Lego-Bausteinmöglichkeiten müssen sich decken. Während die Vorstellungswelt flüchtig ist und ganz prima damit umgehen kann, dass es auch Lücken gibt, ist das auf der Lego-Baustelle schon anders. Da der Kopf aber sehr schnell die Denkrichtung ändern kann, findet ein Dialog zwischen der Kopf-Welt und der Baustellen-Welt statt. Und der befruchtet wiederum die Ideenwelt der Kinder. Weiterhin ist es im Kinderzimmerszenario ohne weiteres realistisch, dass mehrere Weltraum-Planer zusammen eine Vision entwickeln. Die Projektionsfläche der gemeinsamen Kinder-Vision ist die Baustelle. Die Zusammenarbeit entwickelt sich durch das gemeinsame Vorhaben. Räder, Fenster und Greifarme sind Katalysatoren für Funktionserweiterungen und noch mehr Ideen. Mit diesem Konzept ist Lego noch immer und sicher auch weiterhin auf der ganzen Welt erfolgreich und stellt mit über 5 Mrd. Lego-Fans völlig berechtigt die größte Bevölkerungsgruppe der Welt.

Sie ahnen es schon: **Sie sollten mal wieder Lego spielen.** All das, was beim Spielen unseren Kindern gut tut, worum wir sie beneiden und was so leicht und frei und vor allem so innovativ ist, vermissen wir in den Innovationsprozessen der Chefetagen. Da geht es um Margen und EBIT, dargestellt auf 24-Zoll-Monitoren, bei denen sich unsere Aufgaben und Herausforderungen auf eine 2-D-Fläche und Zahlen reduzieren. Mit Maus und Tastatur navigieren wir von Excel-Feld zu Excel-Feld und wundern uns, mit welcher Leichtigkeit junge disruptive Start-ups sich gegen etablierte Unternehmen durchsetzen können. Irgendwo in unserer Laufbahn haben wir aufgehört Dinge mit den Händen zu be-greifen (der Wortsinn meint, dass wir Dinge greifen müssen, um sie zu verstehen) und gegen 24-Zoll-Monitorflächen eingetauscht. Dabei ist keine Verbindung so stark ausgeprägt, wie die zwischen unserem Gehirn und unseren Händen.

Im Umgang mit neuen kreativen Ideen kann der spielerische „Bau" einer Umgebung außerordentlich hilfreich sein. Das gilt für jeden von uns allein, aber auch für ganze Teams. Lego kann durchaus ein ernst zu nehmendes Werkzeug sein. Das hat inzwischen auch die Firma selbst erkannt. Für verhältnismäßig viel Geld stellt Lego Unternehmen mit „LEGO® Serious Play®" eine Produktentwicklung zur Verfügung, mit der Lego im eigenen Unternehmen ursprünglich selbst einen Prozess etablieren wollte, um zu innovativen und neuen Ideen zu kommen.[11]

Dabei stützt sich das System auf die grundlegenden Eigenschaften des Spiels mit den farbigen Bausteinen:

1. Durch die Umsetzung in ein **Modellszenario** wird allen Beteiligten dasselbe greifbare Bild des Lösungsszenarios vermittelt. Jeder hat dasselbe vor Augen.
2. Jeder Teilnehmer kann sich **aktiv** und konkret am Innovationsprozess beteiligen und mitbauen, umbauen oder ergänzen.
3. Die Lösung ist nicht abstrakt, sondern **konkret.** Alles, was sich mit Lego bauen lässt, sollte sich in irgendeiner Form auch in echt nachbilden lassen.

[11]Lego® Serious Play®-Bausteinsammlungen lassen sich für mehrere 100 € oder 1000 € erstehen (LEGO SERIOUS PLAY® Identity and Landscape Set, 699 €), für die Moderation lassen sich extra ausgebildete Berater (sogenannte *Fasciliator*) buchen.

4. Die Arbeit an der Lösung wird zum **interaktiven** Prozess. Neben dem Bau der Lösung mit Bausteinen wird natürlich viel gesprochen und diskutiert. Für viele Teilnehmer ist es leichter, sich **spielerisch** für eine Lösung einzubringen, als am Konferenztisch den Chef mit PowerPoint-Präsentationen und Bullet-Points von Ideen zu überzeugen.
5. Es macht **Spaß.** Wie zu Beginn erwähnt, öffnet sich unser Gehirn gegenüber ungewöhnlichen, frischen und freien Ideen im Spaß- und Spielmodus um ein Vielfaches leichter als im Stressmodus. Spiel macht Spaß. Spielen ist einfach und spielen kann jeder. Und – wie schon immer – es macht mehr Spaß zu mehreren zu spielen.

Für LEGO® Serious Play® gibt es natürlich allerhand Alternativen. Beispielsweise müssten Sie sich nur überlegen, wie Sie an die Bausteine Ihrer Kinder herankommen. Es geht aber auch mit anderen Bausteinen oder einer Lösungssituation, die mit Pappe, Schere und Klebestift zusammengebaut wird. Kinder sind da übrigens auch nicht so wählerisch. Der spielerische Gewinn steht im Vordergrund.

Wir Menschen sind nicht die einzige Spezies, die im kooperativen Spiel Lösungswege sucht. Diese natürliche Innovationsmethode geht im digitalen Arbeitsalltag schnell unter und ist es wert von Zeit zu Zeit wiederbelebt zu werden. Im Spiel gehen aus den gleichen Gründen auch Lernprozesse nachweisbar schneller. Bei Kindern sagt die Menge der Spielsteine etwas über ihre Kreativität aus. Das sollte auch für Unternehmen gelten.

▶ Gehen Sie spielerisch an Problemlösungen heran. So können Sie und Ihre Mitarbeiter neue Strategien freier und leichter im Miteinander testen.

9.9 Design Thinking in Phasen

Anhand der vorangegangenen fünf Beispiele konnten wir Einblicke in verschiedene Bereiche des Themas Design Thinking gewinnen. Diese bauen aufeinander auf und können als Phasen in der Vorgehensweise angesehen werden. Jede Phase hat eine eigene Qualität und stellt jeweils unterschiedliche Anforderungen an unsere Arbeits- und Denkweise. Je genauer wir diese Arbeitsweise bei den einzelnen Prozessschritten beachten, desto erfolgsversprechender sind letztendlich die Ergebnisse. Im Grunde orientieren sich die Schritte an einer auf der Hand liegenden Abfolge: Recherche – Analyse – Ideenfindung – Testing bzw. Bewertung – Implementation und dann wieder von vorne.[12]

Für die konkrete Durchführung eines Design Thinking-Prozesses ist diese offensichtliche Struktur allerdings zu starr und bietet zu wenig konkrete Handlungshinweise.

[12]Der hier aufgeführte Entwicklungspfad lässt sich so oder in ähnlicher Form auf den Webseiten vieler Designagenturen finden. Dort stellen sie das Leistungsspektrum der Agenturen aber auch die Abfolge der Prozessschritte dar.

Weiterhin ist noch nicht klar, wer in dem Prozess an welchem Schritt mit welcher Aufgabe beteiligt ist. Die typische Zusammenarbeit im Workshop ist beispielsweise nicht für alle Prozessschritte wirklich geeignet. Dementsprechend ist es also auch nicht unbedingt möglich mit den Kollegen an einem Tagesworkshop morgens mit der Recherche zu beginnen und nachmittags im Team neue innovative Produkte auf den Tisch zu legen. Der Prozess mit Hilfe von Design Thinking Innovationen zu generieren wird sich mit Sicherheit über einen längeren Zeitraum hinziehen.

Häufig beginnt man über Veränderung nachzudenken, wenn von außen der **Druck** zunimmt, entweder langsam, z. B. durch langfristig sinkende Umsätze und Erträge, oder etwas schneller, wenn neue Marktteilnehmer oder Innovationen das bisherige Geschäftsmodell bedrohen (vgl. Kap. 1 und 2). An diesem Punkt beginnt die Design Thinking-Reise.

9.9.1 Die Ausgangslage

Die schriftlich dokumentierte Ausgangslage sollte in maximal **drei Sätzen** nicht nur das Produkt oder das Projekt selbst, sondern auch die Gesamtsituation aus der Perspektive eines außenstehenden Marktbeobachters so sachlich wie irgendwie möglich beschreiben. Die strenge Limitation auf sehr wenig Text zwingt dabei zur Genauigkeit. Nehmen wir das Beispiel Premium-Elektroautos. Würden wir Audi oder BMW zur Ausgangslage befragen, würde wahrscheinlich ein Tag nicht reichen, um sich alles anzuhören, was die deutschen Autobauer dazu zu sagen haben. Dabei ist es ganz einfach:

Tesla vertreibt derzeit erfolgreich die attraktivsten Elektrofahrzeuge im Premiumsegment.[13] *Alle deutschen Autobauer arbeiten an vergleichbaren Produkten, hinken dabei aber hinterher.*

Das ist hart und kurz. In Wahrheit ist es sogar wahrscheinlich, dass deutsche Autobauer z. B. inzwischen technisch bessere Autopiloten in Elektrofahrzeugen entwickelt haben, es aber aus Sicherheitsgründen und politischen Erwägungen nicht wagen diese so aggressiv zu vermarkten. Deswegen steht in der Ausgangslage auch *Tesla vertreibt* … und nicht *Tesla baut* … Und natürlich gibt es erste Elektrofahrzeuge von deutschen Herstellern, aber diese finden sich nicht wirklich im Premiumsegment.[14] Dennoch ist diese Ausgangslage viel näher an der Wahrnehmung der meisten Deutschen, die sich für Elektrofahrzeuge interessieren, als deutsche Hersteller zugeben würden. Ohne nun schon zu sehr vorgreifen zu wollen, steckt in der knapp formulierten Ausgangslage schon ein großer Teil des Problem: Deutsche Hersteller entwickeln Technik und der amerikanische Hersteller Tesla vermarktet eine Lösung.

---

[13]Vgl. Bratzel, S. (2017). Warum Tesla die Autobauer das Fürchten lehrt. ZEIT ONLINE. 18.04.2016.

[14]In Deutschland wird nur ein Premium Sportwagen-Hybrid angeboten: Vom i8 von BMW wurden 2015 5456 Fahrzeuge zu einem Preis ab 126.000 € verkauft.

Es geht also nicht um das Produkt – ein Fahrzeug auf vier Rädern – sondern um das Wie.

Das Problem der mangelnden Reichweite von Elektroautos versucht Tesla z. B. durch Einsatz eines eigenen Lade-Netzwerks von Superchargern zu lösen[15].

Nicht jedes Innovationsprojekt muss sich gleich um riesige Märkte drehen. Dennoch gehören einfache, verständliche Informationen in die Beschreibung der Ausgangslage. Beispiele für Fragen, die helfen können, dies kurz und klar aus der Perspektive eines Außenstehenden zu beantworten, sind:

- Welche Produkte oder Dienstleistungen stellt das Unternehmen her?
- Wie sehen Käufer oder potenzielle Kunden das Produkt?
- Ist das Produkt vergleichsweise hochpreisig oder eher günstig?
- Geht es dem Unternehmen gut oder hat es Schwierigkeiten?
- Welche weltweiten Entwicklungen, wie die Digitalisierung der Märkte oder Globalisierung, könnten eine Rolle spielen?
- Wie geht es dem Markt?
- Wie wird sich dieser voraussichtlich entwickeln?
- Stehen (unmittelbare) Marktveränderungen an?
- Gibt es Mitbewerber?
- Wo stehen sie im Vergleich?

9.9.2 Das Ziel

Die nächste Station auf dem Weg durch den Design Thinking-Prozess ist die **schriftliche Formulierung** des Ziels in wenigen klaren Worten. Dies soll helfen, alle am Design Thinking-Prozess Beteiligten auf das richtige Gleis zu setzen. Deshalb sollte es einerseits einfach ausgedrückt werden, andererseits aber auch motivieren. Natürlich wollen alle Unternehmen den Umsatz steigern, aber dieses Ziel allein ist wenig hilfreich. Wir sollten uns hier fragen, warum der Umsatz gesteigert werden soll. Um als Unternehmen zu überleben? Klingt nicht gerade inspirierend. Wenn schon, dann: *Marktführer werden!* Zu unrealistisch? Dann eben: *Qualitativ der Beste im Marktumfeld sein!* **Hochgesteckte Ziele** lenken die Gedanken auf andersartige und neue Lösungen. Es ist etwas anderes, darüber nachzudenken, wie man kurzfristig den Umsatz steigern kann, oder wie man dafür sorgt, dass ein Unternehmen auch noch den eigenen Enkelkindern Arbeitsplätze bietet. In der Zielformulierung äußern sich indirekt auch die **Firmenphilosophie** und die **Grundwerte** des Unternehmens. Deshalb lohnt es sich doppelt und dreifach, hierüber scharf nachzudenken. Einerseits entwickelt und definiert man hiermit auch die

[15]Vgl. Olschewski, M. (2017) Diese Zahl macht euch den unfassbaren Erfolg von Tesla bewusst, Business Insider, 27.04.2017.

Identität des Unternehmens, und andererseits kommuniziert das Ziel genau das auch ungefiltert an alle am Prozess Beteiligten. Wie wir später sehen werden, ist es im Design Thinking-Prozess wichtig, Beteiligte aus unterschiedlichen Bereichen zu einem Team zusammenzustellen, um eine Lösung zu erarbeiten. Wenn das Ziel auch einen Teil des Selbstverständnisses und der Philosophie des Unternehmens widerspiegelt, dann ist dies auch ein Instrument, um eben jene in das Unternehmen hineinzutragen.

Formulieren Sie das Ziel also so inspirierend und hochgesteckt wie möglich. Übertreiben Sie ein wenig.

9.9.3 Die Aufgabe

Neben dem Ziel ist es auch manchmal hilfreich, die **Aufgabe schriftlich** zu fixieren. Durch die separate Dokumentation von Ziel und Aufgabe verschaffen wir dem Team Klarheit, worum sich der Prozess drehen soll. Natürlich kann man auch offenlassen, welche Konsequenzen sich am Ende ergeben werden, doch häufig kristallisiert sich schon ein bestimmter Aufgabenbereich heraus, um den sich der Innovationsprozess dreht. Wenn z. B. ein neues Produkt entwickelt werden soll, um den Umsatz anzukurbeln, dann ist das eine typische Aufgabenbeschreibung: Die Aufgabe wird darin bestehen, ein neues Produkt zu entwickeln, um das Ziel, die Maschinen besser auszulasten, zu erreichen. Die Formulierung der konkreten Aufgabe ist ein zweischneidiges Schwert. Einerseits wird dem Team klar kommuniziert, worum es geht, andererseits können so möglicherweise Lösungsvorschläge, die sich auf andere Bereiche beziehen und vielleicht ebenso positive Effekte hätten, ausgeklammert werden. Überprüfen Sie auch ehrlich, ob sich mit der von Ihnen formulierten Aufgabe überhaupt das Ziel erreichen lässt. Der Zweck heiligt die Mittel. Sollte sich herausstellen, dass die Aufgabe nicht geeignet ist, das Ziel zu erreichen, verändern Sie die Aufgabe, nicht das Ziel.

9.9.4 Das Design Thinking-Team

Spätestens jetzt sollten Sie nicht mehr allein reisen. Doch sollten Sie Ihre Mitreisenden dennoch mit Bedacht aussuchen. Es ist nicht sinnvoll, ausschließlich Mitarbeiter einer Abteilung zu involvieren und andere Abteilungen vollkommen unberücksichtigt zu lassen. Wer mit mehreren Teilnehmern nach der Design Thinking-Methode arbeitet, ist gut beraten das Team **interdisziplinär** zusammenzustellen (vgl. Kap. 8). Idealerweise ist aus verschiedenen Abteilungen und aus **unterschiedlichen Altersgruppen** jeweils mindestens ein Vertreter an Bord. In praktisch jeder Abteilung gibt es motivierte Mitarbeiter, die sich gerne einbringen und nicht mit ihrer Meinung hinter dem Berg halten. Mitarbeiter, die sich in der Historie des Unternehmens gut auskennen, sollten ebenso wenig fehlen, wie interessierte Neulinge oder eventuell sogar gute Kunden, die in besonderer Form mit dem Unternehmen verbunden sind. Diese Zusammenstellung eines „Vertreterteams“

sorgt dafür, dass in die Lösungsbetrachtung unterschiedliche Perspektiven eingebracht werden können. Im Idealfall ist das Team eine Art **Repräsentanz verschiedener Abteilungen und Stakeholder.**

Natürlich hat die Arbeit im Team auch noch weitere großartige Vorteile. Ganz automatisch entsteht für die folgenden Stationen mehr Input. Ein Team kann einfach mehr Ideen entwickeln als ein Einzelkämpfer. Mit jeder Person mit einem anderen Hintergrund, die zu dem Teilnehmerkreis hinzukommt, vergrößert sich der Pool, aus dem Ideen und Lösungen entstehen können. Die Sichtweisen und Perspektiven unterschiedlicher Berufszweige oder Kulturen allein innerhalb eines Unternehmens bereichern die Innovationskraft.

Ein entscheidender Punkt aber wird seine Wirksamkeit erst später entwickeln: Je mehr Personen bei der Entwicklung geholfen haben, desto mehr **Botschafter und Fans** gibt es automatisch für die Umsetzung. Wenn sich also das Innovationsteam aus den unterschiedlichsten Abteilungen zusammensetzt, ist auch jede Abteilung indirekt bei der Ideenentwicklung involviert. So kann sich jeder Mitarbeiter vertreten fühlen. Liegen die Ideen später auf dem Tisch, können die Teammitglieder wesentlich leichter dafür sorgen, sie in die einzelnen Abteilungen hineinzutragen.

Die dahinter stehende Erkenntnis ist, dass eine interdisziplinäre Denkweise für den kreativen Innovationsprozess förderlich ist. Dies gilt auch für Aufgaben, denen man sich während des Prozesses allein widmet. Entscheidend sind die multiperspektivische Betrachtungsweise und die Offenheit, verschiedene Sichtweisen bei der Beantwortung einer Frage einzunehmen.

9.9.5 Die Arbeit im Workshop

Nachdem Ausgangslage, Ziel und Aufgabe definiert sind und ein Team zusammengestellt ist, kann die nächste Station angelaufen werden: Der **Workshop.** Ein Workshop ist eine Investition[16]. Damit die Investition möglichst großen Ertrag abwirft, sollten ein paar Voraussetzungen erfüllt sein: Gute Vorbereitung und Moderation sind dabei so selbstverständlich, wie die **Dokumentation** der Ergebnisse. Zur guten Vorbereitung gehört es, die Teilnehmer darauf einzustimmen, was sie erwartet und worum es bei dem Workshop geht. Sicher ist es auch gut, die Teilnehmer zu bitten – je nach Möglichkeit – sich schon im Vorfeld einmal Gedanken zu dem Thema zu machen. Das sollte aber nicht verpflichtend sein und nicht ausarten. Denn nicht jeder Workshop-Teilnehmer hat die Zeit und auch das dafür notwendige Vorwissen. Schließlich kommt man ja auch im Workshop erst zusammen, um dann **gemeinsam kreativ** zu sein. Der wichtigste Faktor dabei ist, dass die Teilnehmer **offen und neugierig** in den Workshop starten, frei von Angst und Bedenken. Weisen Sie

[16]Rein rechnerisch fallen interne Kosten durch Ressourcen von Mitarbeitern, Vor- und Nachbereitung, sowie eventuell Kosten durch eine externe Moderation an.

im Zweifel konkret darauf hin, dass jeder Input wertvoll ist und niemand falsch damit liegen kann, seine Meinung kund zu tun.

Starten Sie den Workshop mit einem ausführlichen Block an **Informationen** für alle. So kann jeder in die Gruppe hineinfinden und steht nicht gleich im Rampenlicht. Es gibt ja auch bereits etwas zu kommunizieren: Ausgangslage, Aufgabe und Ziel können schon vermittelt werden. Dabei bietet es sich an, die kurzen prägnanten Kernaussagen mit Ausführungen, **Bildern und Beispielen** zu unterfüttern. Die Teilnehmer sollten erkennen, dass es **keine Limits** gibt und dieser Workshop etwas Besonderes ist. Wenn es auch sonst üblich sein mag, nicht einmal den Namen des Mitbewerbers auszusprechen, zeigen Sie in Ihrem Workshop Bilder vom Konkurrenzprodukt und klären Sie schonungslos auf. Wenn es möglich ist: Legen Sie konkret auf den Tisch, worum es geht, so kann jeder auch haptisch die Aufgabe im wahrsten Sinne des Wortes be-greifen. Zeigen Sie eindrückliche Beispiele von Unternehmen, die es Ihrer Ansicht nach richtig gemacht haben. Ideal ist es, wenn alle im Raum endlich loslegen wollen ihre Meinung zu sagen.

Als erster Schritt, bei dem alle zusammenarbeiten, eignet sich die Entwicklung einer Persona am ehesten. Wir erinnern uns: Die Persona ist eine Art gedachte Idealperson Ihrer Zielgruppe. Dabei ist die Vorgehensweise im Workshop die, das Team die Persona Scheibchen für Scheibchen entwickeln zu lassen und dabei mit der einfachsten Frage anzufangen: Ist die Persona ein Mann oder eine Frau? Da es ja nur eins von beiden sein kann, muss das Team sich bei dieser einfachen Frage schon einigen. Das kann manchmal richtig lange dauern, aber auch das wäre ein gutes Zeichen. Einzig und allein das eindeutige Ergebnis zählt. Dann kommen weitere einfache Fragen: Alter (Nein, nicht zwischen x und y, sondern eine exakte Altersangabe!), Wohnort, ledig oder verheiratet, Kinder usw. Die Beschreibung der Persona geht bis in unendliche Details hinein. Nicht nur Fahrzeugtyp, Baujahr und Farbe sind zu benennen, nein, auch eine exakte Beschreibung dessen, was in der Mittelkonsole so alles rumliegt, und wo die Persona Möbel kauft oder am Samstagabend hingeht. Erst, wenn sie mit Vornamen bekannt ist und wir ohne weiteres endlos jedes Detail hinzufügen können, weil wir sie so gut kennen, ist es genug.[17] Dazu eine wichtige Erkenntnis: Sollte es Ihrem Team nicht gelingen sich auf eine Persona zu einigen, haben Sie ein großes grundsätzliches Problem. Was auch immer folgt gleicht nämlich daraufhin einem Ruderboot, in dem die Akteure in verschiedene Richtungen rudern. Die Entwicklung einer Persona bedeutet auch, an der einen oder anderen Stelle **Kompromisse** zu machen und eine Einigung im Team herzustellen, Dinge auszudiskutieren oder klar zu stellen.

Ein weiterer Punkt, der sich für den Workshop hervorragend eignet, ist das in den Beispielen weiter oben beschriebene **Prototyping.** Das kann einerseits das Prototyping des Produkts mit Knetmasse, Schere und Papier oder auch nur mit dem Filzstift sein – wie bei der Entwicklung eines neuen Smartphones, – aber auch das Konstruieren einer

[17]Weitere Fragen, die man zur Persona beantworten kann: Welche (r/s) Mobiltelefon, Lieblingsmusik, Lieblingsgetränk, Zeitschriften, Urlaubsorte, Arbeitsplatz, Beruf, Sportarten, Hobbies usw.

Umgebung, einer Situation oder eines Szenarios mit Lego, Bausteinen oder Pappe. Zeigen Sie, dass im Workshop alles erlaubt ist und es nicht darum geht, wie gut der Einzelne sich in der Gruppe verkauft, sondern, dass es sich um eine gemeinschaftliche Maßnahme handelt. Nutzen Sie die Situation, dass unterschiedliche Perspektiven zusammenarbeiten und sortieren Sie die unbrauchbaren Ansätze erst später aus.

Während des Workshops sollen Ideen generiert werden. Beliebtes Mittel ist hierfür das Brainstorming. Neben den bekannten Vorteilen birgt es allerdings zwei entscheidende Nachteile: Erstens ist nicht jedes lockere Gespräch an der Kaffeemaschine gleich ein Brainstorming, sondern hat klare Vorgaben und Regeln. Diese werden selten eingehalten. Beispielsweise hat ein Brainstorming einen klar vorgegebenen Zeitrahmen. Es wird also nicht so lange überlegt, bis eine Lösung auf dem Tisch liegt, sondern im Zweifel nach der abgelaufenen Zeit angehalten und zu einem anderen Zeitpunkt wiederholt. Das zweite Problem ist die Dokumentation. Es entsteht viel Material in verhältnismäßig kurzer Zeit. Jemand muss das alles mitnotieren. Laute Bemerkungen haben es leichter, sich durchzusetzen, aber auch in einer leise geäußerten Idee kann die Lösung liegen. Diese Idee kann leicht untergehen. Um diesen zwei Problemen zu begegnen, bietet sich das **Brainwriting** an. Brainwriting funktioniert im Wesentlichen wie Brainstorming, außer, dass dabei die Ideen – und zwar alle – auf **Karten** notiert werden. Dazu erhält jeder Workshop-Teilnehmer ausreichend Metakarten, wie sie sich in jedem Moderationskoffer finden lassen, und dazu jeweils einen Marker. Es gilt alle Ideen stichwortartig auf Karten zu notieren und zwar auf jede Karte genau eine Idee. Die Zeit ist mit **fünf Minuten** ausreichend großzügig bemessen. Das bedeutet, beim Brainwriting werden tatsächlich nur fünf Minuten lang Ideen auf Karten geschrieben und gesammelt. Deswegen sollte die Herausforderung, für die Ideen generiert werden sollen, unbedingt vor Beginn geklärt sein und am besten schriftlich (z. B. mit dem Beamer) währenddessen an der Wand stehen. Damit sich die Ideen gegenseitig befruchten können, werden alle Karten sofort, nach dem sie geschrieben wurden, direkt in die Mitte des Tisches gelegt, sodass alle sie lesen können. Fällt einem Teilnehmer nichts mehr ein, kann er sich in der Mitte des Tisches Inspiration und neue Ansatzpunkte holen. Nach fünf Minuten sind in der Regel alle Ideen auf dem Tisch. Perfekt, um den zweiten Teil des Brainwritings zu starten.

Dafür gehen die Karten grob gemischt wieder an die Teilnehmer zurück. Jeder sollte ungefähr gleich viele Karten erhalten. Nun werden die Ideen Karte für Karte vorgelesen, und zwar immer reihum. Der Moderator hat keine Karten, sondern beginnt sie zu **clustern** (auf einem Konferenztisch oder an Pinnwänden). Dabei werden die Ideen Karte für Karte sinnverwandten Bereichen zugeordnet. Also Produktideen zu Produktideen, inhaltliche Ideen zu einer Wolke und beschreibende Adjektive zusammen in eine andere Wolke. Bei unklaren Karten wird nachgefragt. Geclustert wird gemeinsam, also jeder kann seine Meinung kundtun, wo eine Karte am besten aufgehoben ist. In den Wolken sollten sich die Karten jedoch nicht so weit überlappen, dass sich die Ideen nicht mehr lesen lassen, dann kann der dritte Teil folgen.

Das Clustern bietet zwei entscheidende Vorteile: Zum einen kann das Ergebnis ganz einfach mittels Handyfoto **dokumentiert** werden. Zum anderen ergibt sich aus den entstehenden

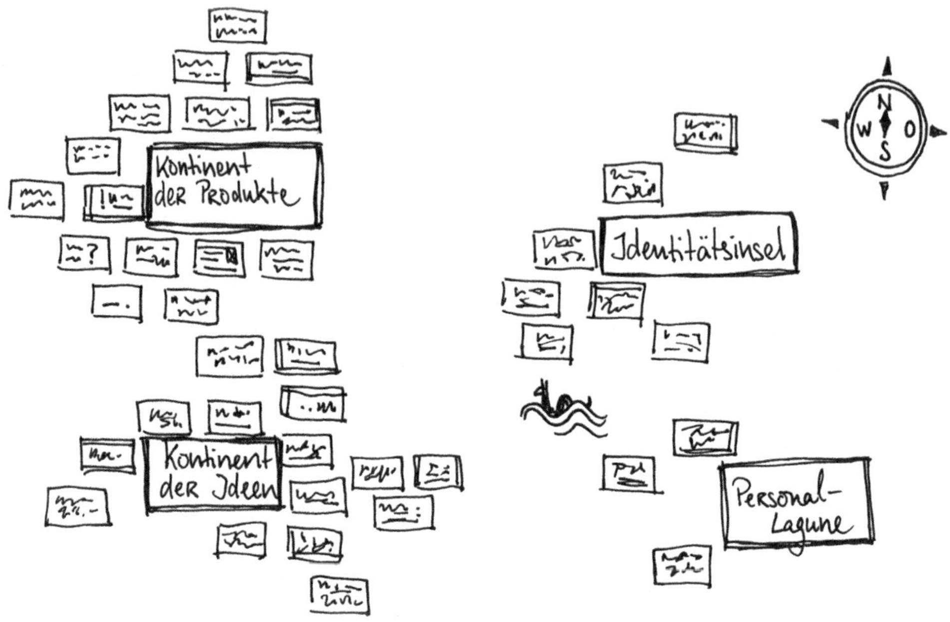

Abb. 9.2 Beim Clustern von Ideen entstehen Länder, Kontinente und Inseln. Viele Ideen erzeugen mehr Landmasse

Wolken eine Art **Lösungslandkarte**. Hierauf lassen sich große und kleine Kontinente ausmachen. Große Kontinente entstehen durch Bereiche, bei denen viele Ideenkarten zusammengekommen sind. Hier scheint das Ideen-Potenzial in den Köpfen der Teilnehmer größer zu sein. Häufig gibt es auch Überraschungen: Kontinente, von denen man erwartet hätte, dass sie riesig sein müssten, fallen manchmal kleiner als erwartet aus. Das könnte ein Hinweis sein, die Lösung in einem anderen Bereich als anfangs gedacht zu suchen (Abb. 9.2).

Das Brainwriting ist ein wunderbares Mittel, um die Ideenvielfalt des Workshop-Teams visuell zu dokumentieren. Im weiteren Verlauf des Design Thinking-Prozesses können einzelne Karten auch wieder herausgelöst und als eine Art Überschrift an die Wand gepinnt werden, um darunter weiterführende Ideen zu dokumentieren.

9.9.6 War Wall

In Design- und Werbeagenturen wird bei großen Projekten oder Wettbewerbssituationen ein sogenannter War Room eingerichtet.[18] In diesem Raum werden alle Informationen

[18]Der Begriff hat militärischen Ursprung und bezeichnet den Ort, an dem militärische und strategische Entscheidungen besprochen und gefällt werden.

zusammengetragen. Hier finden die projektbezogenen Meetings und Brainstormings statt. An den Wänden hängen Ausdrucke der Entwürfe für das Projekt, der Zielgruppe und der Produkte, um die es geht. Allerdings wird ein War Room in Agenturen immer nur temporär, für einige Wochen eingerichtet und nach Projektende wieder aufgelöst. In diesem Zeitraum schafft er eine emotionale Verbindung und einen guten Ort für die Identifikation der Teammitglieder mit dem Projekt und der Aufgabe. Weiterhin kann man in einem so eingerichteten Raum von Zeit zu Zeit Veränderungen und Fortschritte auch visuell darstellen. In abgespeckter Form ist dies auch als War Wall, also eine Wand für ein Design Thinking-Projekt denkbar. Die Fragestellungen mit Ziel und Aufgabe oder die Ergebnisse der Workshops können hier präsentiert werden. Da im Idealfall Mitarbeiter der unterschiedlichsten Abteilungen am Prozess beteiligt sind, ist das Design Thinking-Projekt ohnehin kein Geheimnis. An dieser Wand würde sich für alle ablesen lassen: Hier tut sich etwas, Ideen werden entwickelt und Kreativität in diesem Unternehmen ist gefragt. Schließlich hilft eine War Wall dem Projektteam selbst den Fortschritt bei der Entwicklung der Ideen visuell nachzuvollziehen. Ob Raum oder auch nur eine Wand: Schaffen Sie einen **Ort, wo Innovation und Fortschritt sichtbar werden.**

Genau wie beim War Room in der Designagentur sollten Sie aber von Anfang an **Fristen** setzen, wann Ihre Wand sich verändert haben sollte und wann sie wieder abgebaut wird. Ein Innovationsprozess mit Design Thinking soll schließlich zu einem Neuanfang führen (Abb. 9.3).

Abb. 9.3 Alles was zur Ideenfindung gesammelt an einer Wand

9.10 Kernaussagen

Design Thinking ermöglicht es auch unter dem Druck des Berufsalltags kreative Ideen zu generieren. Hierfür bieten sich unterschiedliche Methoden an, die sich auch auf anderen Ebenen der Produktentwicklung anwenden lassen, nicht nur in der Phase des Designs.

Alle fünf Beispiele in diesem Kapitel haben gemeinsam, dass sie einen **Prozess im Fokus** haben und nicht unbedingt das Produkt selbst. Das Produkt ist stets nur Mittel zum Zweck, um den Prozess zu vereinfachen. Der fast schon verblüffend einleuchtende Bedienkomfort ist das ausschlaggebende Element. Nicht das gut gestaltete Produkt steht im Zentrum der Überlegungen, sondern der gut gestaltete Prozess um die Frage, *wie* mit dem Produkt umgegangen wird. Und Prozesse kommen im unternehmerischen Umfeld zuhauf vor. Design Thinking kann überall dort als Innovationsmethode eingesetzt werden, wo Prozesse stattfinden.

Um den Design Thinking-Prozess auf die richtigen Gleise zu setzen, starten Sie, in dem Sie Ausgangslage, Ziel und Aufgabe kurz und präzise schriftlich fixieren. Als weiteren Schritt stellen Sie ein idealerweise interdisziplinäres Team mit Vertretern zusammen. In Workshops kann die Arbeitsgruppe in Brainwritings Ideen entwickeln und die Fortschritte an einem Ort, z. B. einer Wand, sichtbar machen.

Die wichtigste Erkenntnis ist also: Machen Sie den Prozess zum Gegenstand Ihrer Überlegungen und nicht das bisherige Produkt. Dabei interessiert auch nicht, wie dieser Prozess bisher oder normalerweise abläuft, sondern, **wie der Mensch ihn idealerweise gerne hätte.** Gehen Sie spielerisch mit der Situation um und lösen Sie das Problem mit einem Baustein-Szenario.

Beim Design Thinking geht es nicht darum, möglichst nie da gewesene, technische Innovationen zu erschaffen, damit man anderen einen Schritt voraus ist, sondern darum, den Menschen und seine Bedürfnisse in den Fokus zu stellen. Konzentrieren Sie sich darauf, Prozesse **für den Nutzer einfacher und angenehmer** zu machen. Wenn Sie dies bedenken, hat Ihr Produkt gute Chancen erfolgreich zu sein.

Literatur

1. Kahneman, D. (2012). *Schnelles Denken, langsames Denken*. München: Siedler.

Weiterfuhrende Literatur

2. Pink, D. (2005). *A whole new mind: Why right-brainers will rule the world*. New York: Berkeley.
3. Kelley, T., & Kelley, D. (2013). *Creative confidence: Unleashing the creative potential within us all*. New York: Crown Business.

4. Uebernickel, F., Brenner, W., Pukall, B., Naef, T., & Schindlholzer, B. (2015). *Design Thinking: Das Handbuch*. Frankfurt: Frankfurter Allgemeine Buch.
5. Grätz, I., Schulze, S. (Hrsg.). (2011). *Apple design*. Hamburg: Hatje Cantz.
6. Stickdorn, M., & Schneider, J. (2012). *This is service design thinking: Basics. Tools, cases*. New Jersey: Wiley.
7. Sinek, S. (2009). *Start with why: How great leaders inspire everyone to take action*. New York: Penguin.
8. Brown, T. (2009). *Change by design: How design thinking transforms organizations and inspires innovation Harper Business*. New York: HarperCollins.
9. Kelley, T. A. (2001). *The art of innovation: Lessons in creativity from IDEO, America's leading design firm* (Bd. 10). London: Broadway Business.
10. Kelley, T., & Littman, J. (2002). *Das IDEO-Innovationsbuch: Wie Unternehmen auf neue Ideen kommen*. München: Econ.
11. Kumar, V. (2012). *101 design methods: A structured approach for driving innovation in your organization*. New Jersey: Wiley.

Schlüsselkompetenz Kommunikation: Pulsschlag der Veränderung

10

Kernkompetenz für Führungskräfte und Projektverantwortliche zur Bewältigung von klassischen Veränderungen und agiler Transformation

Axel Kühn und Felix H. Kühn

Alles. Bleibt? Anders!

„Kommunikation? Ach, das machen wir doch jeden Tag." Und genau deshalb wird Kommunikation in den Führungsetagen oft unterschätzt – als Erfolgshebel in Veränderungsprozessen, als kulturprägender Faktor und als Investment in die Glaubwürdigkeit von Management-Entscheidungen. Dabei ist es am Ende die Kongruenz von Wort und Tat, die Sicherheit gibt, die Vertrauen wachsen lässt. Und Vertrauen ist das Fundament für Veränderungserfolg in einer Welt, die sich zunehmend radikaler und schneller verändert.

Um Veränderungen abzusichern, sollte der professionelle und zielorientierte Umgang mit Kommunikation heute zur Kernkompetenz jeder Führungskraft gehören. Dabei gilt: Je radikaler die Veränderung – desto höher der Anspruch an die Qualität der Kommunikation!

Finden die Veränderungen in einem stabilen Umfeld statt und sind eher inkrementell, dann steht kommunikativ im Vordergrund, Anlass und Ziele zu vermitteln, die man mit der Veränderung erreichen will. Es geht darum, die Chancen und den möglichen Mehrwert der Veränderung für Menschen und Unternehmen deutlich zu machen. Hierzu ist es hilfreich, die grundlegenden Voraussetzungen wirkungsvoller Kommunikation zu kennen.

A. Kühn (✉) · F. H. Kühn
Stellwerk Kommunikationsberatung GmbH, Arnis, Deutschland
E-Mail: kuehn@stellwerk.biz

F. H. Kühn
E-Mail: felix.kuehn@stellwerk.biz

G. Baltes und A. Freyth (Hrsg.), *Veränderungsintelligenz*,
https://doi.org/10.1007/978-3-658-04889-1_10

Radikale Veränderungen in einem dynamischen Umfeld erhöhen die kommunikative Herausforderung massiv, denn es fallen stabile Rahmenbedingungen weg, die Sicherheit bieten (z. B. Hierarchie, Struktur, Prozesse). Dafür steigt die Komplexität. Führungskräfte sind hier besonders gefordert, denn es liegt an ihnen, vorübergehend genau diese Stabilität zu geben, bis das Vertrauen in die neuen Rahmenbedingungen gewachsen ist. Und das in Phasen, in denen man im schlimmsten Fall selbst nur wenige Parameter im Umfeld kennt.

Wie kann das gelingen? Indem Führungskräfte Orientierung geben, beispielsweise durch das Vermitteln von Perspektiven für Unternehmen und Mitarbeiter. Es geht darum, Glaubwürdigkeit und Vertrauen wachsen zu lassen indem Worten Taten folgen. Es ist wichtig, dass Führungskräfte und Mitarbeiter gemeinsam erkennen, dass sie mit Veränderungen und Unsicherheit rund um Märkte, Geschäftsmodelle, Strukturen und Prozesse leben müssen. Und dass Stabilität und Sicherheit durch vertrauensvolle Zusammenarbeit, offenen Wissensaustausch und professionelle Kommunikation im Netzwerk entstehen.

In vielen Unternehmen entwickelt sich dabei eine Kultur des „Sowohl-als-auch", es entstehen Parallelitäten vom traditionellen Kerngeschäft und Innovations-Initiativen – mit jeweils unterschiedlichen Spielregeln. Damit die Widersprüche, die damit verbunden sind, bei den Mitarbeitern nicht zu unnötigen Konflikten führen, ist das Management gefordert. Es muss diese Widersprüche nicht nur mitdenken, sondern Sinn und Zweck dieser Ambidextrie auch vermitteln und die nötige Wertschätzung für beide Welten verdeutlichen.

Wer heute in Veränderungen glaubwürdig führen möchte, muss in Sachen Kommunikation nicht nur methodisch fit sein. Es braucht darüber hinaus eine klare innere Haltung, auch bei schwierigen Entscheidungen. Wer Inhalte entwickeln und glaubwürdig vermitteln will, trifft zwangsläufig irgendwann auf die Frage „Und wie stehe ich persönlich zu diesem Thema?" Eine Antwort zu geben, die ich persönlich für mich vertreten kann, und die gleichzeitig zur eigenen Rolle in der Organisation passt – das ist für Führungskräfte oft eine Herausforderung. Doch genau hier beginnt gute und glaubwürdige Kommunikation des Managements. Und genau hier entsteht Authentizität. Daher finden Sie in diesem Abschnitt auch Denkanstöße zum grundlegenden Verständnis der eigenen Rolle als Kommunikator.

Dieser Abschnitt greift diese Herausforderungen auf, bietet praktisches Handwerkszeug und einfache Methodik für die gute Planung von Kommunikation in „traditionellen" Veränderungsprozessen sowie in einem von Dynamik und radikalen Veränderungen geprägten Umfeld. Dazu viele Ansätze für eine Diskussion im Führungsteam auf dem Weg zu einem gemeinsamen Verständnis von Kommunikation. Darüber hinaus beantwortet dieser Abschnitt Ihnen folgende Fragen:

- Warum ist eine ausgeprägte Kommunikationskompetenz für Führungskräfte auf allen Hierarchieebenen heute unverzichtbar?
- Wie wird Kommunikation zum Erfolgshebel für Veränderungsprozesse und worauf ist dabei zu achten?
- Welche kommunikativen Fehler gefährden Veränderungsprozesse und was kann man daraus lernen?
- Wie lässt sich Kommunikation für Veränderungsprojekte pragmatisch planen und umsetzen?
- Wie verändern sich die Anforderungen an Kommunikation durch digitale Transformation und die Entwicklungen rund um Industrie 4.0?
- Worauf ist bei der Kommunikation agiler Projekte zu achten?
- Wie beeinflusst ganzheitliche Kommunikation eine veränderungsförderliche Unternehmenskultur?

10.1 Kommunikation – eine unverzichtbare Führungskompetenz

Rund ein Drittel aller Veränderungen scheitert [1]. Und mehr als ein weiteres Drittel aller Change Prozesse erreicht die anvisierten Ziele nicht.[1] Schaut man sich die Analysen des Scheiterns an, dann wird deutlich: Fast immer sind es grundlegende Kommunikationsfehler des Managements, die entscheidend dazu beitragen – und so nicht nur großen betriebswirtschaftlichen Schaden verursachen. Sie beschädigen auch das Vertrauen in Unternehmen und Führung. Gescheiterte Veränderungen graben sich tief in das kollektive Gedächtnis ein und reduzieren nachhaltig die Veränderungsbereitschaft und -fähigkeit eines Unternehmens.

10.1.1 Kommunikation: Investition in Veränderungsintelligenz

Unsere Beratungserfahrung zeigt: Viele Führungskräfte sind sich gar nicht bewusst, dass sie gerade in Phasen großer Veränderungen viel Zeit in Kommunikation investieren müssen. Der persönliche Stresslevel ist oft schon hoch genug, für planvolle Kommunikation scheint keine Zeit zu sein. „Dafür gibt es schließlich Spezialisten." Nur: Die allein können es nicht richten.

Egal wie gut die eigene Kommunikationsabteilung ist – das Festlegen relevanter Inhalte und die strategische Planung der Kommunikation können und müssen dort erfolgen, wo

[1]70 bzw. 75 % der Veränderungsprozesse erreichen ihre anvisierten Ziele nicht [2, S. XVIII].

die grundlegenden Entscheidungen getroffen werden. Und das ist normalerweise in den Führungsetagen des Unternehmens oder in den Lenkungskreisen von Projektteams. Von hier gehen die Impulse für eine Veränderung aus und werden möglichst im persönlichen Dialog über die Kommunikationskaskade weitergegeben. Die Kommunikationsabteilung kann konzeptionell begleiten und medial unterstützen, aber niemals ganz übernehmen.

Das bedeutet: Je mehr und je schneller sich ein Unternehmen verändert, desto höher ist der Bedarf an wirkungsvoller Kommunikation – und damit an Kommunikationskompetenz im Management.

Und dabei geht es nicht darum, aus dem Stegreif ein paar glattgebügelte Worte sagen zu können oder tolle Medien für die Mitarbeiterinformation in Auftrag zu geben. Es reicht auch nicht aus, einfach die wichtigsten Fakten in schicken Charts durchs Haus zu tragen. Vielmehr geht es darum, die Kommunikation mit den Menschen, den planvollen Dialog mit unterschiedlichen Interessengruppen, als **den** Erfolgsfaktor für das Führen in Veränderungen zu verstehen. Dieses Managementwerkzeug gilt es zu beherrschen und überlegt und zielorientiert einzusetzen. Nicht nur auf allen Management-Ebenen sondern zunehmend auch ganz unabhängig von Hierarchie, zum Beispiel als Experte in agilen Teams oder Projektleiter in klassischen Veränderungsprojekten.

Kommunikation sichert den Erfolg einzelner Veränderungsprozesse ab – und gehört daher von Anfang an mit nach oben auf die Agenda. Gleichzeitig zahlt sie auf alle Ebenen der Veränderungsintelligenz eines Unternehmens ein. Damit ist die Investition in wirkungsvolle Kommunikation ein nachhaltiges Investment in den Veränderungserfolg.

10.1.2 Einfach geheim halten? Funktioniert nur kurze Zeit

Sicher gibt es viele Situationen, in denen es anfangs einfacher ist, Entscheidungen scheibchenweise, taktisch und geschönt zu kommunizieren. Gerade die Vermittlung unangenehmer Botschaften erfordert ein gerütteltes Maß an Mut und Standing. Doch am Ende bringt eine kommunikative „Salami-Taktik“ die Veränderung in der Summe in Gefahr. Denn die Erkenntnis von Führungskräften und Mitarbeitern, nur die halbe Wahrheit erfahren zu haben, gefährdet die Glaubwürdigkeit der Entscheider – und damit die von ihnen angestoßene Veränderung. Diese Art der Kommunikation führt zu einer Verstärkung von Blockaden.

Der Versuch, wichtige Veränderungsprojekte geheim zu halten, gelingt erfahrungsgemäß ohnehin nur einige Tage. Sobald umfangreichere interne Recherchen beginnen, wird im Unternehmen auch über „geheime Projekte“ gesprochen. Ganz gleich, worum es geht: Wer Gerüchte und Halbwahrheiten auf dem Flur als einzige Informationsquelle hat, wird sich seinen eigenen Reim darauf machen. Eine Ausgangslage, die nicht unbedingt dazu beiträgt, das Vertrauen von Mitarbeitern in einen Veränderungsprozess zu stärken.

Trotzdem gibt es manchmal Rahmenbedingungen, die es erfordern, ein Projekt möglichst ohne größere Sichtbarkeit im Unternehmen zu bearbeiten. In dieser speziellen Situation gilt es, möglichst schnell nutzbare Ergebnisse zu erarbeiten. Beginnt die offizielle

Kommunikation, sollte auch erläutert werden, warum man nicht früher darüber sprechen konnte.

10.1.3 Digitale Medien erhöhen das Tempo und steigern die Transparenz

Es ist heute ohnehin kaum noch möglich, relevante unternehmensstrategische Entscheidungen über längere Zeit „unter der Decke" zu halten. Die Vielzahl digitaler und persönlicher Kommunikationskanäle und der selbstverständliche Gebrauch digitaler Medien erhöhen die Transparenz – im Unternehmen ebenso wie im Privatleben. Die Bereitschaft, längere Texte zu lesen, sinkt. Filme von wenigen Minuten Länge sind für viele Menschen zunehmend das Medium der Wahl. Dabei ist es unerheblich, ob einem diese Entwicklung gefällt oder nicht – sie findet einfach statt. Mit ihr steigt die Notwendigkeit, zeitnah und offen über wichtige Entscheidungen zu informieren. Gleichzeitig hat sich die klassische Trennung zwischen interner und externer Kommunikation erledigt. Nachrichten von innen dringen nach außen und umgekehrt. Es gilt: Interne Kommunikation ist immer auch externe Kommunikation. Es ist heute nicht mehr möglich, eine interne Kommunikationsstrategie zu verfolgen, die sich inhaltlich von der externen Kommunikation unterscheidet.

10.1.4 Frühzeitig kommunizieren – aktiv Impulse setzen – Kommunikationshoheit schaffen – Kontinuität sichern

Frühzeitige Kommunikation ist für die meisten Veränderungsprojekte zwar die beste Option. Aber auch sie wird grundlegende Verunsicherung nicht verhindern, denn auch „die da oben" können nicht alle konkretisierenden Fragen beantworten. Sie bietet aber die Chance, von Anfang an eigene Impulse in der internen Diskussion zu setzen – und damit ein Gegengewicht zu den Gerüchten im Flurfunk aufzubauen. Die „Kommunikationshoheit" sollte niemals an den Flurfunk verloren werden. Zudem gilt: je früher Betroffene kommunikativ eingebunden werden und somit am Veränderungsprozess partizipieren können, desto positiver wirkt sich dies auf die Veränderungsbereitschaft aus.

Viele Führungskräfte scheuen sich verständlicherweise davor, Mitarbeiter frühzeitig zu informieren, zumal wenn sie selbst noch viele Unsicherheiten haben und wissen, dass sie viele Fragen der Mitarbeiter noch nicht beantworten können. Im Sinne einer frühzeitigen Aktivierung und Partizipation der Mitarbeiter und um das Vertrauen nicht zu verlieren, ist hier dennoch eine prozessorientierte Kommunikation der richtige Lösungsansatz. Anstatt auf ergebnisorientierte Kommunikation ist es oft sinnvoll, mit der offiziellen Kommunikation nicht so lange zu warten, bis das Ergebnis feststeht. Vielmehr sollte kontinuierlich im Veränderungsprozess über den aktuellen Stand gesprochen werden (z. B. Ausgangslage, Anlass und Ziele der Veränderung, Chancen und Mehrwert für Menschen und Unternehmen, nächste Schritte und auch über mögliche Risiken oder Rückschläge im Verlauf). Je früher das Management Vorgehen, Ziele, Risiken und Chancen verständlich und transparent erläutert – und ggf. Zwischenergebnisse vorstellt und diese einordnet – desto größer ist die Wahrscheinlichkeit, dass es gelingt, die Kommunikationshoheit gegenüber dem Flurfunk zu erhalten und eine gewisse Sicherheit zu vermitteln.

Diese klare Kommunikationslinie sollte sich durch den gesamten weiteren Verlauf der Veränderung ziehen. Immer, wenn wichtige Entscheidungen anstehen, Meilensteine erreicht wurden oder auch gravierende Schwierigkeiten das Vorgehen verzögern, sollte zielgruppengerecht über den aktuellen Stand informiert werden. Nur wer weiß, wie die Sache steht, kann sich auch konstruktiv einbringen. Und genau das erhöht die Wahrscheinlichkeit, die Ziele der Veränderung zu erreichen.

10.1.5 Glaubwürdig sprechen und handeln – Zeit investieren – Vertrauen aufbauen

Bei aller Professionalität: Selbst mit gut gemachter, frühzeitiger Information lassen sich Widerstände nicht einfach in Luft auflösen. Im Gegenteil. Bei vielen Mitarbeitern werden die Neuigkeiten erst einmal für Verunsicherung sorgen. Denn Veränderung ist nichts, was Menschen gern über sich ergehen lassen. Die ‚Macht der Gewohnheit‘ gibt Sicherheit, während der Wandel in Unternehmen Verunsicherung und Ängste auslöst, die Komfortzone stört und Beweglichkeit der Mitarbeiter erfordert.

Mitarbeiter und andere Interessengruppen werden Veränderungen immer aus ihrer eigenen Perspektive interpretieren. Sie bewerten Notwendigkeiten anders und sehen häufig Probleme, die aus Sicht der Führungskräfte völlig irrational erscheinen. Hier hilft nur eines: miteinander zu sprechen – auf Augenhöhe, mit Geduld und ausreichend Zeit. Gute Kommunikation und kongruentes Handeln im Verlauf der Veränderung stärken die Glaubwürdigkeit der handelnden Personen.

Der vertrauensbildende Dialog in kleinen und größeren Runden ist wichtig, um adäquat auf Fragen und Sorgen einzugehen und Orientierung zu bieten. Medien aller Art können und sollten diesen Dialog flankieren. Das persönliche Gespräch mit den Betroffenen können diese Medien aber kaum ersetzen.

Das Ziel ist klar: das Vertrauen der Mitarbeiter zur Führungskraft, zum Projektleiter oder auch zu den Fachleuten in Projektteams zu sichern und auszubauen. Denn Vertrauen ist die härteste Währung in jeder Veränderung.

10.1.6 Virtuelle Zusammenarbeit in globalen Netzwerken – Kommunikation in Zeit und Raum

Viele Veränderungen und Innovationen werden schon heute in Teams bearbeitet, die über die ganze Welt verteilt sind. Das erfordert virtuelle Zusammenarbeit über große Distanzen, in unterschiedlichen Kulturkreisen und Zeitzonen. Neben gut funktionierender Technik setzt diese Form der Teamarbeit klare Regeln und Standards sowie interkulturelles Verständnis und eine hohes Maß an Toleranz voraus. Die Erfahrung zeigt, dass bei aller Medienvielfalt am Ende drei Erfolgsfaktoren nicht zu unterschätzen sind: Erstens ein gemeinsames Verständnis davon, warum es dieses Team genau in dieser Zusammensetzung gibt und was man gemeinsam erreichen will, zweitens klare Regeln für die Kommunikation und drittens der regelmäßige persönliche Dialog zwischen den Teammitgliedern.

10.1.7 Agilität und Komplexität erhöhen die kommunikativen Anforderungen

Viele Veränderungen finden auch künftig in einem stabilen Umfeld statt und sind eher inkrementell. Sie sollen das Kerngeschäft optimieren und so Investitionen in Morgen absichern.

Die kommunikative Herausforderung steigt noch einmal beträchtlich, wenn parallel zu solchen Entwicklungen agile Projekte gestartet werden. Auslöser dafür sind beispielsweise die Anforderungen der Märkte aufgrund der exponentiellen digitalen Entwicklung (vgl. Abschn. 1.3). Plötzlich fallen bestimmte Rahmenbedingungen weg, die eigentlich Sicherheit geben, beispielsweise gewohnte Prozesse oder Entscheidungen in der Hierarchie.

Führungskräfte und nun auch Projektteilnehmer ohne hierarchische Funktion sind in diesem ungewohnten Umfeld kommunikativ besonders gefordert. Denn es gilt, Orientierung, Sicherheit und Glaubwürdigkeit zu vermitteln in Phasen, in denen man im schlimmsten Fall nur wenige Parameter kennt: Den Anlass für die Veränderung, die eigenen Stärken und Schwächen sowie die strategische Perspektive, die es zu erreichen und zu präzisieren gilt.

In vielen Unternehmen wird eine Kultur des „Sowohl-als-auch“ (vgl. Abschn. 1.5) entstehen. Klare Strukturen und Prozesse hier, agiles Arbeiten dort, mit jeweils unterschiedlichen Führungs-, Management-, und Organisationsprinzipien. Damit diese Ambidextrie das Unternehmen voranbringt und die damit einhergehenden scheinbaren Widersprüche die Mitarbeiter nicht verunsichern, ist besonders in der Startphase das Topmanagement gefordert. Kommunikativ gilt es, das „Sowohl-als-auch“ aktiv transparent zu machen, Sinn und Zweck beider Arbeitsweisen zu vermitteln, nachvollziehbare Begründungen für unterschiedliche Managementprinzipien auf beiden Seiten zu liefern. Es sollte gelingen, Bedeutung und Wertschätzung für beide Seiten herauszustellen: Für diejenigen, die dafür sorgen, dass das Kerngeschäft sicher weiterläuft ebenso wie für „die neuen Wilden“. Beide Seiten arbeiten nach anderen Regeln am selben großen Ziel: dem gemeinsamen Unternehmenserfolg.

10.1.8 Wer Komplexität bewältigen will, muss kommunizieren

Was so einfach klingt, hat einen Haken: In einem komplexen Umfeld schwindet die Fähigkeit, Entwicklungen sicher zu prognostizieren – und damit die Möglichkeit auf Basis von Analysen verbindlich zu entscheiden und zu kommunizieren. In einem komplexen Umfeld ist höchst unsicher, was das Richtige ist. Kommunikation kann hier eher Rahmenbedingungen sichtbar machen und effektives, agiles und selbst organisiertes Handeln unterstützen.

Somit rücken andere Inhalte ins Zentrum der Kommunikation. Statt Analyseergebnis und Entscheidung heißt es nun, die bestehende Herausforderung, die strategische Stoßrichtung und die wesentlichen offenen Fragen zu thematisieren. Mögliche Lösungen und damit die Handlungsentscheidung entwickeln sich dann dadurch, dass die Gruppe ihre Kompetenzen sinnvoll nutzt. Jede Art von Erfahrung auf diesem Weg muss wiederum in die inhaltliche Auseinandersetzung zurückfließen, um das weitere Vorgehen auf Basis der Lernerfahrungen agil anpassen zu können (vgl. Abschn. 1.4, „Alles schneller, radikaler, digitaler – was tun?").

Damit wird deutlich, wie sich die Funktion von Kommunikation verschiebt. In einem komplexen Umfeld informiert sie nicht mehr über Entscheidungen. Vielmehr soll sie die Beteiligten dazu ermutigen, durch eigenes Handeln die Möglichkeiten auszuforschen und ihre Lernerfahrungen, die sie dabei machen, zu teilen. Das setzt Vertrauen voraus, insbesondere weil es entscheidend ist, auch Fehler und Scheitern zu teilen. Denn nur so ist es möglich, in einem moderierten Vorgehen, die Entscheidungen flexibel an die jeweiligen Erkenntnisse anzupassen. Damit kommt der Kommunikation eine viel breitere Bedeutung zu: Sie schafft letztendlich die Voraussetzung für effektive Selbstorganisation, in dem sich alle Beteiligten offen über den aktuellen „Stand des Irrtums" und die laufenden Aktivitäten austauschen, ihr Wissen effektiv verbreiten und die Aktivitäten gut aufeinander abstimmen.

10.1.9 Die Kommunikatoren-Rolle von Führungskräften im komplexen Kontext verändert sich grundlegend

In einem komplexen Umfeld verändert sich die Rolle der Führungskraft grundlegend: Vom „Ansager" hin zu demjenigen, der Klarheit vermittelt über die Leitplanken, innerhalb derer die Mitarbeiter frei gestalten sollen, um die beste Lösung zu finden. Die Führungskraft vermittelt Vision bzw. strategische Perspektiven, moderiert den Austausch von Lernerfahrungen und stellt sicher, dass im Team ein gemeinsames Verständnis vorhanden ist, nach welchen Regeln zusammengearbeitet und kommuniziert werden soll.

Ein entscheidender Teil der Verantwortung im Rahmen einer Veränderung geht von der Führungskraft auf die Teammitglieder über. Damit die Teammitglieder dieser Verantwortung gerecht werden können, ist vertrauensvoller Wissensaustausch erfolgskritisch und ein intensiver Dialog zwischen allen Verantwortlichen zwingend erforderlich.

Es geht darum, möglichst viel Wissen, Erfahrung und Kreativität aus dem Unternehmen effektiv auf die Ziele der Veränderung auszurichten.

Aktive, wirkungsvolle Kommunikation schafft dafür entscheidende Voraussetzungen: Sicherheit, Orientierung und Vertrauen. Dabei gilt wie in der Werbung: Wichtige Botschaften wiederholen, wiederholen, wiederholen. Und darüber hinaus in einen kontinuierlichen Dialog über die Themen einzutreten, die die Mitarbeiter beschäftigen: Über Entwicklungen, die für Verunsicherung sorgen, über Schwierigkeiten, die sich im Projektverlauf zeigen, aber unbedingt auch über die kleinen und großen Erfolgen. Das ist eine unabdingbare Führungsaufgabe. Nur so lässt sich Sicherheit vermitteln, Glaubwürdigkeit schaffen und Vertrauen in die neue Welt aufbauen.

Sprechen allein reicht allerdings nicht aus. Eine Führungskraft muss auch liefern. Worten müssen Taten folgen. Mitarbeiter beobachten ihre Führungskräfte gerade in kritischen Situationen sehr genau. Sie registrieren, ob der Chef in den Gesprächen nur freundlich zuhört und dann doch seine „Agenda durchzieht" oder ob er offen ist für gute Alternativvorschläge und diese auch berücksichtigt. Hält sich der Chef selbst an die neuen Regeln für Führung und Zusammenarbeit, die er vorgestellt hat? Werden die erforderlichen Zeitressourcen wirklich bereitgestellt, die zugesagt wurden? Werden die persönlichen Zielvereinbarungen der Mitarbeiter wie versprochen angepasst? Vertritt er die Interessen seines Teams „weiter oben"?

Für Kommunikation von Führungskräften gilt daher: Nur versprechen, was man auch halten kann. Vertrauen ist hart erarbeitet, aber schnell verspielt.

Wem es gelingt, Vertrauen in seinem Team aufzubauen, liefert übrigens für jeden Mitarbeiter eine wichtige Voraussetzung, um Komplexität zu managen: Wer den anderen im Team vertraut, kann sich auf seine Aufgaben konzentrieren. Er muss sich nicht mit den Details in anderen Aufgabenfeldern oder mit zusätzlichen Problemen durch mangelnde Informationsweitergabe beschäftigen. Das spart viel Zeit, Kraft und Nerven.

Konsistente Kommunikation von Führungskräften liefert also auf verschiedenen Ebenen einen relevanten Beitrag zur Vertrauensbildung. Sie trägt entscheidend dazu bei, dass sich eine Unternehmenskultur entwickeln kann, die Veränderungen fördert und agiles Arbeiten in einer komplexen Welt erleichtert.

Wem es gelingt, durch die Kongruenz von Kommunikation und eigenem Handeln in schwierigen Phasen Vertrauen aufzubauen, erarbeitet sich ein gutes Fundament für die Zukunft. Gerade auch für die alltägliche Zusammenarbeit in volatilen Zeiten, in einer Kultur des „Sowohl-als-auch". Und für die nächste schwierige Veränderung, die bestimmt irgendwann ansteht.

10.2 Aus Fehlern der Anderen lernen

Um Kommunikation wirksam planen und einsetzen zu können, ist es hilfreich, sich die Gründe für das Scheitern von Veränderungen genauer anzusehen und daraus für die Kommunikation zu lernen.

Mehr als ein Drittel der Veränderungsprozesse in Unternehmen scheitert [1]. Oft werden dafür gleich mehrere Gründe angeführt:

- 61 % unzureichendes Engagement in den oberen Führungsetagen
- 56 % unklare Zielbilder und Visionen im Veränderungsprozess
- 56 % fehlende Erfahrung der Führungskräfte und Uneinigkeit auf den obersten Führungsetagen
- 50 % lückenhafte oder verspätete Information der Mitarbeiter

10.2.1 „Unzureichendes Engagement in den oberen Führungsetagen"

Oft überlässt das Topmanagement die Kommunikation zu wichtigen Veränderungen komplett den nachgeordneten Führungskräften. Doch für den Erfolg einer Veränderung ist es wichtig, dass klar ist, wie das Topmanagement konkret dazu steht. Es ist unerlässlich, dass auch vom Topmanagement über den gesamten Zeitraum der Veränderung hinweg immer wieder aktiv kommuniziert wird – in enger Abstimmung mit den Projektverantwortlichen und ohne in deren Verantwortungsbereiche einzugreifen. Aufgabe der oberen Führungsebene ist es, deutlich zu machen: „Diese Veränderung ist aus unserer Perspektive sehr bedeutsam, weil …". Hierbei ist entscheidend, dass die Kernbotschaften und die kommunikativen Rollen der handelnden Personen zwischen Topmanagement und Projekt-Kommunikatoren sauber abgestimmt sind. Damit widersprüchliche oder fehlende Botschaften bei den Mitarbeitern nicht als unzureichende Unterstützung interpretiert werden.

Zudem gilt es, gelebtes eigenes Engagement des Topmanagements im Veränderungsprozess sichtbar zu machen, und somit die Wahrnehmung in der Organisation für diese Unterstützung zu schärfen: „Wir unterstützen diejenigen, die es vorantreiben und tragen die Veränderung mit". Nimmt die Organisation stattdessen wahr, dass die „Macher" der Veränderung nicht die volle Rückendeckung „von oben" haben, ist das Projekt bereits gefährdet.

10.2.2 Unklare Zielbilder und Visionen im Veränderungsprozess

In vielen Veränderungsprojekten mangelt es an klarer Orientierung und einem verständlichen Handlungsrahmen: Die strategische Stoßrichtung (oder Vision) ist nicht eindeutig und für alle verständlich formuliert. Die Leitplanken sind unklar: Wo kann und soll frei gestaltet werden (blue zone), wo gibt es schon verbindliche Festlegungen, die den Rahmen vorgeben (red zone)? Wirtschaftliche Kennzahlen, Organigramme oder komplexe Strategie-Charts helfen hier selten weiter. Gebraucht werden konkrete, greifbare Zielbilder, die sich gut erklären und nachvollziehen lassen. Sie können die Motivation für

Veränderungen wecken und Richtung und Rahmen für eigenverantwortliches Handeln in Veränderungsprozessen weisen.

Zu Beginn eines Veränderungsprozesses geht es daher erst einmal darum, eine ausreichend klare, nachvollziehbare und überzeugende unternehmerische Stoßrichtung zu entwickeln. Obschon diese konkret und greifbar sein muss, liegt sie selten so früh schon als detaillierte Zielbild vor. Mitunter kann auch nur die strategische Bedrohung konkret formuliert werden – ohne das selbst im Topmanagement schon eine genaue Vorstellung über die geeignete strategische Antwort erarbeitet werden kann (Beispiel: Bill Gate's „tidal wave memo", siehe Abschn. 2.3). Um die notwendige Veränderungsbereitschaft zu aktivieren, kann es allerdings schon ausreichen, diese Bedrohung aktiv zu kommunizieren und deutlich zu machen, warum umgehend eine Lösung gefunden werden muss (Burning Platform nach Kotter, vgl. Abschn. 1.6).

Zudem besteht in einem dynamischen Umfeld die kommunikative Herausforderung, dass Zielbilder agil weiterentwickelt oder angepasst werden müssen, weil sich das Umfeld verändert oder weil auf Basis laufender Aktivitäten wichtige Erfahrungen gemacht werden. Daher gilt es, aktiv zu vermitteln, dass Anpassungen (unvermeidbarer) Teil des Weges sind – und nicht etwa Indikatoren für schlechte, übereilte oder ungeeignete Management-Entscheidungen. Führungskräfte müssen ihren Mitarbeitern deutlich machen, dass sie den Wunsch nach mehr Sicherheit nachvollziehen können – jedoch das dafür erforderliche, detaillierte und zuverlässige Zielbildes angesichts der Dynamik im Umfeld nicht realisierbar ist. Um in dieser schwierigen Situation zumindest etwas Sicherheit zu vermitteln, hilft es oft, die Chancen aufzuzeigen, die mit der Veränderung verbunden sind – sowohl die für das Unternehmen als auch die für den Einzelnen. Dabei zeigt die Erfahrung, dass Chancen durchaus unterschiedlich interpretiert werden: Der eine freut sich darauf, die Zukunft des Unternehmens aktiv mitzugestalten. Bei anderen überwiegt die Sorge, bei der Mitgestaltung der Zukunft überfordert zu sein oder unter die Räder zu kommen. Der regelmäßige persönliche Dialog zwischen Führungskraft und Mitarbeiter ist in dieser Zeit besonders wichtig. So lässt sich am besten vermitteln, dass zwar das Zielbild veränderlich ist, aber der Rahmen, in dem die Veränderung abläuft, eine gewisse Sicherheit gibt.

Das beginnt damit, dass die Führungskraft die bekannten Rahmenbedingungen zeitnah kommuniziert, den aktuellen Wissens- und Planungsstand vermittelt und die Veränderung in den strategischen Gesamtkontext einordnet. Anschließend wird regelmäßig über den Verlauf informiert, wichtige Entwicklungen werden verständlich erläutert und in das berufliche Umfeld der Mitarbeiter eingeordnet. Maßnahmen, die einzelne Mitarbeiter besonders betreffen, werden im persönlichen Dialog vorgestellt und erst anschließend in großer Runde verkündet. Durch regelmäßige, verständliche, offene und zeitnahe Information lässt sich mit der Zeit ein Gefühl von Sicherheit vermitteln, auch wenn das Zielbild noch unklar bleibt.

10.2.3 Fehlende Erfahrung der Führungskräfte

Wir erleben immer wieder, dass mangels Erfahrung Ressourcen und Projektzeiten zu knapp kalkuliert, potenzielle Widerstände übersehen oder Prioritäten falsch gesetzt werden. Verdeckte Risiken werden oft massiv unterschätzt – und sorgen später für unliebsame Überraschungen.

Selbst erfahrene Führungskräfte unterschätzen oder scheuen oft den Zeitaufwand für Vorbereitung und Umsetzung von wirkungsvoller Kommunikation. Dabei ist es zwingend erforderlich, dass alle relevanten Inhalte für die Kommunikation schon in der frühen Planung gemeinsam von Topmanagement, Projektleitung und Kommunikationsabteilung vorgedacht, vorbereitet und abgestimmt werden.

Wird Kommunikation qualifiziert vorbereitet, werden oft Risiken sichtbar, die sonst übersehen oder zumindest unterschätzt worden wären. Wer sich ernsthaft mit den Motiven und Interessen aller relevanten Stakeholder auseinandersetzt, wird quasi ganz nebenbei auch mögliche Defizite in der Projektplanung entdecken. Darüber hinaus bildet sich auch bei allen beteiligten Entscheidern eine gemeinsame Haltung zur anstehenden Veränderung heraus – die Basis für glaubwürdiges Change Management.

10.2.4 Uneinigkeit auf den obersten Führungsetagen

Der Eindruck, „Die da oben sind sich nicht einig", sorgt dafür, dass sich die nächsten Hierarchieebenen politisch verhalten. Auf welche Seite schlage ich mich, um im Falle eines Scheiterns nicht im Regen zu stehen? Oder wie stark unterstütze ich die Veränderung, um zu den Gewinnern der Entwicklung zu gehören? Diese Wirkung kann durch eine mangelhafte Abstimmung im Führungsteam mit der Folge widersprüchlicher Kommunikation ausgelöst werden. Sie kann aber auch das Ergebnis tatsächlicher Machtkämpfe zwischen Führungskräften sein. Sie sind an sich für jedes Unternehmen schon eine große Belastung.

In Veränderungsprozessen gilt das besonders, weil die Verunsicherung in diesen Zeiten höher ist, sich gerade neue Regeln und Abläufe herausbilden und Unternehmen damit oft sehr verletzlich sind. Das bedeutet, dass die Überzeugungen von Mitarbeitern leicht irritiert und sogar nachhaltig untergraben werden können, wenn ihr Vertrauen in die Richtigkeit der Unternehmensveränderung durch ein widersprüchliches oder auch destruktives Verhalten der Führungskräfte zerstört wird.

Vertrauen ist jedoch eines der wichtigsten sozialen Güter. Ohne Vertrauen als Ressource lassen sich weder Organisationen begründen noch lenken. In den Worten der Systemtheorie dient das Vertrauen dazu, Komplexität zu reduzieren und zielgerichtetes Handeln überhaupt erst zu ermöglichen. Machtkämpfe in der Unternehmensleitung untergraben dieses Vertrauen und machen den Erfolg von Veränderungsprozessen unwahrscheinlich.

Die gemeinsame Entwicklung einer Kommunikationsstrategie durch das Topmanagement ist in jedem Fall ein guter Gradmesser für Einigkeit. Spätestens in der Diskussion um entscheidende Kernaussagen wird deutlich, ob hier bereits als Team gedacht und gehandelt wird. Ist das nicht der Fall, sollte möglicherweise erst in die Zusammenarbeit des Topmanagements investiert werden, bevor alle weiteren Ebenen in den Wandel eingebunden werden.

10.2.5 Lückenhafte und verspätete Information der Mitarbeiter

Auch handwerklich gibt es in Sachen Kommunikation immer wieder großes Verbesserungspotenzial. Wem wird wann, was, auf welchem Weg kommuniziert? In der komplexen Unternehmenswelt von heute ist die richtige Antwort darauf in Form eines durchdachten Konzeptes von großer Bedeutung. „Veränderungen sind immer Zumutungen, ausgenommen die wenigen Fälle, in denen eine Veränderung als Glücksfall erlebt wird“ [3, S. 11]. Veränderungsmanagement bedeutet also, Zumutungen zu vermitteln und die Menschen im Unternehmen und oft auch außerhalb für genau diese Zumutungen zu gewinnen. Es liegt nahe, dass Kommunikation dabei ein entscheidender Erfolgshebel ist.

Das bedeutet: „Man kann nicht nicht kommunizieren!“ Das wissen wir spätestens seit Watzlawick [4, S. 53]. Alles, was wir tun und besonders auch was wir nicht tun, sendet eine Botschaft. So kann ein Schweigen des Topmanagements als Bestätigung einer Vermutung gewertet werden. Die Reihenfolge, in der man bestimmte Personen oder Gruppen im Unternehmen informiert, gilt schnell als politisches Signal, die Entscheidung für einen bestimmten Projektleiter als strategische Vorentscheidung. Es spielt dabei keine Rolle, ob das Topmanagement es so gemeint hat oder nicht. Die Wahrnehmung bestimmt die Realität.

Kommunikation in Unternehmen ist komplex, denn wir haben es hier mit vielen Sendern und vielen Empfängern zu tun. Mit Menschen, die gewohnt sind, Informationen und Botschaften an vielen Stellen einzusammeln, zwischen den Zeilen zu lesen, sie politisch einzuordnen und bei Bedarf, im eigenen Sinne angepasst, weiterzugeben. Nicht selten dient diese „Neuinterpretation“ gerade in Veränderungsprozessen dazu, einem Wandel auszuweichen, oder ihn zumindest stark abzuschwächen und zu beeinflussen. Eine zutiefst menschliche Reaktion. Nichts zu sagen, ist also keine Alternative.

10.3 Persönliche Glaubwürdigkeit in der Kommunikation – eine Frage der inneren Haltung

Wirkungsvolle Kommunikation beginnt bei mir selbst. Wer Inhalte entwickeln und glaubwürdig vermitteln will, trifft zwangsläufig irgendwann auf die Frage: „Und wie stehe ich persönlich zu diesem Thema?“ Tief greifende Unternehmensveränderungen können eine emotionale Achterbahnfahrt auslösen: bei den Mitarbeitern und ebenso bei den Führungskräften (vgl. Kap. 6). Eine ganz individuelle Herausforderung, denn natürlich dürfen auch die Führungskräfte selbst von Zweifeln und Widerständen geplagt sein.

Sie durchlaufen dieselben emotionalen Täler wie ihre Mitarbeiter – normalerweise nur früher. Zudem ist es nur menschlich, dass auch Führungskräfte sich nicht unbedingt auf Veränderungen freuen.

Trotzdem müssen Führungskräfte in Veränderungen den Spagat bewältigen zwischen den Interessen des Unternehmens und den Vorgaben der nächst höheren Instanz einerseits und der eigenen Einschätzung und der persönlichen Befindlichkeiten andererseits. Oft geht es dabei um nichts Geringeres als den Abgleich der persönlichen Werte und Einschätzungen mit dem geforderten Verhalten als Führungskraft. Wer sich bewusst mit diesem Spannungsfeld beschäftigt, schafft die Basis für gute und glaubwürdige Kommunikation. Denn hier entsteht Authentizität.

▶ **Bell, Book, Candle** Folgende Faustregel erleichtert es, auch unter schwierigen Bedingungen, die eigene „moralische Sensibilität und ethische Reflexivität" [5] aufrechtzuerhalten. Und sie unterstützt bei der Identifikation kommunikativer Risiken (formuliert nach [6, S. 311]):

- **Bell** (Glocke): Schrillt bei mir eine „Alarmglocke", wenn ich eine bestimmte Handlung in Betracht ziehe?
- **Book** (Buch, Gesetze, Vorschriften): Verstößt die Handlung gegen mir bekannte Normen oder Regulierungen?
- **Candle** (Kerze, Licht): Wie würde die Handlung im Licht einer (kritischen) Öffentlichkeit beurteilt werden?

Viele Wirtschaftsskandale der vergangenen Jahre hätte es nicht gegeben, wenn alle Führungskräfte entsprechend dieser Faustregel entschieden hätten.

Die eigenen, zutiefst menschlichen Zweifel einer Führungskraft an geplanten Veränderungen haben gravierende Auswirkungen auf das eigene Kommunikationsverhalten – und damit auf deren Glaubwürdigkeit und Wirkung. Eine Führungskraft, die am Sinn und Zweck einer Veränderung zweifelt, wird das im täglichen Umgang auch ausstrahlen. Wir Menschen nehmen im Gespräch wahr, ob der Inhalt kongruent mit Gesichtsausdruck, Körpersprache und Stimme des Sprechenden ist. Selbst, wenn wir nur unterbewusst daran zweifeln, verliert eine explizit ausgesprochene Botschaft an Glaubwürdigkeit und Emotionalität.

Albert Mehrabian [7] hat mit seinen Forschungen deutlich gemacht, dass die nonverbale Botschaft den Ausschlag gibt, ob wir der verbalen Aussage trauen oder nicht. Die Herausforderung für Führungskräfte: sehr häufig senden wir nonverbale Botschaften unbewusst. Unser Körper verrät quasi unsere wahre Haltung. Und wir vermitteln zwar mit den Worten klare Botschaften – aber Glaubwürdigkeit und Orientierung nehmen die Zuhörer trotzdem nicht wahr. Wir raten davon ab, sich auf solche Situationen mit Schauspielunterricht oder Präsentationstrainings vorzubereiten. Zielführender ist es, sich über die eigene Haltung klar zu werden und wenn nötig daran zu arbeiten.

▶ **Äußere Klarheit folgt innerer Klarheit** Bevor Sie formulieren können was Sie sagen wollen, müssen Sie wissen, was Sie denken.

Die eigene innere Haltung zu finden ist die Voraussetzung für glaubwürdige Kommunikation.

Gerade Führungskräfte im mittleren Management haben oft die Aufgabe, Entscheidungen weiter zu tragen und umzusetzen, die sie selber so nicht getroffen hätten. Wer Zweifel hat, sollte sich aktiv mit ihnen beschäftigen. Was spricht für diese Entscheidung und was dagegen? Welche Chancen stecken vielleicht auch für mich und mein Team in dieser Veränderung? Die individuelle Auseinandersetzung mit dem Thema führt zu einer gewissen inneren Sicherheit und zu einer glaubwürdigen, persönlichen Kommunikation.

Es ist durchaus legitim, an bestimmten Dingen zu zweifeln, zusätzliche Informationen einzufordern oder nach einer Anlaufphase die Entwicklung kritisch zu hinterfragen. Solange man dabei in der Rolle der Führungskraft bleibt und stets die Perspektive des Unternehmens im Fokus behält. Das bedeutet: „Es könnte gehen, wenn…“, statt „Das geht nicht weil…“.

▶ **Die eigene innere Haltung finden – schwierige Botschaften glaubwürdig vermitteln** Plötzliche Veränderungen und unangenehme Botschaften sorgen auch bei Führungskräften für innere Konflikte. Körpersprache, Wortwahl und Stimme machen deutlich, was in uns vorgeht. Ihr Gegenüber wird das mit großer Wahrscheinlichkeit spüren. Es gilt, zügig eine klare innere Haltung zu dem Thema zu entwickeln, damit Sie in Führung bleiben. Ein schneller und effektiver Weg, um sich selber zu sortieren, ist die Beantwortung dieser acht Fragen:

1. Was ist für mich und meine Zuhörer schlimm an der Entscheidung und was ist nur neu, störend oder unbequem?
2. Wie schlimm ist es wirklich und welche konkreten Auswirkungen ergeben sich daraus für mich und meine Zuhörer?
3. Aus welchem Grund war diese Entscheidung nötig und was soll damit aus strategischer Sicht erreicht werden?
4. Welche Auswirkungen/Risiken ergeben sich mittelfristig für mich und meine Zuhörer, wenn alles so weiterlaufen würde wie bisher?
5. Was ist gut an der Entscheidung, was könnte sich verbessern?
6. Wie realistisch ist eine erfolgreiche Umsetzung und was können wir dazu beitragen?

7. Welche Rolle spiele ich in der aktuellen Situation und welchen „Schuh muss ich eigentlich anziehen" (Entscheidungsverantwortung – Umsetzungsverantwortung – Mitarbeiterverantwortung)?
8. Liegen ausreichende Informationen vor oder benötige ich weitere Hintergründe zur Entscheidung?

Zögern Sie nicht und fragen Sie Ihre Vorgesetzten, wenn Sie weitere Informationen brauchen.

Seine eigene, innere Haltung zu klären, ist die Voraussetzung dafür, im nächsten Schritt einen Weg zum Umgang mit seinen Zweifeln zu finden. Einen Umgang, der zur eigenen Rolle und zur persönlichen Einstellung passt. Hinweise zur Bearbeitung der eigenen Veränderungsbereitschaft und Motivation finden Sie im Kap. 6. Bei der Bewältigung eigener innerer Blockaden kann auch externe Unterstützung im Rahmen eines Coachings hilfreich sein.

Eine Führungskraft kann und darf in der Kommunikation durchaus transparent machen, wie sie es geschafft hat, die eigenen inneren Widerstände zu überwinden, wie sie einen guten Weg gefunden hat, die Veränderung zu unterstützen. Damit kann sie Mitarbeiter aktiv dabei unterstützt, ihren eigenen Weg zur Bewältigung zu finden und so einen wichtigen Schritt in Richtung erfolgreicher Umsetzung der geplanten Veränderung anstoßen.

10.4 Leitfaden für eine wirksame Veränderungskommunikation

Kommunikation ist kein statisches Konstrukt. Sie muss im Verlauf eines Veränderungsprozesses immer wieder auf Wirkung, Aktualität und inhaltliche Richtigkeit hin überprüft werden. Das heißt jedoch keinesfalls, dass man sich mit der Planung der Kommunikation Zeit lassen kann – sie sollte bereits in den ersten Überlegungen zu einem Veränderungsprojekt mitgedacht werden.

Welche Geschichte steckt eigentlich hinter der angestrebten Veränderung? Und wer wäre von der Veränderung wie betroffen? Der folgende Abschnitt beschreibt, warum es wichtig ist, eine Change Story zu entwickeln und alle Stakeholder im Blick zu behalten. Er erklärt, wie man bereits in der Vorprojektphase wichtige kommunikative Risiken identifiziert und wichtige Vorarbeit leistet. Der Abschnitt zeigt exemplarisch, wie die Projektverantwortlichen zum Projektstart in einem eintägigen Workshop schnell und effizient alle Voraussetzungen für wirkungsvolle Kommunikation schaffen können.

Methodische Basis für diese kommunikative Grundlagenarbeit sind das „Prinzip Umdenken" und ein einfacher Regelkreis. Beide werden ebenfalls in diesem Abschnitt vorgestellt. Sie geben Hilfestellung und Orientierung, damit man den Überblick nicht verliert und alle Perspektiven des Change Prozesses im Auge behält.

10.4.1 Kommunikation in Vorprojektphase bereits mitdenken

In vielen Unternehmen findet sich in den Standardprozessen für Veränderungen bereits das Arbeitspaket „Kommunikation“. Die Aufgabe Kommunikation wird sehr häufig allerdings erst mit dem Start der Implementierung ernsthaft berücksichtigt. Das ist jedoch viel zu spät. Gute Kommunikation sollte lange vor dem offiziellen Projektstart geplant werden und rechtzeitig beginnen.

Häufig fällt die grundsätzliche Entscheidung, eine umfangreiche Veränderung anzustoßen, im kleinen Kreis, meistens im Topmanagement. Schon hier ist es ratsam, nicht nur strategische Überlegungen und operative Herausforderungen zu diskutieren, sondern sich auch erste Gedanken über die erforderliche Kommunikation zu machen. Denn von hier gehen die Impulse für eine Veränderung aus.

▶ **Frühzeitig kommunikative Projektrisiken erkennen – grobes Timing planen** Folgende vier Fragen helfen dabei, schon im Vorprojekt Kommunikationsfehler zu vermeiden:

1. Was ist die Story hinter den Zahlen, Daten und Fakten? Warum machen wir es und mit welchem Ziel?
2. Mit welchen Botschaften können wir schon mit dem Start der Analyse-Phase nach draußen gehen?
3. Wer wären die relevanten Stakeholder? Wie wären sie durch den geplanten Wandel betroffen und welchen Einfluss hätten sie auf dessen Erfolg?
4. Wann spätestens würde in der Organisation sichtbar werden, dass wir eine Veränderung planen?

Werden diese Fragen ernsthaft diskutiert und beantwortet, werden kommunikative Risiken sichtbar. Es lässt sich ein grober Plan erstellen, wann die Kommunikation mit welchen Interessengruppen und mit welchen Botschaften spätestens beginnen sollte.

Darüber hinaus wird deutlich, ob die Entscheider, die am Tisch sitzen, ein gemeinsames Verständnis zu wichtigen Punkten haben: beispielsweise, was mit der Veränderung erreicht werden soll und kann, warum der Wandel für das Unternehmen richtig und erforderlich ist und was es für Führungskräfte, Mitarbeiter und andere Stakeholder bedeuten kann.

10.4.2 Change Story frühzeitig skizzieren

Es ist sehr hilfreich, die grundlegenden Kernaussagen im Team der Entscheider gemeinsam festzulegen, eine erste „Change Story“ zu formulieren, die den Sinn und Zweck der Veränderung hinter den Kennzahlen, Organigrammen und Excel-Tabellen verständlich macht.

Auf Basis dieser Überlegungen ist man „sprechfähig“, falls beispielsweise unerwartet Informationen zur Planung durchsickern und erste Fragen gestellt werden. Die Change Story ermöglicht allen Beteiligten, sicherer und abgestimmter zu kommunizieren. Stellen die Mitarbeiter später fest, dass „die Chefs“ eine gemeinsame Sprache sprechen, stärkt das die Glaubwürdigkeit. Außerdem ist es deutlich einfacher, all diejenigen zu „briefen“, die im weiteren Verlauf die Verantwortung für das Projekt übernehmen sollen.

Wichtiger Nebeneffekt: Die Diskussion um eine durchdachte Change Story erleichtert es, eine gemeinsame Haltung zur Veränderung zu entwickeln.

Change Story entwickeln Um eine Change Story zu entwickeln, hilft es folgende Fragen zu beantworten:

- Was ist der Anlass für die Veränderung – und welche Risiken bestehen, wenn wir nicht handeln?
- Auf welche Stärken setzen wir auf, die uns durch den Wandel tragen und die wir erhalten wollen?
- Was konkret wollen wir verbessern – und warum?
- Welche Chancen sehen wir, wenn wir den Wandel erfolgreich bewältigen?
- Wie sehen die nächsten Schritte konkret aus – und welche Erwartungen an Führungskräfte und Mitarbeiter ergeben sich daraus?

Die Antworten sollten schriftlich festgehalten und im nächsten Schritt zu einem kurzen, einfach und verständlich formulierten Text zusammengefasst werden. Hier hilft möglicherweise redaktionelle Kompetenz aus der Kommunikationsabteilung.

10.4.3 Notwendige Ressourcen frühzeitig planen

Fehleinschätzungen zum Aufwand für Vorbereitung und Umsetzung von Veränderungskommunikation sind an der Tagesordnung – erfolgreiche Kommunikation braucht aber Zeit und Ressourcen. Auch hier lohnt daher schon in der Vorprojektphase ein kritischer Blick:

- Welcher Zeitaufwand und welche Management-Attention sind für die Vorbereitung der Inhalte und die persönliche Kommunikation mit wichtigen Interessengruppen und Multiplikatoren zu erwarten?
- Steht diese Zeit-Ressource überhaupt im geplanten Projektzeitraum zur Verfügung oder kann sie geschaffen werden?
- Wer sind die relevanten Multiplikatoren in der Kommunikationskaskade – und haben sie die erforderliche Kompetenz und Führungserfahrung, um die Veränderung gerade auch kommunikativ erfolgreich zu führen?

- Sind sich die Führungskräfte ihrer besonderen Rolle als Kommunikatoren im Veränderungsprojekt bewusst oder ist hier im Vorfeld noch Grundsatzarbeit zu leisten?
- Ist diese Veränderung durch unsere Führungskräfte, unsere internen Fachleute und die HR- und Kommunikationsexperten intern zu stemmen – oder benötigen wir ggf. externe Ressourcen?

10.4.4 Kritische Stakeholder im Blick behalten

Alle Unternehmen haben es mit einer Vielzahl unterschiedlicher Akteure zu tun: Mitarbeiter, Kunden, Lieferanten, Wettbewerber, Verbände, Politiker, Behörden, Investoren, gesellschaftliche Gruppen und vielen mehr. Die Systemtheorie spricht hier von der Umwelt eines Unternehmens. Alle Akteure, zu denen irgendeine Verbindung besteht, können für den Erfolg eines Veränderungsprozesses relevant sein oder werden. Sie werden als Stakeholder bezeichnet (zu Deutsch: Anspruchs- oder Interessengruppen), weil sie dem Unternehmen gegenüber eigene Interessen und Bedürfnisse haben [8].

Im Rahmen der Vorprojektplanung sollte frühzeitig der Umgang mit möglichen kritischen Stakeholdern innerhalb und vor allem auch außerhalb des Unternehmens erörtert werden (siehe auch Abschn. 10.7, „Stakeholder kennen und einschätzen …“). Das kann im besten Fall dazu führen, relevante Projektrisiken zu identifizieren, die sonst möglicherweise zu spät entdeckt worden wären.

Beispiel

Im Rahmen eines Projektes haben wir nach der Betroffenheit wichtiger Lieferanten gefragt – und wann sie wie angesprochen werden sollten. Es stellte sich heraus, dass ein „single source“ -Lieferant durch die geplante Veränderung mit relevanten Umsatzeinbußen rechnen muss. Bei genauer Betrachtung eine für ihn möglicherweise existenzgefährdende Entwicklung. Da der Lieferant aber auch weiterhin wichtige Bauteile liefern sollte, wurde die geplante Veränderung verschoben – und ein Projekt zur Absicherung der Lieferkette vorgeschaltet.

Darüber hinaus lassen sich anhand der Erkenntnisse drei grundlegende Entscheidungen treffen:

- Welche Stakeholder sind so stark betroffen und haben einen so hohen Einfluss auf den Projekterfolg, dass sie sinnvollerweise in das Projektteam gehören?
- Welche Stakeholder sind so relevant für den Projekterfolg (aber wenig persönlich betroffen) und sollten daher frühzeitig in die Überlegungen einbezogen werden – um später nicht ihren Einfluss gegen das Projekt geltend zu machen (z. B. weil sie sich über späte Information ärgern oder von anderer Seite zuerst informiert wurden)?
- Welche Kommunikationsmeilensteine sind zwingend in der Projektplanung zu berücksichtigen – und entsprechend rechtzeitig vorzubereiten?

Die hier skizzierte, kommunikative Planungsarbeit in der Vorprojektphase kostet die Beteiligten erfahrungsgemäß einige Zeit. Doch diese Zeit ist sehr gut investiert. Denn genau hier wird die Basis für eine wirkungsvolle Kommunikation und damit für eine erfolgreiche Veränderung gelegt.

10.4.5 Erstinformation für interne und externe Stakeholder rechtzeitig vorbereiten

Sobald im kleinen Kreis entschieden ist, ein Veränderungsprojekt zu starten, wird normalerweise ein Projektteam gebildet. Dieses arbeitet anfangs oft im Verborgenen, um einen reibungslosen Start des Projektes sicherzustellen. Das ist sinnvoll, solange diese vertrauliche Vorbereitung nicht zu lange dauert und dabei auch die offizielle Erstinformation zum Projektstart geplant wird. Die konzeptionelle und redaktionelle Begleitung liegt dabei üblicherweise in den Händen der Kommunikationsabteilung.

Kann das neue Team bereits auf die inhaltliche Vorarbeit der Entscheider zurückgreifen, erleichtert das deren Arbeit in der Startphase deutlich (Abschn. 10.4.1 „Kommunikation in Vorprojektphase…“). So hat die Projektleitung gleich zu Beginn ein „Basis-Set“ an Botschaften, um Mitstreiter zu überzeugen – und schnell die eigene innere Haltung zum neuen Projekt zu finden. Auch die Kommunikationsabteilung ist dankbar, wenn sie diese grundlegenden Informationen vorliegen hat und sie dem Management nicht mühsam „entlocken“ muss. Das spart Zeit und Aufwand. Die Vorüberlegungen können direkt in die Entwicklung des Kommunikationskonzepts einfließen. Das sollte zeitnah geschehen, bevor sich die ersten Gerüchte breit machen.

Es ist zu empfehlen, im gesamten Projektverlauf alle wichtigen Eckpunkte der Kommunikation zwischen Projektleitung, Kommunikationsabteilung und Top-Entscheidern abzustimmen. Außerdem sollte auch die „Chef-Etage“ als aktive Multiplikatoren eingeplant werden. Ansonsten läuft man Gefahr, die in Abschn. 10.2 „Aus Fehlern der Anderen lernen“ analysierten Fehler zu wiederholen.

10.4.6 „Prinzip Umdenken“

Das kommunikative Ziel der Projektverantwortlichen ist mit einem Wort beschrieben: Umdenken! In allen relevanten Interessengruppen.

Ein Umdenken auszulösen ist die Voraussetzung für jede erfolgreiche Veränderung. Und genau dazu kann wirkungsvolle Kommunikation maßgeblich beitragen. Basierend auf dieser Erkenntnis ist das „Prinzip Umdenken“[2] entstanden. Es dient über den gesamten Projektverlauf als Checkliste für die Themen, die Kommunikation im Blick behalten sollte (Abb. 10.1).

---

[2]Entwickelt von: Axel Kühn, Constanze Bürkner, Stellwerk Executive Communication, CB.e Clausecker | Bingel AG.

Abb. 10.1 Das „Prinzip Umdenken" – Leitfaden für die Veränderungskommunikation. (Nach A. Kühn, C. Bürkner, Stellwerk Executive Communication, CB.e AG)

Die oberen drei Felder, „Unternehmen & Herkunft", „Strategie & Werte" sowie „Markt & Meinung", haben insbesondere die Perspektiven des Unternehmens und des Marktes im Fokus. Die Felder „Budget" und „Timing" erfordern einen Perspektivwechsel in Richtung Projektplanung. Und die drei unteren Felder sehen aus weiteren Perspektiven auf die Veränderung: „Parallelprozesse & Strukturen" betrachten andere, relevante Projekte und Rahmenbedingungen innerhalb des Unternehmens. Mit „Kompetenzen & Medien" werden die kommunikativen Voraussetzungen für die Umsetzung hinterfragt. Und mit „Menschen & Emotionen" kommen die Beteiligten und Betroffenen in den Fokus – und mit ihnen die Frage, was die geplante und auch die laufende Veränderung bei ihnen für Sorgen und Ängste, aber auch für positive Motivation auslösen kann.

Die Arbeit mit dem „Prinzip Umdenken" hilft also dabei, die Veränderung immer wieder aus unterschiedlichen Perspektiven zu betrachten. Damit wird die Gefahr von Fixierungsfehlern vermindert. Alle für die Kommunikation und Führung wichtigen Aspekte, die zum Umdenken beitragen sollen, werden berücksichtigt.

Gleichzeitig fokussiert das „Prinzip Umdenken" auf die vier wichtigen Erfolgsparameter: Transparenz, Prozesssicherheit, Ergebnisorientierung, Veränderungsqualität. Sie alle sind nur mit planvoller und durchdachter Kommunikation zu erreichen.

Im Abschn. 10.5 „Kick-Off-Workshop" wird ein konkretes Anwendungsbeispiel vorgestellt.

10.4.7 Regelkreis zur Absicherung von Veränderungskommunikation

Für die nun beginnende Projektarbeit hat es sich als wirksam erwiesen, wenn die Projektleitung gemeinsam mit den Kommunikationsfachleuten für interne und externe Kommunikation in einem Regelkreis arbeitet, bis das Projekt erfolgreich abgeschlossen ist: immer wieder analysieren, machen, prüfen und auf Kurs bleiben.

Ein wesentlicher Erfolgsfaktor für gute Kommunikation ist, dass alle Kommunikationsvorgänge möglichst inhaltlich synchronisiert und zeitlich sauber aufeinander abgestimmt sind. Das bezeichnen wir als „Communication Alignment“. Sowohl die interne Kommunikation, als auch andere, mit dem Projekt verbundene, nach außen wirkende Kommunikations-, Werbe- und PR-Maßnahmen basieren im Kern auf **einer** inhaltlichen und planerischen Quelle.

Damit Communication Alignment gelingt, folgt die Kommunikationsplanung einem klassischen Regelkreislauf, der auf einer zentralen Informationsbasis fußt und alle Zielgruppen und Abläufe berücksichtigt. Basis aller Planungen sind stets die strategischen Unternehmensziele, die Positionierung, die Werte und alle anderen Erkenntnisse, die nach dem „Prinzip Umdenken“ herausgearbeitet werden.

Einer grundsätzlichen Analyse und Bewertung dieser Erkenntnisse (Abb. 10.2/1) folgt die Festlegung der Zielgruppen und Handlungsfelder für die Kommunikation (Abb. 10.2/2). Anschließend werden die Change Story (inhaltlicher Roter Faden) und die Kernbotschaften (ausführliche Darstellung der Themen) erarbeitet und aufeinander abgestimmt (Abb. 10.2/3).

Auf dieser Basis lässt sich ein strategisches Konzept erstellen, das die grundsätzlichen Zielsetzungen, Mechanismen und einen groben Zeitplan enthält (Abb. 10.2/4). Anschließend wird das Umsetzungskonzept erarbeitet. In diesem Konzept werden alle Kommunikationsmittel und -wege (ob Informationsveranstaltung, Aushang, Intranet-Bericht, Video oder Pressemeldung), Botschaften und Zeitabläufe aufgeführt (operative Maßnahmen und Zeitplanung) (Abb. 10.2/5).

Erst jetzt sollte die Umsetzung starten. So ist sichergestellt, dass alle Aussagen und Medien einer inhaltlichen Quelle entspringen (Abb. 10.2/6) und alle Maßnahmen aufeinander abgestimmt sind. Voraussetzung für Communication Alignment.

Die Ergebnisse der einzelnen Maßnahmen werden während und nach dem Einsatz an der konzeptionellen Zielsetzung gemessen und ggf. nachgesteuert. Der Kreislauf beginnt von vorn (Abb. 10.2/1).

Unsere Erfahrung zeigt, dass sich die Arbeit mit diesem Regelkreis in agilen Teams Abschn. 10.12 „Digitalisierung erhöht massiv Anforderungen an Kommunikation“ verändert. Sie läuft nicht mehr zwingend in stringenter Reihenfolge. Vielmehr sind viele Umsetzungsschritte der Kommunikation an den kurzfristigen Erkenntnissen im Projektverlauf auszurichten.

Der Regelkreis zeigt übrigens auch auf, dass die Rolle der Kommunikationsverantwortlichen immer zwischen Strategie- und Umsetzungsberatung wechselt. Wer beide Funktionen wahrnehmen will, braucht daher ein entsprechend breites Kompetenzfeld.

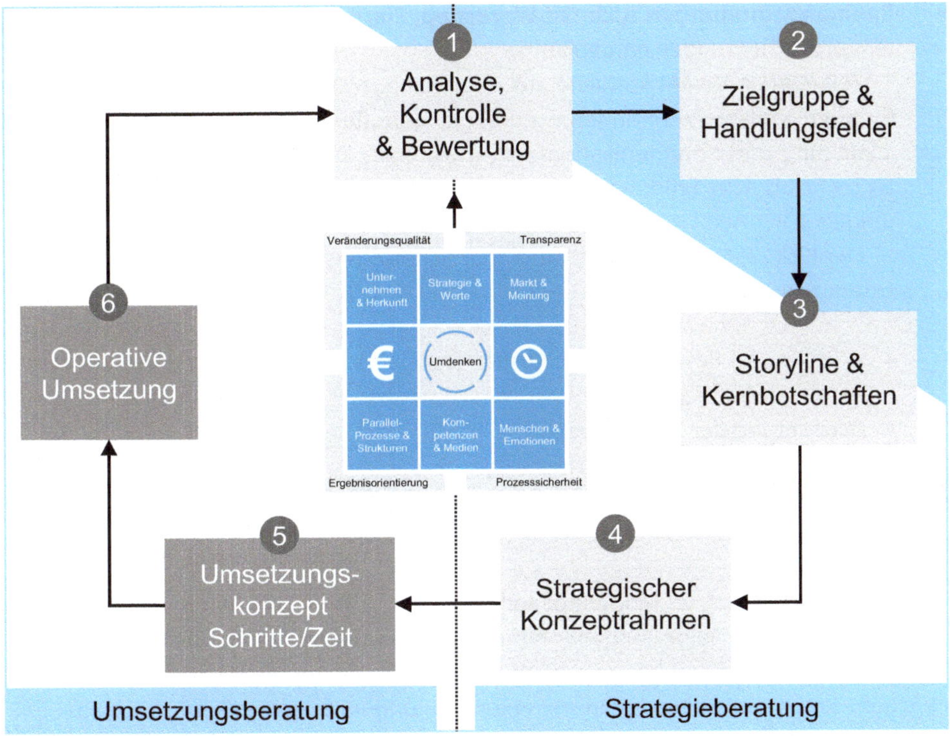

Abb. 10.2 Regelkreis zur Absicherung von Veränderungskommunikation. (Stellwerk Executive Communication, 2015)

10.5 Kick-Off-Workshop: Kommunikation gründlich vorbereiten, Voraussetzungen für ein Umdenken schaffen

Die acht Kernelemente des „Prinzip Umdenken" Abschn. 10.4.6 lassen sich als eine Art Checkliste für die Vorbereitung und Umsetzung von Veränderungskommunikation nutzen. Werden alle relevanten Informationen zu diesen Punkten zusammengetragen, liefern sie quasi das „Rohmaterial" für die Entwicklung wirkungsvoller Kommunikation. Diese Informationen lassen sich in einem „Kick-Off Workshop" sammeln, den wir in diesem Abschnitt vorstellen.

Es hat sich bewährt, die Konzeption mit einer umfassenden Analyse der Lage und einer Bewertung der Situation aus kommunikativer Perspektive zu starten. Gerade für diejenigen, die Kommunikation inhaltlich und organisatorisch vorbereiten sollen, ist es entscheidend, dass sie am Anfang gründlich „ins Boot geholt" werden.

Je nach Komplexität, Risikopotenzial und Informationsstand ist es empfehlenswert, diesen Workshop mit dem Topmanagement bereits in der Vorprojektphase durchzuführen.

Rahmenbedingungen Kick-Off-Workshop Für den Kick-Off-Workshop sollten rund acht Stunden eingeplant werden.

Teilnehmer: Verantwortliche aus dem Management, die die Entscheidung für den geplanten Veränderungsprozess getroffen haben, außerdem Projektleitung und Kommunikationsverantwortliche. Der Kreis sollte nicht mehr als sechs bis acht Teilnehmer haben, die alle mit vertraulichen Informationen umgehen können.

Der Kick-off-Workshop fasst mehrere Schritte des Regelkreises (Abb. 10.2) zusammen:

- Analyse und Bewertung der Ausgangsposition (Abb. 10.2/1) und der Rahmenbedingungen
- Betrachtung der Zielgruppen
- Ableitung der Handlungsfelder (Abb. 10.2/2).
- Grobe Change Story und Materialsammlung zur Erarbeitung der Kernbotschaften (Abb. 10.2/3).

Ein fachlich versierter Moderator sollte den Workshop vorbereiten und durch den Tag führen. Seine Aufgaben sind vielfältig, denn er muss in der Lage sein, komplexe Zusammenhänge schnell zu erfassen und kommunikativ einzuordnen, Kommunikationsrisiken zu erkennen und unterschiedliche Perspektiven verschiedener Stakeholder zu antizipieren, Aussagen des Managements kritisch zu hinterfragen und konzeptionelle Lösungsansätze einzubringen. Anschließend ist es seine Aufgabe, Erkenntnisse und Inhalte professionell für die Kommunikation aufzubereiten.

Gelingt die Moderation, ist dieser Tag für alle Teilnehmer gut investierte Zeit. Denn die Ergebnisse sind über Monate eine wichtige Basis für die erfolgreiche Veränderungskommunikation.

10.5.1 Generelle Analyse & erste Bewertung: Unternehmen, Strategie, Markt & Meinung, Ressourcen und Zeitplan

Im ersten Teil des Workshops stellen die Entscheider Ausgangslage, Zielsetzung und – sofern schon bekannt – auch die Vorgehensweise für die geplante Veränderung vor. Sie geben einen Überblick, in dem sie spezifische Fragen in den Themenfeldern des oben vorgestellten „Prinzips Umdenken" beantworten.

In der Beratung erleben wir immer wieder, dass viele Hintergrundinformationen zum Unternehmen als bekannt vorausgesetzt werden. Fragen wir als Berater, nach, erhalten wir oftmals ganz unterschiedliche Antworten. Und der eine oder andere in der Runde gibt sogar zu verstehen, dass ihm verschiedene Aspekte oder Perspektiven nicht bewusst waren.

Daher unser Tipp: Auch als bekannt vorausgesetzte Informationen und Zusammenhänge kurz darstellen. So haben alle dieselben Basis-Informationen und machen sich bewusst, auf welches Selbstverständnis die zukünftige Kommunikation aufsetzt.

▶ Eine alternative Methodik, die wir oft parallel zur Mitschrift verwenden: Alle Zuhörer bekommen den Auftrag, während der Präsentation der Basis-Informationen die wichtigsten Erkenntnisse aus einem bestimmten Blickwinkel auf Metaplan-Karten zu notieren. Die Perspektiven orientieren sich an der SWOT-Analyse:

1. Stärken des Unternehmens/der zu verändernden Abteilung
2. Schwächen, Defizite des Unternehmens/der zu verändernden Abteilung
3. Chancen, die sich aus der Veränderung ergeben
4. Risiken, die entstehen, wenn die Veränderung nicht realisiert wird
5. Risiken, die durch die Veränderung ausgelöst werden
6. Termine, Meilensteine, konkrete Maßnahmen, die bereits bekannt sind
7. Ziele der Veränderung

In der weiteren Projektarbeit werden die Ergebnisse in einer SWOT-Analyse zusammengetragen und sinnvoll gruppiert. Damit liefert die SWOT-Analyse wichtiges Rohmaterial für die Entwicklung einer ersten Argumentationslinie – und damit für Change Story und Kernbotschaften (Abschn. 10.6).

Wir empfehlen, alle relevanten Informationen nicht nur aufzunehmen, sondern sie kritisch zu hinterfragen. Denn bei der kritischen Bewertung der geplanten Veränderung aus kommunikativer Sicht erleben wir sehr oft, dass weitere Handlungsfelder sichtbar werden, die bisher nicht berücksichtigt wurden:

Wichtige Fragen in diesem Zusammenhang können z. B. sein:

- Haben die Führungskräfte und Schlüsselpersonen alle nötigen Kompetenzen für eine erfolgreiche Umsetzung der Veränderung?
- Gibt es Ressourcen-Engpässe durch operatives Geschäft?
- Gibt es eine Kommunikationsstruktur und -kultur, die Veränderungskommunikation ermöglicht?
- Wie wirken sich Veränderungen auf Bonussysteme oder Zielvereinbarungen aus?
- Ist die geplante Veränderung mitbestimmungspflichtig?
- Sind Veröffentlichungspflichten (insbesondere bei börsennotierten Unternehmen) zu beachten?

Bei der Beantwortung dieser und weiterer Fragen haben wir in verschiedenen Unternehmen schon relevante Veränderungen der Projektplanung ausgelöst.

Doch was haben diese Themen mit Kommunikation zu tun? Soll Kommunikation wirken und zum Umdenken anregen, dann muss sie glaubwürdig sein. Und das kann sie nur, wenn wichtige Rahmenbedingungen und Regelungen ebenso glaubwürdig bearbeitet werden. Denn sonst konterkariert der Umgang mit relevanten Themen die Aussagen zu Inhalt und Zielen der Veränderung.

▶ Auch wenn es unangenehm ist: Stellen Sie (sich) im Rahmen dieses Workshops bewusst auch kritische Fragen und scheuen Sie sich nicht, Antworten und Begründungen ebenso kritisch zu hinterfragen. Vor dem offiziellen Start und der begleitenden Kommunikation ist hier auch die letzte Chance für eine konzeptionelle Nachbesserung oder sogar „Notbremsung". Wenn Sie die kritische Betrachtung Ihrer Planung in der Vorbereitung versäumen, übernehmen das später die betroffenen Stakeholder. Schlecht, wenn das Management dann keine glaubwürdigen Antworten geben kann.

Die Grenzen zwischen Kommunikation, Organisationsentwicklung, Personalentwicklung und Projektarbeit sind oft fließend. Sämtliche Maßnahmen in diesen und anderen Bereichen müssen daher immer eng mit den eigentlichen Kommunikationsmaßnahmen verknüpft werden, z. B. mit Personalentwicklungsmaßnahmen, um Mitarbeiter auf die neuen Anforderungen vorzubereiten (vgl. Kap. 6).

10.5.2 Parallelprozesse und Strukturen

Projekte laufen parallel zum Tagesgeschäft und zu anderen Ereignissen im Unternehmen. Damit Mitarbeiter auch die ausreichenden zeitlichen Ressourcen für die Veränderung haben und die Kommunikation verschiedener Projekte sauber aufeinander abgestimmt werden kann, ist es von Bedeutung, die wichtigsten Meilensteine zu erfassen und mit den übrigen Terminen abzugleichen. Dazu zählen Ferien, Leitmessen, andere Projekte, Belastungs-Spitzenzeiten für einzelne wichtige Teams etc. Es erleichtert den Überblick, die wichtigsten Parallelprozesse zu visualisieren.

Ein kurzer Blick auf die Unternehmensstrukturen hilft sicherzustellen, dass alle im Blick sind, die direkt oder indirekt von der Veränderung betroffen sind – oder sich betroffen fühlen könnten. Und das später in der Stakeholder-Analyse Abschn. 10.7 „Stakeholder kennen und einschätzen" niemand vergessen wird.

10.5.3 Kompetenz und Medien

Um ein Veränderungsprojekt umzusetzen, werden spezielle Ressourcen, Kompetenzen und Medien benötigt. Daher sind auch die internen Rahmenbedingungen zu bewerten:

- Gibt es im Unternehmen interne Kommunikationsverantwortliche und verfügen diese über ausreichend Erfahrung in der Veränderungskommunikation?
- Haben Projektleiter und Führungskräfte Kommunikations-Erfahrung in Veränderungen?
- Welche Medien stehen zur Verfügung? Wer generiert die Inhalte und wer ist der Absender?
- Wie sind diese Medien im Unternehmen zueinander positioniert?
- Welche Erwartungen haben die Mitarbeiter (und ggf. andere Stakeholder) mit Blick auf die Veränderung an den Medieneinsatz? Was sind sie im Unternehmen bisher gewohnt?
- Passen die Medien, die im Unternehmen verwendet werden, zur anstehenden Veränderung? (Eine digitale Transformation mit Aushang und Mitarbeiterzeitung zu verkünden, trägt vermutlich nicht zur Glaubwürdigkeit der Veränderung bei.)

Ganz gleich, ob regelmäßige Abstimmungsrunden, Meetings, bevorstehende Betriebsversammlungen, Mitarbeiterzeitungen, herkömmliches Intranet, digitale Kollaborationsplattformen, Videos, eigene Apps, oder, oder, oder … Sofern es möglich ist, empfiehlt es sich, deren Nutzung sowie Verantwortliche, Kosten und eventuelle Regel-Erscheinungstermine zu erfassen. Weitere Informationen zum Medienmix finden Sie in Abschn. 10.10 „Digital, gedruckt, persönlich".

10.5.4 Menschen und Emotionen

In diesem Teil des Workshops folgt die Analyse aller relevanten Interessengruppen und wichtiger Multiplikatoren und Entscheider. Diese Stakeholder-Analyse setzt sich aus drei Teilen zusammen: Erfassung, Bewertung und Ableitung von Handlungsfeldern (Abb. 10.2/2).

Im Rahmen der Stakeholder-Analyse gilt es, möglichst alle Interessengruppen und Multiplikatoren zusammenzutragen und festzustellen, wie stark sie betroffen sind, welchen Einfluss sie haben und welche Motive sie antreiben. Dabei ist sinnvoll, sich jeweils in die Perspektive des jeweiligen Stakeholders zu versetzen und sich auch Gedanken darüber zu machen, welche Emotionen die geplante Veränderung auslösen könnte. Konkrete Vorschläge zum Vorgehen finden sich in Abschn. 10.7 „Stakeholder kennen und einschätzen".

10.5.5 Handlungsfelder identifizieren und priorisieren

Alle Stakeholder, die für das Projekt als relevant identifiziert wurden, werden in einer Tabelle aufgelistet. Dazu erfolgt in Stichworten eine kurze Beschreibung der Ist-Situation und der gewünschten Ziel-Situation: Wie ist die derzeitige Einstellung des Stakeholders zu unserem Vorhaben und welche Verhaltensänderung, welches Umdenken möchten wir auslösen?

Auch Stakeholder mit einer positiven Einstellung werden mit dem Ist-Zustand erfasst. Eventuell gibt es einen Ziel-Zustand, der noch hilfreicher für das Gelingen ist? Dann gehört er auch in die Tabelle.

Es entsteht eine Übersicht über die Handlungsfelder, die anschließend priorisiert werden. Sofern es bereits Maßnahmenvorschläge und Ideen gibt, werden auch diese erfasst. Durch diese Vorgehensweise erhält man in kurzer Zeit ein sehr umfassendes Bild der erforderlichen (Kommunikations-)Maßnahmen, Ziele und Prioritäten.

10.5.6 Argumentationslinie formulieren

Im Workshop sollte auf jeden Fall eine erste Argumentationslinie erarbeitet werden. Dabei geht es hier nicht um die perfekte Formulierung. Was zählt ist, dass die Verantwortlichen die wesentlichen Argumente und Aussagen zusammenführen und sich so auf einen „roten Faden" einigen.

Ausgangspunkt für die Entwicklung der Argumentationslinie sind die Erkenntnisse aus der Analyse in Abschn. 10.5.1 „Generelle Analyse & erste Bewertung …". Operativ sollte der Entwurf etwa eine Seite Text umfassen und mindestens die grundlegenden Fragen beantworten, die später auch Basis für die Kernbotschaften sind (siehe Abschn. 10.6.3 „Basisrezept zur Formulierung von Kernbotschaften").

Diese Argumentationslinie ist die Basis für den nächsten Arbeitsschritt: Das Erarbeiten und Formulieren von Kernbotschaften und einer Change Story. Weitere Informationen dazu finden Sie im Abschn. 10.6 „Kernbotschaften und Change Story – DNA der Kommunikation".

Die gemeinsame Arbeit an der Argumentationslinie kann beispielsweise mit der Sammlung der wichtigsten Aussagen auf dem Flipchart beginnen. Anschließend werden diese vor Ort auf einem Laptop erfasst, in der Runde verfeinert und abgestimmt. Damit nehmen alle Teilnehmer am Ende des Workshops erste, abgestimmte Aussagen für den plötzlichen Kommunikationsfall mit. Das hier vorgeschlagene Prozedere erhöht nebenbei die Wahrscheinlichkeit, dass alle Teilnehmer einer gemeinsamen Linie folgen und diese auch nach außen kommunizieren.

10.6 Kernbotschaften und Change Story – DNA der Kommunikation

Komplizierte Sachverhalte einfach zu formulieren, ist eine Kunst für sich. Wer alle Interessengruppen auf Basis der gleichen inhaltlichen Botschaften informieren möchte, sollte sicherstellen, dass alle wichtigen Informationen in klaren, verständlichen Worten beschrieben und bereitgestellt werden.

Zum einen als Change Story, die alles Wichtige auf etwa einer Seite zusammenfasst. Zum anderen als Kernbotschaften, in denen alle relevanten Aussagen und Informationen verständlich aufbereitet werden. Dabei gilt es, neben Fakten auch Zusammenhänge zu erläutern und Emotionen zu vermitteln – und zu berücksichtigen.

Komplizierte Strategie-Charts, Kennzahlen, Excel-Tabellen oder Road-Maps helfen bei der emotionalen Vermittlung von Veränderungen selten. Verstanden werden einfache Botschaften mit Bezug auf das Arbeitsumfeld oder die Lebenswelt der Mitarbeiter oder anderer Interessengruppen.

In diesem Abschnitt wird anschaulich beschrieben, wie Kernbotschaften aufgebaut sind, welche Fragen sie beantworten sollten und wie sie in Kombination mit der Change Story Anwendung finden.

10.6.1 Verständlich kommunizieren – einfach ist alles andere als einfach

Damit Veränderung gelingt, muss sie eine simple und dennoch wesentliche Qualität besitzen: Sie muss kommuniziert werden können. Was nicht kommuniziert werden kann, kann nicht verändert werden. Was nicht kommuniziert werden kann, sollte daher nicht entschieden werden.

Das klingt allerdings viel einfacher, als es in der Praxis ist. Wer schon einmal versucht hat, komplizierte Dinge einfach zu formulieren, der weiß, wie schwer es sein kann, Rahmenbedingungen, Ideen und Ziele auf den Punkt zu bringen. Doch genau das ist die Grundlage, um Strategien zu verstehen und umsetzen zu können.

Dabei wird immer wieder versucht, diese wichtigen Aussagen auf reine Zahlen und Fakten zu reduzieren, ganz ohne weitere Einordnung. Doch lässt sich damit keine Perspektive formulieren, lassen sich keine Ängste und Sorgen nehmen und auch keine Emotion aufbauen.

Klare, verständliche Kommunikation ist ein Motivationsfaktor. Gleichzeitig können Missverständnisse ausgeschlossen werden, indem sich Führungskräfte auf verständliche Inhalte und klare Formulierungen für den von ihnen angestrebten Wandel einigen. Wir nennen das **Kernbotschaften**. Sie lassen sich durch ein definiertes Set an Begriffen und Symbolen ergänzen, mit denen die Bedeutung der Veränderung kommunikativ verstärkt wird. Im Verlauf der Veränderung sollte, um eine optimale Orientierung zu bieten, immer wieder auf die festgelegten Begriffe und Wendungen zurückgegriffen werden.

Schwierig ist die Entwicklung von Kernbotschaften auch deshalb, weil viele Gedanken, die bisher unausgesprochen waren, plötzlich schwarz auf weiß aufgeschrieben werden. Sich im Management-Team auf Inhalte festzulegen, löst immer wieder intensive Diskussionen aus.

Ein entscheidender Nutzen von Kommunikation entsteht bereits lange, bevor das erste Wort kommuniziert ist: bei der Entwicklung der Aussagen. Denn in diesem Moment geht es darum, die Dinge Dritten zu erklären. Manchmal hören wir auch den Satz: „So habe ich das aber gar nicht verstanden. Das geht doch gar nicht, weil …". Unsere Erfahrung zeigt, dass in diesen Abstimmungsrunden Themen plötzlich von einzelnen Teilnehmern ganz anders interpretiert, Aussagen abgeschwächt oder sogar zurückgenommen werden.

Genau diese Diskussion schafft ein gemeinsames Verständnis, das weit über grundsätzliche Zahlen, Daten und Fakten hinausgeht. In der Summe lässt sich so verhindern, dass die Entscheider Mitarbeitern und anderen Interessengruppen unterschiedliche Interpretationen von ein und derselben Sache vermitteln.

10.6.2 Kommunikationskollisionen verhindern

Business-Pläne, Kernprozesse, Marktanalysen, Organigramme, Produkt-Roadmaps, Vertriebsstrukturen, komplexe Abläufe, strategische Planungen und so weiter: Die Welt von Führungskräften ist komplex und besteht in weiten Teilen aus Unmengen an oftmals kleinteiligen Zahlen, Daten, Fakten. Diese Perspektive ist wichtig und nachvollziehbar – aber leider taugt sie selten zur direkten Kommunikation. Und auch nicht dazu, Führungskräfte, die sich für eine Veränderung stark machen sollen, aus der eigenen Komfortzone zu bewegen.

Zahlen und Fakten allein motivieren Mitarbeiter nicht – egal in welcher Hierarchiestufe. Wer versucht, aus der Topmanagement-Perspektive heraus Mitarbeiter zu gewinnen, löst fasst immer Kommunikationskollisionen – und damit Unverständnis und Blockaden aus (Abb. 10.3).

Mitarbeiter schauen aus einer ganz anderen, sehr persönlichen Perspektive auf die Management-Themen – und stellen sich konkrete Fragen, die sich selten mit klassischen Strategie-Charts beantworten lassen. Beispielsweise: Welchen Sinn macht diese Veränderung eigentlich? Ist mein Arbeitsplatz sicher? Kann ich die Raten für mein Haus bezahlen? Was konkret bedeutet diese Veränderung für mich?

Damit wird eine wichtige Rolle der Führungskräfte in der Veränderung sichtbar: Sie sind es, die für ihre nächste Ebene diese Übersetzung leisten müssen. Es ist ihre Aufgabe,

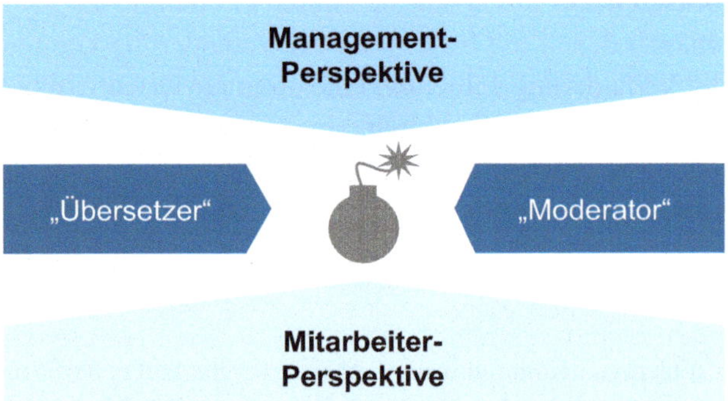

Abb. 10.3 Kommunikationskollisionen vermeiden – nach „Malik Mangement-Centrum St. Gallen"

zwischen den Welten zu moderieren und dafür zu sorgen, dass ein klares, verständliches Bild entsteht, wohin die Reise gehen soll – und was der Beitrag des eigenen Verantwortungsbereichs zum Erfolg der Veränderung sein soll. Hierzu sind Kernbotschaften das Fundament.

10.6.3 „Basisrezept" zur Formulierung von Kernbotschaften

Kernbotschaften sind ein Set an verständlich formulierten Aussagen, die alle relevanten Inhalte für die Kommunikation mit den jeweiligen Zielgruppen beinhalten. Sie sind das Basis-Dokument, aus dem sich später alle bedienen, die rund um die Veränderung kommunizieren sollen: Führungskräfte, Pressesprecher, Projektteam-Mitglieder usw.

Wer im Kick-Off-Workshop eine erste Argumentationslinie entwickelt hat (Abschn. 10.5.6), liefert damit ein Grundgerüst für die Entwicklung der Kernbotschaften.

10.6.3.1 Entscheidende Inhalte mit dem „Basisrezept in Kernbotschaften gliedern

Mit unserem „Basisrezept" für Kernbotschaften setzen wir auf den Ergebnissen der SWOT-Analyse aus dem Kick-off-Workshop auf. Um schnell zu einem Grundgerüst für die Kernbotschaften zu kommen, werden folgende Fragen mit je einer Botschaft beantwortet:

- Was ist der Anlass für die Veränderung?
- Welches Risiko laufen wir, wenn wir nicht handeln?
- Was wollen wir konkret verbessern?
- Auf welche Stärken setzen wir auf?
- Welche Chancen sehen wir, welche Perspektiven für Unternehmen und Mitarbeiter, wenn die Veränderung gelingt?
- Welche Risiken/Herausforderungen haben wir im Laufe der Veränderung um Blick?
- Lässt sich bereits etwas darüber sagen, was sich konkret verändern wird?
- Was sind die nächsten Schritte – und wann wird die Veränderung spürbar?
- Wen kann ich bei Fragen und Sorgen ansprechen?

Dabei stellen diese Fragen nur eine Richtschnur für den Aufbau der Kernbotschaften dar, die natürlich immer situationsbedingt anzupassen und zu ergänzen sind.

Wurde in einem Kick-Off-Workshop bereits eine erste Argumentationslinie formuliert, so sollte auf diese aufgesetzt werden. Denn es sind für die Erstkommunikation dieselben Fragen zu beantworten (vgl. Abschn. 10.5.6) – nur ausführlicher und möglicherweise mit mehr Hintergrundinformation.

Wenn das Management-Team auf diese Fragen bereits zum offiziellen Projektstart fundierte und von allen mitgetragene Antworten liefern kann, dann liegt es kommunikativ bereits ganz weit vorn.

Verstehen Ihre Mitarbeiter die Zusammenhänge der globalen Wirtschaft?
Ein Grund für den aktuell zu beobachtenden Vertrauensverlust in Unternehmen, Organisationen und Politik liegt laut Hans-Peter Klös, Institut der deutschen Wirtschaft, darin, dass bei vielen Menschen ökonomische Grundkenntnisse fehlen und komplexe wirtschaftliche Zusammenhänge nicht ausreichend vermittelt werden [9]. Diese Erkenntnis können wir aus dem Berater-Alltag nur bestätigen.

Es ist daher immer zu prüfen, ob spätestens mit der Kommunikation von Veränderungen, auch grundlegende wirtschaftliche Zusammenhänge verständlich erläutert werden sollten. Wir empfehlen, das Wissen darum nicht als selbstverständlich vorauszusetzen. Aus dieser Motivation heraus wurden im Kap. 1 dieses Buches wesentliche ökonomische Zusammenhänge dargestellt, die die Veränderungen unserer Zeit treiben.

10.6.3.2 Struktureller Aufbau von Kernbotschaften

Um später schnell und flexibel mit Kernbotschaften arbeiten zu können, hat sich folgende Struktur bewährt:

1. Eine Überschrift, die den jeweiligen Inhalt mit wenigen Worten auf den Punkt bringt.
2. Drei bis vier Sätze, die das Thema und wichtige Inhalte in verständlichen Worten zusammenfassen.
3. Nachfolgend ein ergänzender Text, der Zusatzinformationen und Erklärungen enthält. Sowie spezielle Punkte, die nur für einzelne Stakeholder von besonderem Interesse sind.

Die Sprache sollte einfach und verständlich sein, die Formulierungen klar und positiv, aber nicht beschönigend. Die einzelnen Botschaften dürfen sich nicht widersprechen. Wir empfehlen, bis zu sieben Hauptbotschaften zu formulieren, die im Kern die oben gestellten Fragen beantworten.

Allerdings ist die Unternehmensrealität oft komplexer, als dass sie sich mit sieben Botschaften beschreiben lässt. Weitere „Ergänzungsbotschaften" sind sinnvoll, wenn durch die anstehende Veränderung aus der Perspektive bestimmter Interessengruppen ganz konkrete Fragen zu erwarten sind. Diese Botschaften werden für spezielle Gruppen ganz gezielt eingesetzt. Sie dürfen den Hauptbotschaften auf keinen Fall widersprechen.

10.6.3.3 Wir wissen noch nichts – was sollen wir sagen?

Und wie formuliert man Kernbotschaften, wenn man gerade erst dabei ist, eine Lösung, eine neue Organisationsstruktur oder eine neue Produktstrategie zu entwickeln?

In dem man entsprechend der oben genannten Fragen des „Basisrezeptes" das aufbereitet, was man zu diesem Zeitpunkt bereits weiß. Schließlich liegen der Entscheidung, etwas zu verändern, bestimmte Erkenntnisse zugrunde: beispielsweise Anlass für die Entscheidung, grundlegende Rahmenbedingungen, Risiken, Chancen und Ziele sowie die bisher geplanten Arbeitsschritte und Meilensteine, Verantwortliche, grundlegende Vorgehensweisen und Erwartungen.

Wer das in bereits bekannte strategische Perspektiven einordnet, wichtige Zusammenhänge erläutert und mögliche Emotionen der Stakeholder aufnimmt und anspricht, kommt auch ohne fertige Lösung zu glaubwürdigen, motivierenden Aussagen.

10.6.3.4 Ratio und Emotion zusammenbringen

Kernbotschaften zu formulieren ist harte Arbeit. Es gilt nicht nur, komplizierte Sachverhalte möglichst einfach zu erklären sondern auch rationale Argumente mit Emotionen zu verbinden. Wir empfehlen darauf zu achten, dass folgende Ebenen möglichst miteinander verknüpft werden: Fakten, Zusammenhänge, Emotionen.

So ist es natürlich wichtig zu wissen, wenn sich beispielsweise die Auftragslage des Unternehmens deutlich verschlechtert (Fakten) und dass diese Entwicklung Anlass für ein Veränderungsprojekt ist.

Verständlich wird diese Information aber erst durch die Einordnung in die Unternehmensrealität: zum Beispiel, wie sich die Lage entwickeln wird, wenn man nicht reagiert oder ob in den kommenden Monaten die Produktion ausgelastet werden kann (Zusammenhänge).

Und es sind mögliche Emotionen anzusprechen. Beispielsweise, ob die Sorge um Arbeitsplätze berechtigt ist, Investitionen in dringend benötigte Maschinen, auf die sich alle bereits freuen, zurückgestellt werden oder die Veränderung Mehrarbeit auslöst.

10.6.3.5 Wer kann denn so etwas schreiben?

Das Ausformulieren dieses wichtigen Dokuments liegt vielen Führungskräften nicht. Das sehen wir immer wieder in unseren Trainings zum Thema Kommunikation als Führungsinstrument. Es macht Sinn, diese Aufgabe Kommunikationsspezialisten zu übertragen, deren tägliches Handwerk es ist. So wird daraus am ehesten das benötige Dokument in hoher Qualität.

Egal, wer die Ausarbeitung der Kernbotschaften übernimmt – wichtig ist, dass diese vor ihrem Einsatz im Kreis der Entscheider sorgfältig abgestimmt werden. Dazu empfiehlt sich ein persönliches Treffen, insbesondere dann, wenn sichtbar wird, dass noch größerer inhaltlicher Diskussionsbedarf besteht. Im Umlaufverfahren ist dieser Schritt selbst von einem Kommunikationsprofi kaum zu bearbeiten.

Um die inhaltliche Abstimmung möglichst effizient zu halten empfiehlt es sich, nur über die inhaltliche Richtigkeit der Botschaften zu sprechen. Sobald die Diskussion in redaktionelle Textbearbeitung oder Rechtschreibkorrektur abdriftet, wird der Termin lang und meistens unerfreulich. Es geht um ein gemeinsames Verständnis der Aussagen, nicht um sprachlichen Feinschliff. Denn jeder der Anwesenden ist gehalten, die Inhalte später ohnehin in seinen eigenen Worten zu vermitteln.

10.6.4 Das große Bild beschreiben – in einer Change Story

Wie so oft im Leben kommt es auch in der Veränderungskommunikation darauf an, wie etwas gesagt wird. Wenn es darum geht, Menschen für eine Veränderung zu gewinnen, hilft es, vielschichtige Sachverhalte in Form einer Erzählung zu vermitteln, auch Change Story genannt. Geschichten stiften Sinn, wo ansonsten bloße Zahlengerüste oder Nutzenkalküle jede Identifikationsmöglichkeit zunichtemachen. Eine Change Story bildet eine inhaltliche Klammer und übersetzt komplexe Sachverhalte in eine verständliche Sprache. Sie beschreibt das große Bild der Veränderung – emotional, einfach, nachvollziehbar.

Dafür verknüpft die Change Story grundlegende Rahmenbedingungen und Ziele, erläutert Chancen und Risiken, beschreibt die Perspektive, die in der Veränderung steckt. Und sie ordnet diese Informationen in die bestehende Unternehmensrealität ein, nimmt relevante Sorgen auf, erläutert darüber hinaus, wie weit die konkrete Planung bereits ist, welche Schritte geplant, welche konkreten Änderungen bereits bekannt sind und welche Erwartungen das Management mit der Veränderung verbindet. Das Ganze möglichst kurz, anschaulich und bildhaft.

Mit einer Ausgangssituation, einer (Handlungs-)Entwicklung und einer Endsituation bietet die Grundstruktur einer Erzählung eine simple, aber ungeheuer tragfähige Struktur, um Kausalitäten und Beziehungen zwischen Ereignissen zu stiften, um Handlungen einzuordnen und ihre Wirkungen auf die Zukunft in Aussicht zu stellen.

Die Kernbotschaften werden nach diesem Muster in einer Change Story zu einer schlüssigen und einfach verständlichen Erzählung zusammengefasst.

10.6.5 Einsatz von Change Story und Kernbotschaften

Mit diesem Tandem aus kurzer Change Story und ausführlicheren Kernbotschaften wird die inhaltliche Basis für eine durchgängige Kommunikation gelegt. Egal ob Redemanuskript, Mitarbeiter-Information, Intranet-Bericht oder Pressemeldung: sie alle speisen sich aus diesem Pool an abgestimmten Informationen.

Das bedeutet nicht, dass Informationen an Mitarbeiter und an andere Stakeholder identisch und austauschbar geworden sind. Jede Kommunikationsmaßnahme sollte genau auf ihre Adressaten und deren Interessen zugeschnitten sein. So werden für die Information der Wirtschaftspresse sicher andere Schwerpunkte gesetzt als für die Mitarbeiter-Veranstaltung in der Logistik. Nicht alle Kernbotschaften sind für alle Zielgruppen in aller inhaltlichen Tiefe von Interesse. Und auch sprachlich werden sie sich unterscheiden. Doch letztendlich ist der Kern der Kommunikation derselbe (Abb. 10.4).

Wenn sich beispielsweise Mitarbeiter unterschiedlicher Abteilungen treffen und über die angekündigten Veränderungen sprechen, sollten sie damit schnell erkennen, dass sie vergleichbare Informationen erhalten haben – auch wenn die zu erwartenden Veränderungen die jeweilige Abteilung ganz unterschiedlich betreffen.

10.6.5.1 Wiederholen, wiederholen, wiederholen

Die Aussagen, die in den Kernbotschaften stecken, müssen immer wieder aufs Neue wiederholt werden. Es mag die Führungskräfte langweilen, aber die Wiederholung in praktisch identischen Wendungen ist wichtig, um die gemeinsame Idee für die Veränderung auch in den letzten Winkel des Unternehmens und in die Köpfe aller Stakeholder zu tragen. Wiederholungen prägen sich ein. Zudem steigert Wiederholung die Glaubwürdigkeit. Anlass für eine Wiederholung bietet sich immer dann, wenn über die weitere Entwick-

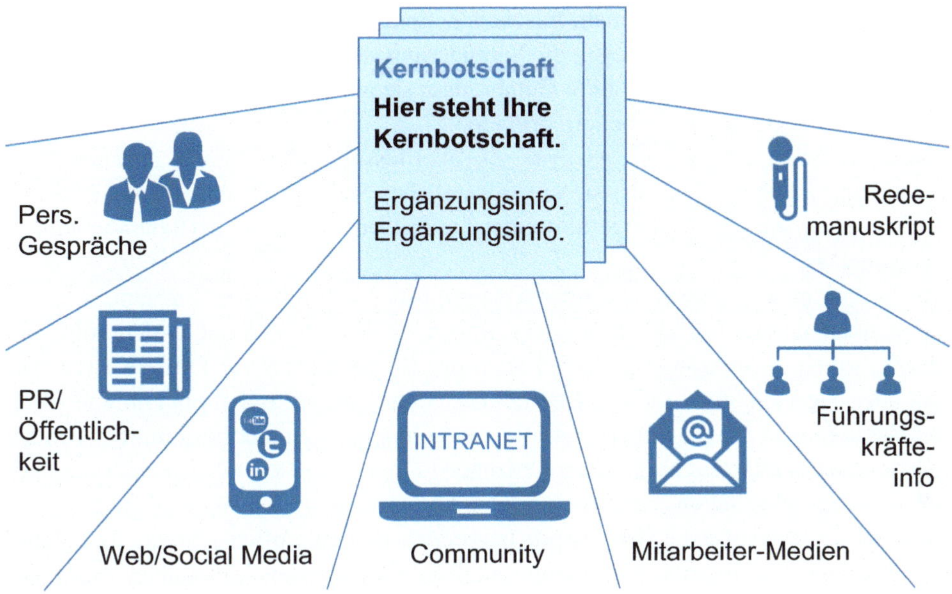

Abb. 10.4 Communication Alignment . (Eigene Darstellung)

lung, über neue Erkenntnisse und Entscheidungen berichtet wird. Diese lassen sich gut in eine Zusammenfassung zentraler Aussagen einbetten. Das erleichtert den Zuhörern, die aktuellen Informationen in die Zusammenhänge einzuordnen, die sie bereits kennen. Das große Bild wird mit jeder Wiederholung klarer, bietet Orientierung und Sicherheit.

10.6.5.2 Inhalte regelmäßig fortschreiben – und Aktualisierung mit Entscheidern abstimmen

Im weiteren Verlauf des Veränderungsprozesses ist es unabdingbar, Change Story und Kernbotschaften entsprechend dem Projektverlauf weiterzuschreiben und zu aktualisieren – ohne den Kern der Story zu verändern. Schon in einem klassischen Projektverlauf fallen im Laufe der Zeit neue Erkenntnisse an, während erste Schritte bereits bearbeitet sind. In agilen Projekten ist die Dynamik noch höher, Informationen werden noch schneller „alt". Die Basis-Dokumente sollten also regelmäßig überprüft und fortgeschrieben werden, spätestens vor größeren Kommunikationsanlässen und beim Erreichen wichtiger Meilensteine.

10.7 Stakeholder kennen und einschätzen – Planungsgrundlagen schaffen, Überraschungen vermeiden

Mit der Analyse der Stakeholder kann sich schon früh der Erfolg oder Misserfolg eines Veränderungsprojektes entscheiden. Werden relevante Interessengruppen in der Kommunikation vergessen, Einzelpersonen mit großem Einfluss übersehen oder Stakeholder in der falschen Reihenfolge, zu einem falschen Zeitpunkt oder mit unpassenden Aussagen informiert, können diese sich gegen die Veränderung stellen. Je nachdem, wie groß dann Macht und Einfluss sind, besteht die Gefahr, dass sie auf das Projekt einwirken, es massiv behindern oder gar zum Scheitern bringen.

Mitunter wird eine solche Analyse als überflüssige oder schnell abzuarbeitende Pflichtübung gesehen. Dabei ist sie ein wesentlicher Sicherheits- und Erfolgsfaktor für das Gelingen. Gründlich durchgeführt entsteht ein klares Bild von der kommunikativen „Gemengelage".

Es sollten in der Analyse alle Interessengruppen sowie relevante Einzelpersonen im Unternehmen und im Umfeld zusammengetragen werden. Dabei lohnt es sich, ruhig kreativ und weiter zu denken. So können auch der Bürgermeister vor Ort, ein Berufsverband oder sogar die gut vernetzte Ehefrau des Mehrheitsgesellschafters erst einmal auf die Liste kommen. Was ist zudem mit Interessengruppen, die unter bestimmten, sich nun verändernden Vorzeichen an Einfluss gewinnen? Gern vergessen werden auch ausländische Tochtergesellschaften, Finanzpartner und Lieferanten.

Die Verschiedenartigkeit der Anspruchsgruppen ist dabei offensichtlich: Die Politik hat andere Interessen als die Mitarbeiter und diese wiederum als Lieferanten oder Investoren. Dementsprechend muss auch die Kommunikation entsprechend zielgruppengerecht abgestimmt sein.

Dieser Abschnitt gibt eine praktische Anleitung zur Analyse von Stakeholdern und der daraus resultierenden Ableitung von Handlungsfeldern.

10.7.1 Betroffenheit, Einfluss und Motive kennen

Wichtig für die angemessene kommunikative Begleitung der Stakeholder ist die Klärung der Frage, wie weit sie beruflich und auch persönlich von der Unternehmensveränderung betroffen sind. Ebenso spielen ihr möglicher Einfluss auf den Erfolg des Veränderungsprozesses sowie ihre Interessen und Handlungsmotive eine wichtige Rolle. Schließlich soll die Kommunikation von Veränderung die Anspruchsgruppen nicht nur informieren, sondern auch die, deren Interessen einer Unternehmensveränderung entgegenstehen könnten, von der Notwendigkeit der Veränderung überzeugen.

Nur indem widerstrebende Interessen frühzeitig identifiziert werden, kann eine störende Einflussnahme auf den Veränderungsprozess minimiert werden. Praktisch kann das wiederum viel besser über die Einbindung opponierender Stimmen geschehen, als über deren Ausblendung und Unterdrückung. So lassen sich über Projektgremien verschiedene Anspruchsgruppen bereits früh in den Entscheidungsprozess einbinden, typische Planungsfehler können vermieden werden. Zu ihnen zählt es, Stakeholder und deren oft auch berechtigte Bedürfnisse und Sorgen zu spät zu identifizieren.

Daher sollte sehr früh eine Stakeholder-Analyse vorgenommen werden. Es lohnt, sich dafür ausreichend Zeit zu nehmen, damit niemand übersehen wird. Prinzipiell gilt dabei, das nicht nur die Gruppen zu Stakeholdern zählen, zu denen ein Unternehmen formale

Beziehungen unterhält, sondern auch diejenigen, die zum Handeln und zur Kommunikation eines Unternehmens möglicherweise Stellung nehmen [10, S. 117]. Bei großen Unternehmen kann die Zahl der Stakeholder damit leicht ins Unüberschaubare anwachsen. Anstatt einzelne Gruppen aufgrund ihrer Anzahl der Einfachheit halber zu ignorieren, muss eine professionelle Veränderungskommunikation frühzeitig abwägen, in welcher Form mit welchen Stimmen aus dem Chor der Stakeholder kommuniziert werden sollte.

Eine visuelle Darstellung ist bereits bei mehr als zehn Stakeholdern absolut hilfreich. Dazu gibt es verschiedene Werkzeuge. Die folgende Abbildung zeigt eine Variante, mit der man sich schnell und einfach einen Überblick verschaffen kann (Abb. 10.5).

Auf dieser Matrix werden alle Interessengruppen sowie wichtige Einzelpersonen nach folgender Fragestellung eingeordnet: Wie groß ist der Einfluss auf den Erfolg der Veränderung und wie hoch die eigene (berufliche und ggf. private) Betroffenheit?

Dabei werden die Stakeholder in der Matrix auch zueinander in Beziehung gesetzt. So ist möglicherweise der Projektleiter stark betroffen (schließlich wird er am Projekterfolg gemessen) und hat starken Einfluss auf den Erfolg (er leitet das Projekt). Doch der Geschäftsführer kann im Ernstfall seinen Projektleiter überstimmen. Damit hat er einen größeren Einfluss, ist möglicherweise auch weniger stark betroffen – denn das Projekt ist nur eines von mehreren, die im Unternehmen gerade laufen. Für ihn ist es also weniger schlimm als für den Projektleiter, wenn das Projekt seine Ziele nicht erreicht.

Entsprechend diesem Beispiel werden die verschiedenen Interessengruppen auf der Matrix zueinander positioniert. Außerdem werden sie farblich markiert: Rot – gegen die Veränderung. Gelb – unentschieden. Grün – unterstützt/erwartet die Veränderung.

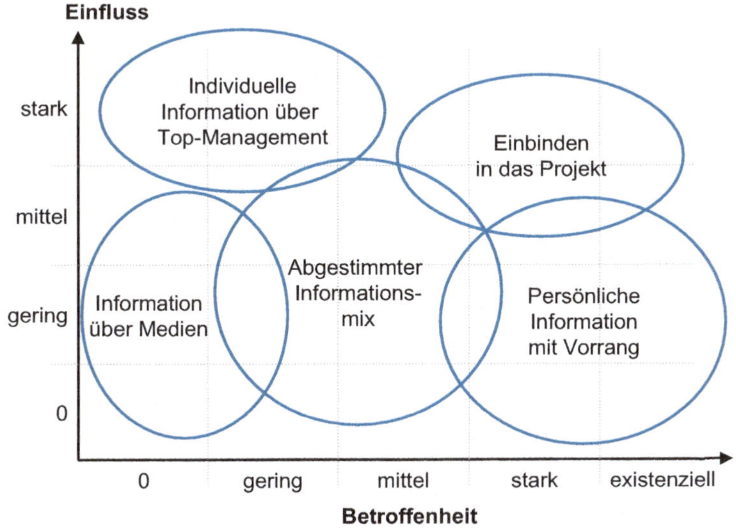

Abb. 10.5 Visualisierung Stakeholder-Analyse. (Axel Kühn, 2009)

So ergibt sich am Ende ein guter visueller Überblick, wo die Unterstützer und wo die Kritiker einer Veränderung zu finden sind.

Darüber hinaus ist es hilfreich, zu jedem Stakeholder in einer gesonderten Liste die wichtigsten Annahmen zur Motivlage zu notieren. Für die weitere Kommunikationsplanung lässt sich später ableiten, welche Maßnahmen und welche Argumente ein Umdenken auslösen können. Jeder Stakeholder ist in seiner Bedeutung für das Projekt individuell zu bewerten und dementsprechend sind die kommunikativen Maßnahmen abzuleiten. Möglicherweise verschieben sich im Projektverlauf Betroffenheit und Einfluss einzelner Stakeholder. Damit verändert sich auch die Anforderung an die Kommunikation mit ihnen. Daher sollte die Stakeholder-Analyse regelmäßig überprüft und aktualisiert werden.

Eine Stakeholder-Analyse kann nur in einem höchst vertrauenswürdigen Umfeld entstehen, da absolute Offenheit erforderlich ist, um alle Stakeholder mit deren beruflichen und persönlichen Beweggründen erfassen zu können. Die Analyse sollte sicher und für Dritte unzugänglich archiviert werden und im weiteren Verlauf nicht Teil publizierter Dokumente sein.

Besonderes Augenmerk ist normalerweise auf folgende drei Bereiche der Stakeholder-Analyse zu legen:

- Hoher Einfluss und hohe Betroffenheit: Diese Personen sollten möglichst direkt in das Projekt eingebunden werden. Das gilt auch für Kritiker, die so zumindest im Blickfeld sind.
- Niedriger Einfluss und hohe Betroffenheit: Hierbei handelt es sich oft um Mitarbeiter, bei denen sich zum Beispiel die Arbeitsbedingungen gravierend verändern. Aufgrund der hohen Betroffenheit ist persönliche Vorrangkommunikation unerlässlich.
- Hoher Einfluss und geringe Betroffenheit: Hier sind oft Aufsichtsräte oder Mitglieder einer Unternehmerfamilie zu finden (siehe auch Abschn. 11.5). Diese Personen sollten regelmäßig persönlich durch das Leitungsteam informiert werden. Achtung: Sie können aufgrund ihrer Funktion starken Einfluss auf den Projektverlauf nehmen.

Für Interessengruppen, die im Zentrum der Matrix stehen (gering/gering bis mittel/mittel) sollte ein abgestimmter Medienmix entwickelt werden. Dabei ist abzuwägen, wie viel persönliche Kommunikation über welche Kanäle erforderlich ist und wo mediale Information (z. B. ein Brief, Aushang, E-Mail oder ähnliches) ausreichend ist. Interessengruppen und Personen mit geringer Betroffenheit und überschaubarem bis gar keinem Einfluss sollten zumindest im Blick behalten werden. In Einzelfällen ist es übrigens in unserem Beratungsalltag auch passiert, dass bei der Analyse festgestellt wurde, dass ausschließlich aufgrund kommunikativer Risiken bei bestimmten Stakeholder-Gruppen eine geplante Maßnahme undurchführbar war. Ein ernüchterndes Ergebnis für alle Beteiligten und dennoch ein erfreuliches: Immerhin wurde noch vor dem Projektstart ein Scheitern verhindert.

10.7.2 Emotionen frühzeitig antizipieren und berücksichtigen

Die Bedeutung von Emotionen für den Erfolg von Veränderungen wird in vielen Projekten insbesondere zu Beginn massiv unterschätzt. Schließlich gibt es viele gute Gründe, um etwas zu reorganisieren, neue Teams zu bilden oder einen Unternehmensteil abzuspalten. Wenn man die Argumente sachlich vorträgt, dann sollten es alle verstehen und mittragen, oder?

So einfach ist es leider nicht – denn wir haben es hier mit Menschen zu tun, die diese Veränderung leben und umsetzen sollen. Menschen tun sich überwiegend schwer, wenn sie vor einem Wandel stehen – mag er sachlich noch so gut zu begründen sein. Schließlich heißt es, lieb gewonnene Abläufe, Regeln oder auch nur Büroräume aufzugeben, neue Herausforderungen anzunehmen oder sich auf ein neues, unbekanntes Team einzustellen. Daher ist es schon in der Stakeholder-Analyse wichtig, emotionale Befindlichkeiten ernsthaft zu erwägen und in der Kommunikations- und in der Projektplanung zu berücksichtigen.

Diese Emotionen können verschieden stark ausgeprägt sein. Und sicher gehen Menschen mit Veränderungen ganz unterschiedlich um. Kein Modell der Emotionen in Veränderungsprozessen ist daher eine allgemein verbindliche Beschreibung aller möglichen menschlichen Reaktionsmuster. Emotionsmodelle bieten aber verständliche Anhaltspunkte für das Verhalten von Menschen, die von der geplanten Veränderung betroffen sein werden. Und damit auch wichtige Hinweise für Führungskräfte und Kommunikationsverantwortliche, wann sie in ihren Funktionen besonders gefordert sind.

Anknüpfend an das bereits in Abschn. 1.6 vorgestellte 7-Phasen-Modell nach Streich sowie die in Abschn. 6.3 dargestellte Bedeutung der rationalen und emotionalen Akzeptanz lassen sich hier folgende grundsätzlichen kommunikativen Empfehlungen ableiten:

- Zur Begleitung der Mitarbeiter in die Phase der rationalen Einsicht (noch ohne tief greifende Bereitschaft, sich selbst zu verändern) spielen die persönliche Kommunikation zwischen Führungskräften und Mitarbeitern sowie vertrauensbildende Maßnahmen eine ganz entscheidende Rolle. Hier geht es insbesondere darum, Sorgen und Ängste zu nehmen und die persönliche Perspektive sichtbar zu machen.
- Zur Sicherung einer emotionale Akzeptanz (also der Bereitschaft, sich auf Neues einzulassen und sich selbst zu verändern) gilt es, zum Ausprobieren zu motivieren, erste Erfolge sichtbar zu machen, Freiraum für Fehler zu geben und Unterstützung anzubieten, damit das Neue gelingen kann.

10.8 Ganzheitliches Kommunikationskonzept: alle beteiligten Disziplinen verbinden – zum Puls der Veränderung werden

Wirkungsvolle Kommunikation für Veränderungen besteht aus vielen verschiedenen Maßnahmen auf den unterschiedlichsten Ebenen. Dieser Abschnitt zeigt, worauf es ankommt und bietet einige konkrete Werkzeuge für entscheidende Planungsschritte.

Bei der Planung eines strategisch angelegten, ganzheitlichen Kommunikationskonzeptes sollten Kommunikationsmaßnahmen deutlich weiter interpretiert werden, als gemeinhin üblich. Denn um die Veränderung wirklich erfolgreich zu Ende zu bringen, reicht es nicht aus, nur die Kernbotschaften immer wieder vorzutragen – egal wie gut sie sind. Über dieses wichtige „Senden" durch die Führungskräfte hinaus sind unbedingt Kommunikationsmaßnahmen zu entwickeln, die die Betroffenen zu Beteiligten machen und ihnen die Möglichkeit bieten, sich aktiv einzubringen, um so die Veränderungsakzeptanz zu fördern.

Eine weitere Herausforderung liegt darin, schon früh die Grundzüge einer Dramaturgie zu entwickeln, die über den gesamten Zeitraum der Veränderung trägt. Sie soll klassische Kommunikation, emotionale Akzente und aktives Mitgestalten aufeinander abstimmen.

10.8.1 Kommunikation lebt von Emotionen und Symbolik

Um die Veränderung emotional noch stärker zu verankern, ist immer auch der ergänzende Einsatz von Symbolik und Metaphern zu prüfen. Sie erleichtern die Identifikation, weil sie leicht verständlich und fassbar sind. Damit besitzen sie genau das, was gute Kommunikation ausmacht. Gern entwickeln Unternehmen daher Namen und Logos für große Veränderungsprojekte. Hat das Kind einen Namen, kann man leichter darüber sprechen. Und die Beschäftigten können sich hinter einer gemeinsamen Idee versammeln. Da neben der Klarheit der Kommunikation auch ihre häufige Wiederholung für den Erfolg von Wandel entscheidend ist, kann Symbolik ein sehr effektives Mittel sein, um auch komplexe Organisationen mit Veränderungsideen zu durchdringen.

Aber Vorsicht: Name und Symbolik sollte mit viel Fingerspitzengefühl auf das Unternehmen und seine Kultur abgestimmt sein. Man darf damit weder „zu kurz springen" noch „überverkaufen". In manchem Unternehmen sind tolle Projektnamen als Vehikel für Veränderungen bereits „verbrannt", weil sie als „Beschönigung" wahrgenommen wurden. Kommt es im Verlauf der Veränderung zu Konflikten, was sich oft gar nicht vermeiden lässt, werden Name und Symbol schnell mit negativen Begriffen und Assoziationen belegt. So kann aus dem Programm „Future 2020" im Verlauf „No-Future 2020" werden.

Spätestens hier zeigt sich, dass die Glaubwürdigkeit von Management-Entscheidungen am Ende davon abhängt, ob der versprochene Erfolg eintritt. Zeigt sich nach Abschluss des Programms „Future 2020", dass Unternehmen und Mitarbeiter sicher in die Zukunft gehen, dürfte der Spott-Name für das Projekt schnell vergessen sein.

Symbolik kann aber auch ganz andere Formen haben, hier einige Beispiele:

- Eine andere, bisher nicht genutzte Form der Mitarbeiterbeteiligung bei Planung und Umsetzung einer Veränderung.
- Ein neues Veranstaltungsformat, in dem das Topmanagement, unabhängig von Hierarchien, in kleinen Gruppen mit Mitarbeitern ins Gespräch kommt, um eine neue Führungskultur anfassbar zu machen – freundlich, wertschätzend und auf Augenhöhe.

- Die Einführung eines neuen, zeitgemäßen Mediums für interne Kommunikation, das mit einem Projekt zur Digitalisierung verknüpft wird und neue Formen des Dialogs ermöglicht.
- Einstellung kurzer emotionaler Videos aus dem gesamten Unternehmen im Intranet, in denen Mitarbeiter berichten, wie sie zum Gelingen der Veränderung beitragen und wie sie mit Schwierigkeiten umgehen.
- Kleine nette Gesten, wenn beispielsweise alle Mitarbeiter an dem Tag, an dem die neue Organisationsstruktur startet, ein sinnvolles Give-Away auf ihrem Tisch finden – passend zum Thema der Veränderung, verbunden mit einem motivierenden Gruß der Firmenleitung.

Symbolik in Veränderungen beschränkt sich also nicht auf tolle Projekttitel und schönes Design oder einen großen Kick-off-Event mit allen Mitarbeitern.

10.8.2 Dramaturgie entwickeln – die Mischung macht's

Es gibt unzählige Ideen und Möglichkeiten, die Veränderung auch auf emotionale Weise zu untermauern und wirkungsvolle Mitgestaltung zu initiieren. Im Rahmen der Konzeptentwicklung sind die passenden Maßnahmen zu entwickeln und in einer klaren Dramaturgie aufeinander abzustimmen – damit die Kommunikation zum Puls der Veränderung werden kann.

Um die Übersicht zu behalten, bietet es sich an, die Gesamtplanung grafisch aufzubereiten. Alle Maßnahmen werden kurz schriftlich erläutert und vertieft.

Ausgangspunkt ist normalerweise der bestehende Projektplan mit seinen festgelegten Meilensteinen. Auf die daraus resultierenden Projektphasen und die damit verbundenen Ereignisse abgestimmt, lassen sich für jede Phase generelle Ziele für die Kommunikation definieren.

Anschließend werden alle wichtigen Jahrestermine (z. B. Betriebsversammlungen, Management-Meetings), Urlaubszeiten und Parallelprojekte ergänzt. Bestehende Regelbesprechungen sind insofern zu berücksichtigen, da sie als Kommunikations- und Abstimmungstermine für das Projekt genutzt werden können. Damit lassen sich möglicherweise zusätzliche Besprechungstermine vermeiden.

Im Rahmen der ersten Gesamtplanung werden nun, soweit aus der Projektplanung erkennbar, die Kommunikationsschwerpunkte identifiziert und festgelegt. Was soll im Projektverlauf bis hier hin erarbeitet worden sein? Wen betreffen und wen interessieren die Ergebnisse? Und welche Kommunikationsziele sollen bis dahin erreicht sein?

Die Maßnahmen für die Kommunikationsschwerpunkte werden zielgruppenorientiert grob geplant und vorläufig terminiert. Welches Format macht Sinn (Mitarbeiter-Info-Veranstaltung, Info-Marktplatz, Team-Meeting, mediale Information …)? Wer ist der Absender? Wie werden die Maßnahmen zeitlich aufeinander abgestimmt? Und wer bereitet sie vor?

Sind die Meilensteine grob skizziert, werden die Maßnahmen festgelegt, die zwischen den Schwerpunkten erforderlich sind. Dazu gehören neben den klassischen „Status-Informationen“ zum Projekt insbesondere Maßnahmen, in denen Führungskräfte und Mitarbeiter strukturiert an der Planung und Umsetzung der Veränderung beteiligt werden. Hier liefert die Analyse der Stakeholder (Abschn. 10.7) und der Handlungsfelder wertvolle Informationen und Anregungen.

Auch die erwarteten emotionalen Phasen lassen sich in die Gesamtplanung einzeichnen. Einer wissenschaftlichen Überprüfung hält das natürlich nicht stand. Aber es erinnert daran, die Phasen geringer Produktivität und hoher Verunsicherung ernst zu nehmen und einzuplanen. Anlass genug, darüber nachzudenken, mit welchen Maßnahmen sich Führungskräfte und Mitarbeiter möglichst wirkungsvoll aus diesem Projekttief heraus begleiten lassen.

Führungskräfte und Mitarbeiter haben neben dem Veränderungsprojekt meist noch andere Themen auf dem Schreibtisch. Um es mit Informationen und Dialog nicht zu übertreiben, sollte Kommunikation nicht nur gut vorbereitet sondern auch gut dosiert werden. Bei der Planung ist es daher nützlich, die Kommunikationsintensität über das Projekt grob zu visualisieren (siehe Abb. 10.6).

Maßnahmen und Termine sind auf Plausibilität, Abhängigkeiten und Reihenfolge zu prüfen. Denn ein gut durchdachtes Timing ist ein wichtiger Erfolgsfaktor wirkungsvoller Kommunikation.

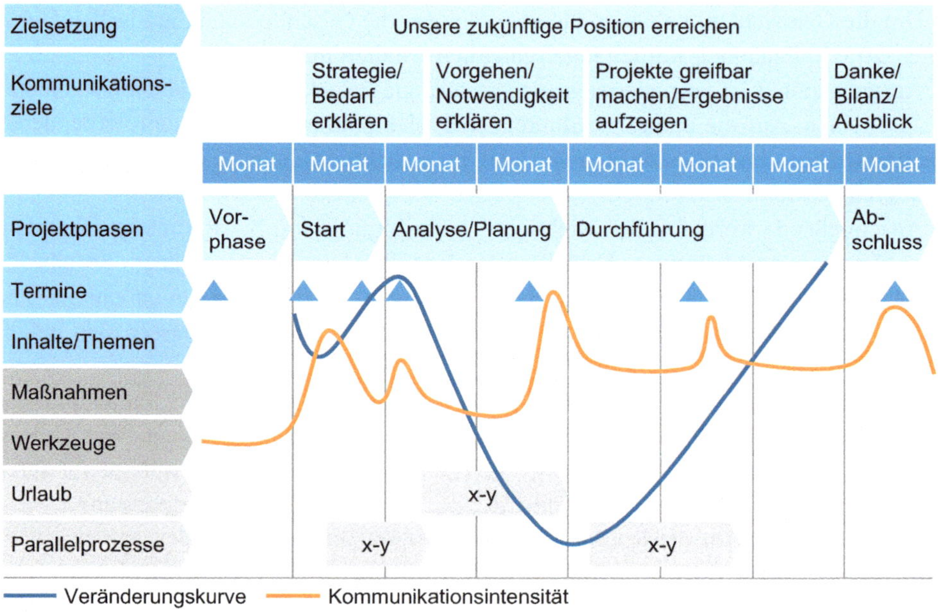

Abb. 10.6 Funktionsskizze „Visualisierung strategische Kommunikationsplanung“. (Stellwerk Executive Communication, 2016)

Da Veränderungsprojekte erfahrungsgemäß sehr dynamische Prozesse sind, wird der hier entstehende „Masterplan" gerade zu Beginn des Projektes nur ein erster Entwurf sein können. Oft lassen sich Inhalte und Formate auch erst konkret definieren, wenn man die Ergebnisse vorlaufender Arbeitsschritte kennt. Wie das Projekt, ist daher auch die Kommunikationsplanung kontinuierlicher Anpassung unterworfen.

Je greifbarer und operativer die Veränderung wird, desto wichtiger ist es, die entsprechenden Zielgruppen einzubeziehen. Bei Mitarbeitern, deren Aufgaben und Prozesse sich zum Beispiel verändern, ist eine regelmäßige, persönliche Kommunikation und eine partielle Beteiligung an der operativen Umsetzungsplanung Gold wert.

Im Verlauf des Projektes sollten aus „Informationsveranstaltungen" zunehmend „Mitmach-Veranstaltungen" werden. Das Ziel ist, gemeinsam und aktiv über die Auswirkungen der Veränderung auf das eigene Team nachzudenken, konkrete Vorschläge und Ideen für die Umsetzung zu entwickeln. Nach dem Motto: „Es könnte gehen wenn, …" statt „Es geht nicht, weil…".

Erkenntnisse und Ergebnisse dieser Mitmach-Veranstaltungen werden an das Projektteam und das Topmanagement weitergegeben, die damit natürlich wichtige Informationen über den Verlauf der Veränderung erhalten und ggf. entsprechend reagieren können. Ebenso wichtig: Dieses Wissen sollte in komprimierter und zielgruppengerechter Form auch an andere wichtige Stakeholder kommuniziert werden.

In nachfolgende Schritte des Veränderungsprojektes sollten Ergebnisse und Vorschläge aus den Mitmach-Veranstaltungen unbedingt und sichtbar wieder einfließen. Haben Mitarbeiter den Eindruck, sie haben sich ganz umsonst viele kreative Gedanken gemacht, werden sie ihr Engagement reduzieren. Finden sie Teile ihrer Arbeit wieder, werden sie es als Beleg werten, dass Mitgestalten erwünscht und auch möglich ist.

10.8.3 Erfolg sichtbar machen – Kommunikation breit aufstellen – Risiken ehrlich benennen

Je länger ein Projekt läuft, desto öfter sollten neben Topmanagement und Projektleitung auch andere Führungskräfte und Mitarbeiter in der Kommunikation sichtbar werden. Originalaussagen von Führungskräften und Mitarbeitern, die aktiv im Projekte mitarbeiten, erhöhen die Glaubwürdigkeit der Aussagen (Testimonials). Dabei ist es wichtig, dass ihre Aussagen authentisch sind. Sie dürfen durchaus auch Probleme, Zweifel und Schwierigkeiten ansprechen – wenn möglich gleich verbunden mit konkreten Lösungsansätzen.

Erste Erfolge sind ein wichtiger Beleg dafür, dass es „gehen könnte" und es sich offenbar lohnt, die Veränderung auszuprobieren. Die Erfolge sollten von den Kommunikationsverantwortlichen aktiv gesucht und offensiv in die Unternehmens-Öffentlichkeit getragen werden.

Von Anfang an ist es für wirkungsvolle Projektkommunikation entscheidend, möglichst weit voraus zu denken, Entwicklungen und Risiken zu antizipieren und in der

Planung zu berücksichtigen. Es ist sehr gefährlich, konkrete Risiken abzuschwächen, schön zu reden oder zu ignorieren.

Auch mit der Verbreitung von konkreten Zahlen, Organigrammen, fixen Terminen oder konkreten Zusagen sollte man in frühen Projektphasen vorsichtig sein. Es gilt: Lieber wenige verlässliche Fakten kommunizieren und weniger versprechen, als im Projektverlauf ständig zurückzurudern.

Kommunikation in Veränderungen ist eine Gratwanderung zwischen dem Ansatz, offen und zeitnah zu informieren und dem Risiko, sich mit einer Aussage zu weit aus dem Fenster zu lehnen. Eine intensive Diskussion zwischen Verantwortlichen und Fachleuten über die Glaubwürdigkeit bestimmter Aussagen zur künftigen Entwicklung auch im weiteren Verlauf, ist immer gut investierte Zeit.

10.8.4 Fatale Fehler vermeiden

Bei der Umsetzung eines ganzheitlichen Kommunikationskonzeptes ist entscheidend, diszipliniert vorzugehen! Folgende Fehler, die häufig gerade von Führungskräften gemacht werden, sind FATAL.

- **F**estgelegte Botschaften unabgestimmt zu verändern
- **A**ufzugeben oder zu früh aufzuhören
- **T**iming und Planungen nicht einzuhalten
- **A**uf Wiederholungen zu verzichten
- **L**aufende Maßnahmen zu verwässern

Festgelegte Botschaften unabgestimmt zu verändern
Bei richtiger Vorarbeit sind alle Botschaften aufeinander abgestimmt und folgen einer klar definierten Dramaturgie. Wer dieses Gleichgewicht durch anderslautende Inhalte stört, riskiert ein Durcheinander. Im schlimmsten Fall führt das sogar zur Unglaubwürdigkeit der gesamten Kommunikation.

Aufzugeben oder zu früh aufzuhören
Wer etwas bewirken und eventuell sogar Verhaltensänderungen herbeiführen will, braucht Zeit und Durchhaltevermögen. Blockaden, Rückschläge und Unverständnis sind keine Gründe, aufzugeben. Ebenso gefährlich ist es, einfach aufzuhören, weil alles läuft. Nur wer sendet, wird auch gehört.

Timing und Konzepte nicht einzuhalten
Zeitpläne und Konzepte sind das Rückgrat der Kommunikation. Mal „eben schnell" etwas zu streichen oder abzuändern, kann ein komplettes Konzept ins Wanken bringen. Erforderliche Änderungen werden mit Augenmaß und Blick auf das Gesamtkonzept eingebracht und überprüft.

Auf Wiederholungen zu verzichten
Wenn Führungskräfte die eigene Botschaft nicht mehr hören wollen, dann sind die Inhalte trotzdem oft noch nicht bei allen Mitarbeitern angekommen. Wer meint, einmal erklären muss reichen, der springt zu kurz. Wirkungsvolle Kommunikation lebt von Wiederholungen.

Laufende Maßnahmen zu verwässern
Vielleicht holpert der Start oder im Verlauf wird eine neue, gute Kommunikationsidee geboren – an dieser Stelle ist es richtig, die laufende Kommunikation zu überprüfen und ggf. nachzusteuern.

Doch das sollte sehr überlegt geschehen. Spontan auf neue Ideen umzuschwenken, eine Maßnahmen „drauf zu setzen" oder etwas wegzulassen, ohne die möglichen Auswirkungen abzuwägen, kann die Kommunikation schnell verwässern. Dadurch werden die vorab gesteckten Ziele gefährdet.

10.9 Umsetzung Erstkommunikation – Fleißarbeit zahlt sich aus

Der Vorbereitung der ersten offiziellen Information zum Start eines relevanten Veränderungsprojektes sollte ganz besondere Aufmerksamkeit zukommen. Denn mit diesem „Projektstart" erfahren die unterschiedlichen Interessengruppen zum ersten Mal davon. Mit der ersten Information zum Start eines Veränderungsprojektes werden inhaltliche und emotionale Impulse gesetzt, die sich nachhaltig auf den Projektverlauf auswirken können.

Schon die Wahl des Zeitpunkts ist entscheidend – und schwer. Kommt die Information zu spät, werden erste Gerüchte zum Projekt bereits über den Flurfunk verbreitet. Management und Projektleitung kommen dann mit ihren Argumenten aus der Defensive – und müssen eventuell erst einmal falsche Aussagen und Einschätzungen „aus dem Weg räumen". Doch auch ein „Schnellschuss" verbietet sich. Es braucht einfach etwas Zeit, um alle Informationen zu sammeln und auszuwerten, die für eine fundierte Erstkommunikation erforderlich sind.

Damit sich niemand unzureichend oder zu spät informiert fühlt, empfiehlt es sich, die Erstkommunikation generalstabsmäßig zu planen und umzusetzen. Eine Fleißarbeit, die sich auszahlt. Wird dieser Termin nämlich „verstolpert" muss anschließend von Management und Projektleitung erfahrungsgemäß viel Zeit und Geduld investiert werden, um verlorenes Vertrauen wieder herzustellen.

Dieser Abschnitt beschreibt exemplarisch die entscheidenden Phasen von der Vorbereitung bis zum Nachgespräch.

Die Erstkommunikation lässt sich grob in vier Phasen einteilen:

1. Vertrauliche Vorbereitung
2. Vertrauliche Vorkommunikation
3. Offizielle Erstkommunikation
4. Nachgespräche

Ausgangspunkt für die Planung ist der Tag, an dem die offizielle Erstkommunikation an die Mitarbeiter und andere, externe Stakeholder wie Presse, Kunden oder Lieferanten erfolgen soll (Phase 3). Danach sind für verschiedene Stakeholder Termine und ausreichend Zeit für weitere Nachbesprechungen einzustellen (Phase 4). Sind diese Termine und Maßnahmen grob festgelegt, wird rückwärts geplant. Wer muss in einer vertraulichen Vorabkommunikation (Phase 2) frühzeitig informiert werden? Und wer bereitet alle geplanten Maßnahmen operativ vor und ist daher noch früher ins Vertrauen zu ziehen (Phase 1)?

Die hier vorgestellte Methodik kann entsprechend auch zur Vorbereitung weiterer großer Kommunikationsmeilensteine im Projektverlauf genutzt werden, auch wenn diese möglicherweise nicht ein so hohes Maß an Vertraulichkeit erfordern.

10.9.1 Zuerst offizielle Erstkommunikation planen

Im Zentrum steht die Information der Mitarbeiter. Dabei sind viele Faktoren zu berücksichtigen, die Einfluss auf die Wahl des Termins haben. Generell raten wir, von einem Freitag oder dem Tag vor einem Feiertag abzusehen. Denn hier entfällt die Möglichkeit, dass die Mitarbeiter am Folgetag, nachdem sie eine Nacht über die Information geschlafen haben, mit ihren Führungskräften über Fragen und Sorgen sprechen können.

Steht der Termin, wird der Tag der Erstkommunikation entsprechend der Stakeholder-Analyse durchgeplant. Kern jeder guten Veränderungskommunikation ist die persönliche Ansprache und Information über die Führungskräfte – begleitet von passenden Medien.

Nachfolgend ausgewählte Fragen, die zu klären sind:

- Kann und soll die Erstkommunikation in einer gemeinsamen Veranstaltung für alle Mitarbeiter stattfinden? Ist das räumlich möglich?
- Wie erreichen wir Mitarbeiter in verschiedenen Standorten (Video-Konferenz? Zeitgleiche Information durch unterschiedliche Topmanager)?
- Wie erreichen wir Mitarbeiter im Schichtdienst (Veranstaltung im Schichtwechsel und Sonderveranstaltung für die Nachtschicht)?
- Wer wird die Mitarbeiter informieren?
- Welche Aussagen stehen im Fokus?
- Welche Medien sollen eingesetzt werden? Manchmal kann es hier sehr wirkungsvoll sein, durch einen bewussten Bruch in der Medienwahl kulturelle Veränderungen sichtbar zu machen. Werden die Pläne den Mitarbeitern nur mündlich vorgestellt oder gibt es anschließend einen Newsletter, in dem die wichtigsten Punkte nachgelesen werden können?
- Verteilung per E-Mail, über die neue „social colaboration platform“ oder mit dem klassischen Aushang? Wenn zum Beispiel in der Produktion kaum PCs genutzt werden, ist der Aushang sicherlich auch heute noch ein adäquater Weg, um die Mitarbeiter zu erreichen.

Neben der Organisation der direkten Mitarbeiterinformation werden Termine zur Information der Medien, zum Versand von Pressemeldungen, Ansprache von Kunden oder Lieferanten, Information nicht direkt betroffener Unternehmensbereiche, z. B. Tochtergesellschaften im Ausland usw. geplant.

Die interne und die externe Kommunikation gehen dabei stets Hand in Hand. Die zu wählenden Formate und Kanäle werden sich jedoch unterscheiden, um den unterschiedlichen Adressatengruppen gerecht zu werden.

Alle Kommunikationsmaßnahmen werden in einem Ablaufplan erfasst. Dazu werden die geplanten Maßnahmen, Werkzeuge und Verantwortliche festgelegt und terminiert.

10.9.2 Von Anfang an mit planen: persönliche Nachgespräche, um erste Zweifel und Sorgen abzufangen

Die Information, dass ein Veränderungsprojekt startet, wirft insbesondere bei den Betroffenen viele Fragen auf. Diese lassen sich auch mit einer noch so gut gemachten Mitarbeiterinformation nicht alle beantworten. Dazu sind sie viel zu oft individuell.

Es hat sich bewährt, dass sich alle Führungskräfte, in deren Bereich sich etwas verändert, spätestens für den Folgetag ausreichend Zeit im Kalender freihalten, um mit ihren Mitarbeitern zu sprechen. Entweder in extra einberufenen Abteilungsrunden, im „Management by walking around“ oder in individuell vereinbarten Gesprächsterminen.

Und auch in anderen Bereichen, so zum Beispiel im Vertrieb, sollten entsprechend Kapazitäten freigehalten werden, falls die angekündigte Veränderung Rückfragen bei Kunden auslösen könnte.

10.9.3 Erstinformation steht: jetzt vertrauliche Vorkommunikation durchdenken

Ist der Termin für die offizielle Erstinformation und die Nachgespräche geklärt, wird rückwärts geplant. Wer muss vorab informiert werden?

Damit die Führungskräfte ihre Kommunikationsaufgabe wahrnehmen und Fragen ihrer Mitarbeiter glaubwürdig beantworten können, ist es wichtig, ihnen einen „Informationsvorsprung“ zu geben. In börsennotierten Unternehmen ist das eine besondere Herausforderung, da hier oftmals strenge rechtliche Vorgaben zu berücksichtigen sind. Gelten diese nicht, kann die Vorabinformation der Führungskräfte durchaus auch mit ein oder zwei Tagen Vorlauf erfolgen – vorausgesetzt, man kann sich darauf verlassen, dass die Vorabinformation in diesem Zeitfenster vertraulich behandelt wird.

In vielen Unternehmen ist es üblich, die erste Ebene unter Geschäftsleitung oder Vorstand ggf. schon früher einzubinden, um deren Feedback auf Change Story, Kernbotschaften und Kommunikationsplan einzuholen und diese bei Bedarf noch einzuarbeiten. Wir haben mit diesem Vorgehen bei entsprechender Unternehmenskultur gute Erfahrungen gemacht.

Generell gilt: Führungskräfte und Mitarbeiter, die persönlich von der Veränderung betroffen sind, sollten in vertraulichen Vorgesprächen vorher informiert werden. Es gibt Szenarien, in denen das nicht möglich ist. Hier sind andere Vorgehensweisen zu entwickeln.

Viele Veränderungen sind mitbestimmungspflichtig. Unabhängig davon ist zu klären, wann und wie der Betriebsrat informiert oder eingebunden wird. Bei dieser Entscheidung spielt oft das Verhältnis zwischen Geschäftsleitung und Betriebsrat eine entscheidende Rolle.

Je nach Bedeutung der Veränderung gibt es weitere Stakeholder, die möglicherweise vorab informiert werden sollten. Hausbank, Schlüsselkunden, regionale Politik, Eigentümer-Familie und viele andere sind denkbar. Stakeholder-Analyse und Handlungsfelder geben hier wichtige Hinweise für die Planung (siehe Abschn. 10.7 „Stakeholder kennen und einschätzen").

10.9.4 Vertrauliche Vorbereitung – damit die Erstkommunikation glatt läuft

Sobald der Plan für die Erstkommunikation steht, ist zu klären, wer die operative Vorbereitung übernimmt. Und die sollte nicht unterschätzt werden. Wer schreibt und versendet wann und mit welchem Wortlaut die Einladungen zur Mitarbeiter-Info-Veranstaltung oder zum Führungskräfte-Briefing? Wer bucht die erforderlichen Räume und organisiert die Technik? Wer bereitet die Pressemeldung vor, wer das Handout mit Kernbotschaften und Change Story für die Führungskräfte? Wer kümmert sich um die Übersetzung der Dokumente für die Manager der Tochtergesellschaften? Und wer stellt die Informationen wann ins Intranet ein? Eine gründliche Planung sorgt auch in diesem Punkt dafür, dass nichts vergessen wird und es keine unliebsamen Überraschungen gibt.

Denn alles, was nicht richtig läuft, kann im schlimmsten Fall als Botschaft interpretiert werden.

10.10 Digital, gedruckt, persönlich – die Erwartungen an den richtigen Informations-Mix sind hoch

Im Zeitalter der digitalen Medien hat sich die Zahl an Mitteln und Wegen drastisch erhöht, durch die Veränderungen kommuniziert werden können und auch müssen. Führungskräfte und Mitarbeiter sind es im Privatleben längst gewohnt, sich über eine Vielzahl von Kanälen wie z. B. Facebook, WhatsApp, Instagram oder Forumsfunktionen der Online-Medien zu informieren, Termine abzustimmen, Meinungen auszutauschen, das Privatleben zu managen. Und die Erwartung an den eigenen Arbeitgeber steigt, eine vergleichbare Kommunikationsvielfalt anzubieten – vor allem für relevante Unternehmens-Themen wie anstehende Veränderungen – individuell verfügbar, möglichst auf die eignen Interessen angepasst und dem Konsumverhalten entsprechend. Führungskräfte werden ihre Schlüsselrolle als „Kommunikationskanal" heute daher ohne mediale Unterstützung nur schwer ausfüllen können.

Eine mediale Aufbereitung wichtiger Informationen bietet den Mitarbeitern die Chance, Informationen aus dem persönlichen Dialog „schwarz auf weiß" nachzulesen, sie in Ruhe einzuordnen – und ggf. noch einmal nachzufragen. Im persönlichen Gespräch, per E-Mail oder über digitale Dialog-Plattformen des Unternehmens.

Ein weiterer Grund, warum gerade in Veränderungsprozessen die persönliche Kommunikation in der Führungskaskade in einem passenden Medien-Mix flankiert werden sollte: Nicht alle Mitarbeiter sind zum Stichtag zu erreichen (Schichtarbeit, Urlaub, Home-Office, Außendienst oder Krankheit). In dringenden Fällen ist hier übrigens auch das Telefongespräch als persönliches Kommunikationsinstrument eine Alternative.

Für die Medien-Planung ist entscheidend, welche Kommunikationsgewohnheiten im Unternehmen ausgeprägt sind und mit welchen Medien sich welche Zielgruppen erreichen lassen. Der Trend ist dabei eindeutig: Digitale Medien ergänzen zunehmend den gedruckten Aushang oder die Mitarbeiter-Zeitschrift – und werden sie auf lange Sicht wohl ersetzen. Viele Unternehmen „fremdeln" heute noch mit offenen Blogs oder der Möglichkeit, dass Mitarbeiter kurze Videos einstellen können. Die „Youtube-isierung" der Welt wird oft mit der Verflachung von Information gleichgesetzt. Und es ist sicher nicht wünschenswert, dass Mitarbeiter das Intranet mit Berichten aus der Kantine fluten. Doch mit kurzen Videos, die zu interessanten Themen die wichtigsten Informationen anschaulich zusammenfassen, lassen sich viele Menschen erreichen. Man kann wohl davon ausgehen, dass von 3000 Menschen, die ein kurzes Statement des CFO zu den wichtigsten Ergebnissen des Geschäftsjahres anklicken, nur die wenigsten den Geschäftsbericht lesen werden. So haben sie wenigstens die entscheidenden Botschaften zum Thema gehört.

Diese mediale Vielfalt – mit einer entsprechenden „Netiquette" – im eigenen Unternehmen für den schnellen Austausch zu nutzen, ist also Chance und Herausforderung zugleich. Gerade im Rahmen wichtiger Veränderungsprozesse kann es sinnvoll sein, die mediale Infrastruktur im Unternehmen zu überprüfen und ggf. weiterzuentwickeln. Die Nutzung neuer Kanäle erleichtert es unter anderem, bestimmte Gruppen besser und zielgerichtet zu erreichen und Informationen einfacher verfügbar zu machen. Sie kann auch ein wichtiges Aufbruchs- oder Veränderungssymbol sein.

Doch in dem Augenblick, in dem es um wirklich relevante Themen geht, Themen, die einzelne Menschen und bestimmte Interessengruppen persönlich betreffen, kommt eine ausschließlich digitale Kommunikation schnell an ihre Grenzen: Gerade hier ist der persönliche Dialog als Führungs- und Managementinstrument unerlässlich. Auch im Zeitalter der Digitalisierung schafft insbesondere die ergänzende unmittelbare Kommunikation Vertrauen, durch Glaubwürdigkeit, Transparenz und Klarheit. Vorausgesetzt, sie ist ehrlich und verständlich, erfolgt zeitnah und ist konsistent, ein strukturierter Dialog über alle Hierarchiestufen hinweg.

Die Qualität der Information über die Kommunikationskaskade hängt daher sehr von der jeweiligen Führungskraft ab. Oft wird die Vermittlerfunktion nicht ernst genug genommen. Vielen Führungskräften fehlt schlicht das Handwerkszeug, schwierige Botschaften verständlich und glaubwürdig an die eigenen Mitarbeiter zu vermitteln. Und nicht selten wird Nicht- bzw. Fehlkommunikation auch bewusst eingesetzt, um unbequemen Gesprächen aus dem Weg zu gehen, die Veränderung zu unterlaufen oder sie zumindest im eigenen Sinne „mitzugestalten".

Die Präsenz des eigenen Chefs kann unter diesen Voraussetzungen in schwierigen Phasen für viele Führungskräfte eine wichtige Unterstützung sein, um auch unangenehme

Botschaften zu vermitteln. Die Mitarbeiter haben die Chance, wichtige Aussagen der Unternehmensführung „aus erster Hand“ zu hören. Gleichzeitig reduziert sich die inhaltliche „Gestaltungsfreiheit“ der Führungskräfte, es wird schwieriger, mit einem Thema „Politik zu machen“.

Der persönliche Dialog vermindert grundsätzlich die Gefahr der Fehlinterpretation und deren Weiterverbreitung. „Stirnrunzeln“ wird gesehen, Nachfragen werden beantwortet und Missverständnisse werden ausgeräumt – und zwar zeitnah und glaubwürdig. Gute Kommunikation in diesem Sinne schafft Sicherheit für Führungskräfte und Mitarbeiter. Eine ausgeprägte Kommunikationskompetenz der Führungskräfte in allen Hierarchieebenen ist eine grundlegende Voraussetzung für schnelle Veränderungsfähigkeit – und damit für eine erfolgreiche Unternehmensentwicklung.

10.11 Mitarbeiterbefragung als Planungshilfe – sie macht Stärken, Schwächen und Risiken sichtbar

Feedback zum Veränderungs- und Kommunikationsprozess ist von Beginn an wichtig. Werden die Botschaften verstanden? Welche wichtigen Fragen, sind unbedingt zu beantworten? Wo sind Missverständnisse oder gar kritische Strömungen entstanden? Wo läuft es gut, wo nicht und warum? Hier sind natürlich auch die Führungskräfte gefordert, denn sie bekommen im direkten Dialog im Alltag mit, „wo der Schuh drückt“.

Als Ausgangspunkt für einen umsichtig geplanten Veränderungsprozess bietet sich eine Mitarbeiterbefragung an. Diese sogenannte Null-Messung erlaubt es, bereits in einem ganz frühen Stadium der Veränderung, die Perspektiven von Mitarbeitern und Führungskräften auf die Veränderungen, ihre Wünsche und Befürchtungen in die Kommunikationsplanung einzubeziehen. Zudem fühlen sich die befragten Führungskräfte und Mitarbeiter mit ihrer Meinung wertgeschätzt und eingeladen, sich in den Veränderungsprozess einzubringen. Die Partizipation sichert die Motivation und damit auch den Erfolg.

Im Umkehrschluss bedeutet das auch: Die Ergebnisse, mögen sie aus Sicht der Führung noch so schmerzhaft sein, müssen zeitnah veröffentlicht werden. Schwierigkeiten, die durch die Befragung transparent werden, dürfen nicht verschwiegen werden. Wichtig ist vielmehr offen und offensiv mit ihnen umzugehen. Sicher ist: Im Flurfunk wird auch ohne aktive Projektkommunikation bald darüber diskutiert. Der Vorteil einer anonymisierten Mitarbeiterbefragung besteht ja gerade darin, dass auch kritische Rückmeldungen transparent werden und sich somit konstruktiv bearbeiten lassen. Zudem wird – quasi als vertrauensbildende Maßnahme – sichtbar, dass man im Projektverlauf aus Fehlern lernt und die nötigen Konsequenzen zieht. In agilen Prozessen gehört dieses Vorgehen ohnehin dazu, es liefert die Voraussetzung für iterative Anpassungen. Kennen die Kommunikatoren Sorgen und Kritik, ist es einfacher, darauf zu reagieren – kommunikativ und bei Bedarf durch Maßnahmen im Veränderungsprozess.

Laufen Veränderungsprojekte über viele Monate, so ist es sinnvoll, weitere Befragungen einzubauen. Damit bekommen die Verantwortlichen ein gutes Bild, wo es im Projekt rund läuft und wo nachgesteuert werden muss.

So zeigt beispielsweise der Praxisfall in Abb. 10.7 auf, dass zwar alle Mitarbeiter nach der 2. Kommunikationsrunde ein besseres Verständnis über die neue Strategie und mehr Klarheit darüber gewonnen haben, was konkret ihr Beitrag zur Umsetzung ist. Die Mitarbeiter im Vertrieb müssen allerdings noch vom Erfolg der neuen Strategie überzeugt werden. Und wie in Abschn. 6.2 „Veränderungsbereitschaft" dargelegt wurde, kann dieses mangelnde Zutrauen in den Erfolg zu Veränderungsblockaden führen.

Diese Transparenz bietet die Chance, kommunikativ ganz gezielt auf Kritik, Bedürfnisse oder Befürchtungen zu reagieren und bei Bedarf im Topmanagement und im verantwortlichen Projektteam erforderliche inhaltliche Korrekturen oder Ergänzungen

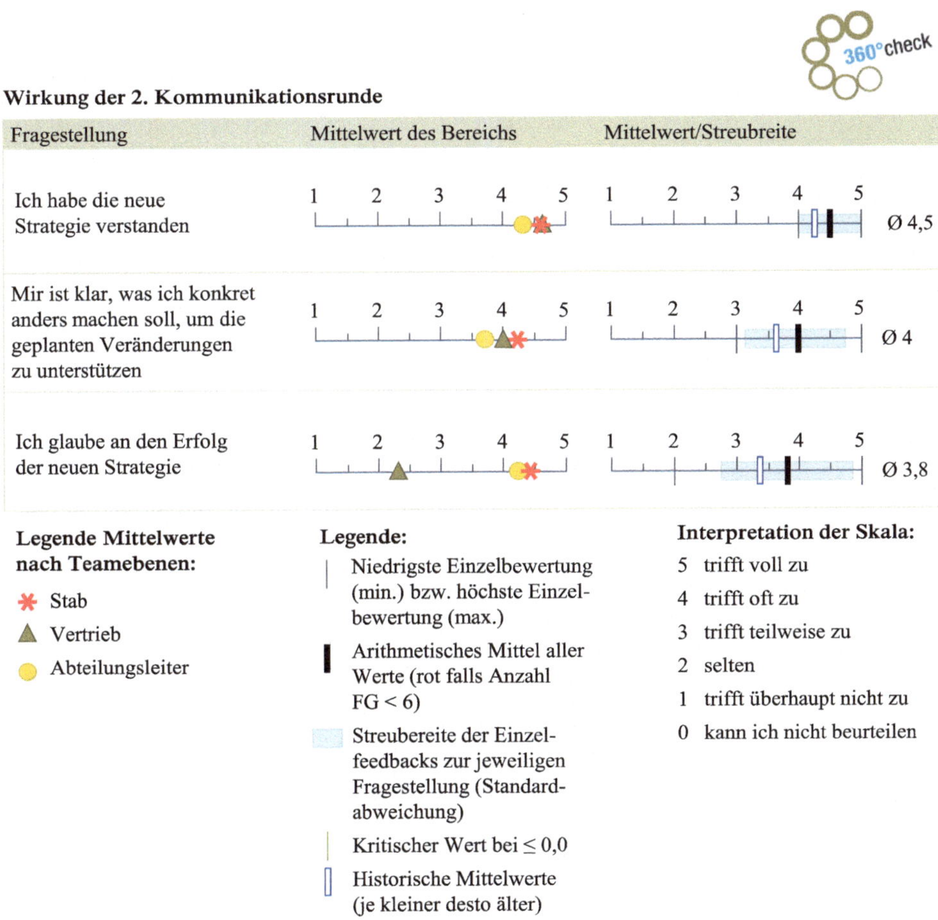

Abb. 10.7 Wirkung der 2. Kommunikationsrunde

vorzunehmen. Daneben bietet diese Transparenz die Basis dafür, dass Führungskräfte wichtige Punkte direkt im persönlichen Gespräch in ihren Teams ansprechen und bearbeiten können.

Neben dieser Befragung zu generellen Veränderungsblockaden empfiehlt sich aufgrund der Schlüsselrolle von Führungskräften in der Veränderungskommunikation, eine direkte Rückmeldung an die Führungskräfte zu ihrem Kommunikationsverhalten: Was wirkt unterstützend? Wo werden den Veränderungserfolg gefährdende Schwächen sichtbar? Hierzu wurde in Abschn. 6.6.4 bereits das 360°-Feedback als wichtiges Instrument vorgestellt. In Abb. 10.8 ist ein Praxisfall dargestellt, in dem eine Führungskraft zwar

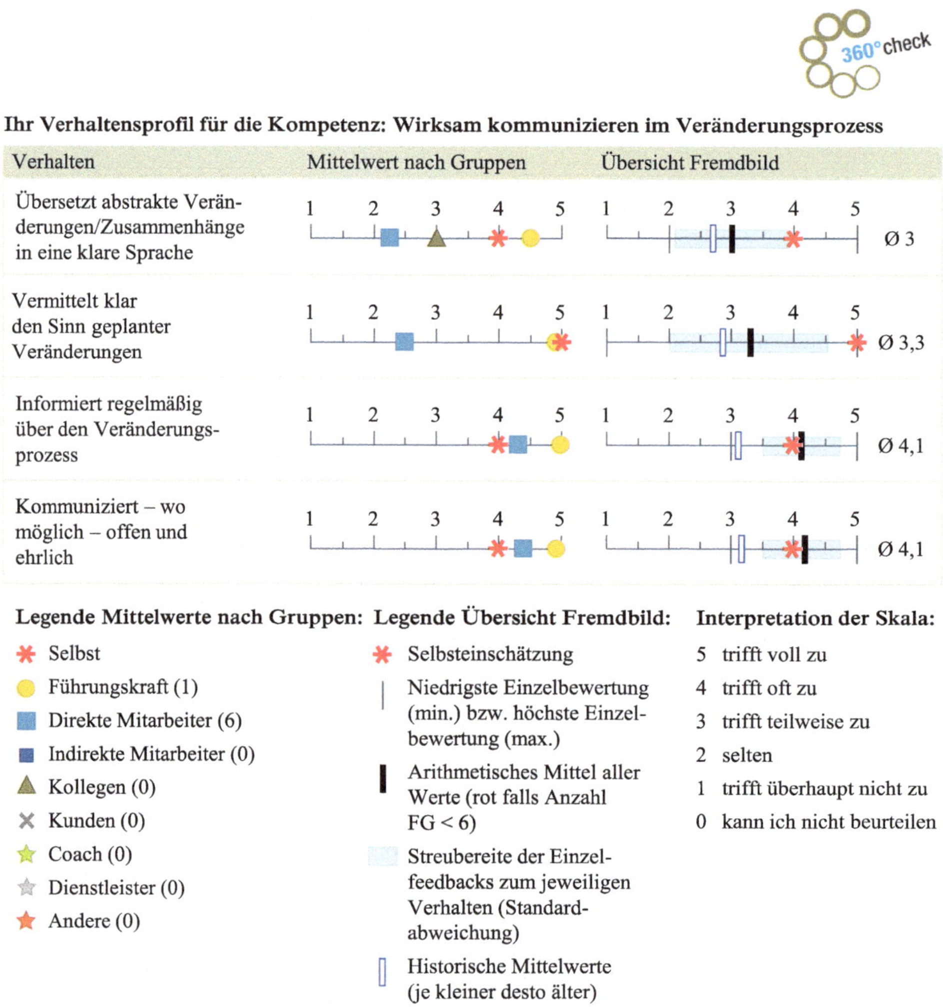

Abb. 10.8 Rückmeldung zur Kommunikationskompetenz: Praxisfall Verhaltensprofil „Wirksam kommunizieren im Veränderungsprozess“

vorbildlich regelmäßig und offen im Veränderungsprozess kommuniziert, es ihr aber nicht gelingt, die Inhalte klar zu vermitteln.

Mit einer solchen differenzierten Rückmeldung zu den Kommunikationskompetenzen von Führungskräften lassen sich ganz gezielte und effiziente Entwicklungsmaßnahmen aufsetzen und unnötige Informationsverluste in der Kommunikationskaskade vermeiden.

In vielen Unternehmen ist der offene, kritisch-konstruktive Dialog mit Führungskräften noch nicht selbstverständlich. Doch gerade in diesem Feedback steckt viel Potenzial. Ideen, Vorschläge, Kritik und Sorgen aus der Organisation zu kennen und auszuwerten, sollten sich Unternehmensführung sowie die Personal- und die Organisationsentwicklung nicht entgehen lassen. Organisationen, denen es gelingt, eine konstruktive Feedback- und Fehlerkultur zu etablieren, erhöhen ihre Veränderungsfähigkeit deutlich.

10.12 Digitalisierung erhöht massiv Anforderungen an Kommunikation

im Rahmen von Digitalisierung und Industrie 4.0 verändern sich Anforderungen an Unternehmen radikal (vgl. Abschn. 10.1.9), weil Prozesse wie Produktentwicklung oder Produktion innerhalb digitalisierter Wertschöpfungsketten Abteilungsstrukturen und sogar die Firmengrenzen überschreiten. Damit wird noch unklarer, was genau der organisatorische Rahmen ist, wo genau die Grenze der Organisation verläuft. Das hat auch gravierende Auswirkungen auf Kommunikation als Management-Instrument. Denn der wirtschaftliche Erfolg in diesen Themenfeldern erfordert, dass Menschen zunehmend auf Projektbasis und in komplexen Netzwerken eigenverantwortlich zusammenarbeiten: Routinen ersetzen Prozesse (siehe Abschn. 2.2). Gleichzeitig bilden sich klassische, hierarchische Strukturen zurück, die bisher normative Sicherheit und Orientierung gegeben haben.

10.12.1 Sicherheit durch Vertrauen in das gemeinsame Gestalten – ohne Kommunikation nicht denkbar

In Projekten und Netzwerken bereichsübergreifend Lösungen zu entwickeln, Wissen, Erfahrung und Technologie zu vernetzen und Entscheidungen zu treffen erfordert ein hohes Maß an Beweglichkeit – besonders im Kopf der Beteiligten. Und klare Leitplanken, innerhalb derer man kreativ und zielorientiert arbeiten kann. Dabei sind diese Strukturen und Projektteams in der Regel temporär, finden sich aufgabenorientiert zusammen. Vormals stabile, Sicherheit stiftenden Strukturen (Stichwort: Organigramm) werden also höchst veränderlich und geben kaum mehr Orientierung oder Sicherheit.

Das kann bei vielen Menschen Verunsicherung auslösen. Um diese Unsicherheit ein Stück weit zu absorbieren, ein Substitut für verloren gegangene, strukturelle Sicherheit anzubieten, müssen gemeinsame Werte und Normen das Vertrauen in Unternehmen und Führung sichern. Persönliche Kommunikation bekommt daher einen nicht zu unterschätzenden Stellenwert.

Damit bestimmt die Kongruenz von Wort und Tat über die Verlässlichkeit der Kultur, das Vertrauen in den Rahmen von Werten und Normen. Das Risiko: Vertrauen lässt sich – anders als ein struktureller Ordnungsrahmen – mit einem Satz, einer Entscheidung schwächen oder sogar zerstören.

In der Kommunikation gilt es daher, nicht nur Verständnis für die Zusammenhänge zu vermitteln, sondern auch eine offene, wertschätzende und von Vertrauen geprägte Unternehmenskultur zu sichern. Einen Umgang miteinander, der auf Vertrauen und Austausch von Wissen basiert, nicht auf Macht durch Wissen, eine Kultur, in der man Erfahrungen macht und aus Fehler lernt.

▶ Kommunikation prägt Kultur – Kommunikation braucht Kultur.

Im komplexen Umfeld stoßen klassische Planungsmethoden ebenso an ihre Grenzen wie starre Strukturen, rigide Prozesse und hierarchische Entscheidungswege. Sie sind für die notwendigen kompetenz- und abteilungsübergreifenden Antworten auf die Anforderungen unserer Zeit zu langsam und unbeweglich. Entsprechend müssen auch Kommunikationsabläufe auf die erhöhten Anforderungen zur Reaktionsgeschwindigkeit angepasst werden.

Das ist nur möglich, wenn operationelle und strategische Entscheidungen auch dezentral in den direkt betroffenen organisatorischen Teileinheiten getroffen und umgesetzt werden. Die Unternehmenszentrale sollte sich währenddessen auf die Aufgaben des „normativen Management“ konzentrieren (vgl. St. Gallener Management-Modell [11]): Das Formulieren der unternehmerischen Stoßrichtung sowie der leitenden Werte, Normen und Ideale eines Unternehmens[3]. Idealerweise entsteht dabei etwas, dass das strategische Leitbild für alle leicht verständlich und damit gut umsetzbar macht: „Strategy as a game of simple rules“ [12]. Denn nur das sichert die strategische Kongruenz, die strategische Ausrichtung dezentraler Einzelaktivitäten hin auf ein gemeinsames Ziel („strategic alignment“).

Daher ist es entscheidend für den Unternehmenserfolg, dass diese Leitlinien der Strategie richtig verstanden und konkret umgesetzt werden können. Das lässt sich nicht über eine Frontalpräsentation oder das Verteilen von Handouts erreichen. Führungskräfte und Mitarbeiter brauchen Zeit und die passenden Formate, um sich mit den Leitlinien auseinanderzusetzen – und diese für den eigenen Aufgabenbereich zu übersetzen. Um dabei die zur Agilität notwendigen Lern- und Anpassungsprozesse auszubilden, sind Feedbackschleifen und Dialogforen auf unterschiedlichen Ebenen als dauerhafte Kommunikationsplattformen erforderlich. Und die Bereitschaft des Topmanagements, sich immer wieder den Diskussionen dazu zu stellen und Kritik, gute Vorschläge und dezentrale Entwicklungen aufzunehmen.

Digitale Medien und künstliche Intelligenz der Mensch-Maschine-Schnittstelle werden diese komplexen Anforderungen an vertrauensbildende Kommunikation nicht ersetzen

[3]Dazu zählen auch: Unternehmensethische Bestimmungen (Code of Conduct), Kommunikations- und Führungsstile sowie die Prinzipien, anhand derer sich ein Unternehmen entwickelt.

können. Denn echte Wertschöpfung steckt im Zeitalter der Digitalisierung nicht in Technologien oder Systemen sondern in Kopf und Engagement der Menschen in einem Unternehmen. Diese gilt es persönlich „mitzunehmen".

10.12.2 Übergreifende agile Teams – situative, professionelle Kommunikation

Der Anspruch an Kommunikation steigt also weiter, wenn Projektteams abteilungsübergreifend mit einem agilen Ansatz arbeiten. Was in der Software-Entwicklung schon lange geübte Praxis ist, wird zunehmend auch für Produktentwicklung und Organisationsentwicklungsprojekte genutzt (vgl. Abschn. 3.1). Agile Teams arbeiten temporär zusammen: transparent und vertrauensvoll, unabhängig von Abteilungsgrenzen, hierarchischen Funktionen oder standardisierten Prozessen. Die damit verbundenen, speziellen Herausforderungen für die Kommunikation sind vielschichtig und betreffen das Topmanagement wie auch die Projektleiter.

10.12.2.1 Handwerkszeug kennen – ausreichend Zeit nehmen

Auch bei agilen Teams baut erfolgreiche Kommunikation auf die bereits bekannten Grundlagen auf: Kernbotschaften, eine Stakeholder-Analyse und ein durchdachter Plan für die Startphase sind grundlegende Voraussetzungen.

Wichtig ist, dass die Verantwortlichen über das nötige Handwerkszeug und ausreichend Zeit für die persönliche Kommunikation verfügen. Die Startphase agiler Teams ist erfahrungsgemäß besonders kommunikationsintensiv. Projektleiter berichteten uns von bis zu 70 % Kommunikation im Tagesgeschäft, da die Stakeholder über verschiedene Maßnahmen und Einzelgespräche systematisch abgeholt und betreut werden mussten.

10.12.2.2 Agilität einordnen und „Sowohl-als-auch-Kultur" vermitteln

Wird Agilität in ihrer Bedeutung überbetont und von den Mitarbeitern wahrgenommen als „neue Wunderlösung, die durchs Dorf getrieben wird", kann sie bereits bei Projektbeginn verunsichern, demotivieren und zu einer Blockadehaltung anregen. Warum ist jetzt Agilität besser als unsere bewährten Projektabläufe? Wieso müssen sich die agilen Teams nicht an die bestehenden Regeln halten? Denn der überwiegende Teil des Unternehmens wird weiterhin mit den gewohnten Prozessen, Richtlinien und Standards arbeiten. Diese sichern schließlich das Kerngeschäft und finanzieren die agilen Innovationen von morgen.

Das Topmanagement ist gefordert, diese „Kultur des Sowohl-als-auch", die Ambidextrie, zu vermitteln und vorzuleben. Es ist wichtig, die bestehenden Strukturen und das Kerngeschäft mit all seinen Mitarbeitern wertzuschätzen – bei aller Euphorie für neue Lösungen, unkonventionelles Vorgehen und schnelle Erfolge. Gleichzeitig gilt es, Agilität für das Unternehmen zu definieren und einzuordnen – als ein weiteres Instrument im Baukasten guter Lösungen. Diese Einordnung benötigt Zeit und sollte vor dem ersten agilen Projekt starten. Bei der Vermittlung des jeweiligen Projekts ist dazu deutlich zu machen, warum in diesem Fall Agilität gegenüber klassischen Methoden das vielversprechendere Vorgehen ist. Im Projektverlauf gehört diese Erklärung auch in das Botschaftenset der Projektleiter.

Zur Definition der Arbeitsweise eines agilen Teams zählt auch die Festlegung von Regeln und Routinen. Diese können der Ausgangspunkt für einen Kulturwandel sein. Diesen Wandel, gilt es – mit Blick auf die Kultur des „Sowohl-als-auch" – professionell zu planen. Gelingt es, hier Akzeptanz zu erzeugen und ein Umdenken anzustoßen, wird das gesamte Unternehmen zukunftsfähiger und stärker.

10.12.2.3 Agile Kommunikation braucht Erfahrung, Beweglichkeit und Köpfchen

Projektteam und Projektleitung sind kommunikativ gefordert, weil es – im Gegensatz zur gewohnten Vorgehensweise in Projekten – kaum möglich ist, einzelne Kommunikationsmaßnahmen mittelfristig zu planen. So wie der Arbeitsstil muss auch die Kommunikation agil sein. Zeiten, Mitglieder, Schwerpunkte, Planungen – alles kann sich jederzeit ändern. Misserfolge sind vorprogrammiert und können zu plötzlichen Richtungswechseln führen. All das macht es schwer, auf die üblichen – meist Prozess getriebenen – Kommunikationsmittel eines Unternehmens zu setzen. Schnelles und situatives Handeln basierend auf der Erfahrung, Intuition und Professionalität der Projektmanager und der Kommunikationsverantwortlichen sind hier gefragt. Denn neue Erkenntnisse, Erfahrungen oder Entscheidungen sind schnellstmöglich bereitzustellen und es ist zu klären, was, wann, wie und an wen kommuniziert werden soll und wie die Erkenntnisse in das Gesamtbild einzuordnen sind.

Bei aller Flexibilität empfiehlt es sich aber konzeptionell, ein klares Kommunikationsraster zu entwickeln: Welche Interessengruppen werden bei Bedarf persönlich informiert? Welche Medien werden als reguläre Dialog-Medien für das Kernteam und im direkten Umfeld eingesetzt? Welche bestehenden Kanäle lassen sich nutzen, um in die Breite zu kommunizieren? Und wie lässt sich bei aller Offenheit die Vertraulichkeit bei relevanten Themen wahren?

▶ **Vernetzt und persönlich** Kern ist die persönliche Kommunikation mit dem Projektteam und den relevanten Stakeholdern durch die Projektleiter. Die Stakeholder-Liste ist kontinuierlich fortzuschreiben. Zudem sollte das Angebot bestehen, auch aktiv Informationen über Dialog oder Medien einzuholen.
Schnell und unkonventionell Kommunikation muss die Agilität abbilden können – schnell, Anlass bezogen und zielgenau. Regeln und Tools richten sich nach dem Projekt, digitale Medien sind meist hilfreich. Wichtig sind zusätzlich regelmäßige Info-Runden, die je nach Themenfeld unterschiedlich besetzt sein können. Immer dabei ein „Botschafter", der die relevanten Infos in andere Info-Runden trägt.

Strategisch planend Wie in jedem Projekt, gilt es, das Ziel nicht aus den Augen zu verlieren. Die kommunikative Einordnung von agilen Schritten in das Gesamtziel gehört ebenso dazu wie Strategie und Taktik im Erreichen und Mitnehmen unterschiedlicher Interessengruppen.
Situativ handelnd Schnelle Entscheidungen und neue Ansätze in der agilen Arbeit führen in der begleitenden Kommunikation dazu, dass Zielgruppen sich plötzlich verändern, aktuelle Inhalte schlagartig alt sind oder Timings platzen. Schnelles und situatives Handeln ist dann gefragt.

10.12.3 Herausforderung Kommunikation in virtuellen Teams

Virtuelle Teamarbeit auch über zeitliche Distanz hinweg ist ein Merkmal moderner Unternehmensorganisation. Es reicht schon die Zusammenarbeit zwischen verschiedenen Standorten oder die Arbeit in einem Team mit Mitarbeitern in Teilzeit oder im Home-Office. Asynchrone Kommunikation (z. B. E-Mail) ist hier zwar bequemer, eskaliert aber schnell Konflikte während synchrone Kommunikation (z. B. Telefon, VideoChat) aufwendiger erscheint, aber deeskaliert.

▶ Bevor es per E-Mail zum Streit kommt: Einfach mal zum Telefonhörer greifen. Denn: „Sprechen hilft!"

Daher ist es wichtig, sich über konkrete Kommunikationsregeln Gedanken zu machen: Wie nutzen wir die E-Mail „cc" Funktion? Was passiert per E-Mail, was per Instant Messaging? Wann wird telefoniert, wann folgt eine Video-Konferenz?

Zusätzlich sollten Führungskräfte ihren virtuellen Teams die Möglichkeit geben, sich regelmäßig auch in der realen Welt zu treffen. Das verbessert das gegenseitige Verständnis und erhöht die Interpretationsfähigkeit in der virtuellen Kommunikation, in der sonst so hilfreiche, non-verbale Signale qua Medium reduziert oder ausgeschlossen werden.

Mitglieder in solchen „divirtual" (diversen und virtuellen) Teams benötigen ausgeprägte soziale, kommunikative und interkulturelle Fähigkeiten[4] sowie die Bereitschaft, den anderen Teammitgliedern ein Grundvertrauen entgegenzubringen. Der Teamleiter wird so mehr zum Moderator und „Möglichmacher". Gut zu bedienende, technische Kommunikationsmittel wie digitale Plattformen müssen leicht zugänglich und ohne Barrieren verfügbar sein. Dazu gehört das technische Verständnis, mit diesen Systemen zu arbeiten.

[4]Dazu gehören neben offener und toleranter Einstellung gegenüber anderen Kulturen auch Grundkenntnisse über die eigene kulturelle Prägung und die Charakteristiken anderer (vgl. Kap. 11).

10.13 Kernaussagen

Gut gemachte Kommunikation kann eine kraftvolle Verbindung herstellen: zwischen Führungskräften und Mitarbeitern, Projektteams und Fachbereichen, internen und externen Stakeholder. Aber auch zwischen Ratio und Emotion, strategischen Perspektiven und operativem Tagesgeschäft, zwischen Zukunftsplänen und aktuellen Sorgen oder Zweifeln. Als Puls der Veränderung kann Kommunikation Sicherheit geben, Begeisterung vermitteln und Vertrauen schaffen. Letztendlich geht es darum, das erfolgreiche Miteinander von Menschen zu ermöglichen – in einer Welt, die sich zunehmend radikaler und schneller verändert.

Wer Change Kommunikation in diesem Sinne ganzheitlich versteht, erkennt sehr schnell: Sie wird nicht von der Kommunikationsabteilung gemacht. Hier sitzen zwar die Spezialisten, die Berater und „Medien-Macher". Doch Kommunikation in Veränderungen wird nur Wirkung zeigen, wenn sie als zentrale Management-Aufgabe verstanden und gelebt wird. Und zwar jeden Tag.

Es sind die Führungskräfte, die in persönlicher Kommunikation ihre Mitarbeiter überzeugen und mitnehmen. Dabei zählt am Ende die Kongruenz von Wort und Tat, gepaart mit der Fähigkeit, Emotionen zu vermitteln und Mitarbeiter zu Mitgestaltern zu machen. Dann entsteht auch in unsicheren Zeiten ein Gefühl der Sicherheit, das Vertrauen wachsen lässt. Und Vertrauen ist das Fundament für jeden Veränderungserfolg.

Auf die Führungskräfte kommen durch diese Entwicklung grundlegende Veränderungen in ihrer Rolle zu. Sie werden zu wichtigen Kommunikatoren, Moderatoren und „Übersetzern" im Unternehmen. Es zählt nicht mehr nur die klassische Fach- und Führungskompetenz, sondern zunehmend die Fähigkeit, über den kontinuierlichen Dialog in der Veränderung nachhaltig Vertrauen aufzubauen.

Auch für Projektleiter und Experten steigen die Ansprüche an die Fähigkeit zu kommunizieren. Egal ob in klassischen oder agilen Projektformen: In Teams treffen zunehmend die Fachleute die Entscheidungen, nicht mehr diejenigen mit den „größten Schulterklappen". Daher heißt es immer öfter, ohne Macht führen zu lernen. Und wer das tun will, muss kommunikativ noch überzeugender sein als jede Führungskraft.

Sofern die Notwendigkeit ganzheitlicher Kommunikation im eigenen Unternehmen weder verstanden noch als Kompetenz in allen Führungsebenen verankert ist, wird es langsam Zeit, das zu tun. Digitale Transformation und Industrie 4.0 steigern die Anforderungen an Kommunikation und Führung kontinuierlich: Klare Strukturen und Prozesse hier, agiles Arbeiten dort. Diese Ambidextrie kann die Mannschaft in einem Unternehmen komplett verunsichern, anstatt sie voranzubringen.

Viele Verantwortliche haben die naheliegende Konsequenz aus dieser Entwicklung noch nicht gezogen: Kommunikation dauerhaft als entscheidende Kompetenz der Führungskräfte und des Unternehmens insgesamt zu verstehen und zu verankern. In den kommenden Jahren wird sich zeigen, dass sich Defizite in diesem Bereich nachhaltig auf die Entwicklungs- und Innovationsgeschwindigkeit von Unternehmen auswirken werden.

Denn ganzheitliche Kommunikation sichert nicht nur den Erfolg einzelner Veränderungsprozesse ab. Sie zahlt immer auch auf die Unternehmenskultur ein. Wer durch den Aufbau von Kompetenz und Ressourcen, von klaren Verantwortlichkeiten und einem durchgängigen Rollenverständnis in wirkungsvolle Kommunikation investiert, kann sich sicher sein: Es ist ein nachhaltiges Investment in die Veränderungsintelligenz – und damit in die Wettbewerbsfähigkeit des Unternehmens.

Literatur

1. C4 Consulting GmbH Düsseldorf. (2007). Studie "Veränderungen erfolgreich gestalten. Repräsentative Untersuchung über Erfolg und Misserfolg im Veränderungsmanagement".
2. Dallas, H. J. (2015). *Mastering the challenges of leading change. Inspire the people and succeed where others fail.* Hoboken: Wiley.
3. Doppler, K., Fuhrmann, H., Lebbe-Waschke, B., & Voigt, B. (2014). *Unternehmenswandel gegen Widerstände. Change Management mit den Menschen* (3. aktualisierte und erweiterte Aufl.). Frankfurt a. M.: Campus.
4. Watzlawick, P., Beavin, J. H., & Jackson, D. D. (2000). *Menschliche Kommunikation: Formen, Störungen, Paradoxien* (10. unveränderte Aufl.). Bern: Huber.
5. Schiewek, W. (2016). Ethische Dimensionen der Stabsarbeit. In G. Hofinger & R. Heimann (Hrsg.), *Handbuch Stabsarbeit: Führungs- und Krisenstäbe in Einsatzorganisationen, Behörden und Unternehmen* (S. 23–29). Berlin: Springer.
6. Cronkhite, C. L. (2013). *Law enforcement and justice administration: Strategies for the 21st century*. Burlington: Jones & Bartlett Learning.
7. Mehrabian, A. (1981). *Silent messages. Implicit communication of emotions and attitudes* (2. Aufl.). Belmont: Wadsworth.
8. Avenarius, H. (2008). *Public relations. Die Grundform der gesellschaftlichen Kommunikation* (3. Aufl.). Darmstadt: Wissenschaftliche Buchgesellschaft.
9. Siems, D. Misstrauen der Deutschen spielt Populisten in die Hände, in Die Welt vom 13.02.2017.
10. Mast, C. (2008). Change Communication als Kommunikationsaufgabe. In M. Meckel & B. F. Schmid, (Hrsg.), *Unternehmenskommunikation. Kommunikationsmanagement aus Sicht der Unternehmensführung* (2. überarbeitete und erweiterte Aufl., S. 405–434). Wiesbaden: Gabler.
11. Rüegg-Sturm, J., & Grand, S. (2014). *Das St. Galler Management-Modell: 4. Generation – Einführung*. Bern: Haupt Verlag.
12. Eisenhardt, K. M., & Sull, D. N. (2001). Strategy as simple rules. *Harvard Business Review, 79*(1), 106–119.

Weiterführende Literatur

1. Brehm, C. R. (2014). Kommunikation im Wandel. In W. Krüger, & N. Bach, (Hrsg.), *Excellence in Change. Wege zur strategischen Erneuerung* (5. überarbeitete und erweiterte Aufl., S. 237–264). Wiesbaden: Springer Gabler.
2. Deutinger, G. (2013). *Kommunikation im Change: Erfolgreich kommunizieren in Veränderungsprozessen*. Wiesbaden: Springer Gabler.

3. Greif, S., Runde, B., & Seeberg, I. (2004). *Erfolge und Misserfolge beim Change Management*. Göttingen: Hogrefe.
4. Hartmann, M. (2011). *Die Praxis des Vertrauens*. Berlin: Suhrkamp.
5. Kotter, J. P. (1997). *Chaos, Wandel, Führung – Leading Change*. Düsseldorf: ECON.
6. Lies, J. J., Mörbe, S., Volejnik, U., & Schoop, S. (2011). *Erfolgsfaktor Change Communications: Klassische Fehler im Change-Management vermeiden*. Wiesbaden: Gabler.
7. Oltmanns, T., & Nemeyer, D. (2010). *Machtfrage Change. Warum Veränderungsprojekte meist auf Führungsebene scheitern und wie Sie es besser machen*. Frankfurt a. M.: Campus.
8. Pfläging, N., (2014). *Organisation für Komplexität: Wie Arbeit wieder lebendig wird – Und Höchstleistung entsteht*. München: Redline Verlag.
9. Schulz von Thun, F., Ruppel, J., & Stratmann, R. (2003). *Miteinander reden: Kommunikationspsychologie für Führungskräfte*. Reinbek bei Hamburg: Rowohlt.
10. Tesch, Jan C., & Pfannenberg, J. (2013). Die Medien der Veränderungskommunikation. Neue Chancen und Risiken durch das Web 2.0. In J. Pfannenberg, (Hrsg.), *Veränderungskommunikation. So unterstützen Sie den Change-Prozess wirkungsvoll. 3. Auflage mit Web 2.0 und neuen Fallstudien* (3. überarbeitete und aktualisierte Aufl., S. 53–70). Frankfurt a. M.: Frankfurter Allgemeine Buch.
11. Wieland, J. (2011). Normatives strategisches Management. Die normative Seite der Firma. In J. Wieland (Hrsg.), *Die Zukunft der Firma* (S. 15–39). Marburg: Metropolis.

11 Erfolgskritische persönliche Ressourcen in internationalen Change Zusammenhängen

Optimale Wertehaltungen und notwendige Kompetenzprofile

Peter Franklin und Moritz Krüger

Change Prozesse erfolgreich zu leiten – im Kap. 7 wird näher darauf eingegangen – und umzusetzen ist bekanntermaßen schwer. Eine besondere Herausforderung ist es – wie im Kap. 5 dargelegt – in internationalen und interkulturellen Zusammenhängen, wo alles etwas oder sehr anders ist als „zu Hause" und Menschen und Organisationen – nationalkulturell bedingt – anders agieren und reagieren als vielleicht erwartet oder erhofft. In solchen internationalen Change Kontexten sind die persönlichen Ressourcen der beteiligten Change Leader und Change Follower von besonderer Bedeutung, zumal Praxiserfahrungen und Forschungsergebnisse belegen, dass gewisse persönliche Werte und Kompetenzen zur erfolgreichen und angemessenen Bewältigung der erlebten kulturellen Andersartigkeit und deshalb zu erfolgreichen Change Maßnahmen erforderlich sind.

Diese Fragen werden Ihnen im folgenden Kapitel beantwortet:

- Welche Werte aus dem international vorhandenen Wertekanon fördern Veränderung?
- Welche Werte hemmen eher Veränderung?
- Welche Einstellungen und persönliche Eigenschaften sind Driver von Change in internationalen Zusammenhängen?

P. Franklin (✉)
Hochschule Konstanz, Konstanz, Deutschland
E-Mail: peter.franklin@htwg-konstanz.de

M. Krüger
The University of Manchester, Manchester, Großbritannien
E-Mail: moritz.krueger@gmx.de

G. Baltes und A. Freyth (Hrsg.), *Veränderungsintelligenz*,
https://doi.org/10.1007/978-3-658-04889-1_11

- Über welche interkulturellen Kompetenzen muss eine Fach- oder Führungskraft verfügen, wenn sie Veränderungsprozesse in internationalen Zusammenhängen effektiv und angemessen leiten bzw. umsetzen soll?
- Wie können Change Leader kulturelle Andersartigkeit statt als Bedrohung und Hemmnis eher als Chance und Werkzeug betrachten und einsetzen?
- Wie können Komplementarität und Synergie kulturelle Andersartigkeit in eine ‚neue' Ressource verwandeln?

11.1 Change ist nicht gleich Change: Die persönliche Herausforderung im internationalen Change Management

> Und zu bedenken bleibt hierbei, wie kein Beginn schwieriger, für den Erfolg nicht zweifelhafter, noch mißlicher in der Behandlung ist, als wenn man sich dazu aufwerfen will, eine neue Verfassung einzuführen: weil der sie Einführende alle Die zu Feinden bekommt, die bei der alten sich gut gestanden, und alle die zu lauen Beschützern, die bei der neuen sich gut stehen würden [1].

Nicht nur Kenntnisse und Einsichten, wie diese von Machiavelli, gehören zur Fähigkeit, eine alte Ordnung zu verändern und sie durch eine neue zu ersetzen – zum Change Management. Dieses Kapitel zeigt auf, welche weiteren persönlichen Ressourcen dazugehören, wenn in internationalen Situationen organisationale Veränderung erzielt werden soll.

Fach- und Führungskräfte schöpfen aus einem breiten Repertoire an Ressourcen, die sie bei der Bewältigung komplexer sozialer Interaktionen unterstützen; sie dienen der Umsetzung von Intentionen in Handlungen. Wenn die Komplexität der Situation und des Kontextes steigt, werden diese Ressourcen umso wichtiger und können entsprechend der Ressourcentheorie nach Pfeffer und Salancik [2] sogar zu einem Wettbewerbsvorteil führen [3]. Internationales Change Management stellt eine solche komplexe Situation dar, da sich sowohl Change Leader als auch -Follower mit nationalkultureller Andersartigkeit sowie dem potenziellen Konflikt zwischen unterschiedlich kulturbeeinflussten Normen und Orientierungssystemen auseinandersetzen müssen.

In der vorliegenden Betrachtung persönlicher Ressourcen wird zwischen persönlichen Werten und persönlichen Kompetenzen unterschieden. Bestimmte Werte bei Leadern und Followern gleichermaßen fördern Change Management, andere hemmen es. Bestimmte Kompetenzen sind für alle am Change Management Beteiligte wichtig, zusätzliche sind für Change Leader von besonderer Bedeutung.

11.2 Nicht jede(r) ist zum Change Management günstig geerdet: Werte als persönliche Ressourcen im internationalen Change Management

In zahlreichen theoretischen und empirischen Studien haben Schwartz und seine Kolleginnen und Kollegen [4, 5, 6, 7], zuletzt modifiziert in Schwartz et al. [8] gezeigt, dass Menschen überall auf der Welt zwar über dasselbe Reservoir an Werten verfügen, dies sich aber je nach individueller Wertekonstellation unterschiedlich auf ihr Verhalten auswirkt. Hierbei geht es nicht um *Werte auf der nationalkulturellen Ebene,* d. h. Werte, die eine Kultur oder eine Gesellschaft oder ein Land teilt und prägt, wie im Kap. 5 erläutert wird, sondern um Werte, von denen sich *Individuen* leiten lassen. Diese Werte können anders sein, als diejenigen, die für eine Kultur oder eine Gesellschaft insgesamt typisch sind, auch wenn sie von nationalkulturellen Werten beeinflusst sind. Einzelne Menschen können sich bei den einzelnen Werten sehr stark unterscheiden, die sie sich aus der Gesamtheit der zur Verfügung stehenden Werte zu eigen machen, und auch in der Bedeutung, die sie den ausgewählten, unterschiedlichen Werten beimessen. Diese individuell unterschiedliche Bedeutung von Werten beeinflusst das Verhalten von Menschen und führt zu unterschiedlichen Verhaltensweisen in denselben oder ähnlichen Situationen, auch Change Situationen. Dies wiederum kann einerseits zur Bereitschaft zur Veränderung und sogar zu Freude und Spaß an einem Change Prozess führen, andererseits zu Abneigung, Ablehnung und Widerstand (Abb. 11.1).

11.2.1 Welche Werte sind „Change Driver"?

Von besonderer Bedeutung für effektives Verhalten in Change Projekten sind diejenigen Werte, die sich unter der Rubrik *Offenheit für Wandel* (s. auch zusammenfassend Tab. 11.1) befinden: Stimulation, Selbstbestimmung und Hedonismus.

11.2.1.1 Stimulation

Menschen, die diesem Wert viel Bedeutung beimessen, sind motiviert durch das Neue, das Spannende und die Herausforderungen, die mit Change in Verbindung stehen.

11.2.1.2 Selbstbestimmung

Menschen, die diesem Wert viel Bedeutung beimessen, sind motiviert durch die Freiheit, unabhängig zu denken und zu handeln, die insbesondere Change Leader benötigen, um ihre Ziele zu erreichen.

11.2.1.3 Hedonismus

Menschen, die diesem Wert viel Bedeutung beimessen, sind motiviert durch die Freude und Befriedigung, die sich aus dem Erfolg eines gelungenen Change Prozesses ergeben können.

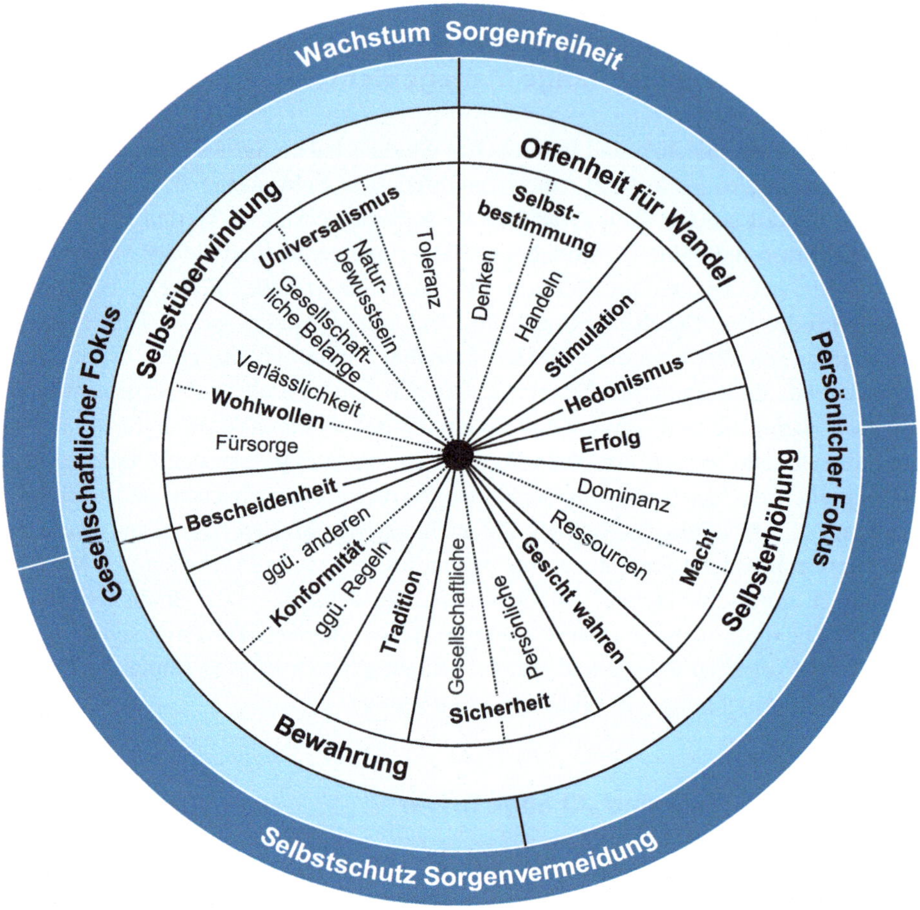

Abb. 11.1 Wertereservoir nach Schwartz. (Quelle: [9] S. 669; eigene Darstellung; eigene Übersetzung)

Tab. 11.1 Change Driver und Change Blocker. (Basierend auf [4, 5, 6, 7, 8], eigene Übersetzung; eigene Darstellung)

Welche Werte auf der individuellen Ebene unterstützen Change in internationalen Zusammenhängen?	Welche Werte auf der individuellen Ebene hindern Change in internationalen Zusammenhängen?
Offenheit für Wandel:	Bewahrung:
Stimulation	Sicherheit
Selbstbestimmung	Konformität
Hedonismus	Tradition

11.2.1.4 Selbsteinschätzung: Driver

Um zur Selbstreflexion anzuregen und erste Hinweise auf die mögliche Eignung von Fach- und Führungskräften zur Übernahme von Aufgaben im Change Management zu generieren, können die von Schwartz et al. [7] eingesetzten Selbstauskunfts-Items aus dem *Portrait Values Questionnaire* verwendet werden. Je weiter sich eine Führungskraft auf der Bewertungsskala nach rechts einordnet, desto mehr besitzt sie sich auf Veränderung *positiv* auswirkende Werte als Driver.

Hier einige Beispiele:

Inwiefern ähnelt Ihnen die unten beschriebene Person?

Stimulation

Er/sie glaubt, dass es wichtig ist, viele verschiedene Dinge in ihrem Leben zu tun. Er/sie sucht immer nach neuen Dingen, die er/sie ausprobieren kann.

Sehr wenig	3	2	1	0	1	2	3	sehr viel

Er/sie geht gern Risiken ein. Er/sie hält immer nach Abenteuern Ausschau.

Sehr wenig	3	2	1	0	1	2	3	sehr viel

Er/sie mag Überraschungen. Es ist ihm/ihr wichtig, ein aufregendes Leben zu führen.

Sehr wenig	3	2	1	0	1	2	3	sehr viel

Selbstbestimmung

Es ist ihm/ihr wichtig, neue Ideen zu haben und kreativ zu sein. Er/sie mag es, die Dinge auf seine/ihre eigene originelle Art anzugehen.

Sehr wenig	3	2	1	0	1	2	3	sehr viel

Es ist ihm/ihr wichtig, selbst zu entscheiden, was er/sie tut. Er/sie möchte ihre Aktivitäten gern selbst planen und auswählen können.

Sehr wenig	3	2	1	0	1	2	3	sehr viel

Er/sie denkt, dass es wichtig ist, sich für vieles zu interessieren. Er/sie ist gern neugierig und versucht, alle möglichen Dinge zu verstehen.

Sehr wenig	3	2	1	0	1	2	3	sehr viel

Es ist ihm/ihr wichtig, unabhängig zu sein. Er/sie verlässt sich gern auf sich selbst.

Sehr wenig	3	2	1	0	1	2	3	sehr viel

Hedonismus

Er/sie sucht nach jeder Möglichkeit, Spaß zu haben. Es ist ihm/ihr wichtig, Dinge zu tun, die ihm/ihr Freude bereiten.

Sehr wenig	3	2	1	0	1	2	3	sehr viel

Es ist ihm/ihr wichtig, die Freuden des Lebens zu genießen. Er/sie „verwöhnt" sich gern selbst.

Sehr wenig	3	2	1	0	1	2	3	sehr viel

Er/sie möchte das Leben richtig genießen. Es ist ihm/ihr wichtig, Spaß zu haben.

Sehr wenig	3	2	1	0	1	2	3	sehr viel

Ausgewählte und teilweise umformulierte Items aus einer vollständigen, deutschsprachigen Version der von Schwartz et al. [7] entwickelten *Portrait Values Questionnaire* in Schmidt et al. [10]. Eigene Darstellung u. eigene Bearbeitungsform.

11.2.2 Welche Werte sind „Change Blocker"?

Hinderlich für den Erfolg von Change Maßnahmen sind diejenigen Werte, die sich im Modell von Schwartz et al. [7] unter der Rubrik *Bewahrung* (s. auch zusammenfassende Tab. 11.1) befinden: Sicherheit, Konformität und Tradition.

11.2.2.1 Sicherheit

Menschen, die diesem Wert viel Bedeutung beimessen, sind motiviert durch Sicherheit, Harmonie und durch die Stabilität der Gesellschaft, des Umfelds, ihrer Beziehungen und sich selbst. Jede Art von Veränderung gefährdet die Harmonie der Gruppe und die Stabilität des Bestehenden. Dies gilt natürlich insbesondere für absichtlich initiierte Veränderung.

11.2.2.2 Konformität

Menschen, die diesem Wert viel Bedeutung beimessen, versuchen möglichst Handlungen, Absichten und Impulse zu vermeiden, die ihren Mitmenschen schaden oder gesellschaftliche Normen verletzen. Veränderung kann oder soll gerade häufig etablierte Erwartungen und Normen einer Gruppe oder einer Organisation aufbrechen.

11.2.2.3 Tradition

Menschen, die diesem Wert viel Bedeutung beimessen, schätzen Respekt, Zuverlässigkeit und die Einhaltung von kulturell oder religiös vorgegebenen Bräuchen und Idealen. Gerade das Gewohnte und das Tradierte einer Organisation infrage zu stellen, ist häufig das Ziel von Change Management Bemühungen.

11.2.2.4 Selbsteinschätzung: Blocker

Um zur Selbstreflexion anzuregen und erste Hinweise auf die mögliche Eignung bzw. Nicht-Eignung von Fach- und Führungskräften zur Übernahme von Aufgaben im Change Management zu generieren, können wie oben die von Schwartz et al. eingesetzten Items zur Selbstauskunft aus dem *Portrait Values Questionnaire* verwendet werden. Je weiter sich eine Führungskraft auf der Skala nach rechts einordnet, desto mehr besitzt sie sich auf Veränderung *negativ* auswirkende Werte als Blocker.

Hier einige Beispiele:

Inwiefern ähnelt Ihnen die unten beschriebene Person?

Sicherheit

Es ist ihm/ihr wichtig, in einem sicheren Umfeld zu leben. Er/sie vermeidet alles, was seine/ihre Sicherheit gefährden könnte und denkt, dass der Staat gegen Bedrohungen auf der Hut sein muss.

Sehr wenig	3	2	1	0	1	2	3	sehr viel

Es ist ihm/ihr wichtig, dass alles ordentlich, sauber und hygienisch ist. Er/sie mag es überhaupt nicht, wenn alles durcheinander oder schmutzig ist. Seine/ihre Gesundheit ist ihm/ihr sehr wichtig.

Sehr wenig	3	2	1	0	1	2	3	sehr viel

Eine stabile Regierung ist ihm/ihr wichtig. Er/sie sorgt sich darum, dass die soziale Ordnung bewahrt wird.

Sehr wenig	3	2	1	0	1	2	3	sehr viel

Konformität

Er/sie glaubt, dass die Menschen das tun sollten, was ihnen gesagt wird. Er/sie denkt, dass man Regeln immer befolgen sollte, auch wenn keiner hinsieht.

Sehr wenig	3	2	1	0	1	2	3	sehr viel

Er/sie glaubt, dass er/sie seine/ihre Eltern und ältere Menschen respektieren sollte. Es ist ihm/ihr wichtig, gehorsam zu sein.

Sehr wenig	3	2	1	0	1	2	3	sehr viel

Es ist ihm/ihr wichtig, immer zu allen Menschen höflich zu sein. Er/sie versucht, andere Menschen niemals zu stören.

Sehr wenig	3	2	1	0	1	2	3	sehr viel

Tradition

Er/sie denkt, dass es wichtig ist, demütig und bescheiden zu sein und nicht mehr zu verlangen als man hat. Er/sie glaubt, dass die Menschen mit dem zufrieden sein sollten, was sie haben.

Sehr wenig	3	2	1	0	1	2	3	sehr viel

Es ist ihm/ihr wichtig, religiös zu sein. Er/sie bemüht sich sehr, nach seinen/ihren religiösen Überzeugungen zu leben.

Sehr wenig	3	2	1	0	1	2	3	sehr viel

Er/sie glaubt, dass es am besten ist, wenn man die Dinge auf traditionelle Art und Weise tut. Es ist ihm/ihr wichtig, die Bräuche, die er/sie gelernt hat, aufrecht zu erhalten.

Sehr wenig	3	2	1	0	1	2	3	sehr viel

Ausgewählte und teilweise umformulierte Items aus einer vollständigen, deutschsprachigen Version der von Schwartz et al. [7] entwickelten *Portrait Values Questionnaire* in Schmidt et al. [10]. Eigene Darstellung u. eigene Bearbeitungsform.

11.3 Welche Einstellungen und persönliche Eigenschaften sind Driver von Change in internationalen Zusammenhängen?

Voraussetzung zur Ausbildung von Kompetenzen sind Einstellungen und persönliche Qualitäten oder Charakteristika. Forschungsergebnisse aus der Psychologie legen nahe, dass gewisse Einstellungen und Eigenschaften zur Erzielung effektiver und angemessener Interaktion in internationalen Zusammenhängen förderlich sind. Solche Qualitäten und Charakteristika sind im *International Competency Set* der Firma Worldwork Ltd.,

London, enthalten und lassen sich mit dem darauf basierende Assessment- und Entwicklungstool[1], *dem International Profiler Self Report* Tool zu Coaching-Zwecken abbilden.

Einstellungen und Eigenschaften lassen sich selbstverständlich nicht leicht und nicht schnell ändern und erst recht nicht als Resultat einer kurzfristigen Intervention etwa in Form eines dreitägigen Trainings. Einstellungen und Eigenschaften sind aber auch nicht unveränderbar und ausschließlich durch unsere DNA vorprogrammiert, sondern werden durch Erziehung, Sozialisierung, auch durch Erfahrung und die „University of Life" geprägt und (um)geformt. Sie entwickeln sich durchaus auch im Erwachsenenalter über längere Zeiträume. Wir haben als Fünfzigjährige nicht unbedingt dieselben Einstellungen, die wir als Dreißigjährige hatten; wir haben gelernt, mit unseren persönlichen Eigenschaften umzugehen und deren Ausdruck je nach Situation anzupassen. Solche Veränderungen können durchaus in Coaching- und Prozessbegleitungszusammenhängen ausgelöst und unterstützt werden.

Drei unterschiedliche Arten von Offenheit sind für alle Beteiligten an Change Situationen besonders wichtig und als wesentliche Pull-Kompetenzen zu betrachten: kognitive, relationale und verhaltensbezogene Offenheit (s. auch Tab. 11.2).

11.3.1 Kognitive Offenheit (Neues Denken)

Fach- und Führungskräfte, die ein hohes Maß an kognitiver Offenheit (oder Neuem Denken nach dem Worldwork *International Competency Set*) besitzen, sind neugierig und offen für neue Ideen und Konzepte aus anderen Kulturen. Sie sind in der Lage, sie kreativ in neuen Kontexten einzusetzen. Sie sind bereit, konventionelles Denken und das eigene Verständnis von ‚Best Practice' infrage zu stellen. Deshalb eignen sie sich besonders gut, vorurteilsfrei neue Konzepte und neue Prozesse als Folge von Change Bemühungen umzusetzen.

11.3.2 Relationale Offenheit (Fremdenfreundlichkeit)

Menschen, die in diesem Bereich besonders kompetent sind, sind daran interessiert, Kontakte zu fremden Menschen zu initiieren und Beziehungen mit ihnen aufzubauen, einschließlich jenen, deren Erfahrungen, Wahrnehmungen und Werte von den eigenen abweichen. Es fällt ihnen wahrscheinlich leicht, anderen zu vertrauen, und sie sind

[1]Für die Lokalisierung des *International Profiler*-Tools für deutschsprachige Nutzer war Peter Franklin verantwortlich. An dieser Stelle möchte er sich bei Worldwork Ltd. für die angenehme und fruchtbare Zusammenarbeit seit 2004 und für die Erlaubnis, in diesem Beitrag die deutschsprachigen Begriffe und Definitionen aus dem *International Competency Set* und dem *International Profiler* zu nutzen und zu erläutern, bedanken.

Tab. 11.2 Pull-Kompetenzen als Driver im erfolgreichen internationalen Change Management: Grundlegende Einstellungen und persönliche Eigenschaften. (Linke Spalte: Ausgewählte Kompetenzen aus dem International Competency Set von WorldWork Ltd.; Übersetzung von WorldWork Ltd. Rechte Spalte: Sub-Kompetenzen von WorldWork Ltd. und Franklin; Übersetzung von WorldWork Ltd. und Franklin. Eigene Darstellung)

Offenheit:	
	Kognitive Offenheit – Neues Denken
	Relationale Offenheit – Fremdenfreundlichkeit
	Verhaltensbezogene Offenheit – Akzeptanz
Flexibilität:	
	Flexibles Verhalten
	Flexibles Urteilsvermögen

daher bereit, auf Fremde zuzugehen und sie anzusprechen. Sie sind deshalb in der Lage, schnell gute Arbeitsbeziehungen zu Change Leadern aufzubauen, die aus anderen Kulturen stammen. Dies ist z. B. nötig, wenn Change durch einen Change Leader aus dem Mutterkonzern in einer ausländischen Niederlassung eingeführt werden soll. So müssen häufig auf Wunsch des Headquarters neue Prozesse in einem Tochterunternehmen umgesetzt werden. Wenn eine relationale Offenheit bei den Betroffenen existiert, werden sich leichter gute Arbeitsbeziehungen und auch Vertrauen aufbauen.

11.3.3 Verhaltensbezogene Offenheit (Akzeptanz)

Fach- und Führungskräfte, die ein hohes Maß an Akzeptanz besitzen, tolerieren nicht nur, sondern akzeptieren und schätzen sogar Verhaltensweisen und Praktiken, welche von ihren eigenen maßgeblich abweichen. In einem internationalen Change Kontext fühlen sie sich selten durch Arbeitspraktiken bedroht, die von ihrem eigenen Verständnis von Best Practice abweichen. Sehr wahrscheinlich sind sie weniger geneigt, neue Praktiken in internationalen Change Zusammenhängen abzulehnen. Häufig beobachten sie gerne und wollen verstehen, wie verschiedene Menschen unterschiedlich mit Aufgaben und Problemen umgehen.

Eine grundlegende Offenheit bereitet den Weg für die Umsetzung von veränderten Verhaltensweisen und Arbeitspraktiken. Hierfür ist eine persönliche Flexibilität die wesentliche Voraussetzung. Es wird zwischen zwei Typen von Flexibilität als weiteren Pull-Kompetenzen – einer eher verhaltensbezogenen und einer kognitiven Flexibilität – unterschieden (s. auch Tab. 11.2).

11.3.4 Flexibles Verhalten

Menschen, die in diesem Bereich besonders kompetent sind, sind bereit, sich zu verändern und passen sich leicht an kulturelle und organisationale Situationen an. Sie weisen fast chamäleonhafte Qualitäten auf und scheinen sich bereitwillig in ihrem Verhalten neuen Situationen und Erfordernissen anzupassen. Sie finden schnell Akzeptanz und Vertrauen in anderen Kulturräumen und können sich flexibel zwischen verschiedenen Kulturen bewegen.

11.3.5 Flexibles Urteilsvermögen

Fach- und Führungskräfte, die ein hohes Maß an Flexibilität in diesem Bereich besitzen, verstehen, wie wichtig es ist, nicht vorschnell ein Urteil über andere Menschen, z. B. den Change Leader oder Change Betroffene aus einer anderen Kultur, zu bilden. Sie sind bereit, mit ihrem Urteil abzuwarten, bis ihnen weitere Informationen vorliegen. Sie werden durchaus einen „ersten Eindruck" wahrnehmen, sind aber bereit, diesen im Laufe der weiteren Beziehung aufgrund zukünftiger Erkenntnisse zu revidieren. Dies ist wichtig, wenn sie sich in ungewohnten Umgebungen bewegen bzw. sich mit ungewohnten Inhalten auseinandersetzen, bei denen ihr Verständnis der Situation naturgemäß weniger vollständig ist.

11.4 Effektives Handeln ist nicht kulturneutral: Interkulturelle Kompetenzen als persönliche Ressourcen im internationalen Change Management

Interkulturelle Kompetenzen sind

- individuelle Kenntnisse und
- Fertigkeiten,

die – basierend auf dem oben beschriebenen *Driver* des gelungenen interkulturellen Handelns – effektive und *angemessene* Interaktion in internationalen Zusammenhängen unterstützen, gar möglich machen. Unter *Interaktion* versteht man gemeinsames, zielgerichtetes Handeln.

Zudem befähigen solche Kompetenzen eine Person, die Konsequenzen der Auseinandersetzung mit Menschen, Praktiken, Ideen, Werten und Präferenzen zu bewältigen, die von einer anderen Kultur als der eigenen beeinflusst und geprägt sind. *Psychologische* Konsequenzen sind zum Beispiel Kulturschock, Kontrollverlust, Anpassungsdruck und andere Formen des Stresses. Beispiele für *dynamische* Konsequenzen sind Konflikte und belastete Arbeitsbeziehungen.

Das Kriterium *Effektivität* bezieht sich auf die Interaktion als Transaktion, d. h. inwiefern ist das Handlungsziel der Interaktion erreicht worden? Wird der Vertrag unterschrieben? Ist das Feedback vom Mitarbeiter verstanden worden?

Das Kriterium *Angemessenheit* bezieht sich andererseits auf relationale, situative und kontextuelle Eigenschaften der Interaktion [11], d. h. inwiefern ist die Interaktion kongruent mit der Beziehung zwischen/unter den Beteiligten (z. B. Lieferant – Kunde, Chef – Mitarbeiter) sowie mit der Situation (z. B. Verkaufsgespräch, Mitarbeitergespräch) und mit dem Kontext (z. B. kulturell gemischtes Team, Nationalkultur(en), Organisationskultur(en), in denen sie sich begegnen?

Insbesondere diese Aspekte der Interaktion sind von kulturellen Werten, Normen und Verhaltensweisen beeinflusst und machen eine interkulturelle Kompetenz der Führungskraft besonders erforderlich. Fehlende (inter-)kulturelle Angemessenheit kann die Effektivität einer Interaktion mindern oder sogar gänzlich zunichtemachen. Effektivität ist demnach mit (inter-)kultureller Angemessenheit sehr eng verbunden.

Da Schwierigkeiten, Reibungsverluste und Konflikte ein natürlicher Begleiter von internationalen Change Prozessen sind, kommt Kompetenzen, die den Erfolg von Interaktionen und Handlungen erhöhen, eine besondere Bedeutung zu. Aber Interaktionserfolg ist nicht kulturneutral. Inwiefern es nötig ist, Menschen für ein Change Programm zu gewinnen und wie man das macht, wie man mit Widerstand und Ablehnung umgeht, wann und wie Eskalation einzuleiten ist: das sind alles Dinge, die in der eigenen National- und Unternehmenskultur einer erfahrenen Führungskraft eher leichtfallen. Wenn aber der eigene kulturelle Kompass nicht mehr zuverlässig die richtige Richtung, den richtigen Weg zeigt, sind interkulturelle Kompetenzen unabdingbar.

Eine Vielzahl von empirischen Studien über die Effektivität von Menschen, die an interkulturellen Schnittstellen leben und arbeiten, z. B. von Arasaratnam und Doerfel [12]; Dinges und Baldwin [13]; Hammer [14]; Spencer-Oatey und Franklin [11]; Spitzberg [15]; Spitzberg und Chagnon [16] haben uns in ihrer Gesamtheit eine mehr oder weniger konsistentes Bild der Kenntnisse, Fertigkeiten, Einstellungen und persönlichen Eigenschaften geliefert, die zum *effektiven* und *angemessenen* Kommunizieren und Handeln in internationalen Zusammenhängen, auch in internationalen Change Management Zusammenhängen, beitragen. Diese Vielzahl von einzelnen Ergebnissen ist wiederum in verschiedenen Frameworks, z. B. Byram [17]; Chen und Starosta [18]; Gudykunst [19]; Kühlmann und Stahl [20]; Landis und Baghat [21]; Spencer-Oatey und Franklin [11]; Ting-Toomey [22] erfasst worden, die als Kriterien für die Auswahl und Weiterbildung angehender Fach- und Führungskräfte mit internationalen Aufgabenstellungen verwendet werden können.

Auf diese Forschungsergebnisse und andere bauen das oben erwähnte *International Competency Set* und der *International Profiler* auf. Dieses Kompetenz-Set samt Profiler-Tool hat sich seit seiner Einführung 2004 speziell in Deutschland und anderen europäischen Ländern als Tool zur Vorbereitung von Fach- und Führungskräften auf interkulturelle Aufgaben, auch im Change Management Bereich bewährt.

Einige Kompetenzen, die im *International Competency Set* abgebildet sind, sind für *alle* an Change Situationen Beteiligte, ob Change Leader oder andere von Change Situationen Betroffene, von Bedeutung. Andere Kompetenzen sind Fertigkeiten, Einstellungen und persönliche Eigenschaften, die für Change Leader *besonders* wichtig sind. Damit beschäftigen wir uns in Abschn. 11.5.

Wiederum andere Kompetenzen betreffen das Charakteristikum, das *internationale* Zusammenhänge vielleicht am offensichtlichsten von denen *„zu Hause"* unterscheidet: mit der Verwendung einer Fremd- oder Verkehrssprache und mit Kommunikation beschäftigt sich der nächste Abschnitt.

11.4.1 Welche Fertigkeiten fördern die Kommunikation im internationalen Change Management?

Das Internationale an einer internationalen Change Situation kommt am schnellsten und am deutlichsten in den Sprachen und in der Kommunikation der Beteiligten zum Ausdruck. Deshalb sind kommunikationsfördernde Fertigkeiten – nicht nur für Change Leader – in internationalen Change Situationen besonders wichtig. Wiederholt ist in diesem Band, z. B. im Kap. 10, auf die Bedeutung von Kommunikation in Change Situationen hingewiesen worden. Sie soll *effektiv* sein! In *internationalen* Zusammenhängen ist viel häufiger als „zu Hause" die Effektivität der Kommunikation durch unterschiedliche Fremdsprachenkompetenzen in der *Lingua franca,* der gemeinsamen Verkehrssprache, (meistens Englisch) und durch unterschiedliche Kommunikationsstile beeinträchtigt. Auch soll die Kommunikation den Gesprächsbeteiligten, der sprachlichen Situation und dem kulturellen Kontext entsprechend *angemessen* sein. Kommunikationsfördernde Fertigkeiten, die die Effektivität und die Angemessenheit der interkulturellen Kommunikation in Change Situationen begünstigen, werden im Folgenden präsentiert und in Tab. 11.3 zusammengefasst.

11.4.1.1 Transparenz

Interkulturelle Kommunikationssituationen sind im Vergleich zu monokulturellen Kommunikationssituationen *per se* beeinträchtigt: Meistens wird eine Sprache verwendet, die für eine oder sehr häufig für beide Gesprächspartner eine Fremdsprache ist und oft sehr unterschiedlich gut beherrscht wird. In solchen Kommunikationssituationen kann außerdem nicht auf einen einheitlichen kulturellen Kompass als Orientierungs- und regelvorgebendes System zurückgegriffen werden. Es müssen deshalb viel bewusster und gezielter Transparenz und Verständnis hergestellt werden. Sprechabsichten müssen transparenter werden, das Gemeinte muss häufiger ausgehandelt werden – die sprachlichen Barrieren zur Kommunikation müssen abgebaut werden. Was dies genau bedeutet, wird im Folgenden erklärt.

Tab. 11.3 Kommunizieren im erfolgreichen internationalen Change Management: Grundlegende Kommunikationsfertigkeiten. (Linke Spalte: Ausgewählte Kompetenzen und Sub-Kompetenzen aus dem International Competency Set von WorldWork Ltd.; Übersetzung von WorldWork Ltd.; eigene Darstellung. Rechte Spalte: Indikatoren von WorldWork Ltd. und Franklin; eigene Darstellung)

Transparenz:	
	Bewusst und gezielt Verständnis herstellen
	Das Gemeinte aushandeln
	Verkehrssprache gut beherrschen
Klare Kommunikation:	
	Missverständnisse minimieren
	Kommunikationsstil dem Sprachniveau des Gegenübers anpassen
	Notfalls langsam sprechen und einfach formulieren
Darlegung von Absichten:	
	Intentionen deutlich machen
	Nicht nur das Was, sondern auch das Warum und Wieso, deutlich machen
	Wichtiges wiederholen
Aktives Zuhören:	
	Zuhören nonverbal deutlich machen
	Wiederholen, paraphrasieren und zusammenfassen
	Bedeutung aushandeln
Aufmerksamkeitsintensität:	
	Intonation, Augenkontakt, Körpersprache wahrnehmen …
	… und richtig deuten!
	Nach der Bedeutung nonverbaler Signale nachfragen

11.4.1.2 Klare Kommunikation

Menschen, die im Sinne des *International Competency Set* klar kommunizieren, sind in der Lage, eine internationale Verkehrssprache so zu sprechen, dass das Potenzial für Missverständnisse reduziert wird. Sie passen ihren Stil dem Sprachniveau des Gegenübers an, damit sie besser verstanden werden:

- Sie sprechen, wenn nötig, deutlicher und langsamer.
- Sie wiederholen wichtige Aussagen und formulieren sie um.
- Sie verwenden einen einfacheren Satzbau und eher leicht verständliche Wörter.
- Sie meiden Redewendungen, Fachjargon und umgangssprachliche Ausdrücke.

Allerdings setzen sie solche Strategien zur klaren Kommunikation mit Vorsicht ein, um ihren Gesprächspartner nicht zu bevormunden. Klare Kommunikation kann zum Beispiel bei den Angehörigen eines multikulturellen Change Teams auch integrierend wirken, da keiner durch fehlende Sprachkompetenz eingeschüchtert wird oder sich ausgegrenzt fühlt.

11.4.1.3 Darlegung von Absichten

Transparenz wird auch durch die Darlegung von Absichten erzielt. Fach- und Führungskräfte, die diese Fertigkeit besitzen, stellen ihre Wünsche und Bedürfnisse in einen klaren, expliziten Zusammenhang, sodass sie nicht nur erklären, was sie wollen oder planen zu tun, sondern auch warum und wie. Sie wiederholen die wichtigsten Punkte und geben Beispiele. Dies hilft ihrer Zuhörerschaft, die Informationen zu verarbeiten, die Sprechabsicht zu verstehen, und eine sinnvolle Antwort zu geben. Sie bauen auf diese Weise auch Vertrauen und damit eine wichtige Plattform auf, um andere zu gewinnen und zu beeinflussen.

11.4.1.4 Aktives Zuhören

Ein ausgeprägtes Zuhörvermögen trägt zusätzlich zur Transparenz bei. In diesem Bereich kompetent sind Menschen, die ihrem Gesprächspartner deutlich, aber kulturell angemessen signalisieren, dass sie zuhören: zum Beispiel behalten sie angemessen lange Augenkontakt und nicken. Was als angemessen gilt, kann je nach Kulturkreis unterschiedlich sein. Sie bemühen sich in der Kommunikation mit Menschen aus verschiedenen Ländern und Kulturen, klarzustellen, was gesagt wird. Sie formulieren das Gesagte um, fassen zusammen und fragen nach, ob alle Gesprächsteilnehmer die Kommunikation in gleicher Weise verstehen. Wo potenzielle Missverständnisse sichtbar werden, bemühen sie sich darum, die Bedeutung auszuhandeln, bis ein gemeinsames Verständnis erreicht wird. So zollen sie dem Gesprächspartner Respekt und gewinnen sein Vertrauen.

11.4.1.5 Aufmerksamkeitsintensität

Die fast zwangsläufig vorkommende Beeinträchtigung der Kommunikation in internationalen Zusammenhängen kann etwas reduziert werden, indem auch nonverbale Signale wahrgenommen und korrekt gedeutet werden. Fach- und Führungskräfte, die diese Fertigkeit besitzen, schenken indirekten und nonverbalen Signalen wie Intonation, Augenkontakt, Mimik und Körpersprache besondere Aufmerksamkeit und sind auch geschickt in deren richtiger Deutung – nonverbale Signale und deren Bedeutung können sich schließlich von Kultur zu Kultur unterscheiden. Das, was als bejahendes Nicken z. B. in Nordeuropa verstanden wird, kann in Teilen Südeuropas oder der Türkei als ein Nein gemeint sein. Bringt fehlender Augenkontakt fehlende Aufmerksamkeit, Bescheidenheit oder Respekt zum Ausdruck? Auch hier kann die Antwort von Kultur zu Kultur unterschiedlich ausfallen. Diese Deutungsfähigkeit unterstützt Fach- und Führungskräfte dabei, besser zu verstehen, was Menschen in einem internationalen Kontext denken und insbesondere fühlen. Gefühle und Einstellungen werden häufig nonverbal zum Ausdruck gebracht, besonders dort, wo der Kommunikationsstil kulturell bedingt eher indirekt ist.

11.5 Leader sind nicht gleich Leader: Interkulturelle Kompetenzen international tätiger Change Leader

Die im Abschn. 11.3 beschriebenen Driver kann man als *Pull*-Kompetenzen (s. Tab. 11.2) bezeichnen: man lässt sich einerseits von der anderen Kultur anziehen, andererseits zieht man die andere Kultur an sich und man passt sich bei einer grundlegenden Offenheit flexibel an. Allerdings dürfen sich gerade Change Leader – also diejenigen, die für die Initiierung und Umsetzung von Change Maßnahmen verantwortlich sind – von der nationalkulturellen Andersartigkeit der beteiligten Personen, Organisationen und Ländern nicht ablenken oder belasten lassen. Change Leader müssen sich in einem anderen kulturellen Umfeld besonders anstrengen, um das Change Ziel im Visier zu behalten und um den psychischen Herausforderungen, die sich aus der kulturellen Andersartigkeit ergeben, gerecht zu werden. Change Leader brauchen in hohem Maße *Push*-Kompetenzen, die im Abschn. 11.5.1 erläutert werden.

11.5.1 Was bringen international tätige Change Leader als Basiskompetenzen u. U. von „zu Hause" mit?

Diese Push-Kompetenzen (s. Tab. 11.4) sind typisch für alle erfolgreichen Führungskräfte, wenn sie „zu Hause" arbeiten. Aber durch den herausfordernden Charakter einer internationalen Tätigkeit kommen gewissen Push-Kompetenzen eine besondere Bedeutung zu. Sie sind in den Bereichen Persönliche Autonomie und Emotionale Stärke geortet. Zur *Persönlichen Autonomie* gehören zwei Sub-Kompetenzen: *Zielorientierung* und *Innere Stärke.*

11.5.1.1 Zielorientierung

Ohne Zweifel müssen Führungskräfte jeder Couleur besonders zielorientiert agieren. Zielvereinbarungen – wie auch immer formuliert –, leistungsbezogene Vergütung und

Tab. 11.4 Push-Kompetenzen im erfolgreichen internationalen Change Management: Grundlegende Einstellungen und persönliche Eigenschaften erfolgreicher international tätiger Change Leader. (Ausgewählte Kompetenzen und Sub-Kompetenzen aus dem International Competency Set von Worldwork Ltd.; Übersetzung von WorldWork Ltd.; Eigene Darstellung)

Persönliche Autonomie:	
	Zielorientierung
	Innere Stärke
Emotionale Stärke:	
	Belastbarkeit
	Bewältigungsfähigkeit
	Abenteuergeist

das ganze Instrumentarium des Performance-Managements machen die Notwendigkeit einer extremen Zielorientierung bei Führungskräften deutlich. In einem interkulturellen Change Umfeld ist die Notwendigkeit noch offensichtlicher und sie ergibt sich nicht nur intern aus der Organisation als Resultat einer Management-Technik sondern auch extern aus dem herausfordernden Umfeld.

Zielorientierung als interkulturelle Kompetenz und die oben beschriebene notwendige Flexibilität im Handeln und Urteilen in interkulturellen Situationen existieren selbstverständlich in einem herausfordernden Spannungsverhältnis. Hundertprozentige Zielorientierung und hundertprozentige Flexibilität können nicht gleichzeitig gezeigt werden, aber die Fähigkeit, die eine oder die andere Kompetenz hundertprozentig anzuwenden, muss die Führungskraft besitzen. Sie muss allerdings beurteilen können, wann welche Kompetenz zur Geltung kommen muss – vor allem im agilen internationalen Kontext.

Menschen, die im Bereich Zielorientierung besonders kompetent sind, agieren äußerst zielorientiert und verfügen über einen sehr hohen Grad an Beharrlichkeit, um ihre Ziele auch zu erreichen. Diese Beharrlichkeit zeigen sie trotz der aus dem ungewohnten Umfeld sich ergebenden Zwänge und Ablenkungen, die auf dem Weg zum Ziel auftauchen. Interessanterweise sind sie bereit, ihre Vorgehensweise zu ändern, um diese Ziele zu erreichen – sie zeigen die Pull-Kompetenz *Flexibles Verhalten.* Die Ziele selbst behalten sie dennoch fest im Auge. Bei ihnen liegt eine internale Kontrollüberzeugung vor: sie glauben, ihr eigenes Schicksal zu einem großen Teil selbst steuern und Dinge in ihrer Umgebung bewegen zu können.

11.5.1.2 Innere Stärke

Change Leader, die ein hohes Maß an innerer Stärke besitzen, sind sehr diszipliniert und haben eine persönliche Zähigkeit entwickelt, die es ihnen ermöglicht, in schwierigen Situationen, die von Unsicherheit und Komplexität geprägt sind, wie es internationale Change Situationen sein können, zielorientiert zu bleiben. Dabei werden sie durch starke, persönliche Werte und Überzeugungen unterstützt, die im Umgang mit Situationen, die vielleicht das Urteilsvermögen oder das Selbstwertgefühl infrage stellen, für Selbstvertrauen, Konsistenz und Ausgeglichenheit sorgen. Sie können ohne die Billigung oder Unterstützung anderer handeln, aber auch Change Widerstände und Einsprüche gegen den eingeschlagenen Weg überwinden und durch ihr Selbstvertrauen Change Follower beflügeln.

Gerade in einer agilen Welt gewinnt diese innere Stärke noch mehr an Bedeutung (s. Kap. 7). Sie kann bei zunehmenden äußeren Unsicherheiten und Komplexitäten einen Kompass darstellen, der einen Change Leader handlungsfähig werden lässt, auch wenn er nicht alle Informationen zur rationalen Beurteilung einer Situation zur Verfügung hat oder die Situation zu komplex für eine kognitive Analyse ist.

Change Leader in internationalen Zusammenhängen müssen also eine Gratwanderung bewältigen: sie müssen sich zwischen zwei Kompetenzbereichen – Flexibilität (Verhalten und Urteilsvermögen) und Persönlicher Autonomie (Zielorientierung und innere Stärke) – die sich eigentlich in einem Spannungsverhältnis befinden, je nach Erfordernis hin und her bewegen. Dies ist außerordentlich belastend und deshalb brauchen sie ein hohes Maß an weiteren Push-Kompetenzen – *Belastbarkeit, Bewältigungsfähigkeit* und *Abenteuergeist* – die den Kompetenzbereich *Emotionale Stärke* bilden.

11.5.1.3 Belastbarkeit

Wenn das eigenkulturelle Orientierungssystem nicht so zuverlässig funktioniert, weil man sich im Ausland aufhält oder mit Angehörigen anderer Kulturen zu tun hat, macht man mehr Fehler. Menschen, die ein hohes Maß an Belastbarkeit im Sinne des *International Competency Set* besitzen, sind in der Lage, Rückschläge, Peinlichkeiten, Kritik oder negatives Feedback zu verkraften. Sie haben eine optimistische Einstellung zum Leben, verfügen über eine ausreichend „dicke Haut" und kommen meist rasch wieder auf die Beine, wenn die Dinge einmal falsch laufen. Diese Kompetenz ähnelt der Resilienz, die im Kap. 6 als Veränderungsintelligenz auf individueller Ebene und als persönliche Veränderungskompetenz besprochen wird.

Wichtiger noch, in Change Situationen sind Menschen mit einem hohen Maß an Belastbarkeit bereit, mit für sie neuen Vorgehensweisen zu experimentieren. Sie akzeptieren das Risiko, dass sie dabei unvermeidlich Fehler machen. Sie haben genügend Reife und Selbstsicherheit, um Kritik oder negatives Feedback bei Fehltritten zu verkraften und die Fehler als Lernerfahrung zu betrachten.

11.5.1.4 Bewältigungsfähigkeit

Für viele Menschen bedeutet die Auseinandersetzung mit Angehörigen und Verhaltensweisen anderer Kulturen viel Stress. Dies ist umso mehr der Fall, wenn die Begegnung in einem nicht vertrauten Land stattfindet. Die Unsicherheit darüber, wie man auf Change Situationen in internationalen Zusammenhängen angemessen reagiert, und wie man trotzdem wichtige Ziele erreicht, bedeutet einen gewissen Verlust an Kontrolle, der auch zu erhöhtem persönlichen Stress führen kann. Menschen, die *Bewältigungsfähigkeit* besitzen, bleiben auch in solchen Umständen ruhig und gelassen oder wissen, dass sie sich später mithilfe verschiedener Methoden gut entspannen können. Sie haben meistens effektive Techniken entwickelt, um mit dem Druck und Stress umzugehen, der durchaus typisch für internationale Change Zusammenhänge ist. Häufig nutzen sie ihren Humor, Sport, soziale Netzwerke oder andere Möglichkeiten als Ausgleich für die Frustrationen, die sie erleben. So können sie einen ausgeglichenen Blick auf ihre Situation bewahren.

11.5.1.5 Abenteuergeist

An Change Situationen in internationalen Zusammenhängen beteiligt zu sein, ist gewissermaßen ein Abenteuer und, um effektiv und angemessen die Situation zu meistern, muss man eine positive Einstellung zu diesem Abenteuer haben: ein gewisses Maß an *Abenteuergeist* muss man besitzen. Was macht diesen *Abenteuergeist* aus? Menschen, die in diesem Bereich kompetent sind, haben wahrscheinlich in ihrem bisherigen Leben die Bereitschaft gezeigt, Herausforderungen, Vielfalt und Abwechslung zu suchen. Sie meiden ein sicheres und vorhersehbares Umfeld, weil sie der Meinung sind, sich dabei nur wenig weiterentwickeln zu können. Solche Situationen können langweilig und demotivierend für sie sein. Sie bringen sich bewusst in unbequeme und unklare Situationen, aus denen sie etwas zu lernen hoffen; sie können in diesen Situationen agil agieren und reagieren. In einem internationalen Kontext ermöglicht diese Bereitschaft, zu experimentieren und Risiken einzugehen, es ihnen, Fähigkeiten zu entwickeln, um effektiver mit ungewohnten und schwierigen Change Situationen umzugehen. Klar ist aber auch, dass zu viel Abenteuergeist schlecht für die Person und schlecht für die Organisation sein kann.

11.5.2 Welche sind die spezifisch *interkulturellen* Kompetenzen erfolgreicher Change Leader?

Nach der klassischen Leadership-Definition von Kotter [23, 24] sind Leader per se und qua Amt für Change zuständig. Darin besteht jedenfalls nach angelsächsischer Auffassung die Hauptaufgabe von Leadern. Strategie, Vision, Motivation, Inspiration, Transformation (s. Kap. 7) sind einige der Tools, die Leadern zur Verfügung stehen, um ihre Aufgabe wahrzunehmen. Sie werden generell als Mittel verstanden, um Stakeholder, insbesondere die Organisation selbst und Beschäftigte, zu beeinflussen. Auch wenn diese Mittel in vielen Kulturen wirksam sein können, ist die Liste der möglichen Beeinflussungsmöglichkeiten für Change Leader etwas ethnozentrisch und auf keinen Fall erschöpfend. Der Forschungsstand liefert Aufschluss über drei Sub-Kompetenzen (s. Tab. 11.5), die international tätigen Change Leadern ergänzend zur Verfügung stehen müssen, wenn es um die Beeinflussung von Menschen und Organisationen geht, die anderen Kulturen angehören als der deutschen.

11.5.2.1 Harmoniefähigkeit

Change Leader, die in diesem Bereich kompetent sind, belassen es nicht unbedingt einfach bei aufgabenorientierter Kommunikation mit Gesprächspartnern in Change Situationen.

Tab. 11.5 Interkulturelle Kompetenzen erfolgreicher international tätiger Change Leader. (Linke Spalte: Ausgewählte Kompetenzen aus dem International Competency Set von WorldWork Ltd.; Übersetzung von WorldWork Ltd.; eigene Darstellung. Rechte Spalte: ausgewählte Sub-Kompetenzen aus dem International Competency Set von WorldWork Ltd. und von Franklin; Übersetzung von WorldWork Ltd. und Franklin. Eigene Darstellung)

Beeinflussen:	
	Harmoniefähigkeit
	Breites Repertoire an Einflussstilen
	Sensibilität für den Gesamtkontext
Synergie:	
	Komplementaritäten schaffen
	„New Practice" schaffen

Sie zeigen Wärme und Aufmerksamkeit beim Umgang mit Change Followern anderer Kulturen und bauen Beziehungen und Vertrauen auf einer persönlichen Ebene auf, um Change Follower für das Change Projekt zu gewinnen und so ihre Change Ziele leichter zu erreichen. Sie wählen verbale und nonverbale Mittel, die für Gesprächspartner anderer Kulturen angenehm sind; auch auf diese Weise können sie internationale Change Follower für sich gewinnen und beeinflussen.

11.5.2.2 Breites Repertoire an Einflussstilen

Change Leader, die ein breites Repertoire an Einflussstilen besitzen, stellen sich auf den Kommunikationsstil derer ein, die sie beeinflussen möchten, und übernehmen ihn sogar. Dies verleiht ihnen die Fähigkeit, Menschen mit einem Stil zu ‚führen', der für sie angenehm ist. So können sie Vertrauen aufbauen und eine Vielzahl von Change Followern zur engagierten Mitarbeit motivieren.

Viele Führungskräfte, speziell deutsche Führungskräfte, erheben für sich den Anspruch, authentisch und konsistent in ihrem Interaktionsstil sein zu wollen. Das verstärkt ihre Autorität und ihre Überzeugungskraft, so meinen sie. (Dabei verkennen sie häufig, dass sie von nicht-deutschen Mitarbeitern als zu direkt, sogar als unnötig aggressiv und konfrontativ erlebt werden.) Change Leader mit einem breiten Repertoire an Einflussstilen legen aber weniger Wert auf diese Konsistenz. Sie spüren, welcher Kommunikationsstil dem Gesprächspartner angenehm, in seinen Augen überzeugend und deshalb effektiv ist, und wenden im Sinne eines *behavioural matching* den entsprechenden Stil an: eher formell oder eher informell, eher emotional oder eher neutral, faktenorientiert oder ideenorientiert usw.

11.5.2.3 Sensibilität für den Gesamtkontext

In diesem Bereich kompetente Change Leader erkennen, wie die hierarchischen Strukturen und Entscheidungsprozesse in einer Organisation funktionieren und wo die politische Macht liegt. So verstehen sie, wie man die Organisation am besten beeinflussen kann. Solche Change Leader können Veränderung auch deshalb herbeizuführen, weil sie sich Zugang zu einflussreichen und mächtigen Menschen verschaffen. Sie verstehen, wie wichtig Beziehungen zu solchen Menschen und Netzwerken sind, damit diese die Erreichung ihrer Change Ziele unterstützen. In Deutschland wird eine solche Vorgehensweise von nicht wenigen Fach- und Führungskräften als zu politisch oder sogar unethisch abgelehnt. Forschungsergebnisse zeigen aber, dass in asiatischen Kulturen und vielleicht überraschend auch in Frankreich diese Kompetenz ausgeprägt ist und die Norm bilden mag.

11.6 Komplementarität und Synergie – ein neuer Blick auf kulturelle Andersartigkeit für Change Leader und eine ‚neue' Ressource

Vor dem Hintergrund eines neulich aufgekommenen Diskurses in Wissenschaft [25, 26] und Praxis über interkulturelles Management sollten die oben erwähnten persönlichen Ressourcen um eine weitere Komponente ergänzt werden, die auf einer positiven und produktiven Sichtweise auf kulturelle Andersartigkeit als Ressource im internationalen Management basiert. Dieser Ansatz geht davon aus, dass kulturelle Unterschiede nicht nur unerwünschte, negative Auswirkungen haben, sondern durchaus konstruktive und bereichernde Effekte erzeugen können. Man kann also von kultureller Komplementarität und interkulturellen Synergien (s. auch Tab. 11.5) sprechen, die auch im Change Management genutzt werden können.

11.6.1 Sich ergänzende Puzzleteile: Kulturelle Komplementarität

Kulturelle Komplementarität beschreibt nach Barmeyer und Franklin [26] einen Zustand, in dem scheinbar widersprüchliche, aber für sich gesehen gleichermaßen wertvolle, wertebasierte Charakteristika einzelner Individuen (z. B. Haltungen, Normen, Verhaltensmuster, Praktiken) aus verschiedenen Gruppen sich gegenseitig ergänzen und ein neues Ganzes bilden. Von einem interkulturellen Standpunkt aus repräsentieren diese Eigenschaften relative Unterschiede, wenn Individuen oder Gruppen aus verschiedenen sozialen Systemen zusammen interagieren. Das Konzept *Kulturelle Komplementarität* [27, 28] versucht, diese Unterschiede so zu kombinieren, dass sie sich ergänzendes (nicht gegensätzliches und möglicherweise konflikterzeugendes) Handeln und Verhalten erzeugen. Dies verbessert die Performance, auch im Change Management, indem genau jene Charakteristika ausgewählt werden, die am besten zum jeweiligen Change Kontext, der Aufgabe und zu den beteiligten Individuen passen. (Im Gegensatz zu interkultureller Synergie (siehe unten) entstehen dabei nicht zwingend bislang unbekannte aber wünschenswerte Resultate.).

Um kulturelle Komplementarität in Management-Interaktionen sowohl auf Organisationsebene als auch auf individueller Ebene zu erreichen, benötigen Individuen gewisse kognitive, affektive und verhaltensbezogene Kompetenzen (Wissen, Fertigkeiten, Einstellungen, Charakteristika). Barmeyer und Franklin [26] nennen drei grundlegende Bedingungen, die erfüllt sein müssen, damit diese Kompetenzen interkulturelle Komplementarität erzeugen können:

- Die Individuen müssen eine wertefreie Offenheit besitzen, die es ihnen ermöglicht, die Charakteristika und Eigenschaften anderer (kultureller) Gruppen ohne Ethnozentrizität wertzuschätzen. Sie sollten kulturelle Andersartigkeit nicht ablehnen oder lediglich tolerieren (d. h. hier ungerne ertragen), sondern akzeptieren, so Bennett [29]; Hawes und Kealey [30]; Kelley und Meyers [31]; Langer [32]; Wiseman et al. [33] und wertschätzen [34, 35]. Dadurch werden die Charakteristika und Eigenschaften anderer Gruppen als eine Stärke wahrgenommen.
- Die Charakteristika, die nun als Qualitäten und Stärken wertgeschätzt werden, werden bewusst als Ressourcen eingesetzt.
- Die Charakteristika werden kombiniert, um der jeweiligen Situation bestmöglich zu entsprechen.

Wenn in Change Management Projekten kulturelle Komplementarität als Tool eingesetzt werden soll, müssen Change Leader so ausgewählt werden und Aufgaben auf Change Follower so verteilt werden, dass kulturbeeinflusste, veränderungsförderliche bzw. -hinderliche Werte, Normen und Praktiken entsprechend berücksichtigt werden. Dies dürfte eine große Herausforderung sein, da sowohl Erfahrungen im Bereich „Change" als auch im interkulturellen Management erforderlich sind. Sind Change Leader, die international eingesetzt sind, vor Aufnahme ihrer internationalen Tätigkeit interkulturell qualifiziert? Die Antwort lautet leider häufig ‚Nein'.

11.6.2 Zwei plus zwei macht fünf: Interkulturelle Synergie

Der Begriff „Synergie" hat in den letzten Jahren aufgrund seiner Assoziation mit Maßnahmen zur Kosteneinsparung überwiegend negative Konnotationen erhalten. „Synergien" sollen geschaffen werden, indem Funktionen von Organisationen in Unternehmensfusionen miteinander kombiniert werden.

Hier wird aber der Begriff in einem anderen Sinne verwendet. Im Zusammenhang mit internationalem Change Management kann man interkulturelle Synergien verstehen als die innovativen und kreativen Outputs, die durch die Kombination und Interaktion von Individuen aus verschiedenen Kulturen entstehen können und die qualitativ hochwertiger sind als die Summe einzelner Handlungen von Individuen [26]. Diese Outputs können sich aus dem Zusammenwirken unterschiedlicher, nationalkulturell beeinflusster Werte, Normen, Perspektiven und Deutungsschemata ergeben.

Zu Beginn der Interaktion sind diese qualitativ hochwertigeren Outputs zwar noch unbekannt (und in diesem Sinne zu unterscheiden von kultureller Komplementarität, siehe oben) und deshalb nicht genau vorhersehbar, aber durchaus erstrebenswert [26]. Sie bergen Vorteile für soziale Systeme allgemein und insbesondere Organisationen [36].

Diese Vorteile entstehen nicht lediglich durch die Komplementarität kultureller Unterschiede mit den jeweiligen Stärken der einzelnen Kulturen. Vielmehr wird die Entstehung komplementärer Beziehungen gezielt gefördert, um kreative und innovative Outputs zu erzeugen. Bedeutungen und Handlungen werden in interkulturellen Interaktionen von den Kommunikationsteilnehmern konstruiert und ausgehandelt [26] – zum Beispiel in der Begegnung des angelsächsischen Pragmatismus mit deutscher Regel- und Strukturorientierung und asiatischer Flexibilität. Da diese Bedeutungen und Handlungen durch die vielfältigen Ansichten, Werte und Praktiken der verschiedenen Interaktionspartner beeinflusst werden, haben sie das Potenzial, kreativ und innovativ zu sein [26]. Diese Bedeutungen und Handlungen münden in neuen Ideen, Ansätzen und Lösungen. Die höhere Kreativität von multikulturell besetzten Teams ist in der groß angelegten Meta-Analyse von Stahl et al. [37] in der Tat nachgewiesen worden.

Eine erste Voraussetzung für die Schaffung interkultureller Synergie in internationalen Change Projekten ist für förderliche Rahmenbedingungen und Prozesse zu sorgen. Dazu gehört z. B. die Beteiligung nicht nur interkulturell kompetenter Fach- und

Führungskräfte (s. Abschn. 11.4 oben) sondern auch solcher, die durch Geburt und Erziehung in bi-kulturellen Familien (z. B. ein Elternteil ist Deutscher, der andere Engländer) und/oder durch internationale Erfahrung als Kinder von Expats oder als Expats selbst, über die Fähigkeit verfügen, mehr als nur eine kulturbeeinflusste Perspektive einzunehmen. Durch diesen sogenannten Polyzentrismus sind sie in der Lage, neutrale(re) Meta-Positionen bei der Schaffung und Beurteilung kreativer Arbeitsergebnisse und Lösungen zu vertreten [26].

Ein bekanntes Beispiel für die erfolgreiche Nutzung kultureller Komplementaritäten und interkultureller Synergien ist die lange Zeit gelungene Führung der strategischen Allianz von Renault und Nissan durch Carlos Ghosn, der selbst als in Brasilien geborener Manager auch noch Affinitäten zum französischen und zum libanesischen Kulturkreis und somit den angesprochenen Polyzentrismus besitzt.

Zu den Prozessen, die zur Generierung interkultureller Synergie beitragen, gehört derjenige Prozess, der in der Kompetenz *Synergie* aus dem *International Competency Set* von Worldwork Ltd. zum Ausdruck kommt. Dabei geht es um eine Kommunikations- und Moderationsfertigkeit, die es einem Change Leader ermöglicht, Arbeits- und Problemlösungsprozesse sowie Besprechungen und Diskussionen in internationalen Gruppen so zu gestalten, dass unterschiedliche, kulturbeeinflusste Perspektiven nicht unterdrückt, sondern richtig verstanden werden und entsprechende Berücksichtigung finden.

Wie dies geschehen kann, hängt u. U. von der Zusammensetzung der Gruppe ab, aber grundsätzlich gilt, dass dafür gesorgt wird, dass

- Status- und Hierarchieunterschiede nicht zum Ausdruck kommen,
- Gesprächsanteile ungefähr gleich bleiben,
- alle Gesprächsbeiträge wertschätzend zur Kenntnis genommen werden und
- die Möglichkeit von Gesichtsverlust minimiert wird.

Ziel ist es, nicht *Best Practice* auszuwählen, sondern *New Practice* zu erzeugen. Zu den Synergie-Prozessen, die im internationalen Change Management angewendet werden können, gehört außerdem z. B. die Vorgehensweise, die Hampden-Turner und Trompenaars [38] im Zusammenhang mit der Dilemma-Theorie von Hampden-Turner [39] vorschlagen (s. Tipps zum Weiterlesen).

Vor allem müssen Change Leader bei der Generierung von Synergien über die interkulturellen Pull-Kompetenzen *Offenheit* und *Flexibilität* (s. Abschn. 11.3, Tab. 11.2) in der Zielverfolgung, d. h. der Change *Umsetzung,* verfügen. Warum? Die Synergien, d. h. die innovativen, kreativen Outputs, die sich aus dem Zusammenwirken kultureller Unterschiede in der Gruppe ergeben, werden anders sein als die ursprünglichen Intentionen des Change Leader. Um diese im Change Projekt überhaupt zuzulassen, wertzuschätzen und darauf einzugehen, muss ein Change Leader persönliche Offenheit und Flexibilität besitzen.

11.7 Kernaussagen

Das Kapitel beschreibt die Werte erfolgreicher Fach- und Führungskräfte, die als persönliche Ressourcen im internationalen Change-Management eingesetzt werden können, nämlich *Stimulation, Selbstbestimmung* und *Hedonismus.* Außerdem werden diejenigen Werte beschrieben, die in solchen Zusammenhängen eher hinderlich sind, nämlich *Sicherheit, Konformität* und *Tradition.* Es folgt eine ausführliche Darstellung der Einstellungen, nämlich *Offenheit* und *Flexibilität,* die als Driver von Change in interkulturellen Zusammenhängen gelten. Ferner werden interkulturelle Kommunikationsfertigkeiten beschrieben, die zum effektiven Handeln aller Beteiligten am internationalen Change erforderlich sind: *Transparenz, Klare Kommunikation, Darlegung von Absichten, Aktives Zuhören und Aufmerksamkeitsintensität.* Einen weiteren Schwerpunkt des Kapitels bildet die Beschreibung der fundamentalen sowie der interkulturellen Kompetenzen eines erfolgreichen international eingesetzten Change-Leaders: *Persönliche Autonomie* und *Emotionale Stärke* einerseits sowie *Beeinflussen* und *Synergie* andererseits. Im letzten Teil des Kapitels wird auf die Rolle eingegangen, die *Kulturelle Komplementarität* sowie *Interkulturelle Synergie* bei der Umsetzung eines internationalen Change-Projektes spielen können.

Literatur

1. Machiavelli, N. (1513). *Il Principe. Kapitel 6.* Leipzig: Philipp Reclam. German edizione: Machiavelli, N. (1842). *Der Fürst* (Übers G. Regis). Cotta: Nikol.
2. Pfeffer, J., & Salancik, G. R. (1978). *The external control of organizations: A resource dependence perspective.* New York: Harper & Row.
3. Colbert, B. A. (2004). The complex resource-based view: Implications for theory and practice in strategic human resource management. *The Academy of Management Review, 29*(3), 341–358.
4. Schwartz, S. H., & Bilsky, W. (1987). Toward a universal psychological structure of human values. *Journal of Personality and Social Psychology, 53*(3), 550–562.
5. Schwartz, S. H. (1992). Universals in the content and structure of values: Theoretical advances and empirical tests in 20 Countries. *Advances in Experimental Social Psychology, 25,*1–65.
6. Ros, M., Schwartz, S. H., & Surkiss, S. (1999). Basic individual values, work values, and the meaning of work. *Applied Psychology – An International Review 48*(1), 49–71.
7. Schwartz, S. H., Melech, G., Lehmann, A., Burgess, S., Harris, M., & Owens, V. (2001). Extending the cross-cultural validity of the theory of basic human values with a different method of measurement. *Journal of Cross-Cultural Psychology, 32*(5), 519–542.
8. Schwartz, S. H. (2012). An overview of the Schwartz theory of basic values. *Online Readings in Psychology and Culture, 2*(1), 1–20.
9. Schwartz, S. H., Cieciuch, J., Vecchione, M., Davidov, E., Fischer, R., Beierlein, C., et al. (2012). Refining the theory of basic individual values. *Journal of Personality and Social Psychology, 103*(4), 663–688.
10. Schmidt, P., Bamberg, S., Davidov, E., Herrmann, J., & Schwartz, S. H. (2007). Die Messung von Werten mit dem ‚Portraits Value Questionnaire'. *Zeitschrift für Sozialpsychologie, 38,* 261–275.
11. Spencer-Oatey, H., & Franklin, P. (2009). *Intercultural interaction.* London: Palgrave McMillan.

12. Arasaratnam, L. A., & Doerfel, M. L. (2005). Intercultural communication competence: Identifying key components from multicultural perspectives. *International Journal of Intercultural Relations, 29*(2), 137–163.
13. Dinges, N. G., & Baldwin, K. D. (1996). Intercultural competence. A research perspective. In D. Landis & R. S. Bhagat, (Hrsg.), *Handbook of Intercultural Training* (2. Aufl., S. 106–123). Thousand Oaks: Sage.
14. Hammer, M. R. (1989). Intercultural communication competence. In M. K. Asante, W. B. Gudykunst, & E. Newmark (Hrsg.), *Handbook of International and Intercultural Communication* (S. 247–260). Newbury Park: Sage.
15. Spitzberg, B. H. (1989). Issues in the development of a theory of interpersonal competence in the intercultural context. *International Journal of Intercultural Relations, 13*(3), 241–268.
16. Spitzberg, B. H., & Chagnon, G. (2009). Conceptualizing intercultural competence. In D. K. Deardorff (Hrsg.), *The SAGE Handbook of Intercultural Competence* (S. 2–52). Thousand Oaks: Sage.
17. Byram, M. (1997). *Teaching and assessing intercultural communicative competence*. Clevedon: Multilingual Matters.
18. Chen, G.-M., & Starosta, W. J. (1996). Intercultural communication competence: A synthesis communication. *Yearbook, 19*(1), 353–384.
19. Gudykunst, W. B. (2004). *Bridging differences. Effective intergroup communication* (4. Aufl.,). London: Sage.
20. Kühlmann, T., & Stahl, G. (1998). Diagnose interkultureller Kompetenz: Entwicklung und Evaluierung eines Assessment-Centers. In C. Barmeyer & J. Bolten (Hrsg.), *Interkulturelle Personalorganisation (Intercultural Personnel Management)* (S. 213–224). Sternenfels: Wissenschaft & Praxis.
21. Landis, D., & Bhagat, R. S. (1996). *Handbook of Intercultural Training* (2. Aufl.). Thousand Oaks: Sage.
22. Ting-Toomey, S. (1999). *Communicating across Cultures*. New York: Guilford Press.
23. Kotter, J. P. (1990). What leaders really do. *Harvard Business Review, 68,* 103–111.
24. Kotter, J. P. (1990). *A force for change: How leadership differs from management*. New York: Free Press.
25. Stahl, G. K., & Tung, R. L. (2015). Towards a more balanced treatment of culture in international business studies: The need for positive cross-cultural scholarship. *Journal of International Business Studies, 46*(4), 391–414.
26. Barmeyer, C., & Franklin, P. (2016). *Intercultural management. A case-based approach to achieving complementarity and synergy*. London: Palgrave Macmillan.
27. Barmeyer, C. (2007). *Management interculturel et styles d'apprentissage. Etudiants et dirigeants en France, en Allemagne et au Québec*. Québec: PUL.
28. Hampden-Turner, C. (2000). What we know about cross-cultural management after thirty years. In D. Lynch & A. Pilbeam (Hrsg.), *Heritage and progress. From the past to the future in intercultural understanding* (S. 17–27). Bath: LTS.
29. Bennett, M. J. (1986). A developmental approach to training for intercultural sensitivity. *International Journal of Intercultural Relations, 10,* 179–186.
30. Hawes, F., & Kealey, D. J. (1981). An empirical study of Canadian technical assistance: Adaption and effectiveness on overseas assignment. *International Journal of Intercultural Relations, 5*(3), 239–258.
31. Kelley, C., & Meyers, J. E. (1993). *The cross-cultural adaptability inventory*. Yarmouth: Intercultural Press.
32. Langer, E. J. (1989). *Mindfulness*. Cambridge: Perseus.

33. Wiseman, R. L., Hammer, M. R., & Nishida, H. (1989). Predictors of intercultural communication competence. *International Journal of Intercultural Relations, 13*(3), 349–370.
34. Bennett, M. J. (1979). Overcoming the golden rule: Sympathy and Empathy. In D. Nimmo (Hrsg.), *Communication Yearbook 3* (S. 407–422). New Jersey: Transaction.
35. Cui, G., & Van den Berg, S. (1991). Testing the construct validity of intercultural effectiveness. *International Journal of Intercultural Relations, 15*(2), 227–241.
36. Adler, N. J. (1980). Cultural Synergy: The management of cross-cultural organizations. In W. W. Burke & L. D. Goodstein (Hrsg.), *Trends and issues in OD: Current theory and practice* (S. 163–184). San Diego: Pfeiffer & Company.
37. Stahl, G. K., Maznevski, M. L., Voigt, A., & Jonsen, K. (2010). Unraveling the effects of cultural diversity in teams: A meta-analysis of research on multicultural work groups. *Journal of International Business Studies, 41*(4), 690–709.
38. Hampden-Turner, C., & Trompenaars, F. (2000). *Building cross-cultural competence. How to create wealth from conflicting values*. Chichester: Wiley.
39. Hampden-Turner, C. (1990). *Charting the corporate mind*. London: Free Press.

Tipps zum Weiterlesen

40. Barmeyer, C. (2012). *Taschenlexikon Interkulturalität*. Göttingen: Vandenhoeck & Ruprecht.
41. Barmeyer, C., & Franklin, P. (2016). *Intercultural management. A case-based approach to achieving complementarity and synergy*. London: Palgrave Macmillan.
42. Comfort, J., & Franklin, P. (2014). *The mindful international manager. How to work effectively across cultures*. London: Kogan Page.
43. Spencer-Oatey, H., & Franklin, P. (2009). *Intercultural interaction. A multidisciplinary approach to intercultural communication*. London: Palgrave Macmillan.

12 Die Herausforderungen der Veränderung im Generationenübergang meistern

Weiche Erfolgsfaktoren beim Generationenübergang in Familienunternehmen

Beatrice Rodenstock

In Deutschland stehen von den Unternehmen, die eigentümergeführt und in Familienhand sind, im Zeitraum zwischen 2014 und 2018 ca. 135.000 übergabereife Unternehmen zur Übernahme bereit [1]. Davon verfügen 49 % noch nicht über eine Planung für die Nachfolgeregelung, 35 % haben momentan noch keine, wollen sich aber später darum kümmern. Nur 9 % verfolgen definitiv eine familieninterne Lösung [2]. Das heißt, nur die wenigsten Unternehmer haben sich auf einen Nachfolger festgelegt.

Gerade einmal die Hälfte der bisherigen Übergaben gelingt [3]. Viele Übergaben scheitern an den zwischenmenschlichen Konflikten, die nicht zielführend gelöst werden können. Das heißt, es fehlt die eigentliche Bereitschaft der Beteiligten, die Übergabe so umzusetzen, dass sie für alle gelungen erscheint.

Was kann man tun, um die Neigung zur Übergabe zu erhöhen? Dieses Kapitel soll Wege aufzeigen, wie man die Bereitschaft zur Übergabe bei verschiedenen Schlüsselpersonen so erfasst und analysiert, dass man sie gezielt verbessern kann.

Diese Fragen werden Ihnen im folgenden Kapitel beantwortet

- Warum scheitern so viele Unternehmen an der Übergabe?
- Was sind die wesentlichen Erfolgshebel für einen gelungenen Generationenübergang?
- Wie kann man die Übergabebereitschaft bei den verschiedenen Beteiligten diagnostizieren, um so Handlungsfelder frühzeitig zu erkennen?
- Mit welchen Maßnahmen kann die Übergabebereitschaft verbessert werden?

B. Rodenstock (✉)
Rodenstock-Gesellschaft für Familienunternehmen mbH, München, Deutschland
E-Mail: br@rodenstock-gfu.de

G. Baltes und A. Freyth (Hrsg.), *Veränderungsintelligenz*,
https://doi.org/10.1007/978-3-658-04889-1_12

Aus Sicht des Übergebenden

- Wie kann ich allen gerecht werden?
- Wie kann ich mein Lebenswerk erhalten und in gute Hände geben?
- Womit kann ich Vertrauen aufbauen – bei mir und den anderen Beteiligten –, sodass der Nachfolger seine Aufgabe meistern kann?
- Woran erkenne ich, falls ich selbst die Übergabe behindere?
- Wie mache ich mich selbst bereit zur Übergabe?

Aus Sicht der nachfolgenden Generation

- Bin ich bereit, eine Rolle im Unternehmen zu übernehmen?
- Wieso kommt die Übergabe immer wieder ins Stocken?
- Wie kann ich sachliche und konstruktive Gespräche zum Thema Übergabe führen?
- Wie erreiche ich eine verbindliche Übergabeplanung?
- Wo setze ich an, um mehr eigenständige Entscheidungen im Unternehmen treffen zu können?

12.1 Generationenübergang in Familienunternehmen als besonderer Veränderungsprozess

Die Treiber beim Generationswechsel in Familienunternehmen sind nicht ergebniswirksame Themen oder die Reaktion auf Marktveränderungen. Es ist die Ablösung des Firmenseniors oder der -seniorin als Unternehmensführer bzw. Haupteigentümerin, in der Regel durch einen oder mehrere Vertreter der folgenden Generation.

Führungswechsel in Unternehmen sind klassische Change-Management-Prozesse. Die Erneuerung an der Spitze beeinflusst neben der Strategie meist Strukturen und Prozesse, die sich auf das Personal und die Unternehmenskultur auswirken. Wenn in einem Familienunternehmen die Führung übergeben wird, betrifft dieser Veränderungsprozess nicht nur das Unternehmen, sondern auch die Familie und die Eigentumsverhältnisse in Firma und Familie.

Denn in Familienunternehmen treffen drei Bereiche aufeinander, in denen unterschiedliche Werte und Logiken gelten: Eigentum, Familie und Unternehmen (Abb. 12.1).

Das System Familie unterscheidet sich vom System Unternehmen vor allem dadurch, dass die Mitglieder konstant sind. Eine Kündigung beziehungsweise ein Austausch ist praktisch unmöglich. Beendet ein Familienunternehmer die Tätigkeit als Kopf des Unternehmens oder gibt er wesentliche Anteile am Familienbetrieb ab, betreffen die Änderungen die jeweiligen Bereiche ganz unterschiedlich. Er ist in Zukunft zwar nicht mehr das Oberhaupt des Unternehmens, der Unternehmenslenker, aber durchaus noch das Familienoberhaupt,

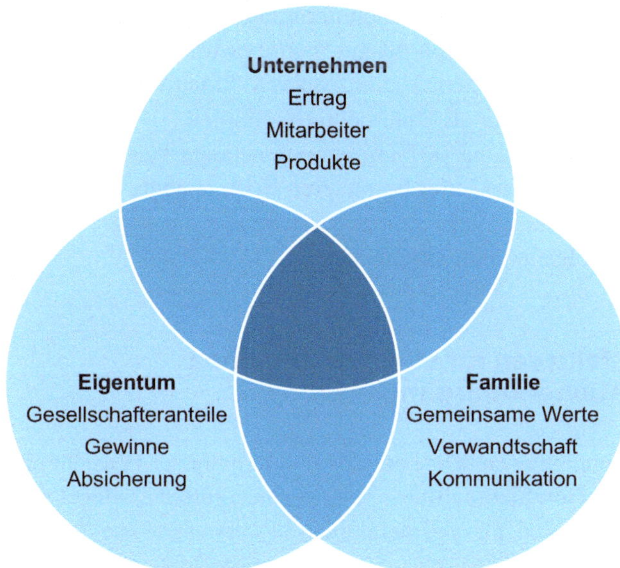

Abb. 12.1 Systemlogiken Familienunternehmen. [23]

das sich um die Belange und Zukunft der Familie kümmert. Außerdem handelt es sich in Familienbetrieben beim Führungswechsel nicht um einen reinen Personen-, sondern fast immer um einen Generationswechsel mit unterschiedlichen Rollen.

Aufgrund der feststehenden familiären Beziehung bleibt zum Beispiel ein Vater, der Vater in der Familie, auch wenn er die Betriebsleitung abgibt. Die Tochter bleibt seine Tochter. Ihre Rollen innerhalb der Familie und ihre Beziehung zueinander aber werden sich ändern, wenn die Tochter anstelle des Vaters das Unternehmen führt. Die neue Rolle im betrieblichen Umfeld fördert möglicherweise den Emanzipationsprozess der Tochter oder verleiht ihrer Stimme bei bestimmten Familienentscheidungen mehr Bedeutung. Das wiederum prägt die Beziehung weiterer Familienmitglieder zu Vater und Tochter. Die bisherige Rollenteilung und -trennung steht beim Generationenübergang zur Disposition und diese mögliche Änderung wird eine – fördernde oder behindernde – Haltung der anderen Familienmitglieder zu diesem Änderungsprozess auslösen. Die Hierarchien im Familiensystem bleiben bestehen, die Rollen und Verantwortlichkeiten ändern sich aber.

Auch die Stellung von Vater und Tochter im Gesellschafterkreis bleibt vom Führungswechsel nicht unbeeinflusst. Sollte die Tochter als Nachfolgerin auch die Mehrzahl der Unternehmensanteile erhalten, verschieben sich die Gewichte noch mehr. Während die Gesellschafter von Nicht-Familienunternehmen, die hauptsächlich über die Beteiligung dem Betrieb verbunden sind, einfach ihre Verbindung per Verkauf lösen können, besteht die verwandtschaftliche Beziehung der Familiengesellschafter fort. Sie sind damit unausweichlich in den Veränderungsprozess des Generationswechsels eingebunden. Eingebunden sein, bedeutet auch Einfluss auf den Veränderungsprozess zu haben. Dieser Einfluss kann sich unterschiedlich auswirken: fördernd, wenn die Beteiligten gemeinsame Ziele verfolgen und bereit sind, die Übergabe gemeinsam voranzutreiben, hindernd, wenn es an dieser Übergabebereitschaft fehlt.

Die Verknüpfung familiärer und unternehmerischer Aspekte und die damit verbundenen Konsequenzen sind den Beteiligten oft gar nicht bewusst. Sie unterscheiden dann nicht, aus welcher Rolle heraus sie gerade eine konkrete Situation wahrnehmen oder ein Ziel verfolgen – als Familien- oder als Unternehmensmitglied.

Beim Generationenübergang in Familienunternehmen handelt es sich also um einen Change-Management-Prozess unter besonderen Bedingungen, bei dem aufgrund der Verbindung der Unternehmens- und Familienbereiche von einem größeren Kreis an Schlüsselpersonen und Erfolgsfaktoren auszugehen ist.

12.2 Erfolgsfaktoren für einen gelungenen Generationenübergang

Der Generationenübergang ist sehr komplex und in gewisser Hinsicht einmalig, weil jede Familie ihre eigene Geschichte mitbringt. Die eine „goldene" Regel für die erfolgreiche Nachfolge gibt es also nicht. Vielmehr müssen verschiedenste Bereiche beachtet und immer wieder miteinander in Einklang gebracht werden.

Vereinfachend kann man von vier Themenkomplexen sprechen, die auf den Erfolg einer Unternehmensnachfolge entscheidenden Einfluss haben: der rechtliche, der finanziell-betriebswirtschaftliche, der steuerliche und der psychologische Themenkomplex [5].

12.2.1 Harte Erfolgsfaktoren

Als „hart" gelten im Wirtschaftsleben Faktoren wie Kosten, Kapitalumschlag oder Durchlaufzeiten, die in ökonomischen Kennziffern darstellbar sind [4].

Steuern, Recht und Finanzen zählen zu den harten Faktoren, weil sie auf Fakten und Gesetzen beruhen. Beim Generationenübergang fließen sie in die Analyse der Ist-Situation ein, die am Anfang jeder Nachfolgeplanung steht und im Laufe der Übergabe immer wieder aktualisiert werden sollte.

Erfolgskritisch sind aus **juristischer** Perspektive vor allem das Erb- und Güterrecht, das Gesellschaftsrecht und die Verträge. Bei der Bestandsaufnahme werden Fragen geklärt, wie:

- Welcher Güterstand besteht?
- Welche Regelungen gibt es für den Notfall (Testamentsform, Handlungsvollmachten, Pflichtteile etc.)?
- Wie ist im Gesellschaftsvertrag die Übertragung von Anteilen geregelt?

Hier liegen manche Fallstricke aus, die unbedingt vermieden werden müssen.

Im Rahmen der **finanziell-betriebswirtschaftlichen** Analyse werden unter anderem

- die wirtschaftliche Situation und Entwicklung des Unternehmens festgestellt,
- Annahmen bezüglich der künftigen Entwicklung und Liquiditätsplanung getroffen,
- Fragen zur Altersvorsorge des Unternehmers geklärt. Gerade die Regelung der Altersvorsorge des Seniors oder der Seniorin beeinflusst erheblich die Bereitschaft zur Übergabe. Denn wenn ihre Altersvorsorge von den künftig zu erwirtschaftenden Erträgen des Nachfolgers abhängt, werden sie meist auch nach der offiziellen Übergabe immer noch die Leitung des Unternehmens beobachten, weil davon ihre finanzielle Existenz abhängt.

Dazu kommt die Feststellung der **steuerlichen** Voraussetzungen, die etwa eine Zusammenstellung der Vermögensgegenstände nach Vermögensgruppen sowie die Dokumentation der Lohnausgangssumme erfordert.

Diese harten Faktoren müssen frühzeitig, fachkundig und sorgfältig bearbeitet werden, damit eine Unternehmensnachfolge günstig verläuft. Meist begleiten externe Fachleute wie Steuerberater und Juristen diesen Prozess.

In der Regel sind die harten Faktoren den Beteiligten bewusst – manchmal sogar zu sehr. Nicht selten treibt der Wunsch, die Erbschafts- und Schenkungssteuer zu optimieren, den Senior an, den Übergabeprozess zu einem bestimmten Zeitpunkt einzuleiten. Ob der Nachfolger überhaupt schon bereit und fähig ist zu übernehmen, bleibt zweitrangig. Die Anteile werden steueroptimiert auf die Nachkommen verteilt ohne zu bedenken, ob es für das Unternehmen sinnvoll ist, wenn der zukünftige Chef im Gesellschafterkreis jede Betriebsentscheidung mit zahlreichen Familienmitgliedern abstimmen muss, die gar nicht im Unternehmen arbeiten.

Betriebswirtschaftliche Überlegungen führen nicht selten dazu, dass ein Senior die Kinder in die Unternehmensnachfolge drängt, weil kein Außenstehender den unrentablen Kleinbetrieb übernehmen will. Ein schlecht motivierter Nachfolger allerdings wird es kaum schaffen, die Firma langfristig zu retten.

> Wenn allein harte Faktoren Zeitpunkt und Art der Nachfolgeregelung diktieren, wird der Generationenübergang nicht gelingen.

Doch auch dort, wo die Übergabe nicht einseitig oder egoistisch motiviert ist, sondern planmäßig und überlegt angegangen wird, gilt der Grundsatz, dass sich **die harten Faktoren nicht von den weichen Faktoren trennen** lassen. Oft spielen schon bei der Feststellung der Ist-Situation die „weichen", zwischenmenschlichen Aspekte eine Rolle, wenn etwa die Situation und Entwicklung des Unternehmens bewertet werden soll. Hier können die Einschätzungen von Übergebendem und Nachfolger durchaus differieren, weil sie aus unterschiedlichen Perspektiven auf das Unternehmen sehen – als Lebenswerk oder als Investition, die erst einmal finanziert werden muss und risikobehaftet ist.

Spätestens wenn es um die künftige Strategie bezüglich des Unternehmens und des Eigentums geht, wenn der Kriterienkatalog für den Nachfolger formuliert oder die Verteilung der Unternehmensanteile neu geregelt werden soll, werden die Ansichten und Interessen der Beteiligten auseinandergehen. Sie müssen sich aber bei allen Fragen zunächst ihre eigene Position bewusst machen und dann gemeinsam zu einem Konsens finden. Und die entscheidende Grundlage für einen tragfähigen Konsens ist, dass die Beteiligten bereit sind, die Übergabe gelingen zu lassen.

12.2.2 Weiche Erfolgsfaktoren

Die psychologischen und zwischenmenschlichen Aspekte, die sogenannten „weichen" Faktoren, spielen also im ganzen Übergabeprozess eine entscheidende Rolle (vgl. Kap. 6). Weiche Faktoren betreffen Images, Stimmungen, aber auch Wissen und daraus resultierendes Verhalten (De-/Motivation) sowie Handlungsweisen (Unterstützung/Widerstand) [4]. Genauer gesagt **betreffen die weichen Faktoren vor allem die Art der Beziehung der Beteiligten:**

- Wie tragfähig und ehrlich ist sie?
- Wie kommuniziert man miteinander?
- Kann man auch über die Themen sprechen, die einen wirklich bewegen und antreiben, wie Ängste, Erwartungen, Wünsche, Ziele, Werte und Erfahrungen?
- Wie geht man mit unterschiedlichen Vorstellungen, Rollen, Gefühlen, Zielsetzungen und vor allem mit Konflikten um?

Oft sind diese Faktoren den Beteiligten beim Generationenübergang nicht so bewusst oder werden, weil sie schlecht greifbar erscheinen, nicht angegangen. Dass scheidende Familienunternehmer von Beginn an Psychologen oder Mediatoren in den Generationenübergang einbinden, geschieht eher selten.

Das Problem ist, dass **ohne geeignete psychologisch-zwischenmenschliche Voraussetzungen auch keine tragfähigen Entscheidungen im Bereich der harten Faktoren getroffen werden können.**

Dabei ist die **Bedeutung von weichen Faktoren für das Gelingen von Veränderungsprojekten nachgewiesen** (vgl. Kap. 6). In der IBM-Studie „Making Change Work" von 2008 [6] wurden 59 % der Veränderungsprojekte von den Befragten als gescheitert betrachtet, nur 41 % erfüllten die Vorgaben bezüglich Zeit, Qualität und Budget. Als wichtigste Erfolgsfaktoren nannten die Befragten sechs weiche Faktoren, am häufigsten mit 92 % die „Unterstützung durch das Top-Management" gefolgt von der Einbindung der Mitarbeiter (72 %). Auch die Hauptbarrieren auf dem Weg zum Erfolg sind „weich": Denkweisen und Einstellungen, die Unternehmenskultur und die unterschätzte Komplexität liegen bei den Gründen für das Scheitern noch vor Ressourcenknappheit [6].

12.3 Weiche Faktoren als Chance und Risiko beim Generationenübergang in Familienunternehmen

In Familienunternehmen ist die Bedeutung der „weichen" Faktoren noch höher zu bewerten als in anderen Firmen. Die nicht messbare emotionale Ebene spielt aufgrund der verwandtschaftlichen Beziehungen eine weitaus wichtigere Rolle. Das System Familie beruht eben nicht nur auf Unkündbarkeit, sondern auch auf Liebe und Zuneigung via Geburt. Genau diese emotionale Dimension spielt in die Unternehmensebene mit hinein und macht die Herausforderungen speziell.

12.3.1 Chancen

Die starken Emotionen können Quelle starker Energien sein. Hier liegen die Chancen von Familienunternehmen. So wird ihr Erfolg nicht selten von „weichen" Faktoren (mit)getragen, nämlich von der herausragenden Motivation und Unterstützung der Familienmitglieder, die aufgrund der besonderen Bindung untereinander und zum eigenen Unternehmen ein Engagement entwickeln, welches das von durchschnittlichen Angestellten bei weitem übersteigt. Unternehmerfamilien identifizieren sich mit dem Unternehmen, mitunter so sehr, dass die Firma personifiziert und wie ein Familienmitglied betrachtet und behandelt wird. Zuweilen hat sie sogar Vorrang vor den Belangen der Familienmitglieder.

Ein Firmeninhaber verlässt sein Unternehmen, sein „Lebenswerk", nicht so leicht wie ein angestellter Geschäftsführer und verkauft es nicht so leicht wie ein Investor. Er will es unbedingt in guten Händen wissen. Die Gesellschafterin eines Familienunternehmens verbindet mit ihren Anteilen weniger kurzfristige ökonomische Vorteile als den langfristigen Erhalt des Familienunternehmens. Der Verzicht darauf, allein nach „harten" Faktoren wie Gewinnmaximierung zu entscheiden, kann also den Erfolg von Familienunternehmen stützen.

Zudem betrifft der Veränderungsprozess „Generationswechsel" die meisten Familienmitglieder nicht nur im betrieblichen Umfeld, sondern oft in allen drei Bereichen. Wo mehr auf dem Spiel steht, wächst die Unsicherheit ebenso wie die emotionale Beteiligung, die aufgrund der verwandtschaftlichen Beziehungen ohnehin größer ist. Das kann den Erfolg der Übergabe beflügeln, weil etwa der Wunsch, das (eigene) Familienunternehmen zu erhalten, die Beteiligten zu besonderen Anstrengungen oder Verzicht motiviert.

12.3.2 Risiken

Die Vermischung der Bereiche Familie, Unternehmen und Eigentum führt eben dazu, dass bei Übergaben immer mehrere Bereiche gefährdet sind. Kommt es zu Konflikten oder scheitert die Unternehmensnachfolge sogar, betrifft das nicht nur die berufliche Existenz. Das Vermögen und insbesondere die familiären Beziehungen stehen ebenfalls auf dem Spiel. Die Betroffenen verlieren mit der finanziellen Existenz auch noch die familiäre Bindung und damit letztendlich das soziale Netz, das sie umgibt.

Beispiel 1: Existenzielle Verunsicherung

Der Senior ist 71 Jahre alt und hat bis zum letzten Jahr einen mittelständischen Familienbetrieb im verarbeitenden Gewerbe geleitet. Auch jetzt noch ist er jeden Tag in der Firma unterwegs. Er weiß über alle Vorgänge in jeder Abteilung Bescheid. Am Wochenende schaut er immer wieder nach dem Rechten. In Urlaub geht er höchstens für ein paar Tage und bleibt immer erreichbar, falls irgendetwas schiefgeht. Er verlangt stets Rechenschaft über alle Geschäftszahlen, weil sich danach auch seine Altersvorsorge bemisst.

Sein Sohn Martin macht sich Sorgen um die Gesundheit des Vaters. Der Arzt hat seinen Vater schon mehrmals ermahnt, kürzerzutreten. Einen Schlaganfall hatte er schon. Aber der Vater hat wohl nach wie vor den Eindruck, ohne ihn würde der Laden nicht laufen.

Dabei arbeitet Martin schon seit vielen Jahren im Familienbetrieb und ist Anfang des Jahres offiziell als Nachfolger eingesetzt worden. Es irritiert ihn, dass sein Vater weiterhin jeden Tag seinen Rundgang durch die Fabrikhallen macht. Er fühlt sich in seiner Autorität als Chef untergraben, wenn sich sein Vater nicht nur in alle Entscheidungen einmischt, sondern einige sogar offen kritisiert und im Gespräch den Mitarbeitern rät, sich nicht an die neuen Verfahrenstechniken zu halten, die alten hätten sich doch in zwanzig Jahren wahrlich bewährt. Damit stellt der Senior nicht nur die Kompetenz seines Nachfolgers infrage. Martin fühlt sich auch als Sohn von seinem Vater hintergangen und nicht akzeptiert, weil dem Vater offensichtlich das Vertrauen in die Leistungsfähigkeit seines Sohnes fehlt.

Mit diesen existenziellen Fragen im Hintergrund bergen die weichen Faktoren an der Schnittstelle von Familie, Unternehmen und Eigentum ein enormes Konfliktpotenzial. Unklare oder enttäuschte Erwartungen, Wünsche und Verletzungen aus dem familiären Bereich können in betriebliche Prozesse hineinspielen, Entscheidungen in einem Bereich haben Auswirkungen in den anderen. Generationswechsel in Familienunternehmen scheitern überwiegend an der schwer kontrollierbaren Konfliktdynamik, die an den Schnittstellen von Familie, Unternehmen und Gesellschafterkreis entsteht. In einem persönlichen Gespräch mit Rudolf Wimmer bestätigt Prof. Brun-Hagen Hennerkes, dass Streit in Familienunternehmen der größte Wertevernichter in der deutschen Wirtschaft ist [7].

Beispiel 2: Unbewusste Motive

Ein Familienunternehmer hat zwei Söhne, Robert und Matthias, die beide im Betrieb arbeiten. Robert will die Unternehmensführung übernehmen, wenn der Vater zurücktritt. Sein Bruder Matthias dagegen achtet lieber auf seine Work-Life-Balance und strebt keine Führungsverantwortung an. Er traut Robert die Leitung zu. Doch er befürchtet eine Verschlechterung seiner persönlichen Situation, wenn Robert übernimmt. Nicht nur, dass sein Bruder plötzlich sein Chef wäre. Wird er nicht auch in der Familie eine ganz andere Stellung einnehmen, wenn er erst den Betrieb führt? Ist nicht schon jetzt die Bindung zwischen dem Vater und Robert enger geworden, weil sie gemeinsam die Übergabe planen und die Unternehmensstrategie diskutieren? Und um das Ganze zu finanzieren, soll Matthias jetzt auch noch auf den Anspruch seines Erbteils verzichten, den Pflichtteil. Er hat das Gefühl, dass die Übergabe finanziell und familiär zu seinen Lasten geht, bezweifelt öffentlich Roberts Eignung und tritt vehement für einen familienexternen Nachfolger ein.

Die Beispiele geben einen gewissen Einblick in mögliche emotionale Befindlichkeiten. Wenn diese nicht ausreichend bekannt sind, dann kann nicht darauf eingegangen werden. Somit können sie ein Risiko für den Übergabeprozess darstellen.

Die weichen Faktoren überwiegen die harten bei weitem. Sie bilden vor allem die Grundlage für die vielen Entscheidungen, die im Lauf eines Generationswechsels gemeinschaftlich getroffen werden müssen und stellen damit die Basis für den Erfolg oder Misserfolg der Übergabe.

12.3.3 Widerstände

Wie oben beschrieben, bedarf es für die erfolgreiche Umsetzung einer Übergabe mehr als des Betrachtens und Kontrollierens der harten messbaren Faktoren. Was sind die Widerstände und Barrieren gegenüber dem Veränderungsvorhaben, die zu Verzögerungen bei der Umsetzung führen?

J. M. Kobi [8] postuliert in *Management des Wandels,* dass je turbulenter und instabiler die Märkte und Ziele sind, desto weniger helfen harte (Management-)Regeln. Werte und die daraus resultierende Kultur müssen beachtet und in Einklang gebracht werden. Nicht nur der Verstand und das Herz müssen angesprochen, sondern auch die Gefühle miteinbezogen werden. **Wird eine Übergabe nur faktisch geplant und umgesetzt, so führt dies meistens direkt zu Widerständen bei den Beteiligten.** Gemäß einer Kienbaum-Studie [9] ist Unternehmenskultur die Basis für unternehmerischen Erfolg. Unter Widerständen verstehen Experten, wenn geplante Entscheidungen und Maßnahmen, die objektiv als sinnvoll und logisch erachtet werden, aus unerfindlichen Gründen auf diffuse Ablehnung treffen [10].

Gründe für den Widerstand gegen die Übergabe können vordergründig sachlich-rational sein, wie etwa unterschiedliche Meinungen des Übergebenden und des Nachfolgers über die Ziele des Unternehmens und die Wege zu ihrer Erreichung. Nicht selten jedoch beruht der eigentliche Widerstand auf emotionalen Gründen. Beispiel: Der übergebende Inhaber fürchtet den Macht- und Statusverlust, die Nachfolgerin hat Angst vor Missachtung und Versagen oder davor, dass ihr die Anerkennung und die Liebe des Vaters entzogen werden, wenn sie scheitert.

Diese eigentliche Motivation für den Widerstand wird aber meistens nicht offengelegt und kann damit zu unvorhersehbaren, irrationalen Handlungen führen [11].

Im Unterschied zu anderen Change-Management-Prozessen muss sich beim Generationenübergang der Eigentümer und Unternehmenslenker selbst für die Übergabe motivieren. Er muss dafür so engagiert sein, dass er zugleich den Nachfolger zur Übernahme motivieren kann, damit beide ausreichend bereit für die konstruktive Umsetzung der Übergabe sind.

Das ist umso schwieriger, als der Übergeber in der Regel in einem Zielkonflikt steht: Einerseits will er den Erfolg des Unternehmens durch eine gelungene Übergabe sichern, andererseits beschneidet er damit seine eigene Macht. Darin liegt meistens die Basis für Konflikte und Widerstand. Wenn der Unternehmensleiter den Staffelstab übergibt, muss er akzeptieren, dass der Nachfolger etwas Neues machen kann und damit nicht zwangsläufig das Lebenswerk oder gar die Person des Übergebenden infrage stellt. Bereit für die Übergabe ist der Senior erst, wenn er akzeptieren kann, dass der Nachfolger nicht alles ganz genauso machen wird, wie er selbst, wenn er dem Nachfolger zugesteht, es auf seine eigene Art und Weise zu schaffen, mit einer neuen Handschrift. Oft verbirgt sich hinter der Ablehnung des Neuen die Angst, dass damit die bisherige Art und Weise des Handelns infrage gestellt, ja sogar das Lebenswerk vergänglich sein könnte.

12.3.4 Notwendige Rollenklärungen im Rahmen des Generationenübergangs

Ein weiterer wesentlicher Aspekt, der Risiken bei der Übergabe in sich birgt, ist die unbewusste Vermischung von unterschiedlichen Rollen und den damit verbundenen Interessen und Verhaltensweisen. Die Klärung der Rollen, als Familienmitglied, Unternehmer und Eigentümer ist deshalb ein wesentlicher Baustein der weichen Faktoren, um unvorhergesehene Konflikte zu vermeiden.

Dafür ist es bei familieninternen Übergaben wichtig, sich die Überschneidung der Rollen bewusst zu machen, das heißt sich immer wieder zu fragen: Auf Basis welcher Rolle handle oder empfinde ich gerade? Handle ich zum Beispiel im Kontext des Unternehmens als übernehmende Mitarbeiterin oder Kollegin oder eher in der Rolle der Tochter? Die Vermischung zwischen Themen aus der Rolle in der Familie (Eltern-Kind-Themen) und der Rolle im Unternehmen kann verschiedene Auswirkungen haben. Hier einige typische Beispiele aus unserer Erfahrung:

- Die Übernehmenden leiden darunter, dass die Übergebenden ihnen nichts zutrauen und sie keine Fehler machen lassen. Dahinter kann häufig der Wunsch der Eltern stecken, ihre Kinder vor schlechten Erfahrungen und Fehlern zu schützen. Würde der Senior die Übernehmenden nicht als Kinder, sondern als Mitarbeiter betrachten und sich bewusst machen, es handelt sich um objektive Herausforderungen, denen sich jeder in einer solchen Position stellen sollte, könnten die Übernehmenden ihre wichtigen eigenen Erfahrungen machen und ihr Selbstvertrauen dabei stärken.

- Hinter dem vorher skizzierten mangelnden Zutrauen des Übergebenden kann aber auch tatsächlich ein Zweifel an der Kompetenz des Übernehmenden stecken. Dieser Zweifel wird dann manchmal nicht ausgesprochen, um die Kinder nicht zu verletzen oder weil sich der Übergebende nicht sicher ist, inwieweit seine subjektive Einschätzung nicht durch die Eltern-Kind-Rolle verzerrt ist. Deswegen eignet sich zur neutralen Bewertung der Fähigkeiten der Übernehmenden ein objektives Bewerbungs- bzw. Einstellungsverfahren. Ein Assessment-Center auch für Familienmitglieder kann helfen, allen Beteiligten eine objektive Rückmeldung zu den Potenzialen zu geben, ohne die Betrachtung durch die Eltern- oder Kind-Perspektive zu verzerren.
- Kinder wiederum wollen es oft Ihren Eltern recht machen, trauen sich nicht zu widersprechen oder kritische Themen anzusprechen, weil sie als Kinder Angst haben, ihre Eltern zu verletzen.
- Auch ein historisch hierarchisches Verhältnis in der Familie kann dazu führen, seine Ideen und Ziele nicht klar vorzubringen und durchzusetzen, wie man es bei familienfremden Kollegen oder Vorgesetzten tun würde.
- Wenn sich die Mutter als Vorgesetzte nicht an die vereinbarten Ziele hält, sollte man sie ebenso darauf hinweisen können und Konsequenzen einfordern, wie jeder Familienexterne auch. Dabei sollte man sich als Übernehmender z. B. folgende vergleichende Fragen ehrlich stellen, um sich der Rollenüberschneidungen und ihrer Auswirkungen bewusst zu sein: Traue ich mir das zu, meine Mutter als Übergebende darauf hinzuweisen, dass sie sich nicht an die Vereinbarungen hält? Wie würde ich in der Rolle als Mitarbeiter/Vorgesetzter in einem externen Unternehmen, mit familienfremden Mitarbeitern reagieren? Fühle ich mich als Kind im Unternehmenskontext mit meinen Rückmeldungen ernst genommen?
- Privat hat man als Sohn oder Tochter vielleicht eine gute Beziehung zu seinen Eltern. Das bedeutet aber nicht unbedingt, dass im Unternehmen die Zusammenarbeit ebenso gut funktioniert. Im Unternehmen gelten andere Rahmenbedingungen als in der Familie. So können beispielsweise Absprachen nicht einfach mündlich am Küchentisch beim Abendessen vereinbart werden. Im Unternehmen gibt es meistens offizielle schriftliche Entscheidungen, die für alle Mitarbeiter nachvollziehbar und an messbare Ziele geknüpft sind. Meinungsverschiedenheiten sollten nicht vor den Mitarbeitern ausgetragen werden, sondern immer unter vier Augen.

Die Trennung der familiären privaten Themen und der eigentümer- und unternehmensrelevanten Themen sollte, je nach Kontext, immer Zielsetzung sein. Nur so kann auch eine konstruktive Lösung für die Themen im Unternehmen gefunden werden. Kommt es zur Vermischung wird die Diskussion hoch emotional und nicht konstruktiv, steuer- und lösbar. Letztlich muss sich jeder offen die Frage stellen, ob man mit den eigenen Verwandten dauerhaft beruflich umgehen möchte.

12.3.5 Weiche Faktoren handhabbar machen

Wenn also die weichen Faktoren so entscheidend für den Erfolg eines Veränderungsprojektes und insbesondere eines Generationenübergangs sind, warum werden sie dann nicht ausreichend in Planung und Umsetzung einbezogen? Das liegt an den klassischen Projektmanagementmodellen, die auf harten Fakten beruhen und meist zur Steuerung von Veränderungsvorhaben eingesetzt werden: Die Optimierung der Zielgrößen, Qualität, Kosten und Termine steht im Vordergrund. Dazu kommt, dass weiche Faktoren zu wenig fassbar erscheinen. Woran orientieren sich Menschen bei ihrem Verhalten? Unter welchen Voraussetzungen entsteht die Energie, die sie dazu veranlasst, bestimmte Dinge zu wollen und sich dafür zu engagieren?

Häufig fehlt schlicht das Instrumentarium, um die „Intangibles" der Beziehungsebene handhabbar zu machen. Was nicht messbar ist, ist eben auch nicht steuerbar und lässt sich auch nicht in die faktenorientierten Planungen integrieren.

Um diesem Dilemma zu entgehen soll hier ein erster Schritt vorgestellt werden, wie weiche Faktoren hart, d. h. messbar, gemacht werden können.

Werden die weichen Faktoren messbar, so wird es möglich, ihre Bedeutung bei Veränderungsvorhaben ins Zentrum der Aufmerksamkeit zu rücken. Die Bedeutung der weichen Faktoren zur Erreichung der harten Faktoren – der Geschäftsziele – kann so für alle Beteiligten transparent und steuerbar gemacht werden.

Ein Assessment der Übergabebereitschaft könnte in Beispiel 1 (Abschn. 12.3.2) etwa aufzeigen, dass dem Senior Kriterien und vereinbarte Erfolgsnachweise fehlen, um ausreichend Vertrauen in die Führungskraft seines Sohnes aufzubauen. In Beispiel 2 (Abschn. 12.3.2) würde eine Analyse offenbaren, dass Matthias nicht an Roberts Eignung zweifelt, aber einen finanziellen Ausgleich für sein Pflichtteil möchte. Zudem müsste sein Vater ihm vermitteln, dass er keineswegs in seiner Achtung und Zuneigung sinkt, wenn er zugunsten seines Bruders Robert auf die Unternehmensführung verzichtet und es andere Bereiche und Wege gibt, mit ihm Gemeinsamkeit zu erleben.

Welche Faktoren es im Übergabeprozess gibt und wie man sie messen kann, ist Thema der folgenden Kapitel.

12.4 Faktoren der Übergabebereitschaft

12.4.1 Übergabebereitschaft als wesentlicher Erfolgshebel

Übergabebereitschaft ist beim Generationswechsel ein zentraler Erfolgsfaktor für das Gelingen der Übergabe.

Zentral ist zunächst die Übergabebereitschaft des Firmeninhabers oder der -inhaberin [12]. Als Unternehmensführer/in wird er oder sie den Übergabeprozess anstoßen und managen. Analog dazu sollte auf der Seite der jungen Generation die Bereitschaft zur Übernahme der Verantwortung bestehen, streng genommen also eine Über*nahme*bereitschaft

Auch die anderen Schlüsselpersonen wie Gesellschafterkreis und Familienmitglieder, Führungsmannschaft, Mitarbeiter, Kunden und Lieferanten können mit ihrer jeweiligen Bereitschaft, Veränderungen aktiv gestalten oder eben auch blockieren, den Übergabeprozess fördern oder behindern.

Damit die Übergabebereitschaft so positiv wie möglich, auch auf Dauer umgesetzt werden kann, bedarf es einiger Voraussetzungen. Man muss die Kulturen und Werte, die Erwartungen und Befürchtungen und Zielsetzungen der Beteiligten verstehen und gestalten. Bevor man sich allerdings ausführlich mit dem Hebel des *Wie,* der Gestaltung von Übergaben beschäftigt, sollte zunächst das *Was* genauer untersucht werden. Das heißt, was trägt dazu bei, dass die ausreichende Bereitschaft zur Veränderung aller an der Übergabe Beteiligten vorhanden ist, damit die Übergabe gelingen kann? Zunächst sollte also der Status quo der Übergabebereitschaft analysiert werden und, je nach Ergebnis, die Ursachen der Widerstände, die Gründe für zu geringe Bereitschaft der Beteiligten eruiert werden. Ansatzpunkt ist dabei die Behebung der Widerstände auf der Ebene der Person, der Familie und des Unternehmens [13].

12.4.2 Faktoren der Veränderungsbereitschaft im Überblick

Über die Bedingungen und Förderung der Bereitschaft lassen sich universelle Aussagen unabhängig vom spezifischen Veränderungsvorhaben treffen (Abschn. 6.2). Michael Reiß nennt sie in seinem Buchbeitrag **Akzeptanzfaktoren** [14].

Akzeptanz (Akzept ursprünglich lat. Acceptum ist das Angenommene) ist die Bereitschaft etwas anzunehmen. Sie ist die bejahende Einstellung von Personen oder Gruppen gegenüber Neuerungen und Entwicklungen in Wirtschaft, Politik und Gesellschaft [15]. Bereitschaft ist die Voraussetzung von Akzeptanz und bezeichnet eine positive Einstellung, in diesem Falle gegenüber dem Veränderungsvorhaben. Die Frage stellt sich nun, wie man herausfinden kann, ob und in welchem Maße ausreichend Bereitschaft der Beteiligten für die geplante Übergabe vorhanden ist. An Hand welcher Faktoren lässt sich die Bereitschaft nachvollziehen und messen?

Vier Bereitschaftsfaktoren sind die Bestimmungsgrößen für den Grad der Übergabebereitschaft. Gleichzeitig zeigen sie Ansatzpunkte für gezielte Verbesserungsmaßnahmen auf. In ähnlicher Weise wurden diese Faktoren im Kap. 6 dieses Buches zum Zustandekommen von Veränderungsleistung auf individueller Ebene beschrieben. In diesem Beitrag werden die relevanten Faktoren auf den spezifischen Kontext des Generationenübergangs übertragen.

Übergabebereitschaft = Kennen+Können+Wollen+Sollen Alle vier Faktoren hängen unausweichlich zusammen. So wird man z. B. langfristig nur das wollen, was man auch kann und sein Wollen dem anpassen, was man darf. Man wird letztlich auch nur das Können verbessern, das man zu erlangen wünscht und Routine in jenen Fähigkeiten entwickeln, die durch die strukturellen Rahmenbedingungen zugelassen werden.

Die vier Übergabebereitschaftsfaktoren sind auf zwei Ebenen anzusiedeln: auf der Ebene Verhaltensbereitschaft mit den Faktoren Kennen und Können (Änderungsfähigkeit) und auf der Ebene der Einstellungsbereitschaft mit den Faktoren Wollen und Sollen (Änderungsbereitschaft). Diese beiden Ebenen müssen ausbalanciert sein, das heißt, gleich stark vertreten sein. Denken, Fühlen, Sprechen und Handeln sollten zusammenfallen um einen hohen Bereitschaftsfaktor zu erzielen.

Bereitschaft wird dadurch gefördert, dass die Betroffenen die Situation der Übergabe kennen, mit ihr umgehen können und sie auch wollen. Daher ist eine genaue Analyse der Bereitschaft wertvoll, weil sie den Beteiligten das Wissen liefert, wo die Chancen und Hürden bei der Übergabe liegen, was zur Optimierung getan werden kann und indem sie die Indikatoren der Faktoren deutlich besprechbar und damit auch änderbar macht.

Alle vier Faktoren sind für die Übergabebereitschaft relevant und wirken zusammen. Für die Übergabe sind aus unserer Erfahrung das Wollen und das Kennen maßgeblich. Um diese beiden besser in das Gesamtbild einordnen zu können, sollen hier zunächst die Faktoren Können und Sollen erläutert werden.

12.4.3 Akzeptanzfaktor Können

Können beinhaltet unterschiedliche Facetten wie Fachkompetenz, Methodenkompetenz, Sozialkompetenz, persönlichkeitsbezogene Kompetenz und Führungskompetenz. Um ausreichend bereit für die Übergabe zu sein, wird im Folgenden angenommen, dass die Beteiligten ein gewisses Maß an Wissen, Fähigkeiten, Fertigkeiten, kurz – Kompetenzen -benötigen und auch mitbringen. Nur wenn der Übergebende das Gefühl und die Gewissheit hat, dass der Nachfolger auch ausreichend kompetent ist, die Rollen und Aufgaben erfolgreich auszufüllen, kann er vertrauensvoll das Steuer übergeben (Abschn. 6.6).

Für den Nachfolger ist es ebenso notwendig zu wissen, dass er ausreichend kompetent ist, weil er dann auf Augenhöhe mit dem Übergeber, den Mitarbeitern, Kunden und anderen Stakeholdern umgehen und kommunizieren kann. Er weiß, was er kann und kann sich auch so im Zweifelsfall den anderen Familienmitgliedern beweisen und sicherstellen, dass auch er der am besten geeignete Nachfolger ist, auch im Vergleich zu potenziellen anderen Familienmitgliedern, die sich auf diesen Posten direkt oder indirekt beworben haben. Fakten schaffen und Erfolge generieren zu können, aufgrund der eigenen Erfahrungen und Kompetenzen, sind wesentliche Bausteine, um bei sich und anderen das Vertrauen zu schaffen, dass Unternehmen, Familie und Vermögen in guten Händen sind.

12.4.4 Akzeptanzfaktor Sollen

Bezogen auf die Übergabe in Familienunternehmen betrifft das Sollen die Rahmenbedingungen und Kultur des Unternehmens und der Familie, die eine erfolgreiche Übergabe begünstigen. Dazu gehören unter anderem die Traditionen und Do's and Don'ts sowie die Gesamtheit der geteilten Normen, Wertvorstellungen und Denkhaltungen, die das Verhalten der Familienmitglieder auf der Familienseite und das der Mitarbeiter auf der Unternehmensseite beeinflussen [16]. Diese kulturellen Rahmenbedingungen beeinflussen auch die Übergabebereitschaft (vgl. Abschn. 6.1). Manche Nachfolger können und wollen die Übernahme antreten, tun es aber nicht, weil es einem normativen Prinzip in der Familie oder dem Unternehmen widerspricht.

Beispiel

Zum Beispiel wäre die zweitgeborene Tochter wesentlich begabter als Unternehmensleiterin als der erstgeborene Sohn, doch die Tradition und die Familienverfassung lassen nur männliche Nachfolger zu. Oder der Schwiegersohn bzw. die Schwiegertochter wären bereit und kompetent, aber kommen nicht zum Zug, weil sie nach der Familienverfassung nicht zur Familie gehören.

Die gemeinsam getragenen kulturellen Bedingungen, die Normen und Werte als ausschlaggebende Basis für das Gelingen der Übergabe, werden hier nicht weiter ausgeführt, da sie in den Analysen der anderen beiden Faktoren Wollen und Kennen mit beinhaltet sind.

12.4.5 Akzeptanzfaktor Wollen

Das Wollen bildet, verbunden mit dem Kennen, nach unserer Erfahrung die wesentliche Basis für die Übergabebereitschaft. Gleichzeitig sind diese beiden Faktoren für die Beteiligten schwerer zu greifen, als das Thema der messbaren Kompetenzen (Können) oder der festgelegten Regeln, Verträge und Rahmenbedingungen (Sollen). Deswegen sollen sie im Folgenden ausführlicher analysiert werden.

Unter Wollen verstehen wir im Kontext der Veränderung „Generationenübergang", die in den Personen begründete Motivation – dem eigenen und dem gemeinsamen Willen – die Übergabe auch tatsächlich erfolgreich durchzuführen (vgl. Abschn. 6.5). Wenn ein spezifisches Verhalten stabil gezeigt werden soll, kommt es nicht nur auf die dafür notwendigen Kompetenzen an, sondern auch darauf, dass man dieses Verhalten zeigen möchte und die daran gebundenen Ziele für erstrebenswert hält. Unter Motivation soll hier die Summe der Beweggründe verstanden werden, die die Entscheidung und das Handeln einer Person beeinflussen. Hohes Engagement der Beteiligten wird nur dann erreicht, wenn sie sich auch emotional einbringen können und wollen. Allerdings kann man den Willen zur Übergabe nicht direkt bei den Beteiligten abfragen, sondern muss ihn anhand von unterschiedlichen Indikatoren feststellen und messbar machen.

Die folgenden Punkte, die als Voraussetzungen für das Wollen einer jeden Person verstanden werden sollen, beziehen sich vor allem auf zwei wesentliche Stoßrichtungen psychologischer Theorien: Prozess- und Bedürfnistheorie. Beide Bereiche sollen in der

Analyse berücksichtigt werden, da beide Dimensionen für die Bereitschaft zur Übergabe wesentlich sind.

a) **Prozesstheorien** konzentrieren sich auf den *extrinsischen Motivationsanteil* bei einer Person. Vrooms Erwartungs-Wert-Modell [17] kombiniert drei Aspekte.

▶ **Drei Aspekte extrinsischer Motivation:**
1. Die Person erwartet für ihre Handlungen entsprechende Belohnung.
2. Die Person misst der Belohnung einen entsprechenden Wert bei.
3. Die Handlung und das Ergebnis sollten auch die Bedürfnisse abdecken.

Ein wesentlicher Faktor für extrinsische Motivation ist beispielsweise die Höhe und Art der Entlohnung. **Der Übergebende sollte wissen,** inwiefern seine Zukunft finanziell abgesichert ist. Hängt seine finanzielle Absicherung weiterhin vom laufenden Geschäft und damit vom wirtschaftlichen Erfolg des Übernehmenden ab? Je unabhängiger die Absicherung vom Unternehmen und dem Wirtschaften des Nachfolgers ist, desto weniger muss der Übergebende sich in dessen Tätigkeiten einmischen.

Auch **der Übernehmende sollte genau wissen,** welche finanzielle Entlohnung mit der künftigen Position verbunden ist. Bekommt er ein unternehmensübliches Gehalt so wie seine Kollegen? Kann er damit seinen Lebensunterhalt bestreiten? Dann ist sein Gehalt objektiv nachvollziehbar und beinflussbar und unabhängig von seiner familiären Zugehörigkeit. Oft liegen in Familienunternehmen die Gehälter der übernehmenden Familienmitglieder entweder wesentlich unter dem durchschnittlichen Gehalt für deren Positionen oder auch deutlich darüber, sodass weder eine objektive Wertschätzung der Leistung, noch eine sinnvolle finanzielle Lebensplanung möglich ist. Das erschwert die Bewertung der Tätigkeit im Unternehmen und fördert Unzufriedenheit. Zu wenig Gehalt kann zu ständigen Diskussionen mit dem Übergebenden über mehr Gehalt führen oder von vornherein zu einer Ablehnung des Einstiegs. Zu hohes Gehalt gefährdet die Akzeptanz des Nachfolgers. Sein Gehalt erscheint als bloße Folge der Zugehörigkeit zur Unternehmerfamilie, seine Leistung wird dann gar nicht mehr gewürdigt. Diese Umstände sind nicht immer im Vorhinein klar, können aber die Übergabe erheblich stören. Der Übernehmende muss auch den Zusammenhang zwischen seiner Tätigkeit und der Belohnung erkennen können. Auch die wirtschaftlichen Erfolge der Firma sowie die Lebensumstände, die mit der Position als Unternehmensführer verbunden sind, können eine Motivation darstellen.

b) Die **Bedürfnistheorie** [18] hingegen erläutert hauptsächlich die *intrinsische Motivation* einer Person. Sie geht davon aus, dass der Mensch von Bedürfnissen und Motiven zu Handlungen veranlasst wird. Die Spanne der Bedürfnisse und Motive reicht dabei von Existenz- oder Selbstverwirklichungsbedürfnissen von Maslow [18] bis hin zu den von Herzberg [19] definierten sogenannten Motivatoren [20]. Es gibt drei Kernfaktoren der intrinsischen Anreize, die vorhanden sein müssen, damit die Beteiligten ausreichend motiviert sind, die Herausforderungen des Generationenübergangs anzunehmen.

Drei Kernfaktoren intrinsischer Anreize

1. Das **Vertrauen,** das die Beteiligten in sich selbst und die anderen beteiligten Schlüsselpersonen haben.
2. Das **Engagement,** die nicht selbstverständliche Einsatzbereitschaft, in der sich das Ausmaß des Wollens des Übergebenden und des Übernehmenden ausdrückt. Dazu gehört auch die Identifikation der Person mit dem Unternehmen, seinem Image, seinen Zielen, Produkten und Mitarbeitern.
3. Die Art der Kommunikation, die **konstruktive Rückmeldung über Verhalten und Leistung.** Durch diese Anerkennung und Förderung der Leistung steigt die Motivation der Beteiligten zu zielgerichtetem Handeln.

Da diese drei Faktoren nach unserer Erfahrung eine große Rolle beim Generationenübergang spielen, wird hier vertieft auf sie eingegangen.

12.4.6 Vertrauen als wesentlicher Aspekt des Akzeptanzfaktors Wollen

Vertrauen im Rahmen der Übergabe bezieht sich auf unterschiedliche Aspekte.

Einmal ist es das **gegenseitige Vertrauen des Übergebenden und Übernehmenden,** wodurch jeder seinen Weg gehen kann (der Übernehmende Schritt für Schritt ins Unternehmen, der Übergebende Schritt für Schritt aus der Verantwortung der Unternehmensleitung) und die Zeit der gemeinsamen Übergabe zusammen konstruktiv meistert. Dazu gehört auch das Vertrauen in die gegenseitigen Kompetenzen (vgl. Kap. 10). Für den Übernehmenden ist es von enormer Wichtigkeit zu wissen und zu erfahren, dass er die richtigen fachlichen und sozialen Kompetenzen einbringt, die für seine neue Rolle notwendig sind. Dies geschieht beispielsweise durch geschäftliche Erfolge, die Akzeptanz der Mitarbeiter, Kunden und Lieferanten. Nur dann erkennt der Übergebende, sein Lebenswerk ist in guten Händen. Die Erwartung, der Übernehmende wird die Firma genauso weiterleiten, wie es der Übergebende getan hat, ist allerdings illusorisch. Jeder muss seinen eigenen Weg bei der Übergabe entsprechend seiner Erfahrungen und Persönlichkeit finden und gehen können. Besteht diese Freiheit nicht, so sind die Konflikte bei der Übergabe vorprogrammiert, weil der Übernehmende die Rolle und Verantwortung nie zur Zufriedenheit des Übergebenden ausfüllen können wird. Die Zweifel an den Kompetenzen werden immer größer.

Aufseiten des Nachfolgers muss das **Vertrauen** vorhanden sein, **dass der Übergebende sein Wissen und seine Erfahrungen** an ihn so **weitergibt,** damit er sie für sich positiv verwerten kann.

Vertrauen bedeutet außerdem, das **Zutrauen zu sich selbst** zu haben, dem Prozess der Übergabe gewachsen zu sein. Für den Übernehmenden bedeutet das, sich zuzutrauen, den

Aufgaben, Entscheidungen und Verantwortlichkeiten gewachsen zu sein und dem Übergebenden und den anderen Führungskräften und Familiengesellschaftern auf Augenhöhe begegnen zu können. Für den Übergebenden heißt das aber auch gleichzeitig, bereit zu sein, die Veränderungen, die der Übernehmende im Unternehmen umsetzt, zu akzeptieren und nicht als Kritik an seiner bisherigen Unternehmensführung zu begreifen. Der Übernehmende wird bei der Übernahme seinen eigenen Weg im Unternehmen gehen. Dieser wird nie derselbe sein, er wird nie alles ebenso machen wie der Übergebende. Das Bewusstsein dafür und die gegenseitige Akzeptanz für das, was durch den Übergebenden erschaffen wurde und das, was durch den Übernehmenden Neues entstehen darf, ist eines der wesentlichen Merkmale des gegenseitigen Vertrauens in dem Prozess der Übergabe und ein Hebel für ihren Erfolg.

Meistens besteht aufgrund der familiären Beziehungen schon ein gewisses **Grundvertrauen** in den Nachfolger. Wer könnte es besser als der eigene Sohn oder die eigene Tochter? Wem kann man mehr vertrauen als der eigenen Familie? Tragen sie doch die Werte und die Kultur der Familie in sich und damit in die Firma hinein. Schaden sie der Firma, schaden sie gleichzeitig der eigenen Familie und sich selbst. Da der Vorgesetzte, Mitgeschäftsführer oder Mitgesellschafter gleichzeitig Vater oder Mutter sind, weiß man worauf man sich einlässt, weil die Erfahrung aus dem Zusammenleben in der Familie schon vorhanden ist.

Um das Vertrauen zu stärken, ist Offenheit und Transparenz in der gegenseitigen Kommunikation und im Umgang ein wesentlicher Bestandteil. Ein Unternehmer ist es oft gewohnt, seine unternehmerischen Entscheidungen alleine zu treffen und Dinge mit sich selbst auszumachen. Aus dieser Mentalität heraus hat er sich vielleicht schon lange vor der Übergabe überlegt, wie der Generationswechsel laufen und welches Familienmitglied sein Nachfolger werden soll und stellt dies nun – in der Familie – als gegeben hin. Diese geringe Offenheit, bezogen auf den Übergabeprozess und die Vorstellungen der anderen Familienmitglieder dazu, kann den Nachfolger verunsichern. Wird sich der Übergebende vor und während der Übergabe offener verhalten? Was passiert etwa, wenn der Vater und Mitgeschäftsführer während der Übergabe für sich beschließt, einen Unternehmensteil zu verkaufen, ohne dies vorher mit der Tochter und Mitgeschäftsführerin zu beraten oder sie auch nur zu informieren? Solche Gedanken erschüttern das Vertrauven in den Übergebenden und damit in den gesamten Prozess. Transparenz hinsichtlich der eigenen Gedanken und Vorhaben herzustellen, indem man die anderen frühzeitig teilhaben lässt, ist ein wesentlicher Baustein für wachsendes gegenseitiges Vertrauen. Das gilt für den Unternehmer ebenso wie für den Nachfolger.

12.4.7 Engagement als wesentlicher Aspekt des Akzeptanzfaktors Wollen

Die meisten Familienunternehmen sind erfolgreich, weil die Inhaber sich besonders mit dem Unternehmen identifizieren und sich überdurchschnittlich dafür engagieren. Sie stecken in das Unternehmen ihr ganzes Herzblut. Meistens bildet der Familienbetrieb auch die Existenzgrundlage für die ganze Familie und das Vermächtnis einer oder mehrerer Generationen und soll noch über weitere Generationen erhalten bleiben. Es ist mehr als nur ein Unternehmen, es spiegelt auch die Familiengeschichte und -tradition wider. Oft wird das Unternehmen wie ein Familienmitglied behandelt, dessen Interessen sogar manchmal über denen der natürlichen Familienmitglieder stehen.

Was bedeutet das für die Übergabe? Weil die meisten Übergebenden all ihre Zeit und Energie in das Unternehmen gesteckt haben, erwarten sie dasselbe Engagement auch vom Nachfolger. Nur, wenn er genauso sein Herzblut dafür gibt, ist er der richtige Nachfolger, an den der Übergebende beruhigt übergibt und sich zurückziehen kann.

Größtenteils ist eine gewisse Identifikation mit dem Unternehmen den Familienmitgliedern schon ab Geburt gegeben. Es ist ja immer schon da und bestimmt häufig das Familienleben. Allerdings stellt sich die Frage, ob die Bereitschaft, alles dafür zu geben, auch in der nächsten und in den folgenden Generationen noch so ausgeprägt sein wird. Identifikation kann nur entstehen, wenn die Nachfolger ein selbstbewusstes und enges Verhältnis zum Unternehmen haben. Sie sollten das Unternehmen weder als Konkurrenz während ihres Heranwachsens erfahren, noch als Mittel für Aufmerksamkeit oder als Ort der Liebe. Liebe und Anerkennung der Eltern sollten nicht von der Leistung in der Firma abhängen. Nur, wenn die nächste Generation von sich aus die Identifikation mit dem Unternehmersein entwickelt und nicht aus Verpflichtung den Eltern gegenüber, entwickeln sie das notwendige Engagement, um das Unternehmen weiter erfolgreich zu führen.

12.4.8 Kommunikation als wesentlicher Aspekt des Akzeptanzfaktors Wollen

Eine wesentliche Voraussetzung und Bedingung für Vertrauen ist neben einer bestehenden Kommunikation der Beteiligten, *wie* sie miteinander kommunizieren (vgl. Abschn. 10.1). Unausgesprochene Erwartungen, Gedanken, Gefühle, Ängste, Befürchtungen, Vorstellungen und Zielsetzungen haben das Potenzial für Enttäuschungen und damit für Konflikte. In Familienunternehmen liegt nun eine besondere Situation vor. Aufgrund der familiären Verflechtungen glauben viele, sie können das meistes erahnen oder wissen. Die Eltern wissen doch immer, was ihre Kinder denken und fühlen, auch ohne groß darüber zu sprechen. Schließlich kennt man sich ja Zeit seines Lebens. Doch genau diese Annahme birgt eine große Gefahr. Man tauscht sich zu wenig aus und lässt damit den anderen zu wenig teilhaben an dem, was einen bewegt, positiv wie negativ.

Dazu kommt, dass man sich nicht mit irgendeinem Vorgesetzten oder Mitarbeiter über die Übergabe einer bestimmten Position unterhält – es sind der Vater, die Mutter, die Tochter, der Sohn oder die Geschwister. Die Beziehung zu den eigenen Familienmitgliedern aber ist existenziell. Man wünscht sich Stabilität und Harmonie. Wenn diese infrage gestellt wird, könnten dadurch Probleme entstehen, bei denen die Führung des Unternehmens und dadurch auch die Übergabe auf dem Spiel stehen. So entsteht die Gefahr, lieber keine kritischen Themen oder Unklarheiten anzusprechen, Konflikten aus dem Weg zu gehen und seine Meinung lieber für sich zu behalten. Denn man will den Familienfrieden nicht verletzen, geschweige denn Vater oder Mutter.

Deswegen ist es wichtig ist, sich der unterschiedlichen Rollen bewusst zu sein und dies ebenso zu thematisieren, wie die eigenen Befürchtungen und Erwartungen.

Dabei sollte man dem Gegenüber zuhören, ihn verstehen wollen und sich auch in seine Situation hineinversetzen. Versuchen zu verstehen, wie es dem Übergebenden geht, wenn er sein Lebenswerk in andere Hände gibt. Wie kann man ihm diese schwere und einmalige Situation erleichtern? Im Gegenzug sollte sich auch der Übergebende in die Rolle des Nachfolgers versetzen und sich fragen, was ihm helfen könnte, gut in seine neue Rolle hineinzufinden.

Hinzu kommt, dass die Kommunikation in der Familie anders gehandhabt wird, als es im Unternehmensumfeld und für die Übergabe wichtig wäre. Innerhalb der Familie gibt es wenig formalisierte Kommunikationswege. Der Austausch über wichtige und unwichtige Dinge geschieht meistens spontan und unstrukturiert, weil man hier doch ungezwungen über alles sprechen können sollte. Vielleicht meinen viele unbewusst, die Zusammenarbeit im Unternehmen könnte den gleichen Regeln unterliegen, da sich ja an den Personen nichts ändert, nur am Kontext. Dies ist ein Trugschluss, denn durch den veränderten Kontext ändern sich auch die Rollen und damit die Bedingungen.

Im Umfeld des Unternehmens geht es um Vorgesetzte und Mitarbeiter, Geschäftsführer und Kollegen oder Geschäftsführer und Gesellschafter. Hier ist es wichtig, einen angemessenen Rahmen für die Diskussion von Themen zu finden. Das heißt, es sollten offizielle Termine im Büro mit Protokollen stattfinden, damit sichergestellt ist, alle Beteiligten haben das gleiche Verständnis von den besprochenen Punkten. So empfiehlt es sich zum Beispiel, den Übergabeplan in einzelnen Schritten gemeinsam zu erarbeiten und den genauen Zeitpunkt der endgültigen Übergabe zu fixieren.

Da der Übergabeprozess ein Prozess ist, bedarf es der regelmäßigen Absprachen, um auch immer wieder überprüfen zu können, ob man auch noch auf dem richtigen Weg ist oder etwas verändert oder angepasst werden sollte. Wenn die Kommunikation regelmäßig erfolgt, zum Beispiel als sogenannter Jour fixe, ist dies ein Zeichen beider Seiten für die Bereitschaft einer gelingenden Übergabe.

12.4.9 Akzeptanzfaktor Kennen

Der Akzeptanzfaktor Kennen ist ein weiterer wesentlicher Bestandteil für die Übergabebereitschaft. Denn nur wer die eigenen Ziele, Motive und Erwartungen und die der anderen *kennt,* kann sich für das Ziel der Veränderung, also der Übergabe engagieren und es auch zielgerichtet umsetzen. Ziele haben ein hohes Motivationspotenzial. Dies lässt sich aber nur entfalten, wenn sie für alle Beteiligten klar definiert und von allen gemeinsam getragen werden. Nur wer das Ziel kennt, kann treffen.

Je klarer die gemeinsamen Ziele der Beteiligten sind, desto klarer lassen sie sich mit den persönlichen Zielen abgleichen. So können potenzielle Zielkonflikte vermieden werden. Finden sich die Beteiligten in den gemeinsamen Zielen mit ihren Interessen und Erwartungen wieder, wirkt sich das positiv auf die Motivation und damit auf das Engagement aus.

Zur Analyse der Übergabebereitschaft gehört es also zu sehen, ob die Ziele aller Beteiligten auch allen klar sind, wo es Übereinstimmungen oder Unterschiede gibt und inwiefern die Ziele des Unternehmens und der Gesellschafter bzw. Familienmitglieder bei der Übergabe berücksichtigt sind. Das heißt, für eine ausreichende Bereitschaft ist es für die Betroffenen wichtig, eine klare Vorstellung von dem *Was,* dem *Wer,* dem *Wann* und dem *Wie* der Übergabe haben.

Für die Kenntnis des *Was* der Übergabe kristallisieren sich vor allem folgende zwei wichtige Dimensionen heraus.

a) So ist es zum einen wesentlich zu klären, inwiefern die Hauptbeteiligten, also der Unternehmer und sein Nachfolger, eine **Zukunftsperspektive** vor Augen haben, also eine Vorstellung der Zeit nach der Übergabe. Denn nur wer attraktive Perspektiven für die Zeit „danach" hat, kann die Verantwortung auch vollumfänglich abgeben. Übergaben geraten oft ins Stocken, weil es dem Übergebenden schwerfällt, sein Lebenswerk loszulassen. Also wirklich aus der operativen und strategischen Verantwortung auszusteigen und den Staffelstab endgültig an den Nachfolger zu übergeben. Woran liegt das genau? In den meistens Fällen liegt es daran, dass der Übergebende keine genaue Vorstellung davon hat, welche Rolle er nach der Übergabe in seinem Leben einnehmen soll. Er weiß meistens nicht genau, wo sein Platz im Leben nach der Übergabe ist und wie dieser aussehen soll. Der Übergebende ist mit Leib und Seele Unternehmer und hat für sein Lebenswerk, das Unternehmen gelebt. Er hat seine Aufgabe, seine Bestätigung und den Sinn seines Lebens darauf abgestimmt. Fällt dies vermeintlich weg, nimmt der Unternehmer das als akuten Sinnverlust wahr.

   Vom Unternehmer direkt ins Rentnerdasein zu wechseln, funktioniert meistens nicht. Wenn der Übergebende also keine klare Vorstellung davon hat, was der Sinn seines Lebens nach der Übergabe ist, wo seine Aufgaben liegen und wo er seine Schaffenskraft noch sinnvoll einbringen kann, dann wird er auch nicht das Unternehmen loslassen.

   Denn der Übergebende gibt eine Menge auf: die Aufgaben, das Prestige und die Herausforderungen der Unternehmensleitung. Deswegen sollte er genau wissen, warum es sich für ihn lohnt, seine Position zu übergeben und seine Rolle zu verändern. Er muss ein klares Bild seiner Zukunft vor Augen haben, das mindestens genauso attraktiv ist wie der jetzige Zustand. Vielleicht war ihm die Leitung auch schon eine Last. In jedem Fall kann das Loslassen, das Begleiten und Zusehen bei der Übernahme erst gelingen, wenn die eigene Option des Ausscheidens positiv besetzt ist. Umso wichtiger ist es, schon frühzeitig eine Perspektive aufzubauen und einen abgestimmten Plan hierfür zu entwickeln. Die Perspektive könnte etwa die Arbeit in einem Verband sein, die an das Ansehen, die Schaffenskraft und die Macht der früheren Position anknüpft. Oder auch Tätigkeiten in anderen Unternehmen als Business Angel, Mitgesellschafter oder in Beiräten.

Der oder die Übernehmende braucht ebenfalls eine Zukunftsperspektive. Sie müssen wissen, ob das Unternehmen zukunftsfähig ist, ob es sich also lohnt, die eigene Zukunft dafür zu investieren. Sie sollten sich selbst mit ihren Fähigkeiten an der Spitze des Unternehmens sehen können und diese Rolle auch bejahen. Auch für den Übergebenden ist es wichtig zu wissen, dass sein Nachfolger oder seine Nachfolgerin sich die Übernahme gut überlegt hat und zutraut. Für die Nachfolgenden ist es gut zu wissen, an wen sie sich vertrauensvoll wenden können, wenn sie Unterstützung brauchen. Könnte der Senior diese Unterstützung bieten oder sollte es jemand anderes sein? Nur wenn diese Themen frühzeitig besprochen werden, zum Beispiel anhand der in 1.7.2. angesprochenen Fragebögen, können die Beteiligten etwas ändern oder Maßnahmen dazu einleiten.

b) Die zweite Dimension des *Was* der Übergabe ist an die **Inhalte der Übergabeplanung** gekoppelt. Also **was wird von wem an wen wie wann übergeben?** In diesem Zusammenhang hat gleich zu Beginn die Klarheit über die Ziele der Übergabe sowie über die Unternehmensziele eine große Bedeutung. Denn um sich für etwas ausreichend engagieren zu können, muss man wissen was man wozu tut. Nur dann kann man auch wissen, wie man es am besten umsetzt. Klare Ziele bieten den Beteiligten auch Orientierung im Sinn von Sicherheit in Entscheidungssituationen [21]. Indem die Ziele der Übergabe definiert werden, können im Übergabeplan die Aufgaben entsprechend verteilt, Rollen und Verantwortlichkeiten zugeteilt werden, sowie erarbeitet werden, in welchen Schritten und in welchem Zeitraum der Übernehmende in seine Zielposition kommt. Die Festlegung der einzelnen Schritte der Verantwortungsübergabe sollte auf der Zeitschiene mit der Übernahme von Entscheidungsbefugnissen durch den Übernehmenden verbunden werden. Entscheidend dabei ist, welche Kompetenzen und Fähigkeiten der Übernehmende mitbringt und für welche Etappe der Übernahme der Verantwortung noch welche Kompetenzen gegebenenfalls benötigt werden.

Für alle Schlüsselpersonen ist es wichtig, das gleiche Verständnis dieser Ziele und Schritte im Übergabeplan zu haben. Am besten wird dies schriftlich von den Beteiligten festgelegt.

Im diesem Plan sollte nicht nur die Übernahme, sondern auch die Übergabe verbindlich und nachvollziehbar geregelt sein. Denn nur, wenn der Übergebende auch merklich seine Befugnisse und Verantwortlichkeiten abgibt, kann der Nachfolgende auch sinnvoll übernehmen. Die erfolgskritischen Meilensteine sollten regelmäßig überprüft werden. In dieser regelmäßigen Reflexion sollte offen besprochen werden, was gut entsprechend dem Übergabeplan verläuft, wo es Anpassungsbedarf oder noch zusätzlichen Klärungsbedarf gibt. Der endgültige Zeitpunkt der kompletten Verantwortungsübergabe, also die gesamte Übernahme der Verantwortung und damit der Leitung des Unternehmens des Nachfolgers, bildet den Abschluss der Übergabeplanung.

Die Klärung der Übergabeziele und Unternehmensziele als wichtiger Bestandteil im Übergabeprozess

a) **Übergabeziele**
Nicht jeder der Beteiligten hat bei der Übergabe die gleiche Zielsetzung. Schon der Übergebende selbst kann unterschiedliche Ziele verfolgen. Erstens sein eigenes, persönliches, zweitens das des Unternehmens und drittens das der Familie. Will der Unternehmer zum Beispiel die Firma übergeben, um kürzer zu treten, weil er reisen und sich um die Familie kümmern will? Oder weil er den Nachfolger noch beim Einstieg ins Unternehmen mit Rat und Tat unterstützen und sicherstellen möchte, dass es auch in seinem Sinne weiterläuft?
Auch der Übernehmende hat seine eigenen Ziele und Vorstellungen. Der Übergebende sollte erfahren, was die Motive des Nachfolgers für die Übernahme sind. Fühlt er sich verpflichtet das Familienerbe anzunehmen, um es den Eltern und der Familie recht zu machen? Tritt lieber er die Nachfolge an, bevor die Schwester oder der Schwager ans Ruder kommen oder will er mit der Übernahme den Wohlstand der eigenen Familie sichern? Oder ist es sein Ziel, das Unternehmen mit neuer Kraft und neuen Ideen weiter zu entwickeln und wiederum in die nächste Generation zu überführen? Je authentischer, profunder und transparenter die Motivation der Übergabe für das Unternehmen ist, desto tragfähiger und vertrauensstiftender ist sie für die Beteiligten. Unterschiedliche Ziele müssen dabei nicht zwingend zu einem Zielkonflikt führen. Die Analyse des Faktors „Kennen" zeigt jedoch auf, ob die unterschiedlichen Zielsetzungen jedem klar sind und die gemeinsame Schnittmenge, zum Beispiel die Steigerung des Gewinns des Unternehmens und damit die jährliche Ausschüttungsquote zu bedienen, auch jedem deutlich ist. Wenn die unterschiedliche Zielverfolgung nicht jedem bewusst ist, kann es zu Überraschungskonflikten kommen, die die Übergabe behindern.

b) **Unternehmensziele**
Ebenfalls sollte Klarheit über die Unternehmensziele herrschen. Die Strategie und Ausrichtung des Unternehmens in Zukunft muss für beide eindeutig sein und gemeinsam getragen werden. Über die Investitionen und Innovationen, die das Unternehmen benötigt, um in Zukunft bestehen zu können, sollten sich alle relevanten Schlüsselpersonen (Geschäftsführer, Führungskräfte, Gesellschafter, aber vor allem Übergebende und Übernehmende) einig sein. Die Kompetenz und Fähigkeiten des Geschäftsführers sollten bestimmt werden. Benötigt das Unternehmen einen starken Geschäftsführer, der durch schwierige Zeiten führen kann und viel externe Erfahrung hat? Sollte eine neue Unternehmensstrategie entworfen werden im Sinne der internationalen Expansion? Die Frage ist, ob diese notwendigen Ziele Übergebender und Übernehmender teilen oder ob es hierzu unterschiedliche Vorstellungen gibt. Wenn darüber nicht gesprochen wird und diese Ziele nicht gemeinsam festgelegt werden, führt dies zwangsläufig zu späteren Konflikten.

Letztlich sollte allen Beteiligten klar sein, wann die Übergabe erfolgreich ist. Welche Kriterien müssen erfüllt sein, damit die Übergabe als erfolgreich abgeschlossen gilt? Ist sie erfolgreich abgeschlossen, wenn der Nachfolger alle Unternehmensentscheidungen alleine und eigenverantwortlich trifft? Ist sie erfolgreich, wenn die Anteile mehrheitlich an den Nachfolger übergegangen sind? Ist die Übergabe mit einem offiziellen Fest oder Ritual oder Brief oder Pressetext abgeschlossen? Gibt es auch für den Fall, dass die Übergabe nicht so wie geplant umgesetzt wird oder überhaupt nicht, einen Plan B oder gegebenenfalls einen Notfallplan? Diese Fragen sollten gemeinsame beantwortet werden und auch in schriftlicher Form fixiert werden. Denn dies ist die Voraussetzung dafür, damit die Umsetzung erfolgen kann. Durch die Analyse des Faktors „Kennen" wird also rechtzeitig ersichtlich, wo genau es an der Bereitschaft zur Übergabe fehlt, und wo man ansetzen kann, um sie zu verbessern.

12.5 Schlüsselpersonen des Übergabeprozesses in Familienunternehmen (Konsens der Schlüsselpersonen)

Der Übergabeprozess wird meistens nicht nur durch Übergebenden und Übernehmenden bestimmt. Der Generationenübergang wird auch durch die Interessen zusätzlicher Schlüsselpersonen beeinflusst. Oftmals ist nicht allen bewusst, wer diese Personen zusätzlich zu dem Übergebenden und dem Übernehmenden sind, welche Einstellung sie zur Übergabe haben und welchen Einfluss sie auf Erfolg oder Misserfolg haben können. Deshalb ist es ratsam, sich in Form einer Art Stakeholder-Analyse einen Überblick über die wesentlichen am Prozess der Übergabe Beteiligten zu verschaffen (vgl. Kap. 1 und Abschn. 10.7) (Abb. 12.2).

Zunächst ist es also notwendig die wesentlichen Key Player vor der Planung des Übergabeprozesses zu bestimmen. Wer sind die offiziellen und inoffiziellen Meinungsmacher in der Familie und um die Familie herum? Dabei kann es natürlich auch familienexterne Schlüsselpersonen wie die firmeninternen Manager, Banker, Steuerberater etc. geben.

In einem zweiten Schritt ist dann für jede Schlüsselperson zu überlegen, welche Ziele, Erwartungen oder Befürchtungen diese in Bezug auf die geplante Übergabe, den Übergebenden und den Übernehmenden haben.

12.5.1 Familieninterne Schlüsselpersonen

Neben dem übergebenden Unternehmer bzw. der übergebenden Unternehmerin und dem oder der Nachfolgekandidat/in gibt es weitere Familienmitglieder, die eine Rolle beim

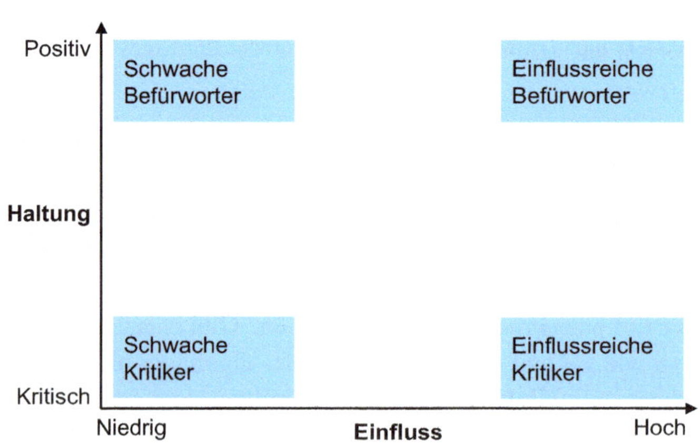

Abb. 12.2 Matrix Stakeholder-Analyse

Übergabeprozess und damit für die Übergabebereitschaft spielen. Wer das ist, variiert von Fall zu Fall. Wichtig sind in der Regel Familienmitglieder, die auch im Unternehmen tätig sind oder Anteile und Stimmrechte im Gesellschafterkreis halten. Dies können zum Beispiel Geschwister, Tanten/Onkel, Neffen/Nichten oder Cousins/Cousinen, auch entfernteren Grades sein. Selbstverständlich können dies aber auch die jeweiligen Ehepartner sein, die einen großen direkten oder indirekten Einfluss auf die am Prozess Beteiligten haben. Selbst wenn sie sich nie offen für die Nachfolge interessiert haben, hegen sie eigene Gefühle und Erwartungen zum Übergabemodell und den potenziellen Nachfolgern, die sich oft in langen Jahren aufgebaut haben. Sie dürfen keinesfalls außer Acht gelassen werden, weil auch sie – und sei es indirekt durch ihren Einfluss auf andere Stakeholder – den Übergabeprozess und damit die Bereitschaft für die Übergabe fördern oder behindern können.

Wie schwierig der Übergabeprozess werden kann, wenn nicht alle indirekt Beteiligten entsprechend berücksichtigt werden, soll in dem folgenden Beispiel erläutert werden.

Fallbeispiel für Schlüsselpersonen in der Familie – die Ausgangslage bei Familie Muster

Der Gründer eines mittelständischen Unternehmens, Johannes Muster, will sein Erbe gerecht verteilen und überträgt seinen beiden Kindern, einem Sohn und einer Tochter, sein Unternehmen zu gleichen Teilen: für jeden 50 % der Anteile und einen Geschäftsführerposten.

Der extrovertierte, entscheidungs- und führungsstarke Sohn Günter fühlt sich im kaufmännischen Bereich mit Finanzen und Controlling wohl, die ruhigere, eher konziliante Tochter Simone wird technische Geschäftsführerin und kümmert sich um Produktion und Vertrieb. Verschieden von Naturell, Führungsstil und Risikobereitschaft treffen Simone und Günter gemeinsame Absprachen für den Betrieb nur da, wo es sich gar nicht vermeiden lässt. Im Zweifel gibt Simone nach.

Als beide die fünfzig überschritten haben, rät der Steuerberater ihnen, frühzeitig ihre Anteile zu übertragen, um hohe Erbschaftssteuerzahlungen zu vermeiden. Wie gewohnt agieren sie getrennt. Jeder überträgt seine fünfzig Prozent Geschäftsanteile so, wie er bzw. sie es für richtig hält. Günter teilt seine Hälfte gleichmäßig zwischen sich und seinen beiden Söhnen Tim und Karl auf, die gerade anfangen im Familienbetrieb mitzuarbeiten, also für jeden 16,66 %. Simone überträgt vierzig Prozent an ihre Tochter Regina, in der sie ihre Nachfolgerin auch im Operativen sieht und behält selbst zehn Prozent.

So hat Regina plötzlich mit Abstand die meisten Stimmrechte in der Gesellschafterversammlung. Da sie noch studiert, entscheiden im operativen Geschäft Simone und Günter weiter allein wie bisher.

Simones Plan ist es aber, Regina auch auf absehbare Zeit zur Geschäftsführerin und damit zu Ihrer Nachfolgerin zu machen.

Die Probleme beginnen, als Regina nach Studienabschluss und Tätigkeit in einem anderen Betrieb in das Familienunternehmen eintritt und nach und nach mehr

Verantwortung übernimmt. Günters Söhne haben sich da aus unterschiedlichen Gründen bereits wieder aus dem operativen Geschäft zurückgezogen und andere Lebenswege eingeschlagen – sehr zur Enttäuschung ihres Vaters, der seine Söhne gerne auch in Zukunft in operativer Verantwortung des Betriebs gesehen hätte.

Im operativen Geschäft kommt es immer öfter zum Stillstand, da Entscheidungen nicht getroffen werden und offene Themen auch nicht über die Gesellschafterversammlung gelöst werden können. Denn da stehen sich – dank der steuerlich so günstigen, vorgezogenen Anteilsübergabe – nun zwei Familienstämme mit je fünfzig Prozent der Anteile gegenüber. Tim und Karl, die nichts mehr mit dem operativen Betrieb zu tun haben, halten zusammen ein Drittel der Anteile. Sie stimmen im Zweifelsfall mit ihrem Vater, denn sie kennen Regina eigentlich nur aus dessen unvorteilhaften Erzählungen. Bei jeder strittigen Entscheidung kommt es zum Patt. Das Unternehmen insgesamt leidet darunter und wichtige Mitarbeiter beginnen das Unternehmen zu verlassen.

Inzwischen wird die Nachfolge-Frage immer akuter. Simone will sich gerne ganz zurückziehen und Regina als Nachfolgerin einsetzen. Vielleicht nicht nur für ihren eigenen Bereich, sondern auch für das ganze Unternehmen als Geschäftsführerin. Denn Günter ist mittlerweile schon länger im Rentenalter, hat aber noch keinen Nachfolger für sich vorgeschlagen, ja, das Thema Nachfolge insgesamt umgangen.

Regina fühlt sich nach einigen Jahren stets wachsender Verantwortung und guter Geschäftszahlen reif genug, die technische und vertriebliche Geschäftsführung von ihrer Mutter zu übernehmen. In der Gesellschafterversammlung scheitert dieses Vorhaben aber am Veto des anderen Familienzweigs. Regina sei nicht geeignet. Obwohl sie – wie von Günther, Tim und Karl gefordert – den technischen Bereich und den Vertrieb schon weitgehend alleine führt und sich dort bewährt hat, fehlt es an Vertrauen in sie. Es gibt immer neue Forderungen, was Regina noch erreichen oder tun soll, um sich den Geschäftsführerposten zu „verdienen".

An Hand dieses Beispiels wird deutlich, für einen reibungsloseren Übergabeprozess wäre es notwendig gewesen, die Interessen und Erwartungen von Günter und auch die seiner Söhne früher bei der Übergabeplanung zu berücksichtigen und rechtzeitig miteinzubeziehen, um entsprechend auf sie reagieren zu können und sie damit mehr mit einzubinden. Obwohl sie nicht offiziell im Operativen tätig und auch nicht offizielle Nachfolger sind, so sind die Söhne doch am Unternehmen als Gesellschafter beteiligt und haben entsprechenden Einfluss und Möglichkeiten der Blockade oder der Unterstützung des Prozesses. Je eher man die Beteiligten in die Übergabeplanung mit einbindet, desto größer ist die Chance, dass entweder ihre Sichtweisen mit einfließen können oder sie zumindest informiert sind über die Kriterien und Meilensteine der Übergabe. So kann das Gefühl entstehen, respektiert zu werden und den Prozess mit unterstützen zu können. Die Ziele und Zeitschiene sind somit gemeinsam geteilt.

12.5.2 Familienexterne Stakeholder als Schlüsselpersonen

Die Darstellung wäre allerdings zu kurz gegriffen, würde man sich nur auf die familieninternen Schlüsselpersonen beziehen. Auch familienexterne Schlüsselpersonen können einen wesentlichen Einfluss auf das Gelingen des Übergabeprozesses haben und sollen daher rechtzeitig in die Planung und Umsetzung mit einbezogen werden. Die Analyse ihrer Bereitschaft, die Übergabe mitzutragen und ihre Perspektiven zu berücksichtigen, ist also ebenso erfolgskritisch.

Dabei sind oftmals die Interessen und Befindlichkeiten der firmenexternen Führungskräfte nicht zu unterschätzen. Ein im Unternehmen tätiger **Fremdgeschäftsführer,** der seit Jahren damit rechnet, die Nachfolge des Übergebenden anzutreten, könnte seinen Einfluss im Unternehmen gelten machen und die Übergabe erschweren, weil nicht er berücksichtigt wird, sondern eben der familieninterne Nachfolger. Ebenso kann dies bei den Führungskräften der nächsten Führungsebene im Unternehmen geschehen, die sich seit Jahren Hoffnung auf den Nachfolgerposten im Unternehmen machen. Bezieht man diese Perspektiven und Erwartungen nicht entsprechend mit ein und kommuniziert man nicht rechtzeitig mit ihnen, so kann es entweder zu Blockaden in der Unternehmensführung kommen, zu Behinderungen des Übergabeprozesses oder sogar zum Weggang von wichtigen und guten Know-how-Trägern des Unternehmens.

Bei entsprechender Berücksichtigung können gerade der Fremdgeschäftsführer oder Führungskräfte, die dem Übergabeprozess positiv gegenüberstehen, einen positiven Einfluss im Generationenübergang haben. Sie können sogar Aufgaben bei der Einarbeitung und Übergabe übernehmen, die zwischen Übergebenden und Übernehmenden schwierig oder fachlich nicht möglich sind. Sie können auch eine neutralisierende Funktion einnehmen, wenn die Kommunikation zwischen Übergebenden und Übernehmenden schwierig ist und der Umgang mit den Rollenüberschneidungen nicht selbst konstruktiv gelöst werden kann. Sie haben die Fähigkeit und die Stellung die familieninternen Konfliktpunkte zu entemotionalisieren sowie die Rollenüberschneidungen zu neutralisieren und zu entzerren. Es gibt keine Überschneidung zwischen Eltern und Kinderrolle und auch keine Wettbewerbssituation.

So können familieninterne Nachfolger und Fremdgeschäftsführer ein starkes Team auch während der Übergabe sein. Die Harmonie überwiegt laut einer Studie [22]: 90 % der Familienunternehmer blicken ausgesprochen zufrieden auf die Zusammenarbeit mit ihren Fremdmanagern. 77 % sind davon überzeugt, dass ihre Kollegen von außen den Vertrauensvorschuss, der in sie gesetzt wird, verdient haben. Für 80 % sind demnach Konkurrenzsituationen innerhalb der Geschäftsführung kaum ein Thema.

Die Integration in die Unternehmerfamilie und die emotionale Bindung der Fremdgeschäftsführung an die Unternehmerfamilie sind ausschlaggebende Aspekte. Dabei sind es besonders die weichen Faktoren, die entscheidend im Familienunternehmen dazu beitragen, wie gut interne und externe Manager zusammenarbeiten [22].

Aufseiten des Fremdmanagers kommt es darauf an, sich mit den Werten der Familie zu identifizieren und sich als eine Art Treuhänder der Eigentümer zu verstehen.

Das beiderseitige Vertrauen kann nur aufgebaut werden, wenn der Fremdmanager adäquat in den Übergabeprozess eingebunden und informiert wird und dadurch seinen familieninternen Kollegen auf Augenhöhe begegnen kann, ohne in eine Sonderstellung gerückt zu werden.

Nicht nur familien- und firmeninterne Schlüsselpersonen können einen maßgeblichen Einfluss auf das Gelingen des Übergabeprozesses haben. So spielen auch externe Bezugspersonen eine gewichtige Rolle, wie z. B. der Banker, Steuerberater oder Wirtschaftsprüfer, aber auch Kunden und Lieferanten.

Gibt es **Banker,** die mit dem Familienunternehmen eine Geschäftsbeziehung haben, so werden sie rein aus regulatorischen Bedingungen über Basel III den Nachfolgeprozess und den Nachfolger selbst kritisch beäugen und begleiten müssen. Denn durch die Vorschriften ist eine erfolgreiche Nachfolgeplanung und -umsetzung, sowie die finanzielle Absicherung und die adäquate Berücksichtigung der Finanzierungsthemen ein wesentliches Kriterium für die Finanzierungs- und Ratingentscheidungen der Bank gegenüber dem Unternehmen. Nicht selten kommt es dazu, dass in kritischen Situationen Fremdmanager von der Bank im Unternehmen eingesetzt werden, sollten die Bedingungen nicht erfüllt sein. Die rechtzeitige Kommunikation zur Übergabe mit dem Ansprechpartner bei der Geschäftsbank kann also ebenso ein wesentlicher Erfolgsmeilenstein sein, wie die Einbindung der familieninternen Schlüsselpersonen.

Auch der **Steuerberater oder Wirtschaftsprüfer** kann wesentliche Informationen für den Übergebenden und den Übernehmenden in den Übergabeprozess einbringen. Speziell, wenn diese Personen langjährige Vertraute des Übergebenden sind, sollten Ihre Meinungen und Einflussmöglichkeiten auf den Übergabeprozess analysiert werden und je nach Motivationslage entsprechend in die Umsetzung und die Kommunikation Eingang finden. Zweitmeinungen können an dieser Stelle neutralisierend wirken. Extra Berater jeglichen Fachgebietes sollten unterschiedlich, jeweils für den Übergebenden und den Übernehmenden als Experten zur Verfügung stehen.

Firmenexterne Schlüsselpersonen wie **Schlüsselkunden und Lieferanten** sind ggfs. ebenso zu berücksichtigen in der Analyse der Miteinzubeziehenden und Meinungsmacher. Ist der Schlüsselkunde oder Lieferant nicht entsprechend informiert über den Führungswechsel, oder nicht einverstanden mit dem Übernehmenden, so kann dies fatale Auswirkungen auf die erfolgreiche Übergabe und den weiteren Geschäftsverlauf haben.

Je nach Einfluss und Einstellung der Schlüsselpersonen (vgl. Stakeholdermatrix), also je nach Unterstützungsbereitschaft für den Übergabeprozess, sollten diese Personen entsprechend in den Übergabeprozess eingebunden werden.

▶ Erst die Einbindung der relevanten Schlüsselpersonen in den Übergabeprozess bringt den notwendigen Konsens zur Bereitschaft, die Übergabe mitzutragen und damit erfolgreich zu gestalten.

12.6 Assessment der Übergabebereitschaft

12.6.1 Einführung

Die vorangegangenen Kapitel haben gezeigt, worauf es besonders bei der Übergabe ankommt und wie weiche Faktoren auf die Übergabebereitschaft der Beteiligten einwirken. Die Beteiligten in den Unternehmerfamilien gehen oft davon aus, dass der Prozess der Übergabe intuitiv und von selbst vonstattengeht. Ein wesentlicher Baustein des Übergabe-Erfolgs ist jedoch die bewusste Planung, Umsetzung und Steuerung des Prozesses durch die Beteiligten. Das ist dann besonders wichtig, wenn es zu kritischen Momenten in diesem Prozess kommt oder wenn er ins Stocken gerät. **Warnzeichen in Übergabeprozessen sind zum Beispiel:**

- Die Nachfolgerin ist schon jahrelang die Assistentin der Geschäftsführung und erhält keine weiteren Befugnisse.
- Familienmitglieder blockieren sich gegenseitig bei Entscheidungen.
- Es gibt immer wieder Konflikte zwischen den Beteiligten, die nicht wirklich gelöst werden und dann plötzlich bei Kleinigkeiten aufflackern, wie etwa der Gestaltung der Weihnachtsfeier.
- Der Übergebende revidiert Entscheidungen seines Nachfolgers.
- Wichtige Mitarbeiter verlassen das Unternehmen, weil die Führungslage unklar ist.
- Notwendige Innovationen und Investitionen werden nicht getätigt, da die Entscheidungshoheit unklar ist.

Solche Situationen zeigen an, dass die Beteiligten nicht ausreichend bereit zur konstruktiven Umsetzung der Übergabe sind. Unterschiedliche Vorstellungen, Erwartungen und Zielsetzungen, oftmals auch Verletzungen, Enttäuschungen und Kränkungen, die nicht offen besprochen und gelöst werden können, stehen der erfolgreichen Umsetzung entgegen.

Um genauer zu verstehen, woran die Gründe für das Stocken des Übergabeprozesses liegen, haben wir aufbauend auf den theoretischen Erkenntnissen und unserer Praxis-Erfahrung Fragebögen entwickelt, die wir Ihnen nachfolgend in Auszügen zu wesentlichen oben beschriebenen Aspekten zur Verfügung stellen.

Die Fragebögen stellen eine Art „Messinstrument" dar, das die Bereitschaft der Beteiligten detailliert analysiert. Ein Berater kann mithilfe der für die verschiedenen Schlüsselpersonen unterschiedlichen Fragen schnell erfassen, wo die Beteiligten bezüglich der Übergabe stehen und den Grad der Übergabebereitschaft einschätzen. Er erkennt den möglichen Handlungs*bedarf* und kann ihn priorisieren. Die Analyse macht außerdem sichtbar, welche Themen bei welchen Personen Blockaden im Übergabeprozess verursachen und zeigt so konkrete Handlungs*felder* und Hebel, um die Übergabebereitschaft zu erhöhen.

Wie läuft das Assessment ab? Am besten werden die Analyse-Fragebögen durch einen externen Dritten, z. B. eine/n Berater/in oder Mediator/in auf den jeweiligen Fall angepasst, ausgegeben, eingesammelt und analysiert. Er oder sie sollte eine Person sein, auf die sich alle Beteiligten geeinigt haben. Würde einer der Beteiligten am Übergabeprozess selbst die Fragebögen austeilen und analysieren, könnten sich die Befragten befangen fühlen oder eine Einflussnahme befürchten, besonders dann, wenn die Situation bereits verfahren ist.

Die oder der Dritte bespricht im Vorfeld mit den Beteiligten, wozu die Fragebögen dienen und wie sie auszufüllen sind. Die Beteiligten sollten die Fragebögen jeweils allein und ohne Absprache mit den anderen Beteiligten ausfüllen. Ziel ist es, dass ungefilterte, ehrliche Antworten gegeben werden können, die nicht durch Rücksichtnahme oder Empfindlichkeiten gegenüber anderen Beteiligten in der Ausfüllsituation beeinträchtigt sind.

Das Ausfüllen der Fragebögen selbst ist dabei bereits eine Intervention. Die Schlüsselpersonen denken über die Details ihres Tuns und Empfindens nach und werden sich der Situation und ihrer persönlichen Wahrnehmung stärker bewusst. Die Vorgänge – innere wie äußere – werden dadurch transparenter. Die Teilnehmenden beginnen einen Reflexionsprozess, der sie oft zu mehr Selbsterkenntnis und einem besseren Verständnis der Übergabesituation führt, sie erlangen mehr Bewusstsein dafür, wo eigene Hindernisse liegen.

Für jede Frage gibt es sechs Antwortkategorien. Ähnlich einem Notensystem reichen die Kategorien von Stimmt völlig (1), Stimmt weitgehend (2) über Stimmt etwas (3) und Stimmt weitgehend nicht (4) bis Stimmt überhaupt nicht (5).

Die Fragebögen sind grundsätzlich für alle Schlüsselpersonen, die in der Stakeholder-Analyse identifiziert wurden, einsetzbar. In einer vereinfachten Schnell-Diagnose kann man sich – so wie nachfolgend dargestellt – im ersten Schritt auf den oder die Übergebenden und den oder die Übernehmenden konzentrieren. Interessante Erkenntnisse lassen sich hier sehr schnell aus möglicherweise abweichenden Antworten gewinnen.

Das Assessment kann im Verlauf des Übergabeprozesses mehrmals durchgeführt werden, um zu erkennen, ob die Maßnahmen zur Verbesserung der Übergabebereitschaft gewirkt haben und wo noch nachgebessert werden muss.

12.6.2 Fragebögen zum Assessment der Übergabebereitschaft

Die nachfolgenden Fragebögen fokussieren in den Formulierungen auf den Übergebenden und Übernehmenden. In unserer Beratungspraxis stellen wir unterschiedliche Fragebögen für die verschiedenen am Übergabeprozess Beteiligten zur Verfügung. Um den im Rahmen des Beitrages zur Verfügung stehenden optimal zu nutzen, finden Sie nachfolgend eine Auswahl wesentlicher Aspekte, wobei jeweils zwei Fragenvarianten je nach Perspektive des Ausfüllenden integriert sind: Fragenvariante *Ü* wendet sich an den Übergebenden und Fragenvariante *N* an den Nachfolger. Die Fragebögen können vom Leser auch auf weitere Stakeholder bezogen und entsprechend angepasst werden.

Diagnose Übergabefaktor Wollen Ü: Fragen an Übergebende/n N: Fragen an Nachfolger/in B: Beide	Stimmt	Stimmt weitgehend	Stimmt etwas	Stimmt weitgehend nicht	Stimmt nicht
Extrinsische Faktoren					
Ü: Ich kenne meinen finanziellen Bedarf auch über meine aktive Tätigkeit im Unternehmen hinaus					
Ü: Meine Altersvorsorge ist geregelt					
Ü: Mein Nachfolger weiß, wie hoch mein finanzieller Bedarf auch über meine aktive Tätigkeit im Unternehmen hinaus ist					
Ü: Mein Nachfolger weiß, wie mein finanzieller Bedarf bedient werden kann					
N: Ich kenne die regelmäßigen Zahlungen, die der Übergebende auch nach der Übergabe der operativen Tätigkeit benötigt					
B: Die finanzielle Absicherung des Übergebenden hängt weiterhin vom laufenden Geschäft/wirtschaftlichen Erfolg des Übernehmenden ab					
Ü: Das Gehalt des Übernehmenden ist objektiv nachvollziehbar und angemessen. N: Mein Gehalt ist objektiv nachvollziehbar und angemessen					
Intrinsischer Faktor Kommunikation					
B: Wir kommunizieren offen und transparent miteinander					
Ü: Ich lasse den Übernehmenden frühzeitig an meinen Gedanken und Vorhaben bezogen auf den Übergabeprozess teilhaben. N: Der Übergebende lässt mich frühzeitig an seinen Gedanken und Vorhaben bezogen auf den Übergabeprozess teilhaben					
B: Ziele und Strategien besprechen wir ausschließlich gemeinsam					
Ü: Ich weiß, welche Vorstellungen der Übernehmende in Bezug auf die zukünftige Ausrichtung des Unternehmens hat					
N: Der Übergebende gewährt gerne Einblick in alle wichtigen Unterlagen					
B: Wir nehmen uns die Zeit, um in regelmäßigen Abständen über die Themen der Übergabe zu sprechen					
B: Vereinbarte Termine halten wir zuverlässig ein					

Diagnose Übergabefaktor Wollen Ü: Fragen an Übergebende/n N: Fragen an Nachfolger/in B: Beide	Stimmt	Stimmt weitgehend	Stimmt etwas	Stimmt weitgehend nicht	Stimmt nicht
B: Wir besprechen auch, wie es uns mit den unterschiedlichen Rollen (Vater/Mutter/Sohn/Tochter/Geschäftsführer/Gesellschafter) und möglichen Rollenkonflikten geht und suchen offen Lösungen					
B: Ich traue mich, meine Ängste und Befürchtungen klar auszusprechen					
B: Wir sind gewohnt, auch über kritische Themen konstruktiv zu sprechen					
Intrinsischer Faktor Vertrauen					
Ü: Ich habe klare Erwartungen an den Übernehmenden. N: Ich kenne die Erwartungen, die der Übergebende an mich hat					
Ü: Mir ist klar, was ich noch zur Erfüllung der Erwartungen an mich tun muss					
Ü: Ich kann und will das Ruder abgeben. N: Ich kann mir vorstellen, dass der Übergebende das Ruder abgeben kann und will					
N: Der Übergebende trifft keine größeren Entscheidungen mehr alleine					
B: Der Übergebende mischt sich nicht mehr in den Verantwortungsbereich des Übernehmenden ein					
Ü: Der Nachfolger darf auch größere Entscheidungen selbst treffen. N: Ich habe das Gefühl, dass ich selbstständig handeln und entscheiden kann					
B: Entscheidungen und Vorgaben, die die Übernehmende einmal getroffen und an die Mitarbeiter weitergegeben hat, werden vom Übergebenden nicht revidiert					
Ü: Mir ist klar, dass sich im Laufe der Übergabe meine Rolle mehr vom Unternehmer zum Coach/Begleiter/Ratgeber des Übernehmenden verändern wird					
Ü: Der Nachfolger eignet sich optimal für die Herausforderungen des Unternehmens. N: Mit meiner Ausbildung und meinen Erfahrungen kann ich das Anforderungs-Profil gut erfüllen					

Diagnose Übergabefaktor Wollen Ü: Fragen an Übergebende/n N: Fragen an Nachfolger/in B: Beide	Stimmt	Stimmt weitgehend	Stimmt etwas	Stimmt weitgehend nicht	Stimmt nicht
N: Ich traue mir zu, den Aufgaben, Entscheidungen und Verantwortlichkeiten gewachsen zu sein					
Ü: Ich lasse dem Nachfolger die Freiheit, eigene Erfahrungen im Unternehmen zu machen. N: Der Übergebende lässt mir die Freiheit, eigene Erfahrungen im Unternehmen zu machen					
Ü: Ich lasse zu, dass der Nachfolger Veränderungen im Unternehmen umsetzt bzw. einen eigenen neuen Weg gehen darf. N: Der Übergebende lässt zu, dass die Übernehmende Veränderungen im Unternehmen umsetzt bzw. einen eigenen neuen Weg gehen darf					
B: Der Übergebende lässt zu, dass sein Lebenswerk in Zukunft anders aussieht und wertet dies nicht als Kritik an seiner bisherigen Lebensleistung					
B: Wir haben offen darüber gesprochen, dass die eigene Handschrift der Übernehmenden im Unternehmen keine Kritik an der bisherigen Unternehmensführung und am Lebenswerk des Übergebenden ist					
Intrinsischer Faktor Engagement; Identifikation; Herzblut					
Ü: Ich kenne die Motivation des Übernehmenden für die Übernahme					
Ü: Der Übernehmende übernimmt das Unternehmen, weil er sich mit dem Unternehmen voll und ganz identifiziert. N: Ich übernehme das Unternehmen, weil ich mich mit dem Unternehmen voll und ganz identifiziere					
N: Ich übernehme das Unternehmen nicht aus Verpflichtung den Eltern gegenüber					
Ü: Der Nachfolger ist bereit sich über das normale Maß, den 9-to-5-Job zu engagieren. N: Ich bin bereit, mich auch über das normale Maß, den 9-to-5-Job zu engagieren					
Ü: Der Nachfolger hat das schon mal bewiesen, in dem er sich extern etwas Eigenes aufgebaut hat. N: Ich habe das schon mal bewiesen, in dem ich extern etwas Eigenes aufgebaut habe					

Diagnose Übergabefaktor Wollen Ü: Fragen an Übergebende/n N: Fragen an Nachfolger/in B: Beide	Stimmt	Stimmt weitgehend	Stimmt etwas	Stimmt weitgehend nicht	Stimmt nicht
Ü: Der Nachfolger fühlt sich vollumfänglich für die Firma verantwortlich und denkt über seinen momentanen Verantwortungsbereich hinaus. N: Ich fühle mich vollumfänglich für die Firma verantwortlich und denke über meinen momentanen Verantwortungsbereich hinaus					
Ü: Ich habe den Eindruck, dass der Übernehmende sich mit seiner Tätigkeit identifiziert. N: Ich identifiziere mich vollkommen mit meiner Tätigkeit					
Ü: Der Übernehmende bringt ausreichend Herzblut und Passion für das Unternehmen mit. N: Ich bringe ausreichend Herzblut und Passion für das Unternehmen mit					
Ü: Ich habe das Gefühl, das Unternehmen ist bei dem Übernehmenden in guten Händen					

Diagnose Übergabefaktor Kennen Ü: Fragen an Übergebende/n N: Fragen an Nachfolger/in B: Beide	Stimmt	Stimmt weitgehend	Stimmt etwas	Stimmt weitgehend nicht	Stimmt nicht
Kenntnis der Ziele					
B: Die künftige Strategie und Ausrichtung des Unternehmens wurden vom Übergebenden und Übernehmenden gemeinsam festgelegt					
B: Die Investitionen und Innovationen, die das Unternehmen benötigt, um in Zukunft bestehen zu können, ist eine geteilte Zielsetzung von allen relevanten Schlüsselpersonen (Geschäftsführern, Führungskräften, Gesellschaftern und vor allem zwischen Übergebenden und Übernehmenden)					
B: Die persönlichen Ziele, die Übergebender und Übernehmender mit der Übergabe verbinden, sind offen ausgesprochen					
B: Das benötigte fachliche und persönliche Kompetenzprofil für die Übernehmende wurde vor der Übergabe festgelegt und kommuniziert					
Ü: Es ist allen Beteiligten klar, warum man sich für den Nachfolger entschieden hat. N: Ich weiß, warum man sich für mich entschieden hat					

Diagnose Übergabefaktor Kennen Ü: Fragen an Übergebende/n N: Fragen an Nachfolger/in B: Beide	Stimmt	Stimmt weitgehend	Stimmt etwas	Stimmt weitgehend nicht	Stimmt nicht
N: Ich bin mir im Klaren, dass und wie sich meine Rolle mehr vom Nachfolger zum Unternehmer verändert					
B: Ich kenne den konkreten Zeitpunkt der Übergabe der gesamten Verantwortung					
B: Der konkrete Zeitpunkt des Ausscheidens des Übergebenden aus dem Unternehmen ist schriftlich festgelegt					
B: Es ist klar, welche Kriterien erfüllt sein müssen, damit die Übergabe als erfolgreich abgeschlossen gilt					
Kenntnis des Übergabeplans					
B: Der Übergabeplan enthält die wesentlichen Schritte der Übergabe mit Meilensteinen, an die unsere Verantwortungsbereiche und Rollen auf der Zeitschiene gekoppelt sind					
B: Mir ist klar, in welchen Schritten Verantwortung und Tätigkeiten im Operativen an den Nachfolger abgeben werden					
B: Wir haben das schriftlich fixiert					
B: Dazu sind auch zeitliche Daten der Meilensteine gemeinsam fixiert					
B: Der Übergabeplan ist realistisch					
Ü: Ich kenne meine weiteren Schritte für die Einarbeitung des Übernehmenden. N: Ich weiß, wie ich den Plan konkret umsetzen kann					
B: Ich weiß genau, welches der Verantwortungsbereich und welches die Aufgaben des anderen im Rahmen des Übergabeprozesses sind					
B: Mir ist klar, welche Entscheidungen jeder alleine treffen darf					
B: Wir treffen uns regelmäßig, um zu überprüfen, ob wir noch auf dem richtigen Weg sind oder etwas verändert oder angepasst werden sollte					
B: Es gibt für den Fall, dass die Übergabe nicht so wie geplant umgesetzt wird, einen Plan B					
Zukunftsperspektive					
Ü: Ich weiß, welche Herausforderungen ich auch nach der aktiven Zeit im Unternehmen annehmen möchte					

Diagnose Übergabefaktor Kennen Ü: Fragen an Übergebende/n N: Fragen an Nachfolger/in B: Beide	Stimmt	Stimmt weitgehend	Stimmt etwas	Stimmt weitgehend nicht	Stimmt nicht
Ü: Ich habe ausreichend Aufgaben, die mich auch weiterhin so ausfüllen, dass ich die Tätigkeiten im Unternehmen nicht mehr brauche					
Ü: Ich weiß, wo ich meine Schaffenskraft und Herzblut auch ohne die Tätigkeit in dem Unternehmen einbringen kann					
Ü: Ich kann die Zeit, die ich nach der Übergabe zur Verfügung habe, sinnvoll nutzen					
Ü: Ich weiß, wo ich Anerkennung und Ansehen nach der Übergabe bekomme					
Ü: Ich kann mir vorstellen, aufgrund der Tätigkeiten nicht mehr in das Unternehmen zu kommen					
Ü: Ich weiß, dass ich auch nach der Übergabe noch gebraucht und wertgeschätzt werde					
N: Ich weiß, wie ich den Übergebenden noch so einbinden kann, dass seine Erfahrung und sein Wissen dem Unternehmen auch nach der Übergabe weiterhin nützlich sein können					
N: Ich weiß, dass dies meine Befugnisse und Entscheidungsfreiheit nicht einschränkt					
N: Mir ist klar, welche Tätigkeiten oder Aufgaben den Übergebenden nach der Übergabe auch außerhalb des Unternehmens interessieren					
N: Ich weiß, dass diese Tätigkeiten den Übergebenden ausfüllen und er seine Schaffenskraft dadurch verwirklichen kann					
N: Wir haben uns ausführlich darüber unterhalten, was den Übergebenden auch nach der Übergabe ausfüllen wird					
N: Ich traue mich nicht, dieses Thema beim Übergebenden anzusprechen					
N: Der Übergebende will nicht mit mir über diese Themen sprechen					

12.6.3 Auswertung der Fragebögen

Nachdem die Fragebögen nun von allen relevanten Schlüsselpersonen beantwortet wurden, empfehlen wir, dass sie von einem externen Dritten eingesammelt und genau und vergleichend ausgewertet werden.

Bei den Fragen, bei denen die **Antworten divergieren** (zum Beispiel hier zwischen *Ü* und *N*, Übergebenden und Nachfolger), also nicht in den Antwortkategorien übereinstimmen, ist das ein deutlicher Hinweis auf die unterschiedlichen Wahrnehmungen zur Übergabesituation. Während der eine einen Fortschritt sieht, bzw. die Situation besser einschätzt und der andere sie schlechter einschätzt, gibt dies schon mal den Hinweis hier genauer nachzuforschen, woran die unterschiedlichen Einschätzungen liegen. Viele Schwierigkeiten resultieren aus unterschiedlichen Annahmen oder Wahrnehmungen des Gegenübers.

So kann zum Beispiel der Übergebende von dem Wissen des Nachfolgers ausgehen, dass er schon in drei Jahren seine Rolle als Geschäftsführer niederlegen will. Der Übernehmende hat sich aber nie getraut, den Übergebenden nach einem Austrittstermin zu fragen und glaubt, dieser will noch viele Jahre aktiv sein. Daher richtet er sich auf eine lange Zeit der gemeinsamen Führung ein.

Bei den Antworten, bei denen beide gleich oder ähnlich liegen, bzw. die Situation zwar ähnlich einschätzen, sich dennoch aber im Ergebnis ein absolut **niedriger Gesamtwert für die Übergabebereitschaft** ergibt, weist dies auf einen Mangel an Kenntnis, Bewusstsein, Engagement o. ä. in diesem Bereich hin. Hier sollten dann anschließend im Detail Verbesserungsmaßnahmen identifiziert werden. Gibt es bei zu vielen Fragen nur ein vages „stimmt etwas" oder „stimmt eher nicht", weist das Ergebnis an diesen Stellen auf fehlende Klarheit und Verbindlichkeit hin. Sind die Punkte mit „stimmt weitgehend nicht" oder „überhaupt nicht" bewertet, liegen grundlegende Defizite vor, die bald bearbeitet werden müssen, um die Übergabe nicht (weiter) zu behindern.

Sowohl bei divergierenden, als auch bei vagen Antworten muss man im Detail nachforschen, weil genau da die neuralgischen Punkte liegen, aus denen sich Konflikte ergeben. Wenn man die Motivation hinter diesen Antworten ergründet, findet man Ansatzpunkte für Maßnahmen, um die Konflikte zu vermeiden oder zu lösen.

Wie dies in der Praxis aussehen kann, soll im folgenden Abschnitt anhand eines Praxisfalls verdeutlicht werden.

12.7 Maßnahmen zur Verbesserung der Übergabebereitschaft

Das Assessment ist dann abgeschlossen, wenn die Fragebögen vollständig ausgewertet und miteinander verglichen sind. Der oder die Berater/in wird die Antworten einzeln mit den Beteiligten durchsprechen, um die Hintergründe dazu zu verstehen, wie das im Fallbeispiel „Muster" dargestellt wurde. Bei einem stockenden, verzögerten oder gänzlich zum Stillstand gekommenen Übergabeprozess werden die Analyse der Fragebögen und das Gespräch darüber, Hinweise darauf geben, wo genau die Hindernisse liegen. Darauf können dann gezielte Maßnahmen aufgebaut werden, um die Störungen zu vermindern und den Übergabeprozess wieder in Gang zu setzen.

Die jeweiligen Maßnahmen werden individuell, aber gemeinsam mit den Beteiligten entwickelt und festgelegt. Denn nur, wenn Sie selbst verstehen, welches die tiefer liegenden

Gründe sind, die die Übergabe erschweren und auch ihre Rollen dabei erkennen, kann der Wille zur Veränderung der eigenen Übergabebereitschaft entstehen. Nur so können die Maßnahmen fruchten und den Erfolg unterstützen.

Die Fragebögen sollten während und nach Abschluss der Maßnahmen erneut beantwortet und ausgewertet werden. Im Vergleich mit den ersten Ergebnissen erkennt man, ob die Maßnahmen greifen oder ob vielleicht weitere „Handlungsfelder" aufgetreten sind.

Im Extremfall kann auch der Übergabeprozess insgesamt geändert bzw. abgebrochen werden.

Praktische Beispiele für Maßnahmen sollen wieder an dem Fallbeispiel von Familie Muster veranschaulicht werden. Als Basis zur Ableitung der Maßnahmen wurden die Fragebögen von allen beteiligten Familienmitgliedern ausgefüllt und von einem externen Berater ausgewertet.

Fallbeispiel Familie Muster: Entwicklung von Maßnahmen zur Verbesserung der Übergabebereitschaft

1. *Maßnahmen bei niedrigen Indikatoren, aber gleichen Antwortkategorien*
   Es stellt sich heraus, dass Günter und Regina viele Punkte noch nicht ausreichend klar festgelegt haben. Die Mediatorin schlägt vor, einen gemeinsamen Übernahmeplan mit Meilensteinen festzulegen. Die Basis dazu kann der zwischen Regina und ihrer Mutter schon festgelegte Plan sein. Wichtig ist dabei, dass nun Günter auch seine Sicht der Dinge mit einbringen kann und in dieser Situation ein gemeinsam abgestimmter Plan entsteht, der verbindlich umgesetzt werden kann ohne Veto von Günter oder den Cousins. Der Plan muss die einzelnen Schritte genau festlegen, in denen Regina noch weitere Verantwortlichkeiten im Unternehmen dazu bekommt. Damit einher geht auch die zunehmende Entscheidungskompetenz und die Ziele, die in den jeweiligen Etappen von Regina erreicht werden sollen. Bei der Festlegung des Übergabeplans wird die Diskussion an der Stelle spannend, als es um den endgültigen Ausstiegszeitpunkt für Günter geht. Simone hat sich festgelegt noch zwei Jahre im Unternehmen tätig zu sein, in denen sie weiterhin klar definiert Verantwortung abgeben will und als Begleiter für Regina da sein kann. Analog dazu soll Günter seinen eigenen Ausstiegsplan entwerfen, mit welchen Schritten, zu welchem Zeitpunkt er Verantwortung abgeben will. Das alles soll schriftlich fixiert werden. Günter hadert mit sich. Er kann sich nach wie vor diesen Zeitpunkt nicht vorstellen, auch die Zeit danach nicht.

   Bei den Gesprächen darüber zögert Günter immer wieder, sich auf konkrete Kriterien und Zeitpunkte festzulegen. Es wird deutlich, wie schwer es ihm fällt, die Unternehmensleitung abzugeben. Die Gründe dafür liegen weniger in Reginas Person, als in einer mangelnden Vorstellung von seiner eigenen Zukunft. Günter fehlt schlicht ein Bild davon, was er nach seiner Zeit als Unternehmer machen will.

   Eine Möglichkeit besteht nun darin, konkrete Betätigungsfelder für Günter zu finden. Ein Hobby, das ihn ausreichend reizt, gibt es nicht. Einen völligen Rückzug aus dem Wirtschaftsleben – das wird immer deutlicher – empfände er als Abstieg, als Verschwendung seiner Erfahrung und Fähigkeiten. Die Mediatorin evaluiert mit ihm Möglichkeiten, als Berater oder in einem Wirtschaftsverband tätig zu werden.

Wenn kein ausreichend attraktives Zukunftsbild für Günter gefunden wird, ist der Übergabeprozess gefährdet. In diesem Fall wäre es ehrlicher, das Familienunternehmen auch offiziell weiter zu führen. Dann allerdings müsste Günter dies offen Regina mitteilen. Bislang hat er die eigene Unentschlossenheit kaschiert, indem er immer wieder vorgab, er könne die Leitung nicht abgeben, weil Regina noch nicht reif für die Unternehmensführung sei. Klare Kriterien für die „Reife" vermied er aber. Dies hat Reginas Selbstvertrauen ausgehöhlt und verhindert, dass Regina sich eine Zukunft außerhalb des Familienbetriebs schafft.

2. *Maßnahmen bei abweichenden Antworten von Übergeber und Nachfolger*
Dank der Auswertung der Fragebögen erkennen Günter und Regina, dass sie objektiv unterschiedliche Führungsstile bevorzugen. Die Mediatorin fragt sie nach den Folgen. Ausnahmsweise sind Günter und Regina sich einig, dass es keinen Sinn machen würde, unterschiedliche Führungsstile im selben Unternehmen einzusetzen. Das heißt, es muss eine Entscheidung getroffen werden. Regina glaubt eigentlich sie sollte als künftige Unternehmensleiterin die Richtung bestimmen, zumal auch neuere Untersuchungen die Richtigkeit ihres Ansatzes zu bestätigen scheinen. Günter will dies zunächst nicht anerkennen. Er sei mit seiner Methode die letzten dreißig Jahre gut gefahren, die meisten Mitarbeiter würden gar nicht die von ihr angestrebte größere Verantwortung übernehmen wollen.

Im Einzelgespräch mit ihm erfährt die Mediatorin, dass Günter sich angegriffen fühlt. Was er gemacht hat, soll alles falsch gewesen sein? Die Mediatorin rät ihm, sich mit anderen Unternehmern auszutauschen, die unterschiedliche Führungsstile verfolgen. Was für Erfahrungen haben sie gemacht? Außerdem erläutert sie, die Änderung des Führungsstils in Zukunft bedeute nicht, dass sein Führungsstil schon immer falsch war. Vielmehr haben sich die Methoden und das Umfeld geändert, in denen Unternehmen heute geführt werden. Zusätzlich ist Reginas Verständnis wesentlich dafür, wie wichtig es ist, Günter die Wertschätzung für sein Lebenswerk auch auszudrücken, wenn sie von Veränderungen spricht.

Günter bemerkt nach einigen Gesprächen mit Regina und der Mediatorin, wie wichtig es Regina ist, Günters Erwartungen und Befürchtungen zu berücksichtigen und auf ihn zuzugehen. Das gibt ihm ein vertrauensvolles Gefühl und er beschließt die Verantwortung seiner Bereiche auch Schritt für Schritt in Reginas Hände zu legen.

So können sie dann gemeinsam festlegen, zu welchem festgelegten Zeitpunkt und in einem genau umrissenen Rahmen Günter die Führung Regina überlassen wird. Günter wird dann das „Chefzimmer" räumen und im Unternehmen nur noch zu exakt bestimmten Anlässen anwesend sein. Dadurch wird er weniger leicht in die Situation geraten, Entscheidungen von Regina zu unterlaufen oder zu revidieren. Denn wenn er nicht ständig im Unternehmen anwesend wäre, könnten die Mitarbeiter ihn nicht immer wieder nach seiner Meinung fragen. Regina könnte in das „Chefzimmer“ vorrücken oder ein anderes Zimmer zum Chefzimmer machen. Ohne ihren Onkel im Hintergrund, könnte sie freier agieren. Was ihr noch an Zutrauen zu sich selbst fehlt, könnte sie durch Fortbildungen und individuelles Coaching nach und nach erwerben.

Da die Kommunikation zwischen den Familienstämmen gerade in Hinblick auf die Themen des Unternehmens und damit eben auch auf die Planung und Umsetzung der Übergabe so gut wie kaum vorhanden war, vereinbaren die fünf Gesellschafter regelmäßige Treffen, bei denen es feste Agendapunkte zur Durchsprache gibt. Diese Themen betreffen dann auch die weiteren Schritte und Ergebnisse von Regina im Unternehmen. Sie wird als Geschäftsführerin auch Themen in die Gesellschafterversammlung bringen, die alle zwei Monate gemeinsam besprochen werden. So bekommen Günter, aber vor allem auch Tim und Karl einen klareren Einblick in die Tätigkeiten und zusätzlich auch in die Erfolge von Regina, sowie einen besseren Eindruck, wie sie arbeitet. Das kann das gegenseitige Verständnis und damit auch das Vertrauen stärken. Kommt es zu Unstimmigkeiten oder Unverständnis, so gibt es regelmäßig Möglichkeiten dies zu besprechen und zu klären. Im Ernstfall mit der Moderatorin. Aber dafür rechtzeitig und strukturiert. Misstrauen und Vorbehalten können damit frühzeitig entgegengewirkt werden.

Zusätzlich schlägt der Berater aufgrund der ausgewerteten Fragebögen vor, beide Familienzweige sollten sich regelmäßig zu Familientagen treffen, damit sich vor allem die Cousins besser kennen lernen und das durch den Vater Günter gesäte Misstrauen abgebaut werden kann.

Günter hat sich dazu von einem befreundeten Unternehmer beraten lassen, der gerade selbst den Familienbetrieb übergeben hat und hat dadurch eine etwas realistischere Sicht erworben, was möglich ist.

Auf Empfehlung des Beraters gründet die Familie einen Beirat, in dem auch familienfremde Experten sitzen. Dadurch werden zum einen die Entscheidungen für das Unternehmen professionalisiert. Zum anderen entscheidet der Beirat bei Pattsituationen in der Gesellschafterversammlung und ermöglicht es so, den lähmenden Entscheidungsstau im Unternehmen endlich zu überwinden.

Bei einer verletzungsbedingten längeren Arbeitspause erkennt Regina, dass sie die gesamten Aufgaben der Geschäftsführung im Moment nicht alle alleine bewältigen kann. Der Steuerberater schlägt in dieser Situation zur Unterstützung einen Fremdgeschäftsführer vor. Bekannte empfehlen einen Kaufmann, der die zuvor festgelegten Kriterien weitgehend erfüllt.

Regina und Simone sind über diese Entwicklung erfreut und tragen sie gerne mit. Tim und Karl lernen Regina bei weiteren Treffen soweit kennen, dass sie keine grundsätzlichen Bedenken mehr gegen sie als Geschäftsführerin haben. Nun, da ihr Vater das Unternehmen verlässt und ein Familienfremder eintritt, bewerten sie Reginas operative Tätigkeit anders – nämlich als Gewinn. So bleibt wenigstens ein Familienmitglied im Unternehmen tätig. Ihre eigene Bindung an den Betrieb lockert sich dagegen eher, da ihr Vater nicht mehr so viel davon erzählt. Ihr Bedürfnis, mithilfe ihrer Stimmrechte irgendetwas zu blockieren, nimmt ab, zumal sie gegenüber den Experten im Beirat wenig sachliche Argumente beitragen können.

Regina kann sich mit dem neuen Geschäftsführer, der wie sie stärker auf der Sachebene und auf Augenhöhe argumentiert, gut verständigen.

12.8 Kernaussagen

Der Generationenübergang in Familienunternehmen ist unbestritten vielschichtig und damit ein besonderer Veränderungsprozess für alle Beteiligten, da es immer um die Belange der Familie, des Unternehmens und des Eigentums geht, um existenzielle Bereiche für alle Beteiligten. Scheitert die Übergabe, so besteht die Gefahr, dass der Zusammenhalt und die Existenz der Familie und des Unternehmens auf dem Spiel steht. Die erfolgreiche Umsetzung der Übergabe hängt nicht alleine von wirtschaftlichen, steuerlichen oder rechtlichen Faktoren ab. Entscheidend sind die psychologischen und zwischenmenschlichen Aspekte, also die weichen Faktoren. Die Art der Kommunikation, des Vertrauens untereinander, die Achtsamkeit und gegenseitige Achtung und der Respekt, aber auch die gegenseitigen Erwartungen und Befürchtungen und das Verständnis für einander bilden die Grundlage tragfähiger Beziehungen im Übergabeprozess, die Übergabe- bzw. Übernahmebereitschaft also, und damit die Basis für den Erfolg. Kommt es zur Planung der Übergabe oder gar zu Blockaden in der Umsetzung, so können diese Bereitschaft, die weichen Faktoren, analysiert werden und die Ursachen für Blockaden transparent und zum Thema gemacht werden. Durch die hier dargestellten Diagnoseinstrumente für weiche Faktoren in Form der Fragebögen, können für den Generationswechsel in Familienunternehmen der Grad der Übergabebereitschaft bei den verschiedenen Schlüsselpersonen in Familie und Unternehmen gemessen werden. Die Personen und Bereiche des dringendsten Handlungsbedarfs können ebenso erkannt werden, wie die konkreten Barrieren. Die Kenntnis der Barrieren wiederum ermöglicht es, konkrete Maßnahmen zu ihrer Lösung und damit zur Verbesserung der Übergabebereitschaft der jeweiligen Schlüsselpersonen einzuleiten. Über wiederholte Assessments können Handlungsbedarf und Handlungsfelder immer wieder neu justiert werden, bis der Generationswechsel erfolgreich abgeschlossen ist.

Literatur

1. Kay, R., & Suprinovič, O. (2013). Unternehmensnachfolgen in Deutschland 2014 bis 2018. In Institut für Mittelstandsforschung Bonn (Hrsg.), Daten und Fakten Nr. 11. Bonn. http://www.ifm-bonn.org/publikationen/publikationendetail/?tx_ifmstudies_publicationdetail%5Bpublication%5D=458&cHash=4f388085082bd6e65ef781e1ab6b73a0. Zugegriffen: 13. Aug. 2015.
2. Schwartz, M. (2014). KfW-Mittelstandspanel 2014: Mittelstand spürt Wachstumsschwäche in Europa und rüstet sich für schwierigere Zeiten, KfW Economic Research, Frankfurt a. M. https://www.kfw.de/PDF/Download-Center/Konzernthemen/Research/PDF-Dokumente-Fokus-Volkswirtschaft/Fokus-Nr.-91-April-2015.pdf. Zugegriffen: 16. Juni 2015.

3. Wiebke, A., & Römermann, V. (2012). *Nachfolge in Familienunternehmen: Das Coaching für den erfolgreichen Generationswechsel*. Zürich: Orell Füsli.
4. Springer Gabler Verlag (Hrsg.), Gabler Wirtschaftslexikon, Stichwort: harte und weiche Faktoren. http://wirtschaftslexikon.gabler.de/Archiv/569792/harte-und-weiche-faktoren-v8.html. Zugegriffen: 20. Juni 2016.
5. NaviGet et al. (2009). *Nachfolgeratgeber Familienunternehmen* (S. 17). Frankfurt a. M.: Frankfurter Allgemeine Buch.
6. Jorgensen, H., Owen, L, & Neuss, A. (2008). *Making Change Work. Fortsetzung des Dialogs über das Unternehmen der Zukunft* (S. 14–15). IBM Global Services.
7. Wimmer, R. (2009). Organisationen und Familien als soziale Systeme unterschiedlichen Typs. In A. von Schlippe, T. Rüsen, & T. Groth (Hrsg.), *Beiträge zur Theorie des Familienunternehmens* (S. 12). Köln: Eul.
8. Kobi, J. M. (1996). *Management des Wandels* (S. 22). Bern: Paul Haupt.
9. Leitl, M., Miefert, M., & Sackmann, S. (2011). Unternehmenskultur: Ihre Rolle und Bedeutung. In Kienbaum Management Consultants GmbH, Harvard Business Manager, & Sackmann S (Hrsg.). (S. 4).
10. Doppler, K., & Lautenburg, C. (1997). *Change Management: den Unternehmenswandel gestalten* (S. 293). Frankfurt: Campus.
11. Landes, M., & Steiner, E. (2014). *Psychologische Auswirkungen von Change Prozessen: Widerstände, Emotionen, Veränderungsbereitschaft und Implikationen für Führungskräfte* (S. 5 ff.). Wiesbaden: Springer.
12. Haubrock, A. (2015). Wie gestalte ich den Ausstieg und den Einstieg. In A. Nagl (Hrsg.), *Wie regele ich meine Nachfolge? Leitfaden für Familienunternehmen* (S. 59–86). Wiesbaden: Springer Gabler.
13. Müller-Stewens, G., & Lechner, C. (2001). *Strategisches Management: Wie strategische Initiativen zum Wandle führen: Der St. Galler General Management Navigator* (S. 405 ff.). Stuttgart: Schäffler-Poeschel.
14. Reiß, M. (1997). Instrumente der Implementierung, In M. Reiß, L. Rosenstiel, von. & A. Lanz (Hrsg.), *Change management* (S. 94 ff.). Stuttgart: Schäffler-Poeschel.
15. Duden. (1996). *Die deutsche Rechtschreibung* (S. 109). Oldenburg: Brockhaus.
16. Kobi, J. M., & Wüthrich, H. A. (1990). *Unternehmenskultur verstehen, erfassen und gestalten* (S. 134 ff.). Landsberg: Moderne Industrie.
17. Vroom, V. H., & Jago, A. G. (1988). *The new leadership* (S. 54 ff.). Englewood Cliffs: Prentice Hall.
18. Maslow, A. H. (1981). *Motivation und Persönlichkeit (Originaltitel: Motivation and Personality, übersetzt von Paul Kruntorad)* (S. 51). Reinbek bei Hamburg: Rowohlt.
19. Herzberg, F. (1959). The motivation to work. In F. Herzberg, von, B. Mausner, & B. Bloch Snyderman (Hrsg.), New York: Wiley.
20. Robbins, S. P. (1997). *Basic motivation concepts* (S. 46 ff). Englewood Cliffs: Prentice Hall.
21. Locke, E. A., & Latham, G. A. (1990). *A theory of goal setting and task performance* (S. 60). Englewood Cliffs: Prentice Hall.
22. Müller, C. Pfeiffer, A., & Hülsbeck, M. (2016). Gemischte Geschäftsführungsteams in Familienunternehmen: Wie funktioniert eine erfolgreiche Zusammenarbeit, PricewaterhouseCoopers AG Wirtschaftsprüfungsgesellschaft, (S. 7 ff.).
23. Tagiuri, R., & Davis, J. A. (1996). Bivalent attributes for the family firm. *Family Business Review, 9*(2), 199–208.

Tipps zum Weiterlesen

24. Schwass, J., & Glemser, A. C. (2016). *Wise Family Business: Family Identity Steering Brand Success*. London: Palgrave Macmillan.
25. Looss, W. (1992). *Coaching für Manager: Problembewältigung unter 4 Augen*. Lnadsberg: Moderne Industrie.
26. Simon, F. B. (2010). *Einführung in die Systemtheorie des Konflikts*. Heidelberg: Carl-Auer.
27. May, P. (2017). *Die Inhaberstrategie im Familienunternehmen*. Hamburg: Murmann.
28. May, P., & Bartels, P. (2016). *Nachfolge im Familienunternehmen: Das Handbuch für Unternehmerfamilien und ihre Begleiter*. Köln: Bundesanzeiger.
29. Schlippe, A., Nischak, A., & El Hachimi, M. (Hrsg.). (2008). *Familienunternehmen verstehen: Gründer, Gesellschafter und Generationen*. Göttingen: Vandenhoeck & Ruprecht.

Sachverzeichnis

G. Baltes und A. Freyth (Hrsg.), *Veränderungsintelligenz*,
https://doi.org/10.1007/978-3-658-04889-1

Printed by Printforce, the Netherlands